PRESTRESSED CONCRETE STRUCTURE

KDS-2020 국가건설기준

프리스트레스트 콘크리트 구조

이정윤 지음

도서출판 동화기술

머리말

프리스트레스트 콘크리트 구조는 교량, 장경간구조물 등을 비롯하여 건축 및 토목구조물에 널리 사용되고 있다. 특히, 고강도 콘크리트와 강재가 개발된 이후에 프리스트레스트 콘크리트 구조의 사용은 더욱 증가하는 추세다. 최근에는 긴장력 도입과 관련된 시공 기술이 발전되면서 프리텐션공법을 비롯하여 포스트텐션공법이 적용된 구조물이 늘고 있으며, 향후에도 프리스트레스트 콘크리트의 적용 범위는 확대될 것으로 전망된다.

프리스트레스트 콘크리트의 구조에서는 긴장력을 이용하여 외부하중에 의하여 발생하는 콘크리트 단면의 응력분포를 조절할 수 있기 때문에 콘크리트 구조의 주요 약점인 인장응력을 받는 면적을 최소화할 수 있으며 처짐을 감소시키고 균열폭을 작게 할 수 있다. 이러한 장점을 활용할 경우에 철근콘크리트 구조에서 시공이 어려운 장경간구조물 시공이 가능하고, 보다 경제적으로 교량을 비롯하여 원형구조물, 해양구조물, 무량판구조 등의 시공이 가능하다.

고강도재료의 사용이 증가하고 새로운 구조설계기술이 개발됨에 따라서 프리스트레스트 콘크리트 구조설계기준은 3년에서 6년 주기로 개정되고 있다. 이 책에서는 프리스트레스트 콘크리트 구조물의 기본 설계개념과 함께 최근에 개정된 프리스트레스트 콘크리트 구조설계기준을 소개하여 구조기술자의 이해를 도울 수 있도록 노력하였다. 이 책에서 다룬 주요 내용을 요약하면 다음과 같다.

첫째, 프리스트레스트 콘크리트 구조물에 대한 기본 설계법과 설계개념에 대하여 설명하였다.
프리스트레스트 콘크리트 구조설계는 비균열등급부재, 부분균열등급부재, 균열등급부재로 구분하여 설계한다. 이러한 설계법은 철근콘크리트 구조물에 대한 설계법과 유사한 점도 있지만, 일부는 철근콘크리트 구조물에 대한 설계와 상이한 점도 많다. 또한, 응력손실, 컨코던트 부재, 솟음과 같이 프리스트레스트 콘크리트 구조물이 갖고 있는 고유한 특성을 반영하여 설계해야 한다. 이 책에서는 프리스트레스트 콘크리트 구조물의 기본 설계법과 설계개념을 설명하는데 역점을 두었다.

둘째, 최신 프리스트레스트 콘크리트 구조물 구조설계기술에 대하여 설명하였다. 고강도 강재가 개발되고, 새로운 프리스트레스트 공법이 계속 개발됨에 따라 프리스트레스트 콘크리트 구조설계기준은 계속 개정되고 있다. 따라서 고강도 재료, 단면의 허용응력제한, 스트럿-타이모델 등과 같은 최신 프리스트레스트 콘크리트 구조물의 구조설계기준과 설계기술을 소개함을 주요 목적으로 하였다. 또한, 구조설계기준에 사용된 설계식이 어떠한 배경에서 제정되었는지 설명하였다. 설계식의 기본이 되는 기존 연구와 해석법을 설명함으로써 구조설계자가 설계기준의 배경을 이해하고, 이를 이용하여 다양한 문제에 대처할 수 있도록 하였다.

셋째, 면부재, 인장 부재, 원형구조물 등과 같은 특수구조물 설계법에 대하여 기술하였다. 프리스트레스트 콘크리트 구조물은 주로 보와 같은 선형구조물에 적용되었다. 그러나 최근에는 슬래브, 원자로, 원형 탱크, 해양구조물, 인장 부재와 같은 특수구조물에 대한 적용이 증가하는 추세다. 이 책에서는 프리스트레스트 콘크리트를 활용한 특수구조물에 대한 설계법을 상세하게 기술하였다.

이 책이 출판되기까지 많은 분들의 도움을 받았다. 이 책을 작성하는데 도움을 준 성균관대학교 대학원 콘크리트공학연구실 대학원생 박종욱, 김대훈, 김경덕, 김형범, 윤석광, 최성호, 이수찬, 김종문, 창효준, 임지영, 이진은, 최하영, 임아라에게 고마움을 전한다. 또한 편집 시간이 부족함에 개의치 않고 꼼꼼하게 검토해주신 도서출판 동화기술 편집진 여러분들에게 깊은 감사를 드린다. 여러 차례에 걸쳐 검토하였지만 미리 발견하지 못한 오자 등과 같은 미흡한 부분에 대해서는 지속적으로 개선할 예정이다.

이 책을 2년여간 집필하면서 함께 고민하고 격려하며 원고를 검토해준 아내와 인내심을 갖고 관심과 기대를 보여준 두 아들 인겸, 혜겸과 두 번째 출판의 기쁨을 함께하고 싶다.

저 자

개정판을 내면서

프리스트레스트를 포함한 콘크리트 구조설계기준은 약 3년에서 5년을 주기로 변경되고 있다. 특히 도로교설계기준은 강도설계법 중심에서 한계상태설계법으로 변경되었다.

이 책은 **2020년에 개정된 KDS(Korea Design Standard, 국가건설기준) 콘크리트 구조설계기준 및 2017년 콘크리트학회기준**에 근거하여 보완되었다. 또한 부분적으로 **2016년에 개정된 도로교설계기준(한계상태설계법)**의 내용을 추가로 설명하였다.

첫째, 휨과 압축을 받는 부재의 극한변형률이 기존 0.003에서 콘크리트 압축강도에 따라서 달라지는 값으로 변경되었고, 이를 반영하여 모든 예제를 수정하였다.

둘째, 휨과 압축을 받는 부재의 등가응력분포가 포물선 - 직선형 등가응력분포와 등가 직사각형 압축응력블록으로 계산할 수 있도록 개정되었으며, 이를 반영하여 예제를 수정하였다.

셋째, 최대 전단철근비, 2방향전단 내력 평가식, 불균형모멘트 설계식, 벽체전단철근의 항복강도 제한이 개정되었으며, 이를 반영하였다.

넷째, 사용하중단계와 극한하중단계를 명확하게 구분하여 휨설계할 수 있도록 수정하였다.

개정판에서는 기존 내용을 재검토하고 수정하였으며 예제를 단순화하였다. 개정판을 출판하면서 도움을 준 도서출판 동화기술 편집진 여러분들에게 고마움을 전한다.

2020.2 저자

차 례

부 호

a	① 등가응력블록의 깊이 ② 전단경간(모멘트가 최대가 되는 위치에서 모멘트가 "0"인 구간까지의 거리)
A_c	콘크리트 단면의 단면적
A_g	부재의 전 단면적
A_{gt}	강재를 콘크리트로 환산한 전체 단면적
A_l	길이방향 비틀림보강철근의 총 단면적
$A_{l,\min}$	부재축방향(종방향) 비틀림보강철근의 최소 면적
A_o	폐쇄형 비틀림보강철근 중심이 감싸고 있는 콘크리트의 유효면적
A_{oh}	폐쇄형스터럽에 둘러싸인 보의 단면적
A_{ps}	긴장재(PS강재)의 단면적
A_s	인장철근의 단면적
A_s'	압축철근의 단면적
A_t	폐쇄형 비틀림보강철근 한 가닥의 단면적
A_v	전단보강스터럽의 단면적
A_{vf}	전단마찰철근의 단면적
b	단면의 폭
b_o	슬래브의 주변 길이
b_w	단면 복부의 폭
c	중립축의 깊이
C	① 압축력 ② 보의 비틀림 상수
d	압축연단에서 인장측 철근의 중심까지의 거리(단면의 유효높이)
d_b	주철근의 지름
d_p	압축연단에서 PS긴장재 단면 중심까지의 거리
d_s	스터럽의 지름
d_t	압축연단에서 인장연단에 가장 가까운 철근 단면적의 중심까지의 거리
D	① 고정하중 ② 원형단면의 지름
e_{anc}	정착장치 또는 근접한 정착장치 그룹의 단면 중심에 대한 편심
e_c	단면 중앙부의 콘크리트의 편심거리

e_e	단면 단부의 콘크리트 편심거리
e'	전체 휨모멘트에 대한 편심거리
E_c	콘크리트의 탄성계수
E_{ct}	현장타설 콘크리트의 탄성계수
E_{ps}	긴장재(PS강재)의 탄성계수
E_s	철근의 탄성계수
E_{tc}	콘크리트의 인장탄성계수
f	① 연직응력 ② 휨응력
f_1	① 주인장응력 ② 장기응력손실이 발생한 후의 인장응력
f_1^c	콘크리트의 주인장응력
f_2	① 주압축응력 ② 장기응력손실이 발생한 후의 압축응력
f_2^c	콘크리트의 주압축응력
f_{28}	콘크리트의 28일 압축강도
f_b	① 지압응력 ② 단면 하부면의 콘크리트 응력
f_c	콘크리트의 응력
f_{cc}'	콘크리트 3축 압축강도
f_{cds}	추가되는 고정하중에 의해 발생되는 PS강재 도심에서의 콘크리트 평균 압축응력
f_{ce}	콘크리트 스트럿의 유효압축강도
f_{cES}	탄성수축에 의해 발생하는 콘크리트 응력
f_{ci}	콘크리트의 초기압축응력
$\overline{f_{ci}}$	단면의 도심에 작용하는 콘크리트 응력
f_{cir}	프리스트레스트 도입 직후 보의 고정하중과 프리스트레스트 힘에 의해 발생하는 PS강재 도심에서의 콘크리트 평균 압축응력
f_{ck}	콘크리트의 설계기준압축강도
f_{cm}	재령 28일 된 콘크리트의 평균압축강도
f_{cp}	프리캐스트 콘크리트의 응력
f_{cr}	콘크리트의 인장강도
$f_{c(28)}$	재령 28일된 콘크리트의 압축강도
f_{ct}	현장타설 콘크리트의 응력
$f_{c(t)}$	시간이 경과함에 따라서 변화하는 콘크리트의 압축강도
f_{cu}	콘크리트 스트럿의 유효압축강도
f_d	작용하중에 의해 인장응력이 발생하는 단면의 연단에서 하중계수를 곱하지 않은 고정하중에 의해 발생하는 응력
f_l	① 횡구속압 ② 부재축방향(l 방향)의 직응력
f_{pcc}	작용하중에 의해 인장응력이 발생하는 단면의 연단에서 모든 프리스트레스트 손실을 감안한 유효긴장력에 의해 발생하는 콘크리트의 압축응력

f_{pe}	긴장재(PS강재)의 유효응력
f_{pi}	긴장재(PS강재)의 초기응력
f_{pi}'	릴랙세이션 응력손실을 계산하는 긴장재(PS강재)의 초기응력
f_{pj}	긴장재(PS강재)의 긴장응력
f_{ps}	긴장재(PS강재)의 응력
f_{pu}	긴장재(PS강재)의 극한응력
f_{py}	긴장재(PS강재)의 설계기준항복강도
f_r	휨인장강도
f_s	① 철근의 응력 ② 사용 하중 상태에서 인장 연단에 가장 가까이 배근된 철근의 응력
f_{se}	긴장재(PS강재)의 응력손실 후의 유효응력
f_{sp}	콘크리트의 쪼갬인장강도
f_s'	압축철근의 응력
f^t	단면 상부면의 콘크리트 응력
f_t	① 부재축과 직각되는 방향(t 방향)의 직응력 ② 콘크리트의 인장응력
f^{ts}	현장타설 콘크리트 부재의 단면 상부면의 콘크리트 응력
f_{ti}	콘크리트의 초기인장응력
f_y	철근의 설계기준항복강도
f_{yl}	길이방향 비틀림보강철근의 항복강도
f_{yt}	① 전단철근의 항복강도 ② 폐쇄형 비틀림보강철근의 항복강도
F_{cr}	인장부재의 균열발생하중
F_{dec}	인장부재의 영점감압하중
F_n	① 스트럿, 타이, 또는 절점영역의 공칭강도 ② 인장부재의 공칭인장력
F_{nn}	절점영역의 공칭강도
F_{ns}	콘크리트 스트럿의 공칭압축강도
F_u	① 계수하중에 의하여 스트럿, 타이, 또는 절점영역의 한 면에 작용하는 힘 ② 인장부재의 계수인장력
h	① 부재 단면의 높이 ② 슬래브의 두께
h_{anc}	검토하려는 방향에서 하나의 정착장치 또는 가깝게 위치한 정착장치 그룹의 깊이
h_f	플랜지의 두께
H_r	상대습도(%)
I	단면2차모멘트
I_{cc}	합성보 단면2차모멘트
I_{cr}	균열단면2차모멘트
I_e	유효단면2차모멘트
I_{e1}, I_{e2}	보의 양단에서의 I_e의 값

$I_{e,con}$	보의 연속되는 단부에서의 값.
I_{em}	보의 중앙부에서의 I_e의 값
I_g	전단면적에 대한 단면2차모멘트(전단면2차모멘트)
I_{gt}	강재를 콘크리트로 환산한 전단면2차모멘트
I_p	단면극2차모멘트
jd	압축력과 인장력의 합력의 중심간 거리
K	파상마찰계수
K_{SH}	습윤양생의 수
l	부재의 중심간 거리
l_n	부재의 순간격
l_{px}	긴장 단부에서 임의의 점 x까지의 긴장재 길이
l_{set}	정착장치의 미끌림에 의해 응력손실이 발생하는 길이
l_t	전달길이
l_u	부재의 순길이
L	활하중
M	① 휨모멘트 ② 고정단모멘트 계수
$M_{(1x)}$	부재 길이 x위치의 PS긴장력에 의한 1차모멘트
$M_{(2x)}$	부재 길이 x위치의 잉여력에 의한 2차모멘트
$M_{(3x)}$	부재 길이 x위치의 전체 휨모멘트
M_a	단면2차모멘트가 계산되는 부분에서의 최대 모멘트
M_{cr}	휨균열모멘트
M_{cre}	작용하중에 의한 단면의 균열모멘트
M_{CSD}	합성보에 추가되는 고정하중에 의한 휨모멘트
M_D	자중에 의한 휨모멘트
M_D'	절곡이 시작되는 곳의 자중에 의한 휨모멘트
M_L	활하중에 의한 휨모멘트
M_m	부재 중앙부의 휨모멘트
M_{max}	작용하중에 의해 발생하는 최대 계수모멘트
M_n	단면 저항휨모멘트
M_{PV}	수직방향 긴장력에 의한 모멘트
M_{SD}	추가되는 고정하중(super imposed dead load)에 의한 휨모멘트
M_T	전체 사용하중에 의한 휨모멘트
M_u	소요휨모멘트
n	① 탄성계수의 비 ② 균열면에 존재하는 스터럽의 수
n_c	두 종류 콘크리트의 탄성계수의 비
n_p	PS긴장재의 탄성계수비
n_s	철근의 탄성계수비

p_{cp}	보의 둘레길이
p_h	전단흐름의 둘레길이
P	가력 하중
P_{cr}	좌굴하중
P_e	긴장재(PS강재)의 유효긴장력
P_i	긴장재(PS강재)의 초기긴장력
P_j	긴장재(PS강재)의 긴장력
P_u	① 계수축하중 ② 계수지압력
P_v	수직방향 긴장력
q	전단흐름
Q	단면1차모멘트
r	① 단면 중심에서 전단흐름까지의 거리 ② 단면2차반경
R	① 원통의 반지름 ② 곡률 반경
R_n	공칭내력
RH	상대습도
s	① 인장 연단에 가장 가까이 배근되는 철근의 중심 간격 ② 스터럽의 간격 ③ 폐쇄형 비틀림보강철근의 간격
S_b	단면 중립축에서 단면 하부면까지의 단면계수
S_{bc}	합성보 단면 도심에서 프리캐스트 보 단면 하부면까지의 단면계수
S_{bs}	합성보 단면 도심에서 현장타설 콘크리트 부재의 단면 하부면까지의 단면계수
S^t	단면 중립축에서 단면 상부면까지의 단면계수
S^{tc}	합성보(현장타설 콘크리트+프리캐스트 콘크리트) 단면 도심에서 프리캐스트 보 단면 상부면까지의 단면계수
S^{ts}	합성보 단면 도심에서 현장타설 콘크리트 부재의 단면 상부면까지의 단면계수
t	① 단면의 두께 ② 시간
T	① 인장력 ② 비틀림모멘트
T_{cr}	균열비틀림모멘트
T_{cu}	순수비틀림만이 작용한 경우의 비틀림내력
T_n	공칭비틀림모멘트
T_{ps}	PS강재에 의한 인장내력
T_s	① 사인장균열을 가로지르는 모든 스터럽의 인장합력 ② 비틀림보강철근에 의한 비틀림내력 ③ 인장철근에 의한 인장내력
T_u	소요비틀림모멘트
u	① 부착응력 ② 단면적 A_c의 둘레 중에서 수분이 외기로 확산되는 둘레 길이
v	전단응력
v_{cw}	복부전단균열발생시의 콘크리트의 전단강도
V	① 전단력 ② 횡하중

V_c	콘크리트에 의한 공칭전단강도
V_{ci}	휨전단균열발생 시의 콘크리트의 전단력
V_{cr}	균열발생 시의 전단력
V_{cu}	순수전단만이 작용한 경우의 전단내력
V_{cw}	복부전단균열발생시의 콘크리트의 전단력
V_d	고정하중(자중)에 의해 발생하는 단면의 전단력
V_n	공칭전단강도
V_s	스터럽에 의한 전단강도
V_u	소요전단강도
V_y	y방향의 전단력
V/S	표면적에 대한 체적의 비율이며 인치(inch)를 기준
w	전체 하중
w_c	콘크리트의 단위질량
w_t	타이의 유효폭
W/C	물/시멘트 비율
x	단면의 짧은 변의 길이
x_o	폐쇄형 비틀림보강철근의 짧은 변 중심간의 길이
$\overline{x}$	단면의 도심에서 축까지의 거리
y	① 단면의 중립축으로부터 떨어진 거리　② 단면의 긴 변의 길이
y_b	단면 중립축에서 단면 하부면까지의 거리
y_{bc}	합성보 단면 도심에서 프리캐스트 보 단면 하부면까지의 거리
y_{bs}	합성보 단면 도심에서 현장타설 콘크리트 부재의 단면 하부면까지의 거리
y_o	폐쇄형 비틀림보강철근의 긴 변 중심간의 길이
y_t	단면의 중립축에서 인장연단까지의 거리
y^t	단면 중립축에서 단면 상부면까지의 거리
y^{tc}	합성보 단면 도심에서 프리캐스트 보 단면 상부면까지의 거리
y^{ts}	합성보 단면 도심에서 현장타설 콘크리트 부재의 단면 상부면까지의 거리
α	① 하중계수　② 스터럽의 방향과 부재축이 이루는 각도
α_f	전단마찰철근과 전단면사이의 각도
α_m	슬래브의 4변의 평균 상대강성비
α_{px}	긴장단부에서 임의의 점 x까지의 긴장재의 전체 회전각(라디안)
β	에폭시 도막계수
β_1	콘크리트 단면의 압축연단에서부터 등가응력블록의 깊이와 중립축 깊이의 비
β_n	절점영역의 콘크리트 유효압축강도에 대한 타이의 정착이 미치는 영향을 고려한 계수
β_s	콘크리트 스트럿의 강도감소계수
γ	장기응력손실비

$\triangle_C$	고정하중이나 활하중 등에 의해 부재축 아래쪽으로 발생하는 처짐
$\triangle_{CC}$	잉여력에 의해 발생하는 처짐
$\triangle_{CO}$	실제 하중에 의해 발생하는 처짐
$\triangle_{CR}$	균열발생 이후의 처짐(전체 모멘트에서 균열발생모멘트를 뺀 모멘트에 대한 처짐)
$\triangle_D$	고정하중에 대한 순간처짐
$\triangle_e$	유효긴장력(P_e)에 의한 수축량
$\triangle_G$	균열발생 이전의 처짐(균열발생모멘트까지의 처짐)
$\triangle_i$	초기긴장력(P_i)에 의한 수축량
$\triangle_L$	활하중에 대한 순간처짐
$\triangle_{LS}$	지속되는 활하중에 대한 처짐
$\triangle_{LT}$	장기처짐
$\triangle_P$	긴장력에 의해 부재축 위쪽으로 발생하는 처짐, 즉 솟음
$\triangle_{sus}$	지속되는 하중에 대한 처짐($=\triangle_D+\triangle_{LS}$)
$\triangle_T$	전체 처짐
Δf_b	추가하중에 의해 유발되는 부재 단면하부의 응력
Δf^t	추가하중에 의해 유발되는 부재 단면상부의 응력
Δf_{pAS}	정착장치에 의해 발생하는 응력손실
Δf_{pCR}	크리프에 의해 발생하는 응력손실
Δf_{pDS}	건조수축에 의해 발생하는 응력손실
Δf_{pES}	탄성수축에 의해 발생하는 응력손실
Δf_{pF}	마찰에 의해 발생하는 응력손실
Δf_{pR}	릴랙세이션에 의해 발생하는 응력손실
Δl_{AS}	정착장치의 미끌림이나 변형
ΔP_{ISL}	즉각적인 긴장력 손실
ΔP_{TSL}	장기 긴장력 손실
ϵ_1	콘크리트의 주인장응력의 방향(제1방향)의 평균변형률
ϵ_2	콘크리트의 주압축응력 방향(제2방향)의 평균변형률
$\epsilon_{a,\min}$	[콘크리트 구조설계기준]에서 보의 설계가 가능한 인장연단에 가장 가까운 철근의 변형률
$\epsilon_{a,t}$	휨부재의 변화구간단면과 인장지배단면의 경계가 되는 인장연단에 가장 가까운 철근의 변형률
ϵ_c	콘크리트의 변형률
ϵ_{co}	콘크리트의 압축강도에 상응하는 변형률
ϵ_{cp}	프리캐스트 콘크리트 변형률
ϵ_{cr}	콘크리트의 인장강도에 상응하는 변형률
ϵ_{cu}	콘크리트의 극한변형률
ϵ_{ES}	탄성수축에 의한 변형률

ϵ_l	l방향의 철근 평균변형률
ϵ_{ps1}	유효긴장력에 의한 PS강재의 변형률
ϵ_{ps2}	영점감압(decompression)에 의한 PS강재의 변형률
ϵ_{ps3}	추가하중에 의한 PS강재의 변형률
ϵ_{ps}	긴장재(PS강재)의 변형률
ϵ_s	철근의 단면 중심에서의 변형률
ϵ_s'	압축철근의 변형률
ϵ_{SH}	건조수축에 의한 변형률
ϵ_t	인장연단에 가장 가까운 철근의 단면 중심에서의 변형률
θ	① 주응력의 각도 ② 콘크리트 압축대와 부재축이 이루는 각도 또는 균열의 각도 ③ 비틀림 각 φ의 변화율, 즉, 단위 길이에 대한 비틀림회전각($\theta = d\varphi/dx$)
λ	경량콘크리트 계수
$\lambda_\triangle$	지속하중에 대한 계수
μ	마찰계수
μ_p	곡선마찰계수
ν	콘크리트의 유효압축강도계수
ω	비보강 인장긴장재(인장철근)의 강재지수
ω'	압축철근의 강재지수
ξ	지속하중의 시간경과 계수
ρ	① 철근비 ② 인장철근비
ρ_l	길이방향 비틀림보강철근의 철근비
ρ_p	PS강재의 비
ρ_t	폐쇄형 비틀림보강철근의 철근비
ρ_w	주인장철근비
ρ'	압축철근비
φ	비틀림회전각
ϕ	강도감소계수
ϕ_o	콘크리트의 개념 크리프계수
$\phi(t, t')$	크리프계수
ϕM_n	설계휨모멘트
Ψ	소성트러스모델의 재료계수

Chapter 1

일반 사항

1.1 개요

프리스트레스트 콘크리트(prestressed concrete) 구조는 설계자가 외부하중에 의하여 발생하는 콘크리트 단면의 응력분포를 미리 결정하고 콘크리트에 임의의 압축력을 가하여 단면의 응력을 조절하는 구조이다. 따라서 외부하중이 유발할 수 있는 콘크리트의 인장응력을 최소화하는 구조이며, 철근콘크리트 구조에 비하여 경제적이고 처짐과 균열을 억제할 수 있기 때문에 건축 및 토목 구조물에 널리 사용되고 있다.

프리스트레스트 콘크리트 구조의 역사적 배경

프리스트레스트는 문자 그대로 어떤 구조물에 미리 응력(pre + stress)을 가하는 것을 의미하며, 이러한 개념은 오래 전부터 일상 구조물에 적용되었다. 예를 들어 [그림 1.1(a)]의 조각난 나무 조각을 연결하여 나무통을 만들 경우에 나무 조각이 벌어지지 않게 둘레를 연결한 "돌림띠"는 프리스트레스트의 역할을 하게 된다. 즉, 나무통 안에 있는 액체가 나무 조각을 바깥쪽으로 밀려고 할 때 돌림띠는 나무 조각이 벌어지지 않게 구속(confinement)한다. 이때 돌림띠는 인장력을 받게 되지만, 반대로 나무 조각에는 압축력(구속력)이 가해져서 나무통이 프리스트레스트 구조물이 된다. 또한 [그림 1.1(b)]의 콘크리트 블록을 양 방향에서 누를 경우에 블록은 아래쪽으로 떨어지지 않고 수평 상태를 유지한다. 이 경우에 양 방향에서 너트로 죄어진 강재가 콘크리트 블록에 압축력을 가하게 되는데, 이러한 원리는 프리스트레스트 구조물의 긴장재가 콘크리트에 압축력을 가하는 원리와 동일하다.

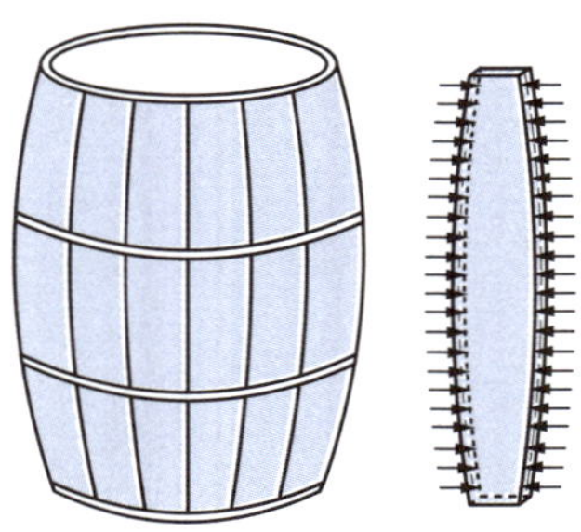

(a) 나무통

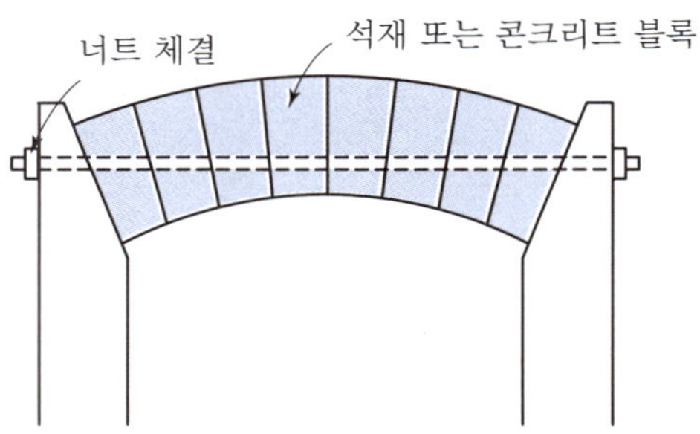

(b) Jackson의 프리스트레스트 콘크리트 특허

그림 1.1 프리스트레스트 구조물의 적용

일상생활에서 적용되던 프리스트레스트의 원리는 1886년 미국의 Jackson에 의하여 콘크리트 바닥판의 강재 긴장에 처음으로 적용되었으며, 이 원리는 그 해 특허로 등록되었다. 철근에 의하여 보강된 철근콘크리트가 1850년 프랑스 건설가 Lambot에 의하여 개발된 것을 고려할 때, 프리스트레스트 구조는 철근콘크리트 구조와 거의 유사한 시기에 개발된 것을 알 수 있다. 1888년 Doehring은 프리스트레스트 구조를 발전시켜 슬래브에 하중이 가해지기 전에 긴장력을 금속 재료에 가하는 원리로 특허를 취득하였다. 그러나 이러한 초기 프리스트레스트 구조는 실제 구조물에 효율적으로 적용되지 못했다. 이는 그 당시에 생산된 콘크리트와 강재는 긴장력을 효율적으로 전달하기에는 강도가 너무 낮았기 때문이다. 따라서 콘크리트의 크리프나 건조수축 등에 의하여 긴장력이 대부분 손실되어 프리스트레스트 긴장력을 구조물에 효과적으로 적용할 수 없었다.

프리스트레스트 원리는 고강도 강선이 개발된 20세기 초부터 본격적으로 건축 및 토목 구조물에 적용되었다. 1928년 프랑스의 Freyssinet는 고강도 강선을 이용하여 프리스트레스트 부재를 제작하였다. 고강도 강선을 사용함으로써 그 동안 문제가 되었던 긴장재의 응력손실비를 일정값 이하로 억제할 수 있게 되었으며, 콘크리트의 크리프나 건조수축 등에 의하여 긴장력이 손실된 이후에도 콘크리트 단면에 일정값 이상의 압축력을 가할 수 있게 되었다. Freyssinet 이후에 벨기에의 Magnel 등은 프리스트레스트 구조를 더욱 발전시켰으며, 그 후에 프리스트레스트를 이용한 구조물은 급속하게 증가하여 현재에 이르고 있다.

우리나라에서는 1950년대 이후에 프리스트레스트 기술이 도입되어 건축 및 토목 구조물에 활용되었다. 특히 프리스트레스트 기술은 교량 건설에 많이 적용되어, 경춘국도의 구운교(1962년), 원효대교(1962년)를 비롯하여 노량대교(1985년), 올림픽대교(1990년), 서해대교(2000년), 인천대교(2009년), 거가대교(2010년), 이순신대교(2012년) 등과 같이 우리나라 주요 교량에 적용되었다. 건물의 경우에는 건물 전체가 프리스트레스트 부재로 건설되는 경우는 드물며, 슬래브, 지하주차장 등과 같이 건물의 일부에 프리스트레스트 기술이 적용된다. 최근에는 프리텐션공법을 비롯하여 포스트텐션공법이 적용된 교량과 건물이 증가하고 있다.

프리스트레스트 콘크리트 구조의 장·단점

1928년 Freyssine에 의하여 근대적인 프리스트레스 개념이 확립된 이후에 프리스트레스트 콘크리트 구조가 건축 및 토목 구조물에 널리 사용되고 있는 이유는 철근콘크리트 구조와 비교할 때 다음과 같은 장점이 있기 때문이다.

① 균열의 억제

콘크리트의 대표적 약점 중의 하나는 인장강도가 낮다는 점이다. 콘크리트의 인장강도는 압축강도의 약 10퍼센트에 지나지 않아 낮은 인장응력을 받아도 콘크리트에 균열이 발생하기 쉽다. 프리스트레스트 구조는 긴장된 강재를 이용하여 콘크리트 단면에 발생할 수 있는 인장응력을 조절하여 균열을 억제시킬 수 있다. 균열이 억제될 경우에 철근의 부식을 방지할 수 있으며, 구조물의 내구성을 향상시킬 수 있다.

② 처짐 억제에 의한 장경간구조

프리스트레스트 구조는 [그림 1.2]와 같이 외부하중이 가해지기 전에 하중이 가해지는 반대 방향에 인위적으로 솟음(camber)을 발생시켜 외부하중에 의한 처짐을 상쇄하는 구조로 동일한 단면을 갖는 철근콘크리트 부재 보다 장경간구조(long span structures)에 사용될 수 있다. 또한 프리스트레스트 콘크리트 부재에는 균열이 적게 발생하기 때문에 동일한 단면을 가진 철근콘크리트 부재에 비하여 유효단면2차모멘트가 크다. 부재의 처짐은 단면2차모멘트에 반비례하기 때문에 유효단면2차모멘트가 큰 프리스트레스트 콘크리트 부재가 철근콘크리트 부재보다 처짐이 작다.

③ 고강도 재료의 사용에 의한 재료의 절감

프리스트레스트 콘크리트는 일반 철근콘크리트 부재에 비하여 고강도 콘크리트(일반적으로 $f_{ck}=30\sim45$ MPa) 및 고강도 강재(일반적으로 $f_{py}=800\sim1{,}800$ MPa)를 사용한다. 이는 프리스트레스 구조의 응력손실(5장에서 상세 설명)을 최소화하고 초기 균열을 억제하기 위함이다. 따라서 고강도 재료가 사용된 프리스트레스트 구조는 단면적의 크기를 줄일 수 있으며 재료를 절약할 수 있다.

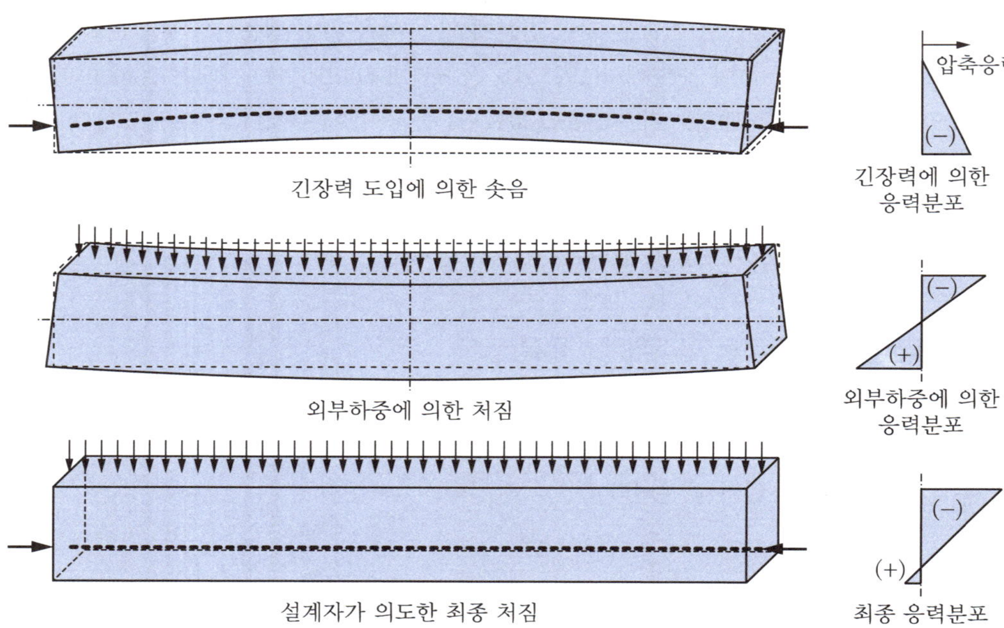

그림 1.2 프리스트레스트 콘크리트의 처짐 (압축(−), 인장(+))

④ **단면적의 감소**

철근콘크리트 부재의 휨해석에서는 콘크리트의 인장강도를 무시하고 인장응력이 발생한 콘크리트 단면은 해석에 반영하지 않는다. 프리스트레스트 콘크리트는 긴장재의 긴장력을 이용하여 콘크리트 단면에 발생하는 인장응력을 조절할 수 있으므로 단면적 전체를 사용할 수 있다. 따라서 프리스트레스트 콘크리트 부재의 단면은 동일 경간의 철근콘크리트 부재의 단면보다 작다.

⑤ **전단강도와 비틀림강도의 증가**

콘크리트 부재가 압축력을 받을 경우에 사인장균열의 폭이 감소하여 골재의 맞물림작용이 증가한다. 또한, 주압축응력이 증가하여 콘크리트의 전단강도와 비틀림강도가 증가한다. 프리스트레스트 구조는 강재의 긴장력을 이용하여 콘크리트 단면에 압축응력을 발생시킴으로써 부재의 전단강도와 비틀림강도를 증대시킬 수 있다. 또한 경사진 긴장재를 사용할 경우에 긴장력의 수직 분력이 외부 전단력을 직접 상쇄시킬 수 있어 전단과 비틀림에 유리하다(8장과 9장에서 상세 설명).

이러한 장점이 있지만 한편으로 프리스트레스트 콘크리트는 철근콘크리트에 비하여 다음의 단점이 있다.

① **낮은 강성**

프리스트레스 콘크리트 부재는 단면적 전체를 활용할 수 있기 때문에 철근콘크리트 부재에 비하여 단면적이 작다. 결과적으로 부재의 강성이 작아져서 철근콘크리트 부재에 비하여 진동하기 쉽다.

② **화재에 취약**

높은 온도에 노출된 강재의 강도 감소는 강재가 받고 있는 응력에 따라서 달라진다. 즉, 높은 응력을 받고 있는 강재가 고온에 노출될 경우에 낮은 응력을 받고 있는 강재가 고온에 노출될 때보다 더 큰 강도가 감소한다. 프리스트레스트 콘크리트 구조에 사용되는 강재는 철근콘크리트 구조에 사용되는 강재보다 높은 응력을 받기 때문에 화재가 발생할 경우에 철근콘크리트 구조보다 취약하다.

③ **시공과 설계의 어려움**

프리스트레스트 구조물을 설계하고 제작하는 것은 철근콘크리트 구조를 설계하고 제작하는 것보다 복잡하고 어렵다. 프리스트레스 구조설계에서는 강재를 긴장해야 하며, 강재의 응력손실을 고려하여 시공 순서를 몇 단계로 구분하여 부재 응력을 계산해야 한다.

위에서 설명된 프리스트레스 콘크리트의 특성을 요약하여 [표 1.1]에 정리하였다.

표 1.1 프리스트레스트 콘크리트 구조의 특성

장 점	단 점
균열의 억제 처짐의 억제 고강도 재료의 사용 단면적의 감소 전단강도와 비틀림강도의 증가	낮은 강성 화재에 취약 시공 및 설계의 어려움

1.2 프리스트레스트 콘크리트의 개념

콘크리트는 시멘트, 물, 골재가 혼합된 합성재료로 압축강도에 강하지만 인장강도에는 약한 단점을 갖고 있다. 이러한 콘크리트의 약점을 보완하기 위하여 인장에 강한 재료, 즉 강재가 사용된다. [그림 1.3(a)]에서 철근이 들어있지 않은 콘크리트가 휨모멘트를 받을 경우에 콘크리트는 변형률이 약 0.0001 정도 늘어난 후, 중앙부에 균열이 발생하며 급작스럽게 파괴된다. 그러나 [그림 1.3(b)]와 같이 철근을 콘크리트에 넣은 후에 휨모멘트를 받으면 균열이 발생한 후에도 외력은 계속하여 증가한다. 이는 균열이 발생한 후에 더 이상 외력에 저항할 수 없는 콘크리트를 대신하여 철근이 외부 인장력을 저항하기 때문이다. 철근콘크리트 부재는 철근이 항복한 이후에도 변형률은 계속하여 증가한다.

철근콘크리트 부재의 강도와 변형이 콘크리트 부재의 강도와 변형보다 크기는 하지만, 철근콘크리트 부재의 경우에도 인장응력을 받는 콘크리트 단면은 낮은 하중에서도 쉽게 균열이 발생하고 이로 인하여 변형이 증가할 수 있다. 프리스트레스트 콘크리트는 이러한 철근콘크리트 부재의 약점을 보완하기 위하여 개발되었다. 즉, [그림 1.2]와 같이 강재를 미리 긴장(prestressing)한 후에 이를 이완(releasing)하면 콘크리트에 압축력이 가해지게 된다. 따라서 콘크리트 부재는 자중(自重)이 작용함과 동시에 단면의 대부분이 압축응력을 받게 된다. 그 이후에 외부에서 하중이 가해지면 설계자가 계획한 임의의 하중에서 콘크리트 부재의 단면은 압축응력 상태가 되거나, 낮은 인장응력 상태가 되어 단면의 대부분을 활용할 수 있다. 이러한 원리로 프리스트레스트 콘크리트 구조는 [그림 1.3(c)]와 같이 철근콘크리트구조 보다 높은 균열강도를 갖게 되어 균열이 억제되며 변형이 감소하게 된다.

프리스트레스트 콘크리트 단면의 최종 응력상태가 [그림 1.4]의 어느 하나가 되는 것은 초기긴장력의 크기와 강재의 위치에 따라서 달라진다. 즉, 긴장력(P)과 편심거리(e)가 커질 경우에 긴장효과는 증가하므로 설계자는 최종 목표로 하는 단면의 응력을 고려하여 긴장력과 편심거리를 정해야 한다.

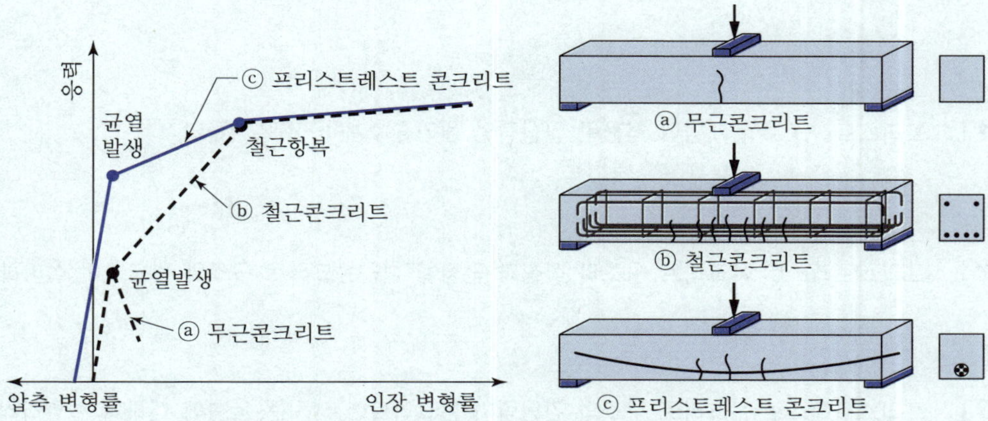

그림 1.3 무근콘크리트, 철근콘크리트, 프리스트레스트 콘크리트의 응력 – 변형률 곡선
(Collins and Mitchell, 1991)

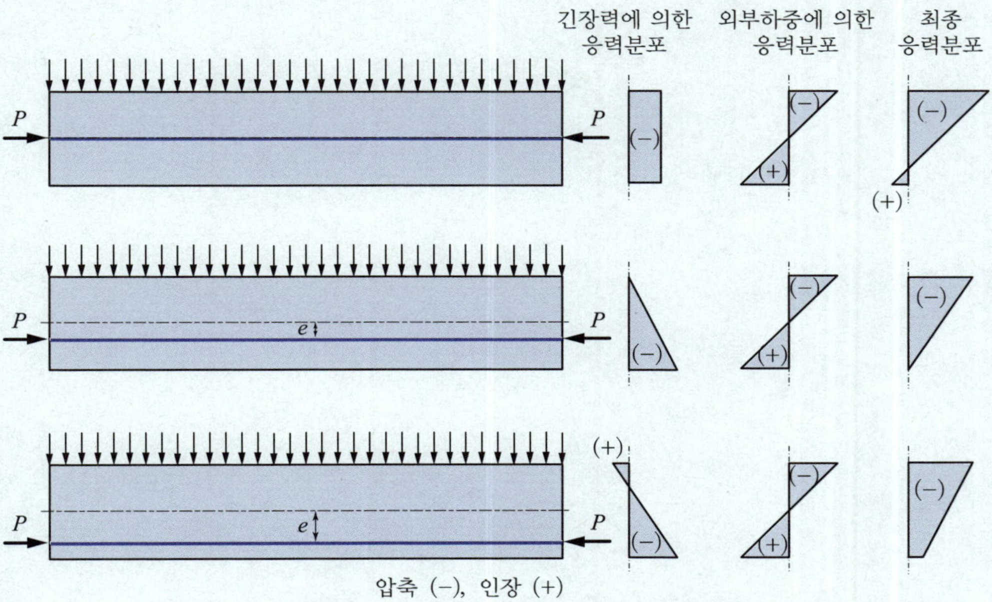

그림 1.4 프리스트레스트 콘크리트의 응력분포

연습문제

1.1 | 프리스트레스트의 개념이 적용된 일상적인 원리를 2개 이상 열거하라.

1.2 | 프리스트레스트 콘크리트 구조의 장점과 단점을 철근콘크리트 구조와 비교하여 설명하라.

1.3 | 프리스트레스트 콘크리트 구조의 긴장력이 콘크리트에 미치는 영향에 대하여 설명하라.

Chapter 2

긴장 및 정착

2.1 일반 사항

철근콘크리트 부재와는 달리 프리스트레스트 콘크리트 부재는 긴장(緊張, prestressing)과 정착(定着, anchorage)이 필요하다. 긴장이란 PS강재(긴장재)를 잡아당겨 인장력을 받게 하는 것을 의미하며, 정착이란 긴장한 PS강재의 긴장력을 풀었을 때(releasing), PS강재가 콘크리트 안으로 빨려 들어가지 않게 강재를 잡아 두는 것을 의미한다. 긴장력(prestressing force)이 콘크리트에 미치는 효과, 시공의 효율성, 경제성 등을 고려하여 다양한 종류의 긴장방법(prestressing method)과 여러 정착장치(anchorage set)가 개발되었다.

프리스트레스트 콘크리트의 종류는 긴장력을 가하는 순서와 콘크리트의 타설 순서의 전후 관계에 따라서 구분되며, 인장응력의 허용 유무, 긴장재와 콘크리트의 부착 유무, 긴장재의 위치, 긴장재의 형상 등에 따라서 구분되기도 한다. 특히 긴장력을 가하는 순서에 따라서 프리스트레스트 콘크리트 구조의 대표적인 공법인 프리텐션공법과 포스트텐션공법이 구분된다. 프리텐션공법은 주로 공장에서 생산되는 프리캐스트 부재에 적용되며, 포스트텐션공법은 현장에서 제작되는 부재에 적용된다. 프리텐션공법에서는 긴장재와 콘크리트의 부착에 의하여 긴장력이 전달되지만, 포스트텐션공법에서는 정착장치에 의하여 긴장력이 콘크리트에 전달된다. 또한 포스트텐션공법에서는 덕트를 먼저 설치한 후에 그 안에 긴장재를 배치한다. 배치된 긴장재는 힘의 전달을 원활하게 하고 부식을 방지하기 위해 모르타르로 덕트 안을 충전하여 사용하거나, 경제성을 고려하여 충전하지 않은 상태로 사용하기도 한다.

포스트텐션공법에서 제작 초기에 잡아 당겨진 긴장재는 인장력을 받으며, 이러한 인장력은 정착장치를 통하여 콘크리트에 원활하게 전달되어야 한다. 정착이 미흡할 경우에 긴장재가 원래의 크기로 수축하며, 이로 인하여 초기에 긴장된 PS강재의 인장력도 함께 소실된다. 이 경우에 PS강재의 긴장력을 콘크리트에 전달할 수 없게 되어 설계자가 의도한 프리스트레스트 응력을 부재에 발생시킬 수 없다. 따라서 인장력을 받는 긴장재를 효율적으로 정착하기 위하여 다양한 종류의 정착공법이 개발되었다. 긴장재를 정착하는 방법으로 널리 사용되는 방법은 쐐기를 사용하는 방법과 리벳이나 너트를 사용하는 방법이 있다. 쐐기를 사용하는 방법은 주로 PS강선이나 PS강연선을 정착할 때 사용되며, 리벳이나 너트를 사용하는 방법은 PS강봉을 정착하는데 사용된다. 정착방법은 새로운 프리스트레스트 공법이 개발될 경우에 함께 개발되며, 다양한 종류의 정착방법이 사용되고 있다.

2장의 전반부에서는 프리스트레스트 콘크리트의 긴장방법을 프리텐션 방법과 포스트텐션 방법으로 구별하여 설명한다. 후반부에서는 프리스트레스트 콘크리트의 종류를 긴장방법과 인장응력의 허용 유무 등에 따라 구분하고, 포스트텐션 부재의 그라우팅 방법과 정착방법에 대하여 설명한다.

2.2 프리스트레스트 콘크리트의 긴장방법

프리스트레스트 콘크리트를 긴장하는 방법은 긴장력을 가하는 순서와 콘크리트의 타설 순서의 전후 관계에 따라서 프리텐션공법(pretension method)과 포스트텐션공법(posttension method)으로 구분할 수 있다.

2.2.1 프리텐션공법

프리텐션공법은 콘크리트를 타설하기 전에 PS강재를 긴장한 후에 콘크리트가 일정한 강도(强度, strength)에 도달하면 강재의 인장력을 풀어서 콘크리트에 압축력을 가하는 공법이다. 프리텐션공법은 콘크리트와 강재 사이의 부착력(附着力, bond force)에 의하여 강재에 작용하는 인장력이 콘크리트에 전달되며, 공장에서 생산되는 프리캐스트(precast) 콘크리트 제품에 주로 사용된다. 프리텐션공법에 의해 프리스트레스트 콘크리트 부재를 제작하는 과정을 설명하면 다음과 같다([그림 2.1] 참조).

① 거푸집을 설치하고 긴장재를 배치한다.

② 긴장재의 한쪽 끝을 고정된 몰드(abutments bulkheads 또는 molds)에 고정한다. 고정된 몰드는 자중이 무거운 강재로 만들어지며 여러 개의 구멍이 있어 이 구멍에 긴장재를 삽입한다.

③ 긴장재의 다른 쪽 끝을 유압잭(hydraulic jack)으로 잡아 당겨 긴장한 후에 긴장재를 몰드에 고정한다.

④ 거푸집 안에 콘크리트를 붓고 양생한다.

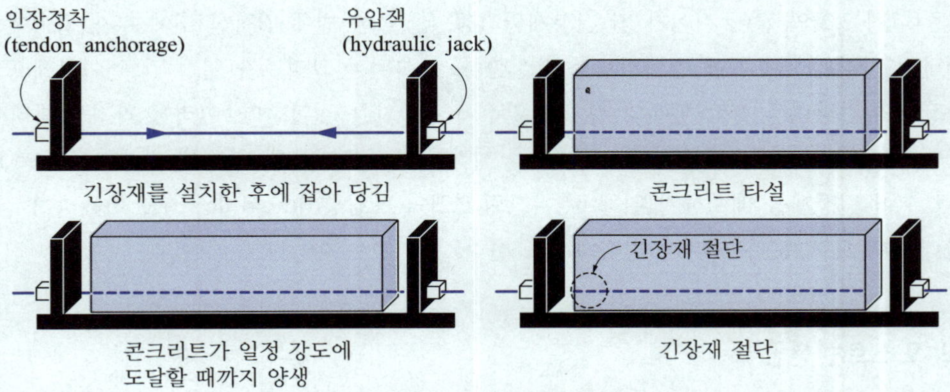

그림 2.1 프리텐션공법에 의한 부재 제작

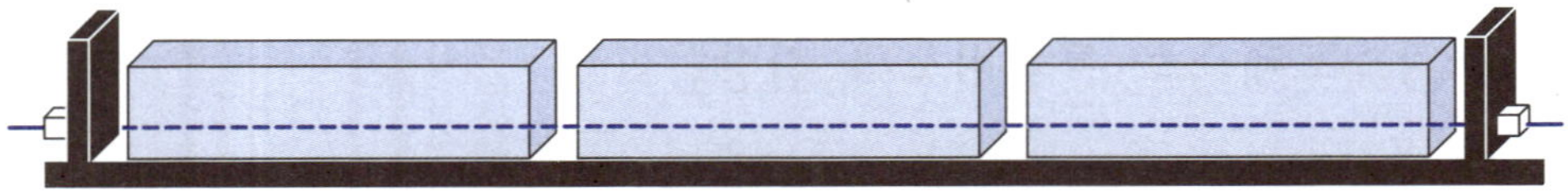

다수의 부재를 동시에 제작

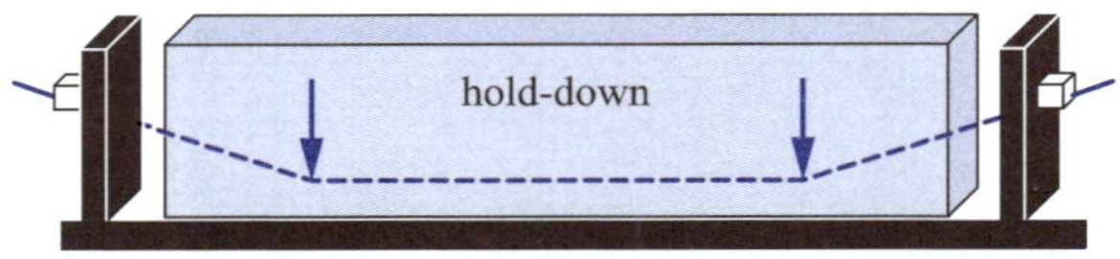

당김장치(hold-down)에 의한 부재 제작

그림 2.2 동시 제작과 당김장치

⑤ 콘크리트가 일정값 이상의 강도에 도달하면 (도로교의 경우 35 MPa 이상) 양쪽에 고정된 긴장재의 인장력을 풀고 긴장재를 절단한다. 절단된 긴장재는 인장력을 받아 수축하려고 하며, 이러한 수축력이 콘크리트에 압축력으로 작용하게 된다. 짧은 시간에 긴장재를 절단하는 웰딩터치(welding touch)방법이나 조금씩 절단하는 쏘컷팅(saw cutting)방법에 의해 긴장재를 절단한다.

강재의 긴장력이 콘크리트에 가해질 경우에 콘크리트의 일부에 균열이 발생하거나 부분적으로 압축파괴할 수 있으므로 반드시 콘크리트의 강도가 일정값 이상에 도달한 후에 긴장재에 작용하는 긴장력을 풀어야 한다. 이를 위하여 프리텐션공법에서는 조강콘크리트(early strength concrete)가 사용되기도 한다. 또한 긴장력은 콘크리트와 강재 사이의 부착력에 의하여 콘크리트에 전달되므로 프리텐션 콘크리트에는 정착장치가 사용되지 않는다.

공장에서 프리텐션공법에 의하여 프리캐스트 콘크리트 부재를 제작할 경우에는 한 번에 한 개의 부재를 제작하는 경우는 드물고 여러 개의 부재를 한꺼번에 생산하는 경우가 많다. 이 경우에는 [그림 2.2]와 같이 길이가 긴 긴장재의 양쪽 끝을 한 번에 긴장한 후에 부재 길이에 맞추어 제작된 각각의 거푸집에 콘크리트를 타설한다. 타설된 콘크리트가 일정 강도 이상에 도달하면 긴장재의 긴장력을 풀고 부재의 길이에 맞추어 긴장재를 절단한다. 이러한 과정을 통하여 한 번에 여러 개의 프리캐스트 콘크리트 부재를 제작할 수 있다. 또한 부재에 발생하는 모멘트 분포에 맞추어 긴장재를 배치하기 위해서는 [그림 2.2]의 당김장치(hold down)를 이용하여 긴장재를 아래 방향으로 당기고 나서 긴장하기도 한다.

2.2.2 포스트텐션공법

포스트텐션공법은 콘크리트를 먼저 타설하고 콘크리트가 일정한 강도에 도달하면 PS강재를 긴장하여 강재의 인장력이 콘크리트에 압축력으로 작용하게 하는 공법이다. 인장력을 받는 강재는 정착장치에 의하여 콘크리트에 고정되며 긴장된 강재가 수축함으로써 강재에 작용하는 인장력이 콘크리트에 압축력으로 작용하게 된다. 포스트텐션공법은 주로 현장에서 부재에 긴장력을 가할 때 사용되는 공법이다. 포스트텐션공법에 의해 프리스트레스트 콘크리트 부재를 제작하는 과정을 설명하면 다음과 같다([그림 2.3] 참조).

① 거푸집을 설치하고 덕트(duct, 긴장재를 넣는 금속 재질의 관, 3장에서 상세하게 설명)를 배치한다. 이때 긴장재는 미리 덕트 안에 넣어 두거나, 콘크리트가 일정한 강도에 도달한 이후에 덕트 안에 삽입한다.

② 거푸집 안에 콘크리트를 붓고 양생한다.

③ 콘크리트가 일정값 이상의 강도에 도달하면(도로교의 경우 30 MPa 이상) 긴장재의 양쪽 끝을 유압잭으로 잡아 당겨 긴장한다. 또는 긴장재의 한쪽 끝을 미리 정착한 이후에 다른 쪽 끝을 유압잭으로 잡아 당겨 긴장한다.

④ 긴장재와 덕트 사이에는 빈 공간이 존재하는데, 이 공간을 모르타르를 이용하여 메우거나, 모르타르를 삽입하지 않고 빈 공간으로 남겨두기도 한다. 전자를 부착긴장재(bonded tendon)라 하며 후자를 비부착긴장재(unbonded tendon)라 한다.

⑤ 잡아당긴 긴장재를 정착장치로 정착한다. 정착된 긴장재는 인장력을 받아 수축하려 하며 이러한 수축력이 콘크리트에 압축력을 가하게 된다.

프리텐션공법과 동일하게 PS강재의 긴장력이 콘크리트에 가해질 경우에 콘크리트의 일부에 균열이 발생하거나 부분적으로 압축파괴할 수 있으므로, 콘크리트의 강도가 일정값 이상이 된 이후에 긴장재의 긴장력을 풀어야 한다.

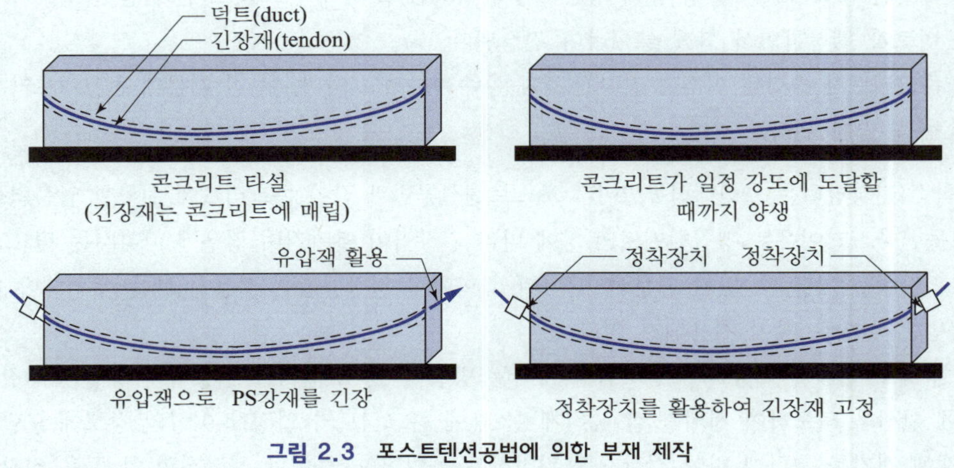

그림 2.3 포스트텐션공법에 의한 부재 제작

표 2.1 긴장방법의 특성

	프리텐션공법	포스트텐션공법
긴장 시기	콘크리트 타설 이전	콘크리트 타설 이후
힘의 전달	콘크리트와 철근의 부착력	정착장치를 통한 힘의 전달
정착장치	사용하지 않음	사용함
덕트	사용하지 않음	사용함
적용 부재	프리캐스트 부재	현장타설 부재

덕트와 긴장재 사이의 빈 공간이 존재할 경우에 긴장재는 부식하기 쉽다. 따라서 빈 공간을 모르타르로 충전하여 덕트와 긴장재 사이의 공간을 없애거나, 모르타르 충전없이 부식을 방지하기 위한 방청재를 긴장재에 도포하여 사용하기도 한다.

위에서 설명된 긴장방법의 특성을 [표 2.1]에 요약하였다.

2.2.3 화학적 긴장공법

화학적 긴장공법은 체적이 늘어나는 팽창시멘트를 사용하여 PS강재에 긴장력을 가하는 공법으로 콘크리트가 양생된 이후에 강재의 인장력이 콘크리트에 압축력으로 작용하는 공법이다. 화학적 긴장공법은 슬래브나 도로와 같이 넓은 영역에서 낮은 인장력을 가할 때 주로 사용되는 공법이다. 화학적 긴장공법에 의해 프리스트레스트 콘크리트 부재를 제작하는 과정을 설명하면 다음과 같다.

① 거푸집을 설치하고 긴장재를 배치한다.

② 거푸집 안에 팽창 콘크리트를 타설한다.

③ 타설된 콘크리트는 양생 중에 팽창하면서 경화한다. 이때 콘크리트 안에 묻힌 강재가 콘크리트가 팽창하면서 함께 늘어나며 긴장된다.

④ 콘크리트가 경화된 이후에 긴장된 강재는 수축하려고 하며, 이 힘 때문에 콘크리트가 압축력을 받게 된다.

화학적 긴장방법은 프리텐션공법이나 포스트텐션공법과 같이 콘크리트에 정확한 압축력을 가하지 못한다. 그 이유는 팽창시멘트의 양에 따라 긴장력이 달라지며 경우에 따라서는 필요 이상으로 긴장력을 가할 수 있기 때문이다. 따라서 화학적 긴장공법을 사용할 때는 주의해야 하며, 이 공법은 실제로 많이 사용되지 않고 있다.

이 밖에도 전기를 이용하여 긴장력을 가하는 방법이 있다. 전기를 이용하는 방법은 긴장재의 표면에 황산을 도포하여 전기를 잘 통하게 한 후에 콘크리트가 일정값 이상의 강도에 도달하면 긴장재에 전기를 통하게 하여 긴장재를 긴장하는 공법이다. 늘어난 긴장재의 양 끝을 정착장치를 이용하여 고정하면 긴장재가 수축하려고 하며, 이 힘이 콘크리트에 압축력을 가하게 된다. 전기를 이용하여 긴장력을 가하는 방법은 시공방법이 까다롭고 높은 긴장력을 가하기 어렵기 때문에 현재 거의 사용하지 않고 있다.

2.3 프리스트레스트 콘크리트의 종류

프리스트레스트 콘크리트의 종류는 긴장방법, 균열발생 유무, 긴장재의 형상 등에 따라 여러 종류로 구분할 수 있다.

① 긴장 순서에 의한 구분

- 프리텐션공법(pretension method) : 콘크리트를 타설하기 전에 긴장재를 먼저 긴장하는 공법으로 주로 프리캐스트 부재의 제작에 사용된다.
- 포스트텐션공법(posttension method) : 콘크리트를 타설한 후에 긴장재를 긴장하는 공법으로 주로 현장타설 부재에 사용된다.

② 인장응력 허용 유무에 따른 구분

- 완전긴장공법(full prestressing method) : 초기에 긴장력을 충분하게 가하여 외부하중을 받은 후에도 프리스트레스트 콘크리트 부재에 인장응력이 발생하지 않도록 하는 공법이다([그림 2.4(a)] 참조). 완전긴장공법의 경우에도 전체하중(고정하중, 활하중, 기타 추가하중)이 작용하기 전에는 자중만이 작용하여 부재에 인장응력이 발생하여 부분긴장공법 부재가 될 수 있다.
- 부분긴장공법(partial prestressing method) : 초기에 가해지는 긴장력이 충분하지 않아서 외부하중이 작용하면 프리스트레스트 콘크리트 부재에 인장응력이 발생하며, 경우에 따라 균열발생을 허용하는 공법이다([그림 2.4(b)] 참조). 이러한 부재에는 긴장력을 가하지 않은 일반 철근이 긴장재와 함께 사용되는 경우가 많다.

③ 긴장재와 콘크리트의 부착 유무

- 부착긴장재(bonded tendon) : 콘크리트 안에 묻혀 있는 덕트와 덕트 안에 있는 긴장재 사이의 공간을 모르타르에 의하여 충전하는 공법이다([그림 2.4(c)] 참조).
- 비부착긴장재(unbonded tendon) : 포스트텐션공법의 경우에 해당되며 덕트 안에 있는 긴장재 사이를 메우지 않고 긴장재에 방청재 등을 도포하고 사용하는 공법이다([그림 2.4(d)] 참조).

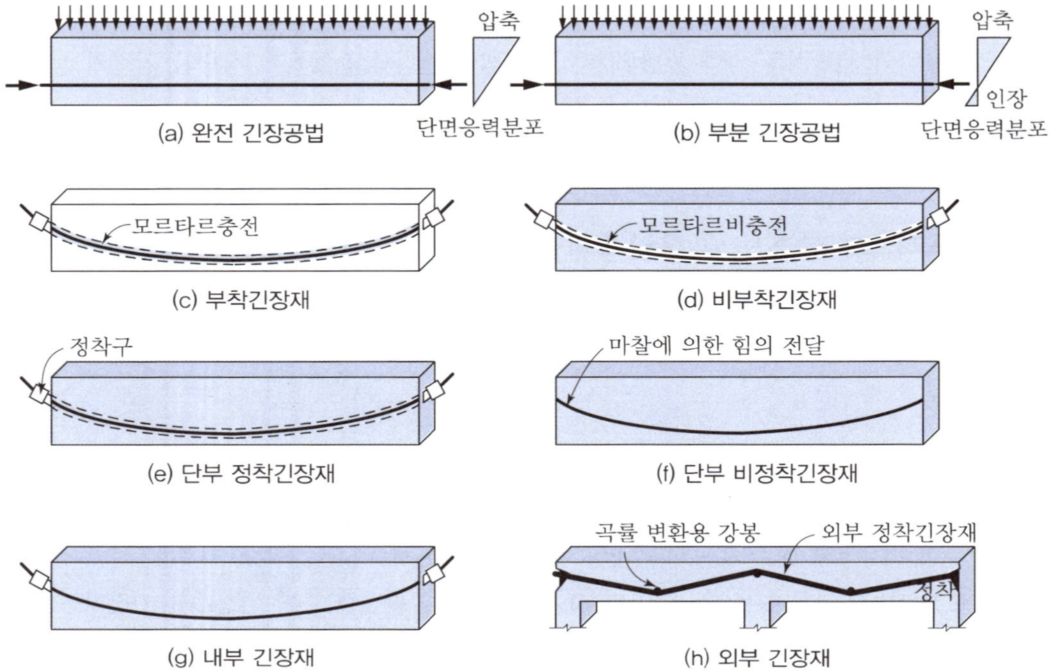

그림 2.4 프리스트레스트 콘크리트의 종류

④ 정착장치의 사용 유무

- 단부 정착긴장재(end-anchored tendon) : 긴장재가 정착장치에 의하여 정착되는 경우이며 포스트텐션공법이 해당된다([그림 2.4(e)] 참조).
- 단부 비정착긴장재(nonend-anchored tendon) : 긴장재가 정착장치에 의하여 정착되지 않고 긴장재와 콘크리트의 부착력에 의하여 힘이 전달되는 공법으로 프리텐션공법이 해당된다([그림 2.4(f)] 참조).

⑤ 긴장재가 콘크리트 안에 묻혀 있는지의 유무

- 내부 긴장재(internal tendon) : 긴장재가 콘크리트의 내부에 묻혀 있는 경우이다([그림 2.4(g)] 참조).
- 외부 긴장재(external tendon) : 긴장재가 콘크리트의 밖에 있는 경우이다. 주로 보수보강에 적용되는 공법이며, 외부 긴장재를 사용할 경우에는 긴장재가 부식하기 쉽고, 화재 시에 고온에 노출될 위험이 있으므로 주의해서 시공해야 한다([그림 2.4(h)] 참조).

⑥ 긴장재의 형상

- 원형 긴장재(circular tendon) : 원형이나 원형에 가깝게 설치된 긴장재이다. 주로 원자로

용기나 원형 저장탱크, 사일로(silo) 등에 사용된다.

- 선형 긴장재(external tendon) : 선형이나 선형에 가깝게 설치된 긴장재이다. 일반 건물의 보, 슬래브, 교량 등에 사용된다.

⑦ **긴장력을 가하는 횟수**

- 일회 긴장공법(one time prestressing method) : 한 번에 모든 긴장력을 가하는 공법이다. 시공은 용이하지만 부재에 과대 하중 또는 과소 하중이 가해질 우려가 있다.
- 단계 긴장공법(stage prestressing method) : 몇 차례의 단계별로 긴장력을 가하는 공법이다. 부재에 과대 하중이나 과소 하중을 가하지 않고 비교적 정확하게 의도한 하중을 가할 수 있지만 시공이 번거롭다.

2.4 포스트텐션 부재의 그라우팅

포스트텐션 부재에는 덕트 안에 긴장재가 있으며 덕트와 긴장재 사이에는 빈 공간이 존재한다. 특별한 조치를 하지 않아 덕트와 긴장재 사이의 공간이 비워 있을 경우에 긴장재가 부식 할 위험이 높다. 또한 긴장재가 절단될 경우에 긴장재가 빠른 속도로 부재 바깥쪽으로 날아갈 위험이 있다. 따라서 포스트텐션공법에서는 모르타르를 주입하여 긴장재와 덕트 사이의 빈 공간을 메우며 이를 긴장재의 그라우팅(grouting)이라 한다. 모르타르를 주입하는 그라우팅은 강알칼리 성분인 모르타르로 긴장재를 감싸 긴장재가 쉽게 부식하지 않도록 하며, 모르타르와 긴장재 사이에 부착력이 작용하도록 하는 것을 목적으로 한다. 그라우팅의 특징을 요약하여 정리하면 다음과 같다.

① 그라우팅 작업은 긴장재에 인장력을 가한 후에 가급적 빨리 하는 것이 좋다.

② 그라우팅 재료는 시멘트와 물을 혼합하여 제작하며 이때 재료의 원활한 주입을 위하여 물-시멘트 비율을 40 ~ 50%로 하는 것이 일반적이다. 시멘트는 보통포틀랜드 시멘트나 조강시멘트를 사용하지만 한랭 시에는 알루미나 시멘트를 사용하거나 감수제를 혼입하여 사용한다. 덕트와 긴장재 사이의 공간이 클 경우에는 시멘트, 물과 함께 모래를 섞어 그라우팅 재료를 만들 수 있다.

③ 그라우팅 재료는 좁은 공간의 덕트에 쉽게 주입될 수 있도록 유동성이 커야 하며 충분한 강도(50 MPa 이상)를 갖고 있어야 한다. 또한 그라우팅 재료는 긴장재의 부식을 촉진할 수 있는 염화물, 질산염, 황산염 등을 포함하고 있지 않아야 한다.

④ 그라우팅 재료는 경화 시에 수축하지 않아야 한다. 따라서 확장제(expansive agent, 알루미늄분말)를 물과 시멘트에 함께 혼합하여 그라우팅 재료를 만든다. 확장제를 쓰는 이유는

시멘트 페이스트가 경화할 때 시멘트는 가라앉고 물은 위로 떠서 [그림 2.5]의 ①-①단면과 같이 덕트 상부에 공극(air pocket)이 발생할 수 있기 때문이다. 확장성이 있는 시멘트를 사용할 경우에 물이 증발한 후에 발생할 수 있는 공극을 메울 수 있다. 빈 공간이 존재하게 되면 긴장재가 부식할 위험이 높다.

⑤ 그라우팅하기 앞서서 덕트 안에 공기를 불어 넣어서 덕트 안에 있는 먼지 등을 제거해야 한다. 그라우팅 재료를 덕트 안에 주입할 경우에는 [그림 2.5]의 긴장재의 가장 아래쪽 위치에서 주입하거나 부재의 양쪽 끝에서 주입해야 한다. 이때 긴장재의 최상부에는 작은 구멍을 뚫어 그라우팅 재료가 밖으로 세어 나오는지를 확인하고, 그라우팅 재료가 도중에 막히지 않고 공간을 충분하게 메웠는지를 확인해야 한다.

⑥ 주위의 온도가 5도시 이하인 경우에는 그라우팅하지 않아야 한다.

⑦ 그라우팅을 할 때 주입하는 압력이 너무 높을 경우에는 덕트가 막혔을 가능성이 높으며 이 경우에 계속해서 큰 압력으로 그라우팅 할 경우에 덕트 주변의 콘크리트에 균열이 발생할 가능성이 있으므로 주의해야 한다.

2.5 긴장재의 정착

프리스트레스트 공법이 개발된 이후에 긴장된 강재를 효율적으로 정착시키기 위하여 다양한 종류의 정착방법이 개발되었다. 포스트텐션공법에서 긴장재를 정착하기 위하여 사용되고 있는 방법은 크게 나누어 쐐기에 의한 정착과 리벳 머리나 너트에 의한 정착방법이 있다.

2.5.1 쐐기에 의한 정착

쐐기(wedge)에 의한 정착은 [그림 2.5]의 한 쪽 지름이 작고 다른 쪽 지름이 큰 콘(cone) 모양의 쐐기를 이용하여 긴장재를 정착하는 방법이다.

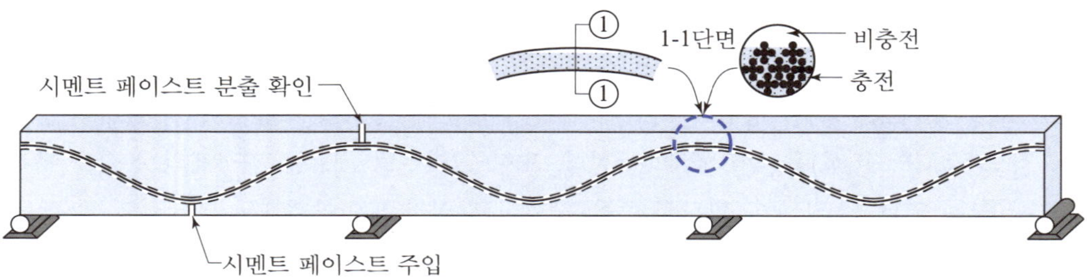

그림 2.5 그라우팅 방법

① Freyssinet공법

Freyssinet공법은 프랑스의 구조기술자 Euene Freyssinet에 의하여 최초로 개발된 정착공법이다. Freyssinet공법은 우리나라 최초의 프리스트레스트 교량인 경춘국도의 구운교(1962년)와 원효대교(1962년)를 비롯하여 많은 교량에 사용되었으며 최근에는 부산 - 거제간을 있는 거가대교(2010년)에 사용되었다.

Freyssinet공법은 [그림 2.6]의 지름 5 mm, 7 mm, 또는 8 mm의 12개의 강연선(strand)을 정착판(anchorage block) 안의 속이 좁아지는 구멍(tapered hole)에 안치된 쐐기(일명 wedge jaw라 함, 세 조각으로 이루어진 콘 모양의 장치)에 삽입한다. 쐐기를 통하여 모아진 여러 가닥의 긴장재를 유압잭에 연결하고 중앙부 잭(center-hole jack)에 의하여 모든 긴장재를 동시에 긴장하여 인장력을 가한다. 유압잭의 긴장력을 풀 경우에 잡아당긴 긴장재가 부재 안쪽으로 빨려 들려고 하는데, 이때 콘 모양의 쐐기가 이를 방지하고 긴장재를 정착한다.

② VSL공법

VSL(Vorspann System Losinger)공법은 1954년에 발명되었으며, 1982년에 우리나라에 도입되어 노량대교, 올림픽대교, 낙동강교 등과 같은 다수의 교량과 건물의 정착공법으로 사용되고 있다. VSL공법도 Freyssinet공법과 유사하게 세 조각으로 이루어진 콘 모양의 쐐기를 이용하여 정착하는 방법이다. VSL공법은 [그림 2.7]의 지름 12.4 mm 또는 12.7 mm의 강연선을 정착머리(anchor head)에 끼여진 쐐기에 안치 한 후에 모여진 긴장재를 동시에 긴장하는 공법이다. 긴장재가 일정값 이상의 인장력을 받은 후에는 긴장력을 풀어주며, 이때 강연선은 원래의 길이로 축소하여 부재 안으로 빨려 들어가려 한다. 이와 같이 줄어드려는 긴장재를 정착머리(anchor

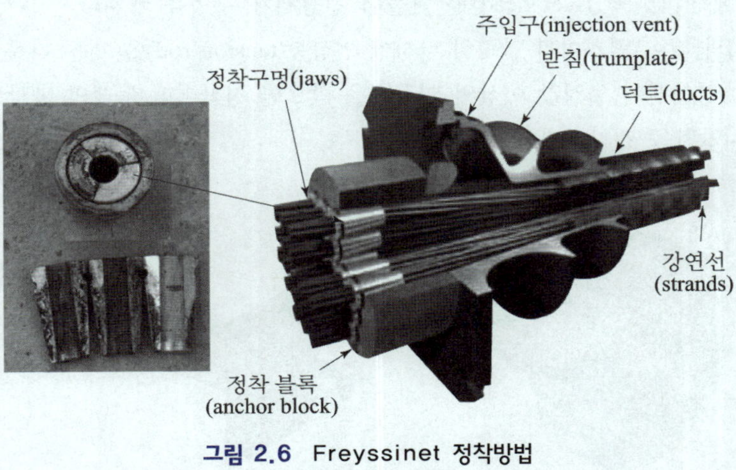

그림 2.6 Freyssinet 정착방법

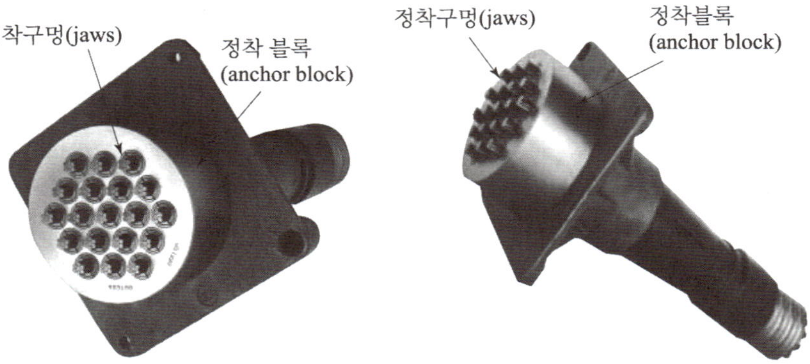

그림 2.7 VSL 정착방법

head)에 설치된 쐐기가 고정하여 인장력을 유지시킨다. 긴장재를 구성하는 강연선의 수는 인장력과 정착장치에 따라서 달라지는데 1개, 3개, 7개, 12개, 19개, 22개, 31개, 55개의 강연선이 모여서 긴장재를 이룬다.

2.5.2 리벳머리나 너트에 의한 정착

① BBRV공법

스위스에서 개발된 BBRV공법은 리벳머리를 이용하여 긴장재를 정착하는 대표적인 공법이다. BBRV라는 이름은 개발에 참여한 네 사람의 이름 머리글자를 따서 지어졌다. BBRV공법에서는 [그림 2.8]의 지름 7 mm의 긴장재를 정착머리(anchor head)에 뚫어진 구멍에 끼운 후에 긴장재의 끝부분에 리벳머리(rivet head)를 만들어 긴장재가 구멍을 빠져나가지 못하게 한다. 그 후에 [그림 2.8]과 같이 앵커머리 안쪽의 나사에 인장봉(tension rod)을 끼운 다음 인장봉을 잭으로 잡아당긴다. 강연선이 일정값 이상의 인장력을 받으면 정착머리 둘레의 바깥쪽에 있는 앵커너트를 죄어 지압판을 정착시킨다.

그림 2.8 BBRV 정착방법

② Dywidag공법

독일의 Dyckerhoff & windmann사가 개발한 Dywidag공법은 너트를 이용하여 긴장재를 정착하는 방법이다. [그림 2.9]의 고강도 봉강의 끝에 나사선을 낸 후에 특수 강재너트를 이용하여 긴장된 봉강을 정착판에 고정하는 공법이다. 이 공법은 기계적 이음장치인 커플러(coupler)를 이용하여 프리스트레스트 봉강을 비교적 손쉽게 이어갈 수 있는 장점이 있는 공법으로 우리나라의 원효대교에 사용되었다. 긴장재를 커플러로 이을 수 있다는 장점 때문에 Dywidag공법은 장대교량 건설에 많이 사용되고 있다.

이 밖에도 쐐기형 정착방법으로 CCL공법이 있으며, 루프모양으로 가공한 PC강선 또는 강연선을 콘크리트 속에 묻어 넣어 콘크리트와의 부착 또는 지압에 의하여 정착하는 Leoba공법과 Baur-Leon-Hardt공법이 있다.

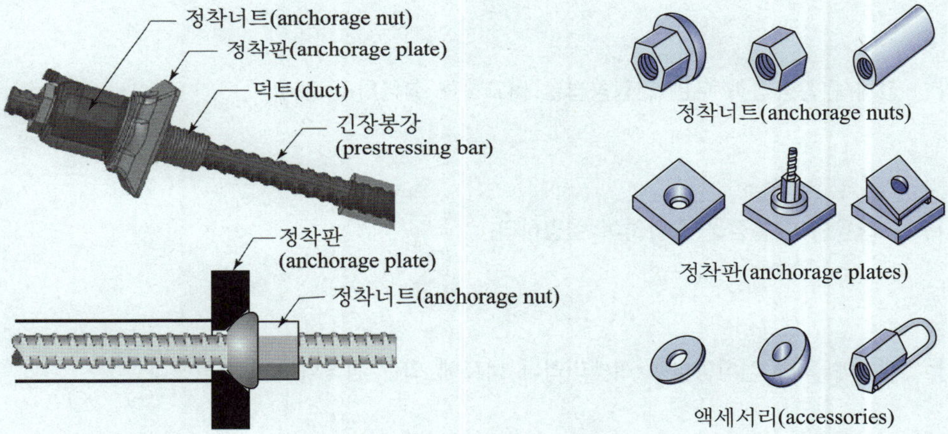

그림 2.9 Dywidag 정착방법

연습문제

2.1 | 프리텐션 프리스트레스트 공법에 대하여 설명하라.

2.2 | 포스트텐션 프리스트레스트 공법에 대하여 설명하라.

2.3 | 전체 긴장공법과 부분 긴장공법을 비교하여 설명하라.

2.4 | 그라우팅의 특징을 요약하여 설명하라.

2.5 | 쐐기에 의한 정착방법과 리벳머리나 너트에 의한 정착방법을 설명하라.

Chapter 3

재 료

3.1 일반 사항

프리스트레스트 콘크리트는 철근콘크리트와 동일하게 콘크리트와 강재로 이루어진 합성재료이다. 다만 프리스트레스트 콘크리트에는 일반 철근콘크리트에 비하여 고강도 콘크리트와 고강도 강재가 사용된다. 이는 프리스트레스트의 응력손실을 최소화하고 긴장력의 장점을 최대화하기 위한 것이다. 프리스트레스트 구조물에 사용되는 콘크리트는 시멘트, 골재, 물, 혼화재로 구성되어 있으며, 재료 배합에 따라서 성질이 달라진다. 시멘트와 혼화재도 구성 성분과 제조 과정의 차이에 따라서 다양한 종류의 제품이 생산되고 있으며, 골재는 크기, 생산 방법, 비중에 따라서 성질이 다르다. 콘크리트에 첨가되는 혼화재는 작업성을 향상시키고 콘크리트의 압축강도를 증대시키기 위하여 사용된다. 콘크리트의 압축강도, 내구성, 장기 거동, 역학적 특성 등은 시멘트의 성질, 골재의 품질 및 혼화재에 따라서 달라진다.

프리스트레스트 콘크리트에 사용되는 강재는 일반적으로 785 MPa 이상의 고강도 강재가 사용된다. 고강도 강재는 보통강도 강재에 비하여 연신율이 작고 항복강도가 명확하지 않으며 항복단구간이 짧다. 프리스트레스트에 사용되는 강재는 가공형태에 따라서 강선, 강연선, 강봉으로 구분된다. 강선과 강연선은 유연하지만 강봉은 일반 철근과 마찬가지로 쉽게 구부려지지 않는다. 프리스트레스트 강재는 강도, 단면적 및 제조 방법 등에 따라서 성질이 달라질 수 있다. [표 3.1]에서는 프리스트레스트 구조와 철근콘크리트 구조에 사용되는 재료의 주요 특징을 비교하고 있다. 3장의 전반부에서는 프리스트레스트 구조물에 사용되는 콘크리트의 특징에 대해 설명하고, 후반부에서는 PS강재의 특성에 대해서 설명한다.

표 3.1 프리스트레스트 콘크리트와 철근콘크리트 재료의 특성

	프리스트레스트 콘크리트	철근콘크리트
콘크리트	① 고강도 콘크리트 사용 (압축강도 약 30 MPa 이상) ② 조기강도 발현이 중요 ③ 크리프와 건조수축의 영향이 큼	① 보통강도 콘크리트 사용 (압축강도 약 21 MPa 이상) ② 균열이 발생하기 쉬우며 처짐이 큼
강재	① 고강도 강재 사용 (인장강도 약 785 MPa 이상) ② 릴랙세이션 발생 ③ 화재와 부식에 취약함	① 보통강도 강재 사용 (인장강도 약 300 MPa 이상)

3.2 콘크리트의 구성 재료

프리스트레스트 콘크리트 구조물에는 일반 철근콘크리트 구조물과 다르게 고강도 콘크리트가 사용된다. 최근에 콘크리트의 압축강도가 점점 높아지고는 있지만, 철근콘크리트 부재에 사용되는 콘크리트의 압축강도는 일반적으로 21~30 MPa이다. 그러나 프리텐션 콘크리트 부재의 경우에는 약 35 MPa 이상, 포스트텐션 콘크리트의 경우는 약 30 MPa 이상의 고강도 콘크리트가 사용된다. 콘크리트를 타설한 이후에 빠른 시간 안에 강도를 발현(强度 發現, 강도에 도달하게 함)하기 위해 프리스트레스트 콘크리트 공사에서는 조강시멘트를 사용하기도 한다.

3.2.1 시멘트

시멘트의 주성분은 석회질 원료에서 만들어진 산화칼슘(CaO), 점토질 원료에서 만들어진 실리카(SiO_2)와 산화알루미늄(Al_2O_3)이며, 그 밖에 소량의 산화철(Fe_2O_3), 마그네시아(MgO), 아황산(SO_3), 알칼리(K_2O+Na_2O) 등이 포함된다. 시멘트의 생산 과정은 다음과 같다.

① 석회질 원료, 규산질 원료, 산화철 원료를 혼합 분쇄
② 분쇄된 재료를 1,500℃ 이상의 고온의 소성로(kiln)에서 소성하여 클링커(clinker)를 생산
③ 클링커에 응결지연제인 석고를 첨가하여 미분말로 분쇄

시멘트가 함유하고 있는 성분의 양적 비율을 조절하여 다양한 제품을 만들 수 있다. 현재 생산되는 시멘트의 종류는 [표 3.2]의 5종류이다. 이 중에서 가장 널리 쓰이는 시멘트는 I종 보통시멘트이며, II종 중용열시멘트와 IV종 저열시멘트는 수화열이 적게 발생되어야 하는 초대형 구조물이나 댐 공사 등에 주로 사용된다. III종 조강시멘트는 도로공사와 같이 콘크리트가 빠른 기간 안에 일정값 이상의 강도에 도달해야 하는 공사에 주로 사용된다. 이 외에도 특수한 목적에 따라서 각종 혼화재를 혼합하여 제조한 고로슬래그 시멘트, 플라이애쉬 시멘트, 포틀랜드포졸란 시멘트, 팽창 시멘트, 백색포틀랜드 시멘트, 초미립자 시멘트, 초속경 시멘트, 알루미나 시멘트 등이 생산되고 있다.

프리스트레스트 콘크리트 공사에서는 콘크리트를 타설한 후에 초기에 콘크리트의 강도를 높이는 것이 중요하다. 이는 긴장재의 인장력이 콘크리트에 압축응력을 유발할 때 콘크리트에 균열이나 부분적인 압축파괴가 발생하지 않도록 하기 위한 것이다. 따라서 프리스트레스트 콘크리트 공사에서는 초기에 강도를 발현할 수 있는 III종 조강시멘트를 사용하거나, 단위 시멘트의 양을 늘려서 사용하기도 한다. 그러나 단위 시멘트의 양이 증가할 경우에는 수화열이 높아지고 건조수축 변형이 증가하므로 주의해야 한다.

표 3.2 시멘트의 종류, 특성 및 용도

종류	품명	특성	용도
I종	보통 시멘트	• 일반적인 건축·토목 구조물의 건설용으로 가장 많이 사용 • 시멘트라 함은 일반적으로 I종 보통 포틀랜드시멘트를 말함	일반 건축공사, 토목공사
II종	중용열 시멘트	• 시멘트의 수화열을 줄이기 위하여 규산3칼슘(C_3S)과 알루민산삼석회(C_3A) 성분을 감소시킴 • 장기강도를 발현하는 규산2칼슘(C_2S) 량이 많음 • 중간 수준의 수화열 발생 • 건조수축이 적고 내구성 우수	초대형 콘크리트 구조물, 댐 공사 등의 매스(mass)콘크리트 공사, 도로포장, 활주로 공사, 터널 공사
III종	조강 시멘트	• 초기강도의 발현성이 우수한 C_3S의 함량을 높임 • 물과 접촉하는 면적을 많게 하기 위하여 시멘트 입자를 미쇄하게 분쇄 • 수화속도가 빨라 단기간에 고강도 발현 • 저온 강도 발현 및 수밀성 우수	긴급 공사, 겨울 한냉지 공사, 각종 구조물 및 콘크리트 2차 제품 제조에 사용됨.
IV종	저열 시멘트	• C_2S의 함유량 40% 이상 • 수화열이 중용열시멘트 보다 낮음 • 고강도, 고유동 콘크리트 제조가 용이함	LNG 지하저장탱크, 고층 건축물, 대형 건축물 기초, 지하 구조물
V종	내황산염 시멘트	• 황산에 약한 C_3A 함유량을 줄임 • 황산 저항성능이 우수 • 화학적으로 매우 안정되고, 강도 발현도 우수	황산염 토양지대 구조물 공사, 공장폐수시설 공사, 항만 공사, 원자로 공사

3.2.2 골재와 혼화재

골재란 모르타르 또는 콘크리트를 제조하기 위하여 시멘트와 물에 혼합하는 모래, 자갈 등과 같은 재료를 말한다. 골재는 콘크리트 체적의 60퍼센트에서 80퍼센트를 차지하며 콘크리트 성질에 중요한 영향을 미치므로 물리적, 화학적 작용이 안정적이어야 한다. 또한 골재는 알맞은 입도(粒度)를 갖추어야 하며, 석편(石片)이나 유기 불순물, 염화물 등을 함유해서는 안 된다. 프리스트레스트 콘크리트 공사에서도 철근콘크리트 공사와 동일하게 골재의 종류를 크기, 생산 방법, 비중 등에 따라서 구분하여 사용한다. 굵은 골재의 최대 치수는 부재 최소 치수의 1/5, 피복 두께나 철근의 최소 수평 순간격, 최소 수직 순간격의 3/4을 초과해서는 안 된다.

프리스트레스트 콘크리트의 작업성을 향상시키거나 콘크리트 강도의 증진 또는 강도의 조기 발현 등과 같이 콘크리트의 성질을 개선하기 위하여 혼화재(admixture)가 사용된다. 혼화재는 사용되는 용도가 다양하며, 경우에 따라서는 재료분리와 같은 콘크리트에 부작용을 유발하므로 공사에 적합한 혼화재를 선정하여 사용해야 한다.

3.3 콘크리트의 압축강도

프리스트레스트 콘크리트 부재에는 일반적으로 30 MPa 이상의 고강도 콘크리트가 사용된다. 콘크리트의 강도는 압축강도, 인장강도, 휨강도, 전단강도, 지압강도, 강재와의 부착강도 등이 있다. 이 중에서 콘크리트 압축강도는 시험방법이 수월하고 콘크리트 품질을 비교적 정확하게 알 수 있으므로 구조설계의 기준이 된다.

콘크리트 압축강도시험과 공시체 제조방법은 각각 KS F 2405와 KS F 2403에 따른다. 콘크리트 압축강도는 일반적으로 다음 방법에 의해 결정된다.

① 표준 양생한 콘크리트 공시체(供試體, 일정한 규격으로 만든 재질 시험에 쓰이는 시험체)의 재령(材齡, 콘크리트를 만든 후에 경과한 기간) 28일에 측정한 시험값을 기준으로 한다.

② 공시체는 지름 150 mm, 높이 300 mm인 원주형 몰드(mold)를 사용한다([그림 3.1] 참조).

③ 콘크리트의 압축응력과 압축변형률은 가력판의 중앙과 시험체의 중심을 일치시킨 후에 매초 0.15 ~ 0.35 MPa/sec의 하중을 지속적으로 가하여 측정된 시험값을 사용한다.

콘크리트의 압축강도시험용 시료는 배합된 콘크리트를 무작위로 선정하며 수일간 연속하여 콘크리트를 타설할 경우에 하루에 1회 이상, 콘크리트 150 m^3당 1회 이상(KDS 14 국가건설기준 2020), 슬래브나 벽체의 표면적 500 m^2마다 1회 이상, 배합이 변경될 때마다 1회 이상 채취하여야 한다. 콘크리트의 압축응력 - 변형률의 특성과 고강도 콘크리트의 특성은 다음과 같다.

압축응력 – 변형률 곡선

[그림 3.1]은 공시체 실험에서 계측된 보통강도 콘크리트의 압축응력 - 압축변형률 관계를 나타낸다.

보통강도 콘크리트의 압축응력과 변형률 곡선은 식(3.1)의 포물선 식에 의해 계산한다.

$$f_c = f_{ck}\left[1 - \left(1 - \frac{\epsilon_c}{\epsilon_{co}}\right)^n\right] \tag{3.1}$$

여기서, f_c : 콘크리트의 응력, ϵ_c : 콘크리트의 변형률, f_{ck} : 콘크리트 설계기준압축강도(최대응력), n : 상승 곡선부의 형상을 나타내는 계수, ϵ_{co} : 콘크리트의 압축강도에 상응하는 변형률이다. 보통강도 콘크리트의 압축변형률 ϵ_{co}은 대략 0.002 정도이다.

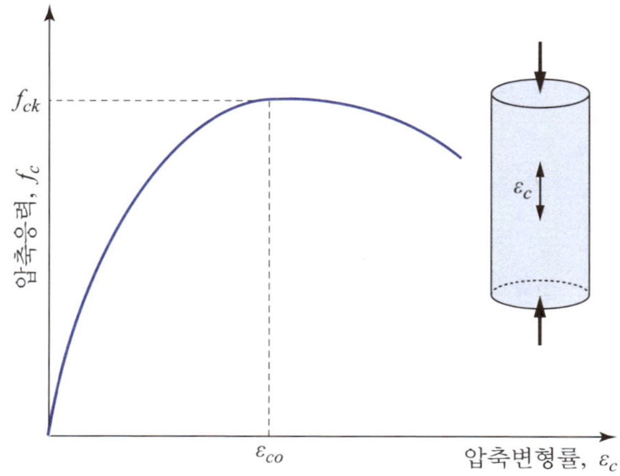

(a) 압축응력 – 변형률 곡선

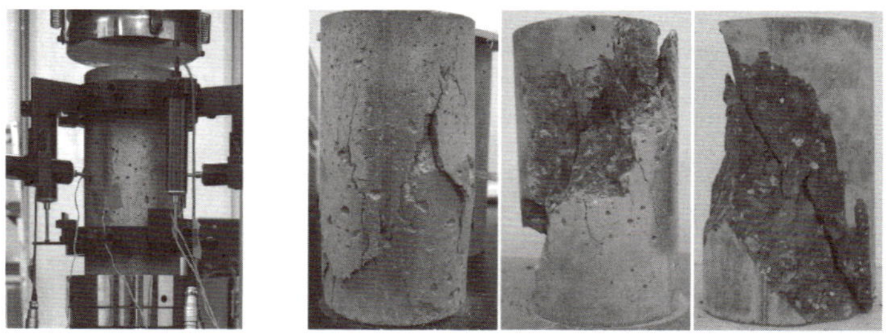

(b) 가력 장치 (c) 압축파괴 사진

그림 3.1 콘크리트의 압축응력 – 변형률 곡선

프리스트레스트 콘크리트의 경우에는 시간이 경과함에 따라서 달라지는 콘크리트의 압축강도를 정확하게 계산하는 것이 중요하다. 시간에 따라서 변화하는 콘크리트의 압축강도($f_{c(t)}$)는 식(3.2a)와 식(3.2b)에 의해 계산할 수 있다.

$$[\text{I종 시멘트}] \qquad f_{c(t)} = f_{ck(28)}\left(\frac{t}{4+0.85t}\right) \tag{3.2a}$$

$$[\text{III종 시멘트}] \qquad f_{c(t)} = f_{ck(28)}\left(\frac{t}{2.3+0.92t}\right) \tag{3.2b}$$

여기서, $f_{c(t)}$: 시간이 경과함에 따라서 변화하는 콘크리트의 압축강도, $f_{c(28)}$: 재령 28일된 콘크리트의 압축강도, t : 시간이며 1일을 “1”로 한다.

콘크리트의 압축응력과 변형률 곡선은 [그림 3.1(a)]와 같이 포물선을 이루기 때문에 곡선의 접선계수는 응력 - 변형률 값에 따라서 달라진다. 따라서 설계에서는 콘크리트의 응력이 “0”인 원점과 콘크리트 압축강도(f_{ck})의 40퍼센트가 되는 응력점($0.4f_{ck}$)을 직선으로 연결하고 이 기울기를 콘크리트의 탄성계수(E_c)로 하고 있다. 이러한 탄성계수를 할선탄성계수(割線彈性係數, secant modulus of elasticity)라 한다.

$w_c = 1{,}450 \sim 2{,}500\ \mathrm{kg/m^3}$인 경우

$$E_c = 0.077 w_c^{1.5} \times \sqrt[3]{f_{cm}} \quad [\mathrm{MPa}] \tag{3.3a}$$

여기서, w_c는 콘크리트의 단위질량이다. 보통중량골재를 사용한 콘크리트의 단위질량은 $w_c =$ 2,300 kg/m^{3}이다. 따라서 보통콘크리트의 경우에 식(3.3a)에 단위질량을 대입하여 식(3.3b)를 구할 수 있다.

$w_c = 2{,}300\ \mathrm{kg/m^3}$인 경우

$$E_c = 8{,}500 \sqrt[3]{f_{cm}} \quad [\mathrm{MPa}] \tag{3.3b}$$

식(3.3a, b)에서 f_{cm}은 콘크리트의 평균압축강도이며, 식(3.4)에 의해 계산한다. 콘크리트 탄성계수(E_c)를 계산할 때는 계산식 자체의 안전율과 f_{ck}의 안전율이 이중으로 포함될 수 있으므로 설계기준압축강도(f_{ck})를 사용하지 않고 평균압축강도(f_{cm})를 사용한다.

$$f_{cm} = f_{ck} + \Delta f \quad [\mathrm{MPa}] \tag{3.4}$$

여기서, Δf는 f_{ck}가 40 MPa 이하면 4 MPa, 60 MPa 이상이면 6 MPa이며, 그 사이는 직선보간으로 구한다.

콘크리트의 푸아송비는 콘크리트의 응력에 따라서 달라진다. 탄성범위 내에서의 콘크리트의 푸아송비는 0.15~0.20 정도가 되며, 0.17을 평균값으로 사용한다.

고강도 콘크리트

프리스트레스트 콘크리트 부재는 철근콘크리트 부재에 비하여 고강도의 콘크리트를 사용한다. [그림 3.2]는 압축강도에 따라서 달라지는 콘크리트의 압축응력 - 변형률 곡선이다. 고강도 콘크리트의 압축응력 - 변형률 곡선의 특성은 다음과 같다.

① **탄성계수의 증가** : 콘크리트의 압축강도가 증가하면 콘크리트의 탄성계수도 증가한다. 실험에 의하면 재료 성질에 따라서 편차가 있기는 하지만 탄성계수는 식(3.3)의 강도의 세제곱근에 비례하여 증가한다.

② **압축강도에 상응(相應)하는 변형률의 증가** : 보통강도 콘크리트의 압축변형률(ϵ_{co})은 대략 0.002 정도이다. 압축강도가 증가함에 따라서 압축변형률은 다소 증가한다. 그러나 증가의 폭은 작아 100 MPa의 고강도 콘크리트의 압축변형률 ϵ_{co}는 약 0.0025~0.003 정도이다.

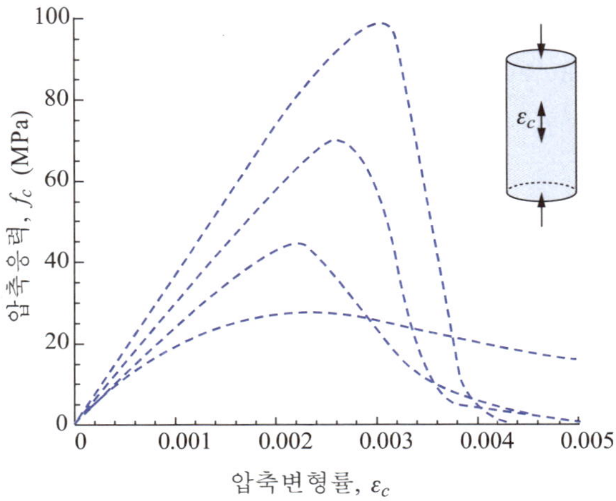

그림 3.2 고강도 콘크리트의 압축응력 – 변형률 곡선(Collins and Mitchell, 1991)

③ **압축응력 – 변형률 곡선의 변화** : 보통강도 콘크리트의 압축응력 - 변형률 관계 곡선은 포물선에 가깝지만 고강도 콘크리트의 압축응력 - 변형률 곡선은 선형에 가깝다. 따라서 고강도 콘크리트의 압축응력 - 변형률 곡선 내부의 면적은 보통강도 콘크리트의 압축응력 - 변형률 곡선 내부의 면적보다 작다.

④ **취성적**(脆性, brittle) **파괴** : 고강도 콘크리트는 압축강도에 도달한 이후에 응력이 급격하게 감소하여 보통강도 콘크리트보다 취성적으로 파괴된다.

고강도 콘크리트를 제조하기 위해서는 다음 사항에 대하여 고려해야 한다.

① **시멘트풀**(cement paste) **강도의 증가** : 콘크리트에서 시멘트와 물은 골재를 연결시키는 접착재의 역할을 한다. 콘크리트의 강도를 증대시키기 위해서는 시멘트풀의 강도를 증대시켜야 하며, 시멘트풀의 강도를 증대시키기 위해서는 물 - 시멘트의 비를 감소시켜야 한다. 일반적으로 물 - 시멘트 비가 약 20퍼센트일 때 시멘트풀의 강도는 약 130 MPa의 최댓값에 도달하고, 물 - 시멘트 비가 약 50퍼센트일 때 시멘트풀의 강도는 약 60 MPa까지 감소한다. 즉, 콘크리트를 제조하기 위하여 물과 시멘트가 화학적인 반응을 일으키기 위한 최소 물 - 시멘트 비는 약 20퍼센트이며, 이때 시멘트풀의 강도는 최대가 된다. 그러나 이와 같이 물 - 시멘트 비를 작게 할 경우에는 워커빌리티(workability, 시공연도, 작업성)가 나빠질 수 있다. 여기에서 워커빌리티란 콘크리트가 거푸집의 구석구석까지 충분히 채워질 수 있는 콘크리트의 유연성을 의미하며, 콘크리트 타설 작업의 용이성과 밀접한 관계가 있다. 따라서 워커빌리티를 일정값 이상으로 유지한 채 단위수량을 감소시키기 위해서 AE제, 감수제, 고성능 AE감수제 등의 혼화재를 사용해야 한다.

② **골재 강도의 증가** : 골재의 강도는 골재의 종류에 따라서 달라지기는 하지만 골재의 압축

강도는 일반적으로 약 50~80 MPa 정도이다. 따라서 압축강도가 50 MPa 이하인 보통강도 콘크리트의 경우에는 골재가 파괴되기 보다는 시멘트풀이 파괴되는 경우가 많다. 그러나 시멘트풀의 강도가 80 MPa을 넘을 경우에 시멘트풀의 강도가 골재의 강도보다 높아 골재가 파괴되어 압축강도가 더 이상 증가하지 않는 경우가 발생하므로 초고강도 콘크리트를 제조하기 위해서는 강도가 높은 골재를 선별하여 사용해야 한다.

③ **골재와 시멘트풀 사이의 부착력 증가** : 콘크리트의 강도는 시멘트풀과 골재 사이의 전이 영역(transition zone)과 밀접한 관련이 있다. 전이 영역의 강도를 증대시키기 위해서는 물-시멘트 비의 감소와 함께 적절한 혼화재를 사용해야 한다.

3.4 콘크리트의 인장강도

프리스트레스트 콘크리트 구조는 인장강도가 낮은 콘크리트에 과도한 균열이나 처짐이 발생하지 않도록 인위적으로 콘크리트의 인장응력을 작게 하는 구조체이다. 콘크리트의 인장강도는 압축강도에 비하여 작지만 전단, 비틀림, 부착강도에 영향을 준다. 인장강도는 쪼갬인장강도와 휨인장강도로 구분할 수 있다. 콘크리트 시험체를 직접 잡아 당겨 인장강도를 측정할 경우에 시험체와 그립(grip)사이에 미끌림이 발생하여 인장강도를 직접 측정하기 어렵다. 따라서 쪼갬인장시험에 의해 얻어진 쪼갬인장강도(splitting tensile strength)를 콘크리트의 인장강도로 하고 있다. 특히, 전단과 비틀림 내력에 영향을 주는 부재 복부콘크리트, 횡하중이 크게 작용하는 접합부나 지점 부근, 프리스트레스트 콘크리트 부재의 긴장력이 가해지는 부재 단부에서는 압축력에 의한 쪼갬균열이 발생할 수 있다.

쪼갬인장강도는 [그림 3.3(a)]에서 콘크리트의 압축강도를 측정하기 위하여 사용하는 원주형 공시체를 옆으로 뉘어 놓고, 수직 방향으로 압력을 가해서 측정한다(시험방법 KS F 2423). 시험체를 수직으로 가력할 경우에 가력점 근처에서는 큰 압축응력이 작용하지만 시험체의 중간 부분에는 [그림 3.3(a)]와 같이 일정한 크기의 인장응력이 작용한다. 압축강도에 비하여 인장강도가 낮은 콘크리트는 인장측에서 먼저 파괴되어 강도를 측정할 수 있으며, 이러한 인장강도를 쪼갬인장강도라 한다. 쪼갬인장강도는 식(3.5)에 의해 계산한다.

$$f_{sp} = \frac{2P}{\pi \cdot d \cdot l} \tag{3.5a}$$

$$f_{sp} = 0.57\sqrt{f_{ck}} \tag{3.5b}$$

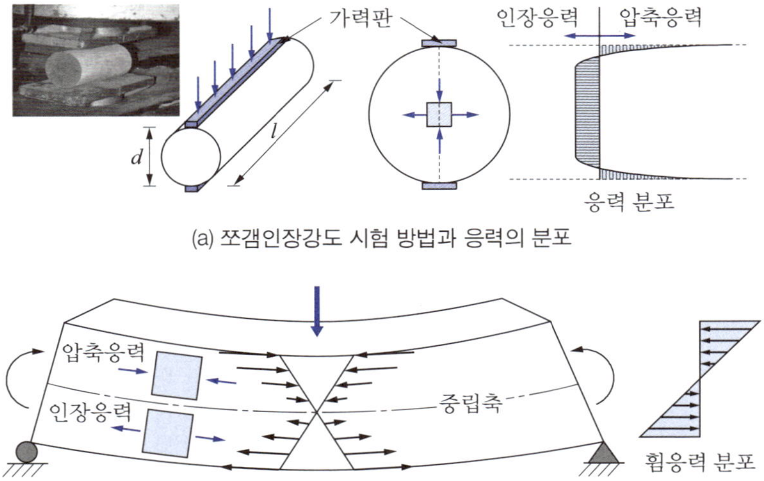

그림 3.3 쪼갬인장강도와 휨인장강도

여기서, f_{sp} : 쪼갬인장강도, P : 가력 하중, d : 시험체의 직경, l : 시험체의 길이이다. 경량콘크리트 쪼갬인장강도는 보통중량콘크리트의 쪼갬인장강도보다 작으며 식(3.5c)를 이용하여 계산한다.

$$f_{sp} = \lambda(0.57\sqrt{f_{ck}}) \tag{3.5c}$$

여기서, λ : 경량콘크리트 계수이며 $\lambda = 0.75$(f_{sp}값이 규정되어 있지 않으며, 전 경량콘크리트의 경우), $\lambda = 0.85$(f_{sp}값이 규정되어 있지 않으며 모래 경량콘크리트의 경우), $\lambda = f_{sp}/(0.56\sqrt{f_{ck}}) \leq 1.0$($f_{sp}$값이 규정되어 있는 경우).

인장강도의 또 다른 종류인 휨인장강도(modulus of rupture)는 [그림 3.3(b)]의 휨모멘트를 받는 부재에 발생하는 인장응력에 저항하는 강도를 의미한다(시험방법 KS F 2408). 휨부재에 작용하는 휨인장강도(f_r)는 쪼갬인장강도보다 약 11퍼센트 크며, 식(3.6)에 의하여 계산한다.

$$f_r = 0.63\lambda\sqrt{f_{ck}} \tag{3.6}$$

여기서, λ : 경량콘크리트 계수이며 식(3.5c)의 값과 동일하다. 보통중량콘크리트의 경우에는 $\lambda = 1$을 사용한다.

3.5 크리프와 건조수축

3.5.1 크리프(creep)

프리스트레스트 콘크리트 구조물에는 외부하중과 함께 PS긴장력에 의해 유발되는 압축력이 콘크리트에 작용하므로 크리프변형이 커질 수 있다. 크리프는 콘크리트가 갖고 있는 불리한 특성 중의 하나로 경화된 콘크리트에 지속적으로 압축하중이 작용할 때 시간이 경과함에 따라서 진행되는 시간 종속적인 변형률(time dependent strain)을 말한다. 크리프는 콘크리트의 압축변형률을 증대시켜 콘크리트의 탄성계수를 작게 한다. 콘크리트의 탄성계수가 작아지면, 결과적으로 부재의 처짐이 증가한다. 또한, 프리스트레스트 콘크리트 구조물의 경우에 크리프는 정착한 긴장재의 응력손실을 유발시킨다.

콘크리트의 크리프변형 곡선은 [그림 3.4]의 특성을 갖고 있다. 이 곡선의 구간별 변형률 특성을 요약하면 다음과 같다.

① **탄성변형** : 콘크리트 구조물에 압축력이 작용하면(시간 t_o) [그림 3.4]와 같이 순간적으로 탄성변형률이 발생한다.

② **크리프변형** : 내부의 재료입자가 치밀하게 분포된 강재는 압축력이 지속될 경우에도 초기 탄성변형률을 그대로 유지하지만, 압축력을 지속적으로 받는 콘크리트의 경우에 압축응력을 전달하는 콘크리트 내부 겔입자 사이의 흡착수층이 얇게 되려는 현상 때문에 시간이 지남에 따라서 변형률이 추가로 발생하게 된다. 이를 크리프변형이라 한다([그림 3.4]의 시간 $t_o \sim t_i$구간). 콘크리트를 타설하고 시간이 많이 경과되지 않은 기간에는 크리프변형률 증가 비율이 크지만, 타설한 후의 시간이 길어지면 크리프변형률의 증가 비율은 감소한다. 재하(在荷) 후, 처음 28일 동안에 전체 크리프변형률의 1/2 정도가 진행하며 3~4개월

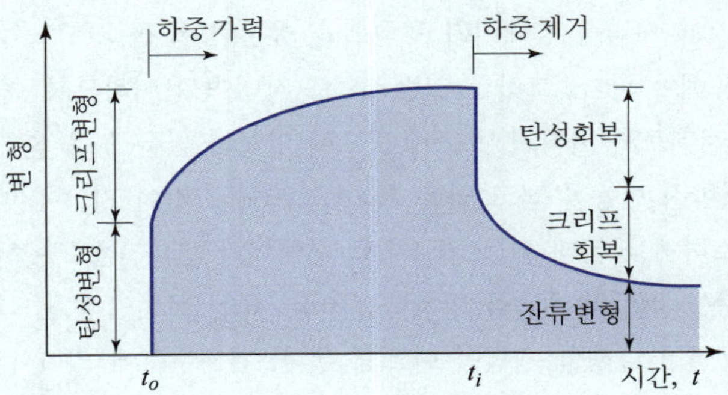

그림 3.4 크리프변형률

동안에 전체 크리프변형률의 3/4 이상 진행한다. 5년 동안에는 전체 변형률의 95퍼센트 이상 진행하고 그 이후에는 아주 작게 증가한다.

③ **탄성회복** : 콘크리트에 작용하는 압축하중을 제거하면 압축하중에 의해 발생한 탄성변형률이 회복된다(그림의 시간 t_i 시점).

④ **크리프회복** : 압축하중을 제거하면, 그 동안 발생했던 콘크리트의 크리프변형률이 점점 회복된다. 그러나 크리프변형은 시간이 경과한 후에도 완전하게 회복되지 않고 콘크리트에는 잔류변형률이 남는다(그림의 시간 t_i 이후).

다음의 요소가 콘크리트의 크리프에 주로 영향을 준다.

① 콘크리트에 가해지는 압축력이 커지면 크리프변형률은 증가한다. 압축력을 받지 않을 경우에 크리프변형률은 거의 발생하지 않으며, 압축력이 지속적으로 가해지지 않는 경우에도 크리프변형률은 크지 않다.

② 압축력의 지속 시간이 증가하면 크리프변형률은 증가한다.

③ 물-시멘트 비와 단위 시멘트량이 클수록 크리프변형률은 증가한다.

④ 대기 중의 습도가 증가하면 크리프변형률은 감소한다.

⑤ 단위 골재량이 증가할수록 크리프변형률은 감소한다.

⑥ 다짐이 불충분하면 크리프변형률은 증가한다.

⑦ 단면의 치수가 클수록 크리프변형률은 감소한다.

⑧ 콘크리트 강도가 증가하면 일반적으로 물-시멘트 비가 감소하여 크리프변형률은 감소한다.

3.5.2 건조수축(drying shrinkage)

건조수축이란 수화된 시멘트에 흡착되었던 수분이 증발하여 콘크리트에 생기는 체적 변형을 말한다. 프리스트레스트 콘크리트 구조물에서 건조수축(乾燥收縮)은 크리프와 마찬가지로 긴장재의 응력을 감소시키며 처짐을 증대시키고 균열을 유발한다. 콘크리트를 제조할 때 시멘트와 물이 화학적으로 반응해야 한다. 그러나 일반적으로 작업이 용이하도록 즉 작업성(workability)을 향상하기 위하여 시멘트의 화학적 반응에 필요한 양보다 많은 물을 혼합하여 콘크리트를 배합한다. 이 경우에 화학적 반응을 하고 남은 물(여분수)이 시간이 지남에 따라서 증발함으로 콘크리트의 체적이 감소하게 되는데 이를 건조수축 변형이라 한다. 건조수축에 의해 콘크리트 체적이 감소할 경우에 콘크리트의 수축을 방해하는 여러 요인으로 인해 콘크리트에는 인장응력이 발생하며, 그 결과 균열이 발생할 위험이 따르게 된다. 건조수축에 의한 콘크리트 변형률은 약 0.0004 ~ 0.0009로 알려져 있다.

건조수축은 [그림 3.5]와 같이 콘크리트가 경화하는 초기에는 크게 발생하지만, 시간이 경과함에 따라 발생률이 서서히 감소한다(그림의 시간 $t_o \sim t_i$구간). 건조한 콘크리트에 다시 물이 채워질 경우에 콘크리트는 체적을 회복하지만, 크리프변형과 마찬가지로 시간이 많이 경과한 이후에도 콘크리트에 잔류 변형이 남는다(그림의 시간 t_i 이후). 다음의 요소가 콘크리트의 건조수축에 영향을 준다.

① 물-시멘트 비가 클수록 건조수축변형률은 증가한다.
② 대기 중에 습도가 증가하면 건조수축변형률은 감소한다.
③ 단위 골재량이 증가할수록 건조수축변형률은 감소한다.
④ 콘크리트의 강도가 증가하면 일반적으로 물-시멘트 비가 감소하며 건조수축변형률은 감소한다.
⑤ 단위 시멘트량이 부족하면 콘크리트의 강도가 낮아지며, 건조수축이 증가한다.
⑥ 골재의 강도가 낮거나 토분 등이 섞여 있으면 건조수축이 증가한다.
⑦ 다짐이 불충분하면 콘크리트 안의 수분이나 공기가 갇히게 되어 경화된 콘크리트가 수밀하지 못해서 강도가 낮아지고 건조수축이 증가한다.
⑧ 콘크리트의 양생 과정에서 필요한 수분이 공급되지 못하면 강도가 낮아지며 건조수축이 증가한다.

건조수축은 콘크리트에 균열을 발생시킬 수 있으므로 가능하면 건조수축을 최소한으로 억제할 필요가 있다. 건조수축량을 최소화하기 위해서는 단위 수량과 공극량을 줄이고, 단위 골재량을 증대시키며 적절하게 양생해야 한다.

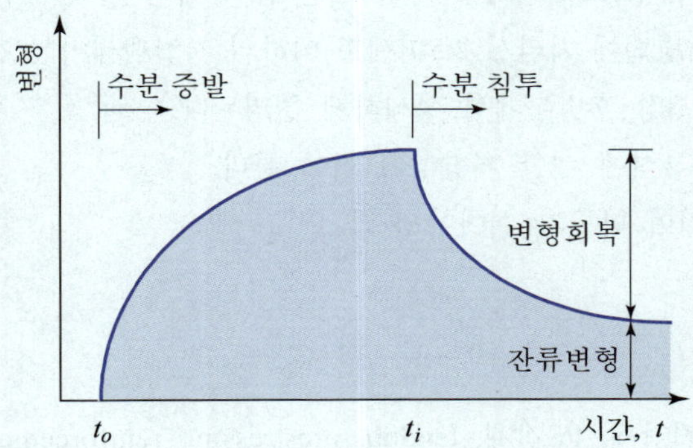

그림 3.5 건조수축변형률

3.6 강재

프리스트레스트 콘크리트에 사용되는 강재는 크게 두 종류로 구별할 수 있다. 첫째는 긴장력을 가하는 강재(긴장재, PS강재, tendon, prestressing reinforcement)이며, 둘째는 철근콘크리트 구조물에 쓰이는 것과 동일한 긴장력을 가하지 않는 강재(비긴장재, non-prestressing reinforcement)이다. 다음은 프리스트레스트 콘크리트에 사용되는 긴장재가 가져야 할 바람직한 성질을 요약한 사항이다.

① 긴장재의 항복강도가 높아야 한다. 프리스트레스트 콘크리트는 긴장재에 인장력을 가한 후에 이를 이완할 경우에 응력손실이 발생한다. 보통강도의 철근이 긴장재로 사용될 경우에 응력손실에 의해 대부분의 긴장력이 손실되므로 효과가 없다. 따라서 항복강도가 높은 강재가 사용되어야 응력손실 이후에도 일정값 이상의 압축력을 콘크리트에 가할 수 있다.

② 긴장재는 높은 응력까지 탄성상태를 유지해야 한다([그림 3.6(b)] 참조). 동일한 강도를 갖는 강재의 경우에도 탄성한계응력이 낮은 경우에는 강재의 변형률이 크기 때문에 부재의 처짐이 증가하고 균열이 발생할 가능성이 높다.

③ 긴장재는 파단 시까지의 변형률(연신율(延伸率))이 커서 충분한 연성을 갖고 있어야 한다. 긴장재의 연성이 작을 경우에 부재가 취성적으로 파괴될 수 있으므로 강재의 연성이 커야 한다.

④ 긴장재는 콘크리트와의 부착강도가 커야 한다. 특히 프리텐션공법에서는 강재와 콘크리트 사이의 부착에 의해 긴장력이 전달되므로 강재와 콘크리트 사이의 긴장력이 커야 한다.

⑤ 긴장재는 릴랙세이션(relaxation)이 작아야 한다. 강재의 릴랙세이션은 8.0퍼센트 이하가 되어야 하며 가공 방법에 따라서 2.5퍼센트 이하의 저릴랙세이션 긴장재가 사용되기도 한다. 릴랙세이션은 3장 후반부에서 상세하게 설명된다.

⑥ 긴장재는 피로와 부식에 대한 저항성이 커야 한다.

⑦ 긴장재는 경제적이며 다루기 쉬어야 한다.

3.6.1 긴장재

긴장력을 받는 강재(긴장재, PS강재, tendon, prestressing reinforcement)는 강재자체에 인장력이 작용하며 긴장력이 이완(releasing)된 후에 콘크리트에 압축력을 가하는 역할을 한다. 프리스트레스트 콘크리트에 사용되는 긴장재는 형상에 따라서 PS강선, PS강연선, PS강봉의 세 종류로 구분된다. 이 중에서 PS강선과 PS강연선은 PS강봉에 비하여 구부러지기 쉬워 곡선 배치가 쉽고 시공성이 좋아서 프리스트레스트 공사에 많이 사용되고 있다.

① **PS강선**(PS wires) : 프리스트레스트 강선은 [그림 3.6(c)]의 KS D 7002의 규정에 따라서 제작된 지름 9 mm 이하인 피아노선재를 말한다. PS강선은 1개의 선으로 이루어져 있으며, 단면의 형상에 따라서 [표 3.3]의 원형선과 이형선으로 구분한다.

② **PS강연선**(PS strands) : 프리스트레스트 강연선은 [그림 3.6(c)]의 KS D 7002의 규정에 따라서 제작된 지름 9 mm 이하인 PS강선 몇 가닥을 한데 모아, 이들을 꼬아서 만든 긴장재이다. PS강연선은 PS강선의 수에 따라서 [표 3.3]의 2연선, 3연선, 7연선, 19연선 등으로 구분하며, 인장 강도에 따라서 A종과 B종으로 구분한다. 이 밖에도 대용량의 긴장력이 필요한 경우에는 [표 3.3]의 KS규격 이외에 다층 PS연선(다층 19가닥 연선, 다층 37가닥 연선, 다층 91가닥 연선)이 사용되며, 7연선을 복수로 합친 다중 PS연선이 사용된다.

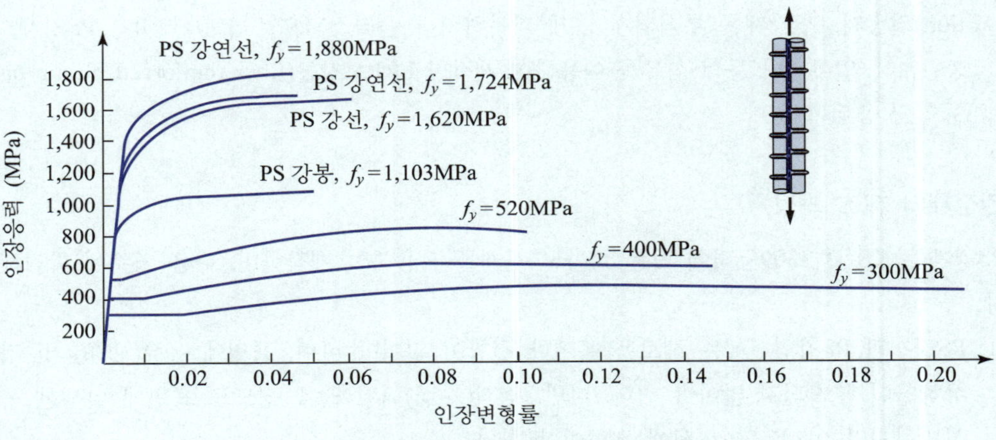

(a) PS강재와 철근의 응력-변형률 곡선

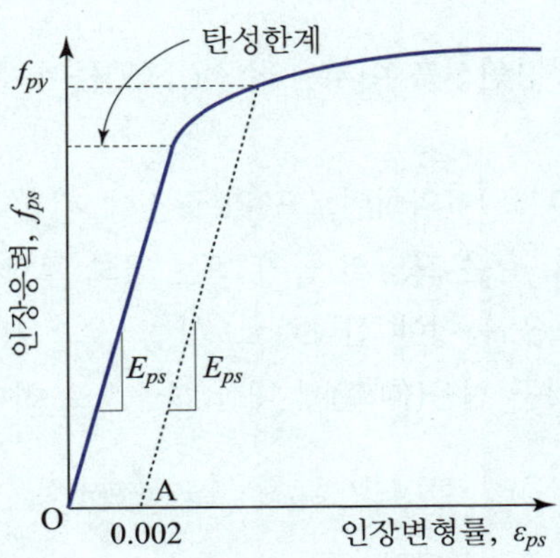

(b) PS강재의 항복강도

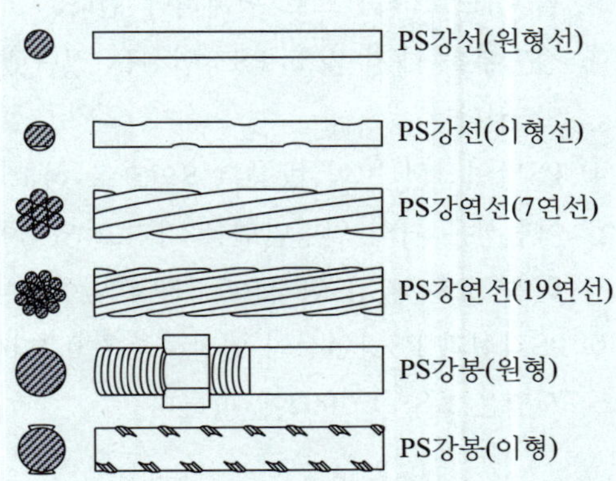

(c) PS강재의 종류

그림 3.6 PS강재와 철근의 종류 및 응력-변형률 곡선

③ **PS강봉**(PS bars) : 프리스트레스트 강봉은 [그림 3.6(c)]의 KS D 3505의 규정에 따라 제작된 봉강이다. PS강봉은 부착강도를 높이기 위하여 표면을 거칠게 한 이형 봉강과 원형 봉강으로 구분한다([표 3.7] 참조). 원형 봉강은 지름 9.2~40 mm의 크기로 주로 포스트텐션공법에 사용된다. 이형 봉강은 지름 9.2~13 mm의 크기로 콘크리트와의 부착에 의해 긴장력이 전달되는 프리텐션공법에 주로 사용된다. PS강봉은 끝 부분을 가공하여 너트를 이용해 정착시킬 수 있지만 곡선 배치가 쉽지 않은 단점이 있다. 강봉의 끝 부분을 가공하여 나사선을 만들 경우에는 단면이 결손되지 않도록 하며 전조나사로 정착한다. PS강봉에서 발생하는 릴랙세이션은 PS강선과 PS강연선에서 발생하는 릴랙세이션보다 작아서 응력손실이 적게 발생한다.

④ **기타** : 이 밖에도 PS긴장재에 발생하는 릴랙세이션을 작게 한 저릴랙세이션(low relaxation)긴장재, PS강재를 부식되지 않게 피복하거나 플라스틱으로 코팅한 피복 PS강재, 탄소, 유리, 알루미나 등의 섬유를 이용하여 제작한 FRP보강근(fiber reinforced plastic bars) 등이 사용되고 있다.

긴장재의 제조 과정

PS강재는 KS D 3509규격에 맞는 피아노 선재를 사용하여 제작하며, 다음 기준에 합격해야 한다.

① PS강선과 PS강연선에는 해로운 흠이나 결함이 없어야 하며, 표면에 유류(油類) 및 기타 유해물이 부착되지 않아야 한다. 다만, 점식(黏埴)되지 않을 정도로 표면에 발생한 녹은 무방하지만 이것도 이형선에는 없어야 한다.

② PS강선과 PS강연선을 타래에서 풀어 놓았을 때 PS강선과 PS강연선은 사용에 지장이 없을 정도로 직선으로 펼쳐져야 한다.

③ 절단부를 매지 않고 PS강연선을 절단했을 때 강연선을 이루는 소선(小線)들이 풀려서는 안 된다.

④ PS강연선의 꼬임 방향은 S연으로 하고 KS D 3514(와이어로프)의 규정에 따른다.

⑤ 이형선은 거의 원형단면을 가지고 있어야 하며, 같은 모양의 돌기 또는 곰보 모양의 홈이 연속 또는 일정 간격으로 찍혀 있어 부착성능을 높여야 한다.

⑥ PS강선과 PS강연선의 인장하중은 0.2퍼센트 영구 신율(伸率)에 대한 하중으로 하며, 신율시험은 KS D 7002에 따른다.

PS강재는 다음의 여러 공정을 통하여 제조된다.

① **패턴팅**(patenting) : 강재의 재질을 균질하게 하고 강도를 향상시키는 열처리 공정

② **피클링**(pickling) : 강재 표면에 있는 산화막을 제거하는 공정

③ **담금질**(quenching)과 **뜨임**(tempering) : 약 800도로 가열된 강재를 급속하게 냉각하고 다시 약 450도의 낮은 고온으로 가열하여 내부 응력을 감소시키며 인성(靭性)을 증대시키는 공정

④ **냉간 인발**(cold drawing) : 강재를 다이스(dies, 원추형의 긴 구멍이 뚫린 판)에 통과시켜 일정한 지름과 강도를 갖게 하는 공정

⑤ **응력 제거**(stress-relieving) : 강재에 다시 500도 정도의 열을 가하여 기계적 가공을 하고 표면 경화에 의해 내부 응력을 제거하는 공정

⑥ **안정화**(stabilizing) : 강재가 영구적인 길이(permanent elongation)를 갖게 하기 위하여 긴장된 상태에서 열을 가하는 공정. 강재의 기계적 성질이 향상되고 릴랙세이션이 감소됨

⑦ **입금가공**(indenting) 및 **크림핑**(crimping) : 부착을 향상시키고 치수 등을 표시하기 위하여 강재의 표면에 펀치를 눌러 일정한 형상을 만드는 공정

PS강선과 PS강연선의 종류 및 재료적 성질은 [표 3.3]~[표 3.9]에 상세하게 기술되어 있다.

표 3.3 PS강선과 PS강연선의 종류와 기호

종 류			기 호
PS강선	원형선	A종	SWPC 1AN, SWPC 1AL
		B종	SWPC 1BN, SWPC 1BL
	이형선		SWPD 1N, SWPD 1L
PS강연선	2연선		SWPC 2N, SWPC 2L
	이형 3연선		SWPD 3N, SWPD 3L
	7연선	A종	SWPC 7AN, SWPC 7AL
		B종	SWPC 7BN, SWPC 7BL
	19연선		SWPC19N, SWPC 19L

비고 1. 원형선 B종은 A종보다 인장강도가 100 MPa 높은 종류를 나타낸다.
2. 7연선 A종은 인장강도 1,720 MPa급을, B종은 1,860 MPa급을 나타낸다.
3. 릴랙세이션 규격값에 따라 보통 선은 N, 낮은 선은 L의 기호를 끝에 붙인다.
4. 19연선에서 단면이 28.6 mm인 것은 실형이나 워링톤형으로 하고, 그 외의 19연선 단면은 실형으로 한다.

표 3.4 PS강선과 PS강연선의 호칭

기 호	호 칭
SWPC 1L SWPC 1AL SWPC 1BN SWPC 1BL SWPD 1N SWPD 1L	(2.9 mm) (3.5 mm) (4 mm) (4.5 mm) 5 mm (6 mm) 7 mm 8 mm 9 mm
SWPC 2N SWPC 2L	2.9 mm 2연선
SWPD 3N SWPD 3L	2.9 mm 3연선
SWPC 7AN SWPC 7AL	(7연선 6.2 mm) (7연선 7.9 mm) 7연선 9.3 mm 7연선 10.8 mm 7연선 12.4 mm 7연선 15.2 mm
SWPC 7BN SWPC 7BL	7연선 9.5 mm 7연선 11.1 mm 7연선 12.7 mm 7연선 15.2 mm
SWPC 19N SWPC 19L	19연선 17.8 mm 19연선 19.3 mm 19연선 20.3 mm 19연선 21.8 mm 19연선 28.6 mm

비고 : ( )를 붙인 호칭의 선 및 연선은 사용하지 않는 것이 좋다.

표 3.5 PS강선과 PS강연선의 기계적 성질

기 호	호 칭 표준 지름	0.2% 영구 연신율에 대한 하중(kN)	인장 하중 (kN)	연신율 (%)	릴랙세이션 값 %	
					N	L
SWPC 1AN SWPC 1AL SWPD 1N SWPD 1L	(2.9 mm)	11.3 이상	12.7 이상	3.5 이상	8.0 이하	2.5 이하
	(3.5 mm)	14.2 이상	16.2 이상	3.5 이상	8.0 이하	2.5 이하
	(4 mm)	18.6 이상	21.1 이상	3.5 이상	8.0 이하	2.5 이하
	(4.5 mm)	22.6 이상	25.5 이상	4.0 이상	8.0 이하	2.5 이하
	5 mm	27.9 이상	31.9 이상	4.0 이상	8.0 이하	2.5 이하
	(6 mm)	38.7 이상	44.1 이상	4.0 이상	8.0 이하	2.5 이하
	7 mm	51.0 이상	58.3 이상	4.5 이상	8.0 이하	2.5 이하
	8 mm	64.2 이상	74.0 이상	4.5 이상	8.0 이하	2.5 이하
	9 mm	78.0 이상	90.2 이상	4.5 이상	8.0 이하	2.5 이하
SWPC 1BN SWPC 1BL	5 mm	29.9 이상	33.8 이상	4.0 이상	8.0 이하	2.5 이하
	7 mm	54.9 이상	62.3 이상	4.5 이상	8.0 이하	2.5 이하
	8 mm	69.1 이상	78.9 이상	4.5 이상	8.0 이하	2.5 이하
SWPC 2N SWPC 2L	2.9 mm 2연선	22.6 이상	25.5 이상	3.5 이상	8.0 이하	2.5 이하
SWPD 3N SWPD 3L	2.9 mm 3연선	33.8 이상	38.2 이상	3.5 이상	8.0 이하	2.5 이하

기 호	호 칭 표준 지름	0.2% 영구 연신율에 대한 하중(kN)	인장 하중 (kN)	연신율 (%)	릴랙세이션 값 %	
					N	L
SWPC 7AN SWPC 7AL	(7연선 6.2 mm)	33.8 이상	40.2 이상	3.5 이상	8.0 이하	2.5 이하
	(7연선 7.9 mm)	54.9 이상	64.7 이상	3.5 이상	8.0 이하	2.5 이하
	7연선 9.3 mm	75.5 이상	88.8 이상	3.5 이상	8.0 이하	2.5 이하
	7연선 10.8 mm	102 이상	120 이상	3.5 이상	8.0 이하	2.5 이하
	7연선 12.4 mm	136 이상	160 이상	3.5 이상	8.0 이하	2.5 이하
	7연선 15.2 mm	204 이상	240 이상	3.5 이상	8.0 이하	2.5 이하
SWPC 7BN SWPC 7BL	7연선 9.5 mm	86.8 이상	102 이상	3.5 이상	8.0 이하	2.5 이하
	7연선 11.1 mm	118 이상	138 이상	3.5 이상	8.0 이하	2.5 이하
	7연선 12.7 mm	156 이상	183 이상	3.5 이상	8.0 이하	2.5 이하
	7연선 15.2 mm	222 이상	261 이상	3.5 이상	8.0 이하	2.5 이하
SWPC 19N SWPC 19L	19연선 17.8 mm	330 이상	387 이상	3.5 이상	8.0 이하	2.5 이하
	19연선 19.3 mm	387 이상	451 이상	3.5 이상	8.0 이하	2.5 이하
	19연선 20.3 mm	422 이상	495 이상	3.5 이상	8.0 이하	2.5 이하
	19연선 21.8 mm	495 이상	573 이상	3.5 이상	8.0 이하	2.5 이하
	19연선 28.6 mm	807 이상	949 이상	3.5 이상	8.0 이하	2.5 이하

표 3.6 PS강선과 PS강연선의 공칭 단면적 및 무게

기 호	호 칭	공칭단면적(mm^2)	단위무게(kgf)
SWPC 1AN SWPC 1AL SWPC 1BN SWPC 1BL SWPD 1N SWPD 1L	(2.9 mm)	6.605	51.8
	(3.55 mm)	9.621	75.5
	(4 mm)	12.57	98.7
	(4.5 mm)	15.90	125
	5 mm	19.64	154
	(6 mm)	28.27	222
	7 mm	38.48	302
	8 mm	50.27	395
	9 mm	63.62	499
SWPC 2N SWPC 2L	2.9 mm 2연선	13.21	104
SWPD 3N SWPD 3L	2.9 mm 3연선	19.82	156
SWPC 7AN SWPC 7AL	(7연선 6.2 mm)	23.23	182
	(7연선 7.9 mm)	37.42	293
	7연선 9.3 mm	51.61	405
	7연선 10.8 mm	69.68	546
	7연선 12.4 mm	92.90	729
	7연선 15.2 mm	138.7	1,101

기 호	호 칭	공칭단면적(mm^2)	단위무게(kgf)
SWPC 7BN SWPC 7BL	7연선 9.5 mm	54.84	432
	7연선 11.1 mm	74.19	580
	7연선 12.7 mm	98.71	774
	7연선 15.2 mm	138.7	1,101
SWPC 19N SWPC 19L	19연선 17.8 mm	208.4	1,652
	19연선 19.3 mm	243.7	1,931
	19연선 20.3 mm	270.9	2,149
	19연선 21.8 mm	312.9	2,482
	19연선 28.6 mm	532.4	4,229

표 3.7 PS강봉의 종류와 기호

종 류			기 호
원형 봉강	A종	2호	SBPR 785/1 030
	B종	1호	SBPR 930/1 080
		2호	SBPR 930/1 180
	C종	1호	SBPR 1 080/1 230
이형 봉강	B종	1호	SBPD 930/1 080
	C종	1호	SBPD 1 080/1 230
	D종	1호	SBPD 1 275/1 420

표 3.8 PS강봉의 호칭

종 류	호칭명
원형 봉강	9.2 mm 11 mm 13 mm (15 mm) 17 mm (19 mm) (21 mm) 23 mm 26 mm (29 mm) 32 mm 36 mm 40 mm
이형 봉강	7.4 mm 9.2 mm 11 mm 13 mm

표 3.9 PS강봉의 기계적 성질

기 호	0.2% 항복강도(MPa)	인장강도(MPa)	연신율(%)	릴랙세이션 값(%)
SBPR 785/1,030	785 이상	1,030 이상	5 이상	4.0 이하
SBPR 930/1,080	930 이상	1,080 이상	5 이상	4.0 이하
SBPR 930/1,080	930 이상	1,180 이상	5 이상	4.0 이하
SBPR 1,080/1,230	1,080 이상	1,230 이상	5 이상	4.0 이하
SBPD 930/1,080	930 이상	1,080 이상	5 이상	1.5 이하
SBPD 1,080/1,230	1,080 이상	1,230 이상	5 이상	1.5 이하
SBPD 1,275/1,420	1,275 이상	1,420 이상	5 이상	1.5 이하

긴장재의 응력 – 변형률 곡선의 특징

[그림 3.6(a)]는 항복강도가 다른 긴장재와 철근의 응력 - 변형률 곡선을 나타낸다. 긴장재는 항복강도가 785 MPa 이상으로 보통강도 철근의 응력 - 변형률 곡선과 다른 특성을 갖고 있다. 긴장재로 사용되는 고강도 철근의 응력 - 변형률 곡선은 다음의 특징이 있다.

① **탄성계수가 일정** : 콘크리트와 달리 탄성범위 내에서 고강도 철근의 탄성계수는 [그림 3.6(a)]와 같이 철근의 항복강도가 증가하여도 일정하다. 따라서 고강도 철근의 항복변형률(ϵ_y)은 철근의 항복강도에 거의 비례하여 증가한다. 철근의 탄성계수(E_s)와 PS강재의 탄성계수(E_{ps})는 식(3.7)을 사용한다.

$$E_s = E_{ps} = 2.0 \times 10^5 \text{ MPa} \tag{3.7}$$

② **항복단구간(yield plateau region)이 감소** : 철근의 항복강도가 증가하면 항복단구간이 점차 감소한다([그림 3.6(a)] 참조). 보통강도 철근은 항복강도에 도달한 이후에 항복단구간(응력의 증가 없이 변형률만이 증가하는 구간)이 길지만, 고강도 철근은 항복강도에 도달한 이후에 응력이 바로 증가하며, 항복단구간이 짧다.

③ **항복점이 뚜렷하지 않음** : [그림 3.6(a)]에서 보통강도 철근의 항복점은 뚜렷하게 나타나지만, 열처리를 한 고강도 철근의 항복점은 뚜렷하게 보이지 않고 인장강도에 이르기까지 완만하게 변화한다. 이렇게 항복점이 뚜렷하지 않을 경우에 철근의 항복강도는 [그림 3.6(b)]와 같이 탄성기울기와 평행하게 선을 그어 철근의 응력이 영(0)에 도달할 때([그림 3.6(b)의 A점)의 변형률을 이용하여 계산하며, 이를 잔류변형률이라 한다. 일반적으로 철근의 잔류변형률이 0.2퍼센트일 때, 응력을 제하(除荷)하기 시작하는 점의 응력을 고강도 철근의 항복강도로 한다.

④ **연성의 감소** : 철근의 강도가 증가함에 따라 철근이 파단할 때의 연신율이 감소한다. 항복강도가 300 MPa인 철근의 연신율은 약 25퍼센트이지만, 항복강도가 1,000 MPa인 철근의 연신율은 약 5퍼센트에 지나지 않는다.

고강도인 PS강재의 응력 - 변형률 곡선은 인장강도에 따라 다르지만 일반적으로 Ramberg-Osgood 제안식에 기본을 두고 있다. Mattock은 Ramberg-Osgood 제안식을 식(3.8)과 같이 수정하여 PS강재의 응력 - 변형률 곡선 관계를 평가했다.

$$f_{ps} = E_{ps}\epsilon_{ps}\left\{A + \frac{1-A}{[1+(B\,\epsilon_{ps})^C\,]^{1/C}}\right\} \tag{3.8}$$

여기서, f_{ps} : PS강재의 응력, ϵ_{ps} : PS강재의 변형률, E_{ps} : PS강재의 탄성계수, A, B, C : 응력 - 변형률 곡선을 정하는 상수이며 실험에서 정해진다([그림 3.7(a)] 참조).

A : 소성곡선의 접선 기울기 비율, 실험에서는 탄성계수(E_{ps})를 결정한 이후에 소성곡선의 기울기($A \times E_{ps}$)에서 A를 정한다.

B : 소성곡선의 접선 기울기를 연장했을 때 변형률이 영(0)인 점의 강재의 응력(f_{p0})을 정하는 계수이다.

$$f_{p0} = \frac{1-A}{B} E_{ps} \tag{3.9}$$

C : [그림 3.7]에 표시된 두 직선 부분의 교차점(knee point)의 구부러지는 정도를 나타내는 계수이며, 실험값과 계산값을 비교하여 정한다.

실험결과에 의하면 인장강도가 1,860 MPa인 긴장재의 응력 - 변형률 곡선 관계를 식(3.10a)와 식(3.10b)에 의해 계산할 수 있다.

[응력이완 긴장재, f_{pu} = 1,860 MPa]

$$f_{ps} = E_{ps}\epsilon_{ps}\left\{0.03 + \frac{0.97}{[1+(121\,\epsilon_{ps})^6\,]^{1/6}}\right\} \leq 1{,}860\text{ MPa} \tag{3.10a}$$

[저릴랙세이션 긴장재, f_{pu} = 1,860 MPa]

$$f_{ps} = E_{ps}\epsilon_{ps}\left\{0.025 + \frac{0.975}{[1+(118\,\epsilon_{ps})^{10}\,]^{1/10}}\right\} \leq 1{,}860\text{ MPa} \tag{3.10b}$$

한편 식(3.8)은 응력과 변형률이 비선형을 이루기 때문에 부재의 휨강도(M_n)를 정하는 강도설계법에 적용할 경우에 휨강도를 직접 계산할 수 없고 시산법(試算法, trial calculation method)으로 계산해야 한다(6장 참조). 여기서 시산법이란 임의의 값을 가정한 후에 이를 이용하여 전체 결과를 계산하고 정해(正解)와 가정한 임의의 값에 차이가 있을 경우에 다른 값을 가정하여 두 값의 차이가 작아질 때까지 반복적으로 계산하는 방법이다. 따라서 이러한 불편을 제거하고 실제값과 약간의 차이가 있어도 휨강도(M_n)를 직접 계산하기 위하여 [그림 3.7(a)]의 비선형 곡선을 [그림 3.7(b)]와 같이 두 개의 직선으로 변경한 후에 PS강재의 응력과 변형률을 계산할 수 있다. [그림 3.7(b)]의 두 개의 직선이 만나는 부분의 교차점의 변형률(ϵ_{p0})은 식(3.11)에 의해 계산할 수 있다. 다만, 이 경우에는 [그림 3.7(b)]의 음영 부분에서 PS강재의 응력을 과대평가할 우려가 있으므로 식(3.9)에서 계산한 f_{p0}의 95%를 사용하여 전체 응력값을 약 5% 줄이는 것이 안전하다.

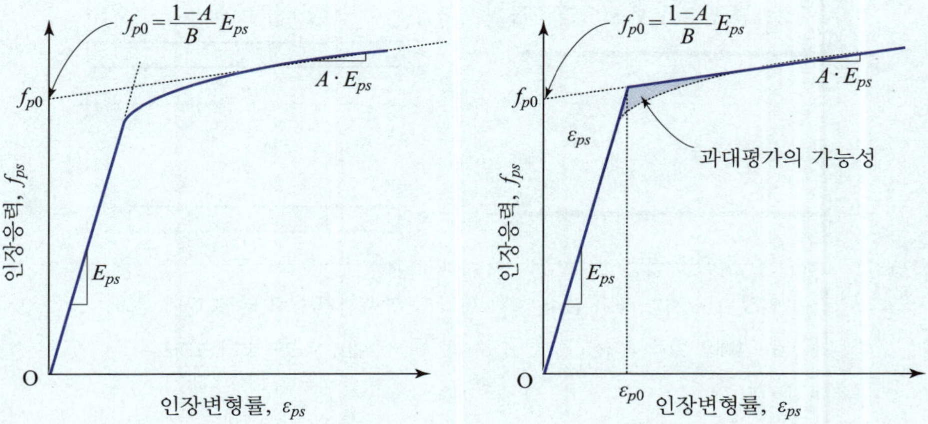

(a) 비선형 곡선(정산식)　　(b) 2개의 직선식(약산식)

그림 3.7 PS강재의 응력－변형률 곡선

$$E_{ps}\epsilon_{p0} = 0.95 f_{p0} + A \cdot E_{ps}\epsilon_{p0}$$

$$\epsilon_{p0} = \frac{0.95}{1-A} \cdot \frac{f_{p0}}{E_{ps}} \tag{3.11}$$

$\epsilon_{ps} \leqq \epsilon_{p0}$일 때

$$f_{ps} = E_{ps}\epsilon_{ps} \tag{3.12a}$$

$\epsilon_{ps} > \epsilon_{p0}$일 때

$$f_{ps} = E_{ps}\epsilon_{p0} + (A \cdot E_{ps})(\epsilon_{ps} - \epsilon_{p0}) \tag{3.12b}$$

PS강재는 일반적으로 PS강봉보다 PS강선의 항복강도가 높다. PS긴장재의 항복강도(f_{py})는 강재가 파단하는 인장강도(f_{pu})의 약 85~90%이다($f_{py} = (0.85 \sim 0.90) f_{pu}$, [그림 3.6(a) 참조]). 또한 응력과 변형률이 선형을 유지하는 비례한도는 인장강도(f_{pu})의 약 55~70% 정도이다.

긴장재의 릴랙세이션

PS강재의 주요한 재료적 특징 중의 하나는 릴랙세이션(relaxation)이다. 릴랙세이션은 [그림 3.8]에서 인장력을 받는 PS강재의 길이를 고정했을 때 시간이 지남에 따라서 강재의 인장응력이 감소하는 현상을 말한다. 릴랙세이션을 콘크리트에 발생하는 크리프와 비교하여 설명하면 크리프의 경우에는 압축하중이 일정한 상태에서 콘크리트의 변형률이 증가하지만, 릴랙세이션은 변형률이 일정한 상태에서 강재의 인장응력이 감소한다. 프리스트레스트 콘크리트 부재에서는

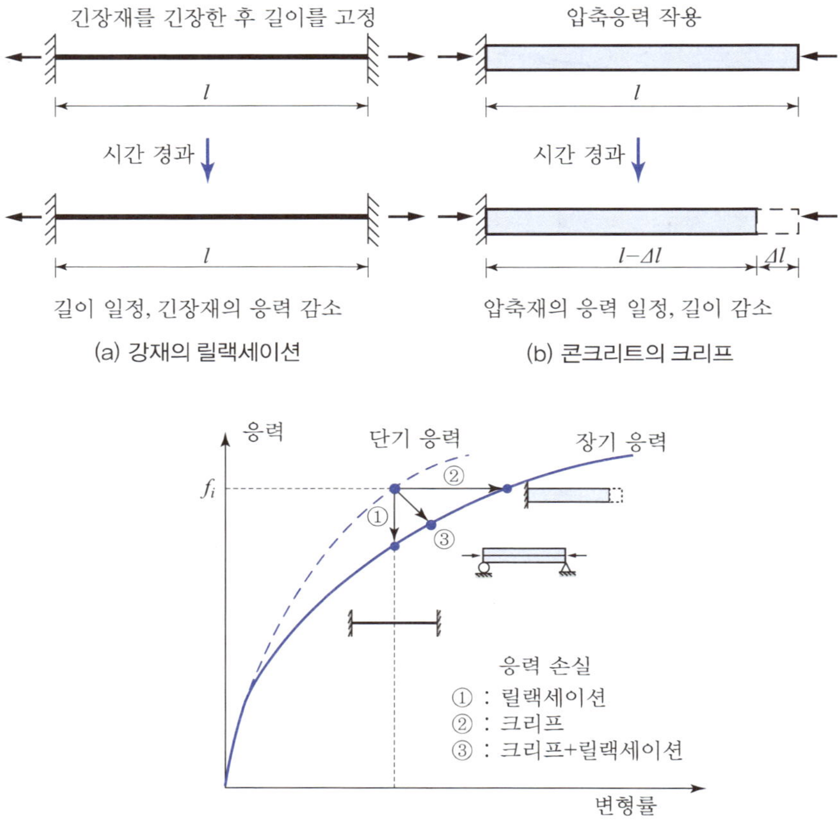

(a) 강재의 릴랙세이션 (b) 콘크리트의 크리프

(c) 릴랙세이션과 크리프

그림 3.8 릴랙세이션과 크리프

릴랙세이션과 크리프가 동시에 발생하므로 두 현상은 서로 영향을 준다. [그림 3.8(c)]에서 크리프와 릴랙세이션이 동시에 작용할 경우에 부재의 변형과 응력은 두 가지 현상에 의해 영향을 받아 응력은 감소하고 변형이 증가한다. 릴랙세이션은 다음의 두 가지 종류로 나눌 수 있다.

① **순릴랙세이션**(pure relaxation) : 강재 자체의 재료적인 성질에 의해 발생하는 릴랙세이션이다. 변형률이 일정한 상태에서 발생하는 인장응력 감소량을 비율로 표시한다. 순릴랙세이션은 KS D 0814와 KS D 7002의 시험방법으로 측정하며, 최종 릴랙세이션 값은 상온에서 1,000시간 시험한 릴랙세이션 값의 약 2배이다.

$$\text{순릴랙세이션 값} = \frac{\text{시간 경과 후의 인장응력}}{\text{초기 인장응력}} \ [\%] \tag{3.13}$$

표 3.10 PS강재의 겉보기 릴랙세이션의 일반값

PS강재의 종류	겉보기 릴랙세이션
PS강선 및 PS강연선	5%
PS강봉	3%
저 릴랙세이션 PS강재	1.5%

② **겉보기 릴랙세이션(apparent relaxation)** : 프리스트레스트 콘크리트 부재에서는 릴랙세이션과 크리프 및 건조수축이 동시에 발생하므로 릴랙세이션은 크리프와 건조수축에 의해 영향을 받는다. 겉보기 릴랙세이션은 강재 자체의 순릴랙세이션과 크리프 및 건조수축의 영향을 동시에 고려한 값이다. 즉 크리프와 건조수축에 의해 강재의 변형률이 감소하므로 겉보기 릴랙세이션의 값은 순릴랙세이션 값보다 작아진다. PS강재가 상온에서 허용응력 이하의 인장응력을 받을 경우에 겉보기 릴랙세이션을 계산하면 [표 3.10]과 같다. 이 책의 5장에서는 겉보기 릴랙세이션에 의해 발생하는 응력 감소를 상세하게 설명한다.

PS강재에 발생하는 릴랙세이션은 다음과 같이 다양한 요인에 의해 영향을 받는다.

① **시간** : 시간이 지나면 릴랙세이션은 증가한다. 릴랙세이션은 [그림 3.9]의 시간과 밀접한 관계가 있으며 인장력을 가한 초기에는 릴랙세이션에 의해 급격하게 응력이 감소하지만 시간이 지남에 따라서 응력감소비율은 줄어든다.

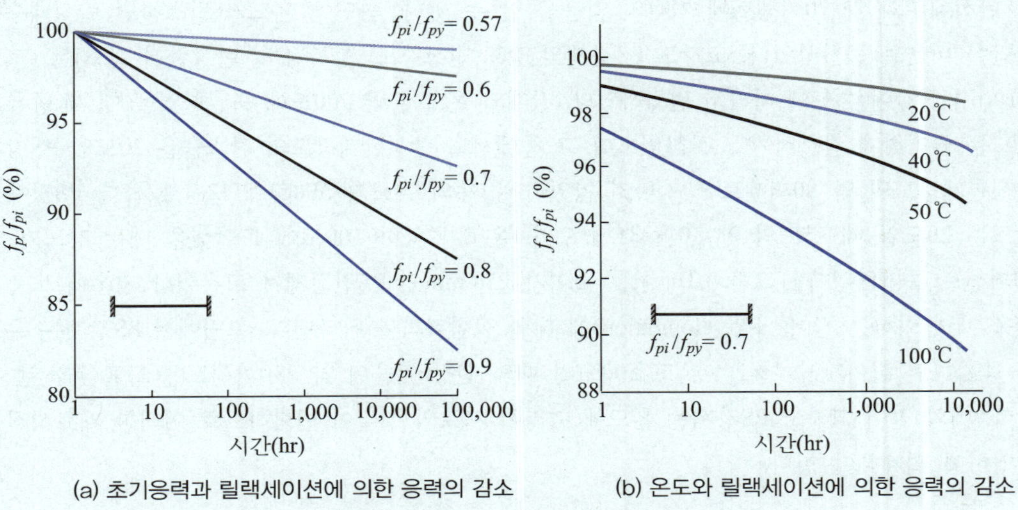

그림 3.9 릴랙세이션에 의한 응력의 감소

② **초기응력** : 릴랙세이션은 강재에 작용하는 인장력이 크면 증가한다. [그림 3.9(a)]에서 긴장재의 인장강도(f_{py})와 초기긴장응력(f_{pi})의 비율(f_{pi}/f_{py})이 작아지면 릴랙세이션은 증가한다. Magura의 실험에 의하면 $f_{pi}/f_{py}=0.55$ 이하에서는 릴랙세이션이 발생하지 않았으며, $f_{pi}/f_{py}=0.9$인 상태에서 1,000시간 경과하였을 때 릴랙세이션에 의한 응력감소는 약 10퍼센트였다.

③ **온도** : 인장력을 받는 강재의 온도가 높을수록 릴랙세이션은 증가한다. [그림 3.9(b)]에서 $f_{pi}/f_{py}=0.7$인 강재가 섭씨 20도에서 1,000시간이 경과하면 릴랙세이션에 의한 응력감소는 1퍼센트 이하이지만, 섭씨 100도에서 동일 시간이 경과하면 응력감소가 약 10퍼센트까지 증가한다.

온도의 영향

PS강재는 철근에 비하여 강도가 높은 고강도 강재이다. 따라서 온도에 대한 영향이 보통강도 철근과 다르다. [그림 3.10]은 실험에서 관찰된 온도에 의해 변화하는 PS강성과 강연선의 재료성질의 변화를 나타낸다. [그림 3.10(a)]는 섭씨 20도를 기준으로 온도를 냉각시키거나 가열 시켰을 때 변화하는 탄성계수의 비율을 나타낸다. 즉, 온도에 따라 변화하는 탄성계수를 섭씨 20도일 때의 탄성계수로 나눈 값이다. 그림에서 고강도 PS강재의 탄성계수는 온도가 약 200도가 넘었을 때 급격하게 감소하기 시작해서 온도가 약 450도에 도달했을 때 강재의 탄성계수는 20도 탄성계수의 약 70퍼센트에 지나지 않음을 알 수 있다. 반면에 온도가 감소하면 탄성계수는 완만한 비율로 증가하였다. 고강도 PS강재의 강도(인장강도, 항복강도, 탄성한계 강도)는 [그림 3.10(b)]와 같이 온도에 따라서 변화하였다. 강재의 온도가 약 200도에 도달하였을 때 세 종류의 강도는 급격하게 감소하기 시작하였으며 그 중에서도 탄성한계강도의 감소율은 20도인 PS강재 탄성한계강도의 약 80퍼센트에 지나지 않았다. 강재의 온도가 500도에 도달했을 때 PS강재의 강도는 20도일 때 강도의 약 30퍼센트였으며, 온도가 영하 100도에 도달했을 때는 강도가 약 10퍼센트 증가하였다. [그림 3.10(c)]는 길이가 254 mm인 PS긴장재가 고온이나 저온에 노출되었을 때 변화하는 길이(신장, elongation)에 대한 실험결과를 나타낸다. 그림에서 PS강재는 온도가 증가하면 길이가 늘어나며 온도 500도일 때의 신장 비율이 약 230퍼센트에 도달함을 알 수 있다. 이와 같이 고강도 PS강재는 온도에 따라서 재료의 성질이 변화하므로 이러한 재료성질을 반영하여 설계해야 한다.

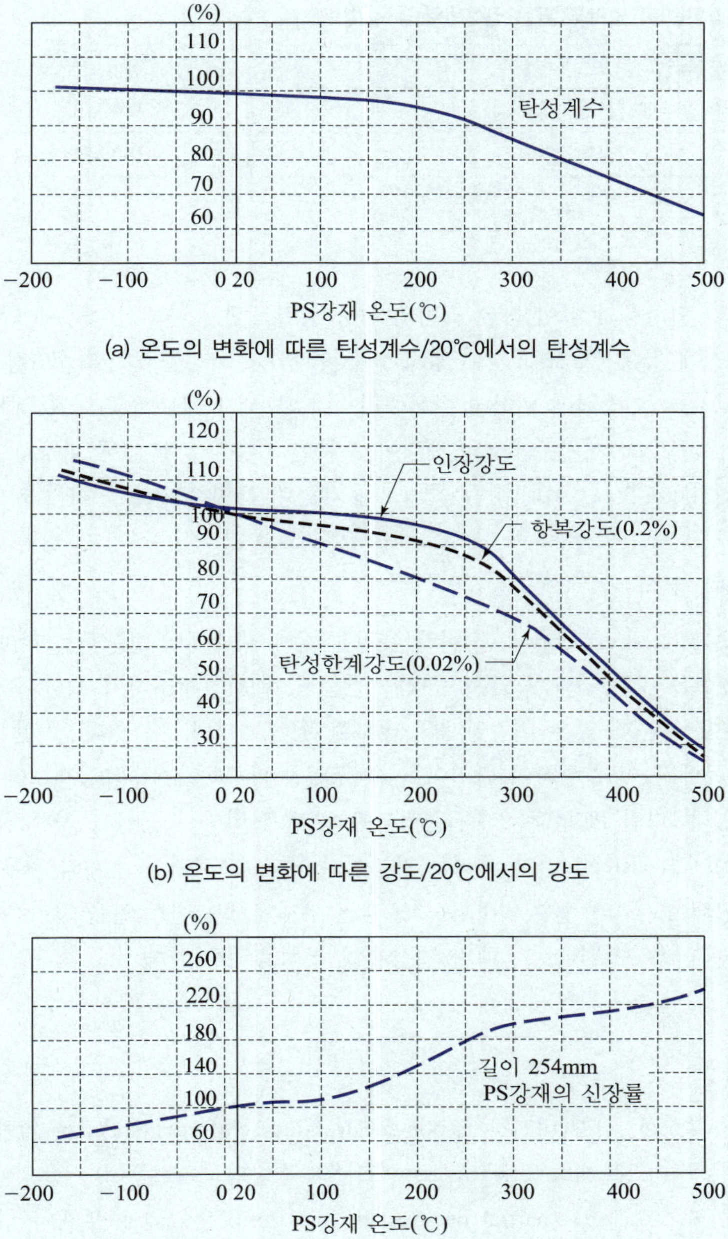

(a) 온도의 변화에 따른 탄성계수/20℃에서의 탄성계수

(b) 온도의 변화에 따른 강도/20℃에서의 강도

(c) 온도의 변화에 의해 늘어난 길이/20℃에서의 신장률

그림 3.10 긴장재에 미치는 온도의 영향(Doi 등)

표 3.11 피로를 고려하지 않아도 되는 긴장재의 응력 범위

긴장재의 위치 또는 부위	인장응력의 변동 범위
연결부 또는 정착부	140 MPa
그 밖의 부위	160 MPa

피로의 영향

피로(fatigue)란 활하중과 같이 작은 크기의 하중이 반복해서 가해질 경우에 PS강재가 항복강도에 도달하기 전에 항복강도보다 낮은 강도에서 파괴되는 현상을 말한다. PS강재의 경우는 초기긴장력이 크고, 초기긴장력에 비하여 활하중의 크기가 작기 때문에 피로에 의해 큰 영향을 받지 않는다. 따라서 구조설계기준에서는 충격이 포함된 사용하중에 의해 발생하는 PS강재의 인장응력 변동범위가 [표 3.11] 이내에 들면 피로에 대하여 특별한 검토를 하지 않도록 하고 있다.

긴장재의 응력 부식

응력부식(應力腐蝕, stress corrosion)이란 응력을 받은 상태에서 발생하는 강재의 부식현상을 말한다. 높은 응력을 받는 강재가 낮은 응력을 받는 강재보다 부식하기 쉽다. PS강재는 초기응력이 크기 때문에 철근과 같은 비긴장재에 비하여 쉽게 부식할 수 있다. 또한 PS강재는 항복강도가 높기 때문에 녹이 발생하여 단면이 결손 되었을 때 보통강도의 강재보다 강도 저감률이 크다고 할 수 있다. 다만 PS부재는 철근콘크리트 부재에 비하여 균열이 적게 발생하기 때문에 강재 표면의 보호막(passivation)이 파괴될 가능성이 낮다. 프리텐션 부재의 경우에는 PS강재가 콘크리트에 매립되어 부식이 방지되며, 포스트텐션 부재에서는 덕트 안을 그라우팅 하여 덕트와 긴장재 사이의 공극을 모르타르로 메워 긴장재의 부식을 방지한다.

3.6.2 철근

긴장력을 가하지 않는 강재(비긴장재, non-prestressing reinforcement)로는 일반적으로 철근이 사용된다. 철근은 프리스트레스트 콘크리트 구조물의 횡방향구속철근이나 전단철근으로 사용되며, 부분 긴장 프리스트레스트(partial prestressing prestress) 콘크리트 부재의 경우에는 긴장재와 함께 주철근으로 사용된다. 철근은 콘크리트 인장보강재로 사용되는 봉강으로 열간압연으로 제조되며 형태에 따라 원형철근(圓形鐵筋, round steel bars)과 이형철근(異形鐵筋, deformed steel bars)으로 나누어진다(KS D 3504 규정). 이형철근은 항복점 또는 항복강도를 기준으로 [표 3.12]와 같이 일반용 철근, 용접용 철근, 특수 내진용 철근으로 구분한다. 표에서 연신율(延伸率)이란 철근이 끊어질 때의 변형률을 말하며 철근의 연신율은 철근의 항복강도가 증가할수록 감

소한다. 철근을 고온으로 용접할 경우에 철근의 기계적 성질이 변하여 취성적인 파괴를 일으킬 수 있으므로 용접용 철근에는 탄소, 규소, 망간, 질소, 탄소당량이 추가로 포함된다. 이형철근은 [그림 3.11]과 같이 부착강도를 높이기 위하여 원형 단면의 둘레에 돌기가 있도록 제조된 철근으로 길이방향의 돌기를 리브라 하고, 단면방향의 돌기를 마디라고 한다. 이형철근 마디의 간격과 높이는 응력집중에 의한 돌기주변의 부분압축파괴와 전단파괴를 최소화할 수 있도록 되어 있다. 현재 생산되고 있는 이형철근의 치수는 [표 3.13]과 같다.

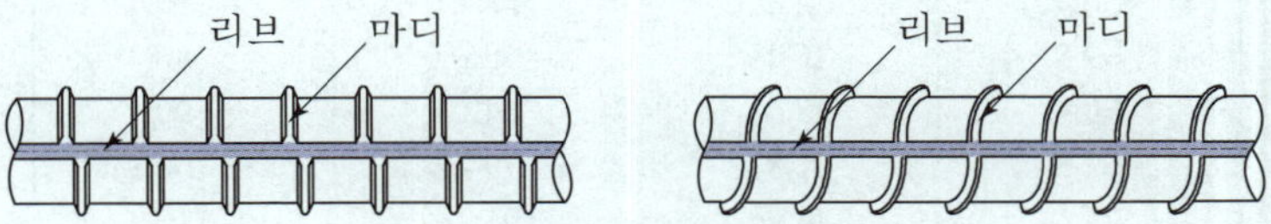

그림 3.11 이형철근의 형태

표 3.12 철근의 종류와 성질

철근 형태	종류 기호	항복강도 (MPa)	인장강도 (MPa)	인장 시험편	연신율(%)
일반용 철근	SD 300	300～400	항복강도의 1.15배 이상	2호에 준한 것	16 이상
				3호에 준한 것	18 이상
	SD 400	400～520	항복강도의 1.15배 이상	2호에 준한 것	16 이상
				3호에 준한 것	18 이상
	SD 500	500～650	항복강도의 1.08배 이상	2호에 준한 것	12 이상
				3호에 준한 것	14 이상
	SD 600	600～780	항복강도의 1.08배 이상	2호에 준한 것	10 이상
				3호에 준한 것	
	SD 700	700～910	항복강도의 1.08배 이상	2호에 준한 것	10 이상
				3호에 준한 것	
용접용 철근	SD 400 W	400～520	항복강도의 1.15배 이상	2호에 준한 것	16 이상
				3호에 준한 것	18 이상
	SD 500 W	500～650	항복강도의 1.15배 이상	2호에 준한 것	12 이상
				3호에 준한 것	14 이상
특수 내진용 철근	SD 400 S	400～520	항복강도의 1.25배 이상	2호에 준한 것	16 이상
				3호에 준한 것	18 이상
	SD 500 S	500～620	항복강도의 1.25배 이상	2호에 준한 것	12 이상
				3호에 준한 것	14 이상
	SD 600 S	600～720	항복강도의 1.25배 이상	2호에 준한 것	10 이상
				3호에 준한 것	

연신율의 경우 [표 3.12]에 규정된 D32를 초과하는 굵은 철근의 경우에는 호칭명이 “3”을 증가할 때마다 연신율의 해당 값에서 2를 감한다. 다만 감하는 최대 한도는 4이다.

표 3.13 이형철근의 치수

호칭명	단위 무게 (kN/m)	공칭지름 (mm)	공칭단면적 (mm^2)	공칭둘레 (mm)	마디의 평균 최대 간격치(mm)
D6	2.49	6.35	31.6	20	4.4
D10	5.60	9.53	71.3	30	6.7
D13	9.95	12.7	126.7	40	8.9
D16	15.6	15.9	198.6	50	11.1
D19	22.5	19.1	286.7	60	13.4
D22	30.4	22.2	387.1	70	15.5
D25	39.8	25.4	506.7	80	17.8
D29	50.4	28.6	642.4	90	20.0
D32	62.3	31.8	794.2	100	22.3
D35	75.1	34.9	956.6	110	24.4
D38	89.5	38.1	1,140	120	26.7
D41	105.0	41.3	1,340	130	28.9
D51	159.0	50.8	2,027	160	35.6
D57	203.0	57.3	2,579	180	40.1

철근의 역학적 성질은 주로 인장시험과 굽힘시험 등에 의해 조사한다. 인장시험에서는 철근을 규격에 맞추어 절단한 후에 철근의 양 끝에 인장력을 가하여 응력과 변형을 측정한다. 인장시험에 의해 측정된 보통강도 철근의 응력 - 변형률 곡선은 [그림 3.6(a)]와 같이 3가지 구간으로 구별할 수 있다.

① **선형탄성구간**(linear elastic region) : 응력과 변형률이 선형적으로 증가하며, 후크의 법칙(Hooke's law)을 적용할 수 있다. 이 구간의 철근 응력과 변형률 관계는 식(3.14a)로 계산한다.

$\epsilon_s < \epsilon_y$일 때,

$$f_s = E_s \epsilon_s \tag{3.14a}$$

여기서, f_s : 철근의 응력, ϵ_s : 철근의 변형률, ϵ_y : 철근의 항복변형률이다. E_s는 철근의 탄성계수이며 200,000 MPa을 사용한다.

② **항복단구간**(yield plateau region) : 인장 항복 후 응력의 증가 없이 변형률만 증가하는 구간이다.

$$f_s = f_y \tag{3.14b}$$

여기서, f_y는 철근의 항복강도이다.

③ **변형률경화구간(strain-hardening region)** : 변형률의 증가와 함께 응력이 다시 증가하는 구간이다. 변형률경화구간에서의 접선계수는 E_s의 약 2.5퍼센트이다.

3.6.3 쉬스

포스트텐션공법에서는 콘크리트 안에 구멍을 뚫어 놓고 그 안에 PS강재를 배치하여 긴장한다. 이때 콘크리트 안에 뚫어 놓은 구멍을 덕트(duct)라 하며, 덕트를 형성하는 관을 쉬스(sheath)라 한다. 쉬스는 두께가 0.2~0.4 mm인 얇은 강철재 쉬스가 널리 사용된다. 두께가 얇기 때문에 취급중이나 콘크리트를 타설할 때 변형되거나 파손되어 쉬스 안으로 시멘트풀이 흘러 들어갈 수 있으므로 주의해야 한다. 쉬스 안에 시멘트풀이나 불순물이 스며들면 쉬스가 막혀 PS강재가 쉬스 안에 잘 들어가지 않고, PS강재를 긴장할 때 마찰에 의한 저항력이 커진다. 그러므로 쉬스는 충격이나 진동기와의 접촉 등에 의해 쉽게 변형되지 않아야 하며, 쉬스가 맞물린 부위나 이음부로부터 시멘트풀이 새어 들어가지 않아야 한다.

긴장 후 PS강재를 쉬스와 부착시키는 경우에는 일반적으로 마디가 붙은 강철재 쉬스나 파형 강철재 쉬스를 사용한다. 강철재 쉬스는 내면에 녹막이 처리를 한 것이 좋다. PS강재를 쉬스와 부착시키지 않는 경우에는 플라스틱재 쉬스를 사용하기도 한다. 쉬스의 이음부에는 절연테이프를 감거나 용접하여 콘크리트를 타설할 때 시멘트풀이 새어 들어가지 않게 해야 한다. 또한, 쉬스를 거푸집 안에 놓을 때에는 간격재나 평평한 강재 등으로 쉬스를 견고하게 고정하여 콘크리트 타설 시에 배치형상이 변형되지 않도록 해야 한다.

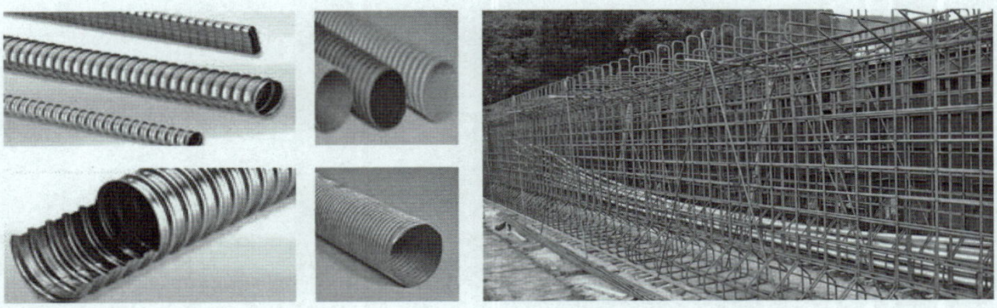

그림 3.12 쉬스

연습문제

3.1 | 고강도 콘크리트를 만들기 위하여 재료적으로 필요한 점 세 가지를 설명하라.

3.2 | PS강재가 가져야 할 바람직한 재료성질을 요약하여 설명하라.

3.3 | PS강재와 일반 철근의 특성을 비교하여 설명하라.

3.4 | 인장강도가 1,860 MPa인 응력이완 PS긴장재의 응력을 Mattock의 제안식을 이용하여 계산하라. 실험에서 측정된 상수는 다음과 같다. $A = 0.03$, $B = 121$, $C = 6$
다음 세 가지 변형률에 상응하는 응력을 계산하라.
1) $\epsilon_{ps} = 0.005$ 2) $\epsilon_{ps} = 0.01$ 3) $\epsilon_{ps} = 0.015$

3.5 | PS강재의 릴랙세이션을 크리프와 비교하여 설명하라. 또한 PS강재의 릴랙세이션에 영향을 주는 요소에 대하여 설명하라.

Chapter 4

설 계 법

4.1 일반 사항

프리스트레스트 콘크리트 부재는 철근콘크리트 부재와 상이한 해석법을 이용하여 설계한다. 철근콘크리트 부재는 낮은 하중에서도 균열이 발생하며, 균열이 발생한 이후에 콘크리트의 응력-변형률 관계는 비선형적인 관계로 변하기 때문에 탄성해석법으로 설계하지 않고 허용응력법이나 강도설계법을 이용하여 설계한다. 그러나 프리스트레스트 콘크리트 부재는 균열발생 하중이 비교적 높고 설계 조건에 따라 균열을 허용하지 않는 부재, 폭이 좁은 균열을 허용하는 부재, 균열을 허용하는 부재로 구별하여 설계하므로 설계 종류에 맞추어 탄성해석법을 사용하거나, 강도설계법 또는 한계상태설계법을 사용한다.

프리스트레스트 콘크리트 구조는 철근콘크리트 구조에 비해 검토해야 할 설계 단계가 더 많다. 철근콘크리트 구조는 사용한계와 극한한계에 대해 설계하지만, 프리스트레스트 구조는 하중상태를 몇 단계로 구별하고, 각 단계별로 응력을 계산해서 설계해야 한다. 특히 프리스트레스트 콘크리트 부재에는 긴장재의 응력손실이 발생하므로 응력손실에 따라 달라지는 콘크리트의 응력을 계산하고 이를 구조설계기준에서 제한하는 허용응력과 비교해야 한다. 각 단계별로 계산된 응력이 기준의 허용응력을 초과할 경우에 부재의 설계등급이 달라질 수 있다.

4장에서는 프리스트레스트 콘크리트 구조의 해석에 사용되는 응력개념, 내력개념, 하중평형개념의 세 종류의 탄성해석법을 설명하고, 철근콘크리트 구조에서도 사용되는 허용응력설계법, 강도설계법, 한계상태설계법의 기본 개념을 소개한다. 또한 프리스트레스트 콘크리트 부재의 설계요구조건과 긴장재의 응력제한사항에 대해 기술한다.

표 4.1 프리스트레스트 콘크리트와 철근콘크리트 설계법의 특성

	프리스트레스트 콘크리트	철근콘크리트
해석 단계	긴장력 도입 및 즉시응력손실 (탄성해석법) 추가고정하중 후의 장기응력손실 (탄성해석법) 활하중 작용 후의 사용성 검토 (허용응력설계법) 전체 하중 작용 후의 강도 검토 (강도설계법, 한계상태설계법)	사용성 검토 (허용응력설계법) 강도 검토 (강도설계법, 한계상태설계법)
설계법	탄성해석법 허용응력설계법 강도설계법, 한계상태설계법	허용응력설계법 강도설계법, 한계상태설계법

4.2 탄성해석법

4.2.1 탄성해석법의 직응력

물체에 작용하는 응력은 직응력(normal stress)과 전단응력(shear stress)으로 구분할 수 있다. 직응력을 유발하는 외적인 힘(force, load)은 연직하중(normal force, normal load)과 휨모멘트가 있다. 연직하중에 의해 발생하는 직응력은 [그림 4.1]과 같이 세 가지로 구분한다.

① **축응력** : 부재축방향과 일치하는 방향으로 작용하는 하중에 의해 발생하는 응력([그림 4.1(a)] 참조)

② **편심응력** : 부재축과 편심거리(e)만큼 떨어져 작용하는 하중에 의해 발생하는 응력([그림 4.1(b)] 참조)

③ **휨응력** : 전단력에 의해 발생하는 휨모멘트와 직접 휨모멘트에 의해 발생하는 응력([그림 4.1(c)] 참조)

부재축에 작용하는 축하중에 의해 발생하는 직응력(f)은 [그림 4.1(a)]의 단면 전체에 일정하게 작용하며 식(4.1)에 의해 계산한다.

$$f = \pm \frac{P}{A} \tag{4.1}$$

여기서, P : 하중, 인장하중의 경우에는 (+), 압축하중의 경우에는 (−), A : 하중이 작용하는 면의 단면적이다.

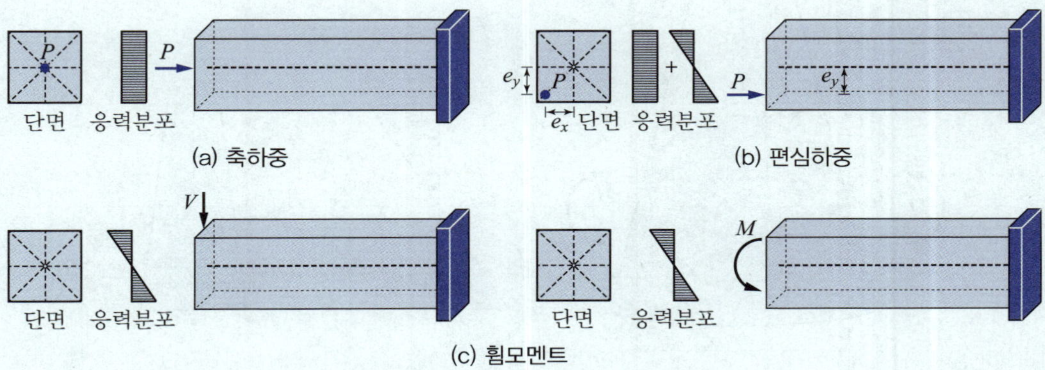

그림 4.1 직응력을 유발하는 하중

편심하중은 [그림 4.1(b)]와 같이 부재의 도심(centroid)과 일치하지 않고 편심거리(e)만큼 떨어져 작용하기 때문에 부재 도심에 식(4.2a, b)의 모멘트를 유발한다.

$$M_x = P \times e_y \tag{4.2a}$$

$$M_y = P \times e_x \tag{4.2b}$$

여기서, M_x : x축 방향에 작용하는 모멘트, M_y : y축 방향에 작용하는 모멘트, e_x : x축 방향의 편심거리, e_y : y축 방향의 편심거리이다.

휨모멘트는 중립축을 중심으로 선형으로 변형하는 직응력을 유발하며, 이는 탄성해석에 의해 유도할 수 있다. 임의의 하중을 받는 보의 작은 길이(dx)를 절단하고 이 물체에 작용하는 휨모멘트와 물체의 변형을 표시하면 [그림 4.2]와 같다. 베르누이의 가정(Bernouli's assumption, 평면유지의 가정)에 의하면 휨모멘트를 받는 보의 변형 전에 부재축에 수직한 평면은 변형 후에도 부재축에 수직한다. 따라서 보에 생기는 변형률은 중립축으로부터 떨어진 거리에 선형적으로 비례하여 증감한다.

[그림 4.2]에서 작은 길이(dx)는 식(4.3)과 같이 곡률반경(R)에 내각($d\theta$)을 곱한 값이다.

$$dx = R \times d\theta \tag{4.3}$$

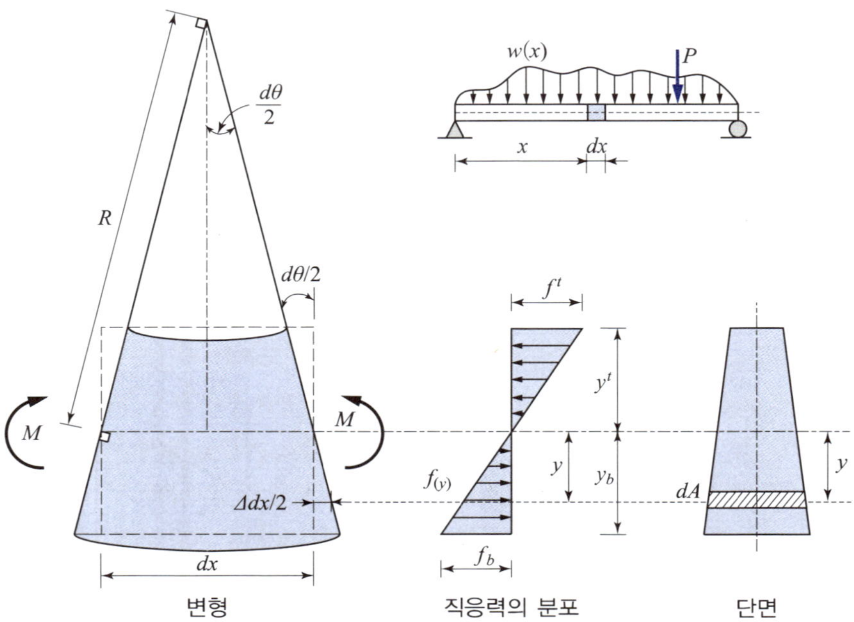

그림 4.2 휨변형

중립축에서 거리 y만큼 떨어진 위치에서의 늘어난 길이(Δdx)는 식(4.4)의 거리(y)에 내각($d\theta$)을 곱한 값이다.

$$\Delta dx = y \times d\theta \tag{4.4}$$

평면유지의 법칙에 따르면 변형률은 중립축으로부터 떨어진 거리에 선형적으로 비례하므로 닮은꼴 삼각형 법칙에 의해 식(4.5)를 유도할 수 있다.

$$dx : (R \times d\theta) = \Delta dx : (y \times d\theta) \tag{4.5}$$

축하중변형률(ϵ)은 원래의 길이(dx)와 늘어난 길이(Δdx)의 비율이며, 후크의 법칙에 의하면 응력과 변형률은 식(4.7)의 선형적인 관계가 있다.

$$\epsilon = \frac{\Delta dx}{dx} = \frac{y}{R} \tag{4.6}$$

$$f = E \times \epsilon \tag{4.7}$$

중립축에서 거리 y만큼 떨어진 위치에서의 응력($f_{(y)}$)은 식(4.6)과 식(4.7)을 이용한 식(4.8)에서 계산할 수 있다.

$$f_{(y)} = E \times \epsilon_{(y)} = E\frac{y}{R} \tag{4.8}$$

식(4.8)을 식(4.9)와 같이 정리한다.

$$\frac{f_{(y)}}{y} = \frac{E}{R} = f_o \tag{4.9}$$

모멘트는 힘에 거리를 곱한 것이며, 응력의 분포가 [그림 4.2]와 같이 중립축을 중심으로 선형적으로 변화하므로 단면 전체에 작용하는 휨모멘트는 단면 높이에 따라 변화하는 응력을 적분하여 식(4.10)에 의해 계산한다.

$$M = \int (f_{(y)} \times dA) \times y \tag{4.10}$$

식(4.10)에 식(4.9)를 대입하여 식(4.11)을 유도한다.

$$M = f_o \int (y^2) dA \tag{4.11}$$

식(4.11)에서 $\int (y^2) dA$는 단면2차모멘트(I)이므로 식(4.11)을 정리하고 식(4.9)를 이용하면 중립축에서 거리 y만큼 떨어진 위치에서의 응력($f_{(y)}$)을 계산할 수 있다.

$$M = f_o \times I, \qquad f_o = \frac{M}{I}$$

$$f_{(y)} = \frac{M}{I}y \tag{4.12}$$

식(4.12)에서 단면2차모멘트(I) 대신에 단면계수($S = I/y$)를 이용하면 $f_{(y)}$는 식(4.13)이 된다.

$$f_{(y)} = \frac{M}{S} \tag{4.13}$$

따라서 [그림 4.1]에 표시된 세 가지 하중에 의해 발생하는 직응력은 식(4.14)에 의해 계산할 수 있다.

$$f = \text{축응력} + x,\ y\text{방향 편심응력} + x,\ y\text{방향 휨응력}$$

$$f = \pm\frac{P}{A} \pm \frac{P \times e_y}{I_x}y \pm \frac{P \times e_x}{I_y}x \pm \frac{M_x}{I_x}y \pm \frac{M_y}{I_y}x \tag{4.14}$$

일반적인 부재의 경우에는 부재축과 직각되는 방향(y방향)으로 모멘트가 발생하지 않는 경우가 많으므로 식(4.14)의 직응력은 식(4.15)를 이용하여 계산한다.

$$f = \text{축응력} + x\text{방향 편심응력} + x\text{방향 휨응력}$$

$$f = \pm\frac{P}{A} \pm \frac{P \times e_y}{I_x}y \pm \frac{M_x}{I_x}y \tag{4.15}$$

예제 4.1

[예제 그림 4.1.1]의 단면이 300 mm × 500 mm, 길이가 3 m인 캔틸레버 보에 50 kN의 수직하중과 1,500 kN의 편심하중이 작용한다. 지점 단면 A, B, C, D에 작용하는 직응력을 계산하라.

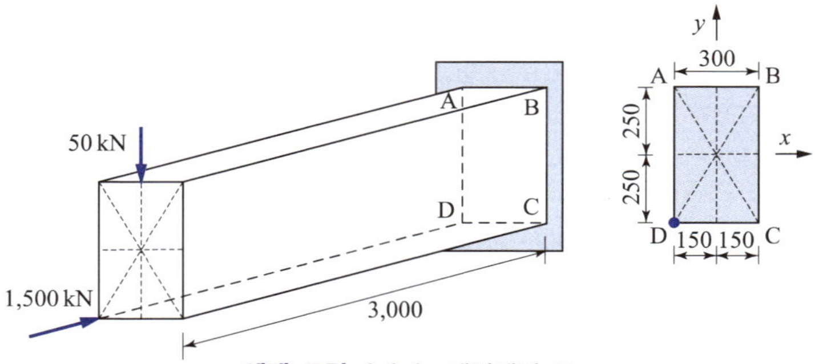

예제 그림 4.1.1 캔틸레버 보

풀이

주단면에는 편심응력과 휨모멘트에 의한 직응력이 작용하므로 식(4.14)에 의해 A, B, C, D에 발생하는 응력을 계산한다.

$$f = \pm \frac{P}{A} \pm \frac{P \times e_y}{I_x} y \pm \frac{P \times e_x}{I_y} x \pm \frac{M_x}{I_x} y \pm \frac{M_y}{I_y} x \tag{a}$$

단면의 면적(A), 단면2차모멘트(I), 편심거리(e)를 계산한다.

$$A = bh = (300 \times 500) = 150{,}000\,\mathrm{mm}^2 \tag{b}$$

$$I_x = \frac{b \times h^3}{12} = \frac{300 \times 500^3}{12} = 3{,}125 \times 10^6\,\mathrm{mm}^4 \tag{c}$$

$$I_y = \frac{h \times b^3}{12} = \frac{500 \times 300^3}{12} = 1{,}125 \times 10^6\,\mathrm{mm}^4 \tag{d}$$

$$e_x = 150\,\mathrm{mm}, \quad e_y = 250\,\mathrm{mm}$$

단면의 A, B, C, D점에 작용하는 직응력을 계산한다.

$$f_A = -\frac{1.5 \times 10^6}{150{,}000} + \frac{1.5 \times 10^6 \times 250}{3{,}125 \times 10^6} 250 - \frac{1.5 \times 10^6 \times 150}{1{,}125 \times 10^6} 150 + \frac{50{,}000 \times 3{,}000}{3{,}125 \times 10^6} 250 = 2\,\mathrm{MPa} \tag{e}$$

$$f_B = -\frac{1.5 \times 10^6}{150{,}000} + \frac{1.5 \times 10^6 \times 250}{3{,}125 \times 10^6} 250 + \frac{1.5 \times 10^6 \times 150}{1{,}125 \times 10^6} 150 + \frac{50{,}000 \times 3{,}000}{3{,}125 \times 10^6} 250 = 62\,\mathrm{MPa} \tag{f}$$

$$f_C = -\frac{1.5 \times 10^6}{150{,}000} - \frac{1.5 \times 10^6 \times 250}{3{,}125 \times 10^6} 250 + \frac{1.5 \times 10^6 \times 150}{1{,}125 \times 10^6} 150 - \frac{50{,}000 \times 3{,}000}{3{,}125 \times 10^6} 250 = -22\,\mathrm{MPa} \tag{g}$$

$$f_D = -\frac{1.5 \times 10^6}{150{,}000} - \frac{1.5 \times 10^6 \times 250}{3{,}125 \times 10^6} 250 - \frac{1.5 \times 10^6 \times 150}{1{,}125 \times 10^6} 150 - \frac{50{,}000 \times 3{,}000}{3{,}125 \times 10^6} 250 = -82\,\mathrm{MPa} \tag{h}$$

4.2.2 프리스트레스트 콘크리트 부재의 응력 계산

프리스트레스트 콘크리트에 사용되는 탄성해석법은 응력개념, 내력개념, 하중평형개념으로 구분할 수 있다.

응력개념에 의한 계산

균열이 발생하지 않은 프리스트레스트 콘크리트 부재를 탄성체로 보고 단면의 응력을 4.2.1항에서 설명한 탄성해석에 의해 계산할 수 있다. 이 해석법은 프리스트레스트 콘크리트 개발에 많은 공헌을 한 프랑스의 Freyssinet가 제안한 것으로 응력개념(stress concept) 또는 균질한 보의 개념(homogeneous beam concept)이라고 한다. 응력개념은 초기하중단계에서 프리스트레스트 콘크리트 부재에는 인장응력이 매우 작게 작용하여 중립축으로부터 떨어진 거리에 비례하여 재료의 응력이 선형적으로 변화하는 것에 근거한 설계법이다.

[그림 4.3]의 프리스트레스트 콘크리트 부재에는 네 가지 형태의 긴장재가 배근되어 있다. [그림 4.3]의 모든 부재는 부재축과 직각되는 방향(y방향)으로 모멘트가 발생하지 않는다.

식(4.14)를 이용하여 프리스트레스트 콘크리트 부재의 응력을 계산할 경우에 식(4.14)의 단면적(A)은 콘크리트의 단면적(A_c)으로 대체한다. 또한 단면2차모멘트(I)는 콘크리트의 단면2차모멘트(I_c)로 대체한다. 보의 응력을 계산할 경우에 콘크리트의 단면적(A_c)은 전체 단면적(A_g)과 동일하다고 가정하지만, 기둥의 경우에는 긴장재가 차지하는 단면적이 많으므로 전체 단면적(A_g)에서 긴장재의 단면적(A_{ps})을 제외하고 남은 콘크리트의 순단면적을 사용한다.

① **직선 배치(편심 하중 없음)** : [그림 4.3(a)]에서 부재의 도심에 긴장재가 직선으로 배치된 부재의 응력은 식(4.14)를 이용하여 다음과 같이 계산할 수 있다.

- 긴장재의 압축하중에 의한 응력 : $f = -\dfrac{P}{A_c}$
- 긴장재의 편심하중에 의한 응력 : 없음
- 외력(고정, 활하중 등)에 의한 응력 : $f = \mp \dfrac{M}{I_c}y$
- 전체 응력 : $f = -\dfrac{P}{A_c} \mp \dfrac{M}{I_c}y$ (4.16)

② **직선 배치(편심 하중 있음)** : [그림 4.3(b)]에서 부재의 도심에서 편심 거리(e)만큼 떨어진 위치에 긴장재가 직선으로 배치된 부재의 응력은 식(4.14)를 이용하여 계산할 수 있다.

- 긴장재의 압축하중에 의한 응력 : $f = -\dfrac{P}{A_c}$
- 긴장재의 편심하중에 의한 응력 : $f = \pm \dfrac{P \times e}{I_c}y$
- 외력(고정, 활하중 등)에 의한 응력 : $f = \mp \dfrac{M}{I_c}y$
- 전체 응력 : $f = -\dfrac{P}{A_c} \pm \dfrac{P \times e}{I_c}y \mp \dfrac{M}{I_c}y$ (4.17)

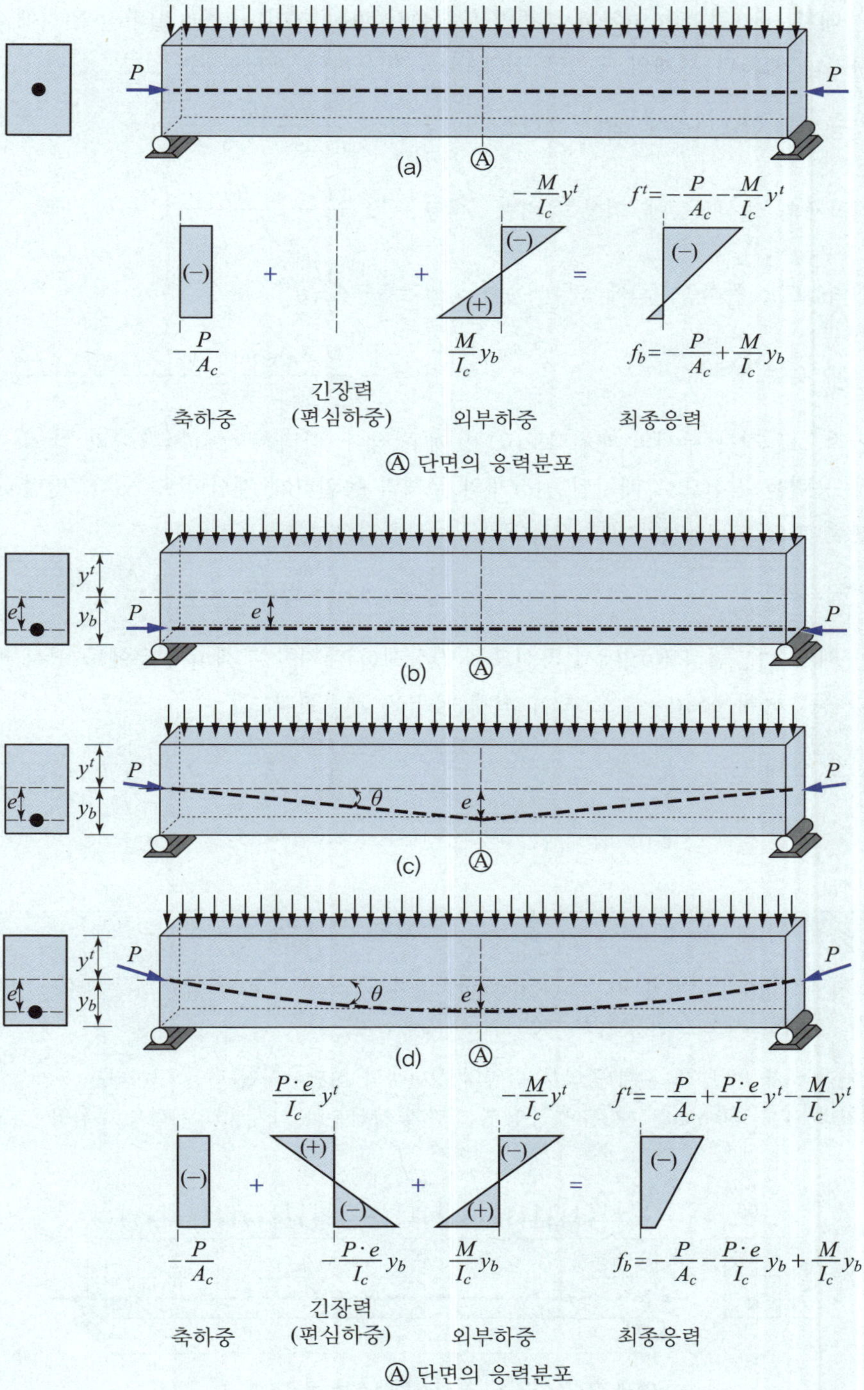

그림 4.3 프리스트레스트 콘크리트의 응력

③ **경사 배치** : [그림 4.3(c)]에서 부재의 도심에서 편심 거리(e)만큼 떨어진 위치에 긴장재가 경사지게 배치된 부재의 응력은 식(4.14)를 이용하여 계산할 수 있다.

- 긴장재의 압축하중에 의한 응력 : $f = -\dfrac{P \times \cos\theta}{A_c}$
- 긴장재의 편심하중에 의한 응력 : $f = \pm\dfrac{(P \times \cos\theta) \times e}{I_c}y$
- 외력(고정, 활하중 등)에 의한 응력 : $f = \mp\dfrac{M}{I_c}y$
- 전체 응력 : $f = -\dfrac{P \times \cos\theta}{A_c} \pm \dfrac{(P \times \cos\theta) \times e}{I_c}y \mp \dfrac{M}{I_c}y$

일반적으로 경사 부재의 배치각도(θ)는 매우 작다. 따라서 $\cos\theta \approx 1$이라 할 수 있으므로 전체 응력을 직선으로 배치된 긴장재의 부재와 동일하게 계산할 수 있다. 다만, 전단력을 계산할 때($P \times \sin\theta$)는 배치각도(θ)를 무시하지 않는다.

- 전체 응력 : $f = -\dfrac{P}{A_c} \pm \dfrac{P \times e}{I_c}y \mp \dfrac{M}{I_c}y$

④ **곡선 배치** : [그림 4.3(d)]에서 곡선으로 긴장재를 배치한 부재의 경우에도 경사 배치한 경우와 동일하게 $\cos\theta \approx 1$로 하여 전체 응력을 계산한다.

- 전체 응력 : $f = -\dfrac{P}{A_c} \pm \dfrac{P \times e}{I_c}y \mp \dfrac{M}{I_c}y$

예제 4.2

[예제 그림 4.2.1]에서 단면이 300 mm × 600 mm, 길이가 8 m인 프리스트레스트 콘크리트 보에 등분포하중과 프리스트레스트 긴장력(P = 400 kN)이 작용한다.

1) 편심거리(e)가 없을 때 부재 중앙부 단면의 상단부와 하단부의 응력을 구하라.
2) 편심거리(e)가 150 mm일 때 부재 중앙부 단면의 상단부와 하단부의 응력을 구하라.

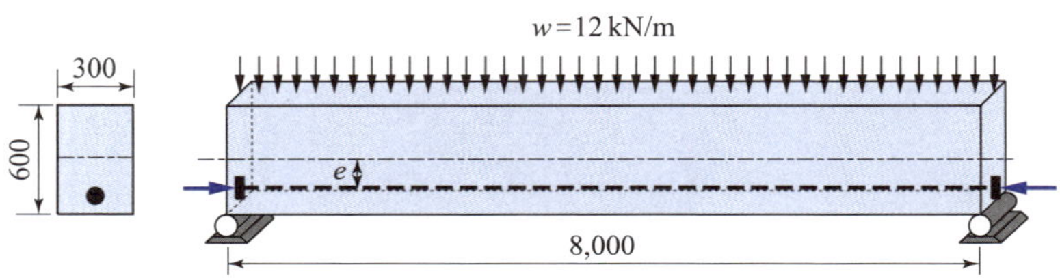

예제 그림 4.2.1 프리스트레스트 콘크리트 보

풀이

편심하중과 휨모멘트를 받는 부재의 응력을 식(4.17)에 의해 계산한다.

$$f = -\frac{P}{A_c} \pm \frac{P \times e}{I_c} y \mp \frac{M}{I_c} y \tag{a}$$

식(a)에서 콘크리트의 단면적(A_c), 단면2차모멘트(I_c), 중앙부 모멘트(M), 편심거리(y)를 계산한다.

$$A_c = bh = (300 \times 600) = 180{,}000\ \mathrm{mm}^2 \tag{b}$$

$$I_c = \frac{b \times h^3}{12} = \frac{300 \times 600^3}{12} = 5{,}400 \times 10^6\ \mathrm{mm}^4 \tag{c}$$

$$M = \frac{w \times l^2}{8} = \frac{12 \times 8^2}{8} = 96\ \mathrm{kN \cdot m} \tag{d}$$

$$y^t = y_b = 300\ \mathrm{mm} \tag{e}$$

1) 편심거리(e)가 없을 때 부재 중앙부 단면의 상단부와 하단부의 응력을 구하라.

상단부 응력

$$f^t = -\frac{4 \times 10^5}{180{,}000} + 0 - \frac{96 \times 10^6}{5{,}400 \times 10^6} 300 = -2.22 - 5.33 = -7.55\ \mathrm{MPa} \tag{f}$$

하단부 응력

$$f_b = -\frac{4 \times 10^5}{180{,}000} + 0 + \frac{96 \times 10^6}{5{,}400 \times 10^6} 300 = -2.22 + 5.33 = 3.11\ \mathrm{MPa} \tag{g}$$

2) 편심거리(e)가 150 mm일 때 부재 중앙부 단면의 상단부와 하단부의 응력을 구하라.

상단부 응력

$$f^t = -\frac{4 \times 10^5}{180{,}000} + \frac{400 \times 0.15 \times 10^6}{5{,}400 \times 10^6} 300 - \frac{96 \times 10^6}{5{,}400 \times 10^6} 300$$
$$= -2.22 + 3.33 - 5.33 = -4.22\ \mathrm{MPa} \tag{h}$$

하단부 응력

$$f_b = -\frac{4 \times 10^5}{180{,}000} - \frac{400 \times 0.15 \times 10^6}{5{,}400 \times 10^6} 300 + \frac{96 \times 10^6}{5{,}400 \times 10^6} 300$$
$$= -2.22 - 3.33 + 5.33 = -0.22\ \mathrm{MPa} \tag{i}$$

각 조건에 의해 계산한 응력을 [예제 그림 4.2.2]에 표시하였다.

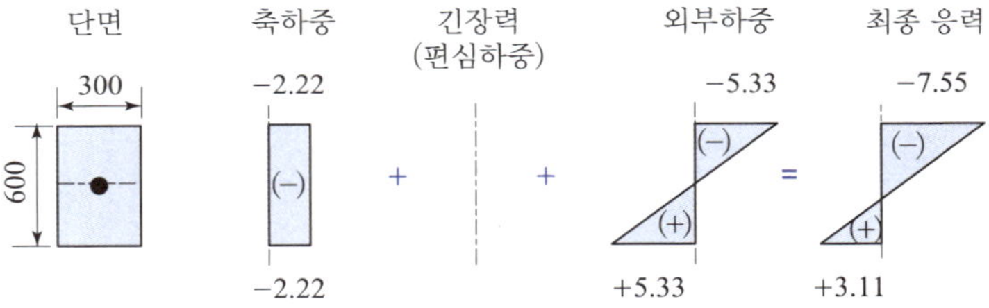

(a) 편심하중이 없는 경우

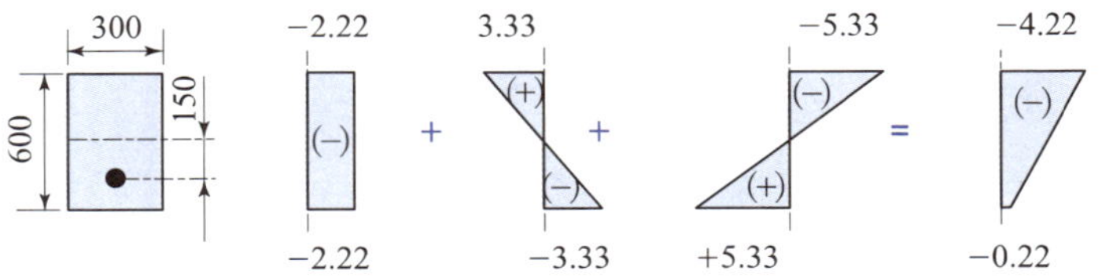

(b) 편심하중이 있는 경우

예제 그림 4.2.2 단면의 응력

내력개념에 의한 계산

외력이 작용하는 모든 부재는 내력이 발생한다. [그림 4.4]의 프리스트레스트 긴장력과 편심하중 및 부재하중(고정하중 활하중 등)에 의해 휨모멘트가 발생하는 부재의 임의의 단면에서는 외력 모멘트를 저항하기 위한 내력 모멘트가 발생한다. 내력 모멘트는 부재에 작용하는 외력 모멘트의 크기에 따라서 값이 달라지며 합력간의 중심거리(jd)도 달라진다. 프리스트레스트 콘크리트 부재 해석에서는 내력 모멘트를 이용해 부재의 응력을 계산하며, 이를 내력개념(internal force concept) 또는 강도개념(strength concept)이라 한다.

내력개념에서는 식(4.17)의 좌변의 편심하중과 부재하중에 의해 발생하는 휨모멘트를 식(4.18)의 한 항목으로 변환한다.

$$f = -\frac{P}{A_c} \mp \frac{P \times e'}{I_c} y \tag{4.18}$$

식(4.18)에서 편심하중과 부재하중에 의해 발생하는 휨모멘트($P \times e'$)는 식(4.19)와 같다. 식(4.19)에서 부재하중에 의해 발생하는 휨모멘트(M)가 음수($-$)인 이유는 편심하중에 의해 발생하는 휨모멘트와 외부하중에 의해 발생하는 휨모멘트는 항상 부호가 반대이기 때문이다([그림 4.3] 참조)

$$P \times e' = -P \times e + M \tag{4.19}$$

$$M = P(e' + e) = P \times z \tag{4.20}$$

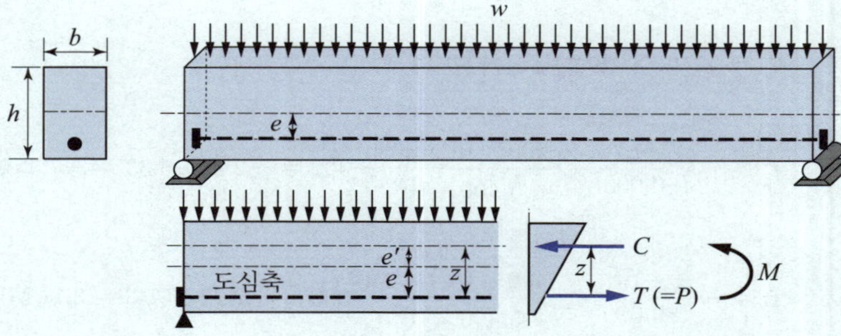

그림 4.4 프리스트레스트 콘크리트 부재의 내력 모멘트

$$z = e' + e \tag{4.21}$$

식(4.20)에서 부재하중에 의해 발생하는 휨모멘트(M)는 [그림 4.4]의 압축력(C)과 인장력($T = P$)의 합력간 중심거리(z)를 곱한 우력 모멘트(couple moment)이며, 중심거리(z)는 식(4.21)의 긴장재의 편심거리(e)와 부재하중에 의해 발생하는 휨모멘트에 대한 편심거리(e')의 합이다.

내력개념에서는 식(4.20)에서 합력간의 중심거리(z)를 구한 후에 식(4.21)을 이용하여 편심거리(e')를 계산한다. 편심거리(e')를 구하면 식(4.18)에 의해 부재의 응력을 계산할 수 있다.

예제 4.3

[예제 그림 4.2.1]의 프리스트레스트 보의 부재응력을 내력개념에 의해 계산하라.

1) 편심거리(e)가 없을 때 부재 중앙부 단면의 상단부와 하단부의 응력을 구하라.
2) 편심거리(e)가 150 mm일 때 부재 중앙부 단면의 상단부와 하단부의 응력을 구하라.

풀이

편심하중과 휨모멘트를 받는 부재의 응력을 식(4.19)에 의해 계산한다.

$$f = -\frac{P}{A_c} \mp \frac{P \times e'}{I_c} y \tag{a}$$

식(a)에서 부재하중에 의해 발생하는 휨모멘트(M)는 식(4.20)과 같다.

$$M = P(e' + e) = P \times z \tag{b}$$

$$z = \frac{M}{P} = \frac{96 \times 10^6}{400 \times 10^3} = 240\,\mathrm{mm} \tag{c}$$

1) 편심거리(e)가 없을 때 부재 중앙부 단면의 상단부와 하단부의 응력을 구하라.

식(4.21)에서 부재하중에 의해 발생하는 편심거리(e')를 계산하고, 식(a)를 이용하여 단면의 응력을 계산한다.

$$e' = z - e = 240 - 0 = 240\,\text{mm} \tag{d}$$

상단부 응력

$$f^t = -\frac{4\times10^5}{180{,}000} - \frac{(400\times10^3)\times240}{5{,}400\times10^6}300 = -2.22 - 5.33 = -7.55\,\text{MPa} \tag{e}$$

하단부 응력

$$f_b = -\frac{4\times10^5}{180{,}000} + \frac{(400\times10^3)\times240}{5{,}400\times10^6}300 = -2.22 + 5.33 = 3.11\,\text{MPa} \tag{f}$$

2) 편심거리(e)가 150 mm일 때 부재 중앙부 단면의 상단부와 하단부의 응력을 구하라.

식(4.21)에서 편심거리(e')를 계산한다.

$$e' = z - e = 240 - 150 = 90\,\text{mm} \tag{g}$$

상단부 응력

$$f^t = -\frac{4\times10^5}{180{,}000} - \frac{(400\times10^3)\times90}{5{,}400\times10^6}300 = -2.22 - 2 = -4.22\,\text{MPa} \tag{h}$$

하단부 응력

$$f_b = -\frac{4\times10^5}{180{,}000} + \frac{(400\times10^3)\times90}{5{,}400\times10^6}300 = -2.22 + 2 = -0.22\,\text{MPa} \tag{i}$$

각 조건에 따라 계산한 응력을 [예제 그림 4.3.1]에 표시하였다. [예제 그림 4.3.1]에서 내력개념에 의해 계산한 부재응력은 응력개념에 의해 계산한 [예제 그림 4.2.2]의 결과와 동일하다는 것을 알 수 있다.

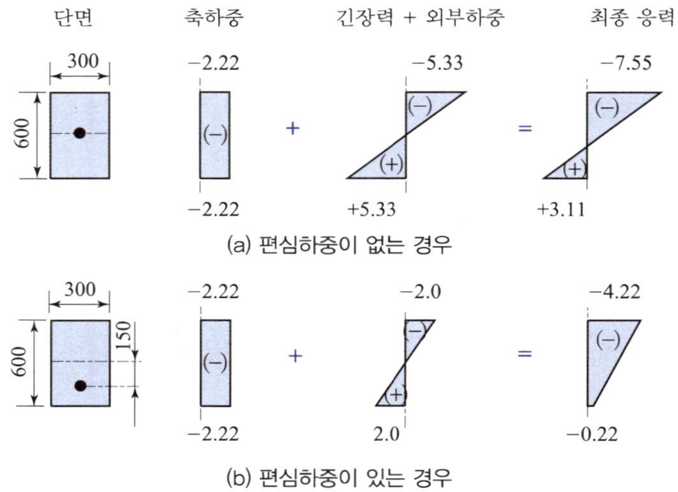

예제 그림 4.3.1 단면의 응력

하중평형개념에 의한 계산

프리스트레스트의 응력을 계산하는 또 다른 방법으로 하중평형개념(load balancing concept)이 있으며, 이를 등가하중개념(equilibrium transverse loading concept)이라고도 한다. 하중평형개념에서도 내력개념과 마찬가지로 식(4.17)의 좌변의 편심하중과 부재하중에 의해 발생하는 휨모멘트를 한 번에 계산하여 단면의 응력을 계산한다. 이 방법은 긴장력에 의한 편심하중과 부재하중에 의해 발생하는 휨모멘트의 종류에 따라서 계산 방법이 다르다.

① 긴장재가 포물선으로 배치되고 등분포하중을 받는 경우

[그림 4.5]의 포물선 긴장력과 등분포하중을 받는 보의 전체 변형은 [그림 4.5(a)]의 긴장력에 의한 변형과 [그림 4.5(b)]의 부재하중(고정하중, 활하중 등)에 의한 변형의 합으로 계산할 수 있다. [그림 4.5(a)]에서 긴장재의 양 끝을 P로 긴장할 때 긴장재가 콘크리트 안에서 포물선을 유지하려면 등분포하중 u가 작용해야 한다. 콘크리트의 관점에서는 긴장재에 작용하는 하중이 반대 방향이 되어 등분포하중 u가 아래에서 위쪽 방향으로 작용하게 된다. 따라서 부재에는 부모멘트가 작용하며, 중앙점에서의 부모멘트의 값은 등분포하중 u에 의해 식(4.22a)가 된다. 발생한 부모멘트(M^-)는 프리스트레스트 긴장력의 수평성분($P \cdot \cos\theta \approx P$)에 의해 발생하는 모멘트와 동일하므로 식(4.22a)와 식(4.22b)를 이용하여 등분포하중 u를 계산할 수 있다.

$$M^- = -\frac{u\,l^2}{8} \tag{4.22a}$$

$$M^- = (P \cdot \cos\theta) \times e \approx P \times e \tag{4.22b}$$

$$u = \frac{8P \times e}{l^2} \tag{4.23}$$

한편 [그림 4.5(b)]의 부재하중(고정하중, 활하중 등) w에 의해 발생하는 휨모멘트는 식(4.24)와 같다.

$$M^+ = \frac{w \times l^2}{8} \tag{4.24}$$

그러므로 전체 하중($u + w$)에 의해 발생하는 부재 중앙부에서의 모멘트는 식(4.25)가 된다.

$$M_t = \frac{(w - u) \times l^2}{8} \tag{4.25}$$

하중평형개념에서는 식(4.17)의 좌변의 편심하중과 부재하중에 의해 발생하는 휨모멘트를 식(4.26)과 같이 한 항목으로 변환하고 여기에 식(4.25)를 대입하여 계산한다.

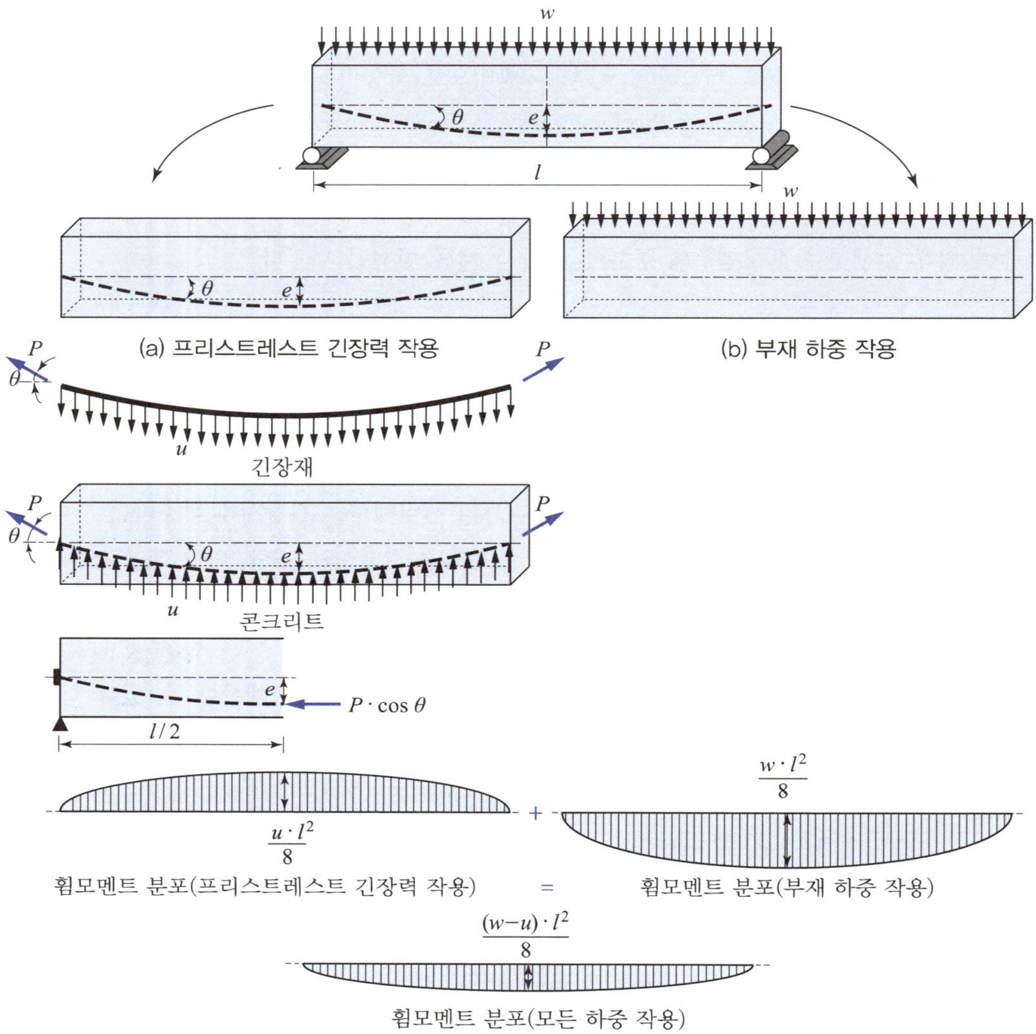

그림 4.5 긴장재가 포물선이며 등분포하중을 받는 부재의 하중평형의 개념

$$f = -\frac{P}{A_c} \mp \frac{M_t}{I_c} y \tag{4.26}$$

② 긴장재가 경사지게 배치되고 집중하중을 받는 경우

긴장재의 배근 방법이 달라질 경우에 하중평형의 개념에 의한 단면응력의 계산 방법도 달라진다. [그림 4.6]의 경사 긴장력과 집중하중을 받는 보의 전체 변형은 [그림 4.6(a)]의 긴장력에 의한 변형과 [그림 4.6(b)]의 부재하중(고정하중, 활하중 등)에 의한 변형의 합으로 계산할 수 있다. [그림 4.6(a)]에서 긴장재의 양 끝을 P로 긴장할 때 긴장재가 콘크리트 안에서 경사를 유지

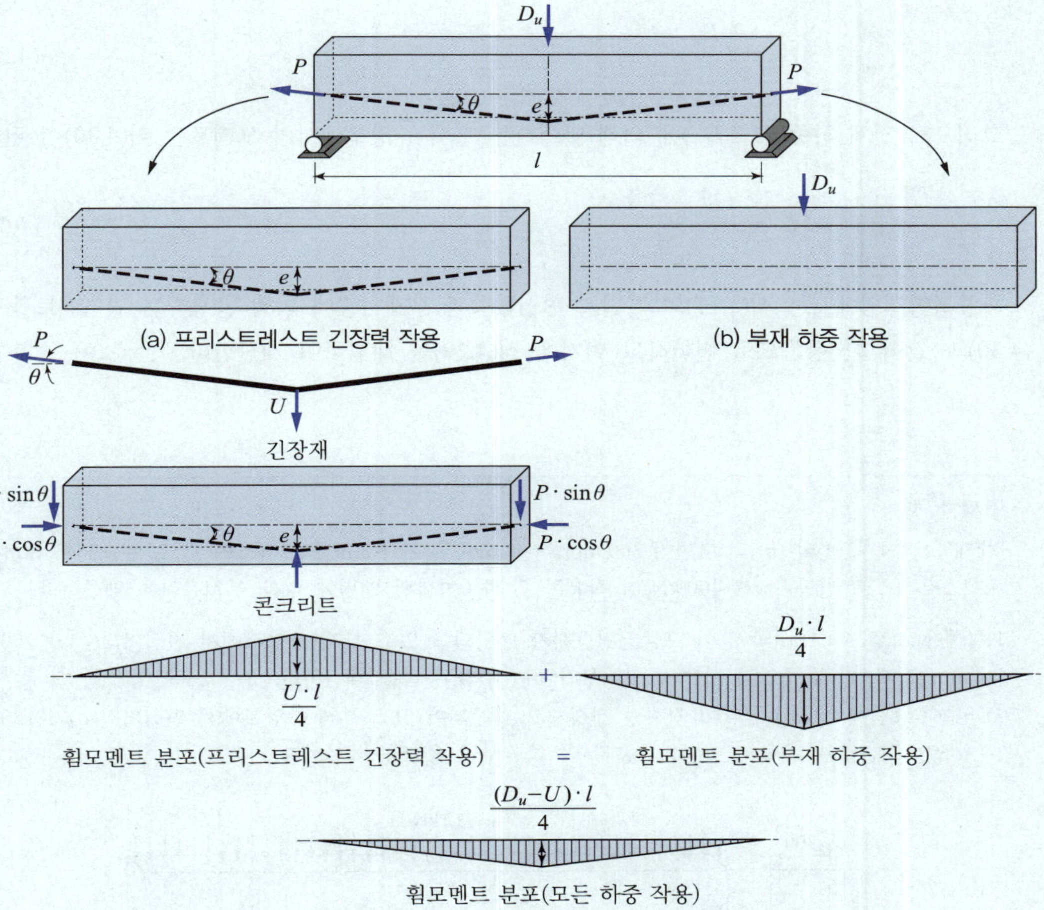

그림 4.6 긴장재가 경사지며 집중하중을 받는 부재의 하중평형의 개념

하기 위해 부재의 중앙부에 집중하중 U가 작용하게 된다. 콘크리트의 관점에서는 긴장재에 작용하는 하중이 반대 방향이 되어 집중하중 U가 아래에서 위쪽 방향으로 작용한다. 따라서 부재에는 부모멘트가 작용하게 되며, 중앙점에서의 부모멘트의 값은 집중하중 U에 의해 식(4.27)이 된다. 식(4.27)의 U는 상하 방향의 힘의 평형에 의해 식(4.28)을 이용하여 계산할 수 있다.

$$M^{-} = -\frac{U \times l}{4} \tag{4.27}$$

$$U = 2(P\sin\theta) \tag{4.28}$$

한편 [그림 4.6(b)]의 집중 하중 D_u에 의해 발생하는 휨모멘트는 식(4.29)와 같다.

$$M^+ = \frac{D_u \times l}{4} \tag{4.29}$$

그러므로 전체 하중($U + D_u$)에 의해 발생하는 부재 중앙부에서의 모멘트는 식(4.30)이 된다.

$$M_t = \frac{(D_u - U) \times l}{4} \tag{4.30}$$

하중평형개념에서는 식(4.17)의 좌변의 편심하중과 부재하중에 의해 발생하는 휨모멘트를 식(4.30)과 같이 한 항목으로 변환하고 여기에 식(4.29)를 대입하여 계산한다.

예제 4.4

[예제 그림 4.4.1(a)와 (b)]의 단면이 300 mm × 600 mm, 길이가 8 m인 프리스트레스트 콘크리트 보에 프리스트레스트 긴장력(P = 400 kN)이 작용한다. 하중평형의 개념에 따라 부재응력을 계산하라.

1) [예제 그림 4.4.1(a)]와 같이 포물선긴장재가 배근되어 있고 부재 중앙부에서 편심거리(e)가 150 mm일 때, 부재 중앙부 단면의 상단부와 하단부의 응력을 계산하라.
2) [예제 그림 4.4.1(b)]와 같이 경사진 긴장재가 배근되어 있고 부재 중앙부에서 편심거리(e)가 150 mm일 때, 부재 중앙부 단면의 상단부와 하단부의 응력을 계산하라.

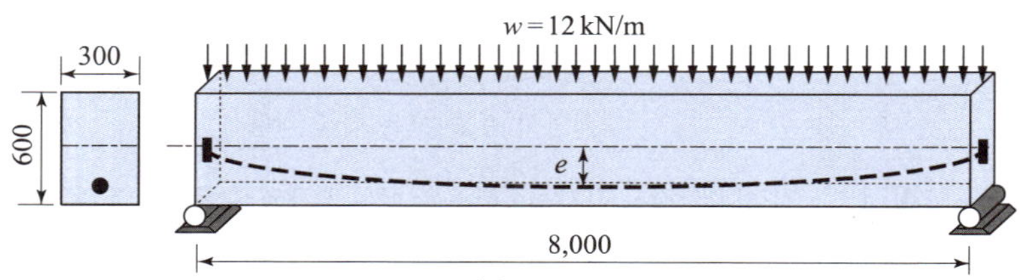

(a) 포물선 긴장재

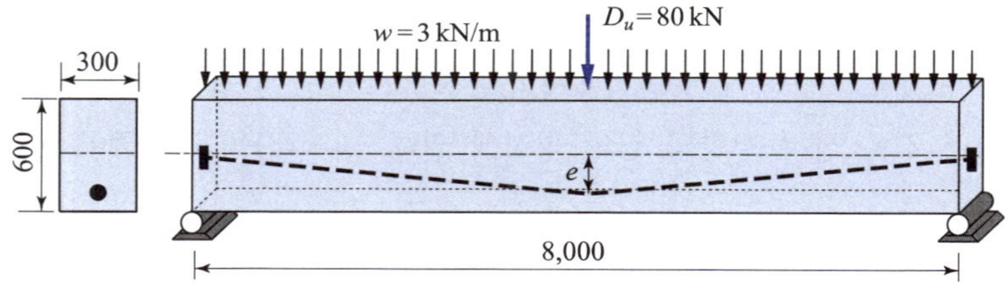

(b) 경사 긴장재

예제 그림 4.4.1 프리스트레스트 콘크리트 보

풀이

1) **[예제 그림 4.4.1(a)]와 같이 포물선긴장재가 배근되어 있고 부재 중앙부에서 편심거리(e)가 150 mm일 때, 부재 중앙부 단면의 상단부와 하단부의 응력을 계산하라.**

프리스트레스트 긴장력에 의해 발생한 등분포하중 u를 식(4.23)에 의해 계산한다.

$$u = \frac{8P \times e}{l^2} = \frac{8 \times 400 \times 0.15}{8^2} = 7.5 \text{ kN/m} \qquad \text{(a)}$$

전체 하중($u+w$)에 의해 발생하는 부재 중앙부에서의 모멘트는 식(4.25)에서 계산한다.

$$M_t = \frac{(w-u) \times l^2}{8} = \frac{(12-7.5) \times 8^2}{8} = 36 \text{ kN} \cdot \text{m} \qquad \text{(b)}$$

하중평형개념에서는 식(4.17)의 좌변의 편심하중과 부재하중에 의해 발생하는 휨모멘트를 식(4.30)과 같이 한 항목으로 변환하여 계산한다.

$$f = -\frac{P}{A_c} \mp \frac{M_t}{I_c} y \qquad \text{(c)}$$

상단부 응력

$$f^t = -\frac{4 \times 10^5}{180{,}000} - \frac{36 \times 10^6}{5{,}400 \times 10^6} 300 = -2.22 - 2.0 = -4.22 \text{ MPa} \qquad \text{(d)}$$

하단부 응력

$$f_b = -\frac{4 \times 10^5}{180{,}000} + \frac{36 \times 10^6}{5{,}400 \times 10^6} 300 = -2.22 + 2.0 = -0.22 \text{ MPa} \qquad \text{(e)}$$

2) **[예제 그림 4.4.1(b)]와 같이 경사진 긴장재가 배근되어 있고 부재 중앙부에서 편심거리(e)가 150 mm일 때, 부재 중앙부 단면의 상단부와 하단부의 응력을 계산하라.**

경사 긴장력에 의해 발생한 집중하중 U를 상하 방향의 힘의 평형에 의해 식(4.28)을 이용하여 계산한다.

$$U = 2(P\sin\theta) = 2 \times 400 \times \frac{150}{\sqrt{4{,}000^2 + 150^2}} = 29.98 \text{ kN} \qquad \text{(f)}$$

전체 하중($U+D_u$)에 의해 발생하는 부재 중앙부에서의 모멘트는 식(4.30)과 같다. 다만 주어진 조건에서 등분포하중이 작용하므로 등분포하중에 의해 발생하는 휨모멘트를 식(4.30)의 결과에 더해야 한다.

$$M_t = \frac{(D_u - U) \times l^2}{4} + \frac{wl^2}{8} = \frac{(80 - 29.98) \times 8}{4} + \frac{3 \times 8^2}{8} = 124.04 \text{ kN} \cdot \text{m} \qquad \text{(g)}$$

휨모멘트를 식(4.30)과 같이 한 항목으로 변환하여 계산한다.

상단부 응력

$$f^t = -\frac{4 \times 10^5}{180{,}000} - \frac{124.04 \times 10^6}{5{,}400 \times 10^6} 300 = -2.22 - 6.89 = -9.11 \text{ MPa} \qquad \text{(h)}$$

하단부 응력

$$f_b = -\frac{4\times10^5}{180{,}000} + \frac{124.04\times10^6}{5{,}400\times10^6}300 = -2.22+6.89 = 4.67\ \text{MPa} \qquad \text{(i)}$$

각 조건에 의해 계산한 응력을 [예제 그림 4.4.2]에 표시하였다. [예제 그림 4.4.2(a)]의 포물선긴장재가 배치된 부재에서 발생하는 콘크리트 응력은 [예제 그림 4.3.2]에서 내력개념에 의해 계산한 부재응력과 동일하다.

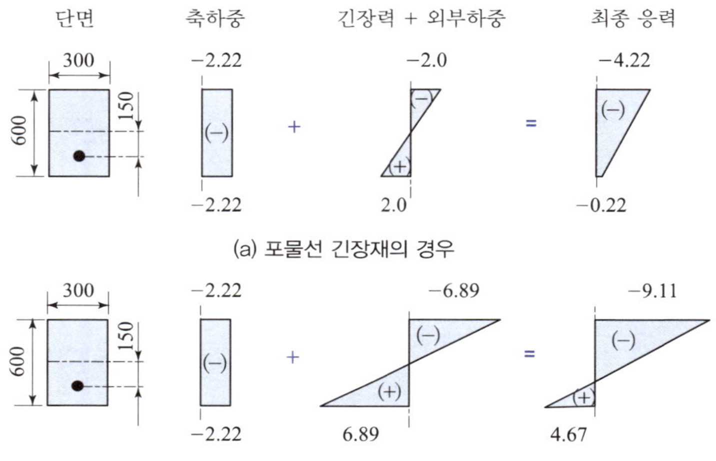

예제 그림 4.4.2 단면의 응력

예제 4.5

[예제 그림 4.4.1(b)]의 단면이 300 mm×600 mm, 길이가 8 m인 프리스트레스트 콘크리트 보에 하중과 프리스트레스트 긴장력이 작용한다. 부재 중앙부에서 편심거리(e)가 150 mm일 때, 부재 중앙부 단면의 하단부 응력이 "0"이 되기 위하여 필요한 긴장력의 크기를 하중평형의 개념에 따라 계산하라.

풀이

경사 긴장력에 의해 발생한 집중하중 U를 상하 방향의 힘의 평형에 의해 식(4.28)을 이용하여 계산한다.

$$U = 2(P\sin\theta) = 2\times P\times\frac{150}{\sqrt{4{,}000^2+150^2}} = (0.07495P)\ \text{kN} \qquad \text{(a)}$$

전체 하중($U+D_u$)에 의해 발생하는 부재 중앙부에서의 모멘트와 등분포하중에 의해 발생하는 휨모멘트를 계산한다.

$$M_t = \frac{(D_u - U)\times l}{4} + \frac{wl^2}{8} = \frac{(80-(0.07495P))\times 8}{4} + \frac{3\times 8^2}{8}$$
$$= (184 - 0.1499P)\ \text{kN}\cdot\text{m} \qquad \text{(b)}$$

하중평형개념을 이용하여 단면의 응력을 계산한다.

$$f = -\frac{P}{A_c} \mp \frac{M_t}{I_c}y \qquad \text{(c)}$$

하단부 응력

$$f_b = 0 = -\frac{P\times 10^3}{180{,}000} + \frac{(184-0.1499P)\times 10^6}{5{,}400\times 10^6}300 \qquad \text{(d)}$$

그러므로 $P = 736.5$ kN이다.
상단부 응력은

$$f^t = -\frac{736.5\times 10^3}{180{,}000} - \frac{(184-0.1499\times 736.5)\times 10^6}{5{,}400\times 10^6}300$$
$$= -4.09 - 4.09 = -8.18\ \text{MPa}$$

부재 중앙부의 응력을 [예제 그림 4.5.1]에 표시하였다.

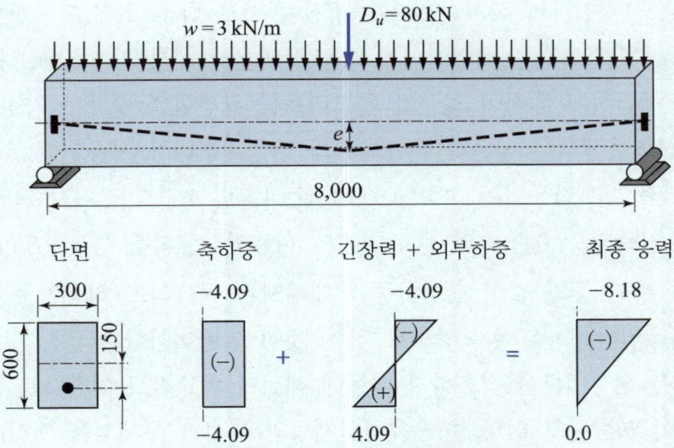

예제 그림 4.5.1 단면의 응력

4.3 구조물 설계법

프리스트레스트 콘크리트의 구조설계법에는 구조안전성의 확보, 구조요구성능에 적합한 재료의 선택, 구조부재 및 구조시스템의 설계와 검증을 위하여 필요한 기본 개념이 포함되어 있다. 프리스트레스트 콘크리트 구조물의 설계에는 탄성설계법과 함께 철근콘크리트 구조물에서 사용되는 강도설계법과 허용응력설계법을 포함하는 한계상태설계법이 사용된다.

4.3.1 허용응력설계법(allowable stress design method)

허용응력설계법은 재료의 역학적 특성을 완전한 탄성체 특성으로 가정하고 응력계산과 단면계산에 선형이론을 적용하여 부재내력을 계산하는 설계법이다. 계산된 재료응력은 구조안전성과 사용성을 고려하여 결정된 허용응력 이하가 되어야 한다. 이 방법은 오래 전부터 쓰여 온 구조설계법으로 1980년대 중반까지 미국과 우리나라의 철근콘크리트 구조설계기준에 적용되었지만 현재는 사용성에 대한 설계에서만 적용되고 있다.

철근콘크리트 구조는 철근과 콘크리트라는 성질이 서로 다른 소재를 조합한 복합 구조이고, 콘크리트의 응력 - 변형률 곡선은 비선형이기 때문에 이론적 해석이 어렵다. 허용응력설계법에서는 이러한 문제를 해결하기 위하여 철근과 콘크리트를 완전한 탄성체로 가정하여 해석을 간략화했다. 허용응력설계법에서는 철근과 콘크리트의 탄성계수비가 사용된다.

허용응력은 장기적으로 작용하는 하중에 대해서는 [그림 4.7]과 같이 콘크리트 허용압축응력을 콘크리트 28일 압축강도(f_{ck})의 약 1/3, 철근의 허용인장응력을 항복강도(f_y)의 약 2/3로 한다. 또한 지진이나 바람 등과 같이 단기하중에 대해서는 콘크리트 허용압축응력을 압축강도의 약 2/3, 철근의 허용인장응력을 항복강도로 하는 것이 일반적이다.

허용응력설계법은 선형이론을 적용하기 때문에 해석이 비교적 용이하다는 이점이 있지만, 비합리적 개념을 많이 포함하고 있다. 허용응력설계법의 특성과 문제점을 정리하면 다음과 같다.

① 콘크리트와 철근의 역학적 특성을 완전탄성으로 가정하고 응력 - 변형률 곡선 중에서 후크(Hooke)의 법칙이 성립하는 구간만을 설계에 반영한다([그림 4.7]의 음영 부분). 그러나 콘크리트는 [그림 4.7]에서 설명한 것처럼 응력과 변형률이 비선형적 관계를 갖고 있다. 또한 낮은 하중에서 균열이 발생하며, 크리프와 건조수축의 영향 때문에 후크의 법칙을 적용하는 $f_{ck}/3$ 이하에서도 완전하게 탄성 거동을 하지 않는다.

② 재료(콘크리트와 보강철근)에만 안전율이 적용된다. 재료에만 안전율을 적용할 경우에 하중의 종류(고정하중, 활하중, 지진하중, 풍하중, 적설하중 등)가 다르게 작용하는 부재에

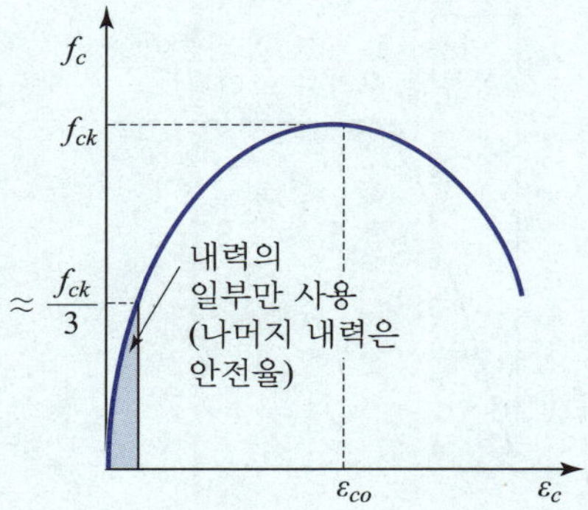

(a) 콘크리트의 응력-변형률 곡선

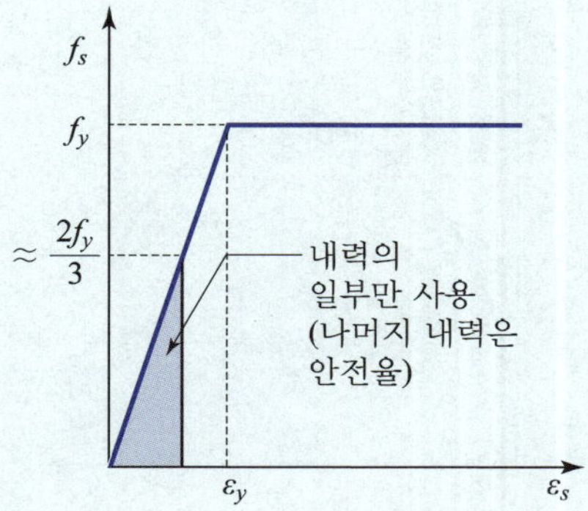

(b) 철근의 응력-변형률 곡선

그림 4.7 허용응력설계법과 재료의 응력-변형률 곡선(장기 하중)

일정한 안전율이 적용되므로 각 하중에 적합한 안전율을 설정할 수 없고, 비경제적인 설계가 되기 쉽다.

③ 재료의 일부 응력을 사용하여 설계한다. 따라서 구조부재의 극한상태의 파괴강도를 정확하게 파악하기 어렵다. 최근 내진설계에 적용되는 성능설계의 경우 각각의 부재에 대한 정확한 내력 평가가 요구되지만 허용응력설계법의 경우는 부재의 내력을 정확하게 평가할 수 없으므로 적용하기가 어렵다.

현재 사용되고 있는 프리스트레스트 콘크리트 구조설계기준의 사용성 평가에 허용응력설계법이 사용되고 있는데, 이는 부재의 변형, 균열, 처짐, 진동 등과 같은 구조물의 사용성 한계는 후크의 법칙이 성립하는 재료의 초기응력 상태와 밀접한 관계가 있기 때문이다.

4.3.2 강도설계법(ultimate strength design method)

강도설계법은 허용응력설계법과 달리 재료의 내력을 최대한 사용하는 설계법이다. 강도설계법에서는 [그림 4.8]의 음영부분으로 표시된 재료의 최대 응력을 설계에 반영한다. 허용응력설계에서는 재료 강도의 일부분만을 사용하고 나머지 강도를 이용하여 안전율을 확보하지만, 강도설계법에서는 재료의 강도를 최대한 활용하면서 강도와 외력에 두 개의 안전율을 별도로 적용한다. 식(4.31)은 강도설계법의 기본 개념으로 내력과 외력에 각각 강도감소계수(ϕ, strength reduction factor)와 하중계수(α_i, load factor)를 곱하여, 강도감소계수를 고려한 내부 저항력(ϕR_n)이 하중계수를 고려한 외부하중($\alpha_i Q_i$) 이상이 되도록 하고 있다.

$$\phi R_n \geq \alpha_i Q_i \tag{4.31}$$

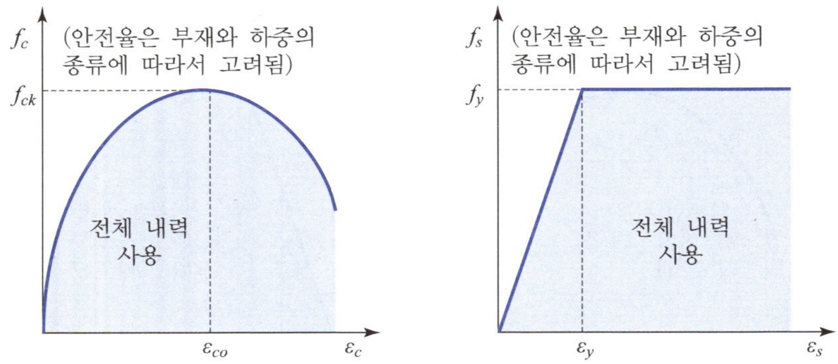

(a) 콘크리트의 응력 – 변형률 곡선 (b) 철근의 응력 – 변형률 곡선

그림 4.8 강도설계법과 재료의 응력 – 변형률 곡선

여기서, ϕ : 강도감소계수($\phi \leqq 1.0$), α_i : 하중계수($\alpha_i \geqq 1.0$), R_n : 공칭내력(nominal strength), Q_i : 외부하중, i : 고정하중, 활하중, 풍하중, 지진하중, 시간에 따른 하중 등과 같은 여러 하중 종류를 나타낸다.

강도설계법은 프리스트레스트 콘크리트 구조설계기준의 전반에 적용되고 있으며, 강도설계법의 특성과 문제점을 정리하면 다음과 같다.

① 콘크리트와 강재의 최대 내력을 설계에 반영하므로 허용응력설계법에 비하여 경제적인 설계법이라 할 수 있다.

② 프리스트레스트 콘크리트 부재는 힘의 종류에 따라서 연성률을 포함한 파괴의 양상이 달라지며, 외력(하중)도 종류에 따라서 예측 가능 신뢰도가 달라질 수 있다. 강도설계법은 힘과 하중의 특성을 고려하고 부재와 하중의 종류에 따라서 식(4.32)와 같이 별개의 안전율을 적용하여 이들의 특성을 설계에 합리적으로 반영할 수 있다.

③ 강도설계법의 경우도 부재의 단면력을 구하는 응력계산은 탄성해석에 의한 경우가 많고, 소성변형을 고려하여 단면력을 구하는 경우는 드물다. 또한, 하중계수는 경험적으로 그 값을 결정하는 경우가 많아 각국의 설계기준에 따라서 강도감소계수(ϕ)와 하중계수(α_i) 값이 다르다.

4.3.3 KDS 14 국가건설기준-2020(콘크리트구조 학회기준-2017)

KDS 14 국가건설기준-2020(콘크리트구조 학회기준-2017)에서는 구조물 또는 부재가 건물의 사용기간 중에 발생할 수 있는 세 가지 조건에 대한 한계를 정하여 설계하고 있다.

① **극한한계상태**(ultimate limit state) : 구조물의 전체 또는 부분이 붕괴되어 하중 지지 능

력을 잃는 상태. 전도, 미끄러짐, 휨인장파괴, 구조체의 불안정 등.

② **사용한계상태(serviceability limit state)** : 구조물이 붕괴되지는 않았으나 기능이 감소되어 사용에 부적합한 상태. 과다 처짐, 과다 균열, 진동 등.

③ **특수한계상태(special limit state)** : 화재, 폭발, 테러와 같은 특수한 상태에서 발생할 수 있는 하중에 의한 손상 또는 파괴의 한계 상태.

[그림 4.9]와 같이 구조물에 작용하는 설계하중에 대해 구조부재가 파괴됨이 없이 그 하중을 지지할 수 있도록 부재의 단면과 보강방법을 정해야 한다.

$$\text{설계강도}(\phi R_n) \geq \text{소요강도}(U) \tag{4.32}$$

식(4.32)에서 소요강도(U)는 외부에서 부재에 요구되는 하중을 말하며, 강도설계법에서는 하중효과($\alpha_i Q_i$)라 한다. 구조체에 작용하는 대표적인 하중에 대한 설계강도와 소요강도(하중효과)는 다음과 같다.

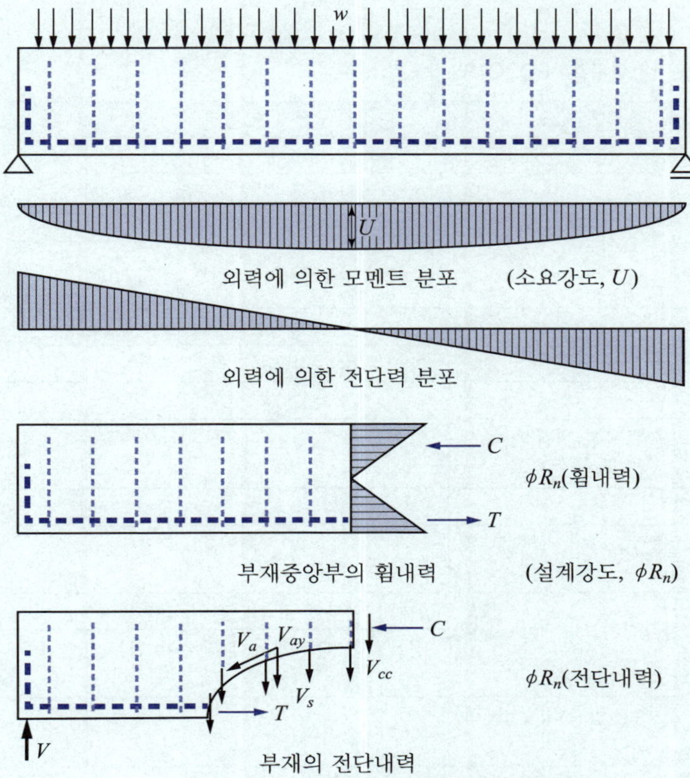

그림 4.9 외부하중과 내부 저항력

휨모멘트 $\phi M_n \geq M_u$ (4.33a)

전단력 $\phi V_n \geq V_u$ (4.33b)

축하중 $\phi P_n \geq P_u$ (4.33c)

비틀림모멘트 $\phi T_n \geq T_u$ (4.33d)

여기서, n : 공칭강도(휨모멘트, 전단력, 축하중, 비틀림모멘트 등), u : 하중계수를 고려한 휨모멘트, 전단력, 축하중, 비틀림모멘트 등의 소요강도를 나타낸다.

강도감소계수(ϕ)

식(4.32)의 공칭강도(R_n)는 구조체가 이상적인 상태에서 이론적으로 계산되는 강도를 나타낸다. 그러나 실제로 구조체가 건설될 때에는 시공솜씨, 재료의 불균일성, 단면치수의 부족 등으로 이상적인 상태에서의 시공이 어려워 계획한 강도보다 낮을 가능성이 높다. 따라서 구조설계에서는 다음 이유에 근거하여 강도감소계수(ϕ)를 "1" 이하의 값으로 한다.

표 4.2 KDS 14(국가건설기준, 2020)의 강도감소계수

하중의 종류	세부 조건	강도감소계수
인장지배단면([그림 6.25] 참조)	-	0.85
변화구간단면([그림 6.25] 참조)	나선철근부재	$0.70+\dfrac{0.85-0.70}{0.005-\epsilon_y}(\epsilon_t-\epsilon_y)$
	그 외의 철근콘크리트 부재	$0.65+\dfrac{0.85-0.65}{0.005-\epsilon_y}(\epsilon_t-\epsilon_y)$
압축지배단면([그림 6.25] 참조)	나선철근부재	0.70
	그 외의 철근콘크리트 부재	0.65
전단력과 비틀림	-	0.75
콘크리트의 지압력(포스트텐션 정착부, 스트럿-타이 모델 제외)	-	0.65
포스트텐션 정착영역	-	0.85
스트럿-타이 모델(스트럿, 타이, 절점부 및 지압부)	-	0.75
긴장재 묻힘길이가 정착길이보다 작은 프리텐션 부재의 휨단면	부재의 단부에서 전달길이 단부까지	0.75
	전달길이 단부에서 정착길이 단부 사이	0.75에서 0.85까지 선형적으로 증가
무근콘크리트의 휨모멘트, 압축력, 전단력, 지압력	-	0.55

ϵ_y : 철근의 항복변형률, ϵ_t : 최외단 인장철근의 순인장변형률

① 재료 강도와 부재 치수의 변동 가능성

② 부정확한 설계 방정식에 대한 여유 확보

③ 주어진 하중 조건에 대한 부재의 연성능력과 신뢰도

④ 구조물에서 부재가 차지하는 부재의 중요도

콘크리트 구조설계기준에서 규정하는 강도감소계수는 [표 4.2]와 같다.

하중계수(α)

식(4.32)의 하중효과(Q_i)는 통계학과 신뢰성에 근거하여 제시된 값으로 하중이 변경되거나, 구조해석 시의 가정과 계산의 단순화로 실제 하중을 초과할 수 있다. 따라서 KDS 14(국가건설기준, 2020)에서는 하중계수(α)를 곱하여 소요강도(U)를 계산한다.

① $U = 1.4(D+F)$ (4.34a)

② $U = 1.2(D+F+T)+1.6(L+\alpha_H H_v + H_h)+0.5(L_r \text{ 또는 } S \text{ 또는 } R)$ (4.34b)

③ $U = 1.2D+1.6(L_r \text{ 또는 } S \text{ 또는 } R)+(1.0L \text{ 또는 } 0.65W)$ (4.34c)

④ $U = 1.2D+1.3W+1.0L+0.5(L_r \text{ 또는 } S \text{ 또는 } R)$ (4.34d)

⑤ $U = 1.2(D+H_v)+1.0E+1.0L+0.2S+(1.0H_h \text{ 또는 } 0.5H_h)$ (4.34e)

⑥ $U = 1.2(D+R+T)+1.6(L+\alpha_H H_v)+0.8H_h+0.5(L_r \text{ 또는 } S \text{ 또는 } R)$ (4.34f)

⑦ $U = 0.9(D+H_v)+1.3W+(1.6H_h \text{ 또는 } 0.8H_h)$ (4.34g)

⑧ $U = 0.9(D+H_v)+1.0E+(1.0H_h \text{ 또는 } 0.5H_h)$ (4.34h)

여기서, D : 고정하중, L : 활하중, L_r : 지붕활하중, F : 유체의 중량과 압력에 의한 하중, H_v : 흙, 지하수 또는 기타 재료의 자중에 의한 수직방향 하중, H_h : 흙, 지하수 또는 기타 재료의 횡압력에 의한 수평방향 하중, T : 온도, 크리프, 건조수축 및 부동침하의 영향 등에 의해서 생기는 하중, S : 적설하중, R : 강우하중, W : 풍하중, E : 지진하중이다.

α_H는 토피(土皮)의 두께에 따라 변하는 수직방향 하중 H_v에 대한 보정계수로 식(4.35a, b)에 의하여 계산한다.

$$h \leqq 2\,\text{m}\text{에 대하여} \quad \alpha_H = 1.0 \tag{4.35a}$$

$$h > 2\,\text{m}\text{에 대하여} \quad \alpha_H = 1.05 - 0.025h \geqq 0.875 \tag{4.35b}$$

여기서, h : 부재의 전체 두께이다.

식(4.34)를 이용하여 소요강도(U)를 계산할 때, 차고, 공공집회 장소 및 활하중(L)이 5.0 kN/m^2 이상인 모든 장소를 제외하고 식(4.34c), (4.34d) 및 (4.34e)의 활하중(L)에 대한 하중계수를 0.5로 감소시킬 수 있다. 식(4.34e)와 식(4.34h)에서 H_h의 하중계수가 1.0 또는 0.5로 되어 있는 것과 식(4.34g)에서 1.6 또는 0.8로 되어 있는 것은 두 경우를 모두 고려하여 안전측의 설계가 되도록 하기 위한 것이다.

구조물에 충격의 영향이 있을 때에는 활하중(L)을 충격효과(I)를 포함한 $(L+I)$로 대체하여 식(4.34)에 적용해야 한다.

4.3.4 도로교설계기준(한계상태설계법, limit state design method)

2016년에 개정된 도로교설계기준(한계상태설계법)에서는 Eurocode 2기준에 근거하여 하중계수와 철근과 콘크리트의 재료계수(재료안전계수, 부분안전계수, ϕ)를 이용하여 설계하고 있다. 교량의 각 구성요소와 연결부는 각 한계상태에 대하여 식(4.36)을 만족해야 한다.

$$R_d \geq E_u \tag{4.36}$$

여기서, R_d : 구조물의 설계강도, E_u : 하중영향이다.

구조물의 설계강도(R_d)는 재료의 설계값(f_d)과 치수의 공칭값(a_n)을 사용하여 식(4.37a)에 의해 계산한다. 하중영향(E_u)은 하중효과(Q_i), 하중수정계수(η_i), 하중계수(γ_i)을 고려하여 식(4.37b)에 의해 계산한다.

$$R_d = R(f_{d,i},\ a_{n,i}) \tag{4.37a}$$

$$E_u = \sum \eta_i \gamma_i Q_i \tag{4.37b}$$

식(4.37a, b)의 설계강도와 하중영향은 구조물에 정의된 다음 한계값에 따라서 계산 결과가 달라진다.

① **극한한계상태 하중 조합 I** : 일반적인 차량 통행을 고려한 기본 하중 조합으로, 풍하중은 고려하지 않는다.

② **극한한계상태 하중 조합 II** : 발주자가 지정하는 특수 차량이나 통행 허가 차량을 고려한 하중 조합

③ **극한한계상태 하중 조합 III** : 풍속 25 m/sec을 초과하는 풍하중이 지배하중으로 작용하는 하중 조합

④ **극한한계상태 하중 조합 IV** : 활하중에 비하여 고정하중이 매우 큰 경우에 적용하는 하중 조합

⑤ **극한한계상태 하중 조합** V : 풍속 25 m/sec을 초과하는 풍하중과 통행 차량 하중의 최빈값을 고려한 하중 조합

⑥ **극단상황한계상태 하중 조합** I : 지진하중을 고려하는 하중 조합

⑦ **극단상황한계상태 하중 조합** II : 빙산(ice load), 선박 또는 차량의 충돌을 고려한 사고 하중 조합

⑧ **사용한계상태 하중조합** I : 교량의 정상 운용 상태에서 발생 가능한 모든 하중의 표준값과 25 m/sec의 풍하중을 조합한 하중상태이며, 교량의 설계 수명 동안 발생 확률이 매우 적은 하중조합이다. 이 하중조합은 철근콘크리트의 사용성 검증에 사용할 수 있다. 또한 옹벽과 사면의 안정성 검증, 매설된 금속구조물, 터널라이닝판과 열가소성 파이프에서의 변형제어에도 적용한다.

⑨ **사용한계상태 하중조합** II : 차량하중에 의한 강구조물의 항복과 마찰이음부의 미끄러짐에 대한 하중조합.

⑩ **사용한계상태 하중조합** III : 교량의 정상 운용 상태에서 설계 수명 동안 종종 발생 가능한 하중조합이다. 이 조합은 부착된 프리스트레스 강재가 배치된 상부구조의 균열폭과 인장응력 크기를 검증하는데 사용한다.

⑪ **사용한계상태 하중조합** IV : 설계수명 동안 종종 발생 가능한 하중조합으로 교량 특성상 하부구조는 연직하중보다 수평하중에 노출될 때 더 위험하기 때문에 연직 활하중 대신에 수평 풍하중을 고려한 하중조합이다. 따라서 이 조합은 부착된 프리스트레스 강재가 배치된 하부구조의 사용성 검증에 사용해야 한다. 물론 하부구조는 사용하중조합 III에서의 사용성 요구 조건도 동시에 만족하도록 설계하여야 한다.

⑫ **피로한계상태 하중조합** : 피로설계트럭하중을 이용하여 반복적인 차량하중과 동적응답에 의한 피로파괴를 검토하기 위한 하중조합

재료계수(ϕ)

설계강도(R_d)는 강도설계법의 식(4.32)의 설계강도(ϕR_n)와 같이 공칭강도(R_n)에 안전계수를 곱한 값이다. 한계상태설계법에서도 강도설계법과 유사하게 다음 이유를 포괄적으로 포함한 재료계수(ϕ)를 사용한다.

① 재료 강도의 불확실성

② 부재 치수의 불확실성

③ 강도 예측의 불확실성

따라서, 식(4.73a)의 재료의 설계값(f_d)은 재료계수(ϕ)를 사용하여 식(4.38)에 의해 계산한다.

표 4.3 도로교설계기준(한계상태설계법, 2016)의 재료계수

한계상태	하중조합 (설계 상황)	콘크리트 재료계수(ϕ_c)	철근 또는 프리스트레스 강재의 재료계수(ϕ_s)
극한한계상태	극한하중조합-I, -II, -III, -IV (정상 및 임시 설계 상황)	0.65	0.90
	극단하중조합-I, -II (극단 및 지진 설계 상황)	0.85	1.0
사용한계상태	사용하중조합	1.0	1.0
피로하중상태	피로하중조합	1.0	1.0

$$f_d = \phi f_k \tag{4.38}$$

여기서, f_k : 재료 기준강도, ϕ : 재료계수이며 [표 4.3]의 재료와 하중상태에 따라서 달라진다.

하중계수(γ_i)

식(4.37b)의 하중효과(γ_i)는 하중 크기의 불확실성과 해석 방법의 불확실성을 고려하여 정해지며 한계상태조합에 따라서 달라진다. [표 4.4]와 [표 4.5]에 도로교설계기준(한계상태설계법)의 하중계수를 정리하였다.

표 4.4 도로교설계기준(한계상태설계법, 2016)의 하중계수

하중조합	고정하중	활하중	수압부력	구조풍하중	차량풍하중	마찰력	평균온도하중	극단(사고)하중			
								지진	설하중	차량충돌	선박충돌
극한하중 조합 I	γ_p	1.8	1.0	-	-	1.0	0.5/1.2	-	-	-	-
극한하중 조합 II	γ_p	1.4	1.0	-	-	1.0	0.5/1.2	-	-	-	-
극한하중 조합 III	γ_p	-	1.0	1.4	-	1.0	0.5/1.2	-	-	-	-
극한하중 조합 IV	γ_p	-	1.0	-	-	1.0	0.5/1.2	-	-	-	-
극한하중 조합 V	γ_p	1.4	1.0	0.4	1.0	1.0	0.5/1.2	-	-	-	-
극단상황 조합 I	γ_p	γ_{EQ}	1.0	-	-	1.0	-	1.0	-	-	-
극단상황 조합 II	γ_p	0.5	1.0	-	-	1.0	-	-	1.0	1.0	1.0
사용하중 조합 I	1.0	1.0	1.0	0.3	1.0	1.0	0.5/1.2	-	-	-	-
사용하중 조합 II	1.0	1.3	1.0	-	-	1.0	0.5/1.2	-	-	-	-
사용하중 조합 III	1.0	0.8	1.0	-	-	1.0	0.5/1.2	-	-	-	-
사용하중 조합 IV	1.0	-	1.0	-	-	1.0	0.5/1.2	-	-	-	-
피로하중상태	-	0.75	-	-	-	-	-	-	-	-	-

표 4.5 도로교설계기준(한계상태설계법, 2016)의 고정하중(γ_p)에 대한 하중계수

하중의 종류		하중계수	
		최대	최소
구조부재와 비구조적 부착물		1.25 1.50(극한한계 IV)	0.90
말뚝부마찰력		1.80	0.45
포장과 시설물		1.50	0.65
수평토압	• 주동	1.50	1.35
	• 정지	0.90	0.90
연직토압	• 전체안정	1.00	-
	• 옹벽 및 교대	1.35	1.00
	• 강성 암거 (예, 콘크리트 박스)	1.30	0.90
	• 뼈대형 강성구조물 (예, 라멘형)	1.35	0.90
	• 연성 암거 (예, 파형강관)	1.95	0.90
	• 박스형 연성 강재암거	1.50	0.90
상재토하중		1.50	0.75
시공중 발생하는 구속응력		1.0	1.0
프리스트레스힘	• 세그멘탈콘크리트교량의 상부, 하부구조	1.0	
	• 비세그멘탈콘크리트교량 상부구조	1.0	
	• 비세그멘탈콘크리트교량 하부구조 - I_g(전단면2차모멘트)를 사용하는 경우 - I_e(유효단면2차모멘트)를 사용하는 경우	 1.0 0.5	
	• 강재 하부구조	1.0	
크리프, 건조수축	• 세그멘탈콘크리트교량의 상부, 하부구조	구조부재와 비구조적 부착물에 대한 γ_p 사용	
	• 비세그멘탈콘크리트교량 상부구조	1.0	
	• 비세그멘탈콘크리트교량 하부구조 - I_g(전단면2차모멘트)를 사용하는 경우 - I_e(유효단면2차모멘트)를 사용하는 경우	 0.5 1.0	
	• 강재 하부구조	1.0	

하중수정계수(η_i)

식(4.37b)의 하중수정계수(η_i)는 교량의 연성, 여용성, 중요도와 관련된 계수이다. 하중수정계수는 식(4.39)와 식(4.40)에 의하여 계산한다.

$$\eta_i = \eta_D \eta_R \eta_I \geq 0.95 \text{ (최대하중계수가 적용되는 하중의 경우)} \tag{4.39}$$

$$\eta_i = \frac{1}{\eta_D \eta_R \eta_I} \leq 1.0 \text{ (최소하중계수가 적용되는 하중의 경우)} \tag{4.40}$$

식(4.39)와 식(4.40)의 연성과 관련된 계수(η_D), 여용성과 관련된 계수(η_R), 구조물 중요도와 관련된 계수(η_I)는 [표 4.6]과 같다.

표 4.6 도로교설계기준(한계상태설계법, 2016)의 하중수정계수

한계상태	연성 계수(η_D)		여용성 계수(η_R)		중요도 계수(η_I)	
	수준	값	수준	값	수준	값
극한 한계상태	비연성 구성요소 및 연결부	$\eta_D \geqq 1.05$	비여용부재	$\eta_R \geqq 1.05$	중요 교량	$\eta_I \geqq 1.05$
	설계기준에 부합하는 통상적인 설계 및 상세	$\eta_D = 1.0$	통상적 여용수준	$\eta_R = 1.0$	일반 교량	$\eta_I = 1.0$
	설계기준이 요구하는 것 이외의 추가 연성보강장치가 규정되어 있는 구성요소 및 연결부	$\eta_D \geqq 0.95$	특별한 여용수준	$\eta_R \geqq 0.95$	상대적으로 중요도가 낮은 교량	$\eta_I \geqq 0.95$
기타 한계상태		$\eta_D = 1.0$		$\eta_R = 1.0$		$\eta_D = 1.0$

4.4 긴장재의 허용응력

프리스트레스트 콘크리트 부재에 긴장력을 가했을 때 긴장재의 응력이 지나치게 클 경우에는 긴장재가 파단할 위험이 있으므로 KDS 14(국가건설기준, 2020)에서는 다음과 같이 긴장재의 인장응력을 제한하고 있다.

① **긴장 시의 긴장재의 인장응력** : $f_{pj} = 0.80 f_{pu}$ 또는 $f_{pj} = 0.94 f_{py}$ 중 작은 값 이하

② **프리스트레스트 도입 직후의 긴장재의 인장응력** : $f_{\pi} = 0.74 f_{pu}$ 또는 $f_{\pi} = 0.82 f_{py}$ 중 작은 값 이하

③ **정착구와 커플러의 위치에서 긴장력 도입 직후의 포스트텐션 긴장재의 인장응력** : $f_{\pi} = 0.70 f_{pu}$ 이하

도로교설계기준(한계상태설계법, 2016)에서는 다음과 같이 긴장재의 인장응력을 제한하고 있다.

① **긴장 시의 긴장재의 인장응력** : $f_{pj} = 0.80 f_{py}$ 또는 $f_{pj} = 0.9 f_{p0.2k}$ 중 작은 값 이하
만일 긴장력을 최종 프리스트레스 힘의 ±5% 정확도로 측정할 수 있다면 초과 긴장할 수 있다. 이때 (예를 들어 롱라인 프리텐션 작업에서 예상보다 높은 마찰이 발생할 경우) 긴장 시의 긴장재의 최대 인장응력은 $f_{pj} = 0.95 f_{p0.2k}$까지 증가시킬 수 있다. 여기서, $f_{p0.2k}$는 0.2% 오프셋 항복강도이다.

② **프리스트레스트 도입 직후의 긴장재의 인장응력** : $f_{\pi} = 0.75 f_{py}$ 또는 $f_{\pi} = 0.85 f_{p0.2k}$ 중 작은 값 이하

연습문제

4.1 | [연습 그림 4.1]의 단면이 60 mm × 200 mm, 길이가 600 mm인 캔틸레버 보에 100 kN의 수직하중과 200 kN의 편심하중이 작용한다. 지점 단면 A, B, C, D에 작용하는 직응력을 계산하라.

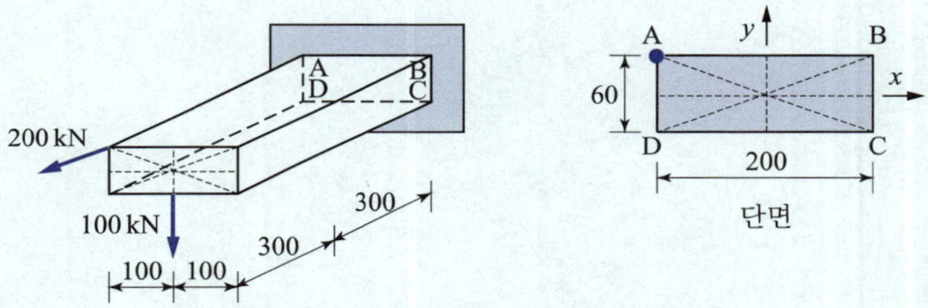

연습 그림 4.1 캔틸레버 보 (단위 : mm)

4.2 | [연습 그림 4.2]의 단면이 400 mm × 600 mm, 길이가 10 m인 프리스트레스트 콘크리트 보에 하중과 프리스트레스트 긴장력이 작용한다. 부재 중앙부에서 편심거리(e)가 200 mm일 때, 부재 중앙부 단면의 하단부 응력이 “0”이 되기 위하여 필요한 긴장력의 크기를 세 가지 해석법에 따라 계산하라.

1) 응력개념
2) 내력개념
3) 하중평형개념

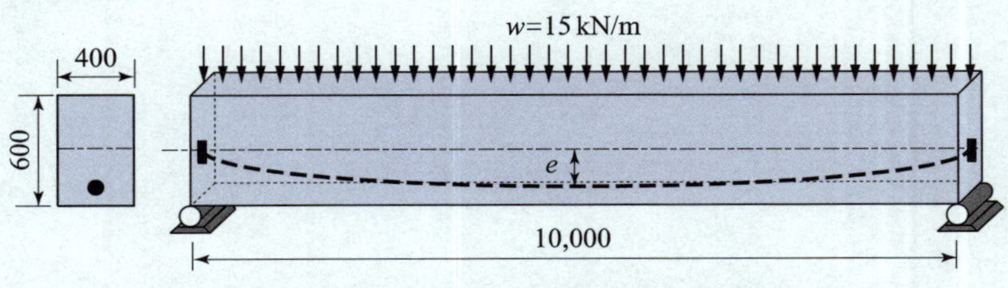

연습 그림 4.2 프리스트레스트 콘크리트 보 (단위 : mm)

4.3 | 허용응력설계법, 강도설계법, 한계상태설계법을 비교해서 설명하라.

4.4 | 콘크리트구조 학회기준(2017)과 도로교설계기준(한계상태설계법, 2016)에서 사용하고 있는 안전계수의 차이에 대해 설명하라.

4.5 | 프리스트레스트 콘크리트 부재에 사용되는 긴장재의 허용응력 조건에 대하여 설명하라.

Chapter 5

응력손실

5.1 일반 사항

프리스트레스트 콘크리트 구조물에 대한 설계에서는 응력손실(stress loss)에 대한 고려가 필요하다. 응력손실이란 PS강재에 긴장력을 가했을 때 모든 긴장력이 콘크리트에 전달되지 않고 전달되는 과정에서 일부가 손실되는 현상을 말한다. 즉 긴장력을 도입(transfer of prestress)했을 때 긴장재에 작용하는 100퍼센트의 힘이 콘크리트에 압축력으로 전달되지 않고 일반적으로 약 20~30퍼센트의 힘이 다양한 원인에 의해 도중에 손실되는 현상이다. 설계자는 이러한 응력손실을 고려해서 초기긴장력의 크기를 조절해야 한다. 특히 응력손실은 강재의 릴랙세이션, 콘크리트의 크리프와 건조수축 등에 의해 영향을 받으므로 시간이 경과함에 따라 변화하는 손실량을 계산해야 한다.

응력손실을 원인에 따라서 구별하면 다음과 같다.

① **탄성수축**(elastic shortening) : 콘크리트에 긴장력이 가해질 때 콘크리트가 탄성적으로 수축하면서 발생하는 응력손실(Δf_{pES})

② **마찰**(friction) : PS강재를 긴장할 때 강재와 콘크리트 사이의 마찰에 의해 발생하는 응력손실(Δf_{pF})

③ **정착장치**(anchorage set) : PS강재를 긴장할 때 긴장재가 콘크리트 부재 안으로 미끄러져 들어가거나 정착장치가 변형함으로써 발생하는 응력손실(Δf_{pAS})

④ **릴랙세이션**(relaxation) : PS강재의 재료적 성질에 의해 시간이 경과함에 따라서 응력이 감소하는 현상(3.7절 참조), 즉 릴랙세이션에 의해 발생하는 응력손실(Δf_{pR})

⑤ **크리프**(creep) : 압축응력을 받는 콘크리트의 변형률이 시간이 경과함에 따라서 증가하는 현상(3.5절 참조), 즉 크리프에 의해 발생하는 응력손실(Δf_{pCR})

⑥ **건조수축**(drying shrinkage) : 시간이 경과함에 따라서 콘크리트 내부의 물이 증발하여 체적이 감소하는 현상(3.5절 참조), 즉 건조수축에 의해 발생하는 응력손실(Δf_{pDS})

⑦ **기타** : 인접한 부재나 온도에 의해 프리스트레스트 콘크리트 부재가 수축하면서 발생하는 응력손실로 주변 환경에 따라 달라진다.

응력손실은 긴장력을 푼 이후에 즉시 발생하는 즉시손실과 시간이 경과함에 따라서 점차 진행되는 장기손실로 나누어진다([그림 5.1] 참조).

① **즉시응력손실**(instantaneous stress loss) : PS강재를 긴장할 때 또는 긴장력을 이완했을 때 즉시 발생하는 응력손실을 말하며 탄성수축, 정착장치의 미끌림, 마찰에 의한 응력손실이 여기에 속한다.

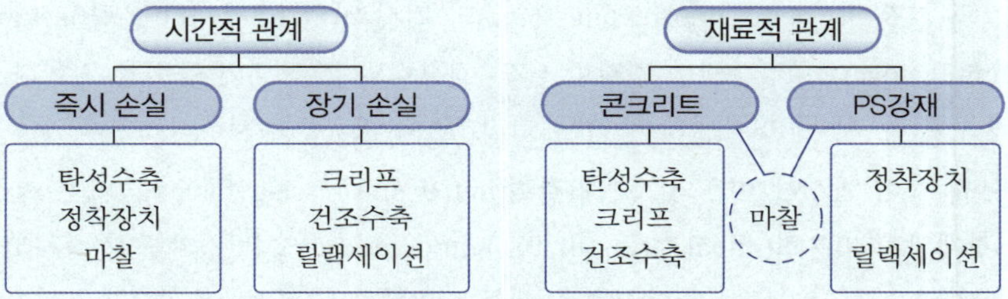

그림 5.1 전체 응력손실

② **장기응력손실**(times dependent stress loss) : PS강재를 콘크리트에 정착한 이후에 시간이 지남에 따라서 점진적으로 발생하는 응력손실을 말하며 릴랙세이션, 크리프, 건조수축에 의한 응력손실이 여기에 속한다.

응력손실은 재료, 부재의 종류 등에 따라 다르게 작용한다. 응력손실을 재료적 원인에 의해 구별하면 콘크리트, 강재 또는 두 재료의 상호간의 관계로 구별할 수 있다([그림 5.1] 참조).

① **콘크리트** : 콘크리트와 관련된 응력손실로, 탄성수축, 크리프, 건조수축에 의한 손실이 있다.

② **PS강재** : PS강재와 관련된 응력손실로, 릴랙세이션, 정착장치의 미끌림에 의한 손실이 있다.

③ **콘크리트와 PS강재** : 콘크리트와 강재가 모두 영향을 주는 응력손실로, 마찰에 의한 손실이 여기에 속한다.

또한 응력손실은 부재의 종류에 따라서 다르게 작용한다.

① **프리텐션 콘크리트 부재** : 정착구가 없이 콘크리트와 PS긴장재의 마찰에 의해 긴장력이 전달되는 프리텐션 콘크리트 부재에는 탄성수축, 릴랙세이션, 크리프, 건조수축에 의해 응력손실이 발생한다.

② **포스트텐션 콘크리트 부재** : 정착장치에 의해 긴장력이 전달되는 포스트텐션 콘크리트 부재에는 탄성수축, 마찰, 정착장치, 릴랙세이션, 크리프, 건조수축에 의해 응력손실이 발생한다.

PS강재를 긴장한 이후에도 강재의 응력은 응력손실에 의해 변화하므로 다음의 세 가지 단계, 즉, 긴장 시, 긴장재를 이완한 후 즉시응력손실이 발생한 이후, 장기응력손실이 발생한 이후로 구별하여 긴장재의 응력을 계산해야 한다([표 5.1] 참조).

① **긴장 시의 긴장력**(jacking prestressing force)과 **긴장 시의 PS강재의 응력**(jacking stress of PS reinforcement) : PS강재를 긴장할 때의 긴장력과 PS강재의 응력을 말한다. 긴장 시의 긴장력과 긴장 시의 PS강재의 응력은 각각 P_j와 f_{pj}로 표시한다.

② **즉시응력손실이 발생한 이후의 초기긴장력**(initial prestressing force, 초기 프리스트레스력)과 **PS강재의 초기응력**(initial stress of PS reinforcement) : PS강재를 긴장하고 이를 이완하여 긴장력을 콘크리트에 전달시켰을 때 즉시응력손실(탄성수축, 정착장치 미끌림, 마찰에 의한 손실)이 발생한다. 이와 같이 즉시응력손실에 의해 감소된 긴장력이나 PS강재의 응력을 초기긴장력과 PS강재의 초기응력이라 하며, 각각 P_i와 f_{pi}로 표시한다.

$$P_i = P_j - \Delta P_{ISL} \tag{5.1}$$

여기서, ΔP_{ISL} : 즉각적인 긴장력 손실이다.

③ **장기응력손실이 발생한 이후의 유효긴장력**(effective prestressing force, 유효 프리스트레스력)과 **PS강재의 유효응력**(effective stress of PS reinforcement) : 긴장력이 콘크리트에 전달되고 시간이 경과한 후에 장기응력손실(릴랙세이션, 크리프, 건조수축에 의한 손실)이 발생한다. 이와 같이 장기응력손실에 의해 감소된 긴장력이나 PS강재의 응력을 유효긴장력과 PS강재의 유효응력이라 하며, 각각 P_e와 f_{pe}로 표시한다.

$$P_e = P_j - \Delta P_{ISL} - \Delta P_{TSL} \tag{5.2}$$

$$\text{또는 } P_e = P_i - \Delta P_{TSL} \tag{5.3}$$

여기서, ΔP_{TSL} : 장기 긴장력 손실이다.

5장에서는 프리스트레스트 콘크리트에 발생하는 응력손실 계산법에 대해 설명한다.

표 5.1 프리스트레스트 콘크리트의 하중과 응력의 표기

단 계	정 의	표 시
긴장 시	강재를 긴장할 때의 긴장력 강재를 긴장할 때 PS강재가 받는 응력	PS강재의 긴장력, P_j PS강재의 긴장응력, f_{pj}
즉시응력손실 이후	즉시응력손실이 발생한 이후의 긴장력 즉시응력손실이 발생한 이후 PS강재의 응력	PS강재의 초기긴장력, P_i PS강재의 초기응력, f_{pi}
장기응력손실 이후	장기응력손실이 발생한 이후의 긴장력 장기응력손실이 발생한 이후 PS강재의 응력	PS강재의 유효긴장력, P_e PS강재의 유효응력, f_{pe}

5.2 구조설계기준의 응력손실 계산

프리스트레스트 콘크리트의 응력손실을 계산하는 것은 단순하지 않다. 특히 장기응력손실은 시간이 경과함에 따라 변화하므로 계산하는 것이 더욱 어렵다. 따라서 설계에서는 필요에 따라서 다음의 세 가지 방법으로 응력손실을 구분하여 계산한다.

① **전체 응력손실에 대한 일괄계산법**(lump sum estimates of total losses) : 즉시응력손실과 장기응력손실을 모두 모은 후에 시간 경과 후에 발생할 수 있는 응력손실의 전체값을 한꺼번에 대략적으로 계산하는 방법이다.

② **각각의 응력손실에 대한 일괄계산법**(lump sum estimates of separate losses) : 즉시응력손실과 장기응력손실의 각각의 항목을 별개로 계산한 후에 이를 합하여 전체 응력손실을 대략적으로 계산하는 방법이다.

③ **시간 변화를 고려한 계산법**(time-step method) : 정밀한 응력손실을 계산하고자 할 때 시간이 경과함에 따라 변화하는 응력손실을 시간에 대한 함수로 계산하고, 응력손실 상호간의 영향을 고려하여 계산하는 방법이다.

KDS 14(국가건설기준)에서는 프리스트레스트 콘크리트의 응력손실을 여섯 가지로 구분하여 고려해야 한다는 것을 명시하고 있다.

5.3 탄성수축에 의한 응력손실

탄성수축(elastic shortening)이란 콘크리트에 긴장력이 전달될 때 콘크리트 부재가 탄성수축하면서 발생하는 응력손실을 말한다. 탄성수축에 의한 응력손실은 프리텐션 부재와 포스트텐션 부재에 각각 다르게 발생한다.

5.3.1 프리텐션 부재

프리텐션 부재를 제작할 때는 긴장재(PS강재)를 먼저 잡아당긴 후에 콘크리트를 타설한다([그림 5.2] 참조). PS강재를 P_j의 힘으로 긴장한 후에 긴장재를 풀면 P_j의 긴장력이 콘크리트 부재에 압축력으로 작용하게 된다. 압축력을 받는 콘크리트는 수축하게 되며, 이때 콘크리트 안에 묻혀 있는 PS강재도 콘크리트가 받는 압축력에 의해 함께 수축하게 된다. PS장재가 수축하면 처음에 늘어났던 길이(l)가 Δl만큼 수축하여 초기긴장력 P_j의 힘에 의해 발생했던 PS강재의 응력(f_{pi})도 감소한다.

긴장력(P_j)을 받아 수축하는 프리스트레스트 콘크리트 부재의 콘크리트 변형률은 PS강재의 변형률과 같다.

$$\epsilon_c = \epsilon_{ps} = \epsilon_{ES} \tag{5.4}$$

여기서, ϵ_c : 콘크리트 변형률, ϵ_{ps} : PS강재의 변형률, ϵ_{ES} : 탄성수축에 의한 변형률이다.

후크의 법칙(Hooke's law)을 이용하여 식(5.4)를 식(5.5)로 변경한다.

$$\frac{f_{cES}}{E_c} = \frac{\Delta f_{pES}}{E_{ps}} \tag{5.5}$$

$$\Delta f_{pES} = \frac{E_{ps}}{E_c} f_{cES}$$

$$\Delta f_{pES} = n f_{cES} \tag{5.6}$$

여기서, f_{cES} : 탄성수축에 의해 발생하는 콘크리트 응력(긴장재 단면 중심에서 발생하는 콘크리트 응력), Δf_{pES} : 탄성수축에 의해 발생하는 PS강재의 응력손실, n : 탄성계수의 비($=E_{ps}/E_c$), E_c : 콘크리트의 탄성계수, E_{ps} : PS강재의 탄성계수이다.

PS강재 단면 중심에서 발생하는 콘크리트의 응력(f_{cES})은 식(4.17)을 이용하여 계산할 수 있다.

$$f_{cES} = (f_{cES})_{P_i} + (f_{cES})_D = -\frac{P_i}{A_c} - \frac{P_i \times e}{I_c} e + \frac{M_D}{I_c} e \tag{5.7}$$

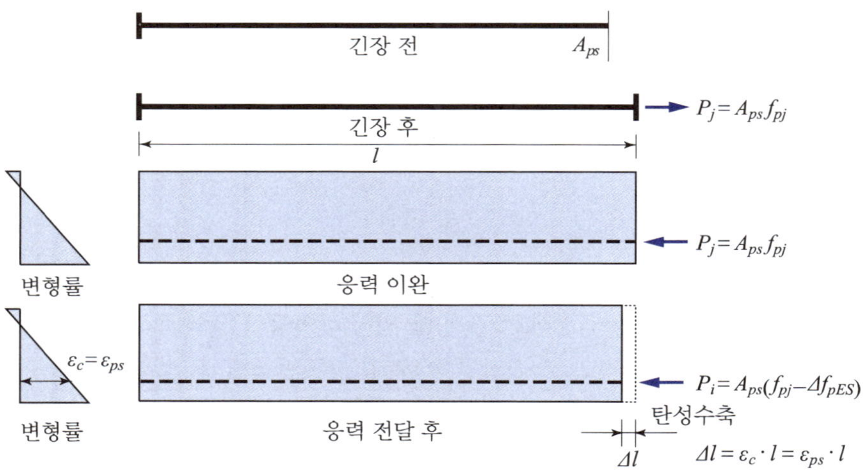

그림 5.2 프리텐션 부재의 탄성수축에 의한 응력손실

$$\text{또는} \quad f_{cES} = -\frac{P_i}{A_c}\left(1+\frac{e^2}{r^2}\right)+\frac{M_D}{I_c}e \tag{5.8}$$

여기서, $(f_{cES})_{P_i}$: 초기긴장력(P_i)에 의해 발생하는 PS강재 단면 중심에서의 콘크리트 응력, $(f_{cES})_D$: 고정하중(자중)에 의한 휨모멘트(M_D)에 의해 발생하는 PS강재 단면 중심에서의 콘크리트 응력, r : 단면2차반경($=\sqrt{I/A}$)이다.

식(5.8)에서 f_{cES}는 PS강재 단면 중심에서 발생하는 콘크리트의 응력이므로 식(4.17)의 부재축에서의 거리(y)는 편심거리(e)가 되며, 휨모멘트는 긴장력이 작용한 즉시 발생하므로 고정하중(자중)에 의한 휨모멘트(M_D)를 사용해야 한다. 식(5.7)과 식(5.8)의 초기긴장력(P_i)은 식(5.9)에 의해 계산할 수 있다.

$$P_i = A_{ps} f_{pi} \tag{5.9}$$

여기서, f_{pi} : 탄성수축을 계산할 때의 초기응력이다. 초기응력(f_{pi})은 탄성수축과 함께 마찰에 의한 응력손실 등의 영향을 받아 변화하므로 정확하게 계산하기 위해서는 이들 응력손실의 상호관계를 고려하여 계산해야 한다. 그러나 초기에 발생하는 모든 응력손실량의 상호관계를 고려하여 이 값들을 미리 계산하는 것이 어렵고 탄성수축에 의한 응력손실은 크지 않으므로 긴장 시의 응력(f_{pj})을 직접 사용해도 되지만, 일반적으로 긴장 시의 응력(f_{pj})을 10퍼센트 감소시킨 응력을 긴장재의 초기응력(f_{pi})으로 사용한다.

$$f_{pi} \simeq 0.9 f_{pj} \tag{5.10}$$

여기서, f_{pj} : 긴장 시의 PS강재의 응력이다.

예제 5.1

[예제 그림 5.1.1]의 단면이 400 mm×600 mm, 길이가 10 m인 프리텐션 콘크리트 단순보의 탄성수축에 의한 응력손실을 계산하라. PS강재의 응력이완은 콘크리트 타설 3일 후에 이루어졌고, 부재의 자중은 24 kN/m^{3}이다.

- 콘크리트 : I종 콘크리트, 28일 압축강도 $f_{ck}=45$ MPa
- PS강재 : 7연선 9.3 mm(SWPC 7AN, 단면적 $A_{ps}=51.61$ mm^2)가 단일 덕트에 12가닥 사용됨. 인장강도 $f_{pu}=1{,}780$ MPa, 항복강도 $f_{py}=1{,}500$ MPa, 긴장 시의 긴장응력 $f_{pj}=0.94f_{py}$
- 부재 중앙부에서의 편심거리 : $e=200$ mm

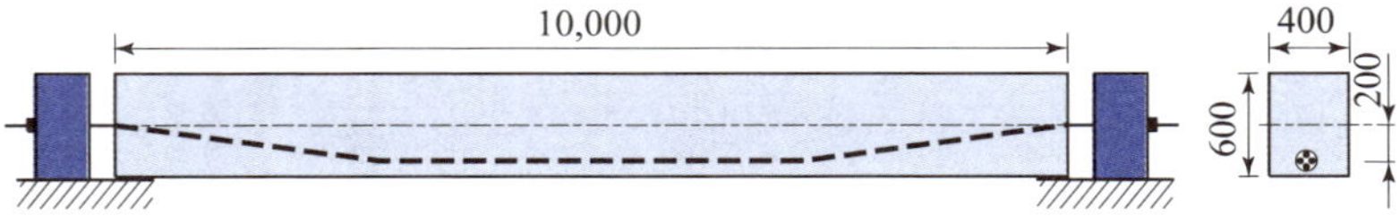

예제 그림 5.1.1 프리스트레스트 콘크리트 부재 (단위 : mm)

풀이

프리텐션 콘크리트 부재의 탄성수축에 의해 발생하는 PS강재의 응력손실을 식(5.6)에 의해 계산한다.

$$\Delta f_{pES} = n f_{cES} \tag{a}$$

식(a)의 긴장재 단면 중심에서 발생하는 콘크리트 응력(f_{cES})은 식(5.7)에 의해 계산한다. 이때 초기긴장력(P_i)과 초기응력(f_{pi})은 각각 식(5.9)와 식(5.10)에 의해 계산할 수 있다. 또한 등분포하중(w_D)으로 작용하는 자중에 의한 고정하중을 계산한다.

$$f_{cES} = -\frac{P_i}{A_c} - \frac{P_i \times e}{I_c}e + \frac{M_D}{I_c}e \tag{b}$$

$$f_{pj} = 0.94 f_{py} = 0.94 \times 1{,}500 = 1{,}410 \text{ MPa}$$

$$f_{pi} = 0.9 f_{pj} = 0.9 \times 1{,}410 = 1{,}269 \text{ MPa}$$

$$P_i = A_{ps} f_{pi} = (12 \times 51.61) \times 1{,}269 = 785{,}917 \text{ N}$$

$$A_c = 400 \times 600 = 240{,}000 \text{ mm}^2$$

$$I_c = \frac{b \times h^3}{12} = \frac{400 \times 600^3}{12} = 7{,}200 \times 10^6 \text{ mm}^4$$

$$w_D = 24 \times 0.4 \times 0.6 = 5.76 \text{ kN/m}$$

$$M_D = \frac{w \times l^2}{8} = \frac{5.76 \times 10^2}{8} = 72.0 \text{ kN} \cdot \text{m}$$

그러므로

$$f_{cES} = -\frac{785{,}917}{240{,}000} - \frac{785{,}917 \times 200}{7{,}200 \times 10^6}200 + \frac{72 \times 10^6}{7{,}200 \times 10^6}200 = -5.64 \text{ MPa}$$

식(a)의 탄성계수의 비(n)를 계산한다. 콘크리트 타설 3일 후의 콘크리트의 초기강도(f_{ci}')를 식(3.2a)에 의해 계산한 후에 콘크리트의 초기 탄성계수(E_{ci})를 계산한다.

$$n = \frac{E_{ps}}{E_c} = \frac{E_{ps}}{E_{ci}}$$

$$f_{ci}' = f_{c(t)} = f_{ck(28)}\left(\frac{t}{4 + 0.85t}\right) = 45\left(\frac{3}{4 + 0.85 \times 3}\right) = 20.6 \text{ MPa}$$

$$E_{ci} = 8{,}500\sqrt[3]{f_{ciu}} = 8{,}500\sqrt[3]{20.6 + 4} = 24{,}721 \text{ MPa}$$

그러므로

$$n = \frac{200{,}000}{24{,}721} = 8.09 \tag{c}$$

식(b)와 식(c)의 결과를 식(a)에 대입하여 프리텐션 콘크리트 부재의 탄성수축에 의한 PS강재의 응력손실을 계산한다.

$$\Delta f_{pES} = nf_{cES} = 8.09 \times 5.64 = 45.6\ \text{MPa} \tag{d}$$

식(d)에서 계산된 PS강재의 응력손실은 긴장응력(f_{pj})의 3.23퍼센트이다.

$$\frac{\Delta f_{pES}}{f_{pj}} = \frac{45.6}{1{,}410} = 3.23\% \tag{e}$$

5.3.2 포스트텐션 부재

포스트텐션 부재를 제작하기 위해서는 콘크리트를 먼저 타설하고 콘크리트가 일정값 이상의 강도에 도달한 이후에 긴장재(PS강재)를 잡아당긴다([그림 5.3] 참조). 포스트텐션 부재에 긴장력을 도입할 때는 한 쪽을 고정하고 다른 한 쪽에서 유압잭을 이용하여 PS강재를 긴장한다. PS강재를 긴장할 때에는 PS강재를 잡아당김(P_{ps}, 인장력을 가함)과 동시에 힘의 평형을 이루기 위하여 콘크리트에 압축력(P_c, 압축력을 받음)이 가해진다. 이것은 마치 큰 벽에 고정된 줄이 있을 때 한 쪽 발로 벽을 밀면서 줄을 잡아당기는 것과 같은 상황으로, 이때 줄은 인장력을 받으며 벽은 압축력을 받는 것과 같다.

$$P_c = P_{ps} \tag{5.11}$$

$$f_c A_c = f_{ps} A_{ps} \tag{5.12}$$

여기서, f_c, f_{ps} : 각각 콘크리트와 긴장재가 받는 응력, A_c, A_{ps} : 각각 콘크리트와 긴장재의 단면적이다.

포스트텐션공법으로 제작되는 부재에 긴장력을 가하면 인장력(강재)과 압축력(콘크리트)이 동시에 작용한다. 따라서 부재의 모든 PS강재를 한 번에 긴장하여 정착시킬 경우에는 콘크리트에 이미 압축력에 의한 탄성수축이 발생한 상태이며, 그 이후에 정착하므로 긴장재에 응력손실이 발생하지 않는다. 그러나 [그림 5.4]와 같이 여러 번에 걸쳐 PS강재를 긴장하는 경우에는 탄성수축에 의한 응력손실이 발생할 수 있다. 예를 들어 [그림 5.4]에서 세 번에 걸쳐 PS강재를 긴장

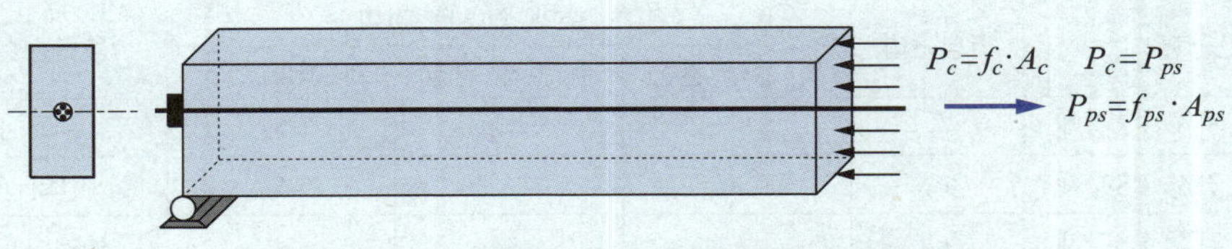

그림 5.3 포스트텐션 부재의 탄성수축에 의한 응력손실

할 경우에 PS강재의 응력은 다음과 같이 손실된다([표 5.2] 참조).

① **첫 번째 긴장 PS강재** : 편심거리가 e_1의 위치에 있는 첫 번째 PS강재를 긴장했을 때 부재에는 $\triangle_1$의 탄성수축이 발생하지만, PS강재가 아직 정착되어 있지 않은 상태이므로 응력손실이 발생하지 않는다. 그러나 첫 번째 PS강재가 긴장되어 정착된 후에 편심거리가 각각 e_2와 e_3의 위치에 있는 두 번째와 세 번째 PS강재가 긴장되어 $\triangle_2$와 $\triangle_3$의 탄성수축이 발생하면, 이미 정착된 첫 번째 PS강재는 $\triangle_2$와 $\triangle_3$에 해당하는 응력이 손실된다.

② **두 번째 긴장 PS강재** : 첫 번째와 두 번째 PS강재를 긴장했을 때 두 번째 PS강재에는 $\triangle_1$과 $\triangle_2$의 탄성수축이 발생하지만, 두 번째 PS강재가 아직 정착되어 있지 않은 상태이므로 응력손실이 발생하지 않는다. 그러나 두 번째 PS강재가 정착된 후에 편심거리 e_3의 위치

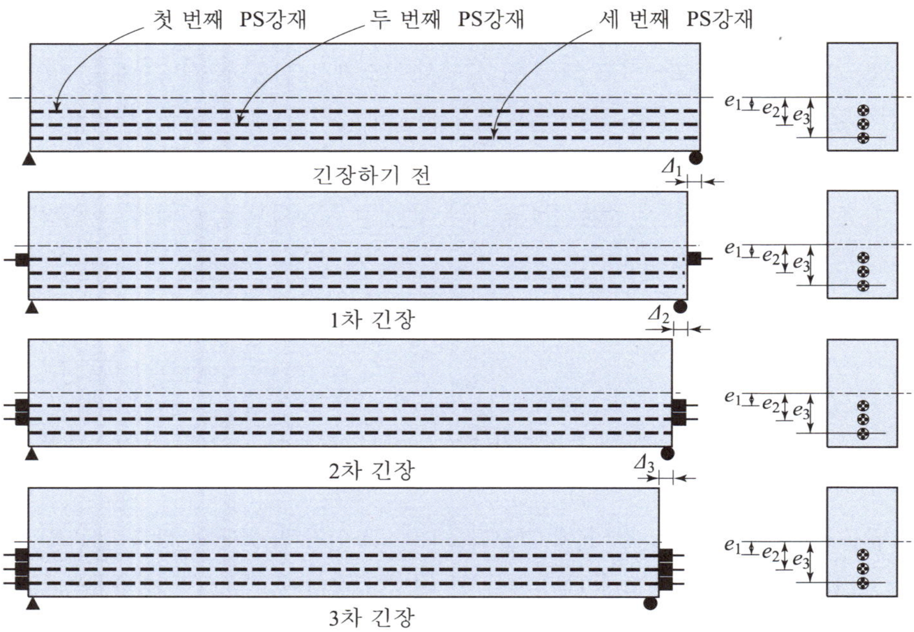

그림 5.4 다수 긴장한 포스트텐션 부재의 탄성수축에 의한 응력손실

표 5.2 포스트텐션 부재의 탄성수축에 의한 응력손실

긴장재	편심거리	정착 후의 줄어든 길이			응력손실 횟수
		첫 번째 긴장	두 번째 긴장	세 번째 긴장	
첫 번째 긴장 PS강재	e_1	-	$\triangle_2$	$\triangle_3$	두 번의 응력손실
두 번째 긴장 PS강재	e_2	-	-	$\triangle_3$	한 번의 응력손실
세 번째 긴장 PS강재	e_3	-	-	-	응력손실 없음

에 있는 세 번째 PS강재가 긴장되어 $\triangle_3$의 탄성수축이 발생하면, 이미 정착된 두 번째 PS강재는 $\triangle_3$에 의해 응력손실이 발생한다.

③ **세 번째 긴장 PS강재** : 첫 번째, 두 번째, 세 번째 PS강재를 긴장했을 때 세 번째 PS강재에는 $\triangle_1$, $\triangle_2$, $\triangle_3$의 탄성수축이 발생하지만, 세 번째 PS강재가 아직 정착되어 있지 않은 상태이므로 응력손실이 발생하지 않는다.

포스트텐션 부재의 탄성수축에 의해 발생하는 응력손실은 프리텐션 부재와 마찬가지로 식(5.6)과 식(5.7)의 긴장재 위치에 놓여 있는 콘크리트 응력을 이용하여 계산할 수 있다. [그림 5.4]의 PS강재에 발생하는 탄성수축에 의한 응력손실을 계산하면 식(5.13a, b, c)가 된다.

$$\text{(세 번째 PS강재) } \Delta f_{pES(3)} = 0 \tag{5.13a}$$

$$\text{(두 번째 PS강재) } \Delta f_{pES(2)} = n\left[-\frac{P_{i(3)}}{A_c} - \frac{P_{i(3)} \times e_3}{I_c} e_2\right] \tag{5.13b}$$

$$\begin{aligned}\text{(첫 번째 PS강재) } \Delta f_{pES(1)} = n\Bigg\{&\left[-\frac{P_{i(3)}}{A_c} - \frac{P_{i(3)} \times e_3}{I_c} e_1\right] \\ &+ \left[-\frac{P_{i(2)}}{A_c} - \frac{P_{i(2)} \times e_2}{I_c} e_1\right]\Bigg\}\end{aligned} \tag{5.13c}$$

여기서, $\Delta f_{pES(1)}$, $\Delta f_{pES(2)}$, $\Delta f_{pES(3)}$: 각각 첫 번째, 두 번째, 세 번째 PS강재의 탄성수축에 의한 응력손실, $P_{i(2)}$, $P_{i(3)}$: 각각 두 번째와 세 번째 PS강재의 긴장력, e_1, e_2 : 각각 첫 번째와 두 번째 PS강재의 편심거리이다.

식(5.13a, b, c)를 일반화하여 표현하면 식(5.14)와 같다. 식(5.14)는 긴장 횟수가 N번일 때 j번째 긴장재의 탄성수축에 의해 발생하는 응력손실이다.

$$\text{(}j\text{번째 긴장재) } \Delta f_{pES(j)} = n\sum_{k=j+1}^{N}\left[-\frac{P_{i(k)}}{A_c} - \frac{P_{i(k)} \times e_k}{I_c} e_j\right] \tag{5.14}$$

포스트텐션 부재의 긴장재는 긴장 순서에 따라 각각의 PS강재에 발생하는 탄성수축에 의한 응력손실 값이 달라지므로 설계에서는 식(5.14)의 전체 합을 긴장하는 횟수(N)로 나누어 평균값을 사용한다.

$$\Delta f_{pES} = \frac{1}{N}\sum_{i=1}^{N}(\Delta f_{pES(j)}) \tag{5.15}$$

식(5.15)에서 한 번에 모든 PS강재를 긴장하면 응력손실 Δf_{pES}가 영(0)이 되며, 긴장하는 횟수가 무한대로 커지면 포스트텐션 부재의 Δf_{pES}는 식(5.4)의 프리텐션 콘크리트 부재에서 계산된 값의 절반 값이 된다. 그러나 식(5.15)의 계산 과정이 다소 복잡하며, 특히 자중에 의한 효과와 편심거리 등을 반영해야 하므로 설계에서는 식(5.16)과 같이 간단한 식으로 응력손실을 계산한다. 식(5.16)에서 Δf_{cES}는 식(5.7)의 값을 이용하여 계산한다.

$$\Delta f_{pES} = \frac{1}{2}\frac{N-1}{N}(n \times \Delta f_{cES}) \tag{5.16}$$

예제 5.2

[예제 그림 5.1.1]의 프리스트레스트 콘크리트 단순보를 포스트텐션 콘크리트 부재로 제작할 때 탄성수축에 의해 발생하는 응력손실을 계산하라.

1) 긴장재를 10번 긴장했을 때의 탄성수축에 의한 응력손실
2) 긴장재를 5번 긴장했을 때의 탄성수축에 의한 응력손실
3) 긴장재를 1번 긴장했을 때의 탄성수축에 의한 응력손실

풀이

전체 긴장재의 탄성수축에 의한 응력손실 Δf_{pES}를 식(5.6)에 의해 계산하면 [예제 5.1]의 식(d)와 같이 45.6 MPa이다.

1) 긴장재를 10번 긴장했을 때의 탄성수축에 의한 응력손실

① 식(5.15)에 의한 계산

긴장재를 10번 긴장했으므로 [예제 5.1]의 식(d)에서 구한 45.6 MPa을 긴장횟수 10으로 나눈다.

$$1회\ 응력손실\ \frac{\Delta f_{pES}}{N} = \frac{45.6}{10} = 4.56\ \text{MPa}$$

식(5.15)를 이용하여 탄성수축에 의한 응력손실을 계산한다.

$$\begin{aligned}\Delta f_{pES} &= \frac{1}{N}\sum_{i=1}^{N}(\Delta f_{pES(j)}) \\ &= \frac{1}{10}(9+8+7+6+5+4+3+2+1+0)\times 4.56 = 20.5\ \text{MPa}\end{aligned}$$

② 식(5.16)에 의한 계산

$$\Delta f_{pES} = \frac{1}{2}\frac{N-1}{N}(n \times \Delta f_{cES}) = \frac{1}{2}\frac{10-1}{10}\times 45.6 = 20.5\ \text{MPa}$$

2) 긴장재를 5번 긴장했을 때의 탄성수축에 의한 응력손실

① 식(5.15)에 의한 계산

긴장재를 5번 긴장했으므로 [예제 5.1]의 식(d)에서 구한 45.6 MPa을 긴장횟수 5로 나눈다.

$$1\text{회 응력손실 } \frac{\Delta f_{pES}}{N} = \frac{45.6}{5} = 9.12\text{ MPa}$$

식(5.15)를 이용하여 탄성수축에 의한 응력손실을 계산한다.

$$\Delta f_{pES} = \frac{1}{N}\sum_{i=1}^{N}(\Delta f_{pES(j)}) = \frac{1}{5}(4+3+2+1+0)\times 9.12 = 18.2\text{ MPa}$$

② 식(5.16)에 의한 계산

$$\Delta f_{pES} = \frac{1}{2}\frac{N-1}{N}(n\times\Delta f_{cES}) = \frac{1}{2}\frac{5-1}{5}\times 45.6 = 18.2\text{ MPa}$$

3) 긴장재를 1번 긴장했을 때의 탄성수축에 의한 응력손실

① 식(5.15)에 의한 계산

긴장재를 1번 긴장했으므로 [예제 5.1]의 식(d)에서 구한 45.6 MPa을 긴장횟수 1로 나눈다.

$$1\text{회 응력손실 } \frac{\Delta f_{pES}}{N} = \frac{45.6}{1} = 45.6\text{ MPa}$$

식(5.15)를 이용하여 탄성수축에 의한 응력손실을 계산한다.

$$\Delta f_{pES} = \frac{1}{N}\sum_{i=1}^{N}(\Delta f_{pES(j)}) = \frac{1}{1}(0)\times 45.6 = 0.0\text{ MPa}$$

② 식(5.16)에 의한 계산

$$\Delta f_{pES} = \frac{1}{2}\frac{N-1}{N}(n\times\Delta f_{cES}) = \frac{1}{2}\frac{1-1}{1}\times 45.6 = 0.0\text{ MPa}$$

5.4 마찰에 의한 응력손실

프리텐션 콘크리트 부재는 미리 긴장재를 긴장한 후에 콘크리트를 타설하기 때문에 마찰에 의한 긴장재의 응력손실이 발생하지 않지만, 포스트텐션 부재는 콘크리트 안에 매립된 덕트 안의 긴장재를 잡아당기기 때문에 긴장재와 덕트 사이에 마찰이 발생하며 이로 인하여 응력이 손실된다.

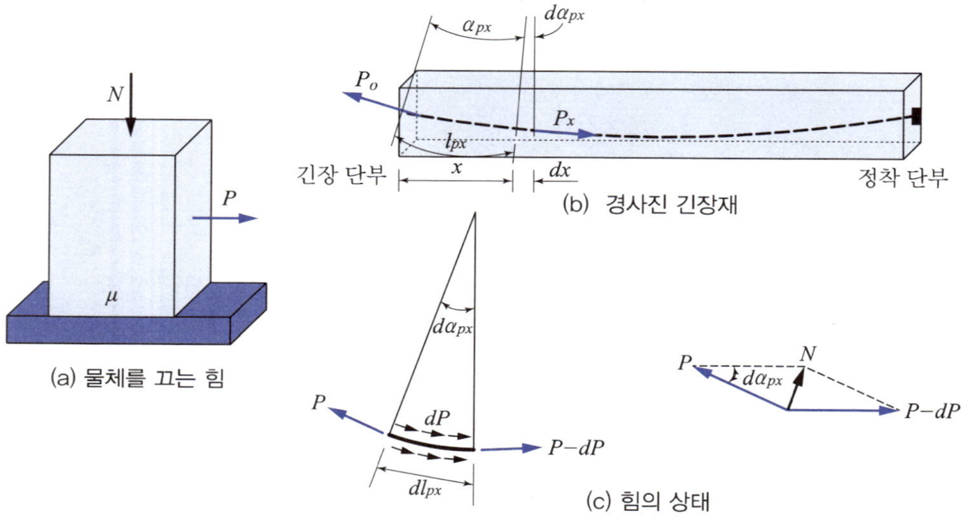

그림 5.5 경사진 부재의 마찰에 의한 응력손실

[그림 5.5(a)]의 수직 하중 N을 받고 있는 어느 물체를 수평 방향으로 잡아당기기 위해서는 P의 힘이 필요하며, 이때 P는 식(5.17)의 수직 하중 N에 마찰계수 μ를 곱한 값과 같다.

$$P = \mu \times N \tag{5.17}$$

[그림 5.5(b)]에는 포스트텐션 부재의 길이 x에 일정한 각도 α_{px}로 구부러진 긴장재가 배치되어 있다. 부재가 구부러진 경우에 [그림 5.5(b)]의 단부에 작용하는 긴장력 P_o와 x만큼 떨어진 위치의 긴장력 P_x는 마찰력 때문에 차이가 발생한다. [그림 5.5(b)]의 극히 작은 길이 dx를 절단하고 양쪽 끝에 발생하는 힘의 상태를 살펴보면 [그림 5.5(c)]와 같다. [그림 5.5(c)]에서 각도 $d\alpha_{px}$만큼 구부러진 긴장재는 힘의 평형을 유지하기 위하여 dx길이 중심의 접선면과 수직 방향으로 N의 힘이 발생하게 되며 N은 식(5.18)에 의해 계산할 수 있다.

$$N = P \times d\alpha_{px} \tag{5.18}$$

식(5.18)의 P는 식(5.17)의 관계로부터 일정한 각도로 구부러진 부재의 극히 작은 힘에 대하여 식(5.19)를 유도할 수 있다. 식(5.19)에 음(−) 부호가 붙은 것은 dP가 손실된 힘이기 때문이다. 식(5.19)에서 μ_p는 곡선 마찰계수이다.

$$dP = -\mu_p \times N \tag{5.19}$$

식(5.19)에 식(5.18)을 대입하여 식(5.20)을 유도할 수 있으며, 식(5.20)을 적분하면 식(5.21)이 된다.

$$\frac{dP}{P} = -\mu_p \times d\alpha_{px} \tag{5.20}$$

$$\log_e P = -\mu_p \alpha_{px} + C \tag{5.21}$$

여기서, C : 적분상수이다. 식(5.21)을 정리하여 긴장력 P를 식(5.22)에 의해 계산할 수 있다.

$$P = e^{-\mu_p \alpha_{px} + C} = e^{-\mu_p \alpha_{px}} \times e^C \tag{5.22}$$

식(5.22)의 적분상수와 관련된 값 e^C는 경계조건을 이용하여 구할 수 있다. 즉, [그림 5.5(b)]에서 부재의 길이 $x=0$일 때 마찰력에 의한 손실은 영(0)이 된다. 따라서 $\mu_p \alpha_{px} = 0$이 되며, 이 때의 긴장력은 P_o이므로 e^C는 식(5.23)과 같이 P_o와 동일하다.

$$e^C = P_o \tag{5.23}$$

따라서 식(5.23)을 식(5.22)에 대입하여 식(5.24)를 유도한다. 식(5.24)의 P_x는 일정한 각도 α_{px}로 구부러진 긴장재에 마찰에 의한 손실이 발생하였을 때 x만큼 떨어진 위치의 긴장력이다.

$$P_x = P_o \times e^{-\mu_p \alpha_{px}} \tag{5.24}$$

식(5.24)에서 계산한 것과 같이 긴장재가 구부러져서 발생하는 마찰 손실을 곡률에 의한 마찰 응력손실이라 한다. 포스트텐션 부재에 발생하는 마찰에 의한 응력손실은 식(5.24)의 곡률에 의한 마찰 손실과 함께 긴장재가 덕트 내부에 있기 때문에 추가로 파상마찰이 발생한다. 이 두 마찰을 정리하면 다음과 같다.

① **파상마찰**(wobbling friction) : 마찰에 의한 응력손실은 긴장재가 곡선으로 배치된 부재뿐만 아니라 직선으로 배치된 부재에서도 발생한다. 이는 직선으로 배치된 부재의 경우에도 [그림 5.6]과 같이 콘크리트 안에 묻혀있는 덕트와 긴장재가 직선이 아니라 부분적으로 구부러져 있어 긴장재를 잡아당길 경우에 긴장재와 덕트가 접촉하면서 마찰력이 발생하기 때문이다. 이러한 마찰을 파상마찰이라 하며, 파상마찰에 의해 긴장재에 응력손실이 발생한다.

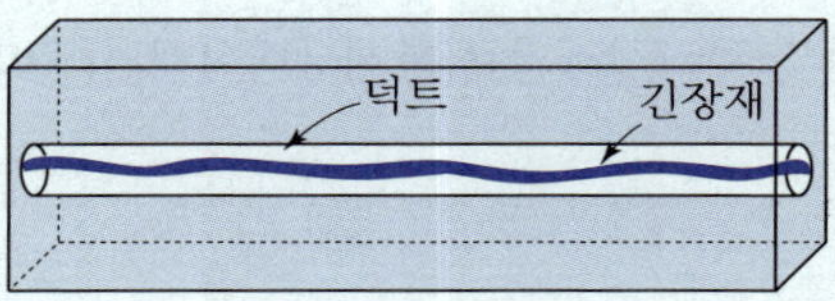

그림 5.6 파상마찰

② **곡률마찰**(curvature friction) : 곡률마찰은 [그림 5.5]에서 설명한 것과 같이 긴장재가 곡선으로 배치된 부재에서 발생하며, 이로 인하여 응력손실이 발생한다.

포스트텐션 콘크리트 부재에 발생하는 파상마찰과 곡률마찰에 의한 응력손실은 식(5.24)에 근거하여 식(5.25)에 의해 계산한다.

$$P_{px} = P_{pj} e^{-(\mu_p \alpha_{px} + K \cdot l_{px})} \tag{5.25a}$$

$$f_{px} = f_{pj} e^{-(\mu_p \alpha_{px} + K \cdot l_{px})} \tag{5.25b}$$

여기서, P_{px} : 긴장 단부에서 임의의 점 x까지 떨어진 위치의 긴장력, P_{pj} : 긴장 단부에서의 긴장력, f_{px} : 긴장 단부에서 임의의 점 x까지 떨어진 위치의 긴장재 응력, f_{pj} : 긴장 단부에서의 긴장응력, μ_p : 곡선마찰계수, α_{px} : 긴장 단부에서 임의의 점 x까지의 긴장재의 전체 회전각(라디안), K : 파상마찰계수(wobbling friction coefficient), l_{px} : 긴장 단부에서 임의의 점 x까지의 긴장재 길이이다.

[그림 5.5]의 곡선긴장재가 배근된 부재의 경우에 l_{px}의 정확한 값을 계산하기 위해서는 PS강재의 곡선 거리를 구해야 하지만, 일반적으로 긴장재의 구부러진 각도가 크지 않으므로 직선거리 x를 사용한다. KDS 14 국가건설기준-2020(콘크리트구조 학회기준, 2017)에서는 $(\mu_p \alpha_{px} + K \cdot l_{px})$가 0.3 이하이면 근사식(5.26)을 사용하여 마찰에 의한 긴장력 손실을 계산한다.

$$(\mu_p \alpha_{px} + K \cdot l_{px}) \leq 0.3 \text{일 때} \quad P_{px} = \frac{P_{pj}}{1 + \mu_p \alpha_{px} + K \cdot l_{px}} \tag{5.26a}$$

$$(\mu_p \alpha_{px} + K \cdot l_{px}) \leq 0.3 \text{일 때} \quad f_{px} = \frac{f_{pj}}{1 + \mu_p \alpha_{px} + K \cdot l_{px}} \tag{5.26b}$$

따라서 [그림 5.5] 부재의 x위치에서의 마찰에 의한 응력손실(Δf_{pF})은 긴장 시의 PS강재의 응력(f_{pj})과 식(5.25b) 또는 식(5.26b)에 의해 계산된 응력(f_{px})의 차이이다.

$$\Delta f_{pF} = f_{pj} - f_{px} \tag{5.27}$$

식(5.25)와 식(5.26)의 곡선마찰계수(μ_p)와 파상마찰계수(K)는 실험에 근거하여 결정해야 하며, KDS 14(국가건설기준)에서는 [표 5.3]과 같이 부착된 긴장재와 비부착긴장재에 따라 다른 μ_p와 K 값을 사용한다. 또한 도로교설계기준(한계상태설계법, 2016)에서 규정하는 곡률마찰계수는 [표 5.4]와 같다.

표 5.3 KDS 14 국가건설기준-2020(콘크리트구조 학회기준, 2017)의 곡률마찰계수와 파상계수

<table>
<tr><th colspan="2">구 분</th><th>PS강재의 종류</th><th>파상마찰계수
K, (1/m)</th><th>곡률마찰계수
μ_p, (1/rad)</th></tr>
<tr><td colspan="2" rowspan="3">부착긴장재</td><td>PS강선</td><td>0.0033~0.0050</td><td>0.15~0.25</td></tr>
<tr><td>PS강봉</td><td>0.0003~0.0020</td><td>0.08~0.30</td></tr>
<tr><td>PS강연선</td><td>0.0015~0.0066</td><td>0.15~0.25</td></tr>
<tr><td rowspan="4">비부착긴장재</td><td rowspan="2">수지, 방수, 피복</td><td>PS강선</td><td>0.0033~0.0066</td><td>0.05~0.15</td></tr>
<tr><td>PS강연선</td><td>0.0033~0.0066</td><td>0.05~0.15</td></tr>
<tr><td rowspan="2">그리스로 미리 도포된 경우</td><td>PS강선</td><td>0.0010~0.0066</td><td>0.05~0.15</td></tr>
<tr><td>PS강연선</td><td>0.0010~0.0066</td><td>0.05~0.15</td></tr>
</table>

표 5.4 도로교설계기준(한계상태설계법, 2016)의 곡률마찰계수(μ_p, (1/rad))

<table>
<tr><th rowspan="2">PS강재의 종류</th><th rowspan="2">포스트텐션 긴장재</th><th colspan="4">비부착 외부 긴장재</th></tr>
<tr><th>강재덕트/ 윤활유 주입 안함</th><th>폴리에틸렌덕트/ 윤활유 주입 안함</th><th>강재덕트/ 윤활유 주입</th><th>폴리에틸렌덕트/ 윤활유 주입</th></tr>
<tr><td>냉간압연강재</td><td>0.17</td><td>0.25</td><td>0.14</td><td>0.18</td><td>0.12</td></tr>
<tr><td>강연선</td><td>0.19</td><td>0.24</td><td>0.12</td><td>0.16</td><td>0.10</td></tr>
<tr><td>이형강봉</td><td>0.65</td><td>-</td><td>-</td><td>-</td><td>-</td></tr>
<tr><td>원형강봉</td><td>0.33</td><td>-</td><td>-</td><td>-</td><td>-</td></tr>
</table>

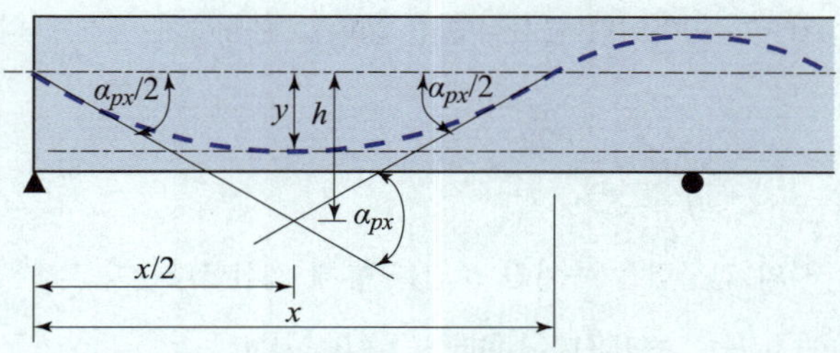

그림 5.7 회전각의 계산

긴장재의 전체 회전각(α_{px})은 긴장 단부에서 임의의 점 x까지 다양하게 변화하므로 구부러진 긴장재의 회전각을 [그림 5.7]의 원호로 보고 근사적으로 계산한다.

$$\tan\frac{\alpha_{px}}{2} = \frac{h}{x/2} \tag{5.28}$$

식(5.28)에서 접선각의 수직 거리 h는 긴장재의 수직 거리 y의 두 배로 가정하고($h \simeq 2y$), 회전각(α_{px})은 작으므로 $\tan(\alpha_{px}/2) \approx \alpha_{px}/2$로 하여 식(5.29)를 유도한다.

$$\alpha_{px} = 2\frac{2y}{x/2} = \frac{8y}{x} \ \text{(radian)} \tag{5.29}$$

예제 5.3

[예제 그림 5.3.1]의 포스트텐션 콘크리트 연속보의 a, b, c, d, e, f 지점에서 발생하는 마찰에 의한 응력손실을 계산하라.

- 긴장재의 곡선마찰계수(μ_p) : 0.25/rad., 파상마찰계수(K) : 0.005/m
- PS강재 : 7연선 9.3 mm(SWPC 7AN, 단면적 $A_{ps}=51.61\text{ mm}^2$)가 12가닥 사용됨.
  인장강도 $f_{pu}=1{,}780$ MPa, 항복강도 $f_{py}=1{,}500$ MPa, 긴장 시의 긴장응력 $f_{pj}=0.94f_{py}$

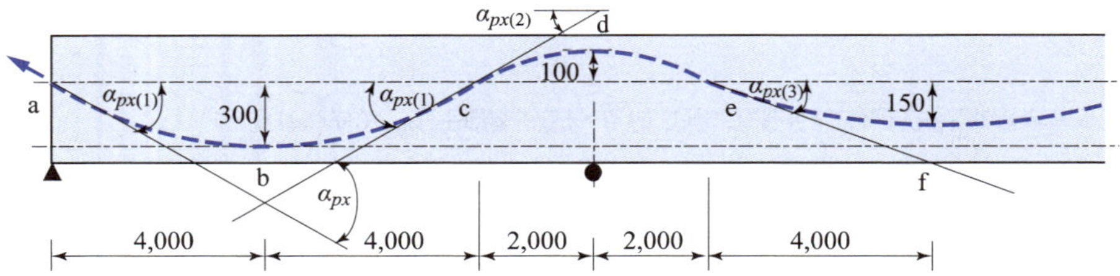

예제 그림 5.3.1 포스트텐션 콘크리트 부재 (단위 : mm)

풀이

긴장재의 마찰에 의한 응력손실은 식(5.25b)에 의해 계산한다.

$$f_{px}=f_{pj}e^{-(\mu_p\alpha_{px}+K\cdot l_{px})} \tag{a}$$

만일 $(\mu_p\alpha_{px}+K\cdot l_{px})$가 0.3 이하이면 근사식인 (5.26b)를 사용하여 마찰에 의한 긴장력 손실을 계산한다.

$$f_{px}=\frac{f_{pj}}{1+\mu_p\alpha_{px}+K\cdot l_{px}} \tag{b}$$

식(a)와 식(b)의 긴장 시의 긴장력은 주어진 조건을 통해 계산한다.

$$f_{pj}=0.94f_{py}=0.94\times 1{,}500=1{,}410\text{ MPa} \tag{c}$$

긴장 단부에서 임의의 점 x에서의 회전각(α_{px})은 식(5.29)에 의해 계산한다.

$$\text{(ac구간)}\qquad \alpha_{px}=\frac{8y}{x}=\frac{8\times 300}{8{,}000}=0.3$$

$$\text{(ce구간)}\qquad \alpha_{px}=\frac{8y}{x}=\frac{8\times 100}{4{,}000}=0.2$$

$$\text{(e구간)}\qquad \alpha_{px}=\frac{8y}{x}=\frac{8\times 150}{8{,}000}=0.15$$

회전각을 식(a)와 식(b)에 대입하여 마찰에 의한 응력손실을 계산할 수 있다. 이 값들을 정리하여 [예제 표 5.3.1]에 표시하였다. 표에서 ab구간(b점)에서의 회전각은 ac구간의 회전각의 절반이라는 것에 주의해야 한다. 또한, c점의 α_{px}는 구간 ab와 bc의 회전각을 더해야 하며, d점의 α_{px}는 구간 ab, bc, cd의 회전각을 더해야 한다. a～e 중에서 e점의 응력손실을 다음의 두 가지 방법으로 계산할 수 있다.

(1) a점부터의 누적에 의한 방법 : a점부터 모든 구간의 $(\mu_p\alpha_{px}+K\cdot l_{px})$을 더하여 계산

$$-(\mu_p\alpha_{px}+K\cdot l_{px}) = -[0.25\times(0.3+0.2)+0.005\times(12)] = -0.185$$

$$f_{px} = f_{pj}e^{-(\mu_p\alpha_{px}+K\cdot l_{px})} = 1{,}410\times e^{-0.185} = 1{,}171.9 \text{ MPa}$$

(2) c점을 시작으로 한 방법 : c점을 기준으로 하여 응력을 계산하는 방법

$$f_{pj} = f_{p(C)} = 1{,}256.8 \text{ MPa} \quad ([\text{예제 표 5.3.1}] \text{ 참조})$$

$$-(\mu_p\alpha_{px}+K\cdot l_{px}) = -(0.25\times 0.2+0.005\times 4) = -0.07$$

$$f_{px} = f_{pj}e^{-(\mu_p\alpha_{px}+K\cdot l_{px})} = 1{,}256.8\times e^{-0.07} = 1{,}171.8 \text{ MPa}$$

[예제 표 5.3.1]에서 식(a)와 식(b)의 계산 결과가 거의 유사하다.

예제 표 5.3.1 마찰에 의한 응력손실

위치	α_{px}	l_{px}(m)	$\mu_p\alpha_{px}+K\cdot l_{px}$	f_{px} (MPa)		Δf_{pF} (MPa)	
				식(a)	식(b)	식(a)	식(b)
a	0.0	0	0.0	1,410.0	1,410.0	0.0	0.0
b	0.3/2	4	0.0575	1,331.2	1,333.3	78.8	76.7
c	0.3	8	0.115	1,256.8	1,264.6	153.2	145.4
d	0.2/2+0.3	10	0.15	1,213.6	1,226.1	196.4	183.9
e	0.2+0.3	12	0.185	1,171.9	1,189.9	238.1	220.1
f	0.15/2+0.2+0.3	16	0.2238	1,127.3	1,152.2	282.7	257.8

5.5 정착장치에 의한 응력손실

프리텐션 콘크리트 부재는 미리 긴장재를 긴장한 후에 콘크리트를 타설하기 때문에 콘크리트와 긴장재의 부착에 의해 힘이 전달되며 정착장치가 필요 없다. 그러나 포스트텐션 부재의 경우에는 긴장된 PS강재의 힘을 이완시켜 강재의 힘을 콘크리트에 직접 전달시켜야 하므로 특별한 정착장치(anchorage set)가 필요하다. 포스트텐션 콘크리트 부재의 경우에 PS강재의 힘을 이완시킬 때 정착장치가 변형하거나 부재 안쪽으로 미끄러져 안착되는 경우가 발생한다. 정착장치에 변형이나 미끌림이 발생하면 PS강재의 길이가 줄어들어 응력이 손실된다. 정착장치의 응력손실은 정착장치의 종류에 따라 달라진다. 쐐기식 정착장치는 긴장력이 이완되어 콘크리트에 힘이 전달될 때 3~6 mm 정도 긴장재가 부재 안쪽으로 미끄러져 들어가 응력이 손실되며, 리벳 머리

나 너트식 정착장치와 같은 지압식 정착장치는 정착판이 약 1 mm 정도 변형하여 응력이 손실된다. 또한, 정착장치에 의해 발생하는 긴장재의 응력손실은 콘크리트 부재 안에 배치된 덕트와 PS강재 사이의 부착 유·무에 따라 달라진다.

비부착긴장재의 경우

덕트 안에 배근된 PS강재를 그라우팅 하지 않고 그리스(grease) 등으로 방청 처리할 경우에 PS강재는 모르타르와 일체화되어 있지 않기 때문에 부재 전체길이에서 일정한 크기로 변형된다. 이와 같이 부재에 일정하게 정착장치의 미끌림이나 변형이 발생할 경우에는 미끌림을 PS강재 길이로 나누고 후크의 법칙을 이용하여 식(5.30)에서 평균 응력손실을 계산한다. 식(5.30)에서 발생한 응력손실은 부재 단부로부터 부재 전체에 일정하게 작용한다.

$$\Delta f_{pAS} = \frac{\Delta l_{AS}}{l_p} E_{ps} \tag{5.30}$$

여기서, Δf_{pAS} : 정착장치에 의한 PS강재의 응력손실, Δl_{AS} : 정착장치의 미끌림이나 변형이며 쐐기식 정착장치의 경우에는 3 ~ 6 mm, 지압식 정착장치의 경우에는 약 1 mm의 변형 발생, l_p : PS강재 길이, E_{ps} : PS강재의 탄성계수이다.

부착긴장재의 경우

덕트 안에 배근된 PS강재가 그라우팅될 경우에 정착장치의 미끌림에 의해 발생하는 응력손실은 부재 전체에 걸쳐서 일정하게 발생하지 않고, 부재 단부에서 최대가 되지만 부재 안쪽으로 들어갈수록 응력손실이 작아진다. 이는 정착장치의 미끌림은 부재 안쪽으로 들어갈수록 마찰에 의해 저항을 받아 작아지기 때문이다. [그림 5.8]은 부착된 PS강재의 정착장치에서 발생하는 응력손실과 부재의 길이에 따라 변화하는 PS강재의 응력변화를 나타낸다. PS강재의 응력은 마찰에 의해 발생하는 응력손실 때문에 부재 단부에서 부재 안쪽으로 들어갈수록 감소한다. 한편 정착장치의 미끌림에 의해 발생하는 응력손실은 부재 단부에서 최대가 되며, 부재 안쪽으로 들어갈수록 마찰에 의한 저항 때문에 감소한다. 이와 같이 두 종류의 응력은 부재 단부에서 거리 l_{set}가 되었을 때 동일하게 되어, 즉 마찰에 의한 저항과 미끌림에 의해 발생하는 응력손실이 평형을 이루어 더 이상 정착장치에 의한 응력손실이 발생하지 않게 된다.

[그림 5.8]에서 abc는 마찰만에 의해 감소된 PS강재의 응력변화를 나타내며, a′bc는 정착장치의 미끌림에 의해 응력손실이 발생한 이후의 PS강재의 응력변화이다. 그림에서 f_{pj}는 긴장 시의 PS강재의 응력이며, f_{pa}는 정착장치의 미끌림(Δl_{AS})이 발생한 이후 부재 단부에서의 PS강재의 응력이다.

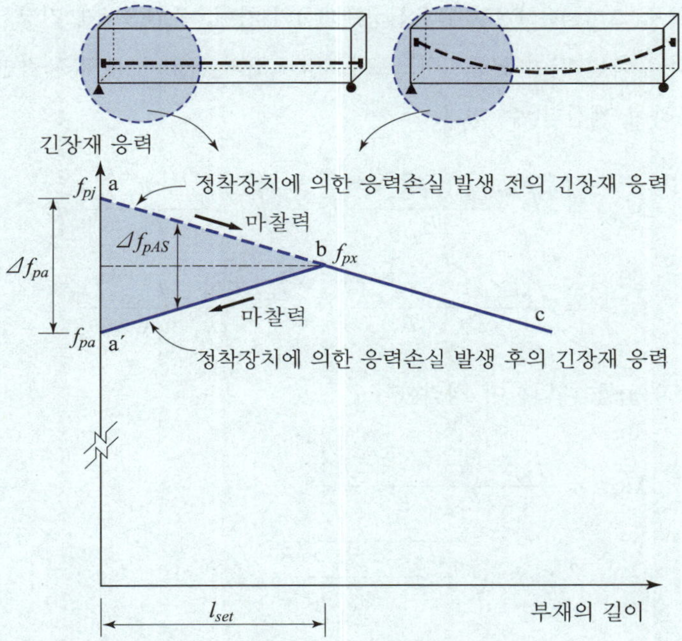

그림 5.8 PS강재의 정착장치에 의한 응력손실

마찰력은 정착하기 이전에는 PS강재를 긴장하는 방향과 반대 방향, 즉, PS강재가 긴장되므로 [그림 5.8]에서 좌(a점)에서 우(b점)로 작용하지만, 정착장치의 미끌림(Δl_{AS})이 발생하면 콘크리트에 압축력을 가하는 방향과 반대 방향, 즉, 콘크리트에 압축력이 작용하므로 [그림 5.8]에서 우(b점)에서 좌(a′점)로 작용한다. 방향이 다른 두 마찰력은 동일한 곡선과 파상마찰계수에 의해 영향을 받으므로 두 직선 ab와 a′b의 경사각은 동일하며 대칭을 이룬다. 정착장치에 의한 응력손실을 계산하기 위해서는 각 위치에서 감소된 응력(Δf_{pAS})과 응력손실이 발생한 길이(l_{set})를 알아야 한다.

① **PS강재가 직선으로 배치될 경우**

PS강재가 직선으로 배치될 경우에 부재에는 파상마찰만 존재한다. 따라서 길이(l_{set})에서 정착장치의 미끌림에 의해 발생하는 PS강재 응력(f_{px})과 부재 단부에서의 PS강재 응력(f_{pa})은 마찰에 의한 응력손실 식(5.25)에 근거하여 계산할 수 있다.

$$f_{px} = f_{pj} \times e^{-K l_{set}} \tag{5.31a}$$

$$f_{pa} = f_{px} \times e^{-K l_{set}} \tag{5.31b}$$

$$f_{pa} = f_{pj} \times e^{-2K l_{set}} \tag{5.31c}$$

정착장치의 미끌림(Δl_{AS})은 PS강재의 신장(伸張)의 차이, 즉, PS강재 긴장 시의 늘어난 길이와 응력 이완 후의 수축된 길이와 동일하므로 [그림 5.8]의 음영 부분의 응력변화(Δf_{pAS})와 후크의 법칙을 이용하여 계산할 수 있다.

$$\begin{aligned} \Delta l_{AS} &= \int_0^{l_{set}} \frac{f_{pj} \times e^{-K l_{set}}}{E_{ps}} dx - \int_0^{l_{set}} \frac{f_{px} \times e^{-K l_{set}}}{E_{ps}} dx \\ &= \frac{f_{pj} \times (1 - e^{-K l_{set}})}{E_{ps} \times K} - \frac{f_{px} \times (1 - e^{-K l_{set}})}{E_{ps} \times K} \end{aligned} \tag{5.32}$$

식(5.32)에 식(5.31a)를 대입하여 정리한다.

$$\Delta l_{AS} = \frac{f_{pj} \times (1 - e^{-K l_{set}})^2}{E_{ps} \times K}$$

$$1 - e^{-K l_{set}} = \sqrt{\frac{\Delta l_{AS} \times E_{ps} \times K}{f_{pj}}} \tag{5.33}$$

식(5.33)의 $1 - e^{-K l_{set}}$를 전개해서 2차 이상의 항을 무시하면 $1 - e^{-K l_{set}} \approx K l_{set}$가 되므로 응력손실이 발생하는 길이($l_{set}$)는 식(5.33)을 정리하여 식(5.34)에서 계산할 수 있다. 또한 식(5.31c)을 이용하여 정착장치에 의해 발생하는 응력손실의 비율과 응력손실 값을 식(5.35)와 식(5.36)에서 계산할 수 있다.

$$l_{set} = \sqrt{\frac{\Delta l_{AS} \times E_{ps}}{K \times f_{pj}}} \tag{5.34}$$

a점에서의 응력 및 마찰에 의한 응력손실

$$\frac{f_{pa}}{f_{pj}} = 1 - 2K l_{set} \tag{5.35}$$

$$\Delta f_{pAS} = \Delta f_{pa} = f_{pj} - f_{pa} \tag{5.36}$$

② PS강재가 곡선으로 배치될 경우

PS강재가 [그림 5.8]과 같이 곡선으로 배치될 경우에 부재에는 곡률마찰과 파상마찰이 발생한다. 그러므로 거리 l_{set}에서의 PS강재 응력(f_{px})과 단부의 PS강재 응력(f_{pa})은 마찰에 의한 응력손실 식(5.25)에 근거하여 계산할 수 있다.

$$f_{px} = f_{pj} \times e^{-(\mu_p \alpha_{px} + K l_{set})} \tag{5.37a}$$

$$f_{pa} = f_{px} \times e^{-(\mu_p \alpha_{px} + K l_{set})} \tag{5.37b}$$

$$f_{pa} = f_{pj} \times e^{-2(\mu_p \alpha_{px} + K l_{set})} \tag{5.37c}$$

정착장치의 미끌림(Δl_{AS})은 [그림 5.8]의 음영 부분에서 발생하는 응력변화(Δf_{pAS})와 후크의 법칙을 이용하여 계산할 수 있다.

$$\Delta l_{AS} = \int_0^{\alpha_{px}} \frac{f_{pj} \times e^{-(\mu_p \alpha_{px} + K l_{set})}}{E_{ps}} R \times d\alpha_{px} - \int_0^{\alpha_{px}} \frac{f_{px} \times e^{-(\mu_p \alpha_{px} + K l_{set})}}{E_{ps}} R \times d\alpha_{px}$$

$$= \frac{f_{pj} \times R \times \alpha_{px} (1 - e^{-(\mu_p \alpha_{px} + K l_{set})})^2}{E_{ps} \times (\mu_p \alpha_{px} + K l_{set})} \tag{5.38}$$

식(5.34)를 계산한 것과 동일한 방법으로 긴장재가 곡선으로 배치된 포스트텐션공법 부재의 정착장치에 의해 발생하는 응력손실 발생 길이(l_{set})는 식(5.39)에서 계산할 수 있다. 또한, 정착장치의 응력손실 비율과 응력손실 값은 식(5.40)과 식(5.41)에 의해 계산한다.

$$l_{set} = \sqrt{\frac{\Delta l_{AS} \times E_{ps}}{(\mu_p / R + K) \times f_{pj}}} \tag{5.39}$$

a점에서의 응력 및 마찰에 의한 응력손실

$$\frac{f_{pa}}{f_{pj}} = 1 - 2(\mu_p \alpha_{px} + K l_{set}) \tag{5.40}$$

$$\Delta f_{pAS} = \Delta f_{pa} = f_{pj} - f_{pa} \tag{5.41}$$

여기서, R : 곡률 반경이다. 식(5.40)의 회전각(α_{px})은 길이(l_{set})까지의 각도임에 주의해야 한다.

지금까지 유도한 과정을 이용하여 다양한 형태로 배근된 PS강재의 정착장치에 의해 발생하는 응력손실길이(l_{set})를 계산하여 [표 5.5]에 정리하였다.

PS강재의 응력손실 발생 길이는 [표 5.5]에서 PS강재의 배근 형상에 따라 다르게 계산해야 한다. 한편 PS강재의 배근 형상과 무관하게 모든 PS강재에 적용할 수 있는 근사해법을 단위 길이에 대한 마찰 손실을 이용하여 다음과 같이 유도할 수 있다. 먼저 길이(l_{set})의 곡선마찰계수(μ_p)와 파상마찰계수(K)를 식(5.26a)를 이용하여 식(5.42a, b)와 같이 정리한다.

직선 PS강재 $$K = \frac{P_{pj} - P_{px}}{l_{px}} \times \frac{1}{P_{px}} \tag{5.42a}$$

표 5.5 PS강재의 배근방법에 따라 달라지는 응력손실 발생 길이

PS강재의 종류	형 상	l_{set}
선형		$l_{set} = \sqrt{\dfrac{\Delta l_{AS} \times E_{ps}}{K \times f_{pj}}}$
포물선형	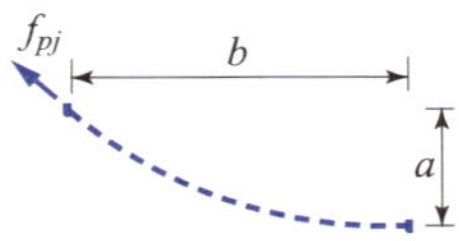	$l_{set} = \sqrt{\dfrac{\Delta l_{AS} \times E_{ps}}{(2\mu_p a/b^2 + K) \times f_{pj}}}$
곡선형	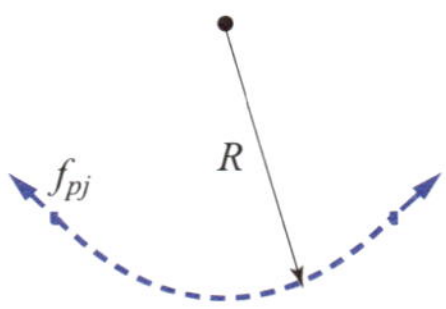	$l_{set} = \sqrt{\dfrac{\Delta l_{AS} \times E_{ps}}{(\mu_p / R + K) \times f_{pj}}}$
모든 경우 (근사 해법)	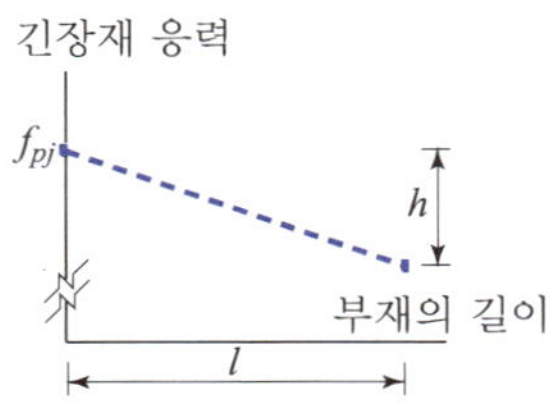	$l_{set} = \sqrt{\dfrac{\Delta l_{AS} \times E_{ps}}{(f_{pj} - f_{px})/l_{px}}} = \sqrt{\dfrac{\Delta l_{AS} \times E_{ps} \times A_{ps}}{(P_{pj} - P_{px})/l_{px}}} = \sqrt{\dfrac{\Delta l_{AS} \times E_{ps} \times A_{ps}}{P_f}}$

곡선 PS강재 $\mu_p \alpha_{px} + k l_{px} = \dfrac{P_{pj} - P_{px}}{P_{px}}$

$$\left(\mu_p \times \frac{l_{px}}{R} + k l_{px}\right) = \frac{P_{pj} - P_{px}}{P_{px}}$$

$$\left(\frac{\mu_p}{R} + k\right) = \frac{P_{pj} - P_{px}}{l_{px}} \times \frac{1}{P_{px}} \tag{5.42b}$$

식(5.42)의 양변에 f_{pj}를 곱하고 $(P_{pj} - P_{px})/l_{px}$를 단위 길이에 대한 마찰 손실(P_f)로 정의하면 식(5.43)과 식(5.44)와 같다.

$$P_f = \frac{P_{pj} - P_{px}}{l_{px}} \quad \text{[N/mm]} \tag{5.43}$$

직선 PS강재 $K f_{pj} = P_f \times \dfrac{P_{pj}}{P_{px} A_{ps}}$ (5.44a)

곡선 PS강재 $\left(\dfrac{\mu_p}{R} + k\right) f_{pj} = P_f \times \dfrac{P_{pj}}{P_{px} A_{ps}}$ (5.44b)

여기서, A_{ps} : PS강재의 단면적이다. 식(5.44)에서 $P_{pj} \approx P_{px}$로 가정하여 이를 식(5.34) 또는 식(5.39)의 직선이나 곡선형 PS강재의 l_{set} 계산식에 대입하면 l_{set}는 PS강재의 형상과 무관하게 식(5.45)가 된다. 또한 P_f를 이용하여 정착장치에 의한 응력손실(Δf_{pA})을 식(5.46)에 의해 계산할 수 있다. P_f는 [그림 5.8]의 ab와 a′b 직선의 기울기이며, 응력손실(Δf_{pAS})은 부재 단부의 응력변화이다.

$$l_{set} = \sqrt{\frac{\Delta l_{AS} \times E_{ps} \times A_{ps}}{P_f}} \tag{5.45}$$

$$\Delta f_{pAS} = \frac{2 \times P_f \times l_{set}}{A_{ps}} \tag{5.46}$$

예제 5.4

[예제 그림 5.4.1]의 포스트텐션 콘크리트 단순보의 a, b, c지점에서 발생하는 정착장치에 의한 응력손실을 계산하라.

- 정착장치의 미끌림(Δl_{AS}) : 3 mm
- 긴장재의 곡선마찰계수(μ_p) : 0.25/rad., 파상마찰계수(K): 0.005/m
- PS강재 : 7연선 9.3 mm(SWPC 7AN, 단면적 $A_{ps} = 51.61\ \text{mm}^2$)가 12가닥 사용됨.

  인장강도 $f_{pu} = 1{,}780$ MPa, 항복강도 $f_{py} = 1{,}500$ MPa, 긴장 시의 긴장응력 $f_{pj} = 0.94 f_{py}$

1) 직선 PS강재의 응력손실 계산 : (1) 비부착긴장재의 경우 (2) 부착긴장재의 경우
2) 곡선 PS강재의 응력손실 계산 : (1) 비부착긴장재의 경우 (2) 부착긴장재의 경우

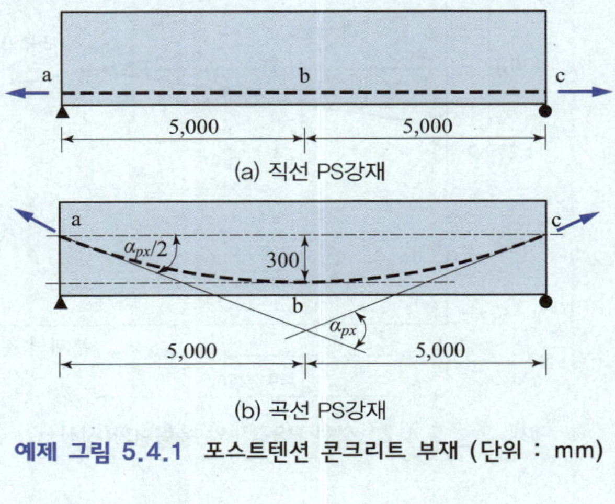

예제 그림 5.4.1 포스트텐션 콘크리트 부재 (단위 : mm)

풀이

1) 직선 PS강재의 응력손실 계산

(1) 비부착긴장재의 경우

비부착긴장재의 정착장치에 의한 응력손실은 식(5.30)에 의해 계산한다.

$$\Delta f_{pAS} = \frac{\Delta l_{AS}}{l_p} E_{ps} = \frac{3}{10{,}000} \times 200{,}000 = 60.0\ \mathrm{MPa} \tag{a}$$

계산된 60 MPa은 부재 abc 전체에 일정하게 작용한다.

(2) 부착긴장재의 경우

부착긴장재의 정착장치에 의해 발생하는 응력손실을 계산하기 위해서는 마찰에 의해 발생하는 응력손실을 식(5.25b)에 의해 먼저 계산해야 한다. 식(5.25b)에 의해 계산된 마찰에 의한 응력손실은 [예제 표 5.4.1]에 표시되어 있다.

$$f_{px} = f_{pj} e^{-(\mu_p \alpha_{px} + K \cdot l_{px})} \tag{b}$$

$$f_{pj} = 0.94 f_{py} = 0.94 \times 1{,}500 = 1{,}410\ \mathrm{MPa}$$

$$\alpha_{px} = 0.0\ \text{(직선긴장재이므로)},\ \ K = 0.005/\mathrm{m}$$

마찰에 의한 응력손실을 이용하여 정착장치에 의해 발생하는 응력손실길이(l_{set})와 a, b, c 위치에서의 긴장재 응력을 정산식과 약산식을 이용하여 계산한다.

(정산식) : [표 5.5] 또는 식(5.34), 식(5.35), 식(5.36)

$$l_{set} = \sqrt{\frac{\Delta l_{AS} \times E_{ps}}{K \times f_{pj}}} = \sqrt{\frac{3 \times 200{,}000}{0.005/1000 \times 1{,}410}} = 9{,}225\ \mathrm{mm} \tag{c}$$

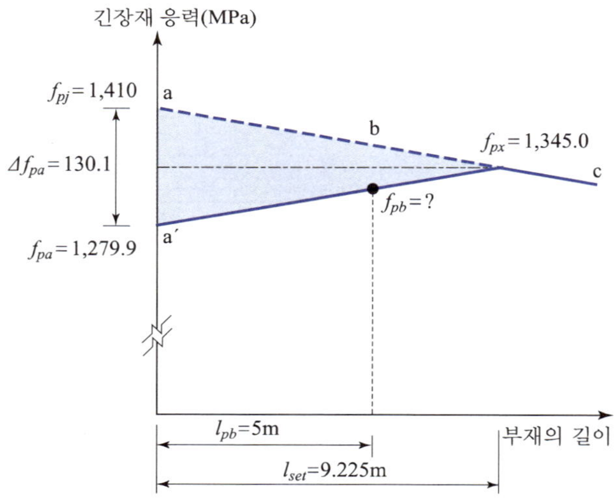

예제 그림 5.4.2 직선 PS강재의 응력변화(정산식)

a점 응력 $\dfrac{f_{pa}}{f_{pj}} = 1 - 2Kl_{set}$

$$f_{pa} = \left(1 - 2 \times 0.005 \times \frac{9,225}{1,000}\right) \times 1,410 = 1,279.9\ \text{MPa}$$

$$\Delta f_{pAS} = \Delta f_{pa} = f_{pj} - f_{pa} = 1,410 - 1,279.9 = 130.1\ \text{MPa}$$

b점 응력 식(c)에 의해 계산된 응력손실 발생길이(l_{set})가 B점까지의 거리 5 m보다 길기 때문에 정착장치에 의한 응력손실이 발생. [예제 그림 5.4.2]의 응력에 대한 비례 관계를 이용하여 계산한다.

$$l_{set} : (\Delta f_{pa}/2) = l_{pb} : (x - f_{pa})$$

$$9.225 : (130.1/2) = 5.0 : (f_{pb} - 1,279.9)$$

$$f_{pb} = 1,315.2\ \text{MPa} \tag{d}$$

$$\Delta f_{pAS} = \Delta f_{pb} = f_{pj} - f_{pb} = 1,410 - 1,315.2 = 94.8\ \text{MPa}$$

c점 응력 식(c)에 의해 계산된 l_{set}가 9.225 m로 c점까지의 거리 10 m보다 짧으므로 정착장치의 미끌림에 의해 응력손실이 발생하지 않는다.

(약산식) : [표 5.5] 또는 식(5.43), 식(5.45)와 식(5.46)으로 계산. 식(e)의 P_{px}는 단부에서 5 m 떨어진 위치를 기준으로 계산하며, P_{px}는 마찰에 의한 응력손실이 발생한 $f_{px} = 1,375.2$ MPa([예제 표 5.4.1])에 PS강재의 단면적을 곱하여 계산한다.

$$P_f = \frac{P_{pj} - P_{px}}{l_{px}} = \frac{(f_{pj} - f_{px})A_{ps}}{l_{px}}$$

$$= \frac{(1,410.0 - 1,375.2) \times 619.32}{5,000} = 4.31\ \text{N/mm} \tag{e}$$

$$A_{ps} = 12 \times 51.61 = 619.32\ \text{mm}^2$$

$$l_{set} = \sqrt{\frac{\Delta l_{AS} \times E_{ps} \times A_{ps}}{P_f}} = \sqrt{\frac{3 \times 200,000 \times 619.32}{4.31}} = 9,285\ \text{mm} \tag{f}$$

긴장재의 전체 단면적 $A_{ps} = 12 \times 51.61 = 619.32\ \text{mm}^2$

예제 표 5.4.1 직선 PS강재의 응력손실

위치	α_{px}	l_{px} (m)	$\mu_p \alpha_{px} + K \cdot l_{px}$	f_{px} (MPa) (마찰 손실)	정착장치 응력손실 (정산식)		정착장치 응력손실 (약산식)	
					l_{set} (m) 식(c)	f_{ps} (MPa)	l_{set} (m) 식(f)	f_{ps} (MPa)
a	0.0	0	0.0	1,410.0	9.225	1,279.9	9.285	1,280.8
b	0.0	5	0.025	1,375.2	9.225	1,315.2	9.285	1,315.6
c	0.0	10	0.05	1,341.2	9.225	1,341.2	9.285	1,341.2

a점 응력 $f_{pa} = f_{pj} - \Delta f_{pa} = f_{pj} - \dfrac{2 \times P_f \times l_{set}}{A_{ps}}$

$$= 1{,}410 - \frac{2 \times 4.31 \times 9{,}285}{619.32} = 1{,}280.8 \text{ MPa}$$

$$\Delta f_{pAS} = \Delta f_{pa} = f_{pj} - f_{pa} = 1{,}410 - 1{,}280.8 = 129.2 \text{ MPa}$$

b점 응력 $l_{set} : (\Delta f_{pa}/2) = l_{pb} : (x - f_{pa})$

$$9.285 : (129.2/2) = 5.0 : (f_{pb} - 1{,}280.8)$$

$$f_{pb} = 1{,}315.6 \text{ MPa}$$

$$\Delta f_{pAS} = \Delta f_{pb} = f_{pj} - f_{pb} = 1{,}410 - 1{,}315.6 = 94.4 \text{ MPa}$$

c점 응력 정산식과 동일한 방법으로 계산함.

PS강재가 직선으로 배근된 부재에 대한 응력손실을 [예제 표 5.4.1]에 정리하였다.

2) 곡선 PS강재의 응력손실 계산

(1) 비부착긴장재의 경우

비부착긴장재의 정착장치에 의해 발생하는 응력손실은 직선 PS강재의 경우와 마찬가지로 식(5.30)에 의해 계산한다.

$$\Delta f_{pA} = \frac{\Delta l_{AS}}{l_p} E_{ps} = \frac{3}{10{,}000} \times 200{,}000 = 60 \text{ MPa} \quad \text{(g)}$$

계산된 60 MPa은 부재 abc 전체에 균일하게 작용한다.

(2) 부착긴장재의 경우

마찰에 의해 발생하는 응력손실을 식(5.25b)에 의해 계산해야 한다.

$$f_{px} = f_{pj} e^{-(\mu_p \alpha_{px} + K \cdot l_{px})} \quad \text{(h)}$$

$$f_{pj} = 0.94 f_{py} = 0.94 \times 1{,}500 = 1{,}410 \text{ MPa}$$

$$\alpha_{px} = \frac{8y}{x} = \frac{8 \times 300}{10{,}000} = 0.24$$

$$\mu_p = 0.25/\text{rad.}, \quad K = 0.005/\text{m}$$

마찰에 의한 응력손실을 이용하여 정착장치에 의해 발생하는 응력손실길이(l_{set})와 a, b, c 위치에서의 긴장재 응력을 정산식과 약산식을 이용하여 계산한다.

(정산식) : [표 5.5] 또는 식(5.39), 식(5.40)과 식(5.41) 이용. 식(5.40)의 회전각(α_{px})은 길이(l_{set})까지의 각도

$$R = \frac{l_p}{\alpha_{px}} = \frac{10{,}000}{0.24} = 41{,}667 \text{ mm}$$

$$l_{set} = \sqrt{\frac{\Delta l_{AS} \times E_{ps}}{(\mu_p / R + K) \times f_{pj}}}$$

$$= \sqrt{\frac{3\times 200{,}000}{(0.25/41{,}667+0.005/1000)\times 1{,}410}} = 6{,}220\ \text{mm} \qquad \text{(i)}$$

a점 응력 $\dfrac{f_{pa}}{f_{pj}} = 1-2(\mu_p \alpha_{px} + K l_{set})$

$$\alpha_{px} = 0.24\times\frac{6{,}220}{10{,}000} = 0.149$$

$$f_{pa} = \left[1-2\left(0.25\times 0.149 + 0.005\times\frac{6{,}220}{1{,}000}\right)\right]\times 1{,}410 = 1{,}217.3\ \text{MPa}$$

$$\Delta f_{pAS} = \Delta f_{pa} = f_{pj} - f_{pa} = 1{,}410 - 1{,}217.3 = 192.7\ \text{MPa}$$

b점 응력 식(i)에 의해 계산된 l_{set}가 6.22 m로 b점까지의 거리 5 m보다 길기 때문에 정착장치에 의해 응력손실이 발생한다. [예제 그림 5.4.3]의 응력에 대한 비례 관계를 이용하여 계산한다.

$$l_{set} : (\Delta f_{pa}/2) = l_{pb} : (x - f_{pa})$$

$$6.220 : (192.7/2) = 5.0 : (f_{pb} - 1{,}217.3)$$

$$f_{pb} = 1{,}294.8\ \text{MPa} \qquad \text{(j)}$$

$$\Delta f_{pAS} = \Delta f_{pb} = f_{pj} - f_{pb} = 1{,}410 - 1{,}294.8 = 115.2\ \text{MPa}$$

c점 응력 식(i)에 의해 계산된 l_{set}가 6.22 m로 c점까지의 거리 10 m보다 짧으므로 정착장치의 미끌림에 의해 응력손실이 발생하지 않는다.

(약산식) : [표 5.5] 또는 식(5.43), 식(5.45)와 식(5.46)

$$P_f = \frac{P_{pj} - P_{px}}{l_{px}} = \frac{(f_{pj} - f_{px})A_{ps}}{l_{px}}$$

$$= \frac{(1{,}410 - 1{,}334.5)\times 619.32}{5{,}000} = 9.35\ \text{N/mm} \qquad \text{(k)}$$

$$l_{set} = \sqrt{\frac{\Delta l_{AS}\times E_{ps}\times A_{ps}}{P_f}} = \sqrt{\frac{3\times 200{,}000\times 619.32}{9.35}} = 6{,}304\ \text{mm} \qquad \text{(l)}$$

a점 응력 $f_{pa} = f_{pj} - \Delta f_{pa} = f_{pj} - \dfrac{2\times P_f \times l_{set}}{A_{ps}}$

$$= 1{,}410 - \frac{2\times 9.35\times 6{,}304}{619.32} = 1{,}219.7\ \text{MPa}$$

$$\Delta f_{pAS} = \Delta f_{pa} = f_{pj} - f_{pa} = 1{,}410 - 1{,}219.7 = 190.3\ \text{MPa}$$

b점 응력 $l_{set} : (\Delta f_{pa}/2) = l_{pb} : (x - f_{pa})$

$$6.304 : (190.3/2) = 5.0 : (f_{pb} - 1{,}219.7)$$

$$f_{pb} = 1{,}295.2\ \text{MPa} \qquad \text{(m)}$$

$$\Delta f_{pAS} = \Delta f_{pb} = f_{pj} - f_{pb} = 1{,}410 - 1{,}295.2 = 114.8\ \text{MPa}$$

c점 응력 정산식과 동일한 방법으로 계산함.

PS강재가 곡선으로 배근된 부재의 응력손실을 [예제 표 5.4.2]에 정리하였다.

예제 표 5.4.2 곡선 PS강재의 응력손실

위치	α_{px}	l_{px} (m)	$\mu_p\alpha_{px}+K\cdot l_{px}$	f_{px} (MPa) (마찰 손실)	정착장치 응력손실 (정산식)		정착장치 응력손실 (약산식)	
					l_{set} (m) 식(i)	f_{ps} (MPa)	l_{set} (m) 식(l)	f_{ps} (MPa)
a	0.0	0	0.0	1,410.0	6.220	1,217.3	6.304	1,219.7
b	0.12	5	0.055	1,334.5	6.220	1,294.8	6.304	1,294.2
c	0.24	10	0.11	1,263.1	6.220	1,263.1	6.304	1,263.1

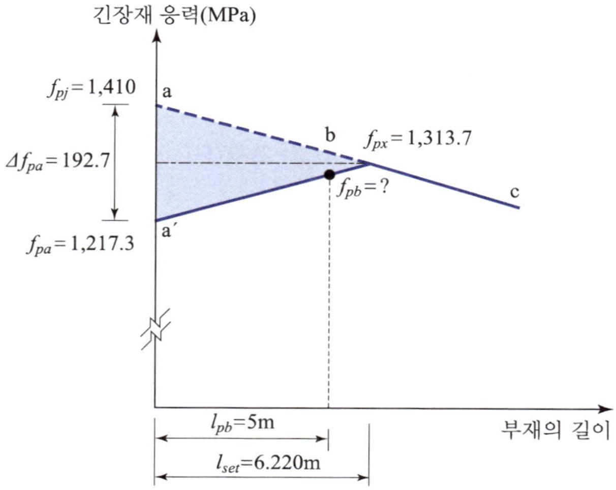

예제 그림 5.4.3 곡선 PS강재의 응력변화 (정산식)

5.6 릴랙세이션에 의한 응력손실

PS강재는 콘크리트를 타설한 이후에 시간이 지남에 따라 릴랙세이션, 크리프, 건조수축의 영향에 의해 응력이 손실된다. 릴랙세이션(relaxation)은 3장의 [그림 3.8]에서 설명한 것과 같이 PS강재를 긴장하고 늘어난 길이를 고정했을 때 시간이 지남에 따라 강재의 인장응력이 감소하는 현상을 말한다. 릴랙세이션은 강재 자체의 재료적인 성질에 의해 발생하는 순릴랙세이션과 크리프와 건조수축에 의해 영향을 받는 겉보기 릴랙세이션으로 구별되며 실제 구조물에서는 겉보기 릴랙세이션을 이용하여 응력손실을 계산하는 것이 타당하다.

일반 계산법

PS강재에 발생하는 릴랙세이션은 시간, 초기응력, 온도 등에 의해 영향을 받는다. Magura 등은 실험에 근거하여 릴랙세이션을 긴장 이후부터 어느 임의의 시점까지 발생하는 응력손실과 일정 기간 동안에 발생하는 응력손실로 구별하고, 각각의 경우에 대한 계산식을 제안하였다.

[긴장 이후부터 어느 임의의 시점까지]

$$\Delta f_{pR} = f_{pi}'\left(\frac{\log_{10} t}{10}\right)\left(\frac{f_{pi}'}{f_{py}} - 0.55\right) \tag{5.47}$$

[일정 기간별]

$$\Delta f_{pR} = f_{pi}'\left(\frac{\log_{10} t_n - \log_{10} t_r}{10}\right)\left(\frac{f_{pi}'}{f_{py}} - 0.55\right) \tag{5.48}$$

여기서, Δf_{pR} : 릴랙세이션에 의한 응력손실, f_{pi}' : PS강재의 초기응력, 시간이 경과한 후에는 장기응력손실(크리프, 건조수축, 릴랙세이션의 영향)을 고려한 응력, f_{py} : PS강재의 항복강도, t : PS강재를 긴장한 이후의 시간(단위는 시(hour)), t_n : 릴랙세이션을 측정하는 최종 시점, t_r : 릴랙세이션을 측정하기 시작한 초기 시점, 초기에는 PS강재의 긴장력을 제거한 시점이다. 릴랙세이션이 발생하기 위해서는 $f_{pi}/f_{py} \geq 0.55$가 되어야 한다.

전체 릴랙세이션은 PS강재를 긴장한 후에 긴장력을 이완했을 때까지의 릴랙세이션과 이완한 이후부터 어느 임의의 시점까지 발생하는 릴랙세이션의 합이다. 프리텐션공법의 경우에 응력손실은 긴장력을 이완한 후부터 발생하므로 프리텐션공법 부재의 전체 릴랙세이션에는 긴장력을 이완했을 때까지의 릴랙세이션은 포함되지 않는다. 따라서 임의의 시간 t_n에서의 릴랙세이션은 식(5.48)과 같이 긴장력을 이완했을 때의 시간 t_r에서 최종 측정시간 t_n까지의 릴랙세이션을 의미한다.

최근에는 릴랙세이션이 작은 저릴랙세이션 강재가 생산되고 있다. 이러한 강재에 대해서는 식(5.49)와 식(5.50)에 의해 릴랙세이션에 의한 응력손실을 계산한다.

[긴장 이후부터 어느 임의의 시점까지]

$$\Delta f_{pR} = f_{pi}'\left(\frac{\log_{10} t}{45}\right)\left(\frac{f_{pi}'}{f_{py}} - 0.55\right) \tag{5.49}$$

[일정 기간별]

$$\Delta f_{pR} = f_{pi}'\left(\frac{\log_{10} t_n - \log_{10} t_r}{45}\right)\left(\frac{f_{pi}'}{f_{py}} - 0.55\right) \tag{5.50}$$

ACI-ASCE 위원회에서 제안한 계산법

ACI(American Concrete Institute, 미국콘크리트학회)와 ASCE(American Society of Civil Engineering, 미국토목공학회) 위원회에서는 식(5.51)을 이용하여 릴랙세이션에 의해 발생하는 응력손실을 계산한다. 식(5.51)에는 탄성수축, 크리프, 건조수축에 의해 발생하는 응력손실의 영향이 반영되어 있다.

$$\Delta f_{pR} = \left[K_{re} - J(\Delta f_{pES} + \Delta f_{pCR} + \Delta f_{pSH})\right] \times C \quad [\mathrm{MPa}] \tag{5.51}$$

여기서, Δf_{pES} : 탄성수축에 의한 응력손실, Δf_{pCR} : 콘크리트의 크리프에 의한 응력손실, Δf_{pSH} : 콘크리트의 건조수축에 의한 응력손실, K_{re}, J, C : 마찰에 의한 응력손실을 계산하기 위한 상수이며 [표 5.6]과 [표 5.7]에서 구한다.

도로교설계기준(한계상태설계법, 2016)에 의한 계산법

도로교설계기준(한계상태설계법, 2016)에서는 PS강재에 발생하는 릴랙세이션을 보통 릴랙세이션 강선과 강연선, 저릴랙세이션 강선과 강연선, 열연 강봉으로 구별하여 계산한다.

- Case 1 : 보통 릴랙세이션 강선과 강연선

$$\Delta f_{pR} = f_{pi}{}' \left[5.39\,\rho_{1000}\, e^{6.7\mu} \left(\frac{t}{1000}\right)^{0.75(1-\mu)} 10^{-3}\right] \tag{5.52a}$$

- Case 2 : 저릴랙세이션 강선과 강연선

$$\Delta f_{pR} = f_{pi}{}' \left[0.66\,\rho_{1000}\, e^{9.1\mu} \left(\frac{t}{1000}\right)^{0.75(1-\mu)} 10^{-3}\right] \tag{5.52b}$$

- Case 3 : 열연 강봉

$$\Delta f_{pR} = f_{pi}{}' \left[1.98\,\rho_{1000}\, e^{8\mu} \left(\frac{t}{1000}\right)^{0.75(1-\mu)} 10^{-3}\right] \tag{5.52c}$$

여기서, ρ_{1000} : 평균기온 20℃에서 긴장 이후 1000시간이 경과하였을 때의 릴랙세이션 손실(%), $\mu = f_{pi}/f_{pu}$, f_{pu} : 긴장재의 극한응력, f_{pi} : 긴장재의 초기응력이다.

표 5.6 상수 K_{re}와 J

텐던(tendon)의 종류	K_{re}	J
항복강도 1,862 MPa (270 ksi)의 응력제거 강연선	137.93	0.150
항복강도 1,724 MPa (250 ksi)의 응력제거 강연선	127.59	0.140
항복강도 1,655 MPa (240 ksi) 또는 1,621 MPa (235 ksi)의 응력제거 강연선	121.40	0.130
항복강도 1,862 MPa (270 ksi)의 저릴랙세이션 강연선	34.48	0.040
항복강도 1,724 MPa (250 ksi)의 저릴랙세이션 강연선	31.93	0.037
항복강도 1,655 MPa (240 ksi) 또는 1,621 MPa (235 ksi)의 저릴랙세이션 강연선	30.34	0.035
항복강도 1,000 MPa (145 ksi) 또는 1,103 MPa (160 ksi)의 저릴랙세이션 강연선	41.40	0.050

표 5.7 상수 C

f_{pi}/f_{pu}	응력제거 강연선	응력제거 강봉 저릴랙세이션 강연선
0.80		1.28
0.79		1.22
0.78		1.16
0.77		1.11
0.76		1.05
0.75	1.45	1.00
0.74	1.36	0.95
0.73	1.27	0.90
0.72	1.18	0.85
0.71	1.09	0.80
0.70	1.00	0.75
0.69	0.94	0.70
0.68	0.89	0.66
0.67	0.83	0.61
0.66	0.78	0.57
0.65	0.73	0.53
0.64	0.68	0.49
0.63	0.63	0.45
0.62	0.58	0.41
0.61	0.53	0.37
0.60	0.49	0.33

예제 5.5

포스트텐션 콘크리트 단순보의 릴랙세이션에 의한 응력손실을 계산하라.

- PS강재 : 7연선 9.3 mm(SWPC 7AN, 단면적 $A_{ps}=51.61\text{ mm}^2$)가 12가닥 사용됨.
  인장강도 $f_{pu}=1{,}780$ MPa, 항복강도 $f_{py}=1{,}500$ MPa, 긴장 시의 긴장응력 $f_{pj}=0.94f_{py}$,
  초기 긴장응력 $f_{pi}=0.87f_{pj}$

1) 긴장한지 1년 경과 후 발생하는 릴랙세이션에 의한 응력손실을 계산하라.
2) 긴장한지 5년 경과 후 발생하는 릴랙세이션에 의한 응력손실을 계산하라.

풀이

1) 긴장한지 1년 경과 후의 응력손실

긴장한 후부터 1년이 지난 시점까지의 릴랙세이션에 의한 응력손실을 식(5.47)에 의해 계산한다.

$$\Delta f_{pR} = f_{pi}'\left(\frac{\log_{10} t}{10}\right)\left(\frac{f_{pi}'}{f_{py}} - 0.55\right) \quad \text{(a)}$$

긴장 1년 경과 후의 응력손실이므로 f_{pi}'은 PS강재의 초기응력과 같다.

$$t = 24 \times 365 = 8{,}760$$
$$f_{pj} = 0.94 \times f_{py} = 0.94 \times 1{,}500 = 1{,}410 \text{ MPa}$$
$$f_{pi} = 0.87 \times f_{pj} = 0.87 \times 1{,}410 = 1{,}226.7 \text{ MPa}$$
$$f_{pi}' = f_{pi} = 1{,}226.7 \text{ MPa}$$
$$\Delta f_{pR(1year)} = 1{,}226.7\left(\frac{\log_{10} 8{,}760}{10}\right)\left(\frac{1{,}226.7}{1{,}500} - 0.55\right) = 129.5 \text{ MPa} \quad \text{(b)}$$

2) 긴장 5년 경과 후의 응력손실

긴장 5년 경과 후의 릴랙세이션에 의한 응력손실을 식(5.47)에 의해 계산한다.

$$t = 24 \times 5 \times 365 = 43{,}800$$
$$f_{pi}' = f_{pi} = 1{,}226.7 \text{ MPa}$$
$$\Delta f_{pR(5years)} = 1{,}226.7\left(\frac{\log_{10} 43{,}800}{10}\right)\left(\frac{1{,}226.7}{1{,}500} - 0.55\right) = 152.5 \text{ MPa} \quad \text{(c)}$$
$$f_{ps(5years)} = f_{pi}' - \Delta f_{pR(5years)} = 1{,}226.7 - 152.5 = 1{,}074.2 \text{ MPa} \quad \text{(d)}$$

동일한 조건을 식(5.48)의 기간별 릴랙세이션에 의한 응력손실을 이용하여 계산하면 다음과 같다.

$$f_{pi}' = f_{pe} - \Delta f_{pR(1years)} = 1{,}226.7 - 129.5 = 1{,}097.2 \text{ MPa}$$
$$\Delta f_{pR(5years)} = 1{,}097.2\left(\frac{\log_{10} 43{,}800 - \log_{10} 8{,}760}{10}\right)\left(\frac{1{,}097.2}{1{,}500} - 0.55\right)$$
$$= 13.9 \text{ MPa} \quad \text{(e)}$$
$$f_{ps(5years)} = f_{pi}' - \Delta f_{pR(5years)} = 1{,}097.2 - 13.9 = 1{,}083.3 \text{ MPa} \quad \text{(f)}$$

긴장 5년 경과 후의 릴랙세이션에 의한 응력손실은 1년 경과 후의 릴랙세이션에 의한 응력손실에서 다소 증가한다. 또한, 식(5.47)의 전체 기간을 이용하여 계산한 응력손실 값(식(d))과 식(5.48)의 기간별로 구분하여 계산한 응력손실 값(식(f))은 유사함을 알 수 있다.

5.7 크리프에 의한 응력손실

릴랙세이션과 마찬가지로 크리프변형률은 콘크리트를 타설한 후 시간이 경과함에 따라 증가하고 PS강재의 응력을 감소시킨다. 크리프(creep)는 3장의 [그림 3.4]에서 설명한 것과 같이 경화된 콘크리트에 지속적으로 압축하중이 작용할 때 시간이 경과함에 따라서 진행되는 장기 변형률을 말한다. 크리프는 콘크리트의 압축변형률을 증대시켜 부재의 처짐을 증가시키고, 정착한 긴장재의 응력손실을 유발한다. 콘크리트에 발생하는 크리프는 시간, 하중, 상대습도, 시멘트의 종류, 단위 시멘트의 양, 부재의 크기, 온도, 골재의 종류, 혼화제 등 다양한 종류의 요소에 영향을 받기 때문에 이러한 영향을 모두 반영하여 크리프변형률을 구하는 것은 쉽지 않다. 따라서 크리프에 의한 응력손실은 다음과 같이 크리프계수를 이용한 정산법 또는 약산법을 이용하여 계산한다.

[그림 5.9]는 프리스트레스트 콘크리트 단순보의 중앙 단면에 발생한 긴장력에 의한 응력분포와 외부하중(고정하중이나 활하중 등)에 의해 발생한 응력분포를 나타낸다. 크리프에 의해 발생하는 응력손실 계산법은 탄성수축에 의해 발생하는 응력손실 계산법과 유사하다.

압축응력을 받아 수축하는 프리스트레스트 부재의 콘크리트 변형률은 PS강재의 변형률과 동일하다.

$$\epsilon_{cc} = \epsilon_{ps} \tag{5.53}$$

여기서, ϵ_{ps} : PS강재의 변형률, ϵ_{cc} : 크리프에 의한 콘크리트 변형률이다.

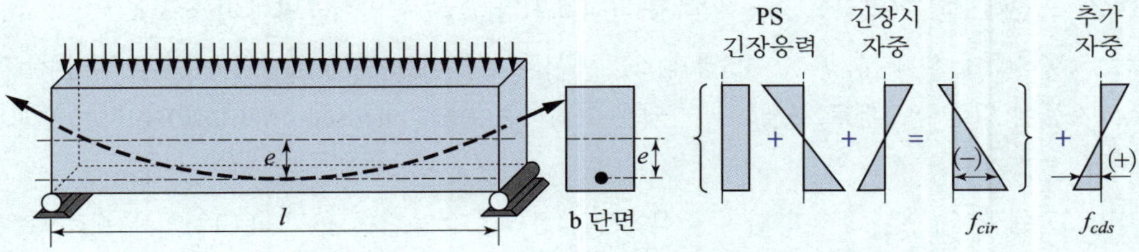

그림 5.9 단면의 응력변화

Davis-Glanville의 법칙에 의하면 크리프변형률(ϵ_{cc})은 탄성변형률(ϵ_{ce})에 비례하며, 그 비례상수를 크리프계수(creep coefficient, $\phi(t, t')$)라 한다. 5장에서는 일정한 시간이 경과한 후의 크리프계수를 C_u로 정하고 식(5.53)에 이를 대입한다.

$$C_u \, \epsilon_{ce} = \epsilon_{ps} \tag{5.54}$$

후크의 법칙(Hooke's law)을 이용하여 식(5.54)를 식(5.55)로 바꿀 수 있다.

$$C_u \frac{f_{cCR}}{E_c} = \frac{\Delta f_{pCR}}{E_{ps}} \tag{5.55}$$

$$\Delta f_{pCR} = C_u \frac{E_{ps}}{E_c} f_{cCR}$$

$$\Delta f_{pCR} = C_u \, (n \cdot f_{cCR}) \tag{5.56}$$

여기서, f_{cCR} : 크리프에 의한 응력손실을 계산할 때의 긴장재 단면 중심에서 발생하는 콘크리트 응력, Δf_{pCR} : 크리프에 의해 발생하는 PS강재의 응력손실, n : 탄성계수의 비($= E_{ps}/E_c$)이다.

긴장재 단면 중심에서 발생하는 콘크리트 응력(f_{cCR})은 탄성 해석에 의한 식(4.17)을 이용하여 식(5.57)에서 계산할 수 있다. 크리프에 의한 응력손실을 계산할 때는 식(5.7)의 초기긴장력(P_i)에 의한 응력(탄성수축에 의한 응력손실을 계산할 때에 사용됨)에 시간이 경과한 후 추가적으로 증가하는 고정하중에 의한 응력을 더하여 계산한다. 부착긴장재를 사용할 경우에는 콘크리트의 응력(f_{cCR})은 부재의 길이에 따라서 변화한다. 그러나 비부착긴장재를 사용할 경우에는 콘크리트의 응력이 부재 전체에 걸쳐서 일정하므로 정착장치 사이의 f_{cCR}의 평균값을 사용해야 한다.

$$f_{cCR} = f_{cir} - f_{cds} = \left| \left(-\frac{P_i}{A_c} - \frac{P_i \times e}{I_c} e + \frac{M_D}{I_c} e \right) \right| - \frac{M_{SD}}{I_c} e \tag{5.57}$$

여기서, f_{cir} : 프리스트레스트 도입 직후 보의 고정하중과 프리스트레스트 힘에 의해 발생하는 PS강재 도심에서의 콘크리트 평균 압축응력(식(5.7)의 f_{cES} 동일, [그림 5.9] 참조), f_{cds} : 추가되는 고정하중에 의해 발생되는 PS강재 도심에서의 콘크리트 평균 압축응력([그림 5.9] 참조), M_D: 자중에 의한 휨모멘트, M_{SD}: 추가되는 고정하중(super imposed dead load)에 의한 휨모멘트이다.

식(5.57)에서 f_{cCR}은 긴장재 단면 중심에서의 콘크리트 응력이므로 식(4.17)의 부재축으로부터의 거리(y) 대신에 편심거리(e)를 대입해 계산해야 하며, 크리프는 장기하중에 의해 영향을 받으므로 고정하중(자중과 추가고정하중)에 의한 휨모멘트(M_D와 M_{SD})만 사용하고 활하중에 의한 휨모멘트는 사용하지 않는다. 식(5.57)에서 $-M_{SD}\times e/I_c$에 음(−) 부호가 붙은 이유는 음수(−)인 f_{cir}의 값에 절대값을 붙여 양수(+)로 하여 계산하기 때문이다. [그림 5.9]를 보면 f_{cir}은 실제 압축응력(−)이며, f_{cds}는 인장응력(+)이다. 그러나 식(5.57)에서 f_{cir}을 절대값으로 하기 때문에 f_{cds}값에 음수(−)를 붙여 계산해야 한다.

식(5.56)을 이용하여 크리프에 의한 응력감소(Δf_{pCR})를 계산하기 위해서는 크리프계수(C_u)가 필요하다. 3장에서 설명한 것과 같이 크리프는 다양한 요소에 의해 영향을 받으므로 이 모든 영향 요소를 고려하여 C_u를 계산할 경우에 계산이 너무 번거로울 수 있다. 따라서 설계에서는 상황에 따라서 크리프계수를 이용한 식을 사용하거나 약산식을 사용할 수 있도록 허용하고 있다.

정산식

크리프계수($\phi(t,\ t')$)를 계산한다. 계산한 $\phi(t,\ t')$는 시간이 경과함에 따라 변화하며 $C_u=\phi(t,\ t')$로 하여 크리프에 의한 응력손실(Δf_{pCR})을 계산한다.

ACI-ASCE 209 위원회 제안식

ACI-ASCE 209 위원회에서는 다음과 같이 일괄계산법(lump sum method)에 의한 크리프계수 값을 제안하였다.

① 프리텐션 부재 : $C_u = 2.0$

② 포스트텐션 부재 : $C_u = 1.6$

③ 시간이 경과함에 따라 변화하는 크리프계수는 식(5.58)을 이용하여 계산한다.

$$C_u(t) = \frac{t^{0.6}}{10+t^{0.6}}C_u \tag{5.58}$$

여기서, $C_u(t)$: 시간이 경과함에 따라 변화하는 크리프계수, t : PS강재를 긴장한 이후의 시간(단위는 일(day))이다. [그림 5.10]은 식(5.58)의 시간이 경과함에 따라 변화하는 크리프계수와 극한 크리프계수를 비교한 값이다. 지속하중이 5년 지속된 후에 $C_u(t)/C_u$는 약 0.92로 8퍼센트 차이가 난다.

④ 경량 콘크리트의 경우는 ①, ②, ③에서 계산된 C_u의 20퍼센트를 줄인 값을 사용한다.

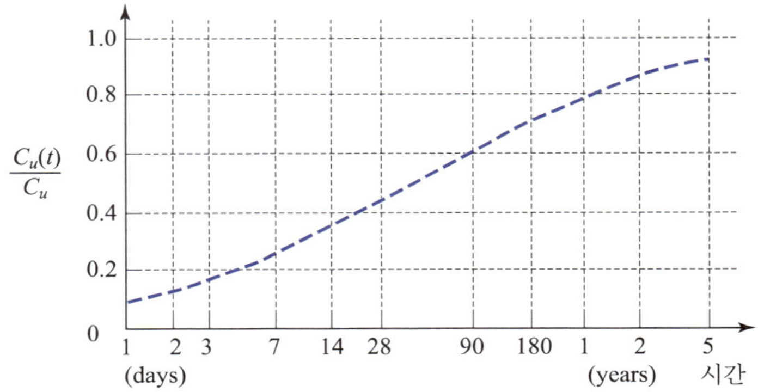

그림 5.10 시간이 경과함에 따라 변화하는 크리프계수(ACI-ASCE 209)

도로교설계기준(한계상태설계법, 2016)에 의한 계산법

도로교설계기준(한계상태설계법, 2016)에서는 크리프, 건조수축, 릴랙세이션에 의한 응력손실을 식(5.59)에 의해 동시에 계산한다.

$$\Delta f_{p,c+s+r} = \frac{\epsilon_s(t,\ t_o)E_p + 0.8\Delta f_{pr} + \alpha\varphi(t,\ t_o)(f_{c(g+q)} + f_{cpo})}{1 + \alpha\dfrac{A_p}{A_c}\left(1 + \dfrac{A_c}{I_c}z_{cp}^2\right)[1 + 0.8\phi(t,\ t_o)]} \tag{5.59}$$

여기서, $\Delta f_{p,c+s+r}$: 도로교설계기준의 시간 t일 때 크리프, 건조수축, 릴랙세이션에 의한 x위치에서의 긴장재의 응력변화량, $\epsilon_s(t,\ t_o)$: 최종건조수축 변형률, $\alpha = E_{ps}/E_c$, E_{ps} : PS강재의 탄성계수, E_c : 콘크리트의 탄성계수, $\Delta f_{pr} = f_p = f_{p(go+q)}$일 때의 응력, f_{pgo} : 프리스트레스와 반영구적 하중에 의한 강재의 초기응력, $\varphi(t,\ t_o)$: 시간 t_0일 때 재하된 하중에 의한 시간 t일 때의 크리프 계수, $f_{c(g+q)}$: 고정하중과 기타 반영구적 하중에 의한 강재위치에서의 콘크리트 응력, f_{cpo} : 프리스트레스에 의한 강재 위치에서의 콘크리트 초기응력, A_{ps} : PS긴장재의 단면적, A_c : 콘크리트의 단면적, I_c : 콘크리트 단면의 단면2차모멘트, z_{cp} : 콘크리트 단면의 도심과 긴장재 도심 사이의 거리이다.

예제 5.6

[예제 그림 5.1.1]의 단면이 400 mm × 600 mm, 길이가 10 m인 프리텐션 콘크리트 단순보의 크리프에 의한 응력손실을 계산하라. 부재의 자중은 24 kN/m^{3}이며, 긴장 후에 5.0 kN/m의 추가고정하중이 가해졌다.

- **콘크리트** : I종 콘크리트, 28일 압축강도 $f_{ck} = 45$ MPa
- **PS강재** : 7연선 9.3 mm(SWPC 7AN, 단면적 $A_{ps} = 51.61$ mm^2)가 12가닥 사용됨.
  인장강도 $f_{pu} = 1{,}780$ MPa, 항복강도 $f_{py} = 1{,}500$ MPa, 긴장 시의 긴장응력 $f_{pj} = 0.94 f_{py}$
- **편심거리** : $e = 200$ mm

1) 콘크리트 타설 1년 후의 크리프에 의해 발생하는 응력손실을 계산하라.
   (1) 극한 크리프계수를 이용한 방법
   (2) 시간이 경과함에 따라 변화하는 크리프계수를 이용한 방법
2) 콘크리트 타설 5년 후의 크리프에 의해 발생하는 응력손실을 계산하라.
   (1) 극한 크리프계수를 이용한 방법
   (2) 시간이 경과함에 따라 변화하는 크리프계수를 이용한 방법

풀이

프리텐션 콘크리트 부재의 크리프에 의한 응력손실은 식(5.56)에 의해 계산한다.

$$\Delta f_{pCR} = C_u (n \cdot f_{cCR}) \tag{a}$$

식(a)의 긴장재 단면 중심에서 발생하는 콘크리트 응력(f_{cCR})은 식(5.57)에 의해 계산한다. 여기서 초기긴장력(P_i)과 자중에 의한 응력은 [예제 5.1]에서 $f_{cir} = 5.64$ MPa로 계산되었으므로 이 값을 사용한다. 긴장 후에 추가로 5.0 kN/m의 하중이 가해지므로 f_{cds}를 계산해야 한다.

$$f_{cCR} = f_{cir} - f_{cds} = \left| \left(-\frac{P_i}{A_c} - \frac{P_i \times e}{I_c} e + \frac{M_D}{I_c} e \right) \right| - \frac{M_{SD}}{I_c} e \tag{b}$$

$$f_{cir} = f_{cES} = 5.64 \text{ MPa}$$

$$M_{SD} = \frac{w \times l^2}{8} = 5.0 \times \frac{10^2}{8} = 62.5 \text{ kN} \cdot \text{m}$$

$$I_c = \frac{b \times h^3}{12} = \frac{400 \times 600^3}{12} = 7{,}200 \times 10^6 \text{ mm}^4$$

$$f_{cCR} = f_{cir} - f_{cds} = 5.64 - \frac{62.5 \times 10^6}{7{,}200 \times 10^6} \times 200 = 3.90 \text{ MPa}$$

[예제 5.1]에서는 탄성수축에 의해 발생하는 응력손실을 계산하였다. 이때는 탄성계수의 비(n)를 재령 3일된 콘크리트 압축강도를 이용하여 계산하였다. 그러나 크리프에 의해 발생하는 응력손실을 계산할 때는 재령 28일된 콘크리트 압축강도를 사용해서 탄성계수의 비(n)를 계산해야 한다. E_{ci}를 계산할 때 Δf는 식(3.4)에 의해 계산한다.

$$E_{ci} = 8{,}500\sqrt[3]{f_{ciu}} = 8{,}500\sqrt[3]{45+4.5} = 31{,}210\text{ MPa}$$

$$n = \frac{E_{ps}}{E_c} = \frac{E_{ps}}{E_{ci}} = \frac{200{,}000}{31{,}210} = 6.41$$

1) 콘크리트 타설 1년 후의 크리프에 의해 발생하는 응력손실을 계산하라.

(1) 극한 크리프계수를 이용한 방법

프리텐션 콘크리트 부재의 크리프에 의해 발생하는 응력손실을 식(a)를 이용하여 계산하면 다음과 같다.

- ACI-ASCE 209 위원회

$$C_u = 2.0$$

$$\Delta f_{pCR} = C_u(nf_{cCR}) = 2.0\times 6.41\times 3.90 = 50.0\text{ MPa} \qquad \text{(c)}$$

(2) 시간이 경과함에 따라 변화하는 크리프계수를 이용한 방법

프리텐션 콘크리트 부재의 크리프에 의해 발생하는 응력손실을 식(5.58)의 시간이 경과함에 따라 변화하는 크리프계수를 이용하여 계산한다.

$$t = 1\times 365 = 365\text{일}$$

$$C_u(t) = \frac{t^{0.6}}{10+t^{0.6}}C_u = \frac{365^{0.6}}{10+365^{0.6}}\times 2 = 1.55 \qquad \text{(d)}$$

$$\Delta f_{pCR} = C_u(n\cdot f_{cCR}) = 1.55\times 6.41\times 3.90 = 38.75\text{ MPa} \qquad \text{(e)}$$

2) 콘크리트 타설 5년 후의 크리프에 의해 발생하는 응력손실을 계산하라.

(1) 극한 크리프계수를 이용한 방법

식(c)에 의한 계산 결과와 동일하게 $\Delta f_{pCR} = 50.0$ MPa이다.

(2) 시간이 경과함에 따라 변화하는 크리프계수를 이용한 방법

식(5.58)의 시간이 경과함에 따라 변화하는 크리프계수를 이용하여 계산한다.

$$t = 5\times 365 = 1{,}825\text{일}$$

$$C_u(t) = \frac{t^{0.6}}{10+t^{0.6}}C_u = \frac{1{,}825^{0.6}}{10+1{,}825^{0.6}}\times 2 = 1.80 \qquad \text{(f)}$$

$$\Delta f_{pCR} = C_u(nf_{cCR}) = 1.80\times 6.41\times 3.90 = 45.0\text{ MPa} \qquad \text{(g)}$$

콘크리트를 타설한 지 5년이 경과한 후에 시간이 경과함에 따라 변화하는 크리프계수에 의해 발생하는 응력손실 값(45.0 MPa)은 극한 크리프계수를 사용한 응력손실 값(50.0 MPa)과 유사하다.

5.8 건조수축에 의한 응력손실

건조수축(drying shrinkage)은 3장의 [그림 3.5]에서 설명하였듯이 수화된 시멘트에 흡착되었던 수분이 증발하여 콘크리트에 생기는 체적 변형을 말한다. 건조수축도 크리프와 동일하게 콘크리트의 압축변형률을 증대시켜 정착한 긴장재의 응력손실을 유발한다. 건조수축은 시간, 상대습도, 시멘트의 종류, 단위 시멘트의 양, 부재의 크기, 온도, 골재의 종류, 혼화재 등 다양한 요소의 영향을 받기 때문에 이러한 영향을 모두 반영하여 건조수축변형률을 구하는 것은 쉽지 않다. 따라서 설계에서는 상황에 따라서 정산식을 사용하거나 약산식을 사용할 수 있도록 허용하고 있다.

건조수축에 의해 발생하는 응력손실 계산법은 크리프에 의해 발생하는 응력손실 계산법과 유사하다. 건조수축이 발생하는 프리스트레스트 콘크리트 부재의 콘크리트 변형률은 PS강재의 변형률과 동일하다.

$$\epsilon_{SH} = \epsilon_{ps} \tag{5.60}$$

여기서, ϵ_{SH} : 건조수축에 의한 변형률, ϵ_{ps} : PS강재의 변형률이다.

후크의 법칙(Hooke's law)을 이용하여 식(5.60)을 식(5.61)로 바꿀 수 있다. 여기서 건조수축에 의해 발생하는 강재의 응력손실은 Δf_{pSH}이다.

$$\epsilon_{SH} = \frac{\Delta f_{pSH}}{E_{ps}}$$

$$\Delta f_{pSH} = E_{ps} \times \epsilon_{SH} \tag{5.61}$$

식(5.61)을 이용하여 건조수축에 의한 응력감소(Δf_{pSH})를 계산하기 위해서는 건조수축에 의한 변형률(ϵ_{SH})을 정확하게 알아야 한다. 건조수축에서 극한 변형률은 일반적으로 500×10^{-6} ~ $1{,}000 \times 10^{-6}$으로 알려져 있으며, ACI 209 보고서에서는 780×10^{-6}, PCI기준에서는 800×10^{-6}으로 규정하고 있다. 설계에서는 상황에 따라 정산식을 사용하거나 약산식을 사용하여 건조수축에 의해 발생하는 변형률을 계산한다.

정산식

건조수축변형률($\epsilon_{sh}(t, t_s)$)을 계산한다. 계산한 $\epsilon_{sh}(t, t_s)$는 시간이 경과함에 따라 변화하며, $\epsilon_{SH} = \epsilon_{sh}(t, t_s)$로 하여 건조수축에 의해 발생하는 응력손실($\Delta f_{pSH}$)을 계산한다.

ACI 209 R-92 보고서 평가식

① 일괄계산법

$$\epsilon_{SH} = 780 \times 10^{-6} \times \gamma_{SH}$$

여기서, γ_{SH} : 다양한 환경 상태를 고려한 상수이다.

② 시간이 경과함에 따라 변화하는 건조수축변형률

시간이 경과함에 따라 변화하는 건조수축변형률은 다음 식을 이용하여 계산한다.

$$(\text{습윤양생, 7일 후}) \qquad (\epsilon_{SH})_t = \frac{t}{35+t}(\epsilon_{SH})_u \tag{5.62a}$$

$$(\text{증기양생, 1일에서 3일 후}) \qquad (\epsilon_{SH})_t = \frac{t}{55+t}(\epsilon_{SH})_u \tag{5.62b}$$

여기서, $(\epsilon_{SH})_u$: 극한 건조수축변형률, t : 건조수축이 고려된 후의 시간(단위는 일(day))이다. [그림 5.11]은 시간이 경과함에 따라 변화하는 건조수축계수($(\epsilon_{SH})_t$)와 극한 건조수축계수($(\epsilon_{SH})_u$)를 비교한 값이다. 하중이 5년 동안 지속된 후에 $(\epsilon_{SH})_t/(\epsilon_{SH})_u$는 약 0.97로 두 값의 차이는 3퍼센트이다.

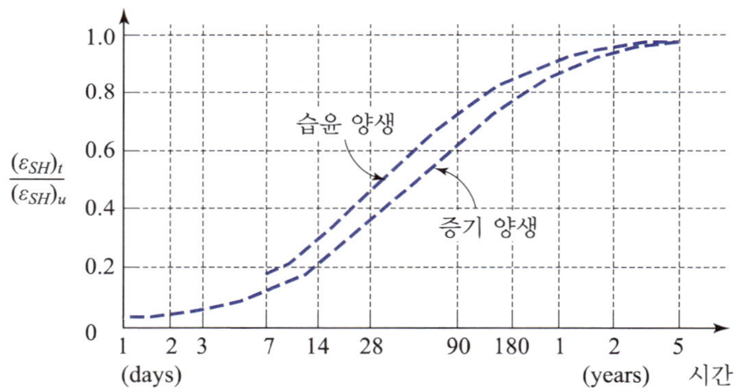

그림 5.11 시간이 경과함에 따라 변화하는 건조수축계수(ACI 209 R-92)

표 5.8 포스트텐션 부재의 상수 K_{SH}

프리스트레스트 부재에 적용된 습윤양생의 일수 (일)	1	3	5	7	10	20	30	60
K_{SH}	0.92	0.85	0.80	0.77	0.73	0.64	0.58	0.45

PCI (Prestressed Concrete Institute, 미국 프리스트레스트콘크리트 학회) 기준식

① 일괄계산법

건조수축에 의한 극한 변형률

$$(\epsilon_{SH})_u = 820 \times 10^{-6}$$

② 주변 환경과 표면적에 대한 체적 비율을 고려할 경우

$$\epsilon_{SH} = 8.2 \times 10^{-6} \times K_{SH} \times \left(1 - 0.06\frac{V}{S}\right)(100 - H_r)$$

(V/S가 인치(inch)인 경우) (5.63a)

$$\epsilon_{SH} = 8.2 \times 10^{-6} \times K_{SH} \times \left(1 - 0.06\frac{V}{S}\frac{1}{25.4}\right)(100 - H_r)$$

(V/S가 밀리미터(mm)인 경우) (5.63b)

여기서, K_{SH} : 습윤양생의 수이며 [표 5.8]의 값을 사용, V/S : 표면적에 대한 체적의 비율이며 인치(inch)를 기준으로 한다. K_{SH}를 mm를 사용하여 계산할 경우에는 25.4로 나누어 사용해야 한다. H_r : 상대습도(%)이다. 프리텐션 부재의 경우 $K_{SH}=1.0$이다. V/S는 표면적에 대한 체적의 비율이지만 계산이 복잡할 경우에는 단면적에 대한 둘레길이(p)의 비율(A/p)로 계산하여도 결과는 거의 유사하다.

예제 5.7

연간 평균 상대습도가 72%일 때 프리텐션공법 부재에 발생하는 건조수축에 의한 응력손실(Δf_{pSH})을 계산하라. 이 부재는 3일 동안 증기양생 되었다.

- 표면적에 대한 체적의 비율 $V/S=50.8$ mm (2 inch)
- 건조수축 상수(K_{SH})$=1.0$ (프리텐션 콘크리트 부재)

1) 콘크리트 타설 28일 후의 건조수축에 의해 발생하는 응력손실을 계산하라.
   (1) 주변 환경과 V/S를 고려한 방법
   (2) 시간이 경과함에 따라 변화하는 크리프계수를 이용한 방법
2) 콘크리트 타설 5년 후의 크리프에 의해 발생하는 응력손실을 계산하라.
   (1) 주변 환경과 V/S를 고려한 방법
   (2) 시간이 경과함에 따라 변화하는 크리프계수를 이용한 방법

풀이

프리텐션공법 콘크리트 부재에 발생하는 건조수축에 의한 응력손실을 식(5.61)에 의해 계산한다.

$$\Delta f_{pSH} = E_{ps} \times \epsilon_{SH} \qquad \text{(a)}$$

1) 콘크리트 타설 28일 후의 건조수축에 의해 발생하는 응력손실을 계산하라.

(1) 주변 환경과 V/S를 고려한 방법

식(5.63)을 이용하여 건조수축에 의해 발생하는 응력손실을 계산한다.

- PCI 기준식

$$\epsilon_{SH} = 8.2 \times 10^{-6} \times K_{SH} \times \left(1 - 0.06\frac{V}{S}\right)(100 - H_r) \qquad \text{(b)}$$

$$= 8.2 \times 10^{-6} \times 1.0 \times (1 - 0.06 \times 2)(100 - 72) = 0.000202$$

$$\Delta f_{pSH} = E_{ps} \times \epsilon_{SH} = 200{,}000 \times 0.000202 = 40.40 \text{ MPa}$$

(2) 시간이 경과함에 따라 변화하는 건조수축변형률을 이용한 방법

증기 양생한 프리텐션 콘크리트 부재의 건조수축에 의해 발생하는 응력손실을 식(5.62b)을 이용하여 계산한다.

$$t = 28\text{일}$$

$$(\epsilon_{SH})_u = 780 \times 10^{-6}$$

$$(\epsilon_{SH})_t = \frac{t}{55+t}(\epsilon_{SH})_u = \frac{28}{55+28} \times (780 \times 10^{-6}) = 0.000263 \qquad \text{(c)}$$

$$\Delta f_{pSH} = E_{ps} \times \epsilon_{SH} = 200{,}000 \times 0.000263 = 52.60 \text{ MPa} \qquad \text{(d)}$$

2) 콘크리트 타설 5년 후의 건조수축에 의해 발생하는 응력손실을 계산하라.

(1) 주변 환경과 V/S를 고려한 방법

식(b)에 의한 계산 결과와 동일하다.

(2) 시간이 경과함에 따라 변화하는 건조수축변형률을 이용한 방법

식(5.62b)의 시간이 경과함에 따라 변화하는 건조수축변형률을 이용하여 계산한다.

$$t = 5 \times 365 = 1{,}825\text{일}$$

$$(\epsilon_{SH})_u = 780 \times 10^{-6}$$

$$(\epsilon_{SH})_t = \frac{t}{55+t}(\epsilon_{SH})_u = \frac{1{,}825}{55+1{,}825}(780 \times 10^{-6}) = 0.000757 \qquad \text{(e)}$$

$$\Delta f_{pSH} = E_{ps} \times \epsilon_{SH} = 200{,}000 \times 0.000757 = 151.40 \text{ MPa} \qquad \text{(f)}$$

계산 결과에서 콘크리트 타설 초기에는 주변 환경과 V/S를 고려한 응력손실과 시간이 경과함에 따라 변화하는 응력손실이 유사하지만 시간이 경과함에 따라 두 값에 차이가 발생함을 알 수 있다.

5.9 전체 응력손실

지금까지는 여러 가지 응력손실을 별개로 계산하였지만 5.9절에서는 이 들의 전체 합을 계산하고자 한다. 프리스트레스트 콘크리트 부재에 발생하는 전체 응력손실에 대한 계산식을 [표 5.9]에 정리하였다. [그림 5.12]에는 프리텐션공법과 포스트텐션공법의 응력손실 계산 순서가 기술되어 있다. 프리텐션공법 부재의 응력손실은 탄성수축, 크리프, 건조수축, 릴랙세이션의 순서에 의해 계산하며, 포스트텐션공법 부재의 응력손실은 마찰, 정착장치, 탄성수축, 크리프, 건조수축, 릴랙세이션의 순서에 의해 계산한다. 공법에 따라서 응력손실 계산 순서가 달라지는 이유는 시공 절차에 따라 응력손실이 발생하는 순서가 다르기 때문이다.

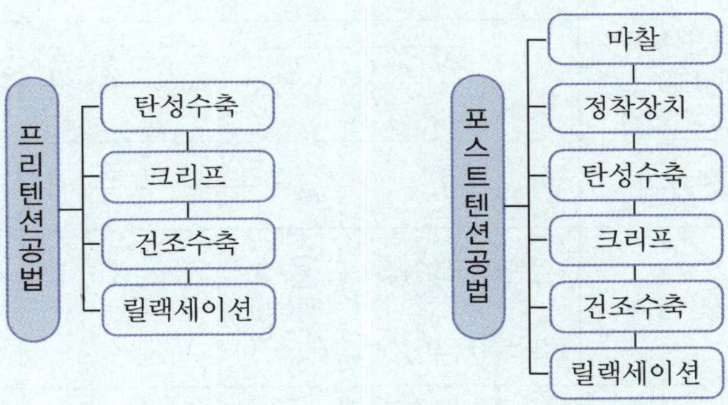

그림 5.12 응력손실 계산 순서

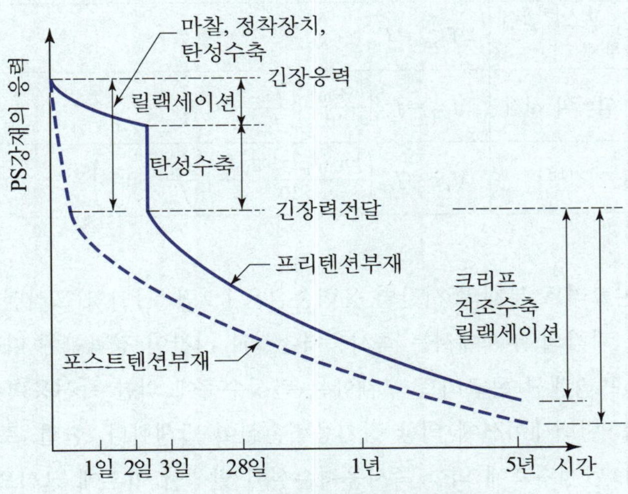

그림 5.13 시간별 응력손실 (개념도)

(* 부재의 특성에 따라서 값의 크기가 달라질 수 있음)

표 5.9 응력손실 계산 방법

원인	적용부재	계산 방법	식
마찰	포스트텐션 부재	(일반식) $f_{px} = f_{pj} e^{-(\mu_p \alpha_{px} + K \cdot l_{px})}$	식(5.25b)
		(콘크리트구조 학회기준) $(\mu_p \alpha_{px} + K \cdot l_{px}) \leqq 0.3$일 때, $f_{px} = \dfrac{f_{pj}}{1 + \mu_p \alpha_{px} + K \cdot l_{px}}$	식(5.26b)
정착장치	포스트텐션 부재 (비부착긴강재)	$\Delta f_{pAS} = \dfrac{\Delta l_{AS}}{l_p} E_{ps}$	식(5.30)
	포스트텐션 부재 (부착긴강재) - 직선배치	$l_{set} = \sqrt{\dfrac{\Delta l_{AS} \times E_{ps}}{K \times f_{pj}}}$, $\quad \dfrac{f_{pa}}{f_{pj}} = 1 - 2K l_{set}$	식(5.34) 식(5.35)
	포스트텐션 부재 (부착긴강재) - 곡선배치	$l_{set} = \sqrt{\dfrac{\Delta l_{AS} \times E_{ps}}{(\mu_p / R + K) \times f_{pj}}}$, $\quad \dfrac{f_{pa}}{f_{pj}} = 1 - 2(\mu_p \alpha_{px} + K l_{set})$	식(5.39) 식(5.40)
	포스트텐션 부재 (부착긴강재) - 형태무관, 약산식	$l_{set} = \sqrt{\dfrac{\Delta l_{AS} \times E_{ps} \times A_{ps}}{P_f}}$, $\quad \Delta f_{pA} = \dfrac{2 \times P_f \times l_{set}}{A_{ps}}$	식(5.45) 식(5.46)
탄성수축	프리텐션 부재	$\Delta f_{pES} = n f_{cES}$, $\quad f_{cES} = -\dfrac{P_i}{A_c} - \dfrac{P_i \times e}{I_c} e + \dfrac{M_D}{I_c} e$	식(5.6) 식(5.7)
	포스트텐션 부재	(일반식) $\Delta f_{pES} = \dfrac{1}{N} \sum_{i=1}^{N} (\Delta f_{pES(j)})$ (간략식) $\Delta f_{pES} = \dfrac{1}{2} \dfrac{N-1}{N} (n \times \Delta f_{cES})$	식(5.15) 식(5.16)
크리프	프리텐션, 포스트텐션 부재	$\Delta f_{pCR} = C_u (n f_{cCR})$ $f_{cCR} = \left\| \left(-\dfrac{P_i}{A_c} - \dfrac{P_i \times e}{I_c} e + \dfrac{M_D}{I_c} e \right) \right\| - \dfrac{M_{SD}}{I_c} e$	식(5.56) 식(5.57)
건조수축	프리텐션, 포스트텐션 부재	$\Delta f_{pSH} = E_{ps} \times \epsilon_{SH}$	식(5.61)
릴랙세이션	긴장 후 임의의 시점	$\Delta f_{pR} = f_{pi}' \left(\dfrac{\log_{10} t}{10} \right) \left(\dfrac{f_{pi}'}{f_{py}} - 0.55 \right)$	식(5.47)
	일정 기간별	$\Delta f_{pR} = f_{pi}' \left(\dfrac{\log_{10} t_n - \log_{10} t_r}{10} \right) \left(\dfrac{f_{pi}'}{f_{py}} - 0.55 \right)$	식(5.48)

프리스트레스트 콘크리트 부재의 시간별 응력손실은 [그림 5.13]의 프리텐션 부재와 포스트텐션 부재로 구분되며, 각각의 부재에서는 즉시응력손실과 시간이 경과함에 따라 변화하는 장기응력손실이 발생한다. 프리텐션 콘크리트 부재에는 탄성수축에 의한 즉시응력손실이 발생한 이후에 크리프, 건조수축, 릴랙세이션에 의한 장기응력손실이 발생한다. 한편, 포스트텐션공법 부재에는 마찰, 정착장치, 탄성수축에 의한 즉시응력손실이 발생한 이후에 크리프, 건조수축, 릴랙세이션에 의한 장기응력손실이 발생한다.

예제 5.8

[예제 그림 5.8.1]과 같은 프리텐션 콘크리트 부재의 부재 중심에서 발생하는 응력손실을 계산하라. PS강재의 응력이완은 콘크리트 타설 3일 후에 이루어졌다. 부재 중심에서 PS강재의 편심거리(e)는 350 mm이며 프리스트레스트 콘크리트 단위질량은 24 kN/m^{3}이다.

- 콘크리트 : I종 콘크리트, 초기 압축강도, $f_{ci}{}' = 21$ MPa, 28일 압축강도 $f_{ck} = 35$ MPa
- PS강재 : SWPC 7BN 7연선 12.7 mm(단면적 $A_{ps} = 98.71$ mm^2)가 12개 사용됨, 인장강도 $f_{pu} =$ 1,780 MPa, 항복강도 $f_{py} = 1{,}500$ MPa, 긴장 시의 긴장응력 $f_{pj} = 0.94 f_{py}$, 탄성수축과 릴랙세이션 계산을 위한 초기 긴장응력 $f_{pi} = 0.9 f_{pj}$
- 상대습도(H_r) : 72%
- 건조수축 상수(K_{SH}) = 1.0(프리텐션 부재), 3일 동안 증기양생 함.

1) 긴장력이 이완된 이후 (콘크리트 타설 3일 후에 이완됨)
2) 콘크리트 타설 28일 이후 (28일 후에 추가고정하중(w_{SD} = 5 kN/m)이 가해짐)
3) 콘크리트 타설 2년 이후 (사용하중의 영향에 의한 PS강재의 응력변화는 고려하지 않음)
4) 콘크리트 타설 5년 이후 (사용하중의 영향에 의한 PS강재의 응력변화는 고려하지 않음)

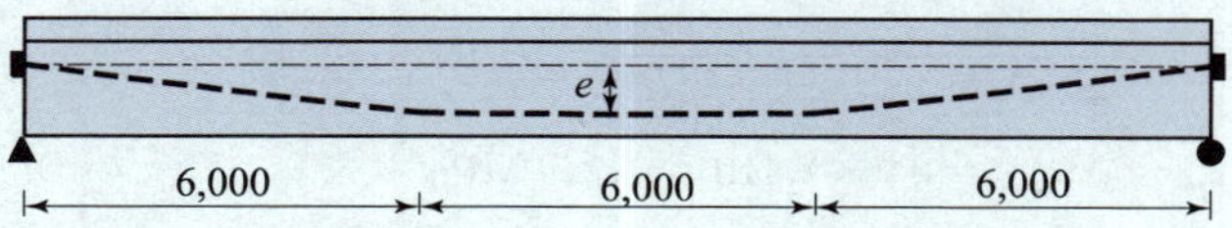

(a) 프리텐션 콘크리트 부재

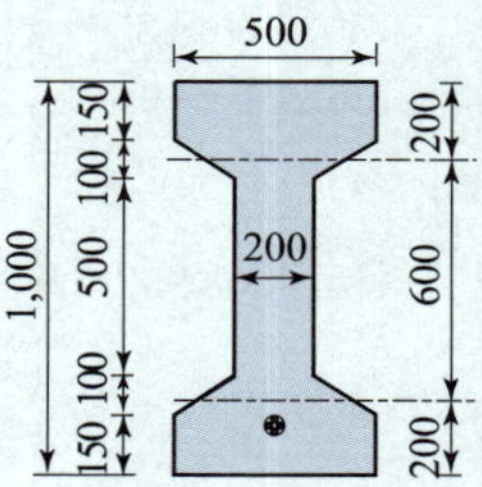

(b) 단면

예제 그림 5.8.1 프리텐션 콘크리트 부재 (단위 : mm)

풀이

프리텐션 콘크리트 부재의 응력손실을 계산하기 위하여 단면에 대한 기본 내용인 단면적(A_c), 단면2차모멘트(I_c), 중립축의 위치($\bar{y}$) 등을 계산한다. 자중(w_D)은 등분포하중이며 프리스트레스트 콘크리트 단위질량(24 kN/m^3)에 단면적을 곱해 계산한다.

$$A_c = (500 \times 1{,}000) - (300 \times 600) = 320{,}000\ \mathrm{mm}^2$$

$$I_c = \frac{BH^3}{12} - \frac{bh^3}{12} = \frac{500 \times 1{,}000^3}{12} - \frac{300 \times 600^3}{12} = 36{,}267 \times 10^6\ \mathrm{mm}^4$$

$$\bar{y} = 500\ \mathrm{mm}$$

$$w_D = 24 \times 320{,}000 \times 10^{-6} = 7.68 \text{ kN/m}$$

$$M_D = \frac{w_D \times l^2}{8} = \frac{7.68 \times 18^2}{8} = 311.0 \text{ kN} \cdot \text{m}$$

$$f_{pj} = 0.94 f_{py} = 0.94 \times 1{,}500 = 1{,}410 \text{ MPa}$$

1) 긴장력이 이완된 이후 (콘크리트 타설 3일 후에 이완됨)

프리텐션 콘크리트 부재이므로 마찰에 의한 손실($\Delta f_{pF} = 0.0$)과 정착장치에 의한 응력손실($\Delta f_{pAS} = 0.0$)은 발생하지 않는다.

$$\Delta f_{pF} = \Delta f_{pAS} = 0.0$$

(1) 탄성수축에 의한 PS강재의 응력손실

탄성수축에 의해 발생하는 긴장재의 응력손실을 식(5.6)에 의해 계산한다.

$$\Delta f_{pES} = n f_{cES} \tag{a}$$

식(a)의 긴장재 단면 중심에서 발생하는 콘크리트 응력(f_{cES})은 식(5.7)에 의해 계산한다. 여기서 초기긴장력(P_i)과 초기응력(f_{pi})은 각각 식(5.9)와 식(5.10)에 의해 계산할 수 있다.

$$f_{cES} = -\frac{P_i}{A_c} - \frac{P_i \times e}{I_c} e + \frac{M_D}{I_c} e \tag{b}$$

$$f_{pi} = 0.9 f_{pj} = 0.9 \times 1{,}410 = 1{,}269 \text{ MPa}$$

$$P_i = A_{ps} f_{pi} = 12 \times 98.71 \times 1{,}269 = 1{,}503{,}156 \text{ N}$$

$$f_{cES} = -\frac{1{,}503{,}156}{320{,}000} - \frac{1{,}503{,}156 \times 350}{36{,}267 \times 10^6} \times 350 + \frac{311.0 \times 10^6}{36{,}267 \times 10^6} \times 350$$

$$= -6.77 \text{ MPa}$$

식(b)의 탄성계수의 비(n)를 계산한다. 콘크리트 초기강도(f_{ci}')인 21 MPa를 사용하여 초기 탄성계수(E_{ci})를 계산한다.

$$n = \frac{E_{ps}}{E_c} = \frac{E_{ps}}{E_{ci}}$$

$$E_{ci}' = 8{,}500 \sqrt[3]{f_{ciu}} = 8{,}500 \sqrt[3]{21 + 4} = 24{,}854 \text{ MPa}$$

그러므로

$$n = \frac{200{,}000}{24{,}854} = 8.05 \tag{c}$$

식(b)와 식(c)의 결과를 식(a)에 대입하여 프리텐션 콘크리트 부재의 탄성수축에 의해 발생하는 PS강재의 응력손실을 계산한다.

$$\Delta f_{pES} = n f_{cES} = 8.05 \times 6.77 = 54.50 \text{ MPa} \tag{d}$$

(2) 크리프에 의한 PS강재의 응력손실

긴장력을 도입한 시기이므로 크리프에 의한 응력손실은 존재하지 않는다.

$$\Delta f_{pCR} = 0.0 \tag{e}$$

(3) 건조수축에 의한 PS강재의 응력손실

긴장력을 도입한 시기이므로 건조수축에 의한 응력손실은 존재하지 않는다.

$$\Delta f_{pSH} = 0.0 \tag{f}$$

(4) 릴랙세이션에 의한 PS강재의 응력손실

① 시간단계별 계산법(time step method) : PS강재를 긴장한 후 임의의 시간까지 발생하는 릴랙세이션에 의한 응력손실을 식(5.47)에 의해 계산한다. 긴장 3일 경과 후의 응력손실이므로 $f_{pi}{}'$는 PS강재의 초기응력(f_{pi})을 사용한다.

$$\Delta f_{pR} = f_{pi}{}'\left(\frac{\log_{10} t}{10}\right)\left(\frac{f_{pi}{}'}{f_{py}} - 0.55\right) \tag{g}$$

$$t = 24 \times 3 = 72$$

$$\Delta f_{pR} = 1{,}269\left(\frac{\log_{10} 72}{10}\right)\left(\frac{1{,}269}{1{,}500} - 0.55\right) = 69.77\ \text{MPa}$$

② 일괄계산법(lump sum method)

- ACI-ASCE 위원회에서 제안한 계산법

식(5.51)에 의해 릴랙세이션에 의해 발생하는 응력손실을 계산한다. 식(5.51)은 탄성수축, 크리프, 건조수축에 의해 발생하는 응력손실의 영향을 포함하고 있다.

$$\begin{aligned}\Delta f_{pR} &= [K_{re} - J(\Delta f_{pES} + \Delta f_{pCR} + \Delta f_{pSH})] \times C \\ &= [127.59 - 0.14(54.5 + 0.0 + 0.0)] \times 1.09 = 130.76\ \text{MPa}\end{aligned}$$

$K_{re} = 127.59$, $J = 0.140$, [표 5.6] 이용

$f_{pi}/f_{pu} = 1{,}269/1{,}780$, $C = 1.09$, [표 5.7] 이용

(5) PS강재의 전체 응력손실

긴장력을 이완한 직후의 프리텐션 부재의 응력손실은 탄성수축에 의한 응력손실과 릴랙세이션에 의한 응력손실의 합이다. 전체 응력손실이 발생한 이후의 응력을 시간단계별로 계산하면 다음과 같다.

$$\begin{aligned}\Delta f_{ps(3)} &= \Delta f_{pES} + \Delta f_{pCR} + \Delta f_{pSH} + \Delta f_{pR} = 54.50 + 0.0 + 0.0 + 69.77 \\ &= 124.27\ \text{MPa}\end{aligned} \tag{h}$$

$$f_{ps(3)} = f_{pj} - \Delta f_{ps(3)} = 1{,}410 - 124.27 = 1{,}285.73\ \text{MPa} \tag{i}$$

2) 콘크리트 타설 28일 이후 (28일 후에 추가고정하중($w_{SD} = 5$ kN/m)이 가해짐)

28일 후에 현장에서 타설된 콘크리트에 의해 $w_{SD} = 5$ kN/m의 추가고정하중이 더해진다.

(1) 크리프에 의한 PS강재의 응력손실

크리프에 의해 발생하는 응력손실은 식(5.56)에 의해 계산한다.

$$\Delta f_{pCR} = C_u(nf_{cCR}) \tag{j}$$

식(j)의 긴장재 단면 중심에서 발생하는 콘크리트 응력(f_{cCR})은 식(5.57)에 의해 계산한다. 앞 예제에서 초기긴장력(P_i)과 자중에 의한 응력은 식(b)에서 $f_{cir} = f_{cES}$= 6.77 MPa로 계산되었다. 긴장 후에 추가로 5.0 kN/m의 하중이 가해지므로 추가하중에 의해 발생하는 휨응력(f_{cds})을 원래의 응력 6.77 MPa에서 감해야 한다.

$$f_{cCR} = f_{cir} - f_{cds} = \left|\left(-\frac{P_i}{A_c} - \frac{P_i \times e}{I_c}e + \frac{M_D}{I_c}e\right)\right| - \frac{M_{SD}}{I_c}e \tag{k}$$

$$f_{cir} = f_{cES} = 6.77 \text{ MPa}$$

$$M_{SD} = \frac{w \times l^2}{8} = \frac{5.0 \times 18^2}{8} = 202.5 \text{ kN} \cdot \text{m}$$

$$f_{cCR} = f_{cir} - f_{cds} = 6.77 - \frac{202.5 \times 10^6}{36{,}267 \times 10^6} \times 350 = 4.82 \text{ MPa}$$

식(c)에서 계산한 탄성계수의 비(n)는 재령 3일인 콘크리트를 기준으로 계산한 값이다. 여기서는 콘크리트 타설 28일 후의 응력손실을 계산해야 하므로 재령 28일 콘크리트 압축강도를 사용해 탄성계수의 비(n)를 계산한다.

$$E_{ci} = 8{,}500\sqrt[3]{f_{ciu}} = 8{,}500\sqrt[3]{35+4} = 28{,}825 \text{ MPa}$$

$$n = \frac{E_{ps}}{E_c} = \frac{E_{ps}}{E_{ci}} = \frac{200{,}000}{28{,}825} = 6.94$$

프리텐션 콘크리트 부재의 크리프에 의해 발생하는 응력손실을 ACI-ASCE 위원회에 의해 식(j)를 이용하여 계산하면 다음과 같다.

① 시간단계별 계산법(time step method)

$$C_u = 2.0$$

$$C_u(t) = \frac{t^{0.6}}{10 + t^{0.6}} C_u = \frac{(28)^{0.6}}{10 + (28)^{0.6}} \times 2.0 = 0.850$$

$$\Delta f_{pCR(28)} = C_u(nf_{cCR}) = 0.850 \times 6.94 \times 4.82 = 28.43 \text{ MPa}$$

② 일괄계산법(lump sum method)

$$C_u = 2.0$$

$$\Delta f_{pCR} = C_u(nf_{cCR}) = 2.0 \times 6.94 \times 4.82 = 66.90 \text{ MPa}$$

(2) 건조수축에 의한 PS강재의 응력손실

28일이 지난 후 건조수축에 의해 발생하는 응력손실을 식(5.61)에 의해 계산한다. 프리텐션 콘크리트 부재이므로 K_{SH}= 1.0이다.

$$\Delta f_{pSH} = E_{ps} \times \epsilon_{SH} \tag{l}$$

① 시간단계별 계산법(time step method) : 식(5.62b)를 이용하여 시간이 경과함에 따라 변화하는 건조수축변형률을 계산한다.

$$t = 28\text{일}$$

$$(\epsilon_{SH})_u = 780 \times 10^{-6}$$

$$(\epsilon_{SH})_t = \frac{t}{55+t}(\epsilon_{SH})_u = \frac{28}{55+28} \times 0.000780 = 0.000263$$

$$\Delta f_{pSH(28)} = E_{ps} \times \epsilon_{SH} = 200{,}000 \times 0.000263 = 52.60\ \text{MPa} \tag{m}$$

② 일괄계산법(lump sum method)

- ACI-ASCE 위원회

$$\Delta f_{pSH} = E_{ps} \times \epsilon_{SH} = 200{,}000 \times 0.000780 = 156.0\ \text{MPa}$$

- 주변 환경과 V/S를 고려한 경우(PCI 기준식)

$$\frac{V}{S} = \frac{320{,}000 \times 18{,}000}{2 \times (320{,}000 + 500 \times 18{,}000 + 1{,}000 \times 18{,}000 + 300 \times 18{,}000)}$$

$$= 88.02\ \text{mm}$$

$$\text{또는}\ \frac{V}{S} \approx \frac{\text{단면적}}{\text{둘레길이}} = \frac{320{,}000}{2 \times (500 + 1{,}000 + 300)} = 88.89\ \text{mm}$$

$$\epsilon_{SH} = 8.2 \times 10^{-6} \times K_{SH} \times \left(1 - 0.06\frac{V}{S}\frac{1}{25.4}\right)(100 - H_r)$$

$$= 8.2 \times 10^{-6} \times 1.0 \times \left(1 - 0.06 \times \frac{88.02}{25.4}\right)(100 - 72) = 0.000182$$

$$\Delta f_{pSH} = E_{ps} \times \epsilon_{SH} = 200{,}000 \times 0.000182 = 36.40\ \text{MPa} \tag{n}$$

(3) 릴랙세이션에 의한 PS강재의 응력손실

① 시간단계별 계산법(time step method) : 기간별 릴랙세이션에 의한 응력손실은 식(5.48)에 의해 계산한다. PS강재를 긴장한 후 28일이 지난 뒤에 발생하는 응력손실이므로 식(h)에서 계산한 3일 후의 응력($f_{ps(3)}$) 1,285.73 MPa을 PS강재의 초기응력($f_{pi}{}'$)으로 사용한다.

$$\Delta f_{pR} = f_{pi}{}'\left(\frac{\log_{10} t_n - \log_{10} t_r}{10}\right)\left(\frac{f_{pi}{}'}{f_{py}} - 0.55\right) \tag{o}$$

$$t_n = 24 \times 28 = 672, \qquad t_r = 24 \times 3 = 72$$

$$\Delta f_{pR} = 1{,}285.73\left(\frac{\log_{10}672 - \log_{10}72}{10}\right)\left(\frac{1{,}285.73}{1{,}500} - 0.55\right) = 38.31\ \text{MPa}$$

② 일괄계산법(lump sum method)

- ACI-ASCE 위원회에서 제안한 계산법

$$\Delta f_{pR} = [K_{re} - J(\Delta f_{pES} + \Delta f_{pCR} + \Delta f_{pSH})] \times C$$

$$= [127.59 - 0.14(54.5 + 66.90 + 156.0)] \times 1.09 = 96.74\ \text{MPa}$$

(4) PS강재의 전체 응력손실

긴장력을 이완한 후 장기응력손실은 크리프, 건조수축, 릴랙세이션에 의한 응력손실의 합이다.

$$\Delta f_{ps(28)} = \Delta f_{pCR} + \Delta f_{pSH} + \Delta f_{pR} = 28.43 + 52.60 + 38.31 = 119.34\text{ MPa} \quad \text{(p)}$$

28일에 추가하중이 작용하므로 추가하중(w_{SD} = 5 kN/m)에 의해 발생하는 부재 중앙 단면의 PS 강재 응력을 계산하면 다음과 같다.

$$f_{SD} = n \times f_{csd} = 6.94 \times \frac{M_{SD}}{I_c} e = 6.94 \times \frac{202.5 \times 10^6}{36{,}267 \times 10^6} \times 350 = 13.56\text{ MPa} \quad \text{(q)}$$

식(q)의 f_{SD}는 릴랙세이션이나 크리프의 응력손실에 영향을 주므로 PS강재의 응력손실 계산에 이 값을 포함시켜야 한다. 따라서 콘크리트 타설 28일 후의 PS강재의 응력은 식(p)의 장기응력손실의 합에 식(q)의 f_{SD}을 합한 값이 된다.

$$\begin{aligned} f_{ps(28)} &= f_{ps(3)} - \Delta f_{ps(28)} + f_{SD} = 1{,}285.73 - 119.34 + 13.56 \\ &= 1{,}179.95\text{ MPa} \end{aligned} \quad \text{(r)}$$

3) 콘크리트 타설 2년 이후 (사용하중의 영향은 고려하지 않음)

콘크리트 타설 2년 후에는 사용하중에 의해 부재 중앙 단면의 PS강재 응력이 변할 수 있지만, 이 예제에서는 사용하중에 의한 응력변화는 무시하고 PS강재의 응력손실만을 고려했다.

(1) 크리프에 의한 PS강재의 응력손실

콘크리트 타설 2년 후의 프리텐션 콘크리트 부재의 크리프에 의한 응력손실은 식(j)의 크리프계수를 변경하여 계산해야 한다.

$$\Delta f_{pCR} = C_u (n f_{cCR}) \quad \text{(s)}$$

① 시간단계별 계산법(time step method)

- ACI-ASCE 위원회

$$t = 2 \times 365 = 730\text{일}$$

$$C_u(t) = \frac{t^{0.6}}{10 + t^{0.6}} C_u = \frac{(730)^{0.6}}{10 + (730)^{0.6}} \times 2.0 = 1.679$$

$$\Delta f_{pCR(730)} = C_u (n f_{cCR}) = 1.679 \times 6.94 \times 4.82 = 56.16\text{ MPa}$$

② 일괄계산법(lump sum method) : 콘크리트를 타설한지 28일이 경과한 후의 결과와 동일

- ACI-ASCE 위원회

$$\Delta f_{pCR} = C_u (n f_{cCR}) = 2.0 \times 6.94 \times 4.82 = 66.90\text{ MPa}$$

(2) 건조수축에 의한 PS강재의 응력손실

① 시간단계별 계산법(time step method)

$$(\epsilon_{SH})_u = 780 \times 10^{-6}$$

$$(\epsilon_{SH})_t = \frac{t}{55+t}(\epsilon_{SH})_u = \frac{730}{55+730} \times 0.000780 = 0.000725$$

$$\Delta f_{pSH(730)} = E_{ps} \times \epsilon_{SH} = 200{,}000 \times 0.000725 = 145.0 \text{ MPa}$$

② 일괄계산법(lump sum method) : 콘크리트를 타설한지 28일이 경과한 후의 결과와 동일

- ACI-ASCE 위원회

$$\Delta f_{pSH} = E_{ps} \times \epsilon_{SH} = 200{,}000 \times 0.000780 = 156.0 \text{ MPa}$$

- 주변 환경과 V/S를 고려한 경우(PCI 기준식)

$$\Delta f_{pSH} = 36.40 \text{ MPa}$$

(3) 릴랙세이션에 의한 PS강재의 응력손실

① 시간단계별 계산법(time step method) : 콘크리트 타설 2년 경과 후의 응력손실이므로 타설 28일 후의 응력($f_{ps(28)}$)인 1,179.95 MPa을 PS강재의 초기응력(f_{pi}')으로 사용한다.

$$\Delta f_{pR} = f_{pi}'\left(\frac{\log_{10} t_n - \log_{10} t_r}{10}\right)\left(\frac{f_{pi}'}{f_{py}} - 0.55\right) \tag{t}$$

$$t_n = 24 \times 2 \times 365 = 17{,}520, \qquad t_r = 24 \times 28 = 672$$

$$\Delta f_{pR} = 1{,}179.95\left(\frac{\log_{10}17{,}520 - \log_{10}672}{10}\right)\left(\frac{1{,}179.95}{1{,}500} - 0.55\right) = 39.54 \text{ MPa}$$

② 일괄계산법(lump sum method) : 콘크리트를 타설한지 28일이 경과한 후의 결과와 동일

- ACI-ASCE 위원회에서 제안한 계산법

$$\Delta f_{pR} = [K_{re} - J(\Delta f_{pES} + \Delta f_{pCR} + \Delta f_{pSH})] \times C = 96.74 \text{ MPa}$$

(4) PS강재의 전체 응력손실

콘크리트를 타설한지 2년이 지난 후의 PS강재의 응력손실은 변화된 크리프에 의한 응력손실과 릴랙세이션에 의한 응력손실의 합을 이용하여 계산한다.

$$\begin{aligned} f_{ps(730)} &= f_{ps(28)} - (\Delta f_{pCR(730)} - \Delta f_{pCR(28)}) - (\Delta f_{pSH(730)} - \Delta f_{pSH(28)}) - \Delta f_{pR} \\ &= 1{,}179.95 - (56.16 - 28.43) - (145.0 - 52.60) - 39.54 \\ &= 1{,}020.28 \text{ MPa} \end{aligned} \tag{u}$$

4) 콘크리트 타설 5년 이후 (사용하중의 영향은 고려하지 않음)

(1) 크리프에 의한 PS강재의 응력손실

콘크리트를 타설한지 5년이 지난 후의 프리텐션 콘크리트 부재의 크리프에 의한 응력손실은 식 (j)의 크리프계수를 변경하여 계산해야 한다.

$$\Delta f_{pCR} = C_u(nf_{cCR}) \tag{v}$$

① 시간단계별 계산법(time step method)

- ACI-ASCE 위원회

$$t = 5 \times 365 = 1{,}825\text{일}$$

$$C_u(t) = \frac{t^{0.6}}{10+t^{0.6}}C_u = \frac{(1,825)^{0.6}}{10+(1,825)^{0.6}} \times 2.0 = 1.801$$

$$\Delta f_{pCR(1,825)} = C_u(nf_{cCR}) = 1.801 \times 6.94 \times 4.82 = 60.24\text{ MPa}$$

② 일괄계산법(lump sum method) : 콘크리트를 타설한지 28일이 경과한 후의 결과와 동일

- ACI-ASCE 위원회

$$\Delta f_{pCR} = C_u(nf_{cCR}) = 2.0 \times 6.94 \times 4.82 = 66.9\text{ MPa}$$

(2) 건조수축에 의한 PS강재의 응력손실

① 시간단계별 계산법(time step method)

$$(\epsilon_{SH})_u = 780 \times 10^{-6}$$

$$(\epsilon_{SH})_t = \frac{t}{55+t}(\epsilon_{SH})_u = \frac{1,825}{55+1,825} \times 0.000780 = 0.000757$$

$$\Delta f_{pSH(1,825)} = E_{ps} \times \epsilon_{SH} = 200,000 \times 0.000757 = 151.40\text{ MPa} \quad \text{(w)}$$

② 일괄계산법(lump sum method) : 콘크리트를 타설한지 28일이 경과한 후의 결과와 동일

- ACI-ASCE 위원회

$$\Delta f_{pSH} = E_{ps} \times \epsilon_{SH} = 200,000 \times 0.000780 = 156.0\text{ MPa}$$

- 주변 환경과 V/S를 고려한 경우(PCI 기준식)

$$\Delta f_{pSH} = 36.40\text{ MPa}$$

(3) 릴랙세이션에 의한 PS강재의 응력손실

① 시간단계별 계산법(time step method) : 콘크리트를 타설한지 5년이 지난 후의 응력손실이므로 타설 2년 후의 응력($f_{ps(730)}$)인 1,020.28 MPa을 PS강재의 초기응력(f_{pi}')으로 사용한다.

$$\Delta f_{pR} = f_{pi}'\left(\frac{\log_{10}t_n - \log_{10}t_r}{10}\right)\left(\frac{f_{pi}'}{f_{py}} - 0.55\right) \quad \text{(x)}$$

$$t_n = 24 \times 5 \times 365 = 43,800, \qquad t_r = 24 \times 2 \times 365 = 17,520$$

$$\Delta f_{pR} = 1,020.28\left(\frac{\log_{10}43,800 - \log_{10}17,520}{10}\right)\left(\frac{1,020.28}{1,500} - 0.55\right) = 5.29\text{ MPa}$$

② 일괄계산법(lump sum method) : 콘크리트를 타설한지 28일이 경과한 후의 결과와 동일

- ACI-ASCE 위원회에서 제안한 계산법

$$\Delta f_{pR} = [K_{re} - J(\Delta f_{pES} + \Delta f_{pCR} + \Delta f_{pSH})] \times C = 96.74\text{ MPa}$$

(4) PS강재의 전체 응력손실

콘크리트를 타설한지 5년이 지난 후의 응력손실은 변화된 크리프에 의한 응력손실과 릴랙세이션에 의한 응력손실의 합을 이용하여 계산한다.

$$\begin{aligned} f_{ps(1,825)} &= f_{ps(730)} - (\Delta f_{pCR(1,825)} - \Delta f_{pCR(730)}) - (\Delta f_{pSH(1,825)} - \Delta f_{pSH(730)}) - \Delta f_{pR} \\ &= 1{,}020.28 - (60.24 - 56.16) - (151.40 - 145.0) - 5.29 \\ &= 1{,}004.51 \text{ MPa} \qquad \text{(y)} \end{aligned}$$

지금까지 계산한 4단계의 응력손실을 정리하여 [예제 표 5.8.1]과 [예제 그림 5.8.2]에 표시하였다. [예제 표 5.8.1]은 시간이 경과함에 따라 변화하는 응력손실을 정리한 것이다. 표에서 손실비율은 총 응력손실을 긴장응력인 1,410 MPa로 나눈 값이다.

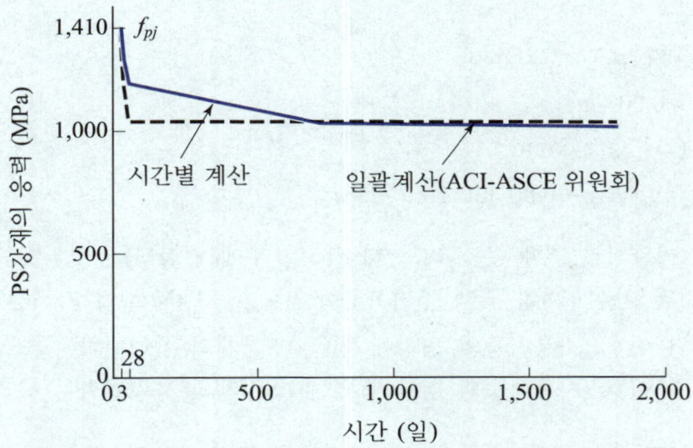

예제 그림 5.8.2 프리텐션 콘크리트 부재의 응력손실의 변화

예제 표 5.8.1 프리텐션 콘크리트 부재의 응력손실 (시간별 계산법)

원 인	긴장력 이완 시	타설 28일 후	타설 2년 후	타설 5년 후
① 마찰	-	-	-	-
② 정착장치	-	-	-	-
③ 탄성수축	54.50	54.50	54.50	54.50
④ 크리프	-	28.43	56.16	60.24
⑤ 건조수축	-	52.60	145.0	151.40
⑥ 릴랙세이션	69.77	69.77 + 38.31 = 108.08	108.08 + 39.54 = 147.62	147.62 + 5.29 = 152.91
⑦ 추가 응력	-	13.56	13.56	13.56
⑧ 총 손실 (①~⑥)	124.27	243.61	403.28	419.05
PS강재 응력 (f_{pj} − ⑧ + ⑦)	1,410 − 124.27 = 1,285.73	1,410 − 243.61 + 13.56 = 1,179.95	1,410 − 403.28 + 13.56 = 1,020.28	1,410 − 419.05 + 13.56 = 1,004.51
손실비율(%)	8.81%	17.28%	28.60%	29.72%

예제 5.9

[예제 그림 5.9.1]의 포스트텐션 콘크리트 부재의 부재 중심에서 발생하는 응력손실을 계산하라.

- 콘크리트 : I종 콘크리트, 28일 압축강도 $f_{ck}=35$ MPa
- PS강재 : SWPC 7BN 7연선 12.7 mm(단면적 $A_{ps}=98.71$ mm^2)가 3개의 덕트 속에 4개씩 총 12개 사용됨. 긴장재는 3회 긴장함. 인장강도 $f_{pu}=1{,}780$ MPa, 항복강도 $f_{py}=1{,}500$ MPa, 긴장 시의 긴장응력은 $f_{pj}=0.94f_{py}$, PS강재는 덕트 안에 그라우팅에 의해 부착되어 있음.
- 프리스트레스트 콘크리트 단위질량 : 24 kN/m^3
- 상대습도(H_r) : 72%
- 긴장재의 곡선마찰계수(μ_p) : 0.25/rad.
- 파상마찰계수(K) : 0.003/m
- 정착장치의 미끄럼(Δl_{AS}) : 5 mm
- 습윤양생의 일수 : 5일($K_{SH}=0.80$ [표 5.8] 참조)

1) 긴장력이 가해져 이완되었을 때 (콘크리트 타설 5일 후에 긴장됨)
2) 콘크리트 타설 28일 이후 (28일 후에 추가고정하중($w_{SD}=3$ kN/m)이 가해짐)
3) 콘크리트 타설 2년 이후 (사용하중의 영향에 의한 PS강재의 응력변화는 고려하지 않음)
4) 콘크리트 타설 5년 이후 (사용하중의 영향에 의한 PS강재의 응력변화는 고려하지 않음)

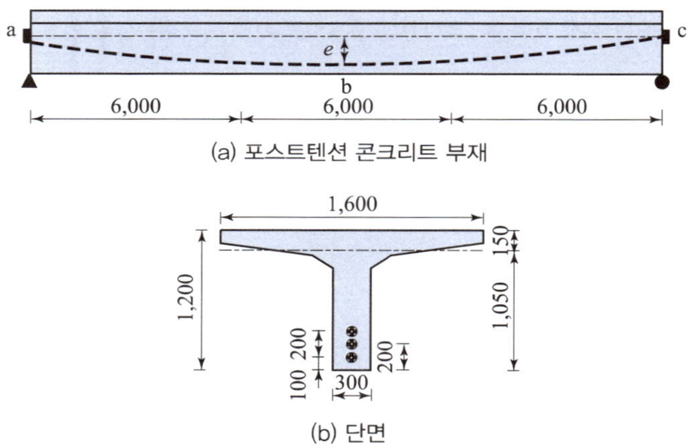

예제 그림 5.9.1 포스트텐션 콘크리트 부재 (단위 : mm)

풀이

기본 조건으로 단면적(A_c), 단면2차모멘트(I_c), 중립축의 위치($\bar{y}$) 등을 계산한다. 자중(w_D)은 프리스트레스트 콘크리트 단위질량(24 kN/m^3)에 단면적(A_c)을 곱하여 계산한다.

$$A_c = (150\times 1{,}600)+(300\times 1{,}050) = 555{,}000\ \mathrm{mm}^2$$

$$\bar{y} = \frac{(1{,}600\times 150)\times(1{,}050+150/2)+(300\times 1{,}050)(1{,}050/2)}{1{,}600\times 150+300\times 1{,}050} = 784.46\ \mathrm{mm}$$

$$I_c = \frac{1{,}600 \times 150^3}{12} + (1{,}600 \times 150)(784.46 - 1{,}050 - 150/2)^2$$
$$+ \frac{300 \times 1{,}050^3}{12} + (300 \times 1{,}050)(784.46 - 1{,}050/2)^2$$
$$= 78{,}428 \times 10^6\ \mathrm{mm}^4$$

$$w_D = 24 \times 555{,}000 \times 10^{-6} = 13.32\ \mathrm{kN/m}$$

$$M_D = \frac{w \times l^2}{8} = \frac{13.32 \times 18^2}{8} = 539.5\ \mathrm{kN \cdot m}$$

$$f_{pj} = 0.94 f_{py} = 0.94 \times 1{,}500 = 1{,}410\ \mathrm{MPa}$$

1) 긴장력이 가해져 이완되었을 때 (콘크리트 타설 5일 후에 긴장됨)

(1) 마찰에 의한 PS강재의 응력손실

마찰에 의해 발생하는 응력손실을 식(5.25b)를 이용하여 계산한다.

$$f_{pF} = f_{pj} e^{-(\mu_p \alpha_{px} + K \cdot l_{px})} \qquad \text{(a)}$$

긴장 단부(a점)에서 임의의 점 x에서의 회전각(α_{px})은 식(5.29)에 의해 계산한다. 편심거리(e)는 배치된 3개의 덕트 중에서 중간에 위치한 덕트를 기준으로 한다.

$$y = 784.46 - 200 = 584.46\ \mathrm{mm}$$

$$\alpha_{px} = \frac{8y}{x} = \frac{8 \times 584.46}{18{,}000} = 0.26$$

단부(a점)에서 부재 중앙부(b점)까지의 회전각은 전체 회전각의 절반임에 주의해야 한다.

$$-(\mu_p \alpha_{px} + K \cdot l_{px}) = -(0.25 \times (0.26/2) + 0.003 \times (18/2)) = -0.0595$$

$$f_{pF} = f_{pj} e^{-(\mu_p \alpha_{px} + K \cdot l_{px})} = 1{,}410 \times e^{-0.0595} = 1{,}328.55\ \mathrm{MPa}$$

$$\Delta f_{pF} = f_{pj} - f_{pF} = 1{,}410 - 1{,}328.55 = 81.45\ \mathrm{MPa}$$

(2) 정착장치에 의한 PS강재의 응력손실

부착긴장재의 정착장치에 의한 응력손실을 계산하기 위해서는 긴장재의 마찰에 의한 응력손실을 식(5.25b)에 의해 먼저 계산해야 한다. 부재 중앙(b점)에서의 회전각은 부재 전체 구간의 회전각의 절반이다. 식(a)의 마찰에 의한 응력손실을 이용하여 정착장치에 의해 발생하는 응력손실길이(l_{set})와 부재 중앙에서의 응력을 정산식과 약산식을 이용하여 계산한다.

(정산식) : [표 5.5] 또는 식(5.39)와 식(5.40)으로 계산. 식(5.40)의 회전각(α_{px})은 길이 l_{set}까지의 각도이다.

$$R = \frac{l_p}{\alpha_{px}} = \frac{18{,}000}{0.26} = 69{,}231\ \mathrm{mm}$$

$$l_{set} = \sqrt{\frac{\Delta l_{AS} \times E_{ps}}{(\mu_p / R + K) \times f_{pj}}}$$

$$= \sqrt{\frac{5 \times 200{,}000}{(0.25/69{,}231 + 0.003/1000) \times 1{,}410}} = 10{,}357\ \mathrm{mm} \qquad \text{(b)}$$

부재 단부 응력

$$\frac{f_{pa}}{f_{pj}} = 1 - 2(\mu_p \alpha_{px} + K l_{set})$$

$$\alpha_{px} = 0.26 \times \frac{10{,}357}{18{,}000} = 0.150$$

$$f_{pa} = [1 - 2(0.25 \times 0.150 + 0.003 \times 10{,}357/1{,}000)] \times 1{,}410 = 1{,}217\ \mathrm{MPa}$$

부재 중앙부 응력

부재 중앙부 응력 식(b)에 의해 계산된 l_{set}가 10.357 m로 부재 중앙까지의 거리 9 m보다 길므로 정착장치에 의한 응력손실이 발생한다. 따라서 [예제 그림 5.9.2]에 표시된 응력에 대한 비례 관계를 이용하여 계산한다.

$$l_{set} : (\Delta f_{pa}/2) = l_{pb} : (x - f_{pa})$$

$$10.357 : \frac{1{,}410 - 1{,}217}{2} = 9.0 : (f_{pb} - 1{,}217)$$

$$f_{pb} = 1{,}300.86\ \mathrm{MPa}$$

$$\Delta f_{pAS} = f_{pj} - f_{pb} = 1{,}410 - 1{,}300.86 = 109.14\ \mathrm{MPa} \qquad \text{(c)}$$

부재 타단 응력

식(b)에 의해 계산된 l_{set}가 타단까지의 거리 18 m보다 짧으므로 정착장치에 의한 응력손실 없음.

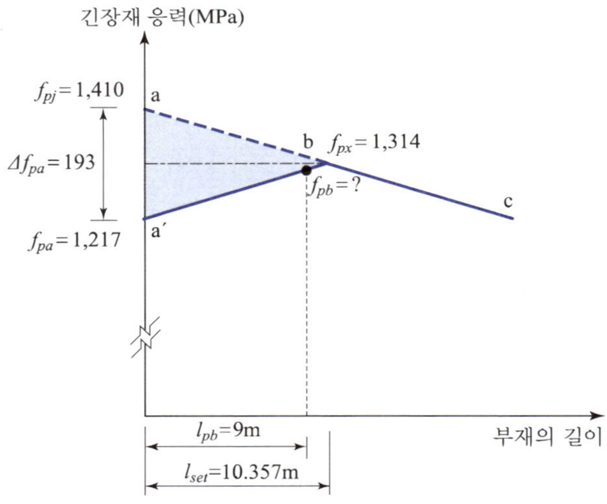

예제 그림 5.9.2 정착장치 손실에 의한 PS강재의 응력의 변화

예제 표 5.9.1 정착장치 손실에 의한 PS강재의 응력손실

위치	α_{px}	l_{px} (m)	$\mu_p \alpha_{px} + K \cdot l_{px}$	f_{px} (MPa) (마찰 손실)	정착장치 응력손실 (정산식)		정착장치 응력손실 (약산식)	
					l_{set} (m) 식(i)	f_{ps} (MPa)	l_{set} (m) 식(l)	f_{ps} (MPa)
a	0.0	0	0.0	1,410	10,357	1,217	10.541	1,220
b	0.13	9	0.0595	1,329	10,357	1,301	10.541	1,298
c	0.26	18	0.1189	1,252	10,357	1,252	10.541	1,252

(약산식) : [표 5.5] 또는 식(5.43), 식(5.45)와 식(5.46). P_{px}는 중앙부의 긴장력으로 마찰에 의한 응력손실 $f_{px} = 1{,}329$ MPa([예제 표 5.9.1])에 PS강재의 단면적을 곱하여 계산한다.

$$P_f = \frac{P_{pj} - P_{px}}{l_{px}} = \frac{(f_{pj} - f_{px})A_{ps}}{l_{px}} = \frac{(1{,}410 - 1{,}329) \times 1{,}184.52}{9{,}000} = 10.66 \text{ N/mm}$$

$$A_{ps} = 12 \times 98.71 = 1{,}184.52 \text{ mm}^2$$

$$l_{set} = \sqrt{\frac{\Delta l_{AS} \times E_{ps} \times A_{ps}}{P_f}} = \sqrt{\frac{5 \times 200{,}000 \times 1{,}184.52}{10.66}} = 10{,}541 \text{ mm}$$

부재 단부 응력

$$f_{pa} = f_{pj} - \Delta f_{pa} = f_{pj} - \frac{2 \times P_f \times l_{set}}{A_{ps}}$$

$$= 1{,}410 - \frac{2 \times 10.66 \times 10{,}541}{1{,}184.52} = 1{,}220 \text{ MPa}$$

부재 중앙부와 타단 응력

정산식과 동일한 방법으로 계산함.

곡선 PS강재가 배근된 부재의 마찰에 의해 발생하는 응력손실을 [예제 표 5.9.1]에 정리하였다.

(3) 긴장재를 3번 긴장했을 때의 탄성수축에 의해 발생하는 응력손실

포스트텐션 부재의 탄성수축에 의해 발생하는 응력손실을 계산하기 위해서는 식(5.6)에 의해 전체 응력손실을 먼저 계산해야 한다.

$$\Delta f_{pES(j)} = n f_{cES} \tag{d}$$

식(d)의 전체 긴장재의 긴장재 단면 중심에서 발생하는 콘크리트 응력(f_{cES})은 식(5.7)에 의해 계산한다. 여기서 초기긴장력(P_i)과 초기응력(f_{pi})은 각각 식(5.9)와 식(5.10)에 의해 계산할 수 있다. 부재에는 세 곳에 PS긴장재가 배근되어 있으므로 편심거리는 가운데 긴장재를 중심으로 계산한다.

$$f_{cES} = -\frac{P_i}{A_c} - \frac{P_i \times e}{I_c} e + \frac{M_D}{I_c} e \tag{e}$$

$$f_{pi} = 0.9 f_{pj} = 0.9 \times 1{,}410 = 1{,}269 \text{ MPa}$$
$$P_i = A_{ps} f_{pi} = 1{,}184.52 \times 1{,}269 = 1{,}503{,}156 \text{ N}$$
$$e = 784.46 - 200 = 584.46 \text{ mm}$$

그러므로

$$f_{cES} = -\frac{1{,}503{,}156}{555{,}000} - \frac{1{,}503{,}156 \times 584.46}{78{,}428 \times 10^6} 584.46 + \frac{539.5 \times 10^6}{78{,}428 \times 10^6} 584.46$$
$$= -5.23 \text{ MPa}$$

식(d)의 탄성계수의 비(n)를 계산한다. 타설 5일 후의 콘크리트의 초기강도(f_{ci}')를 식(3.2a)를 이용하여 계산한 후 콘크리트의 초기 탄성계수(E_{ci})를 계산한다.

$$n = \frac{E_{ps}}{E_c} = \frac{E_{ps}}{E_{ci}}$$
$$f_{ci}' = f_{c(t)} = f_{ck(28)} \left(\frac{t}{4 + 0.85t} \right) = 35 \left(\frac{5}{4 + 0.85 \times 5} \right) = 21.21 \text{ MPa}$$
$$E_{ci} = 8{,}500 \sqrt[3]{f_{ciu}} = 8{,}500 \sqrt[3]{21.21 + 4} = 24{,}924 \text{ MPa}$$

그러므로

$$n = \frac{E_{ps}}{E_c} = \frac{200{,}000}{24{,}924} = 8.02 \tag{f}$$

식(e)와 식(f)의 결과를 식(d)에 대입하여 탄성수축에 의해 발생하는 PS강재의 전체 응력손실을 계산한다.

$$\Delta f_{pES(j)} = n f_{cES} = 8.02 \times 5.23 = 41.94 \text{ MPa} \tag{g}$$

전체 응력손실은 식(5.15) 또는 식(5.16)을 이용하여 계산할 수 있다. 계산 결과는 모두 동일하다.

① 식(5.15)에 의한 계산

긴장재를 3번 긴장했으므로 식(g)에서 구한 41.94 MPa을 긴장횟수로 나눈다.

$$1\text{회 응력손실} \ \frac{\Delta f_{pES(j)}}{N} = \frac{41.94}{3} = 13.98 \text{ MPa}$$

식(5.15)를 이용하여 탄성수축에 의한 응력손실을 계산한다.

$$\Delta f_{pES} = \frac{1}{N} \sum_{i=1}^{N} (\Delta f_{pES(j)}) = \frac{1}{3}(2 + 1 + 0) \times 13.98 = 13.98 \text{ MPa} \tag{h}$$

② 식(5.16)에 의한 계산

$$\Delta f_{pES} = \frac{1}{2} \frac{N-1}{N} (n \times \Delta f_{cES}) = \frac{1}{2} \frac{3-1}{3} \times 41.94 = 13.98 \text{ MPa}$$

(4) 크리프에 의한 PS강재의 응력손실

긴장력을 도입한 시기이므로 크리프에 의해 발생하는 응력손실은 존재하지 않는다.

$$\Delta f_{pCR} = 0.0 \tag{i}$$

(5) 건조수축에 의한 PS강재의 응력손실

긴장력을 도입한 시기이므로 건조수축에 의해 발생하는 응력손실은 존재하지 않는다.

$$\Delta f_{pSH} = 0.0 \tag{j}$$

(6) 릴랙세이션에 의한 PS강재의 응력손실

① 시간단계별 계산법(time step method) : 긴장한 후 임의의 기간까지 릴랙세이션에 의해 발생하는 응력손실을 식(5.47)에 의해 계산한다. 콘크리트 타설 5일 경과 후의 응력손실이므로 f_{pi}'는 PS강재의 초기응력(f_{pi})을 사용한다.

$$\Delta f_{pR} = f_{pi}'\left(\frac{\log_{10}t}{10}\right)\left(\frac{f_{pi}'}{f_{py}} - 0.55\right) \tag{k}$$

$$t = 24 \times 5 = 120$$

$$f_{pi}' = f_{pi} = 0.9 f_{pj} = 0.9 \times 1{,}410 = 1{,}269\ \text{MPa}$$

$$\Delta f_{pR} = 1{,}269\left(\frac{\log_{10}120}{10}\right)\left(\frac{1{,}269}{1{,}500} - 0.55\right) = 78.10\ \text{MPa} \tag{l}$$

② 일괄계산법(lump sum method)

- ACI-ASCE 위원회에서 제안한 계산법

  식(5.51)에 의해 응력손실을 계산한다.

$$\Delta f_{pR} = [K_{re} - J(\Delta f_{pES} + \Delta f_{pCR} + \Delta f_{pSH})] \times C\quad [\text{MPa}]$$

$$= [127.59 - 0.14(13.98 + 0.0 + 0.0)] \times 1.09 = 136.94\ \text{MPa}$$

$K_{re} = 127.59$, $J = 0.140$, [표 5.6] 이용

$f_{pi}/f_{pu} = 1{,}269/1{,}780$, $C = 1.09$, [표 5.7] 이용

(7) PS강재의 전체 응력손실

긴장력을 이완한 직후의 포스트텐션 부재의 응력손실은 마찰, 정착장치, 탄성수축, 릴랙세이션에 의한 응력손실의 합이다. 전체 응력손실이 발생한 이후의 응력은 다음과 같다.

$$\Delta f_{ps(5)} = \Delta f_{pF} + \Delta f_{pAS} + \Delta f_{pES} + \Delta f_{pCR} + \Delta f_{pSH} + \Delta f_{pR}$$

$$= 81.45 + 109.14 + 13.98 + 0.0 + 0.0 + 78.10 = 282.67\ \text{MPa}$$

$$f_{ps(5)} = f_{pj} - \Delta f_{ps(5)} = 1{,}410 - 282.67 = 1{,}127.33\ \text{MPa} \tag{m}$$

2) 콘크리트 타설 28일 이후 (28일 후에 추가고정하중(w_{SD} = 3 kN/m)이 가해짐)

콘크리트 타설 28일 후에 추가고정하중 w_{SD} = 3 kN/m 등분포하중이 작용한다.

(1) 크리프에 의한 PS강재의 응력손실

콘크리트 부재의 크리프에 의한 응력손실을 식(5.56)에 의해 계산한다.

$$\Delta f_{pCR} = C_u(n f_{cCR}) \tag{n}$$

식(n)의 f_{cCR}은 식(5.57)에 의해 계산한다. 여기서 초기긴장력(P_i)과 자중에 의한 응력은 식(e)에

서 $f_{cir}=f_{cES}=5.23$ MPa로 계산되었다. 긴장 후에 추가로 3.0 kN/m의 추가고정하중(w_{SD})이 가해지므로 w_{SD}에 의해 발생하는 f_{cds}를 계산해야 한다.

$$f_{cCR}=f_{cir}-f_{cds}=\left|\left(-\frac{P_i}{A_c}-\frac{P_i\times e}{I_c}e+\frac{M_D}{I_c}e\right)\right|-\frac{M_{SD}}{I_c}e \qquad \text{(o)}$$

$$f_{cir}=f_{cES}=5.23\text{ MPa}$$

$$M_{SD}=\frac{w\times l^2}{8}=\frac{3.0\times 18^2}{8}=121.5\text{ kN}\cdot\text{m}$$

$$f_{cCR}=f_{cir}-f_{cds}=5.23-\frac{121.5\times 10^6}{78{,}428\times 10^6}\times 584.46=4.32\text{ MPa}$$

식(f)에서 계산한 탄성계수의 비(n)는 재령 5일 콘크리트를 기준으로 계산한 것이다. 그러나 여기서는 타설 28일 후의 응력손실을 계산해야 하므로 재령 28일 콘크리트 압축강도를 사용해야 한다.

$$E_{ci}=8{,}500\sqrt[3]{f_{ciu}}=8{,}500\sqrt[3]{35+4}=28{,}825\text{ MPa}$$

$$n=\frac{E_{ps}}{E_c}=\frac{E_{ps}}{E_{ci}}=\frac{200{,}000}{28{,}825}=6.94$$

크리프에 의한 응력손실을 식(n)에 ACI-ASCE 위원회계수를 대입하여 계산한다.

① 시간단계별 계산법(time step method)

$$C_u=1.6$$

$$C_u(t)=\frac{t^{0.6}}{10+t^{0.6}}C_u=\frac{(28)^{0.6}}{10+(28)^{0.6}}\times 1.6=0.680$$

$$\Delta f_{pCR(28)}=C_u(nf_{cCR})=0.680\times 6.94\times 4.32=20.39\text{ MPa}$$

② 일괄계산법(lump sum method)

$$C_u=1.6$$

$$\Delta f_{pCR(28)}=C_u(nf_{cCR})=1.6\times 6.94\times 4.32=47.97\text{ MPa}$$

(2) 건조수축에 의한 PS강재의 응력손실

① 시간단계별 계산법(time step method) : 식(5.62a)를 이용해서 시간이 경과함에 따라 변화하는 건조수축변형률을 계산한다.

$$t=28\text{일}$$

$$(\epsilon_{SH})_u=780\times 10^{-6}$$

$$(\epsilon_{SH})_t=\frac{t}{35+t}(\epsilon_{SH})_u=\frac{28}{35+28}\times 0.000780=0.000347$$

$$\Delta f_{pSH}=E_{ps}\times\epsilon_{SH}=200{,}000\times 0.000347=69.40\text{ MPa}$$

② 일괄계산법(lump sum method)

- ACI-ASCE 위원회

$$\Delta f_{pSH} = E_{ps} \times \epsilon_{SH} = 200{,}000 \times 0.000780 = 156.0 \text{ MPa}$$

- 주변 환경과 V/S를 고려한 경우(PCI 기준식)

  콘크리트를 타설한지 28일이 지난 후에 발생하는 건조수축에 의한 응력손실은 식(5.61)에 의해 계산한다. 습윤양생의 일수가 5일이므로 [표 5.11]에서 $K_{SH}=0.80$이다.

$$\Delta f_{pSH} = E_{ps} \times \epsilon_{SH} \tag{p}$$

- PCI 기준식

$$\frac{V}{S} = \frac{555{,}000 \times 18{,}000}{2 \times (555{,}000 + 1{,}600 \times 18{,}000 + 1{,}200 \times 18{,}000)} = 98.03 \text{ mm}$$

$$\text{또는 } \frac{V}{S} = \frac{\text{단면적}}{\text{둘레길이}} = \frac{555{,}000}{2 \times (1{,}200 + 1{,}600)} = 99.11 \text{ mm}$$

$$\epsilon_{SH} = 8.2 \times 10^{-6} \times K_{SH} \times \left(1 - 0.06 \frac{V}{S} \frac{1}{25.4}\right)(100 - H_r) \tag{q}$$

$$= 8.2 \times 10^{-6} \times 0.80 \times \left(1 - 0.06 \times \frac{98.03}{25.4}\right)(100 - 72) = 0.000141$$

$$\Delta f_{pSH} = E_{ps} \times \epsilon_{SH} = 200{,}000 \times 0.000141 = 28.20 \text{ MPa}$$

(3) 릴랙세이션에 의해 발생하는 PS강재의 응력손실

① 시간단계별 계산법(time step method) : 기간별 릴랙세이션에 의해 발생하는 응력손실은 식 (5.48)에 의해 계산한다. 긴장 후에 28일 경과 후의 응력손실이므로 5일 후의 응력($f_{ps(5)}$)을 PS강재의 초기응력(f_{pi}')으로 사용한다.

$$\Delta f_{pR} = f_{pi}' \left(\frac{\log_{10} t_n - \log_{10} t_r}{10}\right)\left(\frac{f_{pi}'}{f_{py}} - 0.55\right) \tag{r}$$

$$t_n = 24 \times 28 = 672, \qquad t_r = 24 \times 5 = 120$$

$$\Delta f_{pR} = 1{,}127.33 \left(\frac{\log_{10} 672 - \log_{10} 120}{10}\right)\left(\frac{1{,}127.33}{1{,}500} - 0.55\right) = 17.0 \text{ MPa}$$

② 일괄계산법(lump sum method)

- ACI-ASCE 위원회에서 제안한 계산법

$$\Delta f_{pR} = [K_{re} - J(\Delta f_{pES} + \Delta f_{pCR} + \Delta f_{pSH})] \times C \quad [\text{MPa}]$$

$$= [127.59 - 0.14(13.98 + 47.97 + 156.0)] \times 1.09 = 105.81 \text{ MPa}$$

(4) PS강재의 전체 응력손실

긴장력을 이완한 후 장기응력손실은 크리프, 건조수축, 릴랙세이션에 의한 응력손실의 합이다.

$$\Delta f_{ps(28)} = \Delta f_{pCR} + \Delta f_{pSH} + \Delta f_{pR}$$

$$= 20.39 + 69.40 + 17.0 = 106.79 \text{ MPa} \tag{s}$$

28일에 추가하중이 작용하며, 추가하중에 의해 발생되는 부재 중앙 단면의 PS강재 응력은 다음과 같다.

$$f_{SD} = n \times f_{csd} = 6.94 \times \frac{M_{SD}}{I_c} \times e$$

$$= 6.94 \times \frac{121.5 \times 10^6}{78{,}428 \times 10^6} \times 584.46 = 6.28 \text{ MPa} \quad \text{(t)}$$

식(t)의 추가하중에 의해 발생하는 부재 중앙 단면의 PS강재 응력(f_{SD})은 릴랙세이션이나 크리프의 응력손실에 영향을 주므로 PS강재의 응력손실 계산에 포함해야 한다. 따라서 콘크리트 타설 28일 후의 PS강재의 응력은 식(s)의 장기응력손실의 합에 식(t)의 f_{SD}을 합한 값(식(u)이다.

$$f_{ps(28)} = f_{ps(5)} - \Delta f_{ps(28)} + f_{SD}$$

$$= 1{,}127.33 - 106.79 + 6.28 = 1{,}026.82 \text{ MPa} \quad \text{(u)}$$

3) 콘크리트 타설 2년 이후 (사용하중의 영향은 계산 시에 고려하지 않음)

콘크리트를 타설한 지 2년이 지난 후에는 사용하중에 의해 부재 중앙 단면의 PS강재 응력이 변할 수 있지만, 이 예제에서는 사용하중에 의한 응력변화는 고려하지 않고 PS강재의 응력손실만을 고려하였다.

(1) 크리프에 의해 발생하는 PS강재의 응력손실

콘크리트 타설 2년 후의 크리프에 의해 발생하는 응력손실은 식(n)의 크리프계수를 변경하여 계산한다.

$$\Delta f_{pCR} = C_u(nf_{cCR})$$

① 시간단계별 계산법(time step method)

- ACI-ASCE 위원회

$$C_u(t) = \frac{t^{0.6}}{10 + t^{0.6}} C_u = \frac{(2 \times 365)^{0.6}}{10 + (2 \times 365)^{0.6}} \times 1.6 = 1.343$$

$$\Delta f_{pCR(730)} = C_u(nf_{cCR}) = 1.343 \times 6.94 \times 4.32 = 40.26 \text{ MPa}$$

② 일괄계산법(lump sum method) : 콘크리트를 타설한지 28일이 경과한 후의 결과와 동일

- ACI-ASCE 위원회

$$\Delta f_{pCR} = C_u(nf_{cCR}) = 1.6 \times 6.94 \times 4.32 = 47.97 \text{ MPa}$$

(2) 건조수축에 의해 발생하는 PS강재의 응력손실

① 시간단계별 계산법(time step method)

$$t = 2 \times 365 = 730\text{일}$$

$$(\epsilon_{SH})_u = 780 \times 10^{-6}$$

$$(\epsilon_{SH})_t = \frac{t}{35 + t}(\epsilon_{SH})_u = \frac{730}{35 + 730} \times 0.000780 = 0.000744$$

$$\Delta f_{pSH} = E_{ps} \times \epsilon_{SH} = 200{,}000 \times 0.000744 = 148.80 \text{ MPa}$$

② 일괄계산법(lump sum method) : 콘크리트를 타설한지 28일이 경과한 후의 결과와 동일

- ACI-ASCE 위원회

$$\Delta f_{pSH} = E_{ps} \times \epsilon_{SH} = 200{,}000 \times 0.000780 = 156.0\ \text{MPa}$$

- 주변 환경과 V/S를 고려한 경우(PCI 기준식)

$$\Delta f_{pSH} = E_{ps} \times \epsilon_{SH} = 200{,}000 \times 0.000141 = 28.20\ \text{MPa}$$

(3) 릴랙세이션에 의해 발생하는 PS강재의 응력손실

① 시간단계별 계산법(time step method) : 콘크리트를 타설한지 2년이 경과한 후의 응력손실이므로 28일 후의 응력($f_{ps(28)}$)을 PS강재의 초기응력(f_{pi}')으로 사용한다.

$$\Delta f_{pR} = f_{pi}'\left(\frac{\log_{10} t_n - \log_{10} t_r}{10}\right)\left(\frac{f_{pi}'}{f_{py}} - 0.55\right)$$

$$t_n = 24 \times 2 \times 365 = 17{,}520, \qquad t_r = 24 \times 28 = 672$$

$$\Delta f_{pR} = 1{,}026.82\left(\frac{\log_{10}17{,}520 - \log_{10}672}{10}\right)\left(\frac{1{,}026.82}{1{,}500} - 0.55\right) = 19.57\ \text{MPa}$$

② 일괄계산법(lump sum method) : 콘크리트를 타설한지 28일이 경과한 후의 결과와 동일

- ACI-ASCE 위원회에서 제안한 계산법

$$\Delta f_{pR} = \left[K_{re} - J(\Delta f_{pES} + \Delta f_{pCR} + \Delta f_{pSH})\right] \times C = 105.81\ \text{MPa}$$

(4) PS강재의 전체 응력손실

콘크리트를 타설한지 2년이 지난 후의 PS강재의 응력손실은 변화된 크리프에 의한 응력손실과 릴랙세이션에 의한 응력손실의 합을 이용하여 계산한다.

$$\begin{aligned} f_{ps(730)} &= f_{ps(28)} - (\Delta f_{pCR(730)} - \Delta f_{pCR(28)}) - (\Delta f_{pSH(730)} - \Delta f_{pSH(28)}) - \Delta f_{pR} \\ &= 1{,}026.82 - (40.26 - 20.39) - (148.80 - 69.40) - 19.57 \\ &= 907.98\ \text{MPa} \end{aligned} \tag{v}$$

4) 콘크리트 타설 5년 이후

(1) 크리프에 의해 발생하는 PS강재의 응력손실

① 시간단계별 계산법(time step method)

- ACI-ASCE 위원회

$$C_u(t) = \frac{t^{0.6}}{10 + t^{0.6}} C_u = \frac{(5 \times 365)^{0.6}}{10 + (5 \times 365)^{0.6}} \times 1.6 = 1.441$$

$$\Delta f_{pCR(1{,}825)} = C_u(nf_{cCR}) = 1.441 \times 6.94 \times 4.32 = 43.20\ \text{MPa}$$

② 일괄계산법(lump sum method) : 콘크리트를 타설한지 28일이 경과한 후의 결과와 동일

- ACI-ASCE 위원회

$$\Delta f_{pCR} = C_u(nf_{cCR}) = 1.6 \times 6.94 \times 4.32 = 47.97\ \text{MPa}$$

(2) 건조수축에 의해 발생하는 PS강재의 응력손실

① 시간단계별 계산법(time step method)

$$(\epsilon_{SH})_t = \frac{t}{35+t}(\epsilon_{SH})_u = \frac{1{,}825}{35+1{,}825}\times 0.000780 = 0.000765$$

$$\Delta f_{pSH} = E_{ps}\times\epsilon_{SH} = 200{,}000\times 0.000765 = 153.0\ \text{MPa}$$

② 일괄계산법(lump sum method) : 콘크리트를 타설한지 28일이 경과한 후의 결과와 동일

- ACI-ASCE 위원회

$$\Delta f_{pSH} = E_{ps}\times\epsilon_{SH} = 200{,}000\times 0.000780 = 156.0\ \text{MPa}$$

- 주변 환경과 V/S를 고려한 경우(PCI 기준식)

$$\Delta f_{pSH} = E_{ps}\times\epsilon_{SH} = 200{,}000\times 0.000141 = 28.20\ \text{MPa}$$

(3) 릴랙세이션에 의해 발생하는 PS강재의 응력손실

① 시간단계별 계산법(time step method) : 콘크리트를 타설한지 5년이 경과한 후의 응력손실이므로 긴장 2년 후의 응력($f_{ps(730)}$)을 PS강재의 초기응력($f_{pi}{'}$)으로 사용한다.

$$\Delta f_{pR} = f_{pi}{'}\left(\frac{\log_{10}t_n - \log_{10}t_r}{10}\right)\left(\frac{f_{pi}{'}}{f_{py}} - 0.55\right)$$

$$t_n = 24\times 5\times 365 = 43{,}800, \qquad t_r = 24\times 2\times 365 = 17{,}520$$

$$\Delta f_{pR} = 907.98\left(\frac{\log_{10}43{,}800 - \log_{10}17{,}520}{10}\right)\left(\frac{907.98}{1{,}500} - 0.55\right) = 2.0\ \text{MPa}$$

② 일괄계산법(lump sum method) : 콘크리트를 타설한지 28일이 경과한 후의 결과와 동일

- ACI-ASCE 위원회에서 제안한 계산법

$$\Delta f_{pR} = [K_{re} - J(\Delta f_{pES} + \Delta f_{pCR} + \Delta f_{pSH})]\times C = 105.81\ \text{MPa}$$

(4) PS강재의 전체 응력손실

콘크리트를 타설한지 5년이 경과한 후의 응력손실은 변화된 크리프에 의한 응력손실과 릴랙세이션에 의한 응력손실의 합을 이용하여 계산한다.

$$\begin{aligned} f_{ps(1,825)} &= f_{ps(28)} - (\Delta f_{pCR(1,825)} - \Delta f_{pCR(730)}) - (\Delta f_{pSH(1,825)} - \Delta f_{pSH(730)}) - \Delta f_{pR} \\ &= 907.98 - (43.20 - 40.26) - (153.0 - 148.80) - 25.06 \\ &= 875.78\ \text{MPa} \end{aligned} \qquad \text{(w)}$$

위에서 계산한 4단계의 응력손실의 변화를 정리하면 [예제 표 5.9.2]와 [예제 그림 5.9.3]과 같다. [예제 표 5.9.2]는 시간이 경과함에 따라 변화하는 응력손실을 정리한 내용이다. [예제 그림 5.9.3]에서 초기에는 시간별계산법에 의한 응력손실과 일괄계산법에 의한 응력손실 값이 차이가 나지만, 시간이 경과한 후에는 두 값의 차이가 줄어들고 있음을 알 수 있다.

예제 표 5.9.2 포스트텐션 부재의 응력손실 (시간에 따른 응력손실법)

원 인	긴장력 이완 시	28일 후	2년 후	5년 후
① 마찰	81.45	81.45	81.45	81.45
② 정착장치	109.14	109.14	109.14	109.14
③ 탄성수축	13.98	13.98	13.98	13.98
④ 크리프	-	20.39	40.26	43.20
⑤ 건조수축	-	69.40	148.80	153.0
⑥ 릴랙세이션	78.10	78.10 + 17.0 = 95.10	95.10 + 19.57 = 114.67	114.67 + 2.0 = 116.67
⑦ 추가 응력	-	6.28	6.28	6.28
⑧ 총 손실 (①~⑥)	282.67	389.46	508.30	517.44
PS강재 응력 (f_{pj} − ⑧ + ⑦)	1,410 − 282.67 = 1,127.33	1,410 − 389.46 + 6.28 = 1,026.82	1,410 − 508.3 + 6.28 = 907.98	1,410 − 517.44 + 6.28 = 898.84
손실비율(%)	20.05%	27.62%	36.05%	36.70%

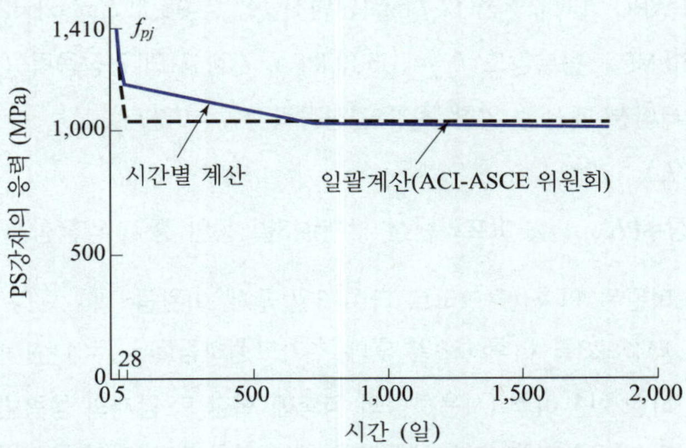

예제 그림 5.9.3 포스트텐션 콘크리트 부재의 응력손실의 변화

연습문제

5.1 | 프리스트레스트 콘크리트 부재의 응력손실을 시간적 관계와 재료적 관계에 의해 설명하라.

5.2 | [연습 그림 5.1]의 프리텐션 콘크리트 부재의 부재 중심에서 발생하는 응력손실을 계산하라. PS강재의 응력이완은 콘크리트 타설 3일 후에 이루어졌다. 부재 중심에서 PS강재의 편심거리(e)는 300 mm이며 프리스트레스트 콘크리트 단위질량은 24 kN/m^{3}이다.

- **콘크리트** : I종 콘크리트, 초기 압축강도, $f_{ci}{}' = 24$ MPa, 28일 압축강도 $f_{ck} = 42$ MPa
- **PS강재** : SWPC 7BN 7연선 12.7 mm(단면적 $A_{ps} = 98.71$ mm^2)가 12개 사용됨, 인장강도 $f_{pu} = 1{,}780$ MPa, 항복강도 $f_{py} = 1{,}500$ MPa, 긴장 시의 긴장응력 $f_{pj} = 0.94 f_{py}$, 탄성수축과 릴랙세이션 계산을 위한 초기 긴장응력 $f_{pi} = 0.9 f_{pj}$
- **상대습도**(H_r) : 72%
- **건조수축 상수**(K_{SH}) = 1.0(프리텐션 부재), 3일 동안 증기 양생함.

1) 긴장력이 이완된 이후 (콘크리트 타설 3일 후에 이완됨)
2) 콘크리트 타설 28일 이후 (28일 후에 추가고정하중($w_{SD} = 4$ kN/m)이 가해짐)
3) 콘크리트 타설 2년 이후 (사용하중의 영향에 의한 PS강재의 응력변화는 고려하지 않음)
4) 콘크리트 타설 5년 이후 (사용하중의 영향에 의한 PS강재의 응력변화는 고려하지 않음)

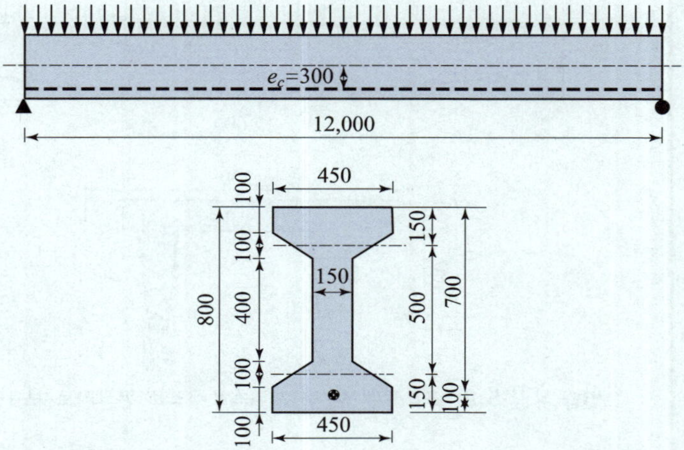

연습 그림 5.1 프리텐션공법 프리스트레스트 콘크리트 보 (단위 : mm)

5.3 | [연습 그림 5.2]의 포스트텐션 콘크리트 부재의 부재 중심에서 발생하는 응력손실을 계산하라.

- **콘크리트** : I종 콘크리트, 28일 압축강도 $f_{ck}=35$ MPa
- **PS강재** : SWPC 7BN 7연선 12.7 mm(단면적 $A_{ps}=98.71\ \text{mm}^2$)가 2개의 덕트 속에 6개씩 총 12개 사용됨. 긴장재는 2회 긴장함. 인장강도 $f_{pu}=1{,}780$ MPa, 항복강도 $f_{py}=1{,}500$ MPa, 긴장 시의 긴장응력은 $f_{pj}=0.94f_{py}$, PS강재는 덕트 안에 그라우팅에 의해 부착되어 있음.
- **프리스트레스트 콘크리트 단위질량** : 24 kN/m^3
- **상대습도**(H_r) : 72%
- **긴장재의 곡선마찰계수**(μ_p) : 0.25/rad.
- **파상마찰계수**(K) : 0.003/m, 정착장치의 미끌림(Δl_{AS}) : 4 mm
- **습윤양생의 일수** : 5일($K_{SH}=0.80$ [표 5.8] 참조)

1) 긴장력이 가해져 이완되었을 때 (콘크리트 타설 5일 후에 긴장됨)
2) 콘크리트 타설 28일 이후 (28일 후에 추가고정하중($w_{SD}=4$ kN/m)이 가해짐)
3) 콘크리트 타설 2년 이후 (사용하중의 영향에 의한 PS강재의 응력변화는 고려하지 않음)
4) 콘크리트 타설 5년 이후 (사용하중의 영향에 의한 PS강재의 응력변화는 고려하지 않음)

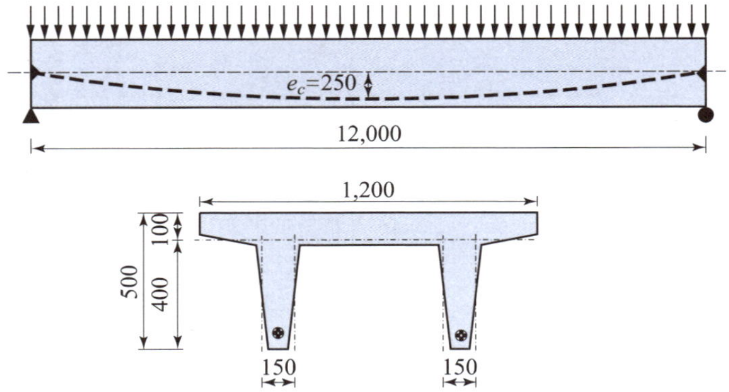

연습 그림 5.2 포스트텐션공법 프리스트레스트 콘크리트 보 (단위 : mm)

Chapter 6

휨해석과 설계

6.1 일반 사항

프리스트레스트 콘크리트 구조의 단면응력 상태는 초기긴장력이 작용하는 단계, 초기응력손실이 발생한 이후 추가고정하중이 작용하는 단계, 장기응력손실이 발생한 이후 최종하중이 작용하는 단계 등으로 구분된다. 따라서 단면응력에 대한 검토가 철근콘크리트 부재에 비하여 복잡하다. 철근콘크리트 부재에서는 전체하중에 대해 해석하는 것으로 충분하지만 프리스트레스트 콘크리트 부재에 대해서는 각각의 하중 단계에 대한 검토가 필요하다.

4장에서 설명한 것과 같이 철근콘크리트 부재는 균열이 발생한 이후에 외부의 인장력을 철근이 대신하여 저항하는 구조이기 때문에 탄성해석에 의해 설계하지 않고 허용응력법과 강도설계법(또는 한계상태설계법)에 의해 설계한다. 그러나 프리스트레스트 콘크리트 부재의 사용하중에 대한 설계에서는 균열발생 여부에 따라 부재를 비균열등급 부재, 부분균열등급 부재, 균열등급 부재의 세 종류로 구분하고 탄성해석법 한 가지만 사용하거나, 허용응력설계법을 함께 사용해서 설계한다. 극한하중에 대해서는 철근콘크리트 부재에 대한 설계와 동일하게 강도설계법(또는 한계상태설계법)을 사용해서 설계한다.

프리스트레스트 콘크리트 부재를 설계하기 위해서는 부재의 단면크기와 함께 긴장재의 양, 긴장재의 위치, 위험단면에서의 편심거리 등을 계산해야 한다. 특히 프리스트레스트 콘크리트 부재의 응력은 직선이나 곡선을 이루는 긴장재의 배근 형상에 따라 달라지므로 부재응력 특성을 반영하여 설계해야 한다. 또한, 강도설계법(또는 한계상태설계법)을 사용할 경우에는 부재가 파괴되는 시점의 PS강재의 응력을 정확하게 계산해야 한다. PS강재의 응력은 정산법을 사용

표 6.1 프리스트레스트 콘크리트와 철근콘크리트 휨설계법의 특성

	프리스트레스트 콘크리트	철근콘크리트
해석 단계	① 초기하중과 자중에 대한 해석 ② 장기응력손실 후 전체하중에 대한 해석 ③ 긴장재의 편심거리와 긴장재 위치에 대한 해석	① 전체하중에 대한 해석
설계법	① KDS 14 국가건설기준(콘크리트구조 학회기준) : 사용하중설계에서는 세 종류 부재(비균열등급 부재, 부분균열등급 부재, 균열등급 부재)를 구별하고 각각의 부재에 대한 단면 결정 후 사용성 검토. 극한하중단계에서는 강도설계법 사용 ② 도로교설계기준(한계상태설계법) : 한계상태에 대한 설계등급을 구분하여 하중계수와 재료계수를 조절하여 설계	① KDS 14 국가건설기준(콘크리트구조 학회기준) : 강도설계법에 의한 단면 결정 후 사용성 검토 ② 도로교설계기준(한계상태설계법) : 한계상태에 대한 설계등급을 구분하여 하중계수와 재료계수를 조절하여 설계
설계 결정 사항	① 부재 단면적, 강재의 양, 긴장재의 편심거리, 부재에 따라 놓이는 긴장재의 위치	① 부재 단면적, 강재의 양

하거나 약산법을 사용해서 계산한다. 6장에서는 KDS 14 국가건설기준-2020(콘크리트구조 학회기준, 2017)과 도로교설계기준(한계상태설계법, 2016)에 근거하여 휨모멘트를 받는 프리스트레스트 콘크리트 부재에 대한 해석과 설계법에 대해 설명한다.

6.2 휨파괴 단계와 휨부재의 설계법

프리스트레스트 콘크리트 휨부재의 설계는 철근콘크리트 휨부재의 설계보다 명확하게 초기하중단계, 사용하중단계, 극한하중단계를 구분하여 설계한다.

6.2.1 프리스트레스트 콘크리트 부재의 파괴과정

[그림 6.1]은 프리스트레스트 콘크리트 부재에 긴장력이 가해진 이후 파괴에 도달할 때까지의 하중과 처짐 곡선을 나타낸다. 부재가 파괴에 도달할 때까지의 과정을 아홉 단계로 구분하여 설명하면 다음과 같다.

① **초기긴장단계** : 긴장력을 가했을 때 부재에는 솟음(camber)이 발생한다. 이때 부재에는 자중이 없는 것으로 가정한다.

② **즉시응력손실단계** : PS강재를 긴장한 이후에 즉각적으로 응력손실이 발생하여 부재의 솟음이 감소한다.

③ **자중작용단계** : 부재의 자중(self weight)이 작용하여 부재의 아래쪽 방향으로 처짐이 발생하며 이 처짐은 솟음을 상쇄한다.

④ **균형응력단계** : 전체 자중과 함께 사용하중이 작용하여 긴장력과 자중이 균형을 이루어 단면 전체에 일정한 압축응력이 작용하는 단계이다.

⑤ **영점감압(decompression)단계** : 단면 전체에 압축응력이 작용하는 단계로 단면의 한 쪽 끝단의 응력은 영(0)이고 다른 쪽은 압축응력이 선형적으로 변화한다.

⑥ **균열발생단계** : 단면의 한 쪽 끝단에 발생한 인장응력이 콘크리트의 인장강도보다 커서 균열이 발생한 단계이다.

⑦ **탄성한계단계** : 인장응력이 증가하여 후크의 법칙(Hooke’s law)을 적용할 수 없는 한계에 도달한 단계이다.

⑧ **철근항복단계** : 콘크리트는 소성상태이며 철근이 항복한 단계이다.

⑨ **극한하중단계** : 프리스트레스트 콘크리트 부재 단면의 콘크리트가 압축파괴하여 최대 하중에 도달한 단계이다.

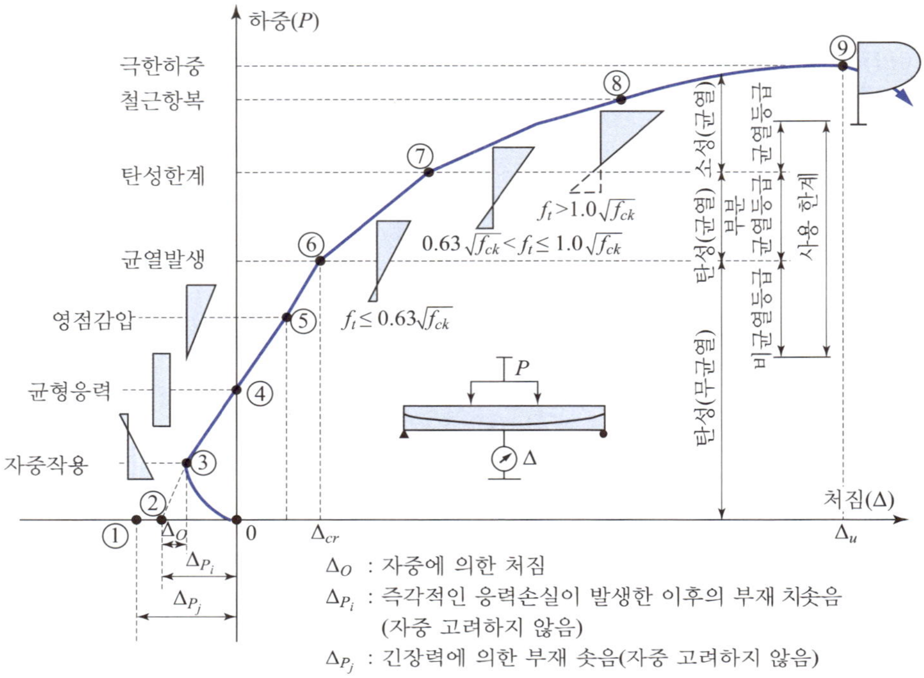

그림 6.1 프리스트레스트 콘크리트 부재의 하중－처짐 곡선

6.2.2 초기하중단계

프리스트레스트 콘크리트 휨부재의 초기하중단계는 [그림 6.1]의 ③단계의 초기긴장력(P_i)과 부재의 자중(M_D)만이 작용하는 단계이다. 초기하중단계에서는 프리스트레스트 콘크리트 모든 부재에 대하여 단면에 발생하는 응력을 탄성해석으로 계산할 수 있다. 초기하중단계의 응력을 [그림 6.2]를 이용하여 구체적으로 살펴볼 수 있다. [그림 6.2]는 단면에 발생하는 콘크리트의 응력분포를 나타내고 있다. 초기하중단계의 콘크리트 단면의 응력 분포 특성은 다음과 같다.

① **초기긴장력**(P_i) : PS강재가 긴장되었을 때의 긴장력(P_j)이 콘크리트에 전달될 때 마찰, 탄성 수축, 정착 장치 등에 의해 즉시응력손실이 발생하고 PS긴장력(P_j)보다 작은 초기긴장력(P_i)이 콘크리트에 전달된다. 초기긴장력이 작용하는 위치에서 콘크리트 단면에는 압축응력(－)이 발생하며 PS강재의 위치에서 멀어질수록 인장응력(＋)에 가까워진다.

② **초기긴장력과 자중**($P_i + M_D$) : 프리스트레스트 콘크리트 부재에는 초기긴장력이 작용하였을 때 이미 자중이 존재한다. 자중에 의한 응력분포는 [그림 6.2(a)]의 초기하중단계의 응력분포에 표시된 것과 같이 초기긴장력에 의한 응력분포와 상반된다. 초기긴장력과

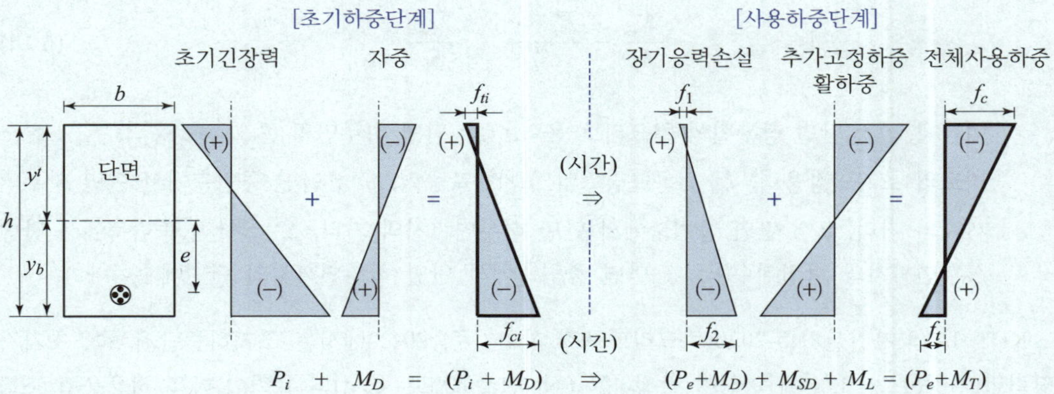

(a) 비균열등급 단면과 부분균열등급 단면

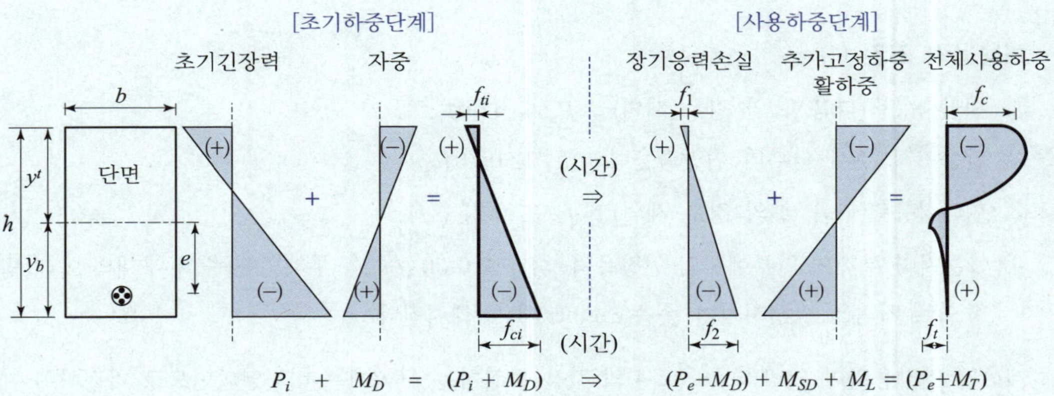

(b) 균열등급 단면

그림 6.2 초기하중과 사용하중단계의 콘크리트 단면의 응력 변화

자중이 가해졌을 때 모든 부재의 콘크리트 단면 상·하면의 응력분포를 식(6.1)에 의해 계산할 수 있다.

$$f^t(=f_{ti}) = -\frac{P_i}{A_c} + \frac{P_i \times e}{I_c}y^t - \frac{M_D}{I_c}y^t \tag{6.1a}$$

$$f_b(=f_{ci}) = -\frac{P_i}{A_c} - \frac{P_i \times e}{I_c}y_b + \frac{M_D}{I_c}y_b \tag{6.1b}$$

식(6.1a, b)를 단면계수에 의해 표현하면 다음과 같다.

$$f^t(=f_{ti}) = -\frac{P_i}{A_c} + \frac{P_i \times e}{S^t} - \frac{M_D}{S^t} \tag{6.1c}$$

$$f_b(=f_{ci}) = -\frac{P_i}{A_c} - \frac{P_i \times e}{S_b} + \frac{M_D}{S_b} \tag{6.1d}$$

여기서, f^t : 단면 상부면의 콘크리트 응력, f_b : 단면 하부면의 콘크리트 응력, f_{ti} : 콘크리트의 초기인장응력, f_{ci} : 콘크리트의 초기압축응력, y^t : 단면 중립축에서 단면 상부면까지의 거리, y_b : 단면 중립축에서 단면 하부면까지의 거리, S^t : 단면 중립축에서 단면 상부면까지의 단면계수, S_b : 단면 중립축에서 단면 하부면까지의 단면계수이다.

KDS 14 국가건설기준-2020(콘크리트구조 학회기준, 2017)에서는 초기하중단계, 즉, 초기긴장력과 자중($P_i + M_D$)에 의하여 발생하는 (식 6.1a, b 또는 c, d)의 응력이 다음 허용응력 조건 (1)의 값 이하가 되도록 규정하고 있다.

허용응력 조건 (1)

① 휨압축응력(다음 ②의 경우 제외) : $f_{ci} \leqq 0.60 f_{ci}{}'$

② 단순지지 부재 단부의 휨압축응력 : $f_{ci} \leqq 0.70 f_{ci}{}'$

③ 휨인장응력(다음 ④의 경우 제외) : $f_{ti} \leqq 0.25\sqrt{f_{ci}{}'}$

④ 단순지지 부재의 단부에서의 인장응력 : $f_{ti} \leqq 0.50\sqrt{f_{ci}{}'}$, 부재의 자중이 부재의 아래 방향으로 처짐을 발생시키며 솟음(camber)을 상쇄시킨다.

계산된 인장응력이 위의 ③ 또는 ④의 값을 초과하는 구역에는 비균열단면으로 가정하여 계산된 전체 인장력을 저항할 수 있는 추가 부착강재를 인장 구역에 배치하여야 한다. 이때 인장 철근의 허용인장응력은 $0.6 f_y$를 사용할 수 있지만 210 MPa보다 작아야 한다.

6.2.3 사용하중단계

프리스트레스트 콘크리트 휨부재의 사용하중단계는 [그림 6.1]의 ⑧ 이전 단계의 유효긴장력(P_e)과 전체사용하중($M_T = M_D + M_{SD} + M_L$)이 작용하는 단계이다. KDS 14 국가건설기준-2020(콘크리트구조 학회기준, 2017)에서는 사용하중을 받는 휨부재의 설계 등급을 균열발생 여부와 균열의 크기에 따라서 다음의 세 가지로 구분하고 있다.

① **비균열등급 부재** : 균열을 허용하지 않는 등급으로, 최종하중이 작용하였을 때 부재의 인장응력이 "⑥ 균열발생단계" 이전에 머무는 등급. 사용하중에 의해 발생하는 콘크리트 인장응력이 휨인장강도보다 작아야 한다($f_t \leqq 0.63\sqrt{f_{ck}}$).

② **부분균열등급 부재** : 균열을 약간 허용하는 등급으로, 전체사용하중이 작용하였을 때 부재

의 인장응력이 "⑥ 균열발생단계"와 "⑦ 탄성한계단계" 사이에 머무는 등급. 사용하중에 의해 발생하는 콘크리트의 인장응력이 휨인장강도보다 다소 큰 부재($0.63\sqrt{f_{ck}} < f_t \le 1.0\sqrt{f_{ck}}$)로 이 부재에서는 폭이 작은 균열이 허용된다. 균열이 발생했지만 균열의 폭이 좁아 부재를 탄성상태로 가정할 수 있다.

③ **균열등급 부재** : 균열을 허용하는 등급으로, 전체사용하중이 작용하였을 때 부재의 인장응력이 "⑦ 탄성한계단계" 이후에 머무는 등급. 사용하중에 의해 발생하는 콘크리트의 인장응력이 휨인장강도보다 큰 부재($f_t > 1.0\sqrt{f_{ck}}$)로 이 부재에서는 균열이 허용된다. 허용된 균열은 철근콘크리트 부재와 동일하게 사용성 한계에 의해 제한받으며 허용응력설계법에 따라 설계한다. 전체사용하중이 작용하였을 때 탄성해석에 의해 부재 내력을 계산할 수 없다.

다만, 2방향 프리스트레스트 콘크리트 슬래브는 $f_t \le 0.5\sqrt{f_{ck}}$를 만족하는 비균열등급 부재로 설계해야 한다.

설계자는 프리스트레스트 콘크리트 단면을 세 가지 중 하나로 하며, 단면의 초기 압축응력과 인장응력 및 사용하중이 가해진 이후의 단면 응력을 검토해야 한다. 비균열등급 부재는 균열을 허용하지 않는 부재이며, 콘크리트의 인장응력이 휨인장강도보다 작아야 한다. 따라서 균열을

표 6.2 프리스트레스트 콘크리트 부재의 등급[KDS 14(국가건설기준-2020)]

하중의 종류	프리스트레스트 콘크리트 부재			철근콘크리트 부재
	비균열등급 (U-class)	부분균열등급 (T-class)	균열등급 (C-class)	
거동	비균열 상태	비균열과 균열의 중간 상태	균열 상태	균열 상태
사용하중에서의 응력 계산 시 단면 설정	비균열 전체 단면	비균열 전체 단면	균열단면	조건 없음
허용응력	[허용응력 조건 (1)]	[허용응력 조건 (1)]	[허용응력 조건 (1)]	조건 없음
비균열단면 성질로 계산한 허용압축응력	[허용응력 조건 (2)]	[허용응력 조건 (2)]	조건 없음	조건 없음
사용하중에 의한 연단 인장응력	$f_t \le 0.63\sqrt{f_{ck}}$	$0.63\sqrt{f_{ck}} < f_t \le 1.0\sqrt{f_{ck}}$	$f_t > 1.0\sqrt{f_{ck}}$	조건 없음
처짐 계산 근거	비균열 전체 단면	균열단면	균열단면	유효단면2차모멘트
균열 제어	조건 없음	조건 없음	[균열제어 조건(1)]	[균열제어 조건(1)]
균열제어를 위한 f_s 계산	-	-	균열단면해석	M/A_s 또는 $0.6f_y$
표피 철근	불필요	불필요	[균열제어 조건(2)]	[균열제어 조건(2)]

f_t : 콘크리트 단면 인장연단의 인장응력, f_s : 철근의 응력

제어할 필요가 없으며 처짐을 계산할 때는 [표 6.2]와 같이 전단면2차모멘트(I_g)를 사용하여 처짐을 계산할 수 있다. 부분균열등급 부재는 어느 정도의 균열을 허용하는 부재이며, 콘크리트의 인장응력이 휨인장강도보다 약간 크다. 따라서 균열을 제어할 필요가 없지만 처짐을 계산할 때는 균열단면에 대한 단면2차모멘트를 사용하여 처짐을 계산해야 한다. 균열등급 부재는 철근콘크리트 부재 설계와 마찬가지로 사용범위 안에서 균열을 허용하는 부재이다. 따라서 균열은 부재의 인장연단에 가장 가까이 배근되는 철근의 중심 간격(s)에 대한 식을 이용하여 제한한다. 또한 처짐을 계산할 때는 균열단면에 대한 단면2차모멘트를 사용하여 처짐을 계산해야 한다.

[그림 6.2]는 콘크리트구조 학회기준의 비균열등급, 부분균열등급, 균열등급 단면에 발생하는 콘크리트의 응력분포를 나타내고 있다. 비균열등급과 부분균열등급 부재는 휨균열이 발생하지 않거나 작게 발생하여 단면응력이 중립축을 중심으로 선형적으로 변화한다. 따라서 초기하중단계와 사용하중단계에서 단면에 발생하는 응력을 탄성해석으로 계산할 수 있다. 한편, 균열등급 부재는 초기하중단계에서는 균열이 발생하지 않지만, 사용하중단계에서 부재에 균열이 발생하여 단면응력이 선형적으로 변화하지 않는다. 따라서 초기하중단계에서는 탄성해석을 사용하여 단면응력을 계산할 수 있지만, 사용하중단계에서는 탄성해석을 사용할 수 없다.

사용하중단계의 콘크리트 단면의 응력 분포 특성은 다음과 같다.

① **유효긴장력**(P_e) : PS강재의 초기긴장력(P_i)이 콘크리트에 전달된 이후에 크리프, 건조수축, 릴랙세이션 등에 의해 장기응력손실이 발생하여 긴장력이 감소한다. 이를 유효긴장력(P_e)이라 하며, P_e가 콘크리트에 압축력으로 작용한다. 장기응력손실에 의해 초기긴장력(P_i)이 유효긴장력(P_e)으로 감소한다.

② **유효긴장력과 전체사용하중**($P_e + M_T$) : [그림 6.2]와 같이 프리스트레스트 콘크리트 부재에 유효긴장력(P_e)과 전체사용하중($M_T = M_D + M_{SD} + M_L$)이 작용한다. 유효긴장력과 전체사용하중이 가해졌을 때 비균열등급, 부분균열등급 부재의 콘크리트 단면 상·하면의 응력분포는 식(6.2)에 의해 계산할 수 있다. 균열등급 부재는 균열이 발생한 후에 단면응력이 선형적으로 변화하지 않으므로 탄성해석을 사용할 수 없다.

$$f^t(=f_c) = -\frac{P_e}{A_c} + \frac{P_e \times e}{I_c}y^t - \frac{M_T}{I_c}y^t \tag{6.2a}$$

$$f_b(=f_t) = -\frac{P_e}{A_c} - \frac{P_e \times e}{I_c}y_b + \frac{M_T}{I_c}y_b \tag{6.2b}$$

식(6.2a, b)를 단면계수에 의해 표현하면 다음과 같다.

$$f^t (= f_c) = -\frac{P_e}{A_c} + \frac{P_e \times e}{S^t} - \frac{M_T}{S^t} \tag{6.2c}$$

$$f_b (= f_t) = -\frac{P_e}{A_c} - \frac{P_e \times e}{S_b} + \frac{M_T}{S_b} \tag{6.2d}$$

여기서, f_t : 콘크리트의 인장응력, f_c : 콘크리트의 압축응력, M_T : 전체사용하중에 의한 휨모멘트($M_T = M_D + M_{SD} + M_L$), M_D : 자중에 의한 휨모멘트, M_{SD} : 추가고정하중에 의한 휨모멘트, M_L : 활하중에 의한 휨모멘트이다.

KDS 14(국가건설기준, 2020)에서는 사용하중단계, 즉, 유효긴장력과 전체사용하중($P_e + M_T$)에 의하여 발생하는 (식 6.2a, b 또는 c, d)의 응력이 다음 허용응력 조건 (2)의 값 이하가 되도록 규정하고 있다.

허용응력 조건 (2)

비균열등급 또는 부분균열등급 프리스트레스트 콘크리트 휨부재에 대해 모든 프리스트레스트 응력손실이 발생한 후, 사용하중에 의해 발생하는 콘크리트의 휨응력은 다음 값 이하가 되어야 한다. 이때 단면 특성은 비균열단면으로 가정하여 계산한다.

① 압축연단응력(유효프리스트레스트 + 지속하중) : $f_c \leqq 0.45 f_{ck}$

② 압축연단응력(유효프리스트레스트 + 전체하중) : $f_c \leqq 0.60 f_{ck}$

③ 인장연단응력(유효프리스트레스트 + 전체하중) :

- $f_t \leqq 0.63\sqrt{f_{ck}}$ (비균열등급 부재)
- $0.63\sqrt{f_{ck}} < f_t \leqq 1.0\sqrt{f_{ck}}$ (부분균열등급 부재)
- $f_t > 1.0\sqrt{f_{ck}}$ (균열등급 부재)

허용응력 조건 (2)의 ①번 항목은 반복하중에 의해 발생할 수 있는 프리스트레스트 콘크리트의 파괴 가능성을 감소시키기 위한 제한값이다. 허용응력 조건 (2)의 ②번 항목은 지속활하중에 비해 크기가 큰 변동활하중과 고정하중에 대한 제한값이다.

[그림 6.2]에 표시된 하중 단계별 단면의 응력변화를 전체적으로 표시하면 [그림 6.3]과 같다. 설계에서는 단면에 작용하는 위험응력(사용하중단계 최대 응력)을 허용응력조건과 비교하여 위험응력이 허용응력보다 크지 않게 설계해야 한다. [그림 6.3]에서 초기긴장력(P_i)이 작용할 때 [그림 6.3]의 ①과 같이 단면의 윗면에 인장응력, 단면의 아랫면에 압축응력이 발생한다. 초기긴장력(P_i)이 작용함과 동시에 자중에 의한 휨모멘트(M_D)가 발생하므로 [그림 6.3]의 ①의 응력

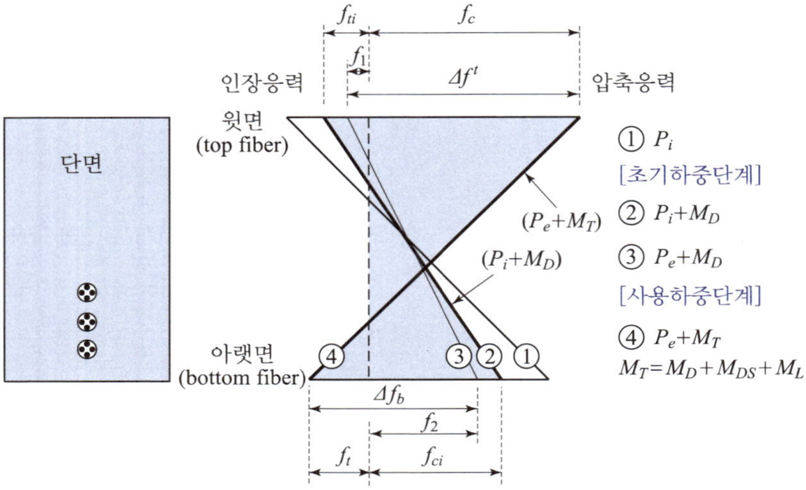

그림 6.3 단면의 응력변화와 응력 검토

은 [그림 6.3]의 ②의 응력분포로 바뀐다. 따라서 초기하중단계의 위험응력은 두 하중($P_i + M_D$)에 의해 발생하는 [그림 6.3]의 ②의 응력분포가 되며, 이 응력은 식(6.1)에 의해 계산한다. 또한 유효긴장력(P_e)이 작용함으로써 [그림 6.3]의 ②의 응력은 ③의 응력분포로 바뀌게 된다. 그 후에 추가하중에 의한 사용하중단계의 전체사용하중 모멘트(M_T)가 작용함으로써 [그림 6.3]의 ③의 응력은 ④의 응력분포로 바뀌며, 이때의 응력은 식(6.2)에 의해 계산한다. 단면 윗면의 위험응력은 초기하중단계인 응력분포②의 인장응력과 사용하중단계인 응력분포④의 압축응력이 되며, 단면의 아랫면에서는 초기하중단계인 응력분포②의 압축응력과 사용하중단계인 응력분포④의 인장응력이 위험응력이 된다.

위험응력

- 초기하중단계 : [그림 6.3]의 ②에서 $P_i + M_D$가 작용할 때 단면 상·하면의 응력
- 사용하중단계 : [그림 6.3]의 ④에서 $P_e + M_T$가 작용할 때 단면 상·하면의 응력

앞에서 설명한 세 부재의 초기하중단계와 사용하중단계의 응력 허용값을 [표 6.3]에 정리하였다.

표 6.3 사용하중단계 부재 등급과 응력 제한(KDS 14(국가건설기준, 2020))

<table>
<tr><th rowspan="2"></th><th>초기하중단계 (식(6.1))</th><th>사용하중단계 (식(6.2))</th></tr>
<tr><th>허용응력 조건 (1)</th><th>허용응력 조건 (2)</th></tr>
<tr><td>비균열
등급</td><td rowspan="3">① 휨압축응력(다음 ②의 경우 제외) :
$f_{ci} \leqq 0.60 f_{ci}'$
② 단순지지 부재 단부의 휨압축응력 :
$f_{ci} \leqq 0.70 f_{ci}'$
③ 휨인장응력(다음 ④의 경우 제외) :
$f_{ti} \leqq 0.25 \sqrt{f_{ci}}'$
④ 단순지지 부재의 단부에서의 인장응력 :
$f_{ti} \leqq 0.50 \sqrt{f_{ci}}'$</td><td>① 압축연단응력(유효프리스트레스 + 지속하중) :
$f_c \leqq 0.45 f_{ck}$
② 압축연단응력(유효프리스트레스 + 전체하중) :
$f_c \leqq 0.60 f_{ck}$
③ 인장연단응력 : $f_t \leqq 0.63 \sqrt{f_{ck}}$</td></tr>
<tr><td>부분
균열
등급</td><td>① 압축연단응력(유효프리스트레스 + 지속하중) :
$f_c \leqq 0.45 f_{ck}$
② 압축연단응력(유효프리스트레스 + 전체하중) :
$f_c \leqq 0.60 f_{ck}$
③ 인장연단응력 : $0.63 \sqrt{f_{ck}} < f_t \leqq 1.0 \sqrt{f_{ck}}$</td></tr>
<tr><td>균열
등급</td><td>① 조건 없음
② 조건 없음
③ 인장연단응력 : $f_t > 1.0 \sqrt{f_{ck}}$</td></tr>
</table>

6.2.4 극한하중단계

프리스트레스 콘크리트 휨부재의 극한하중단계는 [그림 6.1]의 ⑨ 단계의 모든 하중이 작용하는 단계이다. 극한하중단계에서 프리스트레스 콘크리트 부재의 휨해석과 설계는 재료메커니즘과 재료 특성을 고려하여 철근콘크리트 부재와 마찬가지로 다음의 기본 가정 또는 기본 조건에 근거한다.

① **평면유지의 가정**(Bernoulli hypothesis) : 변형 전에 부재축에 수직한 평면은 변형 후에도 부재축에 수직한 평면을 유지한다.

탄성해석의 휨해석에 근거한 평면유지의 가정을 프리스트레스 콘크리트 부재의 휨해석에 적용한다. 평면유지의 가정에 의해 부재축에 수직한 프리스트레스 콘크리트 부재의 평면은 변형 후에도 부재축에 수직한 평면을 이루며, 인접하는 요소와 변형의 적합조건을 만족한다. 따라서 프리스트레스 콘크리트 부재의 임의 단면의 축방향변형률은 중립축과의 거리에 비례하여 변화한다.

② **콘크리트와 긴장재의 완전부착(부착긴장재의 경우)** : 단면이 동일한 위치에서 부착된 긴장재와 콘크리트의 변형률이 같다.

휨부재의 해석과 설계에서는 부착된 긴장재와 콘크리트의 완전부착을 가정한다. 따라서 부재에 작용하는 외력에 대해 긴장재와 콘크리트가 일체가 되어 저항하며, 중립축에서 동일한 거리에 있는 긴장재와 콘크리트는 동일한 변형률을 갖는다.

③ **재료 물성이 주어짐** : 재료 실험을 통해 긴장재와 콘크리트의 응력 - 변형률 곡선이 측정되고, 이 곡선이 휨해석에 사용된다.
긴장재와 콘크리트의 응력 - 변형률관계는 3장에서 설명한 재료 실험에 의해 구할 수 있으며 이 결과를 휨해석에 반영한다.

프리스트레스트 콘크리트 부재의 휨모멘트 설계는 다음의 가정과 조건에 근거한다.

① 콘크리트의 인장강도는 무시한다.
콘크리트의 인장강도는 압축강도의 약 10퍼센트에 지나지 않는다. 따라서 균열등급 부재의 휨모멘트 설계에서는 콘크리트의 인장강도를 무시하고, 부재에 작용하는 모든 인장하중은 강재가 지지한다고 가정한다.

② 콘크리트는 압축연단의 압축변형률이 극한변형률일 때 파괴된다.
극한하중단계에서 압축연단의 극한변형률이 0.0033($f_{ck} \leq 40$ MPa인 경우)일 때 부재는 최대 휨모멘트에 도달한다고 가정한다. 이에 대해서는 6.4절에서 상세하게 설명한다.

③ 콘크리트의 압축응력 - 변형률 관계는 실험결과에 따라 직사각형, 사다리꼴 또는 포물선 등으로 가정할 수 있다.

6.3 사용하중단계의 휨설계

KDS 14(국가건설기준, 2020)에서는 사용하중단계에서 프리스트레스트 콘크리트 부재를 비균열등급, 부분균열등급, 균열등급의 세 가지 등급으로 구별하여 설계한다. 비균열등급과 부분균열등급 부재는 초기하중과 사용하중에 대한 단면응력 제한조건이 있으므로 이 조건에 맞게 단면의 크기, 긴장재의 양, 긴장력, 편심거리를 정해야 한다. 균열등급 부재는 초기하중에 대한 단면응력 제한조건은 있지만 사용하중에 대해서는 제한조건이 없으므로 초기하중의 제한조건을 기본으로 설계하되 사용응력에 대해서는 별도의 조건을 따라야 한다.

프리스트레스트 콘크리트 부재의 위험단면은 긴장재의 편심거리에 따라 달라진다. 따라서 프리스트레스트 콘크리트 부재의 휨설계는 다음과 같이 편심거리가 변화하는 보와 편심거리가 일정한 보로 구분하여 설계한다.

6.3.1 곡선긴장재를 사용하며 편심거리가 변화하는 보의 설계

단면 결정

곡선긴장재나 절곡긴장재를 사용할 경우에 긴장재의 편심거리는 부재의 길이에 따라 일정하지 않고 변화한다. [그림 6.4]의 곡선긴장재가 배근된 단순보의 경우에 부재의 단부([그림 6.4]의 a, c점)에서는 편심거리가 거의 영(0)에 가깝기 때문에 긴장력에 의해 콘크리트 단면에는 압축응력만이 발생하며($f_b^t = -P_i/A_c$), 부재의 중앙부에서는 축하중과 편심하중에 의한 직응력이 발생한다($f_b^t = -P_i/A_c \pm P_i \cdot e_c/I_c$). 그러나 고정하중이나 활하중과 같은 외부하중은 부재의 단부에서 영(0)이므로 단부의 콘크리트 단면에 응력이 발생하지 않는다. 따라서 초기하중상태에서 부재 단부에서는 편심하중에 의한 압축응력만 발생하지만, 중앙부에서는 편심하중과 외부하중에

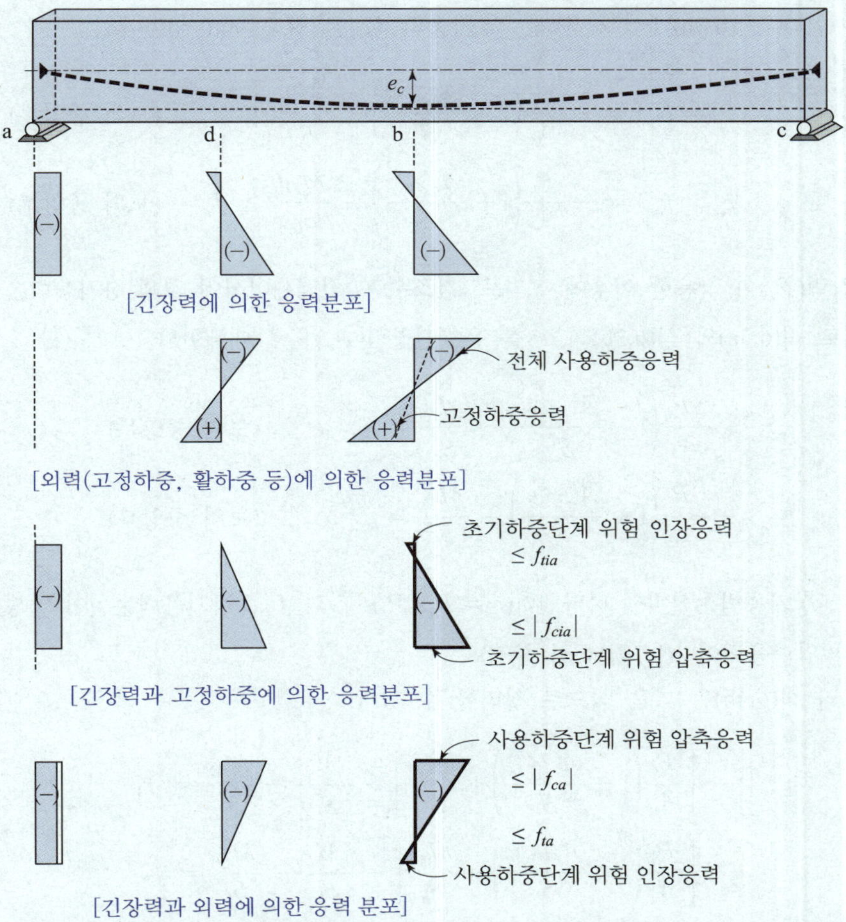

그림 6.4 편심거리가 변화하는 프리스트레스트 콘크리트 보의 응력분포

의한 응력이 동시에 발생하여 두 응력을 더할 경우에 부재 중앙부에서 단부보다 더 큰 압축응력과 인장응력이 발생하여 위험단면은 부재의 중앙부가 된다. 또한 추가고정하중과 활하중이 모두 작용한 후인 최종 사용하중단계에서도 초기하중상태와 유사하게 부재의 단부보다 중앙부의 응력이 크므로 위험단면은 부재의 중앙부가 된다. 따라서 곡선긴장재를 사용하여 편심거리가 변화하는 프리스트레스트 콘크리트 보의 경우에는 긴장력과 자중에 의한 초기하중단계([그림 6.3]의 ②)와 긴장력과 외부하중에 의해 발생하는 사용하중단계([그림 6.3]의 ④)는 동일한 위치에서 응력이 최대가 된다. 즉 단순보의 경우에는 부재의 중앙점에서 긴장력과 외부하중에 의해 발생하는 직응력이 최대가 되어 위험단면이 된다.

위험단면에 대한 설계는 [그림 6.3]의 초기하중단계와 사용하중단계에 대한 제한조건을 이용한다. 구조설계기준에 의하면 초기하중단계에서 단면 상·하면의 응력(f^t와 f_b)은 [표 6.3]의 제한강도(f^{tia}와 f_{cia}) 이하가 되어야 하므로, 식(6.1c)와 식(6.1d)의 응력을 식(6.3a)와 식(6.4b)로 변경할 수 있다. 식(6.3b)에서 허용하는 초기응력 f_{cia}은 압축응력(−)이다.

$$f^t(=f_{ti}) = -\frac{P_i}{A_c}\left(1-\frac{A_c \times e}{S^t}\right) - \frac{M_D}{S^t} \leq f_{tia} \quad \text{(보의 중앙부)} \qquad (6.3a)$$

$$f_b(=f_{ci}) = -\frac{P_i}{A_c}\left(1+\frac{A_c \times e}{S_b}\right) + \frac{M_D}{S_b} \geq f_{cia} \quad \text{(보의 중앙부)} \qquad (6.3b)$$

초기긴장력(P_i)이 작용한 이후에 크리프, 건조수축, 릴랙세이션에 의해 장기응력손실이 발생하게 되므로 식(6.3a)와 식(6.3b)의 P_i를 유효긴장력(P_e)으로 대체한다.

$$-\frac{\gamma P_i}{A_c}\left(1-\frac{A_c \times e}{S^t}\right) - \frac{M_D}{S^t} = f_1 \quad \text{(보의 중앙부)} \qquad (6.4a)$$

$$-\frac{\gamma P_i}{A_c}\left(1+\frac{A_c \times e}{S_b}\right) + \frac{M_D}{S_b} = f_2 \quad \text{(보의 중앙부)} \qquad (6.4b)$$

여기서, γ : 장기응력손실비를 나타낸다($\gamma = P_e / P_i$), f_1과 f_2 : 장기응력손실이 발생한 이후의 인장응력과 압축응력이다([그림 6.3] 참조).

식(6.4a)와 식(6.4b)는 다음 식으로 정리할 수 있다.

$$-\gamma\left[\frac{P_i}{A_c}\left(1-\frac{A_c \times e}{S^t}\right) + \frac{M_D}{S^t}\right] + \frac{\gamma M_D}{S^t} - \frac{M_D}{S^t} = f_1 \qquad (6.5a)$$

$$-\gamma\left[\frac{P_i}{A_c}\left(1+\frac{A_c \times e}{S_b}\right) - \frac{M_D}{S_b}\right] - \frac{\gamma M_D}{S_b} + \frac{M_D}{S_b} = f_2 \qquad (6.5b)$$

식(6.3)을 식(6.5)에 대입하면 식(6.6)이 된다.

$$\gamma f_{tia} - \frac{M_D(1-\gamma)}{S^t} = f_1 \tag{6.6a}$$

$$\gamma f_{cia} + \frac{M_D(1-\gamma)}{S_b} = f_2 \tag{6.6b}$$

식(6.6)에 추가하중(추가고정하중(M_{SD})과 활하중(M_L))이 더해질 경우($\Delta M = M_{SD} + M_L$) [그림 6.3]의 상부단면의 응력과 하부단면의 응력을 식(6.7)에서 계산할 수 있다.

$$\Delta f^t = -\frac{\Delta M}{S^t} \tag{6.7a}$$

$$\Delta f_b = \frac{\Delta M}{S_b} \tag{6.7b}$$

여기서, Δf^t와 Δf_b : 추가하중에 의해 유발되는 부재 단면상부와 단면하부의 응력이다([그림 6.3] 참조).

[그림 6.3]에서 장기응력손실이 발생한 이후의 응력(f_1과 f_2)과 추가하중에 의한 응력(Δf^t와 Δf_b)을 더한 값은 [그림 6.2]와 [그림 6.3]의 사용하중단계의 허용값(f_{ca}와 f_{ta})보다 작아야 한다. 식(6.7a)에서 허용하는 응력 f_{ca}은 압축(−)이다.

$$f_1 + \Delta f^t \geq f_{ca} \quad \text{(보의 중앙부)} \tag{6.8a}$$

$$f_2 + \Delta f_b \leq f_{ta} \quad \text{(보의 중앙부)} \tag{6.8b}$$

식(6.6)과 식(6.7)을 식(6.8)에 대입하여 식(6.9)를 구할 수 있다.

$$\gamma f_{tia} - f_{ca} \geq \frac{M_D(1-\gamma)}{S^t} + \frac{\Delta M}{S^t} \tag{6.9a}$$

$$\gamma f_{cia} - f_{ta} \leq -\frac{M_D(1-\gamma)}{S_b} - \frac{\Delta M}{S_b} \tag{6.9b}$$

식(6.9)에서 고정하중에 의해 발생하는 모멘트(M_D)와 추가하중에 의해 발생하는 모멘트(ΔM)의 합은 전체사용하중에 의한 모멘트($M_T = M_D + \Delta M$)와 동일하므로, 식(6.10)에 의해 단면 상부의 단면계수(S^t)와 단면 하부의 단면계수(S_b)를 계산할 수 있다.

$$S^t \geq \frac{M_T - \gamma M_D}{\gamma f_{tia} - f_{ca}} \tag{6.10a}$$

$$S_b \geq \frac{M_T - \gamma M_D}{f_{ta} - \gamma f_{cia}} \tag{6.10b}$$

식(6.10)은 식(6.11)과 같이 변경할 수 있다.

$$S^t \geq \frac{M_{SD} + M_L + (1-\gamma) M_D}{\gamma f_{tia} - f_{ca}} \tag{6.11a}$$

$$S_b \geq \frac{M_{SD} + M_L + (1-\gamma) M_D}{f_{ta} - \gamma f_{cia}} \tag{6.11b}$$

편심거리와 긴장재 단면적

식(6.10)이나 식(6.11)에 의해 부재 단면의 크기를 정한 후에는 긴장재의 편심거리(e)와 초기긴장력(P_i) 및 단면적(A_{ps})을 결정해야 한다. [그림 6.5]의 직사각형 단면에 대해 단면2차모멘트와 단면 크기의 비례적 관계를 이용하여 식(6.12)를 계산한다.

$$I = S^t \times y^t = S_b \times y_b, \qquad \frac{y^t}{y_b} = \frac{S_b}{S^t}$$

$$\frac{y^t}{h} = \frac{S_b}{S^t + S_b} \tag{6.12}$$

[그림 6.5]에서 초기긴장력(P_i)과 자중에 의한 휨모멘트(M_D)를 받는 초기하중단계(탄성상태)에서 프리스트레스트 콘크리트 부재의 응력은 중립축의 거리에 비례하여 선형적으로 변화한다.

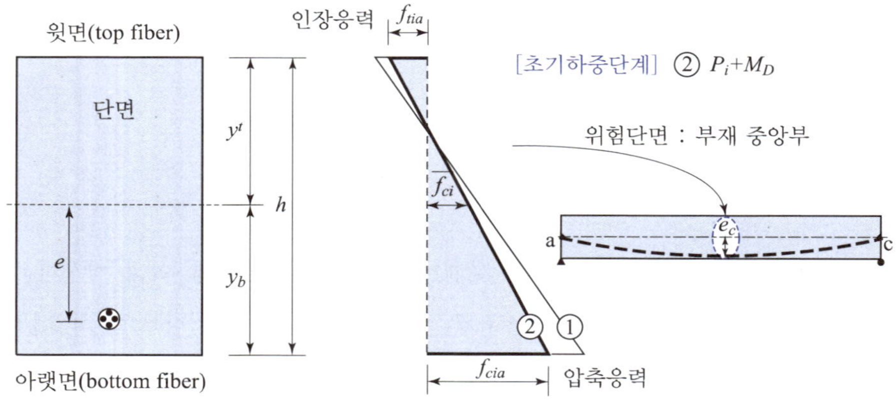

그림 6.5 곡선긴장재를 사용한 프리스트레스트 콘크리트 보의 초기하중단계 응력분포

$$y^t : (\overline{f_{ci}} - f_{tia}) = h : (f_{cia} - f_{tia})$$

$$\overline{f_{ci}} = f_{tia} + \frac{y^t}{h}(f_{cia} - f_{tia}) \tag{6.13}$$

여기서, $\overline{f_{ci}}$: 단면의 도심에 작용하는 콘크리트 응력이다

단면의 도심에서는 편심거리가 없으므로 콘크리트의 응력은 식(6.14)에 의해 계산한다.

$$f(=\overline{f_{ci}}) = -\frac{P_i}{A_c} + \frac{P_i \times e}{I_c}(0) \tag{6.14}$$

그러므로 초기긴장력(P_i)은 식(6.13)과 식(6.14)를 이용하여 식(6.15)에서 계산할 수 있다.

$$P_i = A_c \times \overline{f_{ci}} \tag{6.15}$$

편심거리가 변화하는 프리스트레스트 콘크리트 보의 위험단면은 [그림 6.4]와 같이 부재의 중앙부가 되므로, 부재 중앙부의 긴장재 편심거리(e_c)는 초기긴장력(P_i)과 자중에 의한 휨모멘트(M_D)가 작용할 때의 콘크리트 단면응력을 계산하는 식(6.1c)에 식(6.15)를 대입하여 계산할 수 있다. 자중에 의한 휨모멘트(M_D)를 계산할 때는 식(6.10)에 의해 결정된 단면적을 이용하여 계산하며, f^t는 f_{tia} 이하가 되어야 한다.

$$f^t(=f_{tia}) = -\frac{P_i}{A_c} + \frac{P_i \times e_c}{S^t} - \frac{M_D}{S^t}$$

$$e_c = (f_{tia} - \overline{f_{ci}})\frac{S^t}{P_i} + \frac{M_D}{P_i} \tag{6.16}$$

여기서, e_c : 단면 중앙부의 콘크리트의 편심거리이다.

편심거리가 결정된 후에 필요한 긴장재의 단면적은 식(6.15)에서 계산된 초기긴장력(P_i)을 긴장재의 초기긴장응력(f_{pi})으로 나누어 계산한다.

$$A_{ps} = \frac{P_i}{f_{pi}} \tag{6.17}$$

여기서, A_{ps} : 긴장재 단면적이다.

6.3.2 직선긴장재를 사용하며 편심거리가 일정한 보의 설계

단면 결정

프리스트레스트 콘크리트 부재 중에는 편심거리(e)가 변하지 않고 부재의 길이에 따라 일정한 직선긴장재를 사용하는 경우가 있다. 경사진 긴장재의 경우는 부재의 단부([그림 6.4])에서 편심거리가 거의 영(0)에 가깝지만, 직선긴장재가 배근된 경우에는 [그림 6.6]의 부재 단부(a, c점)에 편심거리가 존재하여 긴장력에 의한 응력이 영(0)이 되지 않고 축하중과 편심하중에 의한 응력($f_b^t = -P_i/A_c \pm P_i \cdot e_c/I_c$)이 부재 길이에 일정하게 발생한다. 그러나 고정하중이나 활하중과 같은 외부하중은 부재의 단부에서 영(0)이며 중앙부에서 최대가 된다. 따라서 이렇게

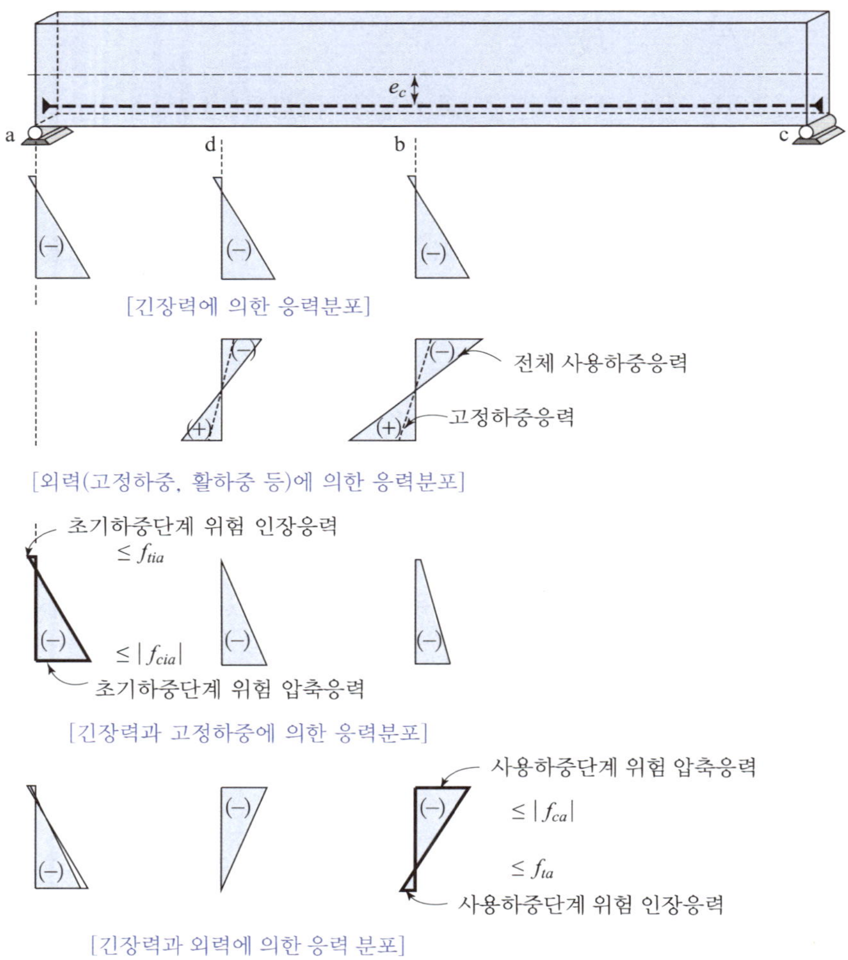

그림 6.6 편심거리가 일정한 프리스트레스트 콘크리트 보의 응력분포

두 응력을 더할 경우에 긴장력과 자중이 작용하는 초기하중상태([그림 6.3]의 ②)에서는 부재의 단부에서 최대 인장응력과 압축응력이 발생하고, 긴장력과 전체사용하중이 작용하는 단계([그림 6.3]의 ④)에서는 부재의 중앙부에서 최대 인장응력과 압축응력이 발생하므로 단면설계를 곡선 긴장재가 배근된 부재와 다르게 해야 한다.

위험단면에 대한 설계는 [그림 6.3]의 초기하중단계와 사용하중단계에 대한 제한조건을 이용한다. 초기하중단계에서의 위험단면은 부재의 단부가 된다. 단부에는 [그림 6.6]과 같이 자중에 의한 휨응력(M_D/S^t)이 존재하지 않고 긴장력에 의한 응력만이 존재한다. 구조설계기준에서는 단부의 단면 상·하면의 응력(f^t와 f_b)이 [표 6.3]의 제한강도(f^{tia}와 f_{cia}) 이하가 되도록 규정하고 있다. 따라서 식(6.1c)와 식(6.1d)의 응력 중에서 긴장재에 의한 응력만을 이용하여 식(6.18)과 같이 변경해야 한다. 식(6.18b)에서 허용하는 초기응력 f_{cia}은 압축응력(−)이다.

$$f^t(=f_{ti}) = -\frac{P_i}{A_c}\left(1-\frac{A_c\times e}{S^t}\right) \leqq f_{tia} \quad \text{(보의 단부)} \tag{6.18a}$$

$$f_b(=f_{ci}) = -\frac{P_i}{A_c}\left(1+\frac{A_c\times e}{S_b}\right) \geqq f_{cia} \quad \text{(보의 단부)} \tag{6.18b}$$

초기긴장력(P_i)이 작용한 이후에 크리프, 건조수축, 릴랙세이션에 의해 장기응력손실이 발생하므로 식(6.18a)와 식(6.18b)의 P_i를 유효긴장력(P_e)으로 대체해야 한다. 또한 보의 단부에서는 자중에 의한 휨응력(M_D/S^t)이 발생하지 않지만, 보의 중앙부에서는 자중에 의한 휨응력이 발생하므로 사용하중단계를 계산하기 위해 식(6.19)를 유도한다.

$$-\frac{\gamma P_i}{A_c}\left(1-\frac{A_c\times e}{S^t}\right)-\frac{M_D}{S^t} = f_1 \quad \text{(보의 중앙부)} \tag{6.19a}$$

$$-\frac{\gamma P_i}{A_c}\left(1+\frac{A_c\times e}{S_b}\right)+\frac{M_D}{S_b} = f_2 \quad \text{(보의 중앙부)} \tag{6.19b}$$

여기서, γ : 장기응력손실비를 나타낸다($\gamma = P_e/P_i$), f_1과 f_2 : 장기응력손실이 발생한 이후의 인장응력과 압축응력이다([그림 6.3] 참조).

식(6.18)을 식(6.19)에 대입하면 식(6.20)이 된다.

$$\gamma f_{tia} - \frac{M_D}{S^t} = f_1 \tag{6.20a}$$

$$\gamma f_{cia} + \frac{M_D}{S_b} = f_2 \tag{6.20b}$$

식(6.20)에 추가하중(추가고정하중(M_{SD})과 활하중(M_L))을 더하여($\Delta M = M_{SD} + M_L$) [그림 6.3]의 상부단면의 응력과 하부단면의 응력(Δf^t와 Δf_b)을 식(6.7)에 의해 계산할 수 있다. [그림 6.3]에서 장기응력손실이 발생한 이후의 응력(f_1과 f_2)과 추가하중에 의한 응력(Δf^t와 Δf_b)을 더한 값은 구조설계기준의 사용하중단계의 제한값(f_{ca}와 f_{ta})보다 작아야 한다.

$$f_1 + \Delta f^t \geq f_{ca} \qquad \text{(보의 중앙부)} \qquad (6.21a)$$

$$f_2 + \Delta f_b \leq f_{ta} \qquad \text{(보의 중앙부)} \qquad (6.21b)$$

식(6.20)과 식(6.7)을 식(6.21)에 대입하여 식(6.22)를 구할 수 있다.

$$\gamma f_{tia} - f_{ca} \geq \frac{M_D}{S^t} + \frac{\Delta M}{S^t} \qquad (6.22a)$$

$$\gamma f_{cia} - f_{ta} \leq -\frac{M_D}{S_b} - \frac{\Delta M}{S_b} \qquad (6.22b)$$

식(6.22)에서 고정하중에 의해 발생하는 휨모멘트(M_D)와 추가하중에 의해 발생하는 휨모멘트(ΔM)의 합은 전체사용하중에 의한 휨모멘트($M_T = M_D + \Delta M$)와 동일하므로, 식(6.23)에 의해 단면상부의 단면계수(S^t)와 단면하부의 단면계수(S_b)를 계산할 수 있다.

$$S^t \geq \frac{\Delta M + M_D}{\gamma f_{tia} - f_{ca}} \qquad (6.23a)$$

$$S_b \geq \frac{\Delta M + M_D}{f_{ta} - \gamma f_{cia}} \qquad (6.23b)$$

식(6.23)은 식(6.24)과 같이 변경할 수 있다.

$$S^t \geq \frac{M_{SD} + M_L + M_D}{\gamma f_{tia} - f_{ca}} \qquad (6.24a)$$

$$S_b \geq \frac{M_{SD} + M_L + M_D}{f_{ta} - \gamma f_{cia}} \qquad (6.24b)$$

편심거리와 긴장재 단면적

편심거리가 일정하게 배근된 긴장재를 사용한 부재의 경우에도 초기하중단계에서의 프리스트레스트 콘크리트 부재의 응력은 [그림 6.7]과 같이 중립축의 거리에 비례하여 선형적으로 변화한다. 다만 편심거리가 변화하는 긴장재를 사용한 경우에는 부재 중앙부가 위험단면이 되어 긴장력(P_i)과 자중에 의한 휨모멘트(M_D)의 응력변화를 고려해야 하지만(식(6.13) 참조), 편심거리가 일정하게 배근된 긴장재를 사용한 부재의 경우에는 초기하중단계의 위험단면이 부재의 단부가 되므로 긴장력(P_i)에 의한 응력변화만을 고려하면 된다.

$$\overline{f_{ci}} = f_{tia} + \frac{y^t}{h}(f_{cia} - f_{tia})$$

직선긴장재를 사용한 프리스트레스트 콘크리트 보의 위험단면은 [그림 6.8]의 부재 단부가 되므로 부재 단부의 긴장재 편심거리(e_c)는 긴장력(P_i)만 작용할 때의 콘크리트 단면응력을 이용하여 계산할 수 있다.

$$f^t(=f_{ti}) = -\frac{P_i}{A_c} + \frac{P_i \times e_c}{S^t}$$

$$e_e = (f_{tia} - \overline{f_{ci}})\frac{S^t}{P_i} \tag{6.25}$$

여기서, e_e : 단면 단부의 콘크리트 편심거리이다. 식(6.25)에서 단면의 도심에 작용하는 콘크리트 응력($\overline{f_{ci}}$)은 식(6.13)에 의해 계산한다.

긴장재에 작용하는 초기긴장력(P_i)은 식(6.15)의 $\overline{f_{ci}}$에 콘크리트의 단면적(A_c)을 곱해서 계산한다. 또한, 편심거리가 결정된 후에 필요한 긴장재의 단면적(A_{ps})은 식(6.17)의 초기긴장력(P_i)을 긴장재의 초기긴장응력(f_{pi})으로 나누어 계산한다.

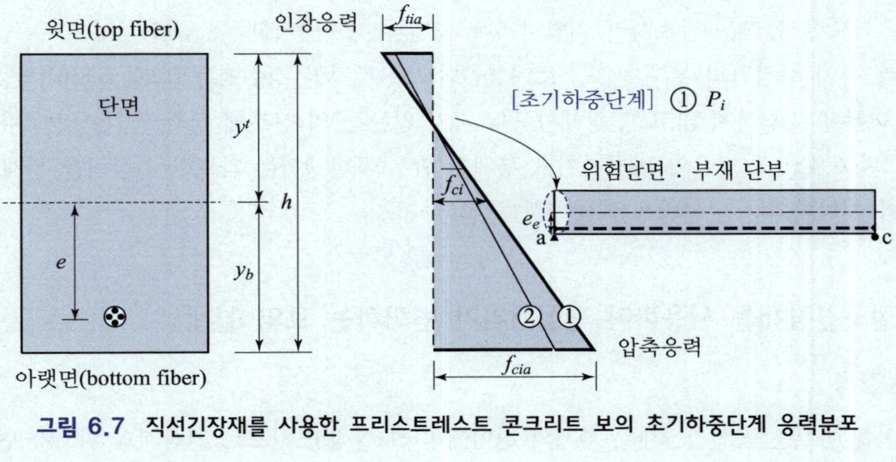

그림 6.7 직선긴장재를 사용한 프리스트레스트 콘크리트 보의 초기하중단계 응력분포

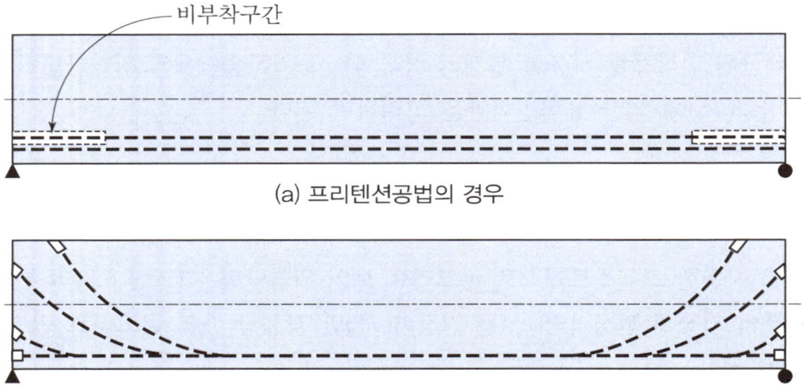

그림 6.8 직선긴장재를 사용한 프리스트레스트 콘크리트 보의 단부 정착

[그림 6.6]의 직선긴장재를 사용한 프리스트레스트 콘크리트 보의 경우에는 부재의 단부 근처에서 자중에 의한 모멘트가 작게 발생한다. 자중에 의한 응력이 긴장력에 의한 응력을 상쇄시키지 못할 경우에 단부에 과도한 응력이 발생하여 지압파괴가 발생하거나 균열이 발생할 수 있다. 따라서 프리스트레스트 콘크리트 부재를 제작할 때는 부재의 양 단부에 발생하는 긴장력의 크기를 줄여 이러한 위험을 방지하기도 한다.

프리스트레스트 콘크리트 부재를 프리텐션공법에 의해 제작할 경우에는 [그림 6.8(a)]와 같이 단부 주변에 배치된 긴장재를 플라스틱 관이나 헝겊 테이프 등으로 일정 구간 감싸는 경우가 있다. 이 경우에는 감싸인 구간의 긴장재가 비부착되어 단부에서 긴장력을 전달하지 못하고, 감싼 구간이 끝나는 부분에서 긴장력을 콘크리트에 전달하게 된다. 따라서 부재 단부에서 발생할 수 있는 과도한 응력을 감소시켜 지압파괴나 균열발생을 방지할 수 있다.

교량과 같이 장경간의 부재를 포스트텐션공법으로 제작할 경우에는 [그림 6.8(b)]의 모든 긴장재를 단부에 정착하지 않고, 긴장재가 필요하지 않는 곳의 상부에 정착시키는 것이 유리하다. 이는 [그림 6.8(a)]의 경우와 마찬가지로 부재의 단부에 발생하는 과도한 긴장력을 부재 길이에 분산시켜 지압파괴나 균열발생을 방지하기 위함이다.

6.3.3 절곡긴장재를 사용하며 편심거리가 변화하는 보의 설계

단면 결정

포물선을 이루는 곡선긴장재는 부재의 길이에 따라 일정한 각도로 긴장재의 위치가 변화한다. 이러한 긴장재의 배치는 포스트텐션 부재에서는 가능하지만 긴장재의 위치를 정한 후에 콘크리트를 타설하는 프리텐션 부재에서는 쉽지 않다. 따라서 프리텐션 콘크리트 부재에서는 2.1절의

[그림 2.1]에서 설명한 당김장치(hold down)를 이용하여 긴장재의 각도를 조절한다. 이 경우에 긴장재의 편심거리는 [그림 6.9]와 같이 당김장치를 전후로 변하게 된다. 즉, [그림 6.9]에 표시된 부재의 경우에는 ad구간에서는 편심거리(e)가 변화하지만 de구간에서는 편심거리가 변화하지 않고 일정하다.

긴장재가 절곡되어 배치된 경우에 프리스트레스트 콘크리트 부재의 위험단면은 포물선이나 직선으로 배치된 프리스트레스트 콘크리트 부재의 위험단면과 다르다. [그림 6.9]의 절곡긴장재를 사용한 단순보의 단부(a, c점)에서는 편심거리가 거의 영(0)에 가깝기 때문에 긴장력에 의해 압축응력만이 발생($f_b^t = -P_i/A_c$)하지만, 절곡된 [그림 6.9]의 $\overline{\text{de}}$구간에서는 축하중과 편심하중에 의한 응력($f_b^t = -P_i/A_c \pm P_i \cdot e_c/I_c$)이 일정하게 발생한다. 한편 고정하중에 의해 발생

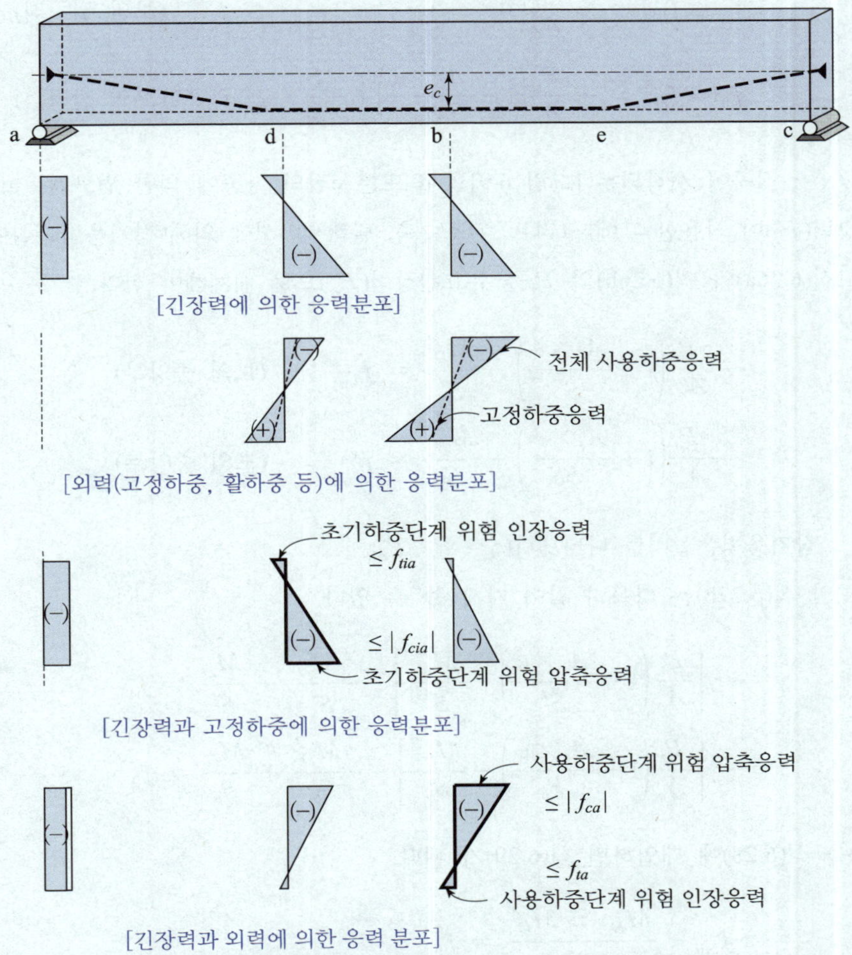

그림 6.9 절곡긴장재를 사용한 프리스트레스트 콘크리트 보의 응력분포

하는 응력은 부재의 절곡이 시작되는 지점인 d 또는 e점보다 부재의 중앙부인 b점에서 최대가 된다. 초기하중단계에서는 자중에 의한 응력이 긴장력에 의한 응력을 상쇄하는 역할을 하므로, 부재의 최대 응력은 절곡이 시작되는 지점인 d 또는 e점에서 발생한다. 한편, 추가고정하중과 활하중이 작용하는 사용하중단계에서는 외부하중에 의한 영향이 크게 작용하여 압축응력과 인장응력을 받는 면이 단면의 상부와 하부가 되어 부재의 위험단면은 부재의 중앙부가 된다.

위험단면에 대한 설계는 [그림 6.3]의 초기하중단계와 사용하중단계에 대한 제한조건을 이용한다. 초기하중단계에서 위험단면은 절곡이 시작되는 점이 되며, 단면 상·하면의 응력(f^t와 f_b)은 [표 6.3]의 제한강도 이하가 되어야 한다. 따라서 식(6.1c)와 식(6.1d)에 긴장재에 의한 응력과 절곡점의 자중에 의한 응력($M_D'/S_b^{\,t}$)을 대입하여 식(6.26)을 유도할 수 있다.

$$f^t(=f_{ti}) = -\frac{P_i}{A_c}\left(1-\frac{A_c\times e}{S^t}\right)-\frac{M_D'}{S^t} \leq f_{tia} \quad \text{(보의 절곡점)} \qquad (6.26a)$$

$$f_b(=f_{ci}) = -\frac{P_i}{A_c}\left(1+\frac{A_c\times e}{S_b}\right)+\frac{M_D'}{S_b} \geq f_{cia} \quad \text{(보의 절곡점)} \qquad (6.26b)$$

여기서, M_D' : 절곡이 시작되는 [그림 6.9]의 d 또는 e점의 자중에 의한 휨모멘트이다.

초기긴장력(P_i)이 작용한 후에 크리프, 건조수축, 릴랙세이션에 의해 장기응력손실이 발생하게 되므로 식(6.26a)와 식(6.26b)의 P_i를 유효긴장력(P_e)으로 대체해야 한다.

$$-\frac{\gamma P_i}{A_c}\left(1-\frac{A_c\times e}{S^t}\right)-\frac{M_D'}{S^t} = f_1 \quad \text{(보의 중앙부)} \qquad (6.27a)$$

$$-\frac{\gamma P_i}{A_c}\left(1+\frac{A_c\times e}{S_b}\right)+\frac{M_D'}{S_b} = f_2 \quad \text{(보의 중앙부)} \qquad (6.27b)$$

여기서, γ : 장기응력손실비를 나타낸다($\gamma = P_e/P_i$).

식(6.27a)와 식(6.27b)는 다음과 같이 다시 쓸 수 있다.

$$-\gamma\left[\frac{P_i}{A_c}\left(1-\frac{A_c\times e}{S^t}\right)+\frac{M_D'}{S^t}\right]+\frac{\gamma M_D'}{S^t}-\frac{M_D}{S^t} = f_1 \qquad (6.28a)$$

$$-\gamma\left[\frac{P_i}{A_c}\left(1+\frac{A_c\times e}{S_b}\right)-\frac{M_D'}{S_b}\right]-\frac{\gamma M_D'}{S_b}+\frac{M_D}{S_b} = f_2 \qquad (6.28b)$$

식(6.26)을 식(6.28)에 대입하면 식(6.29)가 된다.

$$\gamma f_{tia} - \frac{M_D-\gamma\, M_D'}{S^t} = f_1 \qquad (6.29a)$$

$$\gamma f_{cia} + \frac{M_D - \gamma M_D'}{S_b} = f_2 \tag{6.29b}$$

식(6.29)에 추가고정하중(M_{SD})과 활하중(M_L)이 더해질 경우($\Delta M = M_{SD} + M_L$) [그림 6.3]의 상부단면의 응력과 하부단면의 응력(Δf^t와 Δf_b)을 식(6.30)을 이용하여 계산할 수 있다. 장기응력손실이 발생한 이후의 응력(f_1과 f_2)과 추가하중에 의한 응력(Δf^t와 Δf_b)을 더한 값은 사용하중단계의 값보다 작아야 한다.

$$f_1 + \Delta f^t \geq f_{ca} \quad \text{(보의 중앙부)} \tag{6.30a}$$

$$f_2 + \Delta f_b \leq f_{ta} \quad \text{(보의 중앙부)} \tag{6.30b}$$

식(6.29)와 식(6.7)을 식(6.30)에 대입하여 식(6.31)을 구할 수 있다.

$$\gamma f_{tia} - f_{ca} \geq \frac{M_D - \gamma M_D'}{S^t} + \frac{\Delta M}{S^t} \tag{6.31a}$$

$$\gamma f_{cia} - f_{ta} \leq -\frac{M_D - \gamma M_D'}{S_b} - \frac{\Delta M}{S_b} \tag{6.31b}$$

식(6.31)에서 고정하중에 의해 발생하는 휨모멘트(M_D)와 추가하중에 의해 발생하는 휨모멘트(ΔM)의 합은 전체사용하중에 의한 휨모멘트($M_T = M_D + \Delta M$)와 동일하므로 식(6.31)에 의해 단면 상부의 단면계수(S^t)와 단면 하부의 단면계수(S_b)를 식(6.32)와 같이 계산할 수 있다.

$$S^t \geq \frac{M_T - \gamma M_D'}{\gamma f_{tia} - f_{ca}} \tag{6.32a}$$

$$S_b \geq \frac{M_T - \gamma M_D'}{f_{ta} - \gamma f_{cia}} \tag{6.32b}$$

식(6.32)는 식(6.33)과 같이 변경할 수 있다.

$$S^t \geq \frac{M_{SD} + M_L + M_D - \gamma M_D'}{\gamma f_{tia} - f_{ca}} \tag{6.33a}$$

$$S_b \geq \frac{M_{SD} + M_L + M_D - \gamma M_D'}{f_{ta} - \gamma f_{cia}} \tag{6.33b}$$

편심거리와 긴장재 단면적

식(6.32)나 식(6.33)에 의해 부재 단면의 크기를 정한 후에 긴장재의 편심거리(e)와 초기긴장력(P_i) 및 단면적(A_{ps})을 결정해야 한다. 절곡긴장재를 사용한 부재의 경우에도 [그림 6.10]의 초기하중단계에서 프리스트레스트 콘크리트 부재의 응력은 중립축의 거리에 비례하여 선형적으로 변화하므로 식(6.13)에 의해 계산한다. 다만 절곡긴장재를 사용할 경우에는 초기하중단계의 위험단면은 부재의 절곡이 시작되는 곳이 되므로 초기긴장력(P_i)과 절곡부의 자중에 의한 휨모멘트($M_D{'}$)에 의한 응력변화를 계산해야 한다. 따라서 긴장재의 편심거리는 식(6.1c)에 절곡부의 자중에 의해 발생하는 휨모멘트($M_D{'}$)를 대입하여 계산한다.

$$\overline{f_{ci}} = f_{tia} + \frac{y^t}{h}(f_{cia} - f_{tia})$$

$$f^t(= f_{ti}) = -\frac{P_i}{A_c} + \frac{P_i \times e_c}{S^t} - \frac{M_D{'}}{S^t}$$

$$e_c = (f_{tia} - \overline{f_{ci}})\frac{S^t}{P_i} + \frac{M_D{'}}{P_i} \tag{6.34}$$

여기서, e_c : 부재 절곡부의 콘크리트 편심거리이다. 식(6.34)에서 단면의 도심에 작용하는 콘크리트 응력($\overline{f_{ci}}$)은 식(6.13)과 동일하다.

긴장재에 작용하는 초기긴장력(P_i)은 식(6.15)의 $\overline{f_{ci}}$에 콘크리트의 단면적(A_c)을 곱하여 계산한다. 또한, 편심거리가 결정된 후에 필요한 긴장재의 단면적은 식(6.17)의 초기긴장력(P_i)을 긴장재의 초기긴장응력(f_{pi})으로 나누어 계산한다.

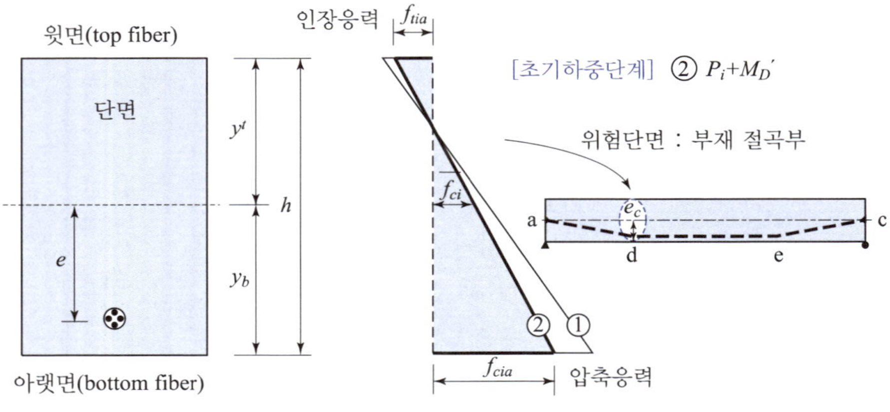

그림 6.10 절곡긴장재를 사용한 프리스트레스트 콘크리트 보의 초기하중단계 응력분포

지금까지 설명한 곡선긴장재, 직선긴장재, 절곡긴장재를 사용한 부재의 위험단면, 단면계수, 편심거리를 [표 6.4]에서 비교하였다.

표 6.4 긴장재의 종류에 의한 사용하중단계 단면의 위험단면, 단면계수, 편심거리

	곡선긴장재	직선긴장재	절곡긴장재
긴장재	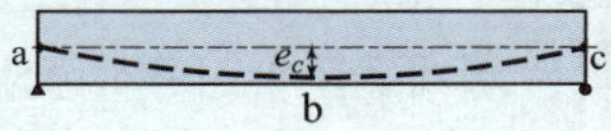	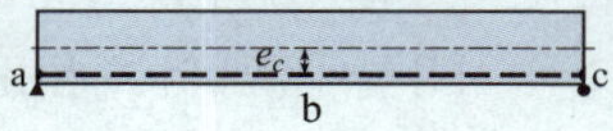	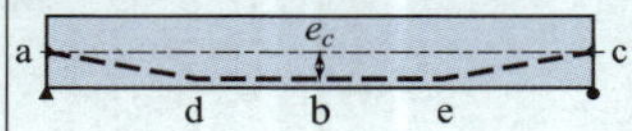
위험단면 (초기하중 단계)	부재 중앙부	부재 단부	부재 절곡부
위험단면 (사용하중 단계)	부재 중앙부	부재 중앙부	부재 중앙부
단면계수	$S^t \geq \frac{M_{SD}+M_L+(1-\gamma)M_D}{\gamma f_{tia}-f_{ca}}$ $S_b \geq \frac{M_{SD}+M_L+(1-\gamma)M_D}{f_{ta}-\gamma f_{cia}}$	$S^t \geq \frac{M_{SD}+M_L+M_D}{\gamma f_{tia}-f_{ca}}$ $S_b \geq \frac{M_{SD}+M_L+M_D}{f_{ta}-\gamma f_{cia}}$	$S^t \geq \frac{M_{SD}+M_L+M_D-\gamma M_D'}{\gamma f_{tia}-f_{ca}}$ $S_b \geq \frac{M_{SD}+M_L+M_D-\gamma M_D'}{f_{ta}-\gamma f_{cia}}$
편심거리	$e_c=(f_{tia}-\overline{f_{ci}})\frac{S^t}{P_i}+\frac{M_D}{P_i}$	$e_e=(f_{tia}-\overline{f_{ci}})\frac{S^t}{P_i}$	$e_c=(f_{tia}-\overline{f_{ci}})\frac{S^t}{P_i}+\frac{M_D'}{P_i}$

6.3.4 도로교설계기준(한계상태설계법)의 휨부재에 대한 사용한계상태 설계

도로교설계기준(한계상태설계법)의 한계상태구분은 KDS 14 국가건설기준-2020(콘크리트구조 학회기준, 2017)의 한계상태구분에 비하여 세분화되고 복잡하다. 도로교설계기준(한계상태설계법)의 사용한계상태 구분은 다음의 절차에 의하여 진행된다.

① **구조물의 노출등급 결정** : 프리스트레스트 콘크리트 구조물이 위치한 장소의 환경조건을 고려하여 노출등급을 결정한다([표 6.5]).

② **설계등급 결정** : 결정된 노출등급을 건조 또는 영구적 수중, 부식, 고부식 환경으로 구분한 후에 환경조건과 최소 설계등급을 연계한다([표 6.6]).

③ **설계등급과 사용한계상태의 연계** : 구분된 A, B, C, D, E의 최소 설계등급을 이용하여 사용한계상태의 하중조합을 연계한다([표 6.7]).

④ **하중계수의 결정** : 결정된 네 가지 하중조합에 해당하는 사용한계상태의 하중계수를 결정한다([표 6.8]).

⑤ **재료계수의 결정** : 결정된 네 가지 하중조합에 해당하는 사용한계상태의 재료계수를 결정한다([표 4.3]). [표 4.3]에서 사용하중단계에서 콘크리트의 재료계수(ϕ_c)와 긴장재의 재료

계수(ϕ_s)는 "1"이다.

⑥ **허용응력의 결정** : 즉시응력손실이 발생한 후의 초기하중단계에서 허용압축응력을 KDS 14 국가건설기준과 동일하게 $f_{cia} = 0.60 f_{ci}'$으로 규정하고 있다. 한편 초기하중단계에서 허용인장응력에 대해서는 특별한 규정을 두고 있지 않으므로 구조설계자는 허용인장응력을 균열이 발생하지 않는 콘크리트 인장강도의 한계값을 사용하거나 인장 응력이 발생하지 않도록 할 수 있다. 또한 사용한계상태의 허용응력은 설계등급과 사용하중상태에 의하여 결정한다([표 6.9]).

표 6.5 도로교설계기준(한계상태설계법, 2016)의 환경 조건에 따른 노출 등급의 일부

노출 등급	환경 조건	해당 노출 등급이 발생할 수 있는 사례 설계 등급
1. 부식이나 침투 위험 없음		
E0	• 철근이나 매입금속이 없는 콘크리트 : 동결/융해, 마모나 화학적 침투가 있는 곳을 제외한 모든 노출 • 철근이나 매입금속이 있는 콘크리트 : 매우 건조	• 공기 중 습도가 매우 낮은 건물 내부의 콘크리트
2. 탄산화에 의한 부식		
EC1	건조 또는 영구적으로 습윤한 상태	• 공기 중 습도가 낮은 건물의 내부 콘크리트 • 영구적 수중 콘크리트
EC2	습윤, 드물게 건조한 상태	• 장기간 물과 접촉한 콘크리트 표면 • 대다수의 기초
EC3	보통의 습도인 상태	• 공기 중 습도가 보통이거나 높은 건물 내부 콘크리트 • 비를 맞지 않는 외부 콘크리트
EC4	주기적인 습윤과 건조 상태	• EC2 노출등급에 포함되지 않는 물과 접촉한 콘크리트 표면
3. 염화물에 의한 부식		
ED1	보통의 습도	• 공기 중의 염화물에 노출된 콘크리트 표면
ED2	습윤, 드물게 건조한 상태	• 수영장 • 염화물을 함유한 공업용수에 노출된 콘크리트 부재
ED3	주기적인 습윤과 건조 상태	• 염화물을 함유한 비말대에 노출된 교량 부위 • 포장 • 주차장 슬래브
4. 해수의 염화물에 의한 부식		
ES1	해수의 직접적인 접촉없이 공기 중의 염분에 노출된 해상대기중	• 해안 근처에 있거나 해안가에 있는 구조물
ES2	영구적으로 침수된 해중	• 해양 구조물의 부위
ES3	간만대 혹은 비말대 지역	• 해양 구조물의 부위

⑦ **프리스트레스 영향계수의 결정** : 사용하중에 의하여 긴장력이 변화할 수 있으므로 사용한계상태설계에서는 긴장력을 다음 두 가지 기준값으로 계산하여 긴장력의 변동 가능성을 고려한다.

$$P_{e,t} = \gamma_h P_{m,e}$$

$$P_{e,l} = \gamma_l P_{m,e}$$

여기서, $P_{m,e}$, $P_{e,t}$, $P_{e,l}$: 각각 평균유효긴장력, 평균유효긴장력의 상한값, 하한값(도로교설계기준에서는 $P_{m,t}$, $P_{k,h}$, $P_{k,l}$기호로 사용)이다.

$\gamma_h = 1.05$, $\gamma_l = 0.95$: 프리텐션 부재와 비부착 강선

$\gamma_h = 1.10$, $\gamma_l = 0.90$: 포스트텐션 부재와 부착 강선

다만 사용상태에서 비부착 강선의 응력을 직접 측정하는 경우와 같이 적절하게 긴장력을 측정하는 경우에는 γ_h와 γ_l을 1.0으로 할 수 있다.

표 6.6 도로교설계기준(한계상태설계법, 2016)의 노출 환경에 따라 요구되는 최소 설계 등급

노출 환경	최소 설계 등급			
	포스트텐션	프리텐션	비부착 프리스트레싱	철근콘크리트
건조 또는 영구적 수중 환경(EC1)	D	D	E	E
부식성 환경(습기 또는 물과 장기간 접촉 환경; EC2, EC3, EC4)	C	C	E	E
고부식성 환경(염화물 또는 해수에 노출된 환경; ED1, ED2, ED3, ES1, ES2, ES3)	C	B	E	E

표 6.7 도로교설계기준(한계상태설계법, 2016)의 설계 등급에 따른 사용 한계값

설계 등급	한계상태 검증을 위한 하중조합		표면 한계균열폭(mm)
	영(0)응력* 한계상태	균열폭 한계상태	
A	사용하중조합-I	-	-
B	사용하중조합-III/IV	사용하중조합-I	0.2
C	사용하중조합-V	사용하중조합-III/IV	0.2
D	-	사용하중조합-III/IV	0.3
E	-	사용하중조합-V	0.3

* 영(0)응력 : 인장측연단에서의 콘크리트의 응력이 “0” 이상(압축응력)인 응력

표 6.8 도로교설계기준(한계상태설계법, 2016)의 하중계수([표 4.4]의 일부)

하중조합	고정 하중	활 하중	수압 부력	구조 풍하중	차량 풍하중	마찰력	평균 온도 하중	극단(사고)하중			
								지진	설하중	차량 충돌	선박 충돌
사용하중조합 I	1.0	1.0	1.0	0.3	1.0	1.0	0.5/1.2	-	-	-	-
사용하중조합 II	1.0	1.3	1.0	-	-	1.0	0.5/1.2	-	-	-	-
사용하중조합 III	1.0	0.8	1.0	-	-	1.0	0.5/1.2	-	-	-	-
사용하중조합 IV	1.0	-	1.0	-	-	1.0	0.5/1.2	-	-	-	-
사용하중조합 V	1.0										

* 사용한계상태 하중조합의 정의에 대하여 이 책의 4.3.4항 참조

표 6.9 사용하중단계 부재 등급과 응력 제한

하중단계	허용 응력
초기하중 단계	① 휨압축응력(다음 ②의 경우 제외) : $f_{ci} \leqq 0.60 f_{ci}'$ ② 프리텐션 부재의 경우, 실험이나 경험에 의해 입증될 수 있다면 휨압축응력 : $f_{ci} \leqq 0.70 f_{ci}'$ ③ 휨인장응력 : 특별한 규정이 없음. 설계자는 균열이 발생하지 않는 콘크리트 인장강도의 한계값을 사용하거나 인장 응력이 발생하지 않도록 할 수 있음.
사용하중 단계	① 압축연단응력(유효프리스트레스＋지속하중) : $f_c \leqq 0.45 f_{ck}$ ② 압축연단응력(유효프리스트레스＋사용하중조합-I) : $f_c \leqq 0.60 f_{ck}$ ③ 휨인장응력(설계등급A＋사용하중조합-I, 설계등급B＋사용하중조합-III/IV, 설계등급C＋사용하중조합-V) : 영응력

예제 6.1

[예제 그림 6.1.1]의 길이가 15 m이며 I형 단면인 프리스트레스트 콘크리트 보를 KDS 14 국가건설기준의 사용하중단계 비균열등급(U-class)으로 설계하라.

부재의 고정하중(자중) $w_D = 5$ kN/m로 가정, 프리스트레스트 콘크리트의 단위질량 24 kN/m^3, 추가고정하중 $w_{SD} = 9$ kN/m, 활하중 $w_L = 12$ kN/m, 설계하는 부재의 고정하중과 활하중은 변동하지 않고 지속적으로 작용한다.

콘크리트의 28일 압축강도 $f_{ck} = 42$ MPa이다.

긴장력을 가할 때의 콘크리트 초기압축강도 $f_{ci}' = 24$ MPa이다.

- PS강재 : 인장강도 $f_{pu} = 1{,}780$ MPa, 항복강도 $f_{py} = 1{,}500$ MPa, 긴장 시의 긴장응력 $f_{pj} = 0.9 f_{py}$
- 즉시응력손실 : 긴장 시 강재응력(f_{pj})의 10%
- 장기응력손실 : 초기 강재응력(f_{pi})의 15%

1) 긴장재가 곡선(포물선)으로 배치될 경우의 단면의 크기, 부재 중앙부의 편심거리(e_c), 초기긴장력

(P_i), 긴장재 단면적(A_{ps})을 계산하라.

2) 긴장재가 직선으로 배치될 경우의 단면의 크기, 부재 단부의 편심거리(e_c), 초기긴장력(P_i), 긴장재 단면적(A_{ps})을 계산하라.

3) 절곡긴장재가 배치될 경우의 단면의 크기, 부재 단부의 편심거리(e_c), 초기긴장력(P_i), 긴장재 단면적(A_{ps})을 계산하라. 절곡하는 위치는 지점에서 전체 길이의 3/8이 되는 곳으로 한다.

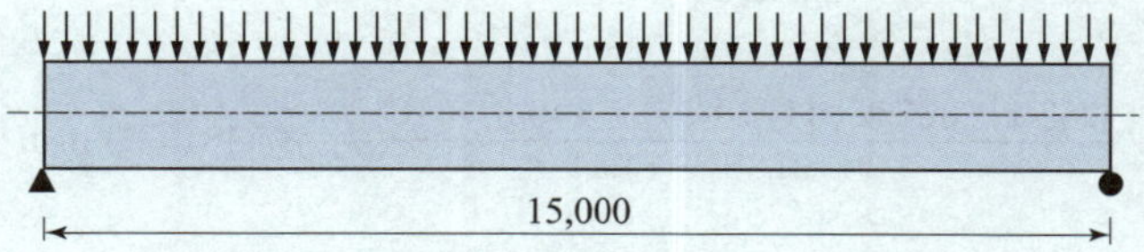

(a) 프리스트레스트 콘크리트 부재

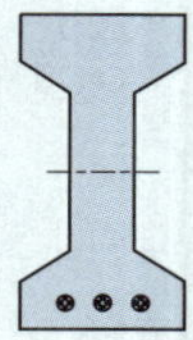

(b) 단면

예제 그림 6.1.1 프리스트레스트 콘크리트 부재와 단면 (단위 : mm)

풀이

1) 긴장재가 곡선(포물선)으로 배치될 경우

(1) 허용응력을 계산한다.

주어진 조건에서 프리스트레스트 콘크리트 보를 KDS 14 국가건설기준의 사용하중단계 비균열등급으로 설계해야 한다. 그러므로 비균열등급 부재의 허용응력을 [표 6.3]을 이용하여 계산한다.

[초기하중단계]

$$\text{허용압축응력 } f_{cia} = 0.60 f_{ci}{}' = 0.6 \times 24 = -14.40 \text{ MPa} \quad \text{(a)}$$

$$\text{허용인장응력 } f_{tia} = 0.25\sqrt{f_{ci}{}'} = 0.25\sqrt{24} = 1.22 \text{ MPa} \quad \text{(b)}$$

[사용하중단계]

$$\text{허용압축응력(지속하중이 작용) } f_{ca} = 0.45 f_{ck} = 0.45 \times 42 = -18.90 \text{ MPa} \quad \text{(c)}$$

$$\text{허용인장응력 } f_{ta} = 0.63\sqrt{f_{ck}} = 0.63\sqrt{42} = 4.08 \text{ MPa} \quad \text{(d)}$$

(2) 설계하중을 계산한다.

고정하중과 활하중에 의해 발생하는 부재 중앙부의 휨모멘트를 계산한다.

$$M_D = \frac{w_D l^2}{8} = \frac{5 \times 15^2}{8} = 140.6 \text{ kN} \cdot \text{m} \quad \text{(e)}$$

$$M_{SD} = \frac{w_{SD} l^2}{8} = \frac{9 \times 15^2}{8} = 253.1 \text{ kN} \cdot \text{m} \quad \text{(f)}$$

$$M_L = \frac{w_L l^2}{8} = \frac{12 \times 15^2}{8} = 337.5 \text{ kN} \cdot \text{m} \quad \text{(g)}$$

(3) 단면계수를 계산한다.

긴장재가 곡선으로 배치된 부재의 단면계수를 식(6.11)을 이용하여 계산한다. 장기응력손실은 15%이므로 장기응력손실비(γ)는 85%(0.85)이다.

$$S^t \geqq \frac{M_{SD}+M_L+(1-\gamma)M_D}{\gamma f_{tia}-f_{ca}}$$

$$\geqq \frac{[253.1+337.5+(1-0.85)\times 140.6]\times 10^6}{0.85\times 1.22-(-18.9)} = 30{,}681{,}146\ \mathrm{mm}^3 \qquad \text{(h)}$$

$$S_b \geqq \frac{M_{SD}+M_L+(1-\gamma)M_D}{f_{ta}-\gamma f_{cia}}$$

$$\geqq \frac{[253.1+337.5+(1-0.85)\times 140.6]\times 10^6}{4.08-0.85(-14.4)} = 37{,}481{,}005\ \mathrm{mm}^3 \qquad \text{(i)}$$

(4) 단면을 정한다.

식(h)와 식(i)에 의해 계산한 단면계수를 이용하여 [예제 그림 6.1.2]의 단면적을 정한다. 결정된 단면에 대한 단면적(A_c), 단면2차모멘트(I_c), 중립축의 위치($\bar{y}$) 등의 기본 내용을 계산한다.

$$A_c = (350\times 150)+(150\times 500)+(450\times 150) = 195{,}000\ \mathrm{mm}^2$$

$$\bar{y} = \frac{(350\times 150)\times 725+(150\times 500)\times 400+(450\times 150)\times 75}{(350\times 150)+(150\times 500)+(450\times 150)} = 375\ \mathrm{mm}$$

$$I_c = \frac{350\times 150^3}{12}+(350\times 150)(725-375)^2+\frac{150\times 500^3}{12}$$

$$+(150\times 500)(400-375)^2+\frac{450\times 150^3}{12}+(450\times 150)(75-375)^2$$

$$= 14{,}341\times 10^6\ \mathrm{mm}^4$$

$$S^t = \frac{I_c}{y^t} = \frac{14{,}341\times 10^6}{800-375} = 33{,}743{,}529\ \mathrm{mm}^3$$

$$S_b = \frac{I_c}{y_b} = \frac{14{,}341\times 10^6}{375} = 38{,}242{,}667\ \mathrm{mm}^3$$

결정된 단면에 대한 단면계수(S^t와 S_b)는 식(h)와 식(i)의 요구 단면계수보다 크다.

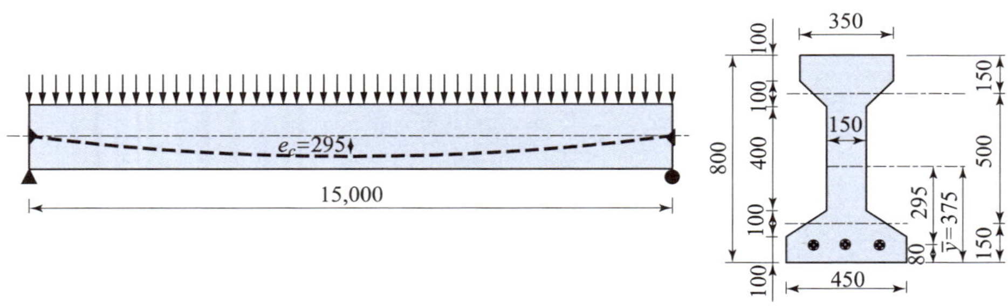

예제 그림 6.1.2 곡선긴장재를 사용한 프리스트레스트 콘크리트 부재와 단면 (단위 : mm)

(5) 편심거리를 계산한다.

부재의 단면적을 정한 후에 부재의 중앙부에 놓이는 긴장재 단면의 도심에 작용하는 콘크리트 응력($\overline{f_{ci}}$), 초기긴장력(P_i), 편심거리(e_c)를 식(6.13), 식(6.15), 식(6.16)을 이용하여 계산한다.

$$\overline{f_{ci}} = f_{tia} + \frac{y^t}{h}(f_{cia} - f_{tia}) = 1.22 + \frac{425}{800}(-14.4 - 1.22) = -7.08\text{ MPa}$$

$$P_i = A_c \times \overline{f_{ci}} = 195{,}000 \times 7.08 = 1{,}381\text{ kN}$$

단면이 결정된 이후에 자중에 의해 발생하는 휨모멘트를 다시 계산해야 한다. 프리스트레스트 콘크리트의 단위질량은 24 kN/m^{3}이므로 결정된 단면의 단면적(A_c)을 곱하여 자중을 계산한다.

$$w_D = 24\text{ kN/m}^3 \times A_c = 24 \times 195{,}000 = 4.68\text{ kN/m}$$

$$M_D = \frac{w_D l^2}{8} = \frac{4.68 \times 15^2}{8} = 131.6\text{ kN}\cdot\text{m}$$

자중에 의한 휨모멘트를 계산한 후에 부재 중앙부에 놓이는 긴장재의 편심거리(e_c)를 계산한다.

$$e_c = (f_{tia} - \overline{f_{ci}})\frac{S^t}{P_i} + \frac{M_D}{P_i}$$

$$= (1.22 - (-7.08))\frac{33{,}743{,}529}{1{,}381 \times 10^3} + \frac{131.6 \times 10^6}{1{,}381 \times 10^3} = 298.1\text{ mm}$$

설계에서는 시공의 편의를 위해 편심거리를 도심에서 295 mm, 단면의 하부에서 80 mm 떨어진 위치로 하였다.

(6) 긴장재의 단면적을 계산한다.

초기긴장력(P_i)과 편심거리가 결정된 후에 필요한 긴장재의 단면적(A_{ps})을 식(6.17)을 이용하여 계산한다. PS강재의 인장강도 $f_{pu} = 1{,}780$ MPa, 항복강도 $f_{py} = 1{,}500$ MPa, 긴장 시의 긴장응력은 $f_{pj} = 0.9 f_{py}$이다. 필요한 긴장재의 단면적은 식(6.15)에서 계산된 초기긴장력(P_i)을 긴장재의 초기긴장응력(f_{pi})으로 나누어 계산한다.

$$A_{ps} = \frac{P_i}{f_{pi}} = \frac{1{,}381 \times 10^3}{0.9 \times f_{pj}} = \frac{1{,}381 \times 10^3}{0.9 \times 0.9 \times 1{,}500} = 1{,}137\text{ mm}^2$$

(7) 결정된 단면적과 초기인장력 및 편심거리에 대한 단면의 응력을 검토한다.

긴장재의 위치가 변화하는 프리스트레스트 콘크리트 부재에 대한 단면적, 초기인장력, 편심거리를 정한 후에 구조설계기준에서 요구하는 [표 6.3]의 허용응력과 외력에 의해 발생하는 응력을 비교한다. 프리스트레스트 콘크리트 보는 사용하중단계의 비균열등급이며, 이때의 허용응력은 식 (a), (b), (c), (d)에서 이미 계산하였다.

① 초기하중단계

초기긴장력(P_i)과 부재의 자중(M_D)만이 작용하는 초기하중단계의 응력을 식(6.1c)와 식(6.1d)를 이용하여 계산한 후에 이를 허용응력과 비교한다.

$$f^t(=f_{ti}) = -\frac{P_i}{A_c} + \frac{P_i \times e}{S^t} - \frac{M_D}{S^t}$$

$$= -\frac{1{,}381 \times 10^3}{195{,}000} + \frac{1{,}381 \times 10^3 \times 295}{33{,}743{,}529} - \frac{131.6 \times 10^6}{33{,}743{,}529}$$

$$= 1.09 \text{ MPa} \tag{j}$$

$$f_b(=f_{ci}) = -\frac{P_i}{A_c} - \frac{P_i \times e}{S_b} + \frac{M_D}{S_b}$$

$$= -\frac{1{,}381 \times 10^3}{195{,}000} - \frac{1{,}381 \times 10^3 \times 295}{38{,}242{,}667} + \frac{131.6 \times 10^6}{38{,}242{,}667}$$

$$= -14.29 \text{ MPa} \tag{k}$$

식(j)에서 계산한 초기하중단계의 콘크리트 인장응력은 식(b)에서 계산한 초기허용인장강도 $f_{tia}=1.22$ MPa보다 작다. 또한 식(k)에서 계산한 콘크리트의 초기압축응력은 식(a)에서 계산한 초기허용압축강도 $f_{cia}=-14.4$ MPa보다 크므로 설계가 적합하다.

② 사용하중단계

유효긴장력(P_e)과 전체사용하중($M_T = M_D + M_{SD} + M_L$)이 작용하여 발생하는 응력을 식(6.2c)와 식(6.2d)를 이용하여 계산한 후에 이를 허용응력과 비교한다.

$$f^t(=f_c) = -\frac{P_e}{A_c} + \frac{P_e \times e}{S^t} - \frac{M_T}{S^t}$$

$$= -\frac{0.85 \times 1{,}381 \times 10^3}{195{,}000} + \frac{0.85 \times 1{,}381 \times 10^3 \times 295}{33{,}743{,}529}$$

$$- \frac{(131.6 + 253.1 + 337.5) \times 10^6}{33{,}743{,}529} = -17.16 \text{ MPa} \tag{l}$$

$$f_b(=f_t) = -\frac{P_e}{A_c} - \frac{P_e \times e}{S_b} + \frac{M_T}{S_b}$$

$$= -\frac{0.85 \times 1{,}381 \times 10^3}{195{,}000} - \frac{0.85 \times 1{,}381 \times 10^3 \times 295}{38{,}242{,}667}$$

$$+ \frac{(131.6 + 253.1 + 337.5) \times 10^6}{38{,}242{,}667} = 3.81 \text{ MPa} \tag{m}$$

식(l)에서 계산한 사용하중단계의 콘크리트 압축응력은 식(c)에서 계산한 허용압축강도 $f_{ca}=-18.9$ MPa보다 크다. 또한 식(m)에서 계산한 사용하중단계의 콘크리트의 압축응력은 식(d)에서 계산한 콘크리트의 인장강도 $f_{ta}=4.08$ MPa보다 작으므로 설계가 적합하다.

2) 긴장재가 직선으로 배치될 경우

(1) 허용응력을 계산한다.

식(a), 식(b), 식(c), 식(d)에서 계산된 값을 사용한다.

(2) 설계하중을 계산한다.

식(e), 식(f), 식(g)에서 계산된 값을 사용한다.

(3) 단면계수를 계산한다.

긴장재가 직선으로 배치된 부재의 단면계수를 식(6.24)를 이용하여 계산한다.

$$S^t \geq \frac{M_{SD}+M_L+M_D}{\gamma f_{tia}-f_{ca}} = \frac{(253.1+337.5+140.6)\times 10^6}{0.85\times 1.22-(-18.9)} = 36{,}675{,}528\ \mathrm{mm}^3$$

$$S_b \geq \frac{M_{SD}+M_L+M_D}{f_{ta}-\gamma f_{cia}} = \frac{(253.1+337.5+140.6)\times 10^6}{4.08-0.85(-14.4)} = 44{,}803{,}922\ \mathrm{mm}^3$$

직선긴장재를 사용한 부재의 단면계수는 곡선긴장재를 사용한 부재의 단면계수(식(h)와 식(i))보다 크다는 것을 알 수 있다.

(4) 단면을 정한다.

계산한 단면계수를 이용하여 [예제 그림 6.1.3]과 같이 단면적을 정하고 단면적(A_c), 단면2차모멘트(I_c), 중립축의 위치($\bar{y}$) 등의 기본 내용을 계산한다.

$$A_c = (450\times 150)+(150\times 500)+(550\times 150) = 225{,}000\ \mathrm{mm}^2$$

$$\bar{y} = \frac{(450\times 150)\times 725+(150\times 500)\times 400+(550\times 150)\times 75}{(450\times 150)+(150\times 500)+(550\times 150)} = 378\ \mathrm{mm}$$

$$\begin{aligned} I_c &= \frac{450\times 150^3}{12}+(450\times 150)(725-378)^2+\frac{150\times 500^3}{12} \\ &\quad +(150\times 500)(400-378)^2+\frac{550\times 150^3}{12}+(550\times 150)(75-378)^2 \\ &= 17{,}582\times 10^6\ \mathrm{mm}^4 \end{aligned}$$

$$S^t = \frac{I_c}{y^t} = \frac{17{,}582\times 10^6}{800-378} = 41{,}663{,}507\ \mathrm{mm}^3$$

$$S_b = \frac{I_c}{y_b} = \frac{17{,}582\times 10^6}{378} = 46{,}513{,}228\ \mathrm{mm}^3$$

결정된 단면에 대한 단면계수(S^t와 S_b)는 요구 단면계수보다 크다.

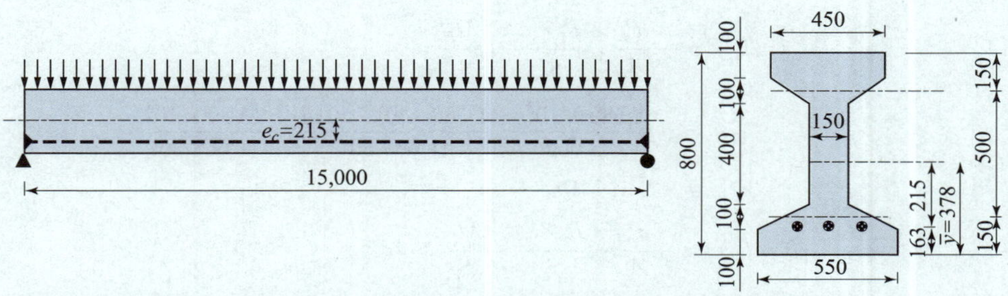

예제 그림 6.1.3 직선긴장재를 사용한 프리스트레스 콘크리트 부재와 단면 (단위 : mm)

(5) 편심거리를 계산한다.

부재의 중앙부에 놓이는 긴장재 단면의 도심에 작용하는 콘크리트 응력($\overline{f_{ci}}$), 초기긴장력(P_i), 편심거리(e_c)를 식(6.13), 식(6.15), 식(6.25)를 이용하여 계산한다.

$$\overline{f_{ci}} = f_{tia} + \frac{y^t}{h}(f_{cia} - f_{tia}) = 1.22 + \frac{800-378}{800}(-14.4-1.22) = -7.02\text{ MPa}$$

$$P_i = A_c \times \overline{f_{ci}} = 225{,}000 \times 7.02 = 1{,}580\text{ kN}$$

콘크리트의 단위질량은 24 kN/m^{3}에 결정된 단면적(A_c)을 곱하여 자중을 계산한다.

$$w_D = 24\text{ kN/m}^3 \times A_c = 24 \times 225{,}000 = 5.40\text{ kN/m}$$

$$M_D = \frac{w_D l^2}{8} = \frac{5.40 \times 15^2}{8} = 151.9\text{ kN}\cdot\text{m}$$

긴장재가 직선으로 배근된 부재의 긴장재의 편심거리(e_c)를 식(6.25)를 이용하여 계산한다.

$$e_c = (f_{tia} - \overline{f_{ci}})\frac{S^t}{P_i} = (1.22-(-7.02))\frac{41{,}663{,}507}{1{,}580 \times 10^3} = 217.3\text{ mm}$$

설계에서는 시공의 편의를 위해 편심거리를 도심에서 215 mm, 단면의 하부에서 163 mm 떨어진 위치로 하였다.

(6) 긴장재의 단면적을 계산한다.

초기긴장력(P_i)과 편심거리가 결정된 후에 필요한 긴장재의 단면적(A_{ps})을 식(6.17)을 이용하여 계산한다. 필요한 긴장재의 단면적은 P_i을 초기긴장응력(f_{pi})으로 나누어 계산한다.

$$A_{ps} = \frac{P_i}{f_{pi}} = \frac{1{,}580 \times 10^3}{0.9 \times 0.9 \times 1{,}500} = 1{,}300\text{ mm}^2$$

(7) 결정된 단면적과 초기인장력 및 편심거리에 대한 단면의 응력을 검토한다.

구조설계기준에서 요구하는 [표 6.3]의 허용응력과 외력에 의해 발생하는 응력을 비교한다.

① 초기하중단계

$$f^t(=f_{ti}) = -\frac{P_i}{A_c} + \frac{P_i \times e}{S^t} - \frac{M_D}{S^t}$$
$$= -\frac{1{,}580 \times 10^3}{225{,}000} + \frac{1{,}580 \times 10^3 \times 215}{41{,}663{,}507} - \frac{151.9 \times 10^6}{41{,}663{,}507}$$
$$= -2.51\text{ MPa} \qquad \text{(n)}$$

$$f_b(=f_{ci}) = -\frac{P_i}{A_c} - \frac{P_i \times e}{S_b} + \frac{M_D}{S_b}$$
$$= -\frac{1{,}580 \times 10^3}{225{,}000} - \frac{1{,}580 \times 10^3 \times 215}{46{,}513{,}228} + \frac{151.9 \times 10^6}{46{,}513{,}228}$$
$$= -11.06\text{ MPa} \qquad \text{(o)}$$

식(n)에서 계산한 초기하중단계의 콘크리트의 응력은 식(b)에서 계산한 초기허용인장강도

$f_{tia}=1.22$ MPa보다 작다. 또한 식(o)에서 계산한 콘크리트의 초기압축응력은 식(a)에서 계산한 초기허용압축강도 $f_{cia}=-14.4$ MPa보다 크므로 설계가 적합하다.

② 사용하중단계

사용하중단계 응력을 계산한 후에 이를 허용응력과 비교한다.

$$f^t(=f_c) = -\frac{P_e}{A_c}+\frac{P_e\times e}{S^t}-\frac{M_T}{S^t}$$

$$= -\frac{0.85\times 1{,}580\times 10^3}{225{,}000}+\frac{0.85\times 1{,}580\times 10^3\times 215}{41{,}663{,}507}$$

$$-\frac{(151.9+253.1+337.5)\times 10^6}{41{,}663{,}507} = -16.86 \text{ MPa} \quad \text{(p)}$$

$$f_b(=f_t) = -\frac{P_e}{A_c}-\frac{P_e\times e}{S_b}+\frac{M_T}{S_b}$$

$$= -\frac{0.85\times 1{,}580\times 10^3}{225{,}000}-\frac{0.85\times 1{,}580\times 10^3\times 215}{46{,}513{,}228}$$

$$+\frac{(151.9+253.1+337.5)\times 10^6}{46{,}513{,}228} = 3.79 \text{ MPa} \quad \text{(q)}$$

식(p)와 식(q)에서 계산한 사용하중단계의 콘크리트의 응력은 식(c)와 식(d)의 구조설계기준의 콘크리트의 허용강도를 만족하므로 설계가 적합하다.

3) 절곡긴장재가 배치될 경우

(1) 허용응력을 계산한다.

식(a), 식(b), 식(c), 식(d)에서 계산된 허용응력 값을 사용한다.

(2) 설계하중을 계산한다.

식(e), 식(f), 식(g)에서 계산된 값을 사용한다. 또한 절곡된 위치의 자중에 의한 휨모멘트를 계산한다. 절곡하는 위치는 지점에서 전체 길이의 3/8 되는 곳이다.

$$M_D' = \frac{w_D l}{2}\times\frac{3}{8}l-\frac{w_D}{2}\left(\frac{3}{8}l\right)^2 = \frac{5\times 15}{2}\times\frac{3}{8}\times 15-\frac{5}{2}\left(\frac{3}{8}\times 15\right)^2$$

$$= 131.8 \text{ kN}\cdot\text{m}$$

(3) 단면계수를 계산한다.

절곡긴장재가 배치된 부재의 단면계수를 식(6.33)을 이용하여 계산한다.

$$S^t \geq \frac{M_{SD}+M_L+M_D-\gamma M_D'}{\gamma f_{tia}-f_{ca}}$$

$$= \frac{(253.1+337.5+140.6-0.85\times 131.8)\times 10^6}{0.85\times 1.22-(-18.9)} = 31{,}056{,}327 \text{ mm}^3$$

$$S_b \geq \frac{M_{SD}+M_L+M_D-\gamma M_D'}{f_{ta}-\gamma f_{cia}}$$

$$= \frac{(253.1 + 337.5 + 140.6 - 0.85 \times 131.8) \times 10^6}{4.08 - 0.85(-14.4)} = 37{,}939{,}338 \text{ mm}^3$$

절곡긴장재를 사용한 부재의 단면계수는 곡선긴장재를 사용한 부재의 단면계수(식(h)와 식(i))보다 크지만, 직선긴장재를 사용한 부재의 단면계수(식(h)와 식(i))보다 작다.

(4) 단면을 정한다.

계산한 단면계수를 이용하여 [예제 그림 6.1.4]와 같이 단면적을 정하고, 단면에 대한 기본 내용을 계산한다.

$$A_c = (350 \times 150) + (150 \times 500) + (500 \times 150) = 202{,}500 \text{ mm}^2$$

$$\bar{y} = \frac{(350 \times 150) \times 725 + (150 \times 500) \times 400 + (500 \times 150) \times 75}{(350 \times 150) + (150 \times 500) + (500 \times 150)} = 364 \text{ mm}$$

$$I_c = \frac{350 \times 150^3}{12} + (350 \times 150)(725 - 364)^2 + \frac{150 \times 500^3}{12}$$

$$+ (150 \times 500)(400 - 364)^2 + \frac{500 \times 150^3}{12} + (500 \times 150)(75 - 364)^2$$

$$= 15{,}005 \times 10^6 \text{ mm}^4$$

$$S^t = \frac{I_c}{y^t} = \frac{15{,}005 \times 10^6}{800 - 364} = 34{,}415{,}138 \text{ mm}^3$$

$$S_b = \frac{I_c}{y_b} = \frac{15{,}005 \times 10^6}{364} = 41{,}222{,}527 \text{ mm}^3$$

(5) 편심거리를 계산한다.

부재의 단면적을 정한 후에 콘크리트 응력($\overline{f_{ci}}$), 초기긴장력(P_i), 편심거리(e_c)를 식(6.13), 식(6.15), 식(6.34)를 이용하여 계산한다.

$$\overline{f_{ci}} = f_{tia} + \frac{y^t}{h}(f_{cia} - f_{tia}) = 1.22 + \frac{800 - 364}{800}(-14.4 - 1.22) = -7.29 \text{ MPa}$$

$$P_i = A_c \times \overline{f_{ci}} = 202{,}500 \times 7.29 = 1{,}476 \text{ kN}$$

단면이 결정된 이후에 자중에 의한 휨모멘트를 다시 계산해야 한다.

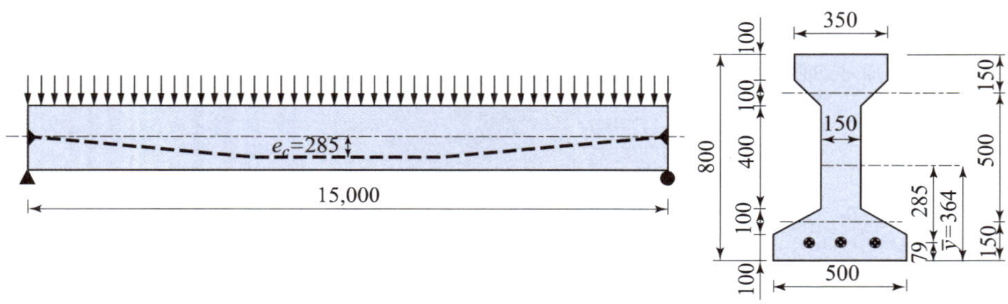

예제 그림 6.1.4 절곡긴장재를 사용한 프리스트레스 콘크리트 부재와 단면 (단위 : mm)

$$w_D = 24\,\text{kN/m}^3 \times A_c = 24 \times 202{,}500 = 4.86\,\text{kN/m}$$

$$M_D = \frac{w_D l^2}{8} = \frac{4.86 \times 15^2}{8} = 136.7\,\text{kN}\cdot\text{m}$$

$$M_D' = \frac{w_D l}{2} \times \frac{3}{8} l - \frac{w_D}{2}\left(\frac{3}{8} l\right)^2 = \frac{4.86 \times 15}{2} \times \frac{3}{8} \times 15 - \frac{4.86}{2}\left(\frac{3}{8} \times 15\right)^2$$
$$= 128.1\,\text{kN}\cdot\text{m}$$

긴장재가 직선으로 배치된 부재의 긴장재 편심거리(e_c)를 식(6.34)를 이용하여 계산한다.

$$e_c = (f_{tia} - \overline{f_{ci}})\frac{S^t}{P_i} + \frac{M_D'}{P_i} = [1.22 - (-7.29)]\frac{34{,}415{,}138}{1{,}476 \times 10^3} + \frac{128.1 \times 10^6}{1{,}476 \times 10^3}$$
$$= 285.2\,\text{mm}$$

설계에서는 시공의 편의를 위해 편심거리를 도심에서 285 mm, 단면의 하부에서 79 mm 떨어진 위치로 하였다.

(6) 긴장재의 단면적을 계산한다.

초기긴장력(P_i)과 편심거리가 결정된 후에 필요한 긴장재의 단면적(A_{ps})을 식(6.17)을 이용하여 계산한다.

$$A_{ps} = \frac{P_i}{f_{pi}} = \frac{1{,}476 \times 10^3}{0.9 \times 0.9 \times 1{,}500} = 1{,}215\,\text{mm}^2$$

(7) 결정된 단면적과 초기인장력 및 편심거리에 대한 단면의 응력을 검토한다.

① 초기하중단계

$$f^t(=f_{ti}) = -\frac{P_i}{A_c} + \frac{P_i \times e}{S^t} - \frac{M_D}{S^t}$$
$$= -\frac{1{,}476 \times 10^3}{202{,}500} + \frac{1{,}476 \times 10^3 \times 285}{34{,}415{,}138} - \frac{136.7 \times 10^6}{34{,}415{,}138}$$
$$= 0.96\,\text{MPa} \qquad \text{(r)}$$

$$f_b(=f_{ci}) = -\frac{P_i}{A_c} - \frac{P_i \times e}{S_b} + \frac{M_D}{S_b}$$
$$= -\frac{1{,}476 \times 10^3}{202{,}500} - \frac{1{,}476 \times 10^3 \times 285}{41{,}222{,}527} + \frac{136.7 \times 10^6}{41{,}222{,}527}$$
$$= -14.18\,\text{MPa} \qquad \text{(s)}$$

식(r)과 식(s)에서 계산한 사용하중단계의 콘크리트의 응력은 식(a)와 식(b)의 구조설계기준의 콘크리트의 허용강도를 만족하므로 설계가 적합하다.

② 사용하중단계

$$f^t(=f_c) = -\frac{P_e}{A_c} + \frac{P_e \times e}{S^t} - \frac{M_T}{S^t}$$

$$= -\frac{0.85\times1{,}476\times10^3}{202{,}500}+\frac{0.85\times1{,}476\times10^3\times285}{34{,}415{,}138}$$

$$-\frac{(136.7+253.1+337.5)\times10^6}{34{,}415{,}138} = -16.94\text{ MPa} \tag{t}$$

$$f_b(=f_t) = -\frac{P_e}{A_c}-\frac{P_e\times e}{S_b}+\frac{M_T}{S_b}$$

$$= -\frac{0.85\times1{,}476\times10^3}{202{,}500}-\frac{0.85\times1{,}476\times10^3\times285}{41{,}222{,}527}$$

$$+\frac{(136.7+253.1+337.5)\times10^6}{41{,}222{,}527} = 2.77\text{ MPa} \tag{u}$$

식(t)와 식(u)에서 계산한 사용하중단계의 콘크리트의 응력은 식(c)와 식(d)의 구조설계기준의 콘크리트의 허용강도를 만족하므로 설계가 적합하다.

위에서 계산한 긴장재의 위치가 다른 세 부재의 단면계수와 편심거리를 [예제 표 6.1.1]에 정리하였다. 표에서 가장 유리한 긴장재는 곡선긴장재임을 알 수 있다. 곡선긴장재를 사용할 경우에 직선긴장재를 사용한 부재보다 단면적을 약 13퍼센트 줄일 수 있다. 또한 곡선긴장재를 사용할 경우에 절곡긴장재를 사용할 경우보다 단면적을 약 6퍼센트 줄일 수 있다. 이러한 단면절감효과는 부재의 자중에 따라 달라진다. 긴장재의 경우에도 곡선긴장재를 사용할 경우, 직선긴장재보다 단면을 13퍼센트 줄일 수 있다. [예제 표 6.1.1]의 비교를 통해 조건이 허락할 경우에는 곡선긴장재를 사용하는 것이 유리함을 알 수 있다.

예제 표 6.1.1 긴장재의 형상이 다른 세 부재의 위험단면, 단면계수, 편심거리

	곡선긴장재	직선긴장재	절곡긴장재
긴장재	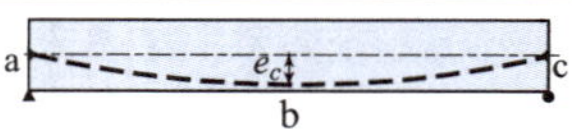	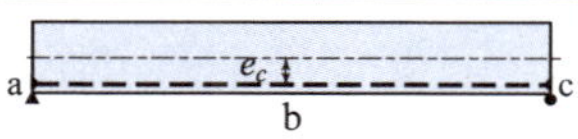	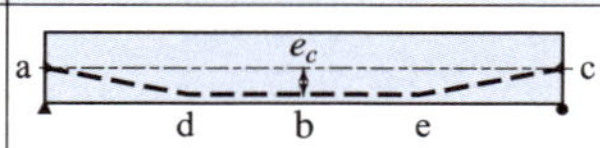
위험단면 (초기하중 단계)	부재 중앙부	부재 단부	부재 절곡부
위험단면 (최종하중 단계)	부재 중앙부	부재 중앙부	부재 중앙부
단면계수	$S^t=30{,}681{,}146\text{ mm}^3$ $S_b=37{,}481{,}005\text{ mm}^3$	$S^t=36{,}675{,}528\text{ mm}^3$ $S_b=44{,}803{,}922\text{ mm}^3$	$S^t=31{,}056{,}327\text{ mm}^3$ $S_b=37{,}939{,}338\text{ mm}^3$
편심거리	$e_c=298.1\text{ mm}$	$e_e=217.3\text{ mm}$	$e_c=285.2\text{ mm}$
긴장력	$P_i=1{,}381\text{ kN}$	$P_i=1{,}580\text{ kN}$	$P_i=1{,}476\text{ kN}$
필요단면	$A_{ps}=1{,}137\text{ mm}^2$	$A_{ps}=1{,}300\text{ mm}^2$	$A_{ps}=1{,}215\text{ mm}^2$

예제 6.2

[예제 6.1]의 부재를 도로교설계기준(한계상태설계법)의 사용하중단계에 대하여 설계하라. 부재는 설계등급B이며 사용하중조합-III이다.

긴장재가 곡선(포물선)으로 배치될 경우의 단면의 크기, 부재 중앙부의 편심거리(e_c), 초기긴장력(P_i), 긴장재 단면적(A_{ps})을 계산하라.

풀이

(1) 허용응력을 계산한다.

설계등급B이며 사용하중조합-III 부재의 허용응력을 [표 6.9]를 이용하여 계산한다.

[초기하중단계]

허용압축응력 $f_{cia} = 0.60 f_{ci}{}' = 0.6 \times 24 = -14.40\ \text{MPa}$ (a)

허용인장응력 : 설계자는 인장 응력이 발생하지 않도록 하였다.

$f_{tia} = 0.0\ \text{MPa}$ (b)

[사용하중단계]

허용압축응력(지속하중이 작용) $f_{ca} = 0.45 f_{ci}{}' = 0.45 \times 42 = -18.90\ \text{MPa}$ (c)

허용인장응력 : 설계등급B + 사용하중조합-III

$f_{ta} = 0.0\ \text{MPa}$ (d)

(2) 설계하중을 계산한다.

고정하중과 활하중에 의해 발생하는 부재 중앙부의 휨모멘트는 [예제 6.1]에서 계산하였다.

(3) 단면계수를 계산한다.

긴장재가 곡선으로 배치된 부재의 단면계수를 식(6.11)을 이용하여 계산한다.

$$S^t \geq \frac{M_{SD} + M_L + (1-\gamma) M_D}{\gamma f_{tia} - f_{ca}}$$

$$\geq \frac{[253.1 + 0.8 \times 337.5 + (1 - 0.81) \times 140.6] \times 10^6}{0.81 \times 0.0 - (-18.9)} = 29{,}090{,}688\ \text{mm}^3 \quad \text{(e)}$$

$$S_b \geq \frac{M_{SD} + M_L + (1-\gamma) M_D}{f_{ta} - \gamma f_{cia}}$$

$$\geq \frac{[253.1 + 0.8 \times 337.5 + (1 - 0.81) \times 140.6] \times 10^6}{0.0 - 0.81(-14.4)} = 47{,}137{,}689\ \text{mm}^3 \quad \text{(f)}$$

(4) 단면을 정한다.

식(h)와 식(i)에 의해 계산한 단면계수를 이용하여 단면적을 정한다.

(5) 결정된 단면의 응력 검토, 편심거리 결정, 긴자재의 단면적 계산 등은 예제 6.1과 동일하다.

6.3.5 곡선긴장재와 절곡긴장재를 사용한 부재의 한계편심영역

6.3.3항에서는 곡선긴장재, 직선긴장재, 절곡긴장재의 세 종류 긴장재를 사용한 프리스트레스트 콘크리트 부재의 위험단면에 대한 단면계수, 긴장력, 편심거리, 필요 단면적을 계산하였다. 그러나 계산된 긴장력과 응력을 부재 전체길이에 일정하게 적용할 경우에 상황에 따라 구조설계기준에서 규정하는 허용응력한계를 초과할 수 있다. 예를 들어 직선긴장재가 사용된 부재의 경우에 부재의 단부에서 중앙부까지 편심거리(e)가 동일하므로 식(6.25)에서 계산한 편심거리를 전 부재에 동일하게 적용시켜도 [표 6.3]의 허용응력을 만족시킬 수 있다. 그러나 곡선긴장재와 절곡긴장재를 사용한 부재의 경우에는 식(6.16)과 식(6.34)에서 계산한 편심거리를 부재 전체에 일정하게 적용시켰을 때 부재의 외력(고정하중과 활하중 등)에 의해 발생하는 휨모멘트가 부재의 각 위치에서 다르게 발생하여 [표 6.3]의 허용응력을 벗어나는 경우가 발생한다. 따라서 설계자는 긴장재의 편심거리를 부재의 위치에 따라 조절하여 부재의 어느 곳에서도 [표 6.3]의 허용응력을 벗어나지 않도록 해야 한다. 이와 같이 부재 전 길이에서 콘크리트 응력이 허용응력 안에 있도록 긴장재를 배근할 때, 이 영역을 한계편심영역(limit eccentricity zone)이라 한다. 이를 위해서 설계자는 부재의 단면응력과 편심거리를 계산하고, 이 값이 [표 6.3]의 허용응력을 벗어나는지 검토해야 한다.

단면의 핵(kern)

구조설계에서 단면의 핵(kern, core)이란 [그림 6.11]에서 편심하중이 단면 임의의 위치에 작용했을 때 단면 전체가 압축응력을 받으며 단면의 어느 부분에서도 인장응력이 발생하지 않는 영역을 의미한다. 프리스트레스트 긴장재를 이완시켰을 때 콘크리트에는 압축력이 작용하게 되며 압축력은 긴장재의 위치에 따라 단면에 압축응력 또는 인장응력을 유발한다. 단면에 인장응력이 발생하면 균열이 발생할 가능성이 높아지므로 긴장재의 위치가 단면의 핵영역(kern zone) 안에 위치하는지 검토해야 한다. 단면의 핵영역을 결정하기 위해서는 편심하중이 단면의 도심을 중심으로 최대한 멀리 떨어진 거리에서 작용해도 단면에는 인장응력이 발생하지 않는 핵길이(kern distance)를 계산해야 한다. 핵길이는 식(6.1)에서 긴장력(P_i)만 작용할 경우의 단면의 상부와 하부응력이 영(0)이 될 때의 길이이다. 하위 핵길이(lower kern distance, k_b)는 식(6.35)에서 단면상부의 응력(f^t)이 영(0)이 될 때의 편심거리(e)이며, 상위 핵길이(upper kern distance, k^t)는 식(6.36)에서 하부단면의 응력(f_b)이 영(0)이 될 때의 편심거리(e)이다. 식(6.36)에서 상위 핵길이(k^t)의 부호가 음수($-$)임에 주의해야 한다. 즉, 단면의 도심에서 위쪽으로 향한 길이는 음수($-$)가 된다.

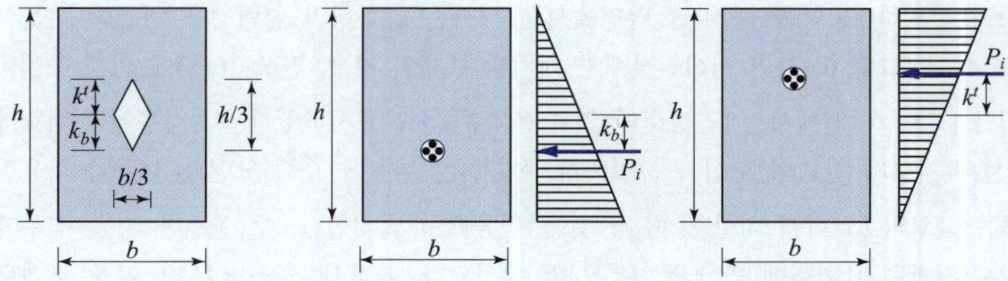

(a) 단면의 핵영역 (b) 하위 핵길이 (c) 상위 핵길이

그림 6.11 단면의 핵영역(kern zone)과 핵길이(kern distance)

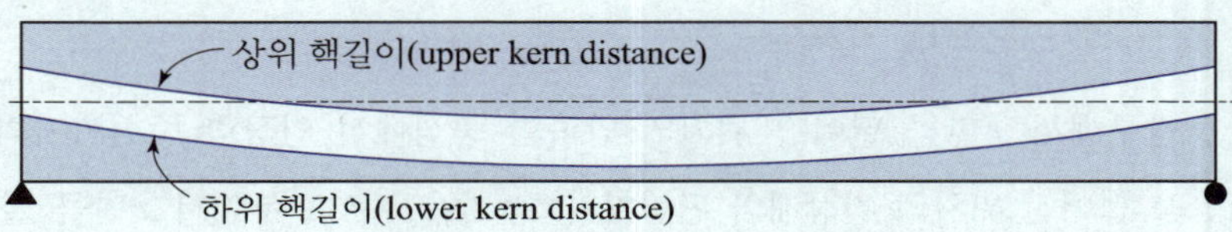

그림 6.12 부재의 핵영역(kern zone)

$$f^t = 0 = -\frac{P_i}{A_c} + \frac{P_i \times e}{I_c} y^t$$

$$k_b = \frac{I_c}{A_c \times y^t} \tag{6.35}$$

$$f_b = 0 = -\frac{P_i}{A_c} - \frac{P_i \times e}{I_c} y_b$$

$$k^t = -\frac{I_c}{A_c \times y_b} \tag{6.36}$$

부재에 프리스트레스 긴장력만이 작용할 경우에는 식(6.35)와 식(6.36)을 이용하여 한계편심영역을 계산할 수 있지만, 프리스트레스 콘크리트 부재에는 긴장력(P_i)과 함께 외부하중(M_D, M_{SD}, M_L)이 작용하게 된다. 이와 같이 하중이 조합될 때 단면의 핵영역은 변화하며 부재에 발생하는 응력이 [표 6.3]의 허용응력을 벗어날 수 있다. 따라서 [그림 6.12]와 같이 전체하중에 의한 상위 핵길이와 하위 핵길이에 의한 영역을 계산하고, 긴장재가 이 영역 안에 배치되도록 설계해야 한다.

부재의 압축력선(C-line)

한계편심영역(limit eccentricity zone)을 결정하기 위해서는 단면의 핵영역과 함께 압축력선

(C-line)이 필요하다. 압축력선이란 단면에서 발생하는 압축력의 합력점을 연결한 선을 의미한다. 예를 들어 [그림 6.13]의 직선긴장재가 배치된 부재의 경우, 긴장력(P_i)에 의해 응력이 분포되며 이를 [그림 6.13]에서는 [긴장력에 의한 응력분포]로 표시하였다. 이 경우에 긴장력에 의한 압축력선은 긴장재 단면의 도심과 동일하다. 한편, 이 부재에 자중 모멘트(M_D)가 작용할 경우에 [그림 6.13]의 [외력에 의한 응력]과 같은 휨응력이 발생한다. 두 응력을 더할 경우에 부재 전체에는 [긴장력과 외력에 의한 응력분포]가 형성된다. 따라서 긴장력(P_i)과 자중 모멘트(M_D)에 의해 발생하는 압축력선은 긴장재 단면의 도심으로부터 일정한 거리만큼 멀어지게 된다. 이러한 압축력선의 위치는 식(6.37)에 의해 계산할 수 있다.

$$a_{(x)} = e_{(x)} - e_{c-line(x)} \tag{6.37}$$

여기서, $a_{(x)}$: 단부에서 x만큼 떨어진 위치의 압축력 중심에서 인장력 중심까지의 거리, $e_{(x)}$: 단부에서 x만큼 떨어진 위치의 긴장재의 편심거리, $e_{c-line(x)}$: 단부에서 x만큼 떨어진 위치의

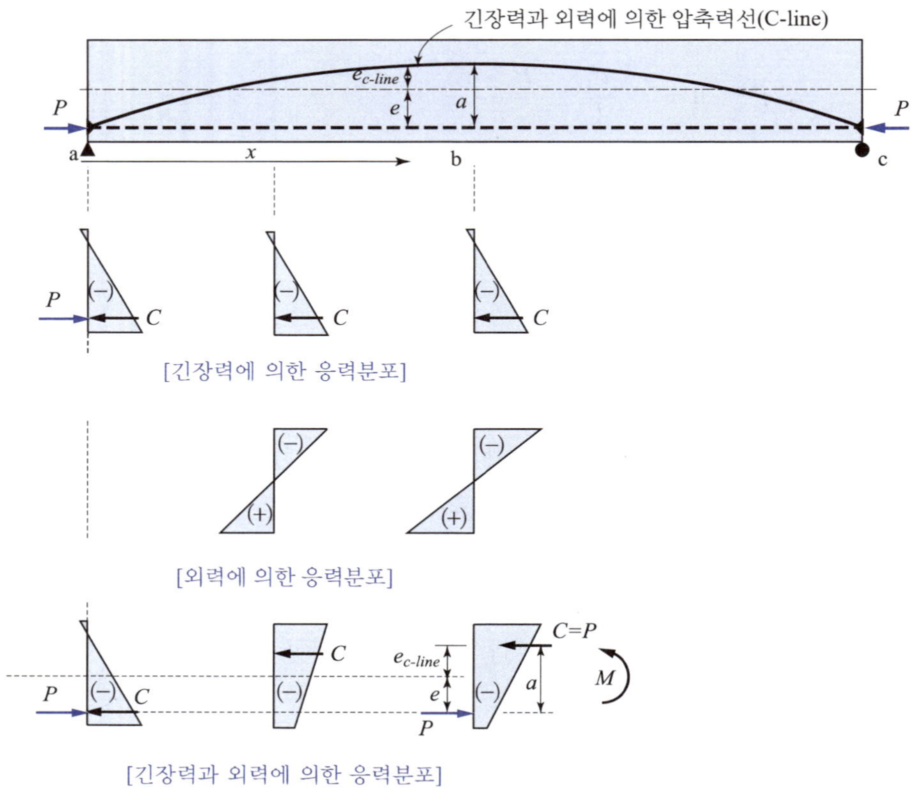

그림 6.13 부재의 압축력선(C-line)

단면의 도심에서 압축력선까지의 거리이며 도심에서 위쪽 방향이므로 음수(−) 값으로 표시한다. 식(6.37)에서 $a_{(x)}$는 압축력의 중심에서 인장력의 중심까지의 거리이므로 우력모멘트(M)를 긴장력(P)으로 나눈 값($a = M/P$)이다. 그러므로 식(6.37)을 식(6.38)로 변경할 수 있다.

$$e_{c-line(x)} = e_{(x)} - \frac{M_{(x)}}{P} \tag{6.38}$$

부재의 한계편심영역(limit eccentricity zone)

설계자는 긴장재가 부재의 어느 곳에 배치되어도 [표 6.3]의 허용응력을 벗어나지 않도록 해야 한다. 한계편심영역(limit eccentricity zone)을 계산하기 위해서는 먼저 네 개의 편심거리를 정해야 하는데 이는 식(6.1)과 식(6.2)의 초기하중상태와 최종하중상태의 한계값을 이용하여 식(6.39)에서 계산할 수 있다.

$$f_{tia} \geqq -\frac{P_i}{A_c} + \frac{P_i \times e}{I_c} y^t - \frac{M_D}{I_c} y^t$$

$$e \leqq \frac{f_{tia} I_c}{P_i y^t} + \frac{I_c}{A_c y^t} + \frac{M_D}{P_i} \tag{6.39a}$$

$$f_{cia} \leqq -\frac{P_i}{A_c} - \frac{P_i \times e}{I_c} y_b + \frac{M_D}{I_c} y_b$$

$$e \leqq -\frac{f_{cia} I_c}{P_i y_b} - \frac{I_c}{A_c y_b} + \frac{M_D}{P_i} \tag{6.39b}$$

$$f_{ca} \leqq -\frac{P_e}{A_c} + \frac{P_e \times e}{I_c} y^t - \frac{M_T}{I_c} y^t$$

$$e \geqq \frac{f_{ca} I_c}{P_e y^t} + \frac{I_c}{A_c y^t} + \frac{M_T}{P_e} \tag{6.39c}$$

$$f_t \geqq -\frac{P_e}{A_c} - \frac{P_e \times e}{I_c} y_b + \frac{M_T}{I_c} y_b$$

$$e \geqq -\frac{f_{ta} I_c}{P_e y_b} - \frac{I_c}{A_c y_b} + \frac{M_T}{P_e} \tag{6.39d}$$

식(6.39)의 일부 항목을 $f_{gi} = P_i / A_c$, $f_g = P_e / A_c$로 하고, 식(6.35)와 식(6.36)의 상위 핵길이와 하위 핵길이를 대입하여 정리하면 식(6.40)이 된다. 식(6.40)에서 k^t는 음수(−)임에 주의해야 한다.

$$e - \frac{M_D}{P_i} \leq k_b\left(1 + \frac{f_{tia}}{f_{gi}}\right) \tag{6.40a}$$

$$e - \frac{M_D}{P_i} \leq k^t\left(1 + \frac{f_{cia}}{f_{gi}}\right) \tag{6.40b}$$

$$e - \frac{M_T}{P_e} \geq k_b\left(1 + \frac{f_{ca}}{f_g}\right) \tag{6.40c}$$

$$e - \frac{M_T}{P_e} \geq k^t\left(1 + \frac{f_{ta}}{f_g}\right) \tag{6.40d}$$

식(6.40a, b, c, d) 중에서 식(6.40a)와 식(6.40b)는 편심거리(e)가 오른쪽 항목보다 작고, 식(6.40c)와 식(6.40d)는 편심거리(e)가 오른쪽 항목보다 크다는 것을 알 수 있다. 따라서 편심영역의 상위한계(upper limit, $k^{t\prime}$)와 하위한계(lower limit, $k_b{}'$)를 식(6.41)과 같이 두 값 중에서 큰 값 또는 작은 값을 택하여 계산한다. 즉, 상위한계($k^{t\prime}$)는 식(6.41)의 두 값 중에서 큰 값이며, 하위한계($k_b{}'$)는 식(6.42)의 두 값 중에서 작은 값이다.

$$k^{t\prime} = \max.\left[k_b\left(1 + \frac{f_{ca}}{f_g}\right),\ k^t\left(1 + \frac{f_{ta}}{f_g}\right)\right] \tag{6.41}$$

$$k_b{}' = \min.\left[k_b\left(1 + \frac{f_{tia}}{f_{gi}}\right),\ k^t\left(1 + \frac{f_{cia}}{f_{gi}}\right)\right] \tag{6.42}$$

식(6.41)과 식(6.42)에서 계산한 상위한계($k^{t\prime}$)와 하위한계($k_b{}'$)를 식(6.40)에 대입하여 식(6.43)으로 정리한다. $k^{t\prime}$과 $k_b{}'$은 [그림 6.14]의 단면 도심을 중심으로 상·하로 떨어진 허용응력에 의해 계산된 핵길이(kern distance)이다.

$$e - \frac{M_D}{P_i} \leq k_b{}' \tag{6.43a}$$

$$e - \frac{M_T}{P_e} \geq k^{t\prime} \tag{6.43b}$$

식(6.43a)와 식(6.43b)의 편심거리는 각각 하위 한계편심거리(lower eccentricity limit, e_{ol})와 상위 한계편심거리(upper eccentricity limit, e_{ou})이다. 한계편심거리는 [그림 6.14]의 상위한계($k^{t\prime}$)와 하위한계($k_b{}'$)에 압축력 중심에서 인장력 중심까지의 거리($a_{(x)}$, 식(6.38) 참조)를 더한 값이다.

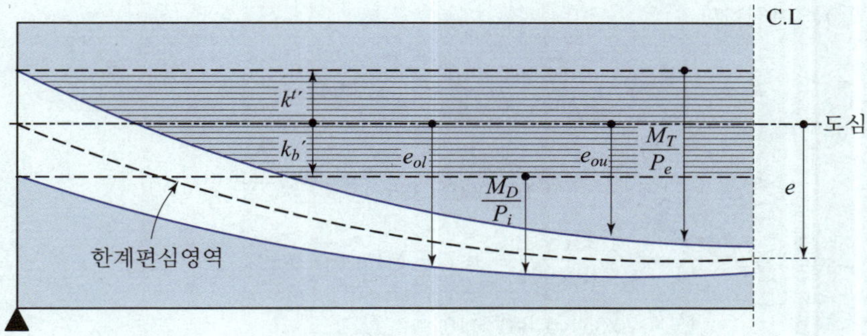

그림 6.14 부재의 한계편심영역(limit eccentricity zone)

$$e_{ol} \leqq k_b{}' + \frac{M_D}{P_i} \tag{6.44a}$$

$$e_{ou} \geqq k^{t\prime} + \frac{M_T}{P_e} \tag{6.44b}$$

그러므로 한계편심영역을 정하는 편심거리는 식(6.45)에서 식(6.44a)와 식(6.44b)의 사이값이 되며, 편심거리가 변하는 긴장재는 식(6.45)의 범위 안에 배근되어야 [표 6.3]의 허용응력을 벗어나지 않는다.

$$k^{t\prime} + \frac{M_T}{P_e} \leqq e \leqq k_b{}' + \frac{M_D}{P_i} \tag{6.45}$$

예제 6.3

[예제 6.1]과 동일하게 긴장재가 곡선(포물선)으로 배치된 프리스트레스트 콘크리트 보의 한계편심영역을 정하고 긴장재를 배치하라. 한계편심영역을 정한 후에 단부에서 5 m 떨어진 곳에서의 편심거리가 다음과 같이 두 종류일 때 각각의 경우에 대한 허용응력을 검토하라.

1) 편심거리가 295 mm인 경우
2) 편심거리가 250 mm인 경우

풀이

(1) [예제 6.1]에서 계산한 허용응력과 단면에 대한 단면적(A_c), 단면2차모멘트(I_c), 중립축의 위치($\bar{y}$) 등의 기본 내용을 이용한다.

(2) 식(6.35)와 식(6.36)을 이용하여 하위 핵길이(k_b)와 상위 핵길이(k^t)를 계산한다. 또한 $f_{gi} = P_i / A_c$, $f_g = P_e / A_c$를 계산한 후에 식(6.41)과 식(6.42)를 이용하여 편심영역의 상위한계($k^{t\prime}$)와 하위

한계(k_b')를 계산한다.

$$k_b = \frac{I_c}{A_c \times y^t} = \frac{14{,}341 \times 10^6}{195{,}000 \times 425} = 173.04\,\mathrm{mm}$$

$$k^t = -\frac{I_c}{A_c \times y_b} = -\frac{14{,}341 \times 10^6}{195{,}000 \times 375} = -196.12\,\mathrm{mm}$$

$$f_{gi} = \frac{P_i}{A_c} = \frac{1{,}381 \times 10^3}{195{,}000} = 7.08\,\mathrm{MPa}$$

$$f_g = \frac{P_e}{A_c} = \frac{0.85 \times 1{,}381 \times 10^3}{195{,}000} = 6.02\,\mathrm{MPa}$$

$$k^{t\prime} = \max.\left[k_b\left(1+\frac{f_{ca}}{f_g}\right),\ k^t\left(1+\frac{f_{ta}}{f_g}\right)\right]$$

$$= \max.\left[173.04\left(1+\frac{-18.9}{6.02}\right),\ -196.12\left(1+\frac{4.08}{6.02}\right)\right] = -329.04\,\mathrm{mm} \qquad \text{(a)}$$

$$k_b' = \min.\left[k_b\left(1+\frac{f_{ti}}{f_{gi}}\right),\ k^t\left(1+\frac{f_{ci}}{f_{gi}}\right)\right]$$

$$= \min.\left[173.04\left(1+\frac{1.22}{7.08}\right),\ -196.12\left(1+\frac{-14.4}{7.08}\right)\right] = 202.77\,\mathrm{mm} \qquad \text{(b)}$$

(3) x만큼 떨어진 위치의 고정하중과 활하중에 의한 휨모멘트를 계산한다.

$$w_D = 24\,\mathrm{kN/m^3} \times (195{,}000 \times 10^{-6}) = 4.68\,\mathrm{kN/m}$$

$$M_D = \frac{w_D l}{2}x - (w_D x)\frac{x}{2} = \frac{4.68 \times 15}{2}x - (4.68\,x)\frac{x}{2} = 35.1x - 2.34x^2$$

$$M_{SD} = \frac{w_{SD} l}{2}x - (w_{SD} x)\frac{x}{2} = \frac{9 \times 15}{2}x - (9\,x)\frac{x}{2} = 67.5x - 4.5x^2$$

$$M_L = \frac{w_L l}{2}x - (w_L x)\frac{x}{2} = \frac{12 \times 15}{2}x - (12\,x)\frac{x}{2} = 90x - 6x^2$$

(4) 식(6.44a)와 식(6.44b)를 이용하여 단부에서 x만큼 떨어진 위치의 하위 한계편심거리(e_{ol})와 상위 한계편심거리(e_{ou})를 계산한다.

$$e_{ol} \leqq k_b' + \frac{M_D}{P_i}$$

$$\leqq 202.77 + \frac{1}{1{,}381 \times 10^3}(35.1x - 2.34x^2) \times 10^6 \qquad \text{(c)}$$

$$e_{ou} \geqq k^{t\prime} + \frac{M_T}{P_e}$$

$$\geqq -329.04 + \frac{1}{0.85 \times 1{,}381 \times 10^3}(192.6x - 12.84x^2) \times 10^6 \qquad \text{(d)}$$

(5) 식(c)와 식(d)를 이용하여 단부에서 중앙부까지의 한계편심영역을 계산한다.

(6) 결정된 단면적과 초기인장력 및 편심거리에 대한 단면응력을 검토한다.

긴장재의 위치가 부재 길이에 따라 변화하는 프리스트레스트 콘크리트 부재의 편심거리를 정한 후에 구조설계기준에서 요구하는 [표 6.3]의 허용응력을 검토해야 한다. 예를 들어 지점에서 5 m 떨어진 위치($x = 5$ m)에 긴장재를 배치하였을 때의 허용응력을 검토해 보자.

1) 편심거리가 295 mm인 곳 ($e = 295$ mm)

[예제 표 6.3.1], 식(c)와 식(d)의 한계편심영역을 벗어난다.

(1) 초기하중단계

초기긴장력(P_i)과 부재의 자중(M_D)만이 작용하는 초기하중단계의 응력을 식(6.1c)와 식(6.1d)를 이용하여 계산한 후에 이를 허용응력과 비교한다.

$$M_D = 35.1x - 2.34x^2 = 35.1 \times 5 - 2.34 \times 5^2 = 117.0\ \text{kN} \cdot \text{m}$$

예제 표 6.3.1 하위 편심거리와 상위 편심거리

지점으로부터의 거리 (m)	하위 편심거리 (mm)	상위 편심거리 (mm)
0.0	202.77	−329.04
1.0	226.49	−175.90
2.0	246.83	−44.64
3.0	263.77	64.74
4.0	277.32	152.25
5.0	287.49	217.88
6.0	294.27	261.63
7.0	297.66	283.51
7.5	298.08	286.24

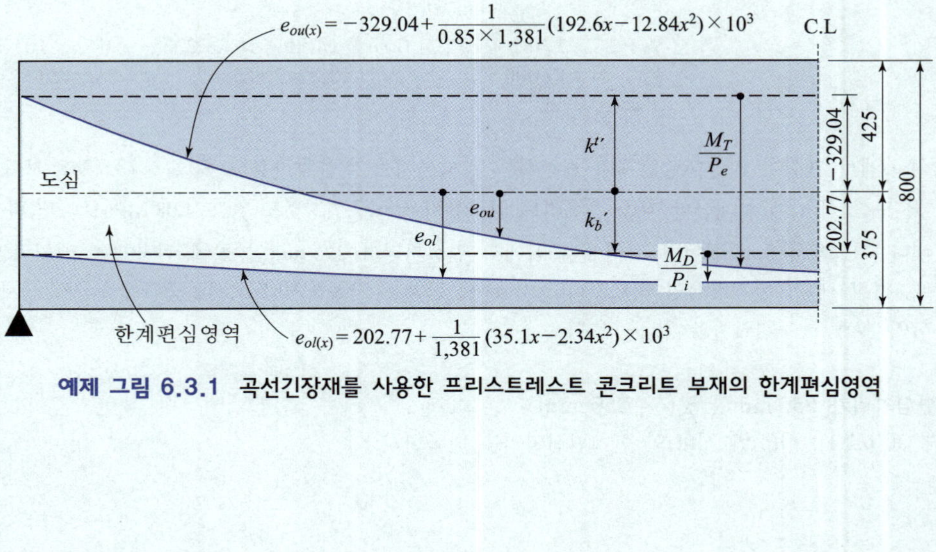

예제 그림 6.3.1 곡선긴장재를 사용한 프리스트레스트 콘크리트 부재의 한계편심영역

$$f^t(=f_{ti}) = -\frac{P_i}{A_c} + \frac{P_i \times e}{S^t} - \frac{M_D}{S^t}$$

$$= -\frac{1{,}381 \times 10^3}{195{,}000} + \frac{1{,}381 \times 10^3 \times 295}{33{,}743{,}529} - \frac{117 \times 10^6}{33{,}743{,}529}$$

$$= 1.52 \text{ MPa} \tag{e}$$

$$f_b(=f_{ci}) = -\frac{P_i}{A_c} - \frac{P_i \times e}{S_b} + \frac{M_D}{S_b}$$

$$= -\frac{1{,}381 \times 10^3}{195{,}000} - \frac{1{,}381 \times 10^3 \times 295}{38{,}242{,}667} + \frac{117 \times 10^6}{38{,}242{,}667}$$

$$= -14.68 \text{ MPa} \tag{f}$$

식(e)에서 계산한 초기하중단계의 콘크리트 인장응력은 초기허용인장강도 $f_{tia} = 1.22$ MPa보다 크다. 또한 식(f)에서 계산한 콘크리트 초기압축응력은 초기허용압축강도 $f_{cia} = -14.4$ MPa보다 작으므로 설계가 부적합하다. 즉, 편심거리가 [예제 표 6.3.1]에 표시된 식(c)와 식(d)의 한계편심영역을 벗어난다.

(2) 사용하중단계

유효긴장력(P_e)과 전체사용하중($M_T = M_D + M_{SD} + M_L$)이 작용하여 발생하는 응력을 식(6.2c)와 식(6.2d)를 이용하여 계산한 후에 이를 허용응력과 비교한다.

$$M_T = 192.6x - 12.84x^2 = 192.6 \times 5 - 12.84 \times 5^2 = 642.0 \text{ kN} \cdot \text{m}$$

$$f^t(=f_c) = -\frac{P_e}{A_c} + \frac{P_e \times e}{S^t} - \frac{M_T}{S^t}$$

$$= -\frac{0.85 \times 1{,}381 \times 10^3}{195{,}000} + \frac{0.85 \times 1{,}381 \times 10^3 \times 295}{33{,}743{,}529} - \frac{642 \times 10^6}{33{,}743{,}529}$$

$$= -14.78 \text{ MPa} \tag{g}$$

$$f_b(=f_t) = -\frac{P_e}{A_c} - \frac{P_e \times e}{S_b} + \frac{M_T}{S_b}$$

$$= -\frac{0.85 \times 1{,}381 \times 10^3}{195{,}000} - \frac{0.85 \times 1{,}381 \times 10^3 \times 295}{38{,}242{,}667} + \frac{642 \times 10^6}{38{,}242{,}667}$$

$$= 1.71 \text{ MPa} \tag{h}$$

식(g)에서 계산한 사용하중단계의 콘크리트 압축응력은 허용압축강도 $f_{ca} = -18.9$ MPa보다 크다. 또한 식(h)에서 계산한 최종 콘크리트 인장응력은 허용인장강도 $f_{ta} = 4.08$ MPa보다 작다. 그러나 지점에서 5 m 떨어진 위치에 도심에서 편심거리가 295 mm인 곳에 긴장재를 배치하였을 때, 편심거리가 한계편심영역을 벗어나 사용하중단계는 만족하지만 초기하중단계를 만족하지 못하여 설계가 부적합함을 알 수 있다.

2) 편심거리가 250 mm인 곳(e = 250 mm)

[예제 표 6.3.1], 식(c)와 식(d)의 한계편심영역을 만족한다.

(1) 초기하중단계

초기하중단계 응력을 계산한 후에 이를 허용응력과 비교한다.

$$M_D = 35.1x - 2.34x^2 = 35.1 \times 5 - 2.34 \times 5^2 = 117.0\ \text{kN} \cdot \text{m}$$

$$\begin{aligned} f^t(=f_{ti}) &= -\frac{P_i}{A_c} + \frac{P_i \times e}{S^t} - \frac{M_D}{S^t} \\ &= -\frac{1{,}381 \times 10^3}{195{,}000} + \frac{1{,}381 \times 10^3 \times 250}{33{,}743{,}529} - \frac{117 \times 10^6}{33{,}743{,}529} \\ &= -0.32\ \text{MPa} \end{aligned} \tag{i}$$

$$\begin{aligned} f_b(=f_{ci}) &= -\frac{P_i}{A_c} - \frac{P_i \times e}{S_b} + \frac{M_D}{S_b} \\ &= -\frac{1{,}381 \times 10^3}{195{,}000} - \frac{1{,}381 \times 10^3 \times 250}{38{,}242{,}667} + \frac{117 \times 10^6}{38{,}242{,}667} \\ &= -13.05\ \text{MPa} \end{aligned} \tag{j}$$

식(i)에서 계산한 초기하중단계의 콘크리트 인장응력은 초기허용인장강도 $f_{tia} = 1.22$ MPa보다 작다. 또한 식(j)에서 계산한 콘크리트의 초기압축응력은 초기허용압축강도 $f_{cia} = -14.4$ MPa보다 크므로 설계가 적합하다. 즉, 편심거리가 [예제 표 6.3.1]에 표시된 식(c)와 식(d)의 한계편심영역을 만족한다.

(2) 사용하중단계

사용하중단계 응력을 계산한 후에 이를 허용응력과 비교한다.

$$M_T = 192.6x - 12.84x^2 = 192.6 \times 5 - 12.84 \times 5^2 = 642.0\ \text{kN} \cdot \text{m}$$

$$\begin{aligned} f^t(=f_c) &= -\frac{P_e}{A_c} + \frac{P_e \times e}{S^t} - \frac{M_T}{S^t} \\ &= -\frac{0.85 \times 1{,}381 \times 10^3}{195{,}000} + \frac{0.85 \times 1{,}381 \times 10^3 \times 250}{33{,}743{,}529} - \frac{642 \times 10^6}{33{,}743{,}529} \\ &= -16.35\ \text{MPa} \end{aligned} \tag{k}$$

$$\begin{aligned} f_b(=f_t) &= -\frac{P_e}{A_c} - \frac{P_e \times e}{S_b} + \frac{M_T}{S_b} \\ &= -\frac{0.85 \times 1{,}381 \times 10^3}{195{,}000} - \frac{0.85 \times 1{,}381 \times 10^3 \times 250}{38{,}242{,}667} + \frac{642 \times 10^6}{38{,}242{,}667} \\ &= 3.09\ \text{MPa} \end{aligned} \tag{l}$$

식(k)에서 계산한 사용하중단계의 콘크리트 압축응력은 허용압축강도 $f_{ca} = -18.9$ MPa보다 크다. 또한 식(l)에서 계산한 최종 콘크리트 압축응력은 허용인장강도 $f_{ta} = 4.08$ MPa보다 작으므로 설계가 적합하다.

최종적으로 지점에서 5 m 떨어진 위치에서 편심거리가 250 mm인 곳($e = 250$ mm)에 긴장재를 배치하였을 때, 편심거리가 한계편심영역 안에 있어 설계가 적합함을 알 수 있다.

예제 6.4

[예제 그림 6.4.1]의 길이가 12 m이며 π형 단면인 프리스트레스트 콘크리트 보를 KDS 14(국가건설기준, 2020)의 사용하중단계의 비균열등급(U-class)으로 설계하라. 긴장재가 곡선(포물선)으로 배치될 경우 단면의 크기, 부재 중앙부의 편심거리(e_c), 초기긴장력(P_i), 긴장재 단면적(A_{ps}), 한계편심영역을 계산하라.

부재의 고정하중(자중) $w_D = 5$ kN/m로 가정, 프리스트레스트 콘크리트의 단위질량 24 kN/m^3, 추가고정하중 $w_{SD} = 5$ kN/m, 활하중 $w_L = 10$ kN/m, 설계하는 부재의 고정하중과 활하중은 변동하지 않고 지속적으로 작용하는 하중이다.

콘크리트 28일 압축강도 $f_{ck} = 42$ MPa이다.

긴장력을 가할 때의 초기 콘크리트 압축강도 $f_{ci}' = 27$ MPa이다.

- PS강재 : 인장강도 $f_{pu} = 1{,}780$ MPa, 항복강도 $f_{py} = 1{,}500$ MPa, 긴장응력 $f_{pj} = 0.9 f_{py}$
- 즉시응력손실 : 긴장 시 강재응력(f_{pj})의 10%
- 장기응력손실 : 초기 강재응력(f_{pi})의 15%

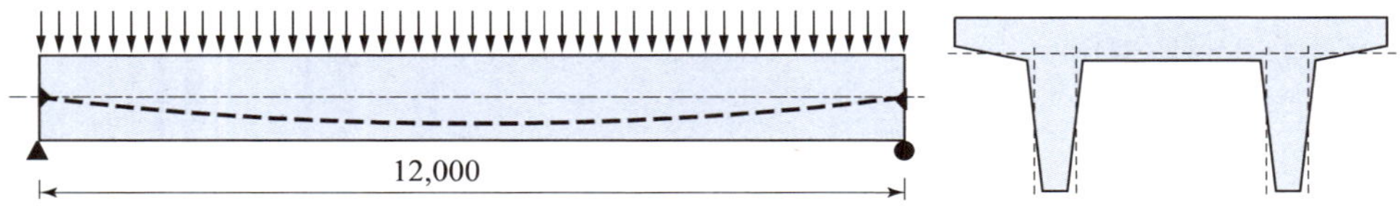

예제 그림 6.4.1 프리스트레스트 콘크리트 부재와 단면 (단위 : mm)

풀이

(1) 허용응력을 계산한다.

비균열등급 부재의 허용응력을 [표 6.3]을 이용하여 계산한다.

[초기하중단계]

$$\text{허용압축응력 } f_{cia} = 0.60 f_{ci}' = 0.6 \times 27 = -16.20 \text{ MPa} \quad \text{(a)}$$

$$\text{허용인장응력 } f_{tia} = 0.25\sqrt{f_{ci}'} = 0.25\sqrt{27} = 1.30 \text{ MPa} \quad \text{(b)}$$

[사용하중단계]

$$\text{허용압축응력(지속하중이 작용) } f_{ca} = 0.45 f_{ck} = 0.45 \times 42 = -18.90 \text{ MPa} \quad \text{(c)}$$

$$\text{허용인장응력 } f_{ta} = 0.63\sqrt{f_{ck}} = 0.63\sqrt{42} = 4.08 \text{ MPa} \quad \text{(d)}$$

(2) 설계하중을 계산한다.

고정하중과 활하중에 의해 발생하는 부재 중앙부의 휨모멘트를 계산한다.

$$M_D = \frac{w_D l^2}{8} = \frac{5 \times 12^2}{8} = 90 \text{ kN} \cdot \text{m} \quad \text{(e)}$$

$$M_{SD} = \frac{w_{SD} l^2}{8} = \frac{5 \times 12^2}{8} = 90 \text{ kN} \cdot \text{m} \quad \text{(f)}$$

$$M_L = \frac{w_L l^2}{8} = \frac{10 \times 12^2}{8} = 180\,\text{kN} \cdot \text{m} \tag{g}$$

(3) 단면계수를 계산한다.

긴장재가 곡선으로 배치될 부재의 단면계수를 식(6.11)을 이용하여 계산한다. 장기응력손실은 15%이므로 장기응력손실비(γ)는 85%(0.85)이다.

$$S^t \geq \frac{M_{SD} + M_L + (1-\gamma) M_D}{\gamma f_{tia} - f_{ca}}$$

$$\geq \frac{[90 + 180 + (1 - 0.85) \times 90] \times 10^6}{0.85 \times 1.30 - (-18.90)} = 14{,}171{,}457\,\text{mm}^3 \tag{h}$$

$$S_b \geq \frac{M_{SD} + M_L + (1-\gamma) M_D}{f_{ta} - \gamma f_{cia}}$$

$$\geq \frac{[90 + 180 + (1 - 0.85) \times 90] \times 10^6}{4.08 - 0.85(-16.20)} = 15{,}882{,}353\,\text{mm}^3 \tag{i}$$

(4) 단면을 정한다.

식(h)와 식(i)에 의해 계산한 단면계수를 이용하여 [예제 그림 6.4.2]와 같이 단면적을 정한다. 결정된 단면에 대한 기본 내용(단면적(A_c), 단면2차모멘트(I_c), 중립축의 위치($\bar{y}$) 등)을 계산한다.

$$A_c = (1{,}200 \times 100) + (300 \times 400) = 240{,}000\,\text{mm}^2$$

$$\bar{y} = \frac{(1{,}200 \times 100) \times 450 + (300 \times 400) \times 200}{(1{,}200 \times 100) + (300 \times 400)} = 325\,\text{mm}$$

$$I_c = \frac{1{,}200 \times 100^3}{12} + (1{,}200 \times 100)(450 - 325)^2$$

$$+ \frac{300 \times 400^3}{12} + (300 \times 400)(200 - 325)^2 = 5{,}450 \times 10^6\,\text{mm}^4$$

$$S^t = \frac{I_c}{y^t} = \frac{5{,}450 \times 10^6}{500 - 325} = 31{,}142{,}857\,\text{mm}^3$$

$$S_b = \frac{I_c}{y_b} = \frac{5{,}450 \times 10^6}{325} = 16{,}769{,}231\,\text{mm}^3$$

계산한 단면계수(S^t와 S_b)는 식(h)와 식(i)에서 계산한 요구 단면계수보다 크다.

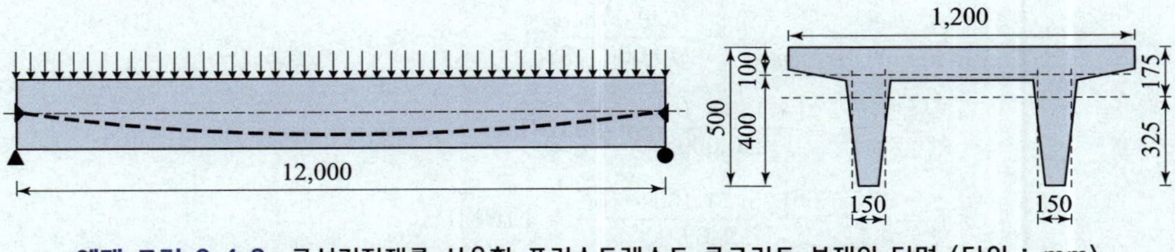

예제 그림 6.4.2 곡선긴장재를 사용한 프리스트레스트 콘크리트 부재와 단면 (단위 : mm)

(5) 편심거리를 계산한다.

부재의 단면적을 정한 후에 부재의 중앙부에 놓이는 긴장재의 단면 도심에 작용하는 콘크리트 응력($\overline{f_{ci}}$), 초기긴장력(P_i), 편심거리(e_c)를 식(6.13), 식(6.15), 식(6.16)을 이용하여 계산한다.

$$\overline{f_{ci}} = f_{tia} + \frac{y^t}{h}(f_{cia} - f_{tia}) = 1.30 + \frac{175}{500}(-16.2 - 1.30) = -4.83\text{ MPa}$$

$$P_i = A_c \times \overline{f_{ci}} = 240{,}000 \times 4.83 = 1{,}159\text{ kN}$$

콘크리트의 단위질량은 24 kN/m^{3}에 결정된 단면의 단면적(A_c)을 곱하여 자중을 계산한다.

$$w_D = 24\text{ kN/m}^3 \times A_c = 24 \times 240{,}000 = 5.76\text{ kN/m}$$

$$M_D = \frac{w_D l^2}{8} = \frac{5.76 \times 12^2}{8} = 103.7\text{ kN} \cdot \text{m}$$

자중에 의한 모멘트를 계산한 이후에 부재의 중앙부에 놓이는 긴장재 편심거리(e_c)를 계산한다.

$$e_c = (f_{tia} - \overline{f_{ci}})\frac{S^t}{P_i} + \frac{M_D}{P_i}$$

$$= (1.30 - (-4.83))\frac{31{,}142{,}857}{1{,}159 \times 10^3} + \frac{103.7 \times 10^6}{1{,}159 \times 10^3} = 254.19\text{ mm}$$

(6) 긴장재의 단면적을 계산한다.

초기긴장력(P_i)과 편심거리가 결정된 후에 필요한 긴장재의 단면적(A_{ps})을 식(6.17)을 이용하여 계산한다. 주어진 조건에서 PS강재의 인장강도 $f_{pu} = 1{,}780$ MPa, 항복강도 $f_{py} = 1{,}500$ MPa, 긴장 시의 긴장응력은 $f_{pj} = 0.9 f_{py}$을 사용하도록 되어 있다.

$$A_{ps} = \frac{P_i}{f_{pi}} = \frac{1{,}159 \times 10^3}{0.9 \times f_{pj}} = \frac{1{,}159 \times 10^3}{0.9 \times 0.9 \times 1{,}500} = 954\text{ mm}^2$$

(7) 식(6.35)와 식(6.36)을 이용하여 하위 핵길이(k_b)와 상위 핵길이(k^t)를 계산한다. 또한 $f_{gi} = P_i / A_c$, $f_g = P_e / A_c$를 계산한 후에 식(6.41)과 식(6.42)를 이용하여 편심영역의 상위한계($k^{t\prime}$)와 하위한계($k_b^{\prime}$)를 계산한다.

$$k_b = \frac{I_c}{A_c \times y^t} = \frac{5{,}450 \times 10^6}{240{,}000 \times 175} = 129.76\text{ mm}$$

$$k^t = -\frac{I_c}{A_c \times y_b} = -\frac{5{,}450 \times 10^6}{240{,}000 \times 325} = -69.87\text{ mm}$$

$$f_{gi} = \frac{P_i}{A_c} = \frac{1{,}159 \times 10^3}{240{,}000} = 4.83\text{ MPa}$$

$$f_g = \frac{P_e}{A_c} = \frac{0.85 \times 1{,}159 \times 10^3}{240{,}000} = 4.10\text{ MPa}$$

$$k^{t\prime} = \max.\left[k_b\left(1+\frac{f_{ca}}{f_g}\right),\ k^t\left(1+\frac{f_{ta}}{f_g}\right)\right]$$

$$= \max.\left[129.76\left(1+\frac{-18.9}{4.10}\right),\ -69.87\left(1+\frac{4.08}{4.10}\right)\right] = -139.40\ \text{mm} \qquad \text{(j)}$$

$$k_b{}' = \min.\left[k_b\left(1+\frac{f_{ti}}{f_{gi}}\right),\ k^t\left(1+\frac{f_{ci}}{f_{gi}}\right)\right]$$

$$= \min.\left[129.76\left(1+\frac{1.30}{4.83}\right),\ -69.87\left(1+\frac{-16.20}{4.83}\right)\right] = 164.48\ \text{mm} \qquad \text{(k)}$$

(8) x만큼 떨어진 위치의 고정하중과 활하중에 의해 발생하는 휨모멘트를 계산한다.

$$M_D = \frac{w_D l}{2}x - (w_D x)\frac{x}{2} = \frac{5.76\times 12}{2}x - (5.76\,x)\frac{x}{2} = 34.56x - 2.88x^2$$

$$M_{SD} = \frac{w_{SD} l}{2}x - (w_{SD} x)\frac{x}{2} = \frac{5\times 12}{2}x - (5\,x)\frac{x}{2} = 30x - 2.5x^2$$

$$M_L = \frac{w_L l}{2}x - (w_L x)\frac{x}{2} = \frac{10\times 12}{2}x - (10\,x)\frac{x}{2} = 60x - 5x^2$$

(9) 식(6.44a)와 식(6.44b)를 이용하여 단부에서 x만큼 떨어진 위치의 하위 한계편심거리(e_{ol})와 상위 한계편심거리(e_{ou})를 계산한다.

$$e_{ol} \leqq k_b{}' + \frac{M_D}{P_i}$$

$$\leqq 164.48 + \frac{1}{1{,}159\times 10^3}(34.56x - 2.88x^2)\times 10^6 \qquad \text{(l)}$$

$$e_{ou} \geqq k^{t\prime} + \frac{M_T}{P_e}$$

$$\geqq -139.40 + \frac{1}{0.85\times 1{,}159\times 10^3}(124.56x - 10.38x^2)\times 10^6 \qquad \text{(m)}$$

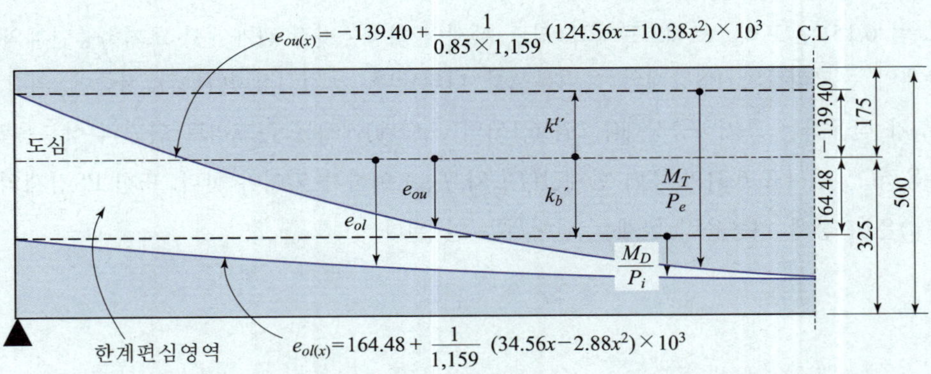

예제 그림 6.4.3 곡선긴장재를 사용한 프리스트레스 콘크리트 부재의 한계편심영역

예제 표 6.4.1 상위 편심거리와 하위 편심거리

지점으로부터의 거리 (m)	하위 편심거리 (mm)	상위 편심거리 (mm)
0.0	164.88	−139.40
1.0	191.82	−23.50
2.0	214.17	71.33
3.0	231.57	145.08
4.0	243.99	197.77
5.0	251.45	229.38
6.0	253.93	239.91

(10) 식(l)과 식(m)을 이용하여 단부에서 중앙부까지의 한계편심영역을 계산한다.

(11) 결정된 단면적과 초기인장력 편심거리에 의해 발생하는 단면의 응력을 검토한다.
긴장재의 위치가 부재 길이에 따라 변화하는 프리스트레스트 콘크리트 부재의 편심거리를 정한 후에 부재의 콘크리트가 받는 응력을 구조설계기준에서 요구하는 [표 6.3]의 허용응력과 비교해야 한다.

6.4 극한하중단계의 휨설계

프리스트레스트 콘크리트 부재의 극한하중단계의 휨설계는 철근콘크리트 부재의 휨설계와 유사하다. 프리스트레스트 콘크리트 부재는 초기하중에 대한 단면응력 제한조건이 있으므로 초기하중의 제한조건을 기본으로 설계하되 최종응력에 대해서는 강도설계법(또는 한계상태설계법)에 근거하여 설계할 수 있다.

[그림 6.15]는 프리스트레스트 콘크리트 부재의 하중-처짐 관계에서 초기하중단계와 최종하중단계의 콘크리트와 PS강재의 응력분포를 나타낸다. 초기긴장력(P_i)과 자중에 의한 모멘트(M_D)가 작용하는 초기하중상태([그림 6.15]의 ③단계)에서는 콘크리트 단면의 상부응력(f_{ti})과 하부응력(f_{ci})은 [표 6.3]의 응력 한계값(f_{tia}와 f_{cia}) 이하가 되어야 한다. 또한 PS강재의 초기응력(f_{pi})은 긴장재 허용응력 한계를 넘어서는 안 된다.

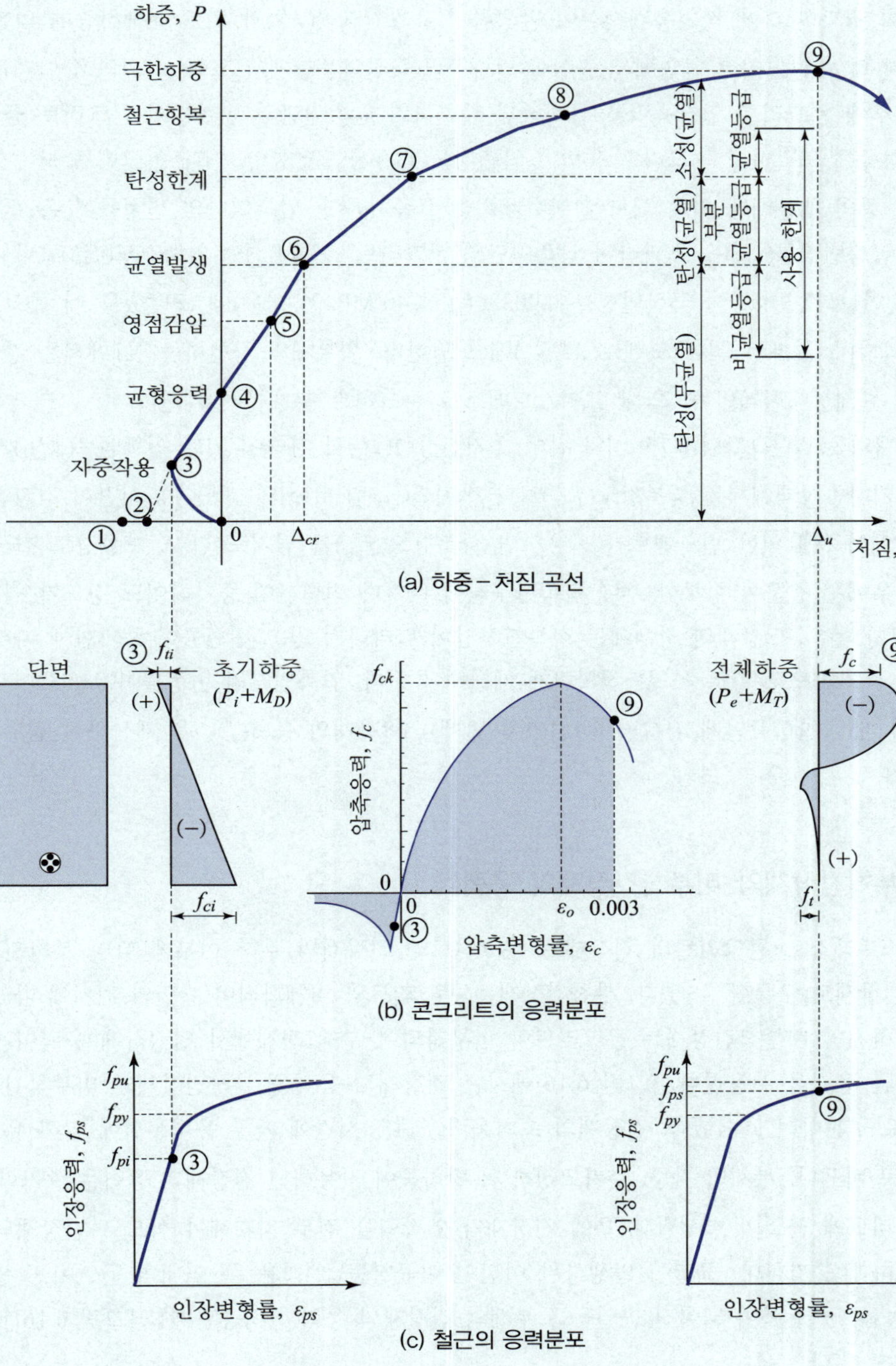

그림 6.15 휨부재의 재료 응력분포

시간이 경과한 후에 장기응력손실이 발생하여 유효긴장력(P_e)과 외부 전체하중에 의한 모멘트가 작용하면 콘크리트 단면에는 균열이 발생한다(극한하중단계, ([그림 6.15]의 ⑨단계)). 균열발생 이후에 콘크리트 인장응력은 급격하게 감소하며 압축연단의 변형률이 콘크리트 공시체의 압축변형률에 도달하여 콘크리트 응력이 압축강도(f_{ck})에 도달한다. 이때 콘크리트 보는 파괴되지 않고 힘의 재분배에 의해 휨모멘트는 계속해서 증가한다. 압축연단의 변형률이 콘크리트 공시체의 압축변형률(ϵ_{co})을 초과하여 압축연단의 콘크리트 응력(f_{c4})이 압축강도(f_{ck})보다 작아진다. 압축연단의 변형률이 극한변형률 0.0033($f_{ck} \leq 40$ MPa인 경우)에 도달했을 때 콘크리트가 압축파괴되며, 부재는 최대 모멘트($M_{\max}$)에 도달한다. 휨부재의 극한하중단계에서는 강도설계법(또는 한계상태설계법)에 의해 프리스트레스트 콘크리트 부재를 설계한다.

PS강재의 응력은 [그림 6.15(c)]와 같이 초기긴장력(P_i)과 자중에 의한 휨모멘트(M_D)가 작용하는 초기하중상태에서는 항복강도(f_{py})보다 작지만([그림 6.15]의 ③단계), 시간이 경과한 후에 외부 전체하중에 의한 휨모멘트가 작용하면 항복강도(f_{py})를 넘기도 한다. 보통강도 철근을 사용할 경우에는 철근이 항복한 후에 항복단구간이 나타나 변형률이 증가하여도 강도가 일정하지만, 강도가 높은 PS강재의 경우에는 항복단구간이 나타나지 않고 변형률이 증가함에 따라 응력이 함께 증가하므로 항복강도를 정확하게 계산해야 한다. 압축연단의 변형률이 0.0033($f_{ck} \leq 40$ MPa)일 때(극한하중단계, ([그림 6.15]의 ⑨단계)) PS강재의 응력(f_{ps})을 계산하여 휨모멘트를 계산한다.

6.4.1 부착긴장재와 비부착긴장재의 응력

프리스트레스트 콘크리트의 긴장재는 콘크리트와 긴장재의 부착 여부에 따라 부착긴장재와 비부착긴장재로 구분할 수 있다. 부착긴장재는 콘크리트와 일체화되어 단면의 위치에 따라 응력이 변화하지만 비부착긴장재는 콘크리트와 비부착되어 부재 전체에서 일정하게 응력이 발생하므로 평균 응력을 사용한다. [그림 6.16]에서는 긴장재의 응력을 부착긴장재와 비부착긴장재의 응력으로 구분하여 표시했다. 긴장재의 초기응력(f_{pi})은 시간에 따른 응력손실에 의해 유효응력(f_{pe})으로 바뀐다. 부재의 자중, 추가고정하중, 활하중이 작용하면 긴장재의 응력은 증가한다. 또한 콘크리트에 균열이 발생할 경우에 긴장재가 인장력을 전부 지지해야 하므로 긴장재의 응력은 급격하게 증가한다. 균열이 발생하기 이전인 비균열등급, 허용 폭 이내의 균열이 발생한 부분균열등급, 균열 폭이 넓어진 균열등급 부재의 긴장재의 응력과 하중관계를 [그림 6.16]과 같이 표시할 수 있다.

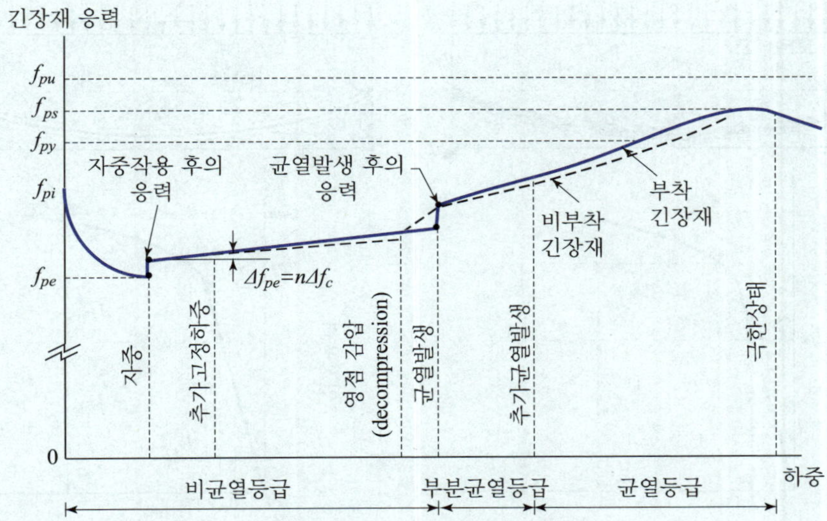

그림 6.16 긴장재의 응력변화

두 종류의 긴장재 응력을 계산하면 다음과 같다.

부착긴장재

[그림 6.17(a)]는 부착긴장재가 사용된 단순보를 나타내고 있다. 초기긴장력(P_i)이 가해질 때 PS강재에 모르타르가 주입되지 않아 긴장재가 부착되어 있지 않으며, 초기긴장력(P_i)이 PS강재에 일정한 크기의 초기응력(f_{pi})을 유발한다. 시간이 경과하면 초기응력은 유효응력(f_{pe})으로 변하며, 자중이나 활하중 등의 외부하중이 가해질 경우에 단부에서는 외부하중에 의한 휨응력이 발생하지 않아 PS강재의 응력은 유효응력(f_{pe})을 유지하지만 중앙부에서는 외부하중에 의한 영향으로 응력이 변화한다. 부착긴장재가 사용된 단순보의 중앙부에서 외부하중에 의해 발생하는 강재의 응력을 계산하면 다음과 같다.

긴장재와 콘크리트가 부착되어 있는 경우에 외력에 의해 추가되는 긴장재의 변형률과 콘크리트의 변형률의 증분은 동일하다.

$$\Delta\epsilon_c = \Delta\epsilon_{ps} \tag{6.46}$$

여기서, $\Delta\epsilon_c$: 콘크리트의 변형률 증분, $\Delta\epsilon_{ps}$: PS강재의 변형률 증분이다.

후크의 법칙(Hooke's law)을 이용하여 식(6.46)을 식(6.47)로 바꿀 수 있다.

$$\frac{\Delta f_c}{E_c} = \frac{\Delta f_{ps}}{E_{ps}} \tag{6.47}$$

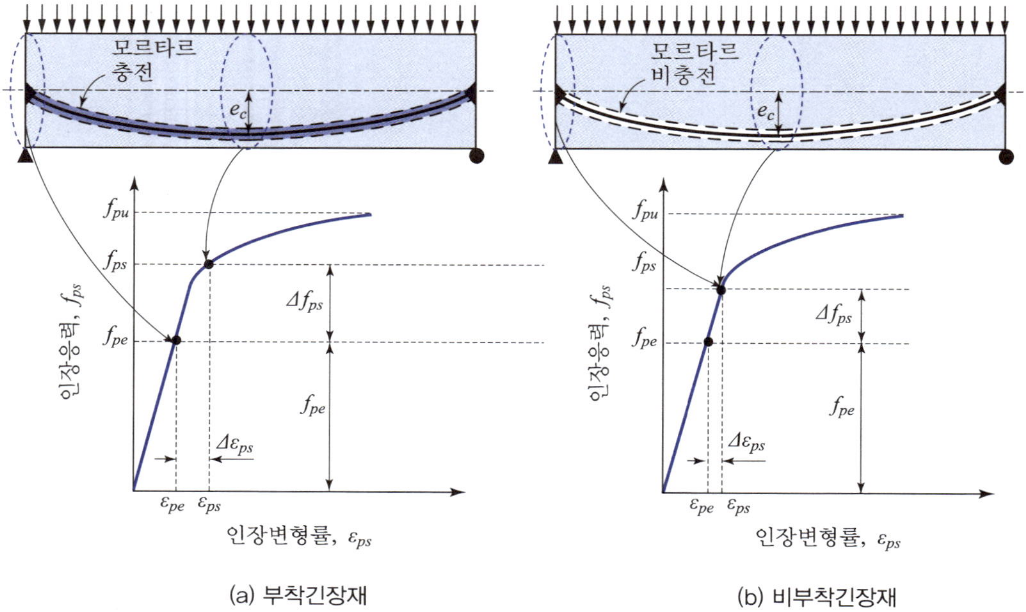

그림 6.17 부착긴장재와 비부착긴장재의 응력분포

식(6.47)을 탄성계수의 비($n = E_{ps}/E_c$)로 표시하면 다음과 같다.

$$\Delta f_{ps} = \frac{E_{ps}}{E_c} \times \Delta f_c$$

$$f_{ps} = n f_c \tag{6.48}$$

여기서, Δf_c : 외부하중에 의해 발생하는 콘크리트 응력의 증분, 즉 PS강재 단면 중심에서의 콘크리트 응력, f_{ps} : 외부하중에 의해 발생하는 PS강재 응력의 증분, E_c : 콘크리트의 탄성계수, E_{ps} : PS강재의 탄성계수, n : 탄성계수의 비($= E_{ps}/E_c$)이다.

PS강재의 도심 위치에서 콘크리트가 받는 응력을 식(6.49)에 의해 계산한다.

$$\Delta f_c = \frac{M}{I_c} e_c \tag{6.49}$$

여기서, M : 외부하중(고정하중, 활하중 등)에 의한 휨모멘트, e_c : 부재 중앙부의 긴장재 편심거리이다.

식(6.49)를 식(6.48)에 대입하여 PS강재의 응력을 계산한다.

$$\Delta f_{ps} = n\frac{M}{I_c}e_c \tag{6.50}$$

비부착긴장재

[그림 6.17(b)]는 비부착긴장재가 사용된 단순보를 나타내고 있다. 비부착긴장재의 경우에도 초기긴장력(P_i)이 가해질 때는 PS강재에 일정한 크기의 초기응력(f_{pi})이 부재 전체에 발생한다. 그러나 외부하중이 가해질 경우에는 PS강재가 부착되어 있지 않고 양단부에서 정착구에 의해 고정되어 있기 때문에 단부에서 중앙부까지 변화하는 외부하중에 의한 휨응력의 평균값이 긴장재의 응력으로 작용한다. 비부착긴장재가 사용된 단순보 중앙부에서 외부하중에 의해 발생하는 강재응력을 계산하면 다음과 같다.

긴장재와 콘크리트가 부착되어 있지 않은 경우에 콘크리트의 변형률과 긴장재의 변형률은 동일하지 않다. PS강재는 단부에 정착되므로 마찰을 무시할 경우에 부재에 일정한 크기의 응력이 발생한다. 단부에서 x만큼 떨어진 위치의 PS강재 도심에 발생하는 콘크리트의 응력 증분, 즉 외부하중에 의한 증분은 후크의 법칙과 휨응력 관계를 이용하여 식(6.51)에서 계산할 수 있다.

$$\Delta\epsilon_c = \frac{\Delta f_c}{E_c} = \frac{M_x \times e_x}{E_c\, I_c} \tag{6.51}$$

부재 전체에 걸쳐서 변화하는 PS강재의 변형량은 식(6.52)와 같다.

$$\Delta l_{ps} = \int_0^l \Delta\epsilon_c \cdot dx = \int_0^l \frac{M_x \times e_x}{E_c\, I_c} \cdot dx \tag{6.52}$$

따라서 부재에 발생한 PS강재의 평균 변형률의 증분($\Delta\epsilon_{ps}$)은 식(6.52)의 PS강재의 변형량을 부재 길이로 나누어 계산할 수 있다. 또한 PS강재의 평균 응력(Δf_{ps})은 후크의 법칙을 이용하여 계산한다.

$$\Delta\epsilon_{ps} = \frac{\Delta l_{ps}}{l} = \frac{1}{l}\int_0^l \frac{M_x \times e_x}{E_c\, I_c} \cdot dx \tag{6.53}$$

$$\Delta f_{ps} = \Delta\epsilon_{ps} \times E_{ps} = \frac{n}{l}\int_0^l \frac{M_x \times e_x}{I_c} \cdot dx \tag{6.54}$$

식(6.54)에서 외부하중에 의해 발생하는 휨모멘트(M_x)와 편심거리(e_x)는 일반적으로 포물선을 이루고 있으며, 부재의 단면이 전체 길이에 걸쳐서 일정하다고 할 때, 포물선의 면적을 적분하여 식(6.55)를 계산할 수 있다.

$$\Delta f_{ps} = \frac{8}{15} n \frac{M_c \times e_c}{I_c} \approx \frac{1}{2} n \frac{M_c \times e_c}{I_c} \tag{6.55}$$

여기서, M_c : 보의 중앙 단면에서 발생하는 외부하중에 의한 휨모멘트, e_c : 보의 중앙 단면의 긴장재 편심거리이다.

식(6.50)과 식(6.55)의 비교를 통해 외부하중에 의한 부착긴장재의 응력 증가는 비부착긴장재의 응력 증가의 약 두 배임을 알 수 있다. 그러나 이러한 응력 증가 비율은 PS강재가 탄성상태이며 콘크리트 단면도 탄성해석이 가능하다는 전제에서 계산된 값이므로, PS강재와 콘크리트 단면이 탄성상태가 아닌 경우에는 달라질 수 있음을 유의해야 한다.

예제 6.5

[예제 6.1]의 프리스트레스트 콘크리트 보에 배치된 긴장재의 추가 응력과 변형률을 계산하라.

1) 부착긴장재의 경우

2) 비부착긴장재의 경우

풀이

1) 부착긴장재의 경우

(1) [예제 6.1]에서 계산한 허용응력과 단면적(A_c), 단면2차모멘트(I_c), 중립축의 위치($\bar{y}$) 등의 기본 내용을 이용한다.

(2) 3장의 식(3.3)을 이용하여 콘크리트의 탄성계수(E_c)를 계산한 후에 탄성계수비(n)을 계산한다.

$$E_c = 8{,}500\sqrt[3]{f_{cu}} = 8{,}500\sqrt[3]{42+4.2} = 30{,}500 \text{ MPa}$$

$$n = \frac{E_s}{E_c} = \frac{200{,}000}{30{,}500} = 6.56$$

(3) [예제 6.1]에서 계산한 초기긴장력(P_i)과 필요 강재량(A_{ps}), 장기응력손실(15%)을 이용하여 유효긴장력(P_e)에 대한 변형률을 계산한다.

$$\epsilon_{psi} = \frac{f_{pi}}{E_s} = \frac{P_i}{E_s A_{ps}} = \frac{1{,}381{,}000}{200{,}000 \times 1{,}137} = 0.00607$$

$$\epsilon_{pse} = \frac{f_{pe}}{E_s} = \frac{P_e}{E_s A_{ps}} = \frac{0.85 \times 1{,}381{,}000}{200{,}000 \times 1{,}137} = 0.00516 \tag{a}$$

(4) 외부 휨모멘트(M_D, M_{SD}, M_L)에 의해 발생하는 부재 중앙부에서의 추가 응력(Δf_{ps})을 식(6.50)을 이용하여 계산한다.

$$\Delta f_{psD} = n\frac{M_D}{I_c}e_c = 6.56 \times \frac{131.6 \times 10^6}{15{,}005 \times 10^6} \times 295 = 16.97 \text{ MPa}$$

$$\Delta f_{psSD} = n\frac{M_{SD}}{I_c}e_c = 6.56 \times \frac{253.1 \times 10^6}{15{,}005 \times 10^6} \times 295 = 32.64 \text{ MPa}$$

$$\Delta f_{psL} = n\frac{M_L}{I_c}e_c = 6.56 \times \frac{337.5 \times 10^6}{15{,}005 \times 10^6} \times 295 = 43.53 \text{ MPa}$$

$$\begin{aligned}\Delta f_{ps} &= \Delta f_{psD} + \Delta f_{psSD} + \Delta f_{psL} \\ &= 16.97 + 32.64 + 43.53 = 93.14 \text{ MPa}\end{aligned} \quad \text{(b)}$$

(5) 추가 응력(Δf_{ps})에 의해 발생하는 추가 변형률을 구하고 이를 식(a)의 긴장력에 의해 발생하는 변형률에 더하여 최종 변형률을 계산한다.

$$\Delta \epsilon_{ps} = \frac{\Delta f_{ps}}{E_s} = \frac{93.14}{200{,}000} = 0.000466 \quad \text{(c)}$$

$$\epsilon_{ps} = \epsilon_{pse} + \Delta \epsilon_{ps} = 0.00516 + 0.000466 = 0.005626 \quad \text{(d)}$$

식(a), (c) 및 (d)의 비교를 통하여 외부하중에 의해 발생하는 변형률은 전체 변형률의 약 8퍼센트에 지나지 않음을 알 수 있다. 그러나 이러한 변형률은 PS강재가 탄성상태이고, 콘크리트 단면도 탄성해석이 가능하다는 전제에서 계산된 값으로 PS강재와 콘크리트 단면이 탄성상태가 아닌 경우에는 달라질 수 있다.

2) 비부착긴장재의 경우

(1) 유효긴장력(P_e)에 대한 변형률(ϵ_{pse})은 식(a)의 계산 결과와 동일하다.

(2) 추가 응력(Δf_{ps})을 식(6.55)와 식(b)를 이용하여 계산한다.

$$\Delta f_{ps} = \frac{8}{15}n\frac{M_c \times e_c}{I_c} = \frac{8}{15} \times 93.14 = 49.67 \text{ MPa} \quad \text{(e)}$$

(3) 추가 응력(Δf_{ps})에 의해 발생하는 추가 변형률을 구하고 이를 식(a)의 긴장력에 의해 발생하는 변형률에 더하여 최종 변형률을 계산한다.

$$\Delta \epsilon_{ps} = \frac{\Delta f_{ps}}{E_s} = \frac{49.67}{200{,}000} = 0.000248 \quad \text{(f)}$$

$$\epsilon_{ps} = \epsilon_{pse} + \Delta \epsilon_{ps} = 0.00516 + 0.000248 = 0.005408 \quad \text{(g)}$$

식(c)와 식(f)를 비교하면 외부하중에 의해 발생하는 비부착긴장재의 변형률이 부착긴장재 변형률의 약 절반임을 알 수 있다.

6.4.2 극한하중단계의 긴장재 변형률 계산

6.4.1항에서는 PS강재와 콘크리트 단면이 탄성상태인 경우에 대한 긴장재의 변형률을 계산하였다. 그러나 프리스트레스트 콘크리트 부재에 균열이 발생한 이후에는 더 이상 후크의 법칙을 사용할 수 없으므로 강도설계법 또는 한계상태설계법에서의 PS강재 변형률을 계산해야 한다. [그림 6.18]은 프리스트레스트 콘크리트 부재의 콘크리트 단면에 발생하는 변형률의 분포를 나타낸다. 긴장되지 않은 철근의 경우에는 평면유지의 법칙에 의해 변형률을 [그림 6.18]의 ③단계와 같이 계산할 수 있지만, 긴장된 PS강재는 초기응력에 의해 발생한 변형률 때문에 다음의 세 가지 변형률을 더한 값을 사용한다.

① **유효긴장력에 의한 변형률** : PS강재를 긴장한 후에 긴장력을 이완시켰을 때 응력손실이 발생하고 유효긴장력(P_e)이 작용하게 된다. 긴장재의 관점에서 변형률은 [그림 6.18]의 출발점에서 시작하게 되므로 유효긴장력(P_e)에 의해 발생하는 PS긴장재의 변형률(ϵ_{ps1})은 식(6.56)에 의해 계산한다. 또한, 콘크리트 관점에서 변형률의 변화를 살펴보면 긴장력을 이완시켰을 때 유효긴장력(P_e)은 콘크리트에 압축력으로 작용하게 되므로 PS긴장재의 변형률(ϵ_{ps1})은 압축 변형률이 된다.

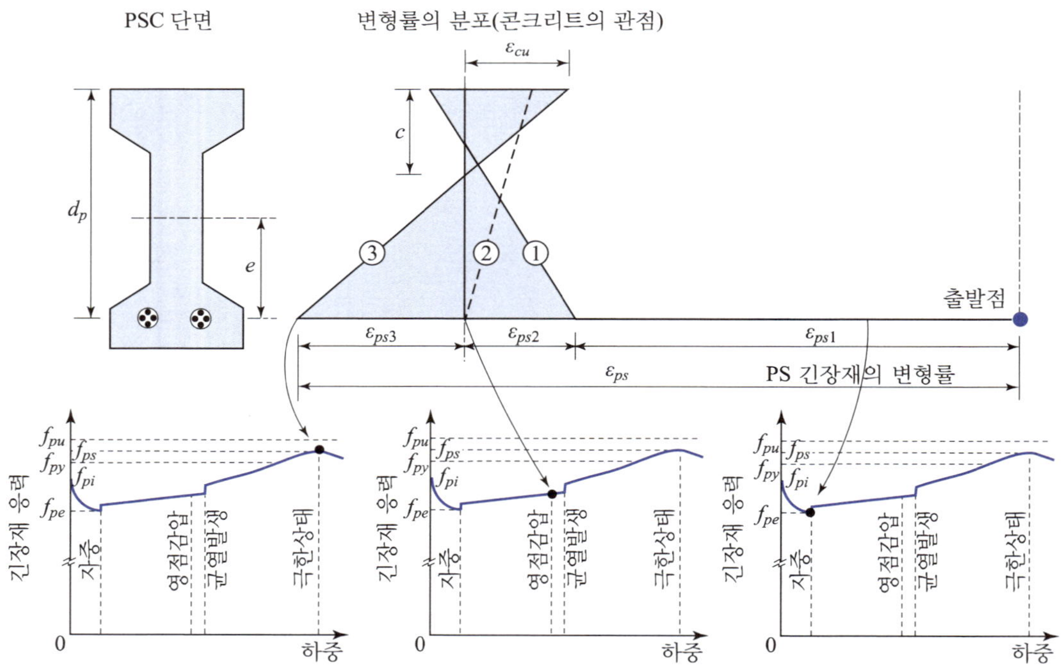

그림 6.18 콘크리트와 긴장재의 변형률 분포

$$\epsilon_{ps1}(=\epsilon_{pe}) = \frac{f_{pe}}{E_{ps}} = \frac{P_e}{E_{ps}A_{ps}} \tag{6.56}$$

② **영점감압(decompression)에 의한 변형률** : 유효긴장력(P_e)이 작용한 이후 콘크리트 단면에 발생하는 변형률 분포는 [그림 6.18]의 ①과 같다. 여기에 추가로 하중이 작용하면 콘크리트 단면의 변형률은 [그림 6.18]의 ②와 같은 영점감압의 변형률 분포로 바뀌게 된다. 영점감압시의 PS긴장재의 변형률(ϵ_{ps2})은 콘크리트의 변형률(ϵ_{cd})과 동일하게 되므로 후크의 법칙을 이용하여 식(6.57)에서 ϵ_{ps2}를 계산할 수 있다. 이 상태에서는 콘크리트 단면에 균열이 발생하기 이전이므로 후크의 법칙을 적용할 수 있다. PS긴장재의 관점에서 살펴보면 PS강재의 변형률은 [그림 6.18]의 출발점에서 시작하여 추가하중에 의해 식(6.57)의 변형률이 더해진다.

$$\epsilon_{ps2} = \epsilon_{cd} = \frac{f_c}{E_c}$$

$$\epsilon_{ps2} = \frac{P_e}{E_c\,A_c} + \frac{P_e \times e}{E_c\,I_c}e \tag{6.57}$$

또는

$$\epsilon_{ps2} = \frac{P_e}{E_c\,A_c}\left(1+\frac{e^2}{r_c^2}\right)$$

여기서, r_c는 콘크리트 단면의 2차반경($r_c = \sqrt{I_c/A_c}$)이다.

③ **추가하중에 의한 변형률** : 영점감압이 발생한 이후에 추가하중이 작용함에 따라 콘크리트 단면에 발생하는 변형률 분포는 [그림 6.18]의 ③과 같다. 균열이 발생하기 이전에는 후크의 법칙을 적용할 수 있지만, 균열이 발생한 이후에는 후크의 법칙을 적용할 수 없다. PS강재의 전체 변형률은 [그림 6.18]의 출발점에서 시작하여 유효긴장력과 영점감압에 의한 변형률에 추가하중에 의한 변형률(식(6.58))을 더해 계산한다. 식(6.58)은 평면유지의 법칙에 의해 두 개의 닮은꼴 삼각형의 비례 관계를 이용하여 계산한 식이다.

$$c : \epsilon_{cu} = d_p - c : \epsilon_{ps3}$$

$$\epsilon_{ps3} = \left(\frac{d_p}{c} - 1\right)\epsilon_{cu} \tag{6.58}$$

여기서, c : 중립축의 깊이, ϵ_{cu} : 콘크리트의 극한변형률, 콘크리트 압축연단(compressive extreme fiber, 압축응력을 받는 단면의 중립축에서 가장 멀리 떨어진 부분)의 변형률, d_p

: 압축연단에서 PS긴장재 단면 중심까지의 거리이다. KDS 14 국가건설기준-2020(콘크리트구조 학회기준, 2017)이나 도로교설계기준(한계상태설계법, 2016)에서는 극한하중단계에서 부재의 휨강도를 강도설계법 또는 한계상태설계법에 의해 계산하며, 압축연단의 콘크리트 변형률이 극한변형률(ϵ_{cu})에 도달했을 때 부재가 최대 휨모멘트에 도달한다고 가정한다.

따라서 부재가 최대 휨모멘트에 도달할 때의 PS강재의 변형률은 식(6.56)~식(6.58)의 세 변형률을 더하여 식(6.59)에 의해 계산한다.

$$\epsilon_{ps} = \epsilon_{ps1} + \epsilon_{ps2} + \epsilon_{ps3} \tag{6.59}$$

6.4.3 단면 설계를 위한 콘크리트의 압축응력 - 변형률 곡선

[그림 3.1]에서 설명한 표준공시체의 1축 직접 압축실험은 비교적 쉽게 콘크리트의 압축강도를 측정할 수 있기 때문에 콘크리트 구조물 단면 설계의 기본 재료 특성으로 활용된다. 그러나 직접 압축실험 결과는 다음과 같이 실제 구조물의 콘크리트가 받는 응력과 차이가 있으므로 직접 압축실험 결과를 보완해서 사용해야 한다.

① **직접 압축응력과 휨압축응력의 차이** : 탄성체에 대한 재료역학적 관점에서 살펴보면 부재축에 직접 작용하는 직접응력과 휨압축응력은 차이가 없으며 두 응력을 더해서 직응력을 계산한다. 그러나 단면에 작용하는 변형률의 분포가 다를 경우에 구조물의 거동은 이론적 계산과 차이가 발생하며, 특히 콘크리트와 같이 이방성 복합재료이며 탄성구간이 작은 경우에는 직접 압축응력과 휨압축응력에 의하여 발생하는 구조 거동에 차이가 발생한다.

② **단기가력과 장기가력에 의한 차이** : 표준공시체의 1축 압축실험은 약 2~3분(매초 0.15~0.35 MPa/sec)의 하중을 지속적으로 가하여 측정된 결과이다. 그러나 실제 구조물은 구조물 사용 수명 중의 몇 십년동안 지속적으로 하중이 작용하는 경우가 대부분이다. 하중이 오랜 시간 동안 지속적으로 작용할 경우에 콘크리트의 압축 응력 - 변형률 곡선은 표준공시체에 의하여 측정한 압축응력 - 변형률 곡선의 특성에 비하여 강도가 감소하고 변형률이 증가한다. 실제 구조물에 작용하는 하중은 구조물 사용 수명 동안에 지속적으로 작용하는 하중이므로 표준공시체를 이용하여 단기간에 측정한 콘크리트의 압축강도(f_{ck})보다 낮은 강도와 큰 변형률을 사용해야 한다.

앞에서 설명한 두 가지 주요 이유(직접압축과 휨압축의 차이, 장기하중 효과)에 의하여 표준공시체를 이용하여 측정한 콘크리트의 압축응력 - 변형률 곡선과 실제구조물에 발생하는 콘크리트의 압축응력 - 변형률 곡선에는 차이가 발생하므로 구조설계에서는 [그림 6.19]와 같이 표준공시체에서 측정한 1축 직접 압축응력 - 변형률 곡선을 조정하여 사용한다. 변경된 콘크리트의 응력 - 변형률 곡선의 특성은 다음과 같다.

① **곡선의 단순화** : 표준공시체의 응력 - 변형률 곡선과 휨압축응력 - 변형률 곡선의 차이를 반영하여 콘크리트의 압축응력 - 변형률 곡선을 두 구간으로 구분하여 단순화한다.

② **압축강도** : 콘크리트의 압축강도는 재하속도 등과 관련된 장기거동 효과 및 휨압축과 1축 직접압축강도의 차이 등과 관련된 불리한 하중 작용을 고려하여 표준공시체에서 측정한 압축강도(f_{ck})의 85퍼센트($0.85f_{ck}$)를 사용한다.

③ **최대 응력시의 변형률과 극한변형률** : 콘크리트의 최대 변형률은 콘크리트의 압축강도와 밀접한 관계가 있다. 직접압축을 받는 콘크리트의 최대 응력시의 변형률(ϵ_{co})은 [그림 3.2]와 같이 압축강도가 증가하면 증가하지만, 휨압축을 받는 콘크리트의 극한변형률(ϵ_{cu})은 압축강도가 증가하면 감소한다. KDS 14(국가건설기준)에서는 ϵ_{co}와 ϵ_{cu}를 [표 6.10] 또는 식(6.60)과 식(6.61)을 이용하여 계산한다. 콘크리트 압축강도가 40 MPa 이하인 경우 ϵ_{co}과 ϵ_{cu}를 각각 0.002와 0.0033로 한다. 콘크리트 압축강도가 40 MPa을 초과하는 경우, ϵ_{co}의 값은 0.0001씩 증가하지만, ϵ_{cu}의 값은 0.0001씩 감소한다. f_{ck}가 90 MPa을 초과하는 경우에는 성능실험을 통한 조사연구에 의하여 콘크리트 압축연단의 극한변형률을 선정하고 근거를 명시하여야 한다.

$$\epsilon_{co} = 0.002 + \left(\frac{f_{ck} - 40}{100,000}\right) \geq 0.002 \tag{6.60}$$

$$\epsilon_{cu} = 0.0033 - \left(\frac{f_{ck} - 40}{100,000}\right) \leq 0.0033 \tag{6.61}$$

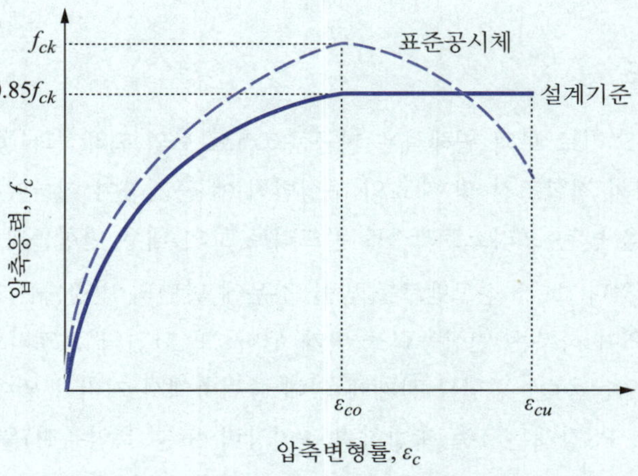

그림 6.19 콘크리트 설계 응력 – 변형률 관계 개념도

표 6.10 콘크리트 설계 압축응력 – 변형률 곡선의 계수 값

f_{ck} (MPa)	≤40	50	60	70	80	90
ϵ_{co}	0.002	0.0021	0.0022	0.0023	0.0024	0.0025
ϵ_{cu}	0.0033	0.0032	0.0031	0.003	0.0029	0.0028

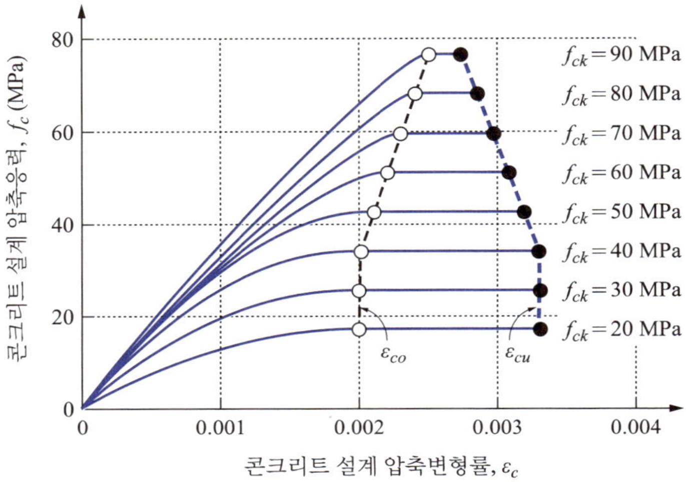

그림 6.20 콘크리트 설계 압축응력 – 변형률 관계(이재훈, 2015)

콘크리트의 변형률 특성을 반영하여 콘크리트의 압축응력 - 변형률 곡선을 작성하면 [그림 6.20]과 같다. [그림 6.20]은 ϵ_{co}와 ϵ_{cu}를 기준으로 작성한 것이며 설계에서 사용하는 콘크리트의 압축강도는 f_{ck}의 85퍼센트이다.

6.4.4 등가응력분포

프리스트레스트 콘크리트 보의 휨해석은 철근콘크리트 보의 휨해석과 동일하게 재료메커니즘(힘의 평형조건, 변형의 적합조건 및 재료의 구성법칙)에 근거하여 이루어진다. [그림 6.21]에는 계수등분포하중(w_u)을 받는 프리스트레스트 콘크리트 보의 내부 변형률과 응력의 분포가 3차원과 2차원으로 표시되었다. 보가 정모멘트를 받을 경우에 단면의 변형률은 중립축을 중심으로 상부는 압축응력을 받으며 하부는 인장응력을 받게 된다. 보 단면의 콘크리트 응력은 [그림 6.21]과 같이 콘크리트의 압축응력 - 변형률 관계에 의해 중립축에서 거리가 멀어짐에 따라 포물선 형태로 변화한다. 또한, PS강재는 1축 축방향력(축인장력 또는 축압축력)을 받는다.

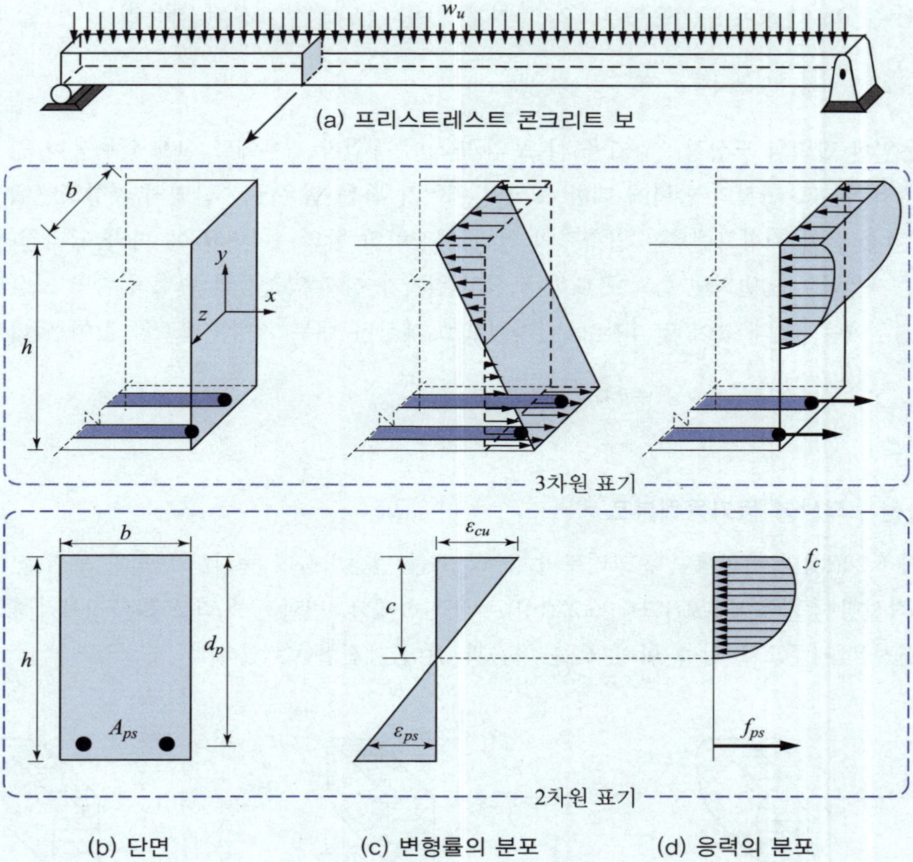

그림 6.21 프리스트레스트 콘크리트 보의 단면, 변형률과 응력의 표기

[그림 6.21(d)]의 압축력은 압축응력에 압축을 받는 콘크리트 면적을 곱하여 계산해야 한다. 그러나 콘크리트의 압축응력과 압축변형률 관계는 비선형을 이루므로 콘크리트의 압축응력과 압축변형률의 면적을 모두 적분하지 않으면 안 된다. 콘크리트의 비선형 압축응력 분포를 적분하는 것은 계산이 번거롭고 시간이 많이 소요되므로 설계에서는 압축력 C와 모멘트 M을 구하는데 지장이 없는 범위에서 비선형 압축응력 분포를 계산하기 쉬운 포물선 - 직선형 곡선이나 직사각형으로 단순화한다. 이를 콘크리트의 "등가응력분포(equilibrium stress distribution)"라 한다. 콘크리트의 비선형 압축응력 분포를 등가응력분포로 단순화하기 위해서는 다음 사항을 준수해야 한다.

① **동일한 면적** : 등가응력분포를 만들기 위한 첫 번째 조건은 콘크리트의 실제 압축응력의 면적과 등가응력분포의 면적을 같게 하는 것이다. 만일 포물선을 이루는 실제 콘크리트

압축응력 면적이 등가응력분포와 차이가 있을 경우에는 계산된 압축력 C가 달라진다.

$$C_{\text{실제면적}} = C_{\text{등가응력분포}}$$

② **동일한 합력의 도심점** : 등가응력분포의 면적이 동일한 경우에도 실제 압축응력 면적과 등가응력분포 면적의 합력에 대한 도심의 위치가 다를 경우에는 단면의 저항모멘트가 달라진다. 단면 저항모멘트는 압축력의 합과 인장력의 합의 거리(jd)에 따라 달라진다. 만일 등가응력분포 면적의 합력에 대한 도심의 위치가 실제 압축응력 면적의 합력 도심과 다를 경우에는 jd의 값이 달라지며, 결과적으로 계산된 내부 저항모멘트의 값이 달라진다.

$$M_{\text{실제면적}} = M_{\text{등가응력분포}}$$

포물선 – 직선형 등가응력분포

[그림 6.22(a)]의 비선형인 콘크리트의 응력분포를 단순화하여 동일한 면적과 도심을 갖는 포물선 - 직선형 등가응력분포([그림 6.22(b)])로 변환하였다. 변환된 응력분포는 직사각형 응력분포의 면적을 기준으로 압축 합력 C를 다음과 같이 계산할 수 있다.

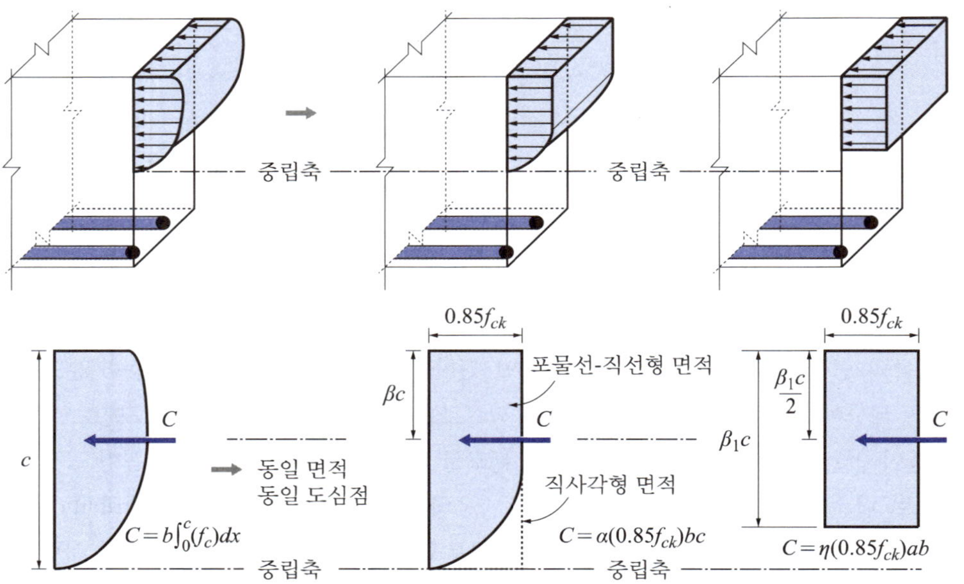

(a) 실제 응력분포 (b) 포물선-직선형 등가응력분포 (c) 등가 직사각형 압축응력블록

그림 6.22 등가응력분포

$$C = \alpha(0.85 f_{ck})\, b\, c$$

여기서, α : 압축합력의 크기(면적)와 관련된 계수, 콘크리트의 실제 응력면적과 콘크리트의 최대 응력을 기준으로 한 직사각형 응력면적의 비

즉 $\alpha = \dfrac{\text{포물선 직선형 부분 면적}}{\text{직사각형 면적}}$ [그림 6.22(b) 참조]

β : 압축합력의 작용위치(도심점)와 관련된 계수, 중립축의 깊이에 대한 압축합력의 작용위치의 비

콘크리트의 압축강도는 직접압축강도에 비하여 휨압축강도가 작으며, 가력 시간이 길어질수록 표준공시체의 압축강도보다 실제 압축강도가 감소하는 실험 결과를 반영하여 표준공시체에서 측정한 콘크리트의 압축강도(f_{ck})보다 낮은 강도인 $0.85 f_{ck}$를 사용한다. 식(6.62)의 계수 α와 β는 압축합력의 크기와 도심점과 관련된 계수이다. 계수 α는 응력분포를 가로 $0.85 f_{ck}$, 세로 c의 직사각형 면적으로 계산할 경우에 직사각형 면적과 포물선-직선형 면적의 차이를 조절하는 계수이다. 계수 α값은 콘크리트의 압축강도(f_{ck})가 증가하면 [표 6.11]과 같이 감소한다. 그 이유는 보통강도 콘크리트의 압축응력과 압축변형률 관계는 포물선에 가깝지만 고강도 콘크리트의 압축응력-변형률 관계는 삼각형에 가깝기 때문이다. 따라서 압축응력-변형률 관계가 포물선에 가까울 때는 직사각형 면적과 포물선-직선형 면적의 차이가 작아서 0.8에 근접하지만, 압축응력-변형률 관계가 삼각형에 가까워지면 직사각형 면적과 포물선-직선형 면적의 차이는 커져서 0.6에 근접하게 된다. 계수 β는 포물선-직선형 등가응력분포의 도심점과 관련된 계수이다. 보통강도 콘크리트의 압축응력-변형률 관계는 포물선과 유사하기 때문에 도심점은 약 $0.4c$에 근접하지만, 고강도 콘크리트의 압축응력-변형률 관계는 삼각형과 유사하기 때문에 도심점의 위치는 중립축에서 멀어져서 약 $0.35c$에 근접하게 된다. 실험에서 측정된 α와 β 값의 분포도는 상당히 넓으며 콘크리트의 압축강도가 증가할수록 감소한다. 콘크리트의 압축강도가 약 24 MPa일 때 α와 β는 각각 약 0.8과 0.4이지만, 압축강도가 약 80 MPa의 고강도 콘크리트일 때 각각 약 0.63과 0.36이다. 설계에서는 고강도 콘크리트에 대한 영향을 계수 α와 β을 이용하여 반영하였다. 직사각형 단면에 대한 α와 β의 값은 식(6.62a, b)에 의해 계산할 수 있으며, [표 6.11]의 값은 식(6.62a, b)의 값을 정리한 것이다.

표 6.11 포물선-직선형 등가응력분포 계수 값 (사각형 단면에만 적용 가능)

f_{ck} (MPa)	≤40	50	60	70	80	90
α	0.80	0.78	0.72	0.67	0.63	0.59
β	0.40	0.40	0.38	0.37	0.36	0.35

$$\alpha = 1 - \frac{1}{1+n}\left(\frac{\epsilon_{co}}{\epsilon_{cu}}\right) \tag{6.62a}$$

$$\beta = 1 - \frac{0.5 - \frac{1}{(1+n)(2+n)}\left(\frac{\epsilon_{co}}{\epsilon_{cu}}\right)^2}{1 - \frac{1}{(1+n)}\left(\frac{\epsilon_{co}}{\epsilon_{cu}}\right)} \tag{6.62b}$$

$$n = 1.2 + 1.5\left(\frac{100 - f_{ck}}{60}\right)^4 \leq 2.0$$

다만 식(6.62a, b)와 [표 6.11]의 α와 β값은 단면이 일정하고 중립축이 단면 내부에 있을 경우에 적용할 수 있는 값이다. 따라서 이 값을 이용하여 직사각형 보의 휨설계를 할 수 있지만, T형보와 같이 단면의 크기가 변화하거나 중립축이 단면 밖에 있는 기둥의 경우에는 [표 6.11]의 α와 β값을 사용할 수 없으며, 이 경우에는 단면에 발생하는 변형률에 따라 각 위치에서 압축응력을 계산하여 단면의 휨강도를 계산하여야 한다.

등가 직사각형 압축응력블록

포물선 - 직선형 등가응력분포와 유사하게 비선형인 콘크리트의 응력 곡선을 [그림 6.22(c)]의 등가 직사각형 압축응력블록으로 단순화할 수 있다. 등가 직사각형 압축응력블록은 [콘크리트구조기준-2012]의 등가 압축응력블록과 동일한 개념이며 압축력의 합(C)은 식(6.63)에 의하여 계산한다.

$$C = \eta(0.85 f_{ck})ab \tag{6.63}$$

여기서, η : 콘크리트 직사각형 등가 압축응력블록의 크기를 나타내는 계수, 콘크리트의 실제 응력면적과 콘크리트의 최대 응력을 기준으로 한 직사각형 응력면적의 비

β_1 : 콘크리트 직사각형 등가 압축응력블록의 깊이를 나타내는 계수

a : 등가 압축응력블록의 깊이

$$a = \beta_1 c \tag{6.64}$$

식(6.63)과 식(6.64)의 계수 η와 β_1은 압축합력의 크기와 도심점과 관련된 계수이며 식(6.62a, b)의 α와 β와 유사하게 고강도 콘크리트에 대한 영향을 반영하고 있다. 계수 η와 β_1은 [표 6.12]에 표시된 값으로 콘크리트의 압축강도에 따라서 달라진다. 직사각형 등가응력분포를 사용하여 식(6.65)을 사용할 수 있다.

표 6.12 등가 직사각형 압축응력블록 계수 값 (전 단면에 적용 가능)

f_{ck} (MPa)	≤40	50	60	70	80	90
η	1.00	0.97	0.95	0.91	0.87	0.84
β_1	0.80	0.80	0.76	0.74	0.72	0.70

$$\eta(0.85f_{ck})ab = A_s f_s \tag{6.65}$$

등가 직사각형 압축응력분포에 사용되는 [표 6.12]의 η와 β_1은 포물선 - 직선형 등가응력분포의 계수 α와 β값의 적용 범위와 다르게 단면의 크기가 변화하거나 기둥과 같이 중립축이 단면 밖에 있을 경우에도 적용할 수 있다.

6.4.5 재료메커니즘

프리스트레스트 콘크리트 부재에는 긴장력이 가해지는 PS강재만 배근되는 경우는 드물며, 일반적으로는 긴장하지 않은 보통강도의 철근이 동시에 배근된다. 긴장되지 않고 부재축방향으로 배근된 보통강도 철근의 역할은 다음과 같다.

① PS강재를 긴장하기 전에 발생할 수 있는 건조수축이나 온도변화에 따른 균열을 억제
② 균열등급 부재의 경우에 발생하는 인장균열의 억제
③ PS강재와 함께 부재의 휨내력의 증대와 처짐의 억제

[그림 6.23]은 PS강재와 보통강도 철근이 배근된 프리스트레스트 콘크리트 부재의 단면, 변형률분포, 응력과 힘의 분포를 나타낸다. 철근과 PS강재가 동시에 배근된 프리스트레스트 콘크리트 부재의 내력은 재료메커니즘에 의해 다음과 같이 계산할 수 있다.

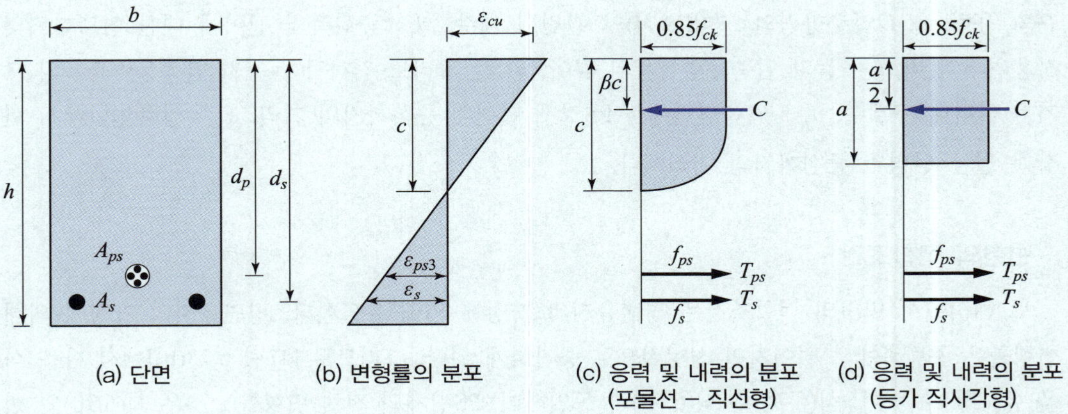

그림 6.23 보의 변형률과 응력의 분포

힘의 평형조건

3차원 단면을 [그림 6.23(c), (d)]와 같이 2차원으로 단순화할 경우에 힘은 부재축방향의 이동에 대한 평형(x방향으로 가정), 부재축과 직각방향의 이동에 대한 평형(y방향으로 가정)과 z방향의 회전에 대해 평형을 이루어야 한다. 휨모멘트를 받는 프리스트레스트 철근콘크리트 보는 다음과 같이 세 가지 힘의 평형식을 만족해야 한다.

$$\sum F_x = 0$$

$$C = T$$

$$C = T_{ps} + T_s \tag{6.66}$$

$$\alpha(0.85 f_{ck})bc = A_{ps} f_{ps} + A_s f_s \text{ (포물선 - 직선형 등가응력분포)} \tag{6.67a}$$

$$\eta(0.85 f_{ck})ab = A_{ps} f_{ps} + A_s f_s \text{ (등가 직사각형 압축응력블록)} \tag{6.67b}$$

$$\sum F_y = 0$$

$$0 = 0 \tag{6.68}$$

$$\sum M_z = 0$$

$$M_n = A_{ps} f_{ps}(d_p - \beta c) + A_s f_s (d_s - \beta c) \text{ (포물선 - 직선형 등가응력분포)} \tag{6.69a}$$

$$M_n = A_{ps} f_{ps}\left(d_p - \frac{a}{2}\right) + A_s f_s \left(d_s - \frac{a}{2}\right) \text{ (등가 직사각형 압축응력블록)} \tag{6.69b}$$

여기서, C : 콘크리트에 의한 압축내력, T_{ps} : PS강재에 의한 인장내력, T_s : 인장철근에 의한 인장내력, A_{ps} : PS강재의 단면적, A_s : 인장철근의 단면적, f_{ps} : PS강재의 응력, f_s : 인장철근의 응력, α : 압축합력의 크기(면적)와 관련된 계수, β : 중립축의 깊이에 대한 압축합력의 작용위치의 비, a : 등가 압축응력블록의 깊이, η : 콘크리트 직사각형 등가 압축응력블록의 크기를 나타내는 계수, d_p : 압축연단에서 PS강재 단면의 중심까지의 거리, d_s : 압축연단에서 인장측 철근 단면의 중심까지의 거리이다.

변형의 적합조건

보 해석에서 변형의 적합조건은 평면유지의 가정에 의해 유도한다. 평면유지의 가정에 의해 변형률은 중립축에서 멀어지면 선형적으로 증가하게 된다. 그러므로 [그림 6.23(b)]에서 다음 식을 유도할 수 있다. 식(6.70)은 식(6.58)과 동일하며, PS강재의 전체 변형률(ϵ_{ps})은 식(6.70)의 변형률을 더하여 식(6.59)에 의해 계산한다.

PS강재의 변형률(ϵ_{ps3})

$$\epsilon_{ps3} = \left(\frac{d_p - c}{c}\right)\epsilon_{cu} \qquad \text{(식(6.58)과 동일)} \tag{6.70}$$

인장철근의 변형률(ϵ_s)

$$\epsilon_s = \left(\frac{d_s}{c} - 1\right)\epsilon_{cu} \tag{6.71}$$

여기서, ϵ_{ps3} : 영점감압이 발생한 이후에 추가하중이 증가함에 따라 발생하는 PS강재의 변형률, c : 중립축의 깊이, ϵ_{cu} : 콘크리트 압축연단의 극한변형률이며, ϵ_{cu}가 0.0033($f_{ck} \leqq 40$ MPa)에 도달했을 때 부재가 최대 휨모멘트에 도달했다고 가정한다.

재료의 구성법칙(constitutive laws)

힘의 평형과 변형의 적합조건을 연결할 수 있는 재료의 구성법칙(응력 - 변형률 관계)에 대해서는 3장에서 언급했다. 재료 실험에서 측정된 콘크리트와 철근의 응력 - 변형률 관계는 식(3.1)을 이용하여 구할 수 있다. 다만, 식(3.1)은 비선형이기 때문에 이를 이용하여 콘크리트의 응력과 변형률을 계산하는 것이 복잡하다. 따라서 6.5.3항의 등가응력분포와 압축연단의 변형률 0.0033($f_{ck} \leqq 40$ MPa)을 사용한다.

PS강재와 철근의 응력 - 변형률 관계는 3.7절에서 설명한 재료의 응력 - 변형률 곡선을 사용한다. 고강도인 PS강재의 경우에는 항복점이 뚜렷하지 않으며, 탄성한계를 지난 이후에는 비선형을 이룬다. 따라서 PS강재의 응력 - 변형률 곡선은 비선형식을 사용하여 계산하거나, 계산의 편의를 위하여 2개의 직선식을 사용하기도 한다.

PS강재 – 비선형식

$$f_{ps} = E_{ps}\epsilon_{ps}\left\{A + \frac{1-A}{[1+(B\,\epsilon_{ps})^C\,]^{1/C}}\right\} \qquad \text{(식(3.8)과 동일)} \tag{6.72}$$

PS강재 – 2개의 직선식

$\epsilon_{ps} \leqq \epsilon_{p0}$일 때

$$f_{ps} = E_{ps}\epsilon_{ps} \qquad \text{(식(3.12a)와 동일)} \tag{6.73a}$$

$\epsilon_{ps} > \epsilon_{p0}$일 때

$$f_{ps} = E_{ps}\epsilon_0 + (A \cdot E_{ps})(\epsilon_{ps} - \epsilon_0) \qquad \text{(식(3.12b)와 동일)} \tag{6.73b}$$

여기서, $\epsilon_{p0} = \dfrac{0.95}{1-A} \cdot \dfrac{f_{p0}}{E_{ps}}$, $f_{p0} = \dfrac{1-A}{B}E_{ps}$, A, B, C : 응력 - 변형률 곡선을 정하는 상수

철근

$\epsilon_s < \epsilon_y$의 경우

$$f_s = E_s \cdot \epsilon_s \qquad \text{(식(3.14a)와 동일)} \tag{6.74a}$$

$\epsilon_s \geq \epsilon_y$의 경우

$$f_s = f_y \qquad \text{(식(3.14b)와 동일)} \tag{6.74b}$$

비선형인 콘크리트의 압축응력과 압축변형률 관계를 등가응력블록으로 변환하여 재료의 구성법칙을 간략화 할 수 있다. 등가응력블록을 사용한 프리스트레스트 콘크리트 보의 휨모멘트 계산에 대한 식과 미지수를 정리하면 [표 6.13]과 같다. [표 6.13]에서 주어진 식은 모두 여섯 개이며(힘의 평형식 두 개, 접합방정식 두 개, 재료구성식 두 개), 미지수는 아홉 개(M_n, f_{ps}, f_s, c, jd_p, jd_s, ϵ_{cu}, ϵ_{ps}, ϵ_s)이다. 이 중에서 jd_p와 jd_s는 등가응력블록의 깊이(a)를 통하여 계산이 가능하다. 또한, 휨설계의 가정에서 최대 휨내력에 도달할 때의 압축연단의 극한변형률로 가정하므로 미지수는 여섯 개(M, f_{ps}, f_s, c, ϵ_{ps}, ϵ_s)가 되어 여섯 개의 식을 통해 휨내력(M)을 계산한다.

표 6.13 프리스트레스트 콘크리트 부재의 휨설계를 위한 재료메커니즘

힘의 평형	변형의 적합	재료의 응력 - 변형률	기 타
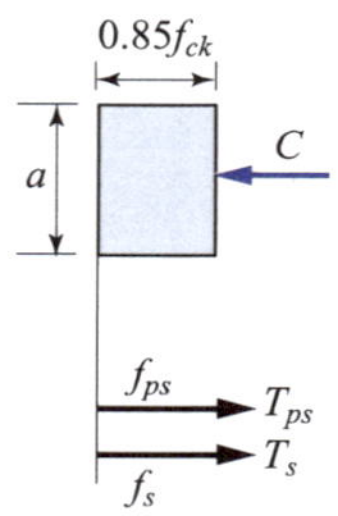	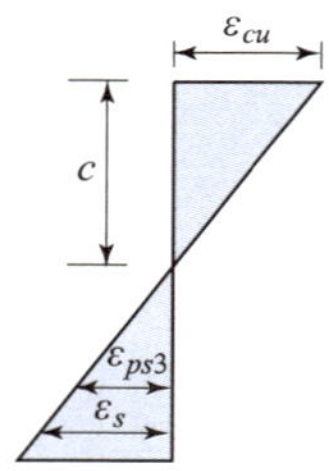	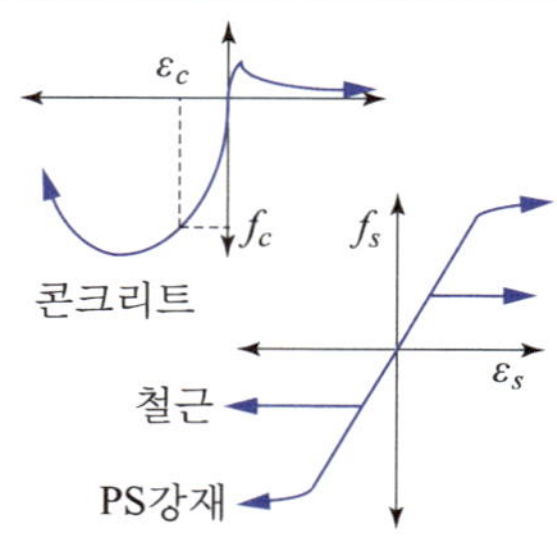	$jd_p = d_p - \dfrac{a}{2}$ $jd_s = d_s - \dfrac{a}{2}$ $\epsilon_{cu} = 0.0033$ 식의 수 (6), 미지수의 수 (6)
$C = T_{ps} + T_s$ $M_n = T_{ps} \times jd_p + T_s \times jd_s$	$\epsilon_{ps3} = \left(\dfrac{d_p - c}{c}\right)\epsilon_{cu}$ $\epsilon_s = \left(\dfrac{d_s}{c} - 1\right)\epsilon_{cu}$	(PS강재) $f_{ps} = E_{ps}\epsilon_{ps}\left\{A + \dfrac{1-A}{[1+(B\epsilon_{ps})^C]^{1/C}}\right\}$ (철근) $\epsilon_s < \epsilon_y$, $f_s = E_s \cdot \epsilon_s$ $\epsilon_s \geq \epsilon_y$, $f_s = f_y$	

6.4.6 단면의 구분과 강도감수계수

긴장재(PS강재)와 비긴장재(철근)가 동시에 사용된 프리스트레스트 콘크리트 부재의 휨설계는 철근콘크리트 부재의 휨설계와 동일하다. 즉, 압축, 균형, 인장파괴를 철근의 응력 - 변형률 곡선과 연성능력에 연계하여 [그림 6.24]의 세 종류의 단면으로 구분하여 설계한다. [그림 6.24 (a)]에 사용되고 있는 기호를 정리하면 다음과 같다.

d_p : 압축연단에서 PS강재 단면의 중심까지의 거리

d_s : 압축연단에서 인장측 철근 단면의 중심까지의 거리

d_t : 압축연단에서 인장연단에 가장 가까운 철근 단면의 중심까지의 거리

ϵ_{ps3} : 추가하중에 의해 발생하는 PS강재의 변형률

ϵ_s : 인장측 철근 중심에서의 변형률

ϵ_t : 인장연단에 가장 가까운 철근의 변형률

단면의 구분은 [그림 6.24(a)]와 같이 인장측에 배근된 철근 중에서 인장연단에 가장 가까운 철근(d_t의 위치에 있는 철근)을 기준으로 한다. 압축연단의 변형률(ϵ_c)이 극한 변형률(ϵ_{cu})에 도달했을 때, 인장연단에 가장 가까운 철근의 변형률(ϵ_t)의 값을 기준으로 단면을 다음과 같이 세 가지로 구분한다.

① **압축지배단면**($\epsilon_t < \epsilon_y$, $f_s < f_y$) : 주인장철근량이 많이 배근되어 철근이 항복하기 이전에 압축연단 콘크리트의 변형률이 극한변형률(ϵ_{cu})에 도달하여 취성적으로 파괴하는 경우이다. 압축파괴하는 부재가 여기에 속한다.

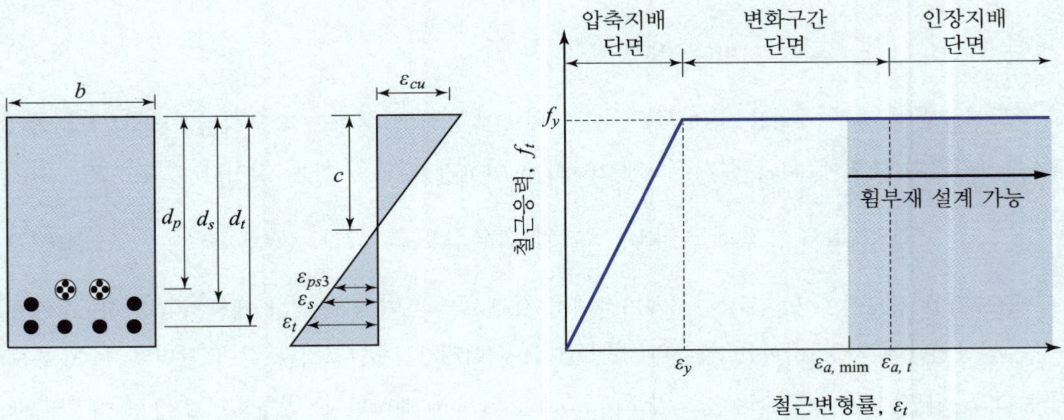

(a) 부재 단면과 변형률 분포　　(b) 철근의 응력 – 변형률 관계에 의한 단면

그림 6.24 구조설계기준에서 규정하는 세 종류의 단면

② **변화구간단면**($\epsilon_y \leq \epsilon_t < \epsilon_{a,t}$, $f_s = f_y$) : 주인장철근이 균형파괴시의 철근보다 다소 적게 배근된 경우이다. 철근이 항복한 이후에 압축연단 콘크리트의 변형률이 극한변형률(ϵ_{cu})에 도달하여 파괴된다. 주인장철근의 양이 균형파괴시의 철근의 양보다 적기는 하지만 그 차이가 크지 않기 때문에 바깥쪽 철근의 변형률(ϵ_t)이 항복변형률(ϵ_y)보다 아주 크지는 않으며, 부재의 연성도 크지 않은 경우이다. ϵ_t의 변형률은 식(6.75)의 $\epsilon_{a,t}$보다 작아야 한다. 인장파괴 또는 균형파괴하는 부재가 여기에 속한다.

③ **인장지배단면**($\epsilon_t \geq \epsilon_{a,t}$, $f_s = f_y$) : 주인장철근이 균형파괴시의 철근보다 작게 배근된 경우이다. 철근이 항복하여 ϵ_t가 $\epsilon_{a,t}$ 이상 도달한 이후에 압축연단 콘크리트의 변형률이 극한변형률(ϵ_{cu})에 도달하여 연성적으로 파괴된다. 인장지배단면에서는 ϵ_t의 변형률은 식(6.75)의 $\epsilon_{a,t}$ 이상이 되어야 한다. 인장파괴하는 부재가 여기에 속한다.

[그림 6.24]에서 $\epsilon_{a,t}$는 항복강도가 400 MPa인 철근을 기준으로 0.005와 $2.5\epsilon_y$중에서 큰 값을 사용해야 한다.

$$\epsilon_{a,t} = \max.(0.005,\ 2.5\epsilon_y) \tag{6.75}$$

보의 휨설계에서는 인장연단에 가장 가까운 철근의 변형률(ϵ_t)이 $\epsilon_{a,\min}$ 이상이 되도록 규정하고 있다. 이는 철근의 양이 적을수록 철근의 변형률(ϵ_t)이 증가하고 중립축이 감소하여 부재가 연성적으로 파괴되기 때문이다. 만일 철근콘크리트 보 단면의 ϵ_t가 $\epsilon_{a,\min}$ 보다 작다면 기준에서 정하는 설계 조건을 만족하지 못하여 설계할 수 없다. $\epsilon_{a,\min}$는 항복강도가 400 MPa인 철근을 기준으로 0.004와 $2.0\epsilon_y$중에서 큰 값을 사용한다.

$$\epsilon_t \geq \epsilon_{a,\min}$$
$$\epsilon_{a,\min} = \max.(0.004,\ 2\epsilon_y) \tag{6.76}$$

강도설계법의 기본 개념은 식(6.77)과 같이 외력에 의해 발생하는 소요휨모멘트(M_u)가 철근과 콘크리트의 내력에 의한 설계휨모멘트(ϕM_n) 이하가 되도록 하는 것이다.

$$\text{설계휨모멘트}(\phi M_n) \geq \text{소요휨모멘트}(M_u) \tag{6.77}$$

식(6.77)의 강도감소계수(ϕ)는 설계기준에서 요구하는 조건에 맞추어 계산해야 한다. 설계에서는 인장연단에 가장 가까운 철근의 변형률(ϵ_t)에 따라 [그림 6.25]와 같이 단면을 세 종류로 구분하고, 단면의 종류에 따라 강도감소계수(ϕ)를 다르게 계산한다. 변형률이 $\epsilon_{a,\min}$ 이상일 때 강도감소계수는 다음과 같다.

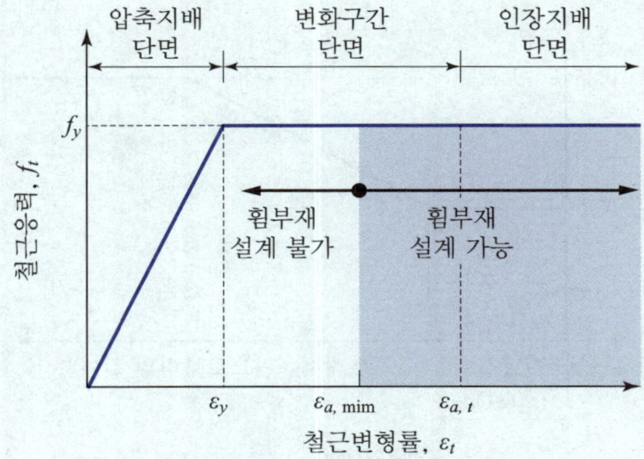

(a) 철근의 응력-변형률 관계와 단면

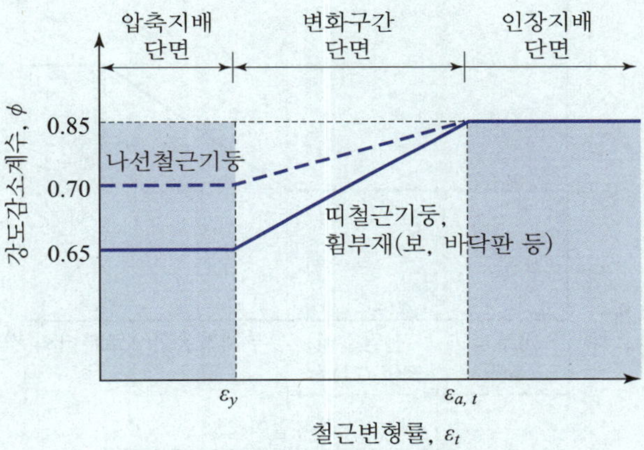

(b) 철근의 변형률과 강도저감계수의 관계

그림 6.25 휨부재의 강도감소계수

$\epsilon_t < \epsilon_{a,\min}$ 인 경우

축력없이 휨모멘트만 받는 부재의 경우에 설계 불가

$\epsilon_{a,\min} \leqq \epsilon_t < \epsilon_{a,t}$ 인 경우

$$\text{(띠철근)} \quad \phi = 0.65 + \frac{0.85 - 0.65}{\epsilon_{a,t} - \epsilon_y}(\epsilon_t - \epsilon_y) \tag{6.78a}$$

$$\text{(나선철근)} \quad \phi = 0.70 + \frac{0.85 - 0.70}{\epsilon_{a,t} - \epsilon_y}(\epsilon_t - \epsilon_y) \tag{6.78b}$$

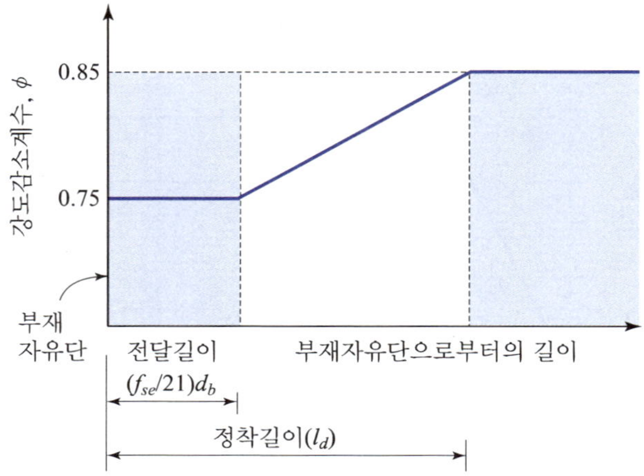

(a) 완전부착 프리텐션 긴장재

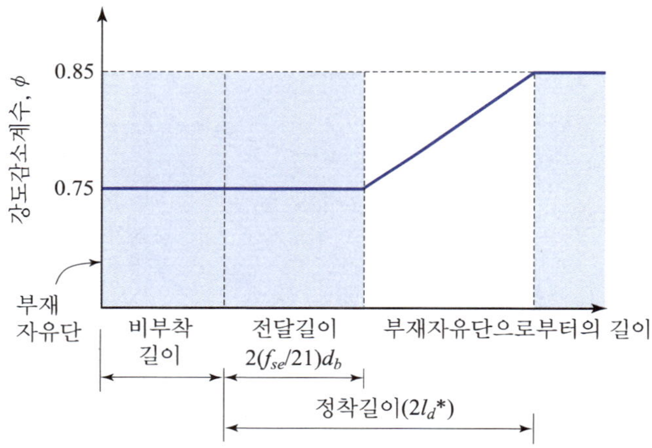

(b) 부분부착 프리텐션 긴장재

그림 6.26 단부 위험단면 프리텐션 휨부재의 강도감소계수

$\epsilon_t \geqq \epsilon_{a,t}$ 인 경우

$$\phi = 0.85 \tag{6.78c}$$

인장연단에 가장 가까운 철근의 변형률(ϵ_t)이 식(6.76)의 $\epsilon_{a,\min}$ 이하가 될 경우에 축력없이 휨모멘트만 받는 보에 대해 설계할 수 없다. 그 이유는 $\epsilon_t < \epsilon_{a,\min}$ 이면 부재의 연성이 매우 작기 때문이다. 그러나 축력과 휨모멘트가 동시에 작용하는 기둥의 경우에는 $\epsilon_t < \epsilon_{a,\min}$ 에서도 설계가 가능하다.

만일 프리텐션 휨부재의 위험단면이 긴장재가 완전하게 정착되지 않은 구간에서 발생한다면 부착 미끄럼으로 취성적인 파괴가 발생할 수 있다. 따라서 이러한 프리텐션 휨부재에 대해서는 강도감소계수(ϕ)를 [그림 6.26]의 위험단면의 위치가 전달길이와 정착길이의 어느 곳에 있는지에 따라 변화시킨다. [그림 6.26(a)]는 단부에서 위험단면이 발생하며, 완전하게 부착된 긴장재를 사용한 프리텐션 휨부재의 강도감소계수이며, [그림 6.26(b)]는 긴장재의 일부를 플라스틱 등으로 감싸서 긴장력이 전달되지 못하게 한([그림 6.8] 참조) 부분부착 긴장재를 사용한 프리텐션 부재의 강도감소계수이다. [그림 6.26]에서 f_{se}는 긴장재의 유효인장응력, d_b는 긴장재의 직경, l_d^*는 정착길이이다. 그림에서 위험단면이 정착길이 안에 있으면 강도감수계수가 0.75까지 작아짐을 알 수 있다. 위험단면이 정착길이 밖에 있을 경우에 ϕ는 0.85가 된다.

6.4.7 설계 기본사항

KDS 14(국가건설기준)에서는 균열등급부재에 대한 설계에서 몇 가지 제한조건을 두고 있다.

긴장재의 간격

균열등급부재에 다양하게 발생하는 모든 균열을 개별적으로 제한하는 것은 쉽지 않다. 기준에서는 균열폭을 직접적으로 제한하지 않고, 균열폭과 밀접한 관련이 있는 휨철근 배근 간격을 규정하여 균열폭을 간접적으로 제한하고 있다. 이전 구조설계기준에서는 사용하중에 대해 계산된 휨균열폭을 허용균열폭과 비교하여 균열폭을 제한했지만, 현재의 구조설계기준에서는 철근의 수량과 간격, 콘크리트의 구성 재료, 철근의 최소 피복두께 등을 검토하여 구조물에 발생하는 균열의 폭을 제한하고 있다. KDS 14(국간건설기준, 2020)의 극한하중단계의 휨부재 설계에서는 인장연단에 가장 인접하게 배근된 철근의 중심 간격(s)을 다음 중에서 작은 값 이하가 되도록 한다.

$$s = 375\left(\frac{210}{f_s}\right) - 2.5c_c$$

$$s = 300\left(\frac{210}{f_s}\right)$$

여기서, c_c : 인장철근과 콘크리트 표면 사이의 최소 두께, f_s : 사용하중상태에서 인장연단에 가장 가까이 배근된 철근의 응력으로 $2f_y/3$값을 사용할 수 있다. 그러나 피로 상태나 부식성 환경에 노출된 부착긴장재는 식에서 계산한 간격의 2/3를 초과하지 않아야 한다. 또한 식의 f_s를 Δf_{ps}로 대체해야 한다. Δf_{ps}는 사용하중상태에서 균열등급부재에 대한 해석에서 계산한 긴장재의 응력에서 감압응력(f_{de}, decompression stress)을 뺀 값이다. 구조설계기준에서는 감압응력

(f_{de})을 긴장재의 유효 프리스트레스트 응력(f_{pe})과 같다는 가정하에서 계산할 수 있다. Δf_{ps}는 250 MPa를 초과해서는 안 되며, Δf_{ps}가 140 MPa 이하일 때는 위 식의 간격 요구 조건을 적용하지 않아도 된다.

최소 강재량, 균열모멘트의 여유값

철근콘크리트 부재는 최소철근비$(\rho_{\min})$ 이상으로 주철근을 배근해야 한다. 철근콘크리트 부재에 휨균열이 발생하기 이전에는 외부의 인장력을 철근과 콘크리트가 동시에 저항한다. 그러나 휨균열이 발생한 이후에는 콘크리트의 인장내력이 급격하게 감소하므로 주로 철근이 외부 인장력을 저항한다. 철근콘크리트 부재에 배근된 주인장철근의 양이 매우 적은 경우에는 휨균열 발생 시의 외력을 철근이 지지하지 못하고, 휨균열이 발생함과 동시에 철근이 항복하여 취성적으로 파괴(최소철근파괴)된다. 설계에서는 이러한 취성적인 최소철근파괴를 방지하기 위해 주인장철근의 양을 어느 일정값 이상이 되도록 규정하고 있으며, 이 값을 최소철근비$(\rho_{\min})$라 한다.

이와 비슷한 개념으로 프리스트레스트 콘크리트 휨설계에서는 긴장재(PS강재)와 비긴장재(철근)의 양이 일정값 이상이 되도록 규정하고 있다. 즉, 균열이 발생한 이후에 부재가 즉시 파괴되지 않고 어느 정도 하중을 더 받은 후에 연성적으로 파괴될 수 있도록 강재량을 일정값 이상으로 규정한다. 기준에서는 하중계수를 곱한 계수휨모멘트가 식(6.79)와 같이 균열모멘트(M_{cr}, cracking moment)의 1.2배 이상이 되도록 규정한다.

$$M_u \geq 1.2M_{cr} \tag{6.79}$$

그러나 2방향 비부착 포스트텐션 슬래브나 전단강도와 휨강도(내력)가 4.3.3항의 식(4.34)의 계수하중으로 계산된 계수전단력과 계수휨모멘트(외력)의 2배 이상이 되는 휨부재는 충분한 여력이 있으므로 식(6.87)을 적용할 필요가 없다.

식(6.79)의 균열모멘트(M_{cr})는 최종하중단계인 식(6.2b)나 식(6.2d)를 이용하여 계산할 수 있다. 즉, 유효긴장력(P_e)과 전체하중에 의한 휨모멘트(M_T)가 작용할 때 정모멘트를 받는 단순보 단면의 하부에 발생하는 응력은 식(6.2b)나 식(6.2d)와 같다. 콘크리트의 응력 $f_b(=f_t)$가 휨균열강도(f_r, 3.4절의 식(3.6))에 도달했을 때 균열이 발생하며, 이때의 모멘트가 균열모멘트(M_{cr})가 된다. 따라서 식(6.2b)나 식(6.2d)의 $f_b(=f_t)$을 f_r로 대체하면, M_T를 M_{cr}로 대체할 수 있다.

$$f_b(=f_t) = -\frac{P_e}{A_c} - \frac{P_e \times e}{S_b} + \frac{M_T}{S_b}$$

$f_b(=f_t)$을 f_r로, M_T를 M_{cr}로 대체

$$f_r = -\frac{P_e}{A_c} - \frac{P_e \times e}{S_b} + \frac{M_{cr}}{S_b} \tag{6.80}$$

식(6.80)을 M_{cr}로 정리하고, 단면계수(S_b)를 단면2차반경(r_c)으로 변경하면 식(6.81)이 된다.

$$M_{cr} = f_r S_b + P_e\left(\frac{r_c^2}{y_b} + e\right) \tag{6.81}$$

최소 부착철근량

비부착긴장재(unbonded tendon)는 콘크리트와 직접 부착되어 있지 않기 때문에 부재가 극한 상태에 도달하면 타이드아치(tied arch) 거동보다는 휨거동을 일으킨다. 여기서 타이드아치란 힘이 전달되는 형상을 콘크리트 압축대와 타이로 모델화한 것이다. 즉, 부재의 중앙점에서 양 단부로 콘크리트 압축대에 의하여 힘이 전달되고, 이 들 두 개의 압축대를 타이가 연결하는 하중 전달 모델이다. KDS 14(국가건설기준)에서는 균열폭을 제한하기 위해서 최소 부착철근량(minimum bonded reinforcement)을 식(6.82)과 같이 요구한다.

$$A_{s,\min} = 0.004A_{ct} \tag{6.82}$$

여기서, $A_{s,\min}$: 최소 부착철근량, A_{ct} : 콘크리트 전체 단면의 도심축과 인장연단 사이의 단면적이며 단위는 mm^2이다.

그러나 두께가 일정한 2방향 플랫 플레이트에 대한 최소 부착철근량과 그 배치에 대해서는 다음 규정을 따라야 한다.

① 사용하중에 의한 콘크리트의 인장응력이 $0.17\sqrt{f_{ck}}$를 초과하는 경우 정모멘트 구역에 배치할 최소 부착철근량은 식(6.83)에 의해 계산한다.

$$A_{s,\min} = \frac{N_c}{0.5f_y} \tag{6.83}$$

여기서, N_c : 고정하중과 활하중에 의한 콘크리트의 인장력이며 단위는 N, f_y : 부착 철근의 인장강도이며 400 MPa을 초과해서는 안 된다.

② 기둥받침부의 부모멘트 구역에서는 식(6.84)에 의해 계산한 최소 부착철근량을 각 방향에 배근하여야 한다.

$$A_{s,\min} = 0.00075A_{cf} \tag{6.84}$$

여기서, A_{cf} : 2방향 슬래브의 기둥 위치에서 두 개의 직교하는 등가골조 슬래브 - 보의 단면적 중에서 큰 값이며 단위는 mm^2이다. 식(6.84)에서 계산한 최소 부착철근량은 기둥 전면에서 $1.5h$(h : 기둥의 폭) 떨어진 슬래브의 폭 내에 균등하게 4개 이상의 철근 또는 철선을 각 방향으로 300 mm 이하의 간격으로 배치해야 한다.

6.4.8 해석 방법 - 근사 해법

프리스트레스트 콘크리트 부재의 휨강도는 변형의 적합조건을 기초로 한 재료메커니즘을 활용하여 정확한 값을 구할 수 있다. 그러나 철근콘크리트 부재의 휨강도 계산과 다르게 고강도인 PS강재의 응력(f_{ps})을 정확하게 계산하기는 쉽지 않다. 그 이유는 PS강재는 고강도이기 때문에 압축연단의 극한변형률(ϵ_{cu})에 도달했을 때의 PS강재의 변형률이 항복변형률(ϵ_{py})에 도달하지 않는 경우가 많아 PS강재의 항복강도(f_{py})를 사용할 수 없다. 또한 탄성한계를 지난 이후에는 항복단(yield plateau)이 뚜렷하지 않고 비선형을 이루기 때문에 PS강재의 응력이 계속해서 변화하여 항복강도(f_{py})를 그대로 사용할 수 없다. 따라서 구조설계기준에서는 프리스트레스트 콘크리트 부재의 휨강도를 계산할 때 PS강재의 항복강도(f_{py})를 사용하지 않고 파괴시의 PS강재의 응력(f_{ps})을 사용한다. 프리스트레스트 콘크리트 부재의 휨강도는 PS강재의 응력(f_{ps})을 계산하는 방법에 따라 다음의 두 가지 방법에 의해 계산한다.

($f_{pe} < 0.5f_{pu}$인 경우 또는 정확한 해를 구하기를 원할 때)

: 재료메커니즘을 이용(6.4.7항 참조)

($f_{pe} \geq 0.5f_{pu}$인 경우)

: PS강재의 응력(f_{ps})을 식(6.85)~식(6.87)을 이용하여 계산

① **부착긴장재를 사용한 부재**

$$f_{ps} = f_{pu}\left[1 - \frac{\gamma_p}{\beta_1}\left\{\rho_p \frac{f_{pu}}{f_{ck}} + \frac{d_s}{d_p}(\omega - \omega')\right\}\right] \tag{6.85}$$

여기서, f_{pu} : PS강재의 인장강도, β_1 : 등가응력분포계수([표 6.12] 참조), ρ_p : PS강재의 비($\rho_p = A_{ps}/(b \cdot d_p)$), ω : 비보강 인장긴장재(인장철근)의 강재지수($\omega = \rho f_y/f_{ck}$), ω' : 압축철근의 강재지수($\omega' = \rho' f_y/f_{ck}$), ρ : 인장철근의 비($\rho = A_s/(b \cdot d_s)$), ρ' : 압축철근의 비($\rho' = A_s'/(b \cdot d_s)$), A_{ps}, A_s, A_s' : PS강재, 인장철근, 압축철근의 단면적, γ_p : PS강재의 종류에 따른 계수, $\gamma_p = 0.55$($(f_{py}/f_{pu}) \geq 0.8$인 경우), $\gamma_p = 0.40$((f_{py}/f_{pu})

≥ 0.85인 경우), $\gamma_p = 0.28((f_{py}/f_{pu}) \geq 0.90$인 경우)이다.

식(6.85)의 f_{ps} 계산에 압축철근을 고려할 경우에 $\{\rho_p(f_{pu}/f_{ck}) + (d_s/d_p)(\omega - \omega')\}$의 값은 0.17 이상이 되어야 하고, d'(압축연단에서 압축철근의 단면 중심까지의 거리)은 0.15 d_p 이하가 되어야 한다. 이는 중립축의 깊이가 줄어들어 압축철근이 항복하지 않는 것을 방지하기 위함이다.

② **비부착긴장재를 사용한 부재** : 깊이에 대한 경간의 비가 35 이하인 경우

$$f_{ps} = f_{pe} + 70 + \frac{f_{ck}}{100\rho_p} \tag{6.86}$$

여기서, f_{ps}는 항복강도(f_{py}) 이하이며 $f_{pe} + 420$ MPa 이하가 되어야 한다.

③ **비부착긴장재를 사용한 부재** : 깊이에 대한 경간의 비가 35 이상인 경우(주로 1방향 슬래브, 플랫 플레이트와 플랫 슬래브)

$$f_{ps} = f_{pe} + 70 + \frac{f_{ck}}{300\rho_p} \tag{6.87}$$

여기서, f_{ps}는 항복강도(f_{py}) 이하이며 $f_{pe} + 210$ MPa 이하가 되어야 한다.

이와 같이 PS강재의 응력(f_{ps})이 약산식(6.85)~식(6.87)에 의해 계산될 경우에는 프리스트레스트 콘크리트 보의 휨모멘트를 다음 순서로 계산한다.

① 부재가 인장파괴하여 비긴장철근이 항복한다고 가정한다. 따라서 부재가 최대 내력에 도달했을 때 인장철근의 응력(f_s)을 철근의 항복강도(f_y)로 대체하여 계산할 수 있다. 복철근 직사각형보의 경우에도 부재가 최대 내력에 도달했을 때 인장철근의 응력(f_s)과 압축철근(f_s')의 응력이 항복강도(f_y)에 도달했다고 가정한다.

② 주어진 조건에 따라 식(6.85)~식(6.87)에서 PS강재의 응력(f_{ps})을 계산한다.

③ 힘의 평형조건(식(6.67))을 이용하여 중립축의 깊이(c) 또는 등가응력블록의 깊이(a)를 계산한다.

$$c = \frac{A_{ps}f_{ps} + A_s f_y}{\alpha(0.85 f_{ck})b} \quad \text{(포물선 - 직선형 등가응력분포)} \tag{6.88}$$

$$a = \frac{A_{ps}f_{ps} + A_s f_y}{\eta(0.85 f_{ck})b} \quad \text{(등가 직사각형 압축응력블록)} \tag{6.89}$$

④ 변형의 적합조건(식(6.71))을 사용하여 인장철근의 변형률을 계산한 뒤, ①의 가정이 옳은지를 판단한다([그림 6.23(b)] 참조).

$$\epsilon_s = \left(\frac{d_s}{c} - 1\right)\epsilon_{cu}$$

⑤ 가정이 맞을 경우(인장파괴할 경우, $\epsilon_s (= \epsilon_t) \geq \epsilon_y$)에 식(6.69)에 의해 휨모멘트($M_n$)를 계산한다. 가정이 맞지 않을 경우에는 부재가 압축파괴하므로 설계가 적합하지 않다.

$$M_n = A_{ps} f_{ps} (d_p - \beta c) + A_s f_y (d_s - \beta c) \text{ (포물선 - 직선형 등가응력분포)}$$

$$M_n = A_{ps} f_{ps} \left(d_p - \frac{a}{2}\right) + A_s f_y \left(d_s - \frac{a}{2}\right) \text{ (등가 직사각형 압축응력블록)}$$

⑥ 식(6.71)을 이용하여 인장연단에 가장 가까운 철근의 변형률(ϵ_t)이 $\epsilon_{a,\min}$ 이상인지를 검토하고, 강도감소계수(ϕ)를 계산하여 설계모멘트(ϕM_n)를 계산한다.

$$M_u = \phi M_n$$

⑦ 식(6.79)와 식(6.81)을 이용하여 균열모멘트의 여유값을 검토한다.

6.4.9 해석 방법 - 정산법

6.4.7항에서 설명한 것과 같이 프리스트레스 콘크리트 부재의 휨강도는 PS강재의 응력(f_{ps})을 구하는 방법에 따라 달라진다. $f_{pe} \geq 0.5 f_{pu}$ 인 경우에는 약산식(6.85)~식(6.87)에 의해 f_{ps}를 계산한 후에 휨강도를 계산할 수 있다. 그러나 $f_{pe} < 0.5 f_{pu}$ 이거나 정확한 해를 구하기 위해서는 식(6.66)~식(6.74)를 이용한 재료메커니즘을 이용하여 계산해야 한다. 재료메커니즘을 이용할 경우에 PS강재의 응력 - 변형률 곡선이 비선형을 이루기 때문에 f_{ps}를 계산하는 것이 쉽지 않다(3장의 [그림 3.6] 참조). 따라서 시산법(試算法, trial calculation method)을 사용하여 정확한 f_{ps}를 계산한다.

시산법(試算法, trial calculation method)이란 임의의 값을 가정한 후에 이를 이용하여 전체 결과를 계산하고 정해와 가정한 임의의 값에 차이가 있을 경우에 다른 값을 가정하여 두 값의 차이가 작아질 때까지 반복적으로 계산하는 방법이다. [표 6.4]와 같이 주어진 식이 모두 6개이며(힘의 평형식 2개, 접합방정식 2개, 재료구성식 2개), 미지수도 6개(M_n, f_{ps}, f_s, c, ϵ_{ps}, ϵ_s)로 계산이 가능하다. 다만, PS강재의 응력 - 변형률 곡선이 비선형을 이루어 6개의 식을 조합할 경우에 계산하고자 하는 휨강도(M_n) 계산식도 비선형이 되어 직접 계산이 어렵거나 2개 이상의 해가 얻어진다. 따라서 시산법에서는 다음과 같이 세 차례의 반복 과정을 통하여 휨강도를 계산한다.

① 중립축의 깊이(c)를 가정한다.

② PS강재의 변형률(ϵ_{ps3})과 인장철근의 변형률(ϵ_s)을 식(6.70)과 식(6.71)을 이용하여 계산한다.

$$\text{PS강재의 변형률}(\epsilon_{ps3}) \qquad \epsilon_{ps3} = \left(\frac{d_{ps}}{c} - 1\right)\epsilon_{cu}$$

$$\text{인장철근의 변형률}(\epsilon_s) \qquad \epsilon_s = \left(\frac{d_s}{c} - 1\right)\epsilon_{cu}$$

③ PS강재의 전체 변형률(ϵ_{ps})을 식(6.59)를 이용하여 계산한다.

$$\epsilon_{ps} = \epsilon_{ps1} + \epsilon_{ps2} + \epsilon_{ps3}$$

$$\epsilon_{ps1}(=\epsilon_{pe}) = \frac{f_{pe}}{E_{ps}} = \frac{P_e}{E_{ps}A_{ps}}, \qquad \epsilon_{ps2} = \frac{P_e}{E_c A_c} + \frac{P_e \times e}{E_c I_c}e$$

④ 계산된 변형률을 이용하여 PS강재의 응력(f_{ps})과 인장철근의 응력(f_s)를 식(6.72)와 식(6.74)를 이용하여 계산한다.

⑤ 힘의 평형조건(식(6.67))을 이용하여 압축합력(C)과 인장합력($T_{ps} + T_s$)이 평형을 이루는지 검토한다. 즉, 압축합력(C)과 인장합력($T_{ps} + T_s$)이 일정한 오차 범위에서 동일한 지 검토한다.

$$C = T_{ps} + T_s$$

$$\alpha(0.85 f_{ck})bc = A_{ps}f_{ps} + A_s f_s \ \text{(포물선 - 직선형 등가응력분포)}$$

$$\eta(0.85 f_{ck})ab = A_{ps}f_{ps} + A_s f_s \ \text{(등가 직사각형 압축응력블록)}$$

⑥-1 힘이 평형을 이룰 경우($C = T_{ps} + T_s$)에 ①의 중립축의 깊이(c)에 대한 가정이 옳은 것이므로 식(6.69)에 의해 휨모멘트(M_n)를 계산한다.

$$M_n = A_{ps}f_{ps}(d_p - \beta c) + A_s f_s(d_s - \beta c) \ \text{(포물선 - 직선형 등가응력분포)}$$

$$M_n = A_{ps}f_{ps}\left(d_p - \frac{a}{2}\right) + A_s f_s\left(d_s - \frac{a}{2}\right) \ \text{(등가 직사각형 압축응력블록)}$$

⑥-2 가정이 맞지 않을 경우에 압축합력(C)과 인장합력($T_{ps} + T_s$)이 오차 범위를 벗어나므로 ①중립축의 깊이(c)를 새롭게 가정하고 ①~⑤의 과정을 반복한다. c를 가정할 때는

압축합력(C) > 인장합력($T_{ps} + T_s$) : c를 짧게 가정

압축합력(C) < 인장합력($T_{ps}+T_s$) : c를 길게 가정

c를 두 번 가정하여 압축합력(C)과 인장합력($T_{ps}+T_s$)을 계산한 후에 오차에 의한 직선 보간법(直線補間法, interpolation)을 이용하여 정확한 c를 계산한다(식(6.90)).

$$c_3 = c_1 - \frac{C_1 - T_1}{\dfrac{(C_2 - T_2) - (C_1 - T_1)}{c_2 - c_1}} \tag{6.90}$$

여기서, c_3 : 직선보간법에 의한 중립축의 깊이, c_1과 c_2 : 첫 번째와 두 번째 가정한 중립축의 깊이, C_1과 T_1 : c_1에 의해 계산된 압축합력(C)과 인장합력($T_{ps}+T_s$), C_2와 T_2 : c_2에 의해 계산된 압축합력(C)과 인장합력($T_{ps}+T_s$)이다.

중립축의 깊이(c)를 계산한 이후에 식(6.69)에 의해 휨모멘트(M_n)를 계산한다.

⑦ 식(6.71)을 이용하여 인장연단에 가장 가까운 철근의 변형률(ϵ_t)이 $\epsilon_{a,\min}$ 이상인지를 검토하고, 강도감소계수(ϕ)를 계산하여 설계모멘트(ϕM_n)를 계산한다.

$$M_u = \phi M_n \tag{6.91}$$

⑧ 식(6.79)와 식(6.81)을 이용하여 균열모멘트의 여유값을 검토한다.

예제 6.6

[예제 그림 6.6.1]의 단면이 300 mm×600 mm, 길이가 10 m인 프리텐션 콘크리트 단순보를 균열등급으로 설계하고자 한다. 초기하중상태를 검토하고 계수모멘트(M_u)를 계산하라. 긴장재는 부착되어 있으며 즉시응력손실은 10%, 장기응력손실은 15%이다.

- **콘크리트** : I종 콘크리트, 초기압축강도, $f_{ci}'=24$ MPa, 28일 압축강도 $f_{ck}=35$ MPa
- **횡방향 전단철근** : D13(단면적 $A_s=126.7\text{ mm}^2$), 항복강도 $f_y=400$ MPa
- **긴장재**(PS강재, 응력이완 긴장재) : 7연선 9.3 mm(SWPC 7AN, 단면적 $A_{ps}=51.61\text{ mm}^2$)를 12가닥 사용, 인장강도 $f_{pu}=1{,}860$ MPa, 항복강도 $f_{py}=1{,}600$ MPa, 긴장 시의 긴장응력 $f_{pj}=0.9f_{py}$
- **비긴장재**(철근) : 3-D22(1개의 단면적 $A_s=387.1\text{ mm}^2$), 항복강도 $f_y=400$ MPa

1) 초기하중상태를 검토하라.
2) 약산식에 이용하여 계수모멘트(M_u)를 계산하라.
3) 정산식 - 시산법에 의해 계수모멘트(M_u)를 계산하라.

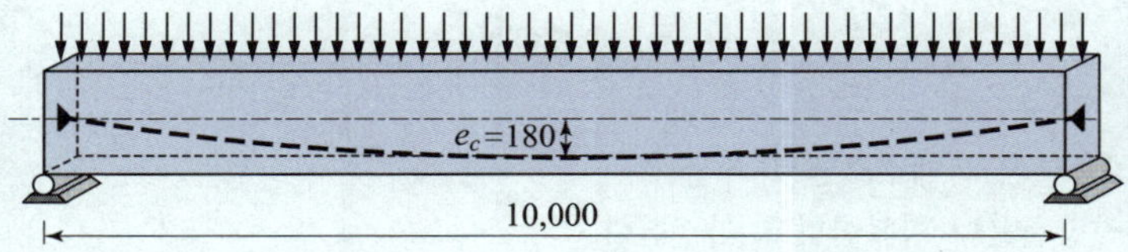

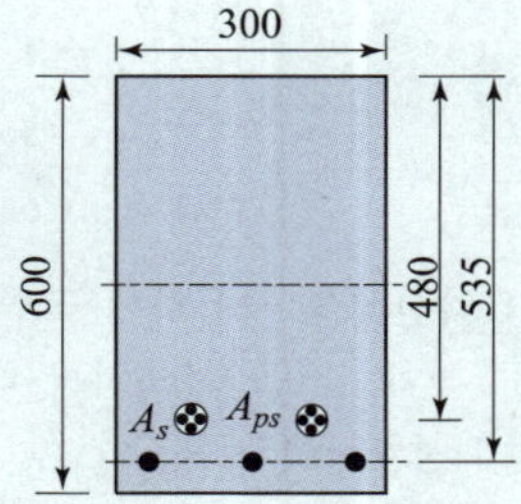

예제 그림 6.6.1 프리스트레스트 콘크리트 부재 (단위 : mm)

풀이

1) 초기하중상태를 검토한다.

(1) 허용응력을 계산한다.

주어진 조건에서 프리스트레스트 콘크리트 보를 균열등급 부재로 설계해야 한다. 균열등급 부재의 경우에도 비균열등급 부재와 동일하게 초기하중상태에서의 허용응력을 검토해야 한다. 허용응력은 [표 6.3]을 이용하여 계산한다.

[초기하중단계]

$$\text{허용압축응력} \quad f_{cia} = 0.60 f_{ci}{}' = 0.6 \times 24 = -14.4\ \text{MPa} \tag{a}$$

$$\text{허용인장응력} \quad f_{tia} = 0.25\sqrt{f_{ci}{}'} = 0.25\sqrt{24} = 1.22\ \text{MPa} \tag{b}$$

(2) 설계하중을 계산한다.

고정하중에 의해 발생하는 부재 중앙부의 휨모멘트를 계산한다. 여기서 프리스트레스트 콘크리트의 단위질량은 24 kN/m^{3}이다.

$$w_D = 24 \times 0.3 \times 0.6 = 4.32\ \text{kN/m} \tag{c}$$

$$M_D = \frac{w_D l^2}{8} = \frac{4.32 \times 10^2}{8} = 54\ \text{kN} \cdot \text{m} \tag{d}$$

(3) 단면적(A_c), 중립축의 위치($\bar{y}$), 단면2차모멘트(I_c), 단면계수(S^t, S_b), 초기긴장력(P_i) 등의 단면에 대한 기본 내용을 계산한다.

$$A_c = 300 \times 600 = 180{,}000\ \text{mm}^2$$

$$\bar{y} = 300\ \text{mm}$$

$$I_c = \frac{300 \times 600^3}{12} = 5{,}400 \times 10^6\ \text{mm}^4$$

$$S^t = \frac{I_c}{y^t} = \frac{5{,}400 \times 10^6}{300} = 18{,}000 \times 10^3\ \text{mm}^3$$

$$S_b = \frac{I_c}{y_b} = \frac{5{,}400 \times 10^6}{300} = 18{,}000 \times 10^3\ \text{mm}^3$$

긴장재의 즉시응력손실은 10%이다.

$$f_{pi} = 0.9f_{pj} = 0.9 \times 0.9f_{py} = 0.9 \times 0.9 \times 1{,}600 = 1{,}296 \text{ MPa}$$

$$P_i = A_{ps} \times f_{pi} = 12 \times 51.61 \times 1{,}296 = 802{,}639 \text{ N}$$

2) 약산식을 사용하여 극한하중단계의 계수모멘트 계산

(1) 부재가 인장파괴하여 비긴장철근이 항복한다고 가정한다.

(2) PS강재의 응력(f_{ps})을 계산한다.

즉시응력손실은 10%, 장기응력손실은 15%이므로 긴장재의 유효응력(f_{pe})을 계산한다.

$$f_{pe} = 0.85f_{pi} = 0.85 \times 1{,}296 = 1{,}101.6 \text{ MPa}$$

긴장재는 부착되어 있으며 $f_{pe} \geqq 0.5f_{pu}$이므로 식(6.59)에 의해 PS강재의 응력(f_{ps})을 계산할 수 있다.

$$\begin{aligned} f_{ps} &= f_{pu}\left[1 - \frac{\gamma_p}{\beta_1}\left\{\rho_p \frac{f_{pu}}{f_{ck}} + \frac{d_s}{d_p}(\omega - \omega')\right\}\right] \\ &= 1{,}860\left[1 - \frac{0.40}{0.8}\left\{0.0043\frac{1{,}860}{35} + \frac{535}{480}(0.082 - 0)\right\}\right] = 1{,}562.5 \text{ MPa} \end{aligned}$$

여기서, $\gamma_p = 0.40$ ($f_{py}/f_{pu} \geqq 0.85$인 경우)

$\beta_1 = 0.8$ ([표 6.12] 참조)

$$\rho_p = \frac{A_{ps}}{b \times d_p} = \frac{12 \times 51.61}{300 \times 480} = 0.0043$$

$$\rho = \frac{A_s}{b \times d_s} = \frac{3 \times 387.1}{300 \times 535} = 0.0072$$

$$\omega = \frac{\rho f_y}{f_{ck}} = \frac{0.0072 \times 400}{35} = 0.082$$

$$\omega' = 0$$

(3) 힘의 평형조건(식(6.67))을 이용하여 중립축의 깊이(c)와 등가응력블록의 깊이(a)를 계산한다.

$$c = \frac{A_{ps}f_{ps} + A_s f_y}{\alpha(0.85f_{ck})b} \quad \text{(포물선 - 직선형 등가응력분포)}$$

$$= \frac{619.32 \times 1{,}562.5 + 3 \times 387.1 \times 400}{0.8 \times (0.85 \times 35) \times 300} = 200.6 \text{ mm}$$

$$a = \frac{A_{ps}f_{ps} + A_s f_y}{\eta(0.85f_{ck})b} \quad \text{(등가 직사각형 압축응력블록)}$$

$$= \frac{619.32 \times 1{,}562.5 + 3 \times 387.1 \times 400}{1 \times (0.85 \times 35) \times 300} = 160.5 \text{ mm}$$

$$c = \frac{a}{\beta_1} = \frac{160.5}{0.8} = 200.6 \text{ mm} \quad \text{(등가 직사각형 압축응력블록)}$$

(4) 변형의 적합조건(식(6.71))을 사용하여 인장철근의 변형률을 계산한 뒤, 가정이 옳은지를 판단한

다. 콘크리트의 극한변형률(ϵ_{cu})는 $f_{ck}=35$ MPa이므로 [표 6.10]에서 0.0033이다. 포물선 - 직선형 등가응력분포 또는 등가 직사각형 압축응력블록에 의하여 계산한 중립축의 깊이(c)가 동일하므로, 어느 방법을 사용하여도 계산된 인장철근의 변형률은 동일하다.

$$\epsilon_s = \left(\frac{d_s}{c}-1\right)\epsilon_{cu} = \left(\frac{535}{200.6}-1\right)\times 0.0033 = 0.0055 \qquad \text{(e)}$$

계산된 변형률 0.0055는 철근의 항복변형률($\epsilon_y = f_y/E_s = 0.002$)보다 크다.

(5) 가정이 맞으므로 식(6.69)에 의해 휨모멘트(M_n)를 계산한다.

$$\begin{aligned} M_n &= A_{ps}f_{ps}(d_p-\beta c)+A_s f_y(d_s-\beta c) \quad \text{(포물선 - 직선형 등가응력분포)} \\ &= 619.32\times 1{,}562.5(480-0.4\times 200.6)+1{,}161.3\times 400(535-0.4\times 200.6) \\ &= 598.1\text{ kN}\cdot\text{m} \end{aligned}$$

$$\begin{aligned} M_n &= A_{ps}f_{ps}\left(d_p-\frac{a}{2}\right)+A_s f_y\left(d_s-\frac{a}{2}\right) \quad \text{(등가 직사각형 압축응력블록)} \\ &= 619.32\times 1{,}562.5\left(480-\frac{160.5}{2}\right)+1{,}161.3\times 400\left(535-\frac{160.5}{2}\right) \\ &= 598.1\text{ kN}\cdot\text{m} \end{aligned}$$

(6) 식(6.71)을 이용하여 인장연단에 가장 가까운 철근의 변형률(ϵ_t)이 $\epsilon_{a,\min}$ 이상인지를 검토하고, 강도감소계수(ϕ)를 계산하여 설계모멘트(ϕM_n)를 계산한다. 식(e)에서 철근의 변형률 $\epsilon_s(=0.0055)$는 $\epsilon_{a,t}(=0.005)$보다 크므로, 강도감소계수(ϕ)를 0.85로 하여 설계모멘트(ϕM_n)를 계산한다. 변형률 분포와 응력을 [예제 그림 6.6.2]에 표시하였다.

$$M_u = \phi M_n = 0.85\times 598.1 = 508.4\text{ kN}\cdot\text{m} \qquad \text{(f)}$$

(7) 식(6.79)와 식(6.81)을 이용하여 균열모멘트의 여유값을 검토한다.

$$\begin{aligned} M_{cr} &= f_r S_b + P_e\left(\frac{r_c^2}{y_b}+e\right) = 3.73\times 18{,}000\times 10^3 + 682.2\times 10^3\left(\frac{173.2^2}{300}+180\right) \\ &= 258.2\text{ kN}\cdot\text{m} \end{aligned}$$

여기서,

$$f_r = 0.63\sqrt{f_{ck}} = 0.63\sqrt{35} = 3.73\text{ MPa}$$

$$P_e = A_{ps}\times f_{pe} = 619.32\times 1{,}101.6 = 682.2\text{ kN}$$

$$r_c = \sqrt{\frac{I_c}{A_c}} = \sqrt{\frac{5{,}400\times 10^6}{300\times 600}} = 173.2\text{ mm}$$

식(6.79)를 사용하여 계산된 균열모멘트(M_{cr})을 검토한다.

$$M_u \geqq 1.2M_{cr}$$

$$508.4\text{ kN}\cdot\text{m} > 1.2\times 258.2 = 309.8\text{ kN}\cdot\text{m}$$

그러므로 균열모멘트에 대해 충분한 여유를 갖고 있다.

3) 정산식 – 시산법에 의해 계수모멘트 계산

[중립축의 깊이(c) = 150 mm]

(1)-1 중립축의 깊이(c)를 가정한다. 중립축의 깊이를 150 mm로 가정한다.

(2)-1 PS강재의 변형률(ϵ_{ps3})과 인장철근의 변형률(ϵ_s)을 식(6.70)과 식(6.71)을 이용하여 계산한다.

$$\epsilon_{ps3} = \left(\frac{d_p - c}{c}\right)\epsilon_{cu} = \left(\frac{480}{150} - 1\right)0.0033 = 0.00726$$

$$\epsilon_s = \left(\frac{d_s}{c} - 1\right)\epsilon_{cu} = \left(\frac{535}{150} - 1\right)0.0033 = 0.00847$$

(3)-1 PS강재의 전체 변형률(ϵ_{ps})을 식(6.59)를 이용하여 계산한다.

$$\epsilon_{ps} = \epsilon_{ps1} + \epsilon_{ps2} + \epsilon_{ps3} = 0.00551 + 0.00027 + 0.00726 = 0.01304$$

여기서,

$$\epsilon_{ps1} = \frac{f_{pe}}{E_{ps}} = \frac{1,101.3}{200,000} = 0.00551$$

$$\epsilon_{ps2} = \frac{P_e}{E_c A_c} + \frac{P_e \times e}{E_c I_c} e = \frac{682.2 \times 10^3}{28,825 \times 180,000} + \frac{682.2 \times 10^3 \times 180}{28,825 \times 5,400 \times 10^6} 180 = 0.00027$$

$$E_c = 8,500\sqrt[3]{f_{cu}} = 8,500\sqrt[3]{35+4} = 28,825 \text{ MPa} \quad (\text{식}(3.3b))$$

$$I_c = \frac{b \cdot h^3}{12} = \frac{300 \times 600^3}{12} = 5,400 \times 10^6 \text{ mm}^4$$

$$A_c = b \times h = 300 \times 600 = 180,000 \text{ mm}^2$$

(4)-1 계산된 변형률을 식(6.72)와 식(6.74)에 대입하여 PS강재의 응력(f_{ps})과 인장철근의 응력(f_s)을 계산한다. f_{pu} = 1,860 MPa이며 응력이완 긴장재이다. PS강재의 응력과 변형률 곡선(식(6.72))의 실험에 의해 정해지는 상수는 $A = 0.03$, $B = 121$, $C = 6$이다.

$$f_{ps} = E_{ps}\epsilon_{ps}\left\{0.03 + \frac{0.97}{[1+(121\epsilon_{ps})^6]^{1/6}}\right\} \le 1,860 \text{ MPa}$$

$$= 200,000 \times 0.01304\left\{0.03 + \frac{0.97}{[1+(121 \times 0.01304)^6]^{1/6}}\right\} = 1,664.9 \text{ MPa}$$

$$f_s = f_y = 400 \text{ MPa}$$

(5)-1 힘의 평형조건(식(6.67))을 이용하여 압축합력(C)과 인장합력($T_{ps} + T_s$)이 평형을 이루는지 검토한다. 이 때 등가응력분포는 포물선 - 직선형 등가응력분포나 등가 직사각형 압축응력블록의 하나를 사용한다. 이 예제에서는 포물선 - 직선형 등가응력분포를 사용하였다.

$$C = \alpha(0.85 f_{ck})cb = 0.8(0.85 \times 35) \times 150 \times 300 = 1,071,000 \text{ N}$$

$$T_{ps} + T_s = A_{ps} f_{ps} + A_s f_s = 619.32 \times 1,664.9 + 1,161.3 \times 400 = 1,495,626 \text{ N}$$

압축합력(C)과 인장합력($T_{ps} + T_s$)이 424,626 N의 차이가 있다. 인장합력이 더 크므로 중립축의 깊이(c)를 더 길게 잡고 (1)~(5)의 계산을 반복해야 한다.

[중립축의 깊이(c)=220 mm]

(1)-2 중립축의 깊이(c)를 새롭게 220 mm로 가정한다.

(2)-2 PS강재의 변형률(ϵ_{ps3})과 인장철근의 변형률(ϵ_s)을 계산한다.

$$\epsilon_{ps3} = \left(\frac{d_p - c}{c}\right)\epsilon_{cu} = \left(\frac{480}{220} - 1\right)0.0033 = 0.0039$$

$$\epsilon_s = \left(\frac{d_s}{c} - 1\right)\epsilon_{cu} = \left(\frac{535}{220} - 1\right)0.0033 = 0.00473$$

(3)-2 PS강재의 전체 변형률(ϵ_{ps})을 식(6.59)를 이용하여 계산한다.

$$\epsilon_{ps} = \epsilon_{ps1} + \epsilon_{ps2} + \epsilon_{ps3} = 0.00551 + 0.00027 + 0.0039 = 0.00968$$

(4)-2 계산된 변형률을 이용하여 PS강재의 응력(f_{ps})과 인장철근의 응력(f_s)를 계산한다.

$$f_{ps} = E_{ps}\epsilon_{ps}\left\{0.03 + \frac{0.97}{[1 + (121\epsilon_{ps})^6]^{1/6}}\right\} \leqq 1{,}860 \text{ MPa}$$

$$= 200{,}000 \times 0.00968\left\{0.03 + \frac{0.97}{[1 + (121 \times 0.00968)^6]^{1/6}}\right\} = 1{,}576.3 \text{ MPa}$$

$$f_s = f_y = 400 \text{ MPa}$$

(5)-2 압축합력(C)과 인장합력($T_{ps} + T_s$)이 평형을 이루는지 검토한다.

$$C = \alpha(0.85 f_{ck})cb = 0.8(0.85 \times 35) \times 220 \times 300 = 1{,}570{,}800 \text{ N}$$

$$T_{ps} + T_s = A_{ps}f_{ps} + A_s f_s = 619.32 \times 1{,}576.3 + 1{,}161.3 \times 400 = 1{,}440{,}754 \text{ N}$$

압축합력(C)과 인장합력($T_{ps} + T_s$)이 $-130{,}046$ N의 차이가 있다. 압축합력이 더 크므로 중립축의 깊이(c)는 가정한 것보다 짧다.

(6) 중립축의 깊이(c)를 두 번 가정하여 압축합력(C)과 인장합력($T_{ps} + T_s$)을 계산한 후에 직선보간법(直線補間法, interpolation)에 대한 식(6.90)을 이용하여 정확한 c를 계산한다.

$$c_3 = c_1 - \frac{C_1 - T_1}{\dfrac{(C_2 - T_2) - (C_1 - T_1)}{c_2 - c_1}} = 150 - \frac{424{,}626}{\dfrac{(-130{,}046) - (424{,}626)}{220 - 150}} = 204 \text{ mm}$$

중립축의 깊이(c)를 계산하고 (1)~(5)의 계산을 반복하여 확인한다.

[중립축의 깊이(c)=204 mm]

(1)-3 중립축의 깊이(c)를 새롭게 204 mm로 가정한다.

(2)-3 PS강재의 변형률(ϵ_{ps3})과 인장철근의 변형률(ϵ_s)을 계산한다.

$$\epsilon_{ps3} = \left(\frac{d_p - c}{c}\right)\epsilon_{cu} = \left(\frac{480}{204} - 1\right)0.0033 = 0.00447$$

$$\epsilon_s = \left(\frac{d_s}{c} - 1\right)\epsilon_{cu} = \left(\frac{535}{204} - 1\right)0.0033 = 0.00535$$

(3)-3 PS강재의 전체 변형률(ϵ_{ps})을 식(6.59)를 이용하여 계산한다.

$$\epsilon_{ps} = \epsilon_{ps1} + \epsilon_{ps2} + \epsilon_{ps3} = 0.00551 + 0.00027 + 0.00447 = 0.01025$$

(4)-3 계산된 변형률을 이용하여 PS강재의 응력(f_{ps})과 인장철근의 응력(f_s)를 계산한다.

$$f_{ps} = E_{ps}\epsilon_{ps}\left\{0.03 + \frac{0.97}{[1+(121\epsilon_{ps})^6]^{1/6}}\right\} \leq 1{,}860\ \text{MPa}$$

$$= 200{,}000 \times 0.01025\left\{0.03 + \frac{0.97}{[1+(121 \times 0.01025)^6]^{1/6}}\right\} = 1{,}601.2\ \text{MPa}$$

$$f_s = f_y = 400\ \text{MPa}$$

(5)-3 압축합력(C)과 인장합력($T_{ps} + T_s$)이 평형을 이루는지 검토한다.

$$C = \alpha(0.85 f_{ck})cb = 0.8(0.85 \times 35) \times 204 \times 300 = 1{,}456{,}560\ \text{N}$$

$$T_{ps} + T_s = A_{ps} f_{ps} + A_s f_s = 619.32 \times 1{,}601.2 + 1{,}161.3 \times 400 = 1{,}456{,}175\ \text{N}$$

압축합력(C)과 인장합력($T_{ps} + T_s$)의 차이가 385 N의 차이가 있다. 근사적으로 평형을 이룬다.

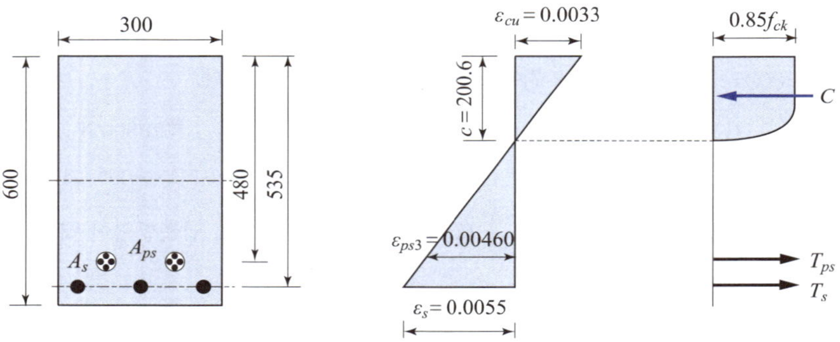

(a) 약산법에 의한 계산 결과

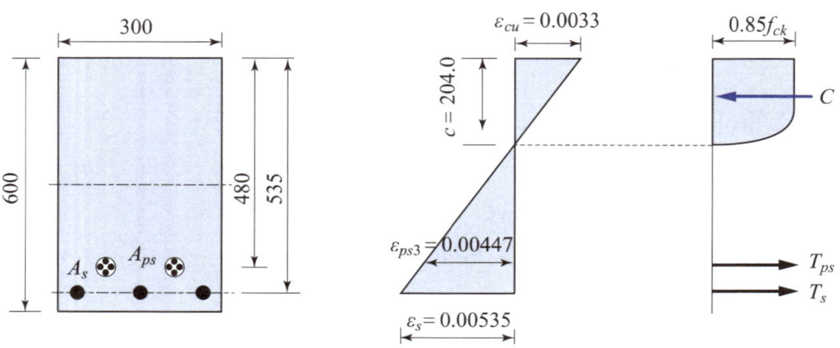

(b) 정산법 – 시산법에 의한 계산 결과

예제 그림 6.6.2 단철근 직사각형보의 변형률의 분포와 응력과 내력의 분포

(6) 휨모멘트(M_n)를 계산한다.

$$M_n = A_{ps}f_{ps}(d_p - \beta c) + A_s f_{s_s}(d_s - \beta c) \text{ (포물선 - 직선형 등가응력분포)}$$
$$= 619.32 \times 1{,}601.2(480 - 0.4 \times 204) + 1{,}161.3 \times 400(535 - 0.4 \times 204)$$
$$= 605.7\ \text{kN} \cdot \text{m}$$

(7) 철근의 변형률 $\epsilon_s(=0.00535)$는 $\epsilon_{a,t}(=0.005)$보다 크므로 강도감소계수(ϕ)는 0.85이다. 설계모멘트(ϕM_n)를 계산한다. 변형률 분포와 응력을 [예제 그림 6.6.2]에 표시하였다.

$$M_u = \phi M_n = 0.85 \times 605.7 = 514.8\ \text{kN} \cdot \text{m} \qquad \text{(g)}$$

(8) 식(6.79)와 식(6.81)을 이용하여 균열모멘트의 여유값을 검토한다.

$$M_u \geqq 1.2 M_{cr}$$
$$514.8\ \text{kN} \cdot \text{m} > 1.2 \times 258.2 = 309.8\ \text{kN} \cdot \text{m}$$

그러므로 균열모멘트에 대해 충분한 여유를 갖고 있다.

[예제 그림 6.6.2]에 약산식과 정산법(시산법)에 의해 계산한 프리스트레스트 콘크리트 부재의 단면, 변형률의 분포, 응력과 힘의 분포를 표시하였다. 그림에서 알 수 있듯이 두 가지 방법에 의한 결과가 유사함을 알 수 있다. 그러나 이러한 결과는 단면의 조건과 긴장력의 조건에 따라 달라질 수 있다.

6.4.10 복철근 직사각형보의 설계

복철근 직사각형보의 휨내력을 정확하게 계산하기 위해서는 압축철근의 영향을 고려하여 계산해야 한다. 프리스트레스트 콘크리트 부재에서 복철근 직사각형보란 [그림 6.27]과 같이 휨모멘트를 받아 압축응력과 인장응력이 발생한 단면의 인장측과 압축측에 모두 주철근을 배근한 보를 말한다. 복철근 직사각형보는 단철근 직사각형보에 비하여 다음의 장점이 있다.

① **장기처짐의 감소** : 압축측에 철근이 배근될 경우에 콘크리트가 부담해야 할 일부의 압축력을 철근이 대신 저항하므로 크리프변형이나 건조수축변형이 감소한다($C = C_c + C_s$). 크리프와 건조수축 변형이 감소할 경우에 장기하중에 의해 유발되는 콘크리트의 탄성계수 감소율이 작아져서 부재의 장기처짐이 감소한다.

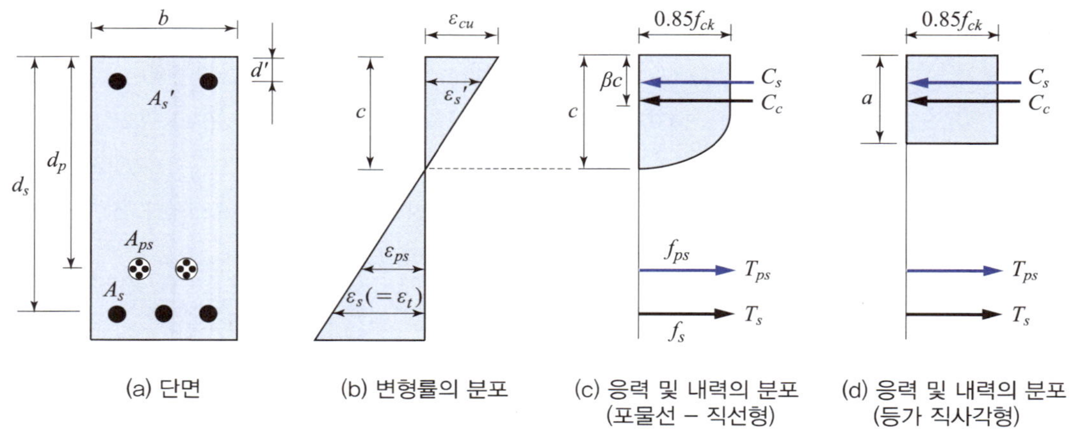

그림 6.27 프리스트레스트 콘크리트 복철근 직사각형보

② **연성의 증가** : 압축철근이 배근됨으로써 압축합력의 상대적 세기가 강해져 인장측 철근의 변형률이 증가한다. 부재가 최대 모멘트에 도달할 때, 압축연단 콘크리트 변형률이 일정한 상태에서, 인장철근의 변형률이 증가할 경우에 중립축의 깊이가 감소하며 부재의 연성이 증가한다.

③ **단면적의 감소** : 압축철근이 배근됨으로써 부재의 파괴를 인장파괴로 유도할 수 있으며, 부재의 단면적을 감소시킬 수 있다.

④ **휨모멘트 방향의 변화에 대처** : 지진하중이나 풍하중과 같이 하중의 가력 방향이 달라질 경우에 압축철근이 인장철근의 역할을 대신할 수 있다.

⑤ **철근 조립의 편의** : 압축철근이 있을 경우에 전단철근을 사용하여 철근을 조립하는 것이 편리하다.

[그림 6.27]에서 프리스트레스트 콘크리트 복철근 직사각형보의 휨모멘트는 단철근 직사각형보와 동일하게 재료메커니즘을 이용하여 계산한다.

힘의 평형조건

부재축방향에 대한 힘의 평형과 포물선 - 직선형 등가응력분포 또는 등가 직사각형 압축응력블록을 이용하여 다음 식을 유도한다.

$$C = T \tag{6.92}$$

$$C_c + C_s = T_{ps} + T_s \tag{6.93}$$

$$\alpha(0.85f_{ck})bc + A_s{}'f_s{}' = A_{ps}f_{ps} + A_sf_s \text{ (포물선 - 직선형 등가응력분포)} \tag{6.94a}$$

$$\eta(0.85f_{ck})ab + A_s{}'f_s{}' = A_{ps}f_{ps} + A_sf_s \text{ (등가 직사각형 압축응력블록)} \tag{6.94b}$$

압축력의 도심점(a_c)을 식(6.95)를 이용하여 계산한 뒤, 회전에 대한 평형을 이용하여 식(6.96)을 유도한다.

$$\overline{y_c} = \frac{C_c \times \beta c + C_s \times d'}{C_c + C_s} \text{ (포물선 - 직선형 등가응력분포)} \tag{6.95a}$$

$$\overline{y_c} = \frac{C_c \times \dfrac{a}{2} + C_s \times d'}{C_c + C_s} \text{ (등가 직사각형 압축응력블록)} \tag{6.95b}$$

$$M_n = A_{ps}f_{ps}(d_p - \overline{y_c}) + A_sf_s(d_s - \overline{y_c}) \tag{6.96}$$

여기서, C_c : 콘크리트에 의한 압축내력, C_s : 압축철근에 의한 압축내력, T_{ps} : PS강재에 의한 인장내력, T_s : 인장철근에 의한 인장내력, $A_s{}'$: 압축철근의 단면적, A_s : 인장철근의 단면적, A_{ps} : PS강재의 단면적, $f_s{}'$: 압축철근의 응력, f_s : 인장철근의 응력, f_{ps} : PS강재의 응력, a : 등가응력블록의 깊이, d_p : 압축연단에서 PS강재 단면의 중심까지의 거리, d_s : 압축연단에서 인장측 철근 단면의 중심까지의 거리이다.

변형의 적합조건

평면유지의 가정에 의해 중립축에서 떨어지는 거리가 멀어질수록 변형률이 비례적으로 증가하므로 압축철근과 인장철근의 변형률 및 PS긴장재의 변형률을 [그림 6.27(b)]를 이용하여 계산한다. PS강재의 전체 변형률(ϵ_{ps})은 식(6.70)의 변형률을 더하여 식(6.59)에 의해 계산한다.

압축철근의 변형률($\epsilon_s{}'$)

$$\epsilon_s{}' = \left(1 - \frac{d'}{c}\right)\epsilon_{cu} \tag{6.97}$$

인장철근의 변형률(ϵ_s)

$$\epsilon_s = \left(\frac{d}{c} - 1\right)\epsilon_{cu} \tag{6.98}$$

PS강재의 변형률(ϵ_{ps3})

$$\epsilon_{ps3} = \left(\frac{d_p - c}{c}\right)\epsilon_{cu} \qquad \text{(식(6.58)과 동일)} \tag{6.99}$$

재료의 구성법칙

압축철근과 인장철근의 응력 - 변형률 관계는 2장에서 설명한 재료의 응력 - 변형률 곡선을 이용한다.

압축철근의 응력 - 변형률 관계

$$\epsilon_s{}' < \epsilon_y\,, \qquad f_s{}' = E_s \cdot \epsilon_s{}' \tag{6.100a}$$

$$\epsilon_s{}' \geq \epsilon_y\,, \qquad f_s{}' = f_y \tag{6.100b}$$

인장철근의 응력 - 변형률 관계

$$\epsilon_s < \epsilon_y\,, \qquad f_s = E_s \cdot \epsilon_s \tag{6.101a}$$

$$\epsilon_s \geq \epsilon_y\,, \qquad f_s = f_y \tag{6.101b}$$

PS강재의 응력 - 변형률 관계(비선형)

$$f_{ps} = E_{ps}\epsilon_{ps}\left\{A + \frac{1-A}{[1+(B\,\epsilon_{ps})^C\,]^{1/C}}\right\} \tag{6.102}$$

PS강재의 응력 - 변형률 관계(2개의 직선식)

$$\epsilon_{ps} \leq \epsilon_{p0}\,, \qquad f_{ps} = E_{ps}\epsilon_{ps} \tag{6.103a}$$

$$\epsilon_{ps} > \epsilon_{p0}\,, \qquad f_{ps} = E_{ps}\epsilon_0 + (A \cdot E_{ps})(\epsilon_{ps} - \epsilon_0) \tag{6.103b}$$

해석방법 – 근사해법(복철근 직사각형보)

프리스트레스트 콘크리트 복철근 직사각형보의 근사해법은 압축철근의 영향을 무시하고 인장철근만을 이용하여 계산하는 방법과 압축철근의 영향을 고려하는 방법이 있다. 압축철근의 영향을 고려하지 않는 경우에는 6.4.8항에서 설명한 단철근 직사각형보의 근사해법과 동일한 방법으로 휨강도를 구한다. 압축철근의 영향을 고려하는 경우에는 다음과 같이 PS강재의 응력(f_{ps})을 약산식(6.85)~식(6.87)에 의해 계산한다.

① 부재가 인장파괴하며 압축철근과 인장철근이 항복한다고 가정한다. 따라서 부재가 최대 내력에 도달했을 때의 인장철근의 응력(f_s)과 압축철근($f_s{}'$)의 응력을 철근의 항복강도

(f_y)로 대체하여 계산할 수 있다.

② 주어진 조건에 따라 식(6.85)~식(6.87)에서 PS강재의 응력(f_{ps})을 계산한다.

③ 힘의 평형조건(식(6.104))을 이용하여 중립축의 깊이(c) 또는 등가응력블록의 깊이(a)를 계산한다.

$$c = \frac{A_{ps}f_{ps} + (A_s - A_s{}')f_y}{\alpha(0.85f_{ck})b} \quad \text{(포물선 - 직선형 등가응력분포)} \qquad (6.104a)$$

$$a = \frac{A_{ps}f_{ps} + (A_s - A_s{}')f_y}{\eta(0.85f_{ck})b} \quad \text{(등가 직사각형 압축응력블록)} \qquad (6.104b)$$

④ 변형의 적합조건(식(6.97)과 식(6.98))을 이용하여 인장철근과 압축철근의 변형률을 계산하여 ①의 가정이 옳은지를 판단한다.

⑤-1 인장파괴하며 압축철근이 항복하여 ①의 모든 가정이 맞을 경우에 압축력의 도심점(a_c)을 식(6.95)에 의해 계산하고 식(6.96)을 이용하여 휨모멘트(M_n)를 계산한다.

$$\overline{y_c} = \frac{C_c \times \beta c + C_s \times d'}{C_c + C_s} \quad \text{(포물선 - 직선형 등가응력분포)}$$

$$\overline{y_c} = \frac{C_c \times \frac{a}{2} + C_s \times d'}{C_c + C_s} \quad \text{(등가 직사각형 압축응력블록)}$$

$$M_n = A_{ps}f_{ps}(d_p - \overline{y_c}) + A_s f_s(d_s - \overline{y_c})$$

⑤-2 인장파괴하지만 압축철근이 항복하지 않을 경우에는 ①의 가정이 잘못되었으므로 다음과 같이 중립축의 깊이(a)를 다시 계산한다. 즉 $f_s = f_y$이지만, $f_s{}' < f_y$이므로 압축철근이 항복하기 이전인 탄성상태의 응력 - 변형률 관계식(6.100a)을 식(6.94)에 대입하여 정리하면 중립축의 깊이(c)에 대한 2차식을 유도할 수 있다.

(포물선 - 직선형 등가응력분포)

$$\alpha(0.85f_{ck})bc + A_s{}'E_s\epsilon_{cu} = A_{ps}f_{ps} + A_s f_s \qquad (6.105a)$$

$$(\alpha 0.85f_{ck}b)c^2 + (\epsilon_{cu}A_s{}'E_s - A_{ps}f_{ps} - A_s f_y)c - (A_s{}'E_s d'\epsilon_{cu}) = 0$$

(등가 직사각형 압축응력블록)

$$\eta(0.85f_{ck})ab + A_s{}'E_s\epsilon_s{}' = A_{ps}f_{ps} + A_s f_y \qquad (6.105b)$$

$$(\eta 0.85f_{ck}b)a^2 + (\epsilon_{cu}A_s{}'E_s - A_{ps}f_{ps} - A_s f_y)a - (\epsilon_{cu}E_s A_s{}'\beta_1 d') = 0$$

$$c = a/\beta_1$$

계산된 c를 식(6.97)과 식(6.98)에 대입하여 압축철근의 변형률($\epsilon_s{}'$)과 응력($f_s{}'$)을 계산한다. 항복강도에 도달하지 않은 압축철근의 응력($f_s{}'$)을 식(6.100a)에 대입하여 휨모멘트를 계산한다.

$$\epsilon_s{}' = \left(1 - \frac{d'}{c}\right)\epsilon_{cu}, \qquad f_s{}' = E_s \cdot \epsilon_s{}'$$

$$\overline{y_c} = \frac{C_c \times \frac{a}{2} + C_s \times d'}{C_c + C_s}$$

$$M_n = A_{ps} f_{ps}\left(d_p - \overline{y_c}\right) + A_s f_s\left(d_s - \overline{y_c}\right)$$

⑥ 식(6.98)을 이용하여 인장연단에 가장 가까운 철근의 변형률(ϵ_t)이 $\epsilon_{a,\min}$ 이상인지를 검토하고, 강도감소계수(ϕ)를 계산하여 설계모멘트(ϕM_n)를 계산한다.

$$M_u = \phi M_n$$

⑦ 식(6.79)와 식(6.81)을 이용하여 균열모멘트의 여유값을 검토한다.

해석방법 – 정산법(시산법)

시산법에 의한 프리스트레스트 콘크리트 복철근 직사각형보의 해석 방법은 단철근 직사각형보의 해석 방법과 유사하다. 복철근 직사각형보의 경우에 주어진 식이 모두 8개이며(힘의 평형식 2개, 접합방정식 3개, 재료구성식 3개), 미지수도 8개(M_n, f_{ps}, f_s, $f_s{}'$, c, ϵ_{ps}, ϵ_s, $\epsilon_s{}'$)이므로 계산이 가능하다. 시산법에서는 다음 세 차례의 반복 과정을 거쳐 휨강도를 계산한다.

① 중립축의 깊이(c)를 가정한다.

② 압축철근의 변형률($\epsilon_s{}'$), 인장철근의 변형률(ϵ_s), PS강재의 변형률(ϵ_{ps3})을 식(6.97)~식(6.99)를 이용하여 계산한다.

압축철근의 변형률($\epsilon_s{}'$) $\quad \epsilon_s{}' = \left(1 - \dfrac{d'}{c}\right)\epsilon_{cu}$

인장철근의 변형률(ϵ_s) $\quad \epsilon_s = \left(\dfrac{d_s}{c} - 1\right)\epsilon_{cu}$

PS강재의 변형률(ϵ_{ps3}) $\quad \epsilon_{ps3} = \left(\dfrac{d_{ps}}{c} - 1\right)\epsilon_{cu}$

③ PS강재의 전체 변형률(ϵ_{ps})을 식(6.59)를 이용하여 계산한다.

$$\epsilon_{ps} = \epsilon_{ps1} + \epsilon_{ps2} + \epsilon_{ps3}$$

$$\epsilon_{ps1}(=\epsilon_{pe}) = \frac{f_{pe}}{E_{ps}} = \frac{P_e}{E_{ps}A_{ps}}, \qquad \epsilon_{ps2} = \frac{P_e}{E_c A_c} + \frac{P_e \times e}{E_c I_c}e$$

④ 계산된 변형률을 이용하여 압축철근의 응력($f_s{}'$), 인장철근의 응력(f_s), PS강재의 응력(f_{ps})을 식(6.100)~식(6.102)를 이용하여 계산한다.

⑤ 힘의 평형조건(식(6.96))을 이용하여 압축합력($C_c + C_s$)과 인장합력($T_{ps} + T_s$)이 평형을 이루는지 검토한다. 즉, 압축합력($C_c + C_s$)과 인장합력($T_{ps} + T_s$)이 일정한 오차 범위에서 동일한 값이 되는지 검토한다.

$$C_c + C_s = T_{ps} + T_s$$

$$\alpha(0.85 f_{ck})bc + A_s{}'f_s{}' = A_{ps}f_{ps} + A_s f_s \quad \text{(포물선 - 직선형 등가응력분포)}$$

$$\eta(0.85 f_{ck})ab + A_s{}'f_s{}' = A_{ps}f_{ps} + A_s f_s \quad \text{(등가 직사각형 압축응력블록)}$$

⑥-1 가정이 맞아 힘이 평형을 이룰 경우($C_c + C_s = T_{ps} + T_s$)에 압축력의 도심점(a_c)을 식(6.95)에 의해 계산하고 식(6.96)을 이용하여 휨모멘트(M_n)를 계산한다.

$$\overline{y_c} = \frac{C_c \times \frac{a}{2} + C_s \times d'}{C_c + C_s}$$

$$M_n = A_{ps}f_{ps}\left(d_p - \overline{y_c}\right) + A_s f_s\left(d_s - \overline{y_c}\right)$$

⑥-2 가정이 맞지 않을 경우에 압축합력($C_c + C_s$)과 인장합력($T_{ps} + T_s$)이 오차 범위를 벗어나므로 ① 중립축의 깊이(c)를 새롭게 가정하고 ①~⑤의 과정을 반복한다. c를 가정할 때는 다음 조건에 따른다.

압축합력($C_c + C_s$) > 인장합력($T_{ps} + T_s$) : c를 짧게 가정

압축합력($C_c + C_s$) < 인장합력($T_{ps} + T_s$) : c를 길게 가정

c를 두 번 가정하여 압축합력($C_c + C_s$)과 인장합력($T_{ps} + T_s$)을 계산한 후에 직선보간법(直線補間法, interpolation)을 이용하여 정확한 c를 계산한다.

$$c_3 = c_1 - \frac{C_1 - T_1}{\dfrac{(C_2 - T_2) - (C_1 - T_1)}{c_2 - c_1}}$$

여기서, c_3 : 직선보간법에 의한 중립축의 깊이, c_1과 c_2 : 첫 번째와 두 번째 가정한 중립축의 깊이, C_1과 T_1 : c_1에 의해 계산된 압축합력($C_c + C_s$)과 인장합력($T_{ps} + T_s$), C_2와 T_2 : c_2에 의해 계산된 압축합력($C_c + C_s$)과 인장합력($T_{ps} + T_s$)이다.

중립축의 깊이(c)를 계산한 후에 식(6.69)에 의해 휨모멘트(M_n)를 계산한다.

⑦ 식(6.98)을 이용하여 인장연단에 가장 가까운 철근의 변형률(ϵ_t)이 $\epsilon_{a,\min}$ 이상인지 검토하고, 강도감소계수(ϕ)를 계산하여 설계모멘트(ϕM_n)를 계산한다.

$$M_u = \phi M_n$$

⑧ 식(6.79)와 식(6.81)을 이용하여 균열모멘트의 여유값을 검토한다.

예제 6.7

[예제 그림 6.7.1]의 단면이 300 mm × 600 mm, 길이가 10 m인 프리텐션 콘크리트 단순보를 사용하중단계에서 균열등급 부재로 설계한 후에 극한하중단계의 계수모멘트(M_u)를 계산하라. 긴장재는 부착된 상태이고, 즉시응력손실은 10%, 장기응력손실은 15%이다.

- 콘크리트 : I종 콘크리트, 초기압축강도, $f_{ci}' = 24$ MPa, 28일 압축강도 $f_{ck} = 35$ MPa
- 긴장재(PS강재, 응력이완 긴장재) : 7연선 9.3 mm(SWPC 7AN, 단면적 $A_{ps} = 51.61$ mm^2)를 12가닥 사용, 인장강도 $f_{pu} = 1{,}860$ MPa, 항복강도 $f_{py} = 1{,}600$ MPa, 긴장 시의 긴장응력 $f_{pj} = 0.9 f_{py}$, 편심거리 $e = 180$ mm, PS강재의 응력과 변형률 곡선(식(6.72))의 실험에 의해 정해지는 상수 $A = 0.03$, $B = 121$, $C = 6$
- 비긴장재(인장철근) : 3-D22(1개의 단면적 $A_s = 387.1$ mm^2), 항복강도 $f_y = 400$ MPa
- 비긴장재(압축철근) : 2-D22(1개의 단면적 $A_s = 387.1$ mm^2), 항복강도 $f_y = 400$ MPa

1) 약산식에 의해 계수모멘트(M_u)를 계산하라.
2) 정산식 - 시산법에 의해 계수모멘트(M_u)를 계산하라.

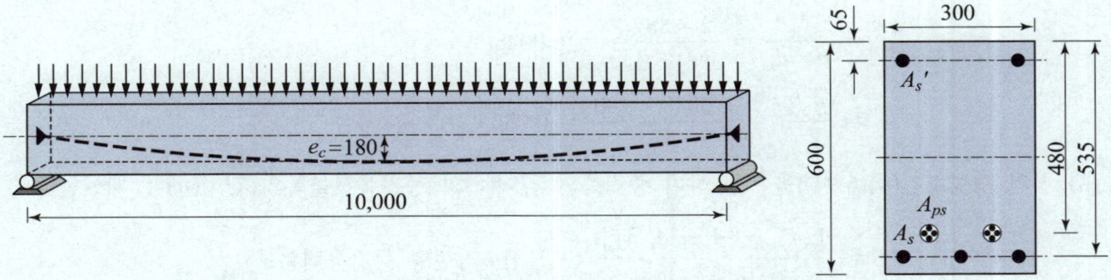

예제 그림 6.7.1 프리스트레스트 콘크리트 부재 (단위 : mm)

풀이

주어진 조건에서 프리스트레스트 콘크리트 보를 사용하중단계에서 균열등급 부재로 설계해야 한다. 균열등급 부재의 경우에도 비균열등급 부재와 동일하게 초기하중상태에 대한 허용응력을 검토해야 한다. 허용응력은 [표 6.3]을 이용하여 계산한다. [예제 그림 6.7.1]의 단면 조건은 압축철근을 제외하고 [예제 6.6]의 조건과 동일하며, [예제 6.6]에서 초기응력이 허용응력을 초과하지 않고 안전함을 확인했다. 따라서 [예제 6.7]에서는 초기하중단계에 대한 허용응력 검토를 생략한다. 초기하중단계를 검토한 이후에는 강도설계법에 의해 설계모멘트(ϕM_n)와 계수모멘트(M_u)를 계산한다.

1) 압축철근의 영향을 고려한 약산식에 의해 계수모멘트 계산

(1) 부재가 인장파괴하여 압축철근과 인장철근이 항복한다고 가정한다.

(2) 식(6.85)~식(6.87)에서 PS강재의 응력(f_{ps})을 계산한다.

즉시응력손실은 10%, 장기응력손실은 15%이므로 긴장재의 유효응력(f_{pe})을 계산한다.

$$f_{pi} = 0.9f_{pj} = 0.9\times 0.9f_{py} = 0.9\times 0.9\times 1{,}600 = 1{,}296 \text{ MPa}$$

$$f_{pe} = 0.85f_{pi} = 0.85\times 1{,}296 = 1{,}101.6 \text{ MPa}$$

긴장재는 부착되어 있으며 $f_{pe} \geqq 0.5f_{pu}$ 이므로, 식(6.59)에 의해 PS강재의 응력(f_{ps})을 계산할 수 있다.

$$f_{ps} = f_{pu}\left[1-\frac{\gamma_p}{\beta_1}\left\{\rho_p\frac{f_{pu}}{f_{ck}}+\frac{d_s}{d_p}(\omega-\omega')\right\}\right]$$

$$= 1{,}860\left[1-\frac{0.40}{0.8}\left\{0.0043\frac{1{,}860}{35}+\frac{535}{480}(0.082-0.055)\right\}\right] = 1{,}619.5 \text{ MPa}$$

여기서, $\gamma_p = 0.40$ ($f_{py}/f_{pu} \geqq 0.85$인 경우)

$\beta_1 = 0.8$ ([표 6.12] 참조)

$$\rho_p = \frac{A_{ps}}{b\times d_p} = \frac{12\times 51.61}{300\times 480} = 0.0043$$

$$\rho = \frac{A_s}{b\times d_s} = \frac{3\times 387.1}{300\times 535} = 0.0072$$

$$\omega = \frac{\rho f_y}{f_{ck}} = \frac{0.0072\times 400}{35} = 0.082$$

$$\rho' = \frac{A_s'}{b \times d_s} = \frac{2 \times 387.1}{300 \times 535} = 0.0048$$

$$\omega' = \frac{\rho' f_y}{f_{ck}} = \frac{0.0048 \times 400}{35} = 0.055$$

(3) 힘의 평형조건(식(6.94))을 이용하여 중립축의 깊이(c)와 등가응력블록의 깊이(a)를 계산한다.

$$c = \frac{A_{ps} f_{ps} + (A_s - A_s') f_y}{\alpha(0.85 f_{ck}) b} \quad \text{(포물선 - 직선형 등가응력분포)}$$

$$= \frac{619.32 \times 1{,}619.5 + (1{,}161.3 - 774.2) \times 400}{0.8 \times (0.85 \times 35) \times 300} = 162.2\,\text{mm}$$

$$a = \frac{A_{ps} f_{ps} + (A_s - A_s') f_y}{\eta(0.85 f_{ck}) b} \quad \text{(등가 직사각형 압축응력블록)}$$

$$= \frac{619.32 \times 1{,}619.5 + (1{,}161.3 - 774.2) \times 400}{1 \times (0.85 \times 35) \times 300} = 129.7\,\text{mm} \qquad \text{(a)}$$

$$c = \frac{a}{\beta_1} = \frac{129.7}{0.8} = 162.2\,\text{mm} \quad \text{(등가 직사각형 압축응력블록)} \qquad \text{(b)}$$

(4) 변형의 적합조건(식(6.97)과 식(6.98))을 이용하여 인장철근과 압축철근의 변형률을 계산한 뒤, 가정이 옳은지 판단한다. 콘크리트의 극한변형률(ϵ_{cu})는 $f_{ck} = 35$ MPa이므로 [표 6.10]에서 0.0033이다. 포물선 - 직선형 등가응력분포나 등가 직사각형 압축응력블록에 의하여 계산한 중립축의 깊이(c)가 동일하므로, 어느 방법을 사용하여도 계산된 철근의 변형률은 동일하다.

$$\epsilon_s' = \left(1 - \frac{d'}{c}\right)\epsilon_{cu} = \left(1 - \frac{65}{162.2}\right) \times 0.0033 = 0.00198$$

$$\epsilon_s = \left(\frac{d_s}{c} - 1\right)\epsilon_{cu} = \left(\frac{535}{162.2} - 1\right) \times 0.0033 = 0.00758$$

계산된 압축변형률 0.00198은 철근의 항복변형률($\epsilon_y = f_y / E_s = 0.002$)보다 작으므로 (1)의 가정은 옳지 않다.

(5) 인장파괴하지만 압축철근이 항복하지 않을 경우에는 (1)의 가정이 잘못되었으므로 식(6.106)에 의해 중립축의 깊이(a)를 다시 계산한다.

(포물선 - 직선형 등가응력분포)

$$(\alpha 0.85 f_{ck} b)c^2 + (\epsilon_{cu} A_s' E_s - A_{ps} f_{ps} - A_s f_y)c - (A_s' E_s d' \epsilon_{cu}) = 0$$

$$7{,}140c^2 - 956{,}537c - 33{,}213{,}180 = 0, \qquad c = 162.6\,\text{mm}$$

(등가 직사각형 압축응력블록)

$$\eta(0.85 f_{ck} b)a^2 + (\epsilon_{cu} A_s' E_s - A_{ps} f_{ps} - A_s f_y)a - (\epsilon_{cu} E_s A_s' \beta_1 d') = 0$$

$$8{,}925a^2 - 956{,}537a - 26{,}570{,}544 = 0, \qquad a = 130.1\,\text{mm} \qquad \text{(c)}$$

$$c = \frac{a}{\beta_1} = \frac{130.1}{0.8} = 162.6\,\text{mm} \qquad \text{(d)}$$

(6) 중립축의 깊이(c)를 식(6.97)과 (6.98)에 대입하여 압축철근의 변형률(ϵ_s')과 응력(f_s')을 계산한다. 항복강도에 도달하지 않은 압축철근의 응력(f_s')을 식(6.100a)에 대입하여 휨모멘트를 계산한다.

$$\epsilon_s' = \left(1-\frac{d'}{c}\right)\epsilon_{cu} = \left(1-\frac{65}{162.6}\right)0.0033 = 0.00198$$

$$f_s' = E_s \cdot \epsilon_s' = 200{,}000 \times 0.00198 = 396\ \text{MPa}$$

$$\overline{y_c} = \frac{C_c \times \dfrac{a}{2} + C_s \times d'}{C_c + C_s} \quad \text{(등가 직사각형 압축응력블록)}$$

$$= \frac{(1\times 0.85\times 35\times 130.1\times 300)\times \dfrac{130.1}{2} + (774.2\times 396)\times 65}{(1\times 0.85\times 35\times 130.1\times 300)+(774.2\times 396)} = 65.0\ \text{mm}$$

$$M_n = A_{ps} f_{ps}(d_p - \overline{y_c}) + A_s f_s (d_s - \overline{y_c})$$

$$= 619.32\times 1{,}619.5\,(480-65.0) + 1{,}161.3\times 400\,(535-65.0) = 634.6\ \text{kN}\cdot\text{m}$$

(7) 설계모멘트(ϕM_n)를 계산한다.

$$\epsilon_s = \left(\frac{d_s}{c}-1\right)\epsilon_{cu} = \left(\frac{535}{162.6}-1\right)\times 0.0033 = 0.00756$$

강도감소계수(ϕ)를 0.85로 하여 설계모멘트(ϕM_n)를 계산한다. 변형률 분포와 응력을 [예제 그림 6.7.2]에 표시하였다.

$$M_u = \phi M_n = 0.85\times 634.6 = 539.4\ \text{kN}\cdot\text{m} \qquad \text{(e)}$$

(8) 식(6.79)와 식(6.81)을 이용하여 균열모멘트의 여유값을 검토한다. 균열모멘트의 여유값은 [예제 6.6]과 마찬가지로 $M_{cr} = 266.7$ kN·m이다.

계산된 균열모멘트(M_{cr})를 식(6.79)에 의해 비교한다.

$$M_u \geqq 1.2 M_{cr}$$

$$539.4\ \text{kN}\cdot\text{m} > 1.2\times 266.7 = 320.0\ \text{kN}\cdot\text{m}$$

그러므로 균열모멘트에 대한 충분한 여유를 갖고 있다.

2) 정산식 – 시산법에 의해 계수모멘트 계산

[중립축의 깊이(c) = 150 mm]

(1)-1 중립축의 깊이(c)를 150 mm로 가정한다.

(2)-1 압축철근의 변형률(ϵ_s'), 인장철근의 변형률(ϵ_s), PS강재의 변형률(ϵ_{ps3})을 식(6.97)~식(6.99)를 이용하여 계산한다.

$$\epsilon_s' = \left(1-\frac{d'}{c}\right)\epsilon_{cu} = \left(1-\frac{65}{150}\right)0.0033 = 0.00187$$

$$\epsilon_s = \left(\frac{d_s}{c} - 1\right)\epsilon_{cu} = \left(\frac{535}{150} - 1\right)0.0033 = 0.00847$$

$$\epsilon_{ps3} = \left(\frac{d_p - c}{c}\right)\epsilon_{cu} = \left(\frac{480}{150} - 1\right)0.0033 = 0.00726$$

(3)-1 PS강재의 전체 변형률(ϵ_{ps})을 식(6.59)를 이용하여 계산한다.

$$\epsilon_{ps} = \epsilon_{ps1} + \epsilon_{ps2} + \epsilon_{ps3} = 0.00551 + 0.00027 + 0.00726 = 0.01304$$

여기서,

$$\epsilon_{ps1} = \frac{f_{pe}}{E_{ps}} = \frac{1,101.6}{200,000} = 0.00551$$

$$\epsilon_{ps2} = \frac{P_e}{E_c A_c} + \frac{P_e \times e}{E_c I_c} e = \frac{682,243}{28,825 \times 180,000} + \frac{682,243 \times 180}{28,825 \times 5,400 \times 10^6} 180$$
$$= 0.00027$$

$$E_c = 8,500\sqrt[3]{f_{cu}} = 8,500\sqrt[3]{35+4} = 28,825 \text{ MPa}$$

$$I_c = \frac{b \cdot h^3}{12} = \frac{300 \times 600^3}{12} = 5,400 \times 10^6 \text{ mm}^4$$

$$P_e = f_{pe} \times A_{ps} = 1,101.6 \times 619.32 = 682,243 \text{ N}$$

$$A_c = b \times h = 300 \times 600 = 180,000 \text{ mm}^2$$

(4)-1 계산된 변형률을 이용하여 압축철근의 응력(f_s'), 인장철근의 응력(f_s), PS강재의 응력(f_{ps})을 식(6.100)~식(6.102)를 이용하여 계산한다. $f_{pu} = 1,860$ MPa이며, 응력이완 긴장재이다. PS강재의 응력과 변형률 곡선(식(6.72))의 실험에 의해 정해지는 상수는 $A=0.03$, $B=121$, $C=6$이다.

$$f_s' = 0.00187 \times 200,000 = 374 \text{ MPa}$$

$$f_s = f_y = 400 \text{ MPa}$$

$$f_{ps} = E_{ps}\epsilon_{ps}\left\{0.03 + \frac{0.97}{[1+(121\epsilon_{ps})^6]^{1/6}}\right\} \leq 1,860 \text{ MPa}$$
$$= 200,000 \times 0.01304\left\{0.03 + \frac{0.97}{[1+(121 \times 0.01304)^6]^{1/6}}\right\} = 1,664.3 \text{ MPa}$$

(5)-1 힘의 평형조건(식(6.96))을 이용하여 압축합력($C_c + C_s$)과 인장합력($T_{ps} + T_s$)이 평형을 이루는지 검토한다. 여기서는 등가응력블록을 이용하여 계산하였다.

$$C_c + C_s = \eta(0.85 f_{ck})ab + A_s' f_s'$$
$$= 1 \times (0.85 \times 35) \times (0.8 \times 150) \times 300 + 774.2 \times 374 = 1,360,551 \text{ N}$$

$$T_{ps} + T_s = A_{ps} f_{ps} + A_s f_s$$
$$= 619.32 \times 1,664.3 + 1,161.3 \times 400 = 1,495,254 \text{ N}$$

압축합력(C)과 인장합력($T_{ps} + T_s$)이 134,703 N의 차이가 있다. 인장합력이 더 크므로 중립축의 깊이(c)를 더 길게 잡고 (1)~(5)의 계산을 반복해야 한다.

[중립축의 깊이$(c) = 200$ mm]

(1)-2 중립축의 깊이(c)를 새롭게 200 mm로 가정한다.

(2)-2 압축철근의 변형률(ϵ_s'), 인장철근의 변형률(ϵ_s), PS강재의 변형률(ϵ_{ps3})을 계산한다.

$$\epsilon_s' = \left(1 - \frac{d'}{c}\right)\epsilon_{cu} = \left(1 - \frac{65}{200}\right)0.0033 = 0.00223$$

$$\epsilon_s = \left(\frac{d_s}{c} - 1\right)\epsilon_{cu} = \left(\frac{535}{200} - 1\right)0.0033 = 0.00553$$

$$\epsilon_{ps3} = \left(\frac{d_p - c}{c}\right)\epsilon_{cu} = \left(\frac{480}{200} - 1\right)0.0033 = 0.00462$$

(3)-2 PS강재의 전체 변형률(ϵ_{ps})을 식(6.59)를 이용하여 계산한다.

$$\epsilon_{ps} = \epsilon_{ps1} + \epsilon_{ps2} + \epsilon_{ps3} = 0.00551 + 0.00027 + 0.00462 = 0.0104$$

(4)-2 압축철근의 응력(f_s'), 인장철근의 응력(f_s), PS강재의 응력(f_{ps})을 계산한다.

$$f_s' = f_y = 400 \text{ MPa}$$

$$f_s = f_y = 400 \text{ MPa}$$

$$f_{ps} = E_{ps}\epsilon_{ps}\left\{0.03 + \frac{0.97}{[1 + (121\epsilon_{ps})^6]^{1/6}}\right\} \leq 1{,}860 \text{ MPa}$$

$$= 200{,}000 \times 0.0104\left\{0.03 + \frac{0.97}{[1 + (121 \times 0.0104)^6]^{1/6}}\right\} = 1{,}606.8 \text{ MPa}$$

(5)-2 압축합력$(C_c + C_s)$과 인장합력$(T_{ps} + T_s)$이 평형을 이루는지 검토한다.

$$C_c + C_s = \eta(0.85 f_{ck})ab + A_s' f_s'$$

$$= 1 \times (0.85 \times 35) \times (0.8 \times 200) \times 300 + 774.2 \times 400 = 1{,}737{,}680 \text{ N}$$

$$T_{ps} + T_s = A_{ps} f_{ps} + A_s f_s$$

$$= 619.32 \times 1{,}606.8 + 1{,}161.3 \times 400 = 1{,}459{,}643 \text{ N}$$

압축합력$(C_c + C_s)$과 인장합력$(T_{ps} + T_s)$이 $-278{,}037$ N의 차이가 있다. 압축합력이 더 크므로 중립축의 깊이(c)는 가정한 것보다 짧다.

(6) 중립축의 깊이(c)를 두 번 가정하여 압축합력$(C_c + C_s)$과 인장합력$(T_{ps} + T_s)$을 계산한 후에 직선보간법(直線補間法, interpolation)인 식(6.90)를 이용하여 정확한 c를 계산한다.

$$c_3 = c_1 - \frac{C_1 - T_1}{\dfrac{(C_2 - T_2) - (C_1 - T_1)}{c_2 - c_1}} = 150 - \frac{134{,}703}{\dfrac{(-278{,}037) - (134{,}703)}{200 - 150}}$$

$$= 166.3 \text{ mm}$$

중립축의 깊이(c)를 계산하고 (1)~(5)의 계산을 반복하여 확인한다.

[중립축의 깊이(c)=166.3 mm]

(1)-3 중립축의 깊이(c)를 새롭게 166.3 mm로 가정한다.

(2)-3 압축철근의 변형률(ϵ_s'), 인장철근의 변형률(ϵ_s), PS강재의 변형률(ϵ_{ps3})을 계산한다.

$$\epsilon_s' = \left(1-\frac{d'}{c}\right)\epsilon_{cu} = \left(1-\frac{65}{166.3}\right)0.0033 = 0.00201$$

$$\epsilon_s = \left(\frac{d_s}{c}-1\right)\epsilon_{cu} = \left(\frac{535}{166.3}-1\right)0.0033 = 0.00732$$

$$\epsilon_{ps3} = \left(\frac{d_p-c}{c}\right)\epsilon_{cu} = \left(\frac{480}{166.3}-1\right)0.0033 = 0.00622$$

(3)-3 PS강재의 전체 변형률(ϵ_{ps})을 식(6.59)를 이용하여 계산한다.

$$\epsilon_{ps} = \epsilon_{ps1}+\epsilon_{ps2}+\epsilon_{ps3} = 0.00551+0.00027+0.00622 = 0.0120$$

(4)-3 압축철근의 응력(f_s'), 인장철근의 응력(f_s), PS강재의 응력(f_{ps})을 계산한다.

$$f_s' = f_s = f_y = 400\text{ MPa}$$

$$f_{ps} = E_{ps}\epsilon_{ps}\left\{0.03+\frac{0.97}{[1+(121\epsilon_{ps})^6]^{1/6}}\right\} \le 1{,}860\text{ MPa}$$

$$= 200{,}000\times 0.012\left\{0.03+\frac{0.97}{[1+(121\times 0.012)^6]^{1/6}}\right\} = 1{,}648.6\text{ MPa}$$

(5)-3 압축합력(C_c+C_s)과 인장합력($T_{ps}+T_s$)이 평형을 이루는지 검토한다.

$$C_c+C_s = \eta(0.85f_{ck})ab+A_s'f_s'$$
$$= 1\times(0.85\times 35)\times(0.8\times 166.3)\times 300+774.2\times 400 = 1{,}497{,}062\text{ N}$$
$$T_{ps}+T_s = A_{ps}f_{ps}+A_sf_s$$
$$= 619.32\times 1{,}648.6+1{,}161.3\times 400 = 1{,}485{,}531\text{ N}$$

압축합력(C_c+C_s)과 인장합력($T_{ps}+T_s$)의 차이가 −11,531 N의 차이가 있다. 근사적으로 평형을 이룬다.

(6) 휨모멘트(M_n)를 계산한다.

$$\overline{y}_c = \frac{C_c\times\frac{a}{2}+C_s\times d'}{C_c+C_s} \quad (\text{등가 직사각형 압축응력블록})$$

$$= \frac{(1\times 0.85\times 35\times 133.0\times 300)\times\frac{133.0}{2}+(774.2\times 400)\times 65}{(1\times 0.85\times 35\times 133.0\times 300)+(774.2\times 400)} = 66.2\text{ mm}$$

$$M_n = A_{ps}f_{ps}\left(d_p-\overline{y}_c\right)+A_sf_s\left(d_s-\overline{y}_c\right)$$
$$= 619.32\times 1{,}648.6\,(480-66.2)+1{,}161.3\times 400\,(535-66.2) = 640.3\text{ kN}\cdot\text{m}$$

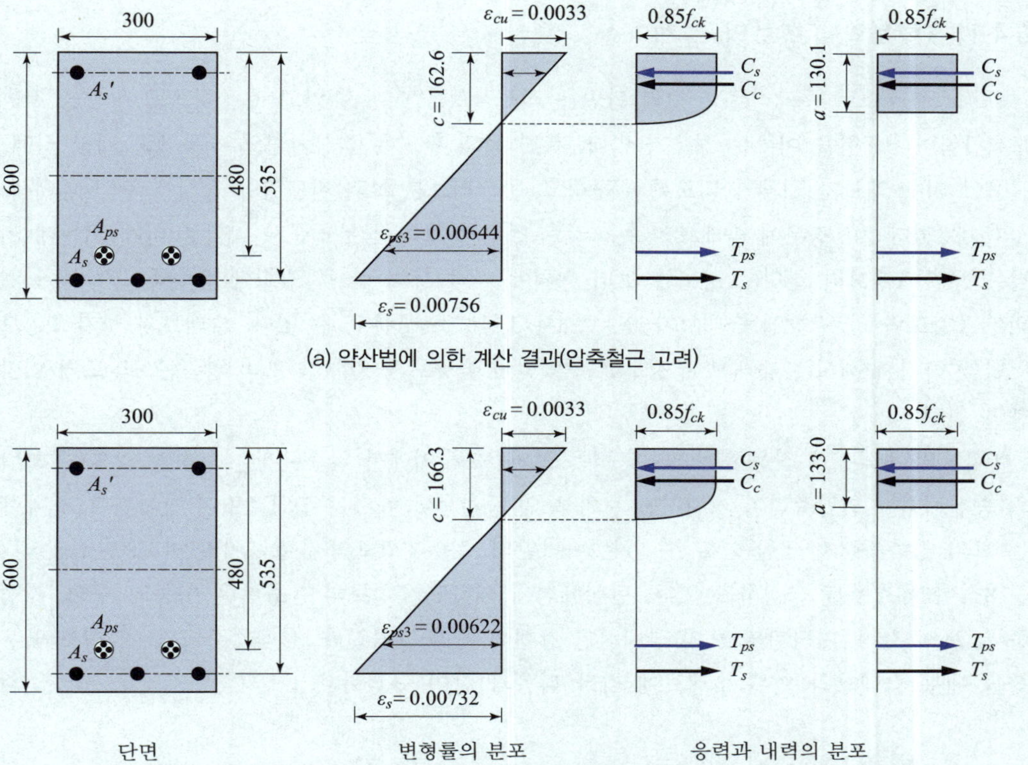

(b) 정산법 – 시산법에 의한 계산 결과

예제 그림 6.7.2 복철근 직사각형보의 변형률의 분포, 응력과 내력의 분포

(7) 철근의 변형률 $\epsilon_s(=0.00732)$는 $\epsilon_{a,t}(=0.005)$보다 크므로 강도감소계수(ϕ)를 0.85로 하고, 이 값을 공칭 휨모멘트(M_n)에 곱하여 설계모멘트(ϕM_n)를 계산한다. 변형률 분포와 응력을 [예제 그림 6.7.2]에 표시하였다.

$$M_u = \phi M_n = 0.85 \times 640.3 = 544.3 \text{ kN} \cdot \text{m} \tag{f}$$

(8) 식(6.79)와 식(6.81)을 이용하여 균열모멘트의 여유값을 검토한다.

$$M_u \geqq 1.2 M_{cr}$$

$$544.3 \text{ kN} \cdot \text{m} > 1.2 \times 258.2 = 309.8 \text{ kN} \cdot \text{m}$$

그러므로 충분한 균열모멘트의 여유값을 갖고 있다.

[예제 그림 6.7.2]에 약산식(압축철근 고려), 정산법(시산법)을 이용하여 계산한 프리스트레스트 콘크리트 부재의 단면, 변형률의 분포, 응력과 힘의 분포를 표시하였다.

6.4.11 I형보와 T형보의 설계

프리스트레스트 콘크리트 부재의 단면은 직사각형을 이루지 않고 효율적으로 하중을 저항하도록 I형이나 T형을 이루는 경우가 많다. 특히 보의 단면은 직사각형인 경우에도 시공 시에 철근을 보와 슬래브가 일체가 되도록 배근하고, 콘크리트를 보와 바닥판에 동시에 부어 넣어서 타설할 수 있다. 이 경우에 슬래브의 콘크리트 일부가 보의 상부플랜지 역할을 하게 되는데 이와 같은 보를 T형보라 한다. T형보는 보의 위치에 따라 보의 한 쪽 방향에만 슬래브가 붙어 있는 외부 T형보와 양 방향에 슬래브가 있는 내부 T형보로 구분할 수 있다. 슬래브와 보가 T형보의 역할을 하기 위해서는 슬래브가 정모멘트를 받아 슬래브의 일부가 보의 압축콘크리트의 역할을 해야 한다.

T형보의 바닥판에 작용하는 휨압축력은 보와 보 사이에서 일정하게 작용하지 않으며, 보단면의 중심에서는 휨압축력이 커지지만 보와 보의 중간 부근에서는 휨압축력이 작아진다. 설계에서는 보의 압축플랜지 역할을 할 수 있는 바닥판의 폭을 T형보의 유효폭이라 하고, 탄성해석법에 근거하여 유효폭을 규정하고 있다. 탄성해석에 의하면 T형보의 유효폭은 하중의 형태, 지점의 종류, 보의 간격, 바닥판과 보의 상대적인 강성에 따라 달라진다. 설계기준에서는 T형보의 유효폭을 내부 슬래브와 외부 슬래브에 따라 다음과 같이 규정한다.

보의 양쪽에 슬래브가 있는 경우 (세 가지 값의 최솟값 선택)

① 보 경간의 1/4
② 슬래브 두께의 16배(h_f) + 보의 웨브 폭(b_w) : $16h_f + b_w$
③ 양쪽 슬래브와 슬래브의 중심 거리

보의 한쪽에만 슬래브가 있는 경우 (세 가지 값의 최솟값 선택)

① 보 경간의 1/12 + 보의 웨브 폭
② 슬래브 두께의 6배 + 보의 웨브 폭 : $6h_f + b_w$
③ 부재의 외측으로부터 슬래브 중심까지의 거리 + 보의 웨브 폭

프리스트레스트 콘크리트 I형이나 T형보의 휨모멘트는 등가응력블록의 위치에 따라 철근콘크리트와 동일한 두 가지 방법으로 계산한다. 다만 [표 6.11]의 α와 β값은 단면이 일정하고 중립축이 단면 내부에 있을 경우에 적용할 수 있는 값이다. 따라서 이 값을 이용하여 직사각형 보의 휨설계를 할 수 있지만, T형보와 같이 단면의 크기가 변화하거나 중립축이 단면 밖에 있는 기둥의 경우에는 [표 6.11]의 α와 β값을 사용할 수 없으며, 이 경우에는 단면에 발생하는 변형률에

따라 각 위치에서 압축응력을 계산하여 단면의 휨강도를 계산하거나, [표 6.12]의 등가 직사각형 압축응력블록을 이용해야 한다. 등가 직사각형 압축응력블록에 사용되는 [표 6.12]의 η와 β_1은 포물선-직선형 등가응력분포의 계수 α와 β값의 적용 범위와 다르게 단면의 크기가 변화하거나 기둥과 같이 중립축이 단면 밖에 있을 경우에도 적용할 수 있다.

6.4.12 도로교설계기준(한계상태설계법)의 극한하중설계

도로교설계기준(한계상태설계법)에서는 비선형인 콘크리트의 응력분포를 [그림 6.22(b)]의 포물선-직선형 등가응력분포로 단순화하여 사용하며 등가응력분포를 구성하는 α와 β값을 [표 6.11]의 KDS 14(국가건설기준, 2020)과 동일한 값을 사용한다. 다만 도로교설계기준(한계상태설계법)에서는 등가 직사각형 압축응력블록은 사용하지 않고 단면의 크기가 변화하는 T형보 등에 대해서는 재료메커니즘을 적용하여 계산한다.

도로교설계기준(한계상태설계법)에서는 극한한계상태에서 콘크리트의 재료계수(ϕ_c)를 0.65로 하고 있으며, 강재의 재료계수(ϕ_s)는 0.9로 하고 있다.

연습문제

6.1 | 프리스트레스트 콘크리트 부재의 파괴과정을 비균열등급, 부분균열등급, 균열등급 부재와 연계하여 설명하라.

6.2 | 프리스트레스트 콘크리트 부재의 초기하중단계와 사용하중단계의 하중 상태와 단면에 발생하는 응력에 대해 설명하라.

6.3 | [연습 그림 6.1]의 I형 프리스트레스트 콘크리트 부재가 있다. 긴장재가 곡선(포물선)으로 배치될 경우의 단면의 크기, 부재 중앙부의 편심거리(e_c), 초기긴장력(P_i), 긴장재 단면적(A_{ps})을 계산하라.

부재의 고정하중(자중) $w_D = 5$ kN/m로 가정, 프리스트레스트 콘크리트의 단위질량 24 kN/m^3

추가고정하중 $w_{SD} = 6$ kN/m, 활하중 $w_L = 10$ kN/m, 설계하는 부재의 고정하중과 활하중은 변동하지 않고 지속적으로 작용한다.

콘크리트의 28일 압축강도 $f_{ck} = 42$ MPa이다.

긴장력을 가할 때의 콘크리트 초기압축강도 $f_{ci}' = 24$ MPa이다.

- **PS강재** : 인장강도 $f_{pu} = 1{,}780$ MPa, 항복강도 $f_{py} = 1{,}500$ MPa, 긴장 시의 긴장응력 $f_{pj} = 0.9 f_{py}$
- **즉시응력손실** : 긴장 시 강재응력(f_{pj})의 10%
- **장기응력손실** : 초기 강재응력(f_{pi})의 15%

1) 사용하중단계에서 비균열등급(U-class) 부재로 설계하고 극한하중단계에 대하여 검토하라.

2) 사용하중단계에서 부분균열등급(T-class) 부재로 설계하고 극한하중단계에 대하여 검토하라.

3) 사용하중단계에서 균열등급(C-class) 부재로 설계하고 극한하중단계에 대하여 검토하라.

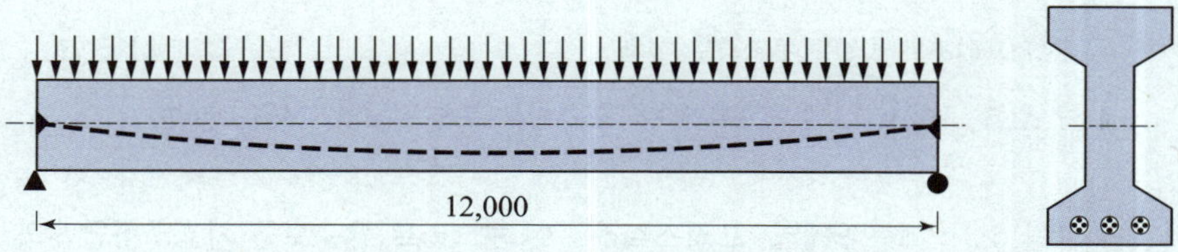

(a) 프리스트레스트 콘크리트 부재　　(b) 단면

연습 그림 6.1 프리스트레스트 콘크리트 부재와 단면 (단위 : mm)

6.4 [연습 그림 6.2]의 ╥형 단면이며 길이가 12 m인 프리스트레스트 콘크리트 보를 설계하라. 경사긴장재가 배치될 경우 단면의 크기, 부재 중앙부의 편심거리(e_c), 초기긴장력(P_i), 긴장재 단면적(A_{ps}), 한계편심영역을 계산하라.

부재의 고정하중(자중) $w_D = 5$ kN/m로 가정, 프리스트레스트 콘크리트의 단위질량 24 kN/m^3

추가고정하중 $w_{SD} = 4$ kN/m, 활하중 $w_L = 8$ kN/m, 설계하는 부재의 고정하중과 활하중은 변동하지 않고 지속적으로 작용하는 하중이다.

콘크리트 28일 압축강도 $f_{ck} = 35$ MPa이다.

긴장력을 가할 때의 초기 콘크리트 압축강도 $f_{ci}{}' = 27$ MPa이다.

- **PS강재** : 인장강도 $f_{pu} = 1{,}780$ MPa, 항복강도 $f_{py} = 1{,}500$ MPa, 긴장응력 $f_{pj} = 0.9 f_{py}$
- **즉시응력손실** : 긴장 시 강재응력(f_{pj})의 10%
- **장기응력손실** : 초기 강재응력(f_{pi})의 15%

1) 사용하중단계에서 비균열등급(U-class) 부재로 설계하고 극한하중단계에 대하여 검토하라.

2) 사용하중단계에서 부분균열등급(T-class) 부재로 설계하고 극한하중단계에 대하여 검토하라.

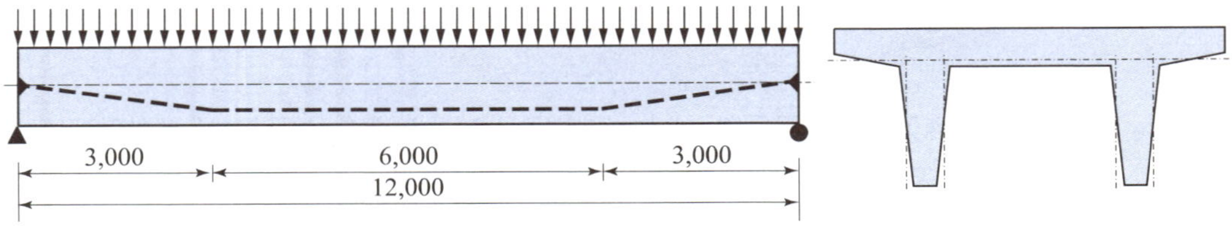

(a) 프리스트레스트 콘크리트 부재 (b) 단면

연습 그림 6.2 프리스트레스트 콘크리트 부재와 단면 (단위 : mm)

6.5 | [연습 그림 6.3]의 I형 단면인 프리스트레스트 콘크리트 단순보를 사용하중단계의 균열등급으로 설계하고자 한다. 초기하중상태를 검토하고 계수모멘트(M_u)를 계산하라. 긴장재는 부착되어 있으며 즉시응력손실은 10%, 장기응력손실은 15%이다.

- **콘크리트** : I종 콘크리트, 초기압축강도, $f_{ci}{}' = 24$ MPa, 28일 압축강도 $f_{ck} = 35$ MPa
- **횡방향 비틀림보강철근** : D13(단면적 $A_s = 126.7$ mm^2), 항복강도 $f_y = 400$ MPa
- **긴장재**(PS강재, 응력이완 긴장재) : 7연선 9.3 mm(SWPC 7AN, 단면적 $A_{ps} = 51.61$ mm^2)를 24가닥 사용, 인장강도 $f_{pu} = 1{,}860$ MPa, 항복강도 $f_{py} = 1{,}600$ MPa, 긴장 시의 긴장응력 $f_{pj} = 0.9 f_{py}$
- **비긴장재**(철근) : 3-D22(1개의 단면적 $A_s = 387.1$ mm^2), 항복강도 $f_y = 400$ MPa

1) 약산식을 이용하여 극한하중단계의 계수모멘트(M_u)를 계산하라.

2) 정산식 – 시산법에 의해 극한하중단계의 계수모멘트(M_u)를 계산하라.

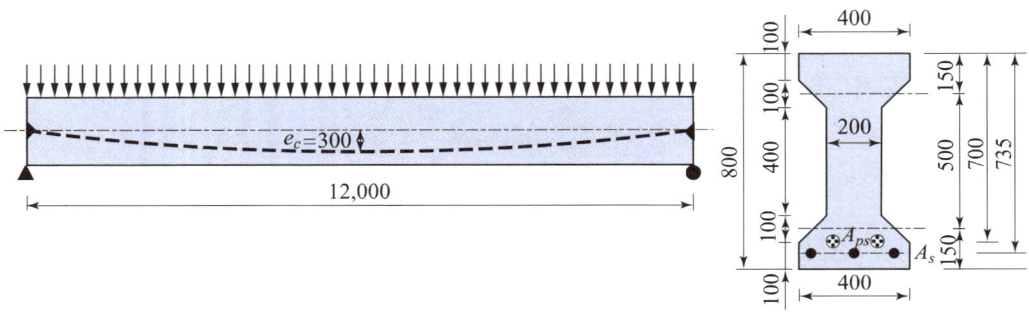

(a) 프리스트레스트 콘크리트 부재 (b) 단면

연습 그림 6.3 프리스트레스트 콘크리트 부재와 단면 (단위 : mm)

Chapter 7

합성보의 설계

7.1 일반 사항

프리스트레스트 콘크리트 부재는 프리텐션공법이 적용된 슬래브, 보, 기둥 등의 프리캐스트(precast) 콘크리트 부재로 설계되는 경우가 많다. 프리캐스트 공사란 공사 현장에서 콘크리트를 직접 타설하여 부재를 제작하지 않고, 공장에서 부재를 제작한 후에 이 부재를 현장으로 옮겨 조립하는 공사를 말한다. 공장에서 제작된 프리캐스트 부재를 현장에서 조립할 때는 습식(濕式) 또는 건식(乾式) 조립공법이 사용된다. 습식공법에는 현장에서 타설된 콘크리트를 이용하는 방법이 있으며, 현장타설 콘크리트를 이용하여 프리캐스트 부재를 연결하여 일체화시킬 수 있다. 콘크리트가 경화하기 이전에는 별개의 부재이지만 경화한 이후에는 프리캐스트 부재와 현장타설 콘크리트 부재가 하나의 부재로 구조적인 거동을 하는 것을 합성부재(composite members)라 한다. 프리캐스트 콘크리트 부재는 완전 프리캐스트 공법(full precast method)과 부분 프리캐스트 공법(half precast method)으로 구분되며, 합성부재는 프리캐스트 부재의 공법에 따라 역할이 달라진다.

① **완전 프리캐스트 공법을 사용하는 경우** : 공장에서 완전한 부재를 제작한 후에 현장에서 이들 부재를 연결하는 공법이며, 건식 접합공법이라 할 수 있다. 현장에서 타설된 콘크리트는 완성된 프리캐스트 부재들을 일체화시켜 연속 부재와 같은 구조적인 거동을 할 수 있도록 한다. 공사가 간편하고 공사 기간을 줄일 수 있는 장점이 있으나, 부재와 부재를 연결하는 접합부에 균열이나 누수의 우려가 있으므로 접합부 공사에 대한 치밀한 계획과 성능에 대한 검증이 필요하다.

② **부분 프리캐스트 공법을 사용하는 경우** : 공장에서 부재의 일부를 제작한 후에 현장에서 현장타설 콘크리트를 이용하여 부분적으로 제작된 부재를 완성하고 부재와 부재를 연결하여 일체화시키는 공법으로 반건식(半乾式) 또는 습식 접합공법이라 할 수 있다. 완전 현장타설 공법에 비해 공사가 간편하고 공사 기간을 줄일 수 있지만 완전 프리캐스트 공법과 비교하면 공사가 복잡하고 공사 기간이 길어지는 단점이 있다. 그러나 부재의 일부만을 공장에서 제작하고 나머지는 현장타설 콘크리트에 의해 완성하므로 접합부에 발생할 수 있는 균열을 억제하고 누수의 우려가 적다.

완전 프리캐스트 부재와 부분 프리캐스트 부재는 서로 다른 특징을 갖고 있으므로 건물의 용도에 따라 적절한 공법을 선택해야 한다. 빠른 공사 기간이 요구되는 공장 건물 등은 완전 프리캐스트 부재를 사용하는 경우가 많고, 누수의 우려가 많은 주거용 건물의 경우에는 부분 프리캐스트 부재를 사용하는 경우가 많다. 합성부재를 설계할 때는 프리캐스트 부재 자체에 대한 설계와 현장에서 타설되는 콘크리트의 역할을 고려하여 설계해야 한다. 즉 [표 7.1]과 같이 일반

표 7.1 프리스트레스트 콘크리트 부재와 합성부재 휨설계법의 특성

	프리스트레스트 콘크리트 부재	합성부재
검토 하중	① 긴장재 초기하중과 자중 ② 긴장재의 유효하중과 전체하중	① 긴장재 초기하중과 자중 ② 현장타설 콘크리트에 의한 추가고정하중 ③ 긴장재의 유효하중과 전체하중
검토해야 할 응력 위치	① 단면의 최하부와 최상부 응력	① 프리캐스트 부재 단면의 최하부와 최상부 응력 ② 현장타설 콘크리트와 합성된 이후의 합성부재 단면의 최상부 응력

프리스트레스트 콘크리트 부재는 크게 나누어 초기하중단계와 전체하중단계에 대한 검토가 필요하지만, 합성부재는 현장타설 콘크리트의 하중이 적용된 이후의 추가 응력을 검토해야 한다. 또한, 프리스트레스트 콘크리트 부재는 단면의 최하부와 최상부의 응력에 대한 검토가 필요한 반면, 합성부재의 경우에는 현장 콘크리트가 타설된 이후에 부재가 합성되기 이전과 합성된 이후의 단면 응력을 검토해야 한다.

7장의 전반부에서는 합성부재의 휨해석과 설계법을 설명하고, 후반부에서는 접합면의 수평전단 설계법을 설명한다.

7.2 프리캐스트 공법의 특성

합성부재를 설계하기 위해서는 프리캐스트 공법의 특성을 이해해야 한다. 공장에서 제작되어 현장에서 시공되는 프리캐스트 공법은 습식 현장타설 콘크리트 공법에 비해 여러 장점을 갖고 있다. 특히 최근에는 공사 현장의 인력이 부족하고 고령화되어 프리캐스트 공법의 필요성이 높아지고 있다. 현장타설 콘크리트 공법과 비교할 때 프리캐스트 공법의 장점은 다음과 같다.

① **공사기간 단축** : 공장에서 제작되고 이를 운반하여 현장에서 시공하는 프리캐스트 공법은 전체 공사기간을 단축시킬 수 있다.

② **공사비 절감** : 공장에서 부재를 대량 제작할 수 있고, 프리텐션공법이 적용되므로 현장에서 긴장력을 가하는 포스트텐션공법보다 적은 비용으로 부재를 제작할 수 있다.

③ **거푸집 대용** : 부분 프리캐스트 공법을 적용할 경우에 미리 설치되는 프리캐스트 부재가 현장에서 타설되는 콘크리트의 거푸집으로 사용될 수 있어 거푸집 설치를 줄이고, 공사기간을 단축하여 공사비를 줄일 수 있다.

④ **품질 관리 용이** : 공장에서 콘크리트를 타설하고 PS강재를 긴장하므로 현장에서 타설된 콘크리트에 비해 품질관리가 용이하다.

⑤ **연속성 확보** : 현장에서 타설된 콘크리트에 의해 프리캐스트 부재를 연결시키므로 부재와 부재가 일체화되어 연속보로 설계할 수 있다.

프리캐스트 공법을 적용할 경우에는 프리캐스트 부재를 공장에서 제작하여 현장에서 시공하기까지 여러 단계의 공정에서 발생할 수 있는 문제점을 점검해야 한다.

① **공장 제작** : 콘크리트의 강도와 배합, 콘크리트의 양생 등과 같은 제품의 품질관리 검토
② **부재 적재** : 공장에서 생산된 부재를 적재할 때 자중에 의한 균열발생 검토
③ **운반** : 부재의 운반을 위한 차량의 크기, 승·하차 시의 취급과 적재 방법, 도로 관련 법규 등의 검토
④ **양중(揚重)** : 부재의 무게, 리프트의 용량 등의 검토
⑤ **조립** : 충전용 콘크리트의 품질, 접합면의 강재와 콘크리트의 관리 등의 검토
⑥ **검사** : 부재 설치위치의 허용오차 등에 대한 검토

프리캐스트 부재를 현장에 운반한 이후에는 [그림 7.1]의 프리캐스트로 만든 보 또는 슬래브를 설치하고 그 위에 현장타설 콘크리트를 타설하여 합성부재를 만든다. 현장타설 콘크리트는 경화하기 이전에는 외부하중을 지지하지 못하고, 재료 자체의 무게가 하중으로 프리캐스트 콘크리트 부재와 지주(支柱, shore)에 작용하므로 이를 고려하여 설계해야 한다. 경화한 이후에는 현장타설 콘크리트와 프리캐스트 콘크리트가 합성부재로 일체화되어 외부하중을 지지한다. 따라서 합성부재는 단계별로 나누어지는 공정별 특성을 고려하여 설계해야 한다.

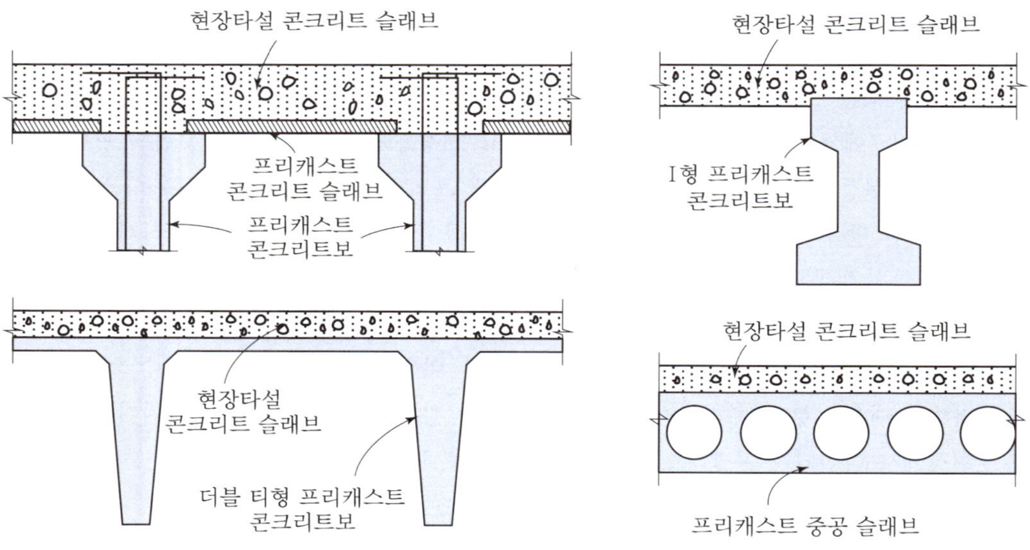

그림 7.1 합성부재

7.3 사용하중단계의 프리스트레스트 합성보의 휨설계

프리스트레스트 합성부재의 휨설계도 일반 프리스트레스트 콘크리트 부재와 동일하게 사용하중단계에서 비균열단면, 부분균열단면, 균열단면의 세 등급으로 구분된다. 비균열단면, 부분균열단면 부재는 탄성해석에 근거하여 사용하중단계의 허용응력을 검토해야 한다.

비균열단면 또는 부분균열단면으로 설계되는 프리스트레스트 합성보는 지주의 유·무와 현장타설 콘크리트의 경화시기를 고려하여 설계해야 한다. 현장타설 콘크리트가 경화하기 이전에는 콘크리트의 자중을 프리캐스트 부재와 지주가 저항해야 되며, 경화한 이후에는 프리캐스트 콘크리트와 현장타설 콘크리트의 합성부재가 외부하중을 저항한다. 따라서 프리스트레스트 합성보의 휨해석은 지주의 유·무에 따라 달라진다.

7.3.1 지주가 없는 프리스트레스트 합성보의 휨설계

지주가 없거나 불충분한 합성보는 경화하기 이전의 현장타설 콘크리트의 하중을 프리캐스트 부재가 전부 지지해야 한다. [그림 7.2]는 지주가 없는 프리스트레스트 합성보에 긴장력이 가해진 이후부터 전체하중이 작용할 때까지의 콘크리트 응력분포를 나타낸다. 하중에 따라 변화하는 콘크리트 응력변화를 세 단계로 구분하여 설명하면 다음과 같다.

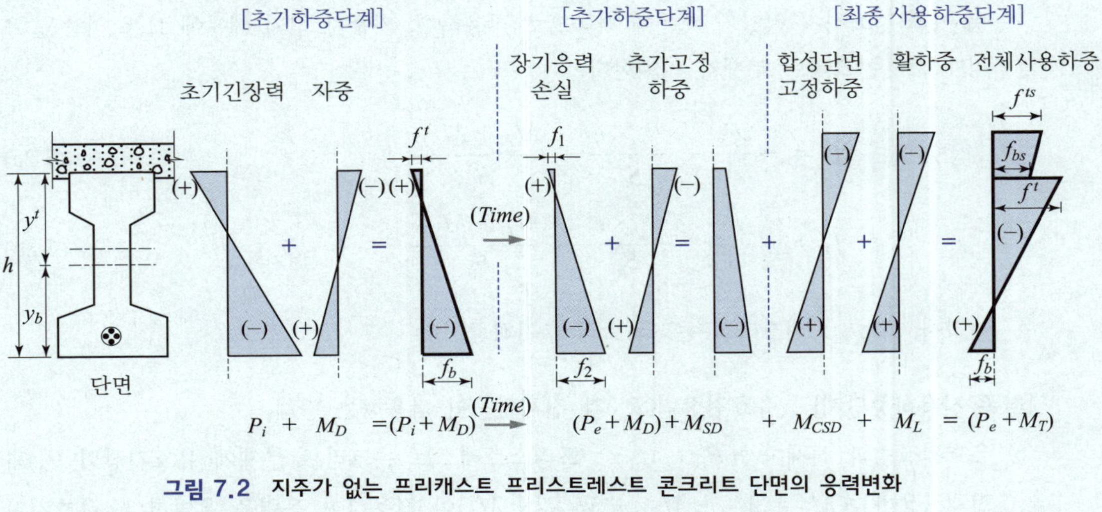

그림 7.2 지주가 없는 프리캐스트 프리스트레스트 콘크리트 단면의 응력변화

[초기하중단계] : 초기긴장력(P_i)과 부재의 자중(M_D)만이 작용하는 단계

① 초기긴장력(P_i) 작용

② 초기긴장력과 자중($P_i + M_D$) 작용

프리캐스트 콘크리트 부재의 단면 상·하면의 응력을 6장의 식(6.1)에 의해 계산할 수 있다.

$$f^t = -\frac{P_i}{A_c} + \frac{P_i \times e}{S^t} - \frac{M_D}{S^t} \quad \text{(식(6.1c)와 동일)} \tag{7.1a}$$

$$f_b = -\frac{P_i}{A_c} - \frac{P_i \times e}{S_b} + \frac{M_D}{S_b} \quad \text{(식(6.1d)와 동일)} \tag{7.1b}$$

여기서, f^t : 프리캐스트 콘크리트 단면 상부면의 콘크리트 응력, f_b : 프리캐스트 콘크리트 단면 하부면의 콘크리트 응력, S^t : 프리캐스트 콘크리트 단면 도심(centroid)에서 단면 상부면까지의 단면계수, S_b : 프리캐스트 콘크리트 단면 도심에서 단면 하부면까지의 단면계수이다.

[추가하중단계] : 유효긴장력(P_e), 부재의 자중(M_D)과 추가고정하중(M_{SD})이 작용

③ 유효긴장력(P_e) 작용

④ 유효긴장력, 자중, 추가고정하중($P_e + M_D + M_{SD}$) 작용

프리캐스트 부재 위에 현장타설 콘크리트의 하중이 작용한 경우이다. 현장타설 콘크리트는 아직 경화하지 않았기 때문에 하중으로 작용하며, 지주가 없기 때문에 모든 하중을 프리캐스트 콘크리트 부재가 지지한다.

$$f^t = -\frac{P_e}{A_c} + \frac{P_e \times e}{S^t} - \frac{M_D + M_{SD}}{S^t} \tag{7.2a}$$

$$f_b = -\frac{P_e}{A_c} - \frac{P_e \times e}{S_b} + \frac{M_D + M_{SD}}{S_b} \tag{7.2b}$$

여기서, M_{SD} : 현장타설 콘크리트의 추가하중이다.

[최종 사용하중단계] : 유효긴장력(P_e)과 전체하중이 작용하는 단계

⑤ 유효긴장력과 전체하중($P_e + M_T$) : 프리스트레스트 콘크리트 부재에 유효긴장력(P_e)과 전체사용하중($M_T = M_D + M_{SD} + M_{CSD} + M_L$)이 작용하여 응력을 유발한다. 유효긴장력과 전체하중이 가해졌을 때 비균열등급, 부분균열등급 부재의 콘크리트 단면 상·하면의

응력분포는 식(7.3)에 의해 계산할 수 있다. 식(7.3)에서 현장타설 콘크리트가 경화하기 이전에 작용하는 프리캐스트 자중(M_D)과 현장타설 콘크리트의 자중(M_{SD})은 프리캐스트 단면이 지지하므로 [그림 7.2]의 프리캐스트 보의 단면계수(S^t와 S_b)를 사용해야 한다. 그러나 현장타설 콘크리트가 경화하여 일체화가 된 이후에는 추가고정하중에 의해 발생하는 휨모멘트(M_{CSD})와 활하중에 의해 발생하는 휨모멘트(M_L)를 합성보(현장타설 콘크리트 + 프리캐스트 콘크리트)가 지지하므로 [그림 7.2]의 합성보의 단면계수(S^{ct}와 S_{cb})를 사용하여 콘크리트 응력을 계산해야 한다.

$$f^t = -\frac{P_e}{A_c} + \frac{P_e \times e}{S^t} - \frac{M_D + M_{SD}}{S^t} - \frac{M_{CSD} + M_L}{S^{tc}} \tag{7.3a}$$

$$f_b = -\frac{P_e}{A_c} - \frac{P_e \times e}{S_b} + \frac{M_D + M_{SD}}{S_b} + \frac{M_{CSD} + M_L}{S_{bc}} \tag{7.3b}$$

또한 현장타설 콘크리트 단면의 응력은 식(7.4)에 의해 계산한다.

$$f^{ts} = -\frac{M_{CSD} + M_L}{S^{ts}} \tag{7.4a}$$

$$f_{bs} = -\frac{M_{CSD} + M_L}{S_{bs}} \tag{7.4b}$$

여기서, f^t : 프리캐스트 보 단면 상부면의 콘크리트 응력, f_b : 프리캐스트 보 단면 하부면의 콘크리트 응력, f^{ts} : 현장타설 콘크리트 부재의 단면 상부면의 콘크리트 응력, f_{bs} : 현장타설 콘크리트 부재의 단면 하부면의 콘크리트 응력, M_T : 전체사용하중에 의한 휨모멘트($M_T = M_D + M_{SD} + M_{CSD} + M_L$), M_D : 프리캐스트 보 자중에 의한 휨모멘트, M_{SD} : 현장타설 콘크리트 부재의 자중에 의한 휨모멘트, M_{CSD} : 합성보에 추가되는 고정하중에 의한 휨모멘트, M_L : 활하중에 의한 휨모멘트, S^t : 프리캐스트 보 단면 도심에서 프리캐스트 보 단면 상부면까지의 단면계수, S_b : 프리캐스트 보 단면 도심에서 프리캐스트 보 단면 하부면까지의 단면계수, S^{tc} : 합성보(현장타설 콘크리트 + 프리캐스트 콘크리트) 단면 도심에서 프리캐스트 보 단면 상부면까지의 단면계수, S_{bc} : 합성보 단면 도심에서 프리캐스트 보 단면 하부면까지의 단면계수, S^{ts} : 합성보 단면 도심에서 현장타설 콘크리트 부재의 단면 상부면까지의 단면계수, S_{bs} : 합성보 단면 도심에서 현장타설 콘크리트 부재의 단면 하부면까지의 단면계수이다. 모든 단면계수는 식(7.5)에 의해 계산한다.

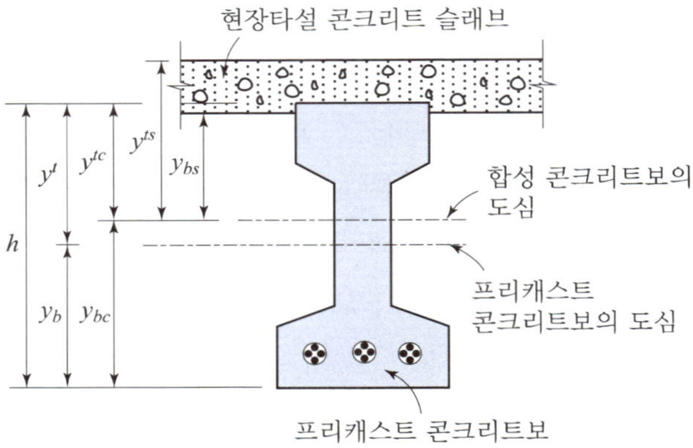

그림 7.3 프리캐스트 프리스트레스트 콘크리트 단면

$$S^t = \frac{I_c}{y^t}, \qquad S_b = \frac{I_c}{y_b} \tag{7.5a}$$

$$S^{tc} = \frac{I_{cc}}{y^{tc}}, \qquad S_{bc} = \frac{I_{cc}}{y_{bc}} \tag{7.5b}$$

$$S^{ts} = \frac{I_{cc}}{y^{ts}}, \qquad S_{bs} = \frac{I_{cc}}{y_{bs}} \tag{7.5c}$$

여기서, I_c : 프리캐스트 보 단면의 단면2차모멘트, I_{cc} : 합성보 단면2차모멘트, y^t : 프리캐스트 보 단면 도심에서 프리캐스트 보 단면 상부면까지의 거리, y_b : 프리캐스트 보 단면 도심에서 프리캐스트 보 단면 하부면까지의 거리, y^{tc} : 합성보 단면 도심에서 프리캐스트 보 단면 상부면까지의 거리, y_{bc} : 합성보 단면 도심에서 프리캐스트 보 단면 하부면까지의 거리, y^{ts} : 합성보 단면 도심에서 현장타설 콘크리트 부재의 단면 상부면까지의 거리, y_{bs} : 합성보 단면 도심에서 현장타설 콘크리트 부재의 단면 하부면까지의 거리이다 [그림 7.3 참조]).

설계에서는 단면에 작용하는 위험응력(최대 응력)을 [표 6.3]의 허용응력조건과 비교하여 위험응력이 허용응력보다 크지 않도록 한다. 프리스트레스트 합성부재의 경우에도 일반 프리스트레스트 콘크리트 부재와 마찬가지로 초기하중단계와 사용하중단계의 응력을 허용응력과 함께 검토한다.

단면의 환산

프리스트레스트 합성부재는 공장에서 제작된 프리캐스트 콘크리트와 현장에서 타설된 콘크리트로 구성되며, 공장제작 콘크리트와 현장타설 콘크리트의 물성과 강도가 다를 수 있다. 일반적으로 공장제작 콘크리트의 강도가 높고, 현장타설 콘크리트의 강도가 낮다. 이와 같이 서로 다른 강도를 갖는 합성부재의 콘크리트 단면의 도심과 단면2차모멘트를 계산하기 위해서는 합성부재를 구성하는 어느 한 재료의 단면적을 다른 재료로 환산한 후에 전체 단면을 균질한 재료로 보고 계산하는 것이 편리하다.

[그림 7.4(a)]는 압축강도가 다른 두 종류의 콘크리트로 이루어진 단면을 나타낸다. 이 부재에서 프리캐스트 콘크리트는 보에 사용되었으며, 현장타설 콘크리트는 슬래브에 사용되었다. 이 단면이 T형보로 사용될 경우에 슬래브 단면의 유효폭(b)은 6.4.11절에서 설명한 양쪽에 슬래브가 있는 경우와 한 쪽에만 슬래브가 있는 경우로 구분하여 결정한다. 슬래브의 유효폭을 정한 후에 단면의 도심을 구하기 위해서는 두 가지 재료 중에 어느 한 재료의 단면을 다른 재료로 환산해야한다. 단면의 환산은 평면유지의 가정과 후크의 법칙(Hooke's law)을 이용하여 계산할 수 있다. 외부하중에 대해 평면유지의 법칙이 적용될 경우에 중립축에서 동일하게 떨어진 곳의 두 콘크리트의 변형률은 동일하다.

$$\epsilon_{ct} = \epsilon_{cp} \tag{7.6}$$

여기서, ϵ_{ct} : 현장타설 콘크리트 변형률, ϵ_{cp} : 프리캐스트 콘크리트 변형률이다.

후크의 법칙을 이용하여 식(7.6)을 식(7.7)로 바꿀 수 있다. 또한 식(7.7)을 탄성계수의 비로 나타내면 식(7.8)이 된다.

$$\frac{f_{ct}}{E_{ct}} = \frac{f_{cp}}{E_{cp}} \tag{7.7}$$

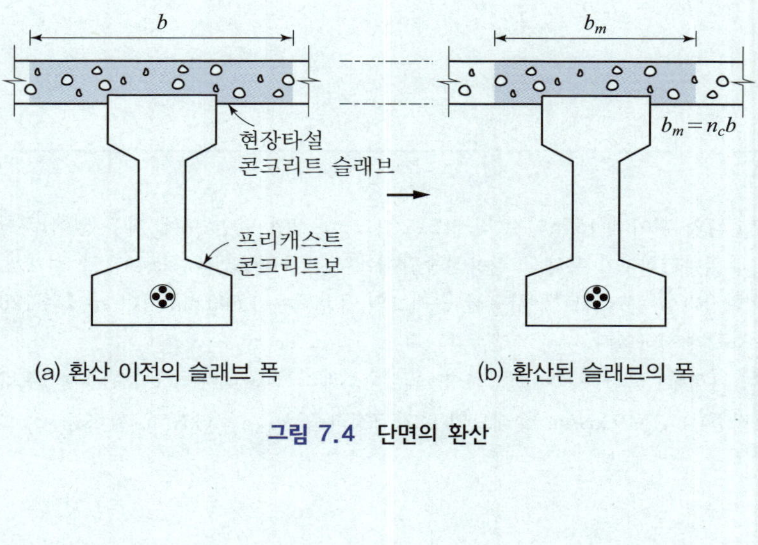

그림 7.4 단면의 환산

$$f_{ct} = \frac{E_{ct}}{E_{cp}} f_{cp}$$

$$f_{ct} = n_c f_{cp} \tag{7.8}$$

여기서, f_{ct} : 현장타설 콘크리트의 응력, f_{cp} : 프리캐스트 콘크리트의 응력, E_{ct} : 현장타설 콘크리트의 탄성계수, n_c : 두 종류 콘크리트의 탄성계수의 비$(=E_{ct}/E_{cp})$이다.

동일한 관점에서 현장타설 콘크리트 슬래브에 작용하는 압축력(C_t)을 프리캐스트 콘크리트에 작용하는 압축력으로 환산할 수 있다. 식(7.9)는 현장타설 콘크리트 슬래브에 작용하는 압축력(C_t)을 나타낸다.

$$C_t = f_{ct} \times (b \times dy) \tag{7.9}$$

여기서, b : 현장타설 콘크리트 슬래브의 유효폭, dy : 현장타설 콘크리트 슬래브의 압축응력이 작용하는 단면의 높이이다.

식(7.9)의 C_t를 프리캐스트 콘크리트의 관점으로 환산하면 식(7.10)이 된다.

$$C_t = (n_c f_{cp}) \times (b \times dy) \tag{7.10}$$

최종적으로 탄성계수의 비(n_c)를 슬래브의 유효폭에 곱한 후에 수정된 슬래브의 유효폭(b_m)을 이용하면 두 단면을 동일한 재료로 간주할 수 있으므로, 이 단면을 이용하여 단면의 도심과 폭을 계산할 수 있다.

$$C_t = f_{cp} \times (b_m \times dy) \tag{7.11}$$

$$b_m = n_c b = \frac{E_{ct}}{E_{cp}} b \tag{7.12}$$

예제 7.1

[예제 그림 7.1.1]의 길이가 15 m인 프리캐스트 콘크리트 I형 단면 보에 지주 없이 콘크리트 슬래브를 현장에서 타설하였다. 이 부재를 사용하중단계에서 비균열등급(U-class)으로 설계하고, 허용응력을 검토하라. 현장타설 콘크리트를 사용한 슬래브의 유효폭은 1,600 mm이며 두께는 120 mm이다. 긴장재는 곡선으로 배치하였다.

부재의 고정하중(자중) w_D = 5 kN/m로 가정, 프리스트레스트 콘크리트의 단위질량 24 kN/m^3, 슬래브의 고정하중(자중) w_{SD} = 9 kN/m, 슬래브의 추가고정하중 w_{CSD} = 5 kN/m, 활하중 w_L = 12 kN/m, 설계하는 부재의 고정하중과 활하중은 변동하지 않고 지속적으로 작용한다.
프리스트레스트 콘크리트 28일 압축강도 $f_{ck}=42$ MPa이다.
긴장력을 가할 때의 초기 프리스트레스트 콘크리트 압축강도 $f_{ci}{}'=24$ MPa이다.
현장타설 콘크리트의 압축강도 $f_{ck}=24$ MPa이다.

- PS강재 : 인장강도 $f_{pu}=1{,}860$ MPa, 항복강도 $f_{py}=1{,}600$ MPa, 긴장응력 $f_{pj}=0.9f_{py}$
- 즉시응력손실 : 긴장 시 강재응력(f_{pj})의 10%
- 장기응력손실 : 초기 강재응력(f_{pi})의 15%

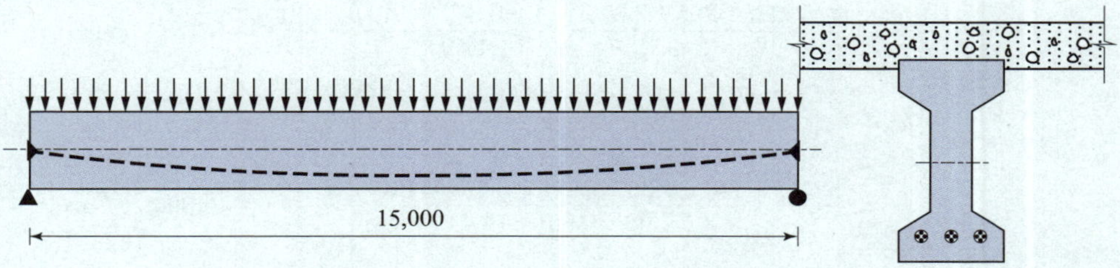

예제 그림 7.1.1 프리스트레스트 콘크리트 합성보와 단면 (단위 : mm)

풀이

(1) 허용응력을 계산한다.

주어진 조건에서 프리스트레스트 콘크리트 합성보를 사용하중단계에서 비균열등급으로 설계해야 한다. [표 6.3]에서 비균열등급 부재의 허용응력을 계산한다.

[초기하중단계]

$$\text{허용압축응력 } f_{cia} = 0.60f_{ci}{}' = 0.6\times 24 = -14.4 \text{ MPa} \qquad \text{(a)}$$

$$\text{허용인장응력 } f_{tia} = 0.25\sqrt{f_{ci}{}'} = 0.25\sqrt{24} = 1.22 \text{ MPa} \qquad \text{(b)}$$

[최종하중단계]

$$\text{허용압축응력 } f_{ca} = 0.45f_{ck} = 0.45\times 42 = -18.9 \text{ MPa} \qquad \text{(c)}$$

$$\text{허용인장응력 } f_{ta} = 0.63\sqrt{f_{ck}} = 0.63\sqrt{42} = 4.08 \text{ MPa} \qquad \text{(d)}$$

(2) 설계하중을 계산한다.

고정하중과 활하중에 의해 발생하는 부재 중앙부의 휨모멘트를 계산한다.

$$M_D = \frac{w_D l^2}{8} = \frac{5\times 15^2}{8} = 140.6 \text{ kN}\cdot\text{m} \qquad \text{(e)}$$

$$M_{SD} = \frac{w_{SD} l^2}{8} = \frac{9\times 15^2}{8} = 253.1 \text{ kN}\cdot\text{m} \qquad \text{(f)}$$

$$M_{CSD} = \frac{w_{CSD} l^2}{8} = \frac{5 \times 15^2}{8} = 140.6 \text{ kN} \cdot \text{m} \tag{g}$$

$$M_L = \frac{w_L l^2}{8} = \frac{12 \times 15^2}{8} = 337.5 \text{ kN} \cdot \text{m} \tag{h}$$

(3) 단면계수를 계산한다.

긴장재가 곡선으로 배치된 부재의 단면계수를 식(6.11)을 이용하여 계산한다. 장기응력손실은 15%이므로 장기응력손실비(γ)는 85%(0.85)이다.

$$S^t \geq \frac{M_{SD} + M_{CSD} + M_L + (1-\gamma) M_D}{\gamma f_{tia} - f_{ca}} \tag{i}$$

$$\geq \frac{[253.1 + 140.6 + 337.5 + (1-0.85) \times 140.6] \times 10^6}{0.85 \times 1.22 - (-18.9)} = 37{,}733{,}360 \text{ mm}^3$$

$$S_b \geq \frac{M_{SD} + M_{CSD} + M_L + (1-\gamma) M_D}{f_{ta} - \gamma f_{cia}} \tag{j}$$

$$\geq \frac{[253.1 + 140.6 + 337.5 + (1-0.85) \times 140.6] \times 10^6}{4.08 - 0.85(-14.4)} = 46{,}096{,}201 \text{ mm}^3$$

(4) 프리캐스트 보의 단면을 정한다.

식(i)와 식(j)에 의해 계산한 단면계수를 이용하여 [예제 그림 7.1.2]의 단면적을 정한다. 결정된 단면에 대한 기본 내용(단면적(A_c), 단면2차모멘트(I_c), 중립축의 위치($\bar{y}$) 등)을 계산한다.

$$A_c = (450 \times 150) + (150 \times 500) + (550 \times 150) = 225{,}000 \text{ mm}^2$$

$$\bar{y} = \frac{(450 \times 150) \times 725 + (150 \times 500) \times 400 + (550 \times 150) \times 75}{(450 \times 150) + (150 \times 500) + (550 \times 150)} = 378.3 \text{ mm}$$

$$I_c = \frac{450 \times 150^3}{12} + (450 \times 150)(725 - 378.3)^2 + \frac{150 \times 500^3}{12}$$

$$+ (150 \times 500)(400 - 378.3)^2 + \frac{550 \times 150^3}{12} + (550 \times 150)(75 - 378.3)^2$$

$$= 17{,}582 \times 10^6 \text{ mm}^4$$

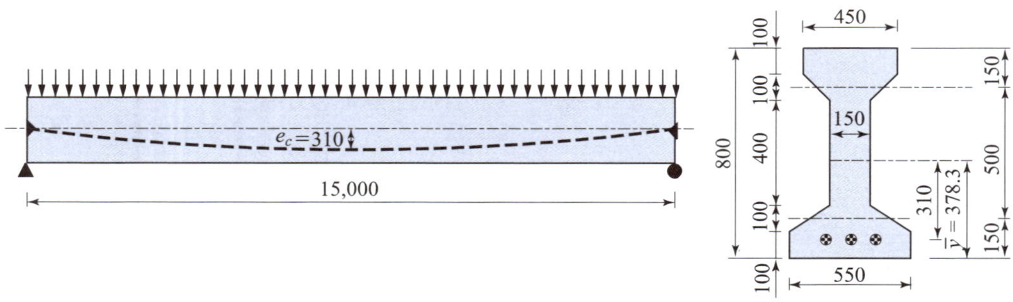

예제 그림 7.1.2 곡선긴장재를 사용한 프리캐스트 프리스트레스트 콘크리트 부재와 단면 (단위 : mm)

$$S^t = \frac{I_c}{y^t} = \frac{17{,}582 \times 10^6}{800 - 378.3} = 41{,}693{,}147\ \text{mm}^3$$

$$S_b = \frac{I_c}{y_b} = \frac{17{,}582 \times 10^6}{378.3} = 46{,}476{,}342\ \text{mm}^3$$

결정된 단면의 단면계수(S^t와 S_b)는 식(i)와 식(j)의 요구 단면계수보다 크다.

(5) 편심거리를 계산한다.

부재의 단면적을 정한 후에 부재의 중앙부에 놓이는 PS 긴장재의 도심에 작용하는 콘크리트 응력($\overline{f_{ci}}$), 초기긴장력(P_i), 편심거리(e_c)를 식(6.13), 식(6.15), 식(6.16)을 이용하여 계산한다.

$$\begin{aligned}\overline{f_{ci}} &= f_{tia} + \frac{y^t}{h}(f_{cia} - f_{tia}) = 1.22 + \frac{800 - 378.3}{800}(-14.4 - 1.22) \\ &= -7.01\ \text{MPa}\end{aligned}$$

$$P_i = A_c \times \overline{f_{ci}} = 225{,}000 \times 7.01 = 1{,}577\ \text{kN}$$

단면이 결정된 이후에 자중에 의한 휨모멘트를 다시 계산해야 한다. 프리스트레스트 콘크리트의 단위질량은 24 kN/m^{3}이므로 단위질량에 단면적(A_c)을 곱하여 계산한다.

$$w_D = 24\ \text{kN/m}^3 \times A_c = 24 \times 225{,}000 = 5.4\ \text{kN/m}$$

$$M_D = \frac{w_D l^2}{8} = \frac{5.4 \times 15^2}{8} = 151.9\ \text{kN} \cdot \text{m}$$

부재의 중앙부에 놓이는 긴장재의 편심거리(e_c)를 계산한다.

$$\begin{aligned}e_c &= (f_{tia} - \overline{f_{ci}})\frac{S^t}{P_i} + \frac{M_D}{P_i} \\ &= [1.22 - (-7.01)]\frac{41{,}693{,}147}{1{,}577 \times 10^3} + \frac{151.9 \times 10^6}{1{,}577 \times 10^3} = 313.9\ \text{mm}\end{aligned}$$

설계에서는 시공의 편의를 위해 편심거리를 도심에서 310 mm 떨어진 위치로 한다.

(6) 긴장재의 단면적을 계산한다.

초기긴장력(P_i)과 편심거리가 결정된 후에 필요한 긴장재의 단면적(A_{ps})을 식(6.17)을 이용하여 계산한다. PS강재의 인장강도 $f_{pu} = 1{,}860$ MPa, 항복강도 $f_{py} = 1{,}600$ MPa, 긴장 시의 긴장응력은 $f_{pj} = 0.94 f_{py}$을 사용하도록 되어 있다. 긴장재의 필요 단면적은 초기긴장력(P_i)을 초기긴장응력(f_{pi})으로 나누어 계산한다.

$$A_{ps} = \frac{P_i}{f_{pi}} = \frac{1{,}577 \times 10^3}{0.9 f_{pj}} = \frac{1{,}577 \times 10^3}{0.9 \times 0.9 f_{py}} = \frac{1{,}577 \times 10^3}{0.9 \times 0.9 \times 1{,}600} = 1{,}217\ \text{mm}^2$$

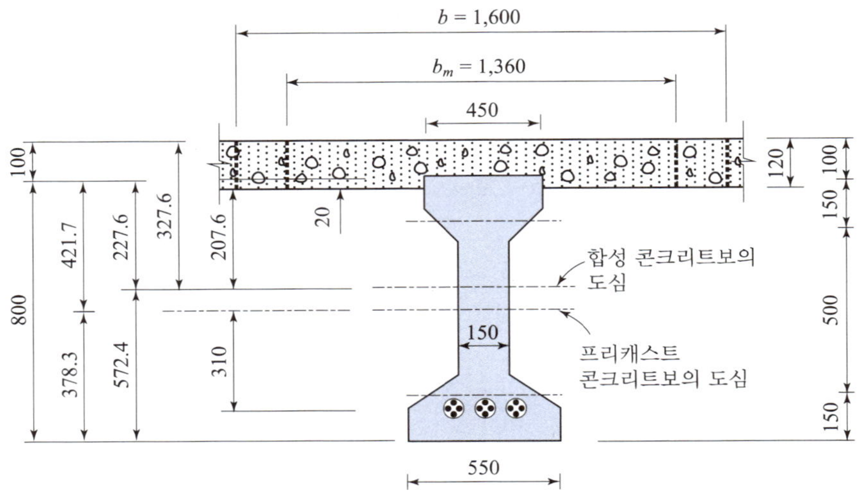

예제 그림 7.1.3 프리스트레스트 콘크리트 합성 단면 (단위 : mm)

(7) 결정된 PS 단면적에 대한 응력을 검토한다.

① 초기하중단계

식(7.1a)와 식(7.1b)를 이용하여 검토한다. $f_{ti} = 1.07$ MPa, $f_{ci} = -14.26$ MPa로 안전하다.

② 추가하중단계

프리캐스트 부재 위에 경화하지 않은 현장타설 콘크리트가 타설될 때, 지주가 없는 합성부재의 경우에는 모든 하중을 프리캐스트 콘크리트 부재가 저항해야 한다. 따라서 식(7.2a)와 식(7.2b)를 이용하여 추가하중단계의 단면응력을 계산한다.

$$P_e = 0.85P_i = 0.85 \times 1{,}577 = 1{,}340 \text{ kN}$$

$$f^t = -\frac{P_e}{A_c} + \frac{P_e \times e}{S^t} - \frac{M_D + M_{SD}}{S^t}$$

$$= -\frac{1{,}340 \times 10^3}{225{,}000} + \frac{1{,}340 \times 10^3 \times 310}{41{,}693{,}147} - \frac{(151.9 + 253.1) \times 10^6}{41{,}693{,}147}$$

$$= -5.71 \text{ MPa}$$

$$f_b = -\frac{P_e}{A_c} - \frac{P_e \times e}{S_b} + \frac{M_D + M_{SD}}{S_b}$$

$$= -\frac{1{,}340 \times 10^3}{225{,}000} - \frac{1{,}340 \times 10^3 \times 310}{46{,}476{,}342} + \frac{(151.9 + 253.1) \times 10^6}{46{,}476{,}342}$$

$$= -6.18 \text{ MPa}$$

추가하중단계의 콘크리트 응력은 작기 때문에 허용응력과 검토할 필요가 없다. 실제로 식(a)와 식(b)의 값과 비교해 보아도 계산된 응력이 작다는 것을 알 수 있다([예제 그림 7.1.4] 참조).

③ 최종 사용하중단계

유효긴장력(P_e)과 전체사용하중($M_T = M_D + M_{SD} + M_{CSD} + M_L$)이 작용하여 발생하는 응력을

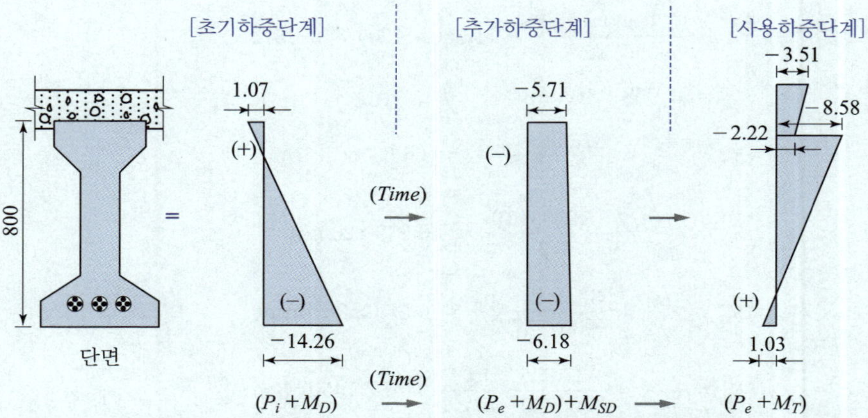

예제 그림 7.1.4 지주가 없는 프리스트레스트 콘크리트 합성보의 응력변화

식(7.3a)와 식(7.3b)를 이용하여 계산한 후에 이를 허용응력과 비교한다. 또한, 식(7.4a)와 식(7.4b)를 이용하여 현장타설 콘크리트 부재의 응력을 계산한다. 프리캐스트 콘크리트와 현장타설 콘크리트의 압축강도가 다르므로 식(7.12)를 이용하여 탄성계수의 비(n_c)를 계산한다. 계산된 n_c를 슬래브의 유효폭에 곱하여 수정 유효폭(b_m)을 계산한다.

$$n_c = \frac{E_{ct}}{E_{cp}} = \frac{8{,}500\sqrt[3]{24+4}}{8{,}500\sqrt[3]{42+4.2}} = 0.85$$

$$b_m = \frac{E_{ct}}{E_{cp}} b = 0.85 \times 1{,}600 = 1{,}360\ \mathrm{mm}$$

식(7.3)에서 프리캐스트 자중(M_D)과 현장타설 콘크리트의 자중(M_{SD})은 프리캐스트 단면이 저항하므로 단면계수를 [그림 7.2]의 S^t와 S_b를 사용한다. 그러나 합성 콘크리트에 추가되는 고정하중에 의해 발생하는 휨모멘트(M_{CSD})와 활하중에 의해 발생하는 휨모멘트(M_L)가 작용할 때는 현장타설 콘크리트가 경화하여 프리캐스트 콘크리트와 일체화된 상태이므로 합성 콘크리트의 단면계수 S^{tc}와 S_{bc}를 사용해야 한다. 계산한 유효폭을 사용하고 [예제 그림 7.1.3]의 단면에 대한 도심($\bar{y}$), 단면2차모멘트(I_c), 단면계수(S^t와 S_b)를 계산한다.

$$\bar{y} = \frac{(450\times150)\times725+(150\times500)\times400+(550\times150)\times75+(1{,}360\times120)\times(860-20)}{(450\times150)+(150\times500)+(550\times150)+(1{,}360\times120)}$$

$$= 572.4\ \mathrm{mm}$$

$$I_{cc} = \frac{450\times150^3}{12} + (450\times150)(725-572.4)^2$$

$$+ \frac{150\times500^3}{12} + (150\times500)(400-572.4)^2$$

$$+ \frac{550\times150^3}{12} + (550\times150)(75-572.4)^2$$

$$+\frac{1{,}360\times 120^3}{12}+(1{,}360\times 120)(840-572.4)^2$$

$$=37{,}938\times 10^6\ \mathrm{mm}^4$$

$$S^{tc}=\frac{I_{cc}}{y^{tc}}=\frac{37{,}938\times 10^6}{800-572.4}=166{,}687{,}171\ \mathrm{mm}^3$$

$$S_{bc}=\frac{I_{cc}}{y_{bc}}=\frac{37{,}938\times 10^6}{572.4}=66{,}278{,}826\ \mathrm{mm}^3$$

$$S^{ts}=\frac{I_{cc}}{y^{ts}}=\frac{37{,}938\times 10^6}{900-572.4}=115{,}805{,}861\ \mathrm{mm}^3$$

$$S_{bs}=\frac{I_{cc}}{y_{bs}}=\frac{37{,}938\times 10^6}{800-20-572.4}=182{,}745{,}665\ \mathrm{mm}^3$$

계산된 단면계수를 이용하여 합성부재의 응력을 계산한 후에 이를 허용응력과 비교한다. 식(k)와 식(l)의 처음 세 항목은 추가하중단계에서 계산한 응력을 사용할 수 있다.

$$f^t=-\frac{P_e}{A_c}+\frac{P_e\times e}{S^t}-\frac{M_D+M_{SD}}{S^t}-\frac{M_{CSD}+M_L}{S^{tc}}$$

$$=-5.71-\frac{(140.6+337.5)\times 10^6}{166{,}687{,}171}=-8.58\ \mathrm{MPa} \qquad \text{(k)}$$

$$f_b=-\frac{P_e}{A_c}-\frac{P_e\times e}{S_b}+\frac{M_D+M_{SD}}{S_b}+\frac{M_{CSD}+M_L}{S_{bc}}$$

$$=-6.18+\frac{(140.6+337.5)\times 10^6}{66{,}278{,}826}=1.03\ \mathrm{MPa} \qquad \text{(l)}$$

또한 현장타설 콘크리트 단면의 응력은 식(7.4)에 의해 계산한다. 이때 프리캐스트 콘크리트와 현장타설 콘크리트의 압축강도가 다르므로 탄성계수의 비(n_c)를 곱하여 계산한다.

$$f^{ts}=-n_c\frac{M_{CSD}+M_L}{S^{ts}}=-0.85\frac{(140.6+337.5)\times 10^6}{115{,}805{,}861}=-3.51\ \mathrm{MPa} \qquad \text{(m)}$$

$$f_{bs}=-\frac{M_{CSD}+M_L}{S_{bs}}=-0.85\frac{(140.6+337.5)\times 10^6}{182{,}745{,}665}=-2.22\ \mathrm{MPa} \qquad \text{(n)}$$

식(k)~식(n)에서 계산한 사용하중단계의 콘크리트 응력은 식(c)와 식(d)에서 계산한 허용응력 $f_{ca}=-18.9$ MPa와 $f_{ta}=4.08$ MPa보다 작으므로 설계가 적합하다.

7.3.2 지주가 충분히 있는 프리스트레스트 합성보의 휨설계

지주가 없는 프리캐스트 콘크리트 부재는 현장타설 콘크리트가 경화하기 이전의 하중을 프리캐스트 부재가 전부 지지해야 하지만, 지주가 충분히 있는 경우는 경화하기 이전의 현장타설

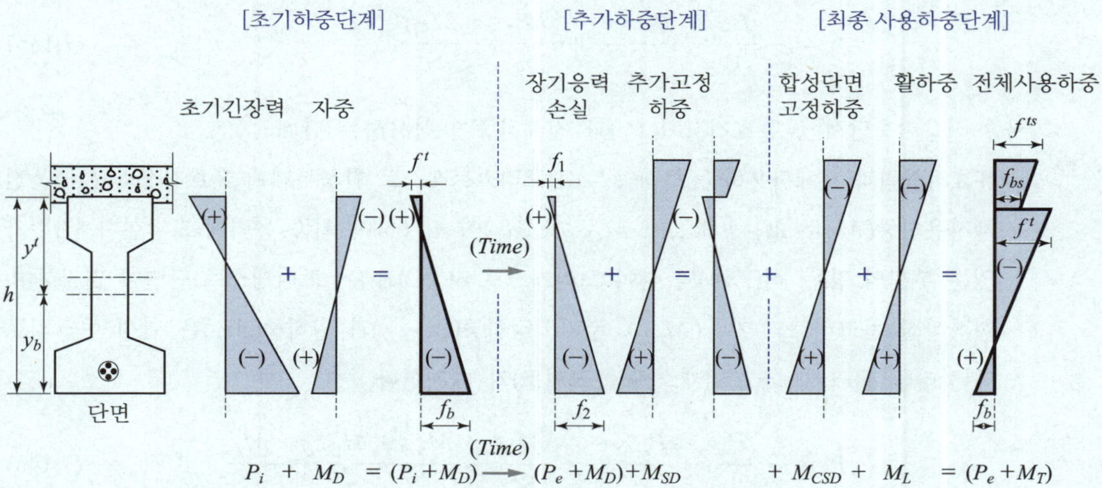

그림 7.5 지주가 충분히 있는 프리스트레스트 콘크리트 합성부재 단면의 응력의 변화

콘크리트의 자중을 지주가 지지하며, 경화한 이후에는 합성부재가 지지한다. [그림 7.5]는 지주가 있는 프리캐스트 콘크리트 부재에 긴장력이 가해진 후에 전체사용하중이 작용할 때까지의 콘크리트 응력분포를 나타낸다. 하중에 따라 변화하는 응력변화를 세 가지 단계로 구분하여 설명하면 다음과 같다.

[초기하중단계] : 초기긴장력(P_i)과 부재의 자중(M_D)만이 작용하는 단계

① 초기긴장력(P_i) 작용

② 초기긴장력과 자중($P_i + M_D$) 작용

프리캐스트 콘크리트 부재의 단면 상·하면의 응력을 식(7.1)에 의해 계산할 수 있다.

[추가하중단계] : 유효긴장력(P_e), 부재의 자중(M_D)과 추가고정하중(M_{SD})이 작용

③ 유효긴장력(P_e) 작용

④ 유효긴장력, 자중, 추가고정하중($P_e + M_D + M_{SD}$) 작용

프리캐스트 부재 위에 현장타설 콘크리트의 자중이 작용한다. 아직 경화하지 않은 현장타설 콘크리트의 하중은 지주가 지지하고, 콘크리트가 경화한 이후에는 합성보가 지지한다. 따라서 콘크리트 부재의 단면 상·하면의 응력을 프리캐스트 콘크리트 단면의 단면계수(S^t와 S_b)와 합성부재 단면계수(S^{tc}와 S_{bc})를 이용하여 계산한다.

$$f^t = -\frac{P_e}{A_c} + \frac{P_e \times e}{S^t} - \frac{M_D}{S^t} - \frac{M_{SD}}{S^{tc}} \tag{7.13a}$$

$$f_b = -\frac{P_e}{A_c} - \frac{P_e \times e}{S_b} + \frac{M_D}{S_b} + \frac{M_{SD}}{S_{bc}} \tag{7.13b}$$

[최종 사용하중단계] : 유효긴장력(P_e)과 전체하중이 작용하는 단계

⑤ 유효긴장력과 전체사용하중($P_e + M_T$) : 프리스트레스트 합성부재에 유효긴장력(P_e)과 전체사용하중($M_T = M_D + M_{SD} + M_{CSD} + M_L$)이 작용하여 최종 응력에 도달한다. 지주가 있는 부재의 경우, 식(7.14)와 같이 프리캐스트 자중(M_D)은 프리캐스트 단면이 지지하며, 현장타설 콘크리트의 자중(M_{SD}), 추가고정하중(M_{CSD})과 활하중(M_L)은 합성 콘크리트(현장타설 콘크리트+프리캐스트 콘크리트)가 지지한다.

$$f^t = -\frac{P_e}{A_c} + \frac{P_e \times e}{S^t} - \frac{M_D}{S^t} - \frac{M_{SD} + M_{CSD} + M_L}{S^{tc}} \tag{7.14a}$$

$$f_b = -\frac{P_e}{A_c} - \frac{P_e \times e}{S_b} + \frac{M_D}{S_b} + \frac{M_{SD} + M_{CSD} + M_L}{S_{bc}} \tag{7.14b}$$

현장타설 콘크리트 단면의 응력은 식(7.4)을 이용하여 계산한다.

예제 7.2

[예제 7.1]의 프리캐스트 콘크리트 보에 지주가 충분히 있을 경우에 이 부재를 사용하중단계의 비균열등급(U-class)으로 설계하고, 허용응력을 검토하라. 지주를 제외한 모든 조건은 [예제 7.1]과 동일하다.

풀이

(1), (2), (3), (4), (5), (6) 허용응력, 설계하중, 단면계수, 프리캐스트 보의 단면, 편심거리, 긴장재의 단면적을 계산한다.

[예제 7.1]과 같은 방식으로 계산한다.

(7) 결정된 PS강재 단면적, 초기긴장력, 편심거리에 의해 발생하는 단면의 응력을 검토한다.

① 초기하중단계

[예제 7.1]과 같은 방식으로 계산한다.

② 추가하중단계

경화하기 이전의 현장타설 콘크리트의 하중은 지주가 지지하고, 경화한 이후에는 합성부재가 지지하므로 식(7.13a)와 식(7.13b)를 이용하여 계산한다.

$$f^t = -\frac{P_e}{A_c} + \frac{P_e \times e}{S^t} - \frac{M_D}{S^t} - \frac{M_{SD}}{S^{tc}}$$

$$= -\frac{1{,}340\times10^3}{225{,}000} + \frac{1{,}340\times10^3\times310}{41{,}693{,}147} - \frac{151.9\times10^6}{41{,}693{,}147} - \frac{253.1\times10^6}{166{,}687{,}171}$$

$$= -1.15\text{ MPa} \tag{a}$$

$$f_b = -\frac{P_e}{A_c} - \frac{P_e\times e}{S_b} + \frac{M_D}{S_b} + \frac{M_{SD}}{S_{bc}}$$

$$= -\frac{1{,}340\times10^3}{225{,}000} - \frac{1{,}340\times10^3\times310}{46{,}476{,}342} + \frac{151.9\times10^6}{46{,}476{,}342} + \frac{253.1\times10^6}{66{,}278{,}826}$$

$$= -7.81\text{ MPa} \tag{b}$$

추가하중단계에서 발생한 콘크리트 응력값은 작기 때문에 구조설계기준의 허용응력과 검토할 필요가 없다.

③ 최종 사용하중단계

유효긴장력(P_e)과 전체사용하중($M_T = M_D + M_{SD} + M_{CSD} + M_L$)이 작용하는 최종 사용하중단계의 응력을 식(7.14a)와 식(7.14b)를 이용하여 계산한 후에 이를 허용응력과 비교한다. 식(c)와 식(d)의 처음 세 항목은 추가하중단계에서 계산한 식(a)와 식(b)의 응력을 그대로 사용할 수 있다.

$$f^t = -\frac{P_e}{A_c} + \frac{P_e\times e}{S^t} - \frac{M_D}{S^t} - \frac{M_{SD}+M_{CSD}+M_L}{S^{tc}}$$

$$= -1.15 - \frac{(140.6+337.5)\times10^6}{166{,}687{,}171} = -4.02\text{ MPa} \tag{c}$$

$$f_b = -\frac{P_e}{A_c} - \frac{P_e\times e}{S_b} + \frac{M_D}{S_b} + \frac{M_{SD}+M_{CSD}+M_L}{S_{bc}}$$

$$= -7.81 + \frac{(140.6+337.5)\times10^6}{66{,}278{,}826} = -0.60\text{ MPa} \tag{d}$$

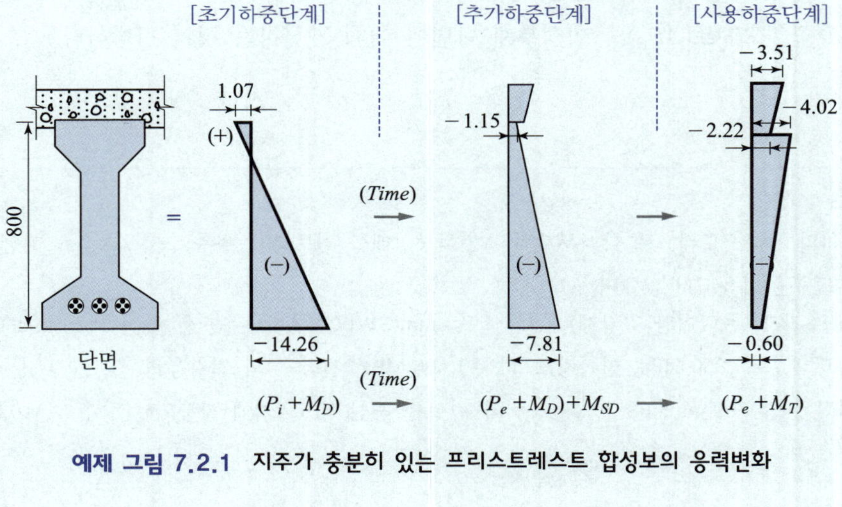

예제 그림 7.2.1 지주가 충분히 있는 프리스트레스트 합성보의 응력변화

현장타설 콘크리트 단면의 응력은 식(7.4)을 이용하여 계산하며, [예제 7.1]의 식(o)와 식(p)의 풀이 결과와 같다.

식(c)와 식(d)에서 계산한 최종 사용하중단계의 콘크리트 응력은 허용응력([예제 7.1]의 (c)와 식(d)) $f_{ca}=-18.9$ MPa와 $f_{ta}=4.08$ MPa보다 작으므로 설계가 적합하다.

7.4 극한하중단계의 프리스트레스트 합성보의 휨설계

프리캐스트 콘크리트 부재를 설계할 경우에 초기하중에 의해 발생하는 단면응력에 대해서는 탄성해석으로 검토해야 하며, 사용하중에 의해 발생하는 단면응력에 대해서는 부재의 등급에 따라서 허용응력을 검토해야 한다. 또한 극한하중단계에 대해서는 강도설계법이나 한계상태설계법으로 설계한다.

프리스트레스트 합성부재 단면은 일반적으로 I형이나 T형 단면인 경우가 많다. T형보로 설계되는 프리캐스트 보는 6.4.11항에서 설명한 것과 같이 단면의 유효폭을 결정한 후, 강도설계법에 근거하여 설계한다. 유효폭은 하중의 형태, 지점의 종류, 보의 간격, 바닥판과 보의 상대적인 강성, 내부 슬래브와 외부 슬래브에 따라 달라진다.

프리스트레스트 합성부재의 경우에도 일반 프리스트레스트 부재와 마찬가지로 하중계수를 곱한 계수휨모멘트가 균열모멘트(M_{cr})의 1.2배 이상이 되어야 한다(식(6.79)). 균열모멘트(M_{cr})의 값은 프리캐스트 콘크리트 단면에 대해 계산한 경우와 합성부재 단면에 대해 계산한 경우에 그 값들이 달라진다. 다만 강도설계법은 현장타설 콘크리트가 경화한 이후에 합성부재 단면에 대해 설계하므로 균열모멘트(M_{cr})도 합성부재 단면에 대해 계산하는 것이 타당하다.

예제 7.3

[예제 7.1]의 프리스트레스트 합성부재의 초기하중상태를 검토하고 계수모멘트(M_u)를 계산하라. 비긴장재(철근)는 사용되지 않았다.

- 긴장재(PS강재, 응력이완 긴장재) : 7연선 9.3 mm(SWPC 7AN, 단면적 $A_{ps}=51.61\ \text{mm}^2$)를 사용, 인장강도 $f_{pu}=1{,}860$ MPa, 항복강도 $f_{py}=1{,}600$ MPa, 긴장 시의 긴장응력 $f_{pj}=0.9f_{py}$
- 편심거리 : $e=309$ mm, PS강재의 응력과 변형률 곡선(식(6.72))에 사용되는 상수 $A=0.03$, $B=121$, $C=6$

풀이

(1) 초기하중상태를 검토한다.

[예제 7.1]과 같은 방법으로 계산하고 초기허용응력을 검토한다.

(2) 계수모멘트를 계산한다.

① 부재가 인장파괴하며 등가응력블록의 깊이(a)가 플랜지에 있다고 가정한다. 단면의 크기가 변화하므로 포물선 - 직선형 등가응력분포를 사용할 수 없으므로, 등가 직사각형 압축응력블록을 사용한다.

② PS강재의 응력(f_{ps})을 약산법(식(6.85)～식(6.87) 사용)에 의해 계산한다.

긴장재의 유효응력(f_{pe})을 계산한다. 이때 즉시응력손실은 10%, 장기응력손실은 15%이다.

$$f_{pi} = 0.9f_{pj} = 0.9\times 0.9f_{py} = 0.9\times 0.9\times 1{,}600 = 1{,}296\ \text{MPa}$$

$$f_{pe} = 0.85f_{pi} = 0.85\times 1{,}296 = 1{,}101.6\ \text{MPa}$$

[예제 7.1]에서 계산한 긴장재의 요구 단면적(A_{ps})은 1,217 mm^{2}이다. A_{ps} = 51.61 mm^{2}을 24가닥 사용하여 총 긴장재의 단면적은 1238.64 mm^{2}이다.

긴장재는 부착되어 있으며 $f_{pe} \geq 0.5f_{pu}$이므로 식(6.59)에 의해 PS강재의 응력(f_{ps})을 계산할 수 있다. 등가응력블록의 깊이(a)가 플랜지에 있다고 가정하므로, 콘크리트의 압축강도(f_{ck})는 현장타설 콘크리트의 압축강도인 24 MPa을 사용한다. 압축연단에서 PS긴장재 단면까지의 거리는 합성부재의 단면을 이용하여 계산해야 한다.

$$f_{ps} = f_{pu}\left[1-\frac{\gamma_p}{\beta_1}\left\{\rho_p\frac{f_{pu}}{f_{ck}}+\frac{d_s}{d_p}(\omega-\omega')\right\}\right]$$

$$= 1{,}860\left[1-\frac{0.40}{0.8}\left\{0.00108\frac{1{,}860}{24}+\frac{0}{831.7}(0.0-0.0)\right\}\right] = 1{,}782.2\ \text{MPa}$$

여기서, $\gamma_p = 0.40$ ($f_{py}/f_{pu} \geq 0.85$인 경우)

$\beta_1 = 0.8$ ([표 6.12] 참조)

$d_p = 900-(378.3-310) = 831.7\ \text{mm}$

$$\rho_p = \frac{A_{ps}}{b\times d_p} = \frac{1{,}238.64}{1{,}376\times 831.7} = 0.00108$$

$$\omega = \frac{\rho f_y}{f_{ck}} = 0.0, \qquad \omega' = \frac{\rho f_y}{f_{ck}} = 0.0$$

③ 힘의 평형조건(식(6.67))을 이용하여 등가응력블록의 깊이(a)를 계산하고, ①의 가정이 옳은지 판단한다($a \leq h_f$). 이때 합성부재 T형보의 수정 유효폭(b_m)을 이용하여 등가응력블록의 깊이(a)를 계산해야 한다. 비긴장재(철근)는 사용되지 않았다.

$$a = \frac{A_{ps}f_{ps}+A_sf_y}{\eta(0.85f_{ck})b} = \frac{1{,}238.64\times 1{,}782.2}{1\times(0.85\times 24)\times 1{,}376} = 78.6\ \text{mm}$$

등가응력블록의 깊이(a)가 78.6 mm로 슬래브의 두께(h_f) 보다 작아 ①의 가정이 옳다는 것을 알 수 있다.

④ 휨모멘트(M_n)를 계산한다.

$$M_n = A_{ps}f_{ps}\left(d_p - \frac{a}{2}\right) = 1{,}238.64 \times 1{,}782.2\left(831.7 - \frac{78.6}{2}\right)$$
$$= 1{,}749.2 \text{ kN} \cdot \text{m}$$

⑤ 인장철근이 배근되어 있지 않으므로 식(6.70)을 이용하여 인장연단에 가장 가까운 PS강재의 변형률(ϵ_t)이 $\epsilon_{a,\min}$ 이상인지 검토하고, 강도감소계수(ϕ)를 계산하여 설계모멘트(ϕM_n)를 계산한다.

$$c = a/\beta = 78.6/0.8 = 98.3 \text{ mm}$$
$$\epsilon_{ps3} = \left(\frac{d_p - c}{c}\right)\epsilon_{cu} = \left(\frac{831.7 - 98.3}{98.3}\right)0.0033 = 0.0246$$

PS강재의 변형률 $\epsilon_{ps3}(=0.0246)$은 $\epsilon_{a,t}(=0.005)$보다 크므로 강도감소계수(ϕ)를 0.85로 하여 설계모멘트(ϕM_n)를 계산한다.

$$M_u = \phi M_n = 0.85 \times 1{,}749.2 = 1{,}486.8 \text{ kN} \cdot \text{m}$$

⑥ 식(6.79)와 식(6.81)을 이용하여 균열모멘트의 여유값을 검토한다. 균열모멘트(M_{cr})의 값은 프리캐스트 콘크리트 단면에 대해 계산한 경우와 합성부재 단면에 대해 계산한 경우에 그 값들이 달라진다. 다만 강도설계법은 현장타설 콘크리트가 경화한 이후에 합성부재 단면에 대해 설계하므로 균열모멘트(M_{cr})도 합성부재 단면에 대해 계산하는 것이 타당하다. 따라서 단면적(A_c), 도심(y_b), 편심거리(e), 단면2차반경(r_c), 단면계수(S_b)는 합성부재 단면에 대한 값을 사용한다([예제 그림 7.1.3] 참조).

$$M_{cr} = f_r S_b + P_e\left(\frac{r_c^2}{y_b} + e\right) = 3.09 \times 66{,}278{,}826 + 1{,}364.5 \times 10^3\left(\frac{312.6^2}{572.4} + 504.1\right)$$
$$= 1{,}125.6 \text{ kN} \cdot \text{m}$$

여기서, $f_r = 0.63\sqrt{f_{ck}} = 0.63\sqrt{24} = 3.09 \text{ MPa}$

$$P_e = A_{ps} \times f_{pe} = 1{,}238.64 \times 1{,}101.6 = 1{,}364.5 \text{ kN}$$
$$A_c = 225{,}000 + 1{,}360 \times 120 = 388{,}200 \text{ mm}^2$$
$$r_c = \sqrt{\frac{I_c}{A_c}} = \sqrt{\frac{37{,}938 \times 10^6}{388{,}200}} = 312.6 \text{ mm}$$
$$e = 572.4 - (378.3 - 310) = 504.1 \text{ mm}$$

계산된 균열모멘트(M_{cr})을 식(6.79)에 의해 비교, 검토한다.

$$M_u \geqq 1.2 M_{cr}$$
$$1{,}486.8 \text{ kN} \cdot \text{m} > 1.2 \times 1{,}125.6 = 1{,}350.7 \text{ kN} \cdot \text{m}$$

그러므로 균열모멘트에 대한 여유가 충분하다.

7.5 프리스트레스트 합성보의 수평전단 설계

프리캐스트 부재는 공장에서 부재를 제작한 후에 이 부재를 현장에서 연결하여 건물을 완성한다. 부재의 연결은 습식 또는 건식공법에 의해 이루어지며, 연결된 두 부재 사이에는 수평전단력과 직접전단력이 발생한다. 수평전단력이란 [그림 7.6(a)]와 같이 합성부재가 휨모멘트를 받을 경우에 두 부재의 접착면에 휨모멘트의 차이에 의해 발생하는 전단력이다. 직접전단력이란 [그림 7.6(b)와 (c)]와 같이 콘크리트 구조물에 존재하는 균열과 균열 사이의 경계면, 단면의 일부와 일부의 경계면, 콘크리트와 강재 사이의 경계면 등에 직접적으로 발생하는 전단력이다. 수평전단력이나 직접전단력이 작용하는 콘크리트 경계면에는 8장에서 설명하는 전단설계법을 그대로 적용할 수 없고, 수평전단이나 전단마찰개념에 의해 설계해야 한다.

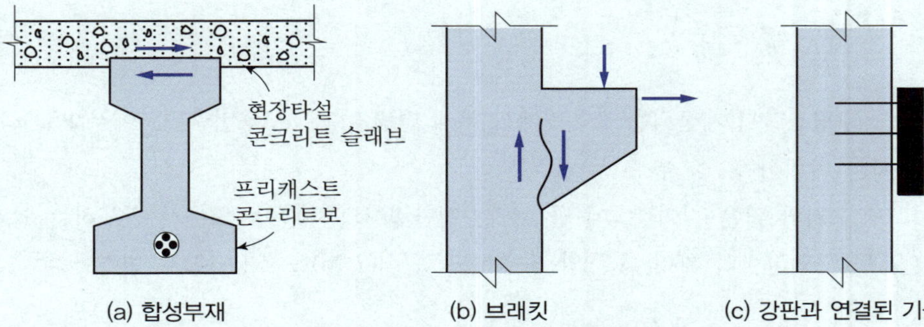

그림 7.6 수평전단과 직접전단의 사례

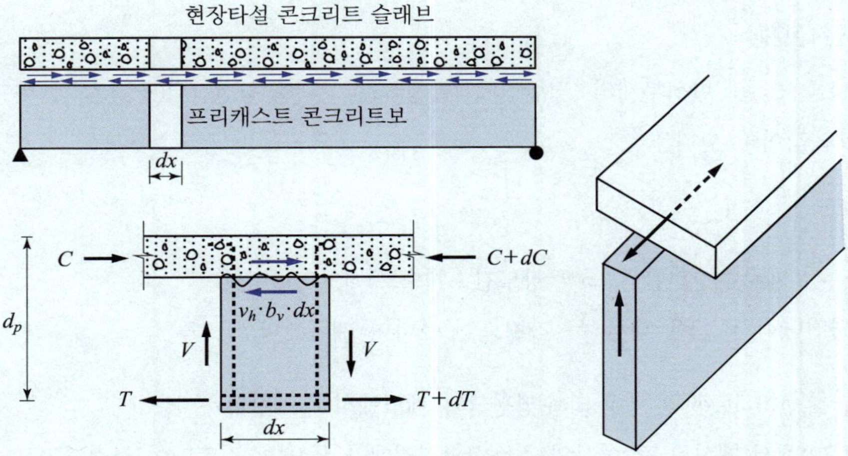

그림 7.7 수평전단응력

[그림 7.7]의 프리캐스트 콘크리트 보와 현장타설 콘크리트 슬래브로 이루어진 부재의 접합면에는 수평전단응력(horizontal shear stress)이 발생한다. 직교하는 면의 동일한 전단응력을 이용하여 식(7.15)와 같이 수평전단응력을 유도할 수 있다.

$$v_h = \frac{V \cdot Q}{I \cdot b} \tag{7.15}$$

여기서, v_h : 수평전단응력, V : 전단력, Q : 단면1차모멘트, I : 단면2차모멘트, b : 단면의 폭이다.

식(7.15)에서 수평전단응력(v_h)은 단면1차모멘트(Q)에 의해 변하한다. 따라서 직사각형 탄성 단면에 분포하는 전단응력은 단면의 중립축에서는 최대가 되지만 압축연단이나 인장연단에서는 "0"이 되며 포물선의 형태로 변화한다. 그러나 설계에서는 식(7.15)의 평균값인 식(7.16)을 이용하여 수평전단응력(v_h)을 계산한다.

$$v_h = \frac{V}{b_v \cdot d_p} \tag{7.16}$$

여기서, b_v : 수평전단이 계산되는 접촉면에서 부재 단면의 폭, d_p : 압축연단에서 PS긴장재 단면 중심까지의 거리이다.

한편 [그림 7.7]의 짧은 길이 dx에 발생하는 전단력(V)은 길이 dx에서 발생하는 압축력의 차이(ΔC) 또는 인장력의 차이(ΔT)와 동일하므로, 식(7.16)을 식(7.17)로 변경할 수 있다.

$$v_h = \frac{\Delta T}{b_v \cdot dx} \tag{7.17}$$

수평전단 설계식

휨모멘트를 받는 합성부재의 접합면에 발생하는 계수수평전단력(V_u)은 설계수평전단력(ϕV_{nh})보다 작아야 한다.

$$V_u \leq \phi V_{nh} \tag{7.18}$$

여기서, V_u : 계수수평전단력, ϕ : 강도감소계수로 $\phi = 0.75$이다.

공칭수평전단력(V_{nh})은 다음 두 가지로 구분하여 계산한다.

(1) $V_u \leq \phi(3.5 b_v d)$인 경우 : 수평전단의 개념에서 설계한다.

① 식(7.20)에서 계산한 값 이상의 최소전단연결재가 없으며, 접촉면이 청결하고 부유물이 없

는 상태로, 표면을 의도적으로 거칠게 처리한 경우

$$V_{nh} \leqq 0.56 b_v d \tag{7.19a}$$

② 식(7.20)에서 계산한 값 이상의 최소전단연결재가 있으며, 접촉면이 청결하고 부유물이 없는 상태로, 표면을 의도적으로 거칠게 처리하지 않은 경우

$$V_{nh} \leqq 0.56 b_v d \tag{7.19b}$$

③ 식(7.20)에서 계산한 값 이상의 최소전단연결재가 있으며, 접촉면이 청결하고 부유물이 없는 상태로, 표면을 의도적으로 대략 6 mm 깊이로 거칠게 처리한 경우

$$V_{nh} = (1.8 + 0.6 \rho_v f_{yt}) \lambda b_v d \tag{7.19c}$$

식(7.19c)로 계산한 V_{nh}은 $3.5 b_v d$ 이하가 되어야 한다. 식(7.19c)에서 $\lambda = 1$(일반콘크리트), $\lambda = 0.85$(모래 경량콘크리트), $\lambda = 0.75$(전 골재 경량콘크리트)이다. 또한 ρ_v는 전단연결재의 철근비로 $\rho_v = A_v / (b_v s)$로 계산한다. f_{yt}는 전단연결재의 항복강도이다.

충분히 정착된 최소전단연결재의 단면적($A_{v,\min}$)은 식(7.20) 이상이 되어야 한다. 식(7.20)에서 b_w는 보의 복부의 폭이며, s는 전단연결재의 간격이다. 간격 s는 지지요소 최소 치수의 4배 이하 또는 600 mm 이하가 되어야 한다.

$$A_{v,\min} = 0.0625 \sqrt{f_{ck}} \frac{b_w s}{f_{yt}} \geqq 0.35 \frac{b_w s}{f_{yt}} \tag{7.20}$$

(2) $V_u > \phi(3.5 b_v d)$인 경우 : 전단마찰 규정에 의해 설계한다.

공칭전단력(V_{nh})은 [그림 7.8(a)]의 균열면에 배근된 철근의 각도에 따라 달라지며, 식(7.21)을 이용하여 계산한다.

(균열과 90° 배근)의 경우

$$V_n = \mu A_{vf} f_{yt} \tag{7.21a}$$

(균열과 경사배근)의 경우

$$V_n = A_{vf} f_{yt} (\mu \sin\alpha_f + \cos\alpha_f) \tag{7.21b}$$

여기서, A_{vf} : 전단마찰철근의 단면적, f_{yt} : 전단마찰철근의 항복응력, α_f : 전단마찰철근과 전단면사이의 각도이다. 설계에서 규정하는 마찰계수(μ)는 다음과 같다.

① 일체로 타설된 콘크리트 : $\mu = 1.4\lambda$

② 표면을 의도적으로 거칠게 한 상태의(KDS 14 20 22(국가건설기준) 4.6.3(1)에 맞게 거칠게 함) 굳은 콘크리트에 새롭게 타설된 콘크리트 : $\mu = 1.0\lambda$

③ 표면을 일부러 거칠게 하지 않은 상태의 굳은 콘크리트에 새롭게 타설된 콘크리트 : $\mu = 0.6\lambda$

④ 전단연결재(스터드(stud))나 철근에 의해 구조용 강재에 정착된 콘크리트 : $\mu = 0.7\lambda$

여기서, $\lambda = 1$(일반콘크리트), $\lambda = 0.85$(모래 경량콘크리트), $\lambda = 0.75$(전 골재 경량콘크리트)이다.

다만, [그림 7.8(b)]와 같이 α_f가 90°를 초과하게 되면 보강재에 평행한 전단분력이 압축력으로 작용하게 되므로 식(7.21b)를 사용할 수 없다. 이는 Mattock과 Hawkins(1972) 실험의 Type-C (modified push-off)의 경우에 해당하며, 외력에 의하여 접촉면에 지속적인 압축력이 작용할 경우에 전단마찰강도가 증가하기 때문이다. 이 경우에는 식(7.21b)에 의하여 계산된 전단마찰강도는 실제 전단마찰강도를 정확하게 평가하지 못한다.

전단마찰 설계에 사용되는 철근의 설계기준항복강도는 500 MPa 이하가 되어야 하며, 식(7.21a, b)에 의해 계산된 전단강도(V_n)는 보강재가 밀집되는 것을 방지하고 철근의 항복을 유도하기 위하여 $0.2f_{ck}A_c$ 또는 $5.6A_c$ 이하로 해야 한다. 여기서 A_c는 전단전달에 저항하는 콘크리트 단면적이다.

전단마찰면에는 온도변화, 크리프 및 건조수축 등에 의해 순인장력이 작용할 수 있다. 순인장력(N_u)이 작용할 경우에는 이를 저항하기 위하여 식(7.22)와 같이 추가로 철근을 배근한다.

$$A_n = \frac{N_u}{\phi f_{yt}} \tag{7.22}$$

여기서, A_n : 순인장력에 저항하기 위하여 필요한 철근량, ϕ : 강도감소계수이며 $\phi = 0.75$이다.

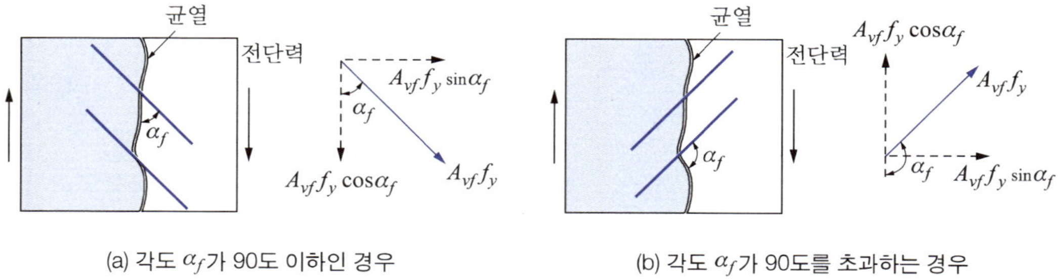

그림 7.8 전단마찰력

예제 7.4

[예제 7.1]의 프리스트레스트 합성부재의 수평전단설계를 검토하라. 모든 조건은 [예제 7.1]과 동일하다.

합성부재에는 D10(단면적 $A_s = 71.3 \text{ mm}^2$)의 전단철근이 200 mm 간격으로 동일 단면에 두 가닥 사용되었으며, 전단철근의 항복강도 $f_{yt} = 400$ MPa이다. 접촉면은 청결하고 부유물이 없는 상태로, 표면을 의도적으로 대략 6 mm 깊이로 거칠게 처리하였다. 사용한 콘크리트는 일반 콘크리트이다.

풀이

(1) 최대 전단력을 계산한다.

[예제 7.1]의 조건에서 고정하중(프리캐스트 보의 자중, 현장타설 콘크리트 슬래브의 자중, 추가 고정하중)과 활하중을 구분하고 하중계수를 곱하여 전체 계수하중(w_u)을 계산한다.

$$w_u = 1.2w_D + 1.6w_L = 1.2(5.4 + 9 + 5) + 1.6 \times 12 = 42.48 \text{ kN/m}$$

등분포하중 w_u가 작용하며 단순 지점의 경우에 최대 전단력은 지지점에서 발생한다.

$$V_u = \frac{w_u l}{2} = \frac{42.48 \times 15}{2} = 318.6 \text{ kN}$$

(2) 수평전단력 개념으로 설계할지, 전단마찰개념으로 설계할지를 판단한다.

$V_u \leq \phi(3.5b_v d)$를 계산하여 설계 방법을 정한다. 여기서, b_v는 프리캐스트 보의 단면 상부의 폭이 되며, d는 d_p(압축연단에서 PS긴장재 단면 중심까지의 거리와 동일하다([예제 그림 7.1.3]).

$$\phi(3.5b_v d) = 0.75 \times 3.5 \times 450 \times 831.7 = 982.4 \text{ kN}$$

여기서, $d_p = 900 - (378.3 - 310) = 831.7 \text{ mm}$

계산된 값이 계수전단력(V_u) 318.6 kN보다 크므로 수평전단력 개념을 사용한다. 식(7.19)를 이용하여 설계수평전단력(ϕV_{nh})을 계산한다.

(3) 최소전단연결재의 단면적($A_{v,\min}$)을 계산한다.

식(7.20)을 이용하여 $A_{v,\min}$을 계산한다. $A_{v,\min}$은 프리캐스트 보를 기준으로 하여 계산한다.

$$A_{v,\min} = 0.0625\sqrt{f_{ck}}\frac{b_w s}{f_{yt}} = 0.0625\sqrt{42}\frac{150 \times 200}{400} = 30.38 \text{ mm}^2$$

$$0.35\frac{b_w s}{f_{yt}} = 0.35\frac{150 \times 200}{400} = 26.25 \text{ mm}^2$$

계산한 30.38 mm^2은 26.25 mm^2보다 크므로 $A_{v,\min}$은 30.38 mm^2이다.

(4) 설계수평전단력(ϕV_{nh})을 계산한다.

사용된 전단철근(스터럽)의 단면적은 142.6 mm^2(=2×71.3)로 최소전단연결재의 단면적($A_{v,\min}$) 30.38 mm^2보다 크고, 접촉면은 청결하고 부유물이 없고 일부러 표면을 대략 6 mm 깊이로 거칠게 처리하였으므로 식(7.19c)를 이용하여 공칭수평전단력을 계산한다.

$$V_{nh} = (1.8+0.6\rho_v f_{yt})\lambda b_v d = (1.8+0.6\times 0.0016\times 400)\times 1.0\times 450\times 831.7$$
$$= 817.4 \text{ kN}$$

$$\rho_v = \frac{A_v}{b_v s} = \frac{2\times 71.3}{450\times 200} = 0.0016$$

$\lambda = 1$(일반콘크리트)

계산된 817.4 kN은 $3.5b_v d = 1{,}309.9$ kN보다 작다. 설계수평전단력(ϕV_{nh})을 계산한다.

$$\phi V_{nh} = 0.75\times 817.4 = 613.1 \text{ kN}$$

설계수평전단력(ϕV_{nh}) 613.1 kN은 계수전단력(V_u) 318.6 kN보다 크므로 수평전단설계가 안전하다.

연습문제

7.1 | 프리캐스트 부재를 생산하여 시공할 경우에 공정에서 발생할 수 있는 문제점과 점검 항목에 대하여 설명하라.

7.2 | [연습 그림 7.1]의 길이가 12 m인 프리캐스트 콘크리트 I형 단면 보에 지주 없이 콘크리트 슬래브를 현장에서 타설하였다. 이 부재를 사용하중단계의 비균열등급(U-class)으로 설계하고, 허용응력을 검토하라. 현장타설 콘크리트를 사용한 슬래브의 유효폭은 1,400 mm이며 두께는 150 mm이다. 긴장재는 직선으로 배치된다.

부재의 고정하중(자중) $w_D = 5$ kN/m로 가정, 프리스트레스트 콘크리트의 단위질량 24 kN/m^3

슬래브의 고정하중(자중) $w_{SD} = 12$ kN/m, 슬래브의 추가고정하중 $w_{CSD} = 7$ kN/m, 활하중 $w_L = 12$ kN/m, 설계하는 부재의 고정하중과 활하중은 변동하지 않고 지속적으로 작용한다.

프리스트레스트 콘크리트 28일 압축강도 $f_{ck} = 35$ MPa

긴장력을 가할 때의 초기 프리스트레스트 콘크리트 압축강도 $f_{ci}' = 24$ MPa

현장타설 콘크리트의 압축강도 $f_{ck} = 24$ MPa

- **PS강재** : 인장강도 $f_{pu} = 1{,}860$ MPa, 항복강도 $f_{py} = 1{,}600$ MPa, 긴장응력 $f_{pj} = 0.9 f_{py}$
- **즉시응력손실** : 긴장 시 강재응력(f_{pj})의 10%
- **장기응력손실** : 초기 강재응력(f_{pi})의 15%

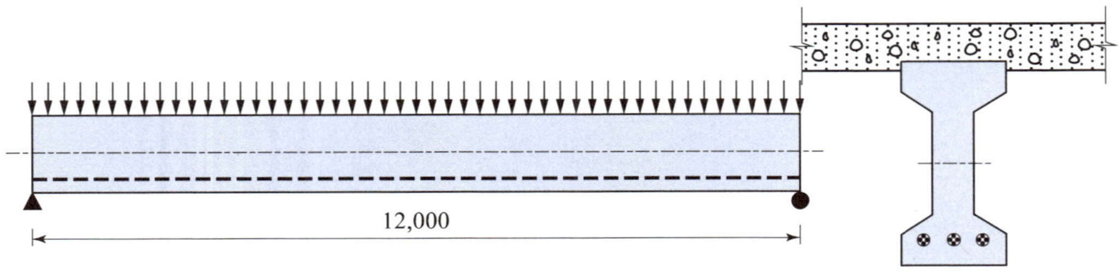

(a) 프리스트레스트 콘크리트 합성보 (b) 단면

연습 그림 7.1 프리스트레스트 콘크리트 합성보와 단면 (단위 : mm)

7.3 | [연습 7.2]의 프리캐스트 콘크리트 보에 지주가 충분히 있을 경우에 이 부재를 사용하중단계의 비균열등급(U-class)으로 설계하고, 허용응력을 검토하라. 지주를 제외한 모든 조건은 [연습 7.2]와 동일하다.

7.4 | [연습 7.2]의 프리스트레스트 합성부재의 극한하중단계의 계수모멘트(M_u)를 계산하라. 비긴장재(철근)는 사용되지 않았다.

- **긴장재**(PS강재, 응력이완 긴장재) : 7연선 9.3 mm(SWPC 7AN, 단면적 $A_{ps}=51.61\text{ mm}^2$)를 사용, 인장강도 $f_{pu}=1{,}860$ MPa, 항복강도 $f_{py}=1{,}600$ MPa, 긴장 시의 긴장응력 $f_{pj}=0.9f_{py}$, PS강재의 응력과 변형률 곡선(식(6.72))에 사용되는 상수 $A=0.03$, $B=121$, $C=6$

7.5 | [연습 7.2]의 프리스트레스트 합성부재의 수평전단설계를 검토하라.
합성부재에는 D10(단면적 $A_s=71.3\text{ mm}^2$)의 전단철근이 200 mm 간격으로 동일 단면에 두 가닥 사용되었으며, 전단철근의 항복강도 $f_{yt}=400$ MPa이다. 일반 콘크리트를 사용하였으며, 접촉면은 청결하고 부유물이 없는 상태이지만, 표면은 의도적으로 거칠게 처리하지 않았다.

Chapter

8 전단 설계

8.1 일반 사항

8.2 프리스트레스트 콘크리트 전단 특성과 전단파괴의 종류

8.3 탄성해석법과 전단파괴의 일반 사항

8.4 전단보강이 없는 부재의 전단저항

8.5 전단보강이 있는 부재의 전단저항

8.6 KDS 14 국가건설기준(콘크리트구조 학회기준)에 의한 전단 설계

8.7 도로교설계기준(한계상태설계법)에 의한 전단 설계

8.1 일반 사항

프리스트레스트 콘크리트 부재의 전단파괴는 다양한 요소에 의해 영향을 받으며 휨파괴와 달리 취성적인 파괴를 일으킨다. 구조물의 부재에는 전단력만이 작용하는 경우는 드물며, 휨과 전단 또는 휨과 전단 및 축력이 동시에 작용하는 경우가 많다. 특히 프리스트레스트 콘크리트 부재에는 긴장력이 작용하기 때문에 철근콘크리트 부재와 다른 전단거동을 나타낸다. 이와 같이 몇 가지 하중이 동시에 작용할 경우에 부재의 전단저항메커니즘은 복잡하게 변화하게 된다. 따라서 탄성해석에 의해 유도된 전단설계법을 그대로 적용하여 프리스트레스트 콘크리트 부재의 전단내력을 계산할 수 없고, 콘크리트의 특성을 고려한 전단내력 평가식을 사용해야 한다.

프리스트레스트 콘크리트 부재의 전단내력 평가는 [표 8.1]과 같이 철근콘크리트 부재의 전단내력 평가와 다소 다르다. 특히 콘크리트에 의해 유발되는 전단저항에 대하여 철근콘크리트 부재는 골재의 맞물림작용(aggregate interlock), 장부작용(dowel action), 전단경간비의 영향, 비균열 내력 등을 고려한 경험식을 사용하지만, 프리스트레스트 콘크리트 부재는 휨전단균열에 의한 전단저항과 사인장균열에 의한 전단저항으로 구별하여 계산한다. 프리스트레스트 콘크리트 부재의 전단내력 평가에 대한 연구는 1960년대 이후에 많이 이루어졌지만, 휨내력 평가와 비교하면 전단내력 평가식의 예측 정도가 높지 않으며 각 나라의 설계기준에 따라서 다양하다.

8장에서는 프리스트레스트 콘크리트 전단 설계의 특성에 대하여 설명하고, 콘크리트에 의해 유발되는 전단저항과, 전단철근(stirrup, 스터럽)이 있는 경우의 프리스트레스트 콘크리트 부재의 전단저항 메커니즘에 대하여 설명한다. 또한 전단파괴의 종류, 최소 전단철근, 최대 전단철근, 트러스모델에 의한 전단철근량 계산법을 소개한다.

표 8.1 프리스트레스트 콘크리트와 철근 콘크리트 전단 설계의 특성

	프리스트레스트 콘크리트	철근 콘크리트
특성	① 긴장력(압축력)이 작용하여 사인장균열의 폭 감소 ② 경사긴장재의 경우 수직 분력이 전단외력을 직접 상쇄	① 보의 경우에 압축력이 작용하지 않기 때문에 기둥보다 콘크리트 전단저항력이 작음
콘크리트에 의한 전단저항	① 휨전단균열발생에 근거한 평가식 사용 ② 사인장균열발생에 근거한 평가식 사용	① 골재의 맞물림작용, 장부작용, 전단경간비의 영향, 비균열 내력 등을 고려한 경험식 사용
전단철근에 의한 전단저항	① 45도 트러스모델(KDS 14 국가건설기준) 또는 변각트러스모델(도로교설계기준)에 의한 내력 평가식 사용 ② 최소 전단철근량을 유효긴장력의 크기에 따라서 계산 ③ 전단철근의 최대 간격이 $0.7h$ 이하	① 45도 트러스모델(KDS 14 국가건설기준) 또는 변각트러스모델(도로교설계기준)에 의한 내력 평가식 사용 ② 최소 전단철근량을 일정한 값으로 계산 ③ 전단철근의 최대 간격이 $0.5d$ 이하

8.2 프리스트레스트 콘크리트 전단 특성과 전단파괴의 종류

8.2.1 프리스트레스트 콘크리트 전단 특성

프리스트레스트 콘크리트 부재는 철근콘크리트 부재와 다르게 PS강재의 긴장력이 압축력으로 콘크리트에 작용한다. [그림 8.1]은 경사진 긴장재가 사용된 프리스트레스트 콘크리트 보의 힘의 상태를 나타낸다. 경사긴장재가 사용된 프리스트레스트 콘크리트 보는 전단에 대하여 다음의 두 가지 특성을 갖고 있다.

① **분력에 의한 전단력의 상쇄** : [그림 8.1]에서 보의 단부에서 거리 x만큼 떨어진 위치의 전단력($V_{(x)}$)은 식(8.1)과 같이 외부 전단력($V_{\max}$)이 긴장력(P_s)의 부재축과 직각되는 분력($P_s \sin\theta$)만큼 감소함을 알 수 있다. 따라서 경사진 긴장재가 사용된 프리스트레스트 콘크리트 부재는 분력에 의해 외부 전단력을 직접 상쇄할 수 있으므로 철근콘크리트 부재보다 전단에 대하여 유리하다.

$$V_{(x)} = V_{\max} - P_s \sin\theta \tag{8.1}$$

② **압축력에 의한 콘크리트 전단저항 증가** : PS강재의 긴장력은 이완된 이후에 콘크리트에 압축력으로 작용한다. 부재에 작용하는 축압축력이 증가하면 사인장균열의 폭이 감소하며, 골재의 맞물림작용이 증가한다. 또한 가력점과 지점간에 작용하는 압축대의 크기가 증가하여 콘크리트의 전단강도가 증가한다. 여기서 골재의 맞물림작용이란 균열이 발생한 콘크리트 면이 매끄럽지 않고 골재를 중심으로 곡선을 이루며, 균열 면이 울퉁불퉁할 경우에 균열 양면으로 힘이 전달되어 외부 전단력에 저항하는 현상을 말한다.

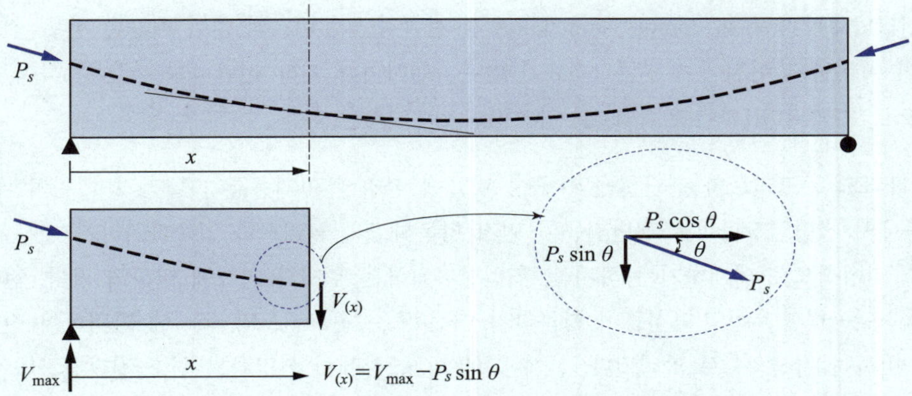

그림 8.1 프리스트레스트 콘크리트 부재의 전단 특성

8.2.2 전단거동 및 전단파괴의 종류

전단파괴하는 부재는 휨인장파괴하는 부재에 비하여 취성적으로 파괴된다. 전단철근이 없는 보는 전단균열이 발생함과 동시에 부재가 파괴되며, 전단균열의 숫자도 작다. 그러나 전단철근이 배근된 보는 전단철근이 항복한 이후에 복부콘크리트가 압축파괴하며 전단균열의 숫자도 증가한다. 휨모멘트를 받는 프리스트레스트 콘크리트 부재는 주인장철근과 압축력을 받는 콘크리트의 상대적 저항력 차이에 따라서 파괴모드가 최소철근파괴, 인장파괴, 균형파괴, 압축파괴로 구분된다(6.5.5항 참조). 전단파괴하는 부재도 휨파괴와 유사하게 콘크리트와 철근의 상대적 세기에 의해 네 가지 파괴모드로 구분된다. 다만, 전단파괴하는 부재는 휨파괴하는 부재와는 다르게 전단철근과 복부콘크리트의 상대적 세기에 따라서 파괴모드가 달라진다.

① **최소전단철근파괴**(minimum shear reinforcement failure) : 전단철근량이 매우 적게 배근된 경우. 부재에 전단균열이 발생함과 동시에 파괴되는 취성적 파괴([그림 8.2]의 ① 참조). 전단균열이 발생하기 이전에는 콘크리트와 철근이 전단력을 저항하지만 전단균열이 발생한 이후에는 콘크리트의 인장내력은 급격하게 감소하고 전단철근이 외부 인장력을 저항한다. 최소전단철근파괴는 부재에 매우 적은 전단철근이 배근되어 전단균열발생시의 외력을 전단철근이 지지하지 못하고 전단균열이 발생함과 동시에 파괴되는 취성적인 파괴이다.

② **전단인장파괴**(shear tension failure) : 전단철근이 비교적 적게 배근된 경우. 전단철근이 항복한 이후에 복부콘크리트가 압축파괴하거나 기타 전단파괴(부착 등)하는 경우로 다른 세 가지 파괴모드에 비하여 연성적이다([그림 8.2]의 ② 참조). 그러나 전단인장파괴하는 부재의 연성은 휨인장파괴하는 부재의 연성보다 작다($\epsilon_s > \epsilon_y$, $f_s = f_{yt}$).

③ **전단균형파괴**(shear balanced failure) : 전단철근이 항복변형률에 도달함과 동시에 복부콘크리트가 압축파괴하거나 기타 전단파괴(부착 등)하는 경우로 취성적으로 파괴된다([그림 8.2]의 ③ 참조)($\epsilon_s = \epsilon_y$, $f_s = f_{yt}$).

④ **전단압축파괴**(shear compression failure) : 전단철근이 비교적 많이 배근된 경우. 전단철근이 항복하기 이전에 복부콘크리트가 압축파괴하거나 기타 전단파괴(부착 등)하여 취성적으로 파괴된다([그림 8.2]의 ④ 참조)($\epsilon_s < \epsilon_y$, $f_s < f_{yt}$).

전단파괴도 콘크리트와 전단철근의 구성 비율에 따라서 파괴종류가 달라지며 위의 네 가지 파괴 중에서 전단인장파괴는 전단철근이 먼저 항복하고 콘크리트가 압축파괴하기 때문에 부재가 다소 연성적으로 파괴하기는 하지만, 휨인장파괴하는 부재의 연성에 비하여 작다. 전단압축파괴와 전단균형파괴는 전단철근이 항복하기 이전 또는 콘크리트와 동시에 파괴하여 전단인장파괴에 비하여 취성적으로 파괴된다. 설계에서는 8.6.2항에서 설명하는 최소 전단철근비와 최대 전단철근비를 제한하여 전단인장파괴를 유도하고 있다.

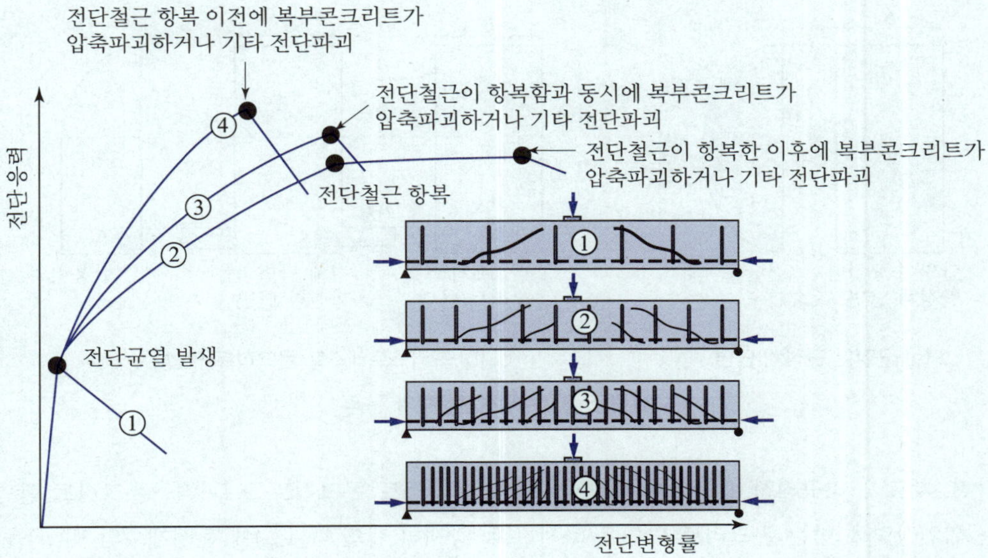

그림 8.2 전단파괴의 종류

8.3 탄성해석법과 전단파괴의 일반 사항

재료가 균질하며 탄성상태인 부재의 전단력은 탄성해석법에 의해 계산할 수 있다. 탄성해석법에서는 전단응력을 평균전단응력과 수평전단응력으로 구분하여 계산한다.

수평전단응력

횡하중을 받는 부재에는 수직면뿐 아니라 수평방향에도 응력이 발생하며 이를 수평전단응력(horizontal shear stress)이라 한다. 탄성해석에서는 직교하는 면의 전단응력 관계를 이용하여 식 (8.2)의 수평전단응력(v)을 유도한다.

$$v = \frac{V \cdot Q}{I \cdot b} \qquad \text{(식 7.15와 동일)} \tag{8.2}$$

여기서, V : 전단력, Q : 단면1차모멘트, I : 단면2차모멘트, b : 단면의 폭이다.

수평전단응력(v)은 단면1차모멘트(Q)에 의해 변하므로 [그림 8.3(a)]의 직사각형 탄성단면에 분포하는 전단응력은 단면의 중립축에서는 최대가 되지만 압축연단이나 인장연단에서는 "0"이 되며 포물선의 형태로 변화한다.

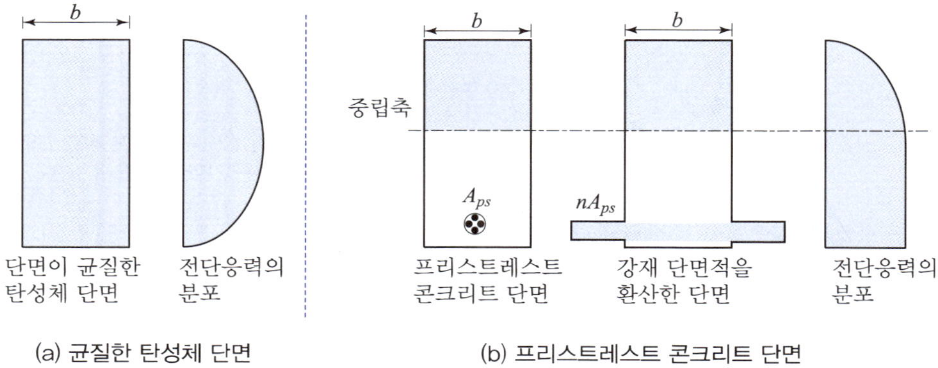

그림 8.3 수평전단응력의 분포

한편, 재료가 비균질하고 균열이 발생한 프리스트레스트 콘크리트 또는 철근콘크리트 단면에서는 휨인장력을 받는 콘크리트 단면은 무시하며, 강재의 단면적(A_{ps})에 탄성계수의 비(n)를 곱하여 환산한 단면을 사용한다. 여기서 수평전단응력은 단면1차모멘트(Q)에 비례하므로 환산한 강재 단면에 의해 중립축 아래의 수평전단응력은 [그림 8.3(b)]와 같이 일정하다.

주응력의 분포

콘크리트 부재는 압축에는 강하지만 인장에는 약한 재료이다. 따라서 휨모멘트와 전단력이 작용하는 부재의 경우에 인장력과 관련된 파괴메커니즘을 고려해야 한다. [그림 8.4]에서 등분포하중을 받고 단순지지된 보의 주응력을 식(8.3a, b)에서 계산할 수 있다.

$$f_1 = \frac{f_x + f_y}{2} + \sqrt{\left(\frac{f_x - f_y}{2}\right)^2 + v^2} \tag{8.3a}$$

$$f_2 = \frac{f_x + f_y}{2} - \sqrt{\left(\frac{f_x - f_y}{2}\right)^2 + v^2} \tag{8.3b}$$

여기서, f_1과 f_2 : 주인장응력과 주압축응력, f_x와 f_y : 부재축방향과 부재축과 직각되는 방향 응력이며 보에서 $f_y = 0$, v : 전단응력이다.

주응력의 각도(θ)는 식(8.4)에 의해 계산할 수 있다.

$$\tan 2\theta = \frac{2v}{f_x - f_y} \tag{8.4}$$

지점으로부터 거리 x만큼 떨어진 위치의 주응력과 각도를 식(8.3a, b)와 식(8.4)에 의해 계산하면, [그림 8.4]의 중립축 아래쪽 요소(d, e)에서는 인장응력이 작용하지만, 중립축 위쪽 요소(a,

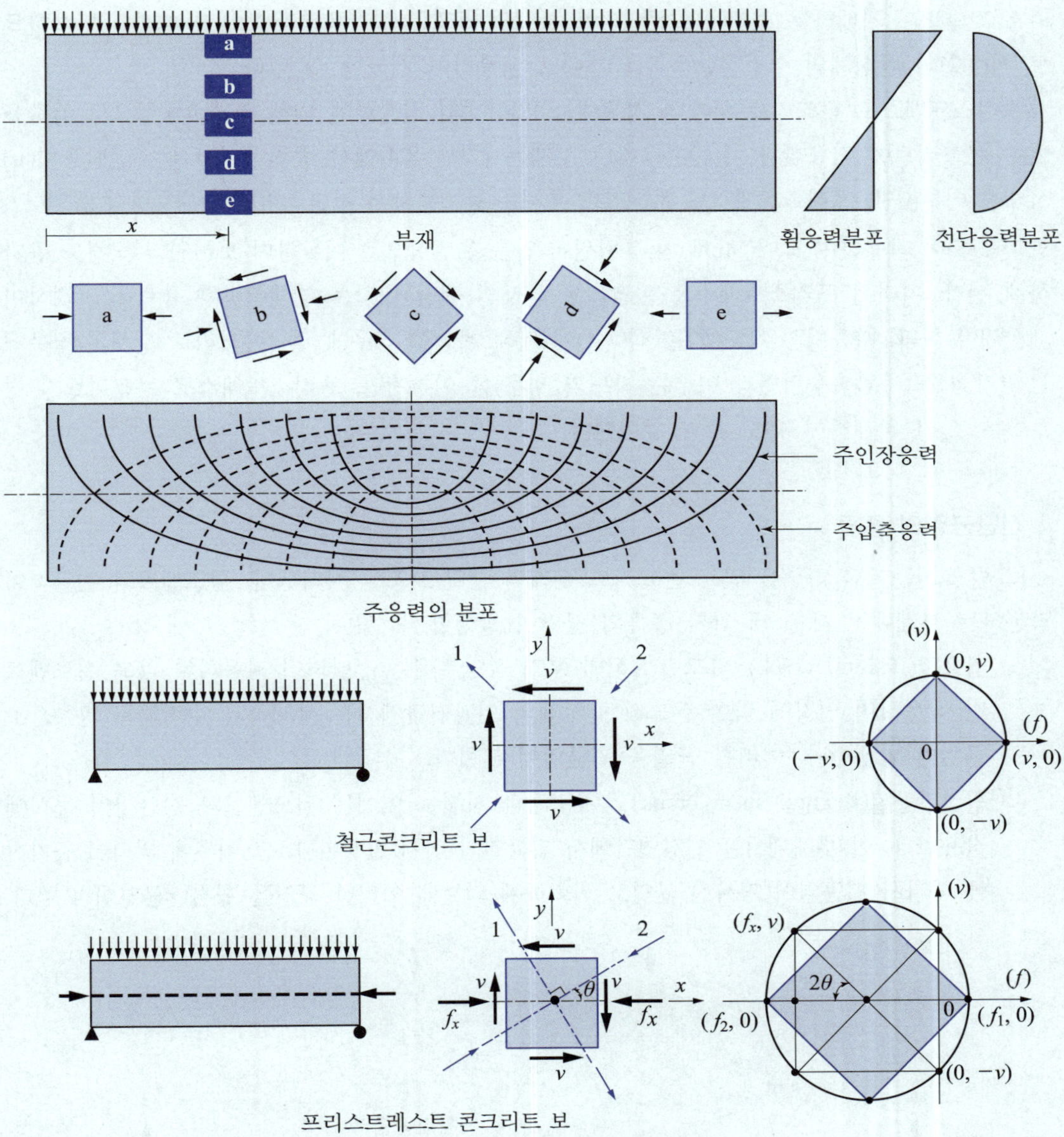

그림 8.4 탄성부재의 주응력분포

b)에서는 압축응력이 작용하게 된다. 주압축응력의 각도(θ)는 요소(d, e)에서는 부재축을 기준으로 45도 이하가 되지만, 중립축 위의 요소(a, b)에서는 45도 이상이 된다. 한편, 중립축의 위치인 요소(c)에서는 순수전단응력이 작용하며, 주압축응력의 각도는 45도가 된다. 콘크리트에 발생하는 균열([그림 8.5])과 [그림 8.4]의 주압축응력도를 비교하면 거의 유사함을 알 수 있다. 이와 같은 현상은 압축에는 강하지만 인장에는 약한 콘크리트의 재료 성질과 밀접한 관계가 있다. 따

라서 전단력이 지배하는 경우에도 콘크리트 부재의 파괴는 인장응력과 관련된 파괴가 발생하므로 식(8.2)의 탄성체의 수평전단응력을 그대로 사용하여 계산할 수 없다.

프리스트레스트 콘크리트 부재의 경우에는 PS강재의 긴장력에 의해 부재축방향으로 압축응력이 콘크리트에 작용한다. 철근콘크리트 부재는 [그림 8.4]에서 중립축에서 순수전단응력(v) 상태를 이루지만, 프리스트레스트 콘크리트 부재는 중립축에서 전단응력과 부재축방향 응력(f_x, 압축응력)이 작용하여 모어(Mohr)의 응력원이 압축측 방향으로 이동하며 모어원의 직경도 증가하게 된다. 따라서 프리스트레스트 콘크리트 부재의 전단 내력은 부재축방향 응력을 고려하여 계산해야 한다. 주응력의 각도(θ)를 식(8.4)에 의해 계산할 경우에 철근콘크리트 부재의 경우에는 θ가 45도(주압축응력면과 이루는 각도의 경우)를 이루지만, 프리스트레스트 콘크리트의 경우에는 f_x가 존재하여 45도 보다 낮아진다.

전단균열의 종류

[그림 8.5]는 2점 하중을 받는 콘크리트 부재의 균열 분포를 나타낸다. 휨모멘트와 전단력이 작용하는 부재에는 다음 세 가지 종류의 균열이 발생할 수 있다.

① **휨균열**(flexural crack) : [그림 8.5]의 부재 중앙부에는 전단력이 작용하지 않고 휨모멘트만 작용하며 인장에 약한 콘크리트 부재의 인장연단에서는 부재축과 수직되는 방향으로 균열이 발생한다. 이러한 균열을 휨균열이라 한다.

② **휨전단균열**(flexural shear crack) : 가력점과 지점 사이에는 휨모멘트와 전단력이 동시에 작용한다. 이 부재에서는 인장연단에서 휨균열이 먼저 발생한다. 그 이후에 외력이 증가함에 따라서 휨균열이 경사진 균열로 변화하게 되는데 이러한 균열을 휨전단균열이라 한다.

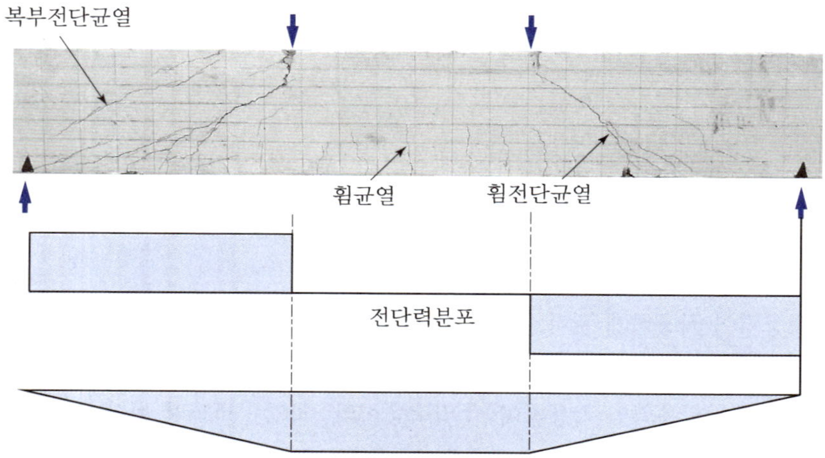

그림 8.5 균열의 종류

③ **사인장균열**(diagonal crack) 또는 **복부전단균열**(web shear crack) : 지점 근처에는 휨모멘트가 작고 전단력이 크게 작용한다. 이 위치에서는 부재의 복부(web)에 부재축과 경사진 균열이 발생하며 이러한 균열을 사인장균열 또는 전단균열이라 한다. 사인장균열은 복부의 폭이 작은 단면에서는 휨모멘트가 크게 작용하는 경우에도 발생한다. 또한, 단면의 크기가 일정한 부재의 경우에도 외력이 어느 정도 증가한 이후에는 부재의 복부에 발생하는 경우가 많다.

이 밖에도 주철근 근처에서 주철근을 따라서 진전하는 전단부착균열(shear bond crack), 가력점 부분에 콘크리트의 압축력에 의해 압축균열이 발생한다.

평균전단응력

등분포하중을 받는 프리스트레스트 콘크리트 부재에 작용하는 평균전단응력을 [그림 8.6]을 이용하여 계산할 수 있다. 임의의 프리스트레스트 콘크리트 단면에 대한 수평전단응력은 [그림 8.6(d)]와 같이 중립축 아래 인장측에서는 일정하다. [그림 8.6(a)]에서 작은 길이 dx를 절단하여 이 구간에 대한 자유물체도를 그리면 [그림 8.6(b)]가 된다. 주인장철근에서부터 중립축까지를 절단하고 이 면적에 대한 힘의 상태를 살펴보면 [그림 8.6(c)]와 같다.

[그림 8.6(c)] 요소에 대한 x방향의 평형조건에서 식(8.5)를 계산할 수 있다.

$$dT = v \cdot b \cdot dx \tag{8.5}$$

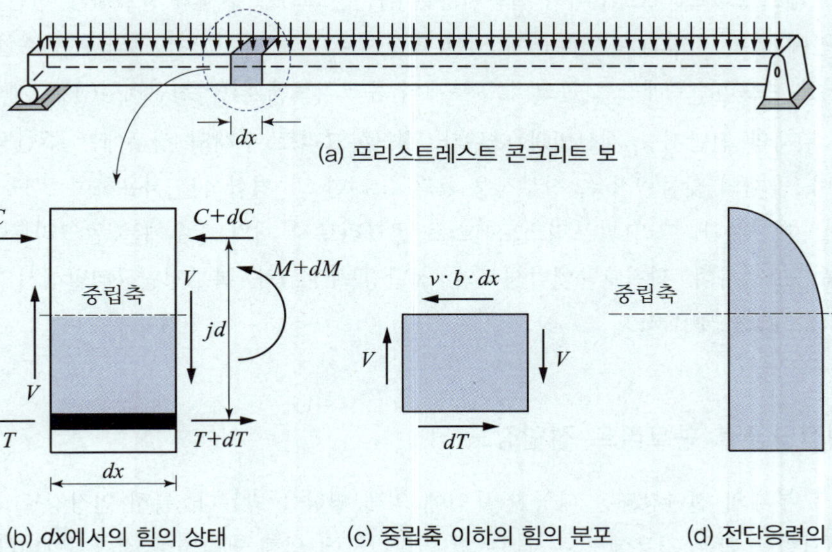

그림 8.6 평균전단응력

여기서, dT : 인장력의 증분, v : 전단응력이다.

모멘트(M)를 일차 미분하면 전단력(V)이 되며(식(8.6)), 모멘트는 인장력에 응력중심간의 거리(jd)를 곱한 값이다.

$$\frac{dM}{dx} = V$$

$$dM = dT \times jd \tag{8.6}$$

식(8.5)와 식(8.6)을 정리하여 식(8.7)을 유도할 수 있다.

$$v = \frac{V}{b \times jd} \tag{8.7}$$

설계에서는 계산을 간략화하기 위하여 응력중심간의 거리(jd)를 단면의 유효깊이(d)로 대치하여 식(8.8)에 의해 평균전단응력(v)을 계산한다.

$$v = \frac{V}{b \times d} \tag{8.8}$$

8.4 전단보강이 없는 부재의 전단저항

프리스트레스트 콘크리트 부재의 전단저항은 철근콘크리트 부재와 동일하게 전단보강이 없이 콘크리트만에 의한 저항과 전단철근에 의한 저항으로 나눌 수 있다. 그러나 구조설계기준에서 사용하고 있는 프리스트레스트 콘크리트 부재의 콘크리트에 의한 전단저항(V_c) 계산법은 철근콘크리트 부재의 전단저항 계산법과 다르다. 철근콘크리트 부재의 경우에는 주인장철근의 양, 전단경간비, 골재의 맞물림작용, 장부작용 등을 고려한 반 경험식을 사용하여 콘크리트에 의한 전단저항을 계산한다. 그러나 프리스트레스트 콘크리트 부재의 경우에는 콘크리트에 작용하는 압축응력을 고려하여 휨전단균열발생시의 전단강도(V_{ci})와 복부전단균열발생시의 전단강도(V_{cw})로 구분하여 계산한다.

8.4.1 휨전단균열 콘크리트 전단강도

콘크리트 부재의 전단강도는 다양한 요인에 의해 영향을 받는다. 특히 인장강도가 낮은 콘크리트는 전단력을 받는 경우에도 콘크리트의 인장강도에 의해 달라지며 전단경간비나 골재의 맞물림작용과 주인장철근의 양 등에 의해 영향을 받기 때문에 이론적으로 전단강도를 유도하는 것은 쉽지 않다. KDS 14 국가건설기준-2020(콘크리트구조 학회기준, 2017)에서 사용하고 있는 프리스트레스트 콘크리트 부재의 휨전단균열 발생 시의 콘크리트 전단강도(V_{ci})는 미국 일리노이대학에서 수행한 실험결과에 근거하고 있다.

[그림 8.7]은 전단철근이 없고 프리스트레스트 긴장재가 주철근으로 사용된 보이다. 실험에 의하면 부재의 중앙점에서 집중하중을 작용시켰을 때 그림의 a지점에서 휨전단균열(flexural shear crack)이 발생한 후에 가력점(부재의 중앙점) 방향으로 단면의 유효깊이(d_p)만큼 진전한다(그림의 c지점). 중앙점의 하중이 커지면 처음 균열이 발생한 위치(a지점)와 균열이 멈춘 위치(c지점)의 중간 위치(b지점)에 새로운 휨균열이 발생한다. 실험 관찰에 의하면 전단파괴는 두 번째로 발생한 휨균열이 휨전단균열로 진행될 때 발생하며 이때의 전단강도를 휨전단균열 전단강도라 한다.

휨전단균열 전단강도는 [그림 8.7]의 전단파괴 시점의 모멘트와 전단력의 관계를 이용하여 계산한다. 휨모멘트는 임의의 구간의 전단력의 면적과 동일하므로 식(8.9)를 유도할 수 있다.

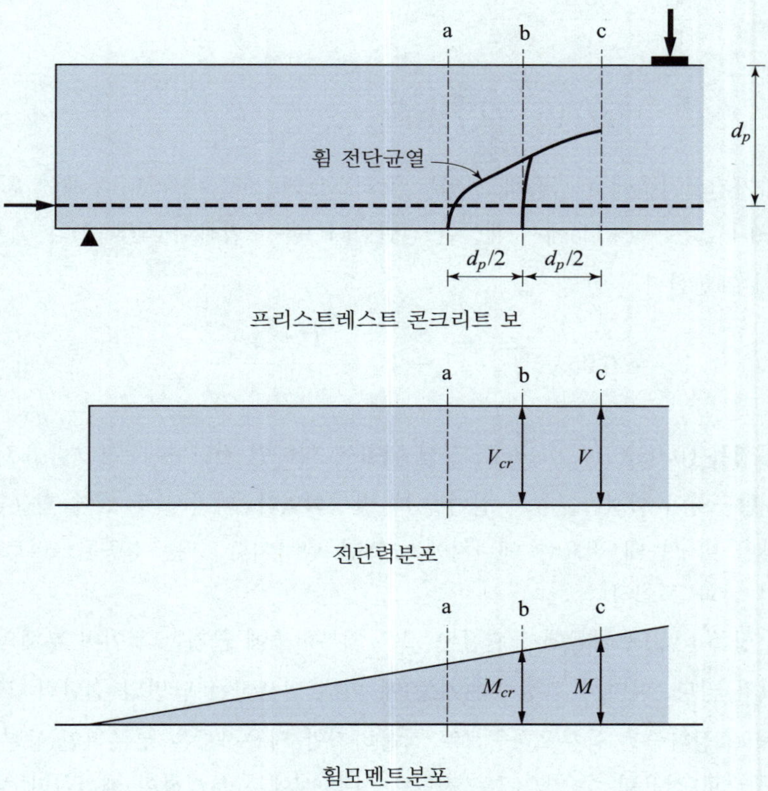

그림 8.7 휨전단균열 발생 시의 콘크리트 전단강도

$$M - M_{cr} = \frac{1}{2}(V + V_{cr})\frac{d_p}{2} \tag{8.9}$$

여기서, M : [그림 8.7]의 c지점의 모멘트, M_{cr} : 균열모멘트이며 [그림 8.7]의 b지점의 모멘트, V : [그림 8.7]의 c지점의 전단력, V_{cr} : 균열발생시의 전단력이며 [그림 8.7]의 b지점의 전단력, d_p : 압축연단에서 긴장재 단면 중심까지의 거리이며 비긴장재가 없는 경우에는 단면의 유효깊이이다.

식(8.9)에서 거리 $d_p/2$사이에서 발생하는 V와 V_{cr}은 부재가 집중하중을 받을 때 두 값의 크기가 동일하며, 등분포하중을 받을 경우에도 그 차이가 적기 때문에 두 값이 동일하다고 가정한다.

$$M - M_{cr} = V \cdot \frac{d_p}{2} \tag{8.10}$$

식(8.10)의 좌변을 V로 나누어 전단력을 계산할 수 있다.

$$\frac{M}{V} - \frac{M_{cr}}{V} = \frac{d_p}{2}$$

$$V = \frac{M_{cr}}{(M/V) - (d_p/2)} \tag{8.11}$$

KDS 14 국가건설기준에서 사용하고 있는 프리스트레스트 콘크리트 부재의 휨전단균열발생시의 전단강도(V_{ci})는 식(8.11)에서 계산한 전단력(V)을 포함하여 식(8.12)와 같이 세 가지 항목으로 나누어 계산한다.

$$V_{ci} = 0.05\lambda\sqrt{f_{ck}}\,b_w d_p + V_d + \frac{V_i \times M_{cre}}{M_{\max}} \tag{8.12}$$

① **첫 번째 항목** ($0.05\lambda\sqrt{f_{ck}}\,b_w d_p$) : 실험 관찰에 의하면 전단파괴는 [그림 8.7]의 두 번째로 발생한 휨균열이 휨전단균열로 진행될 때 발생되었다. 따라서 두 번째 휨균열이 전단균열로 방향을 바꾸는데 필요한 에너지에 근거한 항목이다. λ는 경량콘크리트 계수이며 식(3.5c)의 값과 동일하다.

② **두 번째 항목** (V_d) : 실험에서 관찰된 것은 외부하중에 근거한 것이며 부재의 자중은 포함되어 있지 않다. 따라서 고정하중(자중)에 의해 발생하는 단면의 전단력 V_d을 추가하였다. 특히 고정하중은 등분포하중으로 작용하지만 사용하중은 부분적인 등분포하중이거나 집중하중으로 작용할 수 있으므로 전단력 산정 시에는 분리하여 계산한다. 이렇게 하중을 분리하여 계산하면 합성 구조에 적용하기도 용이하다.

③ **세 번째 항목** ($(V_i \times M_{cr})/M_{\max}$) : 세 번째 항목은 식(8.11)을 변경한 항목이다. 실험에서는 부재의 자중이 이미 가해진 상태에서 외력(부재 중앙점에서의 집중하중)이 작용하여 얻은 계산 결과이므로 식(8.11)의 값을 다음과 같이 변경하였다.

- 전단력(V)을 작용하중(추가고정하중과 활하중)에 의한 계수전단력(V_i)으로 변경
- 휨모멘트(M)를 작용하중에 의해 발생하는 최대 계수모멘트($M_{\max}$)로 변경
- 균열모멘트(M_{cr})를 작용하중에 의해 발생하는 균열모멘트(M_{cre})로 변경

또한 식(8.11)을 변경할 때 거리 $d_p/2$ 사이에서 발생하는 모멘트의 차이($\Delta M = V \cdot (d_p/2)$)는 무시하였다.

식(8.12)의 긴장재의 단면유효높이(d_p, 긴장재와 철근의 도심에서 압축연단까지의 거리)는 $0.8h$(h : 단면의 높이) 이상이어야 하며, V_{ci}는 $0.17\lambda\sqrt{f_{ck}}\,b_w d$ 이상이어야 한다. 경사긴장재가 사용될 경우에 긴장력의 수직 분력을 식(8.12)에 더해야 하지만 일반적으로 긴장력의 수직 분력은 작으므로 무시한다.

식(8.12)의 균열모멘트(M_{cre})는 식(6.2b)를 이용하여 계산할 수 있다. 식(6.2b)의 $f_b(=f_t)$을 유효긴장력이 작용할 때의 휨균열강도 $0.5\lambda\sqrt{f_{ck}}$로 대체하면, M_T를 M_{cre}로 대체할 수 있으며 계산된 결과는 식(8.13)과 같다.

$$f_b(=f_t) = -\frac{P_e}{A_c} - \frac{P_e \times e}{I_c} y_b + \frac{M_T}{I_c} y_b$$

$$M_{cre} = \frac{I_c}{y_b}\left(0.5\lambda\sqrt{f_{ck}} + f_{pcc} - f_d\right) \tag{8.13}$$

여기서, y_b : 단면 중립축에서 단면 하부면까지의 거리, f_{pcc} : 작용하중에 의해 인장응력이 발생하는 단면의 연단에서 모든 프리스트레스트 손실을 감안한 유효긴장력에 의해 발생하는 콘크리트의 압축응력이며 식(8.14)에 의해 계산, f_d : 작용하중에 의해 인장응력이 발생하는 단면의 연단에서 하중계수를 곱하지 않은 고정하중에 의해 발생하는 응력이며 식(8.15)에 의해 계산한다. 식(8.13)에서 f_d를 빼주는 이유는 M_{cre}가 작용하중에 의해 발생하는 균열모멘트이기 때문이다.

$$f_{pcc} = \frac{P_e}{A_c} + \frac{P_e \times e}{I_c} y_b \tag{8.14}$$

$$f_d = \frac{M_D}{I_c} y_b \tag{8.15}$$

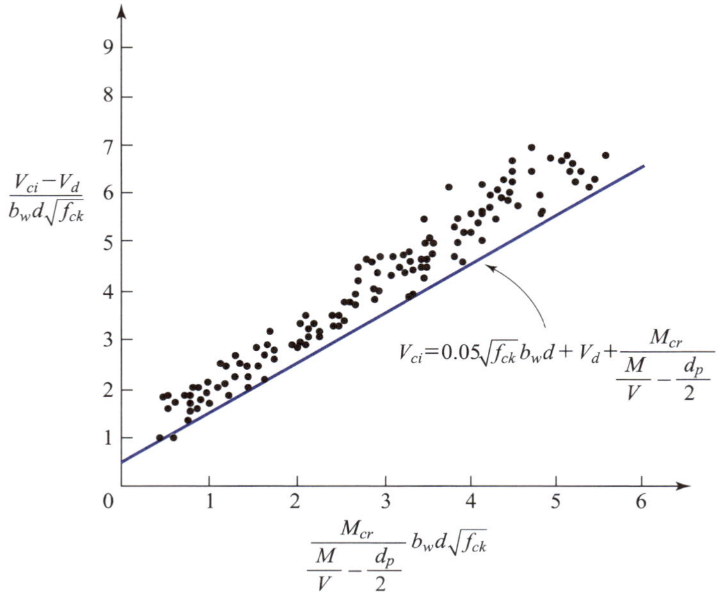

그림 8.8 휨전단균열발생 시의 콘크리트 전단강도와 실험결과의 비교(ACI Committee 318, 1963)

[그림 8.8]은 실험결과와 식(8.12)의 결과를 비교하고 있다. 그림에서 휨전단균열발생 시의 콘크리트의 강도 예측식이 실험결과를 잘 예측하고 있음을 알 수 있다. 그러나 이 결과는 제한된 실험변수에 근거한 결과이므로 실험에 적용된 변수 범위를 벗어나거나 조건이 다를 경우에는 이와 같은 결과를 나타내지 않는 경우가 많다.

8.4.2 복부전단균열 콘크리트 전단강도

복부전단균열은 [그림 8.5]에서 설명하였듯이 휨균열에서 진전하지 않고 단면의 복부에서 직접 부재축과 대각선 방향으로 발생하는 균열이다. 복부 콘크리트의 응력 상태는 [그림 8.4]에 표시된 압축응력, 인장응력, 전단응력을 받으며 이때의 주응력을 식(8.3a, b)에 의해 계산한다. 콘크리트의 인장강도는 압축강도에 비하여 작으므로 식(8.3a)의 주인장응력(f_1)이 직접인장강도에 도달했을 때 이 부재는 파괴된다고 볼 수 있다([그림 8.9] 참조). 따라서 식(8.3a)의 f_1을 직접인장강도($f_t{}'$)로 대체하면, v를 복부전단균열발생 시의 콘크리트의 전단강도(v_{cw})로 대체할 수 있으며 계산된 결과는 식(8.16)이 된다.

$$f_t{}' = \frac{f_x}{2} + \sqrt{\left(\frac{f_x}{2}\right)^2 + v_{cw}^2} \tag{8.16}$$

식(8.16)에서 부재축방향응력(f_x)은 긴장력에 의해 발생하는 콘크리트의 압축응력이므로 음수(−)의 부호를 갖는 $f_{pc}(=P_e/A_c)$로 대체하여 v_{cw}를 계산한다.

$$v_{cw} = f_t{}' \sqrt{1+\frac{f_{pc}}{f_t{}'}} \tag{8.17}$$

식(8.17)의 직접인장강도($f_t{}'$)를 $0.29\lambda\sqrt{f_{ck}}$로 하여 식을 간략화 시키면 식(8.18)이 된다.

$$v_{cw} = 0.29\lambda\sqrt{f_{ck}} + 0.3f_{pc} \tag{8.18}$$

식(8.18)의 전단응력에 평균전단응력의 개념에서 계산한 단면적을 곱하여 전단력(V_{cw})을 계산할 수 있다. 또한, 경사긴장재가 사용될 경우에 긴장력의 수직 분력(V_p)을 식(8.18)에 더하여 전단력(V_{cw})을 계산한다.

$$V_{cw} = \left(0.29\lambda\sqrt{f_{ck}} + 0.3f_{pc}\right)b_w d_p + V_p \tag{8.19}$$

여기서, f_{pc} : 작용하중을 저항하는 단면의 도심(centroid)에서 모든 프리스트레스트의 응력손실을 고려한 콘크리트의 압축응력, V_p : 경사긴장재가 사용될 경우의 긴장력의 수직 분력, 콘크리트의 압축응력 단면유효높이(d)는 $0.8h$ 이상이다.

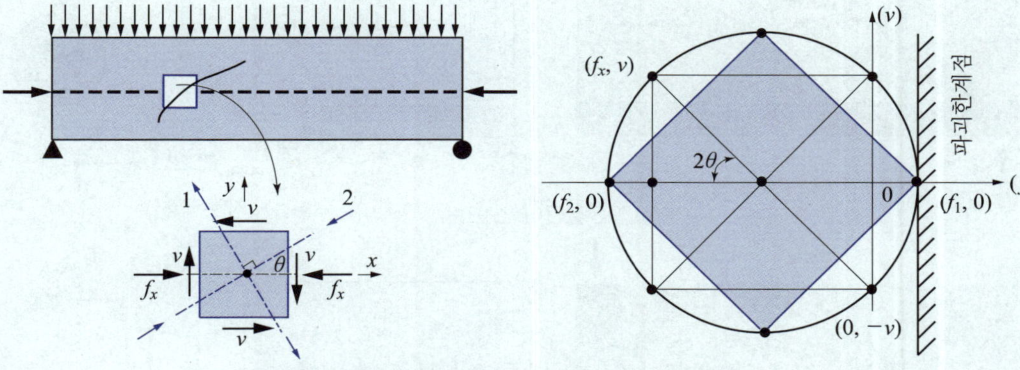

그림 8.9 복부전단균열발생 시의 콘크리트 전단강도

8.5 전단보강이 있는 부재의 전단저항

8.5.1 전단저항 요소

전단철근(stirrup, 스터럽)은 사인장균열이 발생한 이후에 프리스트레스트 콘크리트 부재의 전단저항력을 향상시킨다. 전단철근이 있는 프리스트레스트 콘크리트 부재의 전단력은 콘크리트의 저항 성분에 균열을 관통하는 전단철근에 의한 저항 성분(V_s)을 더한다.

프리스트레스트 콘크리트 부재에 배근된 전단철근의 주요 역할은 다음의 4가지로 구분할 수 있다.

① **전단력의 일부를 부담** : 사인장균열이 발생한 이후에 전단철근이 전단력의 대부분을 저항한다.

② **사인장균열의 폭을 작게 함** : 전단철근 배근 면적이 증가하면 사인장균열의 수는 증가하지만 균열의 폭은 감소한다.

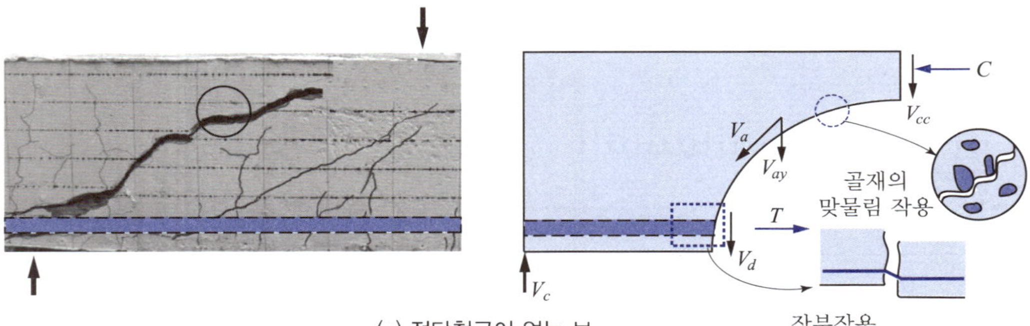

(a) 전단철근이 없는 보

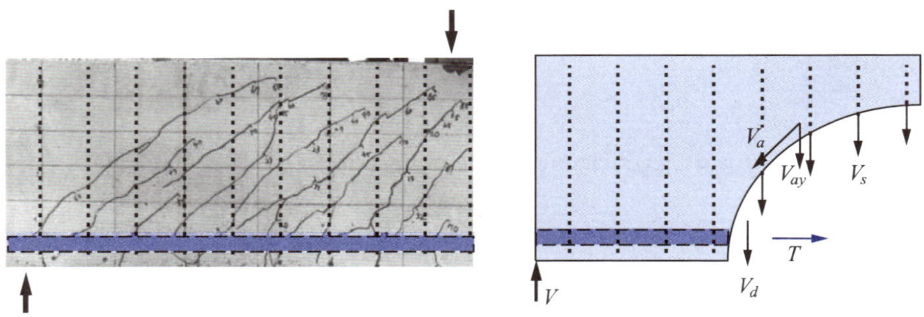

(b) 전단철근이 있는 보

그림 8.10 전단철근이 없는 부재와 전단철근이 있는 부재의 전단저항

③ **골재의 맞물림작용 증대** : 균열이 발생한 콘크리트의 면은 매끄럽지 않고 [그림 8.10]과 같이 골재를 중심으로 곡선을 이룬다. 면이 울퉁불퉁할 경우에 균열 양면으로 힘이 전달되어 외부 전단력에 저항하며 이를 골재의 맞물림작용(aggregate interlock)이라 한다. 골재의 맞물림작용은 콘크리트의 압축강도, 골재의 입도 및 크기 등에 의해 영향을 받는데 전단철근은 균열의 폭을 작게 하여 골재의 맞물림작용에 의한 전단저항력(V_{ay})을 증대시킨다.

④ **장부작용 증대** : 장부작용(dowel action)이란 부재축과 평행하게 배근된 주인장철근이 부재축에 수직으로 작용하는 전단력을 마치 옷걸이와 같이 저항하는 것을 말한다([그림 8.10] 참조). 장부작용은 피복콘크리트의 두께가 두꺼울수록 효과가 커지며, 피복콘크리트가 없을 경우에는 발생하지 않으며, 전단철근은 부재축방향으로 배근된 주인장철근을 지지하여 장부작용에 의한 전단저항(V_d)을 증대시킨다.

8.5.2 45도 트러스모델(45도 트러스유사론)

프리스트레스트 콘크리트는 복합재료로 이방성(異方性, non-homogeneous, anisotropy)의 특성을 갖고 있다. 이러한 부재의 전단강도를 탄성해석에 의해 계산하면 실제 값과 많은 차이가 발생한다. 특히, 콘크리트는 인장에 약하기 때문에 복부콘크리트(web concrete)에 다축응력이 작용할 경우에 복잡한 전단 파괴메커니즘을 나타낸다.

20세기 초, Ritter와 Morch는 콘크리트의 대각선 압축대와 철근의 수직 및 하부 인장재로 구성된 트러스모델에 의해 사인장균열이 발생한 철근콘크리트 부재의 힘의 흐름을 설명하였다. Ritter와 Morch의 트러스이론에서는 사인장균열각도의 값을 45도로 가정한 뒤, 간단한 힘의 평형조건을 이용하여 전단력을 계산하였다. 그러나 균열의 각도를 45도로 가정할 경우, 트러스이론에 의해 예측된 전단강도는 실제의 전단강도를 과소평가하는 경향이 있다. 따라서 보다 정확한 균열각도를 예측하기 위한 연구가 진행되었고, 그 중에서 대표적인 이론으로 소성이론에 기본을 둔 트러스이론과 변형률의 적합조건을 이용한 트러스이론이 있다.

소성이론을 이용한 트러스이론은 콘크리트 부재가 전단파괴를 일으킬 때, 전단철근과 콘크리트가 소성상태에 도달한다고 가정하여 균열각도를 계산한다. 따라서 균열각도는 재료조건(전단철근의 양과 콘크리트의 압축강도)에 따라 0도에서 45도로 변화한다. 응력교란영역에 사용되는 스트럿 - 타이 모델도 소성이론에 근거한 트러스이론의 하나이다. 소성이론을 이용한 트러스이론은 힘의 평형조건만을 이용하여 비교적 간단히 전단강도를 구할 수 있으나, 전단파괴 시에 구성재료가 소성상태에 도달한다고 가정하기 때문에 실제의 전단강도를 과대평가할 수 있다. 즉, 콘크리트와 철근의 상호작용에 의해 외력을 저항하는 철근콘크리트 부재에 과대한 양의 전단철근이 배근될 경우, 그 부재는 전단철근이 항복하지 않고 콘크리트만이 소성상태에 도달하여 전단파괴가 발생하며, 그 반대의 경우, 전단철근만이 소성상태에 도달하여 전단파괴가 발생하기 때문이다.

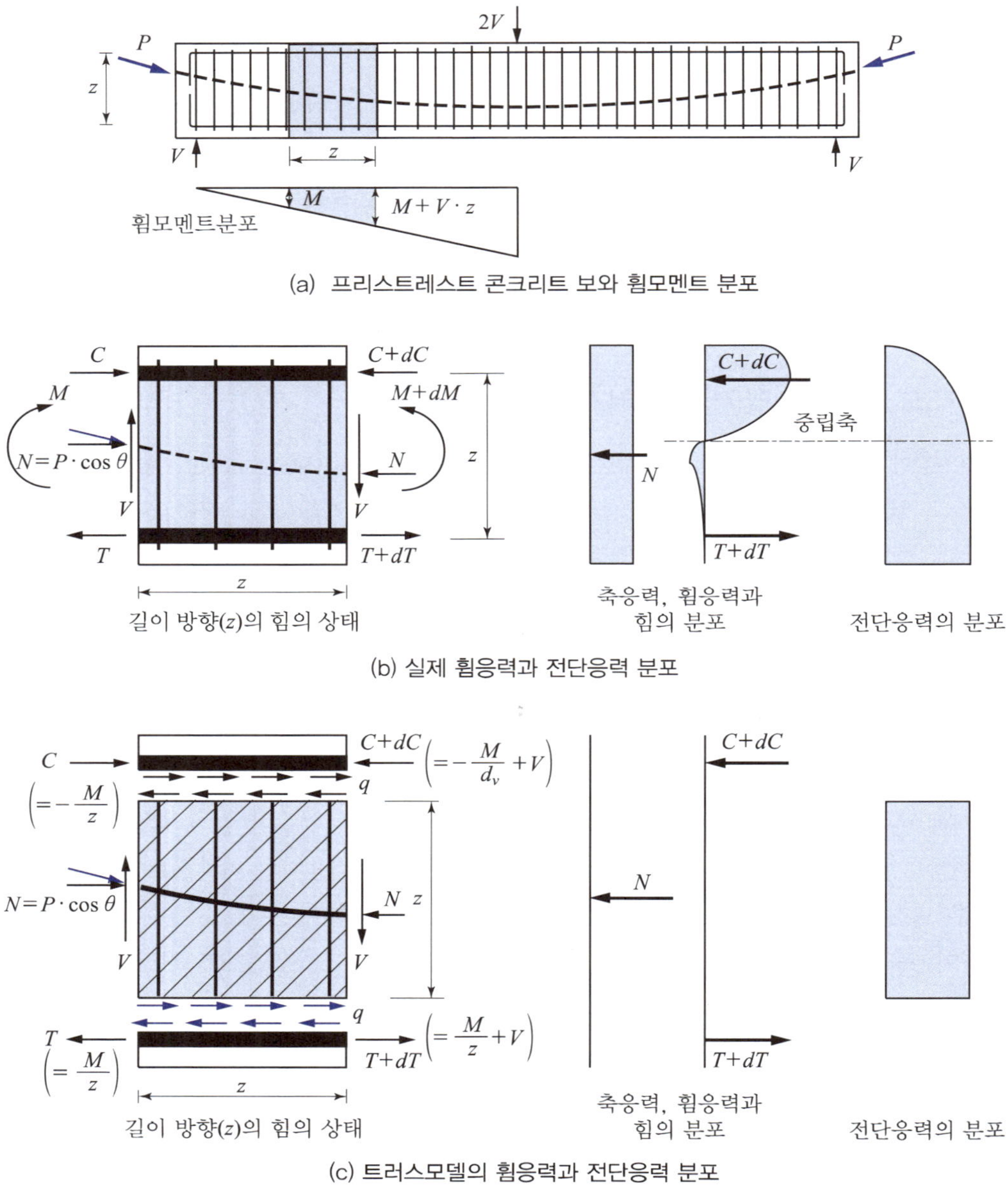

그림 8.11 트러스모델을 위한 응력의 가정

한편, 변형률의 적합조건을 이용한 대표적인 이론은 수정압축응력장이론(modified compression field theory)과 회전각연화트러스이론(rotating angle softened truss model)이 있다. 두 이론에서는 사인장균열각도와 콘크리트의 주압축응력의 각도는 동일하다고 가정된다. 따라서 균열의 각도를 구하기 위하여 힘의 평형조건뿐만 아니라, 변형률의 적합조건을 이용해야 한다. 두 이론의 계산 절차는 소성이론을 이용한 트러스이론보다 복잡하지만, 전단강도와 부재의 변형을 동시에 예측할 수 있는 장점이 있다.

트러스이론은 복잡한 전단파괴 메커니즘을 단순한 트러스로 이상화하여 전단력을 손쉽게 계산할 수 있는 방법이지만, 이를 위하여 여러 가정이 필요하다. [그림 8.11]은 집중하중을 받는 프리스트레스트 콘크리트 단순보를 나타낸다. [그림 8.11(a)]는 보에 작용하는 축력과 휨모멘트의 분포이며, [그림 8.11(b)]는 임의의 단면에 작용하는 축응력, 휨응력 및 전단응력의 분포이다. 휨응력은 중립축을 중심으로 압축측과 인장측으로 구분되며, 인장력은 철근이 지지한다.

또한 균열이 발생한 프리스트레스트 콘크리트 단면의 경우에 전단응력은 인장측 콘크리트 저항력이 포함되지 않고, 강재의 단면적에 탄성계수의 비(n)를 곱하여 환산한 단면만이 고려되어 계산되기 때문에 중립축 아래의 수평전단응력은 일정하다([그림 8.3]과 [그림 8.11(b)] 참조).

트러스이론에서는 단면의 위치에 따라서 달라지는 [그림 8.11(b)]의 축응력, 휨응력, 전단응력의 분포를 [그림 8.11(c)]와 같이 단순화하여 전단강도 평가식을 유도한다.

① **휨응력** : 상현재(top chord, 주압축철근과 주위 콘크리트)와 하현재(bottom chord, 주인장강재와 주위 콘크리트)가 저항하며, 중립축과 가까운 복부콘크리트는 휨응력을 저항하지 않는다.

② **전단응력** : 수평전단응력은 복부콘크리트에 일정하게 분포한다.

③ **축응력** : 부재축방향의 절단된 거리 z의 좌·우 단면 도심의 높이가 일정하다고 가정하며, 축응력은 도심에서 작용한다.

이러한 세 가지 가정에 근거할 경우에 응력의 분포는 [그림 8.11(c)]와 같이 변화한다. 이 경우에 부재의 임의의 한 길이를 절단하고, 부재의 웨브 부분(복부콘크리트)의 자유물체도를 작성하면 [그림 8.12]가 된다. [그림 8.12]에서 f_l : 부재축방향(l방향)의 직응력, f_t : 부재축과 직각되는 방향(t방향)의 직응력, v_{lt} : $l-t$방향의 전단응력, f_2^c : 콘크리트의 주압축응력, f_1^c : 콘크리트의 주인장응력, f_{ls} : l방향에 배근된 강재의 응력(주철근의 응력), f_{ts} : t방향에 배근된 철근의 응력(전단철근의 응력), ρ_l, ρ_t : l과 t방향에 배근된 철근의 철근비, θ : 콘크리트 압축대와 부재축이 이루는 각도 또는 균열의 각도이다.

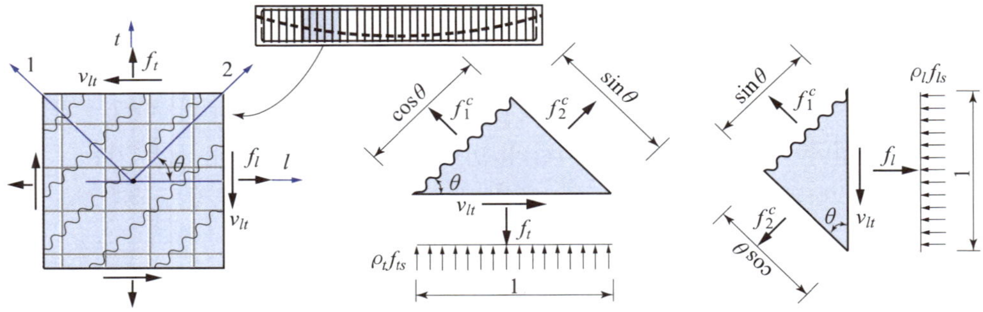

(a) 보요소의 응력　　(b) 응력의 변환

그림 8.12 트러스모델에 의한 임의 요소의 응력 상태

전단 설계에서는 [그림 8.12]의 $l-t$방향의 전단응력(v_{lt})이 계산되어야 한다. 만일 콘크리트의 주응력방향의 응력(f_2^c과 f_1^c)과 균열의 각도(θ)를 알고 있다면, 힘의 변환을 이용하여 주응력방향(1과 2방향)의 응력을 부재축방향(l방향)과 부재축과 직각되는 방향(t방향)의 응력으로 변환할 수 있다.

주응력방향(1, 2방향)과 철근방향(l, t방향)의 응력간의 관계를 [그림 8.13]의 모어의 응력원(Mohr's stress circle)에 의해 나타낼 수 있다. 이때 철근에는 전단응력이 작용하지 않고 직응력만이 작용한다고 가정하며, l방향과 t방향에 작용하는 철근의 응력을 콘크리트의 응력에 더할 수 있다. 따라서 주응력방향(1, 2방향)과 철근방향(l, t방향)의 응력간의 관계는 식(8.20)～식(8.22)가 된다.

$$f_l = f_2^c\cos^2\theta + f_1^c\sin^2\theta + \rho_l f_{ls} \tag{8.20}$$

$$f_t = f_2^c\sin^2\theta + f_1^c\cos^2\theta + \rho_t f_{ts} \tag{8.21}$$

$$v_{lt} = (-f_2^c + f_1^c)\sin\theta\cos\theta \tag{8.22}$$

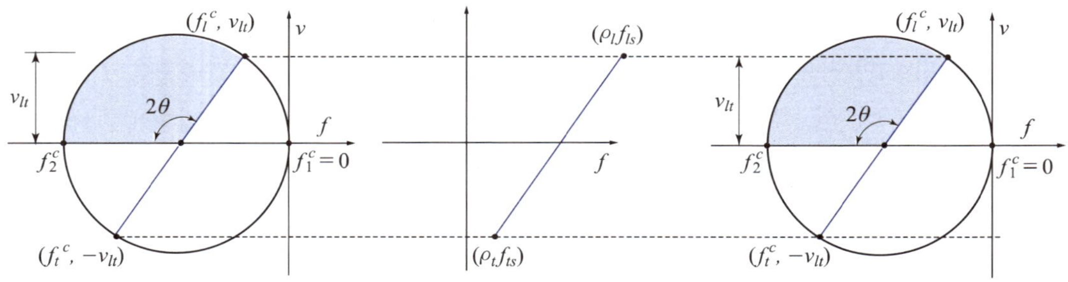

(a) 콘크리트　　(b) 철근　　(c) 철근콘크리트

그림 8.13 모어의 응력원

식(8.20)~식(8.22)에서 힘의 평형식만을 이용하면 주어진 식에 비하여 미지수가 많기 때문에 전단응력(v_{lt})을 계산할 수 없다. 따라서 45도 트러스이론에서는 다음 가정을 이용한다.

① **사인장균열의 방향** : 콘크리트 주압축응력의 방향과 사인장균열의 방향이 동일하다.

② **사인장균열각도(θ)** : 사인장균열의 각도는 45도이며, 복부콘크리트에 일정하게 발생한다. 특히 프리스트레스트 긴장력이 작용할 경우에 사인장균열의 각도는 45도 이하가 될 가능성이 높지만 45도 트러스모델에서는 이 값을 45도로 가정하며 이 모델이 KDS 14 국가건설기준-2020(콘크리트구조 학회기준, 2017)에 적용되고 있다.

③ **균열면 콘크리트의 인장강도** : 균열면 콘크리트의 인장강도는 작아 무시할 수 있다($f_1^c = 0$).

④ **장부작용과 골재의 맞물림작용** : 장부작용과 골재의 맞물림작용은 직접적으로 고려하지 않는다.

⑤ **전단철근의 강도** : 전단철근의 응력(f_{ts})은 항복강도(f_{yt})와 동일하다. 식(8.21)의 철근 응력(f_{ts})은 부재가 파괴할 때의 철근 응력이며, 항복강도(f_{yt})가 아니다. [그림 8.2]의 전단파괴모드에서 설명한 것과 같이 전단파괴는 전단철근의 항복 유무에 따라서 연성능력이 달라질 수 있다. 설계에서는 전단철근 항복 이후에 콘크리트가 파괴하는 전단파괴를 유도하고 있으므로 철근 응력(f_{ts})을 항복강도(f_{yt})로 가정한다.

⑥ **부재축방향 강재**(긴장재(PS강재)나 비긴장재(철근))**의 강도** : 부재축방향 강재는 항복하지 않고 탄성상태를 유지한다.

가정에 근거하여 균열면 콘크리트의 인장강도를 무시하고(가정 ③), 보, 기둥, 슬래브 등의 경우에 부재축과 직각되는 방향(t방향)의 직응력(f_t)은 존재하지 않으므로 식(8.21)을 다음 식으로 바꿀 수 있다.

$$f_2^c = -\frac{\rho_t f_{ts}}{\sin^2\theta} \tag{8.23}$$

식(8.23)을 식(8.22)에 대입하여 식(8.24)를 구한다.

$$v_{lt} = (\rho_t f_{ts})\cot\theta \tag{8.24}$$

식(8.24)에서 전단응력에 식(8.9)의 전단력과의 관계($v_{lt} = V_s / (b_w \times d)$)와 전단철근비($\rho_t = A_v / (s \times b_w)$)의 관계를 대입하여 식(8.25a)를 구할 수 있다.

[수직방향 전단철근 사용]

$$V_s = \frac{A_v f_{ts} d}{s}\cot\theta \tag{8.25a}$$

만일 전단철근의 방향이 부재축과 직각되지 않고 각도 α만큼 기울어져 배근되어 있다면 식(8.24)에서 식(8.25b)를 유도할 수 있다.

[경사전단철근 사용]

$$V_s = \frac{A_v f_{ts} d}{s} \sin\alpha (\cot\alpha + \cot\theta) \tag{8.25b}$$

여기서, s : 전단철근의 간격, α : 전단철근과 부재축이 이루는 각도, A_v : 전단철근의 단면적이다.

45도 트러스모델에 대한 가정 ②와 가정 ⑤에서 균열의 각도(θ)를 45도로 가정하고, 전단철근의 강도(f_{ts})는 항복강도(f_{yt})를 사용하므로, 식(8.25)는 식(8.26)과 같이 바뀐다.

[수직방향 전단철근 사용]

$$V_s = \frac{A_v f_{yt} d}{s} \tag{8.26a}$$

[경사전단철근 사용]

$$V_s = \frac{A_v f_{yt} d}{s} (\sin\alpha + \cos\alpha) \tag{8.26b}$$

별해 45도 트러스모델(45도 트러스유사론)

45도 트러스이론에 의해 유도되는 식(8.26)은 사인장균열을 관통하는 전단철근의 내력에 대한 평형식을 이용하여 계산할 수 있다.

트러스이론은 [그림 8.14(b)]에서 경사지게 전단철근이 배근된 부재에 일정한 각도(θ)의 균열이 발생한다고 가정한다. 복부의 대각선 방향 콘크리트 압축대의 합력과 균열면에 작용하는 전단철근의 합력 및 하부인장재로 구성된 트러스부재의 인장력을 이용하여 [그림 8.14(c)]의 트러스를 구성할 수 있다. 프리스트레스트 긴장력이 전체 힘에 영향을 줄 수 있으나 45도 트러스모델에서는 이 영향을 무시한다. [그림 8.14(c)]에서 부재축과 수직되는 방향에 대한 힘의 평형조건을 이용하여 식(8.27)을 유도할 수 있다.

$$V_s = C_d \sin\theta = T_s \sin\alpha \tag{8.27}$$

여기서, C_d : 콘크리트 압축대의 압축력, T_s : 사인장균열을 가로지르는 모든 전단철근의 인장합력, V_s : 외부 전단력이다.

전단철근의 합력(T_s)은 균열면에 존재하는 전단철근의 수(n)에 의해 계산할 수 있다.

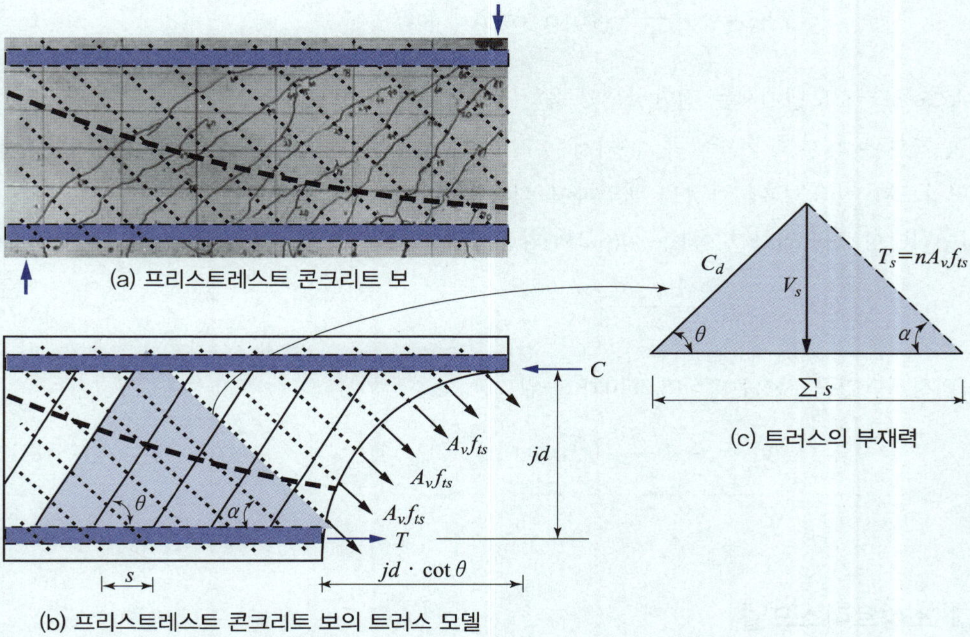

그림 8.14 균열이 발생한 보의 트러스모델에 의한 응력상태

$$T_s = nA_v f_{ts}$$
$$V_s = nA_v f_{ts} \sin\alpha \tag{8.28}$$

여기서, A_v : 전단철근의 단면적, f_{ts} : 전단철근의 응력이다.

균열과 전단철근의 수평방향의 길이의 합($\sum s$)은 식(8.29)와 같다.

$$\sum s = jd(\cot\alpha + \cot\theta) \tag{8.29}$$

식(8.29)에서 $\sum s$ 에 배근된 철근의 수(n)는 전단철근의 간격(s)에 의해 계산할 수 있다.

$$\sum s = n \cdot s$$
$$n = \frac{jd(\cot\alpha + \cot\theta)}{s} \tag{8.30}$$

식(8.30)을 식(8.28)에 대입하여 식(8.31)을 유도한다. 이때 jd는 d로 대체한다.

$$V_s = \frac{A_v f_{ts} d}{s} \sin\alpha (\cot\alpha + \cot\theta) \tag{8.31}$$

45도 트러스모델에서는 전단철근의 응력(f_{ts})이 항복강도(f_{yt})에 도달한다고 가정하며, 균열의 각도를 45도로 가정한다. 따라서 수직방향 전단철근과 경사전단철근을 사용한 부재의 전단강도를 식(8.31)에 가정을 대입하여 식(8.32a)와 식(8.32b)에서 계산한다.

[수직방향 전단철근 사용] - 식(8.26a)와 동일

$$V_s = \frac{A_v f_{yt} d}{s} \tag{8.32a}$$

[경사전단철근 사용] - 식(8.26b)와 동일

$$V_s = \frac{A_v f_{yt} d}{s} (\sin\alpha + \cos\alpha) \tag{8.32b}$$

8.5.3 소성트러스모델

45도 트러스이론은 힘의 평형조건만을 이용하여 간단하게 전단력을 계산할 수 있지만, 균열의 각도를 45도로 가정하여 실제의 전단강도를 과소평가하는 경향이 있다. 균열의 각도는 재료의 조건에 따라서 달라지며, 전단철근의 양이 많아지면 균열의 각도가 커지고, 전단철근의 양이 적어지면 균열의 각도가 작아진다. 이와 같이 재료조건에 따라서 변화하는 사인장균열의 각도를 보다 정확하게 예측하고 이를 전단내력 평가식에 반영하기 위하여 소성트러스이론이 제안되었다. 소성트러스이론은 하계소성이론(lower boundary plasticity theory)과 상계소성이론(upper boundary plasticity theory)으로 구분된다. 소성트러스이론에서는 철근콘크리트 부재가 파괴에 도달 했을 때에 철근과 콘크리트가 모두 소성상태, 즉 최대 응력에 도달한다고 가정한다.

식(8.22)에서 인장응력(f_1^c)을 무시하면 식(8.33)을 유도할 수 있다.

$$f_2^c = -\frac{v_{lt}}{\sin\theta\cos\theta} = -v_{lt}(\tan\theta + \cot\theta) \tag{8.33}$$

식(8.33)을 식(8.21)에 대입하여 식(8.34)를 유도할 수 있다.

$$\rho_t f_{ts} = v_{lt} \tan\theta \tag{8.34}$$

소성이론에서 철근콘크리트 부재가 파괴에 도달 했을 때에 철근과 콘크리트가 모두 최대 응력에 도달했다고 가정하므로, 식(8.33)과 식(8.34)의 콘크리트의 주압축응력(f_2^c)과 t방향 철근의 응력(f_{ts})은 식(8.35)와 같이 바뀔 수 있다. 특히, 콘크리트의 응력은 2방향 응력(압축과 인장응력)을 받는 복부콘크리트의 응력이므로 콘크리트 유효압축강도(vf_{ck})를 이용해야 한다. 유효압축강도(vf_{ck})란 1축 압축응력과 1축 인장응력을 받았을 때 변화하는 콘크리트의 압축강도를 의미한다. 콘크리트가 2축 압축응력을 받으면 압축강도가 상승하지만, 1축 압축응력과 함께 1축 인장응력을 동시에 받으면 콘크리트의 압축강도는 급격하게 감소한다. 건물의 보나 기둥의 복부콘크리트(web concrete)에는 대부분 압축응력과 인장응력이 동시에 작용하며, 이러한 응력은 부재의 전단강도나 비틀림강도를 감소시킬 수 있다. 따라서 전단강도나 비틀림강도를 계산하기 위해서는 콘크리트의 유효압축강도를 사용하는 것이 합리적이다. 유효압축강도에 대하여 지금까지 발표된 주요한 평가식을 [표 8.2]에 정리하였다.

$$f_2^c = vf_{ck} \tag{8.35a}$$

$$f_{ts} = f_{yt} \tag{8.35b}$$

여기서, v는 콘크리트의 유효압축강도계수이다. 식(8.35)를 식(8.33)과 식(8.34)에 대입하여 식(8.36)과 식(8.37)을 유도한다.

$$vf_{ck} = -\frac{v_{lt}}{\sin\theta \cdot \cos\theta} \tag{8.36}$$

$$\cot\theta = \frac{v_{lt}}{\rho_t f_{yt}} \tag{8.37}$$

식(8.36)과 식(8.37)을 정리하고, 전단력과의 관계($v_{lt} = V_s/(b_w \times d)$)와 전단철근비($\rho_t = A_v/(s \times b_w)$)의 관계를 이용하면 식(8.38)을 구할 수 있다.

표 8.2 콘크리트 유효압축강도

사 례	콘크리트의 유효압축강도
콘크리트구조 학회기준 (KCI-17)	$v = 0.75$ (일정한 양의 복부철근이 있는 경우) $v = 0.60\lambda$ (일정한 양의 복부철근이 없는 경우)
유럽기준 (EC2-02)	$v = 0.6\left(1 - \frac{f_{ck}(\text{MPa})}{250}\right)$
Collins 등의 제안식	$v = \frac{1}{0.8 + 170\epsilon_1}$ (여기서, ϵ_1은 콘크리트의 주인장변형률)
Hsu 등의 제안식	$v = \frac{5.8}{\sqrt{f_{ck}}} \frac{1}{\sqrt{1+400\epsilon_1}}, \quad \left(\frac{5.8}{\sqrt{f_{ck}}} \leq 0.9\right)$

$$V_s = \frac{A_v f_{yt} d}{s} \cot\theta \tag{8.38}$$

[균열의 각도]

$$\tan\theta = \sqrt{\frac{\Psi}{1-\Psi}} \tag{8.39}$$

여기서, $\Psi = \rho_t f_{yt} / (v f_{ck})$

식(8.36)과 식(8.37)을 다시 정리하면 식(8.40)의 전단응력과 콘크리트 압축강도의 관계를 구할 수 있다.

$$\frac{v_{lt}}{v f_{ck}} = \sqrt{\Psi(1+\Psi)} \tag{8.40}$$

식(8.40)에서 전단응력(v_{lt})과 재료계수(Ψ)는 원의 관계가 있음을 알 수 있다. 따라서 [그림 8.15]에서는 식(8.39)와 식(8.40)의 전단내력(v_{lt})과 균열의 각도(θ) 및 재료계수(Ψ)의 관계를 원으로 표시하였다. [그림 8.15]의 원은 [표 8.3]과 같이 두 구간으로 나누어진다.

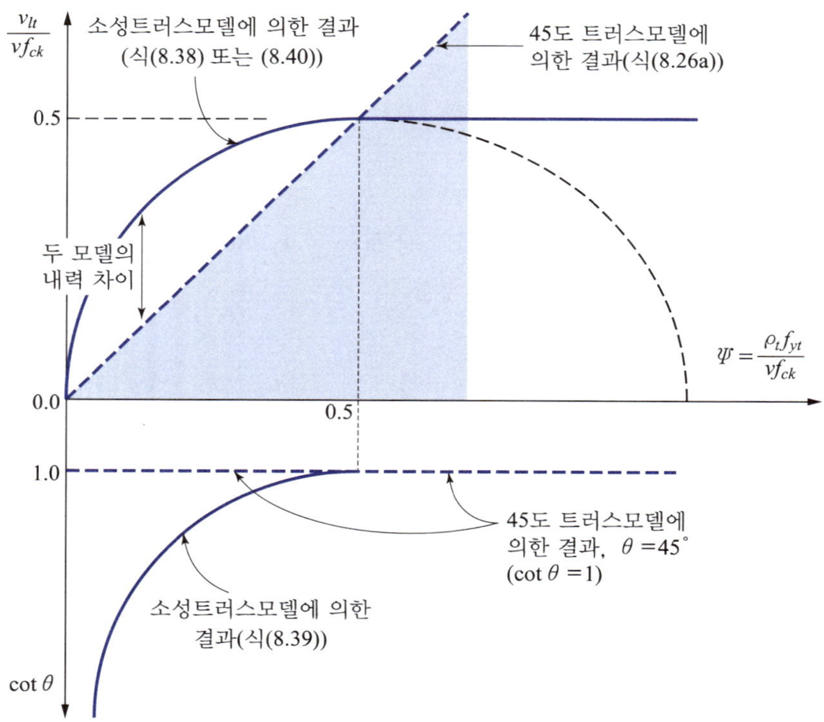

그림 8.15 소성트러스모델과 45도 트러스모델의 비교

표 8.3 소성트러스모델의 전단내력과 균열의 각도

Ψ	전단내력(v_{lt})	균열의 각도(θ)	
		45도 트러스모델	소성트러스모델
$\Psi \leqq 0.5$	$\dfrac{v_{lt}}{v f_{ck}} = \sqrt{\Psi(1+\Psi)}$	45도	$\tan\theta = \sqrt{\dfrac{\Psi}{1-\Psi}}$
$\Psi > 0.5$	$\dfrac{v_{lt}}{v f_{ck}} = 0.5$	45도	45도

① **$\Psi \leqq 0.5$ 구간** : 식(8.39)에 의해 균열의 각도(θ)를 계산하고, 식(8.38)에서 전단력을 계산한다.

② **$\Psi > 0.5$ 구간** : 식(8.40)에 의해 계산된 전단내력은 재료계수(Ψ)가 증가함에 따라서 감소하지만(v_{lt}와 Ψ는 원의 관계이므로), 실제 부재에서는 이와 같은 현상이 발생하지 않으므로 소성트러스모델에서는 $\Psi > 0.5$일 경우는 $v_{lt} = 0.5\, v f_{ck}$로 가정한다. 즉, 이 구간에서는 소성이론을 적용할 수 없다.

[그림 8.15]는 45도 트러스모델에 의해 계산한 전단내력과 소성트러스모델에 의해 계산한 전단내력을 비교하고 있다. 그림에서 두 모델에 의해 계산한 전단내력에는 상당한 차이가 있음을 알 수 있다. 이는 전단내력은 균열의 각도와 $\cot\theta$로 비례하여, 균열각도가 감소하면 전단내력은 급격하게 증가하기 때문이다. 현재 유럽기준과 도로교설계기준(한계상태설계법, 2016)에서는 소성트러스모델에 근거하여 전단내력을 계산하고 있다.

8.5.4 변형률 적합조건을 이용한 트러스모델

45도 트러스이론은 힘의 평형조건만을 이용하여 간단하게 전단력을 계산할 수 있지만, 균열의 각도를 45도로 가정하고, 콘크리트의 인장강도를 고려하지 않아 실제의 전단강도를 과소평가하는 경향이 있다. 변형률의 적합조건을 이용한 트러스모델에서는 재료메커니즘(힘의 평형조건, 변형의 적합조건, 재료의 응력 - 변형률 곡선)을 이용하여 재료 조건에 따라서 달라지는 균열각도를 계산하였다.

[그림 8.11]의 긴장력, 휨모멘트, 전단력이 동시에 작용하는 프리스트레스트 콘크리트 보에 대하여 트러스모델에서는 휨모멘트는 상·하현재가 모두 저항하며, 복부에서는 일정한 전단력만이 작용한다고 가정한다. 이러한 응력 상태를 갖고 있는 복부콘크리트를 절단하여 [그림 8.16]의 자유물체도를 표시할 수 있다. 철근콘크리트 벽체, 원통쉘, 기둥 등도 같은 방법으로 일반화할 수 있다. [그림 8.16(a)]에서 콘크리트의 주압축응력과 주인장응력의 방향을 2방향, 1방향으로 정하고, 부재축방향과 부재축과 직각으로 배근된 철근의 방향을 각각 l방향과 t방향으로 정한다.

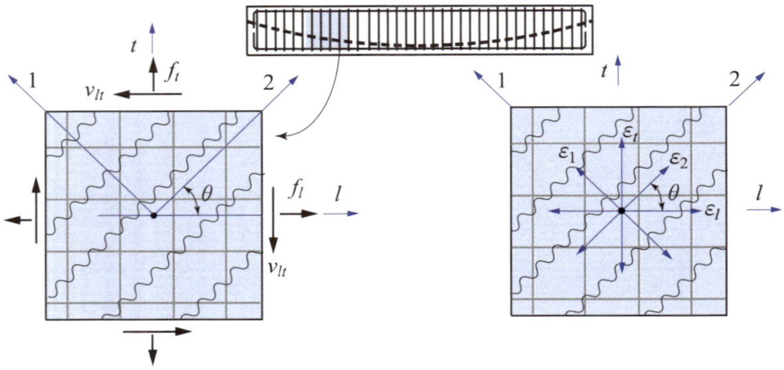

그림 8.16 변형률 적합조건을 이용한 트러스모델

콘크리트의 주압축응력과 주인장응력은 부재 실험을 통하여 계산할 수 있으므로, 주응력을 사인장균열의 각도(θ)만큼 떨어진 l방향과 t방향으로 전환하여 식(8.20)~(8.22)를 유도할 수 있다.

식(8.20)~식(8.22)에는 많은 미지수가 있어 전단력을 직접 계산할 수 없으므로 45도 트러스 이론에서 설명한 여러 가정이 필요하다. 그러나 이러한 가정들은 실제의 구조 현상을 명확하게 반영할 수 없으므로, 변형률의 적합조건을 활용한 트러스모델에서는 재료메커니즘을 이용하여 힘의 평형식과 함께 변형률의 적합조건 및 재료의 응력 - 변형률 곡선을 이용하여 전단내력을 계산한다.

변형률의 적합조건을 활용한 트러스모델에서는 [그림 8.16(b)]의 균열이 발생한 프리스트레스트 콘크리트 부재의 평균변형률(균열부위 및 균열이 발생하지 않은 부위의 평균 변형률)을 이용한다. [그림 8.16(b)]의 콘크리트 주압축변형률(2방향)과 주인장변형률(1방향)은 식(8.41)~식(8.43)과 같이 사인장균열의 각도(θ)만큼 떨어진 l방향과 t방향의 변형률로 전환할 수 있다. 변환한 l방향과 t방향의 콘크리트의 변형률은 철근(또는 긴장재)의 변형률과 동일하다.

$$\epsilon_l = \epsilon_2 \cos^2\theta + \epsilon_1 \sin^2\theta \tag{8.41}$$

$$\epsilon_t = \epsilon_2 \sin^2\theta + \epsilon_1 \cos^2\theta \tag{8.42}$$

$$\frac{\gamma_{lt}}{2} = \left(-\epsilon_2^c + \epsilon_1^c\right) \sin\theta \cos\theta \tag{8.43}$$

여기서, ϵ_1, ϵ_2 : 콘크리트 주인장응력(제1방향)의 방향과 주압축응력의 방향(제2방향)의 평균변형률, ϵ_l, ϵ_t : l과 t방향의 철근(또는 긴장재)의 평균변형률, γ_{lt} : l과 t방향의 전단변형률이다.

식(8.20)~식(8.22)과 식(8.41)~식(8.43)의 평형조건과 적합조건을 연결해 주기 위하여 재료의 구성법칙(응력 - 변형률 곡선)이 필요하다. 변형률 적합조건을 이용한 트러스모델에서는 평균

응력과 평균변형률을 이용하므로 재료의 응력-변형률 곡선도 균열이 발생한 프리스트레스트 콘크리트 부재의 평균응력과 평균변형률 관계를 이용해야 한다. 이 트러스모델에서는 다음의 4개의 응력-변형률 곡선을 이용한다.

① **콘크리트의 압축응력 − 압축변형률 관계**($f_2^c - \epsilon_2$) : [표 8.2]의 유효압축강도 감소계수(v)를 곱하여 사용한다.

$$f_2^c = v f_{ck}\left[2\frac{\epsilon_2}{v\,\epsilon_o} - \left(\frac{\epsilon_2}{v\,\epsilon_o}\right)^2\right] \tag{8.44}$$

여기서, v는 유효압축강도 감소계수이며, [표 8.2]를 활용할 수 있다.

② **콘크리트의 인장응력 − 인장변형률 관계**($f_1^c - \epsilon_1$) : 콘크리트의 평균인장응력-평균인장변형률의 관계는 식(8.45)를 활용할 수 있다.

$\epsilon_1 \leqq \epsilon_{cr}$의 경우

$$f_1 = E_{tc}\epsilon_1 \tag{8.45a}$$

$\epsilon_1 > \epsilon_{cr}$의 경우

$$f_1 = f_{cr}\left(\frac{\epsilon_{cr}}{\epsilon_1}\right)^{0.4} \tag{8.45b}$$

여기서, E_{tc}는 콘크리트의 인장탄성계수이다.

③ **l방향(부재축방향) 철근(또는 긴장재)의 응력 − 변형률 관계**($f_l - \epsilon_l$) : l방향 철근(또는 긴장재)의 평균인장응력-평균인장변형률 관계는 식(8.46)을 활용할 수 있다.

$\epsilon_l \leqq \epsilon_{yln}$의 경우, $\epsilon_{yln} = \left[0.93 - \frac{2}{\rho}\left(\frac{f_{cr}}{f_{yl}}\right)^{1.5}\right] f_{yl}/E_s$

$$f_l = E_s\,\epsilon_l \tag{8.46a}$$

$\epsilon_l > \epsilon_{yln}$의 경우

$$f_l = \left[0.91 - \frac{2}{\rho}\left(\frac{f_{cr}}{f_{yl}}\right)^{1.5}\right] f_{yl} + \left[0.02 + 0.25\frac{1}{\rho}\left(\frac{f_{cr}}{f_{yl}}\right)^{1.5}\right] E_s \cdot \epsilon_l \tag{8.46b}$$

④ **t방향(부재축방향) 철근의 응력 − 변형률 관계**($f_t - \epsilon_t$) : t방향 철근의 평균인장응력-변형률 관계는 식(8.47)을 활용할 수 있다.

$\epsilon_t \leqq \epsilon_{ytn}$의 경우, $\epsilon_{ytn} = \left[0.93 - \frac{2}{\rho}\left(\frac{f_{cr}}{f_{yt}}\right)^{1.5}\right] f_{yt}/E_s$

$$f_t = E_s \epsilon_t \tag{8.47a}$$

$\epsilon_t > \epsilon_{ytn}$의 경우

$$f_t = \left[0.91 - \frac{2}{\rho}\left(\frac{f_{cr}}{f_{yt}}\right)^{1.5}\right] f_{yt} + \left[0.02 + 0.25\frac{1}{\rho}\left(\frac{f_{cr}}{f_{yt}}\right)^{1.5}\right] E_s \cdot \epsilon_t \tag{8.47b}$$

변형률 적합조건을 이용한 트러스모델은 캐나다 콘크리트 구조설계기준과 미국 도로교설계기준에 사용되고 있다. [표 8.4]에서는 45도, 소성, 적합조건을 이용한 트러스모델의 특징을 요약하였다.

표 8.4 트러스모델의 특성

모 델	사인장균열의 각도	힘의 평형식	변형의 적합식	콘크리트 인장강도	적용 기준식
45° 트러스모델	$\theta = 45°$	고려	무시	무시	콘크리트구조 학회기준, 미국빌딩기준
소성 트러스모델	$\theta \leqq 45°$ (f_{ck}와 $\rho_t f_{yt}$에 의해 계산)	고려	무시	무시	도로교설계기준(한계상태설계법), 유럽기준
변형률적합 트러스모델	θ는 재료의 조건에 의해 다양하게 변함, 재료메커니즘에서 계산	고려	고려	고려	캐나다 기준, 미국도로교설계기준

8.6 KDS 14 국가건설기준(콘크리트구조 학회기준)에 의한 전단 설계

KDS 14 국가건설기준-2020(콘크리트구조 학회기준, 2017)의 강도설계법에 의한 프리스트레스트 콘크리트 부재의 전단 설계는 휨설계와 동일하게 설계전단강도가 소요전단강도 이상이 되어야 한다.

$$V_u \leqq \phi V_n \tag{8.48}$$

여기서, V_u : 소요전단강도(계수전단강도), V_n : 공칭전단강도, ϕ : 강도감소계수($\phi = 0.75$)이다. 식(8.48)의 공칭전단강도(V_n)는 철근콘크리트 부재의 공칭전단강도와 동일하게 콘크리트와 전단철근에 의한 전단저항으로 구분할 수 있다.

$$V_n = V_c + V_s \tag{8.49}$$

여기서, V_c : 콘크리트에 의한 공칭전단강도, V_s : 전단철근에 의한 공칭전단강도이다.

8.6.1 콘크리트의 전단강도

프리스트레스트 콘크리트 부재의 콘크리트 전단강도는 콘크리트의 인장강도, 주인장철근의 양, 전단경간비, 골재, 부재 크기, 축력 등의 다양한 요소에 의해 영향을 받는다. 설계에서는 콘크리트에 의한 공칭전단강도(V_c)를 8.4절에서 설명한 휨전단균열 콘크리트 전단강도와 복부전단균열 콘크리트 전단강도 중에서 작은 값을 사용한다.

$$V_c = \min(V_{ci},\ V_{cw}) \tag{8.50}$$

$$V_{ci} = 0.05\lambda\sqrt{f_{ck}}\,b_w d_p + V_d + \frac{V_i \times M_{cre}}{M_{\max}}$$

$$V_{cw} = \left(0.29\lambda\sqrt{f_{ck}} + 0.3 f_{pc}\right) b_w d_p + V_p$$

여기서, V_{ci} : 휨전단균열 콘크리트 전단강도(식(8.12)), V_{cw} : 복부전단균열 콘크리트 전단강도(식(8.19))이다.

설계에서는 식(8.50)에 의한 계산 과정이 복잡할 수 있음을 고려하여 휨철근 인장강도의 40퍼센트 이상의 유효긴장력이 작용하는 부재의 경우에는 식(8.50) 대신에 식(8.51)을 이용할 수 있도록 하고 있다.

$$V_c = \left(0.05\lambda\sqrt{f_{ck}} + 4.9\frac{V_u \times d}{M_u}\right) b_w d \tag{8.51}$$

여기서, V_u : 계수전단강도, M_u : 검토하는 단면에서 V_u와 동시에 발생하는 계수휨모멘트, d : 단면 유효높이로 $0.8h$ 이상이어야 하고, $(V_u d / M_u) < 1$이다. 식(8.51)에 의해 계산되는 V_c는 $(\lambda\sqrt{f_{ck}}/6) b_w d$ 이상, $(5\lambda\sqrt{f_{ck}}/12) b_w d$ 이하이어야 한다.

8.6.2 전단철근의 전단강도

① 전단보강철물의 종류

구조설계기준에서는 전단철근으로 사용할 수 있는 보강철근의 종류를 다음과 같이 규정하고 있다. 이때 전단철근의 설계기준항복강도는 콘크리트구조 학회기준에서는 500 MPa를 초과할 수 없도록 규정하고 있다.

- 부재축에 직각인 스터럽
- 부재축에 직각으로 배근된 용접철망
- 주인장철근에 45도 이상의 각도로 배근된 스터럽
- 주인장철근에 30도 이상의 각도로 구부러진 굽힘철근

- 스터럽과 굽힘철근의 조합
- 나선철근

전단철근의 설계기준항복강도(f_{yt})는 사인장균열 폭을 억제하고 전단인장파괴를 유도하기 위해서 500 MPa를 초과할 수 없다. 미국설계기준에서는 f_{yt}을 420 MPa로 제한하고 있지만, 최근 국내외 관련연구에 따르면 500 MPa의 고강도 전단철근의 사용 가능성이 밝혀져 KDS 14(국가건설기준)에서는 f_{yt}를 500 MPa까지 허용하고 있다. 전단철근의 항복강도가 증가할 경우에 항복변형률도 함께 증가하여 전단철근이 항복하기 이전에 복부콘크리트가 압축파괴할 수 있다. 또한 전단철근의 저항성분이 증가하여 부재에 발생하는 사인장균열 폭이 넓어질 가능성이 높기 때문에 기준에서는 f_{yt}의 최댓값을 제한한다. [그림 8.17(a)]는 실험에서 측정된 전단철근 항복강도의 영향을 나타낸다. 4가지 종류의 고강도 전단철근을 사용한 실험체의 전단거동을 살펴보면 전단철근의 항복강도가 650 MPa을 초과했을 때는 전단철근이 항복하지 않고 부재가 파괴되는 경우가 있지만, 650 MPa 이하에서는 모든 실험체에서 전단철근이 항복하며, 전단강도 여유비(실험값/예측값)가 “1” 이상으로 안전측에 속하고 있다는 것을 알 수 있다. [그림 8.17(b)]는 실험에서 측정된 232개의 전단파괴 실험 결과이다. 전단강도 여유비는 철근의 항복강도가 증가하면 감소하였지만, 항복강도가 약 600 MPa일 때까지 “1” 이상으로 안전측에 속하였으며, 사인장균열의 폭도 과다하게 증가하지 않았다. 따라서 기준에서는 전단철근의 설계기준항복강도(f_{yt})를 500 MPa까지 허용하고 있다. 또한 벽체에 사용되고 있는 전단철근이나 용접이형철망의 설계기준항복강도는 600 MPa까지 허용하고 있다.

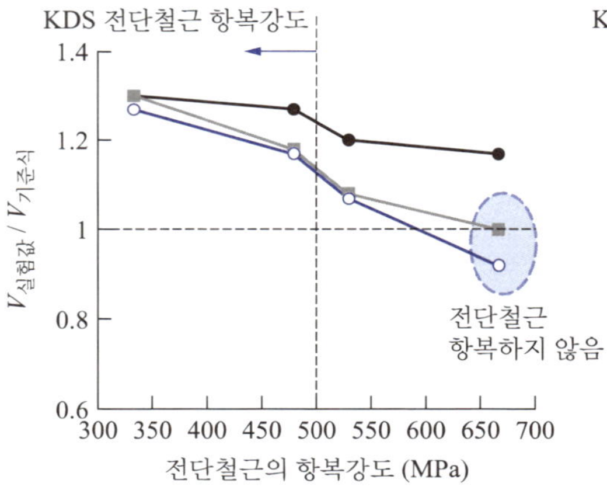

(a) 부분데이터

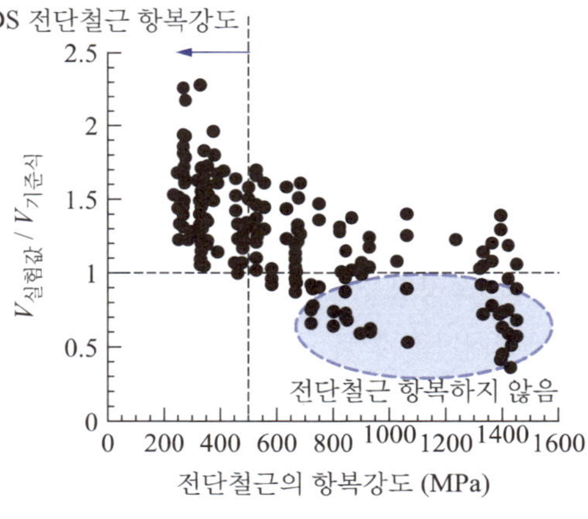

(b) 232개 데이터

그림 8.17 고강도 전단철근 적용성 평가 (Lee 등, 2011, 2015)

② **전단철근의 전단강도와 간격**

45도 트러스모델에 의해 경사스터럽을 전단철근으로 사용한 부재의 전단강도(V_s)는 식(8.52)에 의해 계산할 수 있다.

$$V_s = \frac{A_v f_{yt} d}{s}(\sin\alpha + \cos\alpha) \tag{8.52}$$

여기서 V_s는 $0.2(1-f_{ck}/250)f_{ck}b_w d$(단위: MPa) 이하가 되어야 한다. 식(8.52)는 철근의 항복강도(f_{yt})를 사용하고 있다. 그러나 너무 많은 양의 전단철근이 배근될 경우에 전단철근은 항복강도(f_{yt})에 도달하지 않고 탄성인 상태에서 콘크리트가 취성적으로 전단파괴하는 경우가 있다([그림 8.2] 참조). 따라서 설계에서는 사인장균열각도의 변화를 반영하고, 전단인장파괴를 유도하며, 사인장균열폭을 억제하기 위해 전단강도(V_s)의 최댓값을 제한한다. 2012년 [콘크리트구조기준]에서는 경험적으로 V_s의 최댓값을 콘크리트 전단저항(V_c)의 4배로 제한하였지만 이 값이 지나치게 안전측에 속한다는 것이 밝혀졌다. 따라서 KDS 14(국가건설기준)에서는 복부 콘크리트에 작용하는 압축력과 전단철근에 작용하는 인장력의 영향을 고려한 트러스모델의 힘의 평형조건에서 유도된 전단강도(V_s)의 최댓값을 채택하였다. 사인장균열이 발생한 트러스모델에서 최대 전단철근비($\rho_{t,\max}$)는 전단철근이 항복함과 동시에 복부콘크리트가 압축파괴에 도달하는 전단균형파괴시의 철근비를 의미한다. 따라서 식(8.21)의 콘크리트의 주압축응력(f_2^c) 대신에 콘크리트의 유효압축강도(υf_{ck})를 대입하고 전단철근의 응력(f_{ts}) 대신에 전단철근의 항복강도(f_{yt})를 대입할 수 있다. 따라서 트러스모델의 평형조건과 최대 전단철근비($\rho_{t,\max}$)의 조건을 이용하여 식(8.53)을 구할 수 있다. 보의 경우에 축력이 작용하지 않으므로 식(8.21)의 f_t는 존재하지 않는다.

$$\rho_{t,\max} = \frac{1}{f_{yt}}\left(\upsilon f_{ck}\sin^2\theta - f_1^c\cos^2\theta\right) \tag{8.53}$$

식(8.53)에서 유도된 최대 전단철근비를 구하기 위해서는 다음 세 가지 값을 알아야 한다.

① **콘크리트 강도감소계수(υ)** : 일반적으로 υ는 콘크리트의 주인장변형률(ϵ_1)의 영향을 반영한 식이 더 정확한 것으로 알려져 있지만 이들 식을 설계식에 반영하는 것은 매우 복잡하다. 따라서 기준에서는 [표 8.2]의 유럽설계기준과 도로교설계기준(한계상태설계법)에서 사용하는 콘크리트 강도만을 변수로 사용하는 $\upsilon = 0.6(1-f_{ck}/250)$을 선택하였다.

② **콘크리트 압축대의 각도(θ)** : 식(8.39)의 소성트러스모델과 유럽설계기준에 근거하여 38.6도로 가정하였다.

③ **콘크리트의 주인장응력(f_1^c)** : 전단균형파괴 시의 콘크리트의 인장강도이므로 전단보강되지 않은 부재의 전단강도인 $\sqrt{f_{ck}}/6$를 사용한다.

식(8.53)에 υ, θ, f_1^c를 대입하여 식(8.54)을 유도하고 이를 간략화하면 식(8.55)가 된다.

$$\rho_{t,\max} = \frac{1}{f_{yt}}\left[0.23\left(1-\frac{f_{ck}}{250}\right)f_{ck} - 0.1\sqrt{f_{ck}}\right] \tag{8.54}$$

$$\rho_{t,\max} = \frac{1}{f_{yt}}\left[0.2\left(1-\frac{f_{ck}}{250}\right)f_{ck}\right] \tag{8.55}$$

[그림 8.18(a)]는 식(8.54)와 식(8.55)의 차이를 나타낸다. 고강도 콘크리트에 대해서 두 식의 차이가 있지만 그 차이는 크지 않음을 알 수 있다. [그림 8.18(b)]는 283개의 철근콘크리트 보 실험체의 전단파괴모드를 식(8.55)에 의하여 예측한 결과이다. 그림에서 식(8.55)의 최대철근비를 적용할 경우에 전단철근의 항복유무에 대한 파괴모드를 거의 정확하게 예측하고 있다는 것을 알 수 있다. 따라서 KDS 14(국가건설기준)에서는 식(8.55)를 전단강도로 변환하여 식(8.52)에서 계산된 V_s가 $0.2(1-f_{ck}/250)f_{ck}\,b_w\,d$ 이하가 되도록 규정하고 있다.

설계에서는 콘크리트에 의해 저항하는 전단저항(V_c)을 먼저 계산하여, V_c가 소요전단력(V_u)보다 작을 경우에 전단철근을 배근하도록 한다. 식(8.49)를 식(8.48)에 대입하여 식(8.56)을 유도할 수 있다.

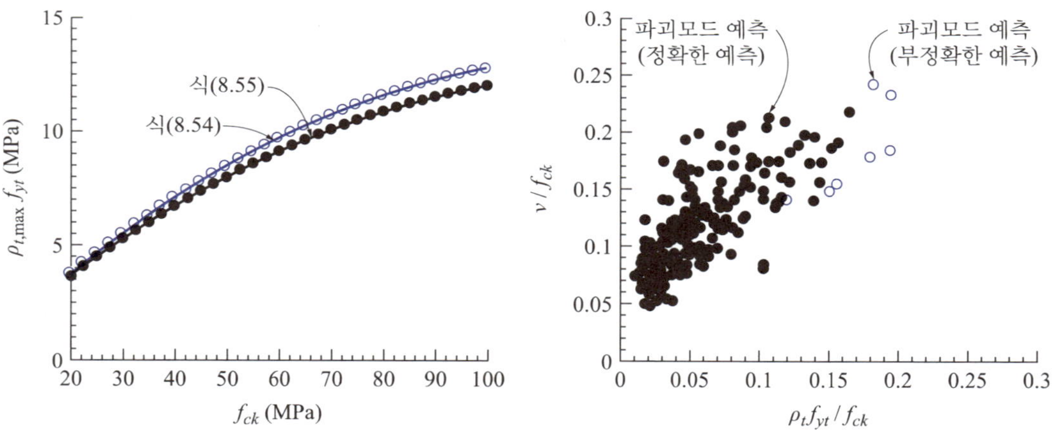

(a) 정산식과 약산식의 차이

(b) 최대철근비에 의한 파괴모드 예측

그림 8.18 최대철근비의 적용성 검토 (Lee 등, 2010, 2018)

$$V_u \leqq \phi(V_c + V_s) \tag{8.56}$$

따라서 V_s는 식(8.57)이 된다.

$$V_s \geqq \frac{V_u}{\phi} - V_c \tag{8.57}$$

식(8.57)에 식(8.52)와 식(8.56)을 대입하여 전단철근의 간격(s)을 구한다.

[수직방향 전단철근 사용]

$$s = \frac{\phi A_v f_{yt} d}{V_u - \phi V_c} \tag{8.58a}$$

[경사전단철근 사용]

$$s = \frac{\phi A_v f_{yt} d}{V_u - \phi V_c}(\sin\alpha + \cos\alpha) \tag{8.58b}$$

③ **최소 전단철근량**

소요전단력이 콘크리트 전단강도보다 작을 때($V_u \leqq \phi V_c$) 전단철근 배근은 불필요하다. 그러나 전단철근량이 매우 작거나 없을 경우에는 사인장균열이 발생함과 동시에 부재의 강도가 급격하게 감소하여 [그림 8.2]의 최소전단철근파괴가 발생한다. 따라서 최소전단철근파괴를 방지하기 위하여 $V_u \geqq 1/2 \times \phi V_c$일 때 최소 전단철근량을 식(8.59) 또는 식(8.60) 이상으로 배근해야 한다.

[$V_u \geqq \frac{1}{2}\phi V_c$인 경우]

(휨철근 인장강도의 40퍼센트 미만의 유효긴장력이 작용하는 부재) : 식(8.59)

$$A_{v,\min} = 0.0625\sqrt{f_{ck}}\,\frac{b_w s}{f_{yt}} \geqq 0.35\frac{b_w s}{f_{yt}} \tag{8.59}$$

(휨철근 인장강도의 40퍼센트 이상의 유효긴장력이 작용하는 부재) : 식(8.59)와 식(8.60) 중 작은 값 이상

$$A_{v,\min} = \frac{A_{ps}}{80}\frac{f_{pu}}{f_{yt}}\frac{s}{d}\sqrt{\frac{d}{b_w}} \tag{8.60}$$

[$V_u < \frac{1}{2}\phi V_c$인 경우]

전단철근 불필요

그러나 다음의 구조물은 이 규정에서 제외되어 최소 전단철근을 배근할 필요가 없다.

- 슬래브와 기초판
- 콘크리트 장선구조물
- 보의 전체 높이가 250 mm 이하이거나, 전체 높이가 플랜지 두께의 2.5배 또는 복부 폭의 1/2 중 큰 값 이하인 T형보나 I형보

④ **전단철근의 최대 간격**

합리적으로 전단 설계하기 위해서는 최소 전단철근량과 함께 전단철근의 최대 간격을 제한해야 한다. 전단철근 간격을 제한하는 것은 부재의 취성파괴를 방지하고, [그림 8.19]와 같이 사인장균열이 최소한 한 개 이상의 전단철근을 지남으로써 사인장균열의 폭이 지나치게 커짐을 방지하기 위해서다. 설계에서는 부재축과 직각으로 배근되는 전단철근의 최대 간격을 V_s값에 따라서 다음의 두 가지로 제한한다.

[$V_s \leq \dfrac{1}{3}\lambda\sqrt{f_{ck}}\,b_w d$ 인 경우]

$$s_{\max} = \text{식(8.59) 또는 식(8.60) 이용,}$$

$$s_{\max} = 0.75h, \quad s_{\max} = 600\text{ mm 중 최솟값} \tag{8.61a}$$

[$V_s > \dfrac{1}{3}\lambda\sqrt{f_{ck}}\,b_w d$ 인 경우]

$$s_{\max} = \text{식(8.59) 또는 식(8.60) 이용,}$$

$$s_{\max} = \frac{0.75h}{2}, \quad s_{\max} = 300\text{ mm 중 최솟값} \tag{8.61b}$$

식(8.61)의 첫 번째 전단철근 간격($s_{\max}$)은 식(8.59) 또는 식(8.60)을 이용하여 계산한다.

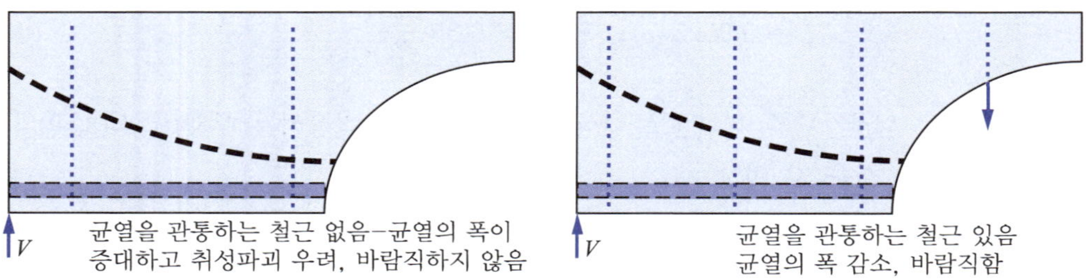

그림 8.19 전단철근의 최대 간격

⑤ **최대 소요전단력과 첫 번째 전단철근의 간격**

프리스트레스트 콘크리트 부재에 발생하는 사인장균열의 각도는 집중하중이나 지지점 부근(D영역, 10장의 [그림 10.1] 참조)에서 점점 증가하여 90도에 가까워진다. 또한 집중하중이나 지지점 부근에서는 쐐기작용에 의한 2축 이상의 압축력이 작용하여 콘크리트의 전단강도가 증가한다. 특히, 지지점(받침부)에서 일정 거리 이내에 작용하는 하중은 균열에 교차되는 전단철근에 어떠한 영향을 주지 않고 콘크리트 압축대에 의해 지지점에 직접 전달되므로, 이 부분에 작용하는 전단력은 고려하지 않아도 된다. 따라서 [그림 8.20]의 받침부 반력이 부재의 단부를 압축할 경우에는 받침부로부터 단면유효높이(d)만큼 떨어진 위치의 전단력을 최대 소요전단력(V_u)으로 하여 설계할 수 있다.

[그림 8.21]은 다양한 종류의 부재에 대한 전단위험단면을 나타낸다. [그림 8.21(a), (b)]의 경우는 지지점에 압축력이 작용하여 압축대가 형성되므로 전단위험단면은 단면유효높이(d)만큼 떨어진 위치가 된다. 그러나 [그림 8.21(c)]와 같이 외부하중이 받침부를 압축하지 않고, 인장력이 작용하는 경우에는 받침부 위치의 전단력을 최대 소요전단력으로 계산해야 한다. 또한 [그림 8.21(d)]의 지지점과 단면유효높이(d) 사이에 집중하중이 작용하여 전단력이 발생할 경우에도 전단위험단면은 지지점의 측면으로 해야 한다. 브래킷이나 집중하중이 작용하는 보의 경우에 이러한 위험단면이 많이 발생한다.

지점과 최대 소요전단력이 작용하는 위치 사이에 배근해야 할 첫 번째 전단철근은 지점에서부터 최대 소요전단력에 의해 계산된 전단철근 간격의 1/2이 되는 곳에 배근해야 하며, 그 이후에는 계산된 결과에 의해 일정한 간격으로 전단철근을 배근해야 한다.

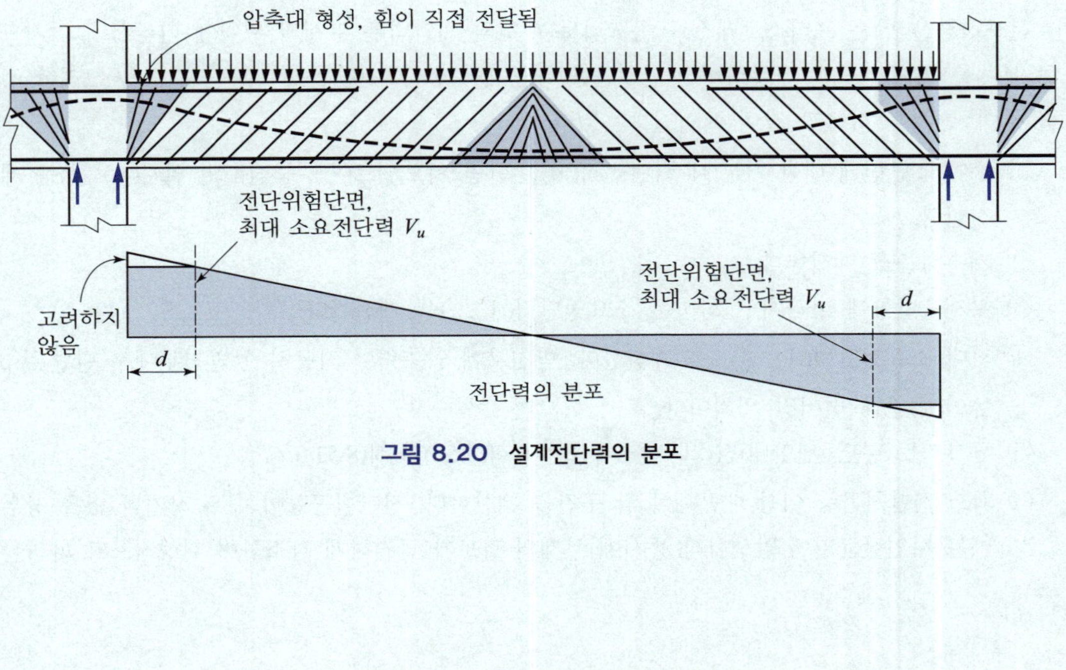

그림 8.20 설계전단력의 분포

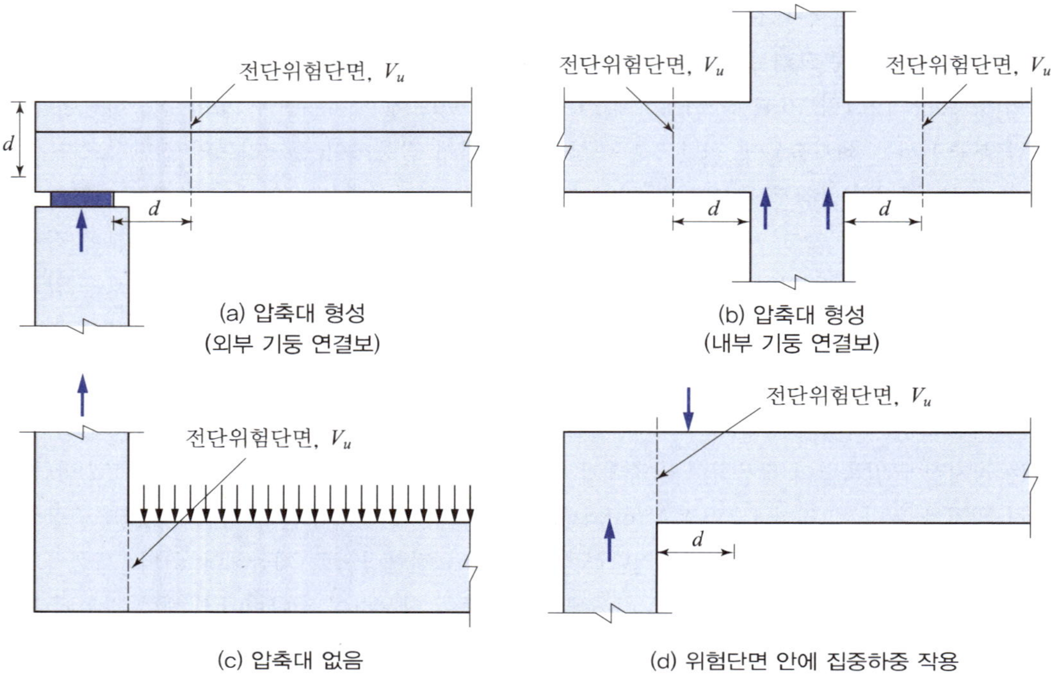

그림 8.21 부재에 따른 설계전단력

8.6.3 전단 설계 순서

분포하중을 받는 프리스트레스트 콘크리트 부재의 전단력은 부재의 위치에 따라서 달라지므로 부재를 몇 구간으로 구분하여 전단철근을 배근해야 한다. 전단철근의 배근 간격을 고려한 전단 설계 순서를 다음과 같이 요약할 수 있다.

① 주어진 단면에 대한 기본 내용(단면적(A_c), 단면2차모멘트(I_c), 중립축의 위치($\bar{y}$) 등)을 계산한다.

② 계수하중을 계산한다.

③ 부재축방향에 따라서 변화하는 소요전단력($V_{u,x}$)을 계산한다.

④ 최대 소요전단력($V_{u,\max}$)을 계산한다. 받침부에 압축력이 작용하면 받침부에서 단면유효높이(d)만큼 떨어진 위치이다.

⑤ 콘크리트 부담 전단내력(ϕV_c)을 계산한다(식(8.50)과 식(8.51)).

⑥ 최소 전단철근량 이상 배근해야 할 구간을 계산한다. 전단철근량이 매우 작거나 없을 경우에는 사인장균열이 발생함과 동시에 부재의 강도가 급격하게 감소하며 취성적으로 파괴한

다. 따라서 취성파괴를 방지하기 위하여 $V_u \geq 1/2 \times \phi V_c$가 되는 구간에 최소 전단철근을 배근한다([그림 8.22]의 x_1).

⑦ 전단철근의 최대 간격을 식(8.61a, b)에 의해 계산한다.

⑧ 전단철근의 최대 간격보다 좁은 간격으로 배근해야 할 부재의 위치를 계산한다([그림 8.22]의 x_2). 식(8.58a, b)에 의해 계산한 전단철근 간격은 식(8.61a, b)에서 계산한 전단철근의 최대 간격보다 넓을 수 있다. 따라서 설계에서는 식(8.58a, b)에 의해 계산한 값과 식(8.61a, b)에서 계산한 값이 동일하게 되는 위치를 계산하고, 이곳을 벗어나는 구간에는([그림 8.22]의 x_1과 x_2의 사이) 식(8.61a, b)에서 계산한 최대 간격으로 전단철근을 배근한다.

⑨ [그림 8.22]의 지점에서부터 x_2까지의 구간을 전단력의 크기에 따라서 일정한 구간으로 구분하고, 식(8.58a, b)에 의해 간격을 계산한다.

⑩ 각 구간에 전단철근을 배근한다.

이상을 정리하면 프리스트레스트 콘크리트 부재의 전단철근은 다음의 세 구간으로 구분하여 배근해야 함을 알 수 있다([그림 8.22]).

① 최소 전단철근량 이상 배근해야 할 구간([그림 8.22]의 지점에서 x_2까지의 구간) : 식(8.58 a, b)에 의해 전단철근 간격 계산

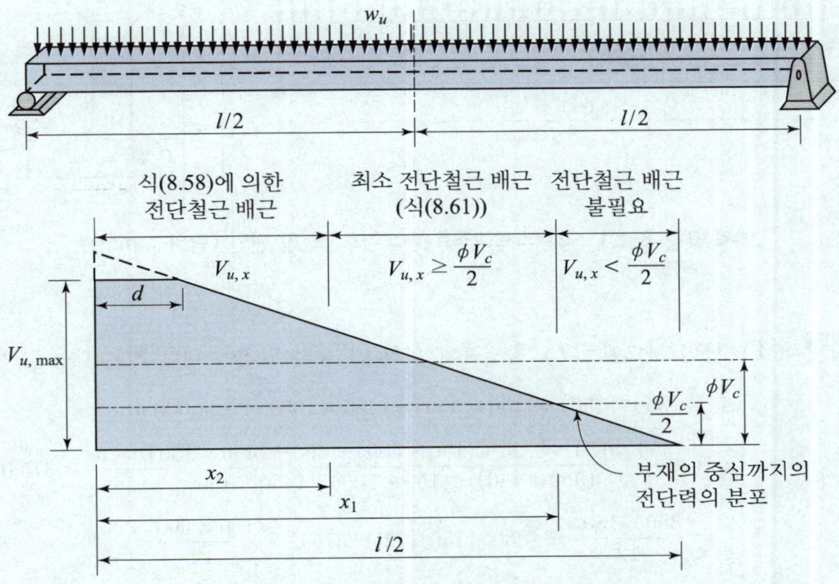

그림 8.22 전단 설계를 위한 구간 구분

② 최소 전단철근량을 배근해야 할 구간([그림 8.22]의 x_2에서 x_1까지의 구간) : 식(8.61a, b)에 의해 전단철근 최대 간격 계산

③ 전단철근 배근이 불필요한 구간([그림 8.22]의 x_1과 부재의 중심까지의 구간) : 전단철근 배근이 불필요함

예제 8.1

[예제 그림 8.1.1]의 단순보를 전단 설계하라. 전단철근은 D10(단면적 $A_s = 71.3\ \text{mm}^2$)을 동일 단면에 두 가닥 사용하라. 전단철근의 항복강도 $f_{yt} = 400$ MPa이다. 비인장 주철근의 영향은 무시하고 계산한다. 부재 중앙부에서 긴장재의 편심거리(e)는 290 mm이다.

고정하중 $w_D = 10$ kN/m, 추가고정하중 $w_{SD} = 20$ kN/m, 활하중 $w_L = 40$ kN/m이다.

프리스트레스트 콘크리트 28일 압축강도, $f_{ck} = 45$ MPa이다.

- PS강재 : 7연선 9.3 mm(SWPC 7AN, 단면적 $A_{ps} = 51.61\ \text{mm}^2$)를 24가닥 사용, 인장강도 $f_{pu} =$ 1,860 MPa, 항복강도 $f_{py} = 1{,}600$ MPa, 긴장 시의 긴장응력 $f_{pj} = 0.9 f_{py}$
- 즉시응력손실 : 긴장응력(f_{pj})의 10%
- 장기응력손실 : 긴장재의 초기응력(f_{pi})의 15%

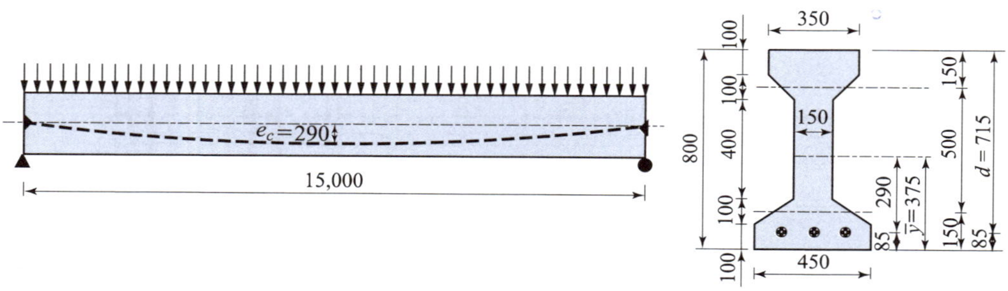

예제 그림 8.1.1 프리스트레스트 콘크리트 보 및 단면 (단위 : mm)

풀이

① 단면적(A_c), 단면2차모멘트(I_c), 중립축의 위치($\bar{y}$) 등의 단면에 대한 기본 내용을 계산한다.

$$A_c = (350 \times 150) + (150 \times 500) + (450 \times 150) = 195{,}000\ \text{mm}^2$$

$$\bar{y} = \frac{(350 \times 150) \times 725 + (150 \times 500) \times 400 + (450 \times 150) \times 75}{(350 \times 150) + (150 \times 500) + (450 \times 150)} = 375.0\ \text{mm}$$

$$I_c = \frac{350 \times 150^3}{12} + (350 \times 150)(725 - 375)^2 + \frac{150 \times 500^3}{12}$$

$$+ (150 \times 500)(400 - 375)^2 + \frac{450 \times 150^3}{12} + (450 \times 150)(75 - 375)^2$$

$$= 14{,}341 \times 10^6\ \text{mm}^4$$

$$S^t = \frac{I_c}{y^t} = \frac{14{,}341 \times 10^6}{800 - 375} = 33{,}743{,}529\ \text{mm}^3$$

$$S_b = \frac{I_c}{y_b} = \frac{14{,}341 \times 10^6}{375} = 38{,}242{,}667\ \text{mm}^3$$

② 주어진 하중 조건에 대하여 계수하중(w_u)을 계산한다.

$$w_u = 1.2(w_D + w_{SD}) + 1.6 w_L = 1.2(10 + 20) + 1.6 \times 40 = 100.0\ \text{kN/m} \quad \text{(a)}$$

③ 부재축방향에 따라서 변화하는 소요전단력 ($V_{u,x}$)을 계산한다.

단부에서 x만큼 떨어진 위치의 소요전단력 ($V_{u,x}$)을 힘의 평형을 이용하여 계산한다.

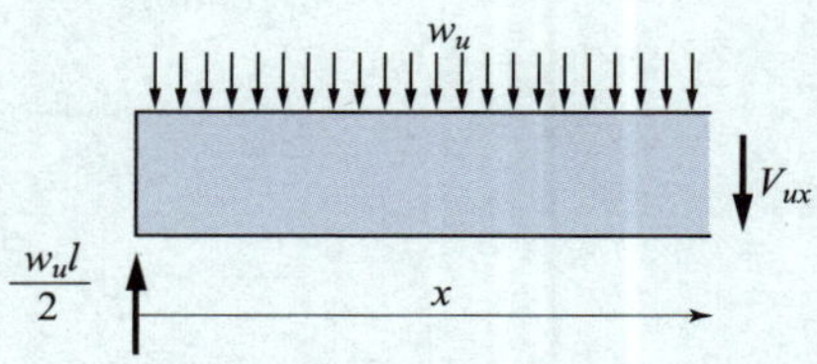

$$V_{ux} = \frac{w_u l}{2} - w_u x = \frac{100 \times 15}{2} - 100x = 750 - 100x \quad \text{(b)}$$

④ 최대 소요전단력($V_{u,\max}$)을 계산한다. 받침부에 압축력이 작용하면 받침부에서 단면유효높이 (d) 만큼 떨어진 위치의 전단력이 $V_{u,\max}$이다.

$$V_{u,\max} = \frac{w_u l}{2} - w_u x = 750 - 100 \times d = 750 - 100 \times 0.715 = 678.5\ \text{kN} \quad \text{(c)}$$

⑤ 콘크리트 부담 전단내력(ϕV_c)을 계산한다(식(8.50)).

긴장재가 경사지게 배근된 경우에 콘크리트 부담 전단내력은 긴장재의 위치에 따라서 달라진다. 이 예제에서는 최대 소요전단력($V_{u,\max}$)이 계산되는 받침부에서 단면유효높이(d) 만큼 떨어진 위치에서의 ϕV_c를 계산한 후에 이를 이용하여 전체 부재의 ϕV_c를 계산하였다.

휨전단균열발생 시의 전단강도(V_{ci})를 식(8.12)을 이용하여 계산한다.

$$V_{ci} = 0.05\lambda\sqrt{f_{ck}}\, b_w d_p + V_d + \frac{V_i \times M_{cre}}{M_{\max}}$$

$$= 0.05 \times 1 \times \sqrt{45} \times 150 \times 715 + 67{,}850 + \frac{597{,}080 \times 152.0 \times 10^6}{449.4 \times 10^6}$$

$$= 305{,}772\ \text{N} \quad \text{(d)}$$

여기서 $V_d = w_D \times \frac{l}{2} - w_D \times d = \left(10 \times \frac{15}{2} - 10 \times 0.715\right) \times 10^3 = 67{,}850\ \text{N}$

$$V_i = (1.2 w_{SD} + 1.6 w_L) \times \frac{l}{2} - (1.2 w_{SD} + 1.6 w_L) \times d$$

$$= \left[(1.2 \times 20 + 1.6 \times 40) \times \frac{15}{2} - (1.2 \times 20 + 1.6 \times 40) \times 0.715\right] \times 10^3$$

$$= 597{,}080\ \text{N}$$

$$f_{pe} = 0.85 \times f_{pi} = 0.85 \times (0.9 \times f_{pj}) = 0.85 \times (0.9 \times 0.9 \times f_{py})$$

$$= 0.85 \times (0.9 \times 0.9 \times 1{,}600) = 1{,}101.6 \text{ MPa}$$

$$P_e = A_{ps} \times f_{pe} = (24 \times 51.61) \times f_{pe} = 1{,}238.64 \times 1{,}101.6 = 1{,}364{,}486 \text{ N}$$

긴장재의 각도는 다음과 같이 약산으로 계산한다.

$$\theta \approx \tan\theta = \frac{290}{15{,}000/2} = 0.039 \text{ rad.}$$

받침부에서 단면유효높이(d) 만큼 떨어진 위치에서의 긴장재의 위치(e_d)를 약산으로 계산한다.

$$e_d = \frac{290}{15{,}000/2} \times 715 = 27.6 \text{ mm}$$

$$f_{pcc} = \frac{P_e}{A_c} + \frac{P_e \times e}{I_c} y_b = \frac{1{,}364{,}486}{195{,}000} + \frac{1{,}364{,}486 \times 27.6}{14{,}341 \times 10^6} \times 375 = 7.98 \text{ MPa}$$

$$M_D = \frac{w_D \times l^2}{8} = \frac{10 \times 15^2}{8} = 281.3 \text{ kN} \cdot \text{m}$$

$$f_d = \frac{M_D}{I_c} y_b = \frac{281.3 \times 10^6}{14{,}341 \times 10^6} \times 375 = 7.36 \text{ MPa}$$

$$M_{cre} = \frac{I_c}{y_b}\left(0.5\sqrt{f_{ck}} + f_{pcc} - f_d\right) = \frac{14{,}341 \times 10^6}{375} \times (0.5\sqrt{45} + 7.98 - 7.36)$$
$$= 152.0 \text{ kN} \cdot \text{m}$$

$$M_{\max} = \left[(1.2w_{SD} + 1.6w_L) \times \frac{l}{2}\right] \times d - [(1.2w_{SD} + 1.6w_L) \times d] \times \frac{d}{2}$$
$$= \left[(1.2 \times 20 + 1.6 \times 40) \times \frac{15}{2}\right] \times 0.715$$
$$- [(1.2 \times 20 + 1.6 \times 40) \times 0.715] \times \frac{0.715}{2} = 449.4 \text{ kN} \cdot \text{m}$$

긴장재의 단면유효높이(d_p)가 $0.8h$ 이상이 되는지 검토한다.

$$d_p (= 715 \text{ mm}) > 0.8h (= 0.8 \times 800 = 640 \text{ mm})$$

식(d)에서 계산된 V_{ci}는 $\left(0.17\lambda\sqrt{f_{ck}}\right) b_w d$ 이상이 되어야 한다.

$$\left(0.17\lambda\sqrt{f_{ck}}\right) b_w d_p = 0.17 \times 1 \times \sqrt{45} \times 150 \times 715 = 122{,}307 \text{ N}$$

V_{ci}는 305,772 N이며, 이 값은 122,307 N보다 크므로 적합하다.

복부전단균열발생 시의 전단강도(V_{cw})를 식(8.19)을 이용하여 계산한다.

$$V_{cw} = \left(0.29\lambda\sqrt{f_{ck}} + 0.3 f_{pc}\right) b_w d_p + V_p$$
$$= \left(0.29 \times 1 \times \sqrt{45} + 0.3 \times 7.0\right) 150 \times 715 + 53{,}201 = 487{,}068 \text{ N} \qquad \text{(e)}$$

여기서 $f_{pc} = \dfrac{P_e}{A_c} = \dfrac{1{,}364{,}486}{195{,}000} = 7.0 \text{ MPa}$

$$V_p = P_e \times \sin\theta = 1{,}364{,}486 \times \sin\left(\frac{0.039 \times 180}{\pi}\right) = 53{,}201 \text{ N}$$

공칭전단강도(V_c)는 식(8.50)에서 휨전단균열 콘크리트 전단강도와 복부전단균열 콘크리트 전단강도의 작은 값을 사용한다. 따라서 V_c값은 V_{ci}와 V_{cw}중에서 작은 값인 휨전단균열강도(V_{ci})와 동일하게 $V_c = V_{ci} = 305{,}772$ N이다. 한편 주어진 조건에서 유효긴장력이 휨철근 인장강도의 40퍼센트 이상이므로 식(8.50) 대신에 식(8.51)을 이용하여 V_c값을 계산할 수 있다.

$$V_c = \left(0.05 \times 1 \times \sqrt{f_{ck}} + 4.9 \frac{V_u \times d}{M_u}\right) b_w d_p$$

$$= \left(0.05 \times 1 \times \sqrt{45} + 4.9 \frac{750{,}000 \times 715}{2{,}812.5 \times 10^6}\right) 150 \times 715 = 136{,}173 \text{ N} \qquad \text{(f)}$$

여기서 $V_u = [1.2(w_D + w_{SD}) + 1.6 w_L] \times \dfrac{l}{2} = [1.2(10+20) + 1.6 \times 40] \times \dfrac{15}{2}$

$= 750.0$ kN

$$M_u = \frac{[1.2(w_D + w_{SD}) + 1.6 w_L] \times l^2}{8} = \frac{[1.2(10+20) + 1.6 \times 40] \times 15^2}{8}$$

$= 2{,}812.5$ kN · m

계산되는 V_c는 $(\lambda \sqrt{f_{ck}}/6) b_w d$ 이상, $(5\lambda \sqrt{f_{ck}}/12) b_w d$ 이하이어야 한다.

$$V_c = \left(\frac{\lambda \sqrt{f_{ck}}}{6}\right) b_w d = \left(\frac{1 \times \sqrt{45}}{6}\right) 150 \times 715 = 119{,}909 \text{ N} \qquad \text{(g)}$$

$$V_c = \left(\frac{5\lambda \sqrt{f_{ck}}}{12}\right) b_w d = \left(\frac{5 \times 1 \times \sqrt{45}}{12}\right) 150 \times 715 = 299{,}773 \text{ N} \qquad \text{(h)}$$

식(f)에서 계산된 $V_c = 136{,}173$ N은 119,909 N보다 크고, 299,773 N보다 작으므로 V_c는 136,173 N이 된다. 긴장재가 경사지게 배근된 경우에 휨전단균열 콘크리트 전단강도와 복부전단균열 콘크리트 전단강도는 긴장재의 위치에 따라서 달라지므로 모든 위치에서 이 값을 계산하는 것은 번거롭다. 따라서 이 예제에서는 식(8.50) 대신에 식(8.51)의 V_c값을 사용하였다.

$$\phi V_c = 0.75 \times 136{,}173 = 102.1 \text{ kN} \qquad \text{(i)}$$

⑥ 최소 전단철근량 이상 배근해야 할 구간을 계산한다. 취성파괴를 방지하기 위하여 $V_u \geq 1/2 \times \phi V_c$가 되는 구간에 최소 전단철근을 배근한다([그림 8.22]의 x_1). 식(b)와 식(i)를 이용하면 다음 길이를 계산할 수 있다.

$$V_{ux} = 750 - 100x = \frac{\phi V_c}{2}$$

$$\text{그러므로 } x = \frac{750 - (\phi V_c)/2}{100} = \frac{750 - 102.1/2}{100} = 7.0 \text{ m} \qquad \text{(j)}$$

⑦ 전단철근의 최대 간격을 계산한다.

전단철근의 최대 간격은 전단철근에 의한 저항력(V_s)의 크기에 따라서 달라진다. 식(8.51)에서 V_s를 계산한다.

$$V_s = \frac{V_u - \phi V_c}{\phi} = \frac{678.5 - 102.1}{0.75} = 768.5\ \text{kN} \quad \text{(k)}$$

식(k)에서 계산된 V_s값은 $\sqrt{f_{ck}}/3 \times b_w d = \sqrt{45}/3 \times 150 \times 715 = 239.8$ kN보다 크다. 그러므로 전단철근의 최대 간격($s_{\max}$)은 식(8.61b)의 세 가지 조건 중에서 최솟값을 사용해야 한다.

$$s_{\max} = \text{식(8.59) 또는 식(8.60) 이용},\ s_{\max} = \frac{0.75h}{2},\ s_{\max} = 300\ \text{mm 중 최솟값}$$
$$= \min\left(648.6,\ \frac{0.75h}{2},\ 300\ \text{mm}\right)$$
$$= \min(648.6,\ 300,\ 300\ \text{mm}) \quad \text{(l)}$$

여기서 첫 번째 $s_{\max}$는 식(8.59) 또는 식(8.60)에서 계산한 값 중에서 가장 작은 값이다.

$$s_{\max} = \frac{A_{v,\min} f_{yt}}{0.0625\sqrt{f_{ck}}\, b_w} = \frac{2 \times 71.3 \times 400}{0.0625\sqrt{45} \times 150} = 907.0\ \text{mm}$$
$$s_{\max} = \frac{A_{v,\min} f_{yt}}{0.35 b_w} = \frac{2 \times 71.3 \times 400}{0.35 \times 150} = 1{,}086.5\ \text{mm}$$
$$s_{\max} = \frac{80 A_{v,\min} f_{yt} d}{A_{ps} f_{pu}} \sqrt{\frac{b_w}{d}} = \frac{80 \times 2 \times 71.3 \times 400 \times 715}{24 \times 51.61 \times 1{,}860} \sqrt{\frac{150}{715}}$$
$$= 648.6\ \text{mm}$$

그러므로 전단철근의 최대 간격($s_{\max}$)은 300.0 mm이다.

⑧ 전단철근의 최대 간격보다 좁은 간격으로 배근해야 할 부재의 위치를 계산한다([그림 8.22]의 x_2).

식(8.32a)의 전단철근의 간격(s)에 식(l)에서 계산한 300.0 mm를 대입하여 최대 간격으로 전단철근을 배근할 경우의 전단저항력(V_s)을 계산하면 식(m)과 같다.

$$\phi V_s = \frac{\phi A_v f_{yt} d}{s} = \frac{0.75 \times 2 \times 71.3 \times 400 \times 715}{300} = 102.0\ \text{kN} \quad \text{(m)}$$

식(i)에서 ϕV_c는 102.1 kN이므로 식(m)과 식(b)를 이용하여 전체 저항력이 계산된다.

$$V_{ux} = \phi V_c + \phi V_s = 102.1 + 102.0 = 204.1\ \text{kN} \quad \text{(n)}$$

그러므로 식(n)의 값을 식(b)에 대입하면 [그림 8.22]의 x_2의 위치를 계산할 수 있다.

$$204.1 = 750 - 100x, \qquad x = 5.46\ \text{m}$$

⑨ [그림 8.22]의 지점에서 x_2까지의 구간을 전단력의 크기에 따라서 일정한 구간으로 구분하고 식(8.58a, b)에 의해 전단철근을 배근한다. 최대 소요전단력($V_{u,\max}$)이 작용하는 위치의 전단철근 간격은 다음과 같다.

$$s = \frac{\phi A_v f_{yt} d}{V_{u,\max} - \phi V_c} = \frac{0.75 \times 2 \times 71.3 \times 400 \times 715}{678{,}500 - 102{,}100} = 53.1\ \text{mm}$$

계산한 철근에 대한 최대 전단철근비를 식(8.55)를 이용하여 검토한다.

$$\rho_{t,\max} = \frac{1}{f_{yt}}\left[0.2\left(1-\frac{f_{ck}}{250}\right)f_{ck}\right] = \frac{1}{400}\left[0.2\left(1-\frac{45}{250}\right)45\right] = 0.0185$$

전단철근 간격(s) 53.1 mm에 대한 전단철근비($\rho_t = A_v/(b_w s)$)는 0.0179이므로 설계가 가능하다.

⑩ 각 구간에 전단철근을 배근한다.

예제 표 8.1.1 각 구간의 전단철근의 간격

거리 (m)	계수 전단력 V_u (kN)	계산된 전단철근 간격 (mm)	배근된 전단철근 간격 (mm)	비 교
0.715	678.5	52.8	D10@50	최대 계수전단력
2	550	67.8	D10@50	-
4	330	121.8	D10@100	-
6	150	598.6	D10@300	최대 전단철근 간격의 제한

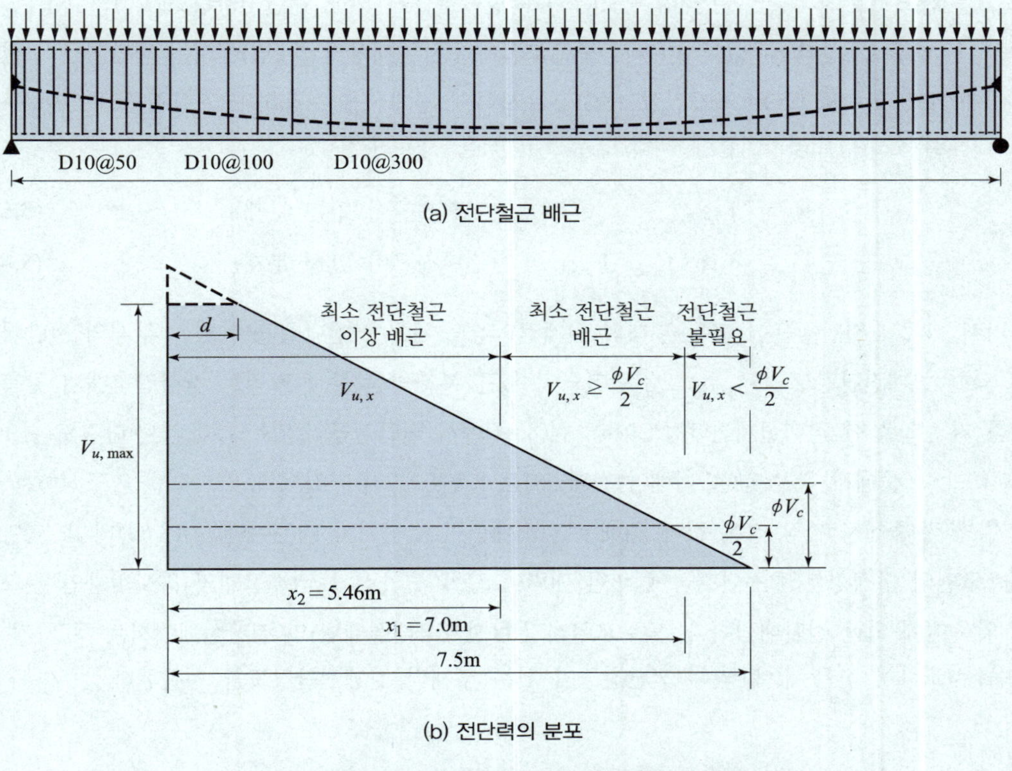

예제 그림 8.1.2 전단철근 배근과 전단력의 분포

8.7 도로교설계기준(한계상태설계법)에 의한 전단 설계

8.7.1 전단 강도 평가

도로교설계기준(한계상태설계법)에서는 8.5.3항의 소성트러스이론에 근거하여 전단내력을 계산한다. 기준에서는 설계전단강도가 소요전단강도 이상이 되도록 하고 있다.

$$V_u \leqq V_d \tag{8.62}$$

여기서, V_u : 소요전단강도(계수전단강도), V_d : 설계전단강도이다. 설계전단강도는 [표 4.3]의 콘크리트 재료계수(ϕ_c) 0.65와 강재의 재료계수(ϕ_s) 0.9를 이용하여 계산한다.

소성트러스이론에 의하면 콘크리트의 인장강도의 영향을 무시하고 전단철근만에 의하여 전단강도를 계산하므로 KDS 14 국가건설기준-2020(콘크리트구조 학회기준, 2017)와 같이 전단강도(V_n)를 콘크리트에 의한 전단저항강도(V_c)와 전단철근에 의한 전단저항강도(V_s)의 합($V_n = V_c + V_s$)으로 계산할 수 없다. 따라서 도로교설계기준(한계상태설계법)에서는 전단철근이 없는 부재에 대해서는 KDS 14(국가건설기준)와 유사하게 경험식을 사용하며 전단철근이 있는 부재에 대해서는 소성트러스이론에 의하여 유도된 식을 사용한다.

$$V_d = V_{cd} \quad \text{(전단철근이 없는 부재)} \tag{8.63}$$

$$V_d = \min(V_{sd},\ V_{d,\max}) \quad \text{(전단철근이 있는 부재)} \tag{8.64}$$

여기서, V_{cd} : 전단철근이 없는 부재의 설계전단강도, V_{sd} : 전단철근이 있는 부재의 전단철근에 의한 설계전단강도, $V_{d,\max}$: 전단철근이 있는 부재의 복부 콘크리트 경사압축대의 압축파괴를 기준으로 한 최대설계전단강도이다. 식(8.64)에서 전단철근이 있는 부재의 전단강도는 V_{sd}와 $V_{d,\max}$ 중에서 작은 값을 취해야 한다. 이는 [그림 8.23]과 같이 트러스모델을 구성하는 세 가지 성분 중에서 가장 작은 값에 의해 트러스내력이 결정되기 때문이다. 식(8.64)의 V_{sd}은 트러스모델의 수직성분인 전단철근에 의한 내력이고, $V_{d,\max}$은 트러스모델의 경사성분인 콘크리트 압축대에 의한 전단내력이다. 도로교설계기준(한계상태설계법)의 전단설계에서는 두 가지 내력을 비교하여 작은 값에 의해 전단철근이 있는 부재의 설계전단강도를 계산한다.

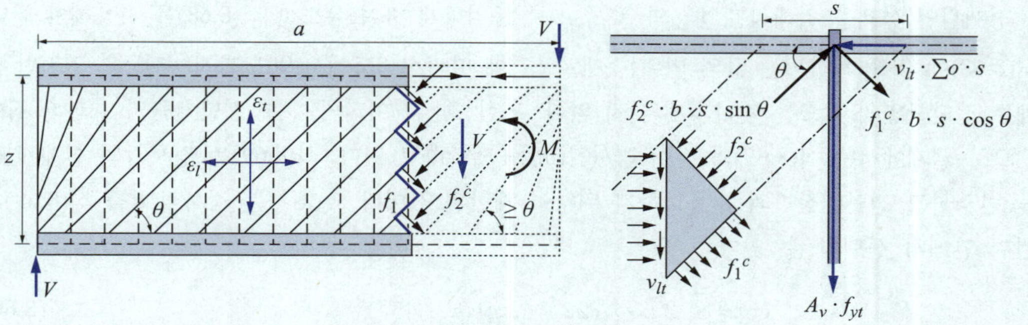

그림 8.23 트러스모델의 세 성분

전단철근이 없는 부재의 전단강도(V_{cd})에 대해서는 식(8.65)의 경험식을 사용한다.

$$V_{cd} = (0.85\,\phi_c k\,\sqrt[3]{\rho_w f_{ck}} + 0.15 f_n) b_w d \tag{8.65}$$

여기서, ϕ_c : 콘크리트 재료계수이며 0.65, k : 크기효과계수이며 식(8.66)에 의해 계산, ρ_w : 주인장철근비이다.

$$k = 1 + \sqrt{\frac{200}{d}} \leq 2.0 \quad (d\text{의 단위는 mm}) \tag{8.66}$$

전단철근이 있는 부재의 전단강도(V_{sd})에 대해서는 식(8.67)을 사용한다. 식(8.67)은 식(8.38)과 동일하지만 도로교설계기준(한계상태설계법)에서는 단면의 유효깊이(d) 대신에 [그림 8.11]에서 설명한 상부와 하부철근의 중심간의 거리(z)를 사용하며, z는 간략하게 $0.9d$를 사용할 수 있다. 유도된 식에 설계를 위하여 ϕ_s를 곱하였다.

$$V_{sd} = \phi_s \frac{A_v f_{yt} z}{s} \cot\theta \tag{8.67}$$

여기서, ϕ_s : 전단철근의 재료계수이며 0.9이다. 균열의 각도(θ)는 식(8.68)에 의해 계산하며, 식(8.39)와 동일하다. 도로교설계기준(한계상태설계법)에서는 설계를 위하여 식(8.39)에 재료계수(ϕ_c와 ϕ_s)와 복부 압축력의 영향계수(α_{cw}, 식(8.72a, b, c, d))를 곱하여 사용한다.

$$\tan\theta = \sqrt{\frac{\Psi}{1-\Psi}}, \qquad \Psi = \frac{\phi_s\,\rho_t\,f_{yt}}{\phi_c\,\alpha_{cw}\,v\,f_{ck}} \tag{8.68}$$

또는 $$\cot\theta = \sqrt{\frac{\phi_c\,\alpha_{cw}\,(\nu f_{ck})}{\phi_s\rho_t\,f_{yt}} - 1} = \sqrt{\frac{\phi_c\,\alpha_{cw}\,(\nu f_{ck}) b_w s}{\phi_s A_v\,f_{yt}} - 1}$$

경제적인 설계를 위해서는 V_{sd}와 $V_{d,\max}$를 동일하게 하여 유도한 식(8.68)을 사용해야 한다. 식(8.68)에 의해 계산되는 값의 범위는 재료조건에 따라서 0도에서 90도까지 변할 수 있지만 실제로 전단균열의 각도는 지나치게 낮지 않다. 또한 경사각이 높을수록 전단철근의 효과가 작아지므로 설계에서는 식(8.69)와 같이 경사각(θ)을 제한하고 있다. 식(8.69)는 경사각의 실제 현상을 반영하고 전단인장파괴를 유도하기 위하여 제한된 값이다. 설계자는 경사각 θ를 식(8.69)의 범위 안에서 선택할 수 있다.

$$1 \leq \cot\theta \leq 2.5 \qquad (22^\circ \leq \cot\theta \leq 45^\circ) \tag{8.69}$$

콘크리트의 유효압축강도는 [표 8.2]의 유럽기준에서 사용하는 식(8.70)을 이용한다.

$$v = 0.6\left(1 - \frac{f_{ck}}{250}\right) \quad (f_{ck}\text{의 단위는 MPa}) \tag{8.70}$$

전단철근이 있는 부재의 복부 콘크리트 경사압축대의 최대설계전단강도($V_{d,\max}$)에 대해서는 식(8.71)을 사용한다. 식(8.71)은 (8.21)과 식(8.22)에서 유도할 수 있다. 부재에서 f_t는 "0"이며, 소성트러스모델에서는 콘크리트의 인장강도(f_1^c)는 무시한다. 따라서 식(8.22)의 f_2^c를 식(8.22)에 대입하면 식(8.71)을 유도할 수 있다. 유도된 식에 설계를 위하여 ϕ_c와 α_{cw}를 곱하였다.

$$V_{d,\max} = \phi_c\,\alpha_{cw}\,\nu f_{ck} b_w z \frac{1}{\cot\theta + \tan\theta} \tag{8.71}$$

여기서, α_{cw} : 기둥과 같이 축력이 작용할 경우에 발생하는 복부 압축력의 영향계수이며, 다음과 같이 정한다.

축력이 없는 부재	: $\alpha_{cw} = 1$	(8.72a)
$0 \leq f_n \leq 0.25\,\phi_c f_{ck}$	: $\alpha_{cw} = 1 + f_n/(\phi_c f_{ck})$	(8.72b)
$0.25\,\phi_c f_{ck} \leq f_n \leq 0.5\,\phi_c f_{ck}$	: $\alpha_{cw} = 1.25$	(8.72c)
$0.5\,\phi_c f_{ck} \leq f_n \leq 1.0\,\phi_c f_{ck}$	: $\alpha_{cw} = 2.5[1 - f_n/(\phi_c f_{ck})]$	(8.72d)

여기서, f_n : 복부에 작용하는 압축응력이다.

8.7.2 전단 철근 상세

도로교설계기준(한계상태설계법)에서도 KDS 14(국가건설기준)와 동일하게 다음의 전단철근에 대한 상세 규정을 두고 있다.

① 최소 전단철근량

소요전단력이 콘크리트 전단강도보다 작을 때 전단철근 배근은 불필요하다. 그러나 전단철근량이 매우 작거나 없을 경우에는 사인장균열이 발생함과 동시에 부재의 강도가 급격하게 감소하여 [그림 8.2]의 최소전단철근파괴가 발생한다. 따라서 전단철근을 식(8.73)의 값 이상 배근하도록 하여 최소전단철근파괴를 방지하고 있다. 다만 식(8.73)의 규정은 슬래브나 기초판에는 적용할 필요가 없다.

$$A_{v,\min} = 0.08\sqrt{f_{ck}}\,\frac{b_w s}{f_{yt}} \tag{8.73}$$

② 최대 전단철근량

너무 많은 양의 전단철근이 배근될 경우에 전단철근은 항복강도(f_{yt})에 도달하지 않고 탄성인 상태에서 콘크리트가 취성적으로 전단파괴하는 경우가 있다([그림 8.2] 참조). 따라서 설계에서는 사인장균열각도의 변화를 반영하고, 전단인장파괴를 유도하며, 사인장균열폭을 억제하기 위해 전단강도(V_s)의 최댓값을 제한한다. 도로교설계기준(한계상태설계법)에서는 KDS 14(국가건설기준)와 동일하게 식(8.21)의 콘크리트의 주압축응력(f_2^c) 대신에 콘크리트의 유효압축강도(υf_{ck})를 대입하고 전단철근의 응력(f_{ts}) 대신에 전단철근의 항복강도(f_{yt})를 대입하여 식(8.74)를 유도하여 사용한다. 유도된 식에 설계를 위하여 재료계수(ϕ_c와 ϕ_s)와 복부 압축력의 영향계수(α_{cw})를 곱하여 사용한다. 식(8.74)에서 식(8.69)의 각도 θ의 범위에서 최대가 될 때는 각도 θ가 45도인 경우이다.

$$A_{v,\max} \le \frac{\phi_c \alpha_{cw} \nu f_{ck} b_w s}{\phi_s f_y}\sin^2\theta \tag{8.74}$$

③ 전단철근의 최대 간격

사인장균열이 최소한 1개 이상의 전단철근을 통과할 수 있도록 전단철근의 최대 간격을 식(8.75)로 제한하고 있다.

$$s_{\max} = 0.75d,\ s_{\max} = 600\ \text{mm}\ \text{중 최솟값} \tag{8.75}$$

예제 8.2

[예제 8.1]과 동일한 조건의 부재에 대하여 도로교설계기준(한계상태설계법)에 의하여 최대 소요전단력($V_{u,\max}$)이 작용하는 위치의 전단철근 간격을 계산하라.

풀이

① 이 부재는 전단철근이 배근되어 있으므로 식(8.64)의 전단철근이 배근된 부재에 의해 설계해야 한다. 다만 참고로 식(8.65)의 전단철근이 배근되지 않은 부재의 설계 강도(V_{cd})를 계산해 보면 다음과 같다.

$$V_{cd} = (0.85\phi_c k\sqrt[3]{\rho_w f_{ck}} + 0.15 f_n) b_w d \tag{a}$$
$$= (0.85 \times 0.65 \times 1.53\sqrt[3]{0.0049 \times 45} + 0.15 \times 7)150 \times 715 = 167.4\text{ kN}$$

여기서, $\phi_c = 0.65$

$$k = 1 + \sqrt{\frac{200}{d}} = 1 + \sqrt{\frac{200}{715}} = 1.53 < 2.0$$

$$\rho_w = \frac{A_t}{b \cdot d} = \frac{24 \times 51.61}{350 \times 715} = 0.0049$$

$$f_n = \frac{P_e}{A_c} = \frac{1{,}364{,}486}{195{,}000} = 7.0\text{ MPa}$$ P_e 와 A_c는 [예제 8.1]에서 계산, $f_n = f_{pc}$

계산된 $V_{cd} = 167.4$ kN는 KDS 14(국가건설기준)에 의해 계산한 $\phi V_c = 102.1$ kN보다 크다. 그러나 이 결과는 부재의 조건에 따라서 달라질 수 있다.

② 최대 소요전단력($V_{u,\max}$)이 작용하는 위치의 전단철근 간격을 계산한다.

최대 소요전단력($V_{u,\max}$)은 [예제 8.1]에서 계산하였으며 그 값은 678,500 N이다. 식(8.67)의 V_{sd} 대신에 $V_{u,\max}$을 대입하여 전단철근 간격(s)을 계산한다. 경제적인 설계를 위해서는 전단철근과 콘크리트가 동시에 파괴하는 경우의 각도를 이용해야 한다. $z = 0.9d$로 계산하였다.

$$s = \frac{\phi_s A_v f_{yt} z}{V_{u,\max}}\cot\theta = \frac{0.9 \times 2 \times 71.3 \times 400 \times 643.5}{678{,}500}\cot\theta = 48.69\cot\theta \tag{b}$$

여기서 각도(θ)를 계산하기 위해서는 전단철근비(ρ_t)가 필요하며, ρ_t를 계산하기 위해서는 전단철근의 간격(s)가 필요하다. 따라서 식(8.68)에서 $\cot\theta$의 일부를 구한 후에 이 값을 식(b)에 대입하여 s를 계산한다.

$$\cot\theta = \sqrt{\frac{\phi_c \alpha_{cw}(\nu f_{ck}) b_w s}{\phi_s A_v f_{yt}} - 1}$$
$$= \sqrt{\frac{0.65 \times 1.24\,(0.492 \times 45)(150 \times s)}{0.9(2 \times 71.3)400} - 1} = \sqrt{0.05214\,s - 1} \tag{c}$$

여기서, $v = 0.6\left(1 - \frac{f_{ck}}{250}\right) = 0.6\left(1 - \frac{45}{250}\right) = 0.492$

$0 \le f_n \le 0.25\phi_c f_{ck}$, $0 \le f_n \le 7.31$이므로

$$\alpha_{cw} = 1 + f_n / (\phi_c f_{ck}) = 1 + 7 / (0.65 \times 45) = 1.24, \ \alpha_{cw} = 1.24$$

식(c)를 식(b)에 대입하여 정리한다.

$$s = 48.69\sqrt{0.05214\,s - 1} = 99.9\,\text{mm} \quad \text{(d)}$$

$s = 99.9$ mm에서의 $\cot\theta = 2.05$이며, 26.0도이다. 26.0도는 식(8.69)의 각도 범위에 포함되어 있으므로 설계가 가능하다.

계산한 각도에 의한 값이 콘크리트 압축대의 파괴를 유발하는지 검토한다.

$$V_{d,\max} = \phi_c \alpha_{cw} \nu f_{ck} b_w z \frac{1}{\cot\theta + \tan\theta}$$

$$= 0.65 \times 1.24 \times 0.492 \times 45 \times 150 \times 643.5 \frac{1}{2.05 + 1/2.05} = 678.7\,\text{kN}$$

각도는 전단철근과 콘크리트가 동시에 파괴하는 경우이므로 $V_{d,\max}$는 $V_{u,\max}$와 동일하다. 그 이유는 경제적인 설계를 하기 위하여 전단철근과 콘크리트 대각압축대가 동시에 파괴되는 각도를 계산했기 때문이다. 여기서 만일 각도를 45도 등으로 가정하여 철근 간격을 계산하면 결과가 다르거나 파괴모드가 변경될 수 있다.

③ 최소 전단철근량을 검토한다.

$$A_{v,\min} = 0.08\sqrt{f_{ck}}\,\frac{b_w s}{f_{yt}} = 0.08\sqrt{45}\,\frac{150 \times 99.9}{400} = 20.1\,\text{mm}^2 \quad \text{(e)}$$

식(e)에서 계산된 $A_{v,\min}$ 값은 $2 \times 71.3 = 142.6\,\text{mm}^2$보다 작다.

④ 전단철근의 최대 간격을 검토한다.

$$s_{\max} = 0.75d = 0.75 \times 715 = 536.25\,\text{mm},\ s_{\max} = 600\,\text{mm} \text{ 중 최솟값} \quad \text{(f)}$$

식(f)에서 계산된 $s_{\max}$ 값은 99.9 mm보다 크다.

[예제 8.1]의 KDS 14(국가건설기준)에 의해 계산한 $V_{u,\max}$에 대한 전단철근의 간격은 53.1 mm이며, [예제 8.2]에서 계산한 도로교설계기준(한계상태설계법)에 의해 계산한 전단철근의 간격은 99.9 mm으로 넓다. 도로교설계기준(한계상태설계법)에서는 전단철근이 있는 경우에는 V_{cd}를 “0”으로 하지만, 전단내력(V_{sd}) 평가에서 $\cot\theta$를 사용하므로 $\cot\theta$를 “1”로 하여 계산하는 KDS 14(국가건설기준)의 전단내력(V_s)보다 크다. 그러나 이러한 결과는 전단철근이 적게 사용되는 경우에는 콘크리트의 기여도가 커져서 반대의 경향이 발생할 수 있다.

연습문제

8.1 | 프리스트레스트 콘크리트 부재의 전단설계와 철근콘크리트 부재의 전단설계의 차이점을 두 가지 설명하라.

8.2 | 프리스트레스트 콘크리트 부재에 발생하는 휨균열, 휨전단균열, 사인장균열에 대해 설명하라.

8.3 | 휨전단균열 콘크리트 전단강도와 복부전단균열 콘크리트 전단강도에 대해 설명하라.

8.4 | 45도 트러스이론의 여섯 가지 가정에 대하여 설명하라.

8.5 | 45도 트러스모델, 소성트러스모델, 변형률 적합조건을 이용한 트러스모델의 특징을 비교하라.

8.6 | 최소 전단철근과 최대 전단철근이 사용되는 이유에 대해 설명하라.

8.7 | [연습 그림 8.1]과 같은 단순보를 전단 설계하라. 전단철근은 D10(단면적 $A_s = 71.3\ \text{mm}^2$)을 동일 단면에 두 가닥 사용하라. 전단철근의 항복강도 $f_{yt} = 400$ MPa이다. 비인장 주철근의 영향은 무시하고 계산한다.

고정하중 $w_D = 8$ kN/m, 추가고정하중 $w_{SD} = 15$ kN/m, 활하중 $w_L = 30$ kN/m

프리스트레스트 콘크리트 28일 압축강도, $f_{ck} = 35$ MPa

- **PS강재** : 7연선 9.3 mm(SWPC 7AN, 단면적 $A_{ps} = 51.61\ \text{mm}^2$)를 24가닥 사용, 인장강도 $f_{pu} = 1{,}860$ MPa, 항복강도 $f_{py} = 1{,}600$ MPa, 긴장 시의 긴장응력 $f_{pj} = 0.9 f_{py}$
- **즉시응력손실** : 긴장응력(f_{pj})의 10%
- **장기응력손실** : 긴장재의 초기응력(f_{pi})의 15%

1) 지점에서 1.0 m 떨어진 위치의 전단철근의 필요 배근 간격은 얼마인가?

2) 지점에서 3.0 m 떨어진 위치의 전단철근의 필요 배근 간격은 얼마인가?

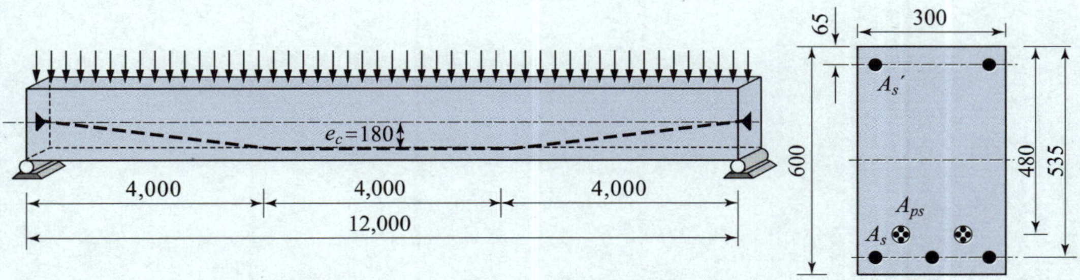

연습 그림 8.1 프리스트레스트 콘크리트 보 및 단면 (단위 : mm)

Chapter

9 비틀림 설계

9.1 일반 사항

프리스트레스트 콘크리트 부재에 작용하는 비틀림모멘트는 전단파괴와 마찬가지로 사인장균열을 유발하지만, 휨인장파괴와 달리 취성적인 파괴를 발생시킨다. 1960년대까지 간접적으로 프리스트레스트 콘크리트 부재의 구조설계에 반영되었던 비틀림효과는 구조물이 대형화되고 구조형식이 다양화되면서 1970년 이후부터 설계기준에 별도의 항목으로 반영되고 있다.

구조물에 작용하는 비틀림모멘트는 작용방법과 구조형식에 따라 다음과 같이 크게 두 가지로 구분된다.

① **평형비틀림(1차 비틀림, 정정비틀림)** : [그림 9.1(a)]와 같이 하중의 편심효과를 구조물에 직접 유발하는 비틀림모멘트이다. 그림에서 프리캐스트 보(A 부재)의 하중이 지지하는 보(B 부재)의 중심축에 직접 편심효과를 유발하여 비틀림모멘트를 발생시킨다.

② **적합비틀림(2차 비틀림, 부정정비틀림)** : [그림 9.1(b)]와 같이 부정정구조물에 발생하는 비틀림은 비틀림 강성에 의해 비틀림모멘트의 효과가 달라진다. 그림에서 1번 부재에 작용하는 하중은 2번 부재의 중심부에 전달되어 2번 부재에 비틀림모멘트를 유발한다. 1번 부재와 2번 부재는 부정정구조물이므로 전달되는 하중은 부재의 강성에 따라 달라진다. 2번 부재에 균열이 발생하기 이전에는 2번 부재의 강성이 크기 때문에 상대적으로 큰 비틀림모멘트가 전달되지만, 사인장균열이 발생한 후에는 2번 부재의 강성이 급격하게 감소하여, 전달되는 비틀림모멘트의 값이 작아지면서 힘의 재분배가 발생한다. 설계에서는 힘의 재분배에 의해 전달되는 비틀림모멘트를 일정값 이하, 즉 비틀림 균열모멘트 이하로 제한하고 있다.

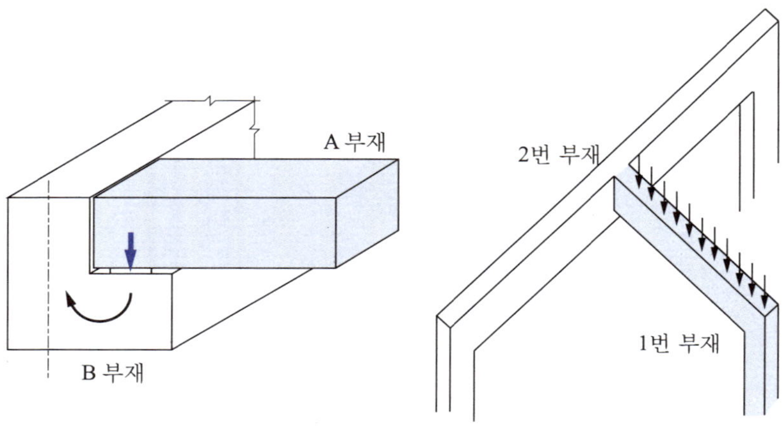

(a) 평형비틀림 부재 (b) 적합비틀림 부재

그림 9.1 비틀림 부재

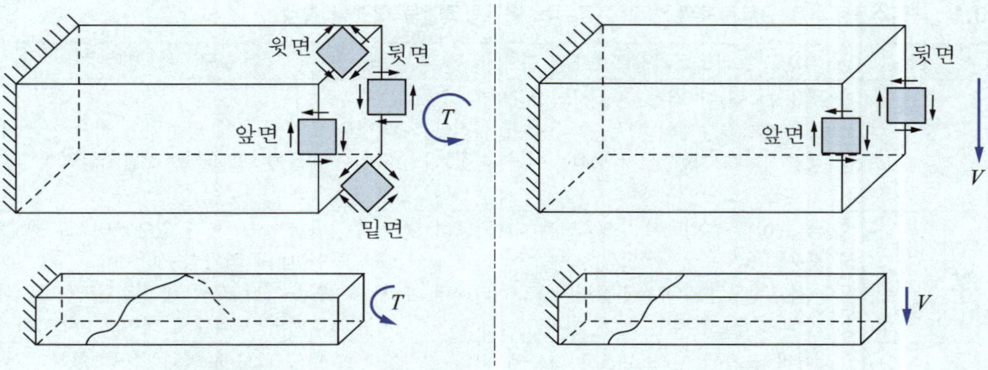

(a) 비틀림모멘트 (b) 전단력

그림 9.2 비틀림모멘트와 전단력의 비교

비틀림모멘트는 전단력과 유사한 형태로 부재를 파괴시키지만, 부재 상·하면에 작용하는 응력과 작용 방향은 다르다. [그림 9.2]는 비틀림과 전단력에 의해 발생되는 응력이다. 전단력이 작용하는 부재는 부재축의 수직방향으로 전단력이 작용하여 부재의 앞·뒷면에 동일한 방향으로 사인장균열이 발생하고, 부재의 상·하면에는 사인장균열이 발생하지 않는다. 전단력이 작용하는 방향도 부재의 앞·뒷면에서 위에서 아래로 일정하다([그림 9.2(b)] 참조). 한편, 비틀림모멘트는 부재축을 중심으로 회전하는 전단응력을 유발한다. 따라서 비틀림모멘트가 작용하는 부재는 앞·뒤, 상·하면의 부재 모든 면에 일정한 각도의 나선형 사인장균열이 발생한다. [그림 9.2(a)]에서 반시계방향으로 비틀림모멘트가 작용할 경우에, 부재 앞쪽 면에는 아래쪽 방향으로 전단력이 발생하지만, 뒤쪽 면에는 위쪽 면으로 전단력이 발생한다.

전단력이 작용하는 부재는 전단내력을 증대시키기 위해 부재축과 직각되는 방향에만 전단철근을 배근하지만, 비틀림모멘트가 작용하는 부재는 부재축과 직각되는 방향(횡방향)과 함께 부재축방향(종방향)으로도 비틀림철근을 배근해야 한다. 부재축과 직각되는 방향에는 단면 전체를 감싸는 폐쇄형 비틀림철근을 배근하고, 부재축방향에는 종방향 비틀림철근을 배근하여 비틀림내력을 증대시킨다.

프리스트레스트 콘크리트 부재에 비틀림모멘트만 작용하는 경우는 드물며, 대부분의 경우는 휨과 전단 또는 휨과 전단 및 축력이 동시에 작용하여 복잡한 파괴메커니즘을 나타낸다.

프리스트레스트 콘크리트 부재의 비틀림내력은 전단내력과 같이 긴장력(압축력)이 작용하여 사인장균열의 폭이 감소하고 경사긴장재의 경우 수직 분력이 전단 외력을 직접 상쇄하지만, 설계에서는 이를 직접 반영하지는 않는다. 설계는 [표 9.1]과 같이 철근콘크리트 부재의 비틀림내력 평가와 거의 유사하며, 비틀림각도에 대한 가정에 대해서만 다소 다르다.

표 9.1 프리스트레스트 콘크리트와 철근 콘크리트 비틀림모멘트 설계의 특성

	프리스트레스트 콘크리트	철근 콘크리트
특 성	① 긴장력(압축력)이 작용하여 사인장균열의 폭이 감소하고, 경사긴장재의 경우 수직 분력이 전단 외력을 직접 상쇄하지만 설계에서는 이를 직접 반영하지는 않음	① 보의 경우에 압축력이 작용하지 않기 때문에 콘크리트 전단저항력이 작음
스터럽에 의한 비틀림저항	① 박판튜브이론과 입체트러스모델에 의한 내력 평가식 사용 ② 최소 전단철근량을 유효긴장력의 크기에 따라 계산 ③ 스터럽의 최대 간격이 $0.7h$ 이하	① 박판튜브이론과 입체트러스모델에 의한 내력 평가식 사용 ② 최소 전단철근량을 일정한 값으로 계산 ③ 스터럽의 최대 간격이 $0.5d$ 이하
균열각도	① 긴장력의 크기에 따라 37.5도 각도에 의해 횡방향철근과 종방향철근의 양을 계산할 것을 권장	① 45도 각도에 의해 횡방향철근과 종방향철근의 양을 계산할 것을 권장

9장의 전반부에서는 프리스트레스트 콘크리트 부재에 사용되는 콘크리트와 비틀림철근에 의한 비틀림저항에 대해 설명하고, 후반부에서는 구조설계기준의 비틀림모멘트 설계법에 대해 설명한다.

9.2 비틀림거동과 비틀림파괴의 종류

9.2.1 비틀림거동

비틀림파괴되는 부재도 전단파괴되는 부재와 마찬가지로 휨인장파괴하는 부재에 비하여 취성적으로 파괴된다. [그림 9.3]은 비틀림철근이 없는 콘크리트 보와 비틀림철근이 배근된 콘크리트 보의 파괴 양상을 나타낸다. 비틀림철근이 없는 보는 비틀림모멘트에 의해 사인장균열이 발생함과 동시에 부재가 파괴되며, 사인장균열의 숫자도 작음을 알 수 있다. 그러나 비틀림철근이 배근된 보는 비틀림철근이 항복한 이후에 연성이 다소 증가한 뒤에 복부콘크리트가 압축파괴되며, 사인장균열의 숫자도 증가함을 알 수 있다. 비틀림철근이 있는 경우와 없는 경우의 부재의 연성을 비교하면, 비틀림철근이 있는 부재의 연성이 비틀림철근이 없는 부재의 연성보다 크다. 그러나 비틀림철근이 항복한 이후에 파괴되는 부재의 연성도 휨인장파괴 되는 부재의 연성에 비하면 작다.

비틀림이 지배하는 부재의 거동도 전단이 지배하는 부재의 거동과 마찬가지로 크게 세 구간으로 구분할 수 있다. [그림 9.3]의 A점까지는 보에 사인장균열이 발생하지 않고 부재의 전단면에서 비틀림모멘트를 지지한다. 그러나 A점에서 사인장균열이 발생한 이후에는 부재의

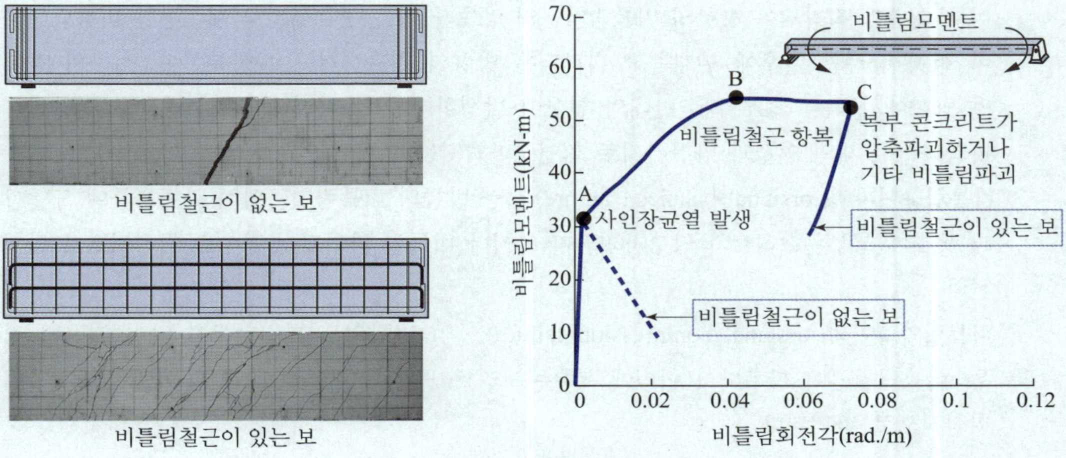

그림 9.3 비틀림거동

변형이 급격하게 증가하며 비틀림 강성도 감소한다. B점에서 비틀림철근이 항복한 이후에 하중이 증가함에 따라 복부콘크리트의 변형이 증가하며, 콘크리트의 유효압축강도가 감소하여 C점에서 복부콘크리트가 압축파괴된다.

9.2.2 비틀림 파괴모드

6장에서 설명한 것과 같이 휨모멘트를 받는 프리스트레스트 콘크리트 부재는 주인장철근과 압축력을 받는 콘크리트의 상대적 저항력의 차이에 따라 파괴모드가 구분되며, 전단파괴하는 부재는 전단철근과 복부콘크리트의 상대적 세기에 따라 전단파괴모드가 구분된다. 비틀림모멘트에 의해 파괴되는 프리스트레스트 콘크리트 부재도 전단파괴되는 부재와 마찬가지로 복부콘크리트와 철근의 상대적 세기에 의해 파괴모드가 구분된다. 다만, 비틀림부재에는 부재축방향과 부재축과 직각되는 방향에 철근이 배근되므로, 양 방향의 철근의 세기와 복부콘크리트의 상대적 세기에 의해 파괴모드가 세분화된다.

① **최소비틀림철근파괴**(minimum torsional reinforcement failure) : 비틀림철근량이 매우 적게 배근된 경우. 부재에 사인장균열이 발생함과 동시에 내력이 급격하게 감소하는 취성적 파괴.

② **비틀림인장파괴**(torsional tension failure) : 비틀림철근이 비교적 적게 배근된 경우. 비틀림철근이 항복한 이후에 복부콘크리트가 압축파괴되거나 기타 비틀림파괴되는 경우로 다른 네 가지 파괴모드에 비해 연성적이다. 비틀림인장파괴는 부재축방향 비틀림철근과 부재축과 직각방향 비틀림철근의 양에 따라 파괴 순서가 달라진다. 부재축방향 비틀림철근의 양

이 부재축과 직각되는 방향의 비틀림철근의 양보다 적을 경우에는 부재축방향 비틀림철근이 먼저 항복한 이후에 부재축과 직각되는 방향의 비틀림철근이 항복한다. 철근의 양이 양 방향에서 다른 경우에는 반대의 현상이 발생한다. 비틀림인장파괴의 경우도 전단인장파괴되는 부재의 연성과 마찬가지로 휨인장파괴되는 부재의 연성보다는 일반적으로 작다.

③ **비틀림균형파괴**(torsional balanced failure) : 양 방향의 비틀림철근이 항복변형률에 도달함과 동시에 복부콘크리트가 압축파괴되거나 기타 비틀림 파괴되는 경우로 취성적으로 파괴된다.

④ **비틀림압축파괴**(torsional compression failure) : 양 방향의 비틀림철근이 많이 배근된 경우. 비틀림철근이 항복하기 이전에 복부콘크리트가 압축파괴되거나 기타 비틀림파괴하여 취성적으로 파괴된다.

이와 같이 비틀림파괴는 콘크리트와 비틀림철근의 구성 비율에 따라서 파괴종류가 달라지며, 이 중에서 비틀림인장파괴는 비틀림철근이 먼저 항복하고 콘크리트가 압축파괴하기 때문에 부재가 연성적인 파괴를 하지만 휨인장파괴하는 부재의 연성에 비해 작다. 설계에서는 9.5.3항에서 설명하는 최소 비틀림철근비와 최대 비틀림철근비를 제한하여 비틀림인장파괴를 유도한다.

9.3 콘크리트에 의한 비틀림내력

비틀림모멘트에 대한 연구는 18세기부터 Coulomb를 비롯한 여러 연구자들에 의해 이루어졌다. 9.3절에서는 탄성과 소성이론에 근거하여 발전된 대표적인 비틀림모멘트 이론을 정리한다.

9.3.1 Navier 이론

19세기 초에 Navier는 탄성상태인 원형관의 비틀림 전단응력을 다음의 두 가지 가정에 근거하여 유도했다.

① 비틀림모멘트가 작용한 후에도 단면은 원형을 유지한다.

② 비틀림각도가 작을 경우에 단면의 직경과 임의의 단면간의 거리는 변하지 않는다.

[그림 9.4(a)]는 한쪽 면이 고정된 원통을 나타내며, 이 원통의 다른 쪽에 비틀림모멘트(T)가 작용하고 있다. 길이 방향으로 미소(微少)한 길이 dx를 절단했을 때([그림 9.4(b)]), 전단변형률(γ)은 원통 단면의 중심에 작용하는 비틀림회전각과 식(9.1)의 관계가 있음을 알 수 있다.

$$\gamma \cdot dx = \overline{bb'}, \qquad d\varphi \cdot \bar{r} = \overline{bb'}$$

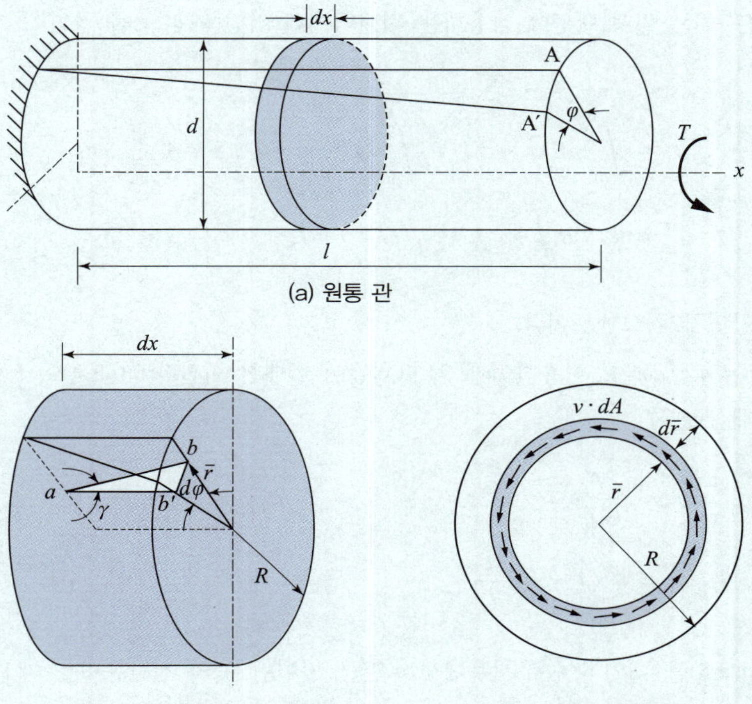

(a) 원통 관

(b) dx 길이의 변형 (c) 전단응력

그림 9.4 비틀림모멘트가 작용하는 원형 관

$$\gamma = \frac{\bar{r} \cdot d\varphi}{dx} \tag{9.1}$$

여기서, $\bar{r}$: 부재축에서 떨어진 거리, R : 원통의 반지름, dx : x방향의 미소 길이, φ : 비틀림 회전각, $d\varphi$: 비틀림회전각 증분이다.

식(9.1)을 단위 길이에 대한 비틀림회전각(θ)으로 변환하여 식(9.2)를 유도한다.

$$\gamma = \bar{r}\theta \tag{9.2}$$

여기서, θ : 비틀림회전각 φ의 변화율, 즉, 단위 길이에 대한 비틀림회전각($\theta = d\varphi/dx$).

따라서 후크의 법칙(Hooke's law)을 이용하여 거리 $\bar{r}$에서의 비틀림 전단응력(v)을 유도할 수 있다.

$$v = G \cdot \gamma = G \cdot \bar{r}\theta \tag{9.3}$$

여기서, G : 전단탄성계수이다.

비틀림모멘트 T는 원형 단면에 작용하는 전단력에 떨어진 거리 $\bar{r}$를 곱하여 계산한다([그림 9.4(c)] 참조).

$$T = \int_0^R v \cdot \bar{r} \cdot dA = \int_0^R (G \cdot \bar{r} \cdot \theta)\bar{r} \cdot dA$$

$$= G \cdot \theta \int_0^R \overline{r^2} dA = G \cdot \theta \cdot I_p \tag{9.4}$$

여기서, I_p : 단면극2차모멘트이다.

식(9.4)와 $\theta(= d\varphi/dx)$를 이용하여 보의 단위길이에 대한 회전각(θ)과 길이 l인 곳의 비틀림 회전각(φ)을 계산한다.

$$\theta = \frac{T}{GI_p} \tag{9.5}$$

$$\varphi = \theta \cdot l = \frac{Tl}{GI_p} \tag{9.6}$$

식(9.3)에 식(9.5)를 대입하여 부재축에서 $\bar{r}$만큼 떨어진 곳의 전단응력을 계산한다.

$$v = G \cdot \bar{r} \cdot \theta = \frac{T \cdot \bar{r}}{I_p} \tag{9.7}$$

원형단면에 대한 단면극2차모멘트를 식(9.7)에 대입하고, 단면의 중심에서 가장 바깥쪽에 작용하는 최대 전단응력을 계산하면 식(9.8)과 같다.

$$v = \frac{T}{I_p} \cdot \frac{D}{2} = \frac{16}{\pi D^3} T \tag{9.8}$$

여기서, D : 원형단면의 지름이다.

9.3.2 St. Venant 탄성이론과 Nadai 소성이론

Navier이론에 의해 계산된 비틀림 전단응력은 탄성상태인 원형관에는 적용이 가능하지만 사각형 단면에는 적용할 수 없다. 이는 원형 단면은 원의 중심에서 떨어진 거리가 일정하지만, 사각형 단면은 중심에서 떨어진 거리가 일정하지 않아 비틀림모멘트에 의한 변형과 전단흐름이 일정하지 않기 때문이다. St. Venant는 탄성상태의 사각형 단면에 작용하는 비틀림응력을 재료 메커니즘을 이용하여 유도하였다. St. Venant 탄성이론에서도 다음의 두 가지가 가정되었다.

① 비틀림모멘트가 작용한 후에도 사각형 단면은 동일한 단면 형태를 유지한다.

② 사각형 단면 부재에 발생하는 뒤틀림(warping)은 부재 전체 길이에 걸쳐서 일정하다.

St. Venant 탄성이론에 의해 유도된 비틀림 전단응력(v)은 식(9.9)와 같다.

$$v = \frac{T}{\alpha_t \, x^2 y} \tag{9.9}$$

여기서, x : 단면의 짧은 변의 길이, y : 단면의 긴 변의 길이이다.

식(9.9)의 α_t는 x/y의 비율을 나타내며, St. Venant의 탄성이론에 의하면 식(9.10a)와 같이 0.2(x/y가 1일 때)에서 0.33(x/y가 0일 때)까지 변화한다. 한편, Nadai는 St. Venant의 탄성이론과 달리 소성이론을 적용하여 직사각형 단면에 대해 α_t를 식(9.10b)와 같이 유도했다. 식(9.10b)에 의하면 α_t 값은 0.33(x/y가 1일 때)에서 0.50(x/y가 0일 때)까지 변화한다.

[St. Venant의 탄성이론]

$$\alpha_t = \frac{1}{3+(2x/y)} \tag{9.10a}$$

[Nadai의 소성이론]

$$\alpha_t = \frac{1-(x/3y)}{2} \tag{9.10b}$$

9.3.3 Skew bending 이론

St. Venant의 탄성이론과 Nadai의 소성이론에 의해 유도된 비틀림응력 평가식을 콘크리트 단면에 적용하면 실제값을 정확하게 예측할 수 없다. 이는 콘크리트가 탄성재료가 아니며, 또한 소성이론을 적용할 만큼 충분한 연성능력이 없기 때문이다. 이러한 문제점을 해결하기 위해 콘크리트의 파괴특성을 고려한 Skew bending 이론이 제안되었다. Skew bending 이론에서는 [그림 9.5]의 부재축에 일정한 방향으로 작용하는 콘크리트의 비틀림모멘트(T_c)를 식(9.11)과 같이 균열과 평행한 방향의 휨모멘트(T_b)와 균열과 직각되는 방향의 뒤틀림모멘트(T_t)로 나눈다.

$$T_c = T_b + T_t \tag{9.11}$$

휨모멘트(T_b)의 분력은 식(9.12)이다.

$$T_b = T_c \cdot \cos\theta \tag{9.12}$$

여기서, θ : 비틀림균열각도이다.

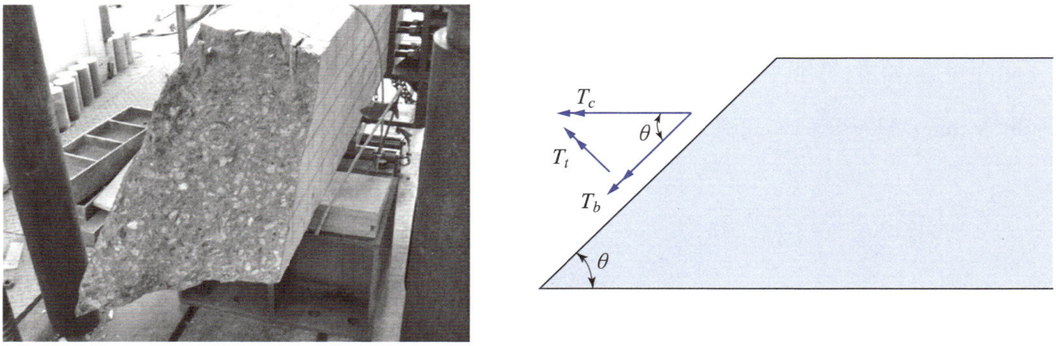

(a) 비틀림철근이 없는 보의 비틀림파괴 사진 (b) 비틀림 분력

그림 9.5 Skew bending 이론에 의한 비틀림파괴 모델

비틀림균열이 발생하기 직전에 재료는 탄성상태로 볼 수 있으므로, 탄성해석에 의해 식(9.13)의 휨응력(f)을 계산한다.

$$f = \frac{T_b}{Z} \tag{9.13}$$

여기서, Z : 단면계수이다.

비틀림균열이 발생할 때의 휨응력(f)을 콘크리트의 휨인장강도(f_r)로 대체하고, 비틀림균열면(경사면)에 대한 단면계수($Z = x^2y/(6 \cdot \sin\theta)$)를 식(9.13)에 대입하여 휨모멘트를 계산한다.

$$T_b = \frac{x^2y}{6}\frac{1}{\sin\theta}f_r \tag{9.14}$$

식(9.14)의 균열각도(θ)를 45도로 가정하고, 이를 식(9.12)에 대입하여 비틀림모멘트(T_c)를 계산할 수 있다.

$$T_c = \left(\frac{x^2y}{3}f_r\right) \tag{9.15}$$

9.4 비틀림철근에 의한 비틀림내력

비틀림철근이 배근되지 않은 철근콘크리트 부재는 [그림 9.6]의 실험 결과에 나타난 것과 같이 비틀림균열이 발생함과 거의 동시에 부재가 취성적으로 파괴된다. 이러한 부재에 발생하는

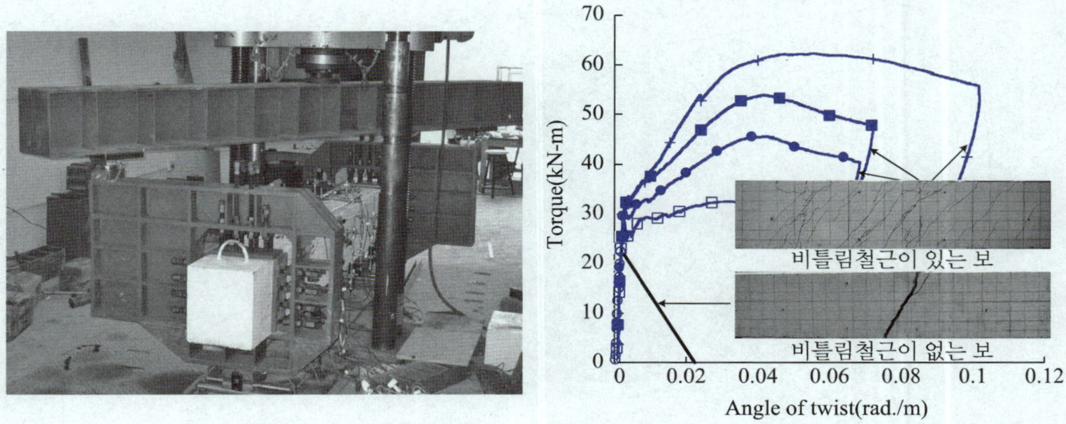

(a) 비틀림내력 실험 장치 (b) 비틀림모멘트 – 회전각 관계

그림 9.6 비틀림모멘트와 비틀림회전각의 관계

비틀림회전각은 작으며, 비틀림균열의 수도 작다. 비틀림철근이 배근될 경우에는 [그림 9.6]과 같이 사인장균열이 발생한 이후에도 부재의 내력이 점진적으로 증가하며, 비틀림철근이 항복한 이후에 복부콘크리트가 압축파괴되어 최대 비틀림모멘트에 도달한다. 이러한 부재의 변형은 비틀림철근이 배근되지 않은 부재의 변형보다 크며, 사인장균열의 수도 증가한다.

비틀림철근이 있는 부재의 비틀림내력을 구하기 위해 여러 이론이 제안되었다. KDS 14 국가건설기준-2020(콘크리트구조 학회기준, 2017)과 도로교설계기준(한계상태설계법, 2016)에서는 Bredt에 의해 제안된 박판튜브이론(thin walled tube theory)과 입체트러스모델(space truss model)에 근거하여 유도된 내력 평가식을 사용하고 있다.

9.4.1 박판튜브이론(thin walled tube theory)

[그림 9.7]의 속이 비어 있으며 두께가 얇은 부정형의 단면에 비틀림모멘트가 작용하여 전단응력이 발생한 경우를 살펴보자. 전단응력은 단면의 두께에 따라 달라질 수 있으므로 단면 두께의 변화를 고려한 전단흐름(shear flow, 전단류, 식(9.16))으로 응력을 나타낸다.

$$q = v \cdot t \tag{9.16}$$

여기서, q : 전단흐름(전단류), v : 비틀림모멘트에 의한 전단응력, t : 단면의 두께이다.

부정형 단면의 짧은 길이 ds에 작용하는 전단력에 의해 비틀림모멘트 증분(dT)이 발생하며 식(9.17)에 의해 계산할 수 있다.

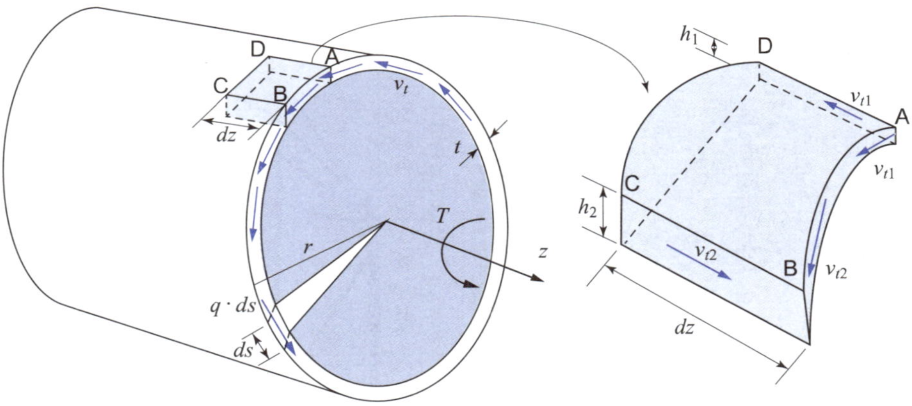

그림 9.7 박판튜브의 비틀림응력

$$dT = q \cdot ds \cdot r \tag{9.17}$$

여기서, r : 단면 중심에서 전단흐름까지의 거리이다.

부정형 단면 전체에 작용하는 비틀림모멘트는 식(9.17)을 적분하여 계산할 수 있다. 또한 비틀림모멘트 증분(dT)을 면적의 개념에 의해 표시하면 [그림 9.7]의 음영부분과 동일하며, 이 면적은 길이 ds와 거리 r을 곱한 값의 절반 값이다. 따라서 $\int_s r\,ds$는 $2A_o$로 대체할 수 있다.

$$T = q\int_s r\,ds$$

$$T = q \cdot (2A_o) \tag{9.18}$$

여기서, A_o : 전단흐름 안쪽의 단면적이다. 식(9.18)의 전단흐름(q)을 전단응력으로 표현하면 식(9.19)가 된다.

$$T = v \cdot t \cdot (2A_o)$$

$$v = \frac{T}{2A_o t} \tag{9.19}$$

9.4.2 입체트러스모델(space truss model)

비틀림내력은 8장의 전단내력 계산에서 설명한 트러스모델을 이용하여 사인장균열이 발생한 프리스트레스트 콘크리트 부재의 힘을 콘크리트의 대각선 압축대, 비틀림철근의 복부 인장재,

주철근의 인장재, 상부콘크리트의 압축재로 구분하여 계산할 수 있다. 다만, 전단력이 작용할 경우에는 부재 단면과 동일한 방향으로 전단력이 작용하므로 부재 전체에 대해 트러스모델을 적용시키지만([그림 8.14] 참조), 비틀림모멘트는 부재축을 중심으로 회전하므로 작용하는 전단력의 방향이 면에 따라 달라진다([그림 9.8] 참조). 따라서 트러스모델을 각 면에 별도로 적용시킨 후에 이를 합하여 전체 비틀림모멘트를 계산하는데, 이를 입체트러스모델(space truss model)이라 한다. 입체트러스모델은 45도 트러스모델과 동일한 기본 가정을 이용한다. 다만, 균열의 각도를 45도로 가정하지 않고 소성이론에 근거한 재료조건에 의해 계산하며, 이를 박판튜브이론(thin-walled tube theory)에 적용시킨다. 입체트러스모델의 주요 특징을 요약하면 다음과 같다.

① **사인장균열각도** : 사인장균열의 각도는 소성이론에 근거하여 재료조건으로 계산한다.

② **콘크리트의 인장강도** : 콘크리트의 인장강도는 무시한다.

③ **장부작용과 골재의 맞물림작용** : 장부작용과 골재의 맞물림작용은 고려하지 않는다.

④ **비틀림철근의 강도** : 트러스모델 자체에서는 부재가 파괴할 때에 도달하는 철근의 응력을 이용할 수 있지만, 설계에서는 철근의 항복강도를 이용한다.

⑤ **비틀림 영향면적** : 압축력에 의해 좌굴이 발생하지 않는 범위에서 [그림 9.9]와 같이 속이 비어 있는 단면의 비틀림내력과 속이 차 있는 단면의 비틀림내력은 동일하다고 가정한다. 따라서 비틀림모멘트에 의해 발생하는 전단흐름(shear flow)이 단면의 주철근을 감싸고 있는 비틀림철근의 단면중심에 발생한다고 가정한다.

[그림 9.8]에서 비틀림모멘트가 작용하는 부재의 한 면을 절단하여 입체트러스모델을 적용하여 표시하면 [그림 9.8]의 오른쪽 하단의 자유물체도와 같다. 박판튜브이론에 의해 계산한 식(9.17)과 부재축과 직각방향(t방향)에 대한 힘의 평형을 이용하여 식(9.20)을 유도한다.

$$A_t f_{yt} = q \cdot s \cdot \tan\theta \tag{9.20}$$

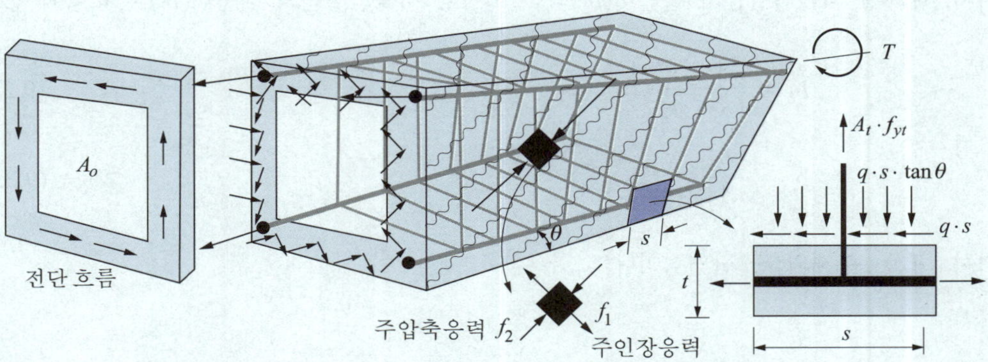

그림 9.8 입체트러스모델

여기서, A_t : 폐쇄형 비틀림철근 한 가닥의 단면적, f_{yt} : 폐쇄형 비틀림철근의 항복강도, s : 폐쇄형 비틀림철근의 간격이다.

식(9.20)에 식(9.18)을 대입하여 폐쇄형 비틀림철근에 의해 지지되는 비틀림모멘트(T_s)를 계산한다.

$$T_s = 2\frac{A_{oh} A_t f_{yt}}{s} \cot\theta \tag{9.21}$$

여기서, A_{oh} : 폐쇄형 비틀림철근 중심이 감싸는 면적이다.

[그림 9.8]의 균열이 발생한 철근콘크리트 단면의 부재축방향(l방향)에 대한 힘의 평형을 식(9.22)에서 계산할 수 있다.

$$A_l f_{yl} = q \cdot p_h \cdot \cot\theta \tag{9.22}$$

여기서, A_l : 부재축방향 비틀림철근의 총 단면적, f_{yl} : 부재축방향 비틀림철근의 항복강도, p_h : 전단흐름의 둘레 길이($p_h = 2(x_o + y_o)$), x_o : 폐쇄형 비틀림철근의 짧은 변 중심간의 길이, y_0 : 폐쇄형 비틀림철근의 긴 변 중심간의 길이([그림 9.10] 참조)이다.

식(9.22)에 식(9.20)을 대입하면 부재축방향에 필요한 철근량을 계산할 수 있다.

$$A_l = \frac{A_t}{s} p_h \frac{f_{yt}}{f_{yl}} \cot^2\theta \tag{9.23}$$

식(9.23)을 비틀림균열각도에 의해 정리하면 식(9.24)가 된다.

$$\cot^2\theta = \frac{s A_l f_{yl}}{p_h A_t f_{yt}} = \frac{\rho_l f_{yl}}{\rho_t f_{yt}} \tag{9.24}$$

여기서, 폐쇄형 비틀림철근의 철근비(ρ_t)와 길이방향 비틀림철근의 철근비(ρ_l)는 다음과 같다.

$$\rho_t = \frac{A_t \cdot p_h}{s \cdot A_g} \tag{9.25a}$$

$$\rho_l = \frac{A_l}{A_g} \tag{9.25b}$$

여기서, A_g는 부재의 전 단면적이다.

별해

[그림 9.8]의 비틀림모멘트를 지금까지 설명된 방법과 달리 [그림 8.14]에서 설명한 전단력 계산법과 동일한 방법에 의해 계산할 수 있다. 다만, [그림 8.14]에서는 단면의 폭 'b'에 대해 전단력을 구하지만, [그림 9.8]에서는 단면의 폭 't'에 대해 비틀림모멘트를 구한다. 여기서 폭 't'는 폐쇄형 비틀림철근의 단면 중심에서 바깥쪽 콘크리트까지 거리의 2배이다. 이렇게 폭이 달라지는 이유는 전단력이 작용할 경우에는 [그림 8.14]와 같이 부재 단면과 동일한 방향으로 전단력이 작용하므로 부재 단면의 전체 폭 "b"에 대하여 트러스모델을 적용시켜야 하지만, 비틀림모멘트는 [그림 9.8]과 같이 부재축을 중심으로 회전하며 전단력의 방향이 면에 따라 달라지므로 부재 단면의 한쪽 벽의 폭 't'에 적용시켜야 하기 때문이다.

단면을 중심으로 폭 't'에 작용하는 트러스 부재력을 [그림 9.9]와 같이 나타낼 수 있다. [그림 9.9]에서 각 면에 작용하는 힘의 평형은 다음과 같다.

$$V_1 = V_3 = \frac{A_t f_{yt} y_o}{s} \cot\theta \tag{9.26}$$

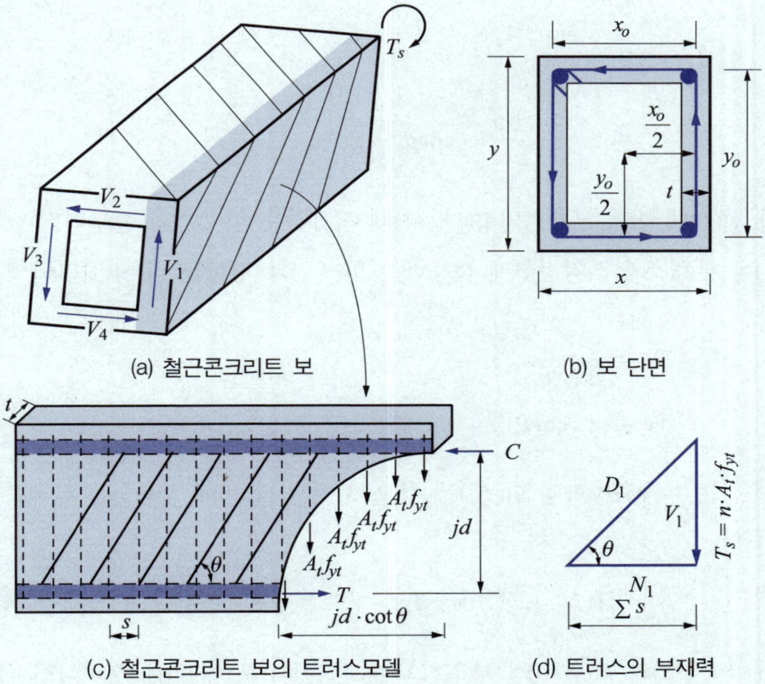

그림 9.9 합력에 의한 입체트러스모델

$$V_2 = V_4 = \frac{A_t f_{yt} x_o}{s} \cot\theta \tag{9.27}$$

[그림 9.9(a)]의 전단력이 유발하는 비틀림모멘트는 작용하는 전단력에 단면 중심까지의 거리를 곱하여 계산할 수 있다.

$$T_1 = T_3 = \frac{A_t f_{yt} y_o}{s} \cot\theta \times \frac{x_o}{2} \tag{9.28}$$

$$T_2 = T_4 = \frac{A_t f_{yt} x_o}{s} \cot\theta \times \frac{y_o}{2} \tag{9.29}$$

여기서, x_o : 폐쇄형 비틀림철근의 짧은 변 중심간의 길이, y_o : 폐쇄형 비틀림철근의 긴 변 중심간의 길이이다.

식(9.28)과 식(9.29)에 의해 계산한 비틀림모멘트를 박판튜브이론에 근거하여 전단면에 적용시키면 전체 비틀림모멘트를 계산할 수 있다.

$$T_s = T_1 + T_2 + T_3 + T_4$$

$$T_s = 2\frac{x_o y_o A_t f_{yt}}{s} \cot\theta$$

$$T_s = 2\frac{A_{oh} A_t f_{yt}}{s} \cot\theta \tag{9.30}$$

부재의 한 면(t)에 대해 부재축방향(l 방향)에 작용하는 힘(N_1)과 콘크리트 압축력에 작용하는 힘(D_1)은 부재축과 직각방향에 작용하는 힘(V_1)과 평형을 이룬다([그림 9.9(d)] 참조).

$$D_1 = \frac{V_1}{\sin\theta} \tag{9.31}$$

$$N_1 = V_1 \cot\theta \tag{9.32}$$

4면에 작용하는 부재축방향의 힘(N)은 식(9.33)에서 각 면에 작용하는 부재축방향의 힘을 합한 것과 같다.

$$N = 2(N_1 + N_2) = A_l f_{yl} \quad \text{또는} \quad N = 2(N_3 + N_4) = A_l f_{yl} \tag{9.33}$$

식(9.33)에 식(9.32)와 식(9.26)을 대입하고 식(9.30)의 T_s에 의해 정리하면 식(9.34)를 유도할 수 있다.

$$A_l f_{yl} = \frac{T_s}{2A_{oh}} p_h \cot\theta$$

$$A_l = \frac{A_t}{s} p_h \frac{f_{yt}}{f_{yl}} \cot^2\theta \tag{9.34}$$

여기서, p_h : 전단흐름의 둘레 길이($= 2(x_o + y_o)$), A_{oh} : 폐쇄형 비틀림철근에 둘러싸인 보의 단면적($= x_o \cdot y_o$)이다.

9.5 KDS 14 국가건설기준(콘크리트구조 학회기준)의 비틀림모멘트 설계

9.5.1 비틀림 설계식

비틀림평가식은 1971년에 ACI(미국빌딩코드)기준식에 채택되었다. ACI기준에서는 콘크리트에 의한 비틀림내력과 비틀림철근에 의한 비틀림내력의 합으로 비틀림모멘트를 계산하였다. 콘크리트에 의한 비틀림내력은 skew bending theory에 근거하여 유도된 식(9.15)에 2축 응력의 영향과 균열발생 후 콘크리트가 지지할 수 있는 비틀림저항을 대입하여 계산한다. 한편, 비틀림철근에 의한 비틀림내력은 입체트러스모델에 근거하여 제안된 식(9.21)을 기본식으로 하여 균열의 각도를 45도로 가정하고, 상수 '2' 대신에 미국 포틀랜드시멘트협회의 실험결과에 근거한 변수를 이용하여 계산한다. 이러한 비틀림내력 평가식은 1995년까지 콘크리트구조설계식으로 사용되다가, 1995년 이후에 MacGregor 등의 연구 결과에 근거하여 개정되었다. 개정된 비틀림평가식은 박판튜브이론과 힘의 평형조건만을 이용한 입체트러스이론에 근거하고 있으며, 1995년 이전의 ACI기준식과 비교하여 다음의 세 가지 특징을 갖고 있다.

① 콘크리트의 비틀림저항 T_c를 배제하였다. 개정된 비틀림내력 평가식은 콘크리트에 의한 비틀림저항성분을 고려하지 않고 비틀림철근에 의한 내력(T_s)만을 고려하였다.

② 콘크리트 압축대의 경사각(θ)을 식(9.24)에 의해 부재축방향과 부재축의 직각방향 비틀림철근의 양에 의해 계산한다. 1995년 이전의 ACI기준식은 각도 θ를 재료 조건과 무관하게 45도로 가정하였다.

③ 전단흐름 경로로 둘러싸인 총 단면적 A_o는 해석에 의해 결정하되, 해석을 하지 않을 경우, 폐쇄형 비틀림철근의 중심선에 의해 둘러싸인 면적(A_{oh})의 0.85배로 한다.

KDS 14 국가건설기준-2020(콘크리트구조 학회기준, 2017)에서는 식(9.35)와 식(9.36)에 의해 비틀림부재를 설계한다.

$$T_u \leqq \phi T_n \tag{9.35}$$

$$T_n = T_s = 2\frac{A_o A_t f_{yt}}{s}\cot\theta \tag{9.36}$$

여기서, T_u : 소요비틀림모멘트(계수비틀림모멘트), T_n : 공칭비틀림모멘트, T_s : 비틀림철근에 의한 내력, ϕ : 비틀림강도감소계수($\phi = 0.75$), A_o : 폐쇄형 비틀림철근 중심이 감싸고 있는 콘크리트의 유효면적이다.

콘크리트 압축대의 경사각(θ)은 식(9.24)에 의해 계산할 수 있지만, 콘크리트구조 학회기준에서는 각도를 $30° \leq \theta \leq 60°$ 이내로 규정한다. 기준에서는 프리스트레스트 긴장력이 가력되지 않은 부재나 긴장응력이 주철근 인장강도의 40퍼센트 미만인 경우에는 각도를 45도로 하는 것을 권장하며, 긴장응력이 주철근 인장강도의 40퍼센트 이상인 경우는 37.5도로 하는 것을 권장하고 있다.

전단흐름 내부의 면적(A_{oh})은 [그림 9.10(a)]에서 전단흐름이 가장 바깥쪽에 있는 폐쇄형 비틀림철근의 단면적 중심을 흐른다고 가정하여 계산한다. 다만 비틀림모멘트에 의해 파괴가 진전될 경우에 [그림 9.10(b)]와 같이 단면의 모서리 부분의 콘크리트가 탈락되는 경우가 많으므로 전단흐름 내부의 유효면적(A_o)은 폐쇄형 비틀림철근에 의해 둘러싸인 콘크리트 면적의 85퍼센트로 하고 있다.

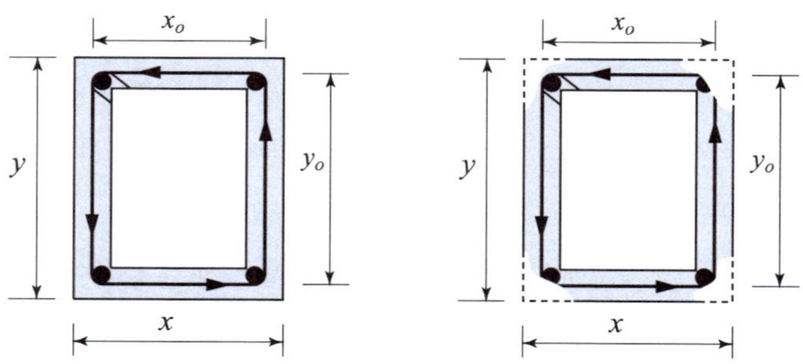

(a) 콘크리트 단면　　(b) 대 변형 이후의 모서리 콘크리트 탈락

그림 9.10 비틀림을 받는 프리스트레스트 콘크리트 단면

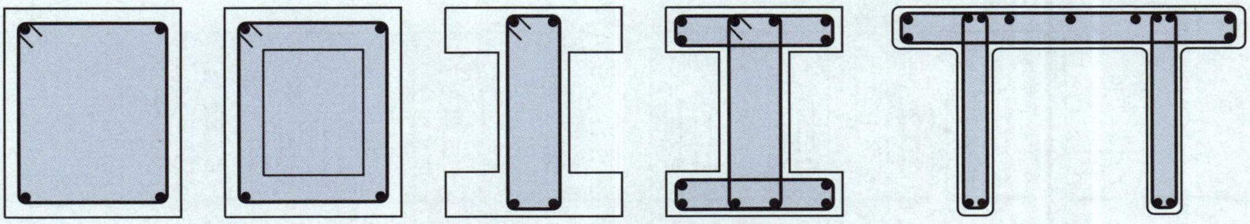

그림 9.11 폐쇄형 비틀림철근으로 둘러싸인 콘크리트 면적

$$A_o = 0.85 A_{oh} \tag{9.37}$$

여기서, A_{oh} : 폐쇄형 비틀림철근에 둘러싸인 보의 단면적($A_{oh} = x_o \cdot y_o$), x_o : 폐쇄형 비틀림철근의 짧은 변 중심간의 길이, y_o : 폐쇄형 비틀림철근의 긴 변 중심간의 길이이다.

I형이나 박스형과 같이 다각형 단면일 경우에는 [그림 9.11]의 폐쇄형 비틀림철근으로 둘러싸인 내부의 면적을 A_{oh}로 사용하며, [그림 9.11]에서 음영부분이 내부면적이 된다.

9.5.2 비틀림모멘트와 전단력이 동시에 작용하는 경우

프리스트레스트 콘크리트 부재에 순수한 비틀림만 작용하는 경우는 드물다. 대부분의 부재에는 전단력, 휨모멘트 및 비틀림모멘트가 동시에 작용한다. [그림 9.12]는 스터럽이 없는 부재에 전단력과 비틀림이 동시에 작용한 경우에 대한 실험결과이다. 그림에서 전단력과 비틀림모멘트가 동시에 작용할 경우에 부재의 내력은 식(9.38)과 같이 원의 형태로 감소함을 알 수 있다.

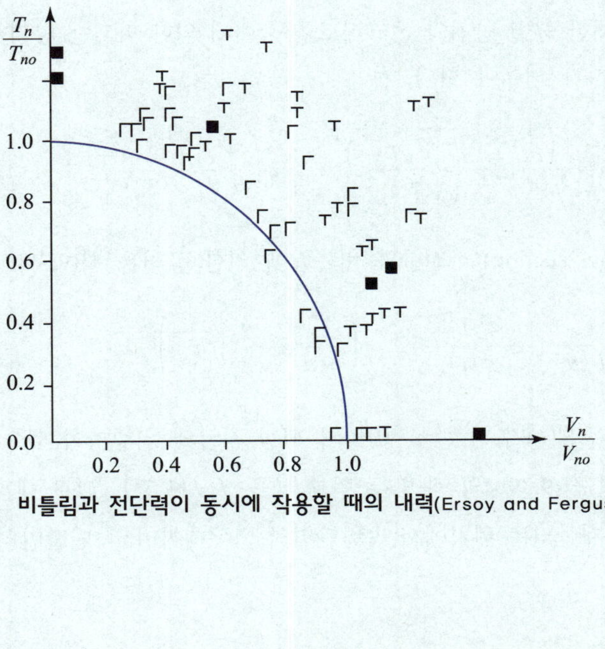

그림 9.12 비틀림과 전단력이 동시에 작용할 때의 내력(Ersoy and Ferguson, 1968)

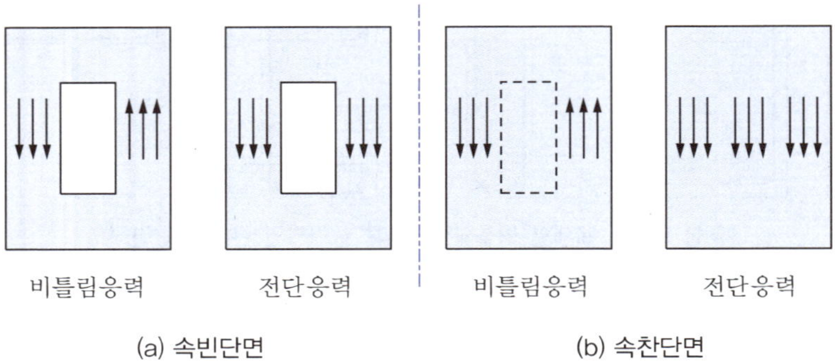

그림 9.13 비틀림응력과 전단응력의 비교

$$\left(\frac{T_c}{T_{cu}}\right)^2 + \left(\frac{V_c}{V_{cu}}\right)^2 = 1 \tag{9.38}$$

여기서, T_c : 전단과 비틀림이 동시에 작용하는 경우의 비틀림내력, T_{cu} : 순수비틀림만 작용한 경우의 비틀림내력, V_c : 전단과 비틀림이 동시에 작용하는 경우의 전단내력, V_{cu} : 순수전단만 작용한 경우의 전단내력이다.

설계에서는 콘크리트의 균열폭이 지나치게 넓게 발생하는 것을 방지하고 콘크리트 압축대에 의한 파괴를 방지하기 위해 전단력과 비틀림모멘트가 동시에 작용하는 부재에 다음의 제한을 두고 있다.

① **속찬단면**(solid section) : 전단에 의한 응력은 [그림 9.13(a)]에서 단면 전체에 걸쳐서 발생하지만, 비틀림에 의한 응력은 부재축에 회전하는 방향으로 저항한다. 전단과 비틀림에 의한 응력은 과대한 균열 방지와 콘크리트 압축대에 의한 파괴를 방지하기 위하여 식(9.39a)의 우측변 이하가 되어야 한다.

$$\sqrt{\left(\frac{V_u}{b_w d}\right)^2 + \left(\frac{T_u p_h}{1.7A_{oh}^2}\right)^2} \leqq \phi\left(\frac{V_c}{b_w d} + \frac{2}{3}\sqrt{f_{ck}}\right) \tag{9.39a}$$

② **속빈단면**(hollow section) : 전단과 비틀림에 의한 응력은 식(9.39b)를 만족해야 한다.

$$\frac{V_u}{b_w d} + \frac{T_u p_h}{1.7A_{oh}^2} \leqq \phi\left(\frac{V_c}{b_w d} + \frac{2}{3}\sqrt{f_{ck}}\right) \tag{9.39b}$$

속빈단면은 벽의 두께(t)가 A_{oh}/p_h 이하가 되면 좌굴의 위험성이 있으므로, 만일 두께(t)가 A_{oh}/p_h 이하가 되면 식(9.39b)의 좌변 두 번째 항을 $T_u/(1.7A_{oh}t)$로 대체하여 계산해야 한다. 여기서, t는 응력이 계산되는 위치에서 속빈단면의 벽두께이며, 속빈단면의 벽두께가 변할 경우에는 식(9.39b)의 좌변의 값이 최대가 되는 위치에서 계산해야 한다.

균열이 발생한 이후에 속찬단면의 벽두께(t)는 식(9.40)에 의해 계산한다.

$$t = A_{oh} / p_h \tag{9.40}$$

9.5.3 설계 제한과 비틀림철근의 상세

KDS 14(국가건설기준)에서는 비틀림모멘트에 대한 최소 안전성과 경제성을 확보하기 위하여 몇 가지 제한을 두고 있다.

비틀림을 고려하지 않아도 되는 경우

소요비틀림모멘트(T_u)가 균열비틀림모멘트(T_{cr})의 1/4보다 작으면 휨과 전단강도에 큰 영향을 미치지 않으므로 이를 무시할 수 있다. 균열발생모멘트(T_{cr})는 박판튜브모델에 의해 유도된 식(9.19)를 이용하여 콘크리트의 주인장응력이 $\lambda\sqrt{f_{ck}}/3$에 도달할 때 발생한다고 가정한다. 따라서 식(9.19)의 비틀림전단응력(v)을 $\lambda\sqrt{f_{ck}}/3$로 대치하고, T를 T_{cr}로 대치하여 식(9.41)을 유도한다.

$$T_{cr} = \frac{1}{3}\lambda\sqrt{f_{ck}}\,2A_o t \tag{9.41}$$

식(9.41)에서 균열발생 이전의 두께(t)와 A_o를 $t = 0.75A_{cp}/p_{cp}$와 $A_o = 2A_{cp}/3$로 하여 식(9.42)를 유도한다.

$$T_{cr} = \frac{1}{3}\lambda\sqrt{f_{ck}}\,\frac{A_{cp}^{\;2}}{p_{cp}} \tag{9.42}$$

따라서 소요비틀림모멘트(T_u)가 식(9.42)에 의해 계산한 균열비틀림모멘트(T_{cr})의 1/4보다 작으면 비틀림을 고려하지 않아도 된다(식(9.43a, b)).

[철근콘크리트 부재]

$$T_u < \phi\left(\frac{\lambda\sqrt{f_{ck}}}{12}\right)\frac{A_{cp}^{\;2}}{p_{cp}} \tag{9.43a}$$

[프리스트레스트 콘크리트 부재]

$$T_u < \phi\left(\frac{\lambda\sqrt{f_{ck}}}{12}\right)\frac{A_{cp}^{\;2}}{p_{cp}}\sqrt{1+\frac{f_{pc}}{\lambda\sqrt{f_{ck}}/3}} \tag{9.43b}$$

[축방향 인장력과 압축력을 받는 철근콘크리트 부재]

$$T_u < \phi\left(\lambda\frac{\sqrt{f_{ck}}}{12}\right)\frac{A_{cp}^2}{p_{cp}}\sqrt{1+\frac{N_u}{A_g\lambda\sqrt{f_{ck}}/3}} \tag{9.43c}$$

여기서, p_{cp} : 보의 둘레길이 $p_{cp}=2(x+y)$([그림 9.10] 참조), λ : 경량콘크리트 계수이며 식(3.5c)의 조건에 따름, A_{cp} : 보의 단면적 $A_{cp}=xy$, f_{pc} : 작용하중에 저항하는 단면의 중심에서 모든 응력손실을 고려한 콘크리트의 압축응력, 또는 단면의 중심이 플랜지 내에 위치할 경우는 복부와 플랜지 교차점에서 압축응력, N_u : 설계축력(하중계수를 고려한 축력) 축압축력에 대하여 양수(+), 축인장력에 대하여 음수(−), A_g : 부재의 전 단면적이다.

적합비틀림

9.1절의 일반 사항에서 설명한 적합비틀림은 균열이 발생한 이후에 내력의 재분배가 발생하여 비틀림모멘트가 감소하므로 소요비틀림모멘트를 식(9.44a, b)와 같이 감소시킬 수 있다. 식(9.44a, b)는 식(9.42)에 의해 계산한 균열비틀림모멘트(T_{cr})와 동일하며, 식(9.43a, b, c)의 4배이다.

[철근콘크리트 부재]

$$T_u < \phi\left(\frac{\lambda\sqrt{f_{ck}}}{3}\right)\frac{A_{cp}^2}{p_{cp}} \tag{9.44a}$$

[프리스트레스트 콘크리트 부재]

$$T_u < \phi\left(\frac{\lambda\sqrt{f_{ck}}}{3}\right)\frac{A_{cp}^2}{p_{cp}}\sqrt{1+\frac{f_{pc}}{\lambda\sqrt{f_{ck}}/3}} \tag{9.44b}$$

[축방향 인장 및 압축력을 받는 철근콘크리트 부재]

$$T_u < \phi\left(\frac{\lambda\sqrt{f_{ck}}}{3}\right)\frac{A_{cp}^2}{p_{cp}}\sqrt{1+\frac{N_u}{A_g\lambda\sqrt{f_{ck}}/3}} \tag{9.44c}$$

비틀림철근의 상세, 최소 비틀림철근량과 간격

비틀림철근의 설계기준항복강도는 KDS 14 국가건설기준에서 500 MPa까지 허용되고 있다. 비틀림철근은 종방향철근과 다음의 해당 철근으로 구성된다.

① 부재축에 수직인 폐쇄스터럽 또는 폐쇄띠철근

② 부재축에 수직인 횡방향강선으로 구성된 폐쇄용접철망

③ 철근콘크리트 보의 나선철근

또한 기준에서는 비틀림철근이 부족할 경우에 사인장균열이 발생함과 동시에 부재가 취성적으로 파괴하므로(9.2.2항 참조), 이러한 취성파괴를 방지하기 위해 횡방향 폐쇄스터럽의 최소 면적을 식(9.45) 이상이 되도록 규정하고 있다. 식(9.45)에서 비틀림철근에 '2'를 곱하는 이유는 전단철근은 단면의 전체폭(b)을 이용한 트러스모델에 의해 계산되지만, 비틀림철근은 단면의 한쪽 면(t, [그림 9.9] 참조)을 이용한 박판튜브이론에 근거한 입체트러스모델에 의해 계산되기 때문이다. 따라서 전단철근은 폭(b)에 있는 철근 두 가닥이 포함되지만, 비틀림철근은 폭의 한쪽 면(t)에 있는 철근 한 가닥만이 포함된다. 전단력을 지지하기 위하여 배근한 스터럽이 3가닥 이상일 때는 보의 측면 가까이 있는 가닥만을 포함시킨다. 이것은 단면의 안쪽에 보강된 스터럽 가닥은 비틀림저항에 거의 효과가 없기 때문이다.

$$A_v + 2A_t = 0.0625\sqrt{f_{ck}}\,\frac{b_w s}{f_{yt}} \tag{9.45}$$

여기서, A_v : 전단철근의 단면적, A_t : 비틀림보강스터럽(폐쇄형 비틀림철근, 횡방향비틀림철근)의 단면적이다. 식(9.45)에 의한 결과는 $0.35b_w s/f_{yt}$ 이상이 되어야 한다.

부재축방향(종방향) 비틀림철근의 최소 면적($A_{l,\min}$)은 식(9.46) 이상이 되어야 한다.

$$A_{l,\min} = \frac{0.42\sqrt{f_{ck}}\,A_{cp}}{f_{yl}} - \left(\frac{A_t}{s}\right)p_h\frac{f_{yt}}{f_{yl}} \tag{9.46}$$

식(9.46)을 이용하여 $A_{l,\min}$을 계산할 경우에 A_t/s는 $0.175b_w/f_{yt}$ 이상이 되어야 한다.

프리스트레스트 콘크리트 보의 경우에도 철근콘크리트 보와 마찬가지로 종방향철근은 그 단면의 계수휨모멘트(M_u)와 계수비틀림모멘트(T_u)에 저항하기 위하여 필요한 철근의 합이다. 프리스트레스트 콘크리트 보의 종방향 비틀림철근으로는 비긴장재(철근)를 사용하거나 긴장재를 사용할 수 있다.

① 비긴장재(철근)를 종방향 비틀림철근으로 사용할 경우 : $A_l f_y$ 사용

② 긴장재(철근)를 종방향 비틀림철근으로 사용할 경우 : $A_{ps}\Delta f_{ps}$ 사용

여기서, Δf_{ps}는 최대 휨모멘트가 발생하는 위치의 긴장재의 응력(f_{ps})에서 해당 단면의 계수휨모멘트 및 긴장에 의한 응력을 뺀 값이다. 이 값은 검토하고자 하는 단면의 $M_u/(\phi 0.9 d_p A_{ps})$로 나눈 값으로 할 수 있으며, 400 MPa 이하가 되어야 한다.

횡방향비틀림철근의 간격은 균열발생 이후에 과도한 비틀림 강성의 손실을 방지하며, 균열폭을 제어하기 위하여 식(9.47) 이하가 되어야 한다.

$$s_{\max} = \left(\frac{p_h}{8},\ 300\,\mathrm{mm}\right) \text{ 중에서 작은 값} \tag{9.47}$$

비틀림모멘트의 위험단면

비틀림모멘트의 위험단면은 전단과 마찬가지로 비틀림에 의해 유발되는 전단응력 방향으로 받침부 반력이 부재의 단부를 압축할 경우에는 [그림 8.20]과 [그림 8.21]에서 설명한 것과 같이 받침부로부터 단면유효높이(d)만큼 떨어진 위치의 비틀림모멘트를 최대 소요비틀림모멘트로 하여 설계할 수 있다. 그러나 단면유효높이(d) 이내에 집중된 비틀림모멘트가 작용할 경우에는 받침부의 내부 면을 위험단면으로 해야 한다.

9.5.4 비틀림 설계 순서

프리스트레스트 콘크리트 부재에는 비틀림, 전단 및 휨모멘트가 동시에 작용하는 경우가 많다. 따라서 설계에서는 휨모멘트에 대하여 단면적의 크기와 철근량을 계산한 이후에 전단과 비틀림을 동시에 설계한다. 이는 전단과 비틀림을 동시에 설계할 경우에 스터럽 간격을 일정하게 정할 수 있어서 시공에 유리하기 때문이다. 비틀림 설계 순서는 다음과 같다.

① 주어진 하중 조건에 대한 계수하중을 계산한다.

② 전단력과 비틀림모멘트의 분포를 계산하고, 위험단면에서의 최대 계수비틀림모멘트와 최대 계수전단력을 계산한다.

③ 비틀림 설계를 할 필요가 있는지를 검토한다(식(9.43b)).

④ 평형비틀림과 적합비틀림을 구분한다. 적합비틀림일 경우에 식(9.44b)에 맞추어 계산한 최대 비틀림모멘트의 분포를 감소시킨다.

⑤ 단면치수 제한을 검토한다(식(9.39a, b)).

⑥ 횡방향비틀림철근(폐쇄스터럽)의 배근 간격을 결정한다. 일반적으로 콘크리트 압축대의 각도를 37.5도로 가정한 뒤, 식(9.36)을 이용해 식(9.48)을 유도하여 간격을 결정한다.

$$\frac{A_t}{s} = \frac{T_u}{\phi 2 A_o f_{yt}} \tan\theta \tag{9.48}$$

⑦ 폐쇄스터럽의 최소 비틀림철근의 단면적과 간격을 결정한다(식(9.45)와 식(9.47)).

⑧ 길이방향 비틀림철근의 배근 간격을 결정한다. ⑥에서 사용한 콘크리트 압축대의 각도를 식(9.23)에 대입하여 길이방향 비틀림철근의 양을 계산하고 간격을 결정한다. 또한, 식(9.46)에 의해 종방향 비틀림철근의 최소 면적($A_{l,\min}$)을 계산하고, 계산한 값을 식(9.23)

에서 계산한 값과 비교하여 큰 값을 사용한다.

⑨ 구간별 폐쇄형스터럽의 간격을 계산한다.

⑩ 철근을 배근한다.

예제 9.1

[예제 그림 9.1.1]의 프리스트레스트 콘크리트 단면에 계수하중 $V_u = 680$ kN, 계수비틀림모멘트 $T_u = 200$ kN · m, 휨모멘트 $M_u = 3{,}400$ kN · m가 동시에 작용할 때 필요한 스터럽의 간격(s)을 계산하라.

콘크리트 28일 압축강도 $f_{ck} = 35$ MPa

작용하중을 저항하며 단면의 중심에서 모든 응력손실을 고려한 콘크리트의 압축응력 $f_{pc} = 7$ MPa

유효긴장력은 휨철근 인장강도의 50퍼센트

- 폐쇄형 횡방향 비틀림철근(스터럽) : D10(단면적 $A_s = 71.3\ \text{mm}^2$)을 벽두께에 각각 2가닥씩 배근, 항복강도 $f_y = 400$ MPa
- 종방향 비틀림철근 : D29(단면적 $A_s = 642.4\ \text{mm}^2$), 항복강도 $f_y = 400$ MPa

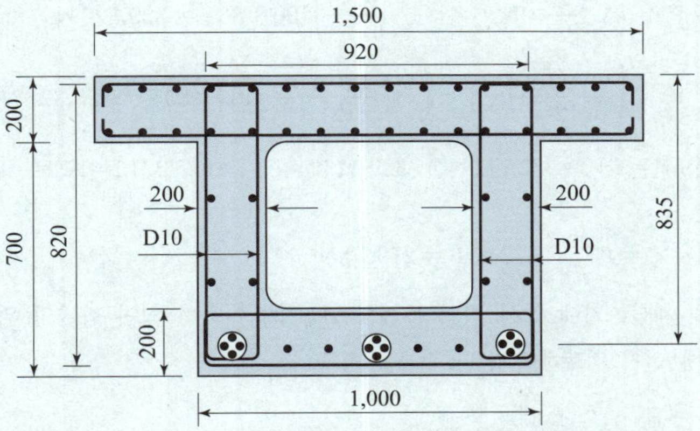

예제 그림 9.1.1 프리스트레스트 콘크리트 단면 (단위 : mm)

풀이

① 비틀림 설계를 할 필요가 있는지 검토한다(식(9.43b)).

$$T_u < \phi\left(\frac{\lambda\sqrt{f_{ck}}}{12}\right)\frac{A_{cp}^{\ 2}}{p_{cp}}\sqrt{1+\frac{f_{pc}}{\lambda\sqrt{f_{ck}}/3}} \tag{a}$$

$$= 0.75\left(\frac{1\times\sqrt{35}}{12}\right)\frac{900{,}000^2}{3{,}800}\sqrt{1+\frac{7}{1\times\sqrt{35}/3}} = 168.1\ \text{kN}\cdot\text{m}$$

단면이 박스형이며 플랜지의 폭이 보의 폭보다 크다. 플랜지의 양쪽 날개 부분에는 폐쇄형스터럽이 사용되지 않았으므로 플랜지의 양쪽 날개 부분의 단면을 무시하고 부재의 단면적을 계산할 수 있다. 따라서 $A_{cp}=1{,}000\times 900=900{,}000\ \text{mm}^2$, $p_{cp}=2(1{,}000+900)=3{,}800$ mm.

식(a)에서 계산된 값은 168.1 kN·m이며, T_u는 200 kN·m이므로 비틀림 설계가 필요하다.

② 전단력과 비틀림모멘트가 동시에 작용할 때 설계가 가능한 지를 식(9.39)를 이용하여 검토한다. 예제의 단면은 속빈단면이므로 식(9.39b)를 이용한다.

$$\frac{V_u}{b_w d}+\frac{T_u p_h}{1.7A_{oh}^2}\leq \phi\left(\frac{V_c}{b_w d}+\frac{2}{3}\sqrt{f_{ck}}\right)$$

여기서, $A_{oh}=920\times 820=754{,}400\ \text{mm}^2$, $p_h=2(920+820)=3{,}480$ mm이다.

한편 주어진 조건에서 유효긴장력이 휨철근 인장강도의 40퍼센트 이상이므로 8장의 식(8.50) 대신에 식(8.51)을 이용하여 V_c값을 계산할 수 있다.

$$V_c=\left(0.05\lambda\sqrt{f_{ck}}+4.9\frac{V_u\times d}{M_u}\right)b_w d$$

$$=\left(0.05\times 1\times\sqrt{35}+4.9\frac{680{,}000\times 835}{3{,}400\times 10^6}\right)400\times 835=372{,}111\ \text{N}$$

계산되는 V_c는 $(\lambda\sqrt{f_{ck}}/6)b_w d$ 이상, $(5\lambda\sqrt{f_{ck}}/12)b_w d$ 이하이어야 한다.

$$V_c=\left(\lambda\frac{\sqrt{f_{ck}}}{6}\right)b_w d=\left(\frac{1\times\sqrt{35}}{6}\right)400\times 835=329{,}328\ \text{N}$$

$$V_c=\left(\frac{5\lambda\sqrt{f_{ck}}}{12}\right)b_w d=\left(\frac{5\times 1\times\sqrt{35}}{12}\right)400\times 835=823{,}321\ \text{N}$$

식에서 계산되는 $V_c=372{,}111$ N은 $329{,}328\ \text{N}<V_c<823{,}321$ N이므로 V_c는 372,111 N이 된다.

$$\phi V_c=0.75\times 372{,}111=279.1\ \text{kN}$$

식(9.39b)을 계산하기에 앞서 벽의 두께가 A_{oh}/p_h 이하가 되면 좌굴의 위험성이 있으므로, 이점에 대해 먼저 검토해야 한다.

$$\frac{A_{oh}}{p_h}=\frac{754{,}400}{3{,}480}=216.8\ \text{mm}$$

벽의 두께 200 mm가 A_{oh}/p_h 이하가 되어 좌굴의 위험성 있다. 따라서 식(8.30b)의 좌변 두 번째 항을 $T_u/(1.7A_{oh}t)$로 대체하여 계산해야 한다.

$$\frac{V_u}{b_w d}+\frac{T_u}{1.7A_{oh}\cdot t}\leq \phi\left(\frac{V_c}{b_w d}+\frac{2}{3}\sqrt{f_{ck}}\right)$$

$$\frac{680{,}000}{400\times 835}+\frac{200\times 10^6}{1.7\times 754{,}400\times 200}\leq 0.75\left(\frac{372{,}111}{400\times 835}+\frac{2}{3}\sqrt{35}\right)$$

$$2.82\leq 3.79$$

그러므로 설계가 가능하다.

③ 폐쇄스터럽의 배근 간격을 결정한다. 콘크리트 압축대의 각도를 가정하고, 식(9.48)을 이용하여 간격을 결정한다.

$$\frac{A_t}{s} = \frac{T_u}{\phi 2 A_o f_{yt}} \tan\theta \qquad \text{(b)}$$

기준에서는 긴장응력이 주철근 인장강도의 40퍼센트 이상인 경우는 37.5도로 하는 것을 권장하고 있으므로 식(b)에서 사인장균열의 각도를 37.5도로 가정한다. 이것은 부재축방향의 비틀림철근을 부재축과 직각되는 방향의 비틀림철근보다 많이 배근함을 의미하며, 양 방향의 비틀림철근이 동시에 항복한 이후에 파괴되도록 설계하는 것이다. 식(b)에서 $A_o = 0.85 A_{oh}$이다.

$$\frac{A_t}{s} = \frac{200 \times 10^6}{0.75 \times 2 \times 0.85 \times 754{,}400 \times 400} \tan(37.5) = 0.399$$

전단철근 폐쇄스터럽 간격을 식(8.52)와 식(8.58)을 이용하여 결정한다.

$$\frac{A_v}{s} = \frac{V_u - \phi V_c}{\phi \times f_{yt} \times d} = \frac{680{,}000 - 279{,}100}{0.75 \times 400 \times 835} = 1.60$$

④ 폐쇄스터럽의 최소 비틀림철근의 면적과 간격을 결정한다(식(9.45)와 식(9.47)).

$$A_v + 2A_t = 0.0625\sqrt{f_{ck}}\,\frac{b_w s}{f_{yt}}$$

$$\frac{A_v}{s} + \frac{2A_t}{s} = 0.0625\sqrt{35}\,\frac{400}{400} = 0.37$$

그러므로 계산된 전단과 비틀림모멘트를 저항하기 위한 폐쇄스터럽의 양은 최소 철근량 이상이 된다. 따라서 전단과 비틀림모멘트를 저항하기 위한 폐쇄스터럽의 양을 식(c)와 같이 계산한다.

$$\frac{A_v}{s} + \frac{2A_t}{s} = 1.60 + 2 \times 0.370 = 2.340 \qquad \text{(c)}$$

식(c)를 이용하면 전단과 비틀림모멘트를 저항하기 위해 필요한 폐쇄스터럽의 간격을 식(d)와 같이 계산할 수 있다. D10 철근을 사용하며 각각의 벽에 2개씩 배근한다.

$$s = 2 \times \frac{2 \times 71.3}{2.340} = 121.9\ \text{mm} \qquad \text{(d)}$$

식(d)에 의해 계산된 폐쇄스터럽의 간격을 식(8.38)에 의해 검토한다.

$$s_{\max} = \left(\frac{p_h}{8},\ 300\ \text{mm}\right) \text{ 중에서 작은 값} \qquad \text{(e)}$$

$$= \left(\frac{3{,}480}{8}\ \text{mm},\ 300\ \text{mm}\right) = (435\ \text{mm},\ 300\ \text{mm}) = 300\ \text{mm}$$

그러므로 전단과 비틀림 위험단면에서의 폐쇄스터럽의 간격은 121.9 mm이다. 전단에 대해서는 식(8.59)와 (8.60)에 의해 검토한다.

⑤ 길이방향 비틀림철근의 배근 간격을 식(9.23)에 의해 결정한다. 식(9.46)에 의해 종방향 비틀

림철근의 최소 면적($A_{l,\min}$)을 계산하고, 계산한 값을 식(9.23)에서 계산한 면적과 비교한다.

$$A_l = \frac{A_t}{s}\,p_h\,\frac{f_{yt}}{f_{yl}}\cot^2\theta \tag{f}$$

식(b)를 이용하여 폐쇄형스터럽의 간격을 계산하는 과정에서 사인장균열의 각도를 37.5도로 가정하였다. 따라서 동일한 각도를 식(f)에 대입하여 길이방향 비틀림철근을 계산한다.

$$A_l = 0.399 \times 3{,}480 \times \frac{400}{400} \times \cot^2(37.5) = 2{,}358.3\ \mathrm{mm}^2 \tag{g}$$

식(g)에 의해 계산한 A_l 값을 식(9.46)의 종방향 비틀림철근의 최소 면적($A_{l,\min}$)과 비교한다.

$$A_{l,\min} = \frac{0.42\sqrt{f_{ck}}\,A_{cp}}{f_{yl}} - \left(\frac{A_t}{s}\right)p_h\frac{f_{yt}}{f_{yl}} \tag{h}$$

$$= \frac{0.42\sqrt{35} \times 900{,}000}{400} - 0.399 \times 3{,}480 \times \frac{400}{400} = 4{,}202.2\ \mathrm{mm}^2$$

식(g)에 의해 계산한 A_l 값이 식(h)의 종방향 비틀림철근의 최소 면적($A_{l,\min}$)보다 작으므로 배근해야 할 A_l 값은 식(h)의 4,202.2 mm^{2}이다. 보의 상단과 하단 및 중간에 각각 5-D29(단면적 $A_s = 642.4$ mm^2)의 종방향 비틀림철근을 추가로 배근한다. 각 단의 철근 총 단면적은 3,212 mm^{2}이다.

예제 9.2

[예제 그림 9.2.1]의 지하주차장의 작은 보에 연결된 큰 보를 비틀림설계하라. 긴장재는 부착되어 있으며 즉시응력손실은 10%, 장기응력손실은 15%이다.

- 프리스트레스트 콘크리트의 단위질량 : 24 kN/m^3
- 작은 보의 고정하중에 의해 전달되는 분포 하중 : 15 kN/m
- 작은 보의 활하중에 의해 전달되는 분포 하중 : 10 kN/m
- 콘크리트 28일 압축강도 $f_{ck} = 35$ MPa
- 횡방향 비틀림철근(스터럽) : D13(단면적 $A_s = 126.7$ mm^2), 항복강도 $f_y = 400$ MPa
- 종방향 비틀림철근 : D25(단면적 $A_s = 506.7$ mm^2), 항복강도 $f_y = 400$ MPa
- 긴장재(PS강재, 응력이완 긴장재) : 7연선 9.3 mm(SWPC 7AN, 단면적 $A_{ps} = 51.61$ mm^2)가 24가닥 사용됨, 인장강도 $f_{pu} = 1{,}860$ MPa, 항복강도 $f_{py} = 1{,}600$ MPa, 긴장 시의 긴장응력 $f_{pj} = 0.9f_{py}$

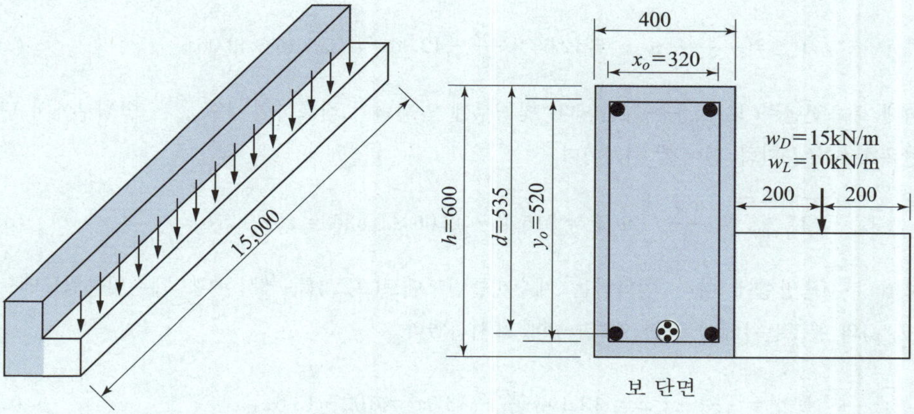

보 단면

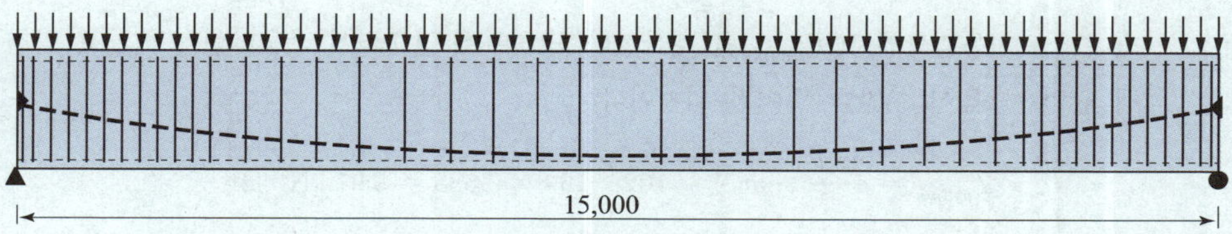

단순보

예제 그림 9.2.1 프리스트레스트 콘크리트 보와 단면

풀이

① 주어진 하중 조건에 대한 계수하중을 계산한다.

큰 보에 작용하는 하중의 분포를 계산한다.

작은 보에서 전달되는 하중

$$w_B = 1.2\times 15 + 1.6\times 10 = 34.0\ \text{kN/m}$$

큰 보의 자중

$$w_{G,D} = 1.4\times(0.4\times 0.6\times 24) = 8.06\ \text{kN/m}$$

$$w_u = w_B + w_{G,D} = 34 + 8.06 = 42.06\ \text{kN/m}$$

큰 보에 작용하는 비틀림모멘트의 분포를 계산한다. 이때 큰 보 자체의 고정하중은 비틀림모멘트에 영향을 주지 않고 작은 보의 하중만이 큰 보에 비틀림모멘트를 유발한다.

작은 보에 의해 유발되는 비틀림모멘트

$$t_u = 34\times(0.2+0.2) = 13.6\ \text{kN}\cdot\text{m/m}$$

② 전단력과 비틀림모멘트의 분포를 계산하고, 위험단면에서의 최대 계수비틀림모멘트와 최대 계수전단력을 계산한다.

보의 부재축방향에 따라 변화하는 계수전단력($V_{u,x}$)을 계산한다. 단부에서 x만큼 떨어진 위치의 계수전단력을 힘의 평형을 이용하여 계산한다. 계수전단력($V_{u,x}$)의 분포는 [예제 그림 9.2.2(b)]에 표시하였다.

$$V_{ux} = \frac{w_u l}{2} - w_u x = 42.06 \times \frac{15}{2} - 42.06x = 315.45 - 42.06x \quad \text{(a)}$$

최대 소요전단력($V_{u,\max}$)을 계산한다. 받침부에 압축력이 작용하면 $V_{u,\max}$ 는 받침부에서 단면유효높이(d)만큼 떨어진 위치이다.

$$V_{u,\max} = \frac{w_u l}{2} - w_u x = 315.45 - 42.06 \times 0.535 = 292.9 \text{ kN} \quad \text{(b)}$$

보의 부재축방향에 따라 변화하는 계수비틀림모멘트($T_{u,x}$)를 계산한다. 계수비틀림모멘트($T_{u,x}$)의 분포는 [예제 그림 9.2.2(c)]에 표시하였다.

$$T_{ux} = \frac{t_u l}{2} - t_u x = 13.6 \times \frac{15}{2} - 13.6x = 102 - 13.6x \quad \text{(c)}$$

최대 소요비틀림모멘트($T_{u,\max}$)을 계산한다. 받침부에 압축력이 작용하면 $T_{u,\max}$ 는 받침부에서 단면유효높이(d)만큼 떨어진 위치이다.

$$T_{u,\max} = \frac{w_u l}{2} - w_u x = 102 - 13.6 \times 0.535 = 94.7 \text{ kN} \cdot \text{m} \quad \text{(d)}$$

③ 비틀림 설계를 할 필요가 있는지 검토한다(식(9.43a, b)).

$$T_u < \phi\left(\frac{\lambda\sqrt{f_{ck}}}{12}\right)\frac{A_{cp}^{\ 2}}{p_{cp}}\sqrt{1 + \frac{f_{pc}}{\lambda\sqrt{f_{ck}}/3}} \quad \text{(e)}$$

$$= 0.75\left(\frac{1 \times \sqrt{35}}{12}\right)\frac{240{,}000^2}{2{,}000}\sqrt{1 + \frac{5.69}{1 \times \sqrt{35}/3}} = 21.0 \text{ kN} \cdot \text{m}$$

여기서, $A_{cp} = 400 \times 600 = 240{,}000 \text{ mm}^2$, $p_{cp} = 2(400 + 600) = 2{,}000 \text{ mm}$

$f_{pi} = 0.9 f_{pj} = 0.9 \times 0.9 f_{py} = 0.9 \times 0.9 \times 1{,}600 = 1{,}296.0 \text{ MPa}$

$f_{pe} = 0.85 f_{pi} = 0.85 \times 1{,}296.0 = 1{,}101.6 \text{ MPa}$

$P_e = A_{ps} \times f_{pe} = 24 \times 51.61 \times 1{,}101.6 = 1{,}364{,}486 \text{ N}$

$f_{pc} = \dfrac{P_e}{A_c} = \dfrac{1{,}364{,}486}{240{,}000} = 5.69 \text{ MPa}$

$T_{u,\max}$ 는 94.7 kN·m이므로 비틀림 설계가 필요하다.

④ 평형비틀림과 적합비틀림을 구분한다. 적합비틀림일 경우에 식(9.44)에 맞추어 계산한 최대 비틀림모멘트의 분포를 감소시킨다.

[예제 그림 9.2.1]의 작은 보는 큰 보 위에 놓여 있는 상태이므로 평형비틀림을 유발한다. 따라서 식(c)의 비틀림 분포를 그대로 사용한다.

⑤ 단면치수 제한을 검토한다(식(9.39a, b)).

$$\sqrt{\left(\frac{V_u}{b_w d}\right)^2 + \left(\frac{T_u p_h}{1.7 A_{oh}^{\ 2}}\right)^2} \le \phi\left(\frac{V_c}{b_w d} + \frac{2}{3}\sqrt{f_{ck}}\right) \quad \text{(f)}$$

식(f)에서 $A_{oh} = 320 \times 520 = 166{,}400\ \text{mm}^2$, $p_h = 2(320 + 520) = 1{,}680\ \text{mm}$

한편 주어진 조건에서 유효긴장력이 휨철근 인장강도의 40퍼센트 이상이므로 8장의 식(8.50) 대신에 식(8.51)을 이용하여 V_c값을 계산할 수 있다.

$$V_c = \left(0.05\lambda\sqrt{f_{ck}} + 4.9\frac{V_u \times d}{M_u}\right)b_w d$$

$$= \left(0.05 \times 1 \times \sqrt{35} + 4.9\frac{292{,}900 \times 535}{1{,}182.9 \times 10^6}\right)400 \times 535 = 202.2\ \text{kN}$$

여기서, $M_u = \dfrac{w_u l^2}{8} = \dfrac{42.06 \times 15^2}{8} = 1{,}182.9\ \text{kN}\cdot\text{m}$

계산되는 V_c는 $(\lambda\sqrt{f_{ck}}/6)b_w d$ 이상, $(5\lambda\sqrt{f_{ck}}/12)b_w d$ 이하이어야 한다.

$$V_c = \left(\frac{\lambda\sqrt{f_{ck}}}{6}\right)b_w d = \left(\frac{1 \times \sqrt{35}}{6}\right)400 \times 535 = 211.0\ \text{kN}$$

$$V_c = \left(\frac{5\lambda\sqrt{f_{ck}}}{12}\right)b_w d = \left(\frac{5 \times 1 \times \sqrt{35}}{12}\right)400 \times 535 = 527.5\ \text{kN}$$

식(f)에서 계산되는 $V_c = 202.2$ kN은 211.0 kN 보다 작으므로 V_c는 211.0 kN이 된다.

$$\sqrt{\left(\frac{V_u}{b_w d}\right)^2 + \left(\frac{T_u p_h}{1.7A_{oh}^2}\right)^2} \leqq \phi\left(\frac{V_c}{b_w d} + \frac{2}{3}\sqrt{f_{ck}}\right)$$

$$\sqrt{\left(\frac{292{,}900}{400 \times 535}\right)^2 + \left(\frac{94{,}700{,}000 \times 1{,}680}{1.7 \times 166{,}400^2}\right)^2} \leqq 0.75\left(\frac{211{,}000}{400 \times 535} + \frac{2}{3}\sqrt{35}\right)$$

$$3.65\ \text{MPa} \leqq 3.70\ \text{MPa}$$

그러므로 단면은 충분히 크다.

⑥ 폐쇄스터럽의 배근 간격을 결정한다. 콘크리트 압축대의 각도를 37.5도로 가정하고, 식(9.48)을 이용하여 간격을 결정한다.

$$\frac{A_t}{s} = \frac{T_u}{\phi 2A_o f_{yt}}\tan\theta \qquad \text{(g)}$$

$$\frac{A_t}{s} = \frac{94{,}700{,}000}{0.75 \times 2 \times 0.85 \times 166{,}400 \times 400}\tan(37.5°) = 0.856$$

전단철근 폐쇄스터럽 간격을 식(8.52)와 식(8.58)을 이용하여 결정한다.

$$\frac{A_v}{s} = \frac{V_u - \phi V_c}{\phi \times f_{yt} \times d} = \frac{292{,}900 - 0.75 \times 211{,}000}{0.75 \times 400 \times 535} = 0.839$$

⑦ 폐쇄스터럽의 최소 비틀림철근의 양과 간격을 계산한다(식(9.45)와 식(9.47)).

$$A_v + 2A_t = 0.0625\sqrt{f_c'}\frac{b_w s}{f_{yt}} \qquad \text{(h)}$$

$$\frac{A_v}{s}+\frac{2A_t}{s}=0.0625\sqrt{35}\,\frac{400}{400}=0.370$$

그러므로 계산된 전단과 비틀림모멘트를 저항하기 위한 폐쇄스터럽의 양은 최소 철근량 이상이 된다. 따라서 전단과 비틀림모멘트를 저항하기 위한 폐쇄스터럽의 양을 계산한다.

$$\frac{A_v}{s}+\frac{2A_t}{s}=0.839+2\times0.856=2.551 \tag{i}$$

식(i)를 이용하여 전단과 비틀림모멘트를 저항하기 위한 폐쇄스터럽의 간격을 식(j)와 같이 계산할 수 있다. 이때 폐쇄스터럽으로 D13 철근을 사용한다.

$$s=\frac{2\times126.7}{2.551}=99.3\,\mathrm{mm} \tag{j}$$

식(j)에 의해 계산된 폐쇄스터럽의 간격을 식(9.47)에 따라 검토해야 한다.

$$s_{\max}=\left(\frac{p_h}{8},\ 300\,\mathrm{mm}\right)\text{ 중에서 작은 값} \tag{k}$$

$$=\left(\frac{1{,}680}{8}\,\mathrm{mm},\ 300\,\mathrm{mm}\right)=(210\,\mathrm{mm},\ 300\,\mathrm{mm})=210\,\mathrm{mm}$$

그러므로 전단과 비틀림 위험단면에서의 폐쇄스터럽의 간격은 99.3 mm가 되어야 한다. 전단에 대해서는 식(8.59) 또는 식(8.60)에 의해 검토한다.

⑧ 길이방향 비틀림철근의 배근 간격을 결정한다. ⑥에서 이용한 동일한 콘크리트 압축대의 각도를 이용하여 식(9.23)에서 길이방향 비틀림철근의 양을 계산하고 간격을 결정한다. 또한, 식(9.46)에 의해 종방향 비틀림철근의 최소 면적($A_{l,\min}$)을 계산하고, 계산한 값을 식(9.23)에서 계산한 면적과 비교한다.

$$A_l=\frac{A_t}{s}\,p_h\,\frac{f_{yt}}{f_{yl}}\cot^2\theta \tag{l}$$

식(g)를 이용하여 폐쇄형스터럽의 간격을 계산하는 과정에서 사인장균열의 각도를 37.5도로 가정하였다. 따라서 길이방향 비틀림철근을 계산하기 위해서도 동일한 각도를 이용하여 식(l)을 계산해야 한다.

$$A_l=0.856\times1{,}680\times\frac{400}{400}\times\cot^2(37.5°)=2{,}442.4\,\mathrm{mm}^2 \tag{m}$$

식(m)에 의해 계산한 A_l 값을 식(9.46)의 종방향 비틀림철근의 최소 면적($A_{l,\min}$)과 비교해야 한다.

$$A_{l,\min}=\frac{0.42\sqrt{f_{ck}}\,A_{cp}}{f_{yl}}-\left(\frac{A_t}{s}\right)p_h\frac{f_{yt}}{f_{yl}} \tag{n}$$

$$=\frac{0.42\sqrt{35}\times240{,}000}{400}-0.856\times1{,}680\times\frac{400}{400}=52.8\,\mathrm{mm}^2$$

식(m)에 의해 계산한 A_l 값이 식(n)의 종방향 비틀림철근의 최소 면적($A_{l,\min}$)보다 크므로 배근해야 할 A_l 값은 2,442.4 mm^{2}이다. 보의 상단과 하단 및 중간의 5곳에 각각 5-D25(단면적 $A_s = 506.7$ mm^2)의 종방향 비틀림철근을 추가로 배근한다.

$$5 \times 506.7 = 2{,}533.5\ \mathrm{mm}^2$$

⑨ 구간별 폐쇄형스터럽의 간격을 계산한다.
[예제 그림 9.2.2]에서 전단력과 비틀림모멘트는 부재의 길이에 따라 변화한다. 그러므로 보다 경제적인 설계를 위해서는 부재의 구간에 따라 폐쇄형스터럽의 간격을 조절할 수 있다. 지점에서 1.5 m 위치의 스터럽의 간격을 계산하기 위해서는 식(c)에 1.5를 대입하여 비틀림모멘트를 계산해야 한다.

$$T_{ux} = \frac{w_u l}{2} - w_u x = 102 - 13.6 \times 1.5 = 81.6\ \mathrm{kN \cdot m} \tag{o}$$

식(g)를 이용하여 필요한 폐쇄스터럽을 계산한다.

$$\frac{A_t}{s} = \frac{81{,}600{,}000}{0.75 \times 2 \times 0.85 \times 166{,}400 \times 400} \tan(37.5°) = 0.738 \tag{p}$$

식(a)에 1.5를 대입하여 전단력을 계산한다.

$$V_{ux} = 315.45 - 42.06x = 315.45 - 42.06 \times 1.5 = 252.4\ \mathrm{kN}$$

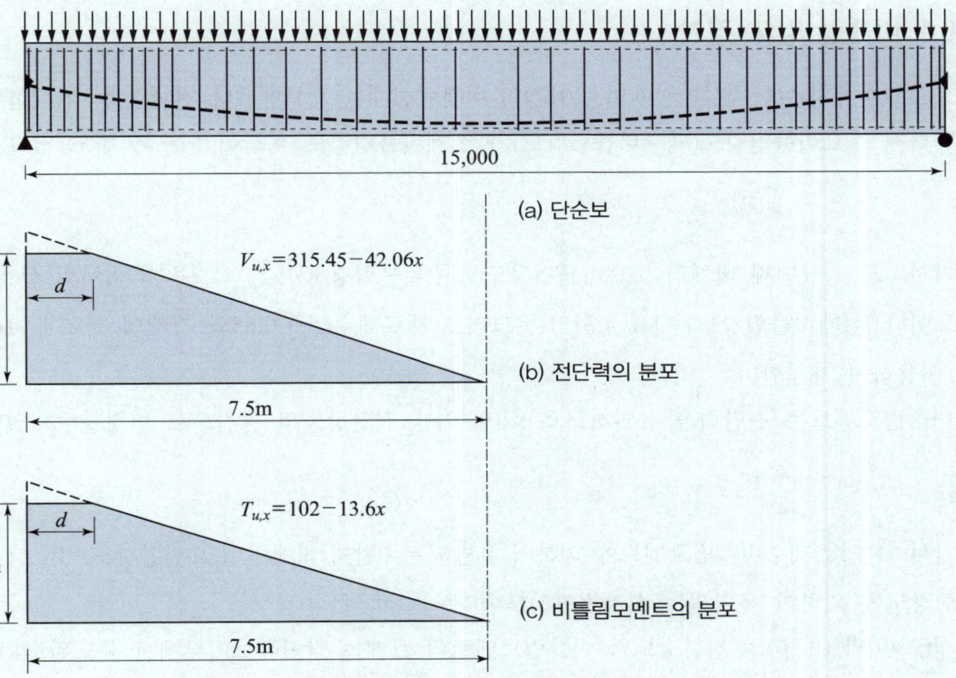

예제 그림 9.2.2 철근 배근, 전단력과 비틀림모멘트 분포

전단철근 폐쇄스터럽 간격을 식(8.52)와 식(8.58)을 이용하여 결정한다.

$$\frac{A_v}{s} = \frac{V_u - \phi V_c}{\phi \times f_{yt} \times d} = \frac{252,400 - 0.75 \times 211,000}{0.75 \times 400 \times 535} = 0.587$$

계산된 값은 식(h)에 의해 계산한 최소 폐쇄형스터럽의 양보다 많으므로, 식(j)에서 폐쇄스터럽의 간격을 계산할 수 있다(D13 철근 사용).

$$\frac{A_v}{s} + \frac{2A_t}{s} = 0.587 + 2 \times 0.738 = 2.063$$

$$s = \frac{2 \times 126.7}{2.063} = 122.8\,\mathrm{mm}$$

위에서 계산한 스터럽 간격은 식(k)에서 계산한 간격 이상이므로 이 간격으로 배근해야 한다.

9.6 도로교설계기준(한계상태설계법)의 비틀림모멘트 설계

9.6.1 비틀림 강도 평가

도로교설계기준(한계상태설계법, 2017)의 비틀림설계는 휨모멘트나 전단력 등에 대한 설계와 동일하게 소요비틀림강도(계수비틀림강도)가 설계비틀림강도 이상이 되도록 하고 있다.

$$T_{u,i} \leq T_{d,i} \tag{9.49}$$

여기서, $T_{u,i}$: i번째 벽체의 소요비틀림강도(계수비틀림강도), $T_{d,i}$: i번째 벽체의 설계비틀림강도이다. 설계비틀림강도는 [표 4.3]의 콘크리트 재료계수(ϕ_c) 0.65와 강재의 재료계수(ϕ_s) 0.9를 이용하여 계산한다.

비틀림모멘트는 전단력을 유발하므로 식(9.49)를 전단강도의 관점으로 변경할 수 있다.

$$V_{u,i} \leq V_{d,i} \tag{9.50}$$

여기서, $V_{u,i}$: 계수비틀림모멘트에 의하여 유발되는 i번째 벽체의 소요전단강도, $V_{d,i}$: 설계비틀림강도에 의하여 유발되는 설계전단강도이다.

식(9.49)와 (9.50)의 전단강도와 비틀림모멘트의 관계는 박판튜브이론에서 유도된 식(9.19)의 전단응력에서 계산할 수 있다. [그림 9.9(b)]의 벽체 한 면 "t"에 작용하는 전단강도는 식(9.19)에 벽의 면적($y_o t$)을 곱하여 계산할 수 있으므로 다음 식으로 전단강도를 계산할 수 있다.

$$V_u = \frac{T_u}{2A_{oh}t}(y_o t) = \frac{T_u}{2A_{oh}}(y_o)$$

여기서, y_o : 벽의 길이이다.

도로교설계기준(한계상태설계법)에서도 KDS 14 국가건설기준(콘크리트구조 학회기준)과 동일하게 박판튜브이론과 입체트러스모델에 의하여 부재축과 직각방향의 비틀림강도(T_{sd})와 부재축방향의 비틀림강도를 유도할 수 있다. 따라서 식(9.36)에 철근의 재료계수(ϕ_s)를 곱하여 T_{sd}를 구한다. 다만 도로교설계기준(한계상태설계법)에서는 폐쇄형 비틀림철근 중심이 감싸고 있는 콘크리트의 유효면적(A_o)를 사용하지 않고 식(9.21)의 폐쇄형 비틀림철근 중심이 감싸는 면적(A_{oh}) 전체를 그대로 적용한다.

$$T_{sd} = \phi_s \, 2 \frac{A_{oh} A_t f_{yt}}{s} \cot\theta \tag{9.51}$$

여기서, A_{oh} : 폐쇄형 비틀림철근 중심이 감싸는 면적이다.

부재축방향의 비틀림강도와 필요한 비틀림철근은 식(9.23)에 ϕ_s를 곱하여 계산한다. 식(9.23)에 식(9.16)과 식(9.19)를 대입하여 소요비틀림강도(T_u)의 함수로 나타낼 수 있다.

$$A_l = \frac{T_u \, p_h}{2\phi_s \, f_{yl} A_{oh}} \cdot \cot\theta \tag{9.52}$$

여기서, A_l : 부재축방향 비틀림철근의 총 단면적, f_{yl} : 부재축방향 비틀림철근의 항복강도, p_h : 전단흐름의 둘레 길이($p_h = 2(x_o + y_o)$), x_o : 폐쇄형 비틀림철근의 짧은 변 중심간의 길이, y_0 : 폐쇄형 비틀림철근의 긴 변 중심간의 길이이다([그림 9.10] 참조).

비틀림균열각도는 식(8.69)의 전단설계와 동일하게 22도에서 45도로 제한하고 있다.

$$1 \le \cot\theta \le 2.5 \qquad (22^\circ \le \cot\theta \le 45^\circ) \tag{9.53}$$

9.6.2 전단 철근 상세

도로교설계기준(한계상태설계법)에서도 KDS 14 국가건설기준(콘크리트구조 학회기준)과 유사하게 다음의 상세 규정을 두고 있다.

① 유효 벽두께

박판튜브이론에 적용하는 벽의 유효 두께를 다음과 같이 계산한다.

속찬단면 : $2t_c \leqq t \leqq A_{cp}/p_{cp}$

속빈단면 : 실제 치수 이하

여기서, A_{cp} : 단면의 바깥쪽 둘레로 싸인 면적, p_{cp} : 단면 바깥쪽 둘레 길이, t_c : 횡방향 철근의 피복 두께이다.

② 전단과 비틀림이 작용하는 부재

콘크리트의 균열폭이 지나치게 넓게 발생하는 것을 방지하고 콘크리트 압축대에 의한 파괴를 방지하기 위해 전단력과 비틀림모멘트가 동시에 작용하는 부재에 다음의 제한을 두고 있다.

$$\text{속찬단면 : } \left(\frac{V_u}{V_{d,\max}}\right)^2 + \left(\frac{T_u}{T_{d,\max}}\right)^2 \leqq 1.0 \tag{9.54a}$$

$$\text{속빈단면 : } \left(\frac{V_u}{V_{d,\max}}\right) + \left(\frac{T_u}{T_{d,\max}}\right) \leqq 1.0 \tag{9.54b}$$

여기서, $V_{d,\max}$: 복부 콘크리트 경사압축대의 최대 설계전단강도이며 식(8.71)에서 계산, $T_{d,\max}$: 복부 콘크리트 경사압축대의 최대 설계전단강도이며 입체트러스모델의 힘의 평형조건을 이용하여 식(9.55)에서 계산한다.

$$T_{d,\max} = 2\phi_c\,\alpha_{cw}\,\nu f_{ck}\,A_{oh}\,t\,\frac{1}{\cot\theta + \tan\theta} \tag{9.55}$$

③ 최소 철근량

속찬 직사각형 단면인 경우 다음 조건이 만족된다면 비틀림을 고려하지 않아도 되며 최소 철근량만 배근하면 된다.

$$T_u \leqq \frac{V_u b}{4.5} \tag{9.56}$$

$$V_u < \left(1 + \frac{4.5\,T_u}{V_u b}\right) \leqq V_{cd} \tag{9.57}$$

여기서, V_{cd} : 식(8.65)에서 계산하는 전단철근이 없는 부재의 전단강도이다.

예제 9.3

[예제 9.1]의 프리스트레스트 콘크리트 단면의 필요한 스터럽의 간격(s)을 도로교설계기준(한계상태설계법)에 의해 계산하라.

풀이

① 비틀림 설계를 할 필요가 있는지 검토한다(식(9.56)).

$$T_u \leqq \frac{V_u b}{4.5} = \frac{680 \times 0.4}{4.5} = 60.4 \text{ kN} \cdot \text{m} \tag{a}$$

식(a)에서 계산된 값은 60.4 kN·m이며, T_u는 200 kN·m이므로 비틀림 설계가 필요하다.

② 전단력과 비틀림모멘트가 동시에 작용할 때 설계가 가능한 지를 식(9.54b)를 이용하여 검토한다. 예제의 단면은 속빈단면이므로 식(9.54b)를 이용한다. 이 때 각도는 45도로 가정하여 계산한다.

$$\left(\frac{V_u}{V_{d,\max}}\right) + \left(\frac{T_u}{T_{d,\max}}\right) \leqq 1.0$$

$$\left(\frac{680}{2{,}205.5}\right) + \left(\frac{200}{2{,}214.0}\right) = 0.40 \qquad \text{그러므로 적합하다.}$$

여기서, $V_{d,\max}$와 $T_{d,\max}$는 각각 식(8.71)과 식(9.55)를 이용하여 계산한다.

$$V_{d,\max} = \phi_c\, \alpha_{cw}\, \nu f_{ck} b_w z \frac{1}{\cot\theta + \tan\theta}$$

$$= 0.65 \times 1.25 \times 0.516 \times 35 \times 400 \times (0.9 \times 835) \frac{1}{\cot 45° + \tan 45°} = 2{,}205.5 \text{ kN}$$

$$T_{d,\max} = 2\phi_c\, \alpha_{cw}\, \nu f_{ck} A_{oh}\, t \frac{1}{\cot\theta + \tan\theta}$$

$$= 2 \times 0.65 \times 1.25 \times 0.516 \times 35 \times 754{,}400 \times 200 \frac{1}{\cot 45° + \tan 45°} = 2{,}214.0 \text{ kN} \cdot \text{m}$$

여기서, $\nu = 0.6\left(1 - \frac{f_{ck}}{250}\right) = 0.6\left(1 - \frac{35}{250}\right) = 0.516$

$f_n = f_{pe} = 7.0$ MPa이므로 식(8.72)에서 $\alpha_{cw} = 1.25$

그러므로 설계가 가능하다.

③ 폐쇄스터럽의 배근 간격을 결정한다. 콘크리트 압축대의 각도를 가정하고, 식(9.51)을 이용하여 간격을 결정한다.

도로교설계기준(한계상태설계법)에서는 각도에 대한 특별한 권장사항이 없으며, 이 예제에서는 각도를 45도로 가정하였다. 이것은 부재축방향의 비틀림철근과 부재축과 직각되는 방향의 비틀림철근이 동일하게 배근됨을 의미한다.

$$\frac{A_t}{s} = \frac{T_u}{\phi_s 2 A_{oh} f_{yt}} \tan\theta = \frac{200 \times 10^6}{0.9 \times 2 \times 754{,}400 \times 400} \tan(45°) = 0.368 \tag{b}$$

여기서, $A_{oh} = 920 \times 820 = 754{,}400\ \text{mm}^2$, $p_h = 2(920 + 820) = 3{,}480\ \text{mm}$이다.

전단철근 폐쇄스터럽 간격을 식(8.67)을 이용하여 결정한다.

$$\frac{A_v}{s} = \frac{V_u}{\phi_s \times f_{yt} \times z}\tan\theta = \frac{680{,}000}{0.9 \times 400 \times 0.9 \times 835}\tan(45°) = 2.513$$

전단과 비틀림모멘트를 저항하기 위한 폐쇄스터럽의 양을 식(c)에서 계산한다.

$$\frac{A_v}{s} + \frac{2A_t}{s} = 2.513 + 2 \times 0.368 = 3.249 \tag{c}$$

식(c)를 이용하면 전단과 비틀림모멘트를 저항하기 위해 필요한 폐쇄스터럽의 간격을 식(d)와 같이 계산할 수 있다. D10 철근을 사용하며 각각의 벽에 스터럽을 2개씩 배근한다.

$$s = 2 \times \frac{2 \times 71.3}{3.249} = 87.78\ \text{mm} \tag{d}$$

④ 길이방향 비틀림철근의 배근 간격을 식(9.52)에 의해 결정한다.

$$A_l = \frac{T_u\, p_h}{2\phi_s\, f_{yl} A_{oh}} \cdot \cot\theta = \frac{200 \times 10^6 \times 3{,}480}{2 \times 0.9 \times 400 \times 754{,}400}\cot 45° = 1{,}281.4\ \text{mm}^2 \tag{e}$$

연습문제

9.1 | 평형비틀림과 적합비틀림의 차이점에 대해 설명하라.

9.2 | Skew bending 이론에 대하여 설명하라.

9.3 | 입체트러스모델에 의하여 비틀림철근에 의한 비틀림내력(T_s) 평가식을 유도하라.

9.4 | 전단력과 비틀림이 동시에 작용하는 경우의 철근콘크리트 부재의 내력에 대하여 설명하라.

9.5 | [연습 그림 9.1]의 두 가지 종류의 프리스트레스트 콘크리트 단면에 계수하중 $V_u = 500$ kN, 계수비틀림모멘트 $T_u = 160$ kN·m, 휨모멘트 $M_u = 3{,}000$ kN·m가 동시에 작용할 때 필요한 스터럽의 간격(s)을 계산하라.

콘크리트 28일 압축강도 $f_{ck} = 35$ MPa

작용하중을 저항하며 단면의 중심에서 모든 응력손실을 고려한 콘크리트의 압축응력 $f_{pc} =$ 6 MPa

유효긴장력은 휨철근 인장강도의 50퍼센트

- **폐쇄형 횡방향 비틀림철근**(스터럽) : D10(단면적 $A_s = 71.3$ mm^2)을 복부콘크리트 또는 플랜지에 각각 2가닥 배근, 항복강도 $f_y = 400$ MPa
- **종방향 비틀림철근** : D29(단면적 $A_s = 642.4$ mm^2), 항복강도 $f_y = 400$ MPa

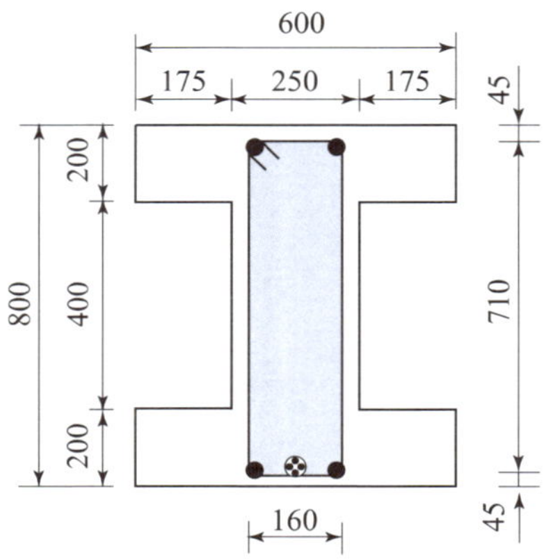

(a) 단면 1

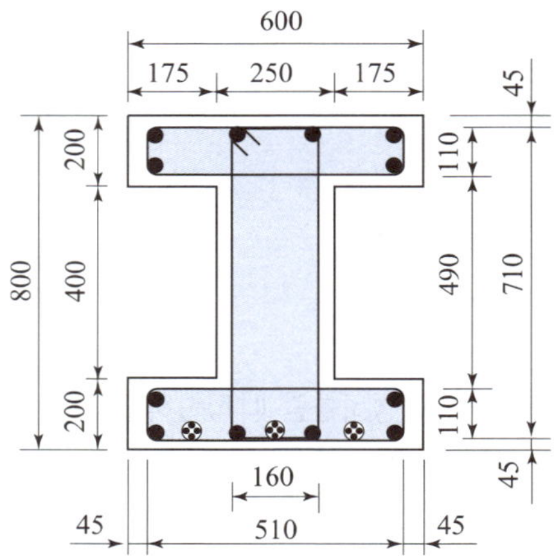

(b) 단면 2

연습 그림 9.1 단면의 크기 (단위 : mm)

9.6 [연습 그림 9.2]의 프리스트레스트 콘크리트 단순보에 대하여 비틀림 설계하라. 긴장재는 부착되어 있으며 즉시응력손실은 10%, 장기응력손실은 15%이다.

- **보의 고정하중** : 12 kN/m, 보의 활하중 : 8 kN/m, 비틀림모멘트 분포 : $t_u = 10$ kN·m/m
- **콘크리트 28일 압축강도** $f_{ck} = 35$ MPa
- **횡방향 비틀림철근**(스터럽) : D13(단면적 $A_s = 126.7$ mm^2), 항복강도 $f_y = 400$ MPa
- **종방향 비틀림철근** : D25(단면적 $A_s = 506.7$ mm^2), 항복강도 $f_y = 400$ MPa
- **긴장재**(PS강재, 응력이완 긴장재) : 7연선 9.3 mm(SWPC 7AN, 단면적 $A_{ps} = 51.61$ mm^2)를 24가닥 사용, 인장강도 $f_{pu} = 1{,}860$ MPa, 항복강도 $f_{py} = 1{,}600$ MPa, 긴장 시의 긴장응력 $f_{pj} = 0.9 f_{py}$

1) 비틀림균열각도(θ)를 45도로 할 경우의 비틀림 위험단면에서의 횡방향 비틀림철근의 간격을 정하라.
2) 비틀림균열각도(θ)를 45도로 할 경우의 비틀림 위험단면에서의 부재축방향 비틀림철근의 양을 정하라.
3) 비틀림균열각도(θ)를 37.5도로 할 경우의 비틀림 위험단면에서의 횡방향 비틀림철근의 간격을 정하라.
4) 비틀림균열각도(θ)를 37.5도로 할 경우의 비틀림 위험단면에서의 부재축방향 비틀림철근의 양을 정하라.

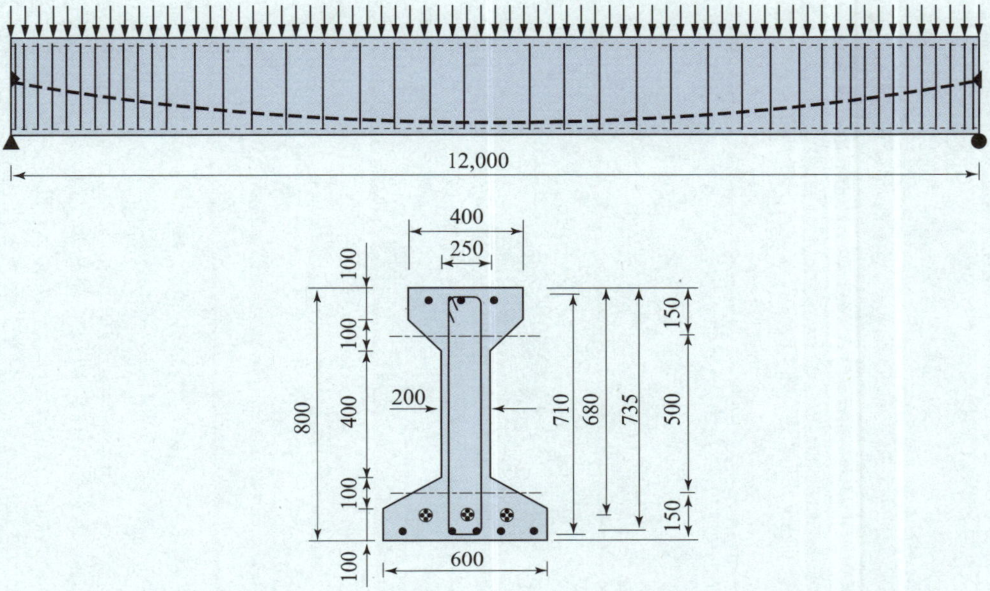

연습 그림 9.2 프리스트레스트 콘크리트 단순보 (단위 : mm)

Chapter 10

응력교란영역 설계

10.1 일반 사항

프리스트레스트 콘크리트 구조물은 철근콘크리트 구조물과 마찬가지로 응력과 부재의 기하학적인 형태에 따라서 평면유지의 가정을 적용할 수 있는 구간과 적용할 수 없는 구간으로 나눌 수 있다. 특히, 긴장력이 가해지는 프리스트레스트 콘크리트 영역에는 집중하중이 작용하여 일반적인 휨이론을 적용할 수 없다. St. Venant원리에 의하면 집중 하중이 작용하거나 단면이 급격하게 변하는 구간에서는 평면유지의 가정이 적용되지 않는다. 이러한 구간에서 응력은 중립축에서 떨어진 거리에 비례하여 변화하지 않고 비선형적인 상태를 나타낸다. 따라서 [그림 10.1]의 구조물을 다음과 같이 응력균일영역(B영역)과 응력교란영역(D영역)으로 구분할 수 있다.

① **B영역(응력균일영역,** B-region) : 휨이론의 평면유지 가정이 적용되는 부재 영역을 말한다. 이 구간에서 변형률은 중립축으로부터 떨어진 거리에 비례하여 선형적으로 변화한다.

② **D영역(응력교란영역,** D-region) : 하중이 불연속적으로 작용하거나 집중 하중이 작용하는 경우, 부재의 형태가 불연속적(discontinuity)인 영역으로, 평면유지의 가정이 적용되지 않는 응력교란(disturbed stress)영역을 말한다. 이 구간에서 변형률은 중립축으로부터 떨어진 거리에 비례하여 변화하지 않으며 비선형적인 분포를 나타낸다. D영역에 해당하는 부재는 [그림 10.1]의 프리스트레스트 콘크리트 부재의 정착영역, 깊은 보, 브래킷, 단이진 보, 집중하중 작용점 등이 있다.

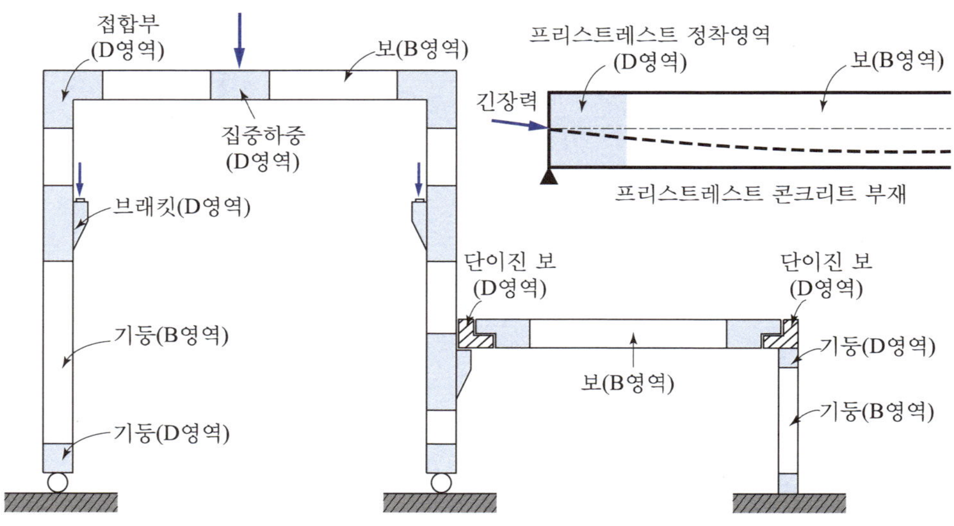

그림 10.1 B영역과 D영역

프리스트레스트 콘크리트 구조물에는 일반적으로 B영역과 D영역이 혼재하는 경우가 많으며, 하중의 불연속 또는 부재의 기하학적 형태의 불연속이 발생한 지점에서 단면의 높이(h) 또는 단면의 유효높이(d)까지의 영역을 D영역으로 간주한다. 두 개의 D영역이 겹치거나 만났을 경우에는 두 개의 D영역을 한 개의 D영역으로 보고 설계할 수 있으며, D영역의 길이 - 높이 비의 최댓값은 2이다.

B영역을 설계할 때는 6장, 7장과 9장에서 설명한 휨, 전단, 비틀림 설계를 적용할 수 있다. 그러나 이러한 설계법을 D영역에 적용할 경우에 부재의 내력을 타당하게 예측할 수 없는 경우가 많다. [그림 10.2]는 Kani의 전단경간비를 변수로 한 철근콘크리트 보의 실험결과를 Collins 등이 7장의 변형률 접합조건을 활용한 트러스모델을 기본으로 한 전단설계법(그림의 단면해석 모델)과 스트럿 - 타이 모델에 의한 예측 결과를 비교한 것이다. 그림에서 B영역 설계모델은 전단경간비가 2.5 이하인 보의 전단내력을 과소평가함을 알 수 있다. 반면, 스트럿 - 타이 모델은 전단경간비가 2.5 이하인 보의 전단내력을 비교적 정확하게 예측함으로써 응력교란영역에서 스트럿 - 타이 모델이 효율적임을 보여 준다.

KDS 14 국가건설기준-2020(콘크리트구조 학회기준, 2017)에서는 스트럿 - 타이 모델을 부재의 응력교란영역 중에서 프리스트레스트 콘크리트 부재의 정착영역, 깊은 보, 전단경간비가 2 이하인 브래킷과 내민 받침에 적용할 수 있도록 하고 있다. 이 장에서는 스트럿 - 타이 모델의 일반 개념과 설계 방법 및 이를 활용한 프리스트레스트 콘크리트 부재의 정착영역과 깊은 보에 대한 설계법이 설명된다.

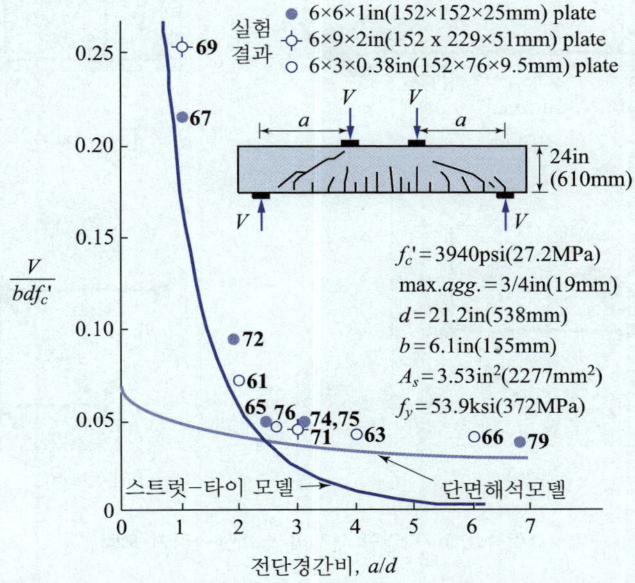

그림 10.2 철근콘크리트 보의 전단실험결과와 스트럿 – 타이 모델 및 트러스모델에 의한 결과의 비교
(Kani 등, 1979, Collins and Mitchell, 1991)

10.2 스트럿 – 타이 모델

10.2.1 스트럿 - 타이 모델의 기본 개념

Ritter와 Morch가 사인장균열이 발생한 철근콘크리트 보의 힘의 흐름을 콘크리트의 대각선 압축대와 철근의 수직 및 하부인장재로 구성된 트러스모델을 응용하여 설명한 이후, 트러스모델은 여러 연구자에 의해 발전되었다. 스트럿 - 타이 모델(Strut-Tie Model, STM)은 소성이론과 힘의 평형조건을 이용한 트러스모델의 일종으로 부재의 응력교란영역의 전단설계에 효율적으로 적용할 수 있다. 스트럿 - 타이 모델은 [그림 10.3]의 스트럿, 타이, 절점 및 절점영역 등으로 구성되어 있다. 여기서 절점영역이란 스트럿과 타이의 단면력을 지점이나 부근의 B영역으로 전달시켜 주는 점과 영역을 말한다.

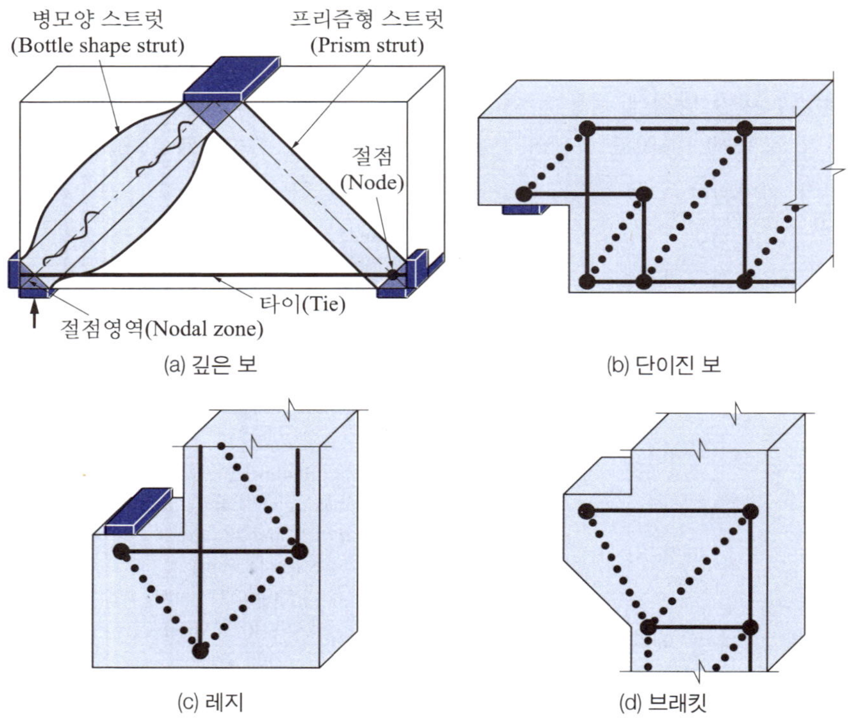

그림 10.3 다양한 부재의 스트럿 – 타이 모델

10.2.2 스트럿 - 타이 모델의 구성 요소

스트럿 - 타이 모델은 스트럿과 타이 및 절점으로 이루어진 트러스모델로 각 구성요소의 특징을 요약하면 다음과 같다.

스트럿(strut)

스트럿은 스트럿 - 타이 모델의 압축재를 말한다. 스트럿의 형태는 힘의 분포에 의해 프리즘(prismatic), 아치(arch), 부채모양(fan-shape), 병모양(bottle-shape)의 스트럿으로 이상화하여 설계한다. 스트럿의 양쪽 면에 접해 있는 절점영역의 강도가 차이가 나거나, 양쪽 면의 지압길이가 다를 경우에는 스트럿 내부의 콘크리트 유효압축강도가 서로 다를 수 있다. 이러한 경우에는 스트럿의 폭을 일정하게 감소시켜 유효압축강도의 변화를 반영할 수 있다.

병모양 스트럿은 [그림 10.3]의 압축응력과 인장응력을 받아 스트럿 중간 부위의 폭이 옆으로 퍼진 스트럿이다. 설계의 단순화를 위하여 병모양 스트럿은 프리즘형 또는 단면이 일정하게 감소하는 테퍼드 스트럿(tapered strut)으로 변화시킬 수 있다. 병모양 스트럿에 발생하는 균열을 제어하기 위하여 균열제어철근을 배근하기도 한다. 병모양 스트럿의 단면적은 스트럿 단면적 중에서 가장 작은 값을 택한다.

타이(tie)

타이는 스트럿 - 타이 모델의 인장재를 말한다. 타이는 철근, 긴장재(prestressing steel), 철근 주위의 콘크리트로 구성된다. 철근주변 콘크리트에는 스트럿과 타이에 작용하는 힘을 정착하기 위한 영역이 포함된다. 인장경화효과에 의해 타이 주변 콘크리트가 인장력에 저항하게 되고 이로 인하여 철근의 인장변형이 감소할 수 있지만, 설계에서는 인장경화효과를 직접 반영하지는 않는다.

절점(node)

절점은 스트럿 - 타이 모델에서 스트럿과 타이 그리고 집중하중이 작용하는 접합부의 축이 교차하는 점을 말한다. 절점에는 힘의 평형조건을 만족시키기 위하여 적어도 세 개의 힘이 작용해야 한다. 절점은 힘의 작용방향에 따라 [그림 10.4]의 $C-C-C$(세 개의 압축력 작용), $C-C-T$(두 개의 압축력과 한 개의 인장력 작용), $C-T-T$(한 개의 압축력과 두 개의 인장력 작용), $T-T-T$(세 개의 인장력 작용)로 구별한다.

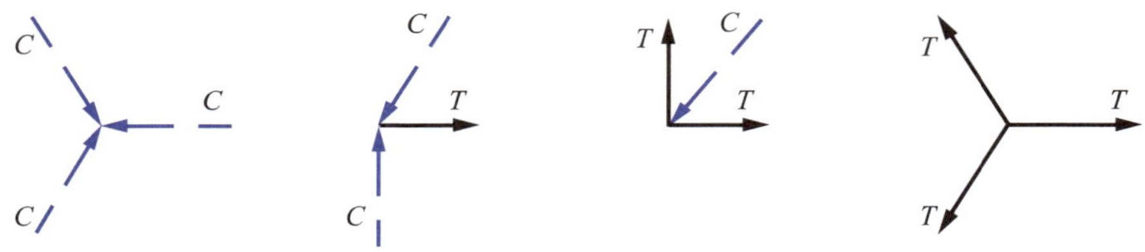

(a) $C-C-C$ 절점 (b) $C-C-T$ 절점 (c) $C-T-T$ 절점 (d) $T-T-T$ 절점

그림 10.4 절점의 종류

절점영역(nodal zone)

절점영역은 스트럿 - 타이 모델에서 하중이 전달될 수 있는 절점 주변의 콘크리트 영역을 말한다. 그 동안 정수압 절점영역(hydrostatic stress nodal zone, 세 방향에서 동일한 크기의 응력이 작용)만이 절점영역으로 이용되었지만, 설계에서는 철근의 부착에 대한 영향, 정착길이와 방법 및 철근 배근형태를 고려하여 정수압 절점영역 대신에 확장절점영역을 이용하고 있다([그림 10.10] 참조).

정수압 절점영역에서는 스트럿과 타이의 축이 하중면(절점영역 경계면)과 직각을 이루며, 모든 하중면에서 같은 크기의 응력이 작용한다. 따라서 [그림 10.5(a)]의 $C-C-C$ 절점영역에서는 절점면에 작용하는 응력이 동일하므로 절점영역면의 폭의 비($w_{n1} : w_{n2} : w_{n3}$)와 힘의 비($C_1 : C_2 : C_3$)는 비례한다. $C-C-T$ 절점의 경우에는 두 개의 압축력과 한 개의 인장력이 작용한다. 이 중에서 인장력이 작용하는 타이는 절점을 관통하여 반대쪽에 설치된 정착판으로 연결된 것처럼 힘이 전달된다([그림 10.5(b)] 참조). 따라서 타이의 반대편에 스트럿의 응력과 같은 크기의 지압응력이 작용한다고 볼 수 있으므로 $C-C-T$ 절점영역도 정수압 절점영역으로 간주하여 설계할 수 있다. 철근타이의 정착을 위해서는 지압판을 사용하거나 [그림 10.5(c)]의 직선 또는 갈고리철근을 사용하여 정착할 수 있다.

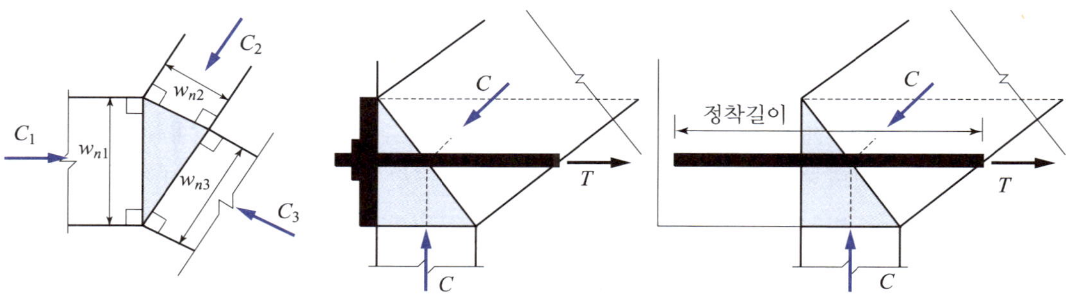

(a) 형상 (b) 정착판에 의한 정착 (c) 부착에 의한 정착

그림 10.5 정수압 절점영역

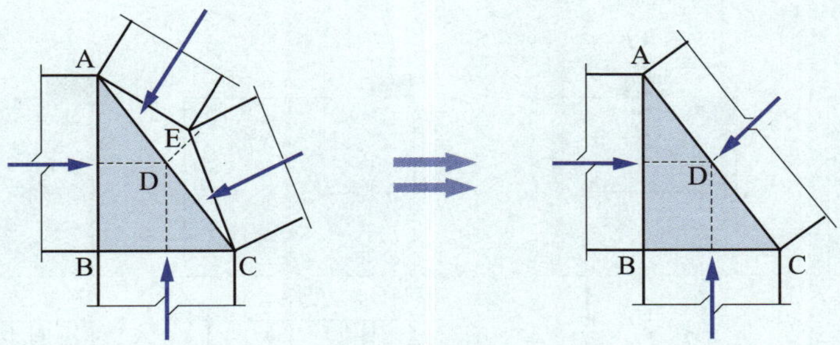

(a) 2개의 절점에 하중 작용 (b) 동일한 절점에 하중 작용

그림 10.6 절점영역의 합력

절점영역 내의 2개 이상의 절점에 하중이 작용할 경우에 두 스트럿에 작용하는 힘을 하나의 힘으로 변경하여 스트럿 - 타이 모델을 해석할 수 있다. [그림 10.6(a)]의 세 힘 이상이 2차원 구조물의 절점영역에 작용할 경우에는 A-E와 C-E면에 작용하는 스트럿의 힘을 A-C면에 작용하는 1개의 힘으로 대치할 수 있으며, 이 힘은 절점 D를 통과한다. 또한 부재축에 수직한 방향의 지점의 폭이 부재의 폭보다 좁을 경우에는 절점면의 수직방향으로 발생하는 쪼갬균열을 억제하기 위하여 횡방향구속철근을 배근해야 한다.

10.2.3 스트럿 - 타이 모델의 설계과정

스트럿 - 타이 모델에 의해 프리스트레스트 콘크리트 부재를 설계하기 위해서는 다음 항목을 결정해야 한다.

① 스트럿 - 타이 모델의 형태를 결정. 즉, 부재의 D영역을 결정하고, 영역 내에서 힘의 흐름에 기초하여 압축재, 인장재 및 절점을 배치
② D영역에 작용하는 하중에 근거하여 압축재와 인장재에 작용하는 축력을 계산
③ 콘크리트의 유효압축강도와 하중계수를 계산하고, 스트럿의 형태와 강도를 계산
④ 절점영역의 분포와 강도를 계산
⑤ 인장재의 형태, 강도, 필요 단면적과 정착길이를 계산
⑥ 철근을 배근

스트럿 – 타이 모델의 형상 결정

스트럿 - 타이 모델에 있어서 가장 중요한 항목은 기하학적인 형태를 정하는 것이다. 모델의 형상에 따라서 계산되는 철근의 양에 큰 차이가 있으므로 스트럿 - 타이 모델의 기하학적 형상 결정은 중요하다. 모델의 형상을 정할 때는 다음의 여러 조건을 고려해야 한다.

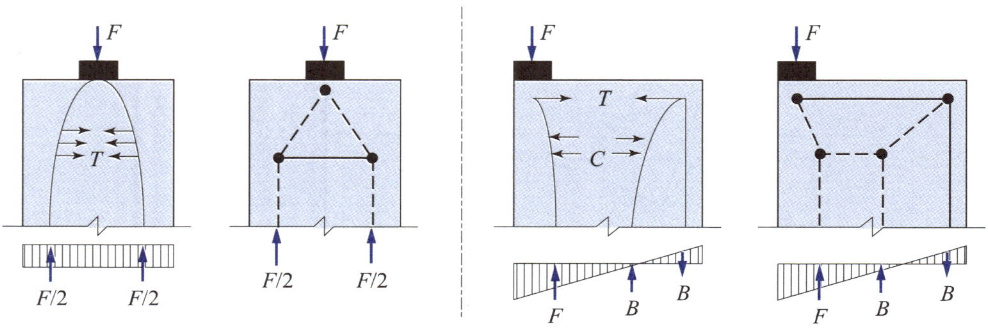

(a) 하중경로법에 의한 스트럿 – 타이 모델

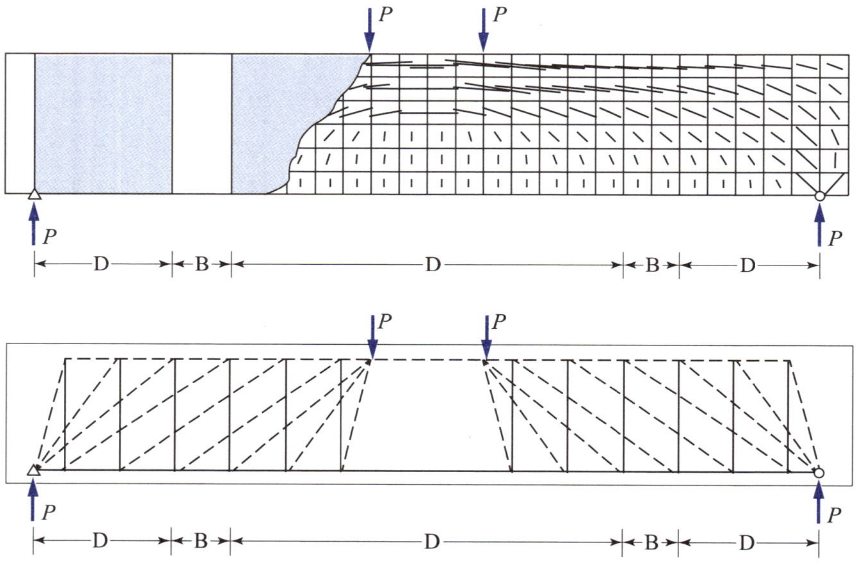

(b) 응력흐름법에 의한 스트럿 – 타이 모델

그림 10.7 스트럿 – 타이 모델 선정 예

① 하중의 전달 경로를 이용하거나 응력의 흐름 방법으로 선정할 수 있다.

(ㄱ) 하중의 전달 경로를 이용하는 경우(하중경로법)는 [그림 10.7(a)]의 D영역과 B영역의 경계면과 반력을 먼저 결정한 이후에 적절한 하중 경로를 가정하여 스트럿 - 타이 모델을 정한다. D영역과 B영역에 작용하는 힘은 서로 평형상태를 이룬다. D영역의 한쪽 면에서 작용하는 하중은 B영역의 경계면에 가장 단거리로 전달되지만 D영역에 배근된(또는 배근해야 할) 철근의 위치와 균열발생 가능성 등을 고려하여 하중 경로를 결정해야 한다.

(ㄴ) 응력의 흐름 상태를 이용하는 경우(응력흐름법)는 [그림 10.7(b)]의 콘크리트 부재의

주압축응력 흐름을 먼저 결정하고, 주압축응력의 흐름방향을 근거로 콘크리트 스트럿의 방향과 위치를 결정한다. 주압축응력의 흐름방향과 콘크리트 스트럿 방향의 차이를 가급적 줄이는 것이 철근타이의 변형률 에너지가 최소가 되는 최적의 스트럿 - 타이 모델을 선정하는데 유리하다.

② 철근타이의 위치는 실제 설계시의 배근 형태를 고려하여 결정한다.

③ 절점의 위치는 하중작용 지점, 지지점, 철근의 배근 위치와 피복두께를 고려하여 선정한다.

④ 스트럿 - 타이 모델에 작용하는 하중과 반력은 정적평형을 이루며, 평형조건만을 이용하여 구할 수 있다.

⑤ 타이는 스트럿 또는 다른 타이를 가로지를 수 있지만, 스트럿은 서로를 통과하거나 중복될 수 없다. 스트럿은 단지 절점에서 교차하거나 겹칠 수 있으며, 스트럿이 중복될 경우에 스트럿의 응력도 중복되어야 한다.

⑥ 한 절점에서 스트럿과 타이가 이루는 각도는 25도 이하가 될 수 없다. 한 절점에서 스트럿과 타이가 이루는 각도는 균열발생을 감소시키고, 거의 같은 방향에서 발생하는 스트럿 길이의 축소와 타이 길이의 신장(늘어남)에 의한 부적합을 피하기 위하여 충분한 각도를 이루어야 한다. 따라서 설계기준에서는 스트럿과 타이가 이루는 각도를 최소 25도로 제한한다.

스트럿, 타이, 절점영역의 설계

스트럿과 타이 및 절점영역의 설계는 식(10.1)에 근거한다.

$$\phi F_n \geqq F_u \tag{10.1}$$

여기서, F_u : 계수하중에 의해 스트럿, 타이, 또는 절점영역의 한 면에 작용하는 힘, F_n : 스트럿, 타이, 또는 절점영역의 공칭강도(F_{ns} : 스트럿의 공칭강도, F_{nt} : 타이의 공칭강도, F_{nn} : 절점영역의 공칭강도), ϕ : 강도감소계수이다. 강도감소계수는 콘크리트 스트럿과 절점영역에 대한 설계에서는 0.75이다. 그러나 휨철근과 전단철근을 계산하기 위한 타이에 대한 설계에서는 0.85이다.

10.2.4 스트럿의 설계

압축철근이 없는 스트럿의 공칭강도(F_{ns})는 식(10.2)에 의해 계산되며, 스트럿 양쪽 끝의 값 중에 작은 값을 택해야 한다.

$$F_{ns} = f_{ce} A_c \tag{10.2}$$

여기서, A_c : 스트럿 축과 직각인 스트럿 양쪽 단면적의 작은 값, f_{ce} : 콘크리트 스트럿의 유효 압축강도이다.

콘크리트 스트럿의 유효압축강도

콘크리트 스트럿의 유효압축강도는 식(10.3)에서 계산한다.

$$f_{ce} = 0.85\beta_s f_{ck} \tag{10.3}$$

여기서, 콘크리트 스트럿의 강도감소계수(β_s)는 다음과 같다.

[표 10.1]에서 λ는 일반강도 콘크리트의 경우 1.0, 모래 - 경량 콘크리트의 경우 0.85, 그리고 경량콘크리트의 경우 0.75이다. 부분적으로 모래가 교체 사용되었을 경우 선형보간법에 의해 λ의 값을 보정한다. 병모양 스트럿은 [그림 10.8]의 내부 수평퍼짐(internal lateral spread)에 의해 스트럿 축과 평행하게 쪼개짐이 발생한다. 이러한 쪼개짐을 억제하기 위하여 철근이 배근되며, β_s값은 식(10.4)에 의해 계산된 철근의 양에 따라서 달라진다. 병모양 스트럿에 배근된 철근은 균열폭을 억제하고, 스트럿의 축하중 저항력을 증대시키며, 힘을 재분배시킨다. [그림 10.8]의 병모양 스트럿에서 경사균열이 부재축과 일정하게 발생할 경우에 β_s값은 [표 10.1]의 ②에 해당되지만, 균열이 부재축을 가로질러서 발생할 경우에는 [표 10.1]의 ④의 β_s값을 사용해야 한다.

표 10.1 콘크리트 스트럿의 강도감소계수 (KDS 14 국가건설기준-2020(콘크리트구조 학회기준, 2017))

조 건	β_s
① [단면이 일정한 스트럿] 보 또는 기둥 압축영역의 직사각형 응력블록과 동일한 스트럿에 적용 [그림 10.8 참조]	1.0
② [병모양 스트럿] 스트럿의 중간부위의 폭이 절점부위의 폭보다 큰 스트럿 [그림 10.8 참조] (ㄱ) 식(10.4)를 만족하는 철근이 있는 경우 (ㄴ) 식(10.4)를 만족하는 철근이 없는 경우	 0.75 0.60λ
③ 인장부재 또는 부재의 인장 플랜지의 스트럿 보, 박스거더, 벽 인장플랜지의 종방향 또는 횡방향철근을 설계하기 위하여 사용된 스트럿 - 타이 모델의 압축스트럿에 적용(인장 영역에 발생한 균열을 통하여 압축력을 전달해야 함)	0.40
④ 기타 모든 경우 ①, ②, ③을 제외한 모든 경우 평행한 경사 균열이 보의 복부를 몇 개의 경사 스트럿으로 나누는 보의 복부 압축장에서의 스트럿 균열이 스트럿 안을 가로지를 수 있는 스트럿	0.60

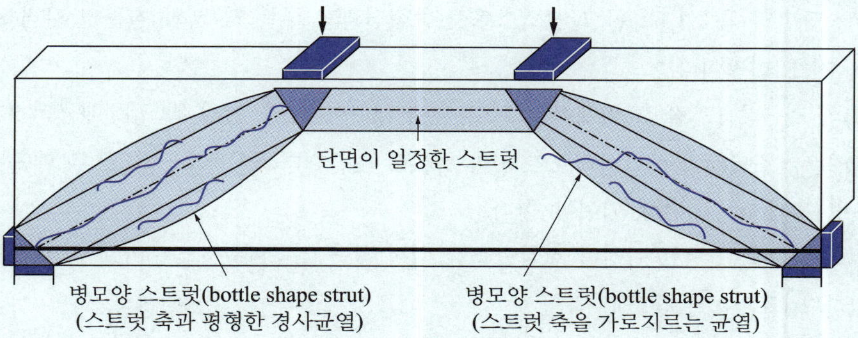

그림 10.8 스트럿의 종류

병모양 스트럿의 최소 철근

병모양 스트럿의 중간부위는 2축 응력(압축응력과 인장응력)을 받아 압축력 퍼짐(compressive force spread)현상이 발생한다. 압축력 퍼짐에 의해 유발되는 횡방향 인장력에 저항하기 위하여 스트럿의 축을 가로질러 철근을 배근한다. 이때 스트럿의 압축력은 스트럿의 축에 대하여 2 : 1(축방향 : 횡방향)의 비율로 퍼진다고 가정한다.

콘크리트 압축강도(f_{ck})가 40 MPa 이하일 경우에 식(10.4)를 만족하는 철근을 스트럿 축에 가로질러 배근해야 한다.

$$\sum \frac{A_{si}}{b\,s_i} \sin^2 \gamma_i \geqq 0.003 \tag{10.4}$$

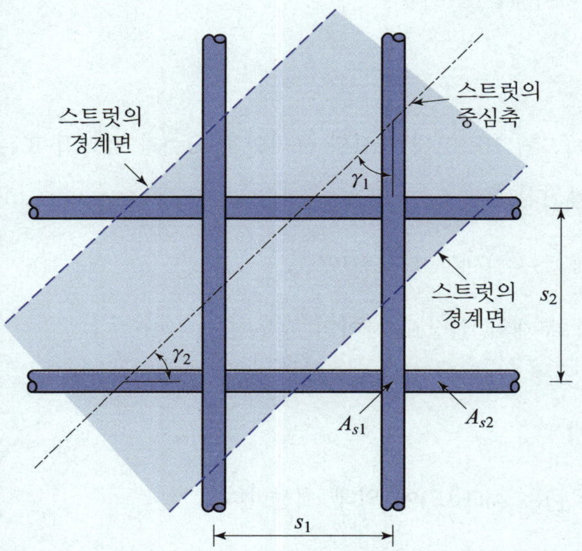

그림 10.9 스트럿을 가로지르는 구속 철근

여기서, b : 단면의 폭, A_{si} : 콘크리트 스트럿 중심선과 이루는 각 γ_i와 철근의 간격 s_i로 배치된 철근의 전체 면적이다.

식(10.4)의 철근은 [그림 10.9]에서 스트럿 축에 대하여 γ_1과 γ_2의 각도로 배근되거나(직교하는 2방향 배근), 스트럿 축에 1방향으로 γ의 각도로 배근된다. 철근이 1방향으로 배근될 경우에 γ는 스트럿 축과 40도 이상 되어야 한다.

병모양 스트럿에서 식(10.4)에서 철근이 보강되지 않은 경우에는 $\beta_s = 0.60\lambda$을 사용하여 f_{ce} 값을 계산한다([표 10.1] 참조).

스트럿의 압축철근

스트럿의 강도를 증가시키기 위해 압축철근을 사용할 수 있다. 콘크리트 스트럿의 중심선에 평행하게 배치된 압축철근은 적절하게 정착되어야 하며, 띠철근 또는 나선철근이 배근될 경우에 이러한 철근의 내측에 배근되어야 한다. 이와 같이 축방향으로 보강된 스트럿의 강도는 식(10.5)에 의해 계산한다.

$$F_{ns} = f_{ce}A_c + 1.13A_s'f_s' \tag{10.5}$$

식(10.5)의 스트럿의 철근응력 f_s'은 스트럿이 압축파괴 할 때에 스트럿의 변형률로부터 계산할 수 있다. 설계기준항복강도(f_y)가 500 MPa 이하인 철근의 경우에는 f_s'은 철근의 항복강도(f_y)로 할 수 있다. 계수 1.13(≈ 0.85/0.75)은 식(10.5)를 식(10.1)에 대입할 때 발생하는 강도감소계수 비의 차이를 나타내는 값이다.

스트럿의 폭

스트럿의 폭(w_s)은 [그림 10.10]에 표시된 타이의 폭(w_t)과 가력점 또는 지지판의 폭(l_b)에 의해 식(10.6)에 의해 계산한다.

$$w_s = w_t\cos\theta + l_b\sin\theta \tag{10.6}$$

여기서, θ : 스트럿과 부재와 인장재 사이의 각도이다.

10.2.5 타이의 설계

타이의 공칭강도(F_{nt})는 식(10.7)에 의해 계산한다.

$$F_{nt} = A_{st}f_y + A_{ps}(f_{se} + \Delta f_p) \tag{10.7}$$

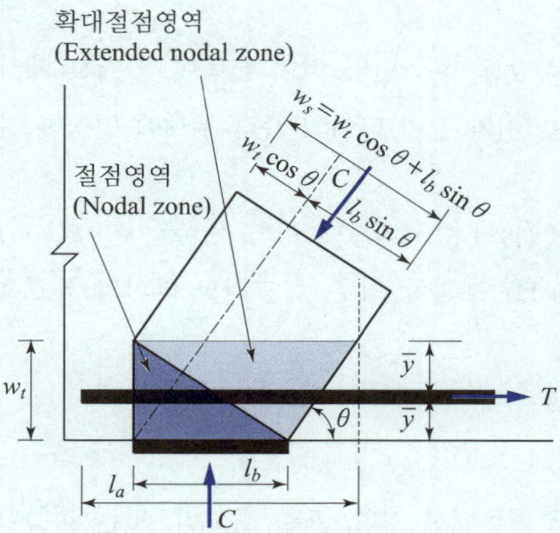

(a) 1열 철근 배근의 경우

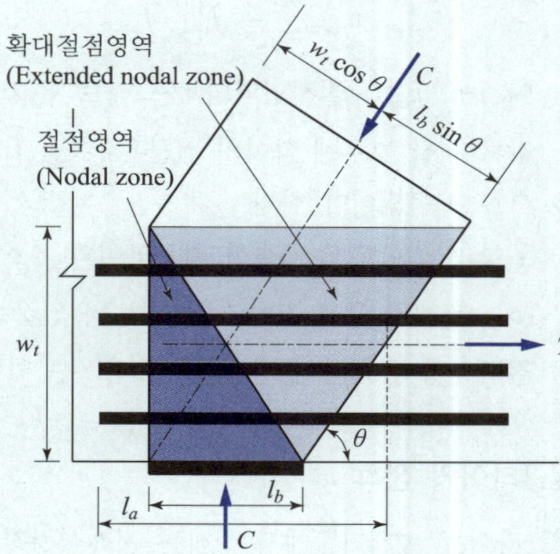

(b) 다열 철근 배근의 경우

그림 10.10 스트럿의 폭, 타이의 유효폭 및 확장절점영역

여기서, A_{st} : 타이 안에 있는 프리스트레스 되지 않은 철근의 단면적, A_{ps} : 타이 안에 있는 프리스트레스가 가해진 철근(긴장재)의 단면적, f_y : 프리스트레스 되지 않은 철근의 항복강도, f_{se} : 긴장재의 응력손실 후의 유효응력, Δf_p : 계수하중에 의한 긴장재의 응력증가이다. $(f_{se} + \Delta f_p)$는 긴장재의 항복강도(f_{py})를 넘지 않아야 한다.

식(10.7)에서, Δf_p는 부착된 긴장재에 대해서는 420 MPa, 부착되지 않은 긴장재에 대해서는 70 MPa을 사용할 수 있으며, 해석에 의해 증명된 경우 다른 Δf_p값을 사용할 수 있다.

타이의 유효폭

철근의 중심선은 타이의 중심선과 일치해야 한다. 절점영역의 크기를 계산하기 위하여 사용되는 타이의 유효폭(w_t)은 철근의 분포에 따라 다음의 제한 조건에 의해 바뀔 수 있다.

① 인장철근이 1단으로 배근된 경우에 타이의 유효폭(w_t)은 [그림 10.10(a)]의 철근 단면적 중심에서 바깥쪽 콘크리트까지의 거리의 2배이다.

$$w_t = 2 \times \bar{y} \tag{10.8}$$

여기서, $\bar{y}$: 철근의 도심이다.

② 절점영역의 응력을 정수압 상태로 고려할 경우에 철근타이 유효폭의 상한값($w_{t,\max}$)은 정수압 절점영역의 폭과 동일하게 식(10.9)에 의해 계산한다.

$$w_{t,\max} = F_{nt} / f_{cu} \tag{10.9}$$

여기서, f_{cu} : 절점영역의 콘크리트 유효압축강도이다. 만약 타이의 폭이 ①에서 계산된 값보다 클 경우에 타이의 철근은 [그림 10.10(b)]와 같이 타이의 폭과 두께에 일정한 간격으로 배근되어야 한다.

③ ①항과 ②항에서 계산한 철근타이의 유효폭(w_t)이 콘크리트 타이의 유효폭 $F_{nt}/(b \cdot f_t)$ (b : 부재의 두께, f_t : 콘크리트의 인장강도)을 초과할 경우, 콘크리트 타이의 유효폭을 철근타이 유효폭의 상한값으로 할 수 있다.

철근타이의 정착

철근타이는 설계기준에서 정하는 기계식정착, 포스트텐션 정착, 표준 갈고리, 또는 정착길이를 확보한 직선철근에 의해 정착되어야 한다.

① 절점을 기준으로 서로 맞은편에 있는 타이의 단면력에 차이가 있을 경우에 절점영역에서 타이를 정착시켜야 한다.

② 하나의 타이가 연결된 절점영역의 경우, 확장절점영역(extended nodal zone, [그림 10.10] 참조)의 경계면과 철근타이의 도심이 교차하는 지점에서 타이를 정착시켜야 한다.

③ 두 개 이상의 타이가 연결된 절점영역의 경우, 확장절점영역의 경계면과 철근타이의 도심이 교차하는 지점으로부터 각각의 타이를 정착시켜야 한다.

④ 횡방향철근은 구조설계기준에 근거하여 정착되어야 한다.

10.2.6 절점영역의 설계

절점영역의 공칭강도(F_{nn})는 식(10.10)에 의해 계산된다.

$$F_{nn} = f_{cu} A_n \tag{10.10}$$

여기서, f_{cu} : 절점영역의 콘크리트의 유효압축강도, A_n : F_n의 작용선에 직각인 절점영역 경계면의 면적 또는 합력 작용선에 직각인 절점영역 경계면의 면적이다.

한 절점에서 만나는 모든 스트럿의 응력이 동일할 경우에 정수압 절점영역이 사용될 수 있다. 정수압 절점영역의 면은 스트럿의 축에 수직하며, 절점영역면의 폭은 스트럿에 작용하는 힘에 비례한다. 비정수압 절점영역(non-hydrostatic stress node, 세 방향에서 응력이 다르게 작용)의 절점 응력을 계산하는 것은 다소 복잡하다. 설계에서는 비정수압 절점영역과 같이 절점면에 전단응력과 직응력이 동시에 발생하는 경우에는 스트럿에 직각을 이루는 면(A_c)을 이용하여 A_n을 계산할 수 있도록 허용하고 있다.

절점영역의 유효압축강도

절점영역에 구속철근이 배근되어 있지 않고 구속효과가 실험과 해석에 의해 제공되지 않을 경우에는 절점영역의 유효압축응력을 식(10.11)에 의해 계산한다.

$$f_{cu} = 0.85\beta_n f_{ck} \tag{10.11}$$

여기서, β_n : 절점영역의 콘크리트 유효압축강도에 대하여 타이의 정착이 미치는 영향을 고려한 계수로 [표 10.2]에 표시되어 있다.

비정수압 절점영역의 설계

세 방향에서 동일한 응력이 작용하는 정수압 절점(hydrostatic stress node)의 경우, 절점면에 작용하는 응력이 모두 동일하기 때문에 절점 응력을 쉽게 계산할 수 있다. 반면, 세 방향에서 응력이 다르게 작용하는 비정수압 절점영역(non-hydrostatic stress node)의 경우, 절점면에 직응력과 전단응력이 발생하여 절점 응력을 계산하는 것이 다소 복잡하다. 예를 들어 [그림 10.11]의 $C-C-C$ 절점에 각각 F_a, F_b, F_c의 힘이 평형을 이루고 있다고 하자. 이 절점은 면과 하중이 직각을 이루지 않아 절점에는 직응력과 전단응력이 동시에 발생한다. 절점에 작용하는 응력을 계산하기 위하여 힘(F_a, F_b, F_c)과 직각을 이루는 면의 직응력을 계산하면 식(10.12a, b, c)가 된다.

$$f_{a2} = \frac{F_a}{l_a \cdot t} \tag{10.12a}$$

$$f_{b2} = \frac{F_b}{l_b \cdot t} \tag{10.12b}$$

$$f_{c2} = \frac{F_c}{l_c \cdot t} \tag{10.12c}$$

표 10.2 절점영역의 강도감소계수 (KDS 14 국가건설기준-2020(콘크리트구조 학회기준, 2017))

조 건	β_n
① [$C-C-C$ 절점] 스트럿 또는 지압면적으로 둘러싸인 절점영역	1.0
② [$C-C-T$ 절점] 한 개의 타이에 의해 정착된 절점영역	0.80
③ [$C-T-T$ 또는 $T-T-T$ 절점] 두 개 이상의 타이에 의해 정착된 절점영역	0.60

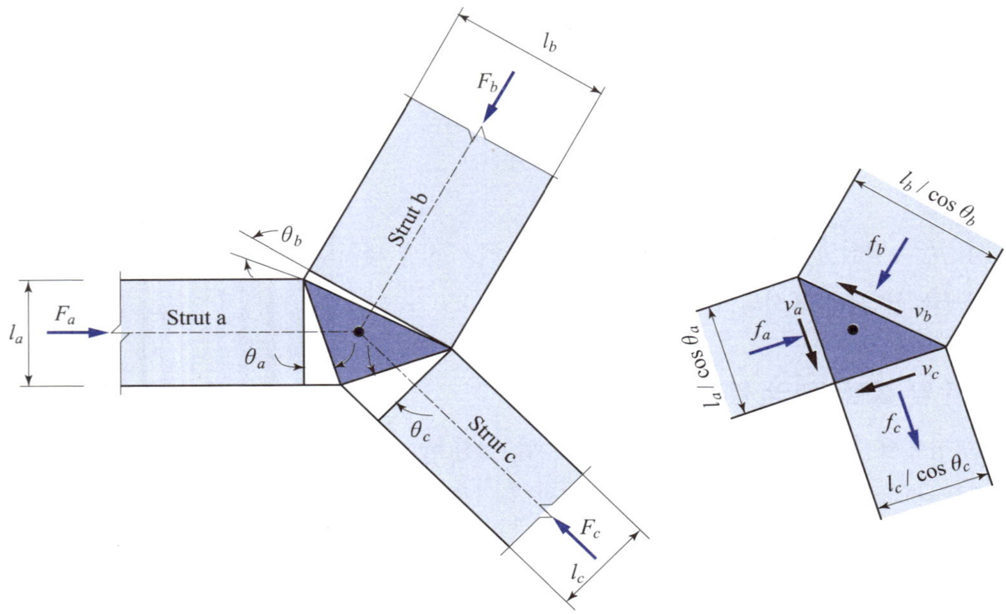

그림 10.11 비정수압 절점영역

여기서, f_{a2}, f_{b2}, f_{c2} : a, b, c면에 작용하는 직응력(절점의 주압축응력), l_a, l_b, l_c : a, b, c면의 힘(F_a, F_b, F_c)과 직각을 이루는 면의 길이, t : 절점의 두께이다.

절점면과 콘크리트 스트럿은 직각을 이루지 않기 때문에 절점면에는 직응력과 전단응력이 동시에 작용한다. 절점면에 발생하는 직응력과 전단응력은 식(10.12a, b, c)를 각도(θ_a, θ_b, θ_c)만큼 변환하여 계산할 수 있다.

$$f_a = \frac{F_a \cdot \cos\theta_a{}^2}{l_a \cdot t}, \qquad v_a = \frac{F_a \cdot \cos\theta_a \cdot \sin\theta_a}{l_a \cdot t} \tag{10.13a}$$

$$f_b = \frac{F_b \cdot \cos\theta_b{}^2}{l_b \cdot t}, \qquad v_b = \frac{F_b \cdot \cos\theta_b \cdot \sin\theta_b}{l_b \cdot t} \tag{10.13b}$$

$$f_c = \frac{F_c \cdot \cos\theta_c{}^2}{l_c \cdot t}, \qquad v_c = \frac{F_c \cdot \cos\theta_c \cdot \sin\theta_c}{l_c \cdot t} \tag{10.13c}$$

여기서, f_a, f_b, f_c : 절점에 작용하는 직응력, v_a, v_b, v_c : 절점에 작용하는 전단응력이다.

이와 같이 비정수압 절점에서는 세 면에서 직응력과 전단응력이 발생하므로 각각 두 면에서 발생하는 응력을 중심으로 [그림 10.12]의 모어의 응력원(Mohr's stress circle) 등을 이용하여 제1주응력과 제2주응력을 계산해야 한다. 식(10.13a, b, c)를 사용하여 모어 응력원의 직응력

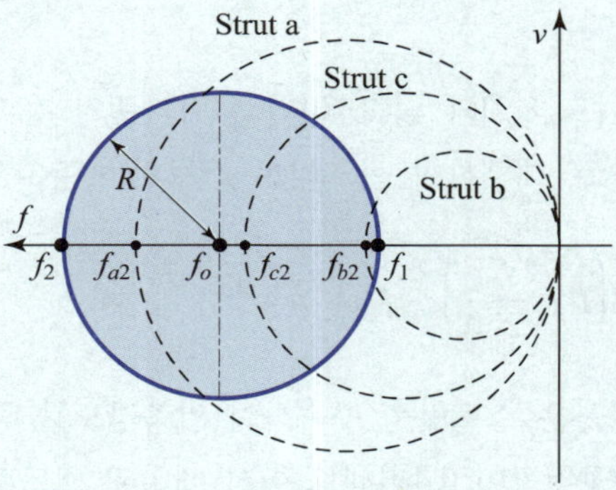

그림 10.12 모어의 응력원

중심(f_o)을 계산하면 식(10.14)가 된다. 식(10.14)를 이용할 때 f_a와 f_b는 세 응력 중에서 각각 최대 응력과 최소 응력이 되어야 한다.

$$f_o = \frac{1}{2}\left(\frac{(f_a{}^2 + v_a{}^2) - (f_b{}^2 + v_b{}^2)}{f_a - f_b}\right) \tag{10.14}$$

모어 응력원의 반지름(R)은 식(10.14)에서 사용한 응력 중에서 한 면의 응력을 이용하여 식(10.15)에 의해 계산할 수 있다.

$$R = \sqrt{(f_a - f_o)^2 + v_a^2} \tag{10.15}$$

따라서 절점에 작용하는 최대 주응력은 식(10.16)을 이용하여 계산할 수 있다. 여기서 압축응력은 양수(+)이며, 인장응력은 음수(−)이다.

$$f_{1,\,2} = f_o \mp R \tag{10.16}$$

설계에서는 비정수압 절점영역의 응력을 구하는 것이 번거롭기 때문에 스트럿에 직각을 이루는 면의 연직응력만을 이용하여(정수압 절점응력) 절점면의 응력을 계산한다.

10.2.7 도로교설계기준(한계상태설계법)의 스트럿 - 타이모델

도로교설계기준(한계상태설계법)의 스트럿 - 타이 모델에 대한 설계 개념은 KDS 14 국가건설기준-20202(콘크리트구조 학회기준, 2017)과 동일하다. 다만 스트럿과 절점의 콘크리트 강도감소계수를 다르게 사용하고 있다.

스트럿의 강도감소계수

스트럿의 강도감소계수는 [표 8.2]와 식(8.70)의 유럽기준의 강도감소계수를 사용하고 있다. 따라서 식(10.3)을 다음 식으로 대체하여 콘크리트 스트럿의 유효압축강도(f_{ce})를 계산한다.

$$f_{ce} = 0.6\left(1 - \frac{f_{ck}}{250}\right)\phi_c f_{ck}$$

스트럿에 배근된 횡방향철근은 스트럿을 구속하여 압축강도를 증가시킬 수 있다. 따라서 식(10.4)에 의하여 계산된 횡방향철근이 0.4퍼센트 이상 배치된 스트럿은 각도에 따라서 콘크리트 스트럿의 압축강도(f_{ce})를 다음과 같이 증대시킨다.

$$f_{ce} = 0.8\left(1 - \frac{f_{ck}}{250}\right)\phi_c f_{ck} \qquad (\theta > 75^\circ \text{ 경우})$$

$$f_{ce} = 0.7\left(1 - \frac{f_{ck}}{250}\right)\phi_c f_{ck} \qquad (60^\circ < \theta \leqq 75^\circ \text{ 경우})$$

$$f_{ce} = 0.6\left(1 - \frac{f_{ck}}{250}\right)\phi_c f_{ck} \qquad (\theta \leqq 60^\circ \text{ 경우})$$

여기서, θ : 철근과 스트럿 축선 사이의 각도, ϕ_c : 콘크리트 재료계수(=0.65)이다.

절점의 강도감소계수

절점의 강도감소계수도 [표 8.2]와 식(8.70)의 유럽기준의 강도감소계수를 사용하고 있다. 따라서 식(10.11)을 다음 식으로 대체하여 절점의 콘크리트 유효압축강도(f_{cu})를 계산한다.

$$f_{cu} = \left(1 - \frac{f_{ck}}{250}\right)\phi_c f_{ck} \qquad (C-C-C \text{ 절점})$$

$$f_{cu} = 0.85\left(1 - \frac{f_{ck}}{250}\right)\phi_c f_{ck} \qquad (C-C-T \text{ 절점})$$

$$f_{cu} = 0.75\left(1 - \frac{f_{ck}}{250}\right)\phi_c f_{ck} \qquad (C-T-T \text{ 절점})$$

10.3 깊은 보의 설계

프리스트레스 콘크리트 부재나 철근콘크리트 부재의 전단 거동은 전단경간비(전단경간/단면의 유효높이)에 큰 영향을 받는다. 전단경간비가 짧을 경우에는 평면유지의 가정을 적용할 수 없어 변형률분포가 [그림 10.13]과 같이 중립축으로부터 떨어진 거리에 비례하지 않고 비선형 분포를 나타낸다. 또한 부재축과 이루는 주압축응력의 각도가 평면유지의 가정이 적용되는 부재(B영역 부재)에 비하여 크다. 따라서 깊은 보(deep beam)는 D영역에 해당되므로 B영역과 다른 설계법을 적용해야 한다. 설계에서는 깊은 보를 보의 순경간(l_n)과 단면의 높이(h) 또는 직접하중과 받침대까지의 거리(a_v)와 단면의 높이(h)의 비율에 의해 규정한다.

$$(\text{깊은 보})\qquad \frac{l_n}{h} \leqq 4 \quad \text{또는} \quad \frac{a_v}{h} \leqq 2 \tag{10.17}$$

깊은 보는 상부 기둥과 하부 기둥의 기둥열이 바뀔 때 많이 발생하며, 스트럿-타이 모델에 의해 설계해야 한다.

깊은 보는 강도설계에 의해 식(10.18)을 만족해야 한다.

$$V_u \leqq \phi V_n \tag{10.18}$$

여기서, V_u : 소요전단강도(계수전단강도), ϕ : 강도감소계수(=0.75), V_n : 공칭전단강도이다. V_n은 $(5\sqrt{f_{ck}}/6)b_w d$ 이하가 되어야 한다.

깊은 보에 발생하는 콘크리트 압축대의 각도는 일반적으로 45도 이상이며, 전단경간비가 짧아질수록 커진다. 따라서 부재축과 평행하게 배근된 전단철근도 전단력을 저항할 수 있다. 설계에서는 깊은 보의 전단파괴를 방지하기 위하여 부재축방향과 부재축과 직각되는 방향에 최소 철근을 배근하도록 규정하고 있다.

① 휨인장철근과 직각인 수직전단철근의 최소 단면적(A_v)과 간격(s)

$$A_v \geqq 0.0025 b_w s, \qquad s \leqq \frac{d}{5} \ \text{또한 300 mm 이하} \tag{10.19}$$

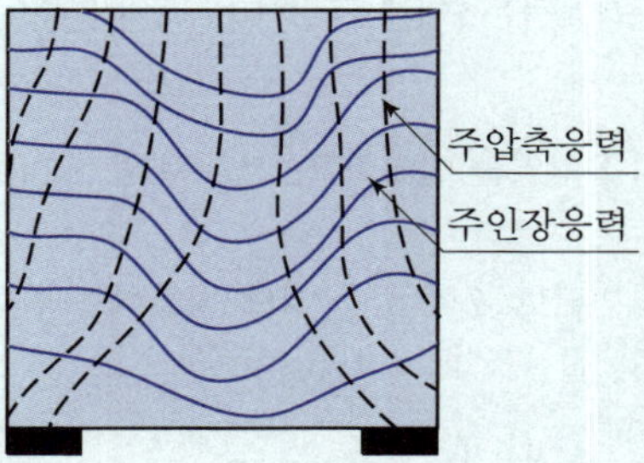

(a) 주응력의 분포

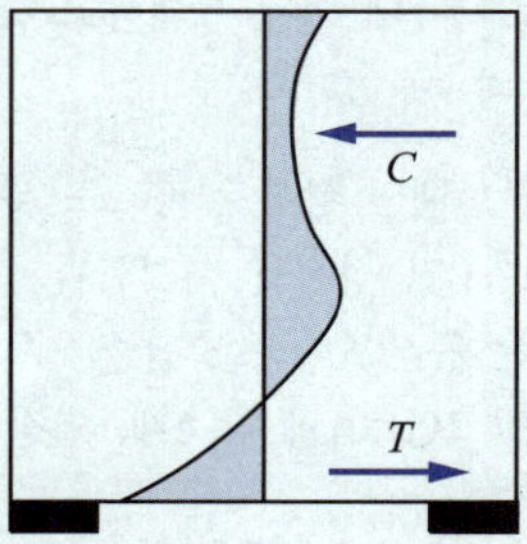

(b) 변형률의 분포

그림 10.13 깊은 보의 응력분포

② 휨인장철근과 평행한 수평전단철근의 최소 단면적(A_{vh})과 간격(s_h)

$$A_{vh} \geq 0.0015 b_w s, \quad s_h \leq \frac{d}{5} \text{ 또한 } 300 \text{ mm 이하}$$

깊은 보에 대한 설계는 10.2.3항에서 설명한 스트럿-타이 모델의 설계과정에 따른다.

예제 10.1

[예제 그림 10.1.1]의 깊은 보를 설계하라. 깊은 보에는 두 개의 상부 기둥으로부터 각각 1,827.5 kN이 작용하며, 보에 50 kN/m의 계수하중이 작용하고 있다. 스터럽은 D13(단면적 $A_s = 126.7 \text{ mm}^2$)이나 D16(단면적 $A_s = 198.6 \text{ mm}^2$)을 사용하고, 주철근은 D32(단면적 $A_s = 794.2 \text{ mm}^2$)를 사용하라. 콘크리트의 압축강도 $f_{ck} = 27$ MPa, 스터럽과 주철근의 항복강도 $f_y = 400$ MPa이다.

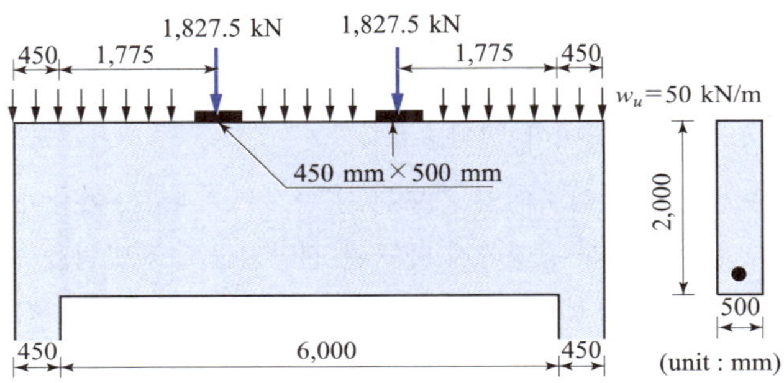

예제 그림 10.1.1 깊은 보

[풀이-1] STM-1에 의한 설계

스트럿-타이 모델 설계에서는 모델의 형상에 따라서 계산되는 철근의 양에 차이가 발생한다. 이 예제에서는 [예제 그림 10.1.2]의 두 가지 형태로 스트럿-타이 모델을 정한 뒤, [풀이-1]에서는 [예제 그림 10.1.2]의 STM-1에 의해 설계하고, [풀이-2]에서는 [예제 그림 10.1.2]의 STM-2에 의해 설계하여 계산 결과를 비교하였다.

(1) 스트럿-타이 모델의 형상 결정. 즉, 부재의 D영역을 결정하고, 영역 내의 힘의 흐름에 기초하여 압축재, 인장재 및 절점을 배치한다.
보에 작용하는 등분포하중을 집중하중으로 변환한 후에 깊은 보에 작용하는 힘의 흐름에 기초하여 [예제 그림 10.1.2]의 압축재, 인장재 및 절점을 배치한다.

$$P_u = 1{,}827.5 \text{ kN} + 50 \text{ kN/m} \times \frac{6.9 \text{ m}}{2} = 2{,}000.0 \text{ kN}$$

STM-1의 부재와 절점을 [예제 표 10.1.1]과 [예제 표 10.1.2]에 정리하였다.

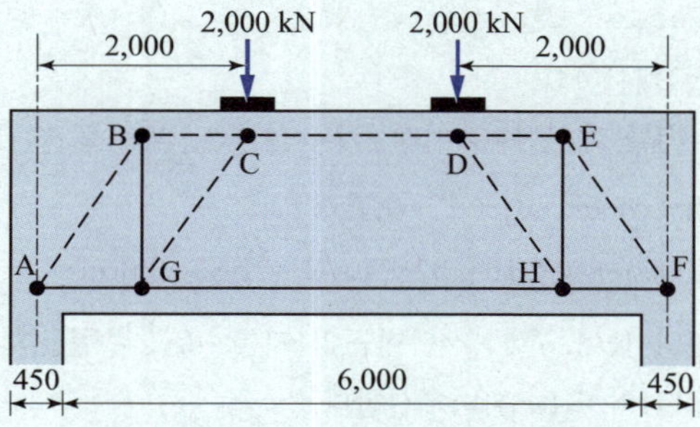

(a) STM-1

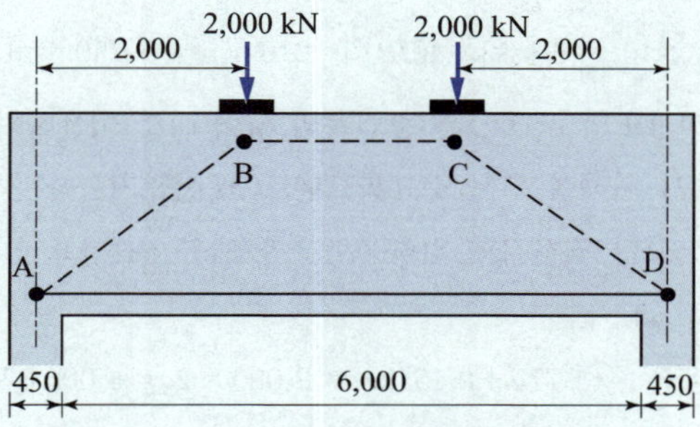

(b) STM-2

예제 그림 10.1.2 스트럿 – 타이 모델

예제 표 10.1.1 부재의 종류 (STM-1)

부 재	종 류	비 고
AB, EF	압축재	병모양 스트럿
BC, DE	압축재	프리즘형 스트럿
CD	압축재	프리즘형 스트럿
AG, FH	인장재	-
GH	인장재	-
BG, EH	인장재	-
CG, DH	압축재	병모양 스트럿

예제 표 10.1.2 절점의 종류 (STM-1)

절 점	비 고
A, F	*CCT*
B, E	*CCT*
C, D	*CCC*
G, H	*TTT*

(2) 압축재, 인장재에 작용하는 축력 계산

① 상하 부재의 폭을 계산한다.

부재의 유효깊이(d)를 계산한다. 이때 D29 철근을 2단으로 배근하여 d를 계산한다.

$$d = h - cover - d_s - d_b - \text{순간격}/2$$
$$= 2{,}000 - 40 - 16 - 32 - 40/2 = 1{,}892.0\ \text{mm}$$

여기서, h : 단면의 높이, d_s : 전단철근의 지름, d_b : 주철근의 지름이다.

타이 AG, GH와 FH의 폭(w_t)을 계산한다.

$$w_t = 2(cover + d_s + d_b + \text{순간격}/2)$$
$$= 2(40 + 16 + 32 + 40/2) = 216\ \text{mm} \rightarrow 250\ \text{mm}$$

압축재 BC, CD와 DE의 폭(w_s)은 중립축의 깊이(c)를 이용하여 계산할 수 있다. 중립축의 깊이(c)를 계산하기 위하여 우선 소요휨모멘트(M_u)를 저항하는데 필요한 인장철근의 총 단면적을 계산한다. 등가 직사각형 압축응력블록 계수 η는 [표 6.12]에서 "1"이다.

$$M_u \leqq \phi M_n$$
$$M_u = P_u \times (1.775 + 0.45/2) = 2{,}000 \times 2 = 4{,}000.0\ \text{kN} \cdot \text{m}$$
$$\phi M_n = \phi A_s f_y \left(d - \frac{a}{2}\right) = \phi A_s f_y \left(d - \frac{A_s f_y}{2 \times \eta \times (0.85 f_{ck}) b}\right)$$
$$4{,}000\ \text{kN} \cdot \text{m} \leqq 0.85 \times A_s \times 400 \left(1{,}892 - \frac{A_s \times 400}{2 \times 1 \times 0.85 \times 27 \times 500}\right)$$
$$0.01743 A_s^{\,2} - 1{,}892 A_s + 11{,}764{,}706 = 0$$

그러므로 필요한 인장철근의 총 단면적은 $A_s = 6{,}622.1\ \text{mm}^2$이다. 따라서 힘의 평형식(6.67b)을 이용하여 등가 압축응력블록의 깊이(a)를 계산하고, 중립축의 깊이(c)를 계산한다. 등가 직사각형 압축응력블록 계수 β_1은 [표 6.12]에서 "0.8"이다.

$$a = \frac{A_s f_y}{\eta (0.85 f_{ck}) b} = \frac{6{,}622.1 \times 400}{1 \times 0.85 \times 27 \times 500} = 230.8\ \text{mm}$$
$$c = \frac{a}{\beta_1} = \frac{230.8}{0.8} = 288.5\ \text{mm}$$

따라서 압축재 BC, CD와 DE의 폭(w_s)은 중립축의 깊이와 유사하게 300 mm로 정한다.

② 트러스의 부재력을 계산한다.

상·하 부재의 폭을 계산하였기 때문에 경사 스트럿 AB, EF, CG, DH와 부재축이 이루는 각도를 계산할 수 있다.

$$\theta = \arctan(1{,}725/1{,}000) = 59.9°$$

스트럿의 부재력을 계산한다.

$$F_{u,AB} = F_{u,EF} = 2{,}000.0/\sin 59.9° = 2{,}311.7\ \text{kN}$$

$$F_{u,BC} = F_{u,DE} = F_{u,AB}\cos\theta = 2{,}311.7\times\cos 59.9° = 1{,}159.3\text{ kN}$$

$$F_{u,CG} = F_{u,DH} = 2{,}000.0/\sin 59.9° = 2{,}311.7\text{ kN}$$

$$F_{u,CD} = F_{u,BC} + F_{u,CG}\cos\theta = 1{,}159.3 + 2{,}311.7\times\cos 59.9° = 2{,}318.6\text{ kN}$$

타이의 부재력을 계산한다.

$$F_{u,AG} = F_{u,FH} = 2{,}000\times\cot\theta = 2{,}000\times\cot 59.9° = 1{,}159.3\text{ kN}$$

$$F_{u,BG} = F_{u,EH} = F_{u,AB}\sin\theta = 2{,}311.7\times\sin 59.9° = 2{,}000.0\text{ kN}$$

$$F_{u,GH} = F_{u,AG} + F_{u,CG}\cos\theta = 1{,}159.3 + 2{,}311.7\times\cos 59.9° = 2{,}318.6\text{ kN}$$

스트럿과 타이의 부재력을 [예제 표 10.1.3]과 [예제 그림 10.1.3]에 정리하였다.

예제 표 10.1.3 부재력 계산 (STM-1)

부 재	β_s	부재력(kN)	요구 부재 폭(mm)	실제 부재 폭(mm)	판 정
AB, EF	0.6	2,311.7	447.7	514.7	만족
BC, DE	1.0	1,159.3	134.7	300.0	만족
CD	1.0	2,318.6	269.4	300.0	만족
AG, FH	-	1,159.3	-	250.0	-
GH	-	2,318.6	-	250.0	-
BG, EH	-	2,000.0	-	1,000.0	-
CG, DH	0.6	2,311.7	447.7	990.5	만족

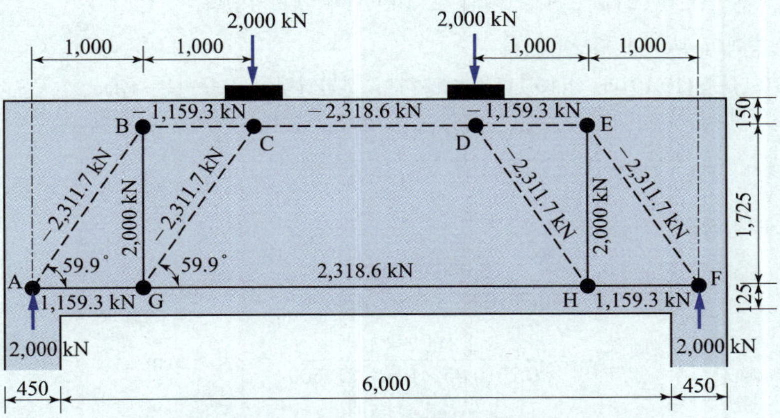

예제 그림 10.1.3 부재력의 계산 (STM-1)

(3) 콘크리트의 유효압축강도와 하중계수를 계산하고 스트럿의 형태와 강도 계산

① 스트럿의 폭 계산

$$w_{sb} = l_b \sin\theta + w_t \cos\theta$$

$$w_{sb,AB} = w_{sb,EF} = 450\sin 59.9° + 250\cos 59.9° = 514.7\ \mathrm{mm}$$

$$w_{sb,CG} = w_{sb,DH} = 1{,}000\sin 59.9° + 250\cos 59.9° = 990.5\ \mathrm{mm}$$

$$w_{sb,BC} = w_{sb,CD} = w_{sb,DE} = 300.0\ \mathrm{mm}$$

② 스트럿의 내력 검토

식(10.1)~식(10.3), 식(10.6)을 이용하여 스트럿 부재력을 저항하는데 필요한 요구 스트럿 폭($w_{s,req}$)을 계산한다. 이때 병모양 스트럿 AB, CG, EF, DH의 강도감소계수 β_s는 0.6으로 한다.

$$w_{s,req} = \frac{F_u}{\phi(0.85\beta_s f_{ck})b_w}$$

$$w_{s,req,AB} = \frac{2{,}311.7\times 10^3}{0.75(0.85\times 0.6\times 27)500} = 447.7\ \mathrm{mm}$$

$$w_{s,req,BC} = \frac{1{,}159.3\times 10^3}{0.75(0.85\times 1.0\times 27)500} = 134.7\ \mathrm{mm}$$

$$w_{s,req,CD} = \frac{2{,}318.6\times 10^3}{0.75(0.85\times 1.0\times 27)500} = 269.4\ \mathrm{mm}$$

$$w_{s,req,CG} = \frac{2{,}311.7\times 10^3}{0.75(0.85\times 0.6\times 27)500} = 447.7\ \mathrm{mm}$$

요구 스트럿 폭($w_{s,req}$)을 [예제 표 10.1.3]에 정리하였다.

(4) 절점영역의 분포와 강도 계산

식(10.1), 식(10.10)과 식(10.11)을 이용하여 절점영역이 요구하는 폭($w_{n,req}$)을 계산한다.

$$w_{n,req} = \frac{F_u}{\phi\,(0.85\cdot\beta_n\cdot f_{ck})\cdot b_w}$$

[A, F 절점]

$$w_{n,req,R} = \frac{2{,}000.0\times 10^3}{0.75(0.85\times 0.8\times 27)500} = 290.5\ \mathrm{mm}$$

$$w_{n,req,AB} = \frac{2{,}311.7\times 10^3}{0.75(0.85\times 0.8\times 27)500} = 335.8\ \mathrm{mm}$$

$$w_{n,req,AG} = \frac{1{,}159.3\times 10^3}{0.75(0.85\times 0.8\times 27)500} = 168.4\ \mathrm{mm}$$

다른 절점도 이와 같은 방법에 의해 요구되는 절점의 폭을 계산한다. 계산된 요구 폭과 실제 폭을 [예제 표 10.1.4]에서 비교하였다. 표에서 절점 G, H의 타이 GH에 대하여 요구되는 폭(w_{n-req})이 실제 폭에 비하여 크기 때문에 '불만족'이 된다. 그러나 설계에서는 이러한 '불만족'이 타이가 연결된 절점면에 발생할 경우에는 철근 위치 변경에 의해 절점면을 보완할 수 있다고 판단하여 설계를 허용한다.

예제 표 10.1.4 절점의 설계 검토 (STM-1)

절점	절점종류	β_n	부재종류	부재력(kN)	요구된 폭(mm)	실제 폭(mm)	판정	보완
A, F	CCT	0.8	R	2,000.0	290.5	450.0	만족	
			AB	2,311.7	335.8	514.7	만족	
			AG	1,159.3	168.4	250.0	만족	
B, E	CCT	0.8	AB	2,311.7	335.8	514.7	만족	
			BC	1,159.3	168.4	300.0	만족	
			BG	2,000.0	290.5	1000.0	만족	
C, D	CCC	1.0	P	2,000.0	232.4	450.0	만족	
			BC	1,159.3	134.7	300.0	만족	
			CD	2,318.6	269.4	300.0	만족	
			CG	2,311.7	268.6	990.5	만족	
G, H	CTT	0.6	AG	1,159.3	224.5	250.0	만족	
			GH	2,318.6	449.0	250.0	불만족	철근보완
			BG	2,000.0	387.3	1000.0	만족	
			CG	2,311.7	447.7	990.5	만족	

(5) 인장재의 형태, 강도, 필요 단면적 및 정착길이 계산

① 타이의 철근량 계산과 철근을 정함.

식(10.1)과 식(10.7)을 이용하여 타이에 작용하는 인장력을 저항하는데 필요한 철근량을 계산한다. 이때 콘크리트 스트럿과 절점영역에 대한 강도감소계수(ϕ)는 0.75이지만, 휨철근과 전단철근을 계산하기 위한 강도감소계수(ϕ)는 0.85임에 주의해야 한다.

[휨철근]

$$\text{타이 AG, FH} \qquad A_{st} = \frac{F_u}{\phi f_y} = \frac{1{,}159{,}300}{0.85 \times 400} = 3{,}409.7\,\text{mm}^2$$

$$\text{타이 GH} \qquad A_{st} = \frac{F_u}{\phi f_y} = \frac{2{,}318{,}600}{0.85 \times 400} = 6{,}819.4\,\text{mm}^2$$

타이 GH에 요구되는 철근량을 기준으로 부재 하부의 휨철근을 2단 배열해야 하므로 10-D32 $= 2 \times 5 \times 794.2 = 7{,}942.0\ \text{mm}^2$을 배근한다.

[전단철근]

$$\text{타이 BG, EH} \qquad A_{st} = \frac{F_u}{\phi f_y} = \frac{2{,}000{,}000}{0.85 \times 400} = 5{,}882.4\,\text{mm}^2$$

필요한 전단철근의 수(n)와 간격(s)은 다음과 같다.

$$n = \frac{A_{st}}{2\text{D}16} = \frac{5{,}882.4}{2 \times 198.6} = 14.8\text{개} \rightarrow 15\text{개}$$

$$s = \frac{2{,}000}{15} = 133.3\,\text{mm} \rightarrow 120.0\,\text{mm}$$

그러므로 타이 BG에 17-D16@120을 배근한다.

② 최소 철근량을 계산하고 모델에서 계산한 철근량과 비교 검토

깊은 보는 다음과 같이 부재축방향과 부재축과 직각되는 방향에 최소 철근을 배근해야 한다.

[휨인장철근과 직각인 수직전단철근의 최소 단면적(A_v)과 간격(s)]

$$s \leqq \frac{d}{5} \text{와 300 mm 이하 중에서 작은 값을 택해야 한다.}$$

$$s \leqq \frac{1,892}{5} = 378.4\,\text{mm} \text{ 이므로 수직전단철근의 최대 간격은 300 mm 이하}$$

또한, 최소 철근의 양은 $A_v \geqq 0.0025 b_w s$가 되어야 한다.

$$A_v \geqq 0.0025 b_w s = 0.0025 \times 500 \times 300 = 375.0\,\text{mm}^2$$

타이 BG, EH에서 계산한 D16@120은 최소 철근량보다 많고 간격이 좁으므로, D16을 120 mm 간격으로 양면에 배근한다($2 \times 198.6 = 397.2$ mm^2).

[휨인장철근과 평행한 수평전단철근의 최소 단면적(A_{vh})과 간격(s_h)]

$$s_h \leqq \frac{d}{5} \text{와 300 mm 이하 중에서 작은 값을 택해야 한다.}$$

$$s_h \leqq \frac{1,892}{5} = 378.4\,\text{mm} \text{ 이므로 수평전단철근의 최대 간격은 300 mm 이하}$$

또한, 최소 철근의 양은 $A_{vh} \geqq 0.0015 b_w s$가 되어야 한다.

$$A_{vh} \geqq 0.0015 b_w s = 0.0015 \times 500 \times 300 = 225.0\,\text{mm}^2$$

그러므로 D13을 300 mm 간격으로 양면에 배근한다($2 \times 126.7 = 253.4$ mm^2).

③ 병모양 스트럿의 β_s에 필요한 최소 철근량 계산

병모양 스트럿 AB, EF, CG, DH의 β_s값([표 10.1])으로 0.75를 사용할 수 있는지 검토하기 위하여 식(10.4)의 철근비를 검토한다.

$$\sum \frac{A_{si}}{b s_i} \sin^2 \gamma_i \geqq 0.003$$

$$\sum \frac{A_{si}}{b s_i} \sin^2 \gamma_i = \frac{2 \times 198.6}{500 \times 120} \sin^2 30.1 + \frac{2 \times 126.7}{500 \times 300} \sin^2 59.9 = 0.0029$$

계산된 값이 0.003보다 작으므로 [예제 표 10.1.3]에서 병모양 스트럿 AB, CG, EF, DH의 강도감소계수 β_s는 0.6으로 해야 한다.

④ 철근의 정착 검토

타이 AG, FH에서 90° 갈고리를 사용할 경우에 필요한 정착길이(l_{dh})를 계산한다.

$$l_{hb} = \frac{0.24 \beta d_b f_y}{\lambda \sqrt{f_{ck}}} \text{ 보정계수}$$

$$= \frac{0.24 \times 1 \times 31.8 \times 400}{1 \times \sqrt{27}} \times \frac{3,409.7}{7,942.0} = 252.2\,\text{mm}$$

여기서, λ : 경량콘크리트 계수이며 보통콘크리트를 사용할 경우에 1이다. β : 에폭시도막계수이며 도막을 하지 않을 경우에 1이다. 보정계수는 실제 배근철근량과 소요 철근량의 비이다. 정착길이는 [예제 그림 10.1.4]에서 타이 내의 철근의 도심이 확장절점영역을 지나 부재 경간으로 들어가는 점에서 시작한다. [예제 그림 10.1.4]에서 철근의 정착길이는 466.6 mm이므로 안전하다.

$$l_a = 450.0 + 72.5 - 40.0(\text{피복두께}) - 15.9(\text{전단철근 직경}) = 466.6\,\text{mm}$$

(6) 철근 배근

계산 결과에 근거하여 [예제 그림 10.1.5]의 철근을 배근한다.

- 주철근
- 전단철근

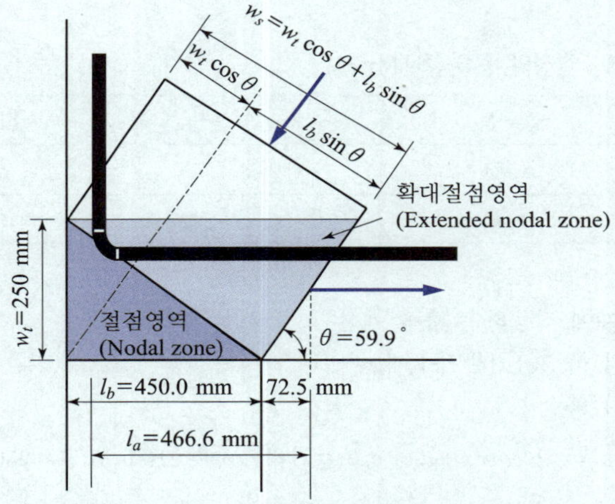

예제 그림 10.1.4 정착길이의 계산 (STM-1)

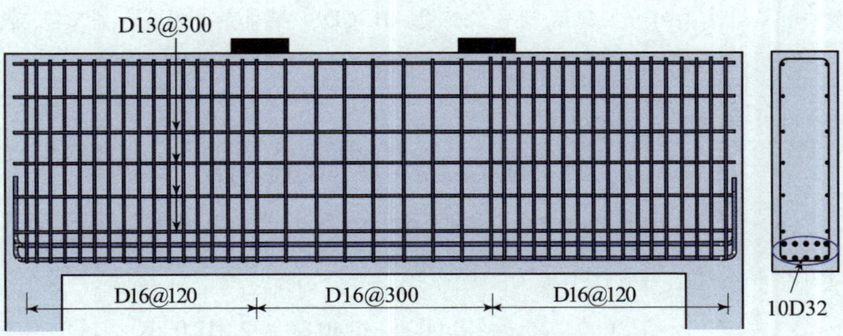

예제 그림 10.1.5 철근 배근 (STM-1)

• 부재축과 직각방향

양쪽 하부 기둥에서 지점까지 : D16@120을 양면 배근

중앙부 : D16@300을 양면 배근

• 부재축 방향 : D13@300을 양면 배근

[풀이 - 2] STM-2에 의한 설계

(1) 스트럿 - 타이 모델의 기하학적인 형태를 [예제 그림 10.1.2(b)]의 STM-2에 의해 설계하고, STM-2의 부재와 절점의 종류를 [예제 표 10.1.5]와 [예제 표 10.1.6]에 정리하였다.

예제 표 10.1.5 부재의 종류 (STM-2)

부 재	종 류	비 고
AB, CD	압축재	병모양 스트럿
BC	압축재	프리즘형 스트럿
AD	인장재	

예제 표 10.1.6 절점의 종류 (STM-2)

절 점	비 고
A, D	*CCT*
B, C	*CCC*

(2) 압축재와 인장재에 작용하는 축력 계산

① 상하 부재의 폭 계산([풀이-1]과 동일)

하부 타이의 폭

$$w_t = 2(cover + d_s + d_b + \text{순간격}/2) = 216\text{ mm} \rightarrow 250\text{ mm}$$

상부 스트럿의 폭(w_s)은 300 mm로 정한다.

② 트러스의 부재력 계산

상·하 부재의 폭이 있으므로 경사 스트럿 AB, CD와 부재축이 이루는 각도를 계산할 수 있다.

$$\theta = \arctan(1{,}725/2{,}000) = 40.8°$$

스트럿의 부재력을 계산한다.

$$F_{u,AB} = F_{u,CD} = 2{,}000.0/\sin 40.8° = 3{,}060.8\text{ kN}$$

$$F_{u,BC} = F_{u,AB}\cos\theta = 3{,}060.8 \times \cos 40.8° = 2{,}317.0\text{ kN}$$

타이의 부재력을 계산한다.

$$F_{u,AD} = 2{,}000 \times \cot\theta = 2{,}000 \times \cot 40.8° = 2{,}317.0\text{ kN}$$

스트럿과 타이의 부재력을 [예제 표 10.1.7]과 [예제 그림 10.1.6]에 정리하였다.

예제 표 10.1.7 부재력 계산 [풀이-2]

부 재	β_s	부재력(kN)	요구 부재 폭(mm)	실제 부재 폭(mm)	판 정
AB, CD	0.75	3,060.8	474.2	483.3	만족
BC	1.0	2.317.0	269.2	300.0	만족
AD	-	2.317.0	-	-	-

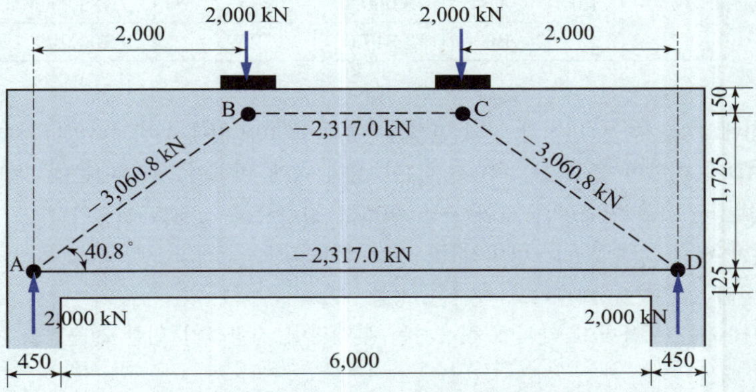

예제 그림 10.1.6 부재력의 계산 (STM-2)

(3) 콘크리트의 유효압축강도와 하중계수를 계산하고 스트럿의 형태와 강도 계산

① 스트럿의 폭 계산

$$w_{sb} = l_b \sin\theta + w_t \cos\theta$$

$$w_{sb,AB} = 450 \sin 40.8° + 250 \cos 40.8° = 483.3\ \text{mm}$$

$$w_{sb,BC} = 300\ \text{mm}$$

② 스트럿의 내력 검토

식(10.1)~식(10.3), 식(10.6)을 이용하여 스트럿 부재력을 저항하는데 필요한 요구 스트럿 폭($w_{s,req}$)을 계산한다.

$$w_{s-req} = \frac{F_u}{\phi(0.85\beta_s f_{ck})b_w}$$

요구 스트럿 폭($w_{s,req}$)을 [예제 표 10.1.8]에 정리하였다. [예제 표 10.1.8]에서 β_s 값을 0.75로 결정하기 위해서는 식(10.4)에 의한 검토가 필요하다.

(4) 절점영역의 분포와 강도 계산

식(10.1), 식(10.10)과 식(10.11)을 이용하여 절점영역이 요구하는 폭($w_{n,req}$)을 계산한다.

$$w_{n,req} = \frac{F_u}{\phi\,(0.85 \cdot \beta_n \cdot f_{ck}) \cdot b_w}$$

예제 표 10.1.8 절점의 설계 검토 (STM-2)

절점	절점종류	β_n	부재종류	부재력(kN)	요구된 폭(mm)	실제 폭(mm)	판정	보완
A, D	*CCT*	0.8	R	2,000.0	290.5	450.0	만족	
			AB	3,060.8	444.6	483.3	만족	
			AD	2,317.0	336.5	250.0	불만족	철근보완
B, C	*CCC*	1.0	하중	2,000.0	232.4	250.0	만족	
			AB	3,060.8	355.7	483.3	만족	
			BC	2,317.0	269.2	300.0	만족	

각 절점에서 요구하는 면적과 실제 면적을 [예제 표 10.1.8]에서 비교하였다. 표에서 절점 A, D의 타이 AD에 대하여 요구되는 폭($w_{n,req}$)이 실제 폭에 비하여 크기 때문에 '불만족'이지만, 철근 위치 변화에 의해 절점면을 보완할 수 있다고 판단하여 설계를 허용한다.

(5) 인장재의 형태, 강도, 필요 단면적 및 정착길이 계산

① 타이의 철근량을 계산하고 철근을 정함

식(10.7)을 이용하여 타이에 작용하는 부재력에 저항하기 위한 철근량을 계산한다.

[휨철근]

타이 AD $\quad A_{st} = \dfrac{F_u}{\phi f_y} = \dfrac{2,317,000}{0.85 \times 400} = 6,814.7\ \mathrm{mm}^2$

타이 AD에 요구되는 휨철근을 2단 배열(10-D32 = $2 \times 5 \times 794.2 = 7,942.0\ \mathrm{mm}^2$)로 배근한다.

② 최소 철근량의 계산과 비교 검토([풀이-1]과 동일)

부재축방향과 부재축과 직각되는 방향에 최소 철근을 배근해야 한다.

[휨인장철근과 직각인 수직전단철근의 최소 단면적(A_v)과 간격(s)]

D16을 300 mm 간격으로 양면에 배근해야 한다. 그러나 이 값은 병모양 스트럿의 β_s에 필요한 최소 철근량을 계산한 후에 재조정이 필요하다.

[휨인장철근과 평행한 수평전단철근의 최소 단면적(A_{vh})과 간격(s_h)]

D13을 300 mm 간격으로 양면에 배근해야 한다.

③ 병모양 스트럿의 β_s에 필요한 최소 철근량 계산

병모양 스트럿 AB, CD의 β_s값을 [표 10.1]의 0.75로 사용하기 위해서는 스트럿에 식(10.4) 이상의 철근이 배근되어야 한다.

$$\sum \frac{A_{si}}{bs_i}\sin^2\gamma_i \ge 0.003$$

$$\sum \frac{A_{si}}{bs_i}\sin^2\gamma_i = \frac{2\times 198.6}{500\times 300}\sin^2 49.2 + \frac{2\times 126.7}{500\times 300}\sin^2 40.8 = 0.0022$$

계산된 철근비는 0.0022로 요구되는 철근비 0.003보다 작다. 따라서 [예제 표 10.1.7]의 β_s값을 0.75로 사용할 수 없고 0.6을 사용해야 한다. 만일 β_s값이 0.6이 될 경우에 스트럿 AB,

CD의 요구되는 부재 폭은 474.5 mm보다 큰 592.7 mm이므로 설계가 부적합하게 된다. 따라서 이를 방지하기 위하여 수직철근의 간격을 300 mm 이하가 되게 해야 한다. 식(10.4)의 철근비가 0.003이 되기 위해서는 수직철근의 간격을 200 mm로 해야 한다.

$$\sum \frac{A_{si}}{bs_i}\sin^2\gamma_i = \frac{2\times 198.6}{500\times 200}\sin^2 49.2 + \frac{2\times 126.7}{500\times 300}\sin^2 40.8 = 0.003$$

④ 철근의 정착 검토

타이 AD에서 90° 갈고리를 사용할 경우에 필요한 정착길이(l_{dh})를 계산한다.

$$l_{hb} = \frac{0.24\beta d_b f_y}{\lambda\sqrt{f_{ck}}} \text{보정계수}$$

$$= \frac{0.24\times 1\times 31.8\times 400}{1\times\sqrt{27}}\times\frac{6{,}814.7}{7{,}942.0} = 504.1\text{ mm}$$

[예제 그림 10.1.7]에서 철근의 정착길이는

$$l_a = 450.0 + 144.8 - 40.0(\text{피복두께}) - 15.9(\text{전단철근 직경}) = 538.9\text{ mm}$$

이므로 안전하다.

(6) 철근 배근

계산 결과에 근거하여 [예제 그림 10.1.8]의 철근을 배근한다.

- 주철근 : 2단 배열 5-D32
- 전단철근 :
  - 부재축과 직각방향
    - 양쪽 하부 기둥에서 지점까지 : D16@200을 양면 배근
    - 중앙부 : D16@300을 양면 배근
  - 부재축 방향 : D13@300을 양면 배근

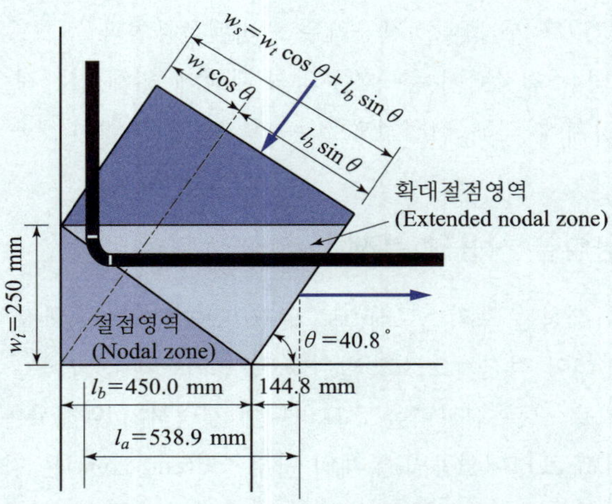

예제 그림 10.1.7 정착길이의 계산 (STM-2)

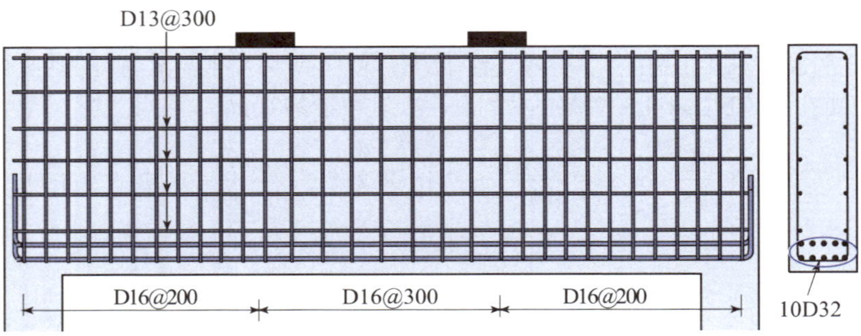

예제 그림 10.1.8 철근 배근 (STM-2)

[풀이-1]과 [풀이-2]를 비교했을 때 스트럿-타이 모델의 선정에 따라서 계산되는 철근량에 차이가 있음을 알 수 있다. 설계에서는 이 두 모델을 모두 허용하고 있으므로 최적의 스트럿-타이 모델의 선정은 설계자의 역량이라 할 수 있다.

10.4 정착구역의 설계

프리스트레스트 콘크리트 부재는 [그림 10.14]의 긴장재가 정착되는 구역이 존재한다. 이 구역은 긴장력에 의한 집중하중이 콘크리트에 전달되어 평면유지의 법칙이 적용되지 않는 응력교란영역이다. 정착구역에서는 긴장재의 힘이 콘크리트에 원활하게 전달되도록 두 재료가 충분한 힘으로 결합되어야 하며, 집중하중(긴장력)에 의해 쪼갬균열이 발생하지 않도록 설계해야 한다. 프리스트레스트 콘크리트 부재의 정착구역은 프리텐션공법과 포스트텐션공법으로 구분하여 설계한다. 프리텐션공법은 긴장력이 콘크리트와의 부착에 의해 점진적으로 전달되지만, 포스트텐션공법에서는 정착장치에 의해 직접적으로 콘크리트에 전달된다.

10.4.1 프리텐션공법을 사용한 부재

프리텐션공법으로 제작된 프리스트레스트 콘크리트 부재는 정착장치 없이 콘크리트와 긴장재의 부착에 의해 긴장력이 점진적으로 전달된다. 콘크리트에 전달되는 긴장력은 부재의 단부에서 점진적으로 변화하므로 모든 긴장력을 콘크리트에 전달하기 위해서는 단부에서 어느 정도의 거리가 필요하다. 따라서 프리텐션공법 부재의 단부영역(end zone)은 다음의 두 가지 길이로 구별한 구역의 합이다.

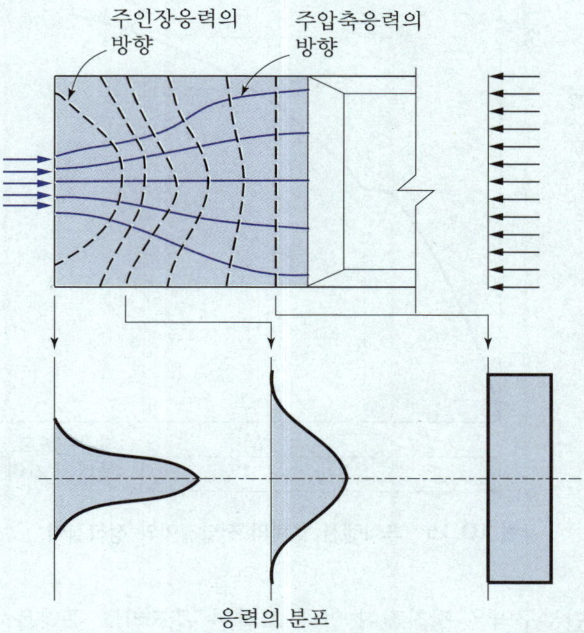

그림 10.14 정착구역의 응력분포

① **전달길이**(transfer length, 또는 도입길이) : 긴장재의 긴장력을 이완시켰을 때 모든 긴장력이 부착에 의해 콘크리트에 전달되는데 필요한 길이이다. [그림 10.15]는 프리텐션공법 부재의 단부에서의 길이(x축)와 긴장력의 응력(y축) 변화를 나타낸다. 부재의 단부($x=0$)에서는 전달되는 긴장력이 "0"이며, 어느 정도의 거리($x=l_t$)가 지난 후에 부착에 의해 응력이 증가하여 긴장재의 응력이 유효긴장응력(f_{pe})에 도달한다. 이와 같이 긴장재의 응력이 f_{pe}에 도달할 때까지의 거리를 전달길이(l_t)라 한다.

② **정착길이**(development length) : 긴장재에 작용하는 최대 응력을 미끌림이나 쪼개짐 없이 콘크리트에 전달하는데 까지 필요한 거리이다. 프리스트레스트 콘크리트 부재의 하중은 초기하중상태(긴장력, 자중)와 최종하중상태(긴장력, 자중, 추가고정하중, 사용하중)로 구분된다. 최종하중상태에서 긴장재 응력은 유효긴장응력(f_{pe})보다 큰 응력([그림 10.15]의 f_{ps})에 도달한다. 긴장재의 최종 응력(f_{ps})을 원활하게 콘크리트에 전달하기 위하여 필요한 길이를 정착길이(l_d)라 하며, 정착길이는 전달길이를 포함한다. [그림 10.15]에서 l_t'은 정착길이(l_d)와 전달길이(l_t)의 차이이다.

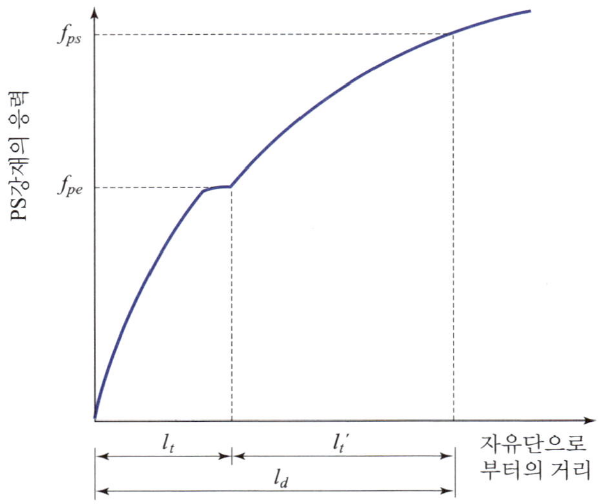

그림 10.15 프리텐션 부재의 전달길이와 정착길이

프리텐션공법에서 단부구역은 정착길이 안에 포함된 콘크리트 구역을 의미한다. 프리스트레스트 콘크리트 부재의 정착구역에 대한 설계가 불합리할 경우에는 뽑힘파괴나 쪼갬파괴가 발생할 수 있다. 이러한 파괴는 콘크리트의 인장강도, 피복두께, 긴장재의 직경, 긴장재의 표면 상태, 강재의 위치와 콘크리트의 타설 방향 등에 의해 영향을 받는다. 특히, 횡방향철근은 콘크리트를 구속(confinement)하여 콘크리트의 부착강도를 증대시키고 균열이 발생한 후에 인장력을 저항하기 때문에 프리텐션공법을 사용한 부재의 설계에서는 단부에 다음과 같이 일정값 이상의 횡방향철근을 배근해야 한다.

① **전달길이**(transfer length, 또는 도입길이) : 전달길이는 PS강재의 종류와 직경, 유효응력, 콘크리트의 강도에 의해 영향을 받으며 실험결과에 근거하여 전달길이(l_t)를 계산하면 식(10.20)과 같다.

$$l_t = 0.145\left(\frac{f_{pe}}{3}\right)d_b \tag{10.20}$$

여기서, f_{pe} : 긴장재의 유효응력(MPa), d_b : 긴장재의 직경(mm)이다.

전달길이는 식(10.20)과 같이 계산되지만 전단철근을 배근하는 길이는 이보다 짧게 할 수 있다. 도로교설계기준에서는 프리텐션 보의 경우에 보의 단부에서 $d/4$ 받침점 안에 전체 프리스트레스 힘의 4% 이상을 저항하도록 수직 전단철근을 배근하도록 한다. 이때 수직 전단철근이 도달하는 응력은 140 MPa로 하여 필요한 전단철근의 양을 계산한다.

한편 Marshall과 Mattock은 식(10.21)에 의해 계산한 철근을 단부로부터 $h/5$의 구역에 균등하게 배근하도록 하고 있다. 식(10.21)의 l_t는 식(10.20)에서 계산한 결과를 이용한다.

$$A_t = 0.021\left(\frac{P_i}{f_{sa}}\right)\frac{h}{l_t} \tag{10.21}$$

여기서, P_i : 초기긴장력, 전단철근의 평균응력으로 140 MPa 이하, h : 단면의 높이이다.

② **정착길이**(development length) : 식(10.20)에서 계산한 전달길이를 포함하여 정착길이는 식(10.22)를 사용하여 계산한다.

$$l_d = 0.145\left(f_{ps} - \frac{2}{3}f_{pe}\right)d_b \tag{10.22}$$

정착길이는 식(10.22)에서 계산되지만 도로교설계기준에서는 프리텐션 보의 경우에 보의 단부에서 최소한 d거리까지는 공칭 보강철근을 배근하여 하부플랜지에 위치한 PS강재를 감싸도록 권하고 있다.

예제 10.2

단면의 크기가 400 mm × 700 mm이며 프리텐션공법에 의해 제작된 프리스트레스트 콘크리트 보의 정착 구역에 도로교설계기준과 Marshall과 Mattock식에 근거하여 철근을 배근하라.

- **횡방향 보강철근**(전단철근) : D10(단면적 $A_s = 71.3\ \text{mm}^2$), 항복강도 $f_y = 400$ MPa
- **긴장재**(PS강재, 응력이완 긴장재) : 7연선 9.3 mm(SWPC 7AN, 단면적 $A_{ps} = 51.61\ \text{mm}^2$)를 24가닥 사용, 인장강도 $f_{pu} = 1{,}860$ MPa, 항복강도 $f_{py} = 1{,}600$ MPa, 긴장 시의 긴장응력 $f_{pj} = 0.9f_{py}$, 즉시 응력손실 = 10%, 장기응력손실 = 15%

풀이

(1) 도로교설계기준에 의한 계산

주어진 조건에 의해 초기긴장응력과 유효긴장응력을 계산한 후에 유효긴장력(P_e)를 계산한다. 긴장재의 즉시응력손실과 장기응력손실은 각각 10%와 15%이다.

$$f_{pi} = 0.9f_{pj} = 0.9 \times 0.9f_{py} = 0.9 \times 0.9 \times 1{,}600 = 1{,}296.0\ \text{MPa}$$

$$f_{pe} = 0.85f_{pi} = 0.85 \times 1{,}296.0 = 1{,}101.6\ \text{MPa}$$

$$P_e = A_{ps}f_{pe} = 24 \times 51.61 \times 1{,}101.6 = 1{,}364.5\ \text{kN} \tag{a}$$

도로교설계기준에서는 프리텐션 보의 경우에 보의 단부에서 $d/4$ 받침점 안에 전체 프리스트레스 힘의 4% 이상을 저항하도록 수직 전단철근을 배근하도록 한다. 이때 수직 전단철근이 도달하는 응력은 140 MPa로 하여 필요한 전단철근의 양을 계산한다.

$$A_t = \frac{0.04 \times P_e}{f_{ts}} = \frac{0.04 \times 1{,}364{,}500}{140} = 389.9\ \mathrm{mm}^2 \tag{b}$$

전단철근을 사용할 경우에 2가닥 철근을 $d/4$ 받침점 안에 배근해야 한다.

$$n = \frac{A_t}{2 \times 71.3} = \frac{402.1}{2 \times 71.3} = 2.82\text{개}$$

(2) Marshall과 Mattock식에 의한 계산

식(10.20)을 이용하여 전달길이를 계산한다.

$$l_t = 0.145\left(\frac{f_{pe}}{3}\right)d_b = 0.145\left(\frac{1{,}101.6}{3}\right)9.3 = 495.2\ \mathrm{mm} \tag{c}$$

Marshall과 Mattock은 식(10.21)에 의해 계산한 철근을 $h/5$에 균등하게 배근하도록 하고 있다.

$$A_t = 0.021\left(\frac{P_i}{f_{sa}}\right)\frac{h}{l_t} = 0.021\left(\frac{24 \times 51.61 \times 1{,}296.0}{140}\right)\frac{700}{495.2} = 340.4\ \mathrm{mm}^2 \tag{d}$$

전단철근을 사용할 경우에 2가닥 철근을 $d/5$ 받침점 안에 배근해야 한다.

$$n = \frac{A_t}{2 \times 71.3} = \frac{340.4}{2 \times 71.3} = 2.39\text{개}$$

10.4.2 포스트텐션공법을 사용한 부재

포스트텐션공법으로 제작된 프리스트레스트 콘크리트 부재는 정착장치에 의해 집중하중이 콘크리트에 직접 전달되므로 부착에 의해 점차적으로 긴장력이 전달되는 프리텐션공법 부재보다 정착구역에서 균열이 발생할 가능성이 높다. 포스트텐션공법에서 정착구역(development zone)이라 함은 긴장력에 의한 집중하중이 콘크리트에 전달되어 단면에 응력교란(disturbed stress)이 발생하는 영역을 말한다. KDS 14 국가거설기준-2020(콘크리트구조 학회기준, 2017)에서는 포스트텐션 프리스트레스트 콘크리트 부재의 정착구역을 정착단부에서 단면의 최대 치수와 동일한 길이만큼 떨어진 거리까지의 구역으로 하고 있다. 정착구역에는 다음의 국소구역과 일반구역이 존재한다.

① **국소구역**(local zone) : 정착장치 바로 앞에 정착장치와 이와 일체가 되는 구속철근과 이들을 둘러싸고 있는 사각형 또는 등가의 사각기둥. 즉, 원형 또는 타원형의 정착구가 사용된 경우의 콘크리트 구역([그림 10.16(a)] 참조).

② **일반구역**(general zone) : 국소구역을 포함한 정착구역이며 일반구역의 길이는 단면의 가장 큰 치수와 동일하다([그림 10.16(a)] 참조). 부재단부에서 일정한 거리만큼 떨어진 위치

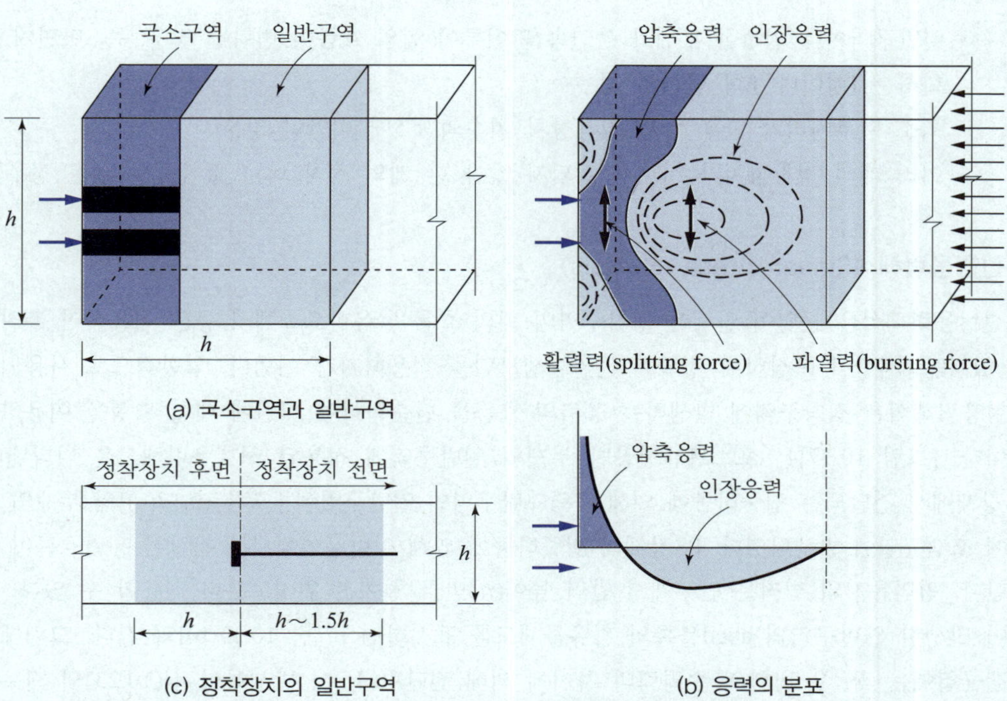

그림 10.16 포스트텐션 부재의 정착구역

에 존재하는 정착장치에 대한 일반구역은 [그림 10.16(b)]에 표시된 것과 같이 정착장치의 후면보다 전면을 길게 한다.

집중하중이 작용하는 정착구역의 응력분포는 복잡하다([그림 10.16(b)] 참조). 긴장력이 직접 전달되는 정착구역 뒷면의 국소구역에서는 부재축과 직각되는 방향(횡방향, transverse direction)으로 발생되는 인장력에 의해 콘크리트 파열(bursting of concrete)이 발생할 수 있다. 또한 긴장력이 작용하는 상·하면에도 인장응력이 발생한다.

포스트텐션공법을 사용한 부재의 정착구역에 대한 설계는 다음의 세 가지 방법에 근거한다.

① **선형응력해석**(linear stress analysis) : 선형탄성해석법을 포함한 유한요소해석에 의한 설계이다. 유한요소해석법을 사용할 경우에는 정착구역에 발생하는 균열에 대한 모델 적용을 바르게 해야 한다.

② **평형조건에 근거한 소성모델** : 스트럿-타이 모델(strut-tie model)과 같이 힘이 평형조건에 근거한 소성모델을 이용한다.

③ **간이 계산법**(simplified equation) : 실험에 근거한 간단한 식을 사용한다. 다만 간이 계산법은 부재의 단면이 직사각형인 경우에 사용하는 것을 기본으로 하며, 다음의 경우에는 사용할 수 없다.

- 일반구역이나 인접한 부위가 불연속을 이루어 힘의 흐름이 변화될 경우. 즉, 단면이 변화하는 I형이나 T형 단면의 경우
- 최소 단부거리가 단부 방향 정착장치 치수의 1.5배 미만인 경우
- 여러 개의 정착장치가 서로 근접되지 않아 한 개의 정착그룹으로 볼 수 없는 경우

선형응력해석(linear stress analysis)

선형응력해석은 균열이 발생한 정착구역의 힘의 흐름을 유한요소해석 등을 이용하여 추적할 수 있지만, 계산이 복잡하며 정확한 균열발생모델을 적용하기가 어렵다. 일반적으로 사용되는 선형응력해석은 정착구역에 발생하는 응력의 흐름을 단순화하여 회전에 대한 평형을 이용하는 것이다. [그림 10.17]은 포스트텐션공법 부재의 일반구역에 적용된 선형응력해석을 나타낸다. PS강재에서 전달되는 집중하중에 의해 응력교란구역인 일반구역에 [그림 10.17(a)]의 부재의 ab면에 쪼갬균열이 발생하였다. PS강재의 집중하중에 의해 일반구역에서는 복잡한 응력흐름이 발생한다. 평면유지의 법칙은 단부에서 단면 높이(h)만큼 떨어진 위치로부터 적용할 수 있다. 균열이 발생한 일반구역의 abcd블록의 자유물체도를 표시하면 [그림 10.17(b)]와 같다. 그림에서 쪼갬균열에는 좌·우 방향의 수평력의 차이에 의해 전단력(V)이 발생하며 식(10.23)의 좌우방향의 힘의 평형을 유지한다. 또한 쪼갬균열이 발생한 위치에서는 균열의 폭을 크게 하는 인장력(T)과 상하방향의 힘의 평형을 유지하기 위한 압축력(C)이 발생하여 식(10.24)의 상하방향의 평형을 유지한다. 균열이 발생하기 시작한 일반구역의 a점에는 좌우 방향의 힘(P_i와 B구역 bc면의 수평력)에 의해 휨모멘트가 발생하며, 이 모멘트에 상응하는 T와 C의 우력모멘트(couple moment)가 발생한다.

$$\sum F_x = 0 \qquad P_i = f_i(A_{bc}) + V \tag{10.23}$$

$$\sum F_y = 0 \qquad T = C \tag{10.24}$$

$$\sum M_z = 0 \qquad T(h-x) = P_i(y_i) - (f_i A_{bc})\bar{y} \tag{10.25}$$

여기서, P_i : PS강재의 초기긴장력, f_i : 거리 y에 발생하는 콘크리트의 응력, A_{bc} : 거리 y에 접해있는 콘크리트의 면적, V : 균열면에 작용하는 전단력, T : 인장력, V : 압축력, M_a : a점에 발생하는 휨모멘트, y_i : PS강재의 위치에서 a점까지의 거리, $\bar{y}$: f_i의 도심에서 a점까지의 거리, x : 단부에서 인장력이 작용하는 위치까지의 거리이며, 전단철근의 도심에서 단부까지의 거리를 말한다. 일반적으로 $h/3$와 $h/5$사이의 거리이다.

균열은 식(10.25)의 모멘트가 최대인 위치에서 발생하므로, 인장력(T)은 식(10.26)에서 계산한다.

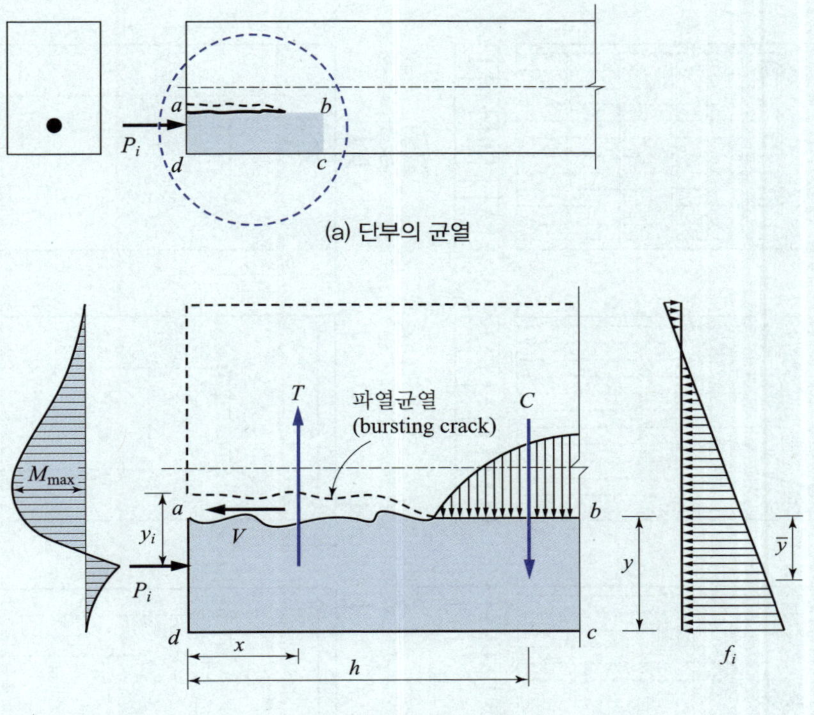

(a) 단부의 균열

(b) 균열구역의 힘의 상태

그림 10.17 포스트텐션 보의 단부 응력

$$T = \frac{M_{max}}{h - x} \tag{10.26}$$

일반구역에 배근해야 할 철근은 식(10.26)을 전단철근의 응력(f_s)으로 나누어 계산한다. 구조설계기준에서는 전단철근의 응력(f_s)을 140 MPa로 간주한다. 또한, [그림 10.17]에서 정방향모멘트와 부방향모멘트가 발생하므로, 일반구역에는 두 방향 모멘트에 저항하는데 필요한 철근의 양을 배근한다.

$$A_t = \frac{T}{f_s} \tag{10.27}$$

평형조건에 근거한 소성모델

평형조건에 근거한 소성모델 중의 하나인 스트럿-타이 모델을 이용하여 정착구역을 설계할 수 있다. 정착구역의 스트럿-타이 모델은 PS강재의 위치, 방향, 부재 단면의 형상에 따라서

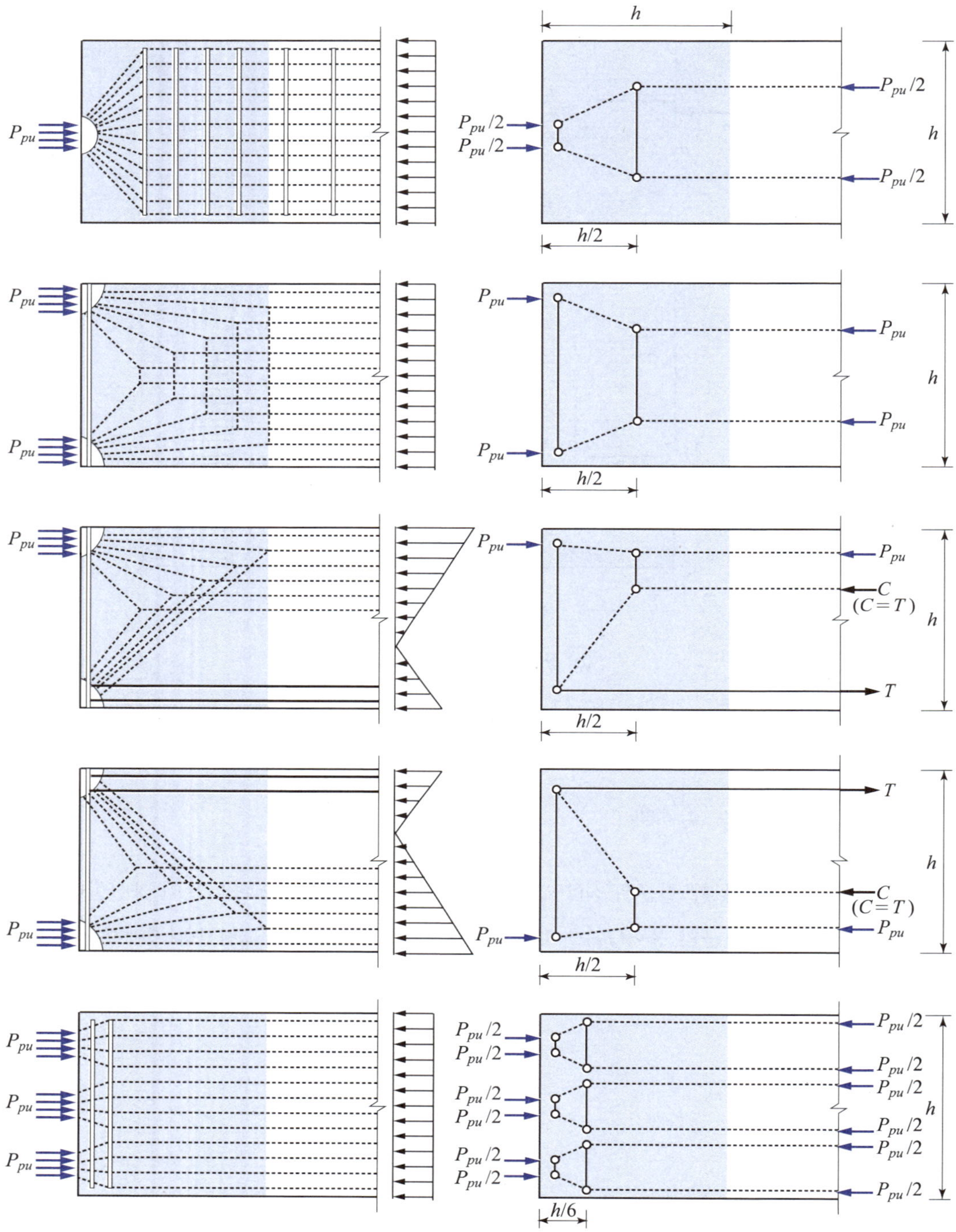

그림 10.18 포스트텐션 보의 단부 스트럿－타이 모델－1

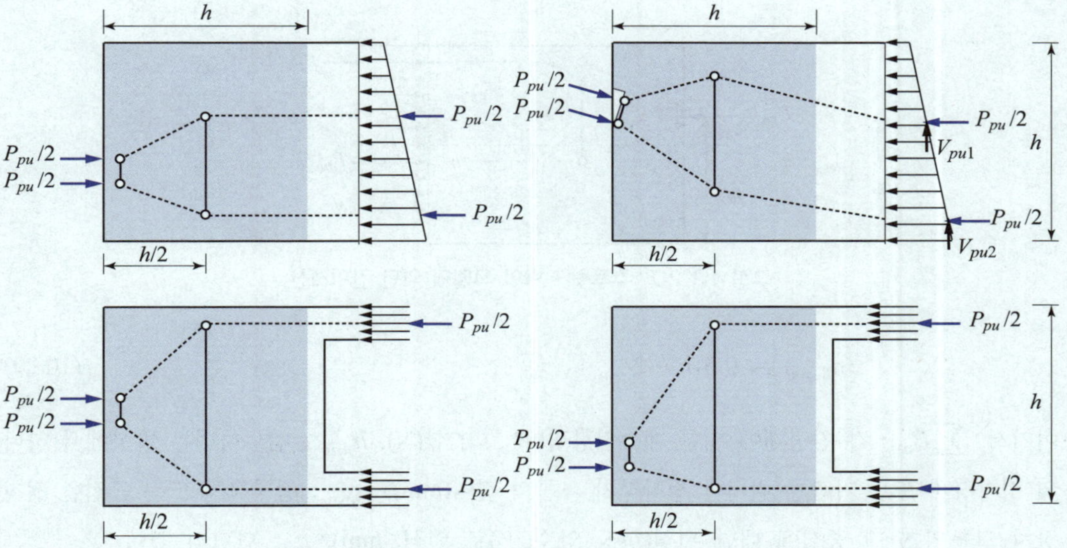

그림 10.19 포스트텐션 보의 단부 스트럿 – 타이 모델–2

[그림 10.18]과 [그림 10.19]의 다양한 모델을 만들 수 있다. 스트럿 - 타이 모델의 설계는 10.2절에서 설명한 방법으로 부재력을 계산한 다음, 스트럿, 타이, 절점영역의 내력과 필요한 철근의 양을 계산한다. 모델은 작용하는 긴장력의 위치와 부재의 기하학적 형상을 고려하여 선정한다. [그림 10.18]은 주로 대칭적으로 긴장력이 작용하는 프리스트레스트 콘크리트 부재에 대한 스트럿 - 타이 모델이며, [그림 10.19]는 주로 비대칭적으로 긴장력이 작용하거나, 경사지게 긴장력이 작용하는 부재에 대한 스트럿 - 타이 모델이다.

간이계산법

[그림 10.20]의 간단한 스트럿 - 타이 모델을 이용하여 포스트텐션공법 부재의 정착구역을 설계할 수 있다. 다만 간이 계산법은 부재의 단면이 직사각형인 경우에 사용이 가능하며, 단면이 직사각형이 아니거나 최소 단부거리가 단부 방향 정착장치 치수의 1.5배 미만인 경우, 여러 개의 정착장치가 서로 근접되지 않아 한 개의 정착그룹으로 볼 수 없는 경우에는 사용할 수 없다. KDS 14 국가건설기준-2020(콘크리트구조 학회기준, 2017)에서는 [그림 10.20]과 식(10.28), 식(10.29)를 이용하여 파열력(T_{burst})과 PS강재의 긴장력이 작용하는 위치로부터 파열력의 중심까지의 거리(d_{burst})를 계산한다.

$$T_{burst} = 0.25\sum P_{pu}\left(1-\frac{h_{anc}}{h}\right) \tag{10.28}$$

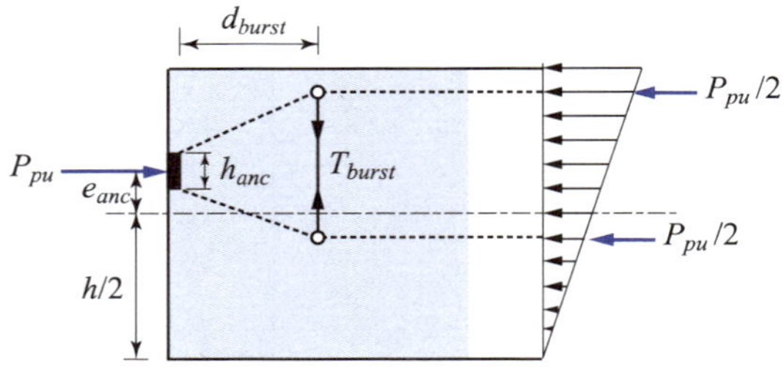

그림 10.20 스트럿 – 타이 모델에 의한 간이계산

$$d_{burst} = 0.5(h - 2e_{anc}) \tag{10.29}$$

여기서, $\sum P_u$: 각 긴장대에 대한 계수긴장력(P_{pu})의 합(N), h_{anc} : 검토하려는 방향에서 하나의 정착장치 또는 가깝게 위치한 정착장치 그룹의 깊이(mm), e_{anc} : 정착장치 또는 근접한 정착장치 그룹의 단면 중심에 대한 편심(항상 양수(+)로 인식, mm), h : 단면의 깊이.

식(10.28)에 의해 계산한 파열력(T_{burst})은 스트럿-타이 모델을 이용하여 계산한 값이다. 또한 하중계수를 곱한 계수긴장력(P_{pu})을 사용하므로 강도설계법에 근거해야 한다. 따라서 필요한 철근량(A_t)은 식(10.30)에서 강도감수계수(ϕ)와 철근의 항복강도(f_y)를 이용하여 계산해야 한다.

$$T_{burst} \leqq \phi A_t f_y$$

$$A_t = \frac{T_{burst}}{\phi f_y} \tag{10.30}$$

계수긴장력과 지압강도

국소구역과 일반구역에서 발생하는 계수긴장력(P_{pu})은 하중계수 1.2를 곱하여 계산해야 하며, 강도감소계수는 0.85를 사용해야 한다. 또한 최대 허용긴장력은 짧은 시간에 발생하므로 식(10.31)과 같이 0.8을 곱하여 계수긴장력(P_{pu})을 계산한다.

$$P_{pu} = (1.2)(0.8 f_{pu}) A_{ps} = 0.96 f_{pu} A_{ps} \tag{10.31}$$

포스트텐션공법이 적용된 프리스트레스트 콘크리트 부재에는 PS긴장재가 집중하중으로 지압판에 작용하여 콘크리트의 지압파괴를 유발할 수 있다. 도로교설계기준에서는 설계에 사용되는 콘크리트의 지압응력(f_b)이 식(10.32)나 식(10.33)의 값을 초과하지 않도록 하고 있다.

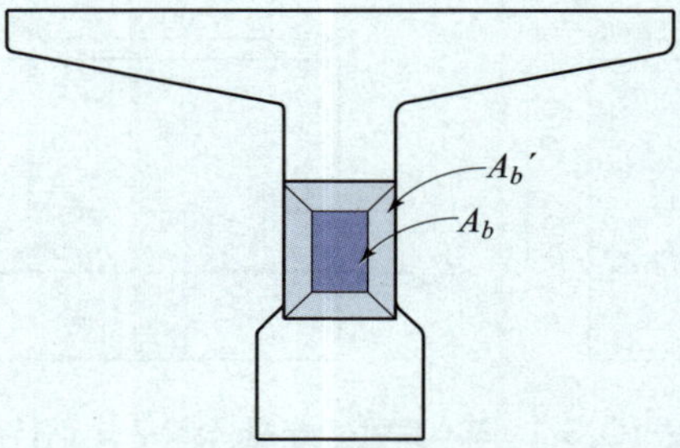

그림 10.21 지압판의 전체 면적 및 확장 지압판 면적

$$f_b \leqq 0.7\phi f_{ci}' \sqrt{\frac{A_b'}{A_b}} \tag{10.32}$$

$$\text{단, } f_b \leqq 2.25\phi f_{ci}' \tag{10.33}$$

여기서, f_b : 계수긴장력(P_{pu})을 지압판의 전체 면적(A_b)으로 나눈 지압응력, ϕ : 지압력에 의한 강도감소계수로 0.85, f_{ci}' : 긴장력 도입시의 초기 콘크리트 압축강도이며 28일 강도에 감소계수 0.75를 곱하여 계산할 수 있음, A_b' : 확장 지압판 면적, [그림 10.21]의 지압판의 전체 면적(A_b)에서 수직대비 수평비율이 1 : 2가 되도록 연장했을 때 어느 한 면이 경계에 닿았을 때 측정된 면적, A_b : 지압판의 전체 면적이다.

예제 10.3

[예제 그림 10.3.1]의 포스트텐션공법으로 제작된 직사각형 프리스트레스트 콘크리트 보의 정착 구역을 설계하라. PS강재의 편심거리는 100 mm이다.
콘크리트의 초기압축강도 $f_{ci}' = 28$ MPa이다.

- **횡방향 보강철근**(전단철근) : D10(단면적 $A_s = 71.3\ \text{mm}^2$), 항복강도 $f_y = 400$ MPa
- **긴장재**(PS강재, 응력이완 긴장재) : 7연선 9.3 mm(SWPC 7AN, 단면적 $A_{ps} = 51.61\ \text{mm}^2$)를 12가닥 사용, 인장강도 $f_{pu} = 1{,}860$ MPa, 항복강도 $f_{py} = 1{,}580$ MPa, 긴장 시의 긴장응력 $f_{pj} = 0.9 f_{py}$, 즉시 응력손실 = 10%, 장기응력손실 = 15%이다.

1) 선형응력해석법 사용
2) 간이계산법 사용
3) 스트럿 - 타이 모델 사용 (지압판의 크기 120 mm × 300 mm)

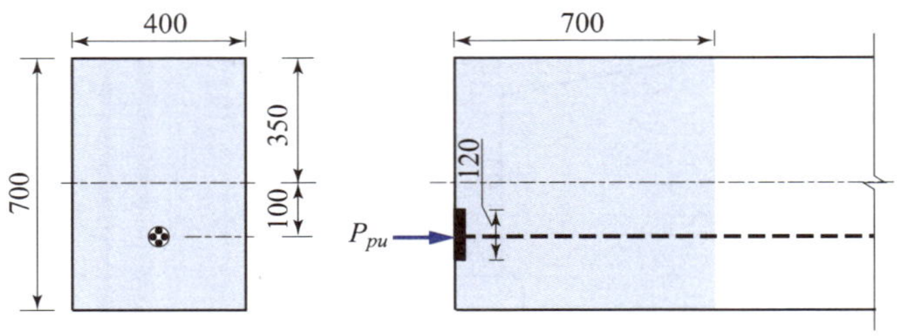

예제 그림 10.3.1 포스트텐션 부재 정착구역 (단위 : mm)

풀이

1) **선형응력해석법 사용**

① [예제 그림 10.3.1]의 초기긴장력(P_i)이 편심거리 100 mm에서 작용할 때의 응력상태를 계산한다.

$$f_{pi} = 0.9f_{pj} = 0.9 \times 0.9f_{py} = 0.9 \times 0.9 \times 1{,}600 = 1{,}296.0\ \text{MPa}$$

$$P_i = A_{ps}f_{pi} = 12 \times 51.61 \times 1{,}296 = 802.6\ \text{kN} \tag{a}$$

② 단면을 10개의 구간(각 구간 70 mm)으로 구분하여 B영역의 경계점에서의 응력의 분포와 단부에 작용하는 휨모멘트의 분포를 계산한다.

[$y = 105$ mm의 위치]

$$I_c = \frac{400 \times 700^3}{12} = 11{,}433 \times 10^6\ \text{mm}^4$$

$$f_{35} = -\frac{P_i}{A_c} \pm \frac{P_i \times e}{I_c}y = -\frac{802{,}600}{400 \times 700} - \frac{802{,}600 \times 100}{11{,}433 \times 10^6}(350-35)$$
$$= -5.08\ \text{MPa}$$

$$f_{105} = -\frac{P_i}{A_c} \pm \frac{P_i \times e}{I_c}y = -\frac{802{,}600}{400 \times 700} - \frac{802{,}600 \times 100}{11{,}433 \times 10^6}(350-105)$$
$$= -4.59\ \text{MPa}$$

$$M_{105} = f_{35} \times A_{35} \times (105-35) = 5.08 \times (400 \times 70) \times (105-35)$$
$$= 10.0\ \text{kN} \cdot \text{m}$$

[$y = 315$ mm의 위치]

$$\begin{aligned} M_{315} &= f_{35} \times A_{35} \times (315-35) + f_{105} \times A_{105} \times (315-105) \\ &\quad + f_{175} \times A_{175} \times (315-175) + f_{245} \times A_{245} \times (315-245) \\ &\quad - P_i \times (315-250) \\ &= 5.08 \times 28{,}000 \times (315-35) + 4.59 \times 28{,}000 \times (315-105) \\ &\quad + 4.09 \times 28{,}000 \times (315-175) + 3.60 \times 28{,}000 \times (315-245) \\ &\quad - 802{,}600 \times (315-250) \\ &= 37.7\ \text{kN} \cdot \text{m} \end{aligned}$$

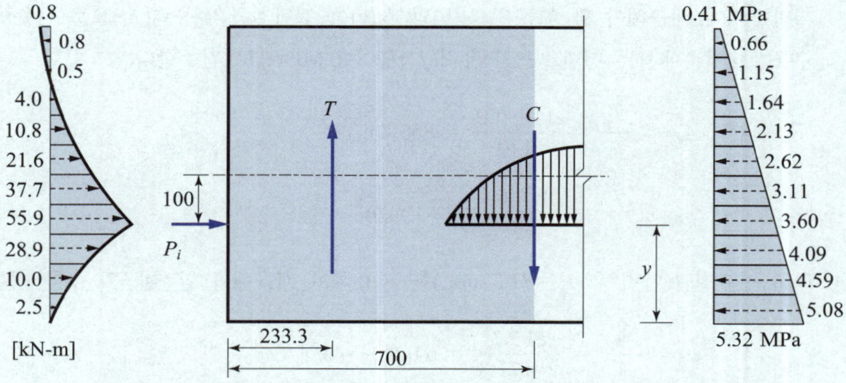

예제 그림 10.3.2 B영역 경계점의 응력분포와 단부의 휨모멘트 분포

예제 표 10.3.1 B영역 경계점의 응력분포와 단부의 휨모멘트 분포

하부면에서 위치 (mm)	B영역 응력 (MPa)	응력에 의한 휨모멘트 (kN·m)	긴장력(P_i)에 의한 휨모멘트 (kN·m)	단부모멘트 (kN·m)	비고
0	−5.32	0.0	0.0	0.0	
35	−5.08	2.5	0.0	2.5	
105	−4.59	10.0	0.0	10.0	
175	−4.09	28.9	0.0	28.9	
245	−3.60	55.9	0.0	55.9	최대(정)
315	−3.11	89.9	−52.2	37.7	
385	−2.62	130.0	−108.4	21.6	
455	−2.13	175.3	−164.5	10.8	
525	−1.64	224.7	−220.7	4.0	
595	−1.15	277.4	−276.9	0.5	
665	−0.66	332.3	−333.1	−0.8	최대(부)
700	−0.41	360.4	−361.2	−0.8	

B영역의 경계점에서의 응력분포와 단부에 작용하는 휨모멘트의 분포를 [예제 표 10.3.1]에 정리하였다.

③ 균열은 정모멘트와 부모멘트가 최대인 위치에서 발생할 수 있으므로 두 모멘트에 의해 발생하는 인장력(T)을 식(10.26)에서 계산한다. 이때 단부에서 인장력이 작용하는 위치까지의 거리(x)는 $h/3$로 가정한다.

$$T_p = \frac{M_{\max}}{h-x} = \frac{M_{\max}}{h-h/3} = \frac{55.9\times 10^6}{700-700/3} = 119.8\ \text{kN} \tag{b}$$

$$T_n = \frac{0.8\times 10^6}{700-700/3} = 1.7\ \text{kN} \tag{c}$$

일반구역에 배근해야 할 철근은 식(b)와 식(c)를 전단철근의 응력(f_s)으로 나누어 계산한다. 구조설계기준에서는 전단철근의 응력(f_s)을 140 MPa으로 간주한다.

$$A_{tp} = \frac{T_p}{f_s} = \frac{119{,}800}{140} = 855.7\ \mathrm{mm}^2 \tag{d}$$

$$A_{tn} = \frac{T_n}{f_s} = \frac{1{,}700}{140} = 12.1\ \mathrm{mm}^2 \tag{e}$$

④ D10 전단철근(단면적 $A_s = 71.3\ \mathrm{mm}^2$)을 사용하여 배근해야 할 철근의 수를 정한다.

$$n_p = \frac{A_{tp}}{A_s} = \frac{855.7}{2\times 71.3} = 6.0\text{개} \rightarrow 6\text{개}$$

$$n_n = \frac{A_{tn}}{A_s} = \frac{12.1}{2\times 71.3} = 0.1\text{개} \rightarrow 1\text{개}$$

따라서 총 7개의 D10 전단철근(단면적 $A_s = 71.3\ \mathrm{mm}^2$)을 일반구역에 배근한다.

2) 간이계산법 사용

① 식(10.28)과 식(10.29)를 이용하여 파열력(T_{burst})과 PS강재의 긴장력이 작용하는 위치로부터 파열력의 중심까지의 거리(d_{burst})를 계산한다. 이때 계수긴장력(P_{pu})은 식(10.31)을 사용하여 계산한다.

$$\begin{aligned} P_{pu} &= (1.2)(0.8f_{pu})A_{ps} = 0.96 f_{pu} A_{ps} = 0.96\times 1{,}860\times(12\times 51.61) \\ &= 1{,}105.9\ \mathrm{kN} \end{aligned}$$

$$T_{burst} = 0.25\sum P_{pu}\left(1-\frac{h_{anc}}{h}\right) = 0.25\times 1{,}105.9\times\left(1-\frac{120}{700}\right) = 229.1\ \mathrm{kN}$$

$$d_{burst} = 0.5(h-2e_{anc}) = 0.5(700-2\times 100) = 250\ \mathrm{mm}$$

② 필요한 철근량(A_t)을 식(10.30)을 이용하여 계산한다.

$$A_t = \frac{T_{burst}}{\phi f_y} = \frac{229{,}100}{0.75\times 400} = 763.7\ \mathrm{mm}^2 \tag{f}$$

③ D10 전단철근(단면적 $A_s = 71.3\ \mathrm{mm}^2$)을 사용하여 배근해야 할 철근의 수를 정한다.

$$n = \frac{A_t}{A_s} = \frac{763.7}{2\times 71.3} = 5.4\text{개} \rightarrow 6\text{개}$$

3) 스트럿 – 타이 모델 사용

(1) 스트럿 - 타이 모델의 형상 결정

식(10.31)을 사용하여 계산한 계수긴장력(P_{pu})이 지압판의 상·하면에 균등하게 $P_{pu}/2$로 작용한다고 가정한다. P_{pu}에 의해 발생하는 D구역(일반 구역)과 B구역의 경계면에 발생하는 응력의 분포를 [예제 그림 10.3.3]과 같이 계산한다. 분포된 응력 상태에서 작용하는 힘의 $P_{pu}/2$ 위치를 계산하면 그림과 같이 상부면에서 479.9 mm가 된다.

$$\frac{P_{pu}}{2} = \frac{1{,}105.9}{2} = 553.0\ \mathrm{kN}$$

$$f^t = -\frac{P_i}{A_c} + \frac{P_i \times e}{I_c} y = -\frac{1{,}105{,}900}{400 \times 700} + \frac{1{,}105{,}900 \times 100}{11{,}433 \times 10^6} 350 = -0.56\ \mathrm{MPa}$$

$$f_b = -\frac{P_i}{A_c} - \frac{P_i \times e}{I_c} y = -\frac{1{,}105{,}900}{400 \times 700} - \frac{1{,}105{,}900 \times 100}{11{,}433 \times 10^6} 350 = -7.33\ \mathrm{MPa}$$

$$\left[0.56 + \frac{1}{2}\left(\frac{7.33 - 0.56}{h} y\right)\right] y b = \frac{P_u}{2}$$

$$\left[0.56 + \frac{1}{2}\left(\frac{7.33 - 0.56}{700} 479.9\right)\right] 479.9 \times 400 = 552{,}971\ \mathrm{N} \approx \frac{P_u}{2}$$

단면상부에서 479.9 mm 떨어진 위치의 응력을 직사각형과 삼각형으로 분리하여 계산한다.

$$\frac{7.33 - 0.56}{h} y = \frac{7.33 - 0.56}{700} 479.9 = 4.64\ \mathrm{MPa}$$

479.9 mm 위치 응력, $0.56 + 4.64 = 5.2$ MPa

$P_{pu}/2$ 위치를 계산한 후에 경계면에 작용하는 $P_{pu}/2$ 위치의 도심점을 계산한다.

$$\bar{y}_t = \frac{0.56 \times \dfrac{479.9}{2} + 0.5 \times 4.64 \times \dfrac{2}{3} \times 479.9}{0.56 + 0.5 \times 4.64} = 304\ \mathrm{mm}$$

$$\bar{y}_b = \frac{5.2 \times \dfrac{700 - 479.9}{2} + 0.5(7.33 - 5.2) \times \dfrac{1}{3}(700 - 479.9)}{5.2 + 0.5(7.33 - 5.2)} = 104\ \mathrm{mm}$$

단면 높이(h)의 1/2되는 점을 기준으로 단부와 B구역 경계면에서 계산된 $P_{pu}/2$ 위치를 연결하면 [예제 그림 10.3.3]의 스트럿 - 타이 모델을 결정할 수 있다.
STM의 부재와 절점을 [예제 표 10.3.2]와 [예제 표 10.3.3]에 정리하였다.

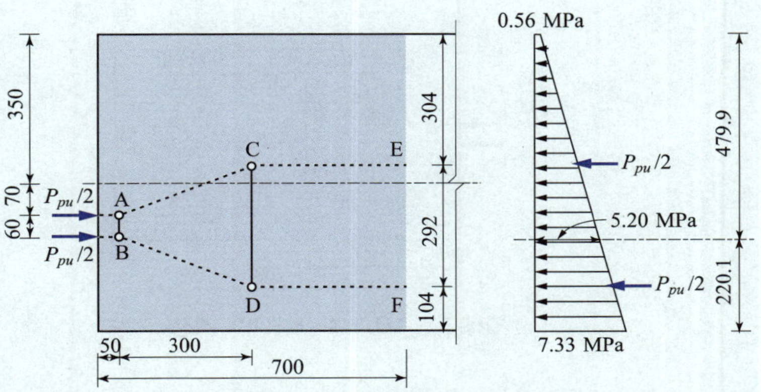

예제 그림 10.3.3 스트럿 – 타이 모델 (단위 : mm)

예제 표 10.3.2 부재의 종류

부 재	종 류	비 고
AB, CD	인장재	-
AC, BD	압축재	병모양 스트럿
CE, DF	압축재	프리즘형 스트럿

예제 표 10.3.3 절점의 종류

절 점	비 고
A, B, C, D	*CCT*

(2) 압축재, 인장재에 작용하는 축력을 계산

경사 스트럿 AC, BD와 부재축이 이루는 각도를 계산한다.

$$\text{AC부재, } 350-304+70 = 116\text{ mm}$$

$$\text{BD부재, } 350-130-104 = 116\text{ mm}$$

$$\theta = \arctan(116/300) = 21.1°$$

스트럿의 부재력을 계산한다.

$$F_{u,AC} = F_{u,BD} = (P_{pu}/2)/\cos 21.1° = 553{,}000/\cos 21.1° = 592.7\text{ kN}$$

$$F_{u,CE} = F_{u,DF} = P_{pu}/2 = 553.0\text{ kN}$$

타이의 부재력을 계산한다.

$$F_{u,AB} = F_{u,CD} = F_{u,AC} \times \sin 21.1° = 592.7 \times \sin 21.1° = 213.4\text{ kN}$$

스트럿과 타이의 부재력을 [예제 표 10.3.4]와 [예제 그림 10.3.4]에 정리하였다.

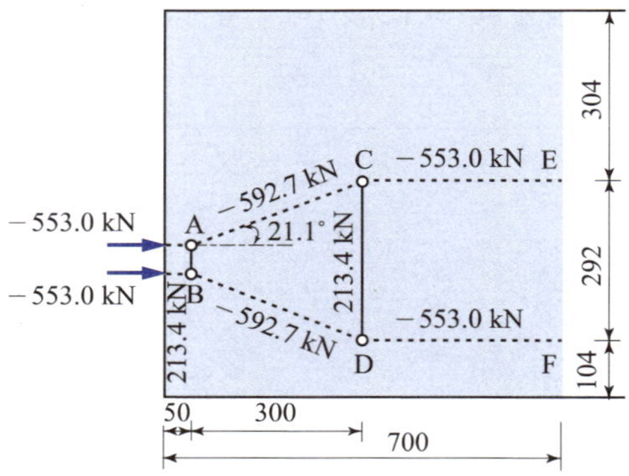

예제 그림 10.3.4 부재력의 계산

예제 표 10.3.4 부재력 계산

부 재	β_s	부재력(kN)	요구 부재 폭(mm)	실제 부재 폭(mm)	판 정
AC, BD	0.6	592.7	138.4	148.0	만족
CE, DF	1.0	553.0	77.5	292.0	만족
AB, CD	-	213.4	-	350.0	-

(3) 콘크리트의 유효압축강도와 하중계수 계산, 스트럿의 형태와 강도 계산

① 스트럿의 폭 계산

$$w_{sb} = l_b \sin\theta + w_t \cos\theta$$

$$w_{sb,AC} = w_{sb,BD} = 100\sin 21.1° + 120\cos 21.1° = 148.0\,\text{mm}$$

$$w_{sb,CE} = w_{sb,DF} = 292.0\,\text{mm}$$

② 스트럿의 내력 검토

식(10.1)~식(10.3), 식(10.6)을 이용하여 스트럿 부재력을 저항하는데 필요한 요구 스트럿 폭($w_{s,req}$)을 계산한다. 이때 병모양 스트럿 AC, BD의 강도감소계수 β_s는 0.6으로 한다.

$$w_{s,req} = \frac{F_u}{\phi(0.85\beta_s f_{ck})b_w}$$

$$w_{s,req,AB} = w_{s,req,BD} = \frac{592.7\times10^3}{0.75(0.85\times0.6\times28)400} = 138.4\,\text{mm}$$

$$w_{s,req,CE} = w_{s,req,DF} = \frac{553.0\times10^3}{0.75(0.85\times1.0\times28)400} = 77.5\,\text{mm}$$

요구 스트럿 폭($w_{s,req}$)을 [예제 표 10.3.4]에 정리하였다.

(4) 절점영역의 분포와 강도 계산

식(10.1), 식(10.10)과 식(10.11)을 이용하여 절점영역이 요구하는 폭($w_{n,req}$)을 계산한다.

$$w_{n,req} = \frac{F_u}{\phi\,(0.85\cdot\beta_n\cdot f_{ck})\cdot b_w}$$

[A, B, C, D 절점]

$$w_{n,req,R} = \frac{553.0\times10^3}{0.75(0.85\times0.8\times28)400} = 96.8\,\text{mm}$$

$$w_{n,req,AC} = \frac{592.7\times10^3}{0.75(0.85\times0.8\times28)400} = 103.8\,\text{mm}$$

$$w_{n,req,AB} = \frac{213.4\times10^3}{0.75(0.85\times0.8\times28)400} = 37.4\,\text{mm}$$

계산된 요구 폭과 실제 폭을 [예제 표 10.3.5]에서 비교하였다.

예제 표 10.3.5 절점의 설계 검토

절점	절점종류	β_n	부재종류	부재력(kN)	요구된 폭(mm)	실제 폭(mm)	판정	보완
A, B, C, D	CCT	0.8	R, CE	553.0	96.8	100.0, 292.0	만족	
			AC	592.7	103.8	148.0	만족	
			AB, CD	213.4	37.4	350.0	만족	

(5) 인장재의 형태, 강도, 필요 단면적 계산

식(10.1)과 식(10.7)을 이용하여 타이에 작용하는 인장력을 저항하기 위한 철근량을 계산한다.

[횡방향보강철근]

$$\text{타이 AB, CD} \qquad A_{st} = \frac{F_u}{\phi f_y} = \frac{213{,}400}{0.85 \times 400} = 627.6\,\text{mm}^2$$

D10 전단철근(단면적 $A_s = 71.3\text{ mm}^2$)을 사용하여 배근해야 할 철근의 수(n)와 간격(s)을 계산한다.

$$n = \frac{A_{st}}{2D10} = \frac{627.6}{2 \times 71.3} = 4.40\text{개} \rightarrow 5\text{개}$$

$$s = \frac{350}{5} = 70\,\text{mm}$$

그러므로 타이 AB와 CD에 각각 5개씩 10-D10@70을 배근한다.

포스트텐션공법이 적용된 프리스트레스트 콘크리트 부재는 지압판에 집중하중이 작용하여 콘크리트 지압파괴가 발생할 수 있으므로 콘크리트의 지압응력(f_b)이 식(10.32)나 식(10.33)의 값을 초과하지 않도록 해야 한다. 지압판의 크기는 120 mm × 300 mm이다.

$$f_b \leqq 0.7\phi f_{ci}{}' \sqrt{\frac{A_b{}'}{A_b}} = 0.7 \times 0.85 \times 28 \times \sqrt{\frac{400 \times 400}{120 \times 300}} = 35.1\text{ MPa}$$

$$\text{단, } f_b \leqq 2.25\phi f_{ci}{}' = 2.25 \times 0.85 \times 28 = 53.6\text{ MPa}$$

지압강도는 두 값 중에서 작은 값인 35.1 MPa이다. 콘크리트의 지압응력은 계수긴장력(P_{pu})을 지압판의 면적으로 나눈 값이다.

$$f_b = \frac{1{,}105.9 \times 10^3}{120 \times 300} = 30.7\text{ MPa}$$

지압 응력 30.7 MPa은 35.1 MPa보다 작으므로 안전하다.

예제 10.4

[예제 그림 10.4.1]의 포스트텐션공법으로 제작된 직사각형 프리스트레스트 콘크리트 보의 정착 구역을 설계하라. PS강재의 편심거리는 250 mm이다.

콘크리트의 초기압축강도 $f_{ci}{}' = 28$ MPa이다.

- **횡방향 보강철근**(전단철근) : D10(단면적 $A_s = 71.3\ \text{mm}^2$), 항복강도 $f_y = 400$ MPa
- **긴장재**(PS강재, 응력이완 긴장재) : 7연선 9.3 mm(SWPC 7AN, 단면적 $A_{ps} = 51.61\ \text{mm}^2$)를 12가닥 사용, 인장강도 $f_{pu} = 1{,}860$ MPa, 항복강도 $f_{py} = 1{,}600$ MPa, 긴장 시의 긴장응력 $f_{pj} = 0.9 f_{py}$, 즉시 응력손실 = 10%, 장기응력손실 = 15%이다.

1) 선형응력해석법 사용
2) 간이계산법 사용
3) 스트럿 - 타이 모델 사용 (지압판의 크기 200 mm × 300 mm)

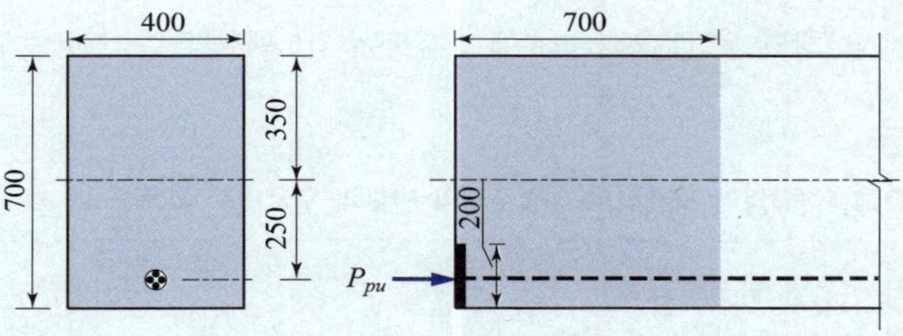

예제 그림 10.4.1 포스트텐션 부재 정착구역 (단위 : mm)

풀이

1) 선형응력해석법 사용

① [예제 그림 10.4.1]의 초기긴장력(P_i)이 편심거리 250 mm에서 작용할 때의 응력상태를 계산한다.

$$f_{pi} = 0.9 f_{pj} = 0.9 \times 0.9 f_{py} = 0.9 \times 0.9 \times 1{,}600 = 1{,}296.0\ \text{MPa}$$

$$P_i = A_{ps} f_{pi} = 12 \times 51.61 \times 1{,}296.0 = 802.6\ \text{kN} \qquad \text{(a)}$$

② 단면을 10개의 구간(각 구간 70 mm)으로 구분한 뒤에 B영역 경계점에서의 응력분포와 단부에 작용하는 휨모멘트의 분포를 계산한다.

[$y = 105$ mm의 위치]

$$I_c = \frac{400 \times 700^3}{12} = 11{,}433 \times 10^6\ \text{mm}^4$$

$$f_{35} = -\frac{P_i}{A_c} \pm \frac{P_i \times e}{I_c} y = -\frac{802{,}600}{400 \times 700} - \frac{802{,}600 \times 250}{11{,}433 \times 10^6}(350 - 35)$$

$$= -8.39\ \text{MPa}$$

$$f_{105} = -\frac{P_i}{A_c} \pm \frac{P_i \times e}{I_c} y = -\frac{802,600}{400 \times 700} - \frac{802,600 \times 250}{11,433 \times 10^6}(350-105)$$
$$= -7.17 \text{ MPa}$$
$$M_{105} = f_{35} \times A_{35} \times (105-35) = 8.39 \times (400 \times 70) \times (105-35)$$
$$= 16.44 \text{ kN} \cdot \text{m}$$

[$y = 315$ mm의 위치]

$$M_{315} = f_{35} \times A_{35} \times (315-35) + f_{105} \times A_{105} \times (315-105)$$
$$+ f_{175} \times A_{175} \times (315-175) + f_{245} \times A_{245} \times (315-245)$$
$$- P_i \times (315-100)$$
$$= 8.39 \times 28,000 \times (315-35) + 7.17 \times 28,000 \times (315-105)$$
$$+ 5.94 \times 28,000 \times (315-175) + 4.71 \times 28,000 \times (315-245)$$
$$- 802,600 \times (315-100)$$
$$= 32.1 \text{ kN} \cdot \text{m}$$

B영역 경계점에서의 응력분포와 단부에 작용하는 휨모멘트의 분포를 [예제 표 10.4.1]에 정리하였다.

예제 표 10.4.1 B영역 경계점의 응력분포와 단부의 휨모멘트 분포

하부면에서 위치 (mm)	B영역 응력 (MPa)	응력에 의한 휨모멘트 (kN·m)	긴장력(P_i)에 의한 휨모멘트 (kN·m)	단부모멘트 (kN·m)	비 고
0	−9.00	0.0	0.0	0.0	
35	−8.39	−4.3	0.0	−4.3	
105	−7.17	−16.4	4.0	−12.4	최대(부)
175	−5.94	−46.9	60.2	13.3	
245	−4.71	−89.1	116.4	27.3	
315	−3.48	−140.5	172.6	32.1	최대(정)
385	−2.25	−198.6	228.7	30.1	
455	−1.02	−261.2	284.9	23.7	
525	0.20	−325.9	341.1	15.3	
595	1.43	−390.1	397.3	7.2	
665	2.66	−451.5	453.5	2.0	
700	3.38	−479.6	481.6	2.0	

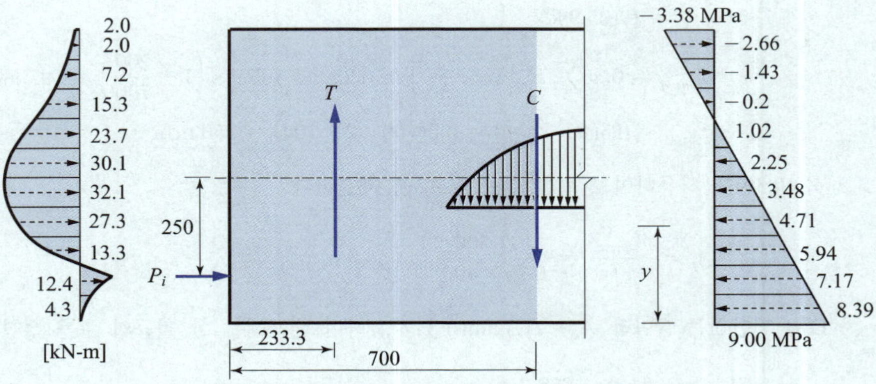

예제 그림 10.4.2 B영역 경계점의 응력분포와 단부의 휨모멘트 분포

③ 균열은 정모멘트와 부모멘트가 최대인 위치에서 발생할 수 있으므로 두 모멘트에 의해 발생하는 인장력(T)을 식(10.26)에서 계산한다. 이때 단부에서 인장력이 작용하는 위치까지의 거리(x)는 $h/3$로 가정한다.

$$T_p = \frac{M_{\max}}{h-x} = \frac{M_{\max}}{h-h/3} = \frac{32.1\times10^6}{700-700/3} = 68.8\text{ kN} \quad \text{(b)}$$

$$T_n = \frac{12.4\times10^6}{700-700/3} = 26.6\text{ kN} \quad \text{(c)}$$

일반구역에 배근해야 할 철근은 식(b)와 식(c)를 전단철근의 응력(f_s)으로 나누어 계산한다.

$$A_{tp} = \frac{T_p}{f_s} = \frac{68{,}800}{140} = 491.4\text{ mm}^2 \quad \text{(d)}$$

$$A_{tn} = \frac{T_n}{f_s} = \frac{26{,}600}{140} = 190.0\text{ mm}^2 \quad \text{(e)}$$

④ D10 전단철근(단면적 $A_s = 71.3\text{ mm}^2$)의 수를 정한다.

$$n_p = \frac{A_{tp}}{A_s} = \frac{491.4}{2\times71.3} = 3.4\text{개} \rightarrow 4\text{개}$$

$$n_n = \frac{A_{tn}}{A_s} = \frac{190.0}{2\times71.3} = 1.3\text{개} \rightarrow 2\text{개}$$

따라서 총 6개의 D10 전단철근(단면적 $A_s = 71.3\text{ mm}^2$)을 일반구역에 배근한다.

2) 간이계산법 사용

① 식(10.28)과 식(10.29)를 이용하여 파열력(T_{burst})과 PS강재의 긴장력이 작용하는 위치로부터 파열력의 중심까지의 거리(d_{burst})를 계산한다.

$$P_{pu} = (1.2)(0.8f_{pu})A_{ps} = 0.96f_{pu}A_{ps} = 0.96\times1{,}860\times(12\times51.61)$$

$$= 1{,}105.9\ \text{kN}$$

$$T_{burst} = 0.25\sum P_{pu}\left(1 - \frac{h_{anc}}{h}\right) = 0.25 \times 1{,}105.9 \times \left(1 - \frac{200}{700}\right) = 197.5\ \text{kN}$$

$$d_{burst} = 0.5(h - 2e_{anc}) = 0.5(700 - 2 \times 100) = 250\ \text{mm}$$

② 식(10.30)을 사용하여 필요한 철근량(A_t)을 계산한다.

$$A_t = \frac{T_{burst}}{\phi f_y} = \frac{197{,}500}{0.75 \times 400} = 658.3\ \text{mm}^2 \qquad \text{(f)}$$

③ D10 전단철근(단면적 $A_s = 71.3\ \text{mm}^2$)을 사용하여 배근해야 할 철근의 수를 정한다.

$$n = \frac{A_t}{A_s} = \frac{658.3}{2 \times 71.3} = 4.6\text{개} \rightarrow 5\text{개}$$

3) 스트럿 – 타이 모델 사용

(1) 스트럿 - 타이 모델의 형상 결정

식(10.31)에 의해 계산한 계수긴장력(P_{pu})이 편심거리 250 mm에 작용한다. P_{pu}에 의해 발생하는 D구역과 B구역의 경계면에 발생하는 응력분포를 [예제 그림 10.4.3]과 같이 계산한다.

$$f^t = -\frac{P_i}{A_c} + \frac{P_i \times e}{I_c} y = -\frac{1{,}105{,}900}{400 \times 700} + \frac{1{,}105{,}900 \times 250}{11{,}433 \times 10^6} 350 = 4.51\ \text{MPa}$$

$$f_b = -\frac{P_i}{A_c} - \frac{P_i \times e}{I_c} y = -\frac{1{,}105{,}900}{400 \times 700} - \frac{1{,}105{,}900 \times 250}{11{,}433 \times 10^6} 350 = -12.41\ \text{MPa}$$

중립축의 위치를 계산하면 그림과 같이 단면의 상부면에서 186.6 mm가 된다.

$$c : 4.51 = (h - c) : 12.41$$

$$c = \frac{4.51}{4.51 + 12.41} \times 700 = 186.6\ \text{mm}$$

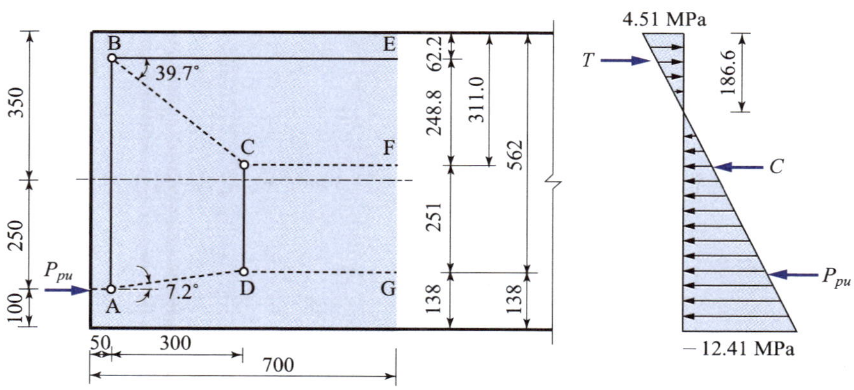

예제 그림 10.4.3 스트럿 – 타이 모델 (단위 : mm)

예제 표 10.4.2 부재의 종류

부 재	종 류	비 고
AB, CD	인장재	-
BC	압축재	병모양 스트럿
AD, CE, DG	압축재	프리즘형 스트럿

예제 표 10.4.3 절점의 종류

절 점	비 고
A, C, D	CCT
B	TTC

계산한 중립축 길이를 이용하여 인장력(T)과 압축력(C)의 중심점과 계수긴장력(P_{pu})의 중심점을 계산한다.

$$\text{인장력}(T)\text{의 중심점} = \frac{186.6}{3} = 62.2\,\text{mm}$$

$$\text{압축력}(C)\text{의 중심점} = 187 + 187 \times \frac{2}{3} = 311.0\,\text{mm}$$

계수긴장력(P_{pu})의 중심점

$$= 700 - \frac{4.51 \times \dfrac{700 - 2 \times 186.6}{2} + \dfrac{1}{2} \times (12.41 - 4.51) \times \dfrac{700 - 2 \times 186.6}{3}}{4.51 + \dfrac{1}{2} \times (12.41 - 4.51)}$$

$$= 562.0\,\text{mm}$$

B구역 경계면에서 계산된 인장력(T)과 압축력(C)의 중심점과 계수긴장력(P_{pu})의 중심점을 연결하면 [예제 그림 10.4.3]의 스트럿-타이 모델을 결정할 수 있다.

STM의 부재와 절점을 [예제 표 10.4.2]와 [예제 표 10.4.3]에 정리하였다.

(2) 압축재와 인장재에 작용하는 축력 계산

경사 스트럿 AD, BC와 부재축이 이루는 각도를 계산한다.

$$\theta_{AD} = \arctan[(600 - 562)/300] = 7.2°$$

$$\theta_{BC} = \arctan(248.8/300) = 39.7°$$

스트럿의 부재력을 계산한다.

$$F_{u,AD} = P_{pu}/\cos 7.2° = 1{,}105.9/\cos 7.2° = 1{,}114.7\text{ kN}$$

$$F_{u,BC} = F_{u,AB}/\sin 39.7° = 139.7/\sin 39.7° = 218.7\text{ kN}$$

$$F_{u,CF} = F_{u,BC} \times \cos 39.7° = 218.7 \times \cos 39.7° = 168.3\text{ kN}$$

$$F_{u,CG} = F_{u,AD} \times \cos 7.2° = 1{,}114.7 \times \cos 7.2° = 1{,}105.9\text{ kN}$$

예제 표 10.4.4 부재력 계산

부 재	β_s	부재력(kN)	요구 부재 폭(mm)	실제 부재 폭(mm)	판 정
AD	1.0	1,114.7	156.1	211.0	만족
BC	0.6	218.7	51.1	159.3	만족
CF	1.0	168.3	23.6	249.9	만족
DG	1.0	1,105.9	154.9	263.5	만족
AB, CD	-	139.7	-	-	-
BE	-	168.3	-	-	-

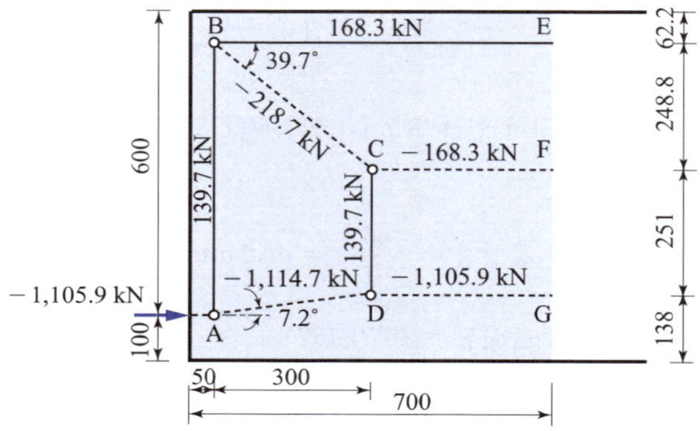

예제 그림 10.4.4 부재력의 계산

타이의 부재력을 계산한다.

$$F_{u,AB} = F_{u,CD} = F_{u,AD} \times \sin 7.2° = 1,114.7 \times \sin 7.2° = 139.7 \text{ kN}$$

$$F_{u,BE} = F_{u,BC} \times \cos 39.7° = 218.7 \times \cos 39.7° = 168.3 \text{ kN}$$

스트럿과 타이의 부재력을 [예제 표 10.4.4]와 [예제 그림 10.4.4]에 정리하였다.

(3) 콘크리트의 유효압축강도와 하중계수 계산, 스트럿의 형태와 강도 계산

① 스트럿의 폭 계산

$$w_{sb} = l_b \sin\theta + w_t \cos\theta$$

$$w_{sb,AD} = 100 \sin 7.2° + 200 \cos 7.2° = 211.0 \text{ mm}$$

$$w_{sb,BC} = 100 \sin 39.7° + 124 \cos 39.7° = 159.3 \text{ mm}$$

$$w_{sb,CF} = 248.8/2 + 251/2 = 249.9 \text{ mm}$$

$$w_{sb,DG} = 138 + 251/2 = 263.5 \text{ mm}$$

② 스트럿의 내력 검토

스트럿 부재력을 저항하기 위하여 필요한 요구 스트럿 폭($w_{s,req}$)을 계산한다.

$$w_{s,req} = \frac{F_u}{\phi(0.85\beta_s f_{ck})b_w}$$

$$w_{s,req,AD} = \frac{1,114.7 \times 10^3}{0.75(0.85 \times 1.0 \times 28)400} = 156.1\,\text{mm}$$

$$w_{s,req,BC} = \frac{218.7 \times 10^3}{0.75(0.85 \times 0.6 \times 28)400} = 51.1\,\text{mm}$$

$$w_{s,req,CF} = \frac{168.3 \times 10^3}{0.75(0.85 \times 1.0 \times 28)400} = 23.6\,\text{mm}$$

$$w_{s,req,DG} = \frac{1,105.9 \times 10^3}{0.75(0.85 \times 1.0 \times 28)400} = 154.9\,\text{mm}$$

요구 스트럿 폭($w_{s,req}$)을 [예제 표 10.4.4]에 정리하였다.

(4) 절점영역의 분포와 강도 계산

식(10.1), 식(10.10)과 식(10.11)을 이용하여 절점영역이 요구하는 폭($w_{n,req}$)을 계산한다.

$$w_{n,req} = \frac{F_u}{\phi\,(0.85 \cdot \beta_n \cdot f_{ck}) \cdot b_w}$$

[A, D 절점]

$$w_{n,req,R} = \frac{1,105.9 \times 10^3}{0.75(0.85 \times 0.8 \times 28)400} = 193.6\,\text{mm}$$

$$w_{n,req,AD} = \frac{1,114.7 \times 10^3}{0.75(0.85 \times 0.8 \times 28)400} = 195.2\,\text{mm}$$

$$w_{n,req,AB} = \frac{139.7 \times 10^3}{0.75(0.85 \times 0.8 \times 28)400} = 24.5\,\text{mm}$$

동일한 방법으로 모든 절점에 대하여 계산된 요구 폭과 실제 폭을 [예제 표 10.4.5]에서 비교하였다.

예제 표 10.4.5 절점의 설계 검토

절점	절점종류	β_n	부재종류	부재력(kN)	요구된 폭(mm)	실제 폭(mm)	판정	보완
A, D	*CCT*	0.8	R, DG	1,105.9	193.6	200.0, 263.5	만족	
			AD	1,114.7	195.2	211.0	만족	
			AB, DC	139.7	24.5	100.0, 325.0	만족	
B	*CTT*	0.6	BA	139.7	32.6	100.0	만족	
			BE	168.3	39.3	124.0	만족	
			BC	218.7	51.1	1000.0	만족	
C	*CCT*	0.8	CB	218.7	38.3	300.0	만족	
			CF	168.3	29.5	300.0	만족	
			CD	139.7	24.5	990.5	만족	

(5) 인장재의 형태, 강도, 필요 단면적 계산

타이에 작용하는 인장력을 저항하기 위해 필요한 철근량을 계산한다.

[횡방향보강철근]

$$\text{타이 AB, CD} \qquad A_{st} = \frac{F_u}{\phi f_y} = \frac{139{,}700}{0.85 \times 400} = 410.9\ \text{mm}^2$$

철근의 수(n)와 간격(s)을 계산한다. 철근은 D10 전단철근(단면적 $A_s = 71.3\ \text{mm}^2$)을 사용한다.

$$n = \frac{A_{st}}{2D10} = \frac{410.9}{2 \times 71.3} = 2.9\text{개} \rightarrow 3\text{개}$$

$$s = \frac{350}{3} = 116.7\ \text{mm}$$

그러므로 타이 AB와 CD에 각각 3개씩 6-D10@110을 배근한다. 철근의 간격은 시공성을 고려하여 116.7 mm에서 110 mm로 조절되었다.

콘크리트의 지압응력(f_b)이 식(10.32)나 식(10.33)의 값을 초과하지 않는지 검토한다.

$$f_b \leqq 0.7\,\phi\, f_{ci}' \sqrt{\frac{A_b'}{A_b}} = 0.7 \times 0.85 \times 28 \times \sqrt{\frac{400 \times 400}{200 \times 300}} = 27.2\ \text{MPa}$$

$$\text{단, } f_b \leqq 2.25\,\phi\, f_{ci}' = 2.25 \times 0.85 \times 28 = 53.6\ \text{MPa}$$

지압강도는 두 값 중에서 작은 값인 27.2 MPa이다. 콘크리트의 지압응력은 계수긴장력(P_{pu})을 지압판의 면적으로 나눈 값이다.

$$f_b = \frac{1{,}105.9 \times 10^3}{200 \times 300} = 18.4\ \text{MPa}$$

지압 응력 18.4 MPa은 27.2 MPa보다 작으므로 안전하다.

연습문제

10.1 | B영역과 D영역에 대하여 설명하라.

10.2 | 스트럿 – 타이 모델의 기본 구성 요소에 대하여 설명하라.

10.3 | 스트럿 – 타이 모델의 설계 과정에 대하여 설명하라.

10.4 | 스트럿 – 타이 모델의 기하학적인 형태 결정의 주의점에 대하여 설명하라.

10.5 | 콘크리트 스트럿의 유효압축강도에 대하여 설명하라.

10.6 | 절점의 종류와 강도감소계수에 대하여 설명하라.

10.7 | [연습 그림 10.1]의 개구부가 있는 깊은 보의 두께를 스트럿 – 타이 모델에 의하여 정하고, 안전성을 설계하라. 콘크리트의 압축강도 $f_{ck} = 24$ MPa, 철근의 항복강도 $f_y = 400$ MPa이다.

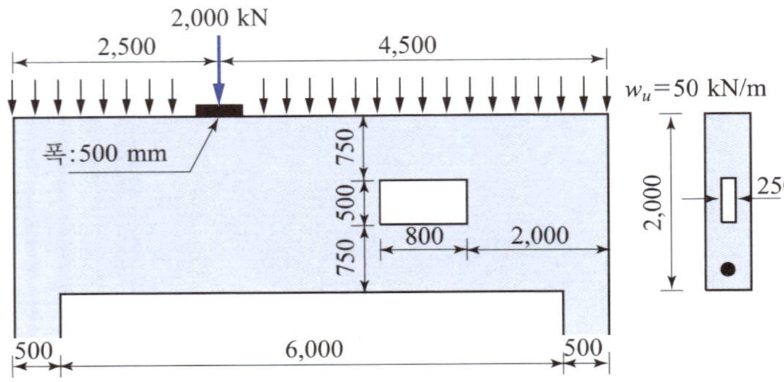

연습 그림 10.1 개구부가 있는 깊은 보 (단위 : mm)

10.8 | [연습 그림 10.2]의 포스트텐션공법으로 제작된 직사각형 프리스트레스트 콘크리트 보의 정착 구역을 설계하라.

콘크리트의 초기압축강도 $f_{ci}' = 28$ MPa

- **횡방향 보강철근**(전단철근) : D10(단면적 $A_s = 71.3$ mm^2), 항복강도 $f_y = 400$ MPa
- **긴장재**(PS강재, 응력이완 긴장재) : 7연선 9.3 mm(SWPC 7AN, 단면적 $A_{ps} = 51.61$ mm^2)를 12가닥 사용, 인장강도 $f_{pu} = 1{,}860$ MPa, 항복강도 $f_{py} = 1{,}580$ MPa, 긴장 시의 긴장 응력 $f_{pj} = 0.9 f_{py}$, 즉시응력손실 = 10%, 장기응력손실 = 15%

1) 선형응력해석법 사용
2) 간이계산법 사용
3) 스트럿 – 타이 모델 사용 (지압판의 크기 120 mm × 300 mm)

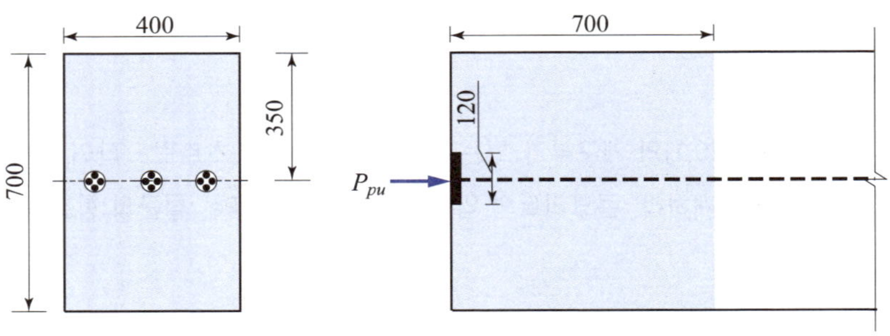

연습 그림 10.2 포스트텐션 부재 정착구역 (단위 : mm)

Chapter 11

연속보의 설계

11.1 일반 사항

구조물에 사용되는 연속보는 중간 지점에 부모멘트가 발생하기 때문에 단순보에 비하여 구조역학적으로 유리한 부재이다. 현장에서 타설되는 철근콘크리트 보의 경우에는 부재와 부재의 연속성이 확보되어 대부분은 연속보로 이루어져 있다. 그러나 프리스트레스트 콘크리트 보는 프리캐스트 공법으로 제작된 경우가 많은데 이 경우에는 별개의 부재와 부재를 현장에서 연결하여 연속보를 만들 수 있다. 프리스트레스트 콘크리트 연속보는 단순보에 비해 다음의 장점이 있다.

① **재료 절감** : 연속보는 부정정부재이므로 중간 지점에 부모멘트가 발생하여 재료를 절감할 수 있다.

② **정착장치의 감소** : 프리스트레스트 콘크리트 부재를 제작할 경우에 정착장치에 상당한 비용이 소요된다. 프리스트레스트 콘크리트 연속보는 정착장치 2개만을 사용하여 몇 개의 보를 한 번에 긴장할 수 있으므로 정착장치의 수를 줄일 수 있고, 결과적으로 공사비를 절감할 수 있다.

③ **처짐의 감소** : 연속보는 부정정부재이므로 단순보에 비하여 처짐을 감소시킬 수 있다.

④ **공사비의 절감** : 정착장치의 수와 긴장작업이 감소하여 공사비를 절감할 수 있다. 그러나 공사비는 부재의 수와 길이, 시공의 용이성 등에 영향을 받아 변동될 수 있으므로 상황에 맞는 공사비의 평가가 필요하다.

이러한 장점과 함께 프리스트레스트 콘크리트 연속보는 다음의 단점을 갖고 있다.

① **마찰에 의한 응력손실 증가** : 연속보는 부모멘트와 정모멘트의 위치에 PS강재를 배근하므로 PS강재의 굴곡이 심해지며, 이로 인하여 마찰에 의한 응력손실이 증가한다.

② **PS강재의 비효율적 사용** : 철근콘크리트 연속보의 경우에는 모멘트의 크기에 따라서 철근의 양을 조절할 수 있지만, 연속보의 경우에는 PS강재의 양을 조절하기 어렵다. 특히, 연속보의 경우에는 PS강재를 부재 중간에서 절단하기 어렵고, 최대 모멘트에 저항해야 하는 PS강재를 전체 부재에 동일하게 배치해야 하므로 강재 사용의 효율성이 떨어지며 공사비가 증가할 수 있다.

③ **지지 기둥에 횡하중과 모멘트 유발** : 긴장력에 의해 연속보에 탄성수축이 발생하며, 이로 인하여 연속보를 지지하는 기둥에 추가적인 횡하중과 모멘트가 발생될 수 있다.

④ **2차모멘트 발생** : 프리스트레스트 콘크리트 연속보에는 긴장력에 의해 2차모멘트가 발생할 수 있으며, 이로 인하여 지지기둥 근처에 전단력이 증가하고 설계가 복잡하다.

⑤ **시공과 설계의 어려움** : 연속보에 PS강재를 곡선으로 배치하는 것이 어렵고, 마찰에 의한 응력손실과 2차모멘트 등을 고려하여 설계해야 하므로 단순보 설계에 비하여 어렵다.

이와 같이 프리스트레스트 콘크리트 연속보는 장점과 단점을 갖고 있지만 연속보의 사용은 점점 증가하고 있으므로 이들 부재에 대한 설계법을 이해할 필요가 있다. 11장에서는 연속보의 구조 역학적 특성과 이를 활용한 프리스트레스트 콘크리트 연속보 설계법에 대해 설명한다.

11.2 연속보 설계를 위한 일반 사항

11.2.1 긴장재의 배치

프리스트레스트 콘크리트 연속보는 콘크리트의 타설 방법에 따라서 다음 두 가지로 구분된다.

① **일체타설 연속보** : PS긴장재를 [그림 11.1]의 보에 연속적으로 배근하고 한 번에 긴장하는 연속보이다. 주로 포스트텐션공법이 적용되는 연속보이며, 여러 개의 보가 현장타설 콘크리트에 의해 동시에 타설된다. PS강재는 [그림 11.1]의 부재 양단에서 긴장되며 부재에 따라서는 [그림 11.1(c)와 (d)]의 캡 케이블(cap cable)을 이용하거나 중간 연결장치(coupler)를 이용하여 정착하기도 한다.

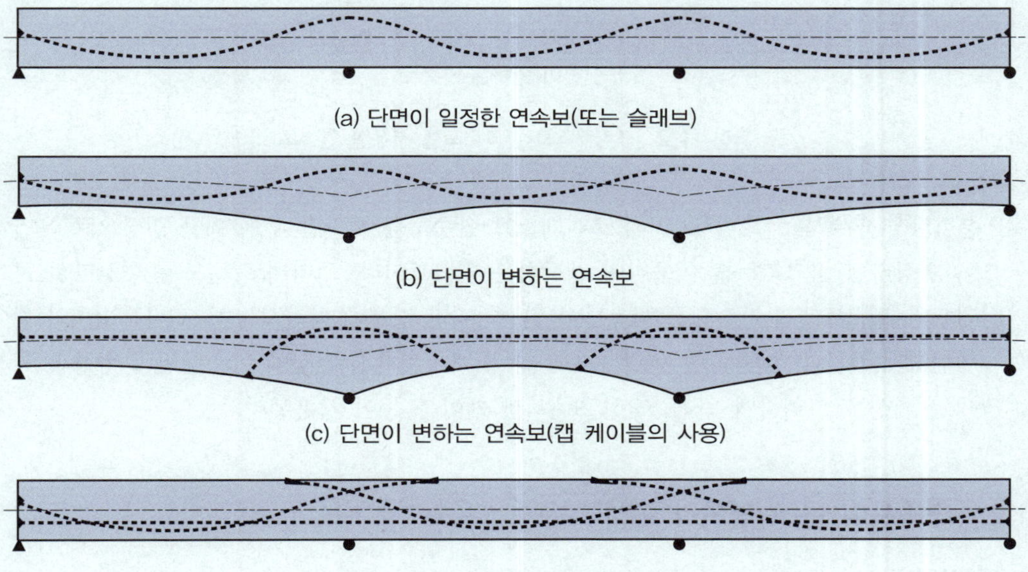

(a) 단면이 일정한 연속보(또는 슬래브)

(b) 단면이 변하는 연속보

(c) 단면이 변하는 연속보(캡 케이블의 사용)

(d) 중간 정착장치를 사용한 연속보

그림 11.1 현장타설 콘크리트를 사용한 연속보

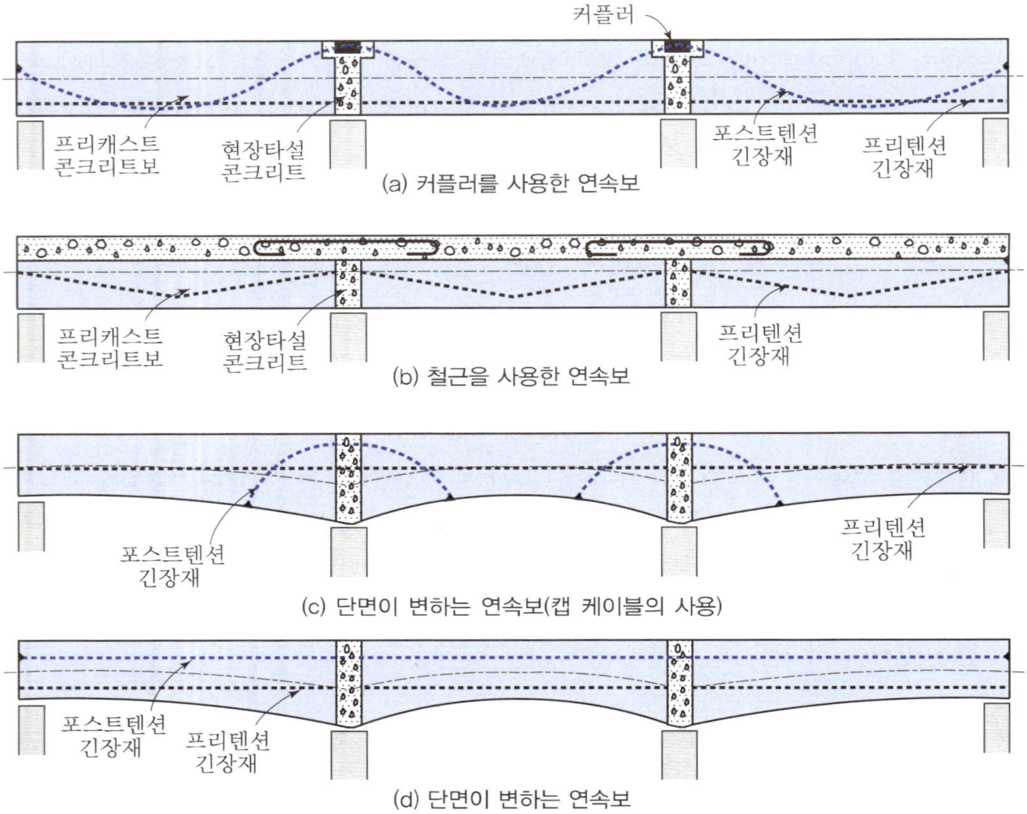

그림 11.2 프리캐스트 콘크리트를 사용한 연속보

② **분리타설 연속보** : [그림 11.2]의 프리캐스트 단순보를 제작한 후에 이를 현장으로 운반하여 현장타설 콘크리트를 이용하여 제작하는 연속보이다. 프리캐스트 보는 현장타설 콘크리트와 포스트텐션 긴장재를 이용하여 연결하지만 경우에 따라서는 [그림 11.2(b)]와 같이 비긴장재(철근)를 이용하여 연결하기도 한다. 포스트텐션 긴장재로는 단면의 형상과 시공의 용이성을 고려하여 곡선, 직선 또는 캡 케이블 등이 사용된다.

11.2.2 연속보의 구조 역학적 해석

변형일치법(displacement method)

부정정구조물(statically indeterminate structures)인 연속보를 해석하는데 효율적으로 사용할 수 있는 방법으로는 변형일치법(displacement method)과 최소일법(method of least work)이 있다. 이 중에서 변형일치법은 부정정구조물의 잉여구속(剩餘拘束, redundant restraints)을 제거하여 부정정구조물을 정정구조물로 변환하여 계산하는 방법으로 연속보와 같이 잉여구속이 많지 않은 구조물에 쉽게 적용할 수 있다.

예를 들어, 변형일치법을 [그림 11.3(a)]의 집중하중을 받는 연속보에 적용하여 지점 반력을 계산할 수 있다. 이 부재는 4개의 반력(A_x, A_y, B_y, C_y)이 있는 1차 부정정 구조물이다. 따라서 미지수가 4개이므로 3개의 힘의 평형식($\sum F_x = 0$, $\sum F_y = 0$, $\sum M = 0$)만으로는 미지수(반력)를 계산할 수 없어서 1개의 식이 더 필요하다. 변형일치법에서는 힘의 평형식 외에 추가적으로 필요한 식을 부재의 기하학적 접합조건을 이용하여 구한 후에 반력을 계산한다. 구조물이 안정되기 위해서는 외적으로 불안정한 구조물을 제외하고 3개의 반력이 필요하다. [그림 11.3]의 연속보에는 4개의 반력이 있으므로 잉여구속이 1개이며 잉여구속에 의해 잉여력(剩餘力, 여분의 힘, redundants)이 발생한다. 잉여력을 지점 C의 반력 C_y로 하고, 반력 C_y를 제거할 경우에도 지점 A와 B만으로 부재가 여전히 안정된 상태임을 알 수 있다. 또한 부재의 기하학적인 조건에서 C점에서의 처짐(Δ_C)은 "0"임을 알 수 있다.

$$\Delta_C = 0 \tag{11.1}$$

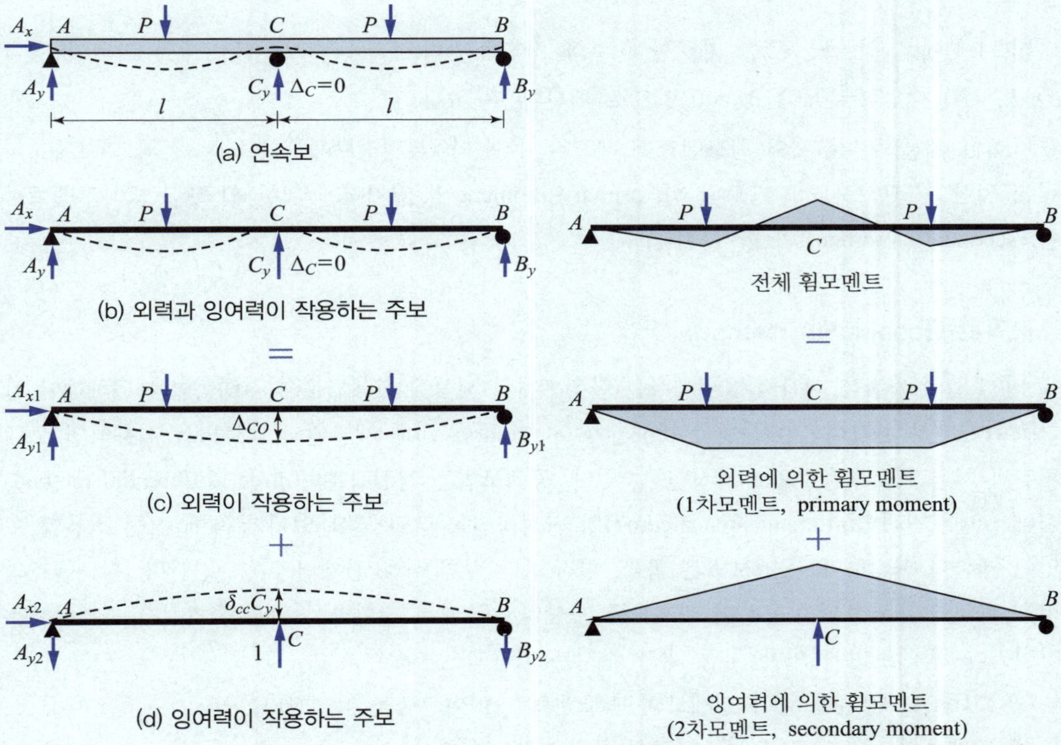

그림 11.3 연속보

식(11.1)의 적합방정식을 이용하여 잉여력 C_y를 계산할 경우, 1차 부정정보인 [그림 11.3(a)]에서 C점의 지점을 제거한다. 지점 C를 제거하면 부정정보는 [그림 11.3(b)]의 정정보가 되며, 이를 주보(主梁, primary beam)라 한다. 잉여력 C_y는 집중하중으로 작용하는 외력과 함께 미지의 하중으로 주보에 작용하게 된다. 주보에서 잉여력 C_y가 없는 경우에는 [그림 11.3(c)]의 C점에서 처짐이 아래쪽 방향으로 발생하며, 이 처짐은 [그림 11.3(d)]의 잉여력 C_y에 의해 위쪽 방향으로 발생하는 처짐에 의해 상쇄된다. 따라서 [그림 11.3(c)]와 [그림 11.3(d)]에서 발생하는 두 개의 처짐값을 합한 값은 "0"이 되므로 식(11.1)을 식(11.2)로 변환할 수 있다.

$$\Delta_C = \Delta_{CO} + \Delta_{CC} \tag{11.2}$$

여기서, Δ_{CO} : 실제 하중에 의해 발생하는 처짐, Δ_{CC} : 잉여력에 의해 발생하는 처짐.

식(11.2)의 잉여력 C_y를 직접 알 수 없으므로 단위하중 "1"에 의한 처짐(δ_{cc})을 먼저 구하고, 미지의 잉여력 C_y에 의한 처짐은 단위하중 "1"의 처짐(δ_{cc})에 C_y를 곱한 중첩의 원리를 이용하여 계산한다. 따라서 식(11.2)의 Δ_{CC}를 식(11.3)으로 변경할 수 있다.

$$\Delta_C = \Delta_{CO} + \delta_{cc} C_y \tag{11.3}$$

식(11.3)에서 잉여력 C_y를 계산한 이후에 3개의 반력(A_x, A_y, B_y)은 3개의 힘의 평형식 ($\sum F_x = 0$, $\sum F_y = 0$, $\sum M = 0$)만으로 계산할 수 있다.

반력이 계산되면 부재의 휨모멘트를 계산할 수 있다. 부정정보에 작용하는 전체모멘트는 외력에 의한 휨모멘트(1차모멘트라 함, primary moment)와 잉여력에 의한 휨모멘트(2차모멘트라 함, secondary moment)의 합이 된다.

공액보법(conjugate method)

식(11.3)의 처짐을 계산하기 위해서는 탄성부재의 해석에 사용되는 처짐해석법을 이해해야 한다. 여러 가지 처짐해석법 중에서 1868년 Otto Mohr에 의해 개발된 공액보법을 이용하면 보의 처짐과 처짐각을 효율적으로 계산할 수 있다. 공액보법은 직접적분법(direct differential method)이나 모멘트면적법(moment area method)의 탄성곡선을 그릴 필요 없이 부재에 직접 적용할 수 있어 계산이 편리하다. 공액보법은 곡률, 처짐각, 처짐의 상호 관계와 하중, 전단력, 휨모멘트의 상호 관계의 유사성을 이용하여 실제보를 가상의 공액보로 전환하여 처짐과 처짐각을 계산하는 방법이다. 공액보법에 의한 처짐 계산 순서는 다음과 같다.

① [그림 11.4(b)]와 같이 실제보의 휨모멘트 다이어그램을 작성한다.

② 실제보의 휨모멘트(M)를 휨강성(EI)으로 나눈다.

③ 실제보를 공액보로 변환한다. 이때 공액보에는 M/EI의 하중이 작용한다. 실제보를 공액보로 전환할 때는 곡률, 처짐각(θ), 처짐($\triangle$)의 상호 관계와 하중, 전단력(S), 휨모멘트(M)의 상호 관계를 고려하여 [표 11.1]의 규칙에 따른다.

④ 공액보의 부재력을 계산한다. 공액보에서 계산한 전단력은 실제보의 처짐각에 해당하며, 공액보의 휨모멘트는 실제보의 처짐에 해당한다. 따라서 [그림 11.4(c)]의 공액보 B점의 전단력(B_y)과 모멘트(M_B)는 실제보 B점의 처짐각(θ_B)과 처짐($\triangle_B$)에 해당된다.

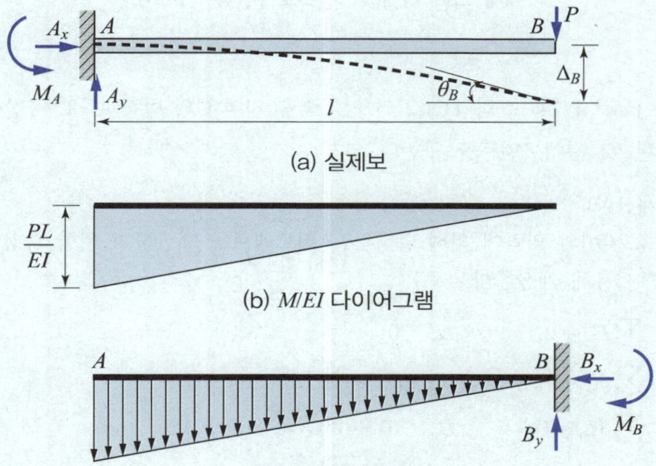

(a) 실제보

(b) M/EI 다이어그램

(c) 공액보

그림 11.4 공액보법에 의한 처짐 계산

표 11.1 실제보와 공액보

실제보		공액보	
지점의 종류	처짐각과 처짐	전단과 휨모멘트	지점의 종류
단순지지	$\theta \neq 0$ $\triangle = 0$	$V \neq 0$ $M = 0$	단순지지
고정단	$\theta = 0$ $\triangle = 0$	$V = 0$ $M = 0$	자유단
자유단	$\theta \neq 0$ $\triangle \neq 0$	$V \neq 0$ $M \neq 0$	고정단
단순내부지점	$\theta \neq 0$ $\triangle = 0$ 연속	$V \neq 0$ $M = 0$ 연속	내부힌지
내부힌지	$\theta \neq 0$ $\triangle \neq 0$ 불연속	$V \neq 0$ $M \neq 0$ 불연속	단순내부지점

예제 11.1

[예제 그림 11.1.1]의 연속보의 휨모멘트 다이어그램을 작성하라.

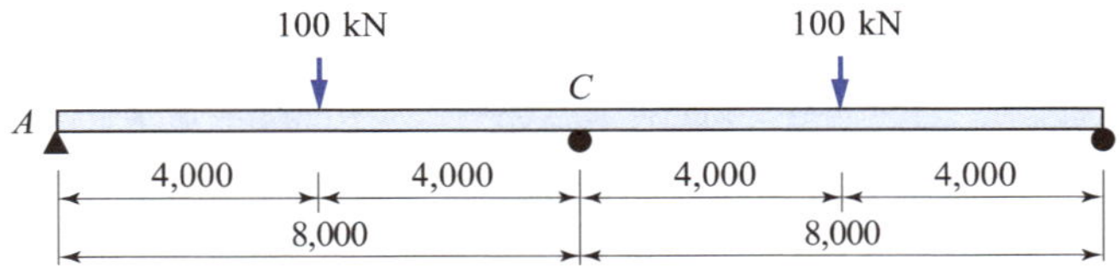

예제 그림 11.1.1 연속보 (단위 : mm)

풀이

1차 부정정구조물이므로 [예제 그림 11.1.2]의 잉여력을 지점 C의 반력 C_y로 가정하여 1차모멘트와 2차모멘트를 계산한 뒤 전체모멘트를 구한다.

(1) 1차모멘트를 계산한다.

[예제 그림 11.2.2(b)]의 외력에 의해 발생하는 휨모멘트를 계산하기 위한 과정으로 지점 반력을 힘의 평형식을 이용해 계산한다.

$$\sum F_x = 0, \qquad A_x = 0$$

$$\sum F_y = 0, \qquad A_y + B_y - 100\text{ kN} - 100\text{ kN} = 0$$

$$\sum M_A = 0, \qquad B_y \times 16 - 100 \times 4 - 100 \times 12 = 0$$

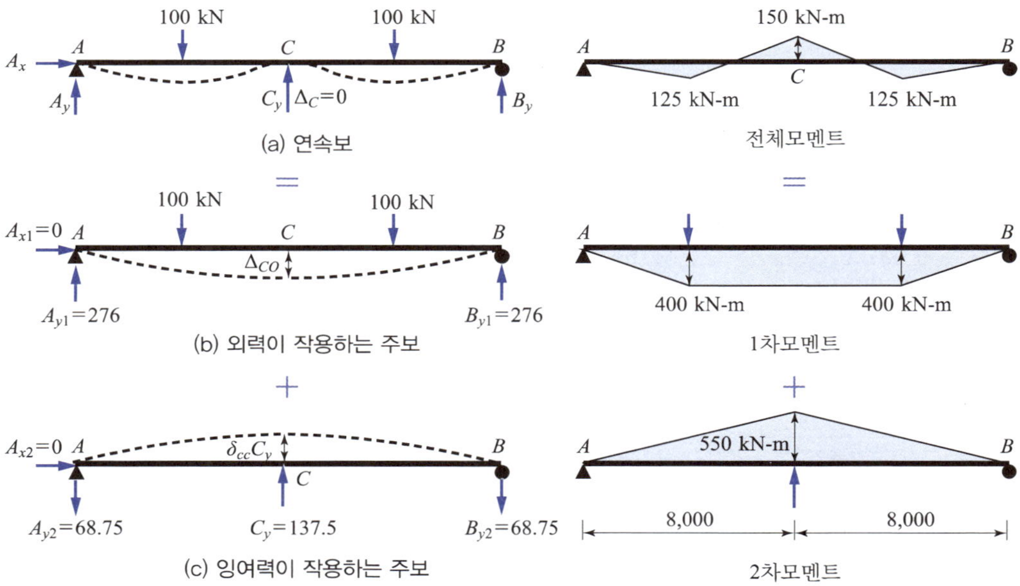

예제 그림 11.1.2 연속보의 휨모멘트 분포

A점과 B점의 지점 반력과 2차모멘트를 계산한다([예제 그림 11.1.2(b)]).

$A_y = B_y = 100$ kN

하중 가력점 $M = 100 \times 4 = 400$ kN · m (정모멘트)

(2) 2차모멘트를 계산한다.

지점 C의 반력 C_y가 작용할 때의 2차모멘트를 계산한다. 2차모멘트를 계산하기 위해서는 먼저 식(11.3)을 이용하여 반력 C_y를 계산해야 한다.

$$\Delta_C = \Delta_{CO} + \delta_{cc} C_y \quad \text{(a)}$$

실제 하중에 의해 발생하는 처짐(Δ_{CO})을 구하기 위해서는 [예제 그림 11.1.3(a)]의 실제 하중에 의한 M/EI가 하중으로 작용하는 공액보를 이용해야 한다. 주어진 조건에서 실제보가 단순보이므로 공액보도 단순보이다. [예제 그림 11.1.3(a)]에서 A점의 지점 반력은 힘의 평형식을 이용하여 계산할 수 있다. 또한 이를 이용하여 Δ_{CO}를 계산한다.

$$A_y = \frac{1}{2}\left(\frac{400}{EI} \times 4\right) + \frac{400}{EI} \times 4 = \frac{2{,}400 \text{ kN} \cdot \text{m}}{EI}$$

$$\Delta_{CO} = M_C = \frac{2{,}400}{EI} \times 8 - \frac{1}{2}\left(\frac{400}{EI} \times 4\right) \times \left(\frac{4}{3} + 4\right) - \frac{400}{EI} \times 4 \times \frac{4}{2}$$

$$= \frac{11{,}733.3 \text{ kN} \cdot \text{m}}{EI} \quad \text{(b)}$$

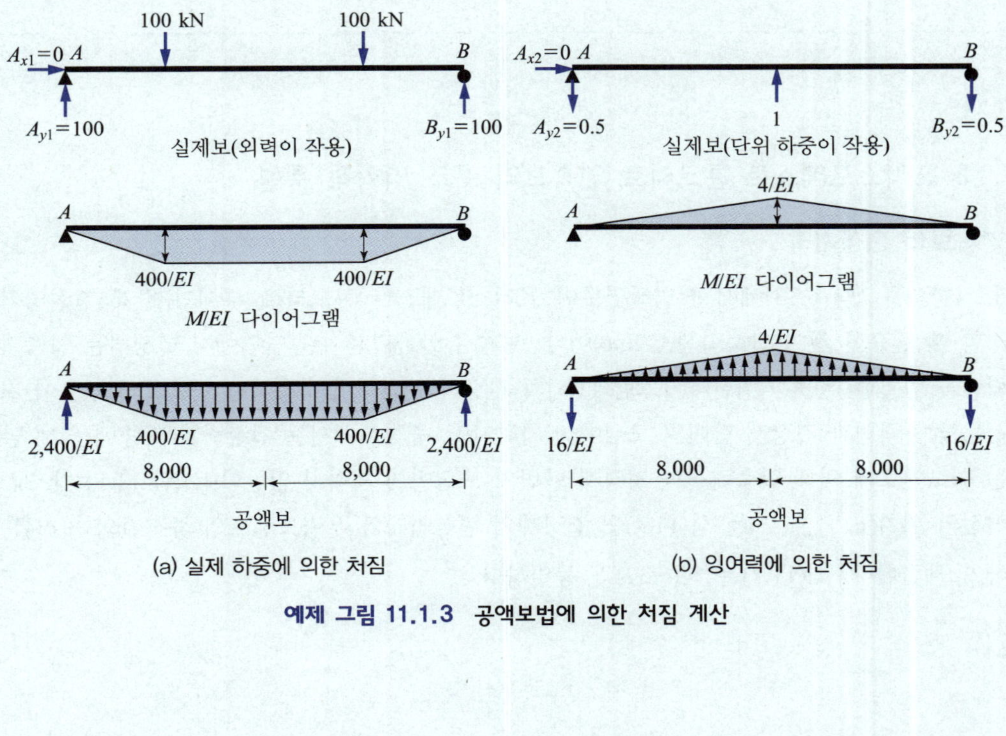

예제 그림 11.1.3 공액보법에 의한 처짐 계산

단위하중에 의해 발생하는 처짐(δ_{cc})을 구하기 위해서는 [예제 그림 11.1.3(b)]와 같이 단위하중 "1"에 대한 공액보를 계산해야 한다. 주어진 조건에서 실제보가 단순보이므로 공액보도 단순보이다. [예제 그림 11.1.3(b)]에서 A점의 지점 반력은 힘의 평형식을 이용하여 계산할 수 있다. 또한 이를 이용하여 δ_{cc}를 계산한다.

$$A_y = \frac{1}{2}\left(\frac{4}{EI}\times 8\right) = \frac{16}{EI}$$

$$\delta_{cc} = -\frac{16}{EI}\times 8 + \frac{1}{2}\left(\frac{4}{EI}\times 8\right)\times\left(\frac{8}{3}\right) = -\frac{85.33}{EI} \qquad \text{(c)}$$

식(b)와 식(c)에서 계산한 결과를 식(a)에 대입하여 반력 C_y를 계산한다.

$$C_y = \frac{\Delta_{CO}}{\delta_{cc}} = \frac{11,733.3}{85.33} = 137.5\ \text{kN} \qquad \text{(d)}$$

계산한 반력을 이용하여 2차모멘트를 계산하면 [예제 그림 11.1.2(c)]와 같다.

C점 $M = 68.75 \times 8 = 550\ \text{kN}\cdot\text{m}$ (부모멘트)

(3) 전체모멘트를 계산한다.

전체모멘트는 [예제 그림 11.1.2(a)]와 같이 1차모멘트와 2차모멘트를 더하여 계산할 수 있다.

하중 가력점 $M = 400 - \frac{550}{2} = 125\ \text{kN}\cdot\text{m}$ (정모멘트)

C점 $M = 400 - 550 = -150\ \text{kN}\cdot\text{m}$ (부모멘트)

11.2.3 프리스트레스트 콘크리트 연속보의 구조 역학적 특성

연속보의 편심거리

6.3.4항의 [그림 6.13]에서 설명하였듯이 프리스트레스트 콘크리트 부재의 한계 편심영역을 결정할 때 필요한 것이 압축력선(C-line)이다. 여기서 압축력선이란 단면에서 발생하는 압축력의 합력점을 연결한 선을 의미한다. [그림 11.5]의 긴장력과 외력이 작용하는 단순보의 경우에 지점에서는 압축력선과 긴장재 단면의 도심이 일치하지만, 중앙부에서는 긴장력과 자중에 의해 발생하는 휨모멘트에 의해 압축력선과 긴장재 단면의 도심이 일치하지 않는다([그림 11.5] 참조). 압축력선의 위치($e_{c-line(x)}$)는 식(11.4)의 긴장재의 편심거리와 우력모멘트의 중심간의 거리를 이용하여 계산한다. 식(11.4)는 식(6.37)과 동일하다.

$$e_{c-line(x)} = e_{(x)} - a_{(x)} \qquad (11.4)$$

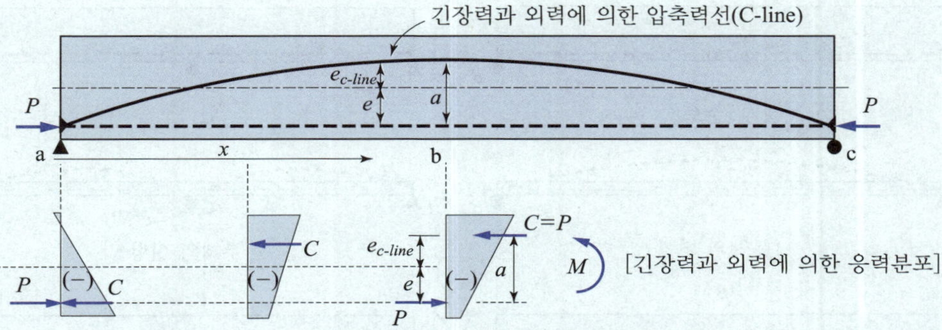

그림 11.5 압축력선과 연속보의 편심거리

여기서, $a_{(x)}$: 단부에서 x만큼 떨어진 위치의 압축력 중심에서 인장력 중심까지의 거리, $e_{(x)}$: 단부에서 x만큼 떨어진 위치의 긴장재의 편심거리, $e_{c-line(x)}$: 단부에서 x만큼 떨어진 위치의 단면의 도심에서 압축력선까지의 거리이다.

식(11.4)에서 $a_{(x)}$는 압축력의 중심에서 인장력의 중심까지의 거리이므로 식(11.5)에서 계산할 수 있다.

$$a_{(x)} = \frac{M_{(x)}}{P} \tag{11.5}$$

여기서, M : 우력모멘트(couple moment), P : 긴장력이다.

부정정구조물인 프리스트레스트 콘크리트 연속보의 응력을 계산할 때는 PS긴장재의 편심거리를 사용하지 않고 1차모멘트와 2차모멘트를 합한 전체모멘트를 긴장력으로 나눈 식(11.5)의 편심거리를 사용한다.

프리스트레스트 콘크리트 연속보

프리스트레스트 콘크리트 연속보는 단순보와 다른 변형과 휨모멘트를 나타낸다. [그림 11.6]의 PS긴장재를 직선으로 배치할 경우에 단순보의 중앙부에는 Δ_C의 솟음(camber)이 발생하지만 연속보의 중앙부에는 지점이 있어 솟음이 발생하지 않는다. PS긴장재가 일정한 편심거리(e)로 배치될 경우에 단순보와 연속보에는 긴장력에 의한 1차모멘트 Pe가 부재 길이에 발생한다. 단순보에는 부정정구조의 잉여력이 존재하지 않기 때문에 2차모멘트가 발생하지 않지만, 연속보에는 잉여력(C_y)에 의해 2차모멘트가 [그림 11.6]과 같이 발생한다. 따라서 PS긴장력에 의한 단순보의 전체모멘트는 1차모멘트와 동일하지만, 연속보의 전체모멘트는 1차모멘트와 2차모멘트를 더한 값이 되며, 중앙지점 근처에 정모멘트가 발생한다.

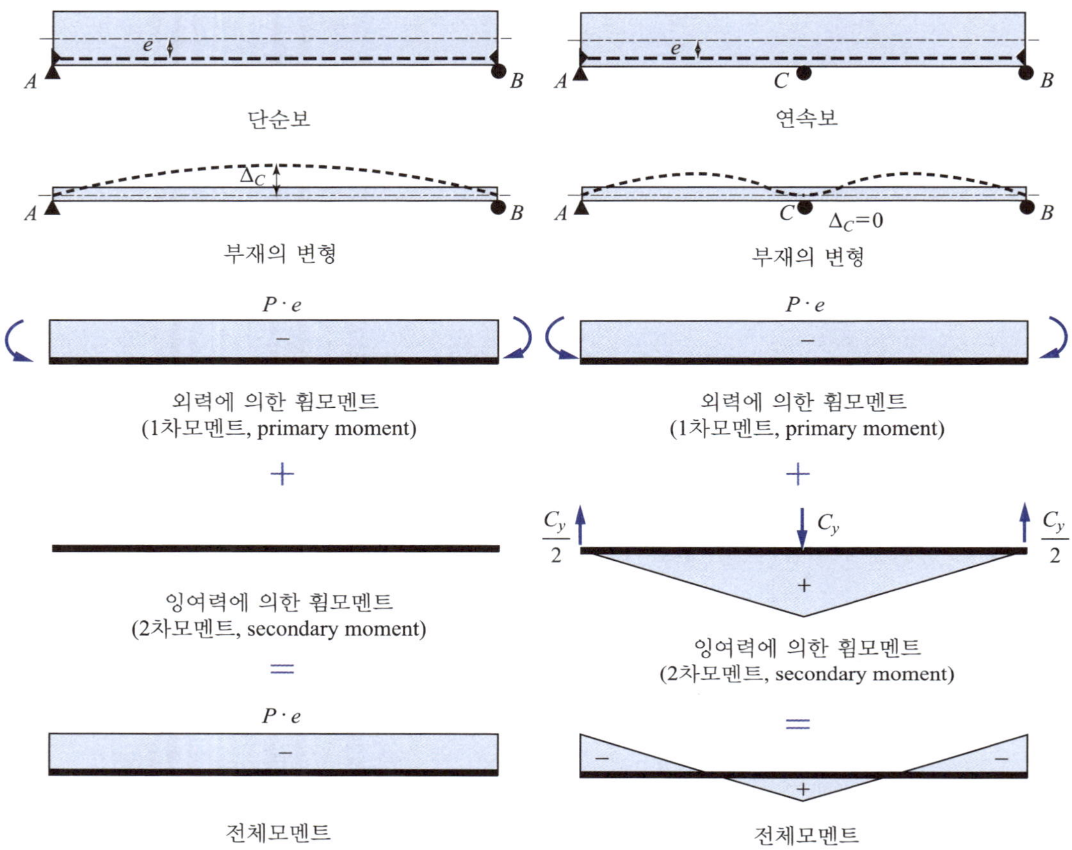

그림 11.6 프리스트레스트 콘크리트 단순보와 연속보

$$M_{(3x)} = M_{(1x)} + M_{(2x)} \tag{11.6}$$

여기서, $M_{(3x)}$: 부재 길이 x위치의 전체모멘트, $M_{(1x)}$: 부재 길이 x위치의 PS긴장력에 의한 1차모멘트, $M_{(2x)}$: 부재 길이 x위치의 잉여력에 의한 2차모멘트이다.

부정정구조물인 연속보의 휨설계는 6장의 일반 부재의 휨설계와 같이 사용하중단계의 설계에서 비균열등급, 부분균열등급, 균열등급 부재로 구분하여 설계한다. 휨설계 시의 콘크리트의 응력 검토는 식(6.1)과 식(6.2)에 기본을 둔 식(11.7)과 식(11.8)을 이용하여 계산한다.

[초기긴장력과 자중($P_i + M_D$)이 작용할 때]

$$f^t(=f_{ti}) = -\frac{P_i}{A_c} + \frac{P_i \times e'}{S^t} - \frac{M_D}{S^t} \tag{11.7a}$$

$$f_b(=f_{ci}) = -\frac{P_i}{A_c} - \frac{P_i \times e'}{S_b} + \frac{M_D}{S_b} \qquad (11.7b)$$

여기서, f^t : 단면 상부면의 콘크리트 응력, f_b : 단면 하부면의 콘크리트 응력, f_{ti} : 콘크리트의 초기 인장응력, f_{ci} : 콘크리트의 초기 압축응력, S^t : 단면 중립축에서 단면 상부면까지의 단면계수, S_b : 단면 중립축에서 단면 하부면까지의 단면계수, e' : 전체모멘트에 대한 편심거리이다.

[유효긴장력(P_e)과 전체사용하중($M_T = M_D + M_{SD} + M_L$)이 작용할 때]

$$f^t(=f_c) = -\frac{P_e}{A_c} + \frac{P_e \times e'}{S^t} - \frac{M_T}{S^t} \qquad (11.8a)$$

$$f_b(=f_t) = -\frac{P_e}{A_c} - \frac{P_e \times e'}{S_b} + \frac{M_T}{S_b} \qquad (11.8b)$$

여기서, f_t : 콘크리트의 인장응력, f_c : 콘크리트의 압축응력, M_T : 전체사용하중에 의한 휨모멘트($M_T = M_D + M_{SD} + M_L$), M_D : 자중에 의한 휨모멘트, M_{SD} : 추가고정하중에 의한 휨모멘트, M_L : 활하중에 의한 휨모멘트이다.

식(11.7)과 식(11.8)의 전체모멘트에 대한 편심거리(e')는 1차모멘트에 대한 편심거리(e)가 아니라 1차모멘트와 2차모멘트를 합한 전체모멘트를 이용하며 식(11.9)를 이용하여 계산한다. 식(11.9)는 4.2.2항에서 설명한 임의의 단면에 외력 모멘트가 작용할 때 이를 저항하기 위하여 발생하는 내력모멘트개념을 이용한 것이다.

$$e' = \frac{M_3}{P} \qquad (11.9)$$

여기서, M_3 : 전체모멘트, P : 긴장력. 전체모멘트에 대한 편심거리(e')는 중립축 위에 있을 경우에는 부(−)의 값이며, 중립축 아래에 있으면 정(+)의 값이다.

예제 11.2

[예제 그림 11.2.1]의 프리스트레스트 연속보의 D점과 C점의 응력을 계산하라. 유효긴장력은 600 kN 이며, 유효긴장력을 제외한 외력은 무시하고 콘크리트 응력을 계산하라.

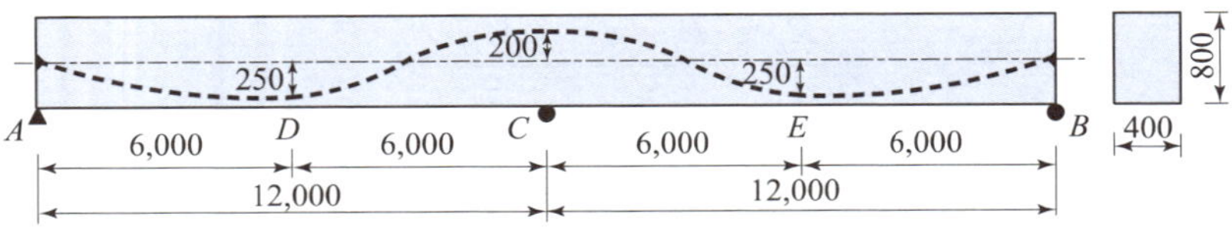

예제 그림 11.2.1 연속보 (단위 : mm)

풀이

1차 부정정구조물이므로 [예제 그림 11.2.2]의 잉여력을 중앙점(지점 C)의 반력 C_y로 가정하며 1차 모멘트와 2차모멘트를 계산한 뒤 전체모멘트를 구한다.

(1) 1차모멘트를 계산한다.

지점 C를 제거한 뒤, 외력에 의해 발생하는 휨모멘트를 계산한다. 유효긴장력(P_e)과 편심거리(e)를 이용하여 1차모멘트를 계산하면 [예제 그림 11.2.2(b)]가 된다.

$$M_D = P_e \times e = 600 \times 0.25 = 150 \text{ kN} \cdot \text{m} \qquad \text{(부모멘트)}$$

$$M_C = P_e \times e = 600 \times 0.2 = 120 \text{ kN} \cdot \text{m} \qquad \text{(정모멘트)}$$

$$M_E = P_e \times e = 600 \times 0.25 = 150 \text{ kN} \cdot \text{m} \qquad \text{(부모멘트)}$$

(2) 2차모멘트를 계산한다.

지점 C의 반력 C_y가 작용할 때의 2차모멘트를 계산한다. 2차모멘트를 계산하기 위해서는 식 (11.3)을 이용하여 반력 C_y를 계산해야 한다.

$$\Delta_C = \Delta_{CO} + \delta_{cc} C_y \qquad \text{(a)}$$

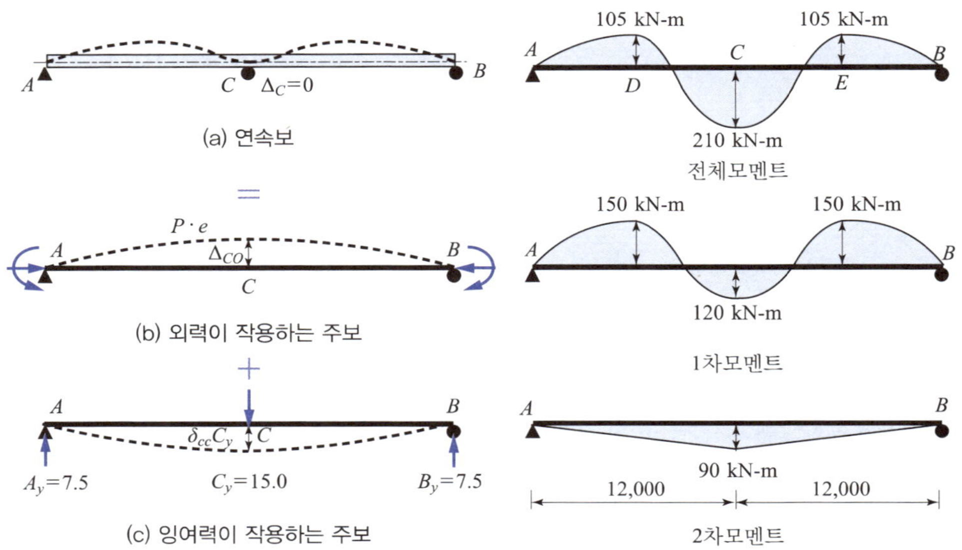

예제 그림 11.2.2 연속보의 휨모멘트 분포

실제 하중에 의해 발생하는 처짐($\triangle_{CO}$)을 구하기 위해서 [예제 그림 11.2.3(a)]의 공액보법을 사용하였다.

[예제 그림 11.2.3(a)]에서 PS긴장력에 의해 발생한 M/EI분포는 포물선을 이루므로 계산상 편의를 위하여 정모멘트를 받는 부분을 위로 올려 부모멘트로 바꾼 후에 삼각형 분포의 정모멘트를 뺀 값으로 처짐을 계산한다. [예제 그림 11.2.3(a)]의 실제 하중을 받는 공액보의 A점의 지점 반력은 힘의 평형식을 이용하여 계산할 수 있다. 또한 이를 이용하여 $\triangle_{CO}$를 계산한다.

$$A_y = A_{y1} - A_{y2} = \frac{1}{EI}\left(\frac{2}{3}\times 210\times 12 - \frac{1}{2}\times 120\times 12\right) = \frac{960\ \text{kN}\cdot\text{m}}{EI}$$

$$\triangle_{CO} = -\frac{1}{EI}\left[\left(\frac{2}{3}\times 210\times 12\right)\times(12-6) - \left(\frac{1}{2}\times 120\times 12\right)\times\left(12-\frac{12}{3}\right)\right]$$

$$= -\frac{4{,}320\ \text{kN}\cdot\text{m}}{EI} \tag{b}$$

단위하중에 의해 발생하는 처짐(δ_{oc})을 구하기 위해서는 [예제 그림 11.2.3(b)]의 단위하중 "1"에 대한 공액보를 이용해야 한다. [예제 그림 11.2.3(b)]에서 A점의 지점 반력은 힘의 평형식을 이용하여 계산할 수 있다. 또한 이를 이용하여 δ_{oc}를 계산한다.

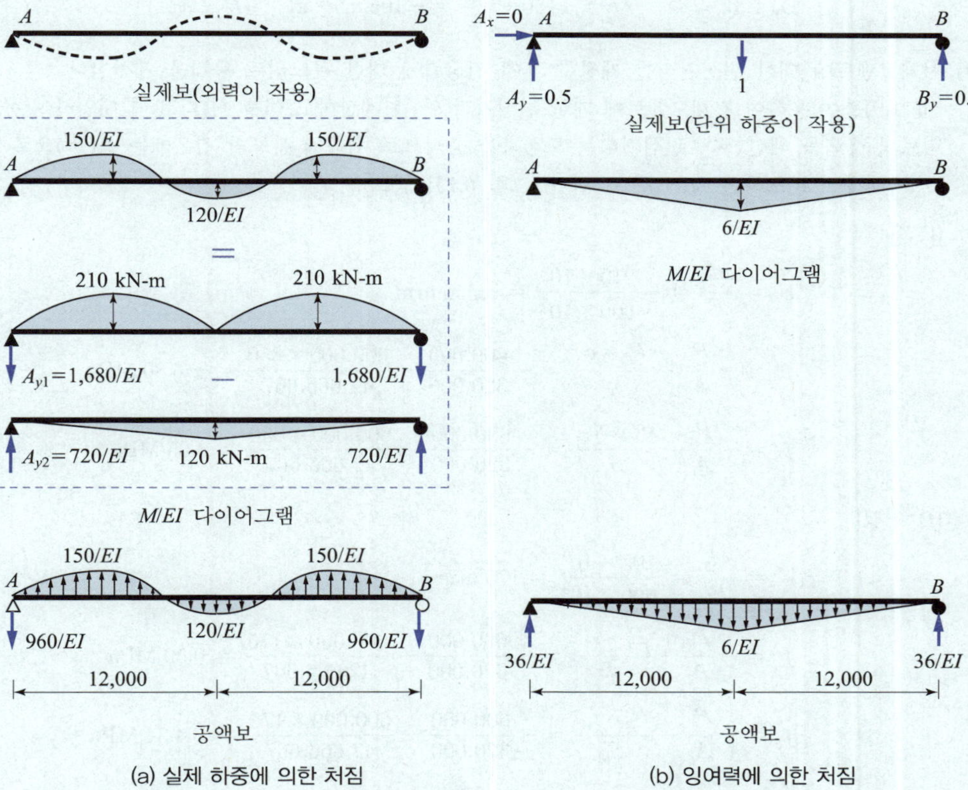

예제 그림 11.2.3 공액보법에 의한 처짐 계산

$$A_y = \frac{1}{2}\left(\frac{6}{EI} \times 12\right) = \frac{36}{EI}$$

$$\delta_{cc} = \frac{36}{EI} \times 12 - \frac{1}{2}\left(\frac{6}{EI} \times 12\right) \times \left(\frac{12}{3}\right) = \frac{288}{EI} \qquad \text{(c)}$$

식(b)와 식(c)에서 계산한 결과를 식(a)에 대입하여 반력 C_y를 계산한다.

$$C_y = \frac{\Delta_{CO}}{\delta_{cc}} = \frac{4,320}{288} = 15\text{ kN} \qquad \text{(d)}$$

계산한 반력을 이용하여 C점의 2차모멘트를 계산하면 [예제 그림 11.2.2(c)]와 같다.

$$A_y = \frac{C_y}{2} = \frac{15}{2} = 7.5\text{ kN}$$

C점 $\quad M = 7.5 \times 12 = 90\text{ kN}\cdot\text{m}$ $\quad$ (정모멘트)

(3) 전체모멘트를 계산한다.

전체모멘트는 [예제 그림 11.2.2(a)]에서 1차모멘트와 2차모멘트를 더하여 계산할 수 있다.

C점 $\quad M = 120 + 90 = 210\text{ kN}\cdot\text{m}$ $\quad$ (정모멘트)

D, E점 $\quad M = -150 + \dfrac{90}{2} = -105\text{ kN}\cdot\text{m}$ $\quad$ (부모멘트)

(4) 전체모멘트에 대한 편심거리를 계산한 후에 긴장력에 대한 콘크리트 응력을 계산한다.

식(11.9)를 이용하여 전체모멘트에 대한 편심거리(e')를 계산하고 이를 식(11.8)에 대입하여 콘크리트의 응력을 계산한다. 편심거리는 도심축을 중심으로 위쪽에 분포할 경우에는 음(−)으로 하고 아래쪽에 분포하면 양(+)으로 한다([그림 6.13] 참조).

[C점]

$$e' = \frac{M_3}{P} = -\frac{210 \times 10^6}{600 \times 10^3} = -350\text{ mm}$$

$$f^t = -\frac{P_e}{A_c} + \frac{P_e \times e'}{S^t} = -\frac{600,000}{320,000} - \frac{600,000 \times 350}{42,666,667} = -6.80\text{ MPa}$$

$$f_b = -\frac{P_e}{A_c} - \frac{P_e \times e'}{S_b} = -\frac{600,000}{320,000} + \frac{600,000 \times 350}{42,666,667} = 3.05\text{ MPa}$$

[D, E점]

$$e' = \frac{M_3}{P} = \frac{105 \times 10^6}{600 \times 10^3} = 175\text{ mm}$$

$$f^t = -\frac{P_e}{A_c} + \frac{P_e \times e'}{S^t} = -\frac{600,000}{320,000} + \frac{600,000 \times 175}{42,666,667} = 0.59\text{ MPa}$$

$$f_b = -\frac{P_e}{A_c} - \frac{P_e \times e'}{S_b} = -\frac{600,000}{320,000} - \frac{600,000 \times 175}{42,666,667} = -4.34\text{ MPa}$$

여기서, $\quad A_c = 400 \times 800 = 320,000\text{ mm}^2$

$$S^t = S_b = \frac{bh^2}{6} = \frac{400 \times 800^2}{6} = 42{,}666{,}667\ \mathrm{mm}^3$$

예제 11.3

[예제 그림 11.3.1]의 프리스트레스트 연속보의 D점과 C점의 응력을 계산하라. 유효긴장력은 600 kN 이며, 유효긴장력을 제외한 외력은 무시하고 콘크리트 응력을 계산하라.

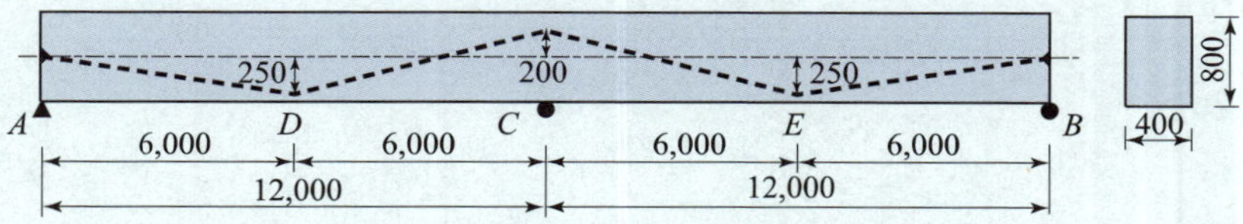

예제 그림 11.3.1 연속보 (단위 : mm)

풀이

1차 부정정구조물이므로 [예제 그림 11.3.2]의 잉여력을 중앙점(지점 C)의 반력 C_y로 가정하며 1차 모멘트와 2차모멘트를 계산한 뒤, 전체모멘트를 구한다.

(1) 1차모멘트를 계산한다.

지점 C를 제거한 뒤, 외력에 의해 발생하는 휨모멘트를 계산한다. 유효긴장력(P_e)과 편심거리(e)를 이용하여 1차모멘트를 계산하면 [예제 그림 11.3.2(b)]가 된다.

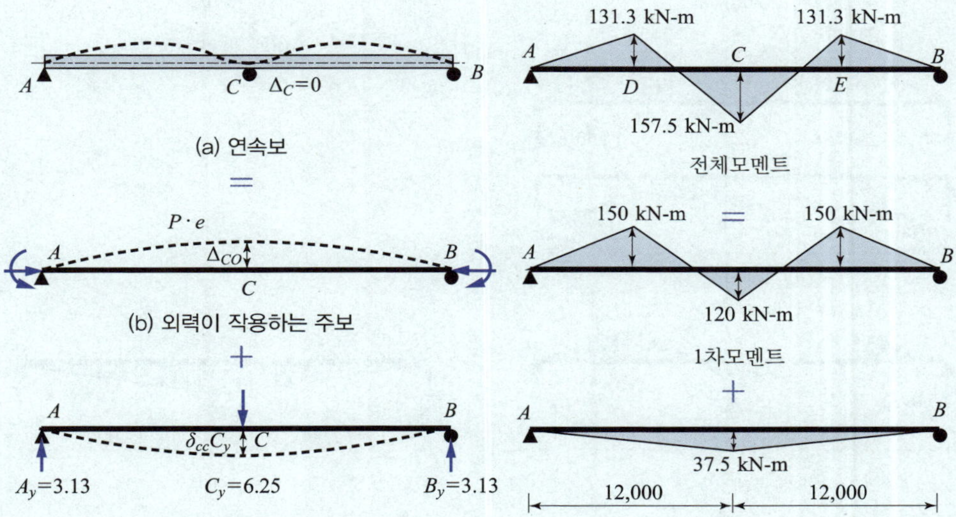

예제 그림 11.3.2 연속보의 휨모멘트 분포

(2) 2차모멘트를 계산한다.

지점 C의 반력 C_y가 작용할 때의 2차모멘트를 계산한다. 2차모멘트를 계산하기 위해서는 식 (11.3)을 이용하여 반력 C_y를 계산해야 한다.

$$\triangle_C = \triangle_{CO} + \delta_{cc} C_y \tag{a}$$

[예제 그림 11.3.3(a)]에서 PS긴장력에 의해 발생한 M/EI분포는 부모멘트와 정모멘트를 받는 부분으로 구성되어 있으므로 계산의 편의를 위하여 정모멘트를 위로 올려 부모멘트로 바꾼 후에 삼각형 분포의 정모멘트를 뺀 값으로 처짐을 계산한다.

$$A_y = A_{y1} - A_{y2} = \frac{1}{EI}\left(\frac{1}{2}\times 210\times 12 - \frac{1}{2}\times 120\times 12\right) = \frac{540\text{ kN}\cdot\text{m}}{EI}$$

$$\begin{aligned}\triangle_{CO} &= -\frac{1}{EI}\left[\left(\frac{1}{2}\times 210\times 12\right)\times(12-6) - \left(\frac{1}{2}\times 120\times 12\right)\times\left(12-\frac{12}{3}\right)\right] \\ &= -\frac{1{,}800\text{ kN}\cdot\text{m}}{EI}\end{aligned} \tag{b}$$

단위하중에 의해 발생하는 처짐(δ_{cc})을 [예제 그림 11.3.3(b)]와 같이 계산한다.

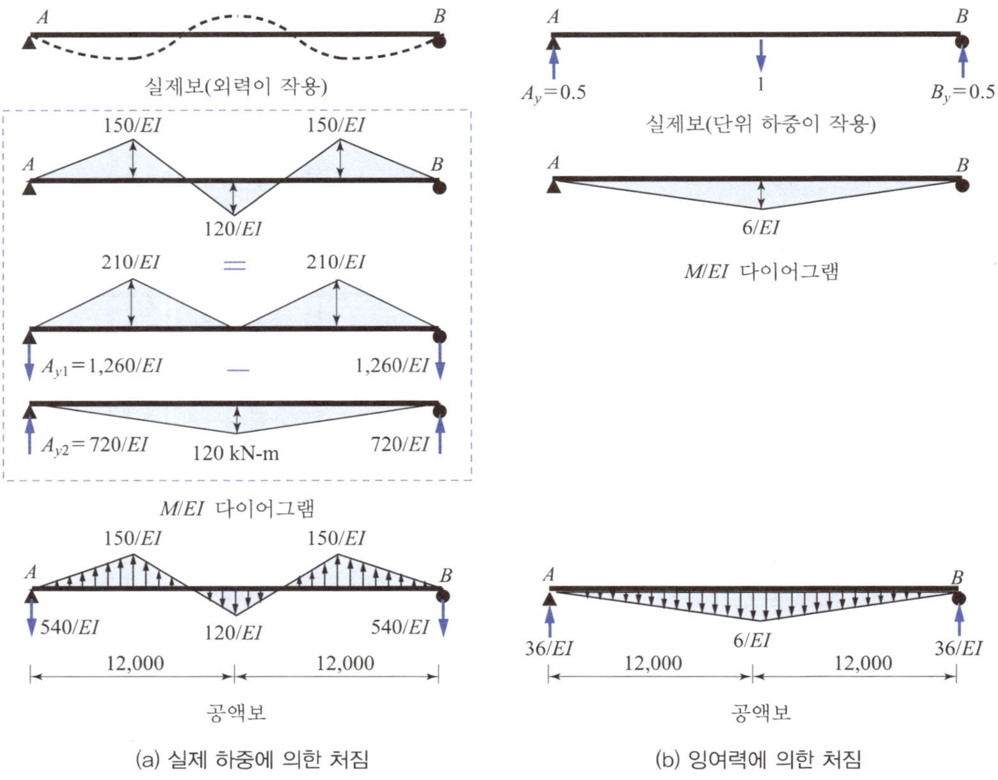

예제 그림 11.3.3 공액보법에 의한 처짐 계산

$$A_y = \frac{1}{2}\left(\frac{6}{EI}\times 12\right) = \frac{36}{EI}$$

$$\delta_{cc} = \frac{36}{EI}\times 12 - \frac{1}{2}\left(\frac{6}{EI}\times 12\right)\times\left(\frac{12}{3}\right) = \frac{288}{EI} \quad \text{(c)}$$

식(b)와 식(c)에서 계산한 결과를 식(a)에 대입하여 반력 C_y를 계산한다.

$$C_y = \frac{\Delta_{CO}}{\delta_{cc}} = \frac{1{,}800}{288} = 6.25\ \text{kN} \quad \text{(d)}$$

계산한 반력을 이용하여 C점의 2차모멘트를 계산하면 [예제 그림 11.3.2(c)]가 된다.

C점 $M = \dfrac{6.25}{2}\times 12 = 37.5\ \text{kN}\cdot\text{m}$ (정모멘트)

(3) 전체모멘트를 계산한다.

전체모멘트는 [예제 그림 11.3.2(a)]의 1차모멘트와 2차모멘트를 더하여 계산할 수 있다.

C점 $M = 120 + 37.5 = 157.5\ \text{kN}\cdot\text{m}$ (정모멘트)

D, E점 $M = -150 + \dfrac{37.5}{2} = -131.3\ \text{kN}\cdot\text{m}$ (부모멘트)

(4) 전체모멘트에 대한 편심거리를 계산한 후에 긴장력에 대한 콘크리트 응력을 계산한다.

식(11.9)를 이용하여 전체모멘트에 대한 편심거리(e')를 계산하고, 이를 식(11.8)에 대입하여 콘크리트의 응력을 계산한다.

[C점]

$$e' = \frac{M_3}{P} = -\frac{157.5\times 10^6}{600\times 10^3} = -262.5\ \text{mm}$$

$$f^t = -\frac{P_e}{A_c} + \frac{P_e\times e'}{S^t} = -\frac{600{,}000}{320{,}000} - \frac{600{,}000\times 262.5}{42{,}666{,}667} = -5.57\ \text{MPa}$$

$$f_b = -\frac{P_e}{A_c} - \frac{P_e\times e'}{S_b} = -\frac{600{,}000}{320{,}000} + \frac{600{,}000\times 262.5}{42{,}666{,}667} = 1.82\ \text{MPa}$$

[D, E점]

$$e' = \frac{M_3}{P} = \frac{131.3\times 10^6}{600\times 10^3} = 218.8\ \text{mm}$$

$$f^t = -\frac{P_e}{A_c} + \frac{P_e\times e'}{S^t} = -\frac{600{,}000}{320{,}000} + \frac{600{,}000\times 218.8}{42{,}666{,}667} = 1.20\ \text{MPa}$$

$$f_b = -\frac{P_e}{A_c} - \frac{P_e\times e'}{S_b} = -\frac{600{,}000}{320{,}000} - \frac{600{,}000\times 218.8}{42{,}666{,}667} = -4.95\ \text{MPa}$$

여기서, $A_c = 400\times 800 = 320{,}000\ \text{mm}^2$

$$S^t = S_b = \frac{bh^2}{6} = \frac{400\times 800^2}{6} = 42{,}666{,}667\ \text{mm}^3$$

11.3 긴장재의 선형이동과 컨코던트 긴장재

프리스트레스트 콘크리트 연속보는 긴장재의 위치에 따라서 2차모멘트의 크기가 변화한다. [그림 11.6]의 단순보에는 2차모멘트가 발생하지 않고 1차모멘트와 전체모멘트가 동일하다. 이 부재에 고정하중이나 활하중이 작용하지 않을 경우에 PS강재 단면의 도심의 위치는 압축력선(C-line)과 동일하다. 이와 같이 외부하중이 없는 상태에서 PS긴장재 단면의 도심과 압축력선이 일치하는 것을 외력없는 압축력선(ZLC-line, Zero Load C-line)이라 한다. 단순보의 경우에는 ZLC-line이 항상 존재하지만, 부정정연속보의 경우에는 2차모멘트에 따라서 ZLC-line이 존재하는 경우와 존재하지 않는 경우가 있다. 설계에서는 ZLC-line과 도심의 위치에 근거하여 연속보를 다음의 두 가지로 구별한다.

① **컨코던트 긴장재**(concodent tendons) : ZLC-line이 긴장재 단면의 도심과 일치하는 경우

② **넌컨코던트 긴장재**(non-concodent tendons) : ZLC-line이 긴장재 단면의 도심과 일치하지 않는 경우

컨코던트 긴장재는 2차모멘트가 발생하지 않아 잉여력이 발생하지 않으므로, 설계가 유리하다. 부재에 배치된 긴장재를 컨코던트 긴장재로 변환하기 위해서는 2차모멘트가 발생하지 않도록 임의의 하중이 작용할 때 발생하는 휨모멘트분포와 닮은꼴이 되도록 긴장재를 배치해야 한다. [그림 11.7]에 기하학적인 조건은 동일하지만 긴장재가 다른 위치에 배근되어 있는 세 종류의 1차 부정정연속보가 있다. 세 개의 부재에 배치된 긴장재가 양단부(A점과 B점)에서는 동일한 편심거리(e)에 놓여 있지만 중앙부에서는 편심거리가 다르다. 이러한 세 개의 부재의 1차모멘트, 2차모멘트, 전체모멘트를 계산하여 [그림 11.7]에 표시하였다. 그림에서 세 개의 부재는 1차모멘트와 2차모멘트는 다르지만 전체모멘트는 동일함을 알 수 있다. 세 개의 부재 가운데 우측의 부재는 2차모멘트가 없이 1차모멘트와 전체모멘트가 동일하다. 이 부재는 ZLC-line이 긴장재의 도심과 일치하는 경우로 컨코던트 긴장재를 사용한 부재이다. ZLC-line이 긴장재의 도심과 일치하지 않는 좌측 부재와 중앙 부재의 경우에도 긴장재 위치를 이동시켜 컨코던트 부재로 바꿀 수 있다. 넌컨코던트 긴장재를 컨코던트 긴장재로 변환하기 위해서는 긴장재를 선형이동(linear transformation) 시켜야 한다. 긴장재의 선형이동이란 다음의 세 가지 규칙을 따라야 한다([그림 11.8] 참조).

① **중간 지점**(C점) : 이동의 기준점은 부재의 중간 지점이며, 중간 지점에 놓인 긴장재를 목적에 맞는 위치에 선형이동한다.

② **양 단부**(A점과 B점) : 양 단부의 긴장재는 원래의 위치에 고정시킨다.

③ **중간부**(D점과 E점) : 중간부의 긴장재 위치는 양 단부와 중간 지점의 거리에 비례하여 이

동시킨다.

부재 양 단부에서 긴장재의 편심거리를 동일한 위치에 고정하고, 연속보 중간지점의 긴장재를 선형이동시켜 편심거리를 변화시켜도 전체모멘트는 항상 동일하다. 선형이동의 원리를 이용하면 프리스트레스트 콘크리트 연속보를 쉽게 컨코던트 부재로 만들 수 있다. 즉, 임의로 긴장재를 배치하고 전체모멘트를 계산한 후에 전체모멘트에 맞게 부재 중앙에서 긴장재의 편심거리를 선형이동시키면 컨코던트 부재가 되기 때문이다.

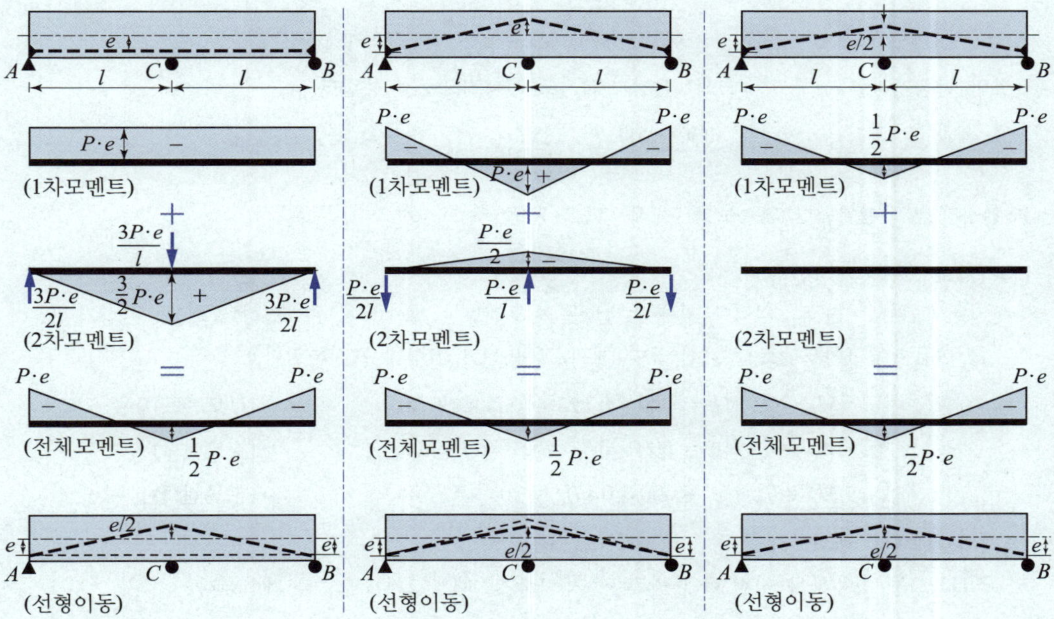

그림 11.7 컨코던트 긴장재와 넌컨코던트 긴장재

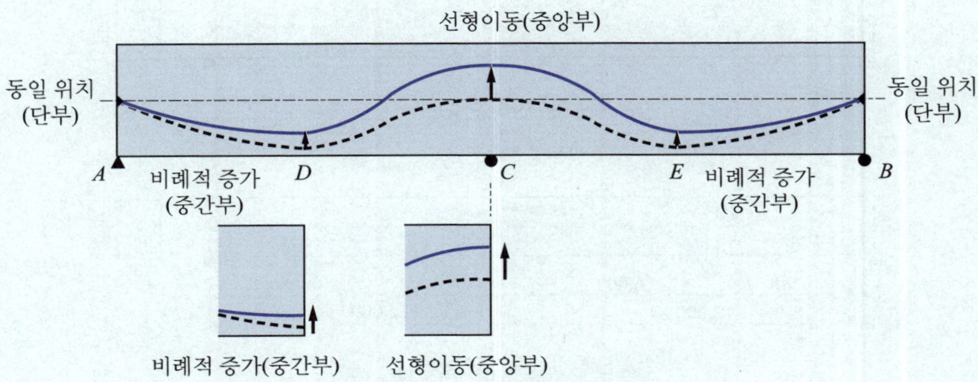

그림 11.8 긴장재의 선형이동

예제 11.4

[예제 11.2]의 연속보에 배치된 긴장재를 컨코던트 긴장재로 변환하라.

풀이

[예제 11.2]에서 계산한 전체모멘트는 [예제 그림 11.2.2(a)]가 된다. 계산된 전체모멘트에 근거하여 C점의 편심거리를 이동해야 한다. 이때 편심거리는 도심축을 중심으로 위쪽에 분포할 경우에는 음(−)으로 하고 아래쪽에 분포하면 양(+)으로 한다([그림 6.13] 참조).

$$e' = \frac{M_3}{P} = -\frac{210\times10^6}{600\times10^3} = -350\,\mathrm{mm}$$

C점의 편심거리를 선형이동하므로 D점과 E점도 선형적으로 이동한다.

$$e' = 250 - \frac{350-200}{2} = 175\,\mathrm{mm}$$

PS긴장재를 선형이동한 연속보를 [예제 그림 11.4.1]에 표시하였다.

(1) 1차모멘트를 계산한다.

지점 C를 제거한 뒤, 외력에 의해 발생하는 휨모멘트를 계산한다. 유효긴장력(P_e)과 편심거리(e)를 이용하여 1차모멘트를 계산하여 [예제 그림 11.4.2(b)]에 표시하였다.

$$M_D = P_e \times e = 600\times0.175 = 105\,\mathrm{kN\cdot m} \qquad \text{(부모멘트)}$$

$$M_C = P_e \times e = 600\times0.35 = 210\,\mathrm{kN\cdot m} \qquad \text{(정모멘트)}$$

$$M_E = P_e \times e = 600\times0.175 = 105\,\mathrm{kN\cdot m} \qquad \text{(부모멘트)}$$

(2) 2차모멘트를 계산한다.

식(11.3)을 이용하여 지점 C에 반력 C_y가 작용할 때의 2차모멘트를 계산한다.

$$\Delta_C = \Delta_{CO} + \delta_{cc}C_y \qquad \text{(a)}$$

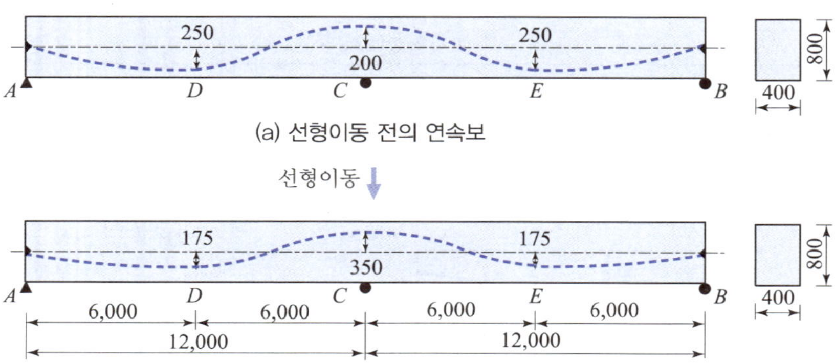

(b) 선형이동 후의 연속보

예제 그림 11.4.1 긴장재를 선형이동한 연속보 (단위 : mm)

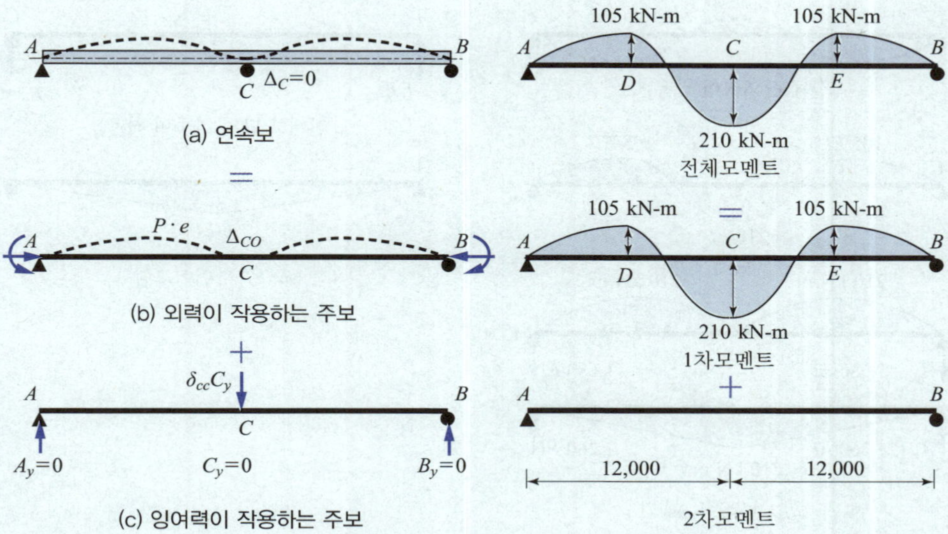

예제 그림 11.4.2 연속보의 휨모멘트 분포

[예제 그림 11.4.3(a)]의 실제 하중을 받는 공액보의 A점의 지점 반력과 $\triangle_{CO}$를 계산한다.

$$A_y = A_{y1} - A_{y2} = \frac{1}{EI}\left(\frac{2}{3}\times 210\times 12 - \frac{1}{2}\times 210\times 12\right) = \frac{420\text{ kN}\cdot\text{m}}{EI}$$

$$\triangle_{CO} = -\frac{1}{EI}\left[\left(\frac{2}{3}\times 210\times 12\right)\times(12-6) - \left(\frac{1}{2}\times 210\times 12\right)\times\left(12-\frac{12}{3}\right)\right] = 0 \tag{b}$$

단위하중에 의해 발생하는 처짐(δ_{cc})을 계산한다.

$$A_y = \frac{1}{2}\left(\frac{6}{EI}\times 12\right) = \frac{36}{EI}$$

$$\delta_{cc} = \frac{36}{EI}\times 12 - \frac{1}{2}\left(\frac{6}{EI}\times 12\right)\times\left(\frac{12}{3}\right) = \frac{288}{EI} \tag{c}$$

식(b)와 식(c)에서 계산한 결과를 식(a)에 대입하여 반력 C_y를 계산한다.

$$C_y = \frac{\triangle_{CO}}{\delta_{cc}} = \frac{0}{288} = 0 \tag{d}$$

계산한 반력을 이용하여 2차모멘트를 계산하면 [예제 그림 11.4.2(c)]와 같다.

(3) 전체모멘트를 계산한다.
 2차모멘트가 없으므로 전체모멘트는 1차모멘트와 같다.

(4) 전체모멘트에 대한 편심거리를 계산한 후에 긴장력에 대한 콘크리트 응력을 계산한다.
 계산 결과는 [예제 11.2]와 동일하다.

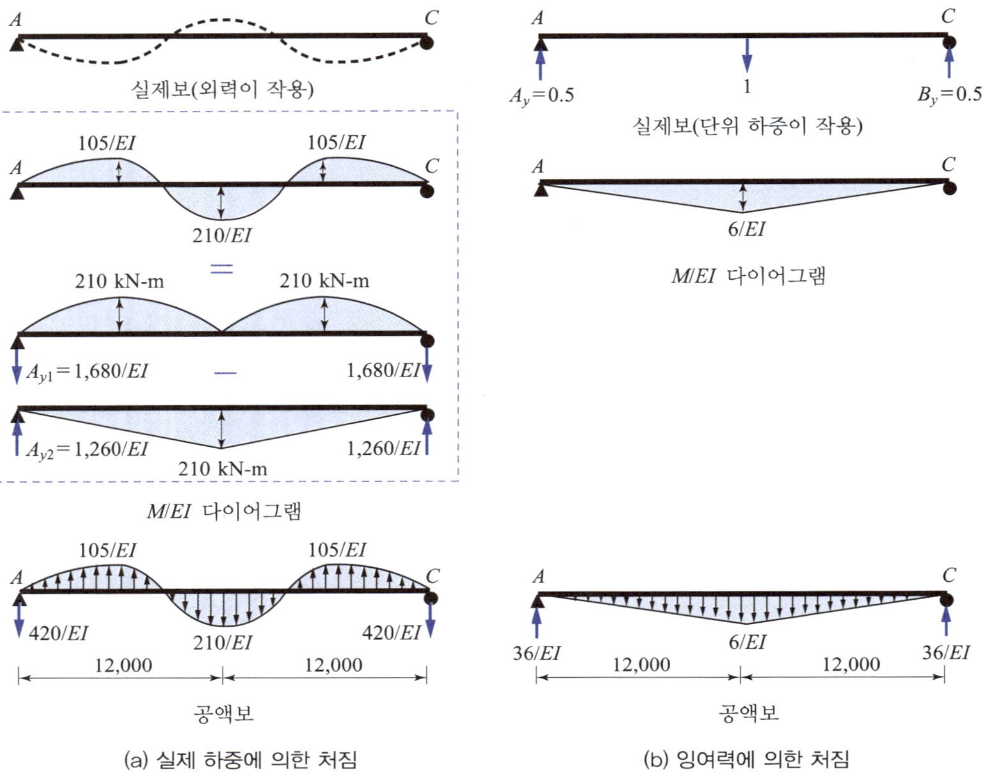

예제 그림 11.4.3 공액보법에 의한 처짐 계산

예제 11.5

[예제 11.3]의 연속보에 배치된 긴장재를 컨코던트 긴장재로 변환하라.

풀이

[예제 11.3]의 전체모멘트는 [예제 그림 11.3.2]에 표시한 것과 동일한 분포를 나타낸다. 계산된 전체모멘트에 근거하여 C점의 편심거리를 이동해야 하며, C점이 선형이동하면 D점과 E점도 선형적으로 이동한다.

$$e' = \frac{M_3}{P} = -\frac{157.5\times10^6}{600\times10^3} = -262.5\text{ mm}$$

$$e' = 250 - \frac{262.5-200}{2} = 218.8\text{ mm}$$

PS긴장재를 선형이동한 연속보를 [예제 그림 11.5.1]에 표시하였다.

(1) 1차모멘트를 계산한다.

지점 C를 제거한 뒤, 외력에 의해 발생하는 휨모멘트를 계산하여 [예제 그림 11.5.2(b)]에 표시하였다.

$$M_D = P_e \times e = 600 \times 0.2188 = 131.3\ \text{kN} \cdot \text{m} \qquad \text{(부모멘트)}$$

$$M_C = P_e \times e = 600 \times 0.2625 = 157.5\ \text{kN} \cdot \text{m} \qquad \text{(정모멘트)}$$

$$M_E = P_e \times e = 600 \times 0.2188 = 131.3\ \text{kN} \cdot \text{m} \qquad \text{(부모멘트)}$$

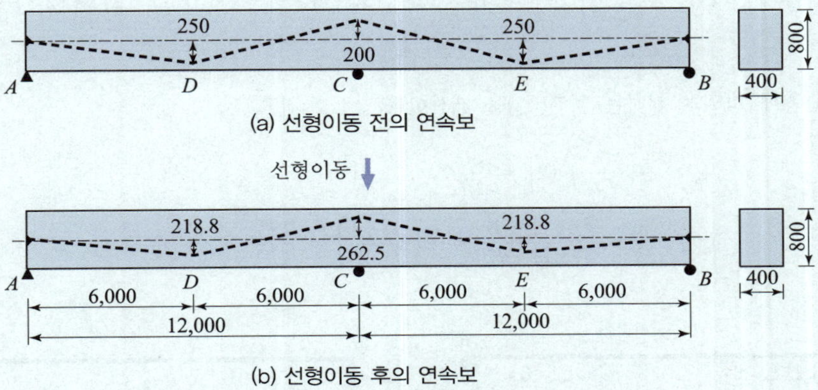

예제 그림 11.5.1 긴장재를 선형이동한 연속보 (단위 : mm)

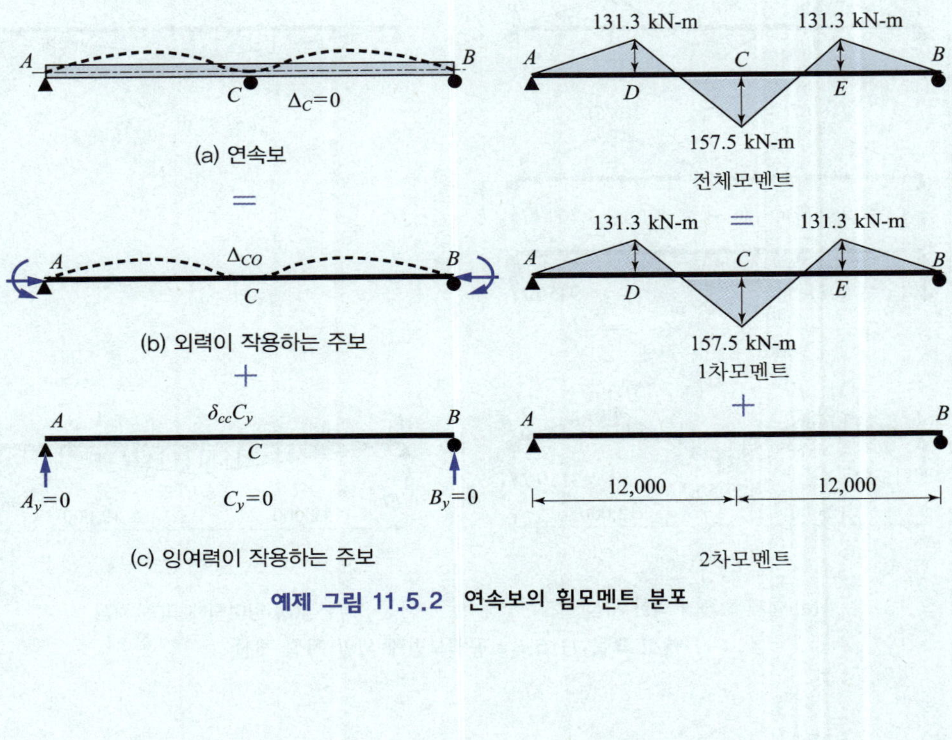

예제 그림 11.5.2 연속보의 휨모멘트 분포

(2) 2차모멘트를 계산한다.

식(11.3)을 이용하여 지점 C의 반력 C_y가 작용할 때의 2차모멘트를 계산한다.

$$\triangle_C = \triangle_{CO} + \delta_{cc} C_y \qquad (a)$$

[예제 그림 11.5.3(a)]의 실제 하중을 받는 공액보의 A점의 지점 반력과 $\triangle_{CO}$를 계산한다.

$$A_y = A_{y1} - A_{y2} = \frac{1}{EI}\left(\frac{1}{2}\times 210\times 12 - \frac{1}{2}\times 157.5\times 12\right) = \frac{315\ \text{kN}\cdot\text{m}}{EI}$$

$$\triangle_{CO} = -\frac{1}{EI}\left[\left(\frac{1}{2}\times 210\times 12\right)\times(12-6) - \left(\frac{1}{2}\times 157.5\times 12\right)\times\left(12-\frac{12}{3}\right)\right]$$

$$= 0 \qquad (b)$$

단위하중에 의해 발생하는 처짐(δ_{cc})을 계산한다.

$$A_y = \frac{1}{2}\left(\frac{6}{EI}\times 12\right) = \frac{36}{EI}$$

$$\delta_{cc} = \frac{36}{EI}\times 12 - \frac{1}{2}\left(\frac{6}{EI}\times 12\right)\times\left(\frac{12}{3}\right) = \frac{288}{EI} \qquad (c)$$

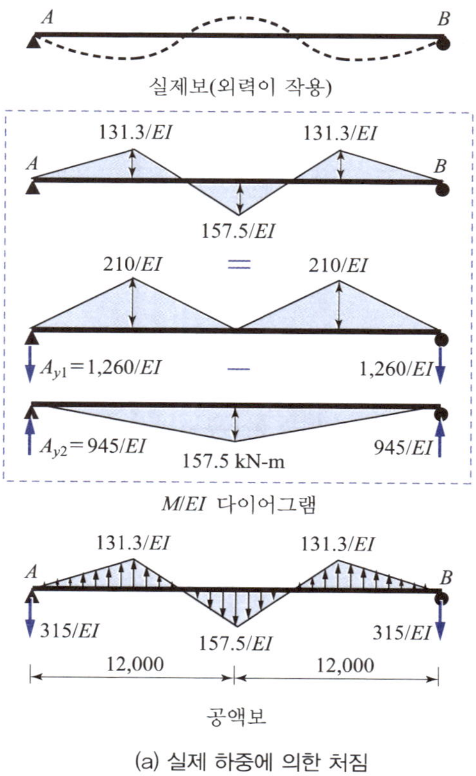

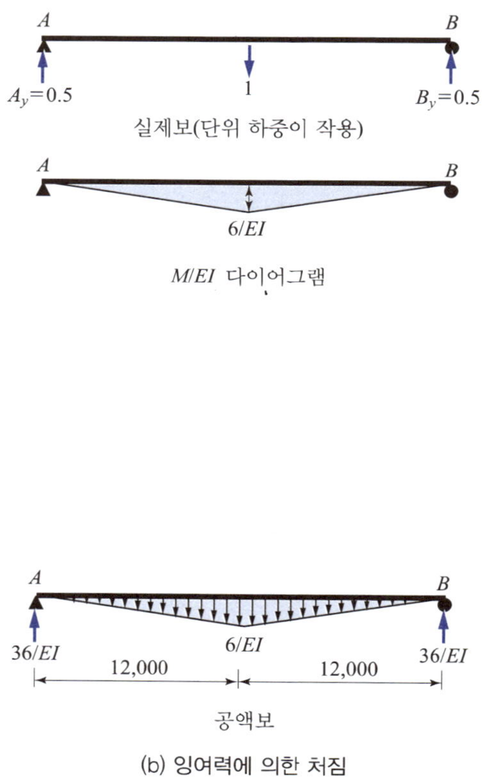

예제 그림 11.5.3 공액보법에 의한 처짐 계산

식(b)와 식(c)에서 계산한 결과를 식(a)에 대입하여 반력 C_y를 계산한다.

$$C_y = \frac{\triangle_{CO}}{\delta_{cc}} = \frac{0}{288} = 0 \quad \text{(d)}$$

계산한 반력을 이용하여 2차모멘트를 계산하면 [예제 그림 11.5.2(c)]가 된다.

(3) 전체모멘트를 계산한다.

2차모멘트가 없으므로 전체모멘트는 1차모멘트와 같다.

(4) 전체모멘트에 대한 편심거리를 계산한 후에 긴장력에 대한 콘크리트 응력을 계산한다.

계산 결과는 [예제 11.3]과 동일하다.

11.4 휨모멘트의 재분배

충분한 양의 부착 철근이 배근된 프리스트레스트 콘크리트 부재는 일반 철근콘크리트 부재와 동일하게 휨모멘트의 재분배가 가능하다. 휨모멘트의 재분배란 구조물 중에서 어느 한 곳이 재료의 한계점(소성상태)에 도달했을 때 부재가 즉시 파괴되지 않고 구조물의 다른 곳에서 외부하중을 계속해서 지지하는 현상을 말한다.

[그림 11.9(a)]의 양단이 연속인 프리스트레스트 콘크리트 보가 있다. 양단이 고정된 상태로 등분포하중(w_u)이 작용할 경우에 양단부의 부모멘트(M_{uA}^-)는 중앙부의 정모멘트(M_{uB}^+)의 2배가 된다. 따라서 외부하중이 증가하면 양단부에서 먼저 외부 모멘트(M_{uA}^-)가 단부의 저항모멘트(M_{nA}^-)에 도달하며, 이때 중앙부의 저항모멘트(M_{nB}^+)는 외부 모멘트(M_{uB}^+)의 2배를 유지한다.

변형이 큰 연성재료가 사용될 경우에 단부에서 $M_{uA}^- = \phi M_{nA}^-$ 이 된 이후에도 부재의 변형은 계속해서 증가한다. 부재의 변형이 증가한다는 것은 이 위치에서 힌지(hinge, 소성힌지라고 함)가 발생하여 단면의 회전능력이 커졌다는 것을 의미한다. 따라서 단부에서 $M_{uA}^- = \phi M_{nA}^-$ 이 된 이후에 [그림 11.9(a)]의 양단이 고정단인 구조물은 양단이 힌지인 1차 부정정구조물로 바뀌게 된다. 양단이 힌지인 구조물도 안정구조물이므로 외부하중(w_u)은 계속해서 증가한다. 이때 외부하중은 부재의 단부가 아니라 부재의 중앙부에서 지지된다.

구조물이 하중의 재분배를 이루기 위해서는 다음의 두 조건을 만족해야 한다.

① 구조물은 부정정구조물이어야 한다.

구조물이 [그림 11.9(b)]의 정정구조물인 경우에는 중앙부의 외부 모멘트(M_{uB}^+)가 재료의 저항모멘트(ϕM^+_{nB})에 도달한 이후에 구조물은 불안정구조물이 되어 더 이상 외력(w_u)을 저항하지 못하고 파괴된다. 즉, [그림 11.9(b)]의 중앙부에서 M^+_{uB}가 ϕM^+_{nB}에 도달하여 소성힌지가 발생하면, 구조물은 정정구조물에서 불안정구조물로 변하게 된다.

② 재료는 충분한 연성능력을 갖고 있어야 한다.

부정정구조물의 어느 한 지점([그림 11.9(a)]의 양단)이 최대 모멘트에 도달한 이후에 모멘트 재분배를 이루기 위해서는 재료가 충분한 연성능력을 갖고 있어야 한다. 재료가 연성적이지 못할 경우에는 소성힌지가 발생하지 않고 최대 모멘트에 도달한 순간에 부재가 즉각적으로 파괴되므로 다른 위치([그림 11.9(a)]의 중앙부)에서 외력을 저항할 수 없다.

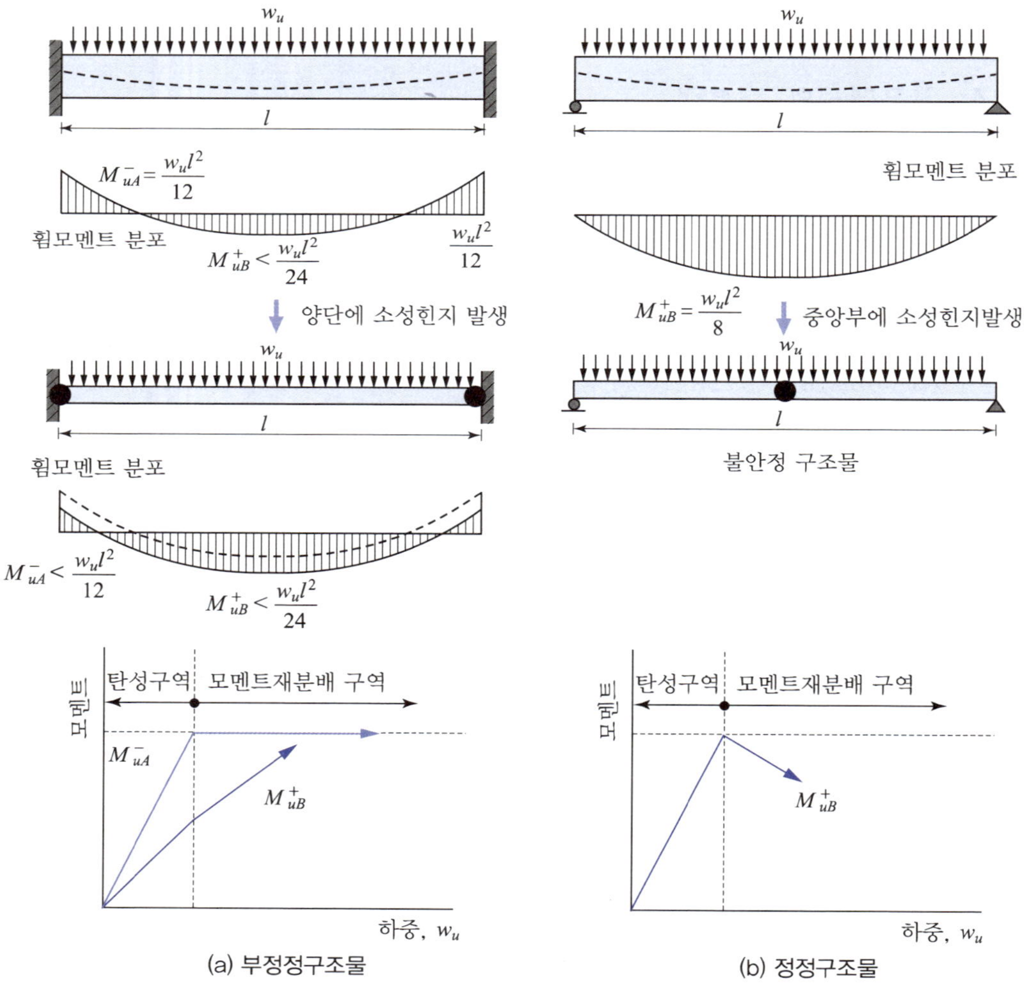

그림 11.9 모멘트 재분배

KDS 14 국가건설기준-2020(콘크리트구조 학회기준, 2017)에서는 이러한 특성을 고려하여 부재 단면의 인장연단에 가장 가까운 철근의 변형률(ϵ_t)이 0.0075 이상인 경우에는 구조물에 모멘트 재분배가 발생하는 것으로 간주한다. 설계기준에서는 프리스트레스 콘크리트 부재의 모멘트 재분배를 철근콘크리트 부재와 마찬가지로 식(11.10)에 의해 계산한다.

$$\text{모멘트 재분배} = 1{,}000 \times \epsilon_t (\%) \tag{11.10}$$

단, 식(11.9)에 의해 계산한 모멘트 재분배는 20퍼센트를 초과하지 못한다.

예제 11.6

[예제 그림 11.6.1]의 프리스트레스 콘크리트 연속보를 설계하고자 한다. 긴장재는 부착되어 있으며 즉시응력손실은 10%, 장기응력손실은 15%이다.

부재의 고정하중(자중) $w_D = 5$ kN/m, 추가고정하중 $w_{SD} = 6$ kN/m, 활하중 $w_L = 12$ kN/m

콘크리트 28일 압축강도 $f_{ck} = 35$ MPa

- 긴장재(PS강재, 응력이완 긴장재) : 7연선 9.3 mm(SWPC 7AN, 단면적 $A_{ps} = 51.61\ \text{mm}^2$)가 12가닥 사용됨, 인장강도 $f_{pu} = 1{,}860$ MPa, 항복강도 $f_{py} = 1{,}600$ MPa, 긴장 시의 긴장응력 $f_{pj} = 0.90 f_{py}$

1) 긴장재를 선형이동하여 컨코던트 긴장재로 변환하라.
2) 비균열등급 부재로 설계할 경우에 전체사용하중에 대한 단면의 응력을 검토하라.
3) 극한하중단계에서 긴장재의 응력 계산은 약산식을 이용하여 계산하고, 이를 이용하여 C점의 모멘트 재분배를 계산하라.

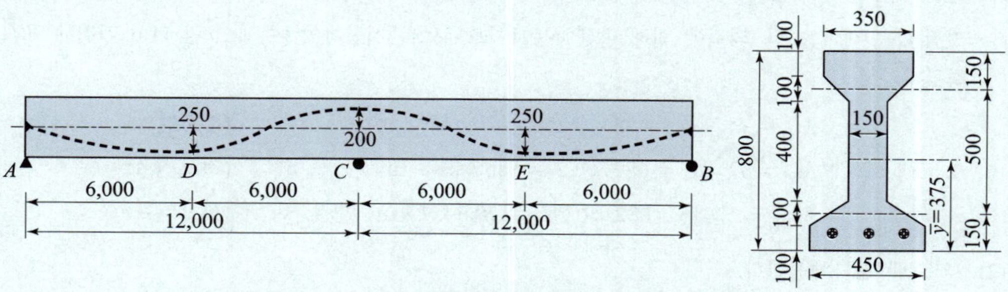

예제 그림 11.6.1 프리스트레스 콘크리트 부재 (단위 : mm)

풀이

단면적(A_c), 단면2차모멘트(I_c), 중립축의 위치($\bar{y}$) 등의 단면에 대한 기본 내용을 계산한다.

$$A_c = (350 \times 150) + (150 \times 500) + (450 \times 150) = 195{,}000\ \text{mm}^2$$

$$\bar{y} = \frac{(350\times150)\times725+(150\times500)\times400+(450\times150)\times75}{(350\times150)+(150\times500)+(450\times150)} = 375\ \text{mm}$$

$$I_c = \frac{350\times150^3}{12} + (350\times150)(725-375)^2$$

$$+\frac{150\times500^3}{12} + (150\times500)(400-375)^2$$

$$+\frac{450\times150^3}{12} + (450\times150)(75-375)^2$$

$$= 14{,}341\times10^6\ \text{mm}^4$$

$$S^t = \frac{I_c}{y^t} = \frac{14{,}341\times10^6}{800-375} = 33{,}743{,}529\ \text{mm}^3$$

$$S_b = \frac{I_c}{y_b} = \frac{14{,}341\times10^6}{375} = 38{,}242{,}667\ \text{mm}^3$$

긴장재의 즉시응력손실은 10%이며, 장기응력손실은 15%이므로, 이 값에 대한 긴장재의 초기응력(f_{pi})과 유효응력(f_{pe})을 계산한다.

$$f_{pi} = 0.9f_{pj} = 0.9\times0.9f_{py} = 0.9\times0.9\times1{,}600 = 1{,}296\ \text{MPa}$$

$$f_{pe} = 0.85f_{pi} = 0.85\times1{,}296 = 1{,}101.6\ \text{MPa}$$

$$P_e = A_{ps}\times f_{pi} = 12\times51.61\times1{,}101.6 = 682\ \text{kN}$$

1) 긴장재를 선형이동하여 컨코던트 긴장재로 변환하라.

1차 부정정구조물이므로 [예제 그림 11.6.2]에서 잉여력을 중앙점(지점 C)의 반력 C_y로 하여 1차모멘트와 2차모멘트를 계산한 뒤, 전체모멘트를 구한다.

(1) 1차모멘트를 계산한다.

지점 C를 제거한 뒤, 외력에 의해 발생하는 1차모멘트를 계산하여 [예제 그림 11.6.2(b)]에 표시하였다.

$$M_D = P_e\times e = 682\times0.25 = 170.5\ \text{kN}\cdot\text{m} \qquad \text{(부모멘트)}$$

$$M_C = P_e\times e = 682\times0.2 = 136.4\ \text{kN}\cdot\text{m} \qquad \text{(정모멘트)}$$

$$M_E = P_e\times e = 682\times0.25 = 170.5\ \text{kN}\cdot\text{m} \qquad \text{(부모멘트)}$$

(2) 2차모멘트를 계산한다.

지점 C의 반력 C_y가 작용할 때의 2차모멘트를 계산한다.

$$\triangle_C = \triangle_{CO}+\delta_{cc}C_y \qquad \text{(a)}$$

실제 하중에 의해 발생하는 처짐($\triangle_{CO}$)을 공액보를 이용해서 계산한다.

$$A_y = A_{y1}-A_{y2} = \frac{1}{EI}\left(\frac{2}{3}\times238.7\times12-\frac{1}{2}\times136.4\times12\right) = \frac{1{,}091.2\ \text{kN}\cdot\text{m}}{EI}$$

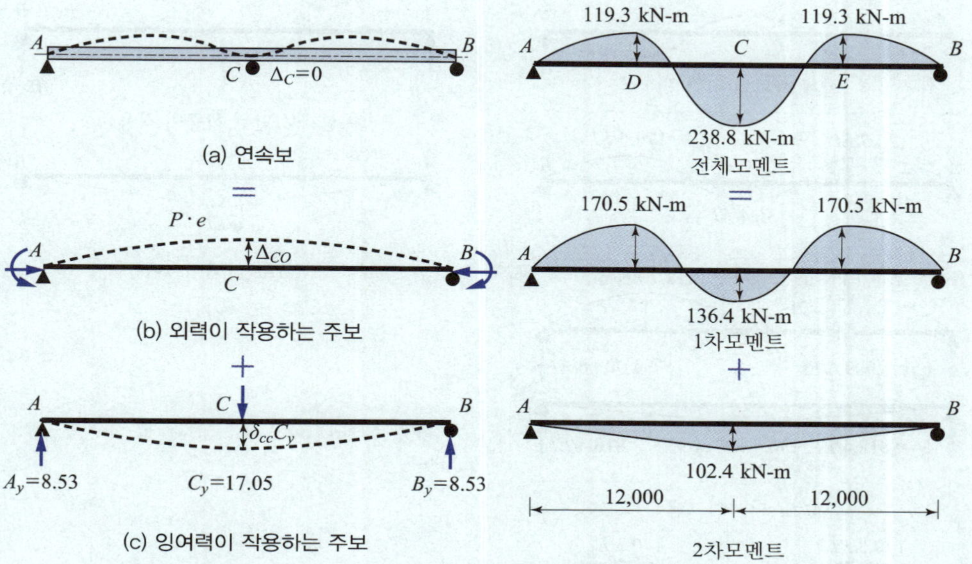

예제 그림 11.6.2 긴장력에 의해 발생하는 연속보의 휨모멘트 분포

$$\begin{aligned}\triangle_{CO} &= -\frac{1}{EI}\left[\left(\frac{2}{3}\times 238.7\times 12\right)\times(12-6)-\left(\frac{1}{2}\times 136.4\times 12\right)\times\left(12-\frac{12}{3}\right)\right]\\ &= -\frac{4{,}910.4\ \text{kN}\cdot\text{m}}{EI}\end{aligned} \tag{b}$$

단위하중에 의해 발생하는 처짐(δ_{cc})은 [예제 그림 11.6.3(b)]와 같이 단위하중 "1"에 대한 공액보를 이용하여 계산한다.

$$A_y = \frac{1}{2}\left(\frac{6}{EI}\times 12\right) = \frac{36}{EI}$$

$$\delta_{cc} = \frac{36}{EI}\times 12 - \frac{1}{2}\left(\frac{6}{EI}\times 12\right)\times\left(\frac{12}{3}\right) = \frac{288}{EI} \tag{c}$$

식(b)와 식(c)에서 계산한 결과를 식(a)에 대입하여 반력 C_y를 계산한다.

$$C_y = \frac{\triangle_{CO}}{\delta_{cc}} = \frac{4{,}910.4}{288} = 17.05\ \text{kN} \tag{d}$$

계산한 반력을 이용하여 C점의 2차모멘트를 계산하면 [예제 그림 11.6.2(c)]가 된다.

C점 $M = 8.53\times 12 = 102.4\ \text{kN}\cdot\text{m}$ (정모멘트)

(3) 전체모멘트를 계산한다.

전체모멘트는 [예제 그림 11.6.2(a)]에서 1차모멘트와 2차모멘트를 더하여 계산할 수 있다.

C점 $M = 136.4 + 102.4 = 238.8\ \text{kN}\cdot\text{m}$ (정모멘트)

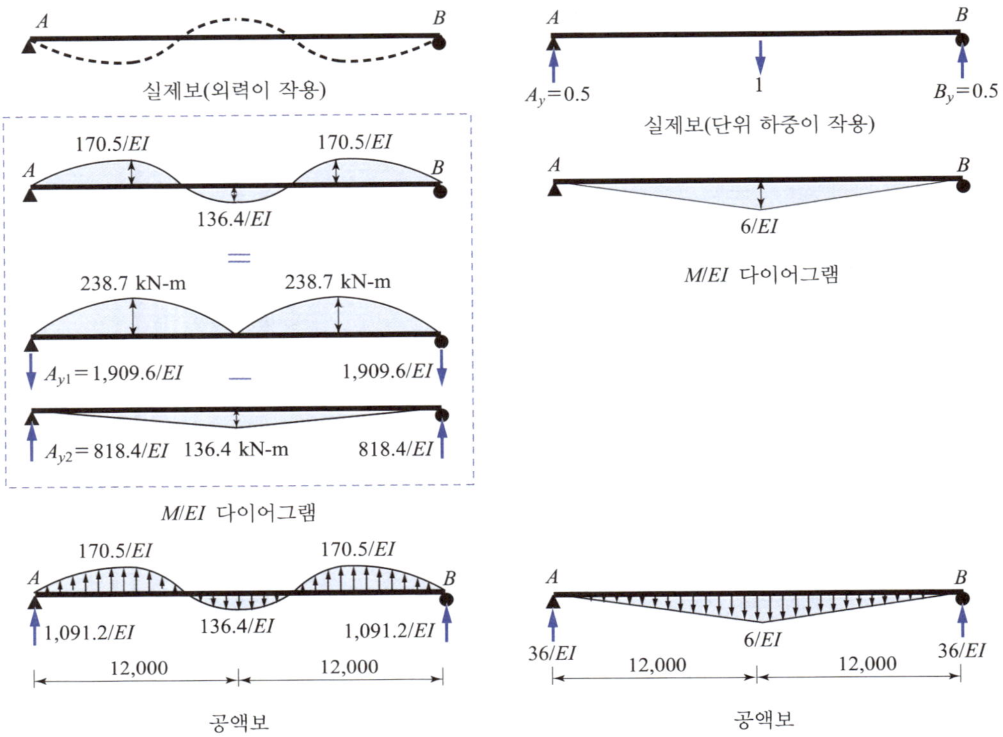

(a) 실제 하중에 의한 처짐 (b) 잉여력에 의한 처짐

예제 그림 11.6.3 긴장력에 의해 발생하는 처짐 계산

$$\text{D, E점} \quad M = -170.5 + \frac{102.4}{2} = -119.3\ \text{kN}\cdot\text{m} \qquad (\text{부모멘트})$$

(4) 전체모멘트에 대한 편심거리를 계산한 후에 긴장재의 위치를 선형이동한다. 또한 각 위치의 응력을 계산한다.

식(11.9)를 이용하여 전체모멘트에 대한 편심거리(e')를 계산한다.

[C점]

$$e' = \frac{M_3}{P} = \frac{238.8 \times 10^6}{682 \times 10^3} = -350\ \text{mm}$$

$$f^t = -\frac{P_e}{A_c} + \frac{P_e \times e'}{S^t} = -\frac{682{,}000}{195{,}000} - \frac{682{,}000 \times 350}{33{,}743{,}529} = -10.57\ \text{MPa} \qquad \text{(e)}$$

$$f_b = -\frac{P_e}{A_c} - \frac{P_e \times e'}{S_b} = -\frac{682{,}000}{195{,}000} + \frac{682{,}000 \times 350}{38{,}242{,}667} = 2.74\ \text{MPa} \qquad \text{(f)}$$

[D, E점]

$$e' = \frac{M_3}{P} = \frac{119.3 \times 10^6}{682 \times 10^3} = 175\ \text{mm}$$

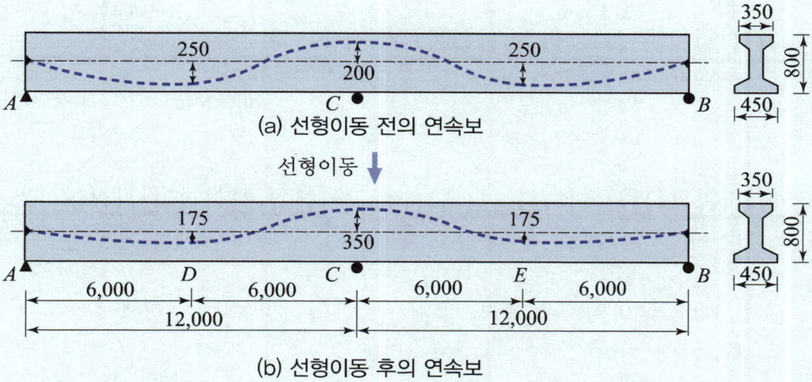

예제 그림 11.6.4 선형이동한 연속보 (단위 : mm)

$$f^t = -\frac{P_e}{A_c} + \frac{P_e \times e'}{S^t} = -\frac{682,000}{195,000} + \frac{682,000 \times 175}{33,743,529} = 0.04 \text{ MPa} \quad \text{(g)}$$

$$f_b = -\frac{P_e}{A_c} - \frac{P_e \times e'}{S_b} = -\frac{682,000}{195,000} - \frac{682,000 \times 175}{38,242,667} = -6.62 \text{ MPa} \quad \text{(h)}$$

PS긴장재를 선형이동한 연속보는 [예제 그림 11.6.4]와 같다.

2) 비균열등급 부재로 설계할 경우에 전체사용하중에 대한 단면의 응력을 검토하라.

주어진 조건에서 프리스트레스트 콘크리트 보를 사용하중단계에서 비균열등급으로 설계해야 한다. 그러므로 비균열등급 부재의 허용응력을 [표 6.3]을 이용하여 계산한다.

[최종하중단계]

허용압축응력 $f_{ca} = 0.45 f_{ck} = 0.45 \times 35 = -15.75 \text{ MPa}$ (i)

허용인장응력 $f_{ta} = 0.63\sqrt{f_{ck}} = 0.63\sqrt{35} = 3.73 \text{ MPa}$ (j)

(1) 1차모멘트를 계산한다.

고정하중과 활하중에 의한 전체사용하중을 계산한다.

$$w_T = 5 + 6 + 12 = 23 \text{ kN/m}$$

전체사용하중이 등분포하중으로 작용하며 지점C를 제거한 뒤, 외력에 의해 발생하는 휨모멘트를 계산한다. A점과 C점의 지점 반력과 C점의 2차모멘트를 계산한다([예제 그림 11.6.5(b)]).

$$A_y = B_y = \frac{23 \times 24}{2} = 276 \text{ kN}$$

C점 $M = \dfrac{w_T l^2}{8} = \dfrac{23 \times 24^2}{8} = 1,656 \text{ kN} \cdot \text{m}$ (정모멘트)

(2) 2차모멘트를 계산한다.

지점 C의 반력 C_y가 작용할 때의 2차모멘트를 계산한다.

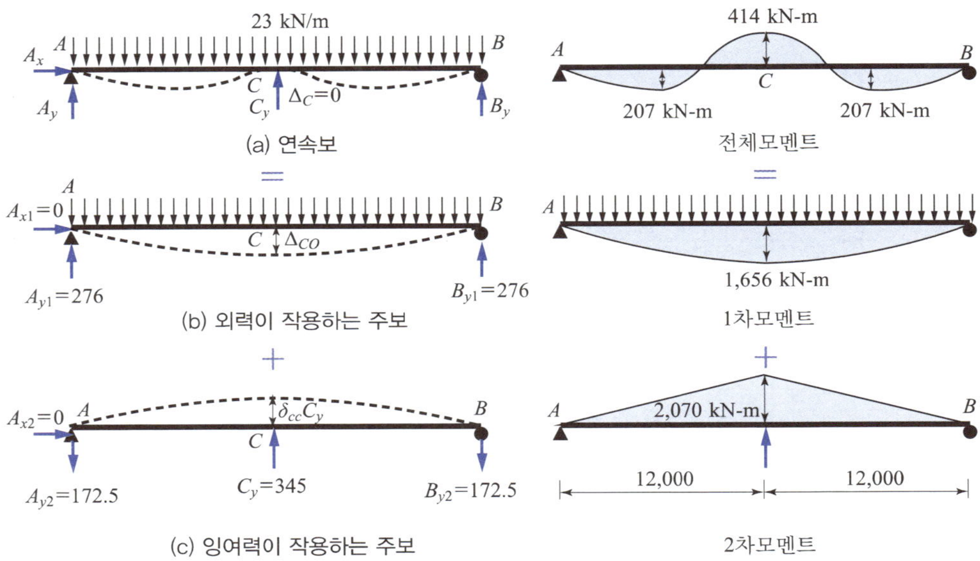

예제 그림 11.6.5 외부하중에 의해 발생하는 연속보의 휨모멘트 분포

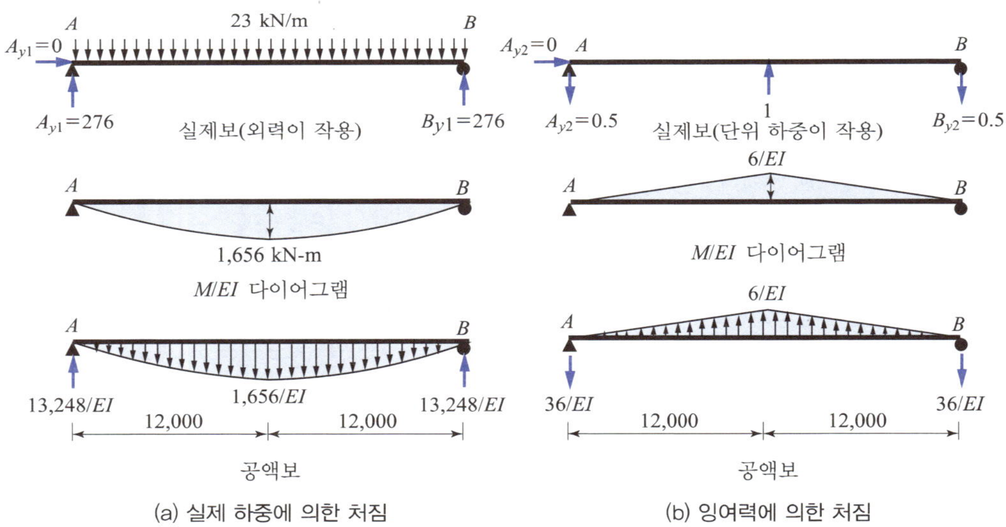

예제 그림 11.6.6 외부하중에 의해 발생하는 처짐 계산

$$\triangle_C = \triangle_{CO} + \delta_{cc} C_y$$

실제 하중에 의해 발생하는 처짐($\triangle_{CO}$)을 [예제 그림 11.6.6(a)]와 같이 계산한다.

$$A_y = \frac{2}{3}\left(\frac{1{,}656}{EI} \times 12\right) = \frac{13{,}248 \text{ kN}\cdot\text{m}}{EI}$$

$$\triangle_{CO}=\frac{13,248}{EI}\times\left(12-\frac{3}{8}12\right)=\frac{99,360\text{ kN}\cdot\text{m}}{EI} \qquad \text{(k)}$$

단위하중에 의해 발생하는 처짐(δ_{cc})은 단위하중 "1"에 대한 공액보를 이용하여 계산한다.

$$A_y=\frac{1}{2}\left(\frac{6}{EI}\times 12\right)=\frac{36}{EI}$$

$$\delta_{cc}=-\frac{36}{EI}\times 12+\frac{1}{2}\left(\frac{6}{EI}\times 12\right)\times\left(\frac{12}{3}\right)=\frac{288}{EI} \qquad \text{(l)}$$

식(k)와 식(l)에서 계산한 결과를 대입하여 반력 C_y를 계산한다.

$$C_y=\frac{\triangle_{CO}}{\delta_{cc}}=\frac{99,360}{288}=345\text{ kN}$$

계산한 반력을 이용하여 C점의 2차모멘트를 계산하면 [예제 그림 11.6.5(c)]가 된다.

C점 $M=172.5\times 12=2,070\text{ kN}\cdot\text{m}$ (정모멘트)

(3) 전체모멘트를 계산한다.

전체모멘트는 [예제 그림 11.6.5(a)]에서 1차모멘트와 2차모멘트를 더하여 계산할 수 있다.

C점 $M=1,656-2,070=-414\text{ kN}\cdot\text{m}$ (부모멘트)

D, E점 $M=1,242-\dfrac{2,070}{2}=207\text{ kN}\cdot\text{m}$ (정모멘트)

(4) 각 위치의 응력을 계산한다. 이때 긴장재에 의한 응력은 식(e)~식(h)에서 계산한 결과를 활용한다.

[C점]

$$f^t=-\frac{P_e}{A_c}+\frac{P_e\times e}{S^t}-\frac{M_T}{S^t}=-10.57-\frac{-414\times 10^6}{33,743,529}=1.70\text{ MPa}$$

$$f_b=-\frac{P_e}{A_c}-\frac{P_e\times e}{S_b}+\frac{M_T}{S_b}=2.74+\frac{-414\times 10^6}{38,242,667}=-8.09\text{ MPa}$$

[D, E점]

$$f^t=-\frac{P_e}{A_c}+\frac{P_e\times e}{S^t}-\frac{M_T}{S^t}=0.04-\frac{207\times 10^6}{33,743,529}=-6.09\text{ MPa}$$

$$f_b=-\frac{P_e}{A_c}-\frac{P_e\times e}{S_b}+\frac{M_T}{S_b}=-6.62+\frac{207\times 10^6}{38,242,667}=-1.21\text{ MPa}$$

계산한 C, D, E점의 콘크리트의 압축응력을 허용응력과 비교했을 때 설계가 적합하다.

3) 극한하중단계에서 약산식(긴장재의 응력 계산)을 이용하여 C점의 모멘트 재분배를 계산하라.

중앙부 C점의 변형률의 분포를 계산하여 모멘트 재분배를 계산한다.

(1) PS강재의 응력(f_{ps})을 계산한다.

긴장재는 부착되어 있으며 $f_{pe}\geq 0.5f_{pu}$ 이므로 식(6.85)에 의해 C점의 PS강재의 응력(f_{ps})을 계산할 수 있다.

$$f_{ps} = f_{pu}\left[1 - \frac{\gamma_p}{\beta_1}\left\{\rho_p \frac{f_{pu}}{f_{ck}} + \frac{d_s}{d_p}(\omega - \omega')\right\}\right]$$

$$= 1{,}860\left[1 - \frac{0.40}{0.80}\left\{0.00214\frac{1{,}860}{35} + 0\right\}\right] = 1{,}754.2\ \text{MPa}$$

여기서, $\gamma_p = 0.40$ ($f_{py}/f_{pu} \geqq 0.85$인 경우)

$\beta_1 = 0.8$ ([표 6.12] 참조)

$$\rho_p = \frac{A_{ps}}{b \times d_p} = \frac{12 \times 51.61}{(350+450)/2 \times (375+350)} = 0.00214$$

$\rho = 0$

$\omega = \omega' = 0$

(2) 힘의 평형조건(식(6.67))을 이용하여 등가응력블록의 깊이(a)와 중립축의 깊이(c)를 계산한다.

$$a = \frac{A_{ps}f_{ps} + A_s f_y}{\eta \times 0.85 f_{ck} b} = \frac{(12 \times 51.61) \times 1{,}754.2}{1 \times 0.85 \times 35 \times 400} = 91.3\ \text{mm}$$

$$c = \frac{a}{\beta_1} = \frac{91.3}{0.8} = 114.1\ \text{mm}$$

(3) 변형의 적합조건(식(6.70))을 이용하여 긴장재의 변형률을 계산한다. 콘크리트의 극한변형률 ϵ_{cu}은 $f_{ck} = 35$ MPa일 때 [표 6.10]에서 0.0033이다.

$$\epsilon_{ps3} = \left(\frac{d_p - c}{c}\right)\epsilon_{cu} = \left(\frac{(375+350) - 114.1}{114.1}\right) \times 0.0033 = 0.0177$$

(4) 긴장재의 변형률(ϵ_t)이 0.0075를 초과하므로 식(11.10)을 이용하여 가능한 최대 모멘트 재분배를 계산하고, 단면의 저항모멘트와 비교하여 실제 모멘트 재분배를 계산한다.

$$\text{모멘트 재분배} = 1{,}000 \times \epsilon_t (\%)$$

가능한 최대 모멘트 재분배 : 17.7%

연습문제

11.1 | 프리스트레스트 콘크리트 연속보의 장점과 단점에 대해 설명하라.

11.2 | ZLC-line에 대해 설명하라.

11.3 | 컨코던트 긴장재와 넌컨코던트 긴장재의 차이에 대해 설명하라.

11.4 | 긴장재를 선형이동하는 이유와 선형이동하는 방법에 대해 설명하라.

11.5 | 프리스트레스트 콘크리트 연속보의 휨모멘트를 재분배하기 위해 필요한 두 가지 조건에 대해 설명하라.

11.6 | [연습 그림 11.1]의 프리스트레스트 콘크리트 연속보를 설계하고자 한다. 긴장재는 부착되어 있으며 즉시응력손실은 10%, 장기응력손실은 15%이다.

부재의 고정하중(자중) $w_D = 5$ kN/m, 추가고정하중 $w_{SD} = 6$ kN/m, 활하중 $w_L = 12$ kN/m

콘크리트 28일 압축강도 $f_{ck} = 35$ MPa

- **긴장재**(PS강재, 응력이완 긴장재) : 7연선 9.3 mm(SWPC 7AN, 단면적 $A_{ps} = 51.61$ mm^2)가 12가닥 사용됨, 인장강도 $f_{pu} = 1{,}860$ MPa, 항복강도 $f_{py} = 1{,}600$ MPa, 긴장 시의 긴장응력 $f_{pj} = 0.90 f_{py}$

1) 긴장재를 선형이동하여 컨코던트 긴장재로 변환하라.

2) 비균열등급 부재로 설계할 경우에 전체사용하중에 대한 단면의 응력을 검토하라.

3) 극한하중단계에서 긴장재의 응력 계산은 약산식을 이용하여 계산한 후에 이를 이용하여 C점의 모멘트 재분배를 계산하라.

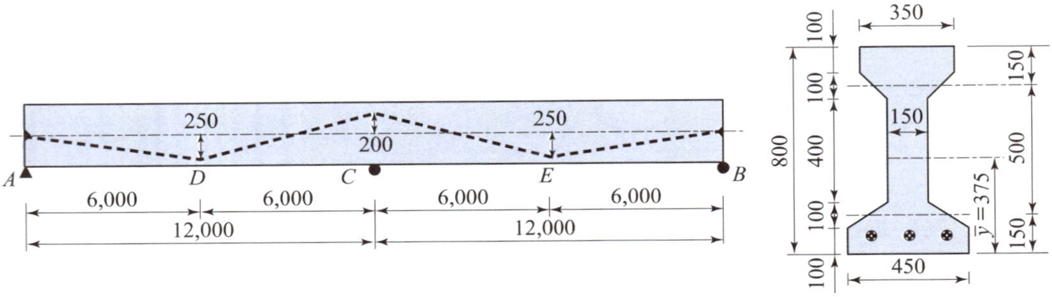

연습 그림 11.1 프리스트레스트 콘크리트 부재 (단위 : mm)

Chapter 12

솟음과 처짐

12.1 일반 사항

프리스트레스트 콘크리트 부재는 단면이 작고 경간이 길며 솟음(camber)이 발생하기 때문에 세심하게 사용성을 검토해야 한다. 프리스트레스트 콘크리트 부재를 구조설계하기 위해서는 사용하중단계에서 비균열등급 부재, 부분균열등급 부재, 균열등급 부재의 세 종류로 구별한 후에 강도에 대한 한계와 사용성에 대한 한계를 검토해야 한다. 사용성에 대한 한계 검토란 구조물이 붕괴나 전도 등에 대하여 안전하다고 할지라도 처짐, 균열, 진동, 피로 등과 같이 사용상에서 문제가 없는지 검토하는 것이다. 부재의 사용성은 탄성해석이나 허용응력설계에 근거하여 설계해야 한다. 사용성에는 처짐, 균열, 피로, 내구성 등이 포함되며, 12장에서는 이 중에서 처짐계산에 중점을 두고 있다.

프리스트레스트 콘크리트 부재에는 PS긴장력이 작용하기 때문에 철근콘크리트 부재와 다른 다음의 처짐 특성을 갖고 있다.

① **단면과 경간의 비** : 프리스트레스트 콘크리트 부재는 긴장재를 사용하여 콘크리트 단면을 효율적으로 활용하므로 부재의 단면 크기가 작고 경간이 길다. 따라서 단면과 경간의 비(경간/단면의 높이)가 크기 때문에 처짐이 크게 발생할 수 있다.

② **솟음**(camber)과 **처짐**(deflection) : 솟음이란 긴장력에 의해 부재 도심보다 위쪽으로 처짐이 발생하는 현상을 의미하며, 처짐이란 자중이나 활하중 등과 같은 일반하중에 의해 부재의 처짐이 도심 아래쪽으로 발생하는 현상을 의미한다. 설계에서는 도심 위쪽으로 변형이 발생하는 솟음은 음수(−)로 표시하고, 도심 아래쪽으로 발생하는 처짐은 양수(+)로 표시한다. 프리스트레스트 콘크리트 부재는 초기에 가력하는 긴장력에 의하여 솟음이 발생하여 일반 철근콘크리트보다 유리하다. 프리스트레스트 콘크리트 부재의 전체 처짐은 식(12.1)에서 솟음과 처짐을 합하여 계산한다.

$$\Delta_T = \Delta_P(\uparrow) + \Delta_C(\downarrow) \tag{12.1}$$

여기서, Δ_T : 전체 처짐, Δ_P : 긴장력에 의해 부재축 위쪽으로 발생하는 처짐, 즉 솟음, Δ_C : 고정하중이나 활하중 등에 의해 부재축 아래쪽으로 발생하는 처짐이다.

③ **크리프의 영향** : 프리스트레스트 콘크리트 부재에 발생하는 크리프는 시간이 경과함에 따라서 솟음을 증가시킨다. 따라서 교량의 상판이나 슬래브가 솟음에 의해 균열이 발생하거나 뒤틀릴 수 있으므로 주의해서 설계해야 한다.

④ **건조수축과 릴랙세이션의 영향** : 프리스트레스트 콘크리트 부재에 발생하는 건조수축과 PS긴장재의 릴랙세이션은 긴장재의 응력손실을 유발하며, 이는 결과적으로 프리스트레스

트 콘크리트 부재의 솟음을 작게 하여 불리하게 작용할 수 있다.

⑤ **유효단면2차모멘트** : 프리스트레스트 콘크리트 부재는 일반 철근콘크리트 부재에 비하여 균열이 적게 발생하므로 유효단면2차모멘트가 커서 부재의 처짐이 줄어든다.

프리스트레스트 콘크리트 부재의 처짐을 계산하기 위해서는 긴장력에 의해 발생하는 솟음을 먼저 계산한 뒤, 일반하중에 의해 발생하는 처짐을 계산해야 한다. 12장의 전반부에서는 구조설계기준에서 규정하는 프리스트레스트 콘크리트 부재의 처짐 규정을 설명하고, 이를 이용하여 프리스트레스트 콘크리트 부재의 탄성처짐을 계산한다. 또한 기준에서 규정하는 순간처짐과 장기처짐에 대한 제한값을 설명한다. 12장의 후반부에서는 프리스트레스트 콘크리트 부재에 발생하는 장기처짐을 계산한다.

12.2 처짐 계산을 위한 일반 사항

12.2.1 부재 등급에 따른 처짐의 계산

KDS 14 국가건설기준-2020(콘크리트구조 학회기준, 2017)에서는 프리스트레스트 콘크리트 부재를 [그림 12.1]에서 균열발생 여부와 사용한계도달 여부에 따라서 세 종류의 부재로 구분하여 설계한다. 이들 세 부재의 허용응력한계에 대해서는 6장에서 이미 설명하였으므로 12장에서는 균열과 처짐에 관련된 항목만을 비교하고자 한다.

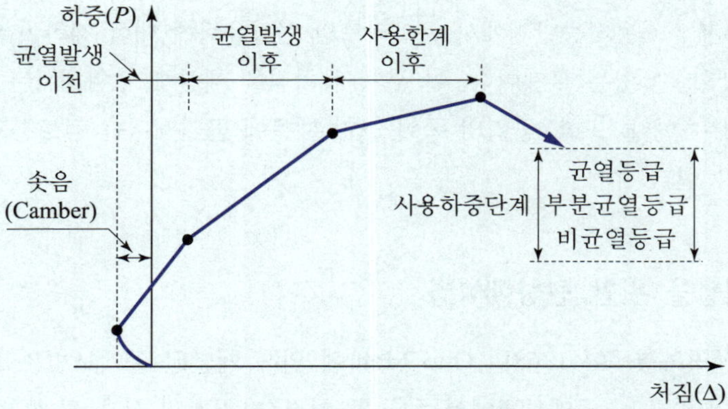

그림 12.1 프리스트레스트 콘크리트 부재의 균열에 대한 한계

표 12.1 프리스트레스트 콘크리트 부재의 등급에 따른 사용성 검토

거동 및 제어	프리스트레스트 콘크리트 부재			철근콘크리트 부재
	비균열등급 (U-class)	부분균열등급 (T-class)	균열등급 (C-class)	
거동	비균열 상태	비균열과 균열의 중간 상태	균열 상태	균열 상태
사용하중에서의 응력 계산시 단면 설정	비균열 전체단면	비균열 전체단면	균열단면	조건 없음
처짐 계산 근거	비균열 전체단면	균열단면	균열단면	유효단면2차모멘트
균열제어	조건 없음	조건 없음	[균열제어 조건(1)] 6.2절 참조	[균열제어 조건(1)] 6.2절 참조
표피철근	불필요	불필요	[균열제어 조건(2)] 6.2절 참조	[균열제어 조건(2)] 6.2절 참조

① **비균열등급 부재** : 사용하중단계에서 콘크리트의 인장응력이 제한되어 균열이 발생하지 않는 부재이다. 이 부재의 경우 처짐을 계산하기 위하여 필요한 단면2차모멘트는 비균열 전체단면에 대한 전단면2차모멘트를 사용하며, 구조설계기준에서 요구하는 균열제어를 할 필요가 없다.

② **부분균열등급 부재** : 사용하중단계에서 폭이 작은 균열을 허용하는 부재이다. 이 부재의 처짐을 계산하기 위해서는 균열단면2차모멘트를 사용해야 한다. 다만, 균열의 폭이 작기 때문에 비균열등급 부재에 대한 설계와 마찬가지로 구조설계기준에서 요구하는 균열제어를 할 필요가 없다.

③ **균열등급 부재** : 사용하중단계에서 콘크리트의 인장응력에 대한 제한이 없으므로 폭이 큰 균열이 발생할 수 있는 부재이다. 이 부재의 처짐을 계산하기 위해서는 균열단면2차모멘트를 사용해야 한다. 또한, 균열의 폭이 크기 때문에 균열제어를 검토하고 비긴장재(철근)를 배근해야 한다.

12.2.2 처짐 계산을 위한 탄성해석법

11.2.2항에서 설명하였듯이 1868년 Otto Mohr에 의해 개발된 공액보법은 보의 처짐과 처짐각을 계산하는데 편리하다. 공액보법에서는 곡률, 처짐각, 처짐의 상호 관계와 하중, 전단력, 휨모멘트의 상호 관계의 유사성을 이용하여 실제보를 가상의 공액보로 전환하여 처짐과 처짐각을 계산한다. [그림 12.2]의 절곡된 PS긴장재가 사용된 프리스트레스트 콘크리트 단순보의 중앙점의 처짐은 실제보의 휨모멘트(M)를 휨강성(EI)으로 나눈 값이 하중으로 작용하는 공액보의

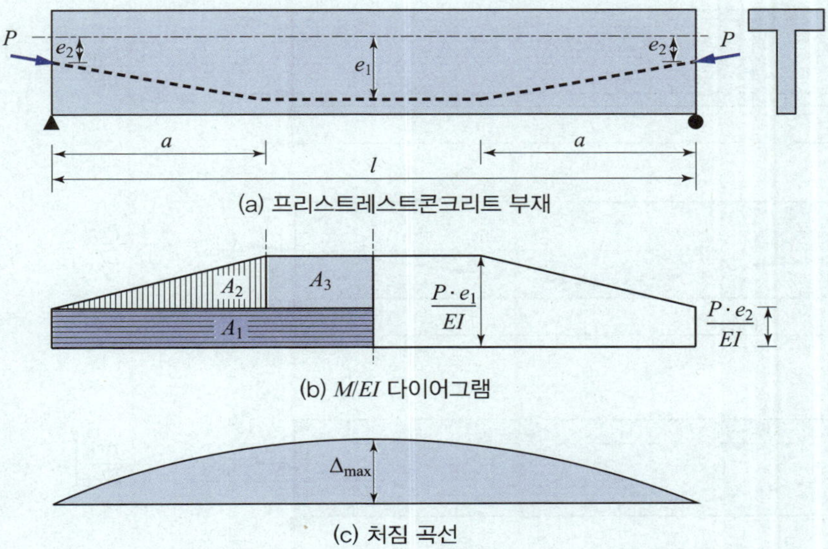

그림 12.2 공액보법에 의한 프리스트레스트 콘크리트 부재의 솟음 계산

모멘트와 같다. 따라서 M/EI구간을 [그림 12.2(b)]의 세 구간으로 구분한 뒤, 중앙점에서 발생하는 최대 처짐(Δ_{max})을 계산한다.

$$\begin{aligned}\Delta_{max} &= (A_1 + A_2 + A_3)\left(\frac{l}{2}\right) \\ &\quad - \left[A_1 \times \frac{l}{4} + A_2 \times \left(\frac{l}{2} - a + \frac{a}{3}\right) + A_3 \times \left(\frac{l}{2} - a\right)\Big/ 2\right] \\ &= -\frac{Pl^2}{8EI}\left[e_1 + (e_2 - e_1)\frac{4}{3}\frac{a^2}{l^2}\right]\end{aligned}$$

동일한 방법에 의해 다양한 형상으로 배근된 프리스트레스트 콘크리트 부재의 처짐을 계산하여 [그림 12.3]에 정리하였다.

12.2.3 탄성해석에 의한 처짐을 프리스트레스트 콘크리트 부재에 적용하기 위한 조건

재료가 균질하며 탄성상태인 부재의 처짐은 부재의 길이, 하중의 크기, 탄성계수, 단면2차모멘트, 지점의 종류 등에 의해 영향을 받는다. [그림 12.3]은 다양한 하중과 지점을 갖는 프리스트레스트 콘크리트 부재의 처짐을 탄성해석에 기본을 둔 공액보법을 이용하여 계산한 결과이다. 이러한 처짐값을 재료가 균질하지 않으며 균열이 발생한 콘크리트 부재에 적용하기 위해서는 단면을 환산하고 단면2차모멘트를 재해석할 필요가 있다.

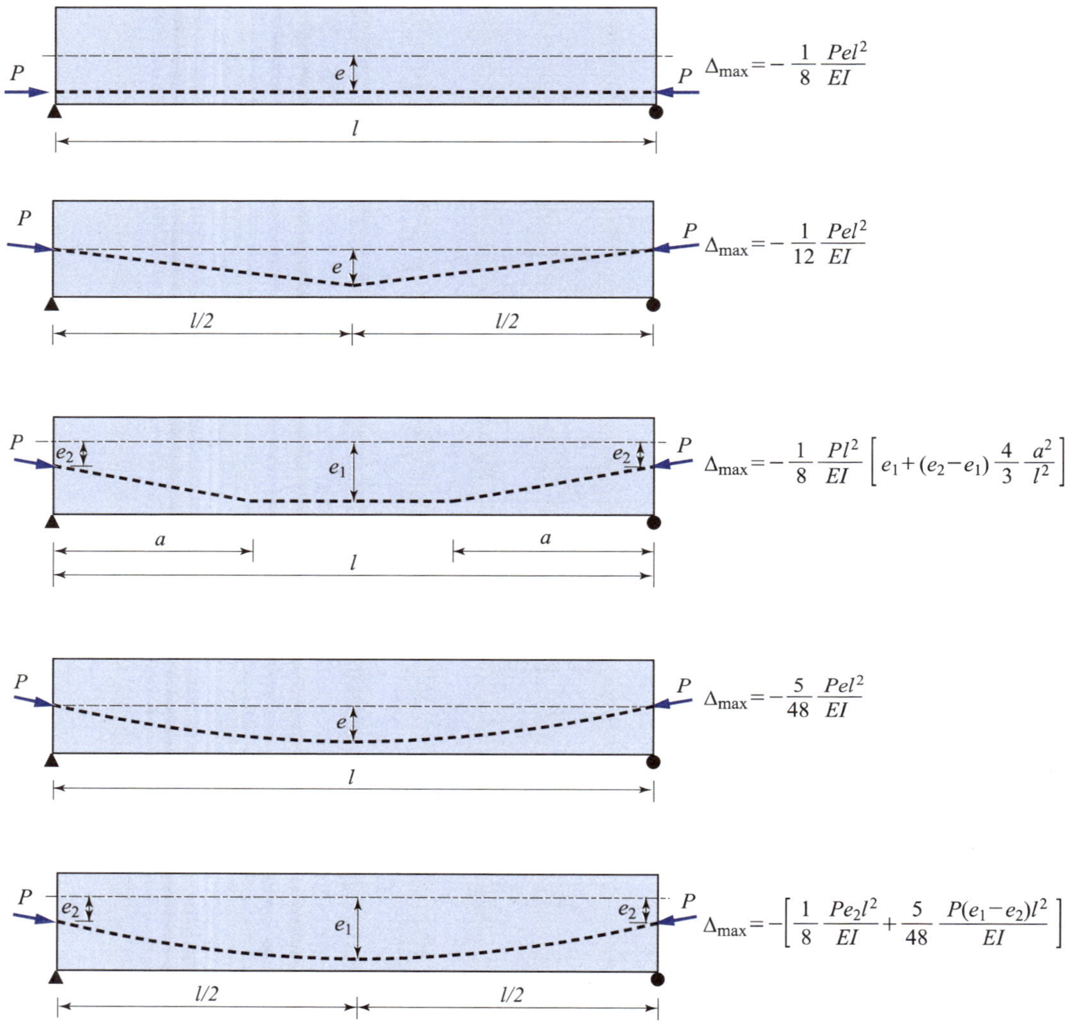

그림 12.3 프리스트레스트 콘크리트 부재의 솟음 계산식

단면의 환산

프리스트레스트 콘크리트 부재의 단면은 탄성계수와 강도가 다른 강재(PS긴장재와 철근)와 콘크리트라는 2개의 복합재료로 구성되어 있다. 서로 다른 재료로 이루어진 단면의 도심과 단면 2차모멘트를 계산하기 위해서는 어느 한 재료의 단면적을 다른 재료의 단면적으로 환산한 후에 전체단면을 하나의 균질한 재료로 보고 계산하는 것이 편리하다.

[그림 12.4]는 탄성계수가 다른 콘크리트와 강재로 이루어진 단면을 나타낸다. 전체 단면의 도심을 구하기 위해서는 두 종류의 재료 중에 어느 한 재료의 단면을 다른 재료의 단면으로 환산

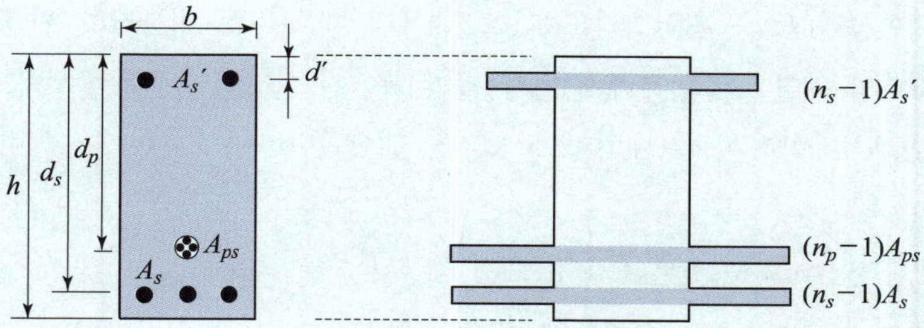

그림 12.4 단면의 환산

해야 한다. 단면의 환산은 식(12.2)와 같이 재료의 탄성계수비(n)를 이용하며, 강한 재료(강재)를 약한 재료(콘크리트)로 환산한다.

$$n_p = E_{ps} / E_c \tag{12.2a}$$

$$n_s = E_s / E_c \tag{12.2b}$$

여기서, n_p : PS긴장재의 탄성계수비, n_s : 철근의 탄성계수비, E_{ps} : PS긴장재의 탄성계수, E_s : 철근의 탄성계수, E_c : 콘크리트의 탄성계수이다.

힘과 변형의 관점에서 볼 때 환산하는 방법은 두 가지가 있다. 첫 번째는 탄성계수의 비(n)를 환산하고자 하는 단면적에 곱하여 계산한 경우이며, 두 번째는 두 가지 재료를 각각 분리하여 계산한 후에 이 값들을 합하는 경우이다. 두 방법에 의한 결과는 동일하므로 여기에서는 [그림 12.4]와 같이 강재 단면을 콘크리트 단면으로 환산하여 단면적과 단면2차모멘트를 계산하였다.

휨균열모멘트

부재의 처짐과 밀접한 관련이 있는 휨강성(EI)은 균열이 발생하기 이전과 균열이 발생한 이후에 달라진다. 따라서 부재에 휨균열이 발생하였는지 또는 발생하지 않았는지를 검토하는 것은 처짐 계산에서 중요한 항목이다. 부재의 휨균열발생 여부는 부재에 작용하는 외부하중에 의한 휨모멘트와 부재의 내부저항 휨균열모멘트(M_{cr})를 비교하여 예측할 수 있다.

유효긴장력(P_e)이 작용하는 프리스트레스트 콘크리트 부재에 균열이 발생하지 않았다면 탄성해석에 의해 식(12.3)에서 휨응력을 계산한다(6장의 식(6.2d)와 동일).

$$f_b = -\frac{P_e}{A_c} - \frac{P_e \times e}{S_b} + \frac{M_T}{S_b} \tag{12.3}$$

여기서, f_b : 단면 인장연단의 휨모멘트, P_e : 유효긴장력, e : 긴장재의 편심거리, S_b : 인장연단에 대한 단면계수, M_T : 전체하중에 의한 휨모멘트($M_T = M_D + M_{SD} + M_L$)이다.

식(12.3)에서 휨응력(f_b)을 휨인장강도(f_r)로 대체할 때 M_T는 내부저항 휨균열모멘트(M_{cr})가 된다. 콘크리트의 균열은 중립축에서 가장 멀리 떨어진 인장연단에서 발생하므로 식(12.3)에 인장연단에 대한 단면계수(S_b)를 대입하여 M_{cr}을 계산한다.

$$M_{cr} = f_r S_b + P_e\left(\frac{S_b}{A_c} + e\right) \tag{12.4}$$

여기서, f_r : 콘크리트 휨인장강도($f_r = 0.63\lambda\sqrt{f_{ck}}$ (식 3.8))이다.

단면2차모멘트

균열이 발생하기 이전의 프리스트레스트 콘크리트 부재의 휨강성(E_cI_g)은 균열이 발생한 이후의 휨강성(E_cI_{cr})과 차이가 있다([그림 12.5] 참조). 그 이유는 균열이 발생하기 이전에는 콘크리트의 전체 단면적을 단면2차모멘트에 적용할 수 있지만, 균열이 발생한 이후에는 균열면과 비균열면 단면의 유효값인 유효단면2차모멘트를 사용해야 하기 때문이다. 따라서 단면2차모멘트는 균열이 발생하기 이전과 균열이 발생한 이후로 구분하여 다음과 같이 계산한다.

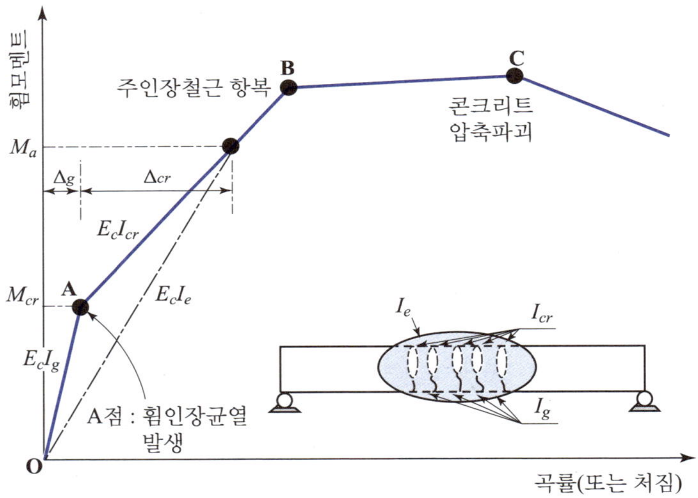

그림 12.5 휨강성의 변화

① **균열발생이전**(전단면2차모멘트, $M < M_{cr}$) : 균열이 발생하기 이전에는 콘크리트의 전체 단면적을 이용하여 단면2차모멘트를 계산한다. [그림 12.6]의 프리스트레스트 콘크리트 부재의 단면2차모멘트는 다음의 두 방법에 의해 계산한다.

[정산식]

[그림 12.6(a)]의 PS긴장재와 철근을 [그림 12.6(c)]에서 콘크리트로 환산하고, 탄성해석에 의해 중립축을 계산한다.

$$\bar{y} = \frac{(b \times h)\dfrac{h}{2} + (n_s - 1)A_s{}'d' + (n_s - 1)A_s d + (n_p - 1)A_{ps}d_p}{(b \times h - A_s{}' - A_s - A_{ps}) + n_s A_s{}' + n_s A_s + n_p A_{ps}}$$

$$= \frac{(b \times h)\dfrac{h}{2} + (n_s - 1)A_s{}'d' + (n_s - 1)A_s d + (n_p - 1)A_{ps}d_p}{(b \times h) + (n_s - 1)A_s{}' + (n_s - 1)A_s + (n_p - 1)A_{ps}} \tag{12.5}$$

위에서 계산한 중립축을 이용하여 단면2차모멘트를 계산한다.

$$I_g = \frac{b(h)^3}{12} + bh\left(\bar{y} - \frac{h}{2}\right)^2 + (n_s - 1)A_s{}'(\bar{y} - d')^2 + (n_s - 1)A_s(\bar{y} - d)^2 + (n_p - 1)A_{ps}(\bar{y} - d_p)^2 \tag{12.6}$$

[약산식]

식(12.6)은 계산이 복잡하고 콘크리트의 전체 단면적이 사용될 경우에 강재가 단면2차모멘트에 미치는 영향이 크지 않으므로 PS강재와 철근의 단면적을 무시하고 계산한다.

$$\bar{y} = h/2 \tag{12.7}$$

$$I_g = bh^3/12 \tag{12.8}$$

② **균열발생이후**(유효단면2차모멘트, $M \geq M_{cr}$) : 균열이 발생한 이후의 프리스트레스트 콘크리트 부재의 단면2차모멘트는 균열면에 대한 단면2차모멘트와 균열이 발생하지 않은 면에 대한 단면2차모멘트로 구분하여 계산한다. [그림 12.6(a)]에서 균열이 발생할 경우에 균열면과 비균열면을 정확하게 구분하여 단면2차모멘트를 합하는 것은 어려우므로, 설계에서는 균열이 발생한 이후의 부재의 단면2차모멘트를 균열면에서의 단면2차모멘트와 비균열면에서의 단면2차모멘트의 평균값인 유효단면2차모멘트로 계산한다.

$$I_e = \left(\frac{M_{cr}}{M_a}\right)^3 I_g + \left[1 - \left(\frac{M_{cr}}{M_a}\right)^3\right] I_{cr} \tag{12.9}$$

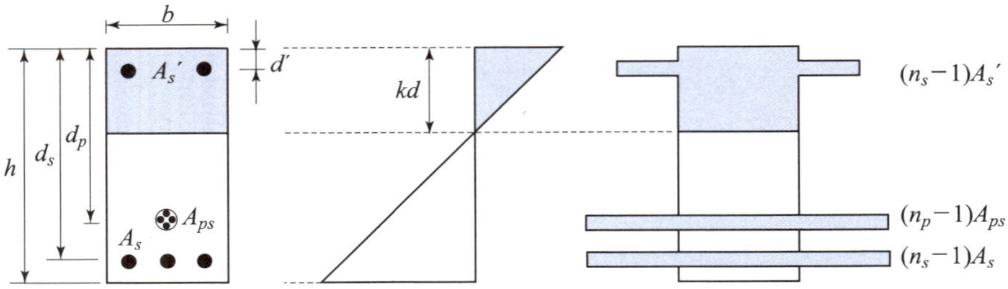

그림 12.6 단면2차모멘트 계산을 위한 단면 환산

여기서, I_e : 유효단면2차모멘트, M_{cr} : 균열모멘트, M_a : 단면2차모멘트가 계산되는 부분에서의 최대 모멘트, I_{cr} : 균열단면2차모멘트, I_g : 인장측 철근의 단면적을 무시한 전단면2차모멘트이다.

직사각형보에 대한 균열단면2차모멘트(I_{cr})는 허용응력설계법에 의해 계산한 중립축(kd)을 기준으로 균열이 발생하지 않은 압축측 콘크리트만을 이용하여 계산한다([그림 12.6 참조). 이때 압축철근과 인장철근을 콘크리트 단면으로 환산해야 하며, 콘크리트의 순면적(콘크리트의 면적에서 압축철근의 면적을 제외한 면적)을 이용하여 단면2차모멘트를 계산해야 한다.

$$I_{cr} = \frac{b(kd)^3}{3} + (n_s - 1)A_s'(kd - d')^2 + n_s A_s(kd - d)^2 + n_p A_{ps}(kd - d_p)^2 \tag{12.10}$$

③ **연속보의 평균 유효단면2차모멘트** : 프리스트레스트 콘크리트 부재는 지점의 조건에 따라서 균열이 발생하는 위치가 달라진다. 예를 들어, 단순보의 경우에는 [그림 12.7(a)]에 표시한 것과 같이 부재의 중앙부 1곳에서만 균열이 발생하지만, 연속보의 경우는 [그림 12.7(b)]와 같이 지점주위에 발생하는 부모멘트 때문에 부재의 중간부와 중간지점 근처에 균열이 발생한다. 식(12.9)에서 계산된 단면2차모멘트는 단순보처럼 부재 중간부의 한 곳에서만 균열이 발생하는 부재에 대한 유효단면2차모멘트이다. 만일 연속보와 같이 균열이 발생하는 위치가 증가하면 유효단면2차모멘트가 식(12.9)의 값 보다 작아질 수 있다. 따라서 설계에서는 지점조건에 따라 달라지는 균열발생의 특성을 반영하기 위하여 식(12.11a, b)를 이용하여 연속보의 유효단면2차모멘트를 계산한다. 식(12.11a, b)는 식(12.9)의 단면2차모멘트를 기본으로 균열발생 위치가 여러 곳인 부재의 평균 유효단면2차모멘트를 계산한 것이다. 식(12.11a, b)에서 계산된 평균 유효단면2차모멘트는 균열이 발생하는 위치가 증가하면 그 값이 감소한다.

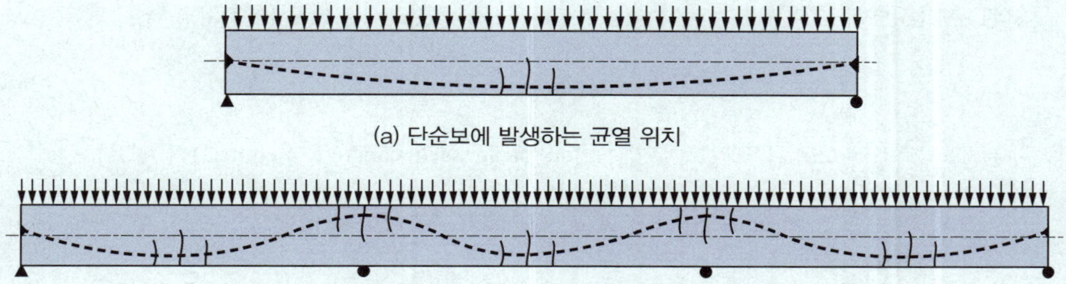

(a) 단순보에 발생하는 균열 위치

(b) 연속보에 발생하는 균열 위치

그림 12.7 지점의 종류에 따라 달라지는 균열발생 위치

[양단이 연속인 보]

$$I_{e,ave} = 0.7I_{em} + 0.15(I_{e1} + I_{e2}) \tag{12.11a}$$

[한쪽 단이 단순지지이고 다른 단이 연속인 보]

$$I_{e,ave} = 0.85I_{em} + 0.15(I_{e,con}) \tag{12.11b}$$

여기서, I_{em} : 보의 중앙부에서의 I_e의 값, I_{e1}, I_{e2} : 보의 양단에서의 I_e의 값, $I_{e,con}$: 보의 연속되는 단부에서의 I_e의 값이다.

이단선형법에 의한 단면2차모멘트 계산

콘크리트 구조설계기준과 미국PCI handbook에서는 식(12.9)의 유효단면2차모멘트를 이용하여 처짐을 계산하는 것과 함께, Branson 등이 제안한 이단선형법(bilinear method)을 이용하여 처짐을 계산할 수 있도록 허용하고 있다. 이단선형법은 [그림 12.5]의 휨균열발생(A점)을 경계로 하여 균열이 발생하기 전에는 전단면2차모멘트(I_g)를 사용하여 처짐을 계산하고 휨균열이 발생한 후에는 균열단면2차모멘트(I_{cr})을 이용하여 처짐을 계산한 후에 이들 두 값을 더하여 전체 처짐을 계산하는 방법이다.

$$\Delta_T = \Delta_G + \Delta_{CR} \tag{12.12}$$

여기서, Δ_T : 전체 처짐, Δ_G : 균열발생 이전의 처짐(균열발생모멘트까지의 처짐), Δ_{CR} : 균열발생 이후의 처짐(전체모멘트에서 균열발생모멘트를 뺀 모멘트에 대한 처짐)이다.

이단선형법에서는 균열단면2차모멘트(I_{cr})를 식(12.10)에 의하여 계산하지 않고, 식(12.13)을 사용하여 계산한다.

[전체 프리스트레스트 콘크리트 부재(full prestressed concrete members)의 경우]

$$I_{cr} = n_p A_{ps} d_p^2 (1 - 1.6\sqrt{n_p \rho_p}) \tag{12.13a}$$

[부분 프리스트레스트 콘크리트 부재(partial prestressed concrete members)의 경우]

$$I_{cr} = (n_p A_{ps} d_p^2 + n_s A_s d_s^2)(1 - 1.6\sqrt{n_p \rho_p + n_s \rho_s}) \tag{12.13b}$$

여기서, ρ_p : PS긴장재비$(= A_{ps}/(b \cdot d_p))$, ρ_s : 철근비$(= A_s/(b \cdot d_s))$이다.

12.3 순간처짐

12.3.1 비균열등급 부재의 순간처짐 계산

비균열등급 부재는 균열이 허용되지 않으므로 전단면2차모멘트를 이용하며, 콘크리트의 탄성계수는 식(3.3)을 이용한다. 두 값을 [그림 12.3]에서 설명한 탄성해석에서 유도한 처짐 계산식에 대입하여 솟음과 처짐을 계산한다.

12.3.2 균열등급 부재에 대한 순간처짐 계산

순간처짐은 하중이 가해지는 순간에 즉각적으로 발생하는 처짐을 말한다. 순간처짐은 탄성해석에 의해 계산되는 처짐계산값에 콘크리트 부재의 특성인 탄성계수(E_c)와 균열발생여부에 따라 달라지는 단면2차모멘트를 대입하여 계산한다. 부분균열등급 부재나 균열등급 부재의 순간처짐은 다음 순서에 의해 계산한다.

① 탄성해석에 의해 보의 처짐평가식을 유도한다([그림 12.3] 등 참조).

② 식(12.4)에 의해 휨균열모멘트(M_{cr})를 계산하고 균열발생 여부를 검토한다. 휨균열모멘트를 계산하기 위해서는 전단면2차모멘트(I_g)와 휨인장강도(f_r)를 계산해야 한다.

③ 균열발생여부에 근거하여 각 위치(단부 또는 중앙부)의 단면2차모멘트(전단면2차모멘트(I_g) 또는 유효단면2차모멘트(I_e))를 계산한다. 유효단면2차모멘트는 식(12.9)를 이용하며, 직사각형보에 대한 균열단면2차모멘트(I_{cr})는 식(12.10)을 이용하여 계산한다.

④ 식(12.11)에 의해 평균 유효단면2차모멘트를 계산한다.

⑤ ①에서 유도한 처짐평가식에 유효단면2차모멘트 등을 대입하여 처짐값을 계산한다.

예제 12.1

[예제 그림 12.1.1]의 프리스트레스트 콘크리트 단순보의 중앙점에서 발생하는 최대 순간처짐을 계산하라. 긴장재는 부착되어 있으며 즉시응력손실은 10%, 장기응력손실은 15%이다.

부재의 고정하중(자중) $w_D = 5$ kN/m, 추가고정하중 $w_{SD} = 6$ kN/m, 활하중 $w_L = 6$kN/m

콘크리트 28일 압축강도 $f_{ck} = 35$ MPa

긴장력을 가할 때의 초기 콘크리트 압축강도 $f_{ci}{}' = 27$ MPa

- 긴장재(PS강재, 응력이완 긴장재) : 7연선 9.3 mm(SWPC 7AN, 단면적 $A_{ps} = 51.61\ \text{mm}^2$)가 12가닥 사용됨, 인장강도 $f_{pu} = 1{,}860$ MPa, 항복강도 $f_{py} = 1{,}600$ MPa, 긴장 시의 긴장응력 $f_{pj} = 0.90 f_{py}$

1) 부재 중앙부의 PS긴장재 편심거리가 300 mm일 때
2) 부재 중앙부의 PS긴장재 편심거리가 250 mm일 때

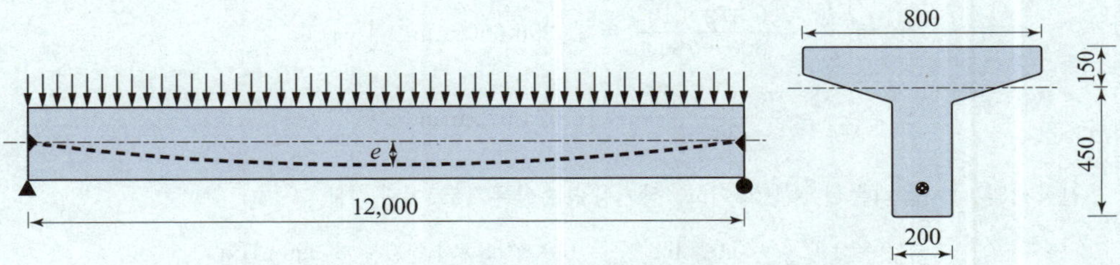

예제 그림 12.1.1 프리스트레스트 콘크리트 보 (단위 : mm)

[풀이 - 1] 부재 중앙부의 PS긴장재 편심거리가 300 mm일 때

(1) 허용응력을 계산한다.

허용응력을 [표 6.3]을 이용하여 계산한다.

[초기하중단계]

허용압축응력 $$f_{cia} = 0.60 f_{ci}{}' = 0.6 \times 27 = -16.20\ \text{MPa} \tag{a}$$

허용인장응력 $$f_{tia} = 0.25\sqrt{f_{ci}{}'} = 0.25\sqrt{27} = 1.30\ \text{MPa} \tag{b}$$

[사용하중단계]

허용압축응력 $$f_{ca} = 0.45 f_{ck} = 0.45 \times 35 = -15.75\ \text{MPa} \tag{c}$$

허용인장응력 $$f_{ta} = 0.63\sqrt{f_{ck}} = 0.63\sqrt{35} = 3.73\ \text{MPa} \tag{d}$$

(2) 설계하중을 계산한다.

고정하중과 활하중에 의해 발생하는 부재 중앙부의 휨모멘트를 계산한다.

$$M_D = \frac{w_D l^2}{8} = \frac{5 \times 12^2}{8} = 90.0\ \text{kN} \cdot \text{m} \tag{e}$$

$$M_{SD} = \frac{w_{SD} l^2}{8} = \frac{6 \times 12^2}{8} = 108.0\ \text{kN} \cdot \text{m} \tag{f}$$

$$M_L = \frac{w_L l^2}{8} = \frac{6 \times 12^2}{8} = 108.0 \text{ kN} \cdot \text{m} \tag{g}$$

(3) 단면의 기본 내용에 대하여 계산한다.

단면적(A_c), 단면2차모멘트(I_c), 중립축의 위치($\bar{y}$) 등의 단면에 대한 기본 내용을 계산한다.

$$A_c = (800 \times 150) + (200 \times 450) = 210{,}000 \text{ mm}^2$$

$$\bar{y} = \frac{(800 \times 150) \times 525 + (200 \times 450) \times 225}{(800 \times 150) + (200 \times 450)} = 396.4 \text{ mm}$$

$$I_c = \frac{800 \times 150^3}{12} + (800 \times 150)(396.4 - 525)^2$$

$$+ \frac{200 \times 450^3}{12} + (200 \times 450)(225 - 396.4)^2$$

$$= 6{,}372 \times 10^6 \text{ mm}^4$$

$$S^t = \frac{I_c}{y^t} = \frac{6{,}372 \times 10^6}{600 - 396.4} = 31{,}296{,}660 \text{ mm}^3$$

$$S_b = \frac{I_c}{y_b} = \frac{6{,}372 \times 10^6}{396.4} = 16{,}074{,}672 \text{ mm}^3$$

긴장재의 즉시응력손실은 10%이고, 장기응력손실은 15%이다.

$$f_{pi} = 0.9 f_{pj} = 0.9 \times 0.9 f_{py} = 0.9 \times 0.9 \times 1{,}600 = 1{,}296 \text{ MPa}$$

$$f_{pe} = 0.85 f_{pi} = 0.85 \times 1{,}296 = 1{,}101.6 \text{ MPa}$$

$$P_i = A_{ps} \times f_{pi} = 12 \times 51.61 \times 1{,}296 = 803 \text{ kN}$$

$$P_e = A_{ps} \times f_{pi} = 12 \times 51.61 \times 1{,}101.6 = 682 \text{ kN}$$

(4) 단면의 응력을 검토한다.

[초기하중단계]

초기긴장력(P_i)과 부재의 자중(M_D)만이 작용하는 초기하중단계의 응력을 식(6.1c)와 식(6.1d)를 이용하여 계산한 후에 이를 허용응력과 함께 검토한다.

$$f^t (= f_{ti}) = -\frac{P_i}{A_c} + \frac{P_i \times e}{S^t} - \frac{M_D}{S^t}$$

$$= -\frac{803 \times 10^3}{210{,}000} + \frac{803 \times 10^3 \times 300}{31{,}296{,}660} - \frac{90 \times 10^6}{31{,}296{,}660} = 1.00 \text{ MPa} \tag{h}$$

$$f_b (= f_{ci}) = -\frac{P_i}{A_c} - \frac{P_i \times e}{S_b} + \frac{M_D}{S_b}$$

$$= -\frac{803 \times 10^3}{210{,}000} - \frac{803 \times 10^3 \times 300}{16{,}074{,}672} + \frac{90 \times 10^6}{16{,}074{,}672} = -13.21 \text{ MPa} \tag{i}$$

초기하중단계의 콘크리트 응력을 허용강도와 비교했을 때 설계가 적합하다.

[사용하중단계]

유효긴장력(P_e)과 전체사용하중($M_T = M_D + M_{SD} + M_L$)이 작용하는 사용하중단계의 응력을 식(6.2c)와 식(6.2d)를 이용하여 계산한 후에 이를 허용응력과 함께 검토한다.

$$\begin{aligned} f^t(=f_c) &= -\frac{P_e}{A_c} + \frac{P_e \times e}{S^t} - \frac{M_T}{S^t} \\ &= -\frac{682 \times 10^3}{210{,}000} + \frac{682 \times 10^3 \times 300}{31{,}296{,}660} - \frac{(90+108+108) \times 10^6}{31{,}296{,}660} \\ &= -6.49\text{ MPa} \end{aligned} \tag{j}$$

$$\begin{aligned} f_b(=f_t) &= -\frac{P_e}{A_c} - \frac{P_e \times e}{S_b} + \frac{M_T}{S_b} \\ &= -\frac{682 \times 10^3}{210{,}000} - \frac{682 \times 10^3 \times 300}{16{,}074{,}672} + \frac{(90+108+108) \times 10^6}{16{,}074{,}672} \\ &= 3.06\text{ MPa} \end{aligned} \tag{k}$$

식(j)에서 계산한 사용하중단계의 콘크리트 압축응력은 식(c)에서 계산한 허용압축강도 $f_{ca} = -15.75$ MPa보다 크다. 또한 식(k)에서 계산한 사용하중단계의 콘크리트의 압축응력은 식(d)에서 계산한 콘크리트의 인장강도 $f_{ta} = 3.73$ MPa보다 작다. 그러므로 이 부재는 균열이 발생하지 않은 비균열등급 부재이다. 실제로 식(12.4)에 의해 균열발생모멘트(M_{cr})를 계산하면 M_{cr}이 전체모멘트($M_t = 90 + 108 + 108 = 306$ kN·m)보다 크다는 것을 알 수 있다.

$$\begin{aligned} M_{cr} &= f_r S_b + P_e\left(\frac{S_b}{A_c} + e\right) \\ &= 3.73 \times 16{,}074{,}672 + 682 \times 10^3\left(\frac{16{,}074{,}672}{210{,}000} + 300\right) = 316.8\text{ kN}\cdot\text{m} \end{aligned}$$

여기서, $f_r = 0.63\lambda\sqrt{f_{ck}} = 0.63 \times 1 \times \sqrt{35} = 3.73$ MPa

(5) 긴장력에 의해 발생하는 솟음을 계산한다.

탄성해석에 의해 곡선으로 배치된 긴장재를 사용한 부재의 솟음(Δ_p)을 계산한다([그림 12.3] 참조).

$$\Delta_P = -\frac{5Pel^2}{48EI} = -\frac{5 \times 682 \times 10^3 \times 300 \times 12{,}000^2}{48 \times 28{,}825 \times 6{,}372 \times 10^6} = -16.71\text{ mm} \tag{l}$$

여기서, P는 유효긴장력(P_e)을 이용하고, 단면2차모멘트는 비균열등급 부재이므로 전단면2차모멘트(I_g)를 이용한다. 또한, 콘크리트의 탄성계수는 3장의 식(3.3b)에 의해 계산한다.

$$E_c = 8{,}500\sqrt[3]{f_{cu}} = 8{,}500\sqrt[3]{35+4} = 28{,}825\text{ MPa}$$

(6) 외부하중에 의해 발생하는 처짐을 계산하고 전체 처짐을 계산한다.

등분포하중을 받는 연속보의 중앙점 처짐을 탄성해석으로 계산한다.

$$\Delta_{D+SD+L} = \frac{5M \cdot l^2}{48EI} = \frac{5 \times (90+108+108) \times 10^6 \times 12{,}000^2}{48 \times 28{,}825 \times 6{,}372 \times 10^6} = 24.99\ \text{mm}$$

여기서, M은 전체모멘트(M_t)를 이용하고, 단면2차모멘트는 비균열등급 부재이므로 전단면2차모멘트(I_g)를 이용한다.

전체 처짐은 솟음과 하중에 의한 처짐을 합한 값이다.

$$\Delta = \Delta_P + \Delta_{D+SD+L} = -16.71 + 24.99 = 8.28\ \text{mm}$$

[풀이 – 2] 부재 중앙부의 PS긴장재 편심거리가 250 mm일 때

(1) 단면의 응력을 검토한다.

[초기하중단계]

식(6.1c)와 식(6.1d)를 이용하여 계산한 후에 이를 허용응력과 함께 검토한다.

$$f^t(=f_{ti}) = -\frac{P_i}{A_c} + \frac{P_i \times e}{S^t} - \frac{M_D}{S^t}$$

$$= -\frac{803 \times 10^3}{210{,}000} + \frac{803 \times 10^3 \times 250}{31{,}296{,}660} - \frac{90 \times 10^6}{31{,}296{,}660} = -0.29\ \text{MPa} \quad \text{(m)}$$

$$f_b(=f_{ci}) = -\frac{P_i}{A_c} - \frac{P_i \times e}{S_b} + \frac{M_D}{S_b}$$

$$= -\frac{803 \times 10^3}{210{,}000} - \frac{803 \times 10^3 \times 250}{16{,}074{,}672} + \frac{90 \times 10^6}{16{,}074{,}672} = -10.71\ \text{MPa} \quad \text{(n)}$$

설계가 적합하다.

[사용하중단계]

식(6.2c)와 식(6.2d)를 이용하여 계산한 후에 이를 허용응력과 함께 검토한다.

$$f^t(=f_c) = -\frac{P_e}{A_c} + \frac{P_e \times e}{S^t} - \frac{M_T}{S^t}$$

$$= -\frac{682 \times 10^3}{210{,}000} + \frac{682 \times 10^3 \times 250}{31{,}296{,}660} - \frac{(90+108+108) \times 10^6}{31{,}296{,}660}$$

$$= -7.58\ \text{MPa} \quad \text{(o)}$$

$$f_b(=f_t) = -\frac{P_e}{A_c} - \frac{P_e \times e}{S_b} + \frac{M_T}{S_b}$$

$$= -\frac{682 \times 10^3}{210{,}000} - \frac{682 \times 10^3 \times 250}{16{,}074{,}672} + \frac{(90+108+108) \times 10^6}{16{,}074{,}672}$$

$$= 5.18\ \text{MPa} \quad \text{(p)}$$

식(o)에서 계산한 사용하중단계의 콘크리트 압축응력은 식(c)에서 계산한 허용압축강도 $f_{ca} = -15.75$ MPa보다 크다. 그러나 식(p)에서 계산한 사용하중단계의 콘크리트의 인장응력은 식(d)에서 계산한 콘크리트의 인장강도 $f_{ta} = 3.73$ MPa보다 크므로 이 부재는 균열발생부재이다. 실제로 식(12.4)에 의해 균열발생모멘트(M_{cr})을 계산하면 M_{cr}이 전체모멘트($M_t = 90 + 108 + 108 = 306$ kN·m)보다 작아서 균열이 발생하는 것을 알 수 있다.

$$M_{cr} = f_r S_b + P_e\left(\frac{S_b}{A_c} + e\right)$$

$$= 3.73 \times 16{,}074{,}672 + 682 \times 10^3\left(\frac{16{,}074{,}672}{210{,}000} + 250\right) = 282.7\ \text{kN}\cdot\text{m}$$

(2) 긴장력에 의해 발생하는 솟음을 계산한다.

탄성해석에 의해 곡선으로 배치된 긴장재를 사용한 부재의 솟음($\triangle_P$)을 계산한다([그림 12.3] 참조).

$$\triangle_P = -\frac{Pel^2}{48EI} = -\frac{5 \times 682 \times 10^3 \times 250 \times 12{,}000^2}{48 \times 28{,}825 \times 6{,}372 \times 10^6} = -13.92\ \text{mm} \tag{q}$$

여기서, 긴장력이 작용하는 초기상태에서는 부재에 아직 균열이 발생하지 않은 상태이므로 단면2차모멘트는 전단면2차모멘트(I_g)를 이용한다.

(3) 유효단면2차모멘트를 계산한다.

균열이 발생한 부재이므로 단면2차모멘트는 식(12.9)의 유효단면2차모멘트(I_e)를 이용한다.

$$I_e = \left(\frac{M_{cr}}{M_a}\right)^3 I_g + \left[1 - \left(\frac{M_{cr}}{M_a}\right)^3\right] I_{cr} \tag{r}$$

식(r)의 균열단면2차모멘트(I_{cr})는 식(12.10)을 이용하여 계산한다. 단면 조건에서 중립축이 플랜지 내에 있으므로 허용응력설계법에 의한 중립축의 위치(kd)는 단철근 직사각형보와 동일하게 계산한다.

$$I_{cr} = \frac{b(kd)^3}{3} + (n_s - 1)A_s'(kd - d')^2 + n_s A_s (kd - d)^2 + n_p A_{ps}(kd - d_p)^2$$

$$= \frac{800(64.7)^3}{3} + 6.94 \times 12 \times 51.61 \times (64.7 - 453.6)^2 = 722 \times 10^6\ \text{mm}^4$$

여기서, 허용응력설계법에 의한 중립축의 깊이(kd)는 다음과 같다.

$$kd = n_p \rho_p\left(\sqrt{1 + \frac{2}{n_p \rho_p}} - 1\right) d_p$$

$$= 6.94 \times 0.00171\left(\sqrt{1 + \frac{2}{6.94 \times 0.00171}} - 1\right) \times 453.6 = 64.7\ \text{mm}$$

탄성계수비 $\quad n_p = \frac{E_p}{E_c} = \frac{200{,}000}{8{,}500\sqrt[3]{35+4}} = 6.94$

PS강재철근비 $\quad \rho_p = \frac{A_{ps}}{b \times d_p} = \frac{12 \times 51.61}{800 \times 453.6} = 0.00171$

PS강재유효깊이 $\quad d_p = (h - \bar{y}) + e = (600 - 396.4) + 250 = 453.6\ \text{mm}$

비긴장재 $\quad A_s = A_s' = 0.0$

계산한 균열단면2차모멘트(I_{cr})를 식(r)에 대입하여 전체하중에 대한 유효단면2차모멘트(I_e)를 계산한다.

$$I_e = \left(\frac{282.7}{306.0}\right)^3 6{,}372\times10^6 + \left[1-\left(\frac{282.7}{306.0}\right)^3\right]722\times10^6 = 5{,}177\times10^6\ \mathrm{mm}^4$$

(4) 외부하중에 의해 발생하는 처짐을 계산하고 전체 처짐을 계산한다.

균열이 발생한 부재이므로 등분포하중을 받는 연속보의 중앙점 처짐을 탄성해석으로 계산한다.

$$\Delta_{D+SD+L} = \frac{5M\cdot l^2}{48EI} = \frac{5\times(90+108+108)\times10^6\times12{,}000^2}{48\times28{,}825\times5{,}177\times10^6} = 30.76\ \mathrm{mm}$$

전체 처짐은 솟음과 하중에 의한 처짐을 합하여 계산한다.

$$\Delta = \Delta_P + \Delta_{D+SD+L} = -13.92+30.76 = 16.84\ \mathrm{mm}$$

[이단선형법]

지금까지 계산한 방법을 식(12.12)와 식(12.13)의 이단선형법으로 계산하면 다음과 같다.

$$\begin{aligned}I_{cr} &= n_p A_{ps} d_p^{\,2}(1-1.6\sqrt{n_p\rho_p})\\ &= 6.94\times12\times51.61\times453.6^2(1-1.6\sqrt{6.94\times0.00171}) = 730\times10^6\ \mathrm{mm}^4\end{aligned}$$

전체 처짐을 계산한다.

$$\begin{aligned}\Delta_T &= \Delta_G + \Delta_{CR} = \frac{5M_{cr}\cdot l^2}{48E_cI_g} + \frac{5(M_t-M_{cr})\cdot l^2}{48E_cI_{cr}}\\ &= \frac{5\times(282.7)\times10^6\times12{,}000^2}{48\times28{,}825\times6{,}372\times10^6} + \frac{5\times(90+108+108-282.7)\times10^6\times12{,}000^2}{48\times28{,}825\times730\times10^6}\\ &= 39.70\ \mathrm{mm}\end{aligned}$$

전체 처짐은 솟음과 하중에 의한 처짐을 합하여 계산한다.

$$\Delta = \Delta_P + \Delta_{D+SD+L} = -13.92+39.70 = 25.78\ \mathrm{mm}$$

두 결과를 비교해 보면 이단선형법에 의한 처짐값이 유효단면2차모멘트를 이용한 처짐보다 크다는 것을 알 수 있다.

12.4 장기처짐

프리스트레스트 콘크리트 부재의 처짐은 [그림 12.8(a)]와 같이 순간처짐과 장기처짐으로 구분할 수 있다. 순간처짐은 하중이 가해지는 순간에 즉각적으로 발생하는 탄성처짐을 의미하며, 장기처짐은 콘크리트의 특성에 의해 발생하는 시간종속적 처짐(time dependent deflection)을 뜻한다. 장기처짐은 콘크리트의 주요한 특성 중의 하나인 크리프와 건조수축과 밀접한 관계가 있다. 콘크리트 타설 이후에 장기적으로 하중이 가해질 경우, 시간이 지남에 따라서 콘크리트는 크리프나 건조수축에 의해 압축변형이 증가하게 된다. [그림 12.8(b)]는 단기하중에 의해 발생하는 콘크리트의 압축응력 - 변형률 곡선과 장기하중에 의해 발생하는 응력 - 변형률 곡선을 비교한 것이다. 그림에서 장기하중이 작용할 경우에 콘크리트의 압축변형이 증가함을 알 수 있다. 따라서 장기하중에 의해 발생하는 콘크리트의 할선탄성계수는 단기하중에 의해 발생하는 콘크리트의 할선탄성계수보다 작다. 여기서 단기하중에 의해 발생하는 할선탄성계수는 공시체 실험을 통하여 28일 콘크리트 압축응력 - 변형률 곡선에서 측정한 값을 의미한다. 결과적으로 단면에 작용하는 압축연단의 변형률이 증가하며, 압축연단의 변형률이 증가하면 곡률이 증가하여 처짐이 증가하게 된다([그림 12.8(c)]). 장기처짐은 식(12.14)와 같이 순간처짐에 지속하중에 의한 영향계수를 곱하여 계산한다.

$$\Delta_{LT} = \Delta_L + \lambda_\Delta(\Delta_{sus}) = \Delta_L + \lambda_\Delta(\Delta_D + \Delta_{SD} + \Delta_{LS}) \tag{12.14}$$

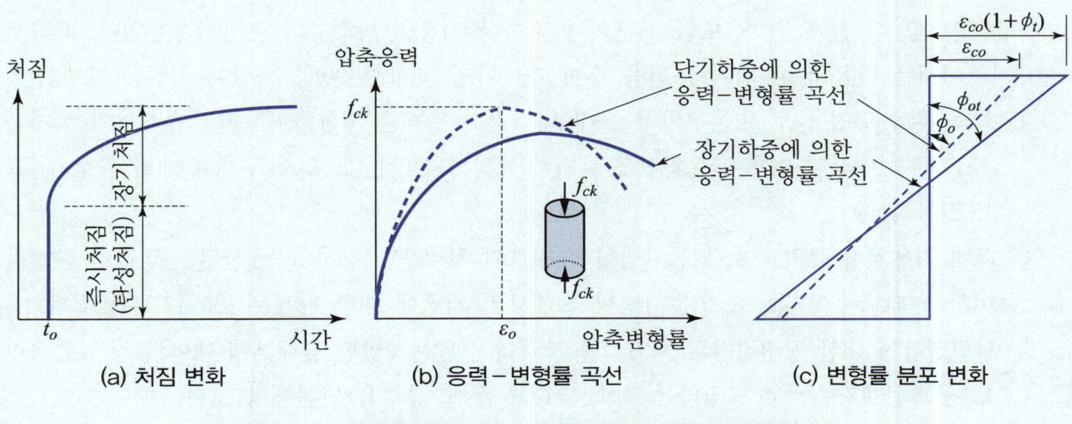

그림 12.8 시간에 따른 처짐, 변형률 분포, 응력 – 변형률 곡선

여기서, Δ_{LT} : 장기처짐, Δ_L : 활하중에 의한 순간처짐, Δ_D : 고정하중에 의한 순간처짐, Δ_{SD} : 추가고정하중에 의한 순간처짐, Δ_{sus} : 지속되는 하중에 의한 처짐($=\Delta_D+\Delta_{SD}+\Delta_{LS}$), Δ_{LS} : 지속되는 활하중에 의한 처짐, λ_Δ : 지속하중에 대한 계수이다.

식(12.13)에서 활하중에 의한 처짐을 전체 활하중에 의한 처짐(Δ_L)과 지속적으로 작용하는 활하중에 의한 처짐(Δ_{LS})으로 구분한 이유는, 지속적으로 작용하는 활하중만이 콘크리트의 크리프에 영향을 주어 장기처짐을 증가시키기 때문이다. 지속하중계수(λ_Δ)는 압축철근비(ρ')와 시간경과계수를 이용하여 식(12.15)에 의해 계산한다. 압축철근비를 이용하는 이유는 압축철근이 배근될 경우에 압축력의 일부를 철근이 대신 저항하여 콘크리트가 지속적으로 받는 압축력이 감소하기 때문이다. 콘크리트가 받는 압축력이 감소하면 크리프변형이 작아지며, 결과적으로 크리프에 의해 발생하는 콘크리트 탄성계수의 감소 비율이 작아지기 때문에 처짐 증가가 억제된다.

$$\lambda_\Delta = \frac{\xi}{1+50\rho'} \tag{12.15}$$

여기서, ξ : 지속하중의 시간경과 계수(3개월 : 1, 6개월 : 1.2, 1년 : 1.4, 5년 : 2), ρ' : 압축철근의 비(단순보, 연속보는 보 중앙부, 캔틸레버에서는 받침부에서 구한 값)이다.

KDS 14 국가건설기준-2020(콘크리트구조 학회기준, 2017)에 의한 처짐 제한

처짐은 건물을 사용하는데 여러 문제를 유발할 수 있다. 보나 슬래브에 처짐이 발생할 경우에 칸막이벽과 같은 비내력벽(하중을 저항하지 않는 벽체)에 균열이 발생하거나 문, 창문 등이 제 기능을 발휘할 수 없게 된다. 또한 건물의 바닥이나 지붕의 방수층이 손상될 수 있다. 따라서 설계기준에서는 다음의 세 가지 조건을 두어 지나치게 크게 발생할 수 있는 처짐을 제한한다.

① **최소 두께 규정** : 보 또는 1방향 슬래브의 최소 두께를 제한하여, 보나 슬래브의 두께가 최소 두께 이상일 경우에는 처짐을 특별히 계산하지 않는다. 최소 두께에 대한 규정은 [표 12.2]와 같다.

② **최대 허용처짐 규정** : 보 또는 1방향 슬래브의 처짐을 계산하고, 계산된 처짐값이 규정값 이하가 되도록 한다. 보 또는 1방향 슬래브의 처짐에 대한 규정은 [표 12.3]과 같다.

③ **단변경간에 대한 장변경간의 비가 2를 초과하지 않는 2방향 슬래브에 대한 규정** : 콘크리트 구조설계기준에서 규정하는 최소 슬래브 두께 규정을 만족해야 한다.

표 12.2 처짐을 계산하지 않는 경우의 보 또는 1방향 슬래브의 최소 두께

<table>
<tr><th rowspan="3">부 재</th><th colspan="4">최소 두께, h</th></tr>
<tr><th>단순 지지</th><th>1단연속</th><th>양단연속</th><th>캔틸레버</th></tr>
<tr><th colspan="4">큰 처짐에 의해 손상되기 쉬운 칸막이 벽이나 기타 구조물을 지지 또는 부착하지 않은 부재</th></tr>
<tr><td>1방향 슬래브</td><td>$l/20$</td><td>$l/24$</td><td>$l/28$</td><td>$l/10$</td></tr>
<tr><td>보, 리브가 있는 1방향 슬래브</td><td>$l/16$</td><td>$l/18.5$</td><td>$l/21$</td><td>$l/8$</td></tr>
</table>

- 이 표의 값은 보통콘크리트($m_c = 2{,}300$ kg/m^3)와 항복강도 400 MPa의 철근을 사용하는 경우에 대한 값임.
- 1,500~2,000m_c범위의 구조용 경량콘크리트에 대해서는 계산된 h값에 $(1.65 - 0.00031m_c)$를 곱해야 하며, 그 값이 1.09보다 작지 않아야 함.
- f_y가 400 MPa를 초과할 때는 h값에 $(0.43 + f_y/700)$를 곱해야 함.

표 12.3 최대 허용처짐

<table>
<tr><th>부재의 형태</th><th>고려해야 할 처짐</th><th>처짐 한계</th></tr>
<tr><td>과도한 처짐에 의해 손상되기 쉬운 비구조 요소를 지지 또는 부착하지 않은 평지붕 구조</td><td>활하중 L에 의한 순간처짐</td><td>$l/180$*1</td></tr>
<tr><td>과도한 처짐에 의해 손상되기 쉬운 비구조 요소를 지지 또는 부착하지 않은 바닥 구조</td><td>활하중 L에 의한 순간처짐</td><td>$l/360$</td></tr>
<tr><td>과도한 처짐에 의해 손상되기 쉬운 비구조 요소를 지지 또는 부착한 지붕 또는 바닥구조</td><td rowspan="2">전체 처짐 중에서 비구조 요소가 부착된 후에 발생하는 처짐 부분(모든 지속하중에 의한 장기처짐과 추가적인 활하중에 의한 순간처짐의 합)*3</td><td>$l/480$*2</td></tr>
<tr><td>과도한 처짐에 의해 손상될 염려가 없는 비구조 요소를 지지 또는 부착한 지붕 또는 바닥구조</td><td>$l/240$*4</td></tr>
</table>

*1 물 고임에 대한 안전성은 고려되지 않았음.
*2 지지 또는 부착한 구조요소의 피해방지를 위한 조치가 취해진 경우는 제외.
*3 부구조 요소의 부착 전에 생긴 처짐량을 감소시킬 수 있음.
*4 비구조 요소에 의한 허용치보다 더 커서는 안 됨.

예제 12.2

[예제 12.1]과 동일한 조건을 갖는 프리스트레스트 콘크리트 단순보의 중앙점에서 발생하는 처짐을 계산하라. 지속적으로 작용하는 활하중은 전체 활하중의 30%이다. 과도한 처짐에 의해 손상될 염려가 없는 비구조 요소를 지지 또는 부착한 지붕 또는 바닥구조에 대한 5년 후의 장기처짐을 검토하라.

1) 부재 중앙부의 PS긴장재 편심거리가 300 mm일 때
2) 부재 중앙부의 PS긴장재 편심거리가 250 mm일 때

풀이

1) **부재 중앙부의 PS긴장재 편심거리가 300 mm일 때**

(1) 각 하중에 의해 발생하는 중앙부의 모멘트를 계산한다.

$$M_{D+SD+L} = \frac{(w_D + w_{sd} + w_L)l^2}{8} = \frac{17 \times 12^2}{8} = 306.0\ \text{kN} \cdot \text{m}$$

$$M_{D+SD} = \frac{(w_D + w_{sd})l^2}{8} = \frac{11 \times 12^2}{8} = 198.0\ \text{kN} \cdot \text{m}$$

$$M_{SUS} = \frac{(w_D + w_{SD} + w_{LS})l^2}{8} = \frac{(5+6+0.3 \times 6) \times 12^2}{8} = 230.4\ \text{kN} \cdot \text{m}$$

(2) 활하중에 의한 처짐을 계산한다.

활하중에 의한 순간처짐은 식(a)에서 전체하중에 의한 처짐에서 고정하중에 의한 처짐을 제한 값으로 계산한다. 이는 시공순서를 고려할 때 고정하중이 먼저 작용하고 활하중이 나중에 작용하여, 활하중이 작용하는 시점에서는 이미 고정하중과 활하중이 동시에 부재에 작용하기 때문이다. 따라서 활하중만에 의한 처짐을 계산할 경우에 균열의 발생 유무가 정확하지 않아 단면2차모멘트가 실제의 값과 달라질 수 있다. 즉, 활하중만에 의해서는 균열이 발생하지 않지만 전체하중이 작용할 경우에는 부재에 균열이 발생하는 경우가 있기 때문이다.

$$\Delta_L = \Delta_{D+SD+L} - \Delta_{D+SD} \tag{a}$$

[예제 12.1]의 계산결과에 의하면 전체하중에 대하여 균열이 발생하지 않으므로 고정하중에 의한 순간처짐(Δ_D)과 전체하중에 의한 순간처짐(Δ_{D+L})을 계산한다.

$$\Delta_{D+SD} = \frac{5(M_D + M_{SD})\,l^2}{48EI} = \frac{5 \times 198 \times 10^6 \times 12{,}000^2}{48 \times 28{,}825 \times 6{,}372 \times 10^6} = 16.17\ \text{mm}$$

$$\Delta_{D+SD+L} = \frac{5M_{D+SD+L}\,l^2}{48EI} = \frac{5 \times 306 \times 10^6 \times 12{,}000^2}{48 \times 28{,}825 \times 6{,}372 \times 10^6} = 24.99\ \text{mm}$$

계산한 고정하중과 전체하중에 의한 순간처짐을 식(a)에 대입하여 활하중에 의한 순간처짐(Δ_L)을 계산한다.

$$\Delta_L = \Delta_{D+SD+L} - \Delta_{D+SD} = 24.99 - 16.17 = 8.82\ \text{mm}$$

(3) 장기하중과 관련된 지속하중에 대한 계수(λ_Δ)를 계산하고 λ_Δ을 곱하여 지속하중에 의해 발생하는 처짐을 계산한다.

식(12.15)를 이용하여 지속하중에 대한 계수(λ_Δ)를 계산한다. 주어진 조건에서 5년 이후의 지속하중의 시간경과 계수(ξ)는 2이다.

$$\lambda_\Delta = \frac{\xi}{1+50\rho'} = \frac{2}{1+50 \times 0} = 2.0 \tag{b}$$

지속하중에 의하여 발생하는 처짐(Δ_{SUS})을 계산한다.

$$\Delta_{SUS} = \frac{5M_{SUS}\,l^2}{48EI} = \frac{5 \times 230.4 \times 10^6 \times 12{,}000^2}{48 \times 28{,}825 \times 6{,}372 \times 10^6} = 18.82\ \text{mm}$$

(4) 전체하중에 의해 발생하는 장기처짐(Δ_{LT})을 계산한다.

전체하중에 의해 발생하는 장기처짐(Δ_{LT})을 식(12.14)를 이용하여 계산한다.

$$\Delta_{LT} = \Delta_L + \lambda_\Delta(\Delta_D + \Delta_{SD} + \Delta_{LS}) = 8.82 + 2.0 \times (18.82) = 46.46\text{ mm}$$

전체 처짐은 솟음과 하중에 의해 발생하는 처짐을 합한 값이다.

$$\Delta = \Delta_P + \Delta_{LT} = -16.71 + 46.46 = 29.75\text{ mm}$$

(5) 계산된 전체 처짐과 기준에서 요구하는 전체 처짐을 검토한다.

설계기준에서 요구하는 "과도한 처짐에 의해 손상될 염려가 없는 비구조 요소를 지지 또는 부착한 지붕 또는 바닥구조"에 대한 처짐은 [표 12.3]에서 $l/240(=12{,}000/240=50.0\text{ mm})$이다. 이 값은 계산된 29.75 mm보다 크므로 안전하다.

2) 부재 중앙부의 PS긴장재 편심거리가 250 mm일 때

(1) 활하중에 의해 발생하는 순간처짐을 계산한다.

활하중에 의해 발생하는 순간처짐은 식(a)와 같이 전체하중에 의한 처짐에서 고정하중에 의한 처짐을 제한 값이다. [예제 12.1]의 계산결과에 의하면 전체하중이 작용할 때 부재에 균열이 발생하므로 고정하중이 작용할 때도 균열이 발생하는지 검토해야 한다. [예제 12.1]의 계산결과에 의하면 편심거리가 250 mm일 때의 균열모멘트(M_{cr})는 282.7 kN·m이며, 이 값은 $M_{D+SD}=198.0$ kN·m보다 크므로 고정하중이 작용할 때는 부재에 균열이 발생하지 않는다는 것을 알 수 있다. 따라서 고정하중에 의해 발생하는 순간처짐(Δ_D)을 계산할 때는 전체단면2차모멘트(I_g)을 사용하고, 전체하중에 의해 발생하는 순간처짐(Δ_{D+L})을 계산할 때는 유효단면2차모멘트(I_e)를 사용해야 한다.

$$\Delta_{D+SD} = \frac{5(M_D + M_{SD})l^2}{48EI} = \frac{5 \times 198 \times 10^6 \times 12{,}000^2}{48 \times 28{,}825 \times 6{,}372 \times 10^6} = 16.17\text{ mm}$$

$$\Delta_{D+SD+L} = \frac{5M_{D+SD+L} \cdot l^2}{48EI} = \frac{5 \times 306 \times 10^6 \times 12{,}000^2}{48 \times 28{,}825 \times 5{,}177 \times 10^6} = 30.76\text{ mm}$$

계산한 고정하중과 전체하중에 의해 발생하는 순간처짐을 식(a)에 대입하여 활하중에 의해 발생하는 순간처짐(Δ_L)을 계산한다.

$$\Delta_L = \Delta_{D+SD+L} - \Delta_{D+SD} = 30.76 - 16.17 = 14.59\text{ mm}$$

(2) 지속하중에 의해 발생하는 처짐을 계산한다.

[예제 12.1]의 계산결과에 의하면 편심거리가 250 mm일 때의 균열모멘트(M_{cr})은 282.7 kN·m이며, 이 값은 $M_{SUS}=230.4$ kN·m보다 크다. 따라서 지속하중이 작용할 때 부재에는 균열이 발생하지 않으므로 전체단면2차모멘트(I_g)을 이용하여 순간처짐(Δ_{SUS})을 계산해야 한다.

$$\Delta_{SUS} = \frac{5M_{SUS}l^2}{48EI} = \frac{5 \times 230.4 \times 10^6 \times 12{,}000^2}{48 \times 28{,}825 \times 6{,}372 \times 10^6} = 18.82\text{ mm}$$

(3) 전체하중에 의해 발생하는 장기처짐(Δ_{LT})을 계산한다.

전체하중에 의래 발생하는 장기처짐(Δ_{LT})을 식(12.14)를 이용하여 계산한다.

$$\Delta_{LT} = \Delta_L + \lambda_\Delta(\Delta_D + \Delta_{SD} + \Delta_{LS}) = 14.59 + 2.0 \times (18.82) = 52.23\ \text{mm}$$

전체 처짐은 솟음과 하중에 의해 발생하는 처짐을 합한 값이다. 솟음은 [예제 12.1]에서 계산된 값을 사용한다.

$$\Delta = \Delta_P + \Delta_{LT} = -13.92 + 52.23 = 38.31\ \text{mm}$$

(4) 계산된 전체 처짐과 기준에서 요구하는 전체 처짐을 검토한다.

설계기준에서 요구하는 “과도한 처짐에 의해 손상될 염려가 없는 비구조 요소를 지지 또는 부착한 지붕 또는 바닥구조”에 대한 처짐은 [표 12.3]에서 l/240(=12,000/240=50.0 mm)이다. 이 값은 계산된 38.31 mm보다 크므로 안전하다.

예제 12.3

[예제 그림 12.3.1]의 프리스트레스 콘크리트 연속보의 D점에서 발생하는 처짐을 계산하라. 긴장재는 부착되어 있으며, 즉시응력손실은 10%, 장기응력손실은 15%이다.

부재의 고정하중(자중) w_D=5 kN/m, 추가고정하중 w_{SD}=6 kN/m, 활하중 w_L=12 kN/m, 지속적으로 작용하는 활하중은 전체 활하중의 30%임.

콘크리트 28일 압축강도 f_{ck}=35 MPa

비긴장재(압축철근과 인장철근)의 항복강도 f_y=400 MPa, D25 철근 1개의 단면적은 506.7 mm^2.

- 긴장재(PS강재, 응력이완 긴장재) : 7연선 9.3 mm(SWPC 7AN, 단면적 A_{ps}=51.61 mm^2)가 12가닥 사용됨, 인장강도 f_{pu}=1,860 MPa, 항복강도 f_{py}=1,600 MPa, 긴장 시의 긴장응력 $f_{pj}=0.90f_{py}$.

1) 과도한 처짐에 의해 손상되기 쉬운 비구조 요소를 지지 또는 부착하지 않은 바닥 구조에 대한 활하중에 의한 순간처짐을 검토하라.

2) 과도한 처짐에 의해 손상될 염려가 없는 비구조 요소를 지지 또는 부착한 지붕 또는 바닥구조에 대한 5년 후의 장기처짐을 검토하라.

(등분포하중을 받는 연속보의 최대 처짐은 지점에서 0.42l의 위치에서 발생하지만 이 예제에서는 계산의 편의를 위하여 지점에서 0.5l의 위치(D점과 E점)에서 발생하는 것으로 하고 처짐을 계산하라.)

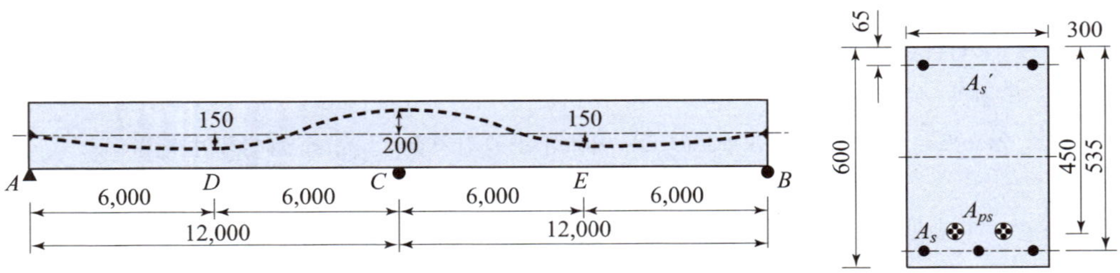

예제 그림 12.3.1 프리스트레스 콘크리트 부재 (단위 : mm)

풀이

1) 활하중에 의해 발생하는 순간처짐에 대한 검토

(1) 단면적(A_c), 단면2차모멘트(I_c), 중립축의 위치($\bar{y}$) 등의 단면에 대한 기본 내용을 계산한다.

$$A_c = 300 \times 600 = 180{,}000\,\text{mm}^2$$

$$I_c = \frac{300 \times 600^3}{12} = 5{,}400 \times 10^6\,\text{mm}^4$$

$$\bar{y} = 300\,\text{mm}$$

$$S^t = \frac{I_c}{y^t} = \frac{5{,}400 \times 10^6}{300} = 18 \times 10^6\,\text{mm}^3$$

$$S_b = \frac{I_c}{y_b} = \frac{5{,}400 \times 10^6}{300} = 18 \times 10^6\,\text{mm}^3$$

긴장재의 즉시응력손실은 10%이고 장기응력손실은 15%이므로, 이 값에 대한 긴장재의 초기응력(f_{pi})과 유효응력(f_{pe})을 계산한다.

$$f_{pi} = 0.9f_{pj} = 0.9 \times 0.9f_{py} = 0.9 \times 0.9 \times 1{,}600 = 1{,}296\text{ MPa}$$

$$f_{pe} = 0.85f_{pi} = 0.85 \times 1{,}296 = 1{,}101.6\text{ MPa}$$

$$P_e = A_{ps} \times f_{pi} = 12 \times 51.61 \times 1{,}101.6 = 682\text{ kN}$$

(2) 각 하중에 의해 발생하는 중앙부의 모멘트를 계산한다. [예제 12.3]의 부재의 조건은 [예제 11.6]과 동일하다. 따라서 [예제 그림 11.6.2]와 같이 잉여력을 중앙점(지점 C)의 반력 C_y로 하여 1차모멘트와 2차모멘트를 계산하여 전체모멘트를 계산한다. 계산된 모멘트를 [예제 그림 12.3.2]에 표시하였다.

(3) 식(12.4)에 의해 균열모멘트(M_{cr})를 계산하고 균열발생 여부를 검토한다.

[D점과 E점]

$$M_{cr} = f_r S_b + P_e\left(\frac{S_b}{A_c} + e\right)$$

$$= 3.73 \times 18 \times 10^6 + 682 \times 10^3\left(\frac{18 \times 10^6}{180{,}000} + 150\right) = 237.6\text{ kN}\cdot\text{m}$$

[C점]

$$M_{cr} = f_r S_b + P_e\left(\frac{S_b}{A_c} + e\right)$$

$$= 3.73 \times 18 \times 10^6 + 682 \times 10^3\left(\frac{18 \times 10^6}{180{,}000} + 200\right) = 271.7\text{ kN}\cdot\text{m}$$

여기서, $f_r = 0.63\lambda\sqrt{f_{ck}} = 0.63 \times 1 \times \sqrt{35} = 3.73\text{ MPa}$

각 하중에 의하여 발생하는 모멘트와 내부 저항 균열모멘트를 비교하면 다음과 같이 균열발생 여부를 확인할 수 있다.

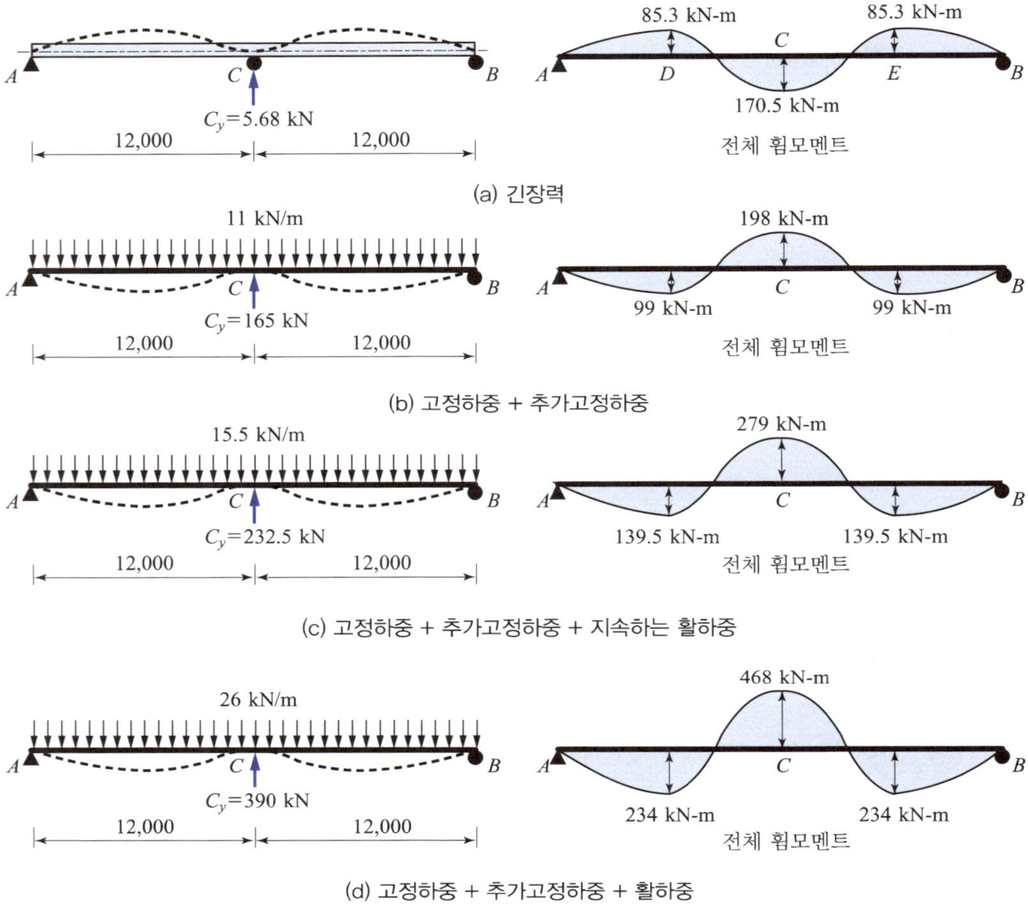

예제 그림 12.3.2 각 하중에 대한 전체모멘트

유효긴장력이 작용하는 경우

[C점] $M_P(=170.5\ \text{kN}\cdot\text{m}) < M_{cr}(=271.7\ \text{kN}\cdot\text{m})$: 균열이 발생하지 않음

[D점, E점] $M_P(=85.3\ \text{kN}\cdot\text{m}) < M_{cr}(=237.6\ \text{kN}\cdot\text{m})$: 균열이 발생하지 않음

고정하중(자중과 추가고정하중)이 작용하는 경우 : $w_D + w_{SD} = 11\ \text{kN/m}$

[C점] $M_{D+SD}(=198.0\ \text{kN}\cdot\text{m}) < M_{cr}(=271.7\ \text{kN}\cdot\text{m})$: 균열이 발생하지 않음

[D점, E점] $M_{D+SD}(=99.0\ \text{kN}\cdot\text{m}) < M_{cr}(=237.6\ \text{kN}\cdot\text{m})$: 균열이 발생하지 않음

지속하중(자중, 추가고정하중, 지속활하중)이 작용하는 경우 : $w_D + w_{SD} + 0.3w_L = 15.5\ \text{kN/m}$

[C점] $M_{SUS}(=279.0\ \text{kN}\cdot\text{m}) > M_{cr}(=271.7\ \text{kN}\cdot\text{m})$: 균열이 발생함

[D점, E점] $M_{SUS}(=139.5\ \text{kN}\cdot\text{m}) < M_{cr}(=237.6\ \text{kN}\cdot\text{m})$: 균열이 발생하지 않음

전체사용하중(자중, 추가고정하중, 활하중)이 작용하는 경우 : $w_D + w_{SD} + w_L = 26\ \text{kN/m}$

[C점] $M_T(=468.0\text{ kN}\cdot\text{m}) > M_{cr}(=271.7\text{ kN}\cdot\text{m})$: 균열이 발생함

[D점, E점] $M_T(=234.0\text{ kN}\cdot\text{m}) < M_{cr}(=237.6\text{ kN}\cdot\text{m})$: 균열이 발생하지 않음

(4) 유효긴장력에 의해 발생하는 D점의 솟음을 계산한다.

유효긴장력이 작용할 경우에 부재의 어느 위치에서도 균열이 발생하지 않으므로 전체단면2차모멘트(I_g)를 이용하여 솟음을 계산한다. D점의 처짐은 [예제 그림 12.3.3]의 공액보법을 이용하여 계산한다.

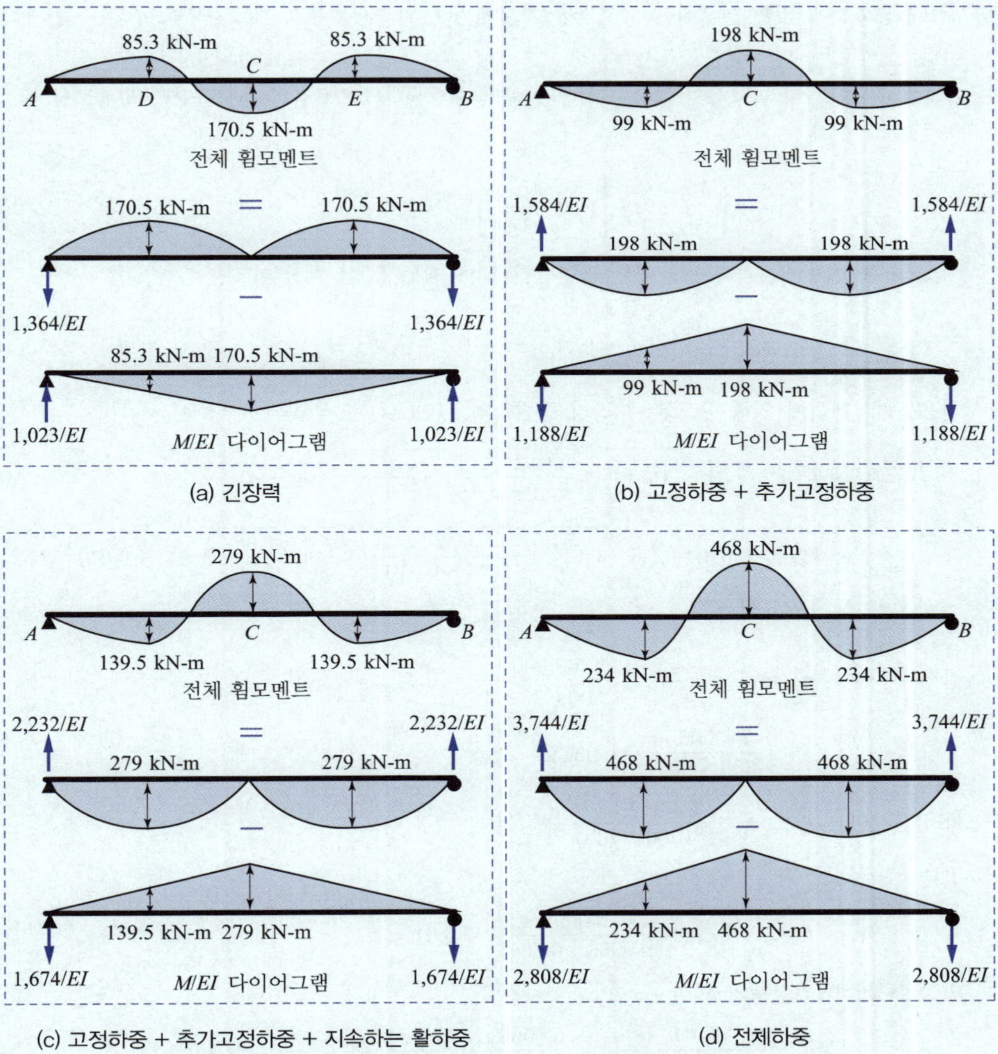

예제 그림 12.3.3 각 하중에 대한 처짐 (공액보법)

$$\frac{M_P}{EI} = -1,364\times\frac{12}{2}+\left(\frac{2}{3}\times 170.5\times\frac{12}{2}\right)\times\left(\frac{12}{2}\times\frac{3}{8}\right)$$
$$+1,023\times\frac{12}{2}-\left(\frac{1}{2}\times\frac{170.5}{2}\times\frac{12}{2}\right)\times\left(\frac{12}{2}\times\frac{1}{3}\right)$$
$$=-6,649.5+5,626.5=-1,023.0\times 10^{12}$$

$$\triangle_P=\frac{M_P}{EI_g}=\frac{-1,023.0}{28,825\times 5,400\times 10^6}\times 10^{12}=-6.57\text{ mm} \qquad \text{(a)}$$

(5) 전체사용하중에 의해 발생하는 유효단면2차모멘트(I_e)와 평균 유효단면2차모멘트($I_{e,ave}$)를 계산한다.

D점에서는 균열이 발생하지 않고, C점에서 균열이 발생하므로 C점의 유효단면2차모멘트를 계산한다.

$$(I_e)_T=\left(\frac{M_{cr}}{M_T}\right)^3 I_g+\left[1-\left(\frac{M_{cr}}{M_T}\right)^3\right]I_{cr} \qquad \text{(b)}$$

식(b)의 복철근 직사각형보에 대한 균열단면 2차모멘트(I_{cr})를 계산한다.

$$I_{cr}=\frac{b(kd)^3}{3}+(n_s-1)A_s{}'(kd-d')^2+n_sA_s(kd-d)^2+n_pA_{ps}(kd-d_p)^2 \qquad \text{(c)}$$

허용응력설계법에 의해 유도된 식(c)의 중립축의 깊이(kd)는 식(d)와 같다.

$$kd=n(\rho_t+\rho_p)\left\{\sqrt{(1+r)^2+\frac{2}{n(\rho_t+\rho_p)}\left(1+r\frac{d'}{d}\right)}-(1+r)\right\}d \qquad \text{(d)}$$
$$=6.94\times 0.0104\left\{\sqrt{(1+0.61)^2+\frac{2}{6.94\times 0.0104}\left(1+0.61\frac{65}{521.2}\right)}-(1+0.61)\right\}521.2$$
$$=153.6\text{ mm}$$

탄성계수비 $\quad n_p=n_s=\dfrac{E_s}{E_c}=\dfrac{200,000}{8,500\sqrt[3]{35+4}}=6.94$

인장철근비 $\quad \rho_t=\dfrac{2\times 506.7}{300\times 535}=0.0063$

PS긴장재비 $\quad \rho_p=\dfrac{12\times 51.61}{300\times(300+200)}=0.0041$

압축 - 인장철근 비

$$r=\frac{\rho_c}{\rho_t+\rho_p}=\frac{0.0063}{0.0063+0.0041}=0.61$$

인장철근과 PS긴장재의 도심

$$d=\frac{\rho_t\times d+\rho_p\times d_p}{\rho_t+\rho_p}=\frac{0.0063\times 535+0.0041\times 500}{0.0063+0.0041}=521.2\text{ mm}$$

계산한 중립축의 깊이(kd)를 식(c)에 대입하여 균열단면2차모멘트(I_{cr})를 계산한다.

$$I_{cr} = \frac{300(153.6)^3}{3} + (6.94-1)2\times 506.7(153.6-65)^2$$
$$+6.94\times 2\times 506.7(153.6-535)^2 + 6.94\times 12\times 51.61(153.6-500)^2$$
$$= (362.39+47.25+1{,}023.06+505.74)\times 10^6 = 1{,}948\times 10^6\ \mathrm{mm}^4$$

계산한 균열단면2차모멘트(I_{cr})를 식(b)에 대입하여 전체하중에 대한 유효단면2차모멘트(I_e)를 계산한다.

$$(I_e)_{D+L} = \left(\frac{271.7}{468.0}\right)^3 5{,}400\times 10^6 + \left[1-\left(\frac{271.7}{468.0}\right)^3\right]1{,}948\times 10^6 = 2{,}623\times 10^6\ \mathrm{mm}^4$$

한쪽 단이 단순지지이고 다른 단이 연속인 보이므로 식(12.11b)를 이용하여 평균 유효단면2차모멘트($I_{e,ave}$)를 계산한다. 중앙 D점에서는 균열이 발생하지 않으므로 전단면2차모멘트(I_g)를 이용하여 계산한다.

$$I_{e,ave} = 0.85 I_{em} + 0.15(I_{e,con})$$
$$= (0.85\times 5{,}400 + 0.15\times 2{,}623)\times 10^6 = 4{,}983\times 10^6\ \mathrm{mm}^4 \qquad \text{(e)}$$

(6) 활하중에 의해 발생하는 순간처짐(Δ_L)을 계산한다.

활하중에 의해 발생하는 순간처짐은 식(f)와 같이 전체하중에 의해 발생하는 처짐에서 고정하중에 의해 발생하는 처짐을 제한 값이다.

$$\Delta_L = \Delta_T - \Delta_{D+SD} \qquad \text{(f)}$$

전체하중에 의해 발생하는 순간처짐(Δ_T)을 [예제 그림 12.3.3]의 연속보 해석결과와 공액보법을 이용하여 계산한다. 전체하중에 의해 발생하는 모멘트가 내부저항 균열모멘트보다 작아서 부재에 균열이 발생하므로 식(e)에서 계산한 평균 유효단면2차모멘트($I_{e,ave}$)를 이용하여 처짐을 계산한다. 등분포하중을 받는 연속보의 최대 처짐은 지점에서 $0.42l$ 의 위치에서 발생하지만 이 예제에서는 계산의 편의를 위하여 지점에서 $0.5l$ 의 위치(D점과 E점)에서 발생하는 것으로 하고 처짐을 계산하였다.

$$\frac{M_T}{EI} = 3{,}744\times\frac{12}{2} - \left(\frac{2}{3}\times 468\times\frac{12}{2}\right)\times\left(\frac{12}{2}\times\frac{3}{8}\right)$$
$$-2{,}808\times\frac{12}{2} + \left(\frac{1}{2}\times\frac{468}{2}\times\frac{12}{2}\right)\times\left(\frac{12}{2}\times\frac{1}{3}\right)$$
$$= 18{,}252 - 15{,}444 = 2{,}808\times 10^{12}$$

$$\Delta_T = \frac{M_T}{EI_{e,ave}} = \frac{2{,}808}{28{,}825\times 4{,}983\times 10^6}\times 10^{12} = 19.55\ \mathrm{mm} \qquad \text{(g)}$$

고정하중에 의해 발생하는 순간처짐(Δ_{D+SD})을 동일한 방법으로 계산한다. 고정하중에 의해서는 균열이 발생하지 않으므로 전단면2차모멘트(I_g)를 이용하여 처짐을 계산한다.

$$\frac{M_{D+SD}}{EI} = \frac{w_D + w_{SD}}{w_T}\times\frac{M_T}{EI} = \frac{11}{26}\times 2{,}808 = 1{,}188\times 10^{12}$$

$$\Delta_{D+SD} = \frac{M_{D+SD}}{EI_g} = \frac{1,188}{28,825 \times 5,400 \times 10^6} \times 10^{12} = 7.63 \text{ mm} \quad \text{(h)}$$

계산한 고정하중과 전체하중에 의해 발생하는 순간처짐을 식(f)에 대입하여 활하중에 의해 발생하는 순간처짐(Δ_L)을 계산한다.

$$\Delta_L = \Delta_T - \Delta_D = 19.55 - 7.63 = 11.92 \text{ mm} \quad \text{(i)}$$

식(i)에서 계산한 활하중에 의한 순간처짐(Δ_L)에 식(a)에서 계산한 솟음을 더한다.

$$\Delta = \Delta_P + \Delta_L = -6.57 + 11.92 = 5.35 \text{ mm} \quad \text{(j)}$$

(7) 계산된 순간처짐(Δ_L)과 기준에서 요구하는 순간처짐을 검토한다.

기준에서 요구하는 "과도한 처짐에 의해 손상되기 쉬운 비구조 요소를 지지 또는 부착하지 않은 바닥 구조에 대한 순간처짐"은 [표 12.3]에서 $l/360(=12,000/360=33.33 \text{ mm})$이다. 이 값은 계산된 5.35 mm보다 크므로 안전하다.

2) 전체하중에 의해 발생하는 장기처짐에 대한 검토

(1) 지속적으로 작용하는 하중에 대한 유효단면2차모멘트(I_e)를 계산하고 지속하중에 의해 발생하는 처짐을 계산한다.

지속적으로 작용하는 활하중은 전체 활하중의 30%이므로 지속하중은 고정하중과 지속적으로 작용하는 활하중의 합이 된다. D점에서는 균열이 발생하지 않고, C점에서 균열이 발생하므로 C점의 유효단면2차모멘트를 계산한다.

$$(I_e)_{SUS} = \left(\frac{M_{cr}}{M_{SUS}}\right)^3 I_g + \left[1 - \left(\frac{M_{cr}}{M_{SUS}}\right)^3\right] I_{cr} \quad \text{(k)}$$

계산한 균열단면2차모멘트(I_{cr})를 식(k)에 대입하여 지속하중에 대한 유효단면2차모멘트(I_e)를 계산한다.

$$(I_e)_{SUS} = \left(\frac{271.7}{279.0}\right)^3 5,400 \times 10^6 + \left[1 - \left(\frac{271.7}{279.0}\right)^3\right] 1,948 \times 10^6 = 5,136 \times 10^6 \text{ mm}^4$$

한쪽 단이 단순지지이고 다른 단이 연속인 보이므로 식(12.11b)를 이용하여 평균 유효단면2차모멘트($I_{e,ave}$)를 계산한다. 중앙 D점에서는 균열이 발생하지 않으므로 전단면2차모멘트(I_g)를 사용하여 계산한다.

$$\begin{aligned} I_{e,ave} &= 0.85 I_{em} + 0.15(I_{e,con}) \\ &= (0.85 \times 5,400 + 0.15 \times 5,136) \times 10^6 = 5,360 \times 10^6 \text{ mm}^4 \end{aligned}$$

평균 유효단면2차모멘트($I_{e,ave}$)를 이용하여 지속하중에 의해 발생하는 처짐(Δ_{SUS})을 계산한다.

$$\frac{M_{SUS}}{EI} = \frac{w_{SUS}}{w_T} \times \frac{M_T}{EI} = \frac{15.5}{26} \times 2,808 = 1,674 \times 10^{12}$$

$$\Delta_{SUS} = \frac{M_{SUS}}{EI_{e,ave}} = \frac{1{,}674}{28{,}825 \times 5{,}360 \times 10^6} \times 10^{12} = 10.83\,\mathrm{mm} \quad \text{(l)}$$

(2) 장기하중과 관련된 지속하중에 대한 계수(λ_Δ)를 계산한다.

식(12.15)를 이용하여 지속하중에 대한 계수(λ_Δ)를 계산한다. 주어진 조건에서 5년 이후의 지속하중의 시간경과 계수(ξ)는 2이다.

$$\lambda_\Delta = \frac{\xi}{1+50\rho'} = \frac{2}{1+50\times\dfrac{2\times 506.7}{300\times 535}} = 1.52 \quad \text{(m)}$$

(3) 전체하중에 의해 발생하는 장기처짐(Δ_{LT})을 계산한다.

전체하중에 의해 발생하는 장기처짐(Δ_{LT})을 식(12.14)을 이용하여 계산한다.

$$\Delta_{LT} = \Delta_L + \lambda_\Delta(\Delta_{D+SD} + \Delta_{LS}) = 11.92 + 1.52(10.83) = 28.38\,\mathrm{mm} \quad \text{(n)}$$

식(n)에서 계산한 전체 처짐(Δ_{LT})에 식(a)에서 계산한 솟음을 더한다.

$$\Delta = \Delta_P + \Delta_{LT} = -6.57 + 28.38 = 21.81\,\mathrm{mm} \quad \text{(o)}$$

(4) 계산된 전체 처짐(Δ_{LT})과 기준에서 요구하는 전체 처짐을 검토한다.

설계기준에서 요구하는 "과도한 처짐에 의해 손상될 염려가 없는 비구조 요소를 지지 또는 부착한 지붕 또는 바닥구조"에 대한 처짐은 [표 12.3]에서 $l/240(=50.0\,\mathrm{mm})$이다. 이 값은 계산된 21.81 mm보다 크므로 안전하다.

연습문제

12.1 | 프리스트레스트 콘크리트 부재의 처짐 특성에 대해 설명하라.

12.2 | 프리스트레스트 콘크리트 부재의 비균열등급 부재, 부분균열등급 부재, 균열등급 부재의 사용성 검토의 특징에 대해 설명하라.

12.3 | [연습 그림 12.1]의 프리스트레스트 콘크리트 부재의 처짐을 탄성해석에 의해 계산하라.

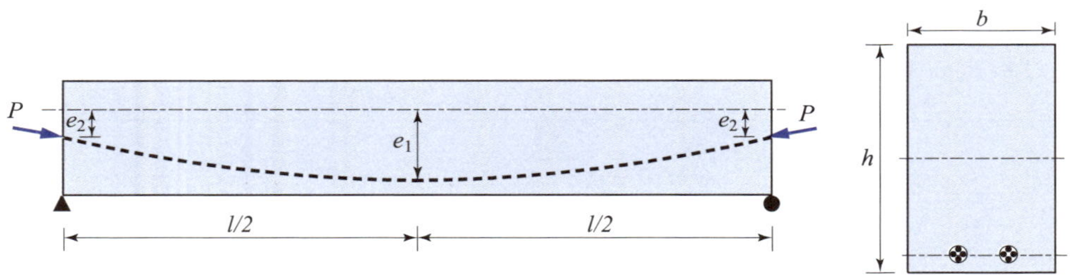

연습 그림 12.1 프리스트레스트 콘크리트 부재

12.4 | [연습 그림 12.2]는 프리스트레스트 콘크리트 보의 단면을 나타낸다.
콘크리트의 압축강도 $f_{ck} = 35$ MPa, 철근의 항복강도 $f_y = 400$ MPa, 3-D25 압축철근 사용, 5-D25 인장철근 사용, D25 철근 1개의 단면적은 506.7 mm^2

- **긴장재**(PS강재, 응력이완 긴장재) : 7연선 9.3 mm(SWPC 7AN, 단면적 $A_{ps} = 51.61$ mm^2)가 12가닥 사용됨.

1) 단면을 콘크리트를 중심으로 환산하라.
2) 균열이 발생하지 않았을 경우의 단면2차모멘트를 정산식으로 계산하라.
3) 균열이 발생하지 않았을 경우의 단면2차모멘트를 약산식으로 계산하라.

4) 균열이 발생하였을 경우에 균열단면2차모멘트(I_{cr})를 정산식으로 계산하라. 이때 중립축의 깊이(kd)는 200 mm이다.

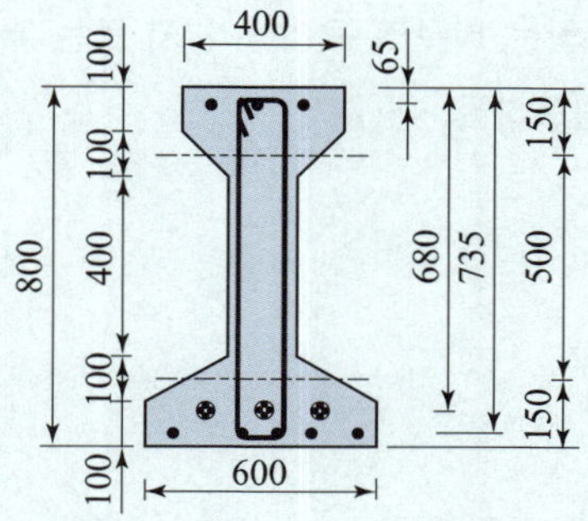

연습 그림 12.2 보의 단면 (단위 : mm)

12.5 | [연습 그림 12.3]의 프리스트레스트 콘크리트 단순보의 중앙점에서 발생하는 최대 순간처짐을 계산하라. 긴장재는 부착되어 있으며 즉시응력손실은 10%, 장기응력손실은 15%이다. 부재의 고정하중(자중) $w_D = 6$ kN/m, 추가고정하중 $w_{SD} = 8$ kN/m, 활하중 $w_L = 12$ kN/m, 설계하는 부재의 고정하중과 활하중은 변동하지 않고 지속적으로 작용하는 하중임.

콘크리트 28일 압축강도 $f_{ck} = 35$ MPa

긴장력을 가할 때의 초기 콘크리트 압축강도 $f_{ci}{}' = 27$ MPa

- **긴장재**(PS강재, 응력이완 긴장재) : 7연선 9.3 mm(SWPC 7AN, 단면적 $A_{ps} = 51.61$ mm^2)가 단일 덕트에 12가닥 사용됨, 인장강도 $f_{pu} = 1{,}860$ MPa, 항복강도 $f_{py} = 1{,}600$ MPa, 긴장 시의 긴장응력 $f_{pj} = 0.90 f_{py}$.

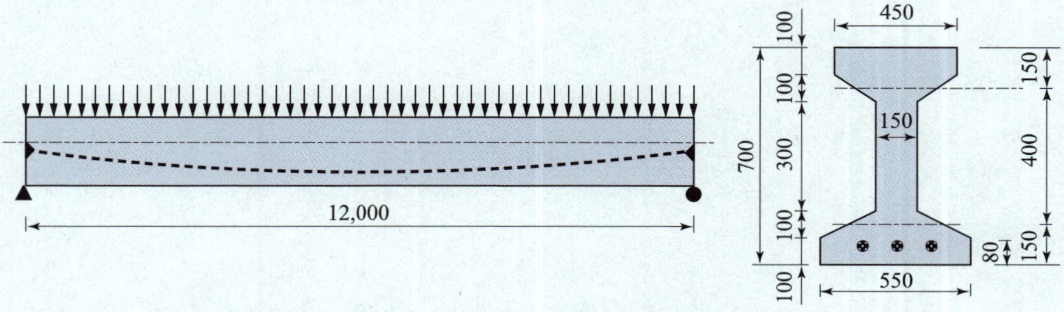

연습 그림 12.3 프리스트레스트 콘크리트 보 (단위 : mm)

12.6 | [연습 12.5]와 동일한 조건을 갖는 프리스트레스트 콘크리트 단순보의 중앙점에서 발생하는 처짐을 계산하라. 지속적으로 작용하는 활하중은 전체 활하중의 30%이다. 과도한 처짐에 의해 손상될 염려가 없는 비구조 요소를 지지 또는 부착한 지붕 또는 바닥구조에 대한 5년 후의 장기처짐을 검토하라.

Chapter 13

슬래브의 설계

13.1 일반 사항

프리스트레스트 공법은 보와 같은 선형부재(linear members)에 많이 적용되어 왔지만 최근에는 교량의 상판, 벽체 및 슬래브와 같은 면부재(planar members)에 적용되는 사례가 늘고 있다. 프리스트레스트 콘크리트가 면부재에 사용되는 이유는 긴장력에 의해 부재의 처짐을 억제하여 장경간구조(long-span structures)가 가능하기 때문이다. 또한, 콘크리트 단면을 효율적으로 사용할 수 있어 슬래브의 두께를 줄일 수 있고, 공사비를 절감할 수 있다.

슬래브는 상부에서 작용하는 활하중과 자중을 인접한 보나 기둥 또는 벽체에 전달하는 수평부재이다([그림 13.1] 참조). 슬래브는 보와 마찬가지로 휨모멘트와 전단력을 지지하지만, 보에 비하여 단면의 폭이 넓다. 또한 자체의 변형이 비교적 작기 때문에 강성이 큰 격막작용(diaphragm action)에 의해 지진하중이나 풍하중과 같은 수평하중을 지지하며, 지하구조물에서는 지압이나 토압을 받는 벽체를 지지하여 횡하중에 저항한다.

슬래브는 보의 유·무에 따라서 구분되며 [그림 13.2]의 보가 없는 평슬래브(flat slabs)와 보가 있는 보슬래브(beam slabs)로 나눌 수 있다.

① **평슬래브**(flat slabs)는 보가 없기 때문에 층고를 낮출 수 있고, 거푸집 제작이 용이하여 공기를 단축하고 시공성을 향상시킬 수 있다. 또한 배관과 배선을 설치하기 쉽고, 채광과 통풍성이 우수하여 장기응력이 큰 창고나 공장에 많이 사용된다. 다만, 수평하중에 대한 강성의 감소가 크며, 층간변형이 크기 때문에 구조계획 시에 적절한 내력벽의 배치가 필요하고, 2방향 전단(two-way shear)에 의해 발생할 수 있는 연쇄붕괴에 대비하여 철근상세와 슬래브 두께를 정해야 한다.

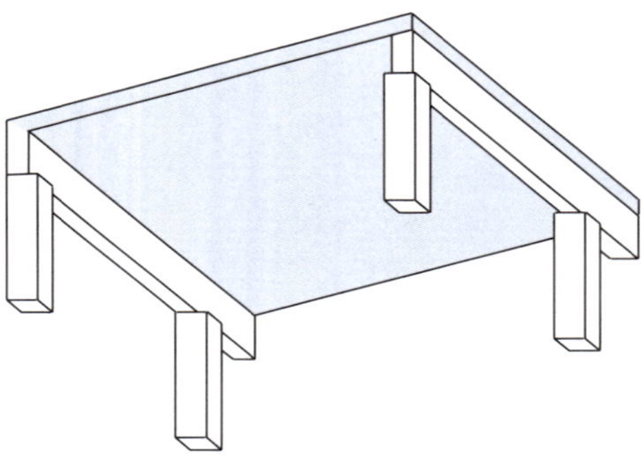

(a) 슬래브

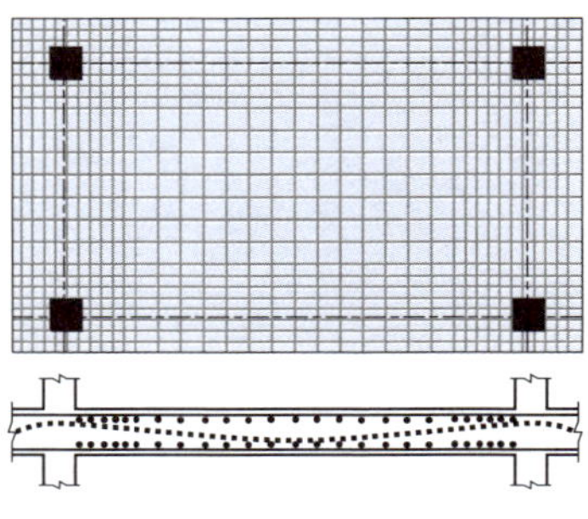

(b) 슬래브의 강재 배근

그림 13.1 프리스트레스트 콘크리트 슬래브와 강재의 배근

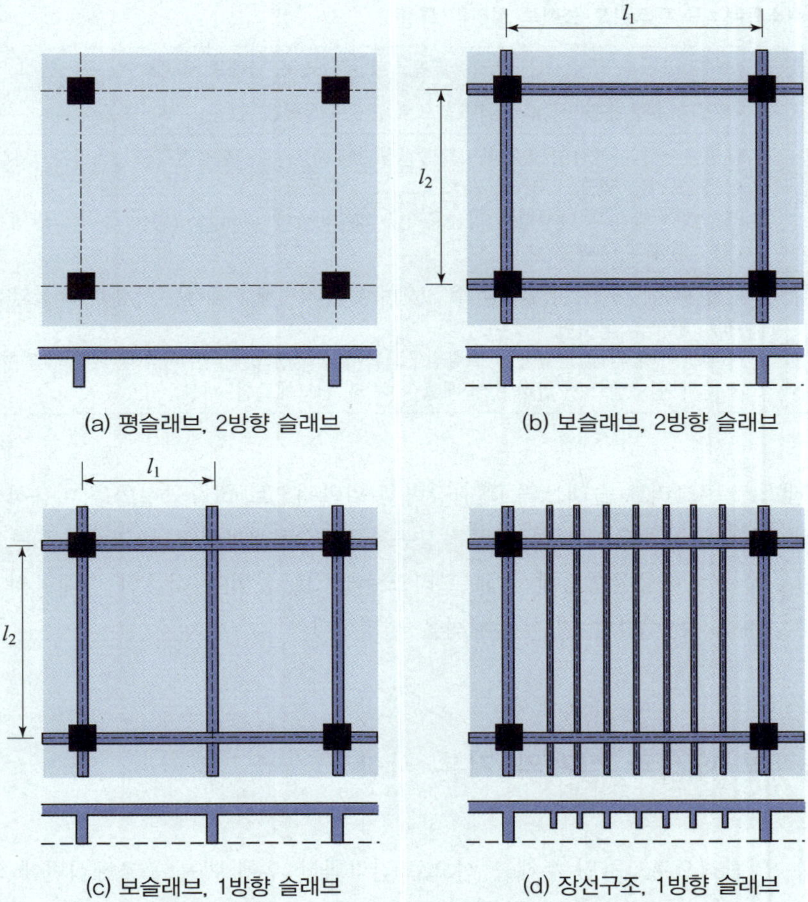

그림 13.2 프리스트레스트 콘크리트 슬래브의 종류

② **보슬래브**(beam slabs)는 상부하중이 보를 통하여 전달되는 슬래브로 평슬래브(flat slabs)와 달리 층고가 높고 시공효율성이 낮지만, 수평하중에 대한 강성이 커서 2방향 전단에 의한 연쇄붕괴 방지에 유리하다.

또한 슬래브는 긴 변과 짧은 변의 길이 차이에 따라 [그림 13.2]와 같이 1방향 슬래브(one-way slabs)와 2방향 슬래브(two-way slabs)로 구분할 수 있다.

① 1방향 슬래브는 짧은 변과 긴 변의 길이 차이가 2배를 초과하는 슬래브이다.

② 2방향 슬래브는 짧은 변과 큰 변의 길이 차이가 2배 이하인 슬래브이다.

표 13.1 프리스트레스트 콘크리트 슬래브 설계의 특성

	프리스트레스트 콘크리트 슬래브 설계
설계법	① PS긴장력에 대한 설계는 일반적으로 하중균형법을 이용
균열검토 단계	① 탄성해석에 근거하여 설계하며, PS긴장력에 대해서는 부정정구조물의 2차모멘트에 대한 영향을 고려할 필요가 없음 ② PS긴장력에 의해 발생하는 평균응력을 외부하중에 의해 발생하는 응력에 반영시킨 후에 슬래브 전체의 응력을 계산
균열발생 이후	① 탄성해석에 근거하여 설계할 수 없으며, PS긴장력에 대해서는 부정정구조물의 2차모멘트에 대한 영향을 고려하여 설계 ② PS긴장력에 의해 발생하는 부정정구조물의 휨모멘트와 외부하중에 의해 발생하는 부정정구조물의 휨모멘트를 합하여 슬래브 전체의 휨모멘트를 계산

프리스트레스트 콘크리트 슬래브의 PS긴장력은 일반적으로 하중균형법을 이용하여 계산하는데, 균열발생 이전과 이후로 구분하여 부정정구조물의 2차모멘트를 반영한다([표 13.1] 참조). 13장의 전반부에서는 하중균형법에 의해 프리스트레스트 공법이 적용된 슬래브의 설계방법을 설명하고, 후반부에서는 2방향 전단 설계법을 설명한다.

13.2 슬래브 해석과 설계의 기본 사항

구조부재는 일반적으로 3차원 부재를 선으로 간략화한 후에 이를 구조해석법에 의해 휨모멘트, 전단력 등을 계산한다. 슬래브와 보의 구조설계도 [그림 13.3]과 같이 부재의 중심선을 연결하여 간략화한 후에 구조 계산할 수 있다. 이 경우에 보처럼 부재의 폭(b)이 비교적 작은 부재에 대해서는 선으로 간략화하여 계산한 하중(휨모멘트, 전단력 등)을 부재의 폭 전체에 일정한 값으로 적용하여도 실제값과 큰 차이가 발생하지 않는다. 그러나 슬래브와 같이 부재의 폭(l_2)이 넓을 경우에는 선형으로 간략화하여 계산한 결과를 부재의 전체 폭에 일정하게 적용하면, 실제값과 큰 차이가 발생할 수 있다. 이는 짧은 변과 긴 변의 차이, 지판의 유·무, 주변 부재(보, 기둥)의 강성의 차이 등에 의해 슬래브에 발생하는 응력과 처짐 등이 다르기 때문이다. 비록 면부재를 선형화해서 얻은 결과가 실제 응력분포와 다를 수 있지만, 설계에서는 선형으로 도식화하여 얻은 결과를 면부재에 적용한다. 다만 적용한 값이 실제값과 근접할 수 있도록 구조설계기준에서는 여러 세부사항을 규정하고 있다.

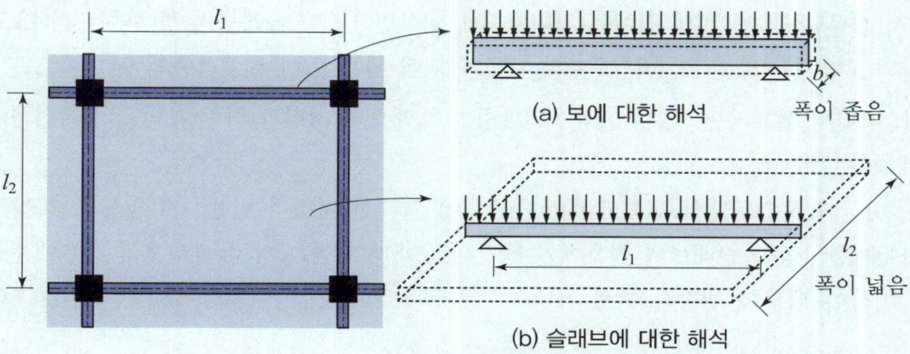

그림 13.3 보와 슬래브의 해석

13.2.1 설계대

슬래브는 단변과 장변의 길이의 차이에 따라서 하중이 다르게 전달된다. 탄성해석에 근거하여 1방향 슬래브와 2방향 슬래브의 처짐 형상을 살펴보면, 1방향 슬래브의 처짐은 짧은 변 방향으로 발생하지만, 2방향 슬래브의 처짐은 부재의 중앙점을 중심으로 발생한다. x방향의 슬래브 길이(l_x)가 y방향의 슬래브길이(l_y)보다 짧을 경우에 탄성해석에 의한 처짐값은 식(13.1a, b)와 같다.

[x방향 중앙부 처짐]

$$\Delta_x = k\frac{w_x l_x^4}{EI} \tag{13.1a}$$

[y방향 중앙부 처짐]

$$\Delta_y = k\frac{w_y l_y^4}{EI} \tag{13.1b}$$

여기서, k : 경계조건에 의한 계수값(단순지지의 경우 5/384, 고정단의 경우 1/384), w_x : x방향의 하중, w_y : y방향의 하중, E : 탄성계수, I : 단면2차모멘트이다.

식(13.1a)와 (13.1b)의 처짐값은 슬래브의 중앙점에서 동일해야하므로($w_x = w_y$) 두 식에서 식(13.2)를 유도할 수 있다.

$$w_x = \frac{l_y^4}{l_x^4 + l_y^4} w \tag{13.2}$$

여기서, w : 전체하중($w = w_x + w_y$)이다.

따라서 짧은 변과 긴 변의 길이의 차이가 2배 이상인 1방향 슬래브의 경우에는 식(13.2)에 의해 계산된 x방향의 하중(w_x)이 $w_x = 0.94w$가 되어 짧은 변이 전체하중의 94퍼센트를 지지하게 된다. 따라서 설계자는 1방향 슬래브와 2방향 슬래브의 처짐과 하중 분담율의 특성을 고려하여 설계해야 한다.

한편, 미국의 포스트텐션 협회에서는 슬래브에 지나친 처짐이 발생하지 않도록 하기 위하여 슬래브 두께를 1방향 슬래브의 경우에는 경간의 1/48배 이상, 2방향 슬래브의 경우에는 경간의 1/45배 이상이 되도록 권장하고 있다.

13.2.2 설계대와 보 - 슬래브의 강성비

판을 이루는 슬래브의 휨모멘트는 부재의 길이에 일정하게 분포하지 않고 기둥열에 가까운 슬래브에 큰 모멘트가 집중되며, 슬래브의 중앙부에 작은 모멘트가 분포한다. 따라서 설계에서는 슬래브를 다음의 두 구간으로 구분한다.

① **주열대**(column strip) : 기둥의 중심선에 가까운 슬래브 영역, 주로 부모멘트가 작용한다. 주열대의 크기는 [그림 13.4]의 슬래브의 양 변 중에서 작은 쪽 변의 길이를 중심으로 한다. 예를 들어 [그림 13.4]의 좌·우측 슬래브의 길이(l_1)가 앞·뒤측 슬래브의 길이(l_2)보다 클 경우에 주열대의 폭은 기둥에서 양쪽 면으로 각각 l_2/4만큼 떨어진 길이의 합으로 한다.

② **중간대**(middle strip) : 슬래브의 중간 영역, 주로 정모멘트가 작용한다. 중간대는 슬래브의 전체 크기에서 주열대의 영역을 제외한 영역이다.

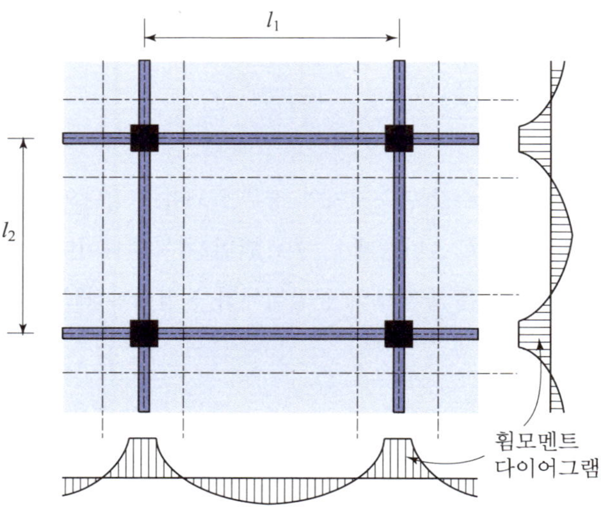

그림 13.4 슬래브의 휨모멘트 분포

기둥, 보, 슬래브 등과 같은 구조부재는 연결된 부재의 강성비(EI의 비율)에 따라서 전달되는 하중의 분포가 달라진다. 슬래브의 경우에도 4변에 연결된 보의 강성과 슬래브의 강성에 따라서 모멘트의 분포가 달라진다. 보의 강성이 클 경우에는 슬래브의 부모멘트가 커지지만, 보의 강성이 작을 경우에는 슬래브의 정모멘트가 커진다. 이러한 휨모멘트 분포를 평가하기 위하여 식(13.3)에 의해 보와 슬래브의 상대강성비를 계산해야 한다.

$$\alpha = \frac{E_{cb}I_b}{E_{cs}I_s} \tag{13.3}$$

여기서, E_{cb} : 보의 콘크리트 탄성계수, E_{cs} : 슬래브의 콘크리트 탄성계수, I_b : 균열이 발생하기 이전의 보의 단면2차모멘트, I_s : 균열이 발생하기 이전의 슬래브의 단면2차모멘트이다.

식(13.3)의 보의 단면2차모멘트는 단면의 크기에 따라서 다르다. 즉, 일반적으로 보와 슬래브는 일체화되게 설계하며, 슬래브의 일부가 보의 역할을 하므로 T형보와 유사한 개념에 의해 보의 단면을 결정한다. 따라서 단면2차모멘트도 T형보 단면을 사용해서 계산해야 한다. 보의 단면은 [그림 13.5]의 한쪽 방향에만 슬래브가 연결된 경우와 양쪽 방향으로 슬래브가 연결된 경우로 구분하여 계산한다.

① **한쪽 방향으로만 슬래브가 연결된 경우** : 유효폭은 $b+(a-h)$이다. 계산된 유효폭은 $b+4h$보다 작아야 한다.

② **양쪽 방향으로 슬래브가 연결된 경우** : 유효폭은 $b+2(a-h)$이다. 계산된 유효폭은 $b+8h$보다 작아야 한다.

여기서, h : 슬래브의 두께, b : 보의 폭, a : 슬래브의 두께에 보의 높이를 합한 값으로 보가 없는 평슬래브의 경우에는 식(13.3)에 의해 계산한 강성비(α)는 "0"이다.

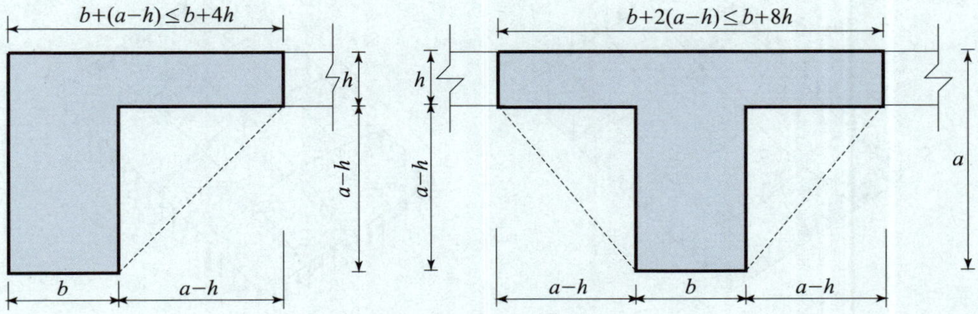

그림 13.5 보 단면의 크기

13.2.3 하중평형개념

프리스트레스트 콘크리트 슬래브에는 일정한 간격으로 많은 PS긴장재를 배치해야 한다. 슬래브에 배치된 모든 긴장재를 하나하나 계산하여 각각의 결과를 더하는 것보다 4.2.2항에서 설명한 하중평형(load balance)개념을 이용하여 전체 긴장력을 한 번에 계산하는 것이 편리하다. 하중평형개념은 슬래브에 작용하는 두 종류의 외력인 실제하중(고정하중 또는 활하중)과 PS긴장력을 평형의 개념으로 동시에 해석하는 방법이기 때문에 슬래브 설계에 효율적으로 적용할 수 있다. 즉, [그림 13.6]의 슬래브는 실제하중(고정하중 또는 활하중)에 의해서는 아래방향으로 처지지만, PS강재의 긴장력에 의해서는 위쪽 방향으로 솟게 되므로 두 종류의 상반된 힘에 의해 처짐이 감소하거나 처짐이 없어져 평형을 이루게 된다. 따라서 설계에서는 실제하중과 PS긴장력을 하나의 관점에서 설계한다. [그림 13.6]에서 제시한 짧은 변과 긴 변의 슬래브에 작용하는 등가하중을 식(13.4a, b)에 의해 계산할 수 있다.

$$w_1 = \frac{8P_1 \times e_1}{l_1^2} \tag{13.4a}$$

$$w_2 = \frac{8P_2 \times e_2}{l_2^2} \tag{13.4b}$$

여기서, w_1, w_2 : 짧은 변과 긴 변의 슬래브에 작용하는 등가하중, P_1, P_2 : 짧은 변과 긴 변의 슬래브에 작용하는 유효긴장력, e_1, e_2 : 짧은 변과 긴 변의 슬래브에 배치된 PS긴장재의 편심거리, l_1, l_2 : 짧은 변과 긴 변의 길이를 나타낸다.

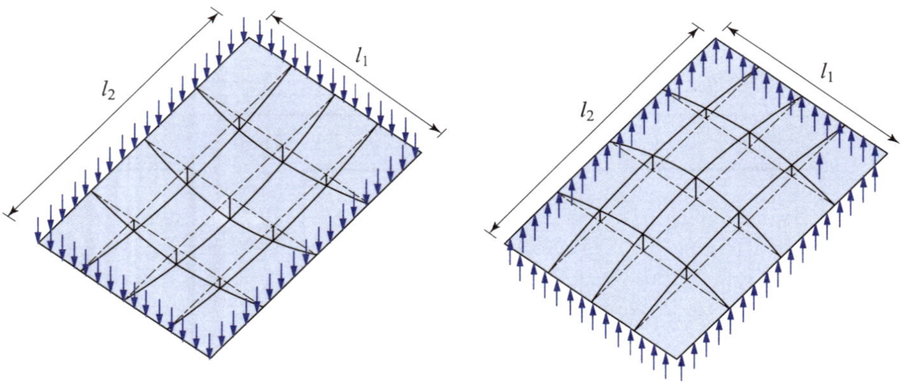

(a) 실제하중에 의한 처짐 (b) PS긴장력에 의한 솟음

그림 13.6 하중평형 개념에 의한 프리스트레스트 콘크리트 슬래브의 변형

PS긴장력에 대하여 계산한 식(13.4)의 등가응력이 슬래브에 작용하는 실제하중(고정하중 또는 활하중)과 동일하면 두 하중이 상쇄되어 슬래브에는 압축응력만 작용하게 된다. 만일 실제하중이 PS등가응력보다 클 경우에는 일부 하중만이 상쇄되고 나머지는 불균형하중(unbalanced load)으로 남아 슬래브에는 식(13.5)의 응력이 발생한다.

$$f = -\frac{P_e}{A_c} \pm \frac{M_{ub}}{S} \tag{13.5}$$

여기서, f : 슬래브 단면의 콘크리트에 작용하는 응력, P_e : 유효긴장력, M_{ub} : 불균형하중에 의해 발생하는 휨모멘트, S : 단면계수이다.

13.2.4 긴장력의 해석법과 강재 배치

프리스트레스트 콘크리트 슬래브의 해석은 균열발생 이전과 균열발생 이후로 구분하여 설계한다.

① **균열발생 이전** : 슬래브에 균열이 발생하기 이전에는 슬래브 전체를 탄성해석 할 수 있다. 탄성범위에서는 PS긴장력에 의해 발생하는 응력이 실제하중에 의해 발생하는 응력을 직접 감소시키므로 슬래브에는 PS긴장력에 의해 유발되는 압축응력만이 존재한다. 따라서 부정정구조물에 배치된 PS긴장력에 의해 유발될 수 있는 2차모멘트를 계산할 필요가 없다. PS긴장력에 의해 발생하는 응력이 실제하중에 의해 발생하는 응력을 모두 감소시키지 못할 때는 식(13.5)의 불균형하중에 의해 발생하는 응력을 추가하여 슬래브의 응력을 계산한다.

② **균열발생 이후** : 균열이 발생한 이후에는 슬래브 전체를 탄성해석 할 수 없으므로 강도설계법에 의해 해석한다. 이 경우 실제하중에 의해 발생하는 응력을 PS긴장력에 의해 발생하는 응력이 직접 감소시킬 수 없으므로, PS긴장력에 의해 유발될 수 있는 2차모멘트를 계산한 후에 전체 휨모멘트를 계산해야 한다.

이 밖에도 KDS 14 국가건설기준-2020(콘크리트구조 학회기준, 2017)에서는 시공성과 사용성을 고려하여 프리스트레스트 콘크리트 부재의 긴장재와 철근을 다음 조건에서 배치하도록 규정하고 있다.

① **긴장재의 간격** : 등분포활하중과 고정하중에 대하여 1방향으로 배치된 긴장재의 간격은 슬래브 두께의 8배 이하이어야 하고, 또한 1.5m 이하로 해야 한다.

② **콘크리트의 평균 압축응력** : 유효긴장력에 의해 발생하는 콘크리트의 평균 압축응력이 0.9MPa 이상이 되도록 PS긴장재의 간격을 정해야 한다.

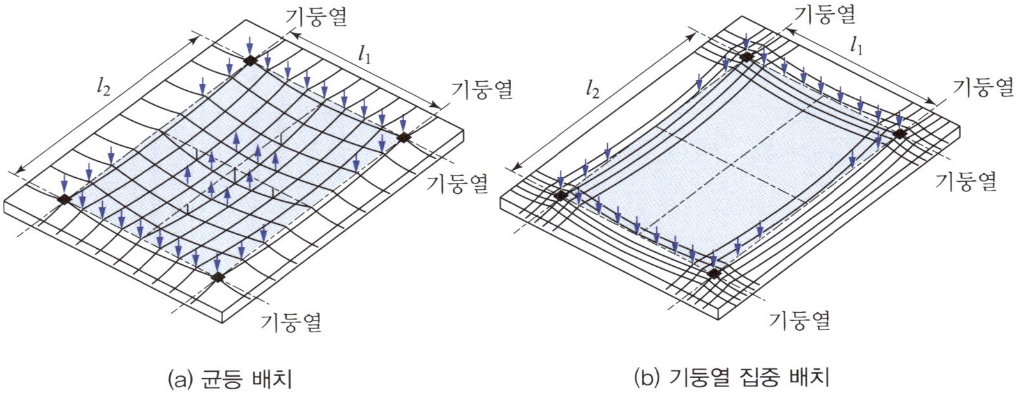

그림 13.7 2방향 프리스트레스트 콘크리트 슬래브의 PS긴장재의 배치

③ **기둥의 전단** : 2개 이상의 PS긴장재를 기둥의 전단위험단면 구간에 각 방향으로 배치해야 한다.

④ **최소 부착철근** : 비부착긴장재는 식(6.82)의 최소 부착철근량 이상을 배치해야 한다.

⑤ **리프트 슬래브** : 리프트 슬래브(lift slab, 현장에서 프리캐스트 프리스트레스트 2방향 슬래브 조각을 제작한 후에 이를 들어 올려서 조립하는 공법에 사용되는 슬래브)의 경우에는 적어도 각 방향으로 2개의 부착된 하부철근이나 철선이 가능한 한 기둥에 근접하게 리프트칼라를 지나도록 해야 하며, 연속이음이나 A급 겹침이음으로 연결해야 한다. 외부 기둥에서는 이 철근을 리프트칼라에 정착시켜야 한다.

2방향 프리스트레스트 콘크리트 슬래브에 배치되는 PS긴장재는 [그림 13.7]의 슬래브 전체에 일정한 크기로 분산되게 배치하는 경우와 기둥열을 중심으로 한 곳에 집중되게 배치하는 경우로 나눌 수 있다.

13.2.5 온도와 건조수축에 대한 보강

콘크리트의 주요한 약점 중의 하나는 인장강도가 약하여 균열이 쉽게 발생할 수 있다는 점이다. 3장에서 설명하였듯이 콘크리트는 타설된 이후에 콘크리트 내부의 여분수(餘分水)가 증발하여 콘크리트의 체적이 감소한다. 시간이 경과함에 따라서 여분수가 발산하여 체적이 감소하는 현상을 건조수축이라 하는데, 건조수축은 시간, 물-시멘트 비, 시멘트의 종류, 상대습도 등의 다양한 요소에 의해 영향을 받는다. 또한 슬래브는 체적이 보나 기둥에 비하여 크기 때문에 타설 시에 발생한 수화열이 슬래브 전체에 걸쳐서 일정하게 발산되지 않고, 슬래브의 가장자리에서는 수화열이 빨리 발산하여 체적이 수축되는 반면에 슬래브의 중앙부에서는 수화열이 늦게 발산하여 체적이 팽창하는 경향이 있다. 특히, 슬래브는 주변 부재(보, 기둥)와 철근에 의해 변형이 구속되어 있기 때문에 건조수축이나 슬래브 바깥쪽과 안쪽에서 온도의 차이가 발생할 경우에 슬래브 내부에 인장응력이 발생하며, 발생한 인장응력이 균열발생강도를 초과할 경우에 슬래브에 균열이 발생한다.

설계에서는 균열이 발생한 콘크리트의 인장응력을 철근이 대신 저항할 수 있도록 건조수축과 온도철근의 철근비($\rho_{\min}$)를 식(13.6)과 식(13.7)에 의해 규정한다.

$f_y = 400$ MPa 이하인 이형철근

$$\rho_{\min} \geqq 0.002 \tag{13.6}$$

0.0035 항복변형률에 대하여 $f_y > 400$ MPa인 철근

$$\rho_{\min} = 0.002 \times 400/f_y \tag{13.7}$$

다만, 식(13.6)과 식(13.7)에 의해 계산한 철근의 단면적($A_{s,\min}$)이 슬래브 단위m당 1,800 mm^{2}보다 크게 할 필요는 없다. 식(13.6)과 식(13.7)을 이용하여 최소 철근단면적($A_{s,\min}$)을 계산할 때는 슬래브 콘크리트의 전체 면적을 철근비($\rho_{\min}$)에 곱하여 계산한다. 즉, $A_{s,\min} = \rho_{\min} \times (b \times h)$이며, 보와 같이 유효높이($d$)를 사용하지 않음에 주의해야 한다.

건조수축과 온도철근의 배근간격은 식(13.8)의 작은 값을 사용해야 하며, 계산에 의해 철근보강이 필요하지 않는 경우에도 건조수축과 온도철근을 배근해야 한다.

$$s_{\max} = \min(5h,\ 450\,\text{mm}) \tag{13.8}$$

13.3 2방향 슬래브의 설계 - 직접설계법

13장 서론에서 설명하였듯이 1방향 슬래브와 2방향 슬래브가 지지하는 힘의 분배가 다르므로 설계에서는 두 슬래브의 해석을 다르게 한다. 2방향 슬래브의 설계법은 직접설계법(direct design method)과 등가골조법(equivalent frame method)으로 나누어진다.

13.3.1 직접설계법의 적용범위

연속보와 연속슬래브는 부재에 작용하는 하중과 기하학적 조건이 유사할 경우에 일정한 규칙을 갖고 변화한다. 직접설계법은 이러한 휨모멘트의 규칙성을 이용하여 특별한 구조해석 없이도

슬래브의 휨모멘트를 간략하게 구할 수 있는 방법이다. 다만, 직접설계법을 적용하기 위해서는 슬래브가 다음의 여섯 가지 조건을 만족해야 한다.

① 각 방향으로 3경간 이상 연속인 슬래브이어야 한다.

② 슬래브판은 장방형이며, 슬래브의 긴 변과 짧은 변의 비는 2를 넘지 않아야 한다. 즉, 2방향 슬래브이어야 한다.

③ 각 방향으로 슬래브의 연속한 경간 길이는 긴 경간의 1/3 이상 차이가 있어서는 안 된다.

④ 기둥은 어떠한 축에서도 연속되는 기둥 중심선에서 경간 길이의 10퍼센트 이상 바깥쪽으로 벗어나면 안 된다.

⑤ 모든 하중은 등분포로 작용하는 연직하중이어야 하며, 활하중은 고정하중의 3배 이하가 되어야 한다.

⑥ 슬래브의 모든 변에서 보가 슬래브판을 지지할 경우(즉, 보슬래브의 경우), 직교하는 두 방향에서 보의 상대강성 $\alpha_1 l_2^2/(\alpha_2 l_1^2)$은 0.2 이상, 5.0 이하가 되어야 한다.

13.3.2 설계모멘트

연속슬래브의 휨모멘트는 외부슬래브, 내부슬래브, 정모멘트 또는 부모멘트를 받는 슬래브, 주열대 또는 중간대의 구분에 의해 크게 10가지로 구분할 수 있다. 직접설계법에서는 전체 정정계수모멘트를 계산한 후에, 이를 이용하여 슬래브의 모멘트를 10가지로 구분하여 설계한다.

전체 정정계수모멘트

[그림 13.8]의 일정한 크기의 등분포하중을 지지하는 부재의 전체 정정계수모멘트(M_o)

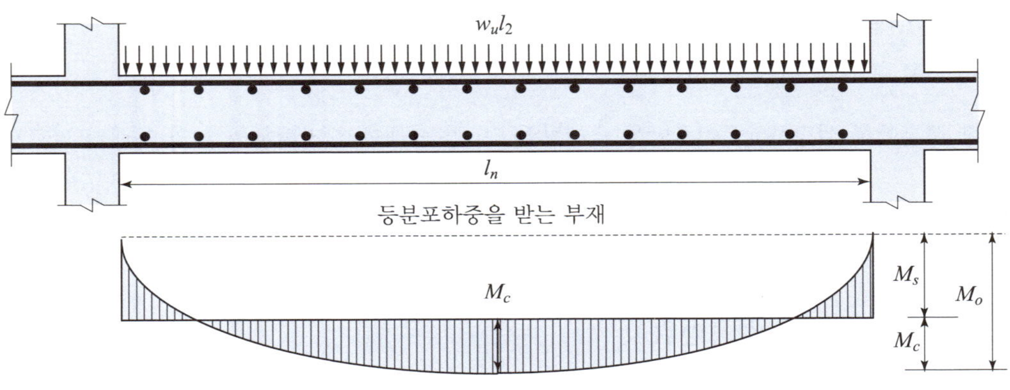

그림 13.8 전체 정정계수모멘트

는 지점의 종류와 상관없이 식(13.9)에 의해 계산한다. 식(13.9)에 의해 계산된 값은 지지점의 경계조건이 달라질 경우에 단부와 중앙부의 부모멘트와 정모멘트의 분배 비율이 달라지지만, M_o의 절대값은 항상 일정하다. 직접설계법에서는 전체 정정계수모멘트(M_o)를 먼저 계산한 후, 이를 적정한 비율로 분배하여 슬래브 각 위치의 모멘트를 계산한다.

$$M_o = M_c + M_s = \frac{w_u l_2 l_n^2}{8} \tag{13.9}$$

여기서, l_n : 기둥(또는 기둥머리, 벽체)의 내면 사이의 거리이며, l_n은 $0.65l_1$ 이상이 되어야 함 ($l_n \geq 0.65l_1$), l_1 : 모멘트가 산정되는 방향의 기둥 중심간 거리, l_2 : 모멘트가 산정되는 방향과 수직되는 방향으로 측정한 지지부 중심간 거리, w_u : 하중계수를 적용한 단위면적(m^2)에 작용하는 하중의 분포이며, 단위는 N/m^2이다.

정모멘트와 부모멘트의 분배

[그림 13.9]는 연속슬래브의 휨모멘트 분포를 나타낸다. 슬래브의 단부와 중앙부에는 각각 부모멘트와 정모멘트가 작용하며, 외부슬래브와 내부슬래브에 작용하는 휨모멘트 분포가 다르다.

설계기준에서는 식(13.9)에 의해 계산한 전체 정정계수모멘트(M_o)를 [표 13.2]와 같이 다섯 가지 종류로 구분하여 모멘트의 분배율을 정한다. [표 13.2]에서 정모멘트와 부모멘트의 분배는 지지점의 경계조건에 따라서 달라진다.

① **내부슬래브**(양단이 고정단인 부재로 보고 계산함) : 완전 고정된 부재의 양단모멘트 $(w_u l_2 l_n^2)/12$와 중앙부모멘트$(w_u l_2 l_n^2/24)$의 분배비율을 기준으로 계수가 정해진다.

$$\text{부계수모멘트 : } M_u^- = 0.65M_o \approx \frac{1/12}{(1/12)+(1/24)} w_u l_2 l_n^2$$

$$\text{정계수모멘트 : } M_c^+ = 0.35M_o \approx \frac{1/24}{(1/12)+(1/24)} w_u l_2 l_n^2$$

② **외부슬래브**(내단부는 고정단, 외단부는 다양한 종류의 지지점으로 보고 계산함) : 슬래브의 비대칭에 의해 내단부 부모멘트, 중앙부 정모멘트가 크며, 외단부 부모멘트가 작다.

$$\text{내단부 부계수모멘트 : } M_{u,i}^- = (0.65 \sim 0.75)M_o$$

$$\text{중앙부 정계수모멘트 : } M_u^+ = (0.35 \sim 0.63)M_o$$

$$\text{외단부 부계수모멘트 : } M_{u,e}^- = (0 \sim 0.65)M_o$$

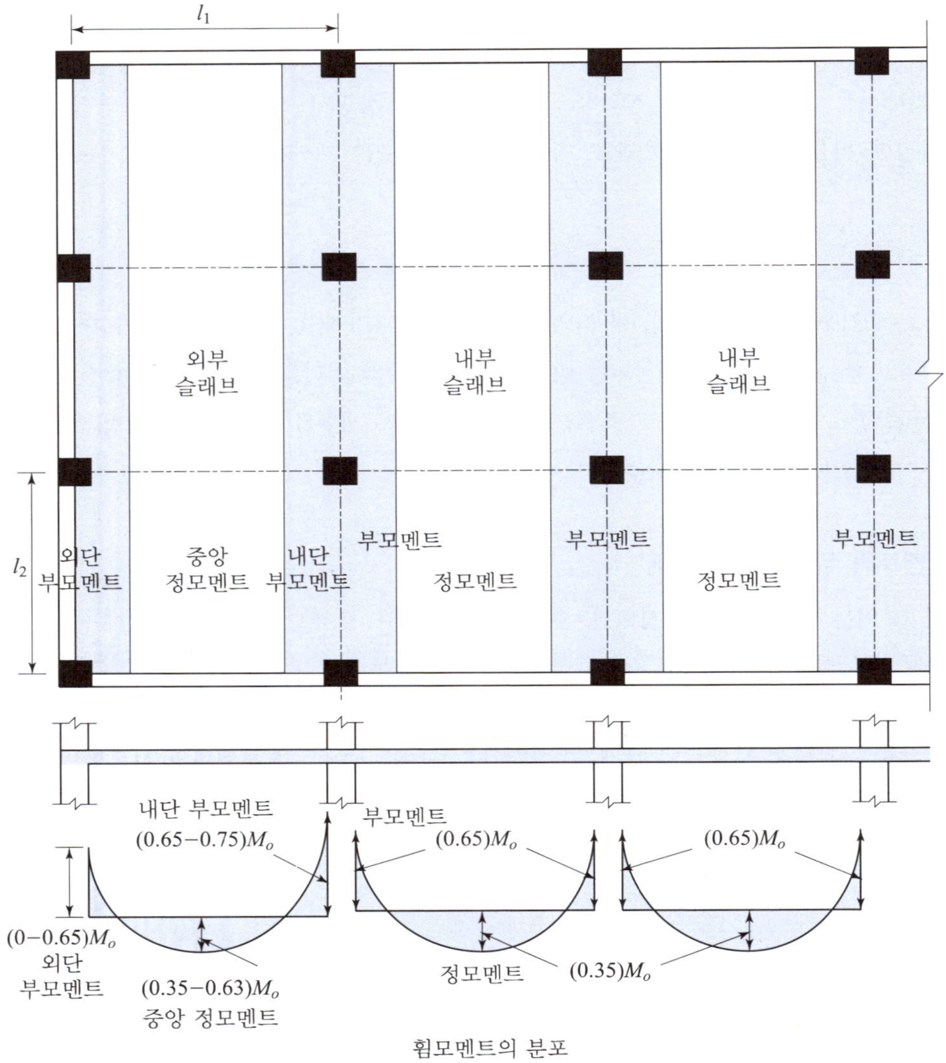

그림 13.9 슬래브의 정모멘트와 부모멘트

표 13.2 정계수모멘트와 부계수모멘트의 분배율

슬래브의 위치	구속되지 않은 외단	모든 받침부 사이에 보가 있는 슬래브	내부 받침부 사이에 보가 없는 슬래브		완전 구속된 외단
			테두리보가 없는 경우	테두리보가 있는 경우	
내단의 부계수모멘트	0.75	0.70	0.70	0.70	0.65
정계수모멘트	0.63	0.57	0.52	0.50	0.35
외단의 부계수모멘트	0.00	0.16	0.26	0.30	0.65

주열대 모멘트와 중간대 모멘트 분포

[그림 13.4]에서 설명하였듯이 폭이 넓은 슬래브에 작용하는 휨모멘트는 슬래브에 일정하게 분포하는 것이 아니라 기둥열에 가까운 슬래브에 큰 모멘트가 작용하고, 중앙부 슬래브에 작은 모멘트가 작용한다. 따라서 식(13.9)에 의해 계산한 전체 정정계수모멘트(M_o)를 주열대와 중간대로 구분하여 분배해야 한다. 설계기준에서는 [표 13.3]을 이용하여 주열대에 작용하는 휨모멘트를 계산한다. 주열대의 모멘트는 다음의 세 가지 항목에 의해 영향을 받는다.

① **슬래브 길이의 차이**(l_2/l_1) : 슬래브의 폭(l_2)이 작으면 주열대의 모멘트 지지 부담분이 증가한다.

② **보와 슬래브의 휨강성의 비**(α_1) : 상대강성비(α_1)값이 커지면, 주열대의 모멘트 지지 부담분이 증가한다. 여기서 α_1은 휨모멘트가 계산되는 l_1방향의 상대강성비이다.

③ **가장자리 보의 비틀림 변형구속능력**(β_t) : 가장자리 보의 비틀림 변형구속능력(비틀림 강성)이 작으면 주열대의 모멘트 지지 부담분이 증가한다.

중간대 슬래브는 전체모멘트에서 [표 13.3]에서 계산한 주열대 모멘트를 제외한 나머지 모멘트를 지지한다. [표 13.3]에 표시되지 않은 휨모멘트 부담률은 직선 보간법을 사용하여 계산한다.

휨모멘트 분포에 따라서 슬래브는 외부와 내부슬래브, 부모멘트 영역과 정모멘트 영역, 주열대와 중간대로 구분되며, 각각의 부위에서 저항하는 휨모멘트의 크기가 다르다.

비틀림 강성비

[표 13.3]에 표시되어 있는 가장자리 보의 비틀림 변형구속능력(β_t)에 의해 주열대와 중간대

표 13.3 주열대에서의 계수모멘트 분배율(%)

슬래브의 위치			l_2/l_1 = 0.5	l_2/l_1 = 1.0	l_2/l_1 = 2.0
내단의 부계수모멘트	$(\alpha_1 l_2/l_1)=0$		75	75	75
	$(\alpha_1 l_2/l_1)\geq 1.0$		90	75	45
외단의 부계수모멘트	$(\alpha_1 l_2/l_1)=0$	$\beta_t=0$	100	100	100
		$\beta_t\geq 2.5$	75	75	75
	$(\alpha_1 l_2/l_1)\geq 1.0$	$\beta_t=0$	100	100	100
		$\beta_t\geq 2.5$	90	75	45
중앙부 정계수모멘트	$(\alpha_1 l_2/l_1)=0$		60	60	60
	$(\alpha_1 l_2/l_1)\geq 1.0$		90	75	45

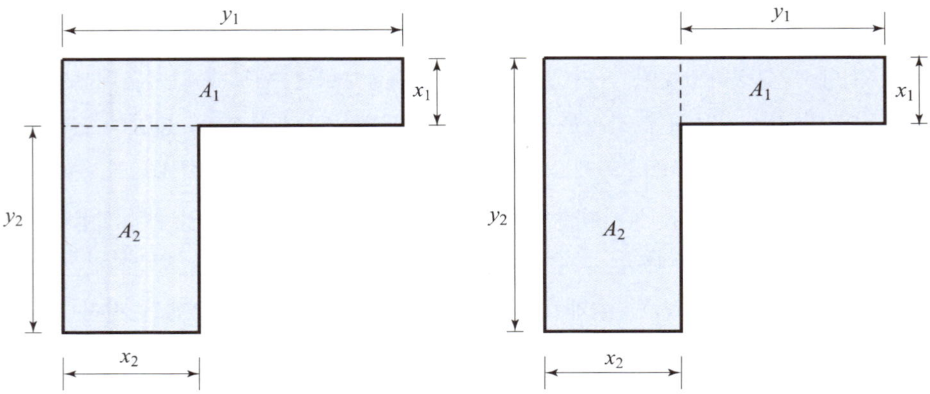

그림 13.10 비틀림 상수를 계산하기 위한 단면의 분할

의 모멘트 분배율이 달라진다. 비틀림 변형구속능력(β_t)이 커지면 중간대의 모멘트 지지 부담분이 증가하면서 주열대의 모멘트 지지율이 감소한다. 가장자리 보의 비틀림 변형구속능력(β_t)이란 슬래브와 보의 강성비의 차이이며 식(13.10)에 의해 계산한다.

$$\beta_t = \frac{E_{cb}C}{2E_{cs}I_s} \tag{13.10}$$

여기서, E_{cb} : 보의 콘크리트 탄성계수, E_{cs} : 슬래브의 콘크리트 탄성계수, I_s : 슬래브의 단면2차모멘트, C : 보의 비틀림 상수. 비틀림 상수(C)는 다각형 단면에 대한 비틀림 해석에 근거하여 식(13.11)에 의해 계산한다.

$$C = \sum\left[\left(1 - 0.63\frac{x}{y}\right)\frac{x^3y}{3}\right] \tag{13.11}$$

여기서, x : 단면의 짧은 변의 길이, y : 단면의 긴 변의 길이이다. 가장자리 보의 크기는 보와 슬래브의 상대강성비(α)를 계산할 때와 동일하게 슬래브가 한 면에 연결된 경우와 양면에 연결된 경우로 구분하여 슬래브의 유효폭을 계산한다([그림 13.6] 참조). 또한, 다각형 단면을 식(13.11)에 의해 계산할 경우에는 [그림 13.10]과 같이 단면을 몇 가지 방법으로 분할하여 비틀림 상수(C)를 계산하며, 계산된 값 중에서 큰 값을 사용한다.

기둥과 벽체의 휨모멘트

슬래브를 중심으로 구조해석 할 경우에 슬래브에서 기둥으로 전달되는 휨모멘트의 값을 계산해야 한다. 중력하중이 작용하고 기둥 양쪽 슬래브의 경간 길이가 동일하며 양쪽 슬래브에 작용하는 하중이 일정할 경우, 기둥에는 휨모멘트가 거의 작용하지 않는다. 그러나 기둥 양쪽 슬래브 경간에 큰 차이가 있거나 계수하중의 크기가 다를 때에는 양쪽 슬래브 단부 모멘트의 차가 기둥에 전달된다. 설계에서는 식(13.12)에 의해 불균형모멘트를 계산한다.

$$M = 0.65\left[\frac{(w_D + 0.5w_L)l_2 l_n^{\,2}}{8} - \frac{w_D' l_2' (l_n')^2}{8}\right] \tag{13.12}$$

여기서, w_D, w_L : 슬래브의 긴 경간에서의 계수고정하중과 계수활하중, w_D', l_2', l_n' : 슬래브의 짧은 경간에서의 계수고정하중, 슬래브의 폭, 슬래브의 순경간이다. 식(13.12)에서 불균형모멘트는 기둥을 중심으로 배치된 양쪽 슬래브의 길이의 차이가 크고, 활하중과 고정하중의 차이가 크면 증가함을 알 수 있다.

식(13.12)의 0.65를 8로 나누면 0.081이 되지만 불균형모멘트의 일부를 슬래브가 저항하고, 나머지를 기둥이나 벽체가 지지하므로 설계기준에서는 기둥의 설계모멘트를 식(13.13)을 이용하여 계산한다.

$$M = 0.07\left[(w_D + 0.5w_L)l_2 l_n^{\,2} - w_D' l_2' (l_n')^2\right] \tag{13.13}$$

13.3.3 직접설계법의 설계 순서

프리스트레스트 콘크리트 슬래브를 직접설계법에 의해 계산할 경우에 슬래브의 설계 순서는 다음과 같다.

① 슬래브의 두께를 결정한다(1방향 슬래브 경간의 1/48배 이상, 2방향 슬래브 경간의 1/45배 이상).

② 직접설계법이 가능한지 검토한다.

③ 하중평형법을 이용하여 평형하중을 계산한다.

④ 사용하중상태의 균열발생여부를 검토한다.

④-1 PS긴장력에 의해 발생하는 콘크리트 평균압축응력을 계산한다.

④-2 전체 정정계수모멘트(M_o)를 계산한다(식(13.9)).

④-3 슬래브의 정·부계수모멘트를 계산한다(내부슬래브, 외부슬래브 - [표 13.2]).

④-4 슬래브의 주열대·중간대 계수모멘트를 계산한다([표 13.3]).

④-5 평균압축응력과 불균형하중에 의해 발생하는 응력을 계산한다(식(13.5)).

⑤ 극한하중상태의 휨모멘트를 계산한다.

⑤-1 PS긴장력에 의해 발생하는 2차모멘트를 계산한다.

⑤-2 PS긴장력에 의해 발생하는 1차모멘트를 계산한다.

⑤-3 PS긴장력에 의해 발생하는 전체모멘트를 계산한다.

⑤-4 실제하중에 의해 발생하는 계수모멘트를 계산한다.

⑤-5 실제하중에 의해 발생하는 계수모멘트에서 PS긴장력에 의한 전체모멘트를 제한 후에 극한하중상태의 계수모멘트를 계산한다.

⑥ 기둥과 벽체의 불균형 계수모멘트를 계산한다(식(13.13)).

⑦ 철근을 배근한다.

예제 13.1

[예제 그림 13.1.1]의 슬래브를 PS긴장재를 사용한 직접설계법으로 계산하라. 기둥단면의 크기는 600×600 mm, 기둥의 높이는 3.5 m이다. 긴장재는 부착되어 있지 않으며, 즉시응력손실은 10%, 장기응력손실은 15%이다.

부재의 고정하중 $w_D = 6$ kN/m, 활하중 $w_L = 4$ kN/m

콘크리트 28일 압축강도 $f_{ck} = 35$ MPa

비긴장재(압축철근과 인장철근)의 항복강도 $f_y = 400$ MPa, D13 철근 1개의 단면적 126.7 mm^2.

- 긴장재(PS강재, 응력이완 긴장재) : 7연선 10.8 mm(SWPC 7AN, 단면적 $A_{ps} = 69.68$ mm^2)가 12가닥 사용됨, 인장강도 $f_{pu} = 1{,}860$ MPa, 항복강도 $f_{py} = 1{,}600$ MPa, 긴장 시의 긴장응력 $f_{pj} = 0.90 f_{py}$

1) 사용하중상태의 균열발생 여부를 검토하라. PS긴장력에 의한 콘크리트 평균압축응력(balanced load)은 고정하중에 의해 발생하는 응력으로 한다.
2) 극한하중상태의 슬래브를 설계하라.

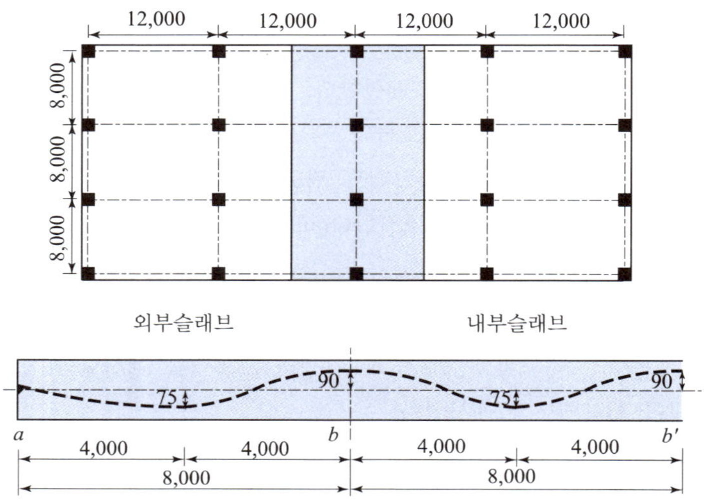

예제 그림 13.1.1 평슬래브 (단위 : mm)

풀이

1) 사용하중상태의 균열발생 여부를 검토하라.

(1) 슬래브의 두께를 계산한다.

2방향 슬래브는 일반적으로 경간의 1/45배 이상이 되도록 한다.

$$h = \frac{l}{45} = \frac{12{,}000}{45} = 266.7\,\text{mm} \;\; \rightarrow \;\; 250\,\text{mm}$$

(2) 직접설계법이 가능한지 검토한다.

주어진 조건에서 직접설계법이 가능하다.

(3) 하중평형법을 이용하여 평형하중을 계산한다.

긴장재의 즉시응력손실은 10%이며, 장기응력손실은 15%이다. 따라서 긴장재의 초기응력(f_{pi})과 유효응력(f_{pe})을 계산한 후에 7연선 10.8 mm(SWPC 7AN, 단면적 $A_{ps}=69.68\ \text{mm}^2$) PS긴장재가 지지하는 유효긴장력($P_e$)을 계산한다.

$$f_{pi} = 0.9f_{pj} = 0.9\times 0.9f_{py} = 0.9\times 0.9\times 1{,}600 = 1{,}296\ \text{MPa}$$
$$f_{pe} = 0.85f_{pi} = 0.85\times 1{,}296 = 1{,}101.6\ \text{MPa}$$
$$P_e = A_{ps}f_{pe} = 69.68\times 1{,}101.6 = 76.8\ \text{kN}$$

[예제 그림 13.1.1]에서 배치된 긴장재의 편심거리를 계산한다.

[외부슬래브 중앙점]

$$e_{out} = \frac{0+90}{2} + 75 = 120\,\text{mm}$$

[내부슬래브 중앙점]

$$e_{in} = 90+75 = 165\,\text{mm}$$

고정하중과 편심거리를 식(13.4)에 대입하여 하중평형법에 의한 외부슬래브와 내부슬래브에 대한 단위유효긴장력(F_e)을 계산한다. 단위유효긴장력(F_e)은 식(13.4)의 유효긴장력(P_e)을 대체한 것이다.

[외부슬래브]

$$F_{e,out} = \frac{w_D\times l_1^2}{8\times e_{out}} = \frac{6\times 8^2}{8\times 0.12} = 400\ \text{kN/m} \tag{a}$$

[내부슬래브]

$$F_{e,in} = \frac{w_D\times l_1^2}{8\times e_{in}} = \frac{6\times 8^2}{8\times 0.165} = 291\ \text{kN/m} \tag{b}$$

식(a)와 식(b)에 의해 계산한 단위유효긴장력을 외부슬래브와 내부슬래브에 별도로 적용할 경우에 PS긴장재의 간격이나 긴장력을 다르게 해야 한다. 이 경우에 시공이 어려워지므로 어느 한 쪽 슬래브를 기준으로 동일한 긴장력을 작용시키는 것이 편리하며, 이 예제에서는 단위유효긴장력이 작은 쪽을 선택하였다. 단위유효긴장력(F_e)이 결정되면 콘크리트 평균압축응력(f_c)을 다음과 같이 계산할 수 있다.

$$f_c = \frac{F_e}{h} = \frac{291}{250} = 1.16\ \text{MPa} \tag{c}$$

식(c)에서 계산한 PS긴장력에 의해 발생하는 콘크리트 평균압축응력(f_c)은 13.2.4항의 설계제한 조건인 0.9 MPa보다 큰 값이므로 설계가 가능하다. 평균압축응력(f_c)과 단위유효긴장력(F_e)이 결정되었으므로 슬래브의 폭(12 m)에 배치해야 할 긴장재의 수를 계산할 수 있다.

$$n = \frac{F_e \times l_2}{P_e} = \frac{291 \times 12}{76.8} = 45\text{개}$$

결정된 단위유효긴장력(F_e)과 편심거리를 식(13.4)에 다시 대입한다. 또한 하중평형법에 의해 외부슬래브와 내부슬래브에 발생하는 콘크리트 응력을 계산한다.

[외부슬래브]

$$w_{out} = \frac{8F_e \times e_{out}}{l_1^2} = \frac{8 \times 291 \times 0.12}{8^2} = 4.37\ \text{kN/m} \tag{d}$$

[내부슬래브]

$$w_{in} = \frac{8F_e \times e_{in}}{l_1^2} = \frac{8 \times 291 \times 0.165}{8^2} = 6\ \text{kN/m} \tag{e}$$

슬래브에 작용하는 하중은 실제하중에서 PS긴장력에 의해 발생하는 응력을 하중으로 치환한 값을 제한 값이다.

[외부슬래브]

$$w_{D+L+PS} = w_D + w_L - w_{out} = 6 + 4 - 4.37 = 5.63\ \text{kN/m} \tag{f}$$

[내부슬래브]

$$w_{D+L+PS} = w_D + w_L - w_{in} = 6 + 4 - 6 = 4.0\ \text{kN/m} \tag{g}$$

(4) 전체 정정계수모멘트(M_o)를 계산한다.

식(13.9)를 이용하여 외부슬래브와 내부슬래브의 전체 정정계수모멘트(M_o)를 계산한다.

[외부슬래브] $M_{o,out} = \dfrac{w_{D+L+PS} l_2 l_n^2}{8} = \dfrac{5.63 \times 12 \times 7.4^2}{8} = 462.4\ \text{kN} \cdot \text{m}$

[내부슬래브] $M_{o,in} = \dfrac{w_{D+L+PS} l_2 l_n^2}{8} = \dfrac{4 \times 12 \times 7.4^2}{8} = 328.6\ \text{kN} \cdot \text{m}$

여기서, $l_n = 8{,}000 - 600 = 7{,}400\ \text{mm}$

$l_2 = 12{,}000\ \text{mm}$

(5) 슬래브의 정계수모멘트·부계수모멘트를 계산한다(내부슬래브, 외부슬래브 - [표 13.2]).

내부슬래브의 정계수모멘트와 부계수모멘트를 각각 65퍼센트와 35퍼센트로 계산한다. 주어진 조건에 의하면 외부슬래브는 내부 받침부 사이에 보가 없고 테두리보도 없는 슬래브이므로, [표

13.2]를 이용하여 정계수모멘트와 부계수모멘트 분배를 계산한다.

[내부슬래브]

- 양단부 부계수모멘트 $M_u^- = 0.65M_o = 0.65 \times 328.6 = 213.6\ \text{kN}\cdot\text{m}$
- 중앙부 정계수모멘트 $M_u^+ = 0.35M_o = 0.35 \times 328.6 = 115.0\ \text{kN}\cdot\text{m}$

[외부슬래브]

- 내단부 부계수모멘트 $M_{u,i}^- = 0.7M_o = 0.7 \times 462.4 = 323.7\ \text{kN}\cdot\text{m}$
- 중앙부 정계수모멘트 $M_u^+ = 0.52M_o = 0.52 \times 462.4 = 240.4\ \text{kN}\cdot\text{m}$
- 외단부 부계수모멘트 $M_{u,e}^- = 0.26M_o = 0.26 \times 462.4 = 120.2\ \text{kN}\cdot\text{m}$

(6) 슬래브의 주열대 모멘트와 중간대 모멘트를 계산한다([표 13.3]).
주열대의 모멘트 분배를 [표 13.3]을 이용하여 계산한다.

[내부슬래브]

- 경간 길이의 비 $\dfrac{l_2}{l_1} = \dfrac{12}{8} = 1.5$
- 슬래브의 단면2차모멘트 $I_s = \dfrac{bh^3}{12} = \dfrac{12{,}000 \times 250^3}{12} = 15{,}625 \times 10^6\ \text{mm}^4$
- 탄성계수 $E_c = 8{,}500\sqrt[3]{f_{ck}+4} = 8{,}500\sqrt[3]{35+4} = 28{,}825\ \text{MPa}$
- 보와 슬래브의 휨강성의 비 $\alpha_1 = \dfrac{EI_b}{EI_s} = \dfrac{0}{450.4 \times 10^{12}} = 0$
- [표 13.3]에서 내단의 부계수모멘트 75%, 중앙부 정계수모멘트 60%
  - ①-a : 양단부 주열대 부계수모멘트 $M_u^- = 0.75 \times 213.6\ \text{kN}\cdot\text{m} = 160.2\ \text{kN}\cdot\text{m}$
  - ①-b : 양단부 중간대 부계수모멘트 $M_u^- = 0.25 \times 213.6\ \text{kN}\cdot\text{m} = 53.4\ \text{kN}\cdot\text{m}$
  - ②-a : 중앙부 주열대 정계수모멘트 $M_u^+ = 0.60 \times 115.0\ \text{kN}\cdot\text{m} = 69.0\ \text{kN}\cdot\text{m}$
  - ②-b : 중앙부 중간대 정계수모멘트 $M_u^+ = 0.40 \times 115.0\ \text{kN}\cdot\text{m} = 46.0\ \text{kN}\cdot\text{m}$

[외부슬래브]

- 경간 길이의 비 $\dfrac{l_2}{l_1} = \dfrac{12}{8} = 1.5$
- 슬래브의 단면2차모멘트 $I_s = \dfrac{bh^3}{12} = \dfrac{12{,}000 \times 250^3}{12} = 15{,}625 \times 10^6\ \text{mm}^4$
- 보와 슬래브의 휨강성의 비 $\alpha_1 = \dfrac{EI_b}{EI_s} = \dfrac{0}{450.4 \times 10^{12}} = 0$
- 비틀림 상수(보가 없음) $C = 0$
- 비틀림 강성비 $\beta_t = \dfrac{E_{cb}C}{2E_{cs}I_s} = \dfrac{0}{2 \times 450.4 \times 10^{12}} = 0$
- [표 13.3]에서 내단의 부계수모멘트 75%, 중앙부 정계수모멘트 60%, 외단의 부계수모멘트 100%

③-a : 내단부 주열대 부계수모멘트 $M_u^- = 0.75 \times 323.7\ \text{kN}\cdot\text{m} = 242.8\ \text{kN}\cdot\text{m}$

③-b : 내단부 중간대 부계수모멘트 $M_u^- = 0.25 \times 323.7\ \text{kN}\cdot\text{m} = 80.9\ \text{kN}\cdot\text{m}$

④-a : 중앙부 주열대 정계수모멘트 $M_u^+ = 0.60 \times 240.4\ \text{kN}\cdot\text{m} = 144.2\ \text{kN}\cdot\text{m}$

④-b : 중앙부 중간대 정계수모멘트 $M_u^+ = 0.40 \times 240.4\ \text{kN}\cdot\text{m} = 96.2\ \text{kN}\cdot\text{m}$

⑤-a : 외단부 주열대 부계수모멘트 $M_u^- = 1.0 \times 120.2\ \text{kN}\cdot\text{m} = 120.2\ \text{kN}\cdot\text{m}$

⑤-b : 외단부 중간대 부계수모멘트 $M_u^- = 0.0 \times 120.2\ \text{kN}\cdot\text{m} = 0.0\ \text{kN}\cdot\text{m}$

계산한 모멘트를 [예제 표 13.1.1]에 정리하였다.

예제 표 13.1.1 사용하중상태의 슬래브 구간의 휨모멘트

위 치		정·부모멘트 구분	정·부모멘트 분담률	정·부모멘트 (kN·m)	주열대·중간대 분담률	최종 모멘트 (kN·m)
내부 경간	주열대	부모멘트	0.65	−213.6	0.75	−160.2
		정모멘트	0.35	115.0	0.60	69.0
	중간대	부모멘트	0.65	−213.6	0.25	−53.4
		정모멘트	0.35	115.0	0.40	46.0
외부 경간	주열대	내단부 부모멘트	0.70	−323.7	0.75	−242.8
		중앙부 정모멘트	0.52	240.4	0.60	144.2
		외단부 부모멘트	0.26	−120.2	1.0	−120.2
	중간대	내단부 부모멘트	0.70	−323.7	0.25	−80.9
		중앙부 정모멘트	0.52	240.4	0.40	96.2
		외단부 부모멘트	0.26	−120.2	0.0	0.0

(7) 균열발생 여부를 검토한다.

최종 사용하중단계의 허용응력을 [표 6.2]를 이용하여 계산한다.

$$\text{허용압축응력} \quad f_{ca} = 0.45 f_{ck} = 0.45 \times 35 = -15.75\ \text{MPa} \tag{h}$$

$$\text{허용인장응력} \quad f_{ta} = 0.63\sqrt{f_{ck}} = 0.63\sqrt{35} = 3.73\ \text{MPa} \tag{i}$$

[예제 표 13.1.1]은 실제하중이 PS 등가응력보다 클 경우에 PS 등가응력에 의해 일부 하중이 상쇄되고 남은 불균형하중에 의한 휨모멘트이다. 따라서 PS긴장력에 의한 평균압축응력과 불균형하중에 의해 발생하는 응력을 식(13.5)에 의해 계산한 후에 이 값을 식(h)와 식(i)에서 계산한 허용응력과 비교하여 슬래브에 균열이 발생하는지 검토한다.

[내부슬래브]

$$f^t = -\frac{P_e}{A_c} + \frac{M_u}{S} = -1.16 + \frac{160.2 \times 10^6}{125 \times 10^6} = 0.12\ \text{MPa}$$

$$f_b = -\frac{P_e}{A_c} - \frac{M_u}{S} = -1.16 - \frac{160.2 \times 10^6}{125 \times 10^6} = -2.44\ \text{MPa}$$

[외부슬래브]

$$f^t = -\frac{P_e}{A_c} + \frac{M_u}{S} = -1.16 + \frac{242.8\times 10^6}{125\times 10^6} = 0.78\ \text{MPa}$$

$$f_b = -\frac{P_e}{A_c} - \frac{M_u}{S} = -1.16 - \frac{242.8\times 10^6}{125\times 10^6} = -3.10\ \text{MPa}$$

여기서, 슬래브의 단면계수(S)는 다음과 같이 계산한다.

$$S = \frac{I}{y} = \frac{15{,}625\times 10^6}{250/2} = 125\times 10^6\ \text{mm}^3$$

계산한 내부슬래브와 외부슬래브의 인장응력은 허용응력 3.73 MPa 이하이므로 균열이 발생하지 않는다. 만일 계산된 인장응력이 허용응력을 초과할 경우에는 비긴장재(철근)를 배근해야 하며, 이때 철근의 응력은 항복 강도의 1/2($f_s = f_y/2$)을 사용한다.

2) 극한하중상태의 슬래브를 설계하라.

(1) PS긴장력에 의해 발생하는 전체모멘트를 계산한다.

균열이 발생한 이후에는 슬래브 전체를 탄성해석할 수 없으므로 강도설계법에 의해 해석한다. 따라서 실제하중에 의해 발생하는 응력에서 PS긴장력에 의해 발생하는 응력을 직접 감소시킬 수 없고 PS긴장력에 의해 유발될 수 있는 2차모멘트의 영향을 고려해야 한다(13.2.4항 참조).

PS긴장력의 단위유효긴장력(F_e)에 의해 발생하는 외부슬래브와 내부슬래브의 콘크리트 응력을 식(d)와 식(e)에 의해 계산하였다. 식(d)와 식(e)의 콘크리트 응력을 식(13.9)에 대입하여 PS긴장력에 의해 발생하는 슬래브의 전체 정정계수모멘트(M_o)를 계산한다.

[외부슬래브]

$$M_{o,out} = \frac{w\, l_2 l_n^2}{8} = \frac{4.37\times 12\times 7.4^2}{8} = 359.0\ \text{kN}\cdot\text{m}$$

예제 표 13.1.2 PS긴장재의 2차모멘트에 의해 발생하는 슬래브 구간의 휨모멘트

위 치		정·부모멘트 구분	정·부모멘트 분담률	정·부모멘트 (kN·m)	주열대·중간대 분담률	2차모멘트 (kN·m)
내부 경간	주열대	단부 모멘트	0.65	−320.3	0.75	−240.2
		중앙부 모멘트	0.35	172.5	0.60	103.5
	중간대	단부 모멘트	0.65	−320.3	0.25	−80.1
		중앙부 모멘트	0.35	172.5	0.40	69.0
외부 경간	주열대	내단부 모멘트	0.70	−251.3	0.75	−188.5
		중앙부 모멘트	0.52	186.7	0.60	112.0
		외단부 모멘트	0.26	−93.3	1.0	−93.3
	중간대	내단부 모멘트	0.70	−251.3	0.25	−62.8
		중앙부 모멘트	0.52	186.7	0.40	74.7
		외단부 모멘트	0.26	−93.3	0.0	0.0

[내부슬래브]

$$M_{o,in} = \frac{w l_2 l_n^2}{8} = \frac{6.0 \times 12 \times 7.4^2}{8} = 492.8 \text{ kN} \cdot \text{m}$$

계산된 전체 정정계수모멘트(M_o)를 [표 13.2]와 [표 13.3]의 부모멘트와 정모멘트 분배 및 주열대와 중간대 분배를 적용하여 정리하면 [예제 표 13.1.2]와 같이 PS긴장력에 의해 발생하는 2차모멘트를 계산할 수 있다.

PS긴장력에 의해 발생하는 1차모멘트는 긴장력에 편심거리를 곱하여 내부슬래브와 외부슬래브의 정모멘트와 부모멘트를 직접 계산할 수 있다. 계산된 정모멘트와 부모멘트에 [표 13.3]의 주열대와 중간대 분배를 적용하면 [예제 표 13.1.3]과 같이 PS긴장력에 의해 발생하는 1차모멘트를 계산할 수 있다. 긴장력은 단위유효긴장력(F_e)인 291 kN/m에 슬래브의 폭 12 m를 곱한 값인 3,492 kN을 사용한다.

기둥 주변에 발생하는 모멘트를 계산할 때는 휨모멘트의 위험단면인 기둥 측면에서의 모멘트를 계산해야 한다. 기둥 측면의 PS긴장재의 편심거리는 곡선으로 배치된 긴장재를 직선 경사긴장재로 가정하여 계산한다. 슬래브의 1차휨모멘트는 2차휨모멘트와 달리 정·부모멘트의 위치가 바뀐다.

[외부슬래브 기둥 측면 위험단면]

$$e = \frac{75}{4,000} \times 300 = 5.6 \text{ mm}$$

[내부슬래브 기둥 측면 위험단면]

$$e = 90 - \frac{90+75}{4,000} \times 300 = 77.6 \text{ mm}$$

PS긴장력에 의해 발생하는 전체모멘트는 [예제 표 13.1.3]의 1차모멘트에서 [예제 표 13.1.2]의 2차모멘트를 더한 값이다.

예제 표 13.1.3 PS긴장재의 1차모멘트에 의해 발생하는 슬래브 구간의 휨모멘트

위 치		정·부모멘트 구분	편심거리 (mm)	정·부모멘트 (kN·m)	주열대·중간대 분담률	1차모멘트 (kN·m)
내부 경간	주열대	단부 모멘트	77.6	271.0	0.75	203.3
		중앙부 모멘트	75.0	−261.9	0.60	−157.1
	중간대	단부 모멘트	77.6	271.0	0.25	67.8
		중앙부 모멘트	75.0	−261.9	0.40	−104.8
외부 경간	주열대	내단부 모멘트	77.6	271.0	0.75	203.3
		중앙부 모멘트	75.0	−261.9	0.60	−157.1
		외단부 모멘트	5.6	19.6	1.0	19.6
	중간대	내단부 모멘트	77.6	271.0	0.25	67.8
		중앙부 모멘트	75.0	−261.9	0.40	−104.8
		외단부 모멘트	5.6	19.6	0.0	0.0

예제 표 13.1.4 PS긴장재에 의해 발생하는 슬래브 구간의 전체모멘트

위 치		정·부모멘트 구분	1차모멘트 (kN·m)	2차모멘트 (kN·m)	전체모멘트 (kN·m)
내부 경간	주열대	단부 모멘트	203.3	−240.2	−36.9
		중앙부 모멘트	−157.1	103.5	−53.6
	중간대	단부 모멘트	67.8	−80.1	−12.3
		중앙부 모멘트	−104.8	69.0	−35.8
외부 경간	주열대	내단부 모멘트	203.3	−188.5	14.8
		중앙부 모멘트	−157.1	112.0	−45.1
		외단부 모멘트	19.6	−93.3	−73.7
	중간대	내단부 모멘트	67.8	−62.8	5.0
		중앙부 모멘트	−104.8	74.7	−30.1
		외단부 모멘트	0.0	0.0	0.0

(2) 계수하중에 의해 발생하는 각 구간의 계수모멘트를 계산한다.

강도설계법에 의해 계수하중을 계산하고 슬래브의 전체 정정계수모멘트(M_o)를 계산한다.

$$w_u = 1.2w_d + 1.6w_L = 1.2\times 6 + 1.6\times 4 = 13.6\ \mathrm{kN/m}$$

$$M_o = \frac{w_u l_2 l_n^2}{8} = \frac{13.6\times 12\times 7.4^2}{8} = 1{,}117.1\ \mathrm{kN\cdot m}$$

계산된 전체 정정계수모멘트(M_o)에 [표 13.2]와 [표 13.3]의 부모멘트와 정모멘트 분배 및 주열대와 중간대 분배를 적용하여 정리하면 [예제 표 13.1.5]의 계수모멘트를 계산할 수 있다. 극한하중상태의 계수모멘트는 [예제 표 13.1.5]의 외부하중에 의해 발생하는 모멘트에서 [예제 표 13.1.4]의 PS긴장재에 의해 발생한 모멘트를 더한 값이다.

예제 표 13.1.5 외부하중에 의한 슬래브의 계수휨모멘트

위 치		정·부모멘트 구분	정·부모멘트 분담률	정·부모멘트 (kN·m)	주열대·중간대 분담률	계수모멘트 (kN·m)
내부 경간	주열대	단부 모멘트	0.65	−726.1	0.75	−544.6
		중앙부 모멘트	0.35	391.0	0.60	234.6
	중간대	단부 모멘트	0.65	−726.1	0.25	−181.5
		중앙부 모멘트	0.35	391.0	0.40	156.4
외부 경간	주열대	내단부 모멘트	0.70	−782.0	0.75	−586.5
		중앙부 모멘트	0.52	580.9	0.60	348.5
		외단부 모멘트	0.26	−290.4	1.0	−290.4
	중간대	내단부 모멘트	0.70	−782.0	0.25	−195.5
		중앙부 모멘트	0.52	580.9	0.40	232.4
		외단부 모멘트	0.26	−290.4	0.0	0.0

예제 표 13.1.6 슬래브의 계수휨모멘트

위 치		정·부모멘트 구분	외부하중 계수모멘트 (kN·m)	PS긴장재 전체모멘트 (kN·m)	전체 계수모멘트 (kN·m)
내부 경간	주열대	단부 모멘트	−544.6	−36.9	−581.5
		중앙부 모멘트	234.6	−53.6	181.0
	중간대	단부 모멘트	−181.5	−12.3	−193.8
		중앙부 모멘트	156.4	−35.8	120.6
외부 경간	주열대	내단부 모멘트	−586.5	14.8	−571.7
		중앙부 모멘트	348.5	−45.1	303.4
		외단부 모멘트	−290.4	−73.7	−364.1
	중간대	내단부 모멘트	−195.5	5.0	−190.5
		중앙부 모멘트	232.4	−30.1	202.3
		외단부 모멘트	0.0	0.0	0.0

(3) 기둥과 벽체의 불균형 계수모멘트를 계산한다(식(13.13)).

기둥의 불균형 계수모멘트를 식(13.10)에 의해 계산한다. 주어진 조건에서 기둥 좌우 슬래브의 하중과 크기 조건이 동일하다($w_D = w_D'$, $w_L = w_L'$, $l_2 = l_2'$, $l_n = l_n'$). 여기서 w_D($=1.2\times 6 = 7.2$ kN/m^2)와 w_L($=1.6\times 4 = 6.4$ kN/m^2)은 계수하중을 사용해야 한다.

$$M = 0.07\left[(w_D + 0.5w_L)l_2 l_n^2 - w_D' l_2' (l_n')^2\right]$$
$$= 0.07\left[(7.2+0.5\times 6.4)12\times 7.6^2 - 7.2\times 12\times 7.6^2\right] = 155.3\ \text{kN}\cdot\text{m}$$

계산된 155.3 kN·m는 슬래브 상·하부 기둥에 전달되며, 주어진 조건에서 슬래브 상·하부 기둥의 길이와 단면적이 동일하므로, 한 기둥이 받는 계수모멘트는 계산된 155.3 kN·m의 절반 값이다.

$$M_c = 155.3/2 = 77.7\ \text{kN}\cdot\text{m}$$

(4) 슬래브의 철근을 배근한다.

[예제 표 13.1.6]에 계산된 계수모멘트에 대하여 슬래브에 비긴장재(철근)를 배근한다. 근의 해를 이용하여 철근량(A_s)을 계산하는 것이 복잡하므로 다음과 같이 합력 중심간의 거리(jd)를 가정하여 필요 철근량을 계산한다.

- 합력 중심간의 거리를 $jd = 0.925d$로 가정한다.
- 회전에 대한 평형식(j)를 이용하여 임시 철근량(A_s^*)을 계산한다.

$$A_s^* = \frac{M_u}{\phi f_y \cdot jd} = \frac{M_u}{\phi f_y \cdot 0.925d} \tag{j}$$

- 식(j)에서 구한 임시 철근량(A_s^*)을 힘의 평형식에 대입하여 등가 직사각형 압축응력블록의 깊이(a)를 계산한다.

$$a = \frac{A_s^* \cdot f_y}{\eta(0.85 f_{ck})b} \ \text{(등가 직사각형 압축응력블록의 경우)} \tag{k}$$

• 식(k)에서 구한 등가응력블록의 깊이(a)를 다시 회전에 대한 평형식(l)에 대입하여 철근량(A_s)을 계산한다.

$$A_s = \frac{M_u}{\phi f_y \cdot jd} = \frac{M_u}{\phi f_y \cdot (d - a/2)} \tag{l}$$

식(j)와 식(l)에서 계산한 A_s^*와 A_s에 큰 차이가 없으면 가정한 $jd = 0.925d$가 옳다. 슬래브에서는 일반적으로 $jd = 0.925d$로 가정해도 무방하다. 계산한 철근량은 식(13.6)의 건조수축과 온도철근비 이상이 되어야 한다. 슬래브의 10개 구간에 대한 철근량과 철근의 수(n)를 계산하면 [예제 표 13.1.7]과 같다. 또한 [예제 그림 13.1.2]에서는 주열대와 중간대 철근의 배근 간격을 표시하였다.

예제 표 13.1.7 슬래브 구간의 필요 철근량

위 치		정·부계수모멘트 구분	계수모멘트 (kN·m)	필요 철근량 (mm^2)	필요 철근의 수 (D13)
내부 경간	주열대	부계수모멘트	−581.5	8,124	65@90
		정계수모멘트	181.0	3,000*	24@250
	중간대	부계수모멘트	−193.8	3,000*	24@250
		정계수모멘트	120.6	3,000*	24@250
외부 경간	주열대	내단부 부계수모멘트	−571.7	7,979	65@90
		중앙부 정계수모멘트	303.4	4,150	33@180
		외단부 부계수모멘트	−364.1	5,004	40@150
	중간대	내단부 부계수모멘트	−190.5	3,000*	24@250
		중앙부 정계수모멘트	202.3	3,000*	24@250
		외단부 부계수모멘트	0.0	3,000*	24@250

* 계산한 철근량이 건조수축과 온도철근비에 의해 계산된 식(13.6)의 철근량보다 작으므로 최소 철근량을 배근한다. $A_{s,\min} = 0.002 \times$ 전체 단면적

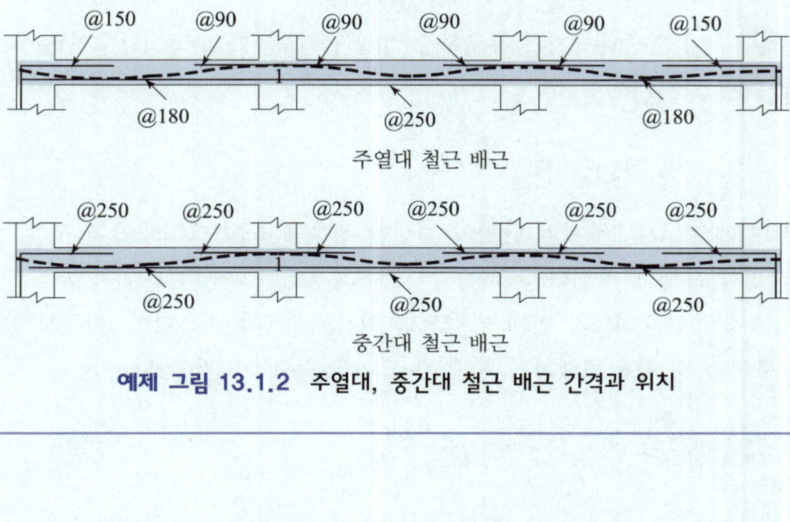

예제 그림 13.1.2 주열대, 중간대 철근 배근 간격과 위치

13.4 2방향 슬래브의 설계 - 등가골조법

프리스트레스트 콘크리트 슬래브를 13.3절에서 설명한 직접설계법을 이용하여 설계하기 위해서는 슬래브의 하중과 형상 조건이 13.3.1항의 여섯 가지 적용 범위에 포함되어야 한다. 이 적용 범위를 벗어날 경우에 정정계수모멘트(M_o)를 [표 13.2]에 의해 정모멘트와 부모멘트로 분배할 수 없으며, 만일 [표 13.2]에 의해 분배할 경우에 실제와 다른 모멘트 분배가 될 수 있다. 이런 경우, 슬래브의 휨모멘트는 부정정구조물의 해석 방법으로 직접 계산해야 한다. 다만, 탄성체의 해석에 적용하는 부정정구조물의 해석 방법을 프리스트레스트 콘크리트 슬래브에 적용하기 위해서는 다음의 두 가지 문제를 해결해야 한다.

① 슬래브처럼 폭이 넓은 구조물을 선형화 하여 해석할 때, 해석에서 계산된 모멘트분포와 실제 모멘트분포에 차이가 발생할 수 있다.

② 3차원 구조물을 선형화 하였을 때 기하학적 단순화에 의해 단면2차모멘트와 위험단면 등이 실제와 다를 수 있다.

13.4.1 모멘트분배법의 적용

부정정구조물의 해석 방법 중의 하나인 모멘트분배법(moment distribution method)을 이용하여 프리스트레스트 콘크리트 슬래브의 휨모멘트를 계산할 경우, 다음의 세 가지 기본 정보가 필요하다.

① **고정단모멘트**(FEM) : 모멘트분배법에서는 모든 부재의 변형을 구속하고 지점을 고정단으로 간주하여 모멘트를 계산하며, 이를 고정단모멘트라 한다. 계산하는 방향의 길이가 "l_1"이고 폭이 "l_2"인 슬래브가 등분포하중 "w_u"를 받을 때의 고정단모멘트는 식(13.14)에 의해 계산할 수 있다.

$$M_u = M \cdot w_u \cdot l_2 \cdot l_1^2 \tag{13.14}$$

식(13.14)에서 M은 부재의 단면이 일정한 경우에 1/12=0.083이 되지만, 부재의 단면이 일정하지 않으면 달라진다.

② **분배율** : 고정단모멘트와 반대 방향으로 이완모멘트가 작용하며, 이완모멘트는 식(13.15)에서 부재의 강비에 비례하여 분배된다. 이를 분배율이라 한다.

$$D_{BA} = \frac{K_{BA}}{\sum K} = \frac{K_{BA}}{K_{BA} + K_{BC}} \tag{13.15}$$

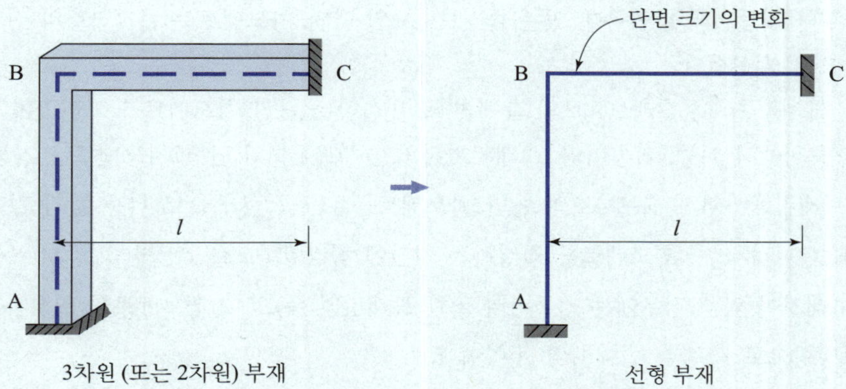

그림 13.11 해석 모델의 단순화

식(13.15)에서 K는 휨강성이며, 식(13.16)에 의해 계산한다.

$$K = \frac{k \cdot E \cdot I}{l} \tag{13.16}$$

식(13.16)에서 k는 부재의 단면이 일정한 경우에 “4”이지만, 부재의 단면이 일정하지 않으면 달라진다. 특히, 슬래브 단면은 인접한 기둥, 보, 지판의 유·무에 따라 크기가 일정하지 않은 경우가 많기 때문에 k의 값은 “4”와 차이가 있다.

③ **전달률** : 단부모멘트는 부재의 반대 측의 절점으로 전달되는데, 전달되는 모멘트의 비율을 전달률이라 한다. 전달률은 부재의 단면이 일정한 경우에 “0.5”이지만, 부재의 단면이 일정하지 않으면 달라진다.

부정정구조물의 해석 방법은 [그림 13.11]과 같이 일반적으로 3차원 부재의 도심과 도심을 연결하여 부재를 선으로 단순화한 후에 부재의 하중을 계산한다. 그러나 실제 부재를 선 부재로 단순화하여 계산할 경우에 부정정구조물의 해석 방법에 의한 계산 결과와 부재의 실제 하중에 차이가 발생할 수 있다. 특히, 고정단모멘트, 분배율, 전달률은 부재의 단면이 일정한 경우와 일정하지 않을 경우에 서로 다르다. 따라서 부정정구조물의 해석을 프리스트레스트 콘크리트 구조물에 적용하기 위해서는 다음과 같이 단면의 크기에 대한 고려가 필요하다.

슬래브, 보

슬래브는 기둥이나 보에 연결되고, 기둥에 지판을 설치해야 하는 경우가 있으므로 해석에 사용되는 슬래브 단면은 크기가 일정하지 않고 길이에 따라 변한다. 따라서 기준에서는 다음 사항을 고려하여 슬래브 또는 보의 단면2차모멘트를 계산한다.

① 접합부나 기둥머리 바깥쪽에 있는 슬래브 - 보의 단면2차모멘트는 콘크리트의 전체 면적을 기준으로 계산한다.
② 골조 해석을 할 때 슬래브 - 보의 축에 따라 변화하는 단면2차모멘트를 고려하여 계산한다.
③ 기둥 중심에서 기둥, 기둥머리, 브래킷까지의 슬래브 - 보의 단면2차모멘트는 기둥, 기둥머리, 브래킷에서의 슬래브 - 보의 단면2차모멘트를 $(1-c_2/l_2)^2$으로 나눈 값과 같다고 가정한다. 여기서, c_2 : 휨모멘트를 결정하는 경간에 직각방향으로 측정한 기둥의 폭(기둥머리나 브래킷이 있을 경우에는 기둥머리 또는 브래킷의 폭), l_2 : 휨모멘트를 결정하는 경간에 직각방향으로 측정한 슬래브의 길이이다.

이와 같이 슬래브, 보의 단면2차모멘트를 고려하여 계산한 식(13.14)의 고정단모멘트계수(M), 식(13.16)의 강성계수(k), 전달률은 [부표 1.1]~[부표 1.3]에서 구할 수 있다. [부표 1.1]~[부표 1.3]의 M, k와 전달률은 c_2와 l_2에 따라서 변화하는 것을 알 수 있다.

기둥

기둥의 단면2차모멘트도 슬래브나 보와 마찬가지로 주변 부재와 지판의 유·무에 따라서 해석에 사용되는 단면의 크기가 일정하지 않고 변화한다. 따라서 기준에서는 다음 사항을 고려하여 기둥의 단면2차모멘트를 계산한다.

① 접합부나 기둥머리 바깥쪽에 있는 기둥의 단면2차모멘트는 콘크리트의 전체 면적을 기준으로 해야 한다.
② 기둥의 축에 따라서 변화하는 단면2차모멘트는 골조 해석을 할 때 고려해야 한다.
③ 접합부에서 슬래브 - 보의 윗면과 아랫면 사이에 있는 기둥의 단면2차모멘트는 무한대로 가정해야 한다.

이와 같이 기둥의 단면2차모멘트를 고려하여 계산한 식(13.16)의 강성계수(k)와 전달률은 [부표 1.4]에서 구할 수 있다. [부표 1.4]에서 k와 전달률은 슬래브의 두께, 기둥의 높이 등에 영향을 받음을 알 수 있다.

13.4.2 등가 기둥과 부모멘트에 대한 위험단면

등가 기둥

수직 부재와 수평 부재가 강절점(rigid joint)으로 접합된 골조(frame)에 작용하는 하중은 각 부재의 휨강성(EI)의 비에 비례하여 모멘트가 분배된다. 기둥과 보로 이루어진 골조는 기둥의 폭과 보의 폭이 거의 유사하므로 보와 기둥의 휨강성의 비에 의해 휨모멘트가 분배된다. 그러나 기둥 - 슬래브 구조에서는 기둥의 폭에 비하여 슬래브 폭이 넓기 때문에 슬래브에 작용하는 하중은 각 부재의 휨강성의 비에 비례하여 모멘트가 분배되지 않는다.

해석에 의하면 [그림 13.12]의 기둥 폭에 인접한 슬래브의 모멘트는 기둥에 직접 전달되지만, 기둥 폭을 벗어난 곳의 슬래브 모멘트는 기둥 양 측면에 존재하는 비틀림 팔(torsion arm)에 의해 기둥에 전달된다. 따라서 설계에서는 비틀림 팔과 더불어 거동하는 슬래브의 상·하 기둥을 등가 기둥(equilibrium column)으로 정의하고, 등가 기둥에서는 기둥의 휨강성만을 사용하지 않고 비틀림의 강성을 함께 고려한 유효휨강성을 사용한다.

등가 기둥의 유효휨강성은 슬래브를 중심으로 절단한 상·하 기둥의 휨강성과 기둥에 인접한 슬래브 또는 보의 비틀림 강성을 고려하여 식(13.17)에 의해 계산한다.

$$\frac{1}{K_{ec}} = \frac{1}{\sum K_c} + \frac{1}{K_t} \tag{13.17}$$

여기서, K_{ec} : 등가기둥의 유효휨강성, $\sum K_c$: 슬래브 상·하 기둥의 절대 휨강성의 합, K_t : 기둥 양옆에 붙은 보 또는 슬래브의 비틀림 강성의 합이다.

식(13.17)의 상하 기둥의 절대 휨강성의 합($\sum K_c$)은 식(13.18)로 계산한다.

$$\sum K_c = \frac{k_c E_c I_c}{l_c} \tag{13.18}$$

여기서, k_c : 기둥의 휨강성 계수로, [부표 1.4]에서 계산(단면이 일정한 경우 $k_c = 4$), I_c : 기둥의 단면2차모멘트, l_c : 기둥의 길이(슬래브의 중심간 거리)이다.

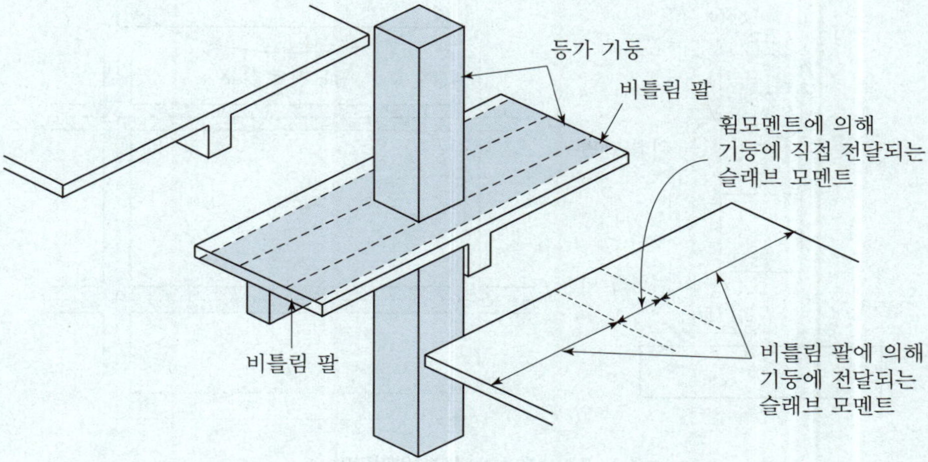

그림 13.12 등가 기둥

식(13.19)의 비틀림 강성(K_t)은 식(13.19)에 의해 계산한다.

$$K_t = \sum \frac{9E_{cs}C}{l_2\left(1-\frac{c_2}{l_2}\right)^3} \tag{13.19}$$

여기서, E_{cs} : 슬래브의 콘크리트 탄성계수, C : 비틀림 상수이며 다각형 단면에 대한 비틀림 해석에 근거하여 식(13.11)에 의해 계산한다.

부모멘트에 대한 위험단면

등가골조법에 의해 계산한 부모멘트는 실제 부재의 위험단면의 부모멘트와 다를 수 있다. 이는 [그림 13.13]에서 설명한 것과 같이 3차원 부재를 부재의 도심을 연결하여 선으로 단순화하여 모멘트를 계산할 경우에 해석에 의해 계산한 부모멘트는 기둥과 보(또는 슬래브)의 도심이 만나는 점에서 최대가 되지만 실제 구조물의 위험단면은 기둥과 인접한 면에서 최대가 되기 때문이다. 따라서 설계에서는 등가골조법에 의해 계산한 결과의 최대 부모멘트가 아닌, [그림 13.13]의 위험단면의 부모멘트를 이용하여 철근량을 계산한다. 위험단면은 기둥의 종류에 따라서 다음과 같이 구분한다.

① **사각형 단면** : 기둥 측면

② **원형 단면** : 기둥 중심에서 $0.886r$만큼 떨어진 곳 (r : 원형기둥 반지름)

③ **벽체와 같은 긴 장방형 단면** : 기둥 중심에서 $0.175l_1$만큼 떨어진 곳

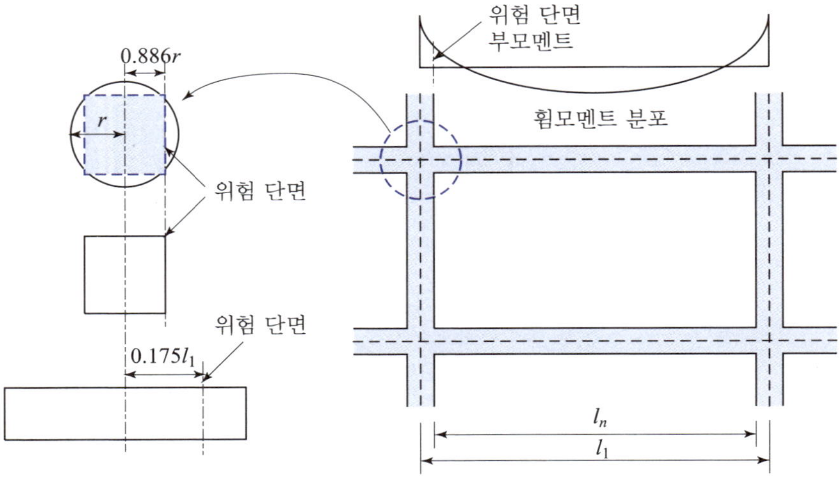

그림 13.13 설계 위험단면

13.4.3 등가골조법의 설계 순서

등가골조법에 의한 슬래브의 설계 순서는 다음과 같다.

① 슬래브의 두께를 결정한다(1방향 슬래브 경간의 1/48배 이상, 2방향 슬래브 경간의 1/45배 이상).

② 하중평형법을 이용하여 평형하중을 계산한다.

③ 강성 분배율(DF), 고정단모멘트(FEM), 전달계수(CF)를 계산한다.

④ 사용하중상태의 균열발생여부를 검토한다.

[모멘트분배법을 사용하는 경우]

④-1 모멘트분배법을 사용하여 슬래브의 부계수모멘트를 계산한다.

④-2 계산된 부계수모멘트를 이용하여 슬래브의 정계수모멘트를 계산한다.

④-3 위험단면에서의 최대 부계수모멘트를 계산한다.

④-4 슬래브의 주열대 계수모멘트와 중간대 계수모멘트를 계산한다.

④-5 평균압축응력과 불균형하중에 의해 발생하는 응력을 계산한다(식(13.5)).

⑤ 극한하중상태의 휨모멘트를 계산한다.

⑤-1 PS긴장력에 의해 발생하는 2차모멘트를 계산한다.

⑤-2 PS긴장력에 의해 발생하는 1차모멘트를 계산한다.

⑤-3 PS긴장력에 의해 발생하는 전체모멘트를 계산한다.

⑤-4 실제하중에 의해 발생하는 계수모멘트를 계산한다.

⑤-5 실제하중에 의해 발생하는 계수모멘트에서 PS긴장력에 의해 발생하는 전체모멘트를 제한 후에 극한하중상태의 계수모멘트를 계산한다.

⑥ 철근을 배근한다.

예제 13.2

[예제 13.1]과 동일한 조건의 슬래브를 등가골조법으로 설계하라.

1) 사용하중상태의 균열발생 여부를 검토하라. PS긴장력에 의한 콘크리트 평균압축응력(balanced load)은 고정하중에 의해 발생하는 응력으로 한다.
2) 극한하중상태의 슬래브를 설계하라.

풀이

1) 사용하중상태의 균열발생 여부를 검토하라.

(1) 슬래브의 두께를 계산한다.

[예제 13.1]에서 계산한 슬래브의 두께는 250 mm이다.

(2) 하중평형법을 이용하여 평형하중을 계산한다.

[예제 13.1]에서 단위유효긴장력이 작은 내부슬래브를 기준으로 콘크리트 평균압축응력(f_c)을 계산한다.

$$f_c = \frac{F_e}{h} = \frac{291}{250} = 1.16 \text{ MPa} \tag{a}$$

결정된 단위유효긴장력(F_e)과 편심거리를 식(13.4)에 다시 대입하여 하중평형법에 의한 외부슬래브와 내부슬래브에 콘크리트 응력을 계산하고 슬래브에 작용하는 하중을 계산한다.

[외부슬래브]

$$w_{D+L+PS} = w_D + w_L - w_{out} = 6 + 4 - 4.37 = 5.63 \text{ kN/m} \tag{b}$$

[내부슬래브]

$$w_{D+L+PS} = w_D + w_L - w_{in} = 6 + 4 - 6 = 4.0 \text{ kN/m} \tag{c}$$

(3) 강성분배율, 고정단모멘트계수, 전달계수를 계산한다.

(3)-1 강성 분배율을 계산한다(식(13.15)).

$$D_{BA} = \frac{K_{BA}}{\sum K} = \frac{K_{BA}}{K_{BA} + K_{BC}}$$

① 등가기둥의 유효휨강성(K_{ec})을 식(13.17)에 의해 계산한다.

$$\frac{1}{K_{ec}} = \frac{1}{\sum K_c} + \frac{1}{K_t}$$

①-1 : 상하 기둥의 절대 휨강성의 합($\sum K_c$)을 식(13.18)로 계산한다.

기둥의 길이(l_c)는 지판이 없으므로 슬래브의 중심간 거리가 된다. 기둥의 휨강성 계수(k_c)는 [부표 1.4]에서 계산한다. 지판이나 기둥머리가 없으므로 $t_a/t_b = 1$이 되며, $l_c/l_u = 3.5/(3.5 - 0.25) = 1.08$이다.

$$l_c = 3{,}500 \text{ mm}$$

$$I_c = \frac{bh^3}{12} = \frac{600 \times 600^3}{12} = 10{,}800 \times 10^6 \text{ mm}^4$$

$$k = 4.52 + \frac{5.09 - 4.52}{1.10 - 1.05}(1.08 - 1.05) = 4.86$$

$$C = 0.54 + \frac{0.57 - 0.54}{1.10 - 1.05}(1.08 - 1.05) = 0.56$$

그러므로

$$\sum K_c = \frac{k_c E I_c}{l_c} = 2 \times \frac{4.86 \times E \times 10{,}800 \times 10^6}{3{,}500} = 30.0 \times 10^6 E$$

①-2 : 비틀림 강성(K_t)을 식(12.21)에 의해 계산한다.

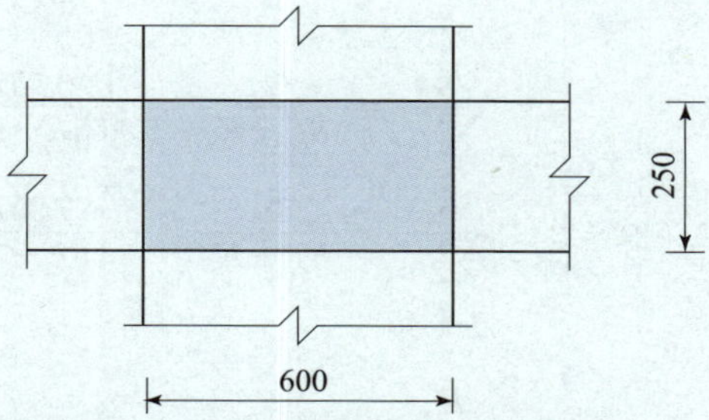

예제 그림 13.2.1 비틀림강성 계산 단면 (단위 : mm)

보가 없으므로 비틀림 강성계수(C)는 [예제 그림 13.2.1]의 슬래브와 기둥의 면적을 이용하여 계산한다.

$$C=\left(1-0.63\times\frac{250}{600}\right)\times\frac{250^3\times600}{3}=2{,}305\times10^6\,\mathrm{mm}$$

$$K_t=\sum\frac{9E_{cs}C}{l_2\left(1-\dfrac{c_2}{l_2}\right)^3}=2\times\frac{9E_{cs}\times2{,}305\times10^6}{12{,}000\left(1-\dfrac{600}{12{,}000}\right)^3}=4.03\times10^6E$$

①-3 : 기둥의 유효휨강성 계산

$$\frac{1}{K_{ec}}=\frac{1}{\sum K_c}+\frac{1}{K_t}=\frac{1}{30.0\times10^6E}+\frac{1}{4.03\times10^6E}$$

$$K_{ec}=3.55\times10^6E \qquad \text{(d)}$$

② 슬래브의 휨강성(K_s)을 계산한다.

슬래브의 단면2차모멘트(I_s)를 계산한다. 또한, 휨강성 계수(k)는 [부표 1.1]에서 계산할 수 있다. 지판이나 기둥머리가 없으므로 $c_1/l_1=600/8{,}000=0.075$이 되며, $c_2/l_2=600/12{,}000=0.05$이다.

강성계수 c_1/l_1보간, $4.047+\dfrac{4.091-4.047}{0.1-0.05}(0.075-0.05)=4.069$

$k=4.069$

$$I_s=\frac{bh^3}{12}=\frac{12{,}000\times250^3}{12}=15{,}625\times10^6\,\mathrm{mm}^4$$

그러므로

$$K_s=\frac{kEI_s}{l_1}=\frac{4.069E\times15{,}625\times10^6}{8{,}000}=7.95\times10^6E \qquad \text{(e)}$$

③ 계산한 식(d)와 (e)의 값을 식(13.15)에 대입하여 강성분배율(DF)을 계산

$$D_{BA}=\frac{K_{BA}}{\sum K}=\frac{K_{BA}}{K_{BA}+K_{BC}}$$

[외부슬래브]

기둥 $$\frac{K_{ec}}{\sum K} = \frac{K_{ec}}{K_{ec}+K_s} = \frac{3.55E}{3.55E+7.95E} = 0.31$$

슬래브 - 오른편 $$\frac{K_s}{\sum K} = \frac{K_s}{K_{ec}+K_s} = \frac{7.95E}{3.55E+7.95E} = 0.69$$

[내부슬래브]

기둥 $$\frac{K_{ec}}{\sum K} = \frac{K_{ec}}{K_{ec}+2K_s} = \frac{3.55E}{3.55E+2\times 7.95E} = 0.18$$

슬래브 - 왼편 $$\frac{K_{ec}}{\sum K} = \frac{K_{ec}}{K_{ec}+2K_s} = \frac{7.95E}{3.55E+2\times 7.95E} = 0.41$$

슬래브 - 오른편 $$\frac{K_{ec}}{\sum K} = \frac{K_{ec}}{K_{ec}+2K_s} = \frac{7.95E}{3.55E+2\times 7.95E} = 0.41$$

여기서, 기둥의 분배율은 상·하 기둥의 합이다.

(3)-2 고정단모멘트(FEM)계수와 전달계수(CF)를 계산한다.

[부표 1.1]에서 모멘트계수(M)을 계산한다.

고정단모멘트 c_1/l_1보간, $M = 0.084$

전달계수 c_1/l_1보간, $$0.503 + \frac{0.506-0.503}{0.1-0.05}(0.075-0.05) = 0.505$$

$$\mathrm{CF} = 0.505$$

(4) 슬래브의 정계수모멘트와 부계수모멘트를 부정정구조물 해법에 의해 계산한다.
식(d)와 식(e)에서 계산한 하중(실제하중에서 PS긴장력에 의해 작용하는 응력을 제한 값)에 대하여 고정단모멘트(FEM)를 식(13.14)에 의해 계산한다.

[외부슬래브]

$$M_u = M \cdot w_{D+L+PS} \cdot l_2 \cdot l_1^2 = 0.084 \times 5.63 \times 12 \times 8^2 = 363.2 \text{ kN} \cdot \text{m}$$

[내부슬래브]

$$M_u = M \cdot w_{D+L+PS} \cdot l_2 \cdot l_1^2 = 0.084 \times 4.0 \times 12 \times 8^2 = 258.0 \text{ kN} \cdot \text{m}$$

슬래브의 상·하단의 기둥을 고정단으로 하여 슬래브를 [예제 그림 13.2.2]와 같이 모델화하고, 슬래브와 상·하단의 기둥을 모멘트분배법에 의해 계산하면 [예제 그림 13.2.3]이 된다.

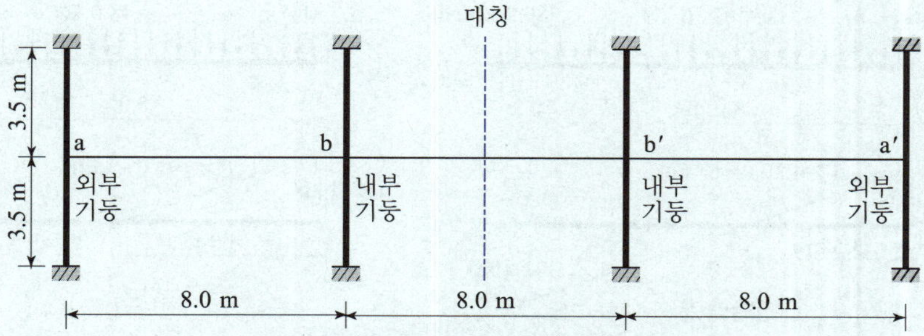

예제 그림 13.2.2 슬래브의 모델화

절점 부재	외부 기둥	슬래브 a	슬래브 b	내부 기둥	슬래브 b	슬래브 b′	내부 기둥	슬래브 b′
COF		0.505	0.505		0.505	0.505		0.505
DF	0.31	0.69	0.41	0.18	0.41	0.41	0.18	0.41
FEM		−363.2	363.2		−258.0	258.0		363.2
분배	112.6	250.6	0.0	0.0	0.0	0.0	0.0	0.0
전달		0.0	126.6		0.0	0.0		126.6
분배	0.0	0.0	−95.0	−41.7	−95.0	95.0	41.7	−95.0
전달		−48.0	0.0		48.0	−48.0		0.0
분배	14.9	33.1	−19.7	−8.6	−19.7	19.7	8.6	−19.7
전달		−9.9	16.7		9.9	−9.9		16.7
분배	3.1	6.9	−10.9	−4.8	−10.9	10.9	4.8	−10.9
모멘트	130.6	−130.5	380.9	−55.1	−325.7	325.7	55.1	380.9

예제 그림 13.2.3 사용상태 하중에 의해 발생하는 휨모멘트

(5) 계산된 부모멘트를 이용하여 슬래브의 정모멘트와 위험단면에서의 최대 부모멘트 계산

[예제 그림 13.2.3]에서 부재의 단부에 작용하는 슬래브의 부계수모멘트 값을 계산한다. 슬래브의 정계수모멘트는 [예제 그림 13.2.3]에서 계산한 부계수모멘트를 이용하여 계산할 수 있다. 외부슬래브(ab)와 내부슬래브(bb′)에는 [예제 그림 13.2.4]의 단부모멘트와 등분포하중이 작용한다. 단부모멘트 값이 주어져 있으므로 힘의 평형을 이용하여 부재의 반력, 전단력의 분포, 휨모멘트의 분포를 계산할 수 있다.

[외부슬래브(ab)]

$$\sum M_a = 0 \qquad 130.5 - 380.9 - w_{D+L+PS} \times 8.0 \times \frac{8.0}{2} + R_b \times 8.0 = 0$$

$$130.5 - 380.9 - (5.63 \times 12) \times 8.0 \times \frac{8.0}{2} + R_b \times 8.0 = 0$$

$$R_b = 301.5 \text{ kN}$$

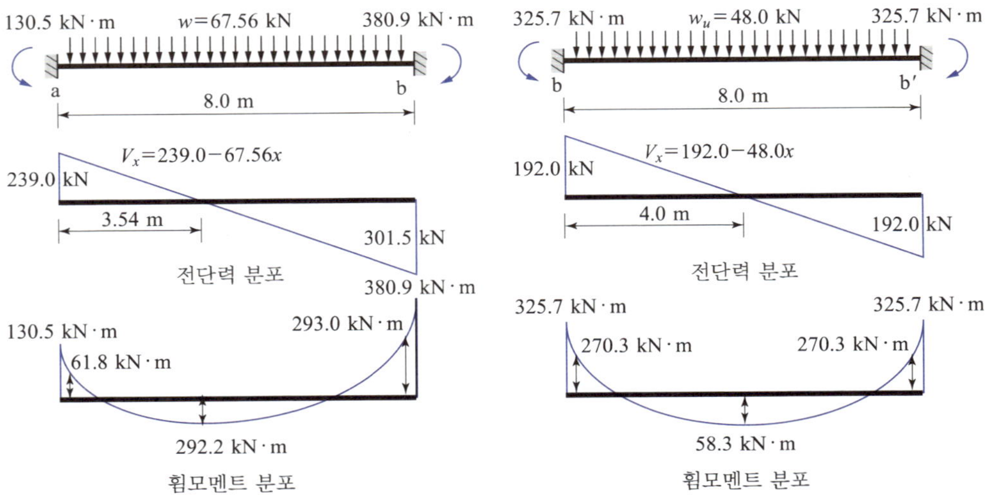

예제 그림 13.2.4 사용상태 하중에 대한 전단력과 휨모멘트 분포

$$\sum F_y = 0 \qquad R_a + R_b - w_{D+L+PS} \times 8.0 = 0$$

$$R_a + 301.5 - 67.56 \times 8.0 = 0$$

$$R_a = 239.0 \text{ kN}$$

전단력의 분포

$$V_x = R_a - w_{D+L+PS} \times x$$

$$= 239.0 - 67.56 \times x$$

전단력이 "0"인 위치

$$0 = 239.0 - 67.56 \times x, \qquad x = 3.54 \text{ m}$$

휨모멘트의 분포와 최대 정모멘트(전단력이 "0"인 위치)

$$M_x = -130.5 + R_a \times x - w_{D+L+PS} \times \frac{x^2}{2}$$

$$= -130.5 + 239.0x - 67.56 \times \frac{x^2}{2}$$

$$M^+ = -130.5 + 239.0 \times 3.54 - 67.56 \times \frac{3.54^2}{2} = 292.2 \text{ kN} \cdot \text{m}$$

위험 단면의 부모멘트(기둥의 측면)

$$M_x = -130.5 + R_a \times x - w_{D+L+PS} \times \frac{x^2}{2}$$

$$M_a^- = -130.5 + 239.0 \times 0.3 - 67.56 \times \frac{0.3^2}{2} = -61.8 \text{ kN} \cdot \text{m}$$

$$M_b^- = -130.5 + 239.0 \times 7.7 - 67.56 \times \frac{7.7^2}{2} = -293.0 \text{ kN} \cdot \text{m}$$

[내부슬래브(bb′)]

$$\sum M_a = 0 \qquad 325.7 - 325.7 - w_{D+L+PS} \times 8.0 \times \frac{8.0}{2} + R_{b'} \times 8.0 = 0$$

$$-(4 \times 12) \times 8.0 \times \frac{8.0}{2} + R_{b'} \times 8.0 = 0$$

$$R_{b'} = 192.0 \text{ kN}$$

$$\sum F_y = 0 \qquad R_b + R_{b'} - w_{D+L+PS} \times 8.0 = 0$$

$$R_b = 192.0 \text{ kN}$$

전단력의 분포

$$V_x = R_b - w_{D+L+PS} \times x$$

$$= 192.0 - 48 \times x$$

전단력이 "0"인 위치

$$0 = 192.0 - 48 \times x, \qquad x = 4.0 \text{ m}$$

휨모멘트의 분포와 최대 정모멘트(전단력이 "0"인 위치)

$$M_x = -325.7 + R_b \times x - w_{D+L+PS} \times \frac{x^2}{2}$$

$$= -325.7 + 192.0x - 48 \times \frac{x^2}{2}$$

$$M_u^+ = -325.7 + 192.0 \times 4.0 - 48.0 \times \frac{4.0^2}{2} = 58.3 \text{ kN} \cdot \text{m}$$

위험 단면의 부모멘트(기둥의 측면)

$$M_x = -325.7 + R_b \times x - w_{D+L+PS} \times \frac{x^2}{2}$$

$$M_b^- = -325.7 + 192.0 \times 0.3 - 48.0 \times \frac{0.3^2}{2} = -270.3 \text{ kN} \cdot \text{m}$$

$$M_{b'}^- = -325.7 + 192.0 \times 7.7 - 48.0 \times \frac{7.7^2}{2} = -270.3 \text{ kN} \cdot \text{m}$$

주열대의 모멘트 분배를 [표 13.3]을 이용하여 계산한다. 계산한 분배율은 [예제 13.1]과 동일하므로 [예제 13.1]에서 계산한 결과를 이용하여 모멘트를 정리하면 [예제 표 13.2.1]이 된다.

예제 표 13.2.1 사용하중상태의 슬래브 구간의 휨모멘트

위 치		정·부모멘트 구분	정·부모멘트 (kN·m)	주열대·중간대 분담률	최종 모멘트 (kN·m)
내부 경간	주열대	부모멘트	−270.3	0.75	−202.7
		정모멘트	58.3	0.60	35.0
	중간대	부모멘트	−270.3	0.25	−67.6
		정모멘트	58.3	0.40	23.3
외부 경간	주열대	내단부 부모멘트	−293.0	0.75	−219.8
		중앙부 정모멘트	292.2	0.60	175.3
		외단부 부모멘트	−61.8	1.0	−61.8
	중간대	내단부 부모멘트	−293.0	0.25	−73.3
		중앙부 정모멘트	292.2	0.40	116.9
		외단부 부모멘트	−61.8	0.0	0.0

(6) 균열발생 여부를 검토한다.

최종 사용하중단계의 허용응력을 [표 6.2]를 이용하여 계산한다.

$$\text{허용압축응력} \quad f_{ca} = 0.45 f_{ck} = 0.45 \times 35 = -15.75 \text{ MPa} \tag{f}$$

$$\text{허용인장응력} \quad f_{ta} = 0.63\sqrt{f_{ck}} = 0.63\sqrt{35} = 3.73 \text{ MPa} \tag{g}$$

[예제 표 13.2.1]은 실제하중이 PS 등가응력보다 클 경우, 일부 하중이 상쇄되고 남은 불균형하중에 의한 휨모멘트를 표시한 것이다. 따라서 PS긴장력에 의한 평균압축응력과 불균형하중에 의해 발생하는 응력을 식(13.5)에 의해 계산한 후에 슬래브에 균열이 발생하는지 검토한다.

[내부슬래브]

$$f^t = -\frac{P_e}{A_c} - \frac{M_{ub}}{S} = -1.16 - \frac{202.7 \times 10^6}{125 \times 10^6} = -2.78 \text{ MPa}$$

$$f_b = -\frac{P_e}{A_c} + \frac{M_{ub}}{S} = -1.16 + \frac{202.7 \times 10^6}{125 \times 10^6} = 0.46 \text{ MPa}$$

[외부슬래브]

$$f^t = -\frac{P_e}{A_c} - \frac{M_{ub}}{S} = -1.16 - \frac{219.8 \times 10^6}{125 \times 10^6} = -2.92 \text{ MPa}$$

$$f_b = -\frac{P_e}{A_c} + \frac{M_{ub}}{S} = -1.16 + \frac{219.8 \times 10^6}{125 \times 10^6} = 0.60 \text{ MPa}$$

여기서 슬래브의 단면계수(S)는 다음과 같다.

$$S = \frac{I}{y} = \frac{15{,}625 \times 10^6}{250/2} = 125 \times 10^6 \text{ mm}^3$$

계산한 내부슬래브와 외부슬래브의 인장응력은 허용응력 3.73 MPa 이하이므로 균열이 발생하지 않는다. 만일 계산된 인장응력이 허용응력을 초과할 경우에는 비긴장재(철근)를 배근해야 하며, 이때 철근의 응력은 항복 강도의 $1/2(f_s = f_y/2)$을 사용한다.

2) 극한하중상태의 슬래브를 설계하라.

(1) PS긴장력에 의해 발생하는 전체모멘트를 계산한다.

균열이 발생한 이후에는 슬래브 전체를 탄성해석 할 수 없으므로 강도설계법에 의해 해석한다. 따라서 실제하중에 의해 발생하는 응력에서 PS긴장력에 의해 발생하는 응력을 직접 감소시킬 수 없고, PS긴장력에 의해 유발되는 2차모멘트의 영향을 고려해야 한다(13.2.4항 참조).

PS긴장력의 단위유효긴장력(F_e)에 의해 발생하는 외부슬래브와 내부슬래브의 콘크리트 응력([예제 13.1] 참조)을 식(13.14)에 대입하여 고정단모멘트(FEM)를 계산한다.

[외부슬래브]

$$M_{u,out} = M \cdot w \cdot l_2 \cdot l_1^2 = 0.084 \times 4.37 \times 12 \times 8^2 = 281.9\ \text{kN} \cdot \text{m}$$

[내부슬래브]

$$M_{u,in} = M \cdot w \cdot l_2 \cdot l_1^2 = 0.084 \times 6.0 \times 12 \times 8^2 = 387.1\ \text{kN} \cdot \text{m}$$

슬래브의 상·하단의 기둥을 고정단으로 하여 슬래브를 모멘트분배법에 의해 계산하면 [예제 그림 13.2.5]와 같다. 이때 분배율과 전달률은 사용하중상태의 경우와 동일하다.

PS긴장력에 의해 발생하는 1차모멘트는 긴장력에 편심거리를 곱하여 계산하므로 내부슬래브와 외부슬래브의 정모멘트와 부모멘트가 직접 계산된다. 그 후에 [표 13.3]의 주열대와 중간대 분배를 적용하여 정리하면 [예제 표 13.2.2]와 같이 PS긴장력에 의해 발생하는 1차모멘트를 계산할 수 있다. 긴장력은 단위유효긴장력(F_e)인 291 kN/m에 슬래브의 폭 12 m를 곱한 값인 3,492 kN을 사용한다. 또한 기둥 주변의 모멘트를 계산할 때는 모멘트분배법과 직접설계법의 위험단면 계산 방법의 차이를 고려하여 [예제 13.1]과는 다르게 기둥 중심에서의 모멘트를 계산해야 한다.

PS긴장력에 의해 발생하는 전체모멘트는 1차모멘트와 [예제 그림 13.2.5]의 2차모멘트를 합한 값이다.

절점 부재	외부 기둥	슬래브 a	슬래브 b	내부 기둥	슬래브 b	슬래브 b′	내부 기둥	슬래브 b′
COF		0.505	0.505		0.505	0.505		0.505
DF	0.31	0.69	0.41	0.18	0.41	0.41	0.18	0.41
FEM		−281.9	281.9		−387.1	387.1		281.9
분배	87.4	194.5	0.0	0.0	0.0	0.0	0.0	0.0
전달		0.0	98.2		0.0	0.0		98.2
분배	0.0	0.0	2.9	1.3	2.9	−2.9	−1.3	2.9
전달		1.4	0.0		−1.4	1.4		0.0
분배	−.4	−1.0	0.6	0.3	0.6	−0.6	−0.3	0.6
전달		0.3	−0.5		−0.3	0.3		−0.5
분배	−0.09	−0.2	0.3	0.1	0.3	−0.3	−0.1	0.3
모멘트	86.9	−86.9	383.4	1.7	−385.0	385.0	−1.7	383.4

예제 그림 13.2.5 PS긴장재의 2차모멘트에 의해 발생하는 슬래브 휨모멘트

예제 표 13.2.2 PS긴장재의 전체모멘트에 의해 발생하는 슬래브 휨모멘트

슬래브	위 치	편심거리 (mm)	1차모멘트 (kN·m)	2차모멘트 (kN·m)	전체모멘트 (kN·m)
내부 경간	기둥	90.0	314.3	−385.0	−70.7
	슬래브 중간	75.0	261.9	-	-
외부 경간	내측 기둥	90.0	314.3	−383.4	−69.1
	슬래브 중간	75.0	261.9	-	-
	외측 기둥	0.0	0.0	−86.9	−86.9

절점 부재	외부 기둥	슬래브 a	슬래브 b	내부 기둥	슬래브 b	슬래브 b′	내부 기둥	슬래브 b′
COF		0.505	0.505		0.505	0.505		0.505
DF	0.31	0.69	0.41	0.18	0.41	0.41	0.18	0.41
FEM		−877.4	877.4		−877.4	877.4		877.4
분배	272.0	605.4	0.0	0.0	0.0	0.0	0.0	0.0
전달		0.0	305.7		0.0	0.0		305.7
분배	0.0	0.0	−125.3	−55.0	−125.3	125.3	55.0	−125.3
전달		−63.3	0.0		63.3	−63.3		0.0
분배	19.6	43.7	−26.0	−11.4	−26.0	26.0	11.4	−26.0
전달		−13.1	22.1		13.1	−13.1		22.1
분배	4.1	9.0	−14.4	−6.3	−14.4	14.4	6.3	−14.4
모멘트	295.7	−295.7	1,039.5	−72.7	−966.7	966.7	72.7	1,039.5

예제 그림 13.2.6 외부하중에 의해 발생하는 슬래브 휨모멘트

(2) 계수하중에 의해 발생하는 각 구간의 계수모멘트를 계산한다.

강도설계법에 적용되는 계수하중을 계산하고 고정단모멘트(FEM)를 계산한다.

$$w_u = 1.2w_d + 1.6w_L = 1.2 \times 6 + 1.6 \times 4 = 13.6\ \mathrm{kN/m}$$

$$M_u = M \cdot w_u \cdot l_2 \cdot l_1^2 = 0.084 \times 13.6 \times 12 \times 8^2 = 877.4\ \mathrm{kN \cdot m}$$

슬래브의 상·하단의 기둥을 고정단으로 하여 슬래브를 모멘트분배법에 의해 계산하면 [예제 그림 13.2.6]이 된다. 이때 분배율과 전달률은 사용하중상태의 경우와 동일하다.

극한하중상태의 계수모멘트는 [예제 그림 13.2.6]의 외부하중에 의해 발생하는 모멘트와 [예제 표 13.2.2]의 PS긴장재에 의해 발생하는 전체모멘트를 합한 값이다.

(3) 계산된 부모멘트를 이용하여 슬래브의 정모멘트와 위험단면에서의 최대 부모멘트 계산

[예제 표 13.2.3]에서 외부하중과 PS긴장력에 의해 유발되는 부재의 단부에 작용하는 슬래브의 부계수모멘트 값을 계산한다. 외부슬래브(ab)와 내부슬래브(bb′)에는 [예제 그림 13.2.7]과 같이 단부모멘트와 등분포하중이 작용한다. 단부모멘트 값이 주어져 있으므로 힘의 평형을 이용하여

부재의 반력, 전단력의 분포, 휨모멘트의 분포를 계산할 수 있다.

[외부슬래브(ab)]

$$\sum M_a = 0 \qquad 382.6 - 1{,}108.6 - w_u \times 8.0 \times \frac{8.0}{2} + R_b \times 8.0 = 0$$

$$382.6 - 1{,}108.6 - (13.6 \times 12) \times 8.0 \times \frac{8.0}{2} + R_b \times 8.0 = 0$$

$$R_b = 743.6 \text{ kN}$$

$$\sum F_y = 0 \qquad R_a + R_b - w_u \times 8.0 = 0$$

$$R_a + 743.6 - 163.2 \times 8.0 = 0$$

$$R_a = 562.0 \text{ kN}$$

전단력의 분포

$$V_x = R_a - w_u \times x$$
$$= 562.0 - 163.2 \times x$$

예제 표 13.2.3 슬래브의 계수휨모멘트

슬래브	위 치	외부하중 계수모멘트 (kN·m)	PS긴장재 전체모멘트 (kN·m)	전체모멘트 (kN·m)
내부 경간	기둥	−966.7	−70.7	−1,037.4
	슬래브 중간	-	-	-
외부 경간	내측 기둥	−1,039.5	−69.1	−1,108.6
	슬래브 중간	-	-	-
	외측 기둥	−295.7	−86.9	−382.6

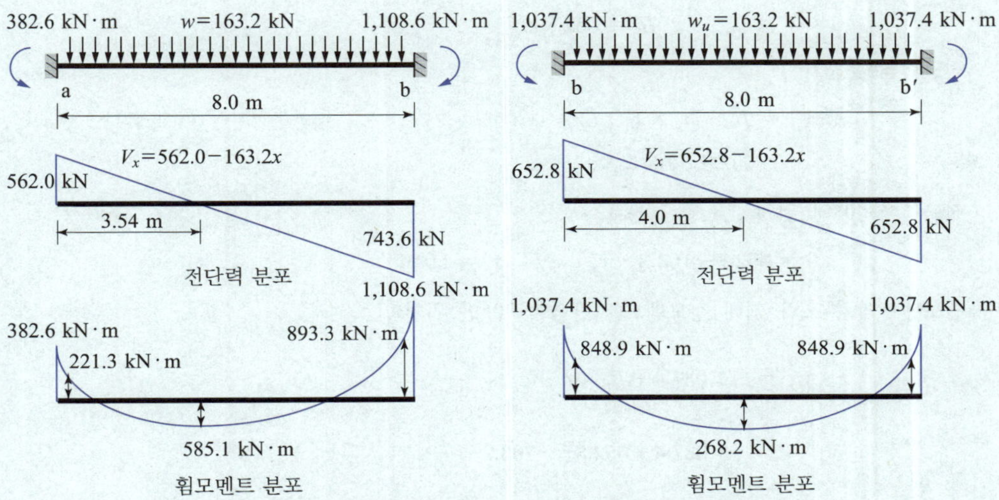

예제 그림 13.2.7 극한하중에 대해 발생하는 전단력과 휨모멘트 분포

전단력이 "0"인 위치

$$0 = 562.0 - 163.2 \times x, \qquad x = 3.44\ \mathrm{m}$$

휨모멘트의 분포와 최대 정모멘트(전단력이 "0"인 위치)

$$M_x = -382.6 + R_a \times x - w_u \times \frac{x^2}{2}$$

$$= -382.6 + 562.0x - 163.2 \times \frac{x^2}{2}$$

$$M^+ = -382.6 + 562.0 \times 3.44 - 163.2 \times \frac{3.44^2}{2} = 585.1\ \mathrm{kN \cdot m}$$

위험 단면의 부모멘트(기둥의 측면)

$$M_x = -382.6 + R_a \times x - w_u \times \frac{x^2}{2}$$

$$M_a^- = -382.6 + 562.0 \times 0.3 - 163.2 \times \frac{0.3^2}{2} = -221.3\ \mathrm{kN \cdot m}$$

$$M_b^- = -382.6 + 562.0 \times 7.7 - 163.2 \times \frac{7.7^2}{2} = -893.3\ \mathrm{kN \cdot m}$$

[내부슬래브(bb′)]

$$\sum M_a = 0 \qquad 1{,}037.4 - 1{,}037.4 - w_u \times 8.0 \times \frac{8.0}{2} + R_{b'} \times 8.0 = 0$$

$$-(13.6 \times 12) \times 8.0 \times \frac{8.0}{2} + R_{b'} \times 8.0 = 0$$

$$R_{b'} = 652.8\ \mathrm{kN}$$

$$\sum F_y = 0 \qquad R_b + R_{b'} - w_u \times 8.0 = 0$$

$$R_b = 652.8\ \mathrm{kN}$$

전단력의 분포

$$V_x = R_b - w_u \times x$$

$$= 652.8 - 163.2 \times x$$

전단력이 "0"인 위치

$$0 = 652.8 - 163.2 \times x, \qquad x = 4.0\ \mathrm{m}$$

휨모멘트의 분포와 최대 정모멘트(전단력이 "0"인 위치)

$$M_x = -1{,}037.4 + R_b \times x - w_u \times \frac{x^2}{2}$$

$$= -1{,}037.4 + 652.8x - 163.2 \times \frac{x^2}{2}$$

$$M_u^+ = -1{,}037.4 + 652.8 \times 4.0 - 163.2 \times \frac{4.0^2}{2} = 268.2\ \text{kN} \cdot \text{m}$$

위험 단면의 부모멘트(기둥의 측면)

$$M_x = -1{,}037.4 + R_b \times x - w_u \times \frac{x^2}{2}$$

$$M_b^- = -1{,}037.4 + 652.8 \times 0.3 - 163.2 \times \frac{0.3^2}{2} = -848.9\ \text{kN} \cdot \text{m}$$

$$M_{b'}^- = -1{,}037.4 + 652.8 \times 7.7 - 163.2 \times \frac{7.7^2}{2} = -848.9\ \text{kN} \cdot \text{m}$$

(4) 슬래브의 주열대 계수모멘트와 중간대 계수모멘트를 계산한다([표 13.3]).
계산 순서(3)에서 모멘트분배법을 이용하여 계산한 정계수모멘트와 부계수모멘트를 [표 13.3]의 조건을 활용하여 주열대, 중간대 계수모멘트로 분배해야 한다. [예제 13.2]의 건물 조건은 [예제 13.1]과 동일하므로 [예제 13.1]의 계산 결과를 활용하여 [예제 표 13.2.4]와 같이 주열대, 중간대 계수모멘트를 계산할 수 있다.

(5) 슬래브의 철근을 배근한다.
[예제 표 13.2.4]에 계산된 계수모멘트에 대하여 슬래브에 철근을 배근한다. 슬래브에 철근을 배근하는 방법은 [예제 13.1]과 동일하다.
슬래브에 D13 철근(철근 1개의 단면적 $A_s = 126.7\ \text{mm}^2$)을 사용하여 배근할 경우, 슬래브의 10개 구간에 대한 철근량과 철근의 수(n)는 [예제 표 13.2.5]와 [예제 그림 13.2.8]과 같다.

예제 표 13.2.4 극한하중상태의 슬래브 휨모멘트

위 치		정·부모멘트 구분	정·부모멘트 (kN·m)	주열대·중간대 분담률	최종 모멘트 (kN·m)
내부 경간	주열대	부모멘트	−848.9	0.75	−636.7
		정모멘트	268.2	0.60	160.9
	중간대	부모멘트	−848.9	0.25	−212.2
		정모멘트	268.2	0.40	107.3
외부 경간	주열대	내단부 부모멘트	−893.3	0.75	−670.0
		중앙부 정모멘트	585.1	0.60	351.1
		외단부 부모멘트	−221.3	1.0	−221.3
	중간대	내단부 부모멘트	−893.3	0.25	−223.3
		중앙부 정모멘트	585.1	0.40	234.0
		외단부 부모멘트	−221.3	0.0	0.0

예제 표 13.2.5 슬래브 구간의 필요 철근량

위 치		정·부계수모멘트 구분	계수모멘트 (kN·m)	필요 철근량 (mm^2)	필요 철근의 수 (D13)
내부 경간	주열대	부계수모멘트	−636.7	8,931	70@80
		정계수모멘트	160.9	3,000*	24@250
	중간대	부계수모멘트	−212.2	3,000*	24@250
		정계수모멘트	107.3	3,000*	24@250
외부 경간	주열대	내단부 부계수모멘트	−670.0	9,396	74@80
		중앙부 정계수모멘트	351.1	3,132	25@240
		외단부 부계수모멘트	−221.3	4,925	39@150
	중간대	내단부 부계수모멘트	−223.3	3,283	26@230
		중앙부 정계수모멘트	234.0	3,000*	24@250
		외단부 부계수모멘트	0.0	3,000*	24@250

* 계산한 철근량이 건조수축과 온도철근비에 의해 계산된 식(13.6)의 철근량보다 작으므로 최소 철근량을 배근한다. $A_{s,\min}=0.002\times$ 전체 단면적

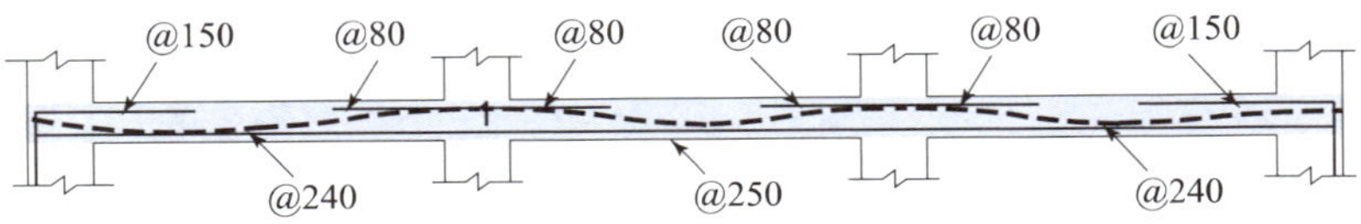

주열대 철근 배근

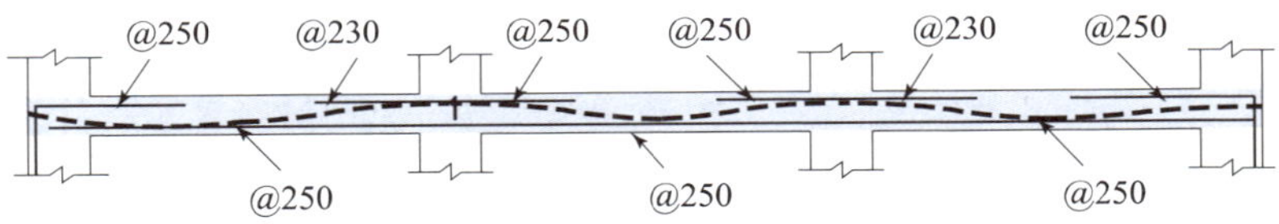

중간대 철근 배근

예제 그림 13.2.8 주열대와 중간대 철근 배근 간격과 위치

13.5 슬래브의 전단 설계

슬래브에 작용하는 전단력은 다음 두 종류가 있다.

① **1방향전단**(one way shear) : 1방향전단은 8장에서 설명한 부재축에 따라 발생하는 전단력이다. 슬래브처럼 폭이 넓은 부재에 전단철근을 배근하는 것은 어렵기 때문에 외부 전단력은 콘크리트만으로 지지된다. 따라서 1방향전단 설계는 식(13.20)에 의하여 슬래브에 작

용하는 전단력에 대하여 충분하게 저항할 수 있는지 검토해야 한다.

$$V_u \leq \phi V_c \tag{13.20}$$

여기서, 강도감소계수 $\phi = 0.75$이다. 식(13.20)에서 전단내력은 콘크리트만에 의한 전단저항을 사용하며, 식(13.21)에 의하여 계산한다.

$$V_c = \frac{1}{6}\lambda\sqrt{f_{ck}}\, b_w d \tag{13.21}$$

② **2방향전단**(two way shear, 또는 punching shear(뚫림 전단)) : 2방향전단은 기둥을 중심으로 슬래브 양방향의 하중이 집중되어 발생하는 취성적인 전단파괴다. 2방향전단은 주로 플랫 슬래브나 기초판과 같이, 보가 없이 상부의 집중하중이 직접 기둥에 전달되는 구조에서 발생한다. 파괴는 [그림 13.14]와 같이 하부 슬래브로부터 약 20~45°로 경사지게 균열이 발생하여 기둥 주변의 콘크리트가 뚫리는 듯한 파괴 양상을 띤다. 2방향전단 설계는 식(13.22a)에서 외부 전단력(V_u)을 콘크리트만에 의한 전단저항(V_c)으로 충분한지 불충분한지를 비교하고, 불충분한 경우에는 별도의 보강재를 이용하여 전단내력을 증대시켜야 한다(식(13.22b)).

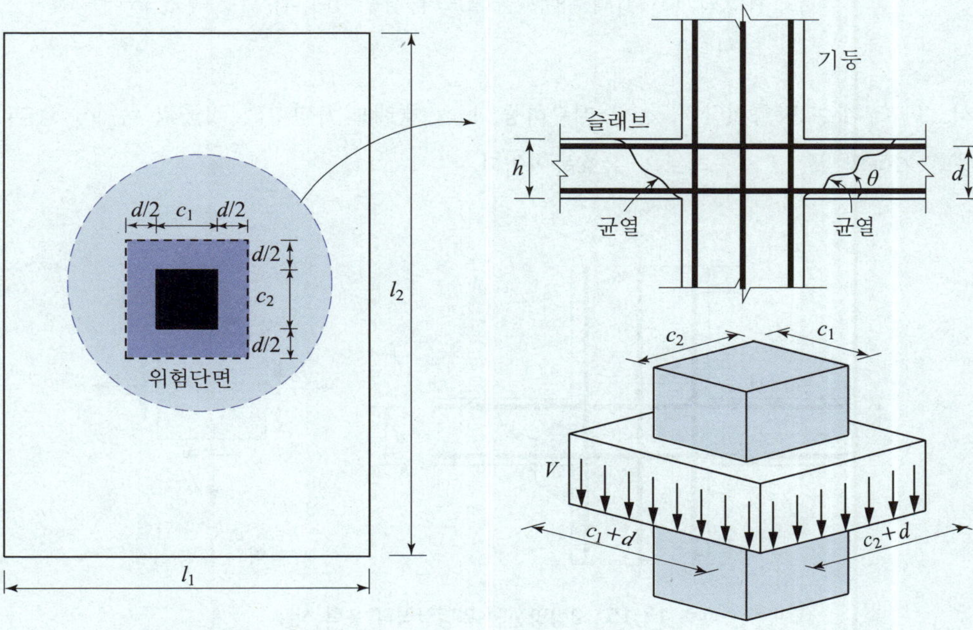

(a) 슬래브 평면 (b) 기둥 주변 입면

그림 13.14 2방향전단

콘크리트 저항만으로 충분한 경우

$$V_u \leqq \phi(V_c) \tag{13.22a}$$

콘크리트 저항만으로 불충분한 경우

$$V_u \leqq \phi(V_c + V_s) \tag{13.22b}$$

여기서, 강도감소계수 $\phi = 0.75$이다.

13.5.1 전단보강되지 않은 2방향 슬래브의 설계

2방향전단파괴는 기둥에서 직접 슬래브에 큰 집중하중이 작용하여 기둥 주변이 뚫리는 전단파괴이다. 이러한 2방향전단력은 슬래브의 두께와 기둥 주변의 콘크리트에 의하여 지지된다. 슬래브에 작용하는 2방향전단력은 [그림 13.15]의 기둥 측면에서 단면의 유효깊이의 절반($d/2$)만큼 떨어진 위험단면에서의 전단력이며, 식(13.23)에 의하여 계산할 수 있다.

$$V_u = q_u \times \text{위험단면 바깥부분의 단면적} \tag{13.23}$$

$$= q_u(l_1 \times l_2 - (c_1 + d)(c_2 + d))$$

([그림 13.14]의 내부 슬래브의 경우이며 외부나 측면 슬래브에서는 달라진다.)

여기서, V_u : 계수2방향전단력, q_u : 계수하중, c_1 : 슬래브 l_1방향의 기둥의 폭, c_2 : 슬래브 l_2방향의 기둥의 폭, d : 슬래브의 유효높이이다.

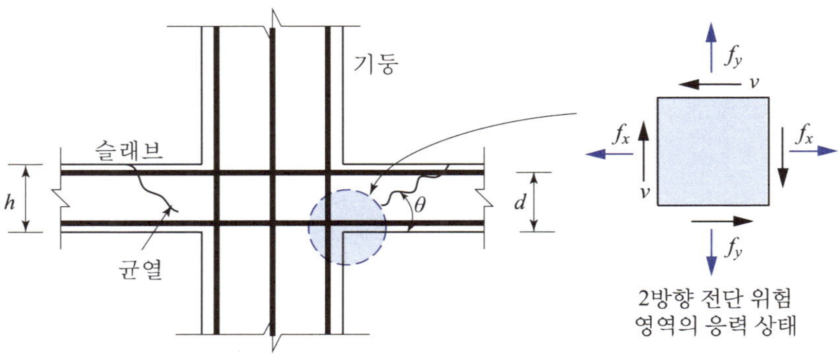

그림 13.15 2방향전단 위험영역의 응력 상태

특별한 전단보강이 없는 경우에 기초판의 2방향전단에 대하여 KDS 14 국가건설기준-2020 (콘크리트구조 학회기준, 2017)에서는 2방향전단파괴면에 작용하는 전단과 휨의 복합거동을 이용한 식을 사용하고 있다. 기둥과 슬래브 근처에서 균열이 발생한 경우에 [그림 13.15]의 슬래브의 하부면(압축력 작용 구간)에 압축응력과 전단응력이 발생하여 식(13.24a), 식(13.24b)의 주응력이 발생한다.

$$f_1 = \frac{f_x + f_y}{2} + \sqrt{\left(\frac{f_x - f_y}{2}\right)^2 + v^2} \quad \text{(식 8.3a)와 동일} \tag{13.24a}$$

$$f_2 = \frac{f_x + f_y}{2} - \sqrt{\left(\frac{f_x - f_y}{2}\right)^2 + v^2} \quad \text{(식 8.3b)와 동일} \tag{13.24b}$$

여기서, f_1과 f_2 : 주인장응력과 주압축응력, f_x와 f_y : 부재축방향과 부재축과 직각되는 방향의 응력이며, 보에서 $f_y = 0$, v : 전단응력이다. 식(13.24)에서 부재축과 직각되는 방향 응력(f_y)은 영(0)이 되며, 두 식을 전단응력(v)으로 정리할 수 있다. 다만, 두 식 중에서 2방향전단파괴는 주압축응력(f_2)보다는 일반적으로 주인장응력(f_1)에 의하여 발생하게 되므로 식(13.24a)를 전단응력(v)으로 정리하면 식(13.25)가 된다.

$$v = \sqrt{f_1(f_1 - f_x)} \tag{13.25}$$

KDS 14 국가건설기준에서는 식(13.25)에 대하여 다음의 가정과 조건에 근거하여 2방향전단내력을 평가한다.

① 전단내력은 콘크리트 압축연화(compression softening)가 발생하지 않는 중립축의 깊이(c_u) 안쪽 면적인 압축대에서만 저항한다.

② 부재축방향의 응력(f_x)을 압축대에서 발생하는 콘크리트 평균응력(f_{cc})으로 대체하고, 압축대의 콘크리트 응력분포를 삼각형분포로 가정하여 평균응력(f_{cc}) $(2/3)f_{ck}$을 사용한다. 압축대의 깊이(중립축의 깊이, c_u)는 압축대의 영향을 무시하고 계산한다.

③ 주인장응력(f_1)은 압축응력의 영향을 고려한 인장응력(f_{te})으로 대체하고, f_{te}의 파괴 시의 값을 $(1/3)f_r = 0.2\sqrt{f_{ck}}$로 가정한다.

④ 2방향전단파괴 시의 압축연단의 변형률은 0.002로 가정한다.

⑤ 크기효과(size effect) 영향을 반영하기 위하여 영국기준(BS code)에서 사용되고 있는 크기효과 계수(k_s)를 식(13.25)에 곱한다.

⑥ 2방향전단 위험단면의 형상비 영향을 고려하기 위하여 Manterola의 실험 결과에 근거하여 제안된 형상비 계수(k_{bo})를 식(13.25)에 곱한다.

이러한 가정과 조건을 식(13.25)에 대입하면 콘크리트만이 저항하는 2방향전단내력을 식 (13.26)과 같이 유도할 수 있다.

$$V_c = v_c b_o d \tag{13.26}$$

$$v_c = \lambda k_s k_{bo} \sqrt{f_{te}(f_{te}+f_{cc})}\ \frac{c_u}{d}$$

즉,

$$v_c = \lambda\, k_s k_{bo} f_{te} \cot\psi \frac{c_u}{d}$$

여기서, λ : 경량콘크리트계수(식(3.7c)의 값과 동일)

k_s : 슬래브의 크기효과계수(두께계수), $k_s = (300/d)^{0.25} \leq 1.1$, d의 단위는 mm이며 k_s의 하한값으로 0.75를 사용할 수 있다.

k_{bo} : 형상비계수(위험단면의 둘레길이), $k_{bo} = 4/\sqrt{\alpha_s(b_o/d)} \leq 1.25$, α_s는 내부기둥에 대하여 1.0, 외부기둥(모서리 기둥 제외)에 대하여 1.33, 모서리 기둥에 대하여 2.0

f_{te} : 압축대 콘크리트의 인장강도, $f_{te} = 0.2\sqrt{f_{ck}}$

ψ : 슬래브 휨 압축대의 균열각도, $\cot\psi = \sqrt{f_{te}(f_{te}+f_{cc})}/f_{te}$, $f_{cc} = (2/3)f_{ck}$

c_u : 압축철근의 영향을 무시하고 계산된 접합부 주위 슬래브 압축대 깊이의 평균값 $c_u = d[25\sqrt{\rho/f_{ck}} - 300(\rho/f_{ck})]$, $\rho \leq 0.03$의 범위에서 사용할 수 있으며, ρ가 0.005 이하인 경우 0.005를 사용할 수 있으며 이 때 인장주철근은 설계위험단면에서 최소 $(h+l_d)$만큼 연장하여 슬래브에 정착해야 한다. 여기서 l_d는 인장철근의 정착길이이다.

b_o : 슬래브의 주변 길이로 내부 기둥의 경우는 $b_o = 2(c_1+d)+2(c_2+d)$로 계산하지만, 개구부가 있거나 자유단에 접한 슬래브의 경우는 개구부와 자유단을 제외한 길이를 사용한다.

13.5.2 전단보강된 2방향 슬래브의 설계

기둥 주변의 콘크리트만에 의하여 전단력을 저항할 수 없는 경우에 철근 등을 이용하여 2방향전단내력을 증대시킬 수 있다. 기존 연구에 의하면 철근과 철선, 단일다리 스터럽, 다중다리 스터럽, 폐쇄스터럽 등의 전단철근을 이용하여 슬래브의 2방향전단 저항능력을 향상시킬 수 있다. 전단철근은 [그림 13.16]과 같이 기둥주변에 배치되어 슬래브의 상·하부 휨철근을 구속시키는 역할을 한다. 그러나 두께가 250 mm 이하인 슬래브에 전단철근을 정착하는 것은 어렵기

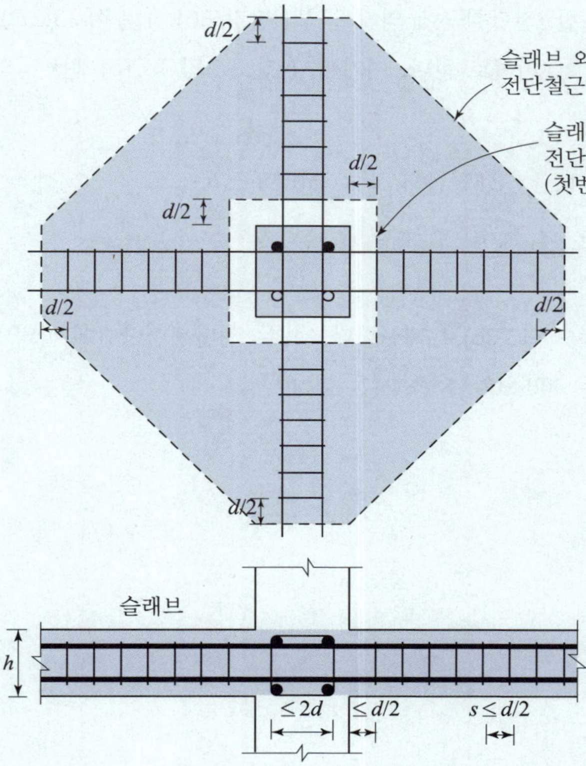

그림 13.16 슬래브 전단철근

때문에 수직 철근이 철근의 항복강도를 발현할 수 있는 플레이트나 전단머리에 기계적으로 정착된 전단철근을 사용하는 것이 유용하다.

휨모멘트 전달이 크지 않은 슬래브-기둥 접합부의 전단철근은 위험단면의 중심을 기준으로 대칭으로 배근되어야 한다. 또한, 철근이나 철선으로 구성되는 전단철근과 한 가닥 또는 여러 가닥의 스터럽은 다음 규정을 만족해야 한다.

① 전단철근이나 스터럽은 슬래브의 유효깊이(d)가 150 mm 이상이고, 전단철근 지름의 16배 이상인 슬래브와 기초판에 적용될 수 있다.

② 기둥면과 기둥 주위를 감싸는 첫 번째 열 스터럽 사이의 간격은 $d/2$ 이하로 한다. 첫 번째 열에서 기둥면의 평행방향의 스터럽 다리 사이의 간격은 $2d$ 이하로 한다. 스터럽 열 사이의 간격은 기둥면에 직각방향으로 $d/2$ 이하로 한다.

KDS 14 국가건설기준-2020(콘크리트구조 학회기준, 2017)에서는 2방향전단강도 평가식에 근거하여 공칭전단강도(V_n)는 식(13.22b)로 계산해야 하며, 콘크리트에 의한 공칭전단강도(V_c)

는 식(13.26)로 계산한다. 또한, 전단철근에 의한 공칭전단강도(V_s)는 식(13.27)로 계산하며, 공칭전단강도(V_n)는 $0.58 f_{ck} b_o c_u$ 이하로 한다. 여기서, b_o는 [그림 13.16]에서 정의된 위험단면의 둘레길이이다.

$$V_u = \phi V_n = \phi(V_c + V_s) < \phi 0.58 f_{ck} b_o c_u$$

$$V_s = \frac{0.5 A_v f_{yt} d}{s} \tag{13.27}$$

여기서, 공칭전단강도(V_c)는 식(13.26)로 계산한다. A_v는 전단위험단면에 따라 배치된 모든 전단철근의 단면적이다. f_{yt}는 400 MPa를 초과할 수 없다.

연습문제

13.1 | 프리스트레스트 콘크리트 슬래브에 적용되는 하중평형법에 대해 설명하라.

13.2 | 1방향 슬래브와 2방향 슬래브의 특징을 설명하라.

13.3 | 직접설계법의 적용 범위에 대하여 설명하라.

13.4 | [연습 그림 13.1]의 보슬래브를 PS긴장재를 사용한 직접설계법으로 계산하라. 기둥단면은 600×600 mm, 기둥의 높이는 3.5 m이다. 또한 테두리보와 내부 보의 단면 크기는 400×600 mm이다. 긴장재는 부착되어 있지 않으며 즉시응력손실은 10%, 장기응력손실은 15%이다.

부재의 고정하중 $w_D = 6$ kN/m, 활하중 $w_L = 4$ kN/m

콘크리트 28일 압축강도 $f_{ck} = 35$ MPa

비긴장재(압축철근과 인장철근)의 항복강도 $f_y = 400$ MPa, D13 철근 1개의 단면적은 126.7 mm^{2}임.

- **긴장재**(PS강재, 응력이완 긴장재) : 7연선 10.8 mm(SWPC 7AN, 단면적 $A_{ps} = 69.68$ mm^2)를 12가닥 사용하였다. 인장강도 $f_{pu} = 1{,}860$ MPa, 항복강도 $f_{py} = 1{,}600$ MPa, 긴장 시의 긴장응력 $f_{pj} = 0.90 f_{py}$

1) 사용하중상태의 균열발생 여부를 검토하라. PS긴장력에 의한 콘크리트 평균압축응력(balanced load)은 고정하중에 의해 발생하는 응력으로 한다.
2) 극한하중상태의 슬래브를 설계하라.

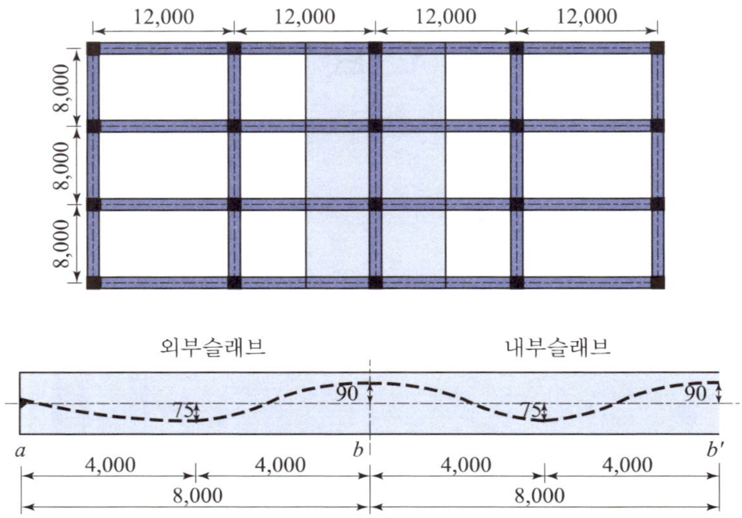

연습 그림 13.1 프리스트레스트 콘크리트 보슬래브 (단위 : mm)

13.5 | [연습 13.4]와 동일한 프리스트레스트 콘크리트 보슬래브를 등가골조법으로 설계하라.

Chapter 14

압축재와 인장재의 설계

14.1 일반 사항

프리스트레스트 공법은 보나 슬래브와 같은 휨부재에 많이 적용되지만 필요에 따라서 축압축력이 작용하는 기둥과 축인장력이 작용하는 아치나 트러스 부재에 적용되기도 한다. 축력이 작용하는 부재에 프리스트레스트 공법이 적용될 경우에는 긴장재의 위치와 역할을 명확하게 파악하여 설계해야 한다. 기둥의 경우에는 축력과 함께 편심과 횡하중이 동시에 작용하여 인장응력이 발생하므로 프리스트레스트 긴장재를 사용하여 이를 완화시킬 수 있다. 또한 콘크리트 파일이나 트러스 부재에는 축 인장력이 작용하므로 프리스트레스트 긴장재가 직접 인장력에 저항한다. 특히 프리스트레스트 긴장재는 축력이 작용하는 부재의 균열발생 강도를 증대시킬 수 있다.

14장의 전반부에서는 축압축력과 휨모멘트가 작용하는 프리스트레스트 콘크리트 기둥에 대한 설계방법을 설명하고, 후반부에서는 축인장력이 작용하는 프리스트레스트 콘크리트 파일에 대한 설계방법을 기술하였다.

14.2 프리스트레스트 콘크리트 기둥 설계의 기본 사항

기둥은 지붕이나 바닥 슬래브의 하중과 상부 기둥으로부터 전달되는 하중을 하부 기둥이나 기초로 전달하는 수직부재로 축력, 휨모멘트 및 전단력을 지지한다. 기둥은 단면 크기와 기둥 길이의 비에 의하여 단주(短柱, short columns)와 장주(長柱, long columns, slender columns)로 구분한다. 단주는 단면 크기와 재료 특성에 의하여 내력이 정해지나, 장주는 단주의 내력 결정 요소에 추가적으로 발생하는 좌굴하중을 고려하여 설계한다. 프리스트레스트 긴장재가 기둥에 적용될 경우에 긴장재가 기둥의 좌굴 하중에 주는 영향을 파악할 필요가 있다.

부착긴장재(bonded tendon)와 비부착긴장재(unbonded tendon)가 기둥에 유발하는 좌굴에 대한 영향은 다르다. [그림 14.1(a)]의 콘크리트와 일체화된 부착긴장재는 기둥에 횡변위가 발생하면 콘크리트와 긴장재에 동일한 횡변위가 발생하여 콘크리트와 긴장재의 부재축에 대한 편심거리가 같다. 즉, 그림에서 콘크리트 부재의 편심거리 y_1과 긴장재 단면에서의 편심거리 y_2가 동일하다. 이때 콘크리트에는 압축력이 작용하며 긴장력은 인장력을 받고 있으므로 두 힘에 의해 발생하는 휨모멘트는 서로 상쇄된다. 따라서 콘크리트에 의하여 발생하는 좌굴모멘트(압축하중 × 편심거리)가 긴장재가 유발하는 모멘트(인장하중 × 편심거리)와 상쇄되어 기둥의 좌굴에 영향을 주지 않는다. 한편, [그림 14.1(b)]의 비부착긴장재가 배근된 부재의 경우에는 콘크리트와 긴장재가 일체화되지 않아 기둥에 횡변위가 발생하면 콘크리트의 도심은 변화하지만 긴장재는

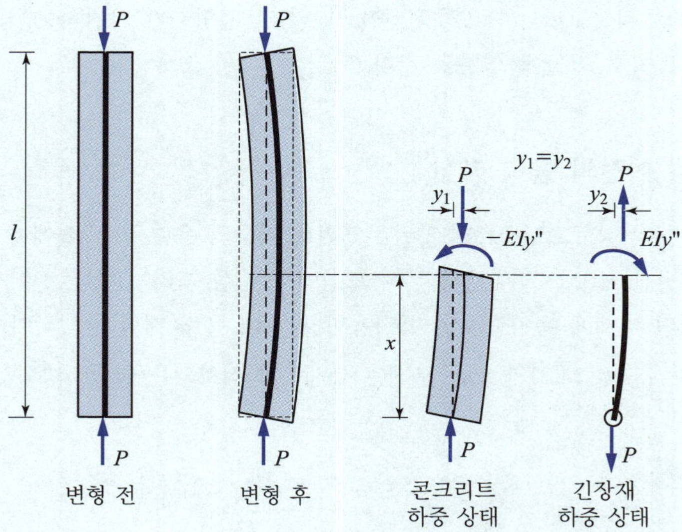

(a) 부착긴장재 부재

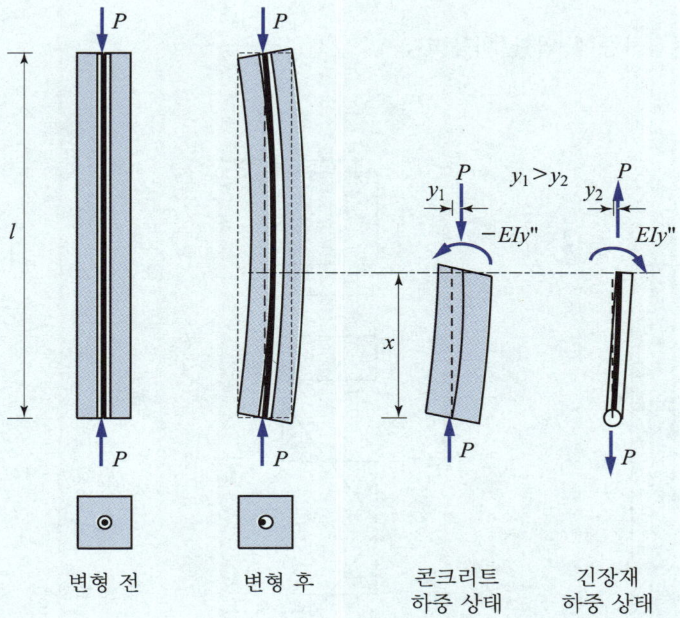

(b) 비부착긴장재 부재

그림 14.1 부착긴장재 부재와 비부착긴장재 부재의 변형

원래의 위치를 유지하려고 하는 특성으로 인해, 긴장재의 도심과 콘크리트의 도심이 달라진다. 즉, 콘크리트 부재의 편심거리 y_1가 긴장재 단면에서의 편심거리 y_2보다 크다. 따라서 콘크리트에 의하여 발생하는 좌굴모멘트(압축하중×편심거리)가 긴장재가 유발하는 상쇄모멘트(인장하중×편심거리)보다 커져 좌굴에 영향을 준다.

14.2.1 균열발생 이전의 응력 계산

균열이 발생하기 이전의 프리스트레스트 콘크리트 기둥의 응력은 4.2절에서 설명한 탄성해석법에 근거하여 계산한다. [그림 14.2]의 부재 도심에서 편심 거리(e)만큼 떨어진 위치에 긴장재가 직선으로 배치된 부재에 축하중(P_n)이 작용할 경우에 응력 개념에 의하여 콘크리트의 응력을 계산할 수 있다. [그림 14.2]의 모든 부재는 부재축과 직각되는 방향(y방향)으로 모멘트가 발생하지 않는다.

① 긴장재의 축하중에 의한 축응력 : $f = -\dfrac{P}{A_c}$

② 외력(고정, 활하중 등)에 의한 축응력 : $f = -\dfrac{P_n}{A_{gt}}$

③ 긴장재의 편심하중에 의한 휨응력 : $f = \pm\dfrac{P \times e}{I_{gt}}y$

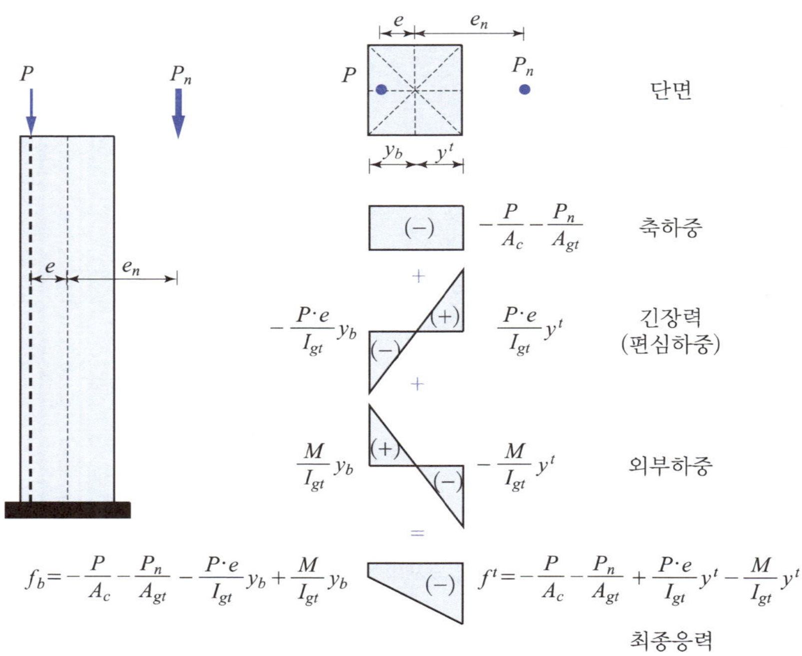

그림 14.2 프리스트레스트 콘크리트 기둥의 응력

④ 외력(고정, 활하중 등)에 의한 휨응력 : $f = \pm \dfrac{P_n \times e_n}{I_{gt}} y = \pm \dfrac{M}{I_{gt}} y$

⑤ 전체 응력 :

$$f = -\frac{P}{A_c} - \frac{P_n}{A_{gt}} \pm \frac{P \times e}{I_{gt}} y \pm \frac{M}{I_{gt}} y \qquad (14.1)$$

여기서, P : 긴장력, P_n : 외부 축력, A_c : 하중이 작용하는 면의 콘크리트 단면적, A_{gt} : 강재를 콘크리트로 환산한 전체단면적(식(14.26) 참조), e : PS긴장재의 편심거리, M : 외부하중에 의한 모멘트, I_{gt} : 강재를 콘크리트로 환산한 전단면2차모멘트이며 기둥의 경우에는 강재의 영향을 고려하여 강재의 단면을 콘크리트로 환산한 식(12.6)의 정산식을 사용해야 한다. 또한, 콘크리트의 단면적(A_c)은 전체 면적에서 강재(또는 덕트)의 면적을 제한 값이다. 6장의 휨부재의 설계에서는 강재의 면적을 무시하고 전체 단면적을 콘크리트의 단면적(A_c)으로 가정하지만, 축하중을 받는 경우에는 강재의 단면적이 상대적으로 커지기 때문에 정확한 계산을 위하여 전체 단면적에서 강재의 면적을 제한 값을 콘크리트의 단면적(A_c)으로 사용한다.

14.2.2 기둥 해석을 위한 가정과 조건

프리스트레스트 콘크리트 단주의 설계는 보의 휨설계와 마찬가지로 재료메커니즘(힘의 평형, 변형의 적합, 재료의 응력 - 변형률 곡선)에 의하여 계산하는데(6.4절 참조), 이는 휨해석과 설계를 위한 여섯 가지 가정과 조건에 근거한다.

해석을 위한 가정과 조건

① 평면유지의 가정
② 강재와 콘크리트의 완전 부착(동일한 위치에서 강재와 콘크리트의 변형률은 동일)
③ 강재와 콘크리트의 응력 - 변형률 관계가 주어진다.

설계를 위한 가정과 조건

① 콘크리트의 인장강도 무시
② 콘크리트는 압축연단의 극한변형률(ϵ_{cu})이 0.0033($f_{ck} \leqq 40$ MPa의 경우)일 때 파괴
③ 콘크리트의 압축응력 - 변형률 관계는 직사각형, 사다리꼴 또는 포물선 등으로 변경

기둥에 대한 설계는 위의 여섯 가지 가정과 전제 조건과 함께 세 가지 규정을 추가로 적용한다.

기둥 설계를 위한 규정

① 기둥에는 압축력이 크게 작용하는데 콘크리트도 압축력에 대한 저항력이 강하기 때문에 일반적인 구조해석과 달리 압축응력과 압축변형률을 양수(+)로 하고, 인장응력과 인장변형률을 음수(−)로 정한다.

② 힘의 평형을 이룬 상태에서 휨모멘트는 단면의 소성중심(plastic centroid)을 기준으로 계산한다. 단면이 대칭인 경우에는 단면의 중심이 소성중심이 된다.

③ 보는 휨인장파괴하도록 설계하지만, 기둥은 인장파괴와 압축파괴에 대한 특별한 제한을 두지 않는다.

14.2.3 기둥의 저항력 (힘의 평형조건, 변형의 적합조건, 재료의 구성법칙)

프리스트레스트 콘크리트 기둥의 축력과 휨에 대한 해석은 보의 경우와 동일하게 재료메커니즘에 근거한다. [그림 14.3]은 3차원과 2차원으로 표시된 축력과 휨모멘트를 받는 프리스트레스트 콘크리트 기둥의 내부 변형률과 응력의 분포이다. 기둥 단면의 콘크리트 응력은 콘크리트의 압축응력 - 변형률 관계에 의하여 중립축으로부터 거리가 멀어짐에 따라서 포물선 형태로 변화한다. 설계에서는 콘크리트의 압축응력 - 변형률 관계를 등가응력분포로 대체하는데, 철근은 1축 응력을 받는다고 가정한다. 기둥에는 여러 단에 철근이 배근되므로 각각의 철근의 저항력과 PS 긴장재의 저항력을 계산해야 한다.

힘의 평형조건

3차원 단면을 2차원으로 단순화한 경우에 힘은 x방향의 이동(부재축방향), y방향의 이동(부재축과 상하 직각방향)과 z방향의 회전(부재축과 앞뒤 직각방향)에 대하여 평형을 이루어야 한다. 따라서 연직하중과 수평하중을 받는 프리스트레스트 콘크리트 기둥은 다음과 같이 세 가지 힘의 평형을 만족해야 한다.

$$\sum F_x = 0$$

$$C + T_s + T_p = P_n \tag{14.2}$$

여기서, P_n는 기둥에 작용하는 축력이다. 축력(P_n)은 기둥 단면의 콘크리트 내력과는 항상 반대 방향으로 작용하므로 C와 부호가 반대가 된다. C는 콘크리트에 의한 압축력의 합으로 기둥 설계의 가정에 의하여 양수(+)로 표시한다. T_s는 철근에 의한 축력의 합이며, T_p는 PS긴장력에 의한 축력의 합이다. 철근과 PS긴장재의 축력(T_s, T_p)은 중립축의 위치에 따라서 압축재와 인장재로 구분되며, 압축력에 대해서는 양수(+)로 표시하고 인장력에 대해서는 음수(−)로 표시한다.

식(14.2)에서 콘크리트에 의한 압축력의 합(C_c)을 포물선 - 직선형 등가응력분포나 등가 직사각형 압축응력블록을 이용하여 계산하고, 여러 단으로 배근된 강재가 받는 전체 축력을 계산하여 식(14.3a, b)를 유도할 수 있다.

$$\alpha(0.85f_{ck})bc + \sum_{i=1}^{n} N_{si} + \sum_{i=1}^{n} N_{pi} = P_n \quad \text{(포물선 - 직선형 등가응력분포의 경우)} \qquad (14.3a)$$

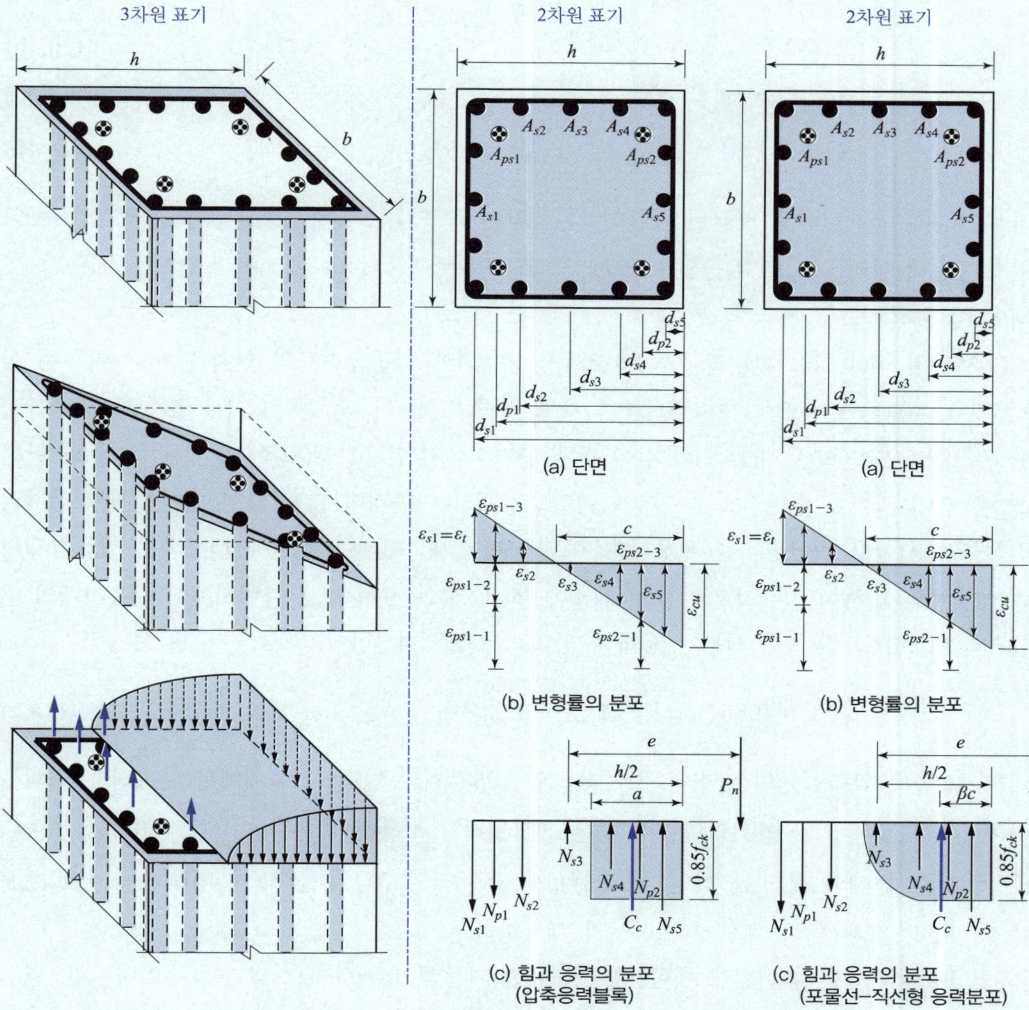

그림 14.3 기둥의 단면, 변형률의 분포, 힘과 응력의 분포

$$\eta(0.85f_{ck})ab + \sum_{i=1}^{n} N_{si} + \sum_{i=1}^{n} N_{pi} = P_n \text{ (등가 직사각형 압축응력블록의 경우)} \tag{14.3b}$$

여기서, a : 직사각형 압축응력블록의 깊이, b : 기둥 단면의 폭, N_{si} : 여러 단으로 배근된 철근이 각각 받는 축력, N_{pi} : 여러 단으로 배근된 PS강재가 각각 받는 축력이다.

철근과 PS긴장재의 축력은 다음과 같이 인장재와 압축재로 구분하여 계산한다. 여기서 압축재는 중립축의 깊이(c) 이내에 포함된 철근과 PS강재이다.

$$\text{인장철근} \quad N_{si} = f_{si}A_{si} \tag{14.4a}$$

$$\text{압축철근} \quad N_{si} = (f_{si} - 0.85f_{ck})A_{si} \tag{14.4b}$$

$$\text{인장PS강재} \quad N_{pi} = f_{psi}A_{psi} \tag{14.4c}$$

$$\text{압축PS강재} \quad N_{pi} = (f_{psi} - 0.85f_{ck})A_{psi} \tag{14.4d}$$

여기서, f_{si} : 여러 단으로 배근된 철근이 각각 받는 축응력, A_{si} : 여러 단으로 배근된 철근의 단면적, f_{psi} : 여러 단으로 배근된 PS강재가 각각 받는 축응력, A_{psi} : 여러 단으로 배근된 PS 강재의 단면적이다.

식(14.4b)와 식(14.4d)에서 철근과 PS강재의 압축력에서 콘크리트의 영역을 빼는 이유는 식(14.3)의 콘크리트에 의한 압축력의 합(C_c)과 관련이 있다. 식(14.3)에서 압축력 C_c를 계산하기 위한 콘크리트 단면적은 식(14.5)와 같이 전체 단면적에서 압축강재(압축철근과 PS강재)의 단면적을 뺀 값이 되어야 한다. 보의 경우에는 압축강재의 단면적이 많지 않기 때문에 압축강재의 단면적을 무시하고 전단면적을 사용하여 C_c를 계산한다. 그러나 기둥에 배근되는 압축강재의 단면적은 보에 비하여 일반적으로 많기 때문에, 식(14.5)와 같이 전체 단면적에서 압축강재의 면적을 뺀 콘크리트만의 단면적을 사용하여 압축력 C_c를 계산한다.

$$C_c = 0.85f_{ck}(ab - A_{siC} - A_{psiC}) \tag{14.5}$$

여기서, A_{siC} : 압축철근의 단면적, A_{psiC} : 압축PS강재의 단면적. 설계에서는 계산의 편의를 위하여 콘크리트에 의한 압축력의 합(C_c)은 전단면적을 사용하여 계산하고($C_c = 0.85f_{ck}(ab)$), 식(14.5)의 두 번째와 세 번째 항인 $-0.85f_{ck}A_{siC} - 0.85f_{ck}A_{psiC}$를 식(14.4b)와 식(14.4d)에서 압축철근과 PS강재 내력 계산에 포함시켜 계산한다.

[그림 14.3]의 단면의 회전에 대한 평형은 계산 기준점이 변하여도 결과는 동일하지만, 편심거리(e)를 구하기 위하여 단면의 소성중심을 기준으로 계산한다. 단면이 대칭인 경우에 소성중심은 단면의 중심($h/2$)이 된다.

$$\sum M_z = 0$$

(포물선 - 직선형 등가응력분포의 경우)

$$P_n \cdot e_n - \alpha(0.85 f_{ck}) bc\left(\frac{h}{2} - \beta c\right) - N_{s1}\left(\frac{h}{2} - d_{s1}\right) - N_{s2}\left(\frac{h}{2} - d_{s2}\right) \cdots$$

$$N_{sn}\left(\frac{h}{2} - d_{sn}\right) - N_{p1}\left(\frac{h}{2} - d_{p1}\right) - N_{p2}\left(\frac{h}{2} - d_{p2}\right) \cdots N_{pn}\left(\frac{h}{2} - d_{pn}\right) = 0 \quad (14.6a)$$

(등가 직사각형 압축응력블록의 경우)

$$P_n \cdot e_n - \eta(0.85 f_{ck}) ab\left(\frac{h}{2} - \frac{a}{2}\right) - N_{s1}\left(\frac{h}{2} - d_{s1}\right) - N_{s2}\left(\frac{h}{2} - d_{s2}\right) \cdots$$

$$N_{sn}\left(\frac{h}{2} - d_{sn}\right) - N_{p1}\left(\frac{h}{2} - d_{p1}\right) - N_{p2}\left(\frac{h}{2} - d_{p2}\right) \cdots N_{pn}\left(\frac{h}{2} - d_{pn}\right) = 0 \quad (14.6b)$$

여기서, e_n : 편심거리(기둥 단면의 소성중심에서 축력까지 떨어진 거리), $P_n \cdot e_n$: 축력에 의한 모멘트. $P_n \cdot e_n$ 을 모멘트 M_n 으로 표기하여 정리하고, 강재에 의해 발생하는 모멘트를 합하여 표기하면 식(14.7a, b)를 유도할 수 있다.

(포물선 - 직선형 등가응력분포의 경우)

$$M_n = P_n \cdot e = \alpha(0.85 f_{ck}) bc\left(\frac{h}{2} - \beta c\right) + \sum_{i=1}^{n} N_{si}\left(\frac{h}{2} - d_{si}\right) + \sum_{i=1}^{n} N_{\pi}\left(\frac{h}{2} - d_{\pi}\right) \quad (14.7a)$$

(등가 직사각형 압축응력블록의 경우)

$$M_n = P_n \cdot e = \eta(0.85 f_{ck}) ab\left(\frac{h}{2} - \frac{a}{2}\right) + \sum_{i=1}^{n} N_{si}\left(\frac{h}{2} - d_{si}\right) + \sum_{i=1}^{n} N_{\pi}\left(\frac{h}{2} - d_{\pi}\right) \quad (14.7b)$$

변형의 적합조건

기둥 해석에서 변형의 적합조건은 평면유지의 가정에 근거한다. 평면유지의 가정에 의하여 변형률은 중립축에서 멀어지면 선형적으로 증가한다. 그러므로 [그림 14.3(b)]에서 각각의 위치에 배근된 철근의 변형률을 계산할 수 있다.

$$c : \epsilon_{cu} = d_{si} : (\epsilon_c - \epsilon_{si})$$

$$\epsilon_{si} = \left(\frac{c - d_{si}}{c}\right)\epsilon_{cu} \quad (14.8)$$

PS강재의 경우에는 6.4.2항에서 설명한 유효긴장력에 의한 변형률(ϵ_{ps1}), 영점감압(decompres-sion)에 의한 변형률(ϵ_{ps2}), 추가하중에 의한 변형률(ϵ_{ps3})의 합에 의하여 계산된다. [그림 14.4]는 프리스트레스트 콘크리트 부재의 콘크리트 단면에 발생하는 변형률의 분포를 나타낸다. 긴장되지 않은 철근의 경우에는 평면유지의 법칙에 의하여 변형률을 [그림 14.4]의 추가하중에 의한 변형률(ϵ_{ps3})에 의하여 계산할 수 있지만 긴장된 PS강재는 초기응력에 의하여 발생한 변형률 때문에 세 가지 변형률(ϵ_{ps1}, ϵ_{ps2}, ϵ_{ps3})을 더한 값을 사용해야 한다. 다만, 추가하중에 의한 변형률(ϵ_{ps3})이 [그림 14.4(a)]와 같이 인장변형률인 경우에는 세 가지 변형률(ϵ_{ps1}, ϵ_{ps2}, ϵ_{ps3})을 전부 합하여 계산하지만, ϵ_{ps3}이 [그림 14.4(b)]와 같이 압축변형률인 경우에는 ϵ_{ps1}과 ϵ_{ps2}를 더한 값에서 ϵ_{ps3}을 뺀 값을 사용해야 한다. 긴장재의 경우에도 기둥에서는 압축을 (+)로 하고 인장을 (−)로 한다.

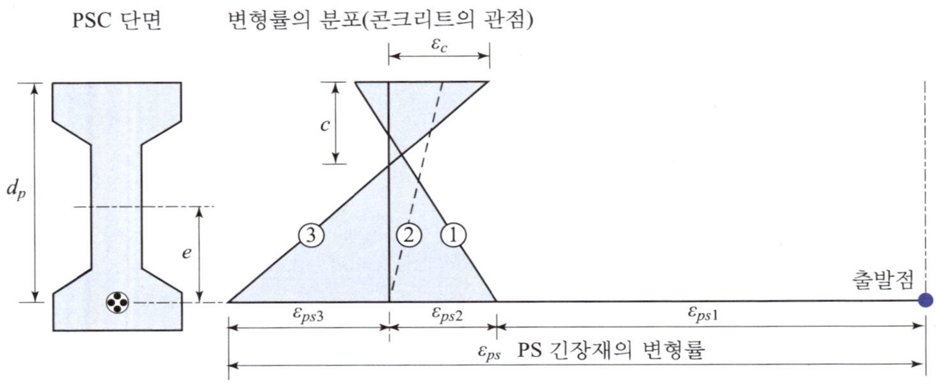

(a) 추가하중에 의한 PS강재 변형률이 인장변형률인 경우

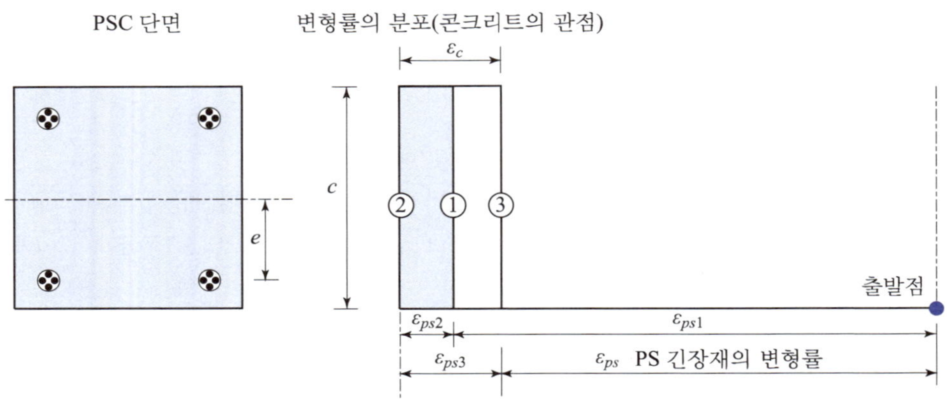

(b) 추가하중에 의한 PS강재 변형률이 압축변형률인 경우

그림 14.4 콘크리트와 긴장재의 변형률 분포

$$\epsilon_{ps} = -\epsilon_{ps1} - \epsilon_{ps2} - \epsilon_{ps3} \quad (\epsilon_{ps3}\text{이 인장변형률인 경우}) \tag{14.9a}$$

$$\epsilon_{ps} = -\epsilon_{ps1} - \epsilon_{ps2} + \epsilon_{ps3} \quad (\epsilon_{ps3}\text{이 압축변형률인 경우}) \tag{14.9b}$$

여기서,

$$\epsilon_{ps1}(=\epsilon_{pe}) = \frac{f_{pe}}{E_{ps}} = \frac{P_e}{E_{ps}A_{ps}} \quad (\text{식(6.56)과 동일}) \tag{14.10a}$$

$$\epsilon_{ps2} = \frac{P_e}{E_c A_c} + \frac{P_e \times e}{E_c I_c} e \quad (\text{식(6.57)과 동일}) \tag{14.10b}$$

$$c : \epsilon_{cu} = d_{pi} : (\epsilon_c - \epsilon_{ps3i})$$

$$\epsilon_{ps3i} = \left(\frac{c - d_{pi}}{c}\right)\epsilon_{cu} \tag{14.10c}$$

식(14.8)과 식(14.10)에서 압축변형률의 값은 양수(+)이며, 인장변형률의 값은 음수(−)이다. 설계기준에서는 압축연단 변형률(ϵ_{cu})이 0.0033($f_{ck} \leqq 40$ MPa인 경우)에 이르렀을 때 기둥이 최대 모멘트에 도달하여 파괴된다고 규정하고 있다. 따라서 식(14.8)과 식(14.10c)에 ϵ_{cu}를 대입하여 중립축의 깊이(c)를 식(14.11)에서 계산한다. [표 6.10]에서 $f_{ck} \leqq 40$ MPa인 경우 ϵ_{cu}는 0.0033이다.

$$c = \left(\frac{\epsilon_{cu}}{\epsilon_{cu} - \epsilon_{si}}\right) d_{si} \tag{14.11}$$

$$\text{또는} \quad c = \left(\frac{\epsilon_{cu}}{\epsilon_{cu} - \epsilon_{ps3i}}\right) d_{pi}$$

재료의 구성법칙(constitutive laws)

힘의 평형과 변형의 적합조건을 연결할 수 있는 재료의 구성법칙(재료의 응력 - 변형률 관계)에 대해서는 3장에서 언급하였다. 콘크리트는 등가응력분포를 이용하여 $0.85f_{ck}$와 압축연단의 변형률 ϵ_{cu}(=0.0033, $f_{ck} \leqq 40$ MPa인 경우)을 사용한다. PS강재와 철근의 응력 - 변형률 관계는 재료의 응력 - 변형률 곡선을 사용한다. 철근은 식(14.12)와 같이 항복변형률(ϵ_y)을 이용하여 탄성과 소성상태를 구분하며, 식(14.12b)에서 계산한 철근의 변형률(ϵ_{si})을 사용하여 응력(f_{si})을 계산한다.

$$\epsilon_{si} < \epsilon_y \text{일 때} \quad f_{si} = E_s \epsilon_{si} \tag{14.12a}$$

$$\epsilon_{si} \geqq \epsilon_y \text{일 때} \quad f_{si} = f_y \tag{14.12b}$$

여기서, 압축응력의 값은 양수(+)이며, 인장응력의 값은 음수(−)이다.

고강도인 PS강재의 경우에는 항복점이 뚜렷하지 않기 때문에 탄성한계를 지난 이후에는 항복단이 뚜렷하지 않고 비선형을 이룬다. 실험결과에 의하면 인장강도가 1,860 MPa인 긴장재의 응력 - 변형률 곡선 관계를 다음 식과 같이 계산할 수 있다(식(3.10a)와 동일).

$$f_{ps} = E_{ps}\epsilon_{ps}\left\{0.03 + \frac{0.97}{[1+(121\ \epsilon_{ps})^6]^{1/6}}\right\} \leq 1{,}860\ \mathrm{MPa} \qquad (14.13)$$

재료메커니즘을 정리하면 [표 14.1]은 등가 직사각형 압축응력블록을 사용하였 때의 경우이며, 포물선 - 직선형 등가응력분포의 경우도 동일하게 6개의 식과 6개의 미지수를 구할 수 있다. 표에서 미지수와 식이 동일하므로 구하고자 하는 휨내력과 축력을 계산할 수 있다.

표 14.1 프리스트레스트 콘크리트 기둥의 휨설계를 위한 재료메커니즘

힘의 평형	변형의 적합	재료의 응력 - 변형률	기 타
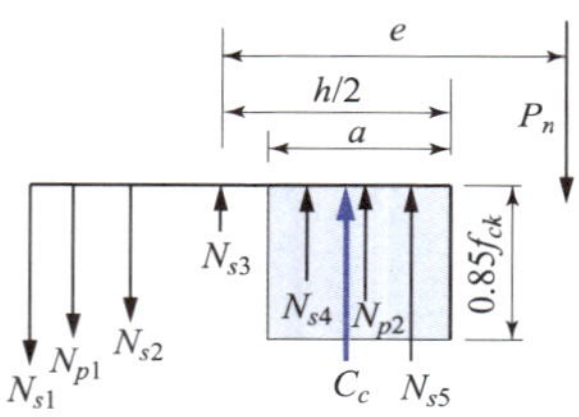	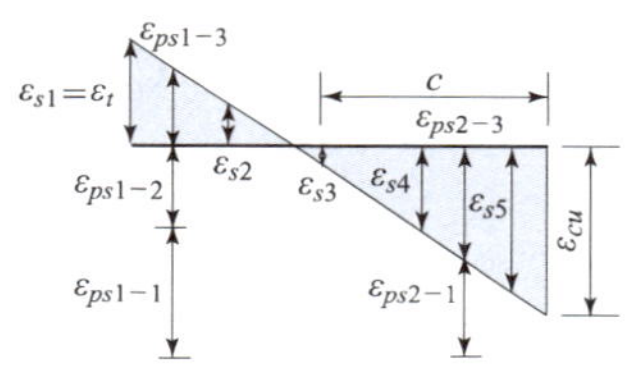	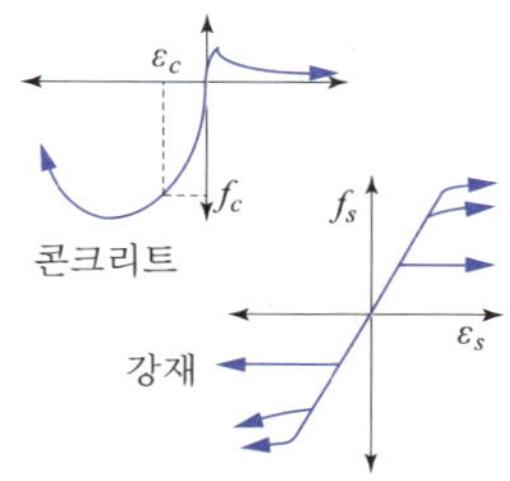	$jd = d - \frac{a}{2}$ $\epsilon_c = \epsilon_{cu}$ 식 (6), 미지수 (6)
$C + T_s + T_p = P_n$ $M_n = \eta(0.85 f_{ck}) ab\left(\frac{h}{2} - \frac{a}{2}\right)$ $+ \sum_{i=1}^{n} N_{si}\left(\frac{h}{2} - d_{si}\right)$ $+ \sum_{i=1}^{n} N_{pi}\left(\frac{h}{2} - d_{pi}\right)$	$\epsilon_{si} = \left(\frac{c - d_i}{c}\right)\epsilon_{cu}$ $\epsilon_{ps3i} = \left(\frac{c - d_{pi}}{c}\right)\epsilon_{cu}$	• PS강재 $f_{ps} = E_{ps}\epsilon_{ps}\left\{A + \frac{1-A}{[1+(B\epsilon_{ps})^C]^{1/C}}\right\}$ • 철근 $\varepsilon_s < \varepsilon_y,\quad f_s = E_s \cdot \varepsilon_s$ $\varepsilon_s \geq \varepsilon_y,\quad f_s = f_y$	

14.3 압축력과 휨에 대한 설계

기둥은 축력, 휨모멘트 및 전단력이 작용하므로 각각의 외력에 의하여 발생하는 소요하중은 설계강도 이하가 되어야 한다.

$$\text{설계휨모멘트}(\phi M_n) \geq \text{소요휨모멘트}(M_u) \tag{14.14a}$$

$$\text{설계축력}(\phi P_n) \geq \text{소요축력}(P_u) \tag{14.14b}$$

$$\text{설계전단력}(\phi V_n) \geq \text{소요전단력}(V_u) \tag{14.14c}$$

전단력에 대한 설계는 8장에서 설명하였기 때문에 프리스트레스트 콘크리트 기둥의 전단 설계에 대한 내용은 8장을 참조하기 바라며, 14장에서는 축력과 휨에 대한 설계 방법만을 설명하고자 한다.

14.3.1 강도감소계수

기둥의 축력과 휨모멘트에 대한 강도감소계수(ϕ)는 [그림 14.5]와 같이(6장의 [그림 6.25]와 동일) 최외단 인장철근의 변형률(ϵ_t)을 이용하여 구분된 세 가지 단면에 따라서 달라진다. 보와 같이 축력이 작용하지 않고 휨모멘트만 작용하는 부재는 ϵ_t의 값이 최소변형률($\epsilon_{a,\min}$) 이상 되어야 하지만, 축력과 휨모멘트가 동시에 작용하는 기둥은 [그림 14.5]의 세 가지 구간 모두에서 설계가 가능하다.

① 압축지배단면($\epsilon_t \leq \epsilon_y$)

띠철근 기둥 $\phi = 0.65$

나선철근 기둥 $\phi = 0.70$

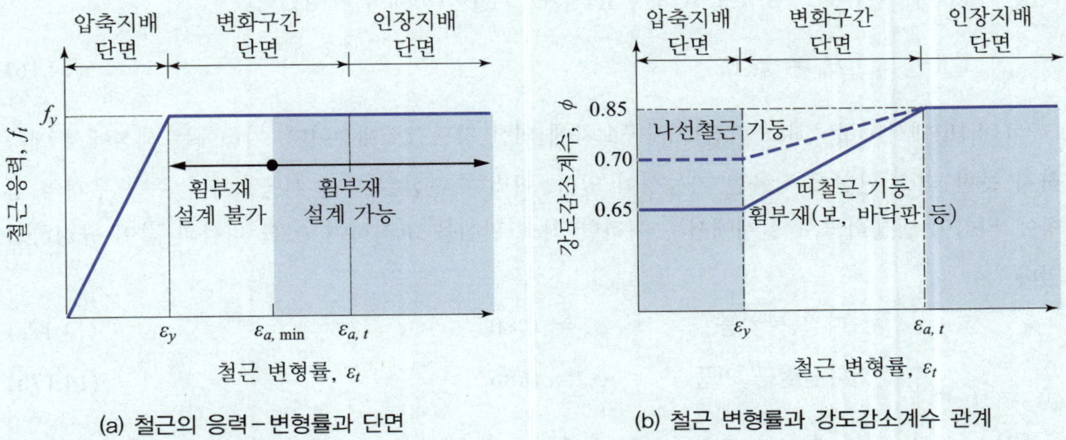

그림 14.5 강도감소계수([그림 6.25]와 동일)

② 변화구간단면($\epsilon_y < \epsilon_t \leq \epsilon_{a,t}$)

띠철근 기둥 $\phi = 0.65 + \dfrac{0.85-0.65}{0.005-\epsilon_y}(\epsilon_t - \epsilon_y)$

나선철근 기둥 $\phi = 0.70 + \dfrac{0.85-0.70}{0.005-\epsilon_y}(\epsilon_t - \epsilon_y)$

③ 인장지배단면($\epsilon_t > \epsilon_{a,t}$)

띠철근 기둥 $\phi = 0.85$

나선철근 기둥 $\phi = 0.85$

여기서, $\epsilon_{a,t}$는 설계기준항복강도가 400 MPa인 철근을 기준으로 하여 0.005와 $2.5\epsilon_y$ 중에서 큰 값을 사용해야 한다.

$$\epsilon_{a,t} = \max.(0.005,\ 2.5\epsilon_y)$$

14.3.2 축력에 대한 설계

축하중을 받는 기둥은 식(14.15)에서 설계축력이 소요축력 이상이 되도록 한다.

$$\phi P_n \geqq P_u \tag{14.15}$$

여기서, ϕ : 강도감소계수, P_n : 공칭축력, P_u : 소요축력이다.

압축력만이 작용하는 경우의 공칭축력(P_n)은 식(14.16)에서 계산한다.

$$P_n = \phi_o P_o \tag{14.16}$$

식(14.16)에서 ϕ_o는 최소 편심과 시공오차에 의한 강도감소계수이다. 기둥에는 해석에서 예측하지 못한 최소 편심이 작용할 가능성이 있다. 이러한 편심은 특히 시공오차나 주변 부재의 영향에 의하여 발생하므로 설계에서는 이러한 최소 편심을 고려하여 ϕ_o를 다음과 같이 규정하고 있다.

띠철근 기둥 $\phi_o = 0.80$ (14.17a)

나선철근 기둥 $\phi_o = 0.85$ (14.17b)

식(14.16)의 P_o는 순수한 축하중으로 식(14.18)에 의하여 계산한다.

$$P_o = 0.85 f_{ck}(A_g - A_{st} - A_{pst}) + f_y A_{st} + f_{ps} A_{pst} \tag{14.18}$$

여기서, f_{ck} : 콘크리트의 압축강도, f_y : 철근의 항복강도, f_{ps} : PS강재의 응력, A_g : 기둥의 단면적, A_{st} : 철근의 전체 단면적, A_{pst} : PS강재의 전체 단면적이다. 식(14.18)에서 콘크리트의 압축강도(f_{ck})에 0.85를 곱하는 이유는 콘크리트에 장기하중이 작용할 경우에 콘크리트 압축강도가 감소하기 때문이다.

14.3.3 휨모멘트와 축력이 동시에 작용하는 경우에 대한 설계

휨모멘트를 받는 기둥은 식(14.19)에서 설계모멘트가 소요모멘트 이상이 되도록 한다.

$$\phi M_n \geqq M_u \tag{14.19}$$

여기서, ϕ : 강도감소계수, M_n : 공칭축력, M_u : 소요모멘트이다.

휨모멘트만 작용하는 보는 인장지배단면으로 설계해야 하지만, 축력과 휨모멘트가 동시에 작용하는 기둥은 압축지배단면, 변화구간단면 및 인장지배단면에 대한 설계가 가능하다. 여기서 인장지배단면이란 주인장철근을 균형파괴시의 철근보다 적게 배근하여 철근이 항복한 이후에 압축연단 콘크리트의 변형률이 극한 변형률에 도달하여 연성적으로 파괴하는 단면을 의미한다. 기둥에는 여러 열에 축방향철근이 배근되며, 재료메커니즘을 이용하여 휨모멘트를 계산할 수 있다.

휨모멘트와 축력을 받는 기둥의 설계 순서는 다음과 같다.

① 최외단 인장철근(또는 PS강재)의 변형률($\epsilon_t = \epsilon_{s1}$)을 가정한다.

② 중립축까지의 거리(c)를 식(14.11)에 의하여 계산한다.

$$c = \left(\frac{\epsilon_{cu}}{\epsilon_{cu} - \epsilon_{si}}\right) d_{si} \quad \text{또는} \quad c = \left(\frac{\epsilon_{cu}}{\epsilon_{cu} - \epsilon_{ps3i}}\right) d_{pi}$$

③ 중립축까지의 거리(c)를 이용하여 등가응력블록의 깊이(a)를 계산한다.

$$a = \beta_1 c \text{ (등가 직사각형 압축응력블록의 경우)}$$

등가응력블록의 깊이(a)가 부재의 깊이(h)보다 큰 경우에는 $a = h$로 한다.

④ 각 열에 배근된 철근의 변형률(ϵ_{si})과 PS강재의 변형률을 식(14.8)과 식(14.10c)에 의하여 계산한다.

$$\epsilon_{si} = \left(\frac{c - d_{si}}{c}\right)\epsilon_{cu} \qquad \epsilon_{ps3i} = \left(\frac{c - d_{pi}}{c}\right)\epsilon_{cu}$$

여기서, 압축변형률의 값은 양수(+)이고, 인장변형률의 값은 음수(−)이다.

⑤ 재료의 구성법칙에 의하여 각 열에 배근된 철근의 응력(f_{si})과 PS강재의 응력을 식(14.12)

과 식(14.13)에 의하여 계산한다. PS긴장재의 경우에 ϵ_{ps3}가 압축변형률이지만 전체 변형률은 인장변형률이 될 수 있다. 이 경우에 PS긴장재는 인장응력을 받는다.

$$\epsilon_{si} < \epsilon_y \text{일 때} \qquad f_{si} = E_s \epsilon_{si}$$

$$\epsilon_{si} \geq \epsilon_y \text{일 때} \qquad f_{si} = f_y$$

$$f_{ps} = E_{ps}\epsilon_{ps}\left\{0.03 + \frac{0.97}{[\,1+(121\,\epsilon_{ps})^6\,]^{1/6}}\right\} \leq 1{,}860\text{ MPa}$$

여기서, 압축응력의 값은 양수(+)이고, 인장응력의 값은 음수(−)이다.

⑥ 각 열에 배근된 철근의 내력(N_{si})과 PS강재의 내력(N_{pi})을 압축 내력과 인장 내력으로 구분하여 식(14.4)에 의하여 계산한다. 여기서 압축철근은 중립축의 깊이(c) 이내에 포함된 철근과 PS강재이다.

$$\text{인장철근} \qquad N_{si} = f_{si}A_{si}$$

$$\text{압축철근} \qquad N_{si} = (f_{si} - 0.85 f_{ck})A_{si}$$

$$\text{인장PS강재} \qquad N_{pi} = f_{psi}A_{psi}$$

$$\text{압축PS강재} \qquad N_{pi} = (f_{psi} - 0.85 f_{ck})A_{psi}$$

⑦ 부재축방향의 힘의 평형을 이용하여 ①에서 가정한 ϵ_{s1}에 의하여 계산한 내력의 평형식이 만족하는지를 식(14.3)에 의하여 검토한다. 옳은 경우에는 ⑧에서 모멘트를 계산하고, 옳지 않으면 ①로 돌아가 새로운 ϵ_{s1}를 가정한다.

$$\alpha(0.85 f_{ck})bc + \sum_{i=1}^{n} N_{si} + \sum_{i=1}^{n} N_{pi} = P_n \quad \text{(포물선 - 직선형 등가응력분포의 경우)}$$

$$\eta(0.85 f_{ck})ab + \sum_{i=1}^{n} N_{si} + \sum_{i=1}^{n} N_{pi} = P_n \quad \text{(등가 직사각형 압축응력블록의 경우)}$$

⑧ 휨모멘트를 단면의 중심을 기준으로 식(14.7)에 의하여 계산한다.

(포물선 - 직선형)

$$M_n = P_n \cdot e = \alpha(0.85 f_{ck})bc\left(\frac{h}{2} - \beta c\right) + \sum_{i=1}^{n} N_{si}\left(\frac{h}{2} - d_{si}\right) + \sum_{i=1}^{n} N_{pi}\left(\frac{h}{2} - d_{pi}\right)$$

(등가 직사각형)

$$M_n = P_n \cdot e = \eta(0.85 f_{ck})ab\left(\frac{h}{2} - \frac{a}{2}\right) + \sum_{i=1}^{n} N_{si}\left(\frac{h}{2} - d_{si}\right) + \sum_{i=1}^{n} N_{pi}\left(\frac{h}{2} - d_{pi}\right)$$

⑨ 강도감소계수 ϕ를 [그림 14.5]에 의하여 계산하고 설계축력과 설계휨모멘트를 계산한다.

14.3.4 휨과 축하중을 받는 기둥의 상관곡선

휨과 축력이 작용하는 기둥의 내력을 14.3.3항의 계산 순서에 의하여 계산한 후, 휨내력과 축하중 내력의 상호 관계를 정리하면 [그림 14.6]이 된다. [그림 14.6]의 휨내력과 축하중 내력의 상호 관계를 "휨과 축력의 상관곡선"이라 한다. 상관곡선의 특징을 [그림 14.6]에 표시한 5개의 점(A, B, C, D, E)을 이용하여 설명하면 다음과 같다.

① **A점**(순수 압축하중 작용점) : 휨모멘트가 영(0)이 되는 곳으로 축압축력만 작용하는 점.

② **A~B구간**(압축파괴 구간) : 기둥에 배근된 철근의 인장강도가 콘크리트의 압축강도보다 상대적으로 강하여 최외단 인장철근(또는 PS강재)의 변형률(ϵ_t)이 항복변형률(ϵ_y)에 도달하기 이전에 압축연단의 콘크리트 변형률(ϵ_c)이 극한변형률(ϵ_{cu})에 도달하여 압축파괴하는 구간. 인장파괴하는 부재보다 취성적인 파괴를 일으킨다. 압축파괴 구간에서 압축연단의 변형률은 ϵ_{cu}와 ϵ_{co}의 사이 값이다. 즉, A점에서는 ϵ_{co}이지만 E점에서는 ϵ_{cu} 값이 된다. 그러나 이렇게 변화하는 값을 반영하여 설계하기는 복잡하고 설계하중을 식(14.17a, b)의 ϕ_o를 사용하여 감소시키므로 실무에서는 A~B구간의 압축연단의 변형률을 ϵ_{cu}로 가정하여 설계한다.

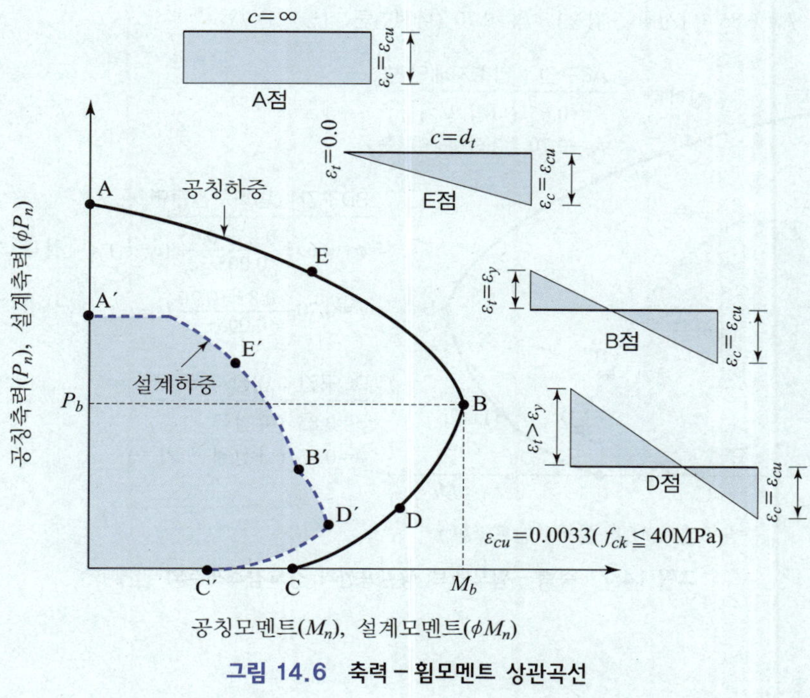

그림 14.6 축력－휨모멘트 상관곡선

③ B점(균형파괴점) : 최외단 인장철근(또는 PS강재)의 변형률(ϵ_t)이 항복변형률(ϵ_y)에 도달하는 것과 동시에 압축연단의 콘크리트 변형률(ϵ_c)이 극한변형률(ϵ_{cu})에 도달하는 점.

④ B~C구간(인장파괴 구간) : 기둥에 배근된 철근(또는 PS강재)의 인장강도가 콘크리트의 압축강도보다 상대적으로 약하여 최외단 인장철근(또는 PS강재)의 변형률(ϵ_t)이 항복변형률(ϵ_y)에 도달한 이후에 압축연단의 콘크리트 변형률(ϵ_c)이 극한변형률(ϵ_{cu})에 도달하여 파괴되는 구간. 압축파괴하는 단면과 비교할 경우에 연성적인 파괴를 일으킴. 그러나 인장파괴구간에서도 축력이 증가할수록 부재의 연성능력이 감소한다.

⑤ C점(순수 휨모멘트 작용점) : 압축력이 영(0)이 되는 곳으로 휨모멘트만 작용하는 점. 즉, 축력없이 휨모멘트만 작용하는 보가 여기에 해당된다.

14.3.1항에서 설명한 강도감소계수(ϕ)를 고려하여 설계휨내력과 설계축하중의 상관곡선을 표시하면 [그림 14.7]의 점선과 같다.

기둥에는 세 가지 단면에 대한 강도감소계수(ϕ)와 함께 14.3.2항에서 설명한 최소 편심과 시공오차에 의한 강도감소계수(ϕ_o)가 존재하므로 ϕ와 ϕ_o를 모두 고려하여 "축력 - 휨모멘트 상관곡선"을 표시하면 [그림 14.7]이 된다.

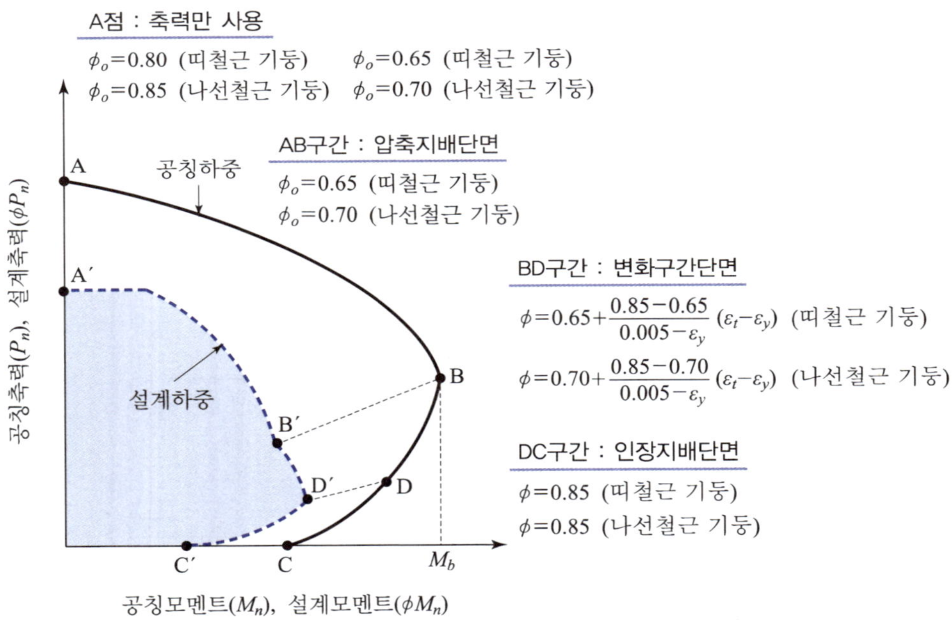

그림 14.7 축력 – 휨모멘트 상관곡선과 강도감소계수의 관계

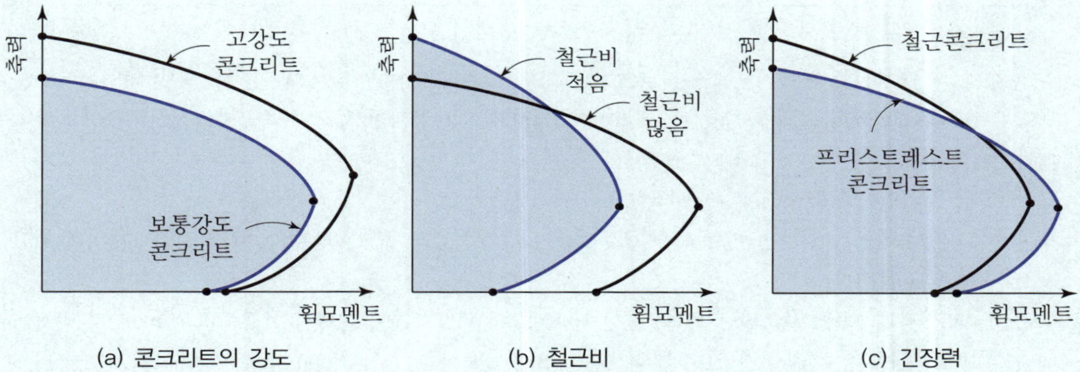

그림 14.8 변수에 의한 축력 – 휨모멘트 상관곡선의 변화

① **A점과 주변** : 축력만이 작용하는 A점에는 최소 편심과 시공오차 등을 고려한 강도감소계수(ϕ_o, 식(14.16))와 [그림 14.5]에서 설명한 강도감소계수(ϕ)가 동시에 사용된다.

② **AB구간** : 압축지배단면 구간이므로 띠철근 기둥과 나선철근 기둥에 각각 0.65와 0.7의 강도감소계수가 사용된다. 여기서 압축지배단면이란 최외단 인장철근(또는 PS강재)의 변형률(ϵ_t)이 항복변형률(ϵ_y)에 도달하지 않는 단면이다.

③ **BD구간** : 변화구간단면 구간(ϵ_t 가 $\epsilon_{a,t}$에 도달하기까지의 구간)이므로 변화구간단면의 강도감소계수가 사용된다.

④ **DC구간** : 인장지배단면 구간(ϵ_t 가 $\epsilon_{a,t}$보다 큰 구간)이므로 0.85의 강도감소계수가 사용된다.

기둥의 역학적 거동에 영향을 미치는 주요 변수인 콘크리트의 압축강도(f_{ck}), 철근비(ρ), 긴장력이 축력 - 휨모멘트 상관곡선에 유발하는 영향을 살펴보면 [그림 14.8]과 같다. [그림 14.8(a)]는 다른 조건은 일정하지만 콘크리트의 강도가 고강도 또는 보통강도인 두 기둥의 축력 - 휨모멘트 상관곡선을 비교한 것이다. 그림에서 콘크리트의 강도가 증가하면 축력과 휨모멘트가 동시에 증가함을 알 수 있다. [그림 14.8(b)]는 철근비를 변수로 하는 두 기둥의 축력 - 휨모멘트 상관곡선을 비교한 것이다. 그림에서 철근비가 증가하면 축력보다는 휨모멘트가 크게 증가함을 알 수 있다. [그림 14.8(c)]는 긴장력의 유무를 변수로 하는 두 기둥의 축력 - 휨모멘트 상관곡선을 비교한 것이다. 그림에서 긴장력이 작용하면 축력은 다소 감소하지만 휨모멘트가 증가함을 알 수 있다. 설계자는 재료가 기둥의 축력 - 휨모멘트 상관곡선에 유발하는 영향을 파악하고 이를 이용하여 합리적인 방법으로 설계해야 한다.

예제 14.1

[예제 그림 14.1.1]의 프리스트레스트 콘크리트 기둥의 축력 - 휨모멘트 상관곡선을 작성하라. 기둥의 크기 = 600 × 600 mm, 기둥의 높이 = 3.5 m이다. 긴장재는 부착되어 있으며 즉시응력손실은 10%, 장기응력손실은 15%이다.

콘크리트 28일 압축강도 $f_{ck} = 35$ MPa이다.

비긴장재(압축철근과 인장철근)는 모두 D22철근이고, 항복강도 $f_y = 400$ MPa, D22 철근 1개의 단면적은 387.1 mm^{2}이다.

- 긴장재(PS강재, 응력이완 긴장재) : 7연선 10.8 mm(SWPC 7AN, 단면적 $A_{ps} = 69.68$ mm^2)가 각각 3가닥씩 사용되었으며, 인장강도 $f_{pu} = 1{,}860$ MPa, 항복강도 $f_{py} = 1{,}600$ MPa, 긴장 시의 긴장응력 $f_{pj} = 0.90 f_{py}$이다.

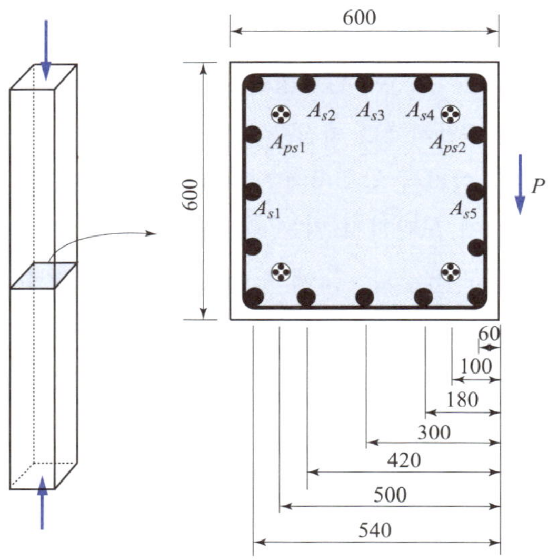

예제 그림 14.1.1 기둥 단면 (단위 : mm)

풀이

이 예제에서는 중립축이 단면 안에 있는 경우를 중심으로 기둥의 내력을 계산하여 축력 - 휨모멘트 상관곡선을 작성하였다.

축력 - 휨모멘트 상관곡선을 작성하기 위한 준비 단계로 각 열에서의 철근 단면적을 계산한다.

$$A_{s1} = A_{s5} = 5 \times 387.1 = 1{,}935.5 \text{ mm}^2$$

$$A_{s2} = A_{s3} = A_{s4} = 2 \times 387.1 = 774.2 \text{ mm}^2$$

$$A_{ps1} = A_{ps2} = 2 \times 3 \times 69.68 = 418.1 \text{ mm}^2$$

긴장재의 즉시응력손실은 10%이고, 장기응력손실은 15%이다. 따라서 긴장재의 초기응력(f_{pi})과 유효응력(f_{pe})을 계산한 후에 7연선 10.8 mm(SWPC 7AN, 단면적 $A_{ps}=69.68\text{ mm}^2$) PS긴장재가 저항하는 유효긴장력(P_e)을 계산한다.

$$f_{pi} = 0.9f_{pj} = 0.9\times 0.9f_{py} = 0.9\times 0.9\times 1{,}600 = 1{,}296\text{ MPa}$$

$$f_{pe} = 0.85f_{pi} = 0.85\times 1{,}296 = 1{,}101.6\text{ MPa}$$

콘크리트의 탄성계수를 식(3.3b)에 의하여 계산한다. 또한, 콘크리트의 단면적(A_c)을 계산한다.

$$E_c = 8{,}500\sqrt[3]{f_{ck}+4} = 8{,}500\sqrt[3]{35+4} = 28{,}825\text{ MPa}$$

$$A_c = A_g - A_{st} = A_{pst} = 600\times 600 - 16\times 387.1 - 12\times 69.68 = 352{,}970\text{ mm}$$

[A점 – 축력만이 작용하는 경우]

① 최외단 인장철근의 변형률($\epsilon_t = \epsilon_{s1}$)을 계산한다.

순수 축하중이 작용하므로 단면의 변형률 분포도 순수 축방향 변형률이다([예제 그림 14.1.2] 참조). 따라서 모든 철근과 PS강재의 변형률은 항복변형률로 가정한다($\epsilon_t = \epsilon_{s1} = \epsilon_{ps3-1} = \epsilon_{cu} = 0.0033$ (콘크리트의 압축강도가 35 MPa이므로 [표 6.10]에서 $\epsilon_{cu} = 0.0033$)).

② 중립축까지의 거리(c)를 식(14.10)에 의하여 계산한다.

순수 축하중이 작용하므로 중립축까지의 거리(c)는 무한대가 된다.

③ 각 열에 배근된 철근의 변형률(ϵ_{si})과 PS강재의 변형률(ϵ_{psi})을 계산한다.

순수 축하중이 작용하므로 단면의 변형률 분포는 [예제 그림 14.1.2]와 같다. 따라서 모든 철근의 변형률은 항복변형률 이상이 된다. PS강재의 변형률(ϵ_{psi})을 식(14.9b)와 식(14.10)에 의하여 계산하면 다음과 같다. 식(d)에서 PS강재의 변형률을 계산할 때 식(c)에서 계산한 ϵ_{ps3}을 양수(+)로 한 이유는 [그림 14.5(b)]에서 추가하중에 의한 변형률(ϵ_{ps3})이 압축변형률이기 때문이다.

$$\epsilon_{ps1}(=\epsilon_{pe}) = \frac{f_{pe}}{E_{ps}} = \frac{1{,}101.6}{200{,}000} = 0.005508 \tag{a}$$

$$\epsilon_{ps2} = \frac{P_e}{E_c A_c} + \frac{P_e\times e}{E_c I_c}e = \frac{12\times 76.8\times 1{,}000}{28{,}825\times 352{,}970} + \frac{12\times 76.8\times 1{,}000\times 0}{E_c I_c}\times 0 = 0.000091 \tag{b}$$

$$\epsilon_{ps3-1} = \epsilon_{ps3-2} = \left(\frac{c-d_{pi}}{c}\right)\epsilon_c = \left(\frac{\infty - d_{pi}}{\infty}\right)0.003 = 0.003 \tag{c}$$

$$\epsilon_{ps} = \epsilon_{ps1} + \epsilon_{ps2} + \epsilon_{ps3} = -0.005508 - 0.000091 + 0.003 = -0.0026 \tag{d}$$

④ 재료의 구성법칙에 의하여 각 열에 배근된 철근의 응력(f_{si})과 PS강재의 응력(f_{psi})을 식(14.12)와 식(14.13)에 의하여 계산한다.

철근의 변형률이 항복변형률에 도달하므로 철근은 항복강도(f_y)를 사용한다. PS강재의 경우에는 식(d)에서 계산한 변형률을 식(14.13)에 대입하여 PS강재의 응력(f_{psi})을 계산한다.

$$f_{ps} = E_{ps}\epsilon_{ps}\left\{0.03 + \frac{0.97}{[1+(121\epsilon_{ps})^6]^{1/6}}\right\} \le 1{,}860\text{ MPa}$$

$$= 200{,}000 \times 0.0026 \left\{ 0.03 + \frac{0.97}{[1+(121 \times 0.0026)^6]^{1/6}} \right\} = 519.9 \text{ MPa}$$

⑤ 부재축방향의 힘의 평형을 이용하여 식(14.3)에 의하여 축하중(P_o)를 계산한다. 여기서 PS긴장재의 경우는 ϵ_{ps3}이 압축변형률이지만, 전체 변형률은 인장변형률이므로 인장력을 계산해야 한다.

$$\begin{aligned} P_o &= 0.85 f_{ck} A_c + \sum_{i=1}^{n} N_{si} + \sum_{i=1}^{n} N_{pi} \\ &= 0.85 \times 35 \times 352{,}970 + (16 \times 387.1) \times 400 - (12 \times 69.68) \times 519.9 \\ &= 12{,}543.6 \text{ kN} \end{aligned}$$

⑥ 강도감소계수(ϕ_o와 ϕ)를 곱하여 설계축력을 계산한다.

띠철근 기둥　$\phi_o = 0.80,\ \phi = 0.65$

$$\phi P_n = \phi \times \phi_o P_n = 0.65 \times 0.80 \times 12{,}543.6 = 6{,}522.7 \text{ kN}$$

[E점 – 압축파괴하는 경우, $\epsilon_t = \epsilon_{s1} = 0$의 경우]

① 최외단 인장철근의 변형률($\epsilon_t = \epsilon_{s1}$)을 가정한다.

주어진 조건에서 최외단 인장철근의 변형률($\epsilon_t = \epsilon_{s1}$)은 $\epsilon_t = \epsilon_{s1} = 0$이다.

② 중립축까지의 거리(c)를 식(14.10)에 의하여 계산한다.

$$c = \left(\frac{0.0033}{0.0033 - \epsilon_{s1}} \right) d_1 = \left(\frac{0.0033}{0.0033 - 0} \right) 540 = 540.0 \text{ mm}$$

③ 철근의 변형률(ϵ_{si})과 PS강재의 변형률(ϵ_{psi})을 계산한다([예제 표 14.1.1] 참조).

$$\epsilon_{si} = \left(\frac{c - d_{si}}{c} \right) \epsilon_{cu}, \qquad \epsilon_{ps3i} = \left(\frac{c - d_{pi}}{c} \right) \epsilon_{cu}$$

PS강재의 변형률(ϵ_{psi})은 식(14.10c)에서 계산한 추가하중에 의한 변형률(ϵ_{ps3i})을 식(a)와 식(b)의 ϵ_{ps1}과 ϵ_{ps2}에 합하여 계산한다.

④ 각 열에 배근된 철근의 응력(f_{si})과 PS강재의 응력(f_{psi})을 계산한다([예제 표 14.1.1] 참조).

$\epsilon_{si} < \epsilon_y$일 때　$f_{si} = E_s \epsilon_{si}$

$\epsilon_{si} \geq \epsilon_y$일 때　$f_{si} = f_y$

$$f_{ps} = E_{ps} \epsilon_{ps} \left\{ 0.03 + \frac{0.97}{[1+(121\epsilon_{ps})^6]^{1/6}} \right\} \leq 1{,}860 \text{ MPa}$$

⑤ 각 열에 배근된 철근의 내력(N_{si})과 PS강재의 내력(N_{pi})을 압축 내력과 인장 내력으로 구분하여 식(14.4)에 의하여 계산한다. 여기서 압축철근은 중립축의 깊이(c) 이내에 포함된 철근과 PS강재이다([예제 표 14.1.1] 참조). PS긴장재의 경우는 ϵ_{ps3}이 압축변형률이지만, 전체 변형률은 인장변형률이므로 인장력을 계산해야 한다.

예제 표 14.1.1 강재의 변형률, 응력과 내력 (E점)

강재배열	위치 d_{si}, d_{pi} (mm)	변형률 ϵ_{si}, ϵ_{ps3i}	PS강재 변형률 ϵ_{psi}	응력 f_{si}, f_{psi} (MPa)	단면적 A_{si}, A_{psi} (mm^2)	내력 N_{si}, N_{pi} (kN)	비 고
철근 1열	540	0.0		0.0	1,935.5	−57.6	-
철근 2열	420	0.00073		147.0	774.2	90.0	-
철근 3열	300	0.00147		294.0	774.2	204.6	-
철근 4열	180	0.0022		400.0	774.2	286.6	철근항복
철근 5열	60	0.00293		400.0	1,935.5	716.6	철근항복
PS강재 1열	500	0.00024	−0.00536	−1,059.6	418.1	−430.6	
PS강재 2열	100	0.00269	−0.00291	−581.8	418.1	−230.8	

인장철근 $N_{si} = f_{si}A_{si}$

압축철근 $N_{si} = (f_{si} - 0.85f_{ck})A_{si}$

인장PS강재 $N_{pi} = f_{psi}A_{psi}$

압축PS강재 $N_{pi} = (f_{psi} - 0.85f_{ck})A_{psi}$

[예제 표 14.1.1]에서 1열 철근의 내력(N_{s1})이 음수(−)인 이유는 압축철근의 응력(f_{s1})에서 0.85 f_{ck}를 감소시켰기 때문이다.

⑥ 부재축방향의 힘의 평형을 이용하여 축하중(P_n)을 식(14.3)에 의하여 계산한다. 이때 α는 [표 6.11]에서 계산하며, 콘크리트 압축강도(f_{ck})가 40 MPa 이하일 때 "0.8"이다.

$$P_n = \alpha(0.85f_{ck})bc + \sum_{i=1}^{n} N_{si} + \sum_{i=1}^{n} N_{pi}$$

$$= 0.8 \times (0.85 \times 35) \times 600 \times 540 + \sum_{i=1}^{n} N_{si} + \sum_{i=1}^{n} N_{pi}$$

$$= 7{,}711.2 + 578.8 = 8{,}290.0 \text{ kN}$$

⑦ 휨모멘트를 단면의 중심을 기준으로 식(14.7)에 의하여 계산한다([예제 표 14.1.2] 참조). PS긴장재의 경우에는 인장응력을 받고 있으므로 중립축을 중심으로 인장측에 배근된 PS긴장재의 휨모멘트는 양(+)이지만, 압축측에 배근되어 있는 PS긴장재의 휨모멘트는 음(−)임에 주의해야 한다. 이때 β는 중립축이 단면 내부에 있으므로 [표 6.11]에서 계산하며 "0.4"이다.

$$M_n = P_n \cdot e = \alpha(0.85f_{ck})bc\left(\frac{h}{2} - \beta c\right) + \sum_{i=1}^{n} N_{si}\left(\frac{h}{2} - d_{si}\right) + \sum_{i=1}^{n} N_{pi}\left(\frac{h}{2} - d_{pi}\right)$$

$$= 897.0 \text{ kN} \cdot \text{m}$$

⑧ 강도감소계수(ϕ)를 [그림 14.5]에 의하여 계산하고 설계축력과 설계휨모멘트를 계산한다.

$$\phi P_n = 0.65 \times 8{,}290.0 = 5{,}388.5 \text{ kN}$$

$$\phi M_n = 0.65 \times 897.0 = 583.1 \text{ kN} \cdot \text{m}$$

예제 표 14.1.2 공칭휨모멘트 (E점)

재 료	내력, C_c 또는 N_{si}, N_{pi} (kN)	소성중심, $h/2$ (mm)	위치, βc 또는 d_{si}, d_{pi} (mm)	모멘트, M_n (kN·m)
콘크리트	8,193.2	300	0.4×540=216	647.7
철근 1열	−57.6	300	540	13.8
철근 2열	90.0	300	420	−10.8
철근 3열	204.6	300	300	0.0
철근 4열	286.6	300	180	34.4
철근 5열	716.6	300	60	172.0
PS강재 1열	−430.6	300	500	86.1
PS강재 2열	−230.8	300	100	−46.2
				$M_n=897.0$

[B점 − 균형파괴하는 경우, $\epsilon_t=\epsilon_{s1}=\epsilon_y$의 경우]

① 최외단 인장철근의 변형률($\epsilon_t=\epsilon_{s1}$)을 가정한다.

최외단 인장철근의 변형률($\epsilon_t=\epsilon_{s1}$)은 $\epsilon_t=\epsilon_{s1}=\epsilon_y=-f_y/E_s=-0.002$이다(인장변형률은 음수(−) 표기).

② 중립축까지의 거리(c)를 계산한다.

$$c=\left(\frac{0.0033}{0.0033-\epsilon_{s1}}\right)d_1=\left(\frac{0.0033}{0.0033-(-0.002)}\right)540=336.2\ \mathrm{mm}$$

③ 철근의 변형률(ϵ_{si})과 PS강재의 변형률(ϵ_{psi})을 계산한다([예제 표 14.1.3] 참조).

예제 표 14.1.3 강재의 변형률, 응력과 내력 (B점)

강재배열	위치 d_{si}, d_{pi} (mm)	변형률 ϵ_{si}, ϵ_{ps3i}	PS강재 변형률 ϵ_{psi}	응력 f_{si}, f_{psi} (MPa)	단면적 A_{si}, A_{psi} (mm^2)	내력 N_{si}, N_{pi} (kN)	비 고
철근 1열	540	−0.002		−400.0	1,935.5	−774.2	철근항복
철근 2열	420	−0.00082		−164.0	774.2	−127.0	-
철근 3열	300	0.00036		72.0	774.2	32.7	-
철근 4열	180	0.00153		306.0	774.2	213.9	-
철근 5열	60	0.00271		400.0	1,935.5	716.6	철근항복
PS강재 1열	500	−0.00161	−0.00721	1,359.4	418.1	−568.4	
PS강재 2열	100	0.00232	−0.00328	655.6	418.1	−261.7	

예제 표 14.1.4 공칭휨모멘트 (B점)

재 료	내력, C_c 또는 N_{si}, N_{pi} (kN)	소성중심, $h/2$ (mm)	위치, βc 또는 d_{si}, d_{pi} (mm)	모멘트, M_n (kN·m)
콘크리트	4,801.3	300	0.4×336.2=134.5	794.7
철근 1열	−774.2	300	540	185.8
철근 2열	−127.0	300	420	15.2
철근 3열	32.7	300	300	0.0
철근 4열	213.9	300	180	25.7
철근 5열	716.6	300	60	172.0
PS강재 1열	−568.4	300	500	113.7
PS강재 2열	−261.7	300	100	−52.3
				M_n=1,254.8

④ 부재축방향의 힘의 평형을 이용하여 축하중(P_n)을 식(14.3)에 의하여 계산한다.

$$P_n = \alpha(0.85 f_{ck})bc + \sum_{i=1}^{n} N_{si} + \sum_{i=1}^{n} N_{pi}$$

$$= 0.8 \times (0.85 \times 35) \times 600 \times 336.2 + \sum_{i=1}^{n} N_{si} + \sum_{i=1}^{n} N_{pi}$$

$$= 4{,}801.3 - 768.1 = 4{,}033.2\ \mathrm{kN}$$

⑤ 휨모멘트를 단면의 중심을 기준으로 식(14.7)에 의하여 계산한다([예제 표 14.1.4] 참조).

$$M_n = P_n \cdot e = \alpha(0.85 f_{ck})bc\left(\frac{h}{2} - \beta c\right) + \sum_{i=1}^{n} N_{si}\left(\frac{h}{2} - d_{si}\right) + \sum_{i=1}^{n} N_{pi}\left(\frac{h}{2} - d_{pi}\right)$$

$$= 1{,}254.8\ \mathrm{kN \cdot m}$$

⑥ 강도감소계수(ϕ)를 계산하고 설계축력과 설계휨모멘트를 계산한다.

$$\phi P_n = 0.65 \times 4{,}033.2 = 2{,}621.6\ \mathrm{kN}$$

$$\phi M_n = 0.65 \times 1{,}254.8 = 815.6\ \mathrm{kN \cdot m}$$

[F점 – 인장파괴하는 경우, $\epsilon_t = \epsilon_{s1} = 4\epsilon_y$의 경우]

① 최외단 인장철근의 변형률($\epsilon_t = \epsilon_{s1}$)을 가정한다.

최외단 인장철근의 변형률($\epsilon_t = \epsilon_{s1}$)은 $\epsilon_t = \epsilon_{s1} = 4\epsilon_y = -0.008$이다.

② 중립축까지의 거리(c)를 식(14.10)에 의하여 계산한다.

$$c = \left(\frac{0.0033}{0.0033 - \epsilon_{s1}}\right) d_1 = \left(\frac{0.0033}{0.0033 - (-0.008)}\right) 540 = 157.7\ \mathrm{mm}$$

③ 철근의 변형률(ϵ_{si})과 PS강재의 변형률(ϵ_{psi})을 계산한다([예제 표 14.1.5] 참조).

예제 표 14.1.5 철근의 변형률, 응력, 내력 (F점)

강재배열	위치 d_{si}, d_{pi} (mm)	변형률 ϵ_{si}, ϵ_{ps3i}	PS강재 변형률 ϵ_{psi}	응력 f_{si}, f_{psi} (MPa)	단면적 A_{si}, A_{psi} (mm^2)	내력 N_{si}, N_{pi} (kN)	비 고
철근 1열	540	−0.008		−400	1,935.5	−774.2	철근항복
철근 2열	420	−0.00499		−400	774.2	−309.7	철근항복
철근 3열	300	−0.00271		−400	774.2	−309.7	철근항복
철근 4열	180	−0.00042		−84	774.2	−65.0	-
철근 5열	60	0.00186		372	1,935.5	662.4	-
PS강재 1열	500	−0.00651	−0.01211	1,650.5	418.1	−690.1	
PS강재 2열	100	0.00110	−0.00450	896.3	418.1	−362.3	

④ 부재축방향의 힘의 평형을 이용하여 축하중(P_n)을 식(14.3)에 의하여 계산한다.

$$P_n = \alpha(0.85 f_{ck})bc + \sum_{i=1}^{n} N_{si} + \sum_{i=1}^{n} N_{pi}$$

$$= 0.8 \times (0.85 \times 35) \times 600 \times 157.7 + \sum_{i=1}^{n} N_{si} + \sum_{i=1}^{n} N_{pi}$$

$$= 2{,}234.8 - 1{,}848.6 = 386.2 \text{ kN}$$

⑤ 휨모멘트를 단면의 중심을 기준으로 식(14.7)에 의하여 계산한다([예제 표 14.1.6] 참조).

$$M_n = P_n \cdot e = \alpha(0.85 f_{ck})bc\left(\frac{h}{2} - \beta c\right) + \sum_{i=1}^{n} N_{si}\left(\frac{h}{2} - d_{si}\right) + \sum_{i=1}^{n} N_{pi}\left(\frac{h}{2} - d_{pi}\right)$$

$$= 969.2 \text{ kN} \cdot \text{m}$$

예제 표 14.1.6 공칭휨모멘트 (F점)

재 료	내력, C_c 또는 N_{si}, N_{pi} (kN)	소성중심, $h/2$ (mm)	위치, βc 또는 d_{si}, d_{pi} (mm)	모멘트, M_n (kN·m)
콘크리트	2,234.8	300	0.4×157.7=63.1	529.5
철근 1열	−774.2	300	540	185.8
철근 2열	−309.7	300	420	37.2
철근 3열	−309.7	300	300	0.0
철근 4열	−65.0	300	180	−7.8
철근 5열	662.4	300	60	159.0
PS강재 1열	−690.1	300	500	138.0
PS강재 2열	−362.3	300	100	−72.5
				M_n =812.9

⑥ 설계축력과 설계휨모멘트를 계산한다.

$$\phi P_n = 0.85 \times 386.2 = 328.3 \text{ kN}$$

$$\phi M_n = 0.85 \times 969.2 = 823.8 \text{ kN} \cdot \text{m}$$

계산한 5개의 축력과 휨모멘트를 연결하면 [예제 그림 14.1.2]의 축력과 휨모멘트의 상관곡선을 그릴 수 있다. 그림에서 공칭내력과 설계내력에는 큰 차이가 있음을 알 수 있다.

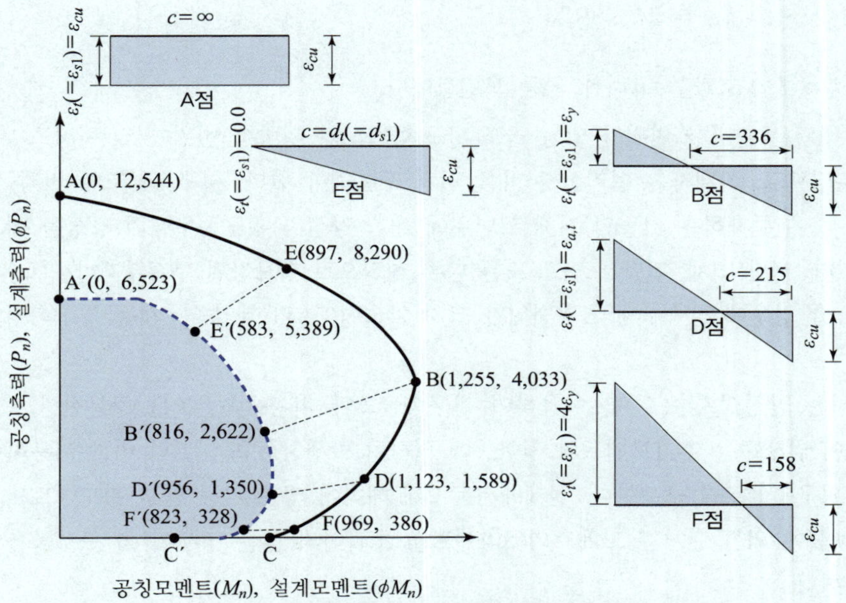

예제 그림 14.1.2 축력과 휨모멘트 상관곡선

14.4 장주의 설계

기둥은 세장비(slenderness ratio, 단면의 크기와 기둥 길이의 비)에 의하여 단주(短柱, short columns)와 장주(長柱, long columns, slender columns)로 구분한다. 단주의 내력은 단면 크기와 재료의 특성만으로 정할 수 있지만, 장주는 축력에 의하여 좌굴(buckling)이 발생할 수 있고, 모멘트가 추가적으로 증가하여 단주에 비하여 내력이 감소하기 때문에 이와 같은 영향들을 고려하여 설계해야 한다.

기둥의 세장비가 길어질 경우에 축력에 의하여 휨모멘트가 추가적으로 증가하여 기둥의 내력이 감소할 수 있다. [그림 14.9]의 기둥에 축하중과 횡하중(또는 편심하중)이 동시에 작용할 경우에 횡하중(또는 편심하중)에 의하여 휨모멘트(M_o)와 횡방향 처짐(Δ)이 발생한다. 이 기둥에 축력(P)이 작용하면 축력에 의하여 $P\Delta$ 만큼 추가적인 2차모멘트가 발생하며, 이를 기둥의 $P\Delta$ 효과라 한다. 따라서 최종 모멘트(M_i)는 식(14.20)과 같이 횡하중(또는 편심하중)에 의하여 발생한 원래의 휨모멘트(M_o)에 $P\Delta$ 효과에 의한 모멘트를 더한 값이 된다.

$$M_i = M_o + P\Delta \tag{14.20}$$

여기서, M_i : $P\Delta$ 효과를 고려한 최종 모멘트이다.

기둥의 내력은 횡방향 변위가 없는 골조(횡구속골조)와 횡방향 변위가 있는 골조(비횡구속골조)로 구분되므로, 설계자는 이러한 사항을 먼저 구분해야 한다. 횡구속골조와 비횡구속골조의 구분은 한 층에 존재하는 기둥의 전체 횡변위에 대한 강성과 횡구속부재의 강성을 비교하여 유추할 수 있다. 전단 벽체, 전단 트러스 또는 다른 형식으로 횡보강된 구속부재가 그 층의 횡변위에 영향을 줄 경우에 압축부재의 횡변위가 크지 않으며, 이러한 압축부재는 횡구속되었다고 할 수 있다.

설계에서는 안정성지수(Q)를 이용하여 횡구속골조와 비횡구속골조를 구분한다. 즉, $P\Delta$ 효과에 의하여 발생하는 추가모멘트와 횡하중에 의하여 발생하는 모멘트의 비를 이용하여 횡구속골조와 비횡구속골조를 구분한다. 설계에서는 2계 해석에 의한 기둥 단부 휨모멘트의 증가량이 1계 탄성해석에 의한 단부 휨모멘트의 5퍼센트를 초과하지 않는 경우에 이 구조물을 횡구속골조로 간주한다.

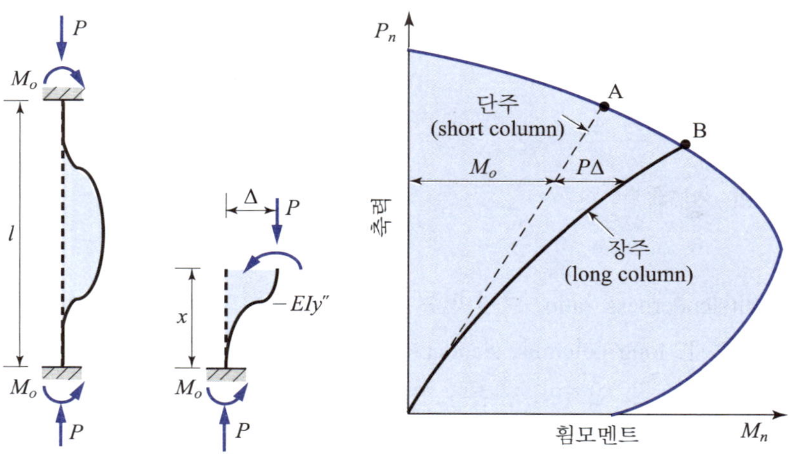

그림 14.9 장주의 휨모멘트 확대 효과

횡구속골조의 장주는 식(14.21)에서 골조에 작용하는 모멘트 중의 큰 값(M_2)에 모멘트 확대계수(δ_{ns})를 곱하여 모멘트(M_c)를 계산한다.

$$M_c = \delta_{ns} M_2 \tag{14.21}$$

비횡구속골조의 설계에서는 골조에 작용하는 하중을 횡변위를 유발하지 않는 중력하중과 횡변위를 유발하는 횡하중으로 구분한다. 이는 횡하중이 기둥에 유발하는 최대 모멘트 발생지점과 중력하중이 기둥에 유발하는 최대 모멘트 발생지점이 다르기 때문이다. 또한, 중력하중에 의해 유발되는 부재 단부의 확대모멘트는 일반적으로 1계 해석에 의한 단부의 모멘트보다 작기 때문에 식(14.22)와 같이 하중을 2개로 구분하여 확대모멘트를 계산한다.

$$M_1 = M_{1ns} + \delta_s M_{1s} \tag{14.22a}$$

$$M_2 = M_{2ns} + \delta_s M_{2s} \tag{14.22b}$$

여기서, M_1, M_2 : 골조에 작용하는 모멘트 중에서 작은 값과 큰 값, M_{1ns}, M_{2ns} : 계수연직하중이 작용할 때에 횡변형이 구속된 골조해석에서 구한 기둥의 단부 모멘트, M_{1s}, M_{2s} : 연직하중이 작용하지 않고 횡하중만 작용하는 상태에서의 단부 모멘트, δ_s : 비횡구속골조의 모멘트 확대계수이다.

14.5 인장 부재의 설계

콘크리트는 인장에 대한 저항력이 작기 때문에 콘크리트 부재가 인장재로 사용되는 것은 흔하지 않다. 그러나 콘크리트 부재에 PS강재의 긴장력을 도입함으로써 프리스트레스트 콘크리트 부재를 인장재로 활용할 수 있다. 철도 공사용의 침목, 트러스 교량의 인장재, 옹벽의 기초 앵커, 액체 저장 탱크 등은 대표적인 인장 프리스트레스트 콘크리트 부재라 할 수 있다. 프리스트레스트 콘크리트 부재가 인장재로 사용될 경우에 고강도 강재는 인장력을 저항하고, 고강성의 콘크리트는 처짐이나 변형을 저항하므로 강구조 인장재에 비하여 유리하다. [그림 14.10]은 PS강재, 강재, 프리스트레스트 콘크리트 부재의 늘어난 길이를 비교하고 있다. 세 가지 부재에 외력 F가 작용할 경우에 후크의 법칙(Hooke의 법칙)을 이용하여 각 부재의 늘어난 길이를 계산할 수 있다.

$$\Delta l_p = \frac{F \cdot l}{A_{ps} E_p} \qquad \text{(PS강재)} \tag{14.23}$$

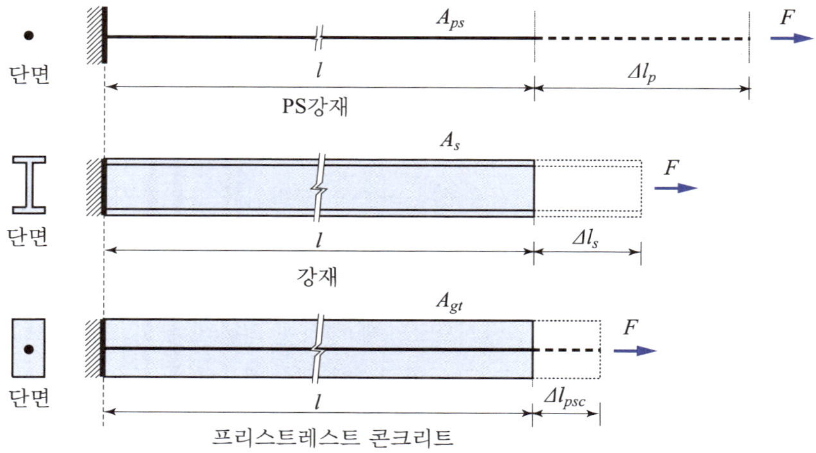

그림 14.10 부재의 늘어난 길이

$$\Delta l_s = \frac{F \cdot l}{A_s E_s} = \Delta l_p \frac{A_{ps} E_p}{A_s E_s} \quad \text{(강재)} \tag{14.24}$$

$$\Delta l_{psc} = \frac{F \cdot l}{A_{gt} E_c} = \Delta l_p \frac{n_p A_{ps}}{A_{gt}} \quad \text{(프리스트레스트 콘크리트)} \tag{14.25}$$

여기서, Δl_p, Δl_s, Δl_{psc} : PS강재, 강재, 프리스트레스트 콘크리트의 늘어난 길이, F : 외부하중, l : 부재의 원래 길이, E_p, E_s, E_c : PS강재, 강재, 콘크리트의 탄성계수, n_p : PS강재와 콘크리트의 탄성계수의 비($n_p = E_p / E_c$), A_{ps}, A_s : PS강재와 강재의 단면적, A_{gt} : PS강재를 콘크리트로 환산한 단면적으로 식(14.26)에 의하여 계산한다.

$$A_{gt} = A_c + n_p A_{ps} = (A_g - A_{ps}) + n_p A_{ps} = A_g + (n_p - 1) A_{ps} \tag{14.26}$$

인장력(F)을 받는 프리스트레스트 콘크리트의 응력(f_c)과 PS긴장재가 받는 응력(f_{ps})은 식(14.27)과 식(14.28)에 의하여 계산할 수 있다. 식에서 P_e는 PS강재의 유효긴장력이다. PS강재의 응력을 계산할 때는 콘크리트로 환산한 강재의 단면적을 사용해야 한다.

$$f_c = -\frac{P_e}{A_c} + \frac{F}{A_{gt}} \tag{14.27}$$

$$f_{ps} = \frac{P_e}{A_{ps}} + \frac{n_p F}{A_{gt}} \tag{14.28}$$

균열발생 이전의 설계

프리스트레스트 콘크리트 인장 부재는 일반적으로 균열이 발생하지 않도록 설계한다. [그림 6.1]의 하중 단계에서 살펴보면, 영점감압(decompression) 단계(단면의 한 쪽 끝단의 응력은 "0"이고 다른 쪽은 선형적으로 응력이 변화하며, 부재 단면 전체에 압축응력이 작용하는 단계)의 하중과 균열발생하중의 계산이 필요하다. 식(14.27)의 콘크리트의 응력(f_c)을 "0"으로 하여 영점감압하중(F_{dec})을 계산할 수 있다.

$$0 = -\frac{P_e}{A_c} + \frac{F_{dec}}{A_{gt}}$$

$$F_{dec} = \frac{P_e A_{gt}}{A_c} \tag{14.29}$$

또한, 식(14.27)의 콘크리트의 응력(f_c)을 직접인장강도($f_t{'}$)로 대체하여 균열발생하중(F_{cr})을 계산한다. 직접인장강도($f_t{'}$)는 부재의 종류 및 기준의 규정에 따라서 다를 수 있으며 0.25 $\lambda\sqrt{f_{ck}} \sim 0.41\lambda\sqrt{f_{ck}}$ 의 범위에 있다. 여기서 λ는 식(3.5c)의 경량콘크리트계수이다.

$$f_t{'} = -\frac{P_e}{A_c} + \frac{F_{cr}}{A_{gt}}$$

$$F_{cr} = f_t{'} A_{gt} + \frac{P_e A_{gt}}{A_c} \tag{14.30}$$

균열발생 이후의 설계

균열이 발생한 이후에는 강도설계법에 의해 부재를 설계해야 한다. 이때 모든 인장력을 PS긴장재가 부담해야 하므로 PS긴장재를 중심으로 다음과 같이 인장 설계한다.

$$F_u \leqq \phi F_n \tag{14.31}$$

$$F_n = A_{ps} f_{pu} \tag{14.32}$$

여기서, F_u : 계수인장력, F_n : 공칭인장력, ϕ : 강도감소계수이며 0.85, f_{pu} : PS긴장재의 극한강도이다.

프리스트레스트 콘크리트 인장 부재의 안전율은 영점감압하중(F_{dec})과 균열발생하중(F_{cr})을 기준으로 비교한다. 계수인장력(F_u)과 영점감압하중(F_{dec})의 차이를 영점감압하중 안전율이라 하며, 영점감압하중 안전율(safety factor, $=F_u/F_{dec}$)은 일반적으로 최소한 1.5 이상이 되도록 하고 있다. 또한 계수인장력(F_u)과 균열발생하중(F_{cr})의 차이를 균열발생하중 안전율이라 하며,

균열발생하중 안전율(safety factor, $=F_u/F_{cr}$)은 일반적으로 1.2 이상이 되어야 장기처짐 등에 대하여 안전하다.

부재 길이의 감소량

프리스트레스트 콘크리트 부재의 길이의 변화는 부재 자체의 응력변화에 영향을 줄뿐만 아니라 인접한 부재에 영향을 준다. PS강재를 긴장한 후에 긴장력을 이완시키면 프리스트레스트 콘크리트 부재는 식(14.33)과 같이 수축한다.

$$\Delta_i = \frac{P_i\, l}{A_c\, E_c} \tag{14.33a}$$

$$\Delta_e = \frac{P_e\, l}{A_c\, E_c} \tag{14.33b}$$

여기서, Δ_i, Δ_e : 초기긴장력(P_i) 또는 유효긴장력(P_e)에 의한 수축량이다.

프리스트레스트 콘크리트 부재는 시간이 경과함에 따라서 크리프와 건조수축에 의하여 수축하게 되므로, 두 항목에 의한 영향을 전체 수축량에 포함시켜야 한다. 크리프와 건조수축에 의한 수축은 5.7절과 5.8절의 응력손실과 유사한 방법으로 계산할 수 있다.

$$\Delta_{CR} = \frac{P_{CR}\, l}{A_c\, E_c} C_u$$

$$\Delta_{CR} = \frac{l}{A_c\, E_c}\left[C_u\left(\frac{P_i + P_e}{2}\right)\right] \tag{14.34}$$

여기서, C_u : 크리프계수(5.7절 참조), P_{CR} : 크리프긴장력으로 $P_{CR} = (P_i + P_e)/2$로 할 수 있다.

프리스트레스트 콘크리트 부재의 건조수축에 의하여 발생하는 수축은 5.8절의 응력손실과 유사한 방법으로 식(14.35)에 의하여 계산할 수 있다.

$$\Delta_{SH} = \epsilon_{SH} \cdot l \tag{14.35}$$

여기서, ϵ_{SH} : 건조수축에 의한 변형률(5.8절 참조)이다.

프리스트레스트 콘크리트 인장 부재의 전체 수축량(Δ_t)은 식(14.33)~식(14.35)의 세 가지 수축량을 더한 값이다.

$$\Delta_t = \Delta_e + \Delta_{CR} + \Delta_{SH}$$

$$= \frac{l}{A_c E_c}\left[P_e + C_u\left(\frac{P_i + P_e}{2}\right)\right] + \epsilon_{SH} \cdot l \tag{14.36}$$

예제 14.2

[예제 그림 14.2.1]의 프리스트레스트 콘크리트 트러스의 인장재를 설계하라. 인장 부재의 단면적은 300×300 mm이고, 긴장재는 부착되어 있으며 즉시응력손실은 10%, 장기응력손실은 15%이다. 콘크리트 28일 압축강도 $f_{ck} = 35$ MPa, 콘크리트의 직접인장강도 $f_t' = 1.5$ MPa, 콘크리트의 크리프 계수 $C_u = 2.0$, 콘크리트의 건조수축변형률 $\epsilon_{SH} = 0.00006$이다.

- 긴장재(PS강재, 응력이완 긴장재) : 7연선 10.8 mm(SWPC 7AN, 단면적 $A_{ps} = 69.68$ mm^2)를 7가닥 사용, 인장강도 $f_{pu} = 1{,}860$ MPa, 항복강도 $f_{py} = 1{,}600$ MPa, 긴장 시의 긴장응력 $f_{pj} = 0.8 f_{py}$, 덕트의 직경 = 50 mm이다.

1) 영점감압하중(F_{dec})과 균열발생하중(F_{cr})을 계산하라.
2) 설계인장력(ϕF_n)을 계산하고 안전율을 검토하라.
3) 전체 수축량($\triangle_t$)을 계산하라.

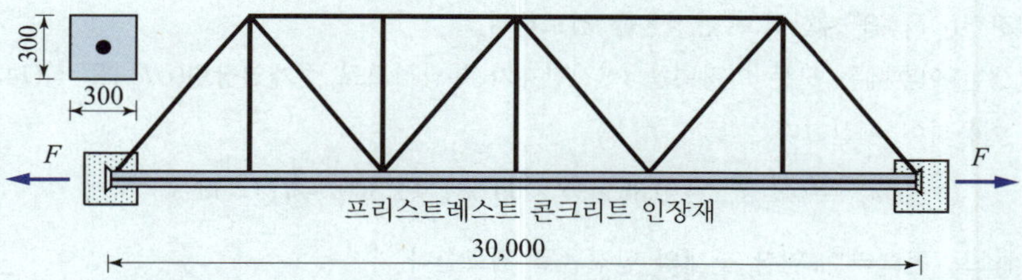

예제 그림 14.2.1 프리스트레스트 콘크리트 트러스 (단위 : mm)

풀이

1) 영점감압하중(F_{dec})과 균열발생하중(F_{cr})을 계산하라.

긴장재의 즉시응력손실은 10%이고, 장기응력손실은 15%이다. 따라서 긴장재의 초기응력(f_{pi})과 유효응력(f_{pe})을 계산한 후에 7연선 10.8 mm(SWPC 7AN, 단면적 $A_{ps} = 69.68$ mm^2) PS긴장재 7가닥이 지지하는 유효긴장력(P_e)을 계산한다.

$$f_{pi} = 0.9 f_{pj} = 0.9 \times 0.8 f_{py} = 0.9 \times 0.8 \times 1{,}600 = 1{,}152 \text{ MPa}$$

$$f_{pe} = 0.85 f_{pi} = 0.85 \times 1{,}152 = 979.2 \text{ MPa}$$

$$P_i = A_{ps} f_{pi} = 7 \times 69.68 \times 1{,}152.0 = 561.9 \text{ kN}$$

$$P_e = A_{ps} f_{pe} = 7 \times 69.68 \times 979.2 = 477.6 \text{ kN}$$

콘크리트의 탄성계수(식(3.3b))와 PS강재와 콘크리트의 탄성계수의 비(n_p)를 계산한다. 또한, 콘크리트로 환산한 단면적과 콘크리트의 단면적(A_c)을 식(14.26)에 의하여 계산한다. 콘크리트의 단면적(A_c)은 전체 면적에서 덕트의 면적을 제한 값이다. 6장의 휨부재의 설계에서는 덕트의 면적을 무시하고 전체 단면적을 콘크리트의 단면적(A_c)으로 가정하지만, 축하중을 받는 경우에는 덕트(또는 강재)의 단면적이 상대적으로 커지기 때문에 정확한 계산을 위하여 전체 단면적에서 덕트의 면적을 감한 값을 콘크리트의 단면적(A_c)으로 사용한다.

$$E_c = 8{,}500\sqrt[3]{f_{ck}+4} = 8{,}500\sqrt[3]{35+4} = 28{,}825\ \text{MPa}$$

$$n_p = \frac{E_p}{E_c} = \frac{200{,}000}{28{,}825} = 6.94$$

$$A_c = (A_g - A_{psd}) = (300\times 300) - \pi\left(\frac{50}{2}\right)^2 = 88{,}037\ \text{mm}^2$$

$$A_{gt} = A_g + (n_p - 1)A_{ps} = (300\times 300) + (6.94-1)\times(7\times 69.68) = 92{,}897\ \text{mm}^2$$

식(14.29)와 식(14.30)을 이용하여 영점감압하중(F_{dec})과 균열발생하중(F_{cr})을 계산한다.

$$F_{dec} = \frac{P_e A_{gt}}{A_c} = \frac{477.6\times 1{,}000\times 92{,}897}{88{,}038} = 504.0\ \text{kN}$$

$$F_{cr} = f_t{}' A_{gt} + \frac{P_e A_{gt}}{A_c} = 1.5\times 92{,}897 + 504{,}000 = 643.3\ \text{kN}$$

2) 설계인장력(ϕF_n)을 계산하고 안전율을 검토하라.

균열이 발생한 이후에는 모든 인장력을 PS긴장재가 부담하므로 설계인장력(ϕF_n)을 식(14.31)과 식(14.32)를 이용하여 계산한다.

$$\phi F_n = \phi A_{ps} f_{pu} = 0.85\times(7\times 69.68)\times 1{,}860 = 771.1\ \text{kN}$$

프리스트레스트 콘크리트 인장 부재의 안전율을 검토한다.

$$\text{영점감압하중 안전율} = \frac{\phi F_n}{F_{dec}} = \frac{771.1}{504.0} = 1.53$$

$$\text{균열발생하중 안전율} = \frac{\phi F_n}{F_{cr}} = \frac{771.1}{643.3} = 1.20$$

영점감압하중 안전율과 균열발생하중 안전율이 각각 1.53과 1.20이므로 설계가 작합하다.

3) 전체 수축량($\triangle_t$)을 계산하라.

프리스트레스트 콘크리트 인장 부재의 전체 수축량($\triangle_t$)을 식(14.36)에서 계산한다. 계산된 수축량은 19.7 mm이다.

$$\triangle_t = \frac{l}{A_c E_c}\left[P_e + C_u\left(\frac{P_i + P_e}{2}\right)\right] + \epsilon_{SH}\cdot l$$

$$= \frac{30{,}000}{88{,}037 \times 28{,}825}\left[477{,}600 + 2.0\left(\frac{561{,}900 + 477{,}600}{2}\right)\right] + 0.00006 \times 30{,}000$$
$$= 19.7\,\mathrm{mm}$$

연습문제

14.1 | 부착긴장재와 비부착긴장재가 프리스트레스트 콘크리트 기둥의 좌굴에 미치는 영향에 대해 설명하라.

14.2 | PS강재의 긴장력이 프리스트레스트 콘크리트 기둥의 축력과 휨모멘트 상관곡선에 미치는 영향에 대해 설명하라.

14.3 | [연습 그림 14.1]의 프리스트레스트 콘크리트 기둥의 축력－휨모멘트 상관곡선을 작성하라. 긴장재는 부착되어 있으며 즉시응력손실은 10%, 장기응력손실은 15%이다.

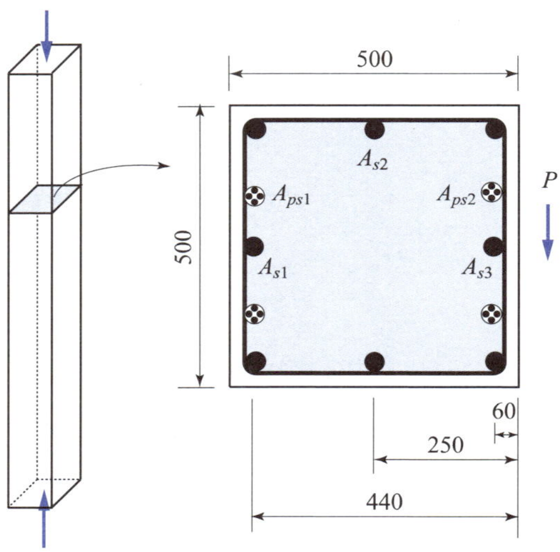

연습 그림 14.1 사각기둥 단면 (단위 : mm)

콘크리트 28일 압축강도 $f_{ck} = 35$ MPa이다.

비긴장재(압축철근과 인장철근)는 모두 D22철근이고 항복강도 $f_y = 400$ MPa, D22 철근 1개의 단면적은 387.1 mm^2이다.

- **긴장재**(PS강재, 응력이완 긴장재) : 7연선 10.8 mm(SWPC 7AN, 단면적 $A_{ps} = 69.68$ mm^2)를 각각 3가닥씩 사용, 인장강도 $f_{pu} = 1{,}860$ MPa, 항복강도 $f_{py} = 1{,}600$ MPa, 긴장 시의 긴장응력 $f_{pj} = 0.90 f_{py}$이다.

1) PS긴장재가 사용되지 않았을 때의 축력 – 휨모멘트 상관곡선을 작성하라.
2) PS긴장재가 사용되었을 때의 축력 – 휨모멘트 상관곡선을 작성하라.

14.4 | [연습 그림 14.2]의 원형단면 프리스트레스트 콘크리트 기둥의 축력 – 휨모멘트 상관곡선을 작성하라. 긴장재는 부착되어 있으며 즉시응력손실은 10%, 장기응력손실은 15%이다.

콘크리트 28일 압축강도 $f_{ck} = 35$ MPa이다.

비긴장재(압축철근과 인장철근)는 없다.

- **긴장재**(PS강재, 응력이완 긴장재) : 7연선 10.8 mm(SWPC 7AN, 단면적 $A_{ps} = 69.68$ mm^2)를 각각 3가닥씩 사용, 인장강도 $f_{pu} = 1{,}860$ MPa, 항복강도 $f_{py} = 1{,}600$ MPa, 긴장 시의 긴장응력 $f_{pj} = 0.90 f_{py}$이다.

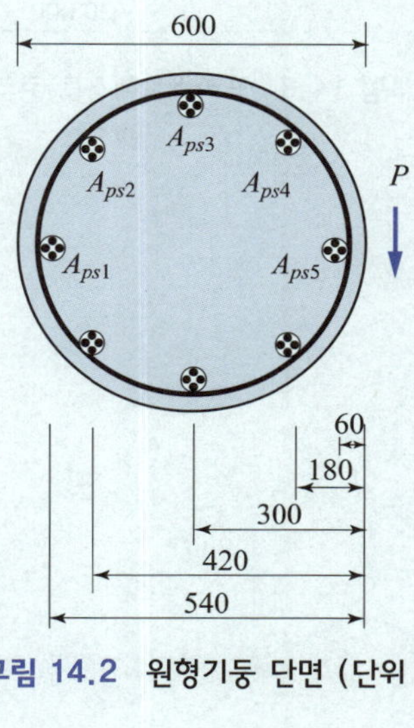

연습 그림 14.2 원형기둥 단면 (단위 : mm)

14.5 | [연습 그림 14.3]의 프리스트레스트 콘크리트 아치의 인장재를 설계하라. 인장 부재의 단면적은 200×200 mm이고, 긴장재는 부착되어 있으며 즉시응력손실은 10%, 장기응력손실은 15%이다.

콘크리트 28일 압축강도 $f_{ck}=42$ MPa, 콘크리트의 직접인장강도 $f_t'=1.5$ MPa, 콘크리트의 크리프계수 $C_u=2.0$, 콘크리트의 건조수축변형률 $\epsilon_{SH}=0.00006$이다.

- **긴장재**(PS강재, 응력이완 긴장재) : 7연선 10.8 mm(SWPC 7AN, 단면적 $A_{ps}=69.68$ mm^2)를 12가닥 사용, 인장강도 $f_{pu}=1{,}860$ MPa, 항복강도 $f_{py}=1{,}600$ MPa, 긴장 시의 긴장응력 $f_{pj}=0.8f_{py}$, 덕트의 직경 = 50 mm이다.

1) 영점감압하중(F_{dec})과 균열발생하중(F_{cr})을 계산하라.
2) 인장재의 고정하중 500 kN이며 활하중 활하중 250 kN일 때 설계인장력(ϕF_n)을 계산하고 안전율을 검토하라.
3) 전체 수축량(Δ_t)을 계산하라.

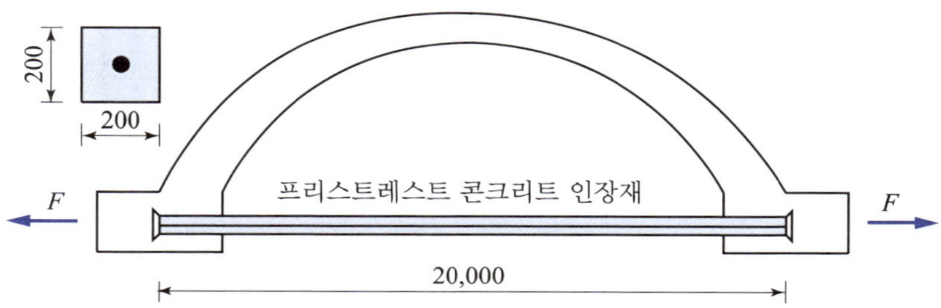

연습 그림 14.3 프리스트레스트 콘크리트 인장재 (단위 : mm)

art
night
venezia
l'arte
libera
la notte
sabato 23 giugno 2012

Appendix

부 록

A.1 슬래브의 설계

부표 1.1 지판 없는 슬래브의 모멘트 분포

C_1/l_1	모멘트 강 성 전달률	C_2/l_2 0.00	0.05	0.10	0.15	0.20	0.25
0.00	M	0.083	0.083	0.083	0.083	0.083	0.083
	k	4.000	4.000	4.000	4.000	4.000	4.000
	COF	0.500	0.500	0.500	0.500	0.500	0.500
0.05	M	0.083	0.084	0.084	0.084	0.084	0.085
	k	4.000	4.047	4.093	4.138	4.181	4.222
	COF	0.500	0.503	0.507	0.510	0.513	0.516
0.10	M	0.083	0.084	0.085	0.085	0.086	0.087
	k	4.000	4.091	4.182	4.272	4.362	4.449
	COF	0.500	0.506	0.513	0.519	0.524	0.531
0.15	M	0.083	0.084	0.085	0.085	0.086	0.087
	k	4.000	4.132	4.267	4.403	4.541	4.680
	COF	0.500	0.509	0.517	0.526	0.534	0.543
0.20	M	0.083	0.085	0.086	0.087	0.088	0.089
	k	4.000	4.170	4.346	4.529	4.717	4.910
	COF	0.500	0.511	0.522	0.532	0.543	0.554
0.25	M	0.083	0.085	0.086	0.087	0.089	0.090
	k	4.000	4.204	4.420	4.648	4.887	5.138
	COF	0.500	0.512	0.525	0.538	0.550	0.563
$x=(1-C_2/l_2)^3$		1.000	0.856	0.729	0.614	0.512	0.422

1) 고정단 모멘트 $FEM = wl_2 l_1^2 M$, 강성 $K = (kEl_2 t^3)/(12l_1)$, COF=전달률

부표 1.2 지판 있는 슬래브의 모멘트 분포($h_1=1.25h$)

C_1/l_1	모멘트 강 성 전달률	C_2/l_2						
		0.00	0.05	0.10	0.15	0.20	0.25	0.30
0.00	M	0.088	0.088	0.088	0.088	0.088	0.088	0.088
	k	4.795	4.795	4.795	4.795	4.795	4.795	4.795
	COF	0.542	0.542	0.542	0.542	0.542	0.542	0.542
0.05	M	0.088	0.088	0.089	0.089	0.089	0.089	0.090
	k	4.795	4.846	4.896	4.944	4.990	5.035	5.077
	COF	0.542	0.545	0.548	0.551	0.553	0.556	0.558
0.10	M	0.088	0.088	0.089	0.090	0.090	0.091	0.091
	k	4.795	4.938	5.085	5.228	5.374	5.520	5.665
	COF	0.542	0.548	0.553	0.559	0.567	0.569	0.573
0.15	M	0.088	0.089	0.090	0.090	0.091	0.092	0.092
	k	4.795	4.938	5.082	5.228	5.374	5.520	5.665
	COF	0.542	0.550	0.558	0.565	0.573	0.580	0.587
0.20	M	0.088	0.089	0.090	0.091	0.092	0.093	0.094
	k	4.795	4.978	5.167	5.361	5.558	5.760	5.962
	COF	0.542	0.552	0.562	0.571	0.581	0.590	0.590
0.25	M	0.088	0.089	0.090	0.091	0.092	0.094	0.095
	k	4.795	5.015	5.245	5.485	5.792	5.994	6.261
	COF	0.542	0.553	0.565	0.576	0.587	0.598	0.600
0.30	M	0.088	0.089	0.090	0.092	0.093	0.094	0.095
	k	4.795	5.048	5.317	5.601	5.902	6.219	6.550
	COF	0.542	0.554	0.567	0.580	0.593	0.605	0.618

1) 고정단 모멘트 $FEM=wl_2l_1^2M$, 강성 $K=(kEl_2t^3)/(12l_1)$, COF=전달률

2) h=슬래브두께, h_1=지판을 포함한 전체 슬래브 두께

부표 1.3 지판 있는 슬래브의 모멘트 분포($h_1 = 1.5h$)

C_1/l_1	모멘트 강 성 전달률	C_2/l_2 0.00	0.05	0.10	0.15	0.20	0.25
0.00	M	0.093	0.093	0.093	0.093	0.093	0.093
	k	5.837	5.837	5.837	5.837	5.837	5.837
	COF	0.589	0.589	0.589	0.589	0.589	0.589
0.05	M	0.093	0.093	0.093	0.094	0.093	0.094
	k	5.837	5.890	5.942	5.993	6.041	6.087
	COF	0.589	0.591	0.594	0.596	0.598	0.600
0.10	M	0.093	0.093	0.094	0.094	0.094	0.095
	k	5.837	5.940	60.42	6.142	6.240	6.335
	COF	0.589	0.593	0.598	0.602	0.607	0.611
0.15	M	0.093	0.093	0.094	0.095	0.095	0.096
	k	5.837	5.986	6.135	6.248	6.432	6.579
	COF	0.589	0.595	0.602	0.608	0.614	0.620
0.20	M	0.093	0.093	0.094	0.095	0.096	0.096
	k	5.837	6.027	6.221	6.418	6.616	6.816
	COF	0.589	0.597	0.605	0.613	0.612	0.628
0.25	M	0.093	0.094	0.094	0.095	0.096	0.097
	k	5.837	6.065	6.300	6.543	6.790	7.043
	COF	0.589	0.598	0.608	0.617	0.626	0.635

1) 고정단 모멘트 $FEM = wl_2 l_1^2 M$, 강성 $K = (kEl_2 t^3)/(12l_1)$, COF=전달률

2) h=슬래브두께, h_1 =지판을 포함한 전체 슬래브 두께

부표 1.4 기둥의 강성과 전달률

t_a/t_b	강 성 전달률	l_c/l_u								
		1.05	1.10	1.15	1.20	1.25	1.30	1.35	1.40	1.45
0.0	k_{AB}	4.20	4.40	4.60	4.80	5.00	5.20	5.40	5.60	5.80
	C_{AB}	0.57	0.65	0.73	0.80	0.87	0.95	1.03	1.10	1.17
0.2	k_{AB}	4.31	4.62	4.95	5.30	5.65	6.02	6.40	6.79	7.20
	C_{AB}	0.56	0.62	0.68	0.74	0.80	0.85	0.91	0.96	1.01
0.4	k_{AB}	4.38	4.79	5.22	5.67	6.15	6.65	7.18	7.74	8.32
	C_{AB}	0.55	0.60	0.65	0.70	0.74	0.79	0.83	0.87	0.91
0.6	k_{AB}	4.44	4.91	5.42	5.96	6.54	7.15	7.81	8.50	9.23
	C_{AB}	0.55	0.59	0.63	0.67	0.70	0.74	0.77	0.80	0.83
0.8	k_{AB}	4.49	5.01	5.58	6.19	6.85	7.56	8.31	9.12	9.98
	C_{AB}	0.54	0.58	0.61	0.64	0.67	0.70	0.72	0.75	0.77
1.0	k_{AB}	4.52	5.09	5.71	6.38	7.11	7.89	8.73	9.63	10.60
	C_{AB}	0.54	0.57	0.60	0.62	0.65	0.67	0.69	0.71	0.73
1.2	k_{AB}	4.55	5.16	5.82	6.54	7.32	8.17	9.08	10.07	11.12
	C_{AB}	0.53	0.56	0.59	0.67	0.63	0.65	0.66	0.68	0.69
1.4	k_{AB}	4.58	5.21	5.91	6.68	7.51	8.41	9.38	10.43	11.57
	C_{AB}	0.53	0.55	0.58	0.60	0.61	0.63	0.64	0.65	0.66
1.6	k_{AB}	4.60	5.26	5.99	6.79	7.66	8.61	9.64	10.75	11.95
	C_{AB}	0.53	0.55	0.57	0.59	0.60	0.61	0.62	0.63	0.64
1.8	k_{AB}	4.62	5.30	6.06	6.89	7.80	8.78	9.87	11.03	12.29
	C_{AB}	0.52	0.55	0.56	0.58	0.59	0.60	0.61	0.61	0.62
2.0	k_{AB}	4.63	5.34	6.12	6.98	7.92	8.94	10.06	11.27	12.59
	C_{AB}	0.52	0.54	0.56	0.57	0.58	0.59	0.59	0.60	0.60
2.2	k_{AB}	4.65	5.37	6.17	7.05	8.02	9.08	10.24	11.49	12.85
	C_{AB}	0.52	0.54	0.55	0.56	0.57	0.58	0.58	0.59	0.59
2.4	k_{AB}	4.66	5.40	6.22	7.12	8.11	9.20	10.39	11.68	13.08
	C_{AB}	0.52	0.53	0.55	0.56	0.56	0.57	0.57	0.58	0.58
2.6	k_{AB}	4.67	05.42	6.26	7.18	8.20	9.31	10.53	11.86	13.29
	C_{AB}	0.52	0.53	0.54	0.55	0.56	0.56	0.56	0.57	0.57
2.8	k_{AB}	4.68	5.44	6.29	7.23	8.27	9.41	10.66	12.01	13.48
	C_{AB}	0.52	0.53	0.54	0.55	0.55	0.55	0.56	0.56	0.56
3.0	k_{AB}	4.69	5.46	6.33	7.28	8.34	9.50	10.77	12.15	13.65
	C_{AB}	0.52	0.53	0.54	0.54	0.55	0.55	0.55	0.55	0.55
3.5	k_{AB}	4.71	5.50	6.40	7.39	8.48	9.69	11.01	12.46	14.02
	C_{AB}	0.51	0.52	0.53	0.53	0.54	0.54	0.54	0.53	0.53
4.0	k_{AB}	4.72	5.54	6.45	7.47	8.60	9.84	11.21	12.70	14.32
	C_{AB}	0.51	0.52	0.52	0.53	0.53	0.52	0.52	0.52	0.52

t_a : 기둥상부의 슬래브 중심에서 상부 슬래브 밑면, 지판밑면 또는 주두밑면까지의 거리

t_b : 기둥하부의 슬래브중심에서 하부 슬래브 윗면까지의 거리

l_c : 상하부 슬래브 중심간 기둥의 높이

l_u : 하부 슬래브면과 상부 슬래브, 지판 또는 주두면 사이의 기둥의 높이

참고문헌

1. 일반 사항

1.1 Collins, M.P. and Mitchell, D., "Prestressed Concrete Structures", Prentice Hall, 1991, 766pp.

1.2 Naaman, A.E., "Prestressed Concrete Analysis and Design", McGraw-Hill, 1982, 670pp.

1.3 Nawy, E.G., "Prestressed Concrete", 5th Edition, Prentice Hall, 2010, 949pp.

2. 긴장 및 정착

2.1 Collins, M.P. and Mitchell, D., "Prestressed Concrete Structures", Prentice Hall, 1991, 766pp.

2.2 Nawy, E.G., "Prestressed Concrete", 5th Edition, Prentice Hall, 2010, 949pp.

3. 재료

3.1 신현묵, "프리스트레스 콘크리트", 6판, 동명사, 2001, 458pp.

3.2 이정윤, "철근콘크리트 구조", 3판, 동화기술, 2020, 789pp.

3.3 국토교통부, "도로교설계기준(한계상태설계법)", 2016

3.4 한국콘크리트학회, "최신철근콘크리트 공학", 기문당, 1999, 689pp.

3.5 한국콘크리트학회, "콘크리트구조 학회기준", 기문당, 2018, 637pp.

3.6 ACI Committee 209, "Prediction of Creep, Shrinkage and Temperature Effects in Concrete Structures", Design for Creep and Shrinkage in Concrete Structures, ACI Publication SP-76, American Concrete Institute, Detroit, 1982.

3.7 ACI Committee 363, "State-of-the-Art Report on High-Strength Concrete", ACI Manual of Concrete Practice, American Concrete Institute, Detroit, 1993.

3.8 Aoyama, H., "Design of Modern Highrise Reinforced Concrete Structures", Imperial College Press, 2001, 442pp.

3.9 Branson, D.E., "Compression Steel Effects on Long Term Deflections of Concrete Structures", ACI Journal, Vol.68, 1971, pp.555-559.

3.10 Branson, D.E., "Deformation of Concrete Structures", McGraw-Hill, 1977.

3.11 Collins, M.P. and Mitchell, D., "Prestressed concrete structures", Prentice Hall, 1991, 766pp.

3.12 Doi, A., Tomoika, H., Tanaka, Y., and Duraudi, M, "Physical Properties of Prestressing Steel at Low and Elevated Temperatures", Report No. DRG75-04, Shinko Wire Co. Ltd, Amagasaki, Japan.

3.13 MacGregor, J.G. and White, J.K., "Reinforced concrete mechanics and design", 4th Edition, Prentice Hall, 2005, 1132pp.

3.14 Magura, D.D., Sozen, M.A., and Siess, C.P., "A Study of Stress Relaxation in Prestressing Reinforcement", PCI Journal, Vol.9. No.2, 1964, pp.13-57.

3.15 Naaman, A.E., "Prestressed Concrete Analysis and Design", McGraw-Hill, 1982, 670pp.

3.16 Park, R. and Paulay, T., "Reinforced Concrete Structures", John Wiley & Sons, 1975, 769pp.

4. 설계법

4.1 국가건설기준, KDS 14 "콘크리트 구조설계", 2020.

4.2 김상식, "철근콘크리트 구조설계", 4판, 문운당, 2008, 593pp.

4.3 김우, “콘크리트구조 한계상태설계”, 2판, 동화기술, 2015, 692pp.
4.4 국토교통부, “도로교설계기준(한계상태설계법)”, 2016.
4.5 한국콘크리트학회, “콘크리트구조 학회기준”, 기문당, 2018, 637pp.

5. 응력손실

5.1 신현묵, “프리스트레스 콘크리트”, 6판, 동명사, 2001, 458pp.
5.2 국토교통부, “도로교설계기준(한계상태설계법)”, 2016.
5.3 한국콘크리트학회, “콘크리트구조 학회기준”, 기문당, 2018, 637pp.
5.4 ACI Committee 209, “Prediction of Creep, Shrinkage and Temperature Effects in Concrete Structures”, Design for Creep and Shrinkage in Concrete Structures, ACI Publication SP-76, American Concrete Institute, Detroit, 1982.
5.5 ACI Committee 435, “Control of Deflection in Concrete Structures”, ACI Committee Report R435-95, 1995, pp.77.
5.6 ACI-ASCE Joint Committee 423, “Tentative Recommendations for Prestressed Concrete”, Journal of ACI, Vol. 54, 1957, pp. 548-578.
5.7 Branson, D.E., “Deformation of Concrete Structures”, McGraw-Hill, 1977.
5.8 Magura, D.D., Sozen, M.A., and Siess, C.P., “A Study of Stress Relaxation in Prestressing Reinforcement”, PCI Journal, Vol.9. No.2, 1964, pp.13-57.
5.9 Naaman, A.E., “Prestressed Concrete Analysis and Design”, McGraw-Hill, 1982, 670pp.
5.10 Nawy, E.G., “Prestressed Concrete”, 5th Edition, Prentice Hall, 2010, 949pp.
5.11 PCI Committee on Prestress Loss, “Recommendations for Estimating Prestress Loss”, Journal of PCI, Vol. 20, 1975, pp.43-75.
5.12 Prestressed Concrete Institute, “Post-Tensioning Handbook”, 5th Edition, PCI, 1999.

6. 휨해석과 설계

6.1 김상식, “철근콘크리트 구조설계”, 4판, 문운당, 2008, 593pp.
6.2 이재훈, “프리스트레스트 콘크리트, 강도설계법과 한계상태설계법”, 동명사, 2015, 858pp.
6.3 이정윤, “철근콘크리트 구조”, 3판, 동화기술, 2020, 789pp.
6.4 국토교통부, “도로교설계기준(한계상태설계법)”, 2016.
6.5 한국콘크리트학회, “콘크리트구조 학회기준”, 기문당, 2018, 637pp.
6.6 ACI Committee 318-08, “Building Code Requirements for Reinforced Concrete and Commentary(ACT 318-08/ACI 318R-08)”, American Concrete Institute, Detroit, 2008, 465pp.
6.7 MacGregor, J.G. and White, J.K., “Reinforced concrete mechanics and design”, 4th Edition, Prentice Hall, 2005, 1132pp.
6.8 Naaman, A.E., “Prestressed Concrete Analysis and Design”, McGraw-Hill, 1982, 670pp.
6.9 Nawy, E.G., “Prestressed Concrete”, 5th Edition, Prentice Hall, 2010, 949pp.
6.10 Park, R. and Paulay, T., “Reinforced Concrete Structures”, John Wiley & Sons, 1975, 769pp.
6.11 Razapur, A.G. and Ghali, A., “Design of Transverse Reinforcement in Flanges of T-Beams”, ACI Journal, Proceedings, Vol.83. No.4, 1986, pp.680-689.

7. 합성보의 설계

7.1 국토교통부, “도로교설계기준(한계상태설계법)”, 2016.
7.2 한국콘크리트학회, “콘크리트구조 학회기준”, 기문당, 2018, 637pp.
7.3 Naaman, A.E., “Prestressed Concrete Analysis and Design”, McGraw-Hill, 1982, 670pp.

8. 전단 설계

8.1 이정윤, "철근콘크리트 구조", 3판, 동화기술, 2020, 789pp.

8.2 국토교통부, "도로교설계기준(한계상태설계법)", 2016.

8.3 한국콘크리트학회, "콘크리트구조 학회기준", 기문당, 2018, 637pp.

8.4 ACI-ASCE Committee 326, "Shear and Diagonal Tension", ACI Journal, Vol.59, 1962, pp.1-30, 277-334, 352-396.

8.5 ACI-ASCE Committee 426, "The Shear Strength of Reinforced Concrete Members- Chapters 1 to 14", Proceedings ASCE, Journal of the Structural Division, Vol.99, No.ST6, 1973, pp.1091-1187.

8.6 ACI Committee 318, "Building Code Requirements for Reinforced Concrete and Commentary, 318-63", American Concrete Institute, 1963.

8.7 Collins, M.P. and Huchma, D., "How Safe are our Large, Lightly Reinforced Concrete Beams, Slabs, and Footings?", ACI Structural Journal, Vol.96, No.4, 1999, pp.482-490.

8.8 Comete European de Normalisation(CEN), "Eurocode 2: Design of Concrete Structures. Part 1- General Rules and Rules for Buildings", prEN 1992-1, 2002, 211pp.

8.9 Foster, S.J., Kilpatrick, A.E., and Warner, R.F., "Reinforced Concrete Basics : Analysis and Design of Reinforced Concrete Structures", Pearson, 2010, 549pp.

8.10 Kani, G.N.J., "Basic Facts Concerning Shear Failure", ACI Journal, Proceedings, Vol.63, 1966, pp.675-692.

8.11 Lee, J.-Y. and Hwang, H.-B., "Maximum Shear Reinforcement of Reinforced Concrete Beams", ACI Structural Journal, Vol.107. No.5, 2010, pp.580-588.

8.12 Lee, J.-Y. and Mansour, M.Y., "New algorithm for fixed-angle softened-truss model", Structures and Buildings, Vol.159, No.6, 2006, pp.349-359.

8.13 Lee, J.-Y. and Watanabe, F., "Shear Deterioration of Reinforced Concrete Beams Subjected to Reversed Cyclic Loading", ACI Structural Journal, Vol.100, No.4, 2003, pp.480-489.

8.14 Lee, J.-Y. and Watanabe, F., "Predicting the Longitudinal Axial Strain in the Plastic Hinge Regions of Reinforced Concrete Beams Subjected to Reversed Cyclic Loading", Engineering Structures, Vol.25, No.7, 2003, pp.927-939.

8.15 Lee, J.-Y. and Watanabe, F., "Shear Design of Reinforced Concrete Beams with Shear Reinforcement Considering Failure Modes", ACI Structural Journal, Vol.97, No.3, 2000, pp.477-484.

8.16 Lee, J.-Y., Kim, S.-W., and Mansour, M.Y., "Nonlinear Analysis of Shear-Critical Reinforced Concrete Beams Using Fixed Angle Theory",Journal of Structural Engineering, ASCE, Vol. 137, No. 10, 2011.pp.1017-1029.

8.17 Lee, J.-Y., Choi, I.-J., and Kim, S.-W., "Shear Behavior of Reinforced Concrete Beams with High Strength Stirrups", ACI Structural Journal, 2011, Vol.108, No.5, pp. 620-629.

8.18 MacGregor, J.G. and White, J.K. "Reinforced concrete mechanics and design", 4th Edition, Prentice Hall, 2005, 1132pp.

8.19 Mansour, M.Y., Lee, J.-Y., and Hindi, R., "Analytical Prediction of the Pinching Mechanism of RC Elements under Cyclic Shear using a Rotation-Angle Softened Truss Model", Engineering Structures, Vol.27, 2005, pp.1138-1150.

8.20 Mansour, M.Y., Micleli, M., Lee, J.-Y., and Zhang, J., "Predicting the shear strength of reinforced concrete beams using artificial neural networks", Engineering Structures, Vol.26, No.6, 2004, pp.781-799.

8.21 Mansour, M.Y., Hsu, T.T.C., and Lee, J.-Y., "Pinching effect in hysteretic loops of R/C shear elements", ACI SP 205: Deterioration Analysis of RC Structures under Cyclic Loading, Edited by K. Willam and A. Tanabe, American Concrete Institute, MI, 2001, pp.293-321.

8.22 Morsch, E., "Der Eisenbetonbau, Seine Anwendung und Theorie", 1th Edition, Im Selbstverlag der Firma, Neustadt, 1902, 118pp.

8.23 Naaman, A.E., "Prestressed Concrete Analysis and Design", McGraw-Hill, 1982, 670pp.

8.24 Park, R. and Paulay, T., "Reinforced Concrete Structures", John Wiley & Sons, 1975, 769pp.

8.25 Ritter, W., “Die bauweise hennebique, Schweizerische Bauzeitung”, Vol.33, No.7, 1899, pp.59-61.

8.26 Sozen, M.A., Zwoyer, E.M., and Siess, C.P., “Strength in Shear of Beams without Web Reinforcement”, Bulletin No.452, Engineering Experiment Station, University of Illinois, 1959.

8.27 Taylor, H.P.J., “Shear strength of large beams”, Proceeding of ASCE, ST11, 1972, pp.2473-2490.

8.28 Watanabe, F. and Lee, J.-Y., “Theoretical Prediction of Shear Strength and Failure Mode of Reinforced Concrete Beams”, ACI Structural Journal, Vol.95, No.6, 1998, pp.749-757.

8.29 Zhu, R.H., Hsu, T.T.C., and Lee, J.-Y., “Rational Shear Modulus for Smeared-Crack Analysis of Reinforced Concrete”, ACI Structural Journal, Vol.98, No.4, 2001, pp.443-450.

9. 비틀림 설계

9.1 이정윤, “철근콘크리트 구조”, 3판, 동화기술, 2020, 789pp.

9.2 국토교통부, “도로교설계기준(한계상태설계법)”, 2016.

9.3 한국콘크리트학회, “콘크리트구조 학회기준”, 기문당, 2018, 637pp.

9.4 Bredt, R., “Kritische Bemerkungen zur Drehungselastizitat”, Zeitschrift des Vereines Deutscher Ingenieure, Band 40, No.28, 1896, pp.785-790; No.29, 1896, pp.813-817.

9.5 Collins, M. P. and Mitchell, D., “Shear and Torsion Design of Prestressed and Nonprestressed Concrete Beams”, PCI Journal, Vol.25, No.5, 1980, pp.32-100.

9.6 Coulomb, C.A., “Researches theoriques et experimentales sur la force et surl'elasticite des fils de metal”, Histoire de l'Academic Royale des Sciences, Paris, 1787, pp.229-269.

9.7 Ersoy, U. and Ferguson, P.M., “Concrete Beams subjected to Combined Torsion and Shear-Experimental Trends”, pp.441-460 of “Torsion of Structural Concrete”, by ACI SP 18, 1968, 505pp.

9.8 Foster, S.J., Kilpatrick, A.E., and Warner, R.F., “Reinforced Concrete Basics : Analysis and Design of Reinforced Concrete Structures”, Pearson, 2010, 549pp.

9.9 Hsu, T.T.C., “Torsion of Structural Concrete Plane Concrete Rectangular Members”, Torsion of Structural Concrete, SP-18, American Concrete Institute, Detroit, 1968, pp.203-238.

9.10 Hsu, T.T.C., “Torsion of Structural Concrete-Behavior of Reinforced Concrete Rectangular Members”, Torsion of Structural Concrete, SP-18, American Concrete Institute, Detroit, 1968, pp.261-306.

9.11 Hsu, T.T.C., “Torsion of Reinforced Concrete”, Van Nostrand Reinhold Co., New York, 1984, 515pp.

9.12 Lee, J.-Y. and Kim, S.-W., “Torsional Strength of RC Beams Considering Tension Stiffening Effect”, Journal of Structural Engineering, ASCE, Vol.136, No.11, 2010, pp.1367-1378.

9.13 Lee, J.-Y. and Watanabe, F., “Shear Design of Reinforced Concrete Beams with Shear Reinforcement Considering Failure Modes”, ACI Structural Journal, Vol.97, No.3, 2000, pp.477-484.

9.14 MacGregor, J.G. and Ghoneim, M.G., “Design for Torsion”, ACI Structural Journal, Vol.92, No.2, 1995, pp.211-218.

9.15 Mansour, M.Y., Lee, J.-Y., and Hsu, T.T.C., “Cyclic Stress-Strain Curves of Concrete and Steel Bars in Membrane Elements”, Journal of Structural Engineering, ASCE, Vol.127, No.12, 2001, pp.1402-1411.

9.16 McGee, W.D. and Zia, P., “Prestressed Concrete Members under Torsion, Shear and Bending”, Journal of ACI, Vol.73, 1976, pp.26-32.

9.17 Nadai, A., “Theory of Flow and Fracture of Solids”, Vol.1, McGraw-Hill Book, New York, 1950.

9.18 Navier. C.L., “Resume des lecons donnees a l'ecole des ponts et chaussees sur l'application de la mecanique a l'establissement des constructions et des machines”, Premiere partie, Paris, 1826, pp.71-76.

9.19 Rausch, E., “Design of Reinforced Concrete in Torsion”, PhD. thesis, Technische Hochschule, Berlin, 1928, 53pp.

9.20 Timonshenko, S.P. and Goodier, J.N., “Theory of Elasticity”, McGraw-Hill, New York, 1951.

9.21 Zia, P. and Hsu, T.T.C., “Design for Torsion and Shear in Prestressed Concrete”, ASCE Annual Convention, No.3423, 1979.

10. 응력교란영역 설계

10.1 이정윤, "철근콘크리트 구조", 3판, 동화기술, 2020, 789pp.
10.2 국토교통부, "도로교설계기준(한계상태설계법)", 2016.
10.3 한국콘크리트학회, "콘크리트구조 학회기준", 기문당, 2018, 637pp.
10.4 한국콘크리트학회 전단-비틀림 전문위원회, "콘크리트 구조부재의 스트럿-타이 모델 설계 예제집", KCI-M-06-001, 기문당, 2007, 220pp.
10.5 ACI Committee 318-02, "Building Code Requirements for Reinforced Concrete and Com-mentary(ACT 318-02/ACI 318R-02)", American Concrete Institute, Detroit, 2002, 443pp.
10.6 ACI Subcommittee 445, "Examples for the Design of Structural Concrete with Strut-and-Tie Models", ACI SP-208, 2002, 242pp.
10.7 Collins, M.P. and Mitchell, D., "Prestressed concrete structures", Prentice-Hall, Englewood Cliffs, N.J., 1991.
10.8 Foster, S.J., Kilpatrick, A.E., and Warner, R.F., "Reinforced Concrete Basics : Analysis and Design of Reinforced Concrete Structures", Pearson, 2010, 549pp.
10.9 Hsu, T.T C., "Unified theory of reinforced concrete", CRC Press, 1993, 313pp.
10.10 Kani, M.W., Huggins, M.W., and Wittkopp, R.R., "Kani on shear in reinforced concrete", Department of Civil Engineering, University of Toronto, Canada, 1979.
10.11 Morsch, E., "Der Eisenbetonbau, Seine Anwendung und Theorie", 1th Edition, Im Selbstverlag der Firma, Neustadt, 1902, 118pp.
10.12 Nawy, E.G., "Prestressed Concrete", 5th Edition, Prentice Hall, 2010, 949pp.
10.13 Ritter, W., "Die bauweise hennebique, Schweizerische Bauzeitung", Vol.33, No.7, 1899, pp.59-61.
10.14 Schlaich, J., Schafer, I., and Jennewein, M., "Towards a consistent design of structural concrete", Journal of Prestressed Concrete Institute, Vol.32, No.3, 1987, pp.74-150,
10.15 Yun, Y.M., "Non-linear Strut-Tie Model Approach for Structural Concrete", ACI Structural Journal, Vol.97, No.4, 2000, pp.581-590.
10.16 Yun, Y.M. and Ramirez, J.A., "Strength of Struts and Nodes in Strut-Tie Model", Journal of Structural Engineering, ASCE, Vol.122, No.1, 1996, pp.20-29.

11. 연속보의 설계

11.1 Kassimari, A., "Structural Analysis", 3rd Edition, Tomson, 2005. 864pp.
11.2 Lin, T.Y. and Thornton, K., "Secondary Moments and Moment Redistribution in Continuous Prestressed Concrete Beams", Journal of PCI, 1972, pp. 8-20.
11.3 Naaman, A.E., "Prestressed Concrete Analysis and Design", McGraw-Hill, 1982, 670pp.
11.4 Nawy, E.G., "Prestressed Concrete", 5th Edition, Prentice Hall, 2010, 949pp.

12. 솟음과 처짐

12.1 이정윤, "철근콘크리트 구조", 3판, 동화기술, 2020, 789pp.
12.2 한국콘크리트학회, "콘크리트구조 학회기준", 기문당, 2018, 637pp.
12.3 ACI Committee 435, "Deflection of Reinforced Concrete Flexural Members", ACI Journal, Proceedings, Vol.63, No.6, 1966, pp.637-674.
12.4 ACI Committee 435, "Allowable Deflections", ACI Journal, Proceedings, Vol.65. No.6, 1968, pp.433-444.
12.5 Naaman, A.E., "Prestressed Concrete Analysis and Design", McGraw-Hill, 1982, 670pp.
12.6 Prestressed Concrete Institute, "PCI Design Handbook", 6th edition, Prestressed Concrete Institute, 2006.

13. 슬래브의 설계

13.1 김상식, "철근콘크리트 구조설계", 4판, 문운당, 2008, 593pp.

13.2 신현묵, "프리스트레스 콘크리트", 6판, 동명사, 2001, 458pp.

13.3 이정윤, "철근콘크리트 구조", 3판, 동화기술, 2020, 789pp.

13.4 ACI Committee 421, "Shear Reinforcement for Slabs", (ACI 421.1R) ACI Structural Journal, Vol.89, No.5, 1992, pp.587-589.

13.5 ACI-ASCE Committee 426, "The Shear Strength of Reinforced Concrete Members", Journal of the Structural Engineering, ASCE, Vol.100, No.ST8, 1974, pp.1543-1591.

13.6 Corley, W.G. and Jirsa, J.O., "Equivalent Frame Analysis for Slab Design", ACI Journal, Proceedings, Vol.67, No.1, 1970, pp.875-884.

13.7 Lin, T.Y., "Load-Balancing Method for Design and Analysis of Prestressed Concrete Structures", Journal of ACI, 1963.

13.8 Nawy, E.G., "Prestressed Concrete", 5th Edition, Prentice Hall, 2010, 949pp.

13.9 Nilson, A.H., "Design of Prestressed Concrete", John Wiley & Sons, 1978, 524pp.

13.10 Park, H.-G., Choi, K.-K., and Chung, L., "Strain-based strength model for direct punching shear of interior slab-column connections", Engineering Structures, 33(3), March 2011, 0162-1073.

14. 압축재와 인장재의 설계

14.1 신현묵, "프리스트레스 콘크리트", 6판, 동명사, 2001, 458pp.

14.2 이정윤, "철근콘크리트 구조", 3판, 동화기술, 2020, 789pp.

14.3 ACI Committee 105, "Reinforced Concrete Column Investigation", ACI Journal, Proceedings, Vol.26, 1930, pp.601-612; Vol.27, 1931, pp.675-676; Vol.28, 1931, pp.157-578; Vol.29, 1932, pp.53-56; Vol.30, 1933, pp.78-90, pp.153-156.

14.4 Naaman, A.E., "Prestressed Concrete Analysis and Design", McGraw-Hill, 1982, 670pp.

14.5 Nawy, E.G., "Prestressed Concrete", 5th Edition, Prentice Hall, 2010, 949pp.

14.6 Post-Tensioning Institute, "Post-Tensioning Manual", 6th edition, Post-Tensioning Institute, Phoenix, 2006.

14.7 Prestressed Concrete Institute, "PCI Design Handbook", 6th edition, Prestressed Concrete Institute, Chicago, 2004.

14.8 Watanabe, F., Lee, J.-Y., and Nishiyama, M., "Structural Performance of Reinforced Concrete Columns with Different Grade Longitudinal Bars", ACI Structural Journal, Vol.92, No.4, 1995, pp.412-418.

찾아보기

저자 : **이 정 윤**
성균관대학교 건설환경공학부

저서 : 《프리스트레스트 콘크리트 구조》, 《스트럿-타이 모델 예제집(공저)》, 《콘크리트 건축물 구조설계 예제집(공저)》, 《콘크리트 용어 해설집(공저)》, 《콘크리트 용어집(공저)》

KDS-2020 국가건설기준
프리스트레스트 콘크리트 구조 정가 35,000원

발 행 2020년 9월 10일 초판 1쇄
저 자 이정윤
발행인 정우용
발행처 도서출판 **동 화 기 술**
경기도 파주시 광인사길 201(문발동, 파주출판도시)
Tel (031)955-4211~6 donghwae@kornet.net
Fax (031)955-4217 www.donghwapub.co.kr
(등록) 1977년 12월 19일/9-16호

ISBN 978-89-425-9273-9